2차 실기대비 핵심정리 및 예상문제

개정판

건축물 에너지 평가사

2차 실기대비

上 건물에너지효율 설계·평가

1 건축환경계획   2 건축설비시스템

건축물에너지평가사 수험연구회 www.inup.co.kr

건축물에너지평가사 자격시험은...

　건축물에너지평가사 시험은 2013년 민간자격(한국에너지공단 주관)으로 1회 시행된 이후 2015년부터는 녹색건축물조성지원법에 의해 국토교통부장관이 주관하는 국가전문자격시험으로 승격되었습니다.

　건축물에너지평가사는 녹색건축물 조성을 위한 건축, 기계, 전기 분야 등 종합지식을 갖춘 유일한 전문가로서 향후 국가온실가스 감축의 핵심역할을 할 것으로 예상되며 그 업무 영역은 건축물에너지효율등급 인증 업무 및 건물에너지관련 전문가로서 건물에너지 제도운영 및 효율화 분야 활용 등 점차 확대되어 나갈 것으로 전망됩니다.

　향후 법제도의 정착을 위해서는 건축물에너지평가사 자격취득자가 일정 인원이상 배출되어야 하므로 시행초기가 건축물에너지평가사가 되기 위한 가장 좋은 기회가 될 것이며, 건축물에너지평가사의 업무는 기관에 소속되거나 또는 등록만 하고 개별적인 업무도 가능하도록 법제도가 추진되고 있어 자격증 취득자의 미래는 더욱 밝은 것으로 전망됩니다.

　그러나 건축물에너지평가사의 응시자격대상은 건설분야, 기계분야, 전기분야, 환경분야, 에너지분야 등 범위가 매우 포괄적이어서 향후 경쟁은 점점 높아 질 것으로 예상되오니 법제도의 시행초기에 보다 적극적인 학습준비로 건축물에너지평가사 국가전문자격을 취득하시어 건축물에너지분야의 유일한 전문가로서 중추적인 역할을 할 수 있기를 바랍니다.

　본 수험서는 각 분야 전문가 및 전문 강사진으로 구성된 수험연구회를 구성하여 시험에 도전하시는 분께 가장 빠른 합격의 길잡이가 되어 드리고자 체계적으로 차근차근 준비하여 왔으며 건축물에너지평가사 시험에 관한 전문홈페이지(www.inup.co.kr) 통해 향후 변동이 되는 부분이나 최신정보를 지속적으로 전해드릴 수 있도록 합니다.

　끝으로 여러분께서 최종합격하시는 그 날까지 교재연구진 일동은 혼신의 힘을 다 할 것을 약속드립니다.

건축물에너지평가사 수험연구회

건축물에너지평가사 직무 및 응시자격

❶ 개요 및 수행직무

건축물에너지평가사는 건물에너지 부문의 시공, 컨설팅, 인증업무 수행을 위한 고유한 전문자격입니다. 건축, 기계, 전기, 신재생에너지 등의 복합지식 전문가로서 현재는 건축물에너지효율등급의 인증업무가 건축물에너지평가사의 고유업무로 법제화되어 있으며 향후 건물에너지 부문에서 설계, 시공, 컨설팅, 인증업무 분야의 유일한 전문자격 소지자로서 확대·발전되어 나갈 것으로 예상됩니다.

❷ 건축물에너지평가사 도입배경

1. 건축물 분야 국가온실가스 감축 목표달성 요구
   2020년까지 건축물 부문의 국가 온실가스 배출량 26.9% 감축목표 설정
2. 건축물 분야의 건축, 기계, 전기, 신재생 분야 등 종합적인 지식을 갖춘 전문인력 양성

❸ 수행업무

1. 건축물에너지효율등급 인증기관에 소속되거나 등록되어 인증평가업무 수행(법 17조의 3항)
2. 그린리모델링 사업자 등록기준 중 인력기준에 해당(시행령 제18조의 4)

❹ 건축물에너지평가사 업무의 법적 근거[에너지관리공단 발표자료 참조]

> 건축물 에너지효율등급 인증 제도 【법 제17조제3항】
> ③ 건축물에너지효율등급 인증을 받으려는 자는 대통령령으로 정하는 건축물의 용도 및 규모에 따라 제2항에 따라 인증기관에게 신청하여야 하며, 인증평가 업무는 인증기관에 소속되거나 등록된 건축물에너지평가사가 수행하여야 한다.
>
> ┌─────────────────┐   ┌─────────────────────────┐
> │   〈현행〉   │   ➡   │   〈향후〉   │
> │ 효율등급 인증기관에서 평가 │   │ 인증기관에 소속/등록된 평가사가 │
> │   │   │   효율등급 평가   │
> └─────────────────┘   └─────────────────────────┘
>
> • 인증기관 : LH, 건설기술연구원, 에너지기술연구원, 시설안전공단, 한국감정원, 교육환경연구원, 친환경건축연구원, 건물에너지기술원, 생산성인증본부 총 9개 기관
> ◎ 건물에너지 관련 전문가로서 건물에너지 제도운영 및 효율화 분야에 활용 가능

1. 건축물에너지효율등급 인증제도
- 건물에 대한 에너지효율등급 인증은 2015.5.29부터는 에너지평가사만 할 수 있다.
- 업무형태
  - 인증기관에 소속 : 에너지평가사가 인증기관에 취업하여 인증업무 처리
  - 인증기관에 등록 : 에너지평가사가 인증기관에 등록만하고 개별적 인증업무 처리예상

인증대상 건축물		• 단독주택, 공동주택(기숙사 포함) • 업무시설, 냉방 또는 난방면적이 500m² 이상인 건축물
의무대상	공공건물	• 연면적 3,000m² 이상의 공공건축물을 신축하거나 별동으로 증축하는 경우 1등급 이상 취득 의무화(공동주택(기숙사 제외)의 경우 2등급 이상)
	민간건물	• 현재) 인센티브에 의한 자발적 신청 → 개선) 2016년부터 모든 건축물 에너지 효율등급 취득 단계적 의무화 예정(2014. 3 국토부 보도자료 참조)
효율등급 인증 취득시 인센티브 부여		• 지방세 감면(취득세 5~15% 경감, 재산세 3~15% 경감) • 건축기준완화(용적률, 조경면적, 최대높이 4~12% 완화)

2. 건물에너지 관련 전문가로서 건물에너지 제도운영 및 효율화 분야에 활용 가능
- 건축물에너지 관리시스템(BEMS), 그린 리모델링 사업분야, 온실가스 감축 검증사업 등 각 건물에너지 제도 운영 및 효율화 분야에 점차 확대 되어나갈 것으로 전망

❺ 건축물에니지평가사 용시자격 기준

1. 「국가기술자격법 시행규칙」 별표 2의 직무 분야 중 건설, 기계, 전기·전자, 정보통신, 안전관리, 환경·에너지(이하 "관련 국가기술자격의 직무분야"라 한다)에 해당하는 기사 자격을 취득한 후 관련 직무분야에서 2년 이상 실무에 종사한 자
2. 관련 국가기술자격의 직무분야에 해당하는 산업기사 자격을 취득한 후 관련 직무분야에서 3년 이상 실무에 종사한 자
3. 관련 국가기술자격의 직무분야에 해당하는 기능사 자격을 취득한 후 관련 직무분야 에서 5년 이상 실무에 종사한 자
4. 고용노동부장관이 정하여 고시하는 국가기술자격의 종목별 관련 학과의 직무분야별 학과 중 건설, 기계, 전기·전자, 정보통신, 안전관리, 환경·에너지(이하 "관련학과"라 한다)에 해당하는 건축물 에너지 관련 분야 학과 4년제 이상 대학을 졸업한 후 관련 직무분야에서 4년 이상 실무에 종사한 자
5. 관련학과 3년제 대학을 졸업한 후 관련 직무분야에서 5년 이상 실무에 종사한 자
6. 관련학과 2년제 대학을 졸업한 후 관련 직무분야에서 6년 이상 실무에 종사한 자
7. 관련 직무분야에서 7년 이상 실무에 종사한 자
8. 관련 국가기술자격의 직무분야에 해당하는 기술사 자격을 취득한 자
9. 「건축사법」에 따른 건축사 자격을 취득한 자

건축물에너지평가사 시험정보

❶ 시행일정

공고	1차 시험			응시자격 증빙자료 제출	2차 시험		
	원서접수	시행일	합격 (예정)자 발표		1차 합격자발표, 2차 원서접수	시행일	합격자 발표
3.10(금)	4.10(월)~ 4.28(금)	7.1(토)	7.14(금)	7.14(금)~ 7.26(수)	8.7(월)~ 8.18(금)	10.21(토)	12.8(금)

- 원서접수는 해당 접수기간 첫날 10:00부터 마지막 날 18:00까지 한국에너지공단 건축물에너지평가사 접수페이지(http://bea.energy.or.kr)를 통하여 가능합니다.
- 합격자는 해당 발표일 10:00부터 확인 하실 수 있습니다.
- 응시장소는 원서접수 시 선착순으로 선택가능 합니다.
- 1차 시험 합격예정자는 응시자격 및 과목면제를 증명하는 서류(졸업(학위)증명서, 정해진 경력증명서, 자격증 사본 등)를 제출해야하며 지정된 기간 내에 제출(우편, 방문)하지 않으면 2차시험 응시자격이 제한됩니다.
- 천재지변, 응시인원 증가, 감염병 위기경보 등 부득이한 경우에는 시행일정을 조정할 수 있습니다.

❷ 원서접수

- **원서접수 홈페이지** : 건축물에너지평가사 누리집(http://bea.energy.or.kr)
- **검정수수료**

구분	1차 시험	2차 시험
건축물에너지평가사	68,000원	89,000원

- **접수 시 유의사항**
  - 면제과목 여부는 수험자 본인이 선택할 수 있으며, 제1차 시험 원서접수 시에만 가능하고 이후에는 선택이나 변경, 취소가 불가능 함
  - 원서접수는 해당 접수기간 첫날 10:00부터 마지막날 18:00까지 건축물에너지평가사 누리집(http://bea.energy.or.kr)를 통하여 가능함
  - 원서 접수 시에 입력한 개인정보가 시험당일 신분증과 상이할 경우 시험응시가 불가능 함

❸ 시험장소

- **1차 시험** : 서울 지역 1개소
- **2차 시험** : 서울 지역 1개소
  - 구체적 시험장소는 제 1 · 2차 시험 접수 시 안내
  - 접수인원 증가 시 서울지역 예비시험장 마련

❹ 검정방법 및 면제과목

● 검정방법

구 분	시험과목	검정방법	문항수	시험 시간(분)	입실시간
제1차 시험	건물에너지 관계 법규	4지선다 선택형	20	120	당일 09:30까지 입실
	건축환경계획		20		
	건축설비시스템		20		
	건물 에너지효율 설계·평가		20		
제2차 시험	건물 에너지효율 설계·평가	서술형 계산형 기입형	10 내외	150	

• 시험시간은 면제과목이 있는 경우 면제 1과목당 30분씩 감소 함
• 관련 법률, 기준 등을 적용하여 정답을 구하여야 하는 문제는 "시험시행 공고일" 현재 시행된 법률, 기준 등을 적용하여 그 정답을 구하여야 함

● 면제과목

구분		면제과목 (1차시험)	유의사항
건축사		건축환경계획	과목면제는 수험자 본인이 선택가능
기술사	건축전기설비기술사	건축설비시스템	
	발송배전기술사		
	건축기계설비기술사		
	공조냉동기계기술사		

• 면제과목에 해당하는 자격증 사본은 응시자격 증빙자료 제출기간에 반드시 제출하여야 하고 원서접수 내용과 다를 경우 해당시험 합격을 무효로 함
• 건축사와 해당 기술사 자격을 동시에 보유한 경우 2과목 동시면제 가능함
• 면제과목은 원서접수 이후 변경 불가함

❺ 합격결정기준

● **제1차 시험** : 100점 만점기준 과목당 40점 이상, 전 과목 평균 60점 이상 득점한 자
  • 면제과목이 있는 경우 해당면제과목을 제외한 후 평균점수 산정
● **제2차 시험** : 100점 만점기준 60점 이상 득점한 자

건축물에너지평가사 출제기준

[건축물의 에너지효율등급 평가 및 에너지절약계획서 검토 등을 위한 기술 및 관련지식]

❶ 건축물에너지평가사 1차 시험 출제기준(필기)

시험과목	주요항목	출제범위
건물에너지 관계 법규	1. 녹색건축물 조성 지원법	1. 녹색건축물 조성 지원법령
	2. 에너지이용 합리화법	1. 에너지이용 합리화법령 2. 고효율에너지기자재 보급촉진에 관한 규정 및 효율관리기자재 운용 규정
	3. 에너지법	1. 에너지법령
	4. 건축법	1. 건축법령(총칙, 건축물의 건축, 건축물의 유지와 관리, 건축물의 구조 및 재료, 건축설비 보칙) 2. 건축물의 설비기준 등에 관한 규칙 3. 건축물의 설계도서 작성기준 등 관련 하위규정
	5. 그 밖에 건물에너지 관련 법규	1. 건축물 에너지 관련 법령·기준 등 (예 : 건축·설비 설계기준·표준시방서 등)
건축 환경계획	1. 건축환경계획 개요	1. 건축계획 일반 2. Passive 건축계획 3. 건물에너지 해석
	2. 열환경계획	1. 건물 외피 계획 2. 단열과 보온 계획 3. 부위별 단열설계 4. 건물의 냉·난방 부하 5. 습기와 결로 6. 일조와 일사
	3. 공기환경계획	1. 환기의 분석 2. 환기와 통풍 3. 필요환기량 산정
	4. 빛환경계획	1. 빛환경 개념 2. 자연채광
	5. 그 밖에 건축환경 관련 계획	
건축설비 시스템	1. 건축설비 관련 기초지식	1. 열역학 2. 유체역학 3. 열전달 기초 4. 건축설비 기초
	2. 건축 기계설비의 이해 및 응용	1. 열원설비 2. 냉난방·공조설비 3. 반송설비 4. 급탕설비
	3. 건축 전기설비 이해 및 응용	1. 전기의 기본사항 2. 전원·동력·자동제어 설비 3. 조명·배선·콘센트설비
	4. 건축 신재생에너지설비 이해 및 응용	1. 태양열·태양광시스템 2. 지열·풍력·연료전지시스템 등
	5. 그 밖에 건축 관련 설비시스템	

시험과목	주요항목	세부항목
건물 에너지효율 설계·평가	1. 건축물 에너지효율등급 평가	1. 건축물 에너지효율등급 인증 및 제로에너지건축물 인증에 관한 규칙 2. 건축물 에너지효율등급 인증기준 3. 건축물에너지효율등급인증제도 운영규정
	2. 건물 에너지효율설계 이해 및 응용	1. 에너지절약설계기준 일반(기준, 용어정의) 2. 에너지절약설계기준 의무사항, 권장사항 3. 단열재의 등급 분류 및 이해 4. 지역별 열관류율 기준 5. 열관류율 계산 및 응용 6. 냉난방 용량 계산 7. 에너지데이터 및 건물에너지관리시스템(BEMS) 　(에너지관리시스템 설치확인 업무 운영규정 등)
	3. 건축, 기계, 전기, 신재생분야 도서 분석능력	1. 도면 등 설계도서 분석능력 2. 건축, 기계, 전기, 신재생 도면의 종류 및 이해
	4. 그 밖에 건물에너지 관련 설계·평가	

❷ 건축물에너지평가사 2차 시험 출제기준(실기)

시험과목	주요항목	출제범위
건물 에너지효율 설계·평가	1. 건물 에너지효율 설계 및 평가 실무	1. 각종 건축물의 건축계획을 이해하고 실무에 적용할 수 있어야 한다. 2. 단열, 온도, 습도, 결로방지, 기밀, 일사조절 등 열환경에 대해 이해하고 실무에 적용할 수 있어야 한다. 3. 공기환경계획에 대해 이해하고 실무에 적용할 수 있어야 한다. 4. 냉난방 부하계산에 대해 이해하고 실무에 적용할 수 있어야 한다. 5. 열역학, 열전달, 유체역학에 대해 이해하고 실무에 적용할 수 있어야 한다. 6. 열원설비 및 냉방설비에 대해 이해하고 실무에 적용할 수 있어야 한다. 7. 공조설비에 대해 이해하고 실무에 적용할 수 있어야 한다. 8. 전기의 기본 개념 및 변압기, 전동기, 조명설비 등에 대해 이해하고 실무에 적용할 수 있어야 한다. 9. 신재생에너지설비(태양열, 태양광, 지열, 풍력, 연료전지 등)에 대해 이해하고 실무에 적용할 수 있어야 한다. 10. 전기식, 전자식 자동제어 등 건물 에너지절약 시스템에 대해 이해하고 실무에 적용할 수 있어야 한다. 11. 건축, 기계, 전기 도면에 대해 이해하고 실무에 적용할 수 있어야 한다. 12. 난방, 냉방, 급탕, 조명, 환기 조닝에 대해 이해하고 실무에 적용할 수 있어야 한다. 13. 에너지절약설계기준에 대해 이해하고 실무에 적용할 수 있어야 한다. 14. 건축물에너지효율등급 인증 및 제로에너지빌딩 인증기준을 이해하고 실무에 적용할 수 있어야 한다. 15. 에너지데이터 및 BEMS의 개념, 설치확인기준을 이해하고 실무에 적용할 수 있어야 한다.
	2. 그 밖에 건물에너지 관련 설계·평가	

건·축·물·에·너·지·평·가·사

건축물에너지평가사 2차실기

Contents

건축물 에너지평가사 2차실기 **上**, **下**권 발행

上 권 : 건축환경계획, 건축설비시스템
下 권 : 에너지절약설계기준, 건축물에너지효율등급실무

제 1 편

건축환경계획

01 건축물에너지 효율적인 건축환경계획
02 열환경에 대한 이해와 적용
03 공기환경에 대한 이해와 적용

contents

제3장 공기환경에 대한 이해와 적용

01 건축물에너지 효율적인 건축환경계획

> **핵심 1** 건물에너지 절약의 필요성

1. 전세계적으로 건물부문의 에너지 소비량 : 약 40%

(1) 서울시의 경우 건물이 차지하는 에너지소비량은 전체에너지의 60.7%를 차지하며, 대구시 45.6%, 광주시 48.2%, 대전시 53.3%의 높은 비율

(2) 미국은 건물에너지 소비량 비율이 45%, 영국은 40%, 세계평균 38%, OECD 평균 31%

(3) 건물 부분은 타 부문에 비해 저급에너지 활용도가 높음. 따라서 에너지 절약 설계를 통해 에너지 사용을 줄이는 노력을 해야 함

2. 에너지의 높은 해외 의존도

우리나라는 에너지의 96%를 수입에 의존하고 있으며, 2011년 에너지 수입액은 1,725억불로 전체 수입액의 32.9% 차지

3. 화석연료 사용에 따른 지구온난화

(1) 에너지 연소에 따른 온실가스가 85% 차지

(2) 교토의정서 상의 6대 온실가스 : 이산화탄소(CO_2), 메탄(CH_4), 아산화질소(N_2O), 수소불화탄소(HFC_S), 과불화탄소(PFC_S), 육불화황(SF_6)

(3) 부속서 I 에 속한 선진 38개국은 2008-2012년 의무기간에 6대 온실가스에 대해 1990년 수준보다 최소한 5.2%까지 감축하기로 함

(4) 석유, 석탄, 천연가스 등의 화석에너지는 탄화수소화합물(CnHm)로 연소시 수증기(H_2O)와 이산화탄소(CO_2) 등의 온실가스를 발생

(5) 지구평균 CO_2농도는 산업혁명이후 280ppm에서 400ppm으로 상승(미해양대기국, 2015)

(6) 450ppm이 되면 세계 평균기온이 산업혁명 이전에 비해 2도 이상 올라갈 것으로 예상

(7) 파리협정에 근거한 신기후체제에 따른 온실가스 배출량 축소 요구

(8) 지구온난화지수(GWP : Global Warming Potential)는 온실기체들의 상대적인 대기온도 상승 잠재력을 나타낸 것. 기준이 되는 물질은 이산화탄소
이산화탄소 : 1, 메탄 : 21, 아산화질소 : 310
수소불화탄소 : 1,300, 과불화탄소 : 7,000, 육불화황 : 23,900

(9) 배출된 온실가스는 이산화탄소가 77%로 가장 큰 비중을 차지
메탄은 14%, 아산화질소가 8%, 기타 온실가스는 전체배출량의 1%를 차지

4. 화석에너지 고갈

영국석유(BP)에 따르면 현재와 같은 소비율이 지속된다면 석유는 약 50년, 천연가스는 약 51년, 석탄은 약 132년 이내에 고갈될 것으로 예측(BP Statistical Review of World Energy 2019)

┃용어정리┃

온실효과(Greenhouse Effect)

고온의 태양에 의해 방사된 복사열은 짧은 파장으로 대기권과 유리를 통과하여 식물이나 물체에 의하여 흡수된다. 이러한 물체는 열을 재방사하나 그 표면온도가 낮으므로 긴 파장의 복사열이 된다. 이러한 긴파장은 유리나 대기권을 통과하지 못하므로 열이 갇혀지게 된다. 이 현상을 온실효과라 한다.

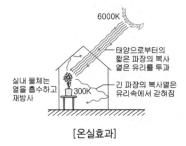

[온실효과]

이러한 온실효과로 인해 지구 대기의 평균온도는 약 15℃로 유지되고 있으며, 온실효과가 없다면 현재보다 35℃ 정도 온도가 낮아질 수 있다고 한다. 최근에는 화석연료 과다사용으로 인한 CO_2 방출로 인해 지나친 온실효과에 기인한 지구온난화가 문제가 되고 있다.

핵심 2 **건물에너지 절약을 위한 건축환경조절 방법과 접근법**

1. 에너지절약을 위한 건축환경 조절

(1) 자연형 조절(Passive Control)

기계장치를 이용하지 않고 건축설계 수법을 통해 자연이 가진 이점을 최대한 이용함으로써 에너지를 절약하고 환경을 보존할 수 있는 방법
- 예 남면경사지 이용, 남향배치, 단열, 축열, 일사차폐, 자연통풍, 자연채광 등

(2) 설비형 조절(Active Control)

에너지를 소모하는 기계장치를 이용하는 적극적인 환경조절방법으로 외부환경과 무관하게 일정한 수준으로 조절가능
- 예 공기조화, 난방, 조명, 기계환기, 국부배기 등

(3) 자연형 조절과 설비형 조절

각각 별개의 방법이 아닌 상호보완적인 방법이며, 자연형 조절이 우선되어야 하고 설비형 조절은 자연형조절의 한계를 보완하는 보조수단으로 생각해야 한다.

THE 3 TIER APPROACH SUSTAINABLE HEATING, COOLING, AND LIGHTING OF BUILDINGS
* PART OF SOLAR RESPONSIVE DESIGN
Drawn by Barbara Jo Agnew at Auburn University

[건물에너지절약을 위한 3단계 접근법]

*출처 : www.cadc.auburn.edau/sun-emulatoro

01 건물에너지 절약을 위한 (1) 환경조절 방법과 (2) 단계별 접근법을 서술하시오.

1. 에너지 절약을 위한 건축환경 조절

(1) 자연형 조절(Passive Control)
기계장치를 이용하지 않고 건축설계 수법을 통해 자연이 가진 이점을 최대한 이용함으로써 에너지를 절약하고 환경을 보존할 수 있는 방법
예) 남면경사지 이용, 남향배치, 단열, 축열, 일사차폐, 자연통풍, 자연채광 등

(2) 설비형 조절(Active Control)
에너지를 소모하는 기계장치를 이용하는 적극적인 환경조절방법으로 외부환경과 무관하게 일정한 수준으로 조절가능
예) 공기조화, 난방, 조명, 기계환기, 국부배기 등

(3) 자연형 조절과 설비형 조절의 관계
각각 별개의 방법이 아닌 상호보완적인 방법이며, 자연형 조절이 우선되어야 하고 설비형 조절은 자연형조절의 한계를 보완하는 보조수단으로 생각해야 함

2. 건물에너지 절약을 위한 접근법
(1) 1단계 : 건물의 기본설계
① 겨울에는 열손실을 최소화하고, 여름에는 열획득을 최소화
② 효과적인 기본설계를 통해 건물에너지의 60% 절감 가능
③ 기본 설계 단계에서의 주요 설계 요소에는 다음과 같은 것이 있음
  · 미기후를 고려한 대지선정
  · 태양경로를 고려한 배치계획
  · 계절별 일사획득과 일사차단을 고려한 조경계획
  · S/V비를 최소화하고 일사영향을 고려한 형태계획
  · 계절별 일사획득량을 고려한 방위계획
  · 일사흡수율을 고려한 외피마감 색상계획
  · 외피의 고단열계획
  · 냉방기간동안 일사를 차단할 수 있는 외부차양계획
  · 투습, 방수, 축열 성능 등을 고려한 건축재료 선정
  · 침기에 따른 열손실을 줄일 수 있는 기밀계획
  · 일사획득과 차단을 고려한 방위별 창호계획
  · 방위별 창호의 크기, 유리의 종류, 단열성능, 차폐성능 결정
  · 고효율 조명, 고효율 기기장치 선정

(2) 2단계 : 자연에너지의 적극적인 활용을 위한 Passive System적용
  ① 겨울철 태양열 획득을 위한 직접획득 방식, 축열벽 방식, 부착온실 방식 등 적용
  ② 여름철 냉방부하 저감 및 실내열 방출을 위한 Earth Coupling, Comfort Ventilation, Night Flush Cooling 적용
  ③ 자연채광 도입을 위한 광선반, 고창 등 계획
  ④ 이상과 같은 Passive System 적용을 통해 추가로 약 20%의 에너지 절감 가능

(3) 3단계 : 효율적인 기계설비 계획
  ① 고효율 보일러, 냉동기 등의 열원설비 계획
  ② 고효율 팬, 펌프 등의 반송장치 계획
  ③ LED, 고광도 방전등 등의 고효율 조명계획
  ④ 이상과 같은 고효율 기계 설비계획을 통해 추가로 약 8%의 에너지 절감 가능

이상의 단계별 접근법에서 기술했듯이 건물의 기본설계와 자연에너지 이용계획을 통해 건물에너지의 약 80%를 절감할 수 있다. 따라서 건물자체의 에너지 성능을 높일 수 있는 초기단계의 에너지절약 설계가 요구된다.

02 에너지 절약형 건축물 계획을 위한 단계별 구현 전략 및 각 단계별 핵심 요소기술을 간략히 기술하시오

1. 에너지 절약형 건축물 계획을 위한 단계별 구현 전략
(1) 1단계 : 건물부하 저감 기술 적용을 통한 건물 에너지 요구량 최소화

고단열, 고기밀, 고효율 창호, 자연통풍, 자연채광, 겨울철 일사획득, 여름철 일사차단, 최적 방위, 최적 형태, 방위별 창면적비, 옥상 및 벽면 녹화 등의 자연형 조절 기법을 적용하여 건물의 에너지 요구량을 최소화

(2) 2단계 : 시스템 효율 향상 기술을 통한 건물 에너지 소요량 최소화

고효율 설비시스템, 고효율 조명기기 등을 이용하여 건물의 에너지 요구량을 효율적으로 해소함으로써 건물의 에너지 소요량 최소화

(3) 3단계 : 신재생 에너지 활용을 통한 건물에너지 소요량 생산

태양열, 태양광, 풍력, 지열 등의 신재생에너지를 활용하여, 건물의 에너지 소요량을 해결

2. 각 단계별 핵심 요소기술
(1) 건물 부하 저감 기술
- 고단열 기술
  ① 열전도율이 낮은 고효율 단열재를 두껍게 적용하여 외피의 열관류율을 최소화
  ② 열교 없는 외단열 적용을 통해 건물의 결로 문제 해결
- 고기밀 기술
  ① 기밀쉬트, 기밀테이프, 기밀전선관, 기밀콘센트 등을 활용하여 의도하지 않은 틈새를 통한 침기와 누기를 최소화
  ② 구조체 자체가 고기밀 성능을 지닌 철근콘크리트 건물은 구조체와 창호접합부위, 전선관, 덕트 등이 구조체를 관통하는 부위를 기밀성능이 높은 테이프, 전선관 등으로 기밀 시공
- 고효율창호 기술
  ① 열관류율(U값)이 낮고 가시광선투과율(VLT)은 높은 고효율 창호 적용
  ② 기밀성능이 높은 창호 적용
  ③ 태양열획득계수(SHGC)는 일사획득이 요구되는 주거용 건물은 높게, 일사차단이 요구되는 업무용 건물은 낮게 계획

- 자연통풍
  ① 맞통풍(Cross Ventilation), 굴뚝효과를 활용한 자연통풍으로 내부열 배출
  ② 쾌적환기(Comfort Ventilation), 나이트퍼지(Night Purge) 등을 활용한 냉방부하 저감
- 자연채광
  ① 남면 창에는 광선반을 설치하여 반사광을 실내 깊숙이 사입
  ② 북면 창을 통한 확산광 유입
  ③ 자연채광 유입을 통해 인공조명 축소 및 인공조명으로 인한 내부발생열 감소
- 겨울철 일사획득
  ① 난방기간에는 남면 창을 통한 일사획득이 극대화 될 수 있도록 넓은 창호 계획
  ② 창을 통한 일사획득율을 높일 수 있도록 SHGC가 높은 창호 계획
- 여름철 일사차단
  ① 냉방기간에는 남면 창을 통한 일사획득이 최소화 될 수 있도록 적정 차양 계획
  ② 동향 및 서향 창은 최소화 하고, 활엽수 식재 및 수직차양 또는 외부가동차양 설치
- 최적 방위
  ① 외피부하가 주가 되는 주거용 및 학교건물은 겨울철 일사획득을 극대화하고 여름철 일사 획득을 최소화 할 수 있도록 동서축으로 긴 남향 배치
  ② 내부발생열이 주요 부하가 되는 업무용 건물은 냉방부하가 최소화 될 수 있도록 정방형 건물형태가 최적
  ③ 남북축으로 긴 건물은 냉난방부하 측면에서 바람직하지 않음
- 최적 형태
  ① 외피를 통한 열손실과 열획득량을 최소화 할 수 있도록 외피면적의 최소화
  ② S/V비와 S/F비는 작고, A/P비와 체적비는 큰 형태 계획
- 방위별 창면적비
  ① 계절별 방위별 일사획득량을 고려하여 남측창은 크게, 동·서·북측창은 가능하면 작게 계획
  ② 남측은 창면적비를 60% 이하, 동서북측은 창면적비를 40% 이하가 되도록 계획
- 건물(옥상 및 벽면) 녹화
  ① 옥상 및 벽면 녹화를 통해 일사를 차단하여 건물의 냉방부하 감소
  ② 건물 녹화를 통해 일사획득 감소와 증산작용으로 인한 도시 열섬현상 완화

(2) 시스템 효율향상 기술

- 고효율 설비시스템
  ① 보일러, 냉동기 등의 고효율 열원설비 계획
  ② 팬, 펌프 등의 고효율 반송설비 계획
- 고효율 조명기기
  ① LED, 고광도 방전등 등의 고효율 조명 계획
  ② 디밍컨트롤(Dimming Control) 및 주광감지센서를 활용한 효율적인 조명제어

(3) 신재생에너지 활용 기술

- 태양열 활용 기술
  ① 집열판, 축열조, 순환펌프 등으로 구성된 설비형 태양열 시스템을 활용한 급탕 및 난방
  ② 태양열 시스템과 흡수식 냉동기를 활용한 냉방 가능
- 태양광 활용 기술
  ① 태양전지(PV)를 활용한 전기 생산
  ② 태양광을 바로 직류전기로 전환하여 사용가능
  ③ 축전지를 이용한 독립형과 전력계통(전력 Grid)을 연계한 계통연계형으로 이용 가능
- 풍력 활용 기술
  ① 풍력발전기(Wind Turbine)를 활용한 전기 생산
  ② 건물주위의 2.5m/s 이상의 바람을 이용할 수 있는 수직축 풍력발전 적용
  ③ 해안, 산간지방 등의 풍환경이 좋은 곳으로부터의 Off-Site Energy Source로 활용 가능
- 지열 활용 기술
  ① 연중 일정한 온도를 유지하는 천부지열을 이용하는 방식
  ② 지중을 냉방기에는 Heat Sink로, 난방기에는 Heat Source로 활용
  ② 히트펌프 기술을 이용한 건물의 냉난방

핵심 3 건물생체기후도를 이용한 패시브디자인계획

건축물에서 생활하는 재실자가 쾌적한 열환경에서 생활하기 위해서는 체내의 열을 충분히 방사할 수 있도록 항상 피부온도가 체내온도(37℃)보다 낮아야 한다. 체내의 열방사가 충분히 이루어지는 실내 환경의 온도범위를 쾌적영역(Comfort Zone)이라고 하며, 일반적으로 온도, 습도, 기류, 평균복사온도의 관계를 조합하여 80% 이상 대다수의 성인들이 쾌적하다고 느끼는 환경의 범위를 설정한 것으로 개인의 심리 및 활동상태 등에 따라 차이가 있으며, 습공기선도(psychrometric chart) 상에서 표시된다.

[냉·난방장치의 용량계산을 위한 실내 온·습도 기준]

구분	난방	냉방	
	건구온도(℃)	건구온도(℃)	상대습도(%)
공동주택	20~22	26~28	50~60
업무시설	20~23	26~28	50~60

■ 건물생체기후도(building bioclimatic chart)

인체가 느끼는 생체기후적 요구(bioclimatic needs)에 의거하여, 특정 기후조건에 있어서 인체를 쾌적한 상태로 만들어주기 위해 필요한 건축설계 기술들의 존(zone)을 습공기선도 상에 표시하고, 해당 기후데이터를 뽑아 쓸 수 있게 만든 차트이다. 설계자 건축물이 쾌적영역을 유지하도록 설계단계부터 대지가 위치한 지역의 기후를 고려하여 건물생체기후도를 통해 우선순위의 패시브 계획을 검토할 필요가 있다.

자연형조절과 설비형조절을 포함한 환경설계기법을 습공기선도에 도시

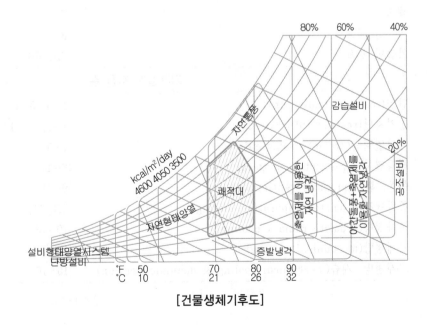

[건물생체기후도]

■ 기후특성 분석에 적용된 생체기후적 요구 죤과 기후설계 지침 죤

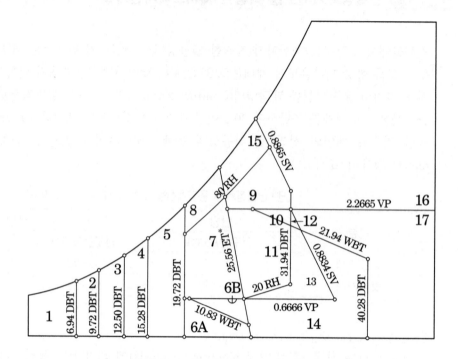

DBT : 건구온도(℃)	WBT : 습구온도(℃)	VP : 수증기분압(kPa)
RH : 상대습도(%)	SV : 비체적(m³/kg)	ET* : 유효온도

생체기후적 요구 죤	
난방필요	1~5
냉방필요	9~17
쾌적	7
제습만 필요	8
가습만 필요	6A, 6B

기후설계 지침 죤	
단열(restrict conduction)	1~5, 9~11, 15~17
침기차단(restrict infiltration)	1~5, 16~17
태양열획득(promote solar gain)	1~5
태양열차단(restrict solar gain)	6~17
통풍, 환기(promote ventilation)	9~11
증발냉각(promote evaporative cooling)	6B, 11, 13~14
복사냉방(promote radiant cooling)	10~13
기계냉방(mechanical cooling)	17
기계냉방, 제습(mechanical cooling & dehumidification)	15~16

* 출처 : 송승영. 건물생체기후도를 이용한 자연형 기후설계 도구 개발 및 활용

03 건축물의 에너지 절약을 위해서는 건축설계단계에서부터 패시브 계획으로 할 필요가 있다. 이때 분석해야 되는 가장 기본이 되는 에너지절약설계기법으로는 어떤 것들이 있는지 5가지 이상 쓰시오.

(1) 단열 (Restrict Conduction)

(2) 태양열 획득 (Promote Solar Gain)

(3) 태양열 차단 (Restrict Solar Gain)

(4) 침기 차단 (Restrict Infiltration)

(5) 복사냉각 (Promote Radiant Cooling)

(6) 증발냉각 (Promote Evaporative Cooling)

(7) 통풍환기 (Promote Ventilation)

핵심 4 Passive House 인증 성능기준과 개념도

1. Passive House 인증 성능기준

(1) 난방에너지 요구량

$15kWh/m^2yr$ 이하(난방등유 $1.5L/m^2yr$ 또는 도시가스 $1.5m^3/m^2yr$ 이하) 또는 최대난방부하 : $10W/m^2$ 이하

(2) 냉방에너지 요구량

$15kWh/m^2yr$ 이하

(3) 기밀성능 테스트

n50조건에서 0.6ACH 이하

(4) 급탕, 난방, 냉방, 전열, 조명 등 전체 에너지 소비에 대한 1차 에너지 소요량

$120kWh/m^2yr$ 이하

(5) 전열교환기 효율

75% 이상

이상의 요구성능에 대한 모든 계산은 PHPP(Passive House Planning Package)에 의해 이루어져야 함

2. Passive House 요소기술

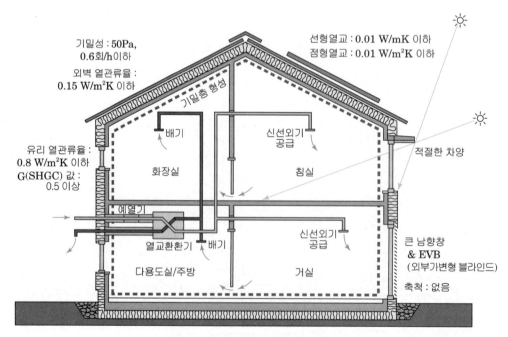

[Passive House 요소기술 개념도]

핵심 5 Zero Energy Building 프로세스

1. Zero Energy Building 기술

(1) 건물부하 저감기술
① 건물의 향, 건물형태
② 고단열, 고기밀, 고효율 창호, 고효율 전열교환

(2) 시스템 효율향상기술
각종 설비시스템들의 효율향상

(3) 신재생에너지 활용기술
태양열, 태양광, 지열, 풍력, 바이오 에너지 활용

(4) 통합 유지관리기술
설비별 작동시간 최적제어, 종합적인 유지관리

2. 에너지절약형 건축물의 구현 전략

전략	목표	기술 개요
건축부문 부하저감	건물의 에너지 요구량을 최소화	창면적비 조정, 차양, 고성능단열재, 고효율 창호 등 외피 부하를 최소화하는 건축설계 및 재료의 선정
설비부분 효율 향상	건물의 에너지 소요량을 최소화	고효율 설비시스템, 고효율 조명기기 등을 이용하여 건물의 에너지 요구량을 효율적으로 해소
신재생부문 에너지 생산	건물의 에너지 소요량을 생산	태양열, 지열 등 신재생 에너지를 활용하여 건물의 에너지 소요량을 해결

3. 제로에너지건물 프로세스 개념도

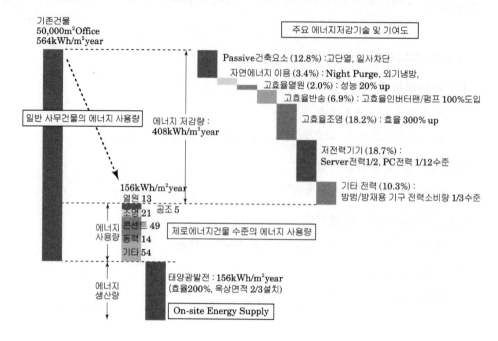

┃용어정리┃

(1) 에너지 요구량

특정조건(내/외부온도, 재실자, 조명기구)하에서 실내를 쾌적하게 유지하기 위해 건물이 요구하는 에너지량
① 건축조건만을 고려하며 설비 등의 기계 효율은 계산되지 않음
② 설비가 개입되기 전 건축 자체의 에너지 성능
③ 건축적 대안(Passive Design)을 통해 절감 가능

(2) 에너지 소요량

건물이 요구하는 에너지요구량을 공급하기 위해 설치된 시스템에서 소요되는 에너지량
① 시스템의 효율, 배관손실, 펌프 동력 계산(시스템에서의 손실)
② 설비적 대안(Active Design) 및 신재생에너지의 설치를 통해 절감 가능

(3) 1차 에너지 소요량

에너지 소요량에 연료를 채취, 가공, 운송, 변환 등 공급 과정 등의 손실을 포함한 에너지량으로 에너지 소요량에 사용연료별 환산계수를 곱하여 얻을 수 있음
① 1차 에너지 : 가공되지 않은 상태에서 공급되는 에너지, 화석연료의 양(석탄, 석유)
② 2차 에너지 : 1차 에너지를 변환 가공해서 얻은 전기, 가스 등
　　　　　　　(에너지 변환손실 + 이동손실)

> 에너지 소요량 × 사용 연료별 환산계수

■ 사용 연료별 환산계수
　연료 1.1, 전력 2.75, 지역난방 0.728, 지역냉방 0.937

04 다음 물음에 답하시오.

(1) 다음 그림은 자연형 조절과 설비형 조절을 포함한 환경설계기법을 습공기선도에 도시한 건물생체기후도(Building Bioclimatic Chart)이다.

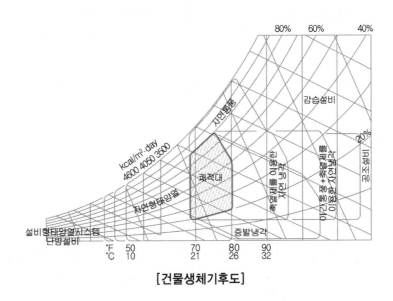

[건물생체기후도]

아래의 각 기후지역에 대한 환경조절기법을 제시하시오.

① 기온 10℃, 상대습도 50%인 기후지역　② 기온 32℃, 상대습도 20%인 기후지역

③ 기온 26℃, 상대습도 80%인 기후지역　④ 기온 30℃, 상대습도 10%인 기후지역

(2) Zero Energy Building을 실현하기 위해서는 건물부하 저감기술, 시스템 효율향상 기술, 신재생에너지 활용기술 등이 효율적으로 구현되어야 한다. 다음의 건물에너지 관련 설명에 해당하는 용어를 쓰시오.

① 특정조건(내/외부온도, 재실자, 조명기구)하에서 실내를 쾌적하게 유지하기 위해 건물이 요구하는 에너지량으로 설비가 개입되기 전 건축자체의 에너지 성능

② 건물이 요구하는 에너지요구량을 공급하기 위해 설치된 시스템에서 소요되는 에너지량으로 시스템의 효율, 배관손실, 펌프동력 등의 시스템에서의 손실이 감안된 에너지 성능

③ 에너지소요량에 연료를 채취, 가공, 운송, 변환 등 공급과정 등의 손실을 포함한 에너지량으로 에너지 소요량에 사용연료별 환산계수를 곱하여 얻을 수 있는 에너지 성능

(3) 다음의 에너지 및 환경 관련 용어의 의미에 대해 기술하시오.

① TOE

② ODP

③ GWP

(1) 각 기후지역의 온습도를 건물생체기후도상에 표시해 보면 해당되는 환경조절기법을 알 수 있다.
　① 기온이 쾌적대에 비해 낮은 곳으로 자연형 태양열시스템을 이용하면 쾌적감을 느낄 수 있다.
　② 쾌적대에 비해 기온이 높은 곳으로 축열체를 이용한 자연냉각을 이용하면 쾌적감을 느낄 수 있다.
　③ 쾌적대에 비해 상대습도가 높은 곳으로 자연통풍을 통해 쾌적감을 얻을 수 있다.
　④ 고온 건조한 기후지역으로 증발냉각을 이용하면 쾌적감을 얻을 수 있다.

(2) 에너지 요구량, 에너지 소요량, 1차에너지 소요량에 대한 설명이다. 이들 용어에 대한 확실한 이해가 요구된다.
　① 에너지 요구량
　② 에너지 소요량
　③ 1차에너지 소요량

(3) 에너지 및 환경관련 용어
　① TOE란 에너지의 양을 나타내는 단위로 석유환산톤(ton of oil equivalent)이라고 하며 원유(석유) 1톤을 연소하였을 때 발생하는 열량으로 1TOE는 10,000,000kcal에 해당

에너지원	단위	총 발열량		석유환산계수
		kcal	MJ 환산	
천연가스(LNG)	kg	13,000	54.5	1.300
도시가스(LNG)	Nm^3	10,550	44.2	1.055

　※ 비고 : 1. 석유환산계수는 에너지원별 발열량을 1kg = 10,000kcal로 환산한 값을 말한다. 발열량을 기준으로 하여 여타의 에너지원별 발열량을 비교하여 석유환산톤으로 환산하게 된다.
　에너지원별로 각각의 고유단위로 산정된 자료를 TOE로 환산할 경우
　각각의 에너지원별 발열량에 의해 산출된 석유환산계수를 원별로 곱하여 산출한다.
　예를 들어 경유의 발열량은 9,200kcal/L이며 원유는 10,000kcal/kg이므로 석유환산계수는 0.92kg/L가 된다.
　따라서, 경유 100kℓ를 석유환산톤으로 환산할 경우
　100kℓ × 0.92 = 92 TOE가 된다.

　② ODP란 Ozone Depletion Potential(오존파괴지수)의 머리글자로 오존파괴지수(Ozone depletion Potential : ODP)란 어떤 화합물질의 오존파괴 정도를 숫자로 표시한 것이다. 염화불화 탄소 등이 오존층파괴 원인물질로 알려져 있는데 이 숫자가 클수록 오존파괴 정도가 크다는 것을 의미한다.
　보통 삼염화불화탄소(CFCl$_3$)의 오존파괴능력을 1로 보았을 때 상대적인 파괴능력을 나타내고 있다.

할론 계통이 오존파괴지수가 3~10에 달하고 있으며 트리클로로에탄($C_2H_3Cl_3$)은 0.14, 염화불화탄소(CFCs)의 대체물질로 개발되고 있는 수소염화불화탄소($HCFC_s$) 계통이 0.05로 매우 작은 수치를 보이고 있다.
주요 오존파괴물질의 수명 및 오존파괴지수는 다음과 같다.

화 학 물 질	수 명(Years)	오존파괴지수(ODP)	주 요 용 도
CFC-11	60	1.0	발포제, 냉장고, 에어컨
CFC-12	120	1.0	발포제, 냉장고, 에어컨
CFC-113	90	0.8	전자제품 세정제
CFC-114	200	1.0	발포제, 냉장고, 에어컨
CFC-115	400	0.6	발포제, 냉장고
Halon 1301	110	10.0	소화기
Halon 1211	25	3.0	소화기
Halon 2402	28	6.0	소화기
Carbon tetrachloride	50	1.1	살충제, 약제
Methyl chloroform	6.3	0.15	접착제

(자료출처 : 환경부)

우리나라는 1992년 몬트리올 의정서에 가입. 2000년 1월부터 CFC-11, 12, 113, 114, 115와 Halon - 1211, 1301, 2402 물질의 사용을 규제하고 있다.

③ GWP란 Global Warming Potential(지구온난화지수)의 머리글자로
지구온난화지수(GWP : Global Warming Potential)는 온실가스들의 상대적인 대기온도 상승 잠재력을 나타낸 것이다. 기준이 되는 물질은 이산화탄소(CO_2)이며 주요 온실가스들의 지구온난화지수는 아래와 같다.

온실가스	화학식	GWP 2001
이산화탄소	CO_2	1
메탄	CH_4	21
아산화질소	N_2O	310
수소불화탄소	HFCs	1,300
과불화탄소	PFCs	7,000
육불화황	SF_6	23,900

05 건물외피를 통한 열손실과 열획득에 영향을 미치는 건축물의 형태계획요소들에 대해 설명하시오.

1. S/V비(Surface to Volume Ratio, 체적 대비 표면적 비)
건물형상에서 중요한 고려사항은 외피면적(外皮面積 : surface)과 체적(Volume)의 비이다. 체적에 비해 외피면적이 작은 건물(낮은 S/V)은 외피를 통한 열취득 또는 열손실의 영향을 적게 받는다.

2. S/F비(Surface to Floor Ratio, 바닥면적 대비 표면적 비)
일반적으로 같은 형태의 건물에서는 고층일수록 바닥면적에 대한 외벽면적의 비율(S/F비)과 용적에 대한 외벽면적의 비율(S/V비)이 감소하게 되므로 단위면적당의 에너지 소비가 감소하게 된다.
S/F비 역시 S/V비와 마찬가지로 그 값이 작아지면(바닥면적에 비해 외피면적이 작아지면) 외피를 통한 열취득 또는 열손실의 영향을 적게 받는다. 저층일 때는 층수의 증가에 따라 급격히 감소하지만 고층에서는 그 감소폭이 크게 줄어들어 20층 이상에서는 큰 차이가 없게 된다.

3. 평면밀집비(A/P비, Area to Perimeter Ratio, 외벽길이 대비 바닥면적 비)
평면밀집비는 S/V비와는 달리 높은 밀집비를 갖는 건물이 외피를 통한 열획득 또는 열손실의 영향을 적게 받고, 낮은 밀집비의 건물은 영향을 많이 받는다.

4. 체적비(V/S비, Volume to Surface Ratio, 표면적 대비 체적 비 개념)
체적비는 평면밀집비를 3차원 형태의 해석을 위해 발전시킨 것으로, 체적비는 평면밀집비와 같이 높은 체적비의 건물이 낮은 체적비의 건물보다 유리하다.

핵심6 지중열(Geothermal Energy) 이용

지중열원은 5m 이하로 내려가면 연중 온도 변화가 작고, 외기에 비해 상대적으로 변화의 폭이 작으며, 연평균 기온에 수렴한다. 지중의 큰 열용량으로 인해 시간지연 효과로 동절기에는 외기보다 높은 온도를 하절기에는 낮은 온도를 유지하기 때문에 이를 이용할 경우 냉난방을 에너지 절약적으로 효과적으로 할 수 있다. 지중열의 이용은 지중온도와 외기의 온도차를 이용하기 때문에, 연중 추운 한대지방이나 연중 무더운 열대지방에서는 이용이 불가능하며, 우리나라와 같이 계절별 온도차가 큰 경우 이용이 가능하다.

1. 지중열에 대한 이해

(1) 지중열 이용 방법

지중열을 이용하는 방법은 매우 다양하다. 지열히트펌프를 이용하여 냉난방을 하는 액티브 기법과 지중매설관 혹은 피트, 트렌치를 이용한 패시브 기법이 있다. 이용방법에 따라 다양한 이름으로 나타나며, 구조체의 피트를 이용할 경우 Earth Pit 혹은 트렌치, 쿨링(히팅)피트로 불린다. 계절별 외기와 지중열 간의 온도차가 클수록 에너지 절감효과가 크다.

(2) 지중열 이용 시스템의 기본 개념

지중열 이용 시스템의 기본 개념은 지중의 적정 깊이에 플라스틱관 혹은 금속관을 매입하고 건물 공조에 필요한 외기를 유입하는 것이다. 유입된 신선 외기는 지중을 통과하면서 지중과 열교환함으로써 동절기에는 외기보다 높은 온도로, 하절기에는 낮은 온도로 유입되어 예열·예냉효과가 발생한다. 시스템이 비교적 단순하고 안정적이기 때문에 건물에 적용이 쉽다는 장점이 있으나 토목공사를 포함한 초기투자비용에 비해 시스템 효율이 높지 않은 단점도 있다.

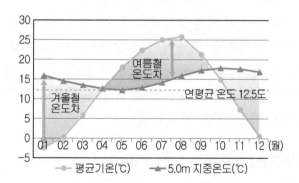

[서울지방 월평균기온과 지중온도]

(3) 지중열 이용의 한계

건축가의 독립적인 계획은 한계가 있으며, 기계·설비 엔지니어와의 협업이 요구된다. 대지의 지중온도와 지중전도율, 열용량, 흙의 밀도 등을 검토하여 적정 규모를 산정할 필요가 있으며, 절감된 에너지를 반영하여 열원설비의 다운사이징이 요구된다.

핵심 7   지중열(Geothermal Energy)을 이용한 패시브 기법

---

1. 쿨피트(Cool Pit)

쿨피트 시스템 혹은 쿨·히트 트렌치 시스템으로 지중 5m 이하로 갈수록 연평균 기온에 수렴하는 지중열을 이용하여 외기도입시 지하 피트공간을 활용한 쿨·히트 트렌치를 통해 예냉·예열하는 방식이다.

2. 쿨튜브(Cool Tube)

쿨튜브 시스템의 기본개념은 지중의 적정 깊이에 플라스틱 혹은 금속관을 매립하고 외기를 관을 통해 유입시키는 방식으로 건물 남측면에 설치된 이중외피(Double Skin)시스템과 연계되어 동절기 유입외기를 2차 가열할 수 있는 시스템으로 적용되며, 일반적으로 전공기 방식의 냉방시스템에 적용된다. 하지만 토양온도가 요구된 실내 공기온도보다 확정적으로 더 낮지 않다면 지중쿨튜브는 냉각원으로서 역할을 다하지 못할 것이다. 하지만 실외 공기 안정을 위해서는 단순히 지중튜브 주변 토양온도가 실외 공기온도보다 적당히 더 낮기만 하면 된다. 또한 냉각기 동안에는 지중튜브 주변 토양이 튜브로부터 전달되는 열로 인해 정상적인 온도조건 이상으로 가열될 것이다. 이로 인해 냉각기나 난방기 동안 장기적인 성능저하를 초래하기 쉽다. 비록 지중튜브 내 응축이 가능할지라도 실외 공기로부터 제습건조는 대개 어려우며 기계건조나 수동건조 시스템을 이용해야만 할 것이다. 그리고 튜브가 곰팡이, 균류 및 박테리아 등의 온상이 될 수 있다는 점을 염두에 두고 튜브공기가 직접 건물 속으로 도달하지 않는 간접방식을 고려해 보고, 이와 더불어 방충막 설치를 통해 곤충 등이 실내로 들어오지 못하도록 하는 것을 권장한다.

3. 써멀 라비린스(Thermal Labyrinth)

열적인 미로(Labyrinth)라는 의미로 지중에 외기유입 경로를 미로와 같이 구성하여 지중에 대한 접촉면을 넓힘으로써 열교환 효율을 높일 수 있는 방식이다. 건축적 필요에 의해 지하구조체에 설치되는 이중벽 구조를 Air-Soil duct로 활용하는 것으로 일종의 쿨피트 혹은 쿨튜브 시스템으로 별도의 구조체 시공이 요구되지 않는다. 성능요소로는 지중열전도율, 열용량, 흙의 밀도, 지중에 노출된 면적, 덕트길이, 풍속(1~2m/s) 및 정압 등이 있다.

핵심 8 **써멀 라비린스(TLVS, Thermal Labyrinth Ventilation System)**

1. 개념

(1) 연중 비교적 일정한 온도를 유지하는 지열을 이용한 환기에너지 절약형 시스템이다.
(2) 지중에 면하는 콘크리트 구조체 중 일부에 미로형태의 외기도입경로를 형성하여 도입 외기와 지열의 열교환을 통해 환기용 외기를 겨울철에는 예열, 여름철에는 예냉하는 시스템이다.

2. 특징

(1) 건물자체의 구조체 이용하여 별도의 토공사가 필요 없다.
(2) 기류가 통과하는 단면적이 커서 도입 외기풍량이 크다.
(3) 대규모공조가 필요한 공간에 적합하다.
(4) 지중바닥, 지중벽을 전열교환기로 활용한다.

3. Thermal Labyrinth와 Cool Tube 시스템 특징 비교

구분	Thermal Labyrinth	Cool Tube
형식	• 건물자체의 지중 구조체의 일부를 미로형태의 외기 유입통로를 형성하여 외기유입 • 지하층수가 많은 건물은 지중벽을 활용한 수직형태의 경로형성하며 지하층수가 적은 건물은 지중바닥을 활용한 수평형태의 경로 형성	PVC 또는 금속재질의 튜브를 건물 외부 지중에 매설하고 외기 유입
장점	• 건물자체의 구조체를 이용하므로 튜브매설을 위한 별도의 토공사 불필요 • 기류통과 면적 커서 많은 풍량 통과 가능	금속재질의 튜브 적용시 열전도율 및 표면 열전달률 높아 전열효율 높다
단점	• 주로 콘크리트 구조체를 열교환기로 활용하므로 전열효율 높이기 위해서는 통과풍속이 낮고 통과 길이는 길어야 한다.	튜브 매설을 위한 건물외부에서의 별도 토공사 필요 튜브 단면적제한으로 구체형에 비해 풍량이 적음
비고	• 결로처리 및 청결유지 대책 필요	결로처리 및 청결유지 대책 필요

4. TLVS 적용에 따른 외기부하 절감효과 개념도

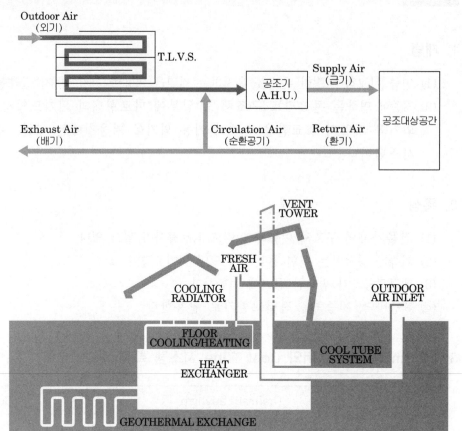

5. 국내사례

(1) ECC (이화여대 캠퍼스 센타) : 지중벽을 지열교환기로 활용
(2) 상암 DMC 누리꿈 스퀘어 : 지중벽을 지열교환기로 활용

6. 건물에너지에 미치는 절감효과

여름철에는 외기온도보다 낮은 온도의 지열을 활용하여 예냉하므로 건물내 냉방부하절
감효과가 있으며 겨울철에는 외기온도보다 높은 온도의 지열을 활용하여 예열하므로 건물내 난
방부하 절감효과가 있다.

인체의 열적 쾌적감에 영향을 주는 요인

1. 개요

인체의 열적 쾌적감은 크게 물리적 변수과 주관적 변수에 의해 영향을 받으며, 이들 변수들이 복합적으로 작용하므로 쾌적감을 정확히 계산하는 것은 어려운 일이다. 따라서 많은 사람들을 대상으로 실험하여 반응정도에 따라 평균수치를 얻어 쾌적감으로 표시한다.

2. 물리적인 변수

열적 쾌적감은 기온, 습도, 기류, 복사열이 종합적으로 작용한다.

(1) 기온 : 공기 건구온도에 따라 체표면의 열전달률이 달라지고 방열량에 차이가 난다.

(2) 습도 : 상대습도로 표현되는 공기의 습도는 체표면의 수분증발상태를 결정한다. 상대습도가 낮은 경우 수분증발속도가 증가하여 냉각감을 주며, 상대습도가 높은 경우 증발냉각효과가 떨어져 덥다는 느낌을 준다.

(3) 기류 : 기류에 따라 체표면 열전달률과 수분증발량이 달라지며 온냉감도 달라진다. 부채질을 하면 시원한 이유는 이것 때문이다.

(4) 복사열 : 주위 벽체로부터의 복사온도에 따라 체표면에 도달하는 복사열이 달라져서 온냉감이 변화하는데 겨울철 동일한 온도에서 해가 뜨면 따뜻한 원리이다. 위의 4요소를 종합한 쾌적지수가 수정 유효온도(CET)이다.

3. 주관적인 변수

착의량, 활동량, 나이, 성별, 기후적응정도 등이 대표적인 주관적인 변수이다.

(1) 활동량(Met) : 활동량이 많을수록 대사량이 증가하여 덥게 느껴지는데 활동상태를 Met로 표현하며, $1\text{met} = 50\text{kcal}/\text{m}^2 \cdot \text{h}(\text{m}^2 : 체표면)$이고 1met는 의자에 앉아 가벼운 옷을 입고 안정을 취할 때의 대사량이다. 통상 성인이 사무실에서 근무할 때 대사량은 1.8~2.6met 정도이다.

(2) 착의량(Clo) : 의복을 입은 정도에 따라 방열량이 달라지며 1clo란 $0.155\text{m}^2 \cdot \text{h} \cdot \text{C}/\text{kcal}$정도의 열저항을 갖는 착의상태이며, 1clo란 21℃, 50%, 기류 0.05m/s에서 체표면 방열량이 1met 정도인 것을 의미한다.

핵심 10   PMV(예상평균온열감)와 PPD(예상불만족도)

1. PMV

(1) 정의 : PMV는 Predicted Mean Vote로써 예상평균온냉감으로 인간과 주위 환경의 6가지 열환경 요소인 기온, 습도, 기류속도, 평균복사온도, 대사량, 착의량을 측정하여 얻을 수 있는 인체의 열평형에 기초한 쾌적 방정식이다.

(2) 온열환경에서 느끼는 쾌적도란 객관적인 수치화가 곤란하다. 어떤 환경하에서든 거주자가 실제로 느끼는 쾌감도란 사람의 느낌으로 정의되어야 하고 그것도 되도록 많은 사람의 결과값이어야 한다. 이런 의미가 나타나도록 실제 사람들에게 어떤 환경에서 느끼는 온냉감을 조사(투표)하여 수치화한 것이 PMV이다.

(3) 온열감을 7단계 척도를 기준으로 -3은 매우 춥다, +3은 매우 덥다, 그리고 0은 열적으로 중립적인 상태로 하여 투표하여 얻는 값이다.

(4) PMV 7단계

-3	-2	-1	0	+1	+2	+3
(매우 춥다)	(춥다)	(약간 춥다)	(적당하다)	(약간 덥다)	(덥다)	(매우 덥다)

2. PPD

(1) PPD는 Predicted Percentage of Dissatisfied로 불만족도이다. 즉 예상온열감(PMV)값에 대해 사람들이 느끼는 불만족 정도를 %로 나타내는 것이다.

(2) 실제 PMV 지표는 개별적인 의사 표시 값으로 평균치를 중심으로 흩어져 있게 되며, 좀 더 실용적이기 위해서는 덥거나 혹은 춥게 느끼는 사람들의 숫자를 예측하는 것이 필요하다.

(3) 따라서 PPD 지표는 열적으로 불만족한 사람들의 숫자를 정량적으로 예측할 수 있게 해주고, 많은 사람들 중 열적으로 불쾌적하게 느끼는 사람들의 비율을 예측하는 것이다.

3. PMV와 PPD의 해석

어떤 온열환경에서 모든 사람이 똑같이 온냉감을 느끼지 않으므로 되도록 많은 사람을 대상으로 덥다, 춥다의 온열감(PMV)을 조사하여, 이 자료로부터 일반적인 온냉 환경을 정량화하고 불만족도(PPD)을 수치화한다.

* PMV=0에서도 5%는 불만족
ASHRAE의 Comfort Zone
(권장 쾌적 열환경조건)
-0.5 < PMV < 0.5, PPD < 10%일 것
(그림 참조)

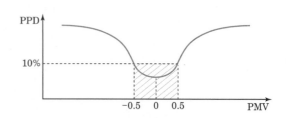

예제 01

다음 그림은 온열환경의 쾌적상태를 표현하는 쾌적지표인 PMV(Predicted Mean Vote) 및 PPD(Predicted Percentage of Dissatisfied)의 상관관계를 나타낸 것이다. 다음 질문에 답하시오.

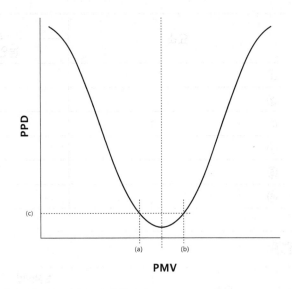

1) PMV 산출에 요구되는 물리적 온열환경 인자 4개와 개인적 인자 2개를 제시하고, PMV척도의 최대, 최소값 및 그 크기에 따른 온열 쾌적상태에 대해 서술하시오.

2) 위 그림에서 곡선의 최소값은 PMV=0의 상태를 의미한다. 이때의 PPD 값을 단위와 함께 제시하고, PPD에 대한 정의 및 이 값이 0이 아닌 이유에 대해 서술하시오. 또한 위 그림에서 열적 쾌적범위를 나타내는 PMV값 (a), (b) 및 PPD 값(c)를 쓰시오.

정답

1)
- PMV 산출에 요구되는 6가지 열환경요소 : 기온, 습도, 기류, 평균복사온도, 대사량, 착의량
- PMV 척도의 최대, 최소값 : -3, +3
- PMV 척도 크기에 따른 온열쾌적상태

-3	-2	-1	0	+1	+2	+3
매우춥다	춥다	약간춥다	적당하다	약간덥다	덥다	매우덥다

2)
- PMV=0 상태의 PPD값 : 5%
- PPD의 정의 : PPD란 예상온열량(PMV) 값에 대해 사람들이 느끼는 불만족정도를 %로 나타낸 것
- PMV=0 에서도 PPD가 0이 아닌 이유 : PMV=0 에서도 5%의 사람들은 불만족 할 수 있으므로
- PMV 값 (a), (b) : (a)=-0.5, (b)=+0.5
- PPD 값 (c) : 10%

예제 02

온열쾌적감을 나타내는 지표인 PMV를 결정하는 6가지 요소를 <표>에 기입하고, 각 요소별로 PMV를 낮추는 조절방법에 "○"를 표시하시오. (4점)

요소	조절방법	
	높인다	낮춘다
①		
②		
③		
④		
⑤		
⑥		

정답

요소	조절방법	
	높인다	낮춘다
① 기온		○
② 습도		○
③ 기류	○	
④ 평균복사온도		○
⑤ 대사량		○
⑥ 착의량		○

예제 03

건축물의 환경 및 에너지효율화 계획에 대한 다음 물음에 답하시오.

어느 사무실의 PMV가 +1.5로 평가되었다. PMV를 결정하는 여섯 가지 요소를 기입하고, 이 사무실의 온열쾌적감을 향상시키기 위한 각 요소별 조절방법을 선택("✔" 표시)하시오. (4점)

요소	조절방법	
	높인다	낮춘다
①	☐	☐
②	☐	☐
③	☐	☐
④	☐	☐
⑤	☐	☐
⑥	☐	☐

정답

요소	조절방법	
	높인다	낮춘다
① 기온	☐	☑
② 습도	☐	☑
③ 기류	☑	☐
④ 평균복사온도	☐	☑
⑤ 대사량	☐	☑
⑥ 착의량	☐	☑

핵심 11 **열쾌적 영향 요소**

1. 열쾌적 영향요소

인체의 열쾌적에 영향을 미치는 요소(변수)에는 객관적이며 정량화할 수 있는 물리적 변수와 주관적이며 정량화할 수 없는 개인적 변수가 있다.

(1) 물리적 변수

기온(DBT), 습도(RH), 기류, 복사열(MRT)

(2) 개인적 변수

착의상태(clothing), 활동량(activity), 나이(age), 성별(sex), 신체형상, 건강상태, 음식섭취유무 등

[쾌적 온습도 범위]

	온도	습도
여름	26±2℃	50%
겨울	20±2℃	50%

2. 열쾌적 지표

(1) 유효온도(ET)

기온, 습도, 기류 조합. 유효온도 22℃(22℃ ET)란 상대습도 100%, 기류 0m/s, 기온 22℃와 같은 느낌을 주는 상대습도, 기류, 기온의 조합들을 간단히 표현한 것이다.

(2) 수정유효온도(CET)

기온, 습도, 기류, 복사열 조합

(3) 신유효온도(ET*)

유효온도의 습도에 대한 과대평가를 보완하여 상대습도 100% 대신 50%선과 건구온도의 교차로 표시한 쾌적지표

(4) 표준유효온도(SET : Standard Effective Temperature)

신유효온도를 발전시킨 최신쾌적지표로서 ASHRAE에서 채택하여 세계적으로 널리 사용되고 있다. 상대습도 50%, 풍속 0.125m/s, 활동량 1Met, 착의량 0.6clo의 동일한 표준환경조건에서 환경변수들을 조합한 쾌적지표로서 활동량, 착의량 및 환경조건에 따라 달라지는 온열감, 불쾌적 및 생리적 영향을 비교할 때 매우 유용하다.

06 열환경의 구성인자 중 물리적 환경변수 4가지에 대하여 기술하시오.

1. 기온
공기의 건구온도(DBT)를 말하며, 온열 쾌적감에 미치는 영향이 가장 큰 변수이다.
겨울철에는 20~22℃, 여름철에는 26~28℃가 쾌적 범위이다.

2. 습도
공기의 상대습도(RH)에 따라 쾌적감에 영향을 받는다.
쾌적 습도범위는 겨울철 40~50%, 여름철 50~60%이다.

3. 기류
기류(air flow)는 공기의 흐름을 말하며, 완전히 정체된 공기보다는 0.2~0.3m/s의 기류가 쾌적감을 주는 데 도움이 된다.

4. 복사열(평균복사온도)
기온 다음으로 온열쾌적감에 큰 영향을 미치는 변수로, 공기의 건구온도 보다 평균복사온도(MRT)가 2℃ 정도 높은 환경이 쾌적하다.
평균복사온도(MRT : mean radiant temperature)는 주위표면에 대한 면적가중 평균온도로서 다음 식으로 정의된다.

$$MRT = \frac{\sum (s \times t)}{\sum s}$$

여기서, t는 각 표면(s)의 온도이다.
MRT는 흑구온도계(globe thermometer)로 측정할 수 있다.

핵심 12 인체의 쾌적과 건물설계에 영향을 미치는 주요 기후요소 및 미기후영향요소

1. 주요 기후요소

(1) 일사(日射 : solar radiation)

(2) 기온(air temperature)

(3) 대기습도(atmospheric humidity)

(4) 바람(wind)

(5) 강수량(precipitation : 비, 눈 등)

2. 미기후 영향요소

미기후(microclimate)란 대지가 위치한 곳의 국지적인 특성으로 인해 지역기후(macroclimate)와 다른 특성을 보이는 기후를 말한다.

특정 대지의 미기후를 결정하는 요소에는 다음과 같은 것들이 있다.

(1) 해발고도(elevation)와 방위(orientation)

(2) 대지의 방향과 경사도

(3) 수원(water body)의 크기, 모양, 근접성

(4) 토양구조(soil structure)

(5) 식생(vegetation) : 나무, 관목, 목초, 곡물

(6) 인공구조물(manmade structure) : 건물, 길, 주차장 등

핵심 13 이중외피(Double Skin) 시스템의 특징과 종류

건물 남측 면에 유리로 된 이중 외피를 설치하여 여름철에는 태양빛에 의한 열이 직접 건물내부에 유입되는 것을 방지하고 겨울철에는 열을 모아 건물 내의 난방에 쓰이는 에너지 절약형 시스템이다.

1. 이중외피 시스템의 특징

(1) 자연환기 유도
① 창문개폐가 자유로워 자연환기가 가능하며 신선한 공기를 유통시킬 수 있음
② 초고층건물에서 풍압의 감소로 인해 창문 개폐가 가능

(2) 에너지 절약
① 겨울철 열적 공간이 형성되어 난방부하 절감이 가능
② 여름철 포화된 공기를 환기하여 냉방부하 감소
③ 낮 동안 축열된 열을 밤 동안 자연환기로 배출되어 아침의 냉방부하 감소

(3) 차양역할
일정한 너비의 중공층에 의해 하절기 태양의 직접적인 일사를 감소

(4) 유지관리비
① 이중외피로 인한 건축공사비가 증가할 수 있음
② 냉·난방 부하 감소로 인해 공조설비 비용의 축소가 가능하고 유지보수비 절감
③ 자연채광 감소로 인해 실내조명시간 증가

(5) 건물의 가치 증대
이중외피의 주재료를 철과 유리를 사용하므로 하이테크한 입면 구성

2. 이중외피 시스템의 종류

(1) 박스형 이중외피시스템
창호 부분만 이중외피형식이고 그 외의 부분은 일반건물과 마찬가지의 외벽체로 구성

(2) 복도형 이중외피시스템
각 층의 상부와 하부에 급기구와 배기구를 설치하여 각 층별 급기와 배기가 가능하게 한 시스템

(3) 다층형 이중외피 시스템

급기구는 건물의 최하층부에, 배기구는 건물의 최상층부에 설치한 시스템

구분	박스형 이중외피시스템	복도형 이중외피시스템	다층형 이중외피시스템
형태			

핵심 14 자연형 태양열 시스템의 종류 및 시스템별 특징

1. 기본원리

태양열 시스템이란 태양에너지를 건축물의 난방 혹은 냉방에 이용하는 방법이다. 자연형 태양열시스템은 크게 집열부, 축열부 그리고 이용부의 3가지로 구성되며, 각 구성부간의 에너지 전달 방법이 자연순환, 즉 전도, 대류, 복사 등의 현상에 의한 것으로 특별한 기계장치 없이 태양에너지를 자연적인 방법으로 집열, 저장하여 이용할 수 있도록 한 것이다. 따라서 경제성이 높은 것은 물론 고장이 잘 안 나고 오래 쓸 수 있으며, 관리가 쉽다는 장점이 있다.

2. 특성

자연형 태양열 시스템은 설비형과 비교할 때, 다음과 같은 특성을 갖고 있다.

(1) 시스템 설치비의 저렴

(2) 작동 방법의 간편

(3) 높은 신뢰도

(4) 좋은 열적인 환경(환경의 쾌적성)

(5) 특별한 장치의 불필요성

(6) 기존 건축물에 대한 개수의 용이성

(7) 좋은 외관미

3. 시스템의 종류

자연형 태양열 시스템은 태양열을 집열, 저장, 이용(분배)하는 방식에 따라 기본적으로 직접획득형, 간접획득형, 분리획득형의 3가지로 구분된다.

4. 시스템별 특징

(1) 직접획득방식

일반건물에서 쉽게 적용되고 투과체가 다양한 기능을 갖지만 과열현상이 초래된다.

(2) 축열벽 방식

추운지방에서 유리하고 거주공간내 온도변화가 적으나 조망이 결핍되기 쉽다.

(3) 부착온실 방식

기존 재래식 건물에 적용하기 쉽고 여유공간을 확보할 수 있으나 시공비가 높게 된다.

(4) 축열지붕방식

냉난방에 모두 효과적이고 성능이 우수하나 구조적 처리가 어렵고 다층건물에서는 활용이 제한된다.

(5) 자연대류방식

열손실이 가장 적으며 설치비용이 저렴하지만 설치위치가 제한되고 축열조가 필요하다.

| 용어정리 |

1. 설비형 태양열 시스템 구성 요소

(1) 집열판(Solar Collector)
설비형 태양열시스템을 구성하는 주요 요소로서 태양열을 집열하기 위해 경사지붕이나 벽면에 설치되며, 평판형과 진공관형 등이 있다.

(2) 축열조(Thermal Storage Tank)
설비형 태양열시스템에서 집열판에서 데워진 물을 저장하는 탱크

(3) 순환펌프(Circulating Pump)
설비형 태양열시스템에서 온수를 순환시키는 장치

(4) 보조보일러(Auxiliary Heater)
일사가 충분치 않거나 매우 추운 날 온수 온도를 높여주는 보조열원장치

2. 자연형 태양열 시스템 구성 요소

(1) 집열창(Solar Glazing)
태양열을 집열하기 위해 축열체 또는 실내에 일사를 도입하는 것을 주목적으로 하여 설치되는 투과체로서 투명 또는 반투명 재료(플라스틱)를 사용한다.

(2) 축열체(Thermal Mass)
축열을 목적으로 설계, 설치되는 구조체의 총칭으로서 벽, 바닥의 건축부위, 물벽 등이다. 축열체의 역할은 낮동안에 집열된 열을 야간에 이용할 수 있도록 저장하고 운반하는 것으로 외기온도와 실내온도와의 차이를 좌우하는 것이므로 실내의 쾌적도를 나타내는 지표가 된다. 보통 열용량, 단위 중량이 큰 것을 사용한다.

(3) 축열벽(Thermal Storage Wall)
벽돌이나 물벽 등과 같은 축열체를 태양열을 저장하기 위해 벽으로 이용하는 것을 말한다. 태양열은 이러한 벽체에 주간(특히 오전 9시~오후3시)에 축열이 되고, 일몰 후 시간이 경과함에 따라 실온이 낮아질 때 이를 방출시킨다.

(4) 상변화 물질(PCM, Phase Change Materials)
물체의 상태가 변화할 때 출입하는 잠열을 이용하는 것으로서 크게 파라핀, 왁스같은 유기물과 망초나 염화칼슘수화물 등의 무기수화염으로 나눌 수 있다. 이 PCM을 자연형태양열 시스템에 이용하면 과열현상을 방지할 수 있고, 실내온도를 낮추기 위한 환기 등으로 야기되는 에너지의 낭비를 줄일 수 있으며, 축열체의 용량도 작아져 매우 유리한 재료이다. 그러나 상변화물질이 잠열저장재로 사용되기 위해서는 여러 가지 조건에 부합되어야 한다. 즉, 저장재의 전이온도가 원하는 온도영역이고, 열용량과 잠열이 크며, 과냉각현상이 작으며, 또한 화학적으로 안정하여 반복사용이 가능하고, 재현성이 좋아야 하는 점 등을 들 수 있다.

(5) 야간단열막(Night Insulation)
낮 동안 남면의 집열창을 투과하여 축열된 열이 밤 동안 외부로 다시 방열되는 것을 방지하기 위한 가동식 단열장치로써 주로 상하향 커텐식을 사용하며 열관류율은 $1.22{\sim}0.55kcal/m^2\ hr{℃}$의 범위이다.

(6) 트롬벽(Trombe Wall)
남면의 고체 집열벽으로써 낮동안 집열창으로 사입되는 태양열을 축열벽의 상하부의 통기구(vent)를 통하여 실내에 전도, 대류, 복사에 의한 열전달로 실내를 난방시키는 것이다. 프랑스의 Trombe씨와 Michel씨가 처음 고안하였다고 하여 Trombe-Michel wall이라고도 한다.

핵심 15 Passive Cooling(자연냉방) 전략

여름철 열쾌적을 얻기 위해 우선 열을 피하는 전략을 쓸 수 있는데, 주요 내용은 아래와 같다.

(1) 남향배치

(2) 식생을 활용한 그늘 확보

(3) 적절한 차양계획

(4) 외피의 밝은 색 마감

(5) 외피단열

(6) SHGC가 낮은 창호 사용

(7) 자연채광 활용을 통한 조명발생열 감소

(8) 내부발생열 조절

자연냉방기법에는 자연통풍, 제습제를 활용한 제습 등이 있다.

예제 01

다음은 설계중인 어느 판매시설 아트리움 부위의 하절기 냉방 가동 조건에서의 단면 온도분포를 시뮬레이션 한 결과이다. 3층 복도 거주역의 온열환경을 개선하기 위한 건축 계획적 보완 방안 두 가지를 쓰고, 각 방안 적용 시 예상되는 개선 효과(원리)를 온도분포 변화를 중심으로 서술하시오.(단, 차양설치 또는 유리사양 변경 등 유입일사 저감 방안은 제외하며, 각종 법령 등 건축 계획적 제한은 없는 것으로 가정한다.)(4점)

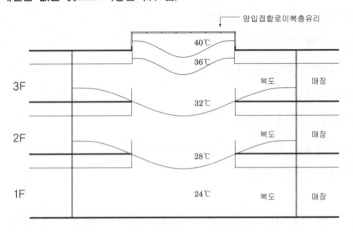

정답

① 아트리움 상부 개구
   아트리움 상부개구를 통해 굴뚝효과를 이용한 아트리움 상부에 정체되어 있는 고온의 공기를 배출함으로써 아트리움 3층과 1층 부위 공기온도 편차를 줄일 수 있음.

② 아트리움 상부 높이 상향
   아트리움 상부를 높게 함으로써 공기성층화에 따라 고온의 상부공기를 상부공간으로 모이게 하여 거주영역의 온도분포가 기존보다 낮아질 수 있음

③ 매장과 복도사이 벽체개방
   매장과 복도사이 벽체 개방을 통해 아트리움 공간의 고온공기가 매장 쪽 공간으로 분산되게 함으로써 3층 복도 거주역의 온도를 낮출 수 있음

④ 복도와 매장 상부 지붕의 단열강화
   지붕의 단열강화를 통해 일사열 획득과 관류열 획득량을 줄임으로서 3층 복도 거주역의 온도를 낮출 수 있음

⑤ Cool Roof System도입
   지붕에 일사 흡수율이 낮은 흰색 페인트를 칠함으로써 지붕을 통한 일사열획득을 줄여 3층 복도 거주역의 온도를 낮출 수 있음

02 열환경에 대한 이해와 적용

핵심 1 | 열전달의 형태와 보온병의 보온원리, 건물 내의 전열과정

1. 전도, 대류, 복사

열이란 항상 온도가 높은 곳에서 낮은 곳으로 전달되며, 다음과 같은 세형태로 전열현상을 설명할 수 있다.

(1) **전도(Conduction)** : 고체 또는 정지한 유체(공기, 물)에서 분자 또는 원자의 운동에너지 확산에 의해 전달되는 형태

(2) **대류(Convection)** : 유체(공기, 물 등)의 이동에 의해 열이 전달되는 형태

(3) **복사(Radiation)** : 서로 떨어져 있는 고온의 물체 표면에서 저온의 표면으로 전자기파에 의해 열이 전달되는 형태

전도와 대류는 반드시 열을 전달하는 매체 즉 열매가 있어야 열이 전달되는 반면 복사의 경우에는 진공상태에서도 열전달이 이루어진다.

2. 보온병의 보온 원리

보온병의 구조를 보면 두 겹의 유리 사이가 진공으로 되어 있고, 진공을 둘러싸고 있는 유리면은 방사율과 흡수율이 매우 낮은 은빛으로 코팅되어 있다. 따라서 진공을 통한 전도와 대류란 일어날 수 없고, 복사에 의한 열전달 또한 방사율이 낮은 은빛 코팅으로 인해 매우 미미하게 일어날 수밖에 없다.

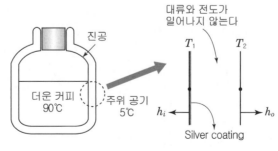

[보온병의 보온 원리]

3. 건물 내의 전열과정

(1) 열전도 : 고체내의 전열과정

> 예 벽체내의 전열

(2) 열전달 : 고체와 유체간의 전열과정, 전도, 대류, 복사가 동시에 일어나지만 전열의 주체는 대류이다.

> 예 실내공기와 내벽표면간의 전열, 외벽표면과 실외공기간의 전열

(3) 열복사 : 방사만에 의한 서로 떨어져있는 고체면간의 전열

> 예 내벽과 외벽간의 전열

※ 열관류 : 고체로 격리된 공간(예를 들면 외벽)의 한쪽에서 다른 한쪽으로의 전열을 말하며 열통과라고도 한다.

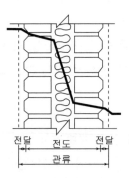

[벽체의 열관류]

01 건물에서 이루어지는 열취득과 열손실에 대하여 전열과정 종류별, 건물의 부위별로 설명하시오.

(1) 전도에 의한 열교환은 벽체, 바닥, 천장을 통하여 여름에는 열취득의 형태로, 겨울에는 열손실의 형태로 일어난다. 이때의 전도열량은 건물의 표면적과 각 부위의 구성재료에 의하여 결정된다.

(2) 대류에 의한 열교환은 건물표면의 온도차에 의하여 건물표면을 통한 공기 이동의 형태로 일어난다. 예를 들어, 창문 틈새를 통한 실내외의 공기의 이동 등이 있는데, 건물의 실내외 공기 사이의 열교환은 침기(infiltration) 또는 환기에 의하여 이루어진다.

(3) 증발에 의한 건물표면 또는 실내열원으로부터의 열손실은 냉각효과를 가져오므로 항상 열을 빼앗기는 결과가 된다.

(4) 주로 유리 등의 투명체를 통한 열복사는 건물에 대량의 열취득원이 된다. 태양열 취득은 창의 크기, 건물의 방위, 음영에 큰 영향을 받으며, 겨울철에 적절한 창의 크기를 통하여 입사되는 일사량은 건물의 열수요에 큰 역할을 한다.

(5) 실내의 열발생원은 주로 인체, 전등, 전동기, 기타 가전제품 등이며 건물냉방부하의 25%를 차지할 수 있다.

(6) 기계설비 시스템은 천연가스, 석유, 전기, 태양복사열 등의 에너지를 사용하여 건물의 열평형을 조절한다.

핵심 2 │ 열전도율

1. 열전도율 λ (thermal conductivity, kcal/mh℃ 또는 W/m·K)

단일재로 구성된 1m×1m×1m의 입방체에서 고온측과 저온측의 표면온도차가 1℃일 때 1m²의
재료면을 통해 1시간 동안 1m 두께를 지나온 열량(보통콘크리트의 경우 1.4kcal/m·h·℃)

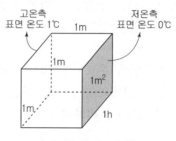

[열전도율의 의미]

(1) 물체의 고유성질로서 전도에 의한 열의 이동정도를 표시
(2) 두께 1m의 재료 양쪽온도차가 1℃일 때 단위시간 동안에 흐르는 열량
(3) 작은 공극이 많으면 열전도율이 작다.
(4) 같은 종류의 재료일 경우 비중이 작으면 열전도율은 작다.
(5) 재료에 의해 습기가 차면 열전도율은 커진다.
(6) 열전도율의 역수 1/λ 을 열전도비저항(단위 : m·h·℃/kcal, m·K/W)이라 한다.

2. 각종 건축재료의 열전도율(kcal/m·h·℃, W/mK)

일반적으로 건축재료의 열전도율은 같은 재료라 하더라도 밀도, 온도, 함수율에 비례
한다.
(1) 동판 : 320kcal/m·h·℃
(2) 알루미늄 : 230W/mK
(3) Steel : 60W/mK
(4) Stainless Steel : 16W/mK
(5) 보통 콘크리트 : 1.4 kcal/m·h·℃(1.6W/mK)
(6) 모르터 : 1.2kcal/m·h·℃
(7) 유리 : 1.0kcal/m·h·℃
(8) 벽돌 : 0.5~0.8kcal/m·h·℃
(9) 경량 콘크리트 : 0.5kcal/m·h·℃

(10) 플라스터 : 0.3kcal/m·h·℃

(11) ALC : 0.15kcal/m·h·℃

(12) 질석 : 0.1kcal/m·h·℃

(13) 목재 : 0.1kcal/m·h·℃

(14) 스티로폴(폴리스티렌폼보오드), 유리섬유(글래스울) : 0.035kcal/m·h·℃

(15) 폴리우레탄폼 : 0.025kcal/m·h·℃

(16) 공기 : 0.02kcal/m·h·℃(0.023W/mK)

(17) 아르곤 : 0.016W/mK

(18) 크립톤 : 0.009W/mK

> |참고| · 1kcal/h = 1.16W
>
> · 1kcal/m·h·℃ = 1.16W/m·K

|용어정리| **열콘덕턴스(C)**

> 열전도율이 단위두께에서의 전열량을 나타내는 것인데, 열콘덕턴스는 주어진 두께의 재료 1m²를 통한 1시간 동안의 전열량이다.(kcal/m²·h·℃, W/m²·K)

핵심 3 　열전달율

1. 열전달율 α(heat transfer coefficient, kcal/m²·h·℃ 또는 W/m²·K)

* 고체벽과 이에 접하는 공기층과의 전열현상

　벽체표면온도와 공기온도차가 1℃일 때 1시간 동안 1m²의 벽면을 통해 흘러가는 열량(25kcal/m²·h·℃) - 외표면에 풍속 4m/sec가 작용한다고 가정

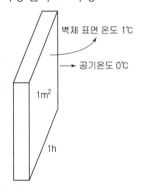

벽체 표면 온도 1℃

공기온도 0℃

1m²

1h

[외표면 열전달율 의미]

(1) 벽 표면과 유체간의 열의 이동정도를 표시

(2) 벽 표면적 $1m^2$, 벽과 공기의 온도차 1℃일 때 단위시간 동안에 흐르는 열량

(3) 열전달율 α = 대류열전달율 α_c + 복사열전달율 α_r

(4) 풍속이 커지면 대류 열전달율은 커진다.

(5) 열전달율의 실용치
  - 내표면 열전달율 : $8kcal/m^2 \cdot h \cdot ℃$
  - 외표면 열전달율 : $25kcal/m^2 \cdot h \cdot ℃$

(6) 열전달율의 역수 $1/\alpha$을 열전달저항(기호 : r, 단위 : $m^2 \cdot h \cdot ℃/kcal$, $m^2 \cdot K/W$)이라 한다.

2. 중공층의 열전달

(1) 대류열전달과 복사열전달이 혼합된 형태의 전열

(2) 대류열전달은 공기층의 두께, 열흐름의 방향, 공기의 밀폐도에 따라 변화하며 공기층의 두께가 20mm 정도일 때를 열저항의 극대로 본다.

핵심 4 **열관류율**

고체로 격리된 공간의 한 쪽에서 다른 한 쪽으로의 전열

1. 열관류율 K(heat transmission coefficient, kcal/㎡·h·℃ 또는 W/㎡·K)

구조체를 사이에 두고 공기온도 차가 1℃ 있을 때 구조체 $1m^2$를 통해 1시간 동안 흐르는 열량 $(kcal/m^2 \cdot h \cdot ℃)$

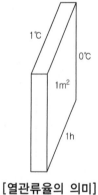

[열관류율의 의미]

구 분	공기층이 없는 경우	공기층이 있는 경우
외벽, 지붕 내벽 (칸막이벽)	$K = \dfrac{1}{R} = \dfrac{1}{\dfrac{1}{\alpha_i} + \sum \dfrac{d}{\lambda} + \dfrac{1}{\alpha_o}}$	$K = \dfrac{1}{R} = \dfrac{1}{\dfrac{1}{\alpha_i} + \sum \dfrac{d}{\lambda} + r_a + \dfrac{1}{\alpha_o}}$

열관류율의 역수(1/K)를 열관류저항(기호 : R, 단위 : $\mathrm{m^2 \cdot h \cdot ℃/kcal}$, $\mathrm{m^2 \cdot K/W}$)이라 한다.

2. 단위시간당 열관류량 계산 : Q

$$Q = K \cdot A \cdot \Delta t \,(\mathrm{kcal/h,\ W})$$

3. 평균 K 값

벽체 또는 지붕, 바닥이 서로 다른 K값(U값)을 가진 여러 구조로 이루어져 있다면 전체 단열값은 여러 구조의 상대적인 면적에 의하여 결정된다. 예를 들어 어떠한 벽체가 2/3는 벽돌로, 1/3은 유리창으로 구성되어 있다면 이 벽체의 평균 K값(평균 U값)은 벽돌벽의 K값의 2/3와 유리창의 K값의 1/3을 합한 것과 같다. 일반적인 공식은 다음과 같다.

$$K(평균) = \frac{A_1 K_1 + A_2 K_2 + \cdots}{A_1 + A_2 + \cdots}$$

여기서, A_1, A_2, $\cdots$는 K값이 K_1, K_2, $\cdots$인 부분의 면적

02 다음 그림과 같은 외기에 직접 면하는 벽체가 있다.

(1) 열관류율(K)을 계산하시오.(단, 실외측열전달률 $25[\mathrm{W/m^2 \cdot K}]$, 실내측 표면열전달률 $8[\mathrm{W/m^2 \cdot K}]$, 공기층 열저항 $0.086[\mathrm{m^2 \cdot K/W}]$ 이다.)

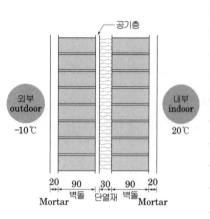

재료	두께(m)	열전도율$[\mathrm{W/m \cdot K}]$	열저항$[\mathrm{m^2 \cdot K/W}]$
실외표면			( )
Mortar	( )	1.4	( )
벽돌	( )	0.62	( )
공기층			( )
단열재	( )	0.03	( )
벽돌	( )	0.62	( )
Mortar	( )	1.4	( )
실내표면			( )
전체 열저항		( )	
열관류율		( )	

(그림 레이블) 공기층

외부 outdoor −10℃

내부 indoor 20℃

20 Mortar / 90 벽돌 / 30 단열재 / 90 벽돌 / 20 Mortar

(2) 벽체의 크기가 4m×10m일 때 30분 동안 이 벽체를 통한 손실열량을 구하시오.

(3) 실내측 표면(Mortar 표면)의 온도를 계산하시오.

(4) 위 그림에서 제시한 벽체의 열관류율을 $0.270[\mathrm{W/m^2 \cdot K}]$으로 낮추기 위해 추가해야 할 단열재의 두께는 몇 mm인가? (단, 단열재는 기존의 단열재와 같은 재료로 한다.)

(5) 위 그림에서 제시한 벽체의 실내공기 노점온도가 $19[℃]$라면 실내측의 표면결로 발생여부와 근거를 설명하시오.

(6) 노점온도 $19[℃]$에서 표면결로를 방지하기 위해 추가해야 할 단열재의 두께는 몇 mm인가? (단, 단열재는 기존의 단열재와 같은 재료로 한다.)

(7) (1), (2) 조건 하에서 외부 벽돌과 공기층의 경계면온도를 구하시오.

(1)

재료	두께(m)	열전도율[W/m · K]	열저항[m² · K/W]
실외표면			0.04
Mortar	0.02	1.4	0.014
벽돌	0.09	0.62	0.145
공기층			0.086
단열재	0.03	0.03	1.000
벽돌	0.09	0.62	0.145
Mortar	0.02	1.4	0.014
실내표면			0.125
전체 열저항		1.569[m² · K/W]	
열관류율		0.637[W/m² · K]	

(2) $Q = K \cdot A \cdot \Delta A \cdot h = 0.637 \times (4 \times 10) \times (20 - (-10)) \times 1h = 764.4[\text{Wh}]$

　　따라서, 30분 동안 손실열량은 382.2[Wh]

(3) 실내에서 내벽표면까지의 열전달로 이동된 열량 $\alpha_i \cdot A \cdot (T_i - T_s)$과 구조체 전체를 통해 열관류로 이동된 열량 $K \cdot A \cdot (T_i - T_o)$은 같다.

　　$\alpha_i \cdot A \cdot (T_i - T_s) = K \cdot A \cdot (T_i - T_o)$ 에서

　　$T_s = T_i - \dfrac{K}{\alpha_i}(T_i - T_o) = 20 - \dfrac{0.637}{8}(20 - (-10)) = 17.6[\text{℃}]$

(4) $K_{\neq w} = 0.270 = \dfrac{1}{R_{\neq w}}$ 에서 $R_{\neq w} = 3.704[\text{m}^2 \cdot \text{K/W}]$

　　$R_{old} = 1.569[\text{m}^2 \cdot \text{K/W}]$ 이므로 $\Delta R = 3.704 - 1.569 = 2.135 = \dfrac{d}{\lambda} = \dfrac{d}{0.03}$ 로부터

　　$d = 0.06405[\text{m}] = 64.05[\text{mm}]$

(5) 실내측 표면온도 17.6[℃]가 노점온도 19[℃] 보다 낮기 때문에 표면결로가 발생된다.

(6) ① 표면결로가 발생하지 않으려면 표면온도가 노점온도보다 높아야 하므로 표면온도를 19℃로 하고 벽체 열관류율을 구하면

　　　$K_{\neq w} \cdot A \cdot (t_i - t_o) = \alpha_i \cdot A \cdot (t_i - t_s)$ 에서

　　　$K_{\neq w} \cdot (20 - (-10)) = 8 \cdot (20 - 19)$ 이므로

　　　$K_{\neq w} = 0.267$

　　② $K_{old} = 0.637$를 $K_{\neq w} = 0.267$으로 하려면 단열재를 추가하여야 한다.

　　　기존벽체의 열관류저항 $R_{old} = 1.569[\text{m}^2 \cdot \text{K/W}]$

　　　단열재 추가벽체의 열관류율 $K_{\neq w} = 0.267 = \dfrac{1}{R_{\neq w}}$ 에서

　　　$R_{\neq w} = 3.745[\text{m}^2 \cdot \text{K/W}]$

　　　그러므로 $\Delta R = 3.745 - 1.569 = 2.176 = \dfrac{d}{\lambda} = \dfrac{d}{0.03}$

　　　따라서 추가 두께 $d = 2.176 \times 0.03 = 0.06528[\text{m}] = 65.28[\text{mm}]$ 초과

(7) $T_x = T_o + \dfrac{\Delta R}{R_T}(T_i - T_o) = -10 + \dfrac{0.04 + 0.014 + 0.145}{1.569} \times (20 - (-10)) = -6.2[\text{℃}]$

핵심 5 │ 건축물 에너지절약 설계기준에 따른 부위별 단열설계

1. 지역별 건축물 부위의 열관류율(제21조 관련) - 별표1

2018.9.1 시행(단위 : $W/m^2 \cdot K$)

건축물의 부위		지역	중부 1지역[1]	중부 2지역[2]	남부지역[3]	제주도
거실의 외벽	외기에 직접 면하는 경우	공동주택	0.150 이하	0.170 이하	0.220 이하	0.290 이하
		공동주택 외	0.170 이하	0.240 이하	0.320 이하	0.410 이하
	외기에 간접 면하는 경우	공동주택	0.210 이하	0.240 이하	0.310 이하	0.410 이하
		공동주택 외	0.240 이하	0.340 이하	0.450 이하	0.560 이하
최상층에 있는 거실의 반자 또는 지붕	외기에 직접 면하는 경우		0.150 이하		0.180 이하	0.250 이하
	외기에 간접 면하는 경우		0.210 이하		0.260 이하	0.350 이하
최하층에 있는 거실의 바닥	외기에 직접 면하는 경우	바닥난방인 경우	0.150 이하	0.170 이하	0.220 이하	0.290 이하
		바닥난방이 아닌 경우	0.170 이하	0.200 이하	0.250 이하	0.330 이하
	외기에 간접 면하는 경우	바닥난방인 경우	0.210 이하	0.240 이하	0.310 이하	0.410 이하
		바닥난방이 아닌 경우	0.240 이하	0.290 이하	0.350 이하	0.470 이하
바닥난방인 층간바닥			0.810 이하			
창 및 문	외기에 직접 면하는 경우	공동주택	0.900 이하	1.000 이하	1.200 이하	1.600 이하
		공동주택 외	1.200 이하	1.500 이하	1.800 이하	2.200 이하
	외기에 간접 면하는 경우	공동주택	1.300 이하	1.500 이하	1.700 이하	2.000 이하
		공동주택 외	1.500 이하	1.900 이하	2.200 이하	2.800 이하
공동주택 세대현관문 및 방화문	외기에 직접 면하는 경우 및 거실 내 방화문		1.400 이하			
	외기에 간접 면하는 경우		1.800 이하			

■ 비고

1) 중부1지역 : 강원도(고성, 속초, 양양, 강릉, 동해, 삼척 제외), 경기도(연천, 포천, 가평, 남양주, 의정부, 양주, 동두천, 파주), 충청북도(제천), 경상북도(봉화, 청송)

2) 중부2지역 : 서울특별시, 대전광역시, 세종특별자치시, 인천광역시, 강원도(고성, 속초, 양양, 강릉, 동해, 삼척), 경기도(연천, 포천, 가평, 남양주, 의정부, 양주, 동두천, 파주), 충청북도(제천 제외), 충청남도, 경상북도(봉화, 청송, 울진, 영덕, 포항, 경주, 청도, 경산 제외), 전라북도, 경상남도(거창, 함양)

3) 남부지역 : 부산광역시, 대구광역시, 울산광역시, 광주광역시, 전라남도, 경상북도(울진, 영덕, 포항, 경주, 청도, 경산), 경상남도(거창, 함양 제외)

[별표4] 창 및 문의 단열성능

(단위 : W/m²·K)

창 및 문의 종류			창틀 및 문틀의 종류별 열관류율								
			금속재						플라스틱 또는 목재		
			열교 차단재[1] 미적용			열교 차단재 적용					
유리의 공기층 두께[mm]			6	12	16 이상	6	12	16 이상	6	12	16 이상
창	복층창	일반복층창[2]	4.0	3.7	3.6	3.7	3.4	3.3	3.1	2.8	2.7
		로이유리(하드코팅)	3.6	3.1	2.9	3.3	2.8	2.6	2.7	2.3	2.1
		로이유리(소프트코팅)	3.5	2.9	2.7	3.2	2.6	2.4	2.6	2.1	1.9
		아르곤 주입	3.8	3.6	3.5	3.5	3.3	3.2	2.9	2.7	2.6
		아르곤 주입+로이유리(하드코팅)	3.3	2.9	2.8	3.0	2.6	2.5	2.5	2.1	2.0
		아르곤 주입+로이유리(소프트코팅)	3.2	2.7	2.6	2.9	2.4	2.3	2.3	1.9	1.8
	삼중창	일반삼중창[2]	3.2	2.9	2.8	2.9	2.6	2.5	2.4	2.1	2.0
		로이유리(하드코팅)	2.9	2.4	2.3	2.6	2.1	2.0	2.1	1.7	1.6
		로이유리(소프트코팅)	2.8	2.3	2.2	2.5	2.0	1.9	2.0	1.6	1.5
		아르곤 주입	3.1	2.8	2.7	2.8	2.5	2.4	2.2	2.0	1.9
		아르곤 주입+로이유리(하드코팅)	2.6	2.3	2.2	2.3	2.0	1.9	1.9	1.6	1.5
		아르곤 주입+로이유리(소프트코팅)	2.5	2.2	2.1	2.2	1.9	1.8	1.8	1.5	1.4
	사중창	일반사중창[2]	2.8	2.5	2.4	2.5	2.2	2.1	2.1	1.8	1.7
		로이유리(하드코팅)	2.5	2.1	2.0	2.2	1.8	1.7	1.8	1.5	1.4
		로이유리(소프트코팅)	2.4	2.0	1.9	2.1	1.7	1.6	1.7	1.4	1.3
		아르곤 주입	2.7	2.5	2.4	2.4	2.2	2.1	1.9	1.7	1.6
		아르곤 주입+로이유리(하드코팅)	2.3	2.0	1.9	2.0	1.7	1.6	1.6	1.4	1.3
		아르곤 주입+로이유리(소프트코팅)	2.2	1.9	1.8	1.9	1.6	1.5	1.5	1.3	1.2
	단창		6.6			6.10			5.30		
문	일반문	단열 두께 20mm 미만	2.70			2.60			2.40		
		단열 두께 20mm 이상	1.80			1.70			1.60		
	유리문	단창문 유리비율[3] 50% 미만	4.20			4.00			3.70		
		단창문 유리비율 50% 이상	5.50			5.20			4.70		
		복층창문 유리비율 50% 미만	3.20	3.10		3.00	2.90		2.70	2.60	
		복층창문 유리비율 50% 이상	3.80	3.50		3.30	3.10		3.00	2.80	
	방풍구조문		2.1								

■ 비고

- 주1 열교 차단재 : 열교 차단재라 함은 창호의 금속프레임 외부 및 내부 사이에 설치되는 폴리염화비닐 등 단열성을 가진 재료로서 외부로의 열흐름을 차단할 수 있는 재료를 말한다.
- 주2 복층창은 단창+단창, 삼중창은 단창+복층창, 사중창은 복층창+복층창을 포함한다.
- 주3 문의 유리비율은 문 및 문틀을 포함한 면적에 대한 유리면적의 비율을 말한다.
- 주4 창호를 구성하는 각 유리의 공기층 두께가 서로 다를 경우 그 중 최소 공기층 두께를 해당 창호의 공기층 두께로 인정하며, 단창+단창, 단창+복층창의 공기층 두께는 6mm로 인정한다.
- 주5 창호를 구성하는 각 유리의 창틀 및 문틀이 서로 다를 경우에는 열관류율이 높은 값을 인정한다.
- 주6 복층창, 삼중창, 사중창의 경우 한 면만 로이유리를 사용한 경우, 로이유리를 적용한 것으로 인정한다.
- 주7 삼중창, 사중창의 경우 하나의 창호에 아르곤을 주입한 경우, 아르곤을 적용한 것으로 인정한다.

|참고| 복층창과 이중창

복층창, 삼중창, 사중창은 밀폐 공기층을 갖고 있는 일체형 구조라 보면 된다.

예를 들어,
24mm 복층창의 경우, 6mm유리 + 12mm 공기층 + 6mm 유리
42mm 삼중창의 경우, 6mm유리 + 12mm 공기층 + 6mm 유리 + 12mm 공기층 + 6mm 유리 로 구성되어 있다.

(단창 + 단창) 경우는 단창유리에 각각의 프레임을 갖고 있는 이중창으로, 일반적으로 단창과 단창 사이에 밀폐되지 않은 수 센티미터의 공기층을 갖고 있는 구조이다.
(단창 + 복층창)의 경우도 단창과 복층창 사이에 밀폐되지 않은 수 센티미터 두께의 공기층을 갖고 있는 구조로 삼중창에 포함되는 것으로 보면 된다.
(복층창 + 복층창)의 경우도 복층창과 복층창 사이에 밀폐되지 않은 수 센티미터 두께의 공기층을 갖고 있는 구조로 사중창에 포함되는 것으로 보면 된다.

2. 지역별·부위별 단열재 두께 - 별표3

(1) 지역별 건축물 부위별 단열두께(중부1지역)

2018.9.1 시행(단위 : mm)

건축물의 부위		단열재의 등급	단열재 등급별 허용 두께			
			가	나	다	라
거실의 외벽	외기에 직접 면하는 경우	공동주택	220	255	295	325
		공동주택 외	190	225	260	285
	외기에 간접 면하는 경우	공동주택	150	180	205	225
		공동주택 외	130	155	175	195
최상층에 있는 거실의 반자 또는 지붕	외기에 직접 면하는 경우		220	260	295	330
	외기에 간접 면하는 경우		155	180	205	230
최하층에 있는 거실의 바닥	외기에 직접 면하는 경우	바닥난방인 경우	215	250	290	320
		바닥난방이 아닌 경우	195	230	265	290
	외기에 간접 면하는 경우	바닥난방인 경우	145	170	195	220
		바닥난방이 아닌 경우	135	155	180	200
바닥난방인 층간바닥			30	35	45	50

(2) 지역별 건축물 부위별 단열두께(중부2지역)

2018.9.1 시행(단위 : mm)

건축물의 부위		단열재의 등급	단열재 등급별 허용 두께			
			가	나	다	라
거실의 외벽	외기에 직접 면하는 경우	공동주택	190	225	260	285
		공동주택 외	135	155	180	200
	외기에 간접 면하는 경우	공동주택	130	155	175	195
		공동주택 외	90	105	120	135
최상층에 있는 거실의 반자 또는 지붕	외기에 직접 면하는 경우		220	260	295	330
	외기에 간접 면하는 경우		155	180	205	230
최하층에 있는 거실의 바닥	외기에 직접 면하는 경우	바닥난방인 경우	190	220	255	280
		바닥난방이 아닌 경우	165	195	220	245
	외기에 간접 면하는 경우	바닥난방인 경우	125	150	170	185
		바닥난방이 아닌 경우	110	125	145	160
바닥난방인 층간바닥			30	35	45	50

(3) 지역별 건축물 부위별 단열두께(남부지역)

2018.9.1 시행 (단위 : mm)

건축물의 부위		단열재의 등급	단열재 등급별 허용 두께			
			가	나	다	라
거실의 외벽	외기에 직접 면하는 경우	공동주택	145	170	200	220
		공동주택 외	100	115	130	145
	외기에 간접 면하는 경우	공동주택	100	115	135	150
		공동주택 외	65	75	90	95
최상층에 있는 거실의 반자 또는 지붕	외기에 직접 면하는 경우		180	215	245	270
	외기에 간접 면하는 경우		120	145	165	180
최하층에 있는 거실의 바닥	외기에 직접 면하는 경우	바닥난방인 경우	140	165	190	210
		바닥난방이 아닌 경우	130	155	175	195
	외기에 간접 면하는 경우	바닥난방인 경우	95	110	125	140
		바닥난방이 아닌 경우	90	105	120	130
바닥난방인 층간바닥			30	35	45	50

(4) 지역별 건축물 부위별 단열두께(제주도)

2018.9.1 시행 (단위 : mm)

건축물의 부위		단열재의 등급	단열재 등급별 허용 두께			
			가	나	다	라
거실의 외벽	외기에 직접 면하는 경우	공동주택	110	130	145	165
		공동주택 외	75	90	100	110
	외기에 간접 면하는 경우	공동주택	75	85	100	110
		공동주택 외	50	60	70	75
최상층에 있는 거실의 반자 또는 지붕	외기에 직접 면하는 경우		130	150	175	190
	외기에 간접 면하는 경우		90	105	120	130
최하층에 있는 거실의 바닥	외기에 직접 면하는 경우	바닥난방인 경우	105	125	140	155
		바닥난방이 아닌 경우	100	115	130	145
	외기에 간접 면하는 경우	바닥난방인 경우	65	80	90	100
		바닥난방이 아닌 경우	65	75	85	95
바닥난방인 층간바닥			30	35	45	50

3. 단열재의 등급분류(단열법규) - 별표2

등급 분류	열전도율의 범위 (KS L 9016에 의한 20±5℃ 시험조건에 의한 열전도율)		관련 표준	단열재 종류
	W/m·K	kcal/m·h·℃		
가	0.034 이하	0.029 이하	KS M 3808	· 압출법보온판 특호, 1호, 2호, 3호 · 비드법보온판 2종 1호, 2호, 3호, 4호
			KS M 3809	· 경질우레탄폼보온판 1종 1호, 2호, 3호 및 2종 1호, 2호, 3호
			KS L 9102	· 그라스울 보온판 48K, 64K, 80K, 96K, 120K
			KS M ISO 4898	· 페놀 폼 Ⅰ종A, Ⅱ종A
			KS M 3871-1	· 분무식 중밀도 폴리우레탄 폼 1종(A, B), 2종 (A, B)
			KS F 5660	· 폴리에스테르 흡음 단열재 1급
			· 기타 단열재로서 열전도율이 0.034 W/mK (0.029 kcal/mh℃) 이하인 경우	
나	0.035 ~0.040	0.030 ~0.034	KS M 3808	· 비드법보온판 1종 1호, 2호, 3호
			KS L 9102	· 미네랄울 보온판 1호, 2호, 3호 · 그라스울 보온판 24K, 32K, 40K
			KS M ISO 4898	· 페놀 폼 Ⅰ종B, Ⅱ종B, Ⅲ종A
			KS M 3871-1	· 분무식 중밀도 폴리우레탄 폼 1종(C)
			KS F 5660	· 폴리에스테르 흡음 단열재 2급
			· 기타 단열재로서 열전도율이 0.035~0.040 W/mK (0.030~0.034 kcal/mh℃)이하인 경우	
다	0.041 ~0.046	0.035 ~0.039	KS M 3808	· 비드법보온판 1종 4호
			KS F 5660	· 폴리에스테르 흡음 단열재 3급
			· 기타 단열재로서 열전도율이 0.041~0.046 W/mK (0.035~0.039 kcal/mh℃) 이하인 경우	
라	0.047 ~0.051	0.040 ~0.044	· 기타 단열재로서 열전도율이 0.047~0.051 W/mK (0.040~0.044 kcal/mh℃) 이하인 경우	

03 창틀의 플라스틱, 유리의 공기층 두께가 6mm인 경우, 건축물 에너지절약 설계기준에 근거하여 가 ~ 라 창틀 중, 단열성능이 우수한 것부터 순서대로 나열하시오.

가. 로이유리(하드코팅) 복층창	나. 로이유리(소프트코팅) 복층창
다. 아르곤 주입 복층창	라. 일반 삼중창

라. 일반 삼중창 2.4

나. 로이유리(소프트코팅) 복층창 2.6

가. 로이유리(하드코팅) 복층창 2.7

다. 아르곤 주입 복층창 2.9

• 답 : 라 – 나 – 가 – 다

04 "건축물의 에너지절약 설계기준" [별첨 4] 창 및 문의 단열성능에서 창의 단열성능에 영향을 주는 6가지 요소를 제시하고, 각 요소별로 단열성능이 달라지는 원리를 열전달 방식과 연계하여 서술하시오.

창의 단열성능에 영향을 주는 6가지 요소

1. 창틀의 종류
금속재 창틀의 재료인 알루미늄의 열전도율은 $230W/m \cdot K$, Steel의 열전도율은 $60W/m \cdot K$로, 목재와 PVC의 열전도율 $0.1 \sim 0.2W/m \cdot K$보다 매우 높음

2. 열교차단재
열전도율이 $0.25W/m \cdot K$인 폴리아미드 등의 열교차단재를 사용하여 열전도율이 $230W/m \cdot K$인 알루미늄 창틀의 열교를 차단

3. 유리 공기층 두께
공기층의 두께가 클수록 공기층의 전도저항 증가

4. 유리간 공기층의 개수
유리의 열전도율은 $1.0W/m \cdot K$로 열전도율이 $0.023W/m \cdot K$인 공기층을 많이 가질수록 창의 열관류율이 낮아짐

5. 로이 코팅
유리표면에 저방사 코팅을 하여 공기층을 통한 복사열 전달량을 감소

6. 비활성가스(아르곤) 충진
공기보다 열전도율이 낮은 아르곤($0.016W/m \cdot K$) 또는 크립톤($0.009W/m \cdot K$)등을 충진하면 전도에 의한 열전달 감소

05 녹색건축물 조성 지원법에 따른 건축물의 에너지절약설계기준 상의 건축물의 열손실방지를 위한 외피 단열 계획에 관한 다음 물음에 답하시오.

(1) "가" 등급에 속하는 단열재를 5가지 이상 나열하시오.(3점)

(2) 단열조치를 하여야 하는 부위에 대하여 단열기준에 적합한 경우를 3가지 기술하시오.(3점)

(3) 중부2지역 공동주택의 외기에 직접 면하는 외벽에 "나" 등급의 단열재를 사용할 경우 225mm 이상을 필요로 한다. 열전도율이 0.02W/mK인 페놀폼을 적용할 경우 줄어들 수 있는 단열재 두께는? (단, 내·외표면 공기층 저항은 각각 0.11, 0.04m²K/W, 단열재 외의 구조체 열저항은 무시함)(2점)

---

(1) 1. 압출법보온판 특호, 1호, 2호, 3호
   2. 비드법보온판 2종 1호, 2호, 3호, 4호
   3. 경질우레탄폼보온판 1종 1호, 2호, 3호 및 2종 1호, 2호, 3호
   4. 그라스울 보온판 48K, 64K, 80K, 96K, 120K
   5. 페놀폼 I종A, II종A
   6. 기타 단열재로서 열전도율이 0.034W/mK(0.029kcal/mh℃) 이하인 경우

(2) 1. 이 기준 별표3의 지역별·부위별·단열재 등급별 허용 두께 이상으로 설치하는 경우
   2. 해당 벽·바닥·지붕 등의 부위별 전체 구성재료와 동일한 시료에 대하여 KS F2277(건축용 구성재의 단열성 측정방법)에 의한 열저항 또는 열관류율 측정값(국가공인시험기관의 KOLAS 인정마크가 표시된 시험성적서의 값)이 별표1의 부위별 열관류율에 만족하는 경우
   3. 구성재료의 열전도율 값으로 열관류율을 계산한 결과가 별표1의 부위별 열관류율 기준을 만족하는 경우

(3) ① 중부2지역에 설치되는 외기에 직접 면하는 공동주택 외벽의 열관류율 기준 : 0.170W/m²K
   ② 0.170 = 1/R에서 R=5.882
   ③ 5.882=0.11+d/0.02+0.04에서 소요되는 페놀폼 두께 d=0.11464m=114.64mm
   ④ 따라서 줄일 수 있는 단열재 두께는 225mm−114.64mm=110.36mm

06 "건축물의 에너지절약설계기준"에서 정하는 단열조치를 하여야 하는 '외벽'과 '창 및 문' 부위의 단열기준 적합여부 판단방법 3가지를 각각 서술하시오.(7점)

(1) '외벽' 부위가 단열기준에 적합한 것으로 판단하는 경우(4점)
(2) '창 및 문' 부위가 단열기준에 적합한 것으로 판단하는 경우(3점)

---

(1) ① 별표1의 부위별 열관류율에 만족하는 경우
② 구성재료의 열전도율값으로 열관류율을 계산한 결과가 별표1의 부위별 열관류율 기준을 만족하는 경우
③ 별표3의 지역별·부위별·단열재 등급별 허용 두께 이상 설치하는 경우

(2) ① KS F2278(창호의 단열성 시험방법)에 의한 국가공인 시험기관의 KOLAS 인정마크가 표시된 시험성적이 별표1의 열관류율기준을 만족하는 경우
② 별표4에 의한 열관류율값이 별표1의 열관류율기준을 만족하는 경우
③ 산업통상자원부고시 「효율관리기자재」 운용규정에 따른 창 세트의 열관류율 표시값이 별표1의 열관류율 기준을 만족하는 경우

핵심 6 단열의 원리와 단열재 종류

단열은 건축물 외피와 주위 환경간의 열류를 차단하는 역할을 하며, 단열메카니즘의 형태에는 ① 저항형(기포형) ② 반사형 ③ 용량형의 3가지가 있다.

1. 저항형 단열재

다공질 또는 섬유질의 열전도율이 0.03kcal/m·h·℃ 정도로 낮은 기포성 단열재로 현재 쓰이고 있는 대부분의 단열재가 해당되며, 열전달을 억제하는 성질이 뛰어나다. [유리섬유(Glass Wool), 스티로폼(Polystyrene Foam Board), 폴리우레탄(Polyurethane Foam)등]

2. 반사형 단열재

복사의 형태로 열이동이 이루어지는 공기층에 유효하며, 방사율과 흡수율이 낮은 광택성 금속박 판이 쓰인다. [알루미늄 호일(Aluminum Foil), 알루미늄 시트(Alu minum Sheet) 등]

3. 용량형 단열재

주로 중량구조체의 큰 열용량을 이용하는 단열방식으로, 열전달을 지연시키는 성질이 뛰어나다. (두꺼운 흙벽, 콘크리트 벽 등)

┃참고┃ Expanded polystyrene foam (EPS), 비드법 보온판

폴리스티렌수지에 발포제를 넣은 다공질의 기포플라스틱(Foam Plastic)이다. 흔히 스티로폴 Styropor 혹은 스티로폼Styrofoam이라고 부르는 데, 이는 독일과 미국 회사의 제품명으로 정식 명칭은 'EPS (Expanded Poly-Styrene, 발포 폴리스티렌) 단열재' 다. 단열 성능이 뛰어나고, 경량으로 운반과 시공성이 우수하며, 최고 70℃까지 사용할 수 있다. 그러나 자외선에 약하고 화재시 불이 옮겨 붙어 유독가스가 발생할 위험이 있다.

EPS 단열재는 비드법 1종과 2종으로 구분한다. 밀도에 따라 1호 30kg/㎥ 이상, 2호 25kg/㎥ 이상, 3호 20kg/㎥ 이상, 4호 15kg/㎥ 이상으로 분류하고 있으며, 밀도가 클수록 단단하며 열전도율이 낮은 특성을 갖고 있다. 열전도율은 0.031~0.043W/mK까지로 종류와 밀도에 따라 다르다.

비드법 보온판 1종 : 구슬 모양의 '비드'를 가열한 후 1차 발포시키고 적당한 시간 숙성한 후 판모양의 금형에 채워 다시 가열해 2차 발포에 의해 융착, 성형한 제품으로 흰색을 띠고 있으며, "나"와 "다" 등급에 속함. 열전도율은 1호 0.036W/mK, 2호 0.037W/mK, 3호 0.040W/mK, 4호 0.043W/mK으로 비드법 보온판 2종보다 열전도율이 높다.

비드법 보온판 2종 : 폴리스티렌수지에 탄소를 함유한 합성물질인 그라파이트(흑연)를 첨가해 제조한 제품으로 회색빛을 띠고 있으며, "가" 등급에 속함. 열전도율은 1호 0.031W/mK, 2호 0.032W/mK, 3호 0.033W/mK, 4호 0.034W/mK로 압출법 보온판보다 열전도율이 높다.
비드법 보온판은 무엇보다 시공성이 우수한 게 장점이지만, 물 흡수율이 높아 물과 직접 닿거나 습기가 많은 곳에는 시공할 수 없다.

|참고| Extruded polystyrene foam (XPS), 압출법 보온판

압출법 보온판은 원료를 가열·용융해 연속적으로 압출·발포시켜 성형한 제품으로, 압출 폴리스티렌폼 (Extruded Polystyrene Foam)을 말하며 보통 XPS로 불린다. 대표적인 제품이 아이소핑크. 물리적 성질은 비드법 보온판과 비슷하나 단열성이 우수하며 어느 정도의 투습 저항을 지닌 것이 특징이다. 내열 온도가 낮아 난연재를 첨가해 건축용 단열재나 완충포장재로 주로 사용한다. "가"등급에 속하며, 열전도율은 특호 0.027W/mK, 1호 0.028W/mK, 2호 0.029W/mK, 3호 0.031W/mK로 비드법 보온판보다 낮다.

|참고| Rigid Poly Urethane Foam (PU), 경질 폴리우레탄폼

열전도율이 0.023~0.025W/mK로 단열 성능이 뛰어나 보온, 보냉에 사용하는 단열재로 폴리우레탄폼을 발포, 성형한 유기 발포체(독립 기포 구조)로 구성되며, PU라고도 한다. 단열성과 저온 특성이 좋으며, 판상형의 생산품을 붙이는 방법이 있으나 건축 현장에서는 주로 직접 발포해(뿜칠) 시공한다.

현장에서 발포 시공할 시에는 분사 각도가 30°를 넘지 않게 하며, 스프레이건과 피착 면과의 거리를 일정하게 하면서 동일방향으로 연속분사해야 균일한 두께를 얻을 수 있다. 그리고 1회 30mm 이하로 분사 발포하고 분사압을 최대로 해 작은 입자가 되도록 한다.

열경화성 수지인 폴리우레탄폼은 플라스틱류와 같이 명확한 연화점이나 응고점이 없다. 관련 업계에서는 일반적으로 고온은 100℃, 저온은 −70℃까지 사용할 수 있고, 특수제조공정을 거치면 −170℃까지도 시공이 가능하다.

다른 단열재는 온도 변화에 민감하고, 물이나 습기를 흡수하면 단열 효과가 저하되는 단점이 있지만, 폴리우레탄 폼은 90% 이상이 독립 기포로 이뤄져 강한 내수성 및 내습성을 보인다. 또한, 뛰어난 접착력으로 표면에 먼지 등의 이물질을 제거하면 재질과 관계없이 반영구적으로 사용할 수 있다.
화재 시 치명적인 맹독성의 시안가스가 발생하는 문제가 있다.

|참고| Phenolic Foam (PF), 페놀폼

- 열전도율 0.019W/mK로 유기질 단열재 중 단열성능이 가장 뛰어남
- 페놀수지를 발포하여 만든 열경화성 수지로 난연2급의 준불연성을 지니고 있음
- 90% 이상 독립미세기포로 이루어진 Closed Cell 구조

|참고| Aerogel Blanket, 에어로젤

- 에어로젤의 열전도율은 0.011~0.015W/mK로 스티로폼, 우레탄 등의 유기질 단열재의 열전도율의 거의 절반 밖에 되지 않음
- 사용가능 온도범위가 −200~650℃까지여서 극저온에서부터 초고온까지 보냉과 보온을 동시에 할 수 있음
- 밀도는 100~170kg/m³로 유리섬유 보다 높음
- 유연한 구조로 시공이 용이하고 높은 압축강도를 지니고 있음
- 물리화학적으로 안정되어 있고 1,200℃의 가스불꽃에도 타지 않는 불연성을 지니고 있음
- 물속에 담가 두어도 물에 젖지 않는 높은 발수성을 지니고 있음
- 비결정질 실리카겔 사용으로 인체에 무해함

|참고| Vacuum Insulation Panel (VIP), 진공단열재

현존하는 단열재 중 가장 열전도율이 낮은 진공단열재(VIPs; Vacuum Insulation Panels)는 특수한 재질의 외피재(Envelope)와 외피재 내부의 심재(Core Material)로 구성되고, 단열성능을 극대화하기 위해 내부를 진공처리한 제품이다.

진공단열재의 외피재는 알루미늄 박막 필름이 주로 사용되며, 진공단열재의 수명 및 신뢰성을 결정하는 중요한 소재이다.

진공단열재의 심재는 글래스울, 흄드실리카 등이 주로 사용되고 있으며, 외피재의 형태 유지 및 내부 가스 분자의 이동을 차단하여 열전달을 최소화한다. 뿐만 아니라, 진공단열재의 내부는 진공에 가까운 극저압을 유지하기 때문에 심재는 진공단열재가 압착되지 않을 정도의 강성을 지니거나 저압상태에서 압축하여 심재의 복원력을 이용하여 진공단열재의 형상을 유지한다.

유리섬유 심재를 사용한 진공단열재의 열전도율은 0.002W/mK, 흄드실리카 심재를 사용한 진공단열재는 열전도율 0.004W/mK을 갖고 있다.

예제 01

진공단열재(Vacuum Insulation Panel, VIP)에 대한 아래 설명의 빈 칸에 가장 적합한 것을 <보기>에서 골라 기재하시오.(6점)

〈보기〉

• 폴리스티렌 폼	• 흄드 실리카	• 폴리우레탄 폼
• 대류	• 전도	• 복사
• 한 겹으로 나란하게	• 여러 겹으로 엇갈리게	

1) VIP의 심재(Core)로는 심재 내부 압력이 대기압 수준으로 높아져도 열전도율이 상대적으로 낮은(   )이(가) 주로 사용된다.(2점)

2) VIP의 피복재(Envelope)로 사용되는 금속필름은 VIP의 심재를 보호하고, (   )열전달을 줄이는 역할을 한다.(2점)

3) 열전도율이 높은 피복재로 인해 VIP 설치 시, VIP간 조인트에 선형 열교가 발생할 수 있다. 이러한 열교 현상을 줄이기 위해서는 VIP를(   ) 설치하는 것이 효과적이다.(2점)

정답

1) VIP의 심재(Core)로는 심재 내부 압력이 대기압 수준으로 높아져도 열전도율이 상대적으로 낮은 (흄드 실리카)이(가) 주로 사용된다.

2) VIP의 피복재(Envelope)로 사용되는 금속필름은 VIP의 심재를 보호하고, (복사)열전달을 줄이는 역할을 한다.

3) 열전도율이 높은 피복재로 인해 VIP 설치 시, VIP간 조인트에 선형 열교가 발생할 수 있다. 이러한 열교 현상을 줄이기 위해서는 VIP를(여러겹으로 엇갈리게) 설치하는 것이 효과적이다.

내단열과 외단열의 비교

1. 내단열

구조체 내부쪽에 단열재 설치

(1) 내단열은 낮은 열용량을 갖고 있기 때문에 빠른 시간에 더워지므로 간헐 난방을 필요로 하는 강당이나 집회장과 같은 곳에 유리하다.

(2) 한쪽의 벽돌벽이 차가운 상태로 있기 때문에 내부결로가 발생하기 쉽다.

(3) 모든 내단열 방법은 고온측에 방습막을 설치하는 것이 좋다.

(4) 내단열에서는 칸막이나 바닥에서의 열교현상에 의한 국부열손실을 방지하기가 어렵다.

2. 외단열

구조체 외부쪽에 단열재 설치

(1) 내부측의 열관성이 높기 때문에 연속난방에 유리하다.

(2) 전체 구조물의 보온에 유리하며 내부결로의 위험도 감소시킬 수 있다.

(3) 외단열은 벽체의 습기뿐만 아니라 열적 문제에서도 유리한 방법이다.

(4) 외단열은 단열재를 건조한 상태로 유지시켜야 하고, 내구성과 외부 충격에 견딜 뿐 아니라 외관의 표면처리도 보기 좋아야 한다.

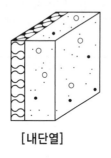
[내단열]
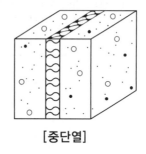
[중단열]
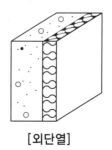
[외단열]

3. 단열재 설치위치와 결로문제

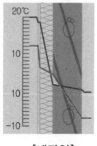
[내단열]
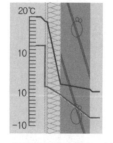
[내단열(방습층 설치)]
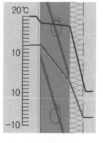
[외단열]

4. 단열재 위치와 결로 위험

단열재는 열이 흘러나가는 쪽에 설치(외단열)하는 것이 구조체의 온도를 높여 결로를 방지할 수 있음. 내단열의 경우 반드시 방습층을 단열재보다 고온측에 설치하여 습기이동을 차단해야 결로를 방지할 수 있음

5. 외단열과 내단열의 비교

	외단열	내단열
1) 구조체	·구조체가 보이지 않는다. ·일사에 의한 구조체 내의 열응력이 작게 되어 구조체 손상이 적다. ·구조체가 겨울에도 거의 영상의 온도로 유지되므로 동해의 위험이 없다.	·구조체가 보인다. ·일사에 의한 열응력의 발생으로 구조체가 손상된다.
2) 열교	·단열의 불연속 부분이 없다.	·단열의 불연속 부분이 생기기 쉽다(벽체와 슬래브의 접합부 등) ·냉교의 발생으로 국부 결로 등이 발생한다. ·냉교부분의 단열처리가 곤란하다.
3) 표면결로	·간헐난방 시 운전이 정지될 때 표면온도가 높게 유지되며 최저 실온이 높고 결로 발생도 적다. ·창문이 따뜻한 부위의 벽측에 부착 되므로 창가가 냉각될 우려가 작아진다.	·난방 정지 시 실온 및 벽표면 온도가 낮아지므로 결로의 위험성이 크고 환기가 불충분하면 결로가 발생한다. ·창틀이 차가운 벽 부위에 면하므로 실제적으로 가장자리가 냉각된다.
4) 내부결로	·방습층을 설치하지 않아도 결로발생이 적다.	·단열재의 실내 측에 완전 방수층을 설치하지 않으면 결로를 막을 수 없다.
5) 난방부하	·축열재가 내측에 있으므로 난방기간 중에는 주간에 창을 통한 태양열을 획득, 저장하여 그만큼 난방부하를 절약할 수 있다.	·집회장, 강당 등 사용시간이 짧거나 사용이 비정기적인 건물에 유리하다.
6) 난방정지	·난방기기의 운전을 중단하였을 때 급격한 온도변화가 적어 재실자의 열적인 쾌적감 증대 효과를 가져온다.	·특히 난방 정지 시 온도 하강이 현저하며 여름에는 콘크리트의 축열에 의해서 실내가 덥게 느껴진다.
7) 냉방부하	·냉방의 경우 야간의 외기 도입으로 축냉효과를 이용하면 유리하다.	·외기 냉방을 고려하지 않을 경우 구조체의 축열효과는 외단열보다 적다.

07

건물외피에 설치되는 단열재의 위치에 따라 내단열과 외단열이 가능한데, 내단열과 외단열의 특징을 다음의 관점에서 비교 설명하시오.

(1) 표면결로와 내부결로 위험
(2) 예열시간을 고려한 난방방식
(3) 주거용 건물의 계절에 따른 온열쾌적감

---

(1) **표면결로와 내부결로 위험** : 일반 단열벽체의 내단열과 외단열에 대한 온도구배와 노점온도구배를 그리면 아래와 같다.

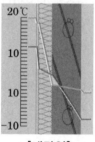 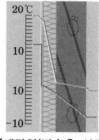 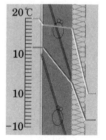

[내단열]　　　　　[내단열(방습층 설치)]　　　　　[외단열]

따라서 일반 단열벽체에서는 외단열은 표면결로와 내부결로 발생 위험이 없음을 알 수 있다. 반면, 내단열의 경우에는 내부결로 발생 위험이 있어 반드시 단열재보다 고온측에 방습층을 설치해야 한다. 발코니 슬래브나 세대 경계벽 등의 열교부위에서 내단열의 경우에는 표면온도가 주위공기의 노점온도보다 낮아지는 부위가 발생하여 표면결로 위험이 있다. 따라서 이러한 부위에는 표면온도를 높여줄 수 있는 결로방지용 단열재를 반드시 설치해야 한다.

(2) **예열시간을 고려한 난방방식** : 단열재에 비해 구조체의 축열량이 크므로 내단열은 예열시간이 짧고, 외단열은 예열시간이 긴 특성을 지니고 있다. 따라서 간헐난방을 주로 하는 가끔 사용하는 강당, 체육관 등의 경우에는 내단열이, 연속난방을 주로 하는 주거용 건물은 외단열이 유리하다.

(3) **주거용 건물의 계절에 따른 온열쾌적감** : 외단열의 경우에는 구조체가 축열체 역할을 하여 계절에 관계없이 구조체의 온도가 실내온도와 비슷하게 유지되어 온열쾌적감이 높으며, 내단열의 경우에는 단열재의 작은 축열능력으로 인해 내부 열관성이 낮아 외기의 영향을 많이 받게 되어 온열쾌적감은 낮다.

열교와 선형열관류율

1. 열교의 정의

건물을 설계하다보면 벽/바닥/지붕의 접합부에서 다른 열전도율을 갖는 재료가 건물외피의 단열 라인의 일부분을 관통할 때, 혹은 구성물의 두께 변화에 의해 열저항값이 크게 차이가 나는 건물 의 외피부분을 말한다.(ISO10211기준)

세부 발생부위는 다음과 같다.(ISO10211-2기준)

(1) 건물기초부위(바닥)

(2) 창 및 출입문

(3) 벽체와 슬라브 접합부

(4) 테라스, 발코니 부분

(5) 지붕 부위

열교부위는 에너지 손실, 실내측 결로 발생, 곰팡이 발생 그리고 열쾌적성에 대한 문제가 발생하 기 때문에 여기에 대한 조치가 필요하다.

국내 열교관련 내용은 "건축물에너지 절약설계기준"에서 단열조치관련 내용으로 "외피의 모서리 부분은 열교가 발생하지 않도록 단열재를 연속적으로 설치하고 충분히 단열되도록 한다."고 언급 되어 있으며, 창호 열관류율 계산에서 선형열관류율값이 명시되고 있다.

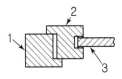

$$U_W = \frac{\sum A_g U_g + \sum A_f U_f + \sum l_g \Psi_g}{\sum A_g + \sum A_f}$$

> 열관류율 계산식은 윗 식에 의한다.
>
> U_W : 창호의 열관류율
>
> A_g : 유리의 면적(그림 3번 부문)
>
> A_f : 프레임의 면적(그림 1번 및 2번 부문)
>
> U_g : 유리의 열관류율(그림 3번 부문)
>
> U_f : 프레임의 열관류율(그림 1번 및 2번 부문)
>
> l_g : 유리 가장자리 길이(그림 3번 유리와 2번 부위가 만나는 가장자리 길이)
>
> Ψ_g : 유리, 프레임, 간격재의 복합적인 선형 열관류율. 유리와 창틀에서 발생되어지는 열교부위로 흔히 단열감봉으로 불려지는 부위다. 단열감봉의 성능에 따라 0.06~0.03 수준으로 선형열관 류율값이 발생한다.

2. 열교의 종류

열교는 선형열교(linear thermal bridge)와 점형열교(point thermal bridge)의 2가지로 구분된다.

(1) 선형열교 : 세개의 직교 축 중 하나의 축에 연속적으로 동일한 단면에서 발생하는 열교

① 정상상태에서 선형 열교부위만을 통한 단위 길이당, 단위 실내외 온도차당 전열량[W/m·K]

② 구하는 방법

$$\psi = \frac{\phi}{t_i - t_o} - \sum U_i l_i$$

ψ : 선형열관류율[W/m·K]

ϕ : 평가대상부위 전체를 통한 단위길이당 전열량[W/m]

t_i : 실내온도[℃]

t_o : 외기온도[℃]

U_i : 열교와 이웃하는 일반부위의 열관류율[W/m²·K]

l_i : U_i의 열관류율 값을 가지는 일반부위 길이[m]

(2) 점형 열교 : 국소부분에 집중된 열교

3. 선형열교부위의 열손실량

$$Q = \psi \cdot \ell \cdot \Delta t (\text{W})$$

ψ : 선형열관류율[W/m·K]

ℓ : 선형 열교길이(m)

Δt : 실내의 온도차(K)

08 다음의 전열관련 용어의 의미와 단위를 쓰시오.

(1) 선형열관류율

(2) 열전도율

(3) 열콘덕턴스

---

(1) ① 정상상태에서 선형 열교부위만을 통한 단위 길이당, 단위 실내외 온도차당 전열량(W/m·K)

② 구하는 방법

$$\psi = \frac{\Phi}{t_i - t_o} - \sum U_i\, l_i$$

ψ : 선형열관류율(W/m·K)

Φ : 평가대상부위 전체를 통한 단위길이당 전열량(W/m)

t_i : 실내온도(℃)

t_o : 외기온도(℃)

U_i : 열교와 이웃하는 일반 부위의 열관류율(W/m²·K)

l_i : U_i의 열관류율 값을 가지는 일반 부위 길이(m)

(2) 재료자체의 물성으로, 재료의 양쪽 표면 온도차가 1℃일 때 1시간 동안 1m²의 면을 통해 1m 두께를 통과하는 열량(kcal/m²·h·℃/m = kcal/m·h·℃ 또는 W/mK)

(3) 열전도율이 단위두께에서의 전열량을 나타내는 것인데, 열콘덕턴스는 주어진 두께의 재료 1m²를 통한 1시간 동안의 전열량이다. (kcal/m²·h·℃ 또는 W/m²K)

09 (1) 선형 열교부위의 선형 열관류율을 계산하는 방법을 기술하고, (2) 다음 그림에서 C 열교부위의 선형 열관류율을 구하시오. 구조체를 통한 단위길이당 총 열류량은 20W/m, 열교와 이웃하는 일반벽체의 열관류율은 0.2W/m²K, 실내온도는 20℃, 외기온도는 0℃이다.

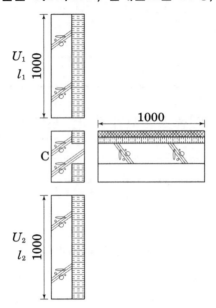

(1) 선형열관류율이란
　① 정상상태에서 선형 열교부위만을 통한 단위 길이당, 단위 실내외 온도차당 전열량[W/m·K]
　② 구하는 방법

$$\psi = \frac{\phi}{t_i - t_o} - \sum U_i l_i$$

　ψ : 선형열관류율[W/m·K]
　ϕ : 평가대상부위 전체를 통한 단위길이당 전열량[W/m]
　t_i : 실내온도[℃]
　t_o : 외기온도[℃]
　U_i : 열교와 이웃하는 일반부위의 열관유율[W/m²·K]
　l_i : U_i의 열관류율 값을 가지는 일반부위 길이[m]

(2) 선형열관류율 계산
　$\psi = \dfrac{\phi}{t_i - t_o} - \sum U_i l_i$
　　$= 20/(20-0) - 0.2*2$
　　$= 0.6\text{W/mK}$

10 건물에서 발생되는 (1) 결로의 종류, (2) 결로의 원인, (3) 결로의 발생조건, (4) 결로방지 대책을 서술하시오.

1. 결로의 종류

결로란 구조체의 표면온도가 주위공기의 노점온도보다 낮아 표면에 이슬이 맺히는 현상을 말한다. 이와 같이 구조체 표면에 생긴 결로를 표면결로라 하며, 구조체 내에서도 이와 같이 물방울이 맺힐 수 있는데 이를 내부결로라 한다.

표면결로는 주로 열교가 발생되는 벽체의 내부표면과 우각부, 발코니 벽체, 창고 내부 벽체표면 등에서 주로 발생

내부결로는 내단열 벽체에서 단열재의 외측 구조체에서 주로 발생

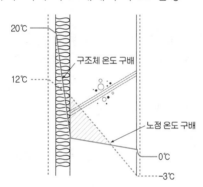

내단열 벽체에서 구조체의 온도구배가 노점온도구배보다 낮은 부위에 내부결로 발생가능

2. 결로의 원인

결로는 실내에서의 수증기 과다발생, 단열차단으로 인한 열교부위 발생, 환기 부족 등이 복합적으로 작용해서 발생하게 된다.

(1) 실내외 온도차

실내외 온도차가 클수록 많이 생긴다.

(2) 실내 습기의 과다발생

가정에서 호흡, 조리, 세탁 등으로 하루 약 12kg의 습기 발생

(3) 생활 습관에 의한 환기부족

대부분의 주거활동이 창문을 닫은 상태인 야간에 이루어짐

(4) 구조체의 열적 특성

단열이 어려운 보, 기둥, 수평지붕 등의 열교부위

(5) 시공불량

단열시공의 불완전 및 부실 단열시공

(6) 시공직후의 미건조 상태에 따른 결로

콘크리트, 모르터, 벽돌 등이 미건조 된 상태에서 내장마감

3. 결로의 발생조건

결로란 구조체의 표면 또는 내부온도가 주위공기의 노점온도보다 낮거나, 실내공기의 수증기압이 그 공기에 접하는 벽의 표면온도에 따른 포화수증기압보다 높으면 발생되는 것이다.

4. 결로방지대책

높은 실내표면온도 유지를 위한 외피단열강화와 실내난방, 환기를 통한 실내과다습기 배출을 통해 결로 원인을 제거할 수 있다. 구조체 내부결로를 방지하기 위해서 단열재는 구조체 외부에, 방습층은 실내측에 설치한다.

(1) 단열

외단열을 통해 구조체를 통한 열손실 방지와 보온역할을 통해 구조체 표면과 내부온도 상승 내단열을 통해 벽체 표면온도를 주위공기의 노점온도보다 높일 수 있음

(2) 난방

난방을 통한 건물내부 구조체의 표면온도 및 내부온도 상승
낮은 온도의 연속난방이 높은 온도의 짧은 난방보다 효과적임

(3) 환기

습한 공기를 제거하여 실내 공기의 노점온도를 낮춤

(4) 방습층 설치

내단열의 경우 방습층은 반드시 단열재보다 고온측에 설치하여 실내로부터 구조체 내부로의 습기이동을 차단

핵심 9 **온도저하율, 내표면온도차이비율(TDR)**

1. TDR(Temperature Difference Ratio)

① 실내온습도와 외부온도와의 여러 조합에 따라 해당부위에 결로발생여부를 알게 해주는 지표로서 0~1사이의 값을 가지며 TDR값이 낮을수록 결로방지성능이 우수함을 의미한다.

② 공동주택결로방지를 위한 설계기준에서 지역 I, II, III으로 나누어 TDR값을 제시하고 있다.

③ TDR 계산시 실내온도 25℃, 습도 50%를 기준으로 한다.

2. TDR 계산식

$$온도저하율(TDR) = \frac{실내온도 - 적용대상부위의실내표면온도}{실내온도 - 외기온도}$$

3. 결로방지성능평가부위

① 출입문 : 현관문 및 대피공간 방화문

② 벽체접합부 : 외기에 직접 접하는 부위의 벽체와 세대내의 천장 및 바닥이 동시에 만나는 접합부

③ 창 : 난방설비가 설치되는 공간에 설치되는 외기에 직접 면하는 창
(비확장 발코니 등 난방설비가 설치되지 않는 공간에 설치하는 창은 제외)

4. 평가부위별 결로방지 성능기준

대상부위			TDR값		
			지역 I	지역 II	지역 III
출입문	현관문 대피공간방화문	문짝	0.30	0.33	0.38
		문틀	0.22	0.24	0.28
벽체접합부			0.25	0.26	0.28
외기에 직접 접하는 창		유리 중앙부위	0.16(0.16)	0.18(0.18)	0.20(0.24)
		유리모서리부위	0.22(0.26)	0.24(0.29)	0.27(0.32)
		창틀 및 창짝	0.25(0.30)	0.28(0.33)	0.32(0.38)

① 지역 I : -20℃, 지역 II : -15℃, 지역 III : -10℃

② 괄호안은 AL.창의 적용기준임

|참고|

(1) 단열성능 현장 측정 관련하여 KS F 2829에서는 적외선 촬영법에 의한 건축물 단열성능 평가 방법을 규정하고 있다. 단열성능의 정량적 평가에는 내표면온도차이비율,외표면온도차이비율이 이용된다.

(2) 내표면온도차비율

$$내표면온도차비율 = \frac{실내온도 - 적용대상부위의\ 실내표면온도}{실내온도 - 외기온도}$$

(3) 외표면온도차비율

$$외표면온도차비율 = \frac{외기온도 - 적용대상부위의\ 실외표면온도}{실내온도 - 외기온도}$$

예제 01

"공동주택 결로 방지를 위한 설계기준"에서의 결로 방지 성능 평가 지표와 그 산출식에 대하여 쓰시오.

정답

1) 해당부위의 "결로 방지 성능"을 평가하기 위한 단위가 없는 지표로 "온도차이비율(TDR : Temperature Difference Ratio)"이 사용됨

2) "온도차이비율(TDR : Temperature Difference Ratio)"이란 '실내와 외기의 온도 차이에 대한 실내와 적용 대상 부위의 실내표면의 온도차'를 표현하는 상대적인 비율을 말하는 것으로, 아래의 계산식에 따라 그 범위는 0에서 1사이의 값으로 산정된다.

$$온도차이비율(TDR) = \frac{실내온도 - 적용대상\ 부위의\ 실내표면온도}{실내온도 - 외기온도}$$

예제 02

"공동주택 결로 방지를 위한 설계기준"과 관련하여 다음 물음에 답하시오.

1) 공동주택의 결로 방지 성능평가를 위해 온도차이비율(TDR)을 산정해야 하는 부위는
   (   ), (   ), (   )이다.

2) 지역 Ⅰ(외기온도 : -20℃)에 위치한 공동주택 단위세대에서 TDR 산출부위의 실내표면온도가 16℃일 때 TDR 값을 산출하시오.

정답

1) 출입문, 벽체 접합부, 외기에 직접 면하는 창

2) 계산과정 작성란

$$TDR = \frac{실내온도 - 대상부위의\ 실내표면온도}{실내온도 - 외기온도} = \frac{25-16}{25-(-20)} = 0.2$$

예제 03

다음 벽체 부위의 ㉠ 실내표면온도(℃), ㉡ 열관류율(W/m² · K), ㉢ 실외표면온도(℃)를 구하시오.(4점)

〈조건〉

- 벽체 부위의 TDR : 0.02
- 실내표면열전달저항 : 0.110 m² · K/W
- 실외표면열전달저항 : 0.043 m² · K/W

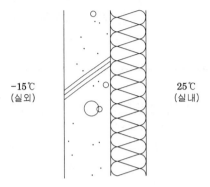

-15℃
(실외)

25℃
(실내)

정답

㉠ 실내표면온도

$$\frac{r}{R} = \frac{t}{T} = \frac{t_i - t_{si}}{t_i - t_o} = TDR$$

$$\frac{0.110}{R} = \frac{25 - t_{si}}{25 - (-15)} = 0.05$$

$$\therefore R = 2.2 (\text{m}^2 \cdot \text{K/W})$$

$$t_{si} = 23℃$$

㉡ 열관류율

$$K = \frac{1}{R} = \frac{1}{2.2} = 0.455 \, \text{W/m}^2 \cdot \text{K}$$

㉢ 실외표면온도

$$\frac{r}{R} = \frac{t}{T} = \frac{t_{so} - t_o}{25 - (-15)}$$

$$\frac{0.043}{2.2} = \frac{t_{so} - (-15)}{40}$$

$$t_{so} = -14.22℃$$

11 열교부위 단열성능을 열관류율(W/m²·K)로 평가할 수 없는 이유를 서술하고, 열교부위 단열성능 평가에 활용할 수 있는 기준인 선형 열관류율, 점형열관류율, 온도저하율, 온도차이비율 중 한 개에 대하여 개념 및 구하는 방법을 서술하시오.

1. 열교부위 단열성능 열관류율(W/m²·K)로 평가할 수 없는 이유

열교부위는 단열재가 연속되지 못해 선형이나 점형으로 나타나므로 열교부위의 단열성능은 단위길이당, 단위시간당 단위온도차당 열손실량인 선형열관류율(W/m·K)이나 점형열교부위를 통한 단위시간당 단위온도차당 열손실량인 점형열관류율(W/K)로 나타낸다. 따라서 단위면적당 단위 온도차에서의 열류량을 나타내는 열관류율(W/m²·K)로 나타낼 수 없다.

2. 선형 열관류율

① 정상상태에서 선형 열교부위만을 통한 단위 길이당, 단위 실내외 온도차당 전열량(W/m·K)
② 선형 열교(Linear Thermal Bridge)란 공간상의 3개 축 중 하나의 축을 따라 동일한 단면이 연속되는 열교 현상
③ 구하는 방법

$$\psi = \frac{\Phi}{t_i - t_o} - \sum U_i l_i$$

ψ : 선형열관류율(W/m·K)
Φ : 평가대상부위 전체를 통한 단위길이당 전열량(W/m)
t_i : 실내온도(℃)
t_o : 외기온도(℃)
U_i : 열교와 이웃하는 일반 부위의 열관류율(W/m²·K)
l_i : U_i의 열관류율 값을 가지는 일반 부위 길이(m)

3. 온도저하율, 온도차이비율(TDR : Temperature Difference Ratio)

① 실내와 외기의 온도차이에 대한 실내와 적용 대상 부위의 실내표면의 온도차이를 표현하는 상대적인 비율을 말하는 것으로 그 값이 낮을수록 표면결로방지성능이 우수
② 구하는 방법

$$TDR = \frac{t_i - t_{si}}{t_i - t_o} \quad (t_i : \text{실내온도}, \ t_o : \text{외기온도}, \ t_{si} : \text{실내표면온도})$$

③ 위의 식에서 t_{si}가 실내공기의 노점온도보다 낮아지지 않도록 TDR값을 설정함으로써 표면결로방지를 할 수 있음

핵심 10 **습공기 표시**

1. 건구온도, 습구온도, 노점온도

(1) 건구온도(DBT, Dry Bulb Temperature)

보통온도계로 측정한 온도

(2) 습구온도(WBT, Wet Bulb Temperature)

건구온도계 감지부에 젖은 천을 감은 다음 3m/sec 이상의 바람을 불면 젖은 천에 있던 수분이 증발하면서 감지부의 온도를 떨어뜨려, 즉 습구강하를 일으켜 건구온도보다 낮은 온도가 나타나는데, 이를 습구온도라 한다.

(3) 노점온도(DPT, Dew Point Temperature)

습공기의 온도를 내리면 상대습도가 차츰 높아지다가 포화상태에 이르게 되는데, 습공기가 포화상태일 때의 온도 즉, 공기속의 수분이 수증기의 형태로만 존재할 수 없어 이슬로 맺히는 온도

[공기온도 20℃의 상대습도별 노점온도 T_C]

상대습도(%)	노점온도(℃)	상대습도(%)	노점온도(℃)
10	−11.18	60	12.01
20	−3.21	70	14.37
30	1.92	80	16.45
40	6.01	90	18.31
50	9.27	100	20.00

2. 절대습도, 상대습도, 수증기분압

(1) 절대습도(Absolute Humidity, Specific Humidity)

건조공기 1kg을 포함하는 습공기 중의 수증기 중량으로 냉각하거나 가열하여도 변하지 않는다. (단위 : kg/kg′, kg/kg[DA])

(2) 상대습도(Relative Humidity)

어떤 온도에서의 습공기의 수증기압을 그 온도에서의 포화수증기압으로 나누어 100을 곱한 것으로 공기를 가열하면 포화수증기압이 증가되어 상대습도는 낮아지고, 냉각하면 포화수증기압이 낮아져 상대습도는 높아진다. (단위 : %)

$$상대습도(RH, \%) = \frac{어떤\ 온도에서의\ 현재\ 수증기압}{그\ 온도에서의\ 포화수증기압} \times 100(\%)$$

(3) 수증기 분압(Vapor Pressure)

습공기는 건조공기와 수증기로 이루어져 있으며, 습공기의 압력은 건공기압력과 수증기 압력의 합계인데, 수증기가 차지하는 부분압력을 수증기분압이라 한다. 수증기분압은 수증기 중량에 비례한다. (단위 : mmHg, Pa)

3. 엔탈피, 현열비

(1) 엔탈피(Enthalpy)

건조공기 1kg을 포함하는 습공기가 지니고 있는 현열과 잠열의 합으로, 건조공기 0℃의 엔탈피를 0으로 보고 구한 값

$$
\begin{aligned}
\text{엔탈피(i)} &= 0.24t + (0.44t + 597) \times (kcal/kg[DA]) \\
&= 1.01t + (1.85t + 2501) \times (kJ/kg[DA])
\end{aligned}
$$

t : 건구온도
x : 절대습도(kg/kg[DA])

(2) 현열비(SHF, Sensible Heat Factor)

현열부하 잠열부하의 합인 전열부하에 대한 현열부하의 비율

$$
SHF = \frac{\text{현열부하}}{\text{현열부하} + \text{잠열부하}}
$$

(3) 현열, 잠열

① 현열 : 온도변화와 함께 출입하는 열-온수난방에 이용
② 잠열 : 상태변화와 함께 출입하는 열-증기난방에 이용
③ 물의 증발잠열 : 100℃ 물 1kg이 100℃증기 1kg으로 되는 동안 흡수하는 열량으로 539kcal/kg이다.

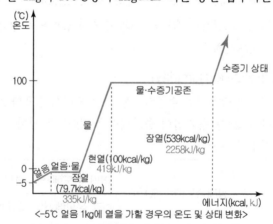

<-5℃ 얼음 1kg에 열을 가할 경우의 온도 및 상태 변화>

[현열과 잠열]

핵심 11   습공기선도

습공기 선도(Psychrometric chart) : 습공기의 여러가지 특성치를 나타내는 그림으로서 인간의
쾌적범위 결정, 결로판정, 공기조화 부하계산 등에 이용된다.

(1) 습공기 선도를 구성하는 요소들 : 건구온도, 습구온도, 노점온도, 절대습도, 상대습도, 수증기
   분압, 비용적, 엔탈피 등

(2) 습공기 선도를 구성하고 있는 요소들 중 2가지만 알면 나머지 모든 요소들을 알아낼 수 있다.

(3) 공기를 냉각 가열하여도 절대습도는 변하지 않는다.

(4) 공기를 냉각하면 상대습도는 높아지고 공기를 가열하면 상대습도는 낮아진다.

(5) 습구온도와 건구온도가 같다는 것은 상대습도가 100%인 포화공기임을 뜻한다.

(6) 습구온도가 건구온도보다 높을 수는 없다.

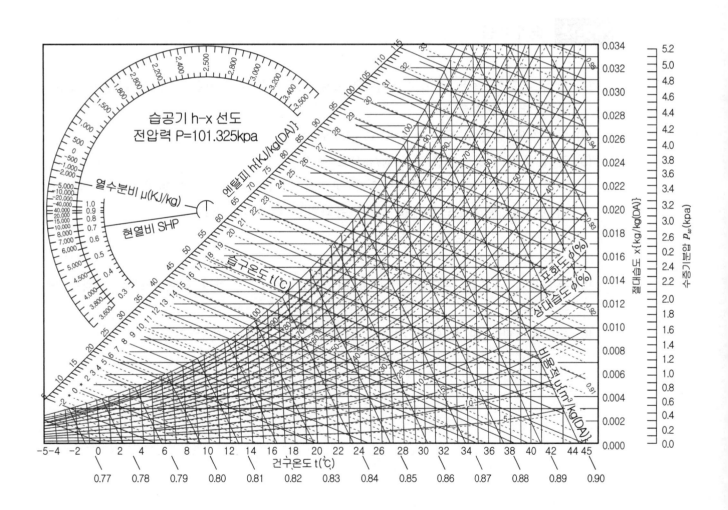

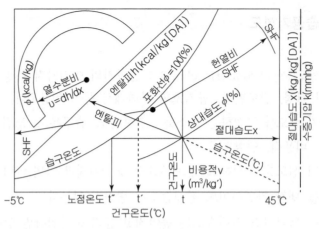

[공기선도의 구성]

습기 이동

(1) 열이 온도가 높은 곳에서 낮은 곳으로 이동하듯이 습기는 수증기 분압이 높은 곳에서 낮은 곳으로 이동

(2) 수증기의 량은 g 또는 $\mu g (= 10^{-6}g)$으로 측정

(3) 공기 중의 수증기압은 $Pa(=N/m^2)$로 측정

(4) 수증기의 투습률(δ)은 열전도율과 비슷한 개념으로 1Pa의 입력차가 있을 때 $1m^2$의 면적을 통해 1m 두께를 1초간 통과하는 수증기량으로

$$\mu g \cdot m/m^2 \cdot Pa \cdot s = \mu g \cdot m/N \cdot s$$

라는 단위를 사용

(5) 투습률의 역수를 투습비 저항(vapor resistivity : r_v)이라 하며, MNs/gm라는 단위를 사용

(6) 투습비저항(r_v)이란 어떤 재료의 단위 두께당 습기에 대한 저항값

[주요 재료의 투습률과 투습비저항]

재료	투습률 δ [μgm/Ns]	투습비저항 γ_v [MNs/gm]
공기	0.182	5.5
조적재	0.006~0.042	25~100
시멘트 도장	0.010	100
콘크리트	0.01~0.03	30~100
폴리스티렌판	0.002~0.007	145~500
석고보드	0.017~0.023	45~60
합판	0.002~0.007	1500~6000
알루미늄박	0.00025	4000
페인트 마감	0.025~0.133	7.5~40
비닐벽지	0.1~0.2	5~10

(7) 투습계수(Vaper permeance : π)는 열관류율과 비슷한 개념으로 1Pa의 압력차가 있을 때 1m²의 면적을 통해 1초간 이동하는 수증기량을 의미하며, $\mu g/m^2 \cdot Pa \cdot s$ 또는 $\mu g/N \cdot s$라는 단위를 사용

(8) 투습계수(π)의 역수를 투습저항(vapor resistivity : R_V)이라 하며, 특정두께를 가진 재료의 투습저항을 의미

(9) 재료의 투습저항(R_V)은 다음 식으로 구할 수 있음

$$R_v = r_v \cdot d$$

여기서, R_V : 재료의 투습저항(MNs/g)

　　　　r_v : 재료의 투습비저항(MNs/g·m)

　　　　d : 재료의 두께(m)

(10) 다층구조체의 투습저항은 구성부재 각각의 투습저항을 모두 합한 값으로 다음과 같이 나타낼 수 있음

$$R_{VT} = R_{V1} + R_{V2} + ... + R_{Vn}$$

[주요 재료의 투습계수]

재료	투습계수 $\pi [\mu g/Ns]$
코르크판 25mm	0.4~0.54
섬유판	
12mm	1.2~3.34
25mm	0.93~2.68
석고보드 10mm 붙인	
알루미늄박	0.006~0.024
방수지면 알루미늄박	0.0001
폴리에틸렌필름 0.06mm	0.004
석고보드 10mm	2~2.86
목재 25mm	0.08

핵심 13 노점온도 구배

(1) 벽체와 같은 다층재료를 통한 온도변화는 다음의 식에 의하여 구할 수 있다.

$$\Delta t = \frac{R}{R_T} \times \Delta t_T$$

여기서, Δt : 특정재료 통과시 온도강하

R : 특정재료의 열저항

Δt_T : 벽체 전체 온도강하

R_T : 벽체 전체의 열저항

(2) 아래의 공식에 의하여 특정재료를 통과할 때 떨어지는 수증기압(vapor pressure)을 구할 수 있다.

$$\Delta P = \frac{R_V}{R_{VT}} \times \Delta P_T$$

여기서, ΔP : 특정재료 통과시 수증기압 강하

R_V : 특정재료의 투습저항

ΔP_T : 벽체 전체의 수증기압 강하

R_{VT} : 벽체 전체의 투습저항

(3) 다층재료 경계면의 수증기압을 알면 습공선도상에서 노점온도를 찾을 수 있다.

12 외벽의 내측에서부터 두께 10mm의 석고판과 두께 25mm의 폴리스티렌 폼, 그리고 두께 150mm의 콘크리트로 구성되어 있다. 각 부위의 열저항은 내부표면 = 0.123, 석고판 0.06, 폴리스티렌 폼 = 0.75, 콘크리트 = 0.105, 외부표면 = 0.055[m²K/W]이며, 투습비저항은 석고보드 = 50, 폴리스티렌 폼 = 100, 콘크리트는 30(MNs/gm)이다. 실내공기의 온도는 20℃, 상대습도(RH) = 59%, 외부공기의 온도는 0℃, 상대습도는 포화상태일 때 아래 벽체에 온도구배와 노점온도구배를 그리고, 내부결로의 유무를 검토하시오.

층	두께 d[m]	열저항[m²K/W]	투습비저항 r_V(MNs/gm)
내표면 공기층		0.123	
석고판	0.010	0.06	50
폴리스티렌폼	0.025	0.75	100
콘크리트	0.150	0.105	30
외표면 공기층		0.055	

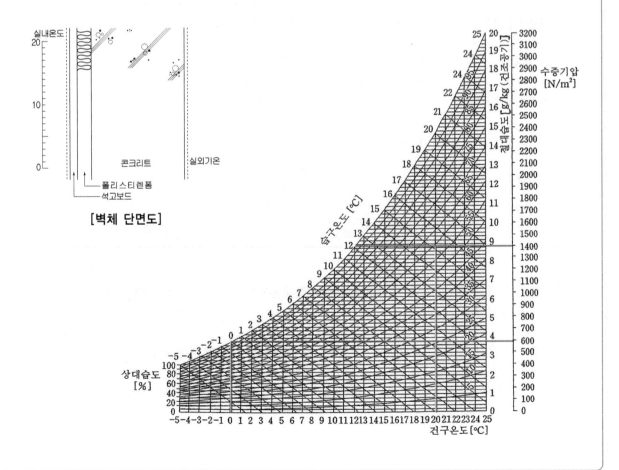

[벽체 단면도]

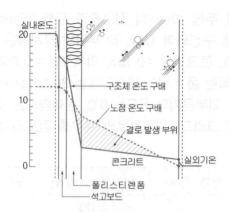

[결로발생 부위, 온도구배, 노점온도구배]

- 1단계 : 각 재료의 열저항을 사용하여 각 재료 통과시 온도강하와 각 경계면온도를 계산한다.

층	열저항[m²K/W]	온도강하 $\left(\Delta t = \dfrac{R}{R_T} \times \Delta t_T\right)$	각 재료 다음의 경계면 온도[℃]
실내공기			20
내표면공기층	0.123	$\dfrac{0.123}{1.093} \times 20 = 2.3$	17.7
석고판	0.06	$\dfrac{0.06}{1.093} \times 20 = 1.1$	16.6
폴리스티렌폼	0.75	$\dfrac{0.75}{1.093} \times 20 = 13.7$	2.9
콘크리트	0.105	$\dfrac{0.105}{1.093} \times 20 = 1.9$	1.0
외표면공기층	0.055	$\dfrac{0.055}{1.093} \times 20 = 1.0$	0
외기			0
$R_T = 1.093$			

- 2단계 : 그림과 같이 벽의 축척단면도상에 경계온도를 기입하고 온도기울기를 알기 위해 그 점들을 연결한다.

- 3단계 : 각 층을 통과할 때 감소한 수증기압을 계산하기 위하여 투습저항을 사용한다.
  습공기선도 상에서 각 경계에서의 노점온도를 찾는다.
  내부수증기압 = 1,400Pa, 외부수증기압 = 600Pa을 습공기선도로부터 찾는다.
  전체 수증기압 감소=800Pa

- 4단계 : 그림과 같이 노점온도 기울기를 알기 위해 단면도상에 경계면 노점온도를 기입한다.

층	두께 $d[m]$	투습비 저항 r_V	투습저항 $R_V = r_v d$	수증기압 강하 $\Delta P = \dfrac{R_V}{R_{VT}} \times P_T$	각 재료 다음 경계면의 수증기압[Pa]	각 재료 다음 경계면의 노점온도[℃]
내표면					1,400	12
석고판	0.010	50	0.5	$\dfrac{0.5}{7.5} \times 800 = 53$	1,347	11.5
폴리스티렌폼	0.025	100	2.5	$\dfrac{2.5}{7.5} \times 800 = 267$	1,080	7.4
콘크리트	0.150	30	4.5	$\dfrac{4.5}{7.5} \times 800 = 480$	600	0
외표면					600	0
				$R_{VT} = 7.5$		

- 내부결로 유무 검토
 ① 구조체의 온도구매가 노점온도보다 낮은 폴리스티렌폼과 콘크리트에는 내부결로 발생
 ② 이와 같은 내부결로를 방지하기 위해서는 폴리스티렌폼(단열재)보다 고온측에 방습층 설치함으로써 구조체의 온도구배가 노점온도 구배보다 높게 함

예제 01

다음은 중부지역에서 계획 중인 건축물의 벽체 단면에 온도와 노점온도를 나타낸 그림이다. A, B, C, D 영역 중 결로발생이 예상되는 부위를 모두 쓰고, 이 구조에서 결로를 방지하기 위한 방습층의 설치 위치와 방습층 설치 후 변화된 온도구배를 표시하고 그 원리를 설명하시오. (3점)

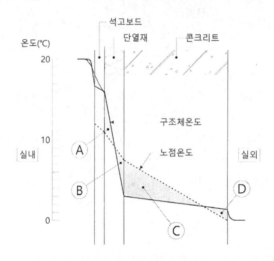

구조체의 온도와 노점온도

정답

1. 결로발생 예상부위 : B, C
2. 결로방지를 위한 방습층 설치위치 : 단열재보다 고온측인 석고보드와 단열재 사이
3. 변화된 온도구배 :

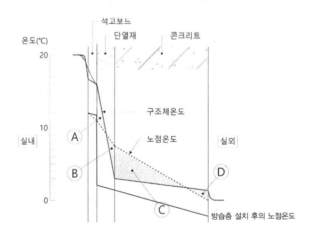

4. 원리 : 투습저항이 높은 방습층을 단열재 보다 고온측에 설치함으로써 수증기 분압이 높은 실내측에서 벽체내로의 습기이동을 차단하여 방습층 이후에 있는 단열재와 콘크리트 부분의 노점온도구배를 온도구배보다 낮게 함으로써 단열재와 콘크리트에 발생했던 내부결로를 방지할 수 있음

13 건축물의 결로에 대하여 다음 물음에 답하시오.

(1) 다층 재료로 구성된 벽체의 내부 결로 발생가능성 산정에 필요한 물성치와 판정과정에 대하여 쓰시오.
(2) "공동주택 결로 방지를 위한 설계기준"에서의 결로 방지 성능 평가 지표와 그 산출식에 대하여 쓰시오.

1. 정답

(1) 물성치
① 다층재료의 열저항을 구하기 위한 재료의 열전도율, 두께, 공기층의 열저항
② 다층재료 경계면의 수증기압을 구하기 위한 재료의 투습비저항, 두께
③ 경계면 온도 및 노점온도 산정을 위한 실내외 공기온도, 상대습도, 습공기선도

(2) 판정과정
① 벽체의 온도구배 산정
② 벽체의 노점온도구배 산정
③ 벽체의 온도구배가 노점온도구배보다 낮은 부분에 내부결로 발생
• 벽체와 같은 다층재료를 통한 온도변화는 다음의 식에 의하여 구할 수 있다.

$$\Delta t = \frac{R}{R_T} \times \Delta t_T$$

여기서, Δt : 특정재료 통과시 온도강하 R : 특정재료의 열저항
Δt_T : 벽체 전체 온도강하 R_T : 벽체 전체의 열저항

• 아래의 공식에 의하여 특정재료를 통과할 때 떨어지는 수증기압(vapor pressure)을 구할 수 있다.

$$\Delta P = \frac{R_V}{R_{VT}} \times \Delta P_T$$

여기서, ΔP : 특정재료 통과시 수증기압 강하
R_V : 특정재료의 투습저항
ΔP_T : 벽체 전체의 수증기압 강하
R_{VT} : 벽체 전체의 투습저항

• 다층재료 경계면의 수증기압을 알면 습공선도상에서 노점온도를 찾을 수 있다.

2. 정답

(1) 해당부위의 결로 방지 성능을 평가하기 위한 단위가 없는 지표로 온도차이비율
(TDR : Temperature Difference Ratio)이 사용됨

(2) 온도차이비율(TDR : Temperature Difference Ratio)이란 실내와 외기의 온도차이에 대한
실내와 적용 대상부위의 실내표면의 온도차이를 표현하는 상대적인 비율을 말하는 것으로, 아
래의 계산식에 따라 그 범위는 0에서 1사이의 값으로 산정된다.

$$\text{온도차이비율(TDR)} = \frac{\text{실내온도 - 적용 대상부위의 실내표면온도}}{\text{실내온도 - 외기온도}}$$

핵심 14 **결로예측**

1. 표면결로

결로의 발생유무를 알기 위해 건물 내외의 공기온도 및 습도를 알아야만 어떤 특정 부위의 온도와 노점을 알 수 있다.

표면온도는 아래 식을 사용하여 계산할 수 있다.

$$\Delta t = \frac{R}{R_T} \times \Delta t_T$$

$$\frac{\Delta t}{\Delta t_T} = \frac{R}{R_T}$$

$$\frac{t_i - t_{si}}{t_i - t_o} = \frac{R_{si}}{R_T}$$

$$t_i - t_{si} = \frac{(t_i - t_o)}{R_T} \times R_{si}$$

$$t_{si} = t_i - \frac{(t_i - t_o)}{R_T} \times R_{si}$$

위의 식에서 구한 실내 표면온도(t_{si})가 주위 공기의 노점온도보다 낮으면 벽체표면에 결로가 발생한다.

2. 내부결로

습한 공기가 내부에서 외부로 구조체를 통과할 때 그 공기는 구조체의 온도구배를 따라서 점차 온도가 낮아진다. 노점온도 역시 각 부재를 통과하며 감소하는 수증기압의 구배를 따라 낮아진다. 내부결로는 구조체의 온도구배가 노점온도구배 이하로 떨어지는 영역에서 발생된다.

14 주택의 실내절대습도가 6.8g/kg[DA]이고 실내온도가 거실에는 20℃, 난방이 안 된 실은 10℃, 외부온도가 0℃일 때 다음 실내표면 위에 결로의 발생여부를 예측하라.

(1) 단창

(2) 복층창(중공 공기층 저항, $R_a = 0.18 \text{m}^2 \text{ K/W}$)

(3) 외벽(열관류율 $K = 2.1 \text{W/m}^2 \text{ K}$, 내표면저항 $R_{si} = 0.12 \text{m}^2 \text{ K/W}$, 외표면저항 $R_{so} = 0.06 \text{m}^2 \text{ K/W}$)

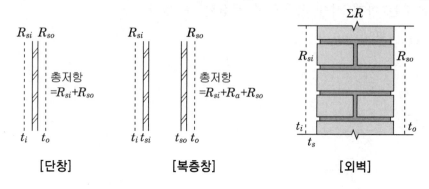

[단창]　　　　　[복층창]　　　　　[외벽]

습공기선도상의 절대습도 6.8g/kg[DA]로부터
수평선을 따라 포화수증기선상에서 습온도를 찾으면
그것이 바로 노점온도이다.
따라서 절대습도 6.8g/kg[DA]에 해당하는
노점온도는 8.5℃가 된다.

유리창은 표면저항$(R_{si} + R_{sa})$에 근거하여
계산하고 복층창에서는
중공 공기층의 저항(R_a)을
추가하여 계산한다.

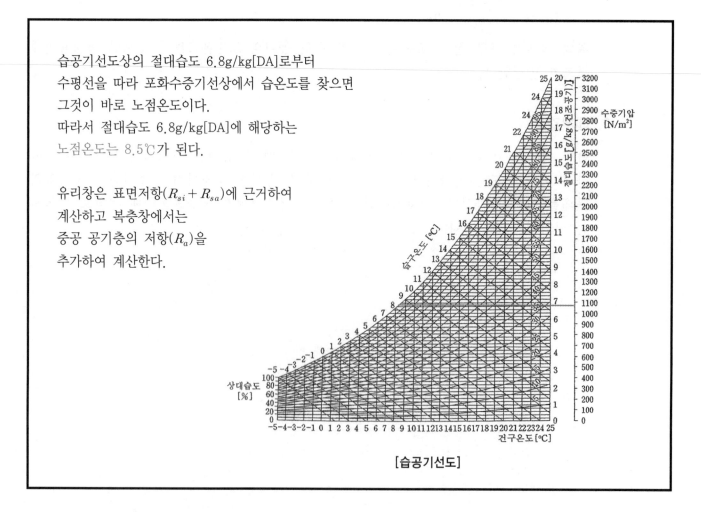

[습공기선도]

(1) 단창

유리창의 내표면 공기층 통과시, 온도강하는 다음 식에 의해 계산될 수 있다.

$$\frac{온도차(실내공기와 ~ 유리창 ~ 표면)}{온도차(내부공기와 ~ 외부공기)} = \frac{표면저항}{전체저항}$$

$$\frac{t_i - t_{si}}{t_i - t_o} = \frac{R_{si}}{R_{si} + R_{s0}}$$

여기서, t_{si} : 내표면온도, t_i : 내부온도, t_o : 외부온도

$$t_i - t_{si} = \frac{(t_i - t_o)}{R_{si} + R_{s0}} \times R_{si}$$

여기서, $t_o = 0℃$, $R_{si} = 0.12\text{m}^2\text{K/W}$, $R_{so} = 0.06\text{m}^2\text{K/W}$

① $t_i = 20℃$

$$20 - t_{si} = \frac{(20-0)}{(0.12+0.06)} \times 0.12, ~ t_{si} = 20 - 13.3 = 6.7℃$$

내표면온도 = 6.7℃

② $t_i = 10℃$

$$10 - t_{si} = \frac{(10-0)}{(0.12+0.06)} \times 0.12, ~ t_{si} = 10 - 6.7 = 3.3℃$$

(2) 복층창

$$t_i - t_{si} = \frac{(t_i - t_o)}{(R_{si} + R_a + R_{so})} \times R_{si}$$

여기서, $t_o = 0℃$, $R_{si} = 0.12\text{m}^2\text{K/W}$, $R_a = 0.18\text{m}^2\text{K/W}$, $R_{so} = 0.06\text{m}^2\text{K/W}$

① $t_i = 20℃$

$$20 - t_{si} = \frac{(20-0)}{0.12+0.18+0.06)} \times 0.12$$

$t_{si} = 20 - 6.7 = 13.3℃$

내표면온도 = 13.3℃

② $t_i = 10℃$

$$10 - t_{si} = \frac{10-0}{(0.12+0.18+0.06)} \times 0.12$$

$t_{si} = 10 - 3.3 = 6.7℃$

내표면온도 = 6.7℃

(3) 외벽

내표면공기층 통과시

$$온도강하 = \frac{온도차(내부공기와 \ 외부공기)}{벽의 \ 전체 \ 열저항} \times 표면저항$$

벽의 전체 열저항 $R_T = 1/K$

여기서, $K = 2.1 \text{W/m}^2\text{K}$, $R_T = \dfrac{1}{2.1} = 0.48 \text{m}^2\text{K/W}$, $t_o = 0℃$

$\quad\quad R_{si} = 0.12 \text{m}^2\text{K/W}$, $R_T = 0.48 \text{m}^2\text{K/W}$

① $t_i = 20℃$

$$20 - t_{si} = \frac{(20-0)}{0.48} \times 0.12, \ t_{si} = 20 - 5 = 15℃$$

내표면온도 $= 15℃$

② $t_i = 10℃$

$$10 - t_i = \frac{(10-0)}{0.48} \times 0.12, \ t_{si} = 10 - 2.5 = 7.5℃$$

내표면온도 $= 7.5℃$

(4) 표면결로 발생여부 예측

여기서, 내표면온도가 노점온도인 8.5℃보다 낮을 때 결로가 발생한다.
종합해보면 다음 표와 같다.

	표면결로발생여부	
	$t_i = 20℃$	$t_i = 10℃$
단 창	6.7 ⟨ 8.5(○)	3.3 ⟨ 8.5(○)
복층창	13.3 ⟩ 8.5(×)	6.7 ⟨ 8.5(○)
외 벽	15 ⟩ 8.5(×)	7.5 ⟨ 8.5(○)

* ○ : 결로발생, × : 발생하지 않음

15 실내공기온도가 10℃, 실내공기의 노점온도가 8.5℃, 외기온이 0℃일 경우, 표면결로를 방지하기 위한 벽체의 열관류율을 구하시오. (단, 내표면 공기층 저항은 0.12m² K/W이다.)

내부온도(t_i) = 10℃, t_{si} = 8.5℃, t_o = 0℃, R_{si} = 0.12m²K/W

벽표면 공기층 통과시

$$온도강하 = \frac{온도차(내부공기와\ 외부공기)}{벽의\ 전체\ 열저항} \times 내표면\ 공기층\ 저항$$

$$t_i - t_{si} = \frac{t_i - t_o}{\sum R} \times R_{si}$$

여기서, $\sum R$: 노점온도(8.5℃)보다 높은 내표면온도를 유지하기 위한 열저항

$$10 - 8.5 = \frac{10 - 0}{\sum R} \times 0.12$$

$$\sum R = \frac{10 \times 0.12}{1.5} = 0.8\text{m}^2\text{K/W}$$

$$K = \frac{1}{\sum R} = \frac{1}{0.8} = 1.25\text{W/m}^2\text{K}$$

따라서, 위의 조건에서는 표면결로 발생을 방지하기 위해 벽의 열관류율값은 1.25W/m² K 보다 작아야 한다.

16 실내공기온도가 25℃, 실내공기의 노점온도가 14℃, 외기온이 −15℃일 경우 다음을 구하시오.

(1) 표면결로를 방지하기 위한 벽체의 열관류율을 구하시오. (소수점 셋째자리에서 반올림하며, 내표면 공기층 저항은 0.12m² K/W이다.)

(2) 표면결로 방지를 위한 TDR을 구하시오.

---

(1) 내부온도(t_i)$= 25$℃, $t_{si} = 14$℃, $t_o = -15$℃, $R_{si} = 0.12\text{m}^2\text{K/W}$

벽표면 공기층 통과시

$$\text{온도강하} = \frac{\text{온도차(내부공기와 외부공기)}}{\text{벽의 전체 열저항}} \times \text{내표면 공기층 저항}$$

$$t_i - t_{si} = \frac{t_i - t_o}{\sum R} \times R_{si}$$

여기서, $\sum R$: 노점온도(14℃)보다 높은 내표면 온도를 유지하기 위한 열저항

$$25 - 14 = \frac{25 - (-15)}{\sum R} \times 0.12$$

$$\sum R = \frac{40 \times 0.12}{11} = 0.44\text{m}^2\text{K/W}$$

$$K = \frac{1}{\sum R} = \frac{1}{0.44} = 2.27\text{W/m}^2\text{K}$$

따라서, 위의 조건에서는 표면결로 발생을 방지하기 위해 벽의 열관류율값은 2.27W/m^2 K 보다 작아야 한다.

(2) 내부온도(t_i)$= 25$℃, $t_o = -15$℃, 조건에서 적용 대상부위의 실내표면온도가 노점온도인 14℃ 보다 높은 TDR을 구하면 된다. 즉, $t_{si} = 14$℃ 보다 높은 TDR을 구하면 된다.

$$\text{온도차이비율(TDR)} = \frac{\text{실내온도} - \text{적용 대상부위의 실내표면온도}}{\text{실내온도} - \text{외기온도}}$$

$$TDR = \frac{t_i - t_{si}}{t_i - t_o}$$

$$TDR = \frac{25 - 14}{25 - (-15)}$$

$$TDR = \frac{11}{40} = 0.275$$

따라서 TDR은 0.275보다 작아야 한다.

예제 01

다음 설계 조건에서 실내측 결로가 생기지 않도록 하는 창의 열관류율 최댓값을 구하시오.
(단, 창의 부위별 열저항 차이는 없는 것으로 가정함. 열관류율은 소수 넷째자리에서 반올림)
(4점)

〈설계 조건〉
- 설계외기온도 : −11.3℃
- 실내표면열전달저항 : 0.11m^2 · K/W
- 실내설정온도 : 22℃
- 실외표면열전달저항 : 0.043m^2 · K/W
- 실내노점온도 : 19℃

정답

① 노점온도를 기준으로 창표면에 결로가 발생할 수 있는 열저항과 열관류율값

$$\frac{r}{R} = \frac{t}{T}$$

$$\frac{0.11}{R} = \frac{22-19}{22-(-11.3)}$$

$$R = 1.221 (\text{m}^2 \cdot \text{K/W})$$

$$K = \frac{1}{R} = \frac{1}{1.221}$$

$$K = 0.819 (\text{W/m}^2 \cdot \text{K})$$

② 실내측 표면에 결로가 생기지 않도록 하는 창의 열관류율 최대값은 0.819W/m^2 · K보다 작아야 함.

핵심 15 방습층 설치

구조체에 발생하는 내부결로의 위험은 습한 공기가 구조체 내로 침투하는 것을 방지함으로써 막을 수 있다. 방습층(防濕層 : vapor barriers)은 수증기 투과를 방지하는 투습저항이 큰 건축재료의 층이다. 방습층 또는 습기차단층은 적용되는 형태에 따라 여러가지로 분류된다.

(1) **방수막** : 아스팔트용액, 고무제 또는 실리콘제의 페인트, 광택 페인트 등

(2) **성형구조막** : 알루미늄박판, 후면 폴리에틸렌 접착판, 폴리에틸렌 시트, 아스팔트 펠트, 비닐지 등

구조체에 이 재료들을 시공할 때 벽과 천장의 이음새 같은 부분과 재료의 이음부분에서 완전히 봉입되지 않으면 효과가 적다.

방습층의 시공은 정밀을 요하므로, 만약 페인트막이 갈라지거나 폴리에틸렌에 구멍이 생기고, 알루미늄 박판의 연결부가 접착되지 않았다면 방습의 목적을 달성할 수 없게 된다.

■ 방습층 설치와 관련된 주요사항은 다음과 같다.
① 방습층은 반드시 단열재보다 고온측에 설치하여 습기이동을 차단한다.
② 국내 건축물 에너지 절약 설계기준에서 정하고 있는 방습층의 기준 : 투습도 24시간당 $30g/m^2$ 이하, 투습계수 $0.28g/m^2 \cdot h \cdot mmHg$ 이하
③ 방습층으로 인정되는 구조
  • 두께 0.1mm 이상의 폴리에틸렌필름
  • 현장발포 플라스틱계 단열재
  • 투습방수시트
  • 금속재(알루미늄박)
  • 콘크리트 벽이나 바닥 또는 지붕
  • 타일 마감
  • 모르타르 마감이 된 조적벽
  • 내수합판등 투습방지처리가 된 합판으로서 이음새가 투습방지가 될 수 있도록 시공될 경우
  • 플라스틱계 단열재로서 이음새가 투습방지성능이 될 수 있도록 처리 될 경우

핵심 16   태양의 방사

태양광선은 약 $200 \sim 3{,}000$nm(1 nanometer $= 10^{-9}$m)의 파장을 갖고 있는 전자기파 (electromagnetic wave)로 구성되어 있으며 파장의 길이에 따라 다음과 같이 분류할 수 있다.

(1) 자외선(紫外線)

파장이 $200 \sim 380$nm로, 생물에 대한 생육작용과 살균작용을 한다.

(2) 가시광선(可視光線)

파장이 $380 \sim 760$nm로 눈에 보이는 빛이다.

(3) 적외선(赤外線)

파장이 $760 \sim 3{,}000$nm로 열적효과를 갖고 있어 열선이라고도 한다.

태양으로부터 복사되는 에너지의 48%는 이 적외선역에 있는 전자기파에 의하는 것이다.

일조는 자외선에 의한 생육작용과 살균작용을 중심으로 한 태양에너지 효과를 의미하나, 일사 란 적외선에 의한 복사열의 효과를 말한다.

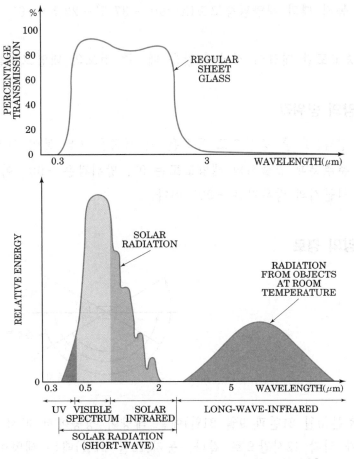

[일반 투명 유리의 파장대별 가시광선 및 열선 투과율]

핵심 17 **태양의 위치**

지상에 도달하는 태양광선의 양은 태양의 위치, 대기의 상태 및 주변환경 조건 등에 의해 변한다. 태양의 위치는 태양의 고도(h)와 방위각(A)으로 표시하며, 그 지방의 위도 와 일년 중의 계절 및 하루 중의 시간에 따라 결정된다.

1. 위도에 따른 태양의 남중고도 약산법

> 태양고도(h) = 90° - 그 지방의 위도 + 적위

하지 때의 적위는 +23.5°, 동지 때의 적위는 -23.5°이므로 서울(위도 37.5°)의 태양 고도를 계산해 보면 다음과 같다.
(1) 하지 때의 태양남중고도(h)=90° - 37.5° + 23.5 = 76°
(2) 동지 때의 태양남중고도(h)=90° - 37.5° - 23.5 = 29°

남중고도란 태양이 정남에 왔을 때, 즉 정오의 태양고도를 말한다.

2. 태양의 방위각

(1) 정남(0°)를 중심으로 동쪽은 -, 서쪽은 +를 붙여 사용
(2) 춘추분때 일출시의 태양고도는 0°, 방위각은 -90° 이며,
   일몰시의 방위각은 +90° 이다.

3. 태양의 경로

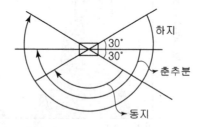

춘추분(3월 21일과 9월 21일)에는 태양이 정동에서 떠서 정서로 지므로 낮과 밤의 길 이가 각각 12시간으로 같다. 동지(12월 21일)때는 태양이 정동에서 남쪽으로 30° 지 난 방향에서 떠서 정서에서 남쪽으로 30° 치우친 방향으로 진다.

태양은 24시간 동안 360°를 이동하므로 1시간에 15° 이동한다. 따라서 동지 때는 춘추분에 비해 해가 2시간 후에 떠서 2시간 전에 진다. 그래서 낮의 길이는 8시간, 밤의 길이는 16시간이다. 하지 때는 이와 반대현상이라 보면 된다.

핵심 18 우리나라의 계절별, 방위별 일사

그림은 서울지방의 청명일에 벽체의 단위면적당 입사하는 일사량을 방위 별로 나타낸 것이다. 이 그림에서 수평면 일사량은 여름에 매우 많고, 남향 수직면의 일사량은 여름에 적은 반면 겨울에는 많아지며, 동서향 수직면에서는 일사량이 여름에 많아지고 겨울에 적은 것을 알 수 있다.

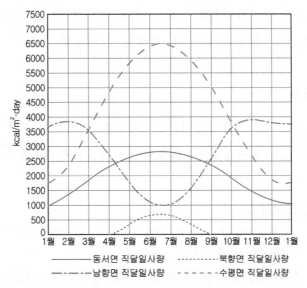

[방위별 수직벽의 단위면적당 일평균 직달일사량]

핵심 19 일사 조절 계획

일사열 취득은 시간, 계절, 방위에 따라 달라지므로, 년중 건물의 실내쾌적조건을 만족시키는 열평형이 이루어지도록 결정한다.

1. 방위 계획

(1) 중요한 건물 벽면(남향)이 난방기간 중 최대일사량을 받고, 냉방기간 중 최소일사량을 받도록 한다.
  ※ 우리나라의 경우 일사조건상 동서로 긴 남향배치가 유리하다. 특히, 주택의 경우 난방기간중 수직면 일사량을 가장 많이 받는 남향이 가장 유리하다.
  (남 – 남남동 – 남남서 – 남동 – 남서 순으로 유리) 단, 태양열 주택의 경우 서쪽으로 기울어진 방위가 유리하다.

(2) 주축의 방위가 없는 건물은 특히 건물외피 및 차양설계를 고려한다.

(3) 건물방위 결정시 바람의 영향도 고려한다.

2. 형태계획

(1) 건물의 길이, 폭, 높이간의 비율을 조정하여 겨울에는 태양열 획득이 최대가 되고 외부로의 열손실을 극소화하며, 여름에는 최소의 태양열을 받도록 건물의 최적형태를 모색한다.

(2) 비율조정방법

① S/V비(외피면적/체적) : S/V가 낮을수록 열성능이 유리하다.

② S/F비(외피면적/바닥면적)
  S/F비가 낮을수록 열성능이 유리하다. 저층보다는 고층이 유리하다.
  S/F비는 저층일 때는 층수의 증가에 따라 급격히 감소하지만 20층 이상에서는 큰 차이가 없다.

(3) 일반적으로 건물의 최적형태는

① 동서축을 따른 건물로 장·단변비가 1:1.5 정도로 동서로 긴 형태

② 내부발생열이 전체부하에 영향을 많이 미치는 사무소 건물은 정사각형 건물이 최소부하

③ 남북축의 건물은 겨울과 여름에는 정사각형 건물보다 수열면에서 불리

3. 일사차폐계획

(1) 식재 활용 일사차단

파고라 설치, 활엽수 식재 등을 통한 대지내의 그늘 확보 및 식물의 증산작용을 이용한 자연냉방효과도 거둘 수 있다.

(2) 외부차양장치 활용

일사에 의한 획득열을 줄이기에 가장 효과적인 방안은 외부차양장치를 이용한 일사차폐이며, 차양설치가 여의치 않을 경우에는 열선흡수유리, 반사유리 등의 특수유리를 사용하여 일사투과를 줄이고, 블라인드와 같은 내부차양장치를 이용할 수 있다.

① 차양계획 : 연간 일사의 차폐범위(과열기간 동안 음영이 필요한 차폐면적)를 고려하여 결정한다.

② 수평차양 : 남쪽 창에 유리(태양의 고도와 관련)

③ 수직차양 : 동쪽과 서쪽 창에 유리(방위각과 관련)

④ 수직·수평 복합차양 : 가장 효과적인 차양방법. 계절별, 시간별 대지에서의 태양고도와 방위각이 다르게 나타나는 점을 기초로 남면은 수평차양(높은 태양고도 고려), 동·서 면은 수직차양(낮은 태양고도와 큰 방위각 고려)을 설치하는 것이 일사차폐에 효과적이다.

(3) 밝은색 외피 마감

건물외피 마감을 일사흡수율이 낮은 밝은색으로 마감하여 도달된 일사가 흡수되지 않고 반사될 수 있도록 한다.

(4) 유리를 이용한 일사차단

유리의 종류에 따라 일사투과율이 달라지는데 투명유리의 경우 90%, 열선흡수유리는 80%, 반사유리는 50% 정도의 일사를 투과한다. 로이(Low E) 유리의 경우는 가시광선 영역의 일사성분은 투명유리와 비슷하게 투과시키지만, 적외선 영역의 장파복사열은 차단하는 효과가 있어 일사는 차단하고 자연채광은 도입하고자 할 때 사용된다.

[다양한 차폐장치의 차폐계수(SC)와 태양열 획득계수(SHGC)]

장 치	차폐계수(SC)	태양열 획득계수(SHGC)
Single glazing		
Clear glass, 1/8 in (3mm) thick	1.0	0.86
Clear glass, 1/4 in (6mm) thick	0.94	0.81
Heat absorbing or tinted	0.6~0.8	0.5~0.7
Reflective	0.2~0.5	0.2~0.4
Double glazing		
Clear	0.84	0.73
Bronze	0.5~0.7	0.4~0.6
Low-e clear	0.6~0.8	0.5~0.7
Spectrally selective	0.4~0.5	0.3~0.4
Triple-clear	0.7~0.8	0.6~0.7
Glass block	0.1~0.7	
Interior shading		
Venetian blinds	0.4~0.7	
Roller shades	0.2~0.6	
Curtains	0.4~0.8	
External shading		
Eggcrate	0.1~0.3	
Horizontal overhang	0.1~0.6	
Vertical fins	0.1~0.6	
Trees	0.2~0.6	

핵심 20 일사 및 일조의 최적화(Optimum Solar Radiation)

1. 일조권 및 배치계획

일조권의 개념은 당해 건물의 일조권 확보 측면보다 정북방향에 위치한 다른 건물의 일조권 확보 차원에서 규제되고 있기 때문에 인접 건물들과의 관계를 고려하여 접근해야 한다. 또한 기존에 위치하고 있는 건축물뿐만 아니라 장래에 인접대지의 개발에 미칠 잠재적 영향에 대해서도 고려해야 한다.

일조권 충족 기준은「건축법 시행령」제86조의 기준과 서울고법의 판례를 따라 평가하며, 일조권 간섭방지 대책은 친환경건축물인증제도에서 공동주택 부문의 관련기준을 따른다.

2. 동지일 일조시간 충족에 따른 계획 방법

(1) 건축법 시행령 제86조(일조 등의 확보를 위한 건축물의 높이제한) 혹은 서울고법 (1996년) 판결에 의한 평가방법과 기준을 충족
(2) 일조권은 일반주거지역 및 준주거지역에만 적용
(3) 동지일 기준 9시~15시(6시간 중) 사이 최소 2시간 연속일조 확보
(4) 동지일 기준 8시~16시(8시간 중) 사이 최소 4시간 총일조 확보

3. 인동 간격

건물의 일조계획시 우선적으로 고려해야 할 사항은 일조권의 확보이며 일조권은 일정한 인동간격을 유지함으로써 얻을 수 있다.

단지와 같이 많은 수의 건축물을 건축할 때에는 상호 일영에 의해 일조를 방해 받지 않도록 남북으로 적당한 간격을 두고 배치하지 않으면 안된다. 집합주택의 경우, 동지 때라도 1일에 4시간 이상의 일조가 되도록 남북 방향의 인동간격을 유지하는 것이 바람직하다. 위도에 의해 태양고도가 다르기 때문에 그것에 의하여 필요한 남북 인동간격도 다르게 된다.

건물의 음영길이는 전면 건물높이와 태양고도와의 관계에 의해 정해지지만 대지의 조건 (경사방향, 경사도)과 건물법선 방위각, 태양 방위각에 따라 달라진다.

17 다음 물음에 답하시오.

(1) 위도가 북위 37.5° 인 서울과 북위 34.5° 인 부산의 춘추분, 하지, 동지의 태양의 남중고도를 구하시오.

(2) 다음 시기의 각 방위별 단위면적당 일평균 일사량이 큰 순서대로 번호를 나열하시오.
　　① 하지 남면 ② 하지 수평면 ③ 하지 동서면 ④ 동지 남면 ⑤ 동지 수평면

(3) 다음 유리의 차폐계수가 큰 순서대로 나열하시오.
　　① 3mm 투명유리　　　　② 6mm 투명유리　　　　③ 24mm 투명복층유리
　　④ 24mm 로이복층유리　⑤ 24mm 컬러복층유리　⑥ 6mm 반사유리

---

(1) 서울 춘추분 : 52.5°, 하지 : 76°, 동지 : 29°
　　부산 춘추분 : 55.5°, 하지 : 79°, 동지 : 32°

(2) ② ④ ③ ⑤ ①

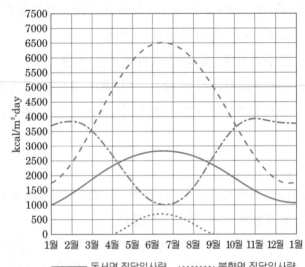

(3) ① ② ③ ④ ⑤ ⑥
　　① 3mm 투명유리 : 1.0
　　② 6mm 투명유리 : 0.94
　　③ 24mm 투명복층유리 : 0.84
　　④ 24mm 로이복층유리 : 0.6~0.8
　　⑤ 24mm 컬러복층유리 : 0.5~0.7
　　⑥ 6mm 반사유리 : 0.2~0.5

18 서울지방(37.5° N)에서 12월 21일과 6월 21일의 정오 때 돌출길이 600mm인 처마에 의해 형성되는 음영길이를 구하라.

(1) 12월 21일의 적위 $\delta = -23.5°$

정오 때 태양고도 $r_n = 90 - \varphi + \delta = 90 - 37.5 - 23.5 = 29°$

음영길이 $H = 600 \times \tan 29° = 333[\text{mm}]$

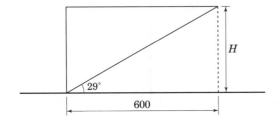

(2) 6월 21일의 적위 $\delta = +23.5$

정오 때 태양고도 $r_n = 90 - 37.5 + 23.5 = 76°$

음영길이 $H = 600 \times \tan 76° = 2,406[\text{mm}]$

(3) H(12월 21일)$= 333[\text{mm}]$, H(6월 21일)$= 2,406[\text{mm}]$

19 서울지역에 있는 인접한 10층 아파트에서 동짓날 1층 바닥면까지 최소한 4시간의 일조를 받기 위한 최소인동거리를 구하라. 단, 인접 아파트의 건물 높이는 30m이며, 건물방위각은 0°, 앞 건물과 대지경사각은 +10%이다.

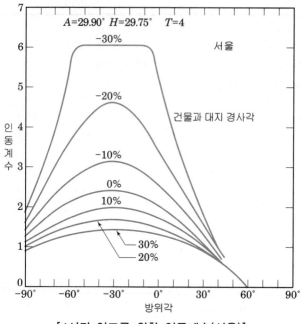

[4시간 일조를 위한 인동계수(서울)]

그림에서 X축의 0와 10%의 대지경사각선을 연결하여 그 점에서 Y축에 수선을 그어 만나는 점의 값을 읽으면 인동계수는 1.71이다.

인동간격＝건물높이×인동계수
$30 \times 1.71 = 51.3[\text{m}]$

핵심 21 최적향(Optimum Orientation)

공동주택과 업무시설 등 각 용도별 부하특성과 공간 프로그램을 고려하여 향을 계획해야 한다.

1. 공동주택 적용방법

진남을 기준으로 ±30도 범위, 진남과 동남향 권장

(1) 배치 및 최적향 계획

① 동남향의 경우 오전 중에 일사량을 확보하고 실내온도의 변화 폭이 작아 배치에 우수
② 일사와 관련해서 건물의 매스는 동서축으로 길어지는 형태 (동서측 면적 최소화)로 계획하면 일사부하를 줄일 수 있음
③ 대지의 형태나 인접건물과의 관계, 주변 현황에 따라 건물 형태나 방위설정이 제한되는 경우 최적값 산출을 위해 동별 태양궤적도에 의한 분석이나 시뮬레이션을 통해 최적향을 도출할 수 있음
  ※ 일반적으로 남향으로 배치된 아파트는 다른 향으로 배치된 아파트에 비해 3%까지 난방 에너지 비용을 절감하는 것이 가능하다.

(2) 향별 디자인 방법

① 남측 입면 : 창면적을 최대화하고, 특히 겨울철 주변건물이나 식재로 인한 음영을 피하도록 계획
② 동서측 입면
  • 여름철 불필요한 태양복사열 획득을 방지하기 위해 동서향에 면한 창과 벽체면적을 최소화
  • 동측면 창호는 연중 노출이 가능하나 가급적 면적을 줄여 차양을 계획
  • 서측면의 경우 창호계획을 하지 않도록 유도하지만, 창호를 설치할 때에는 여름철 내내 완전한 차양이 가능하도록 계획
③ 북측 입면
  • 낮 동안 산란광을 받도록 유도하고 벽체는 열용량이 큰 솔리드 월로 구성
  • 창호는 채광이나 환기를 위해 필요시에만 계획
  • 겨울철 불필요한 열손실을 줄이기 위해 단열성능을 강화
  • 특히 북서풍이 부는 북서측에는 창호구성을 피함
  • 건물의 열손실을 막기 위해 인접 건물의 이점을 활용하여 방풍 등으로 활용할 수 있음

2. 업무시설 적용방법

진남을 기준으로 ±30° 범위, 진남과 동남향 권장

(1) 최근 업무용 건축물 중 균형점온도(BPT : Balance Point Temperature)가 낮은 경우는 내부 발열부하가 커서 최적향에 의한 난방부하 절감효과가 적을 수 있음. 따라서 도시에서는 인공 건축물의 영향으로 최적향의 설정이 어려울 수 있으나 다양한 외피조건을 활용하여 기계적 시스템을 최소화하고 열쾌적을 유지할 수 있도록 계획

(2) 겨울철에는 태양광을 실내로 최대한 유입하도록 남측에 면하도록 하고, 동시에 여름철에는 불필요한 직달 일사 유입을 줄이기 위해 차양을 통해 적절히 조절하도록 계획

(3) 연면적은 일정하고 매스의 방향, 종횡비 및 층수를 변경할 때, 냉난방부하는 정방형에 가까운 쪽, 남북쪽을 향하는 경우(동서축으로 긴 경우) 부하가 적게 나타남

핵심 22 창호 설계 요소

1. 창호 성능 요소

(1) 열관류율

열관류율은 표면적이 1m²인 물체를 사이에 두고 온도차가 1℃일 때 물체를 통한 열류량을 W(와트)로 측정한 값으로 정의되며, 단위는 W/m²K로 표시한다. 창호의 열관류율은 낮을수록 창을 통한 열이동을 줄이는데 도움이 된다. 하지만 창의 열관류율을 줄이는데 한계가 있고, 일반적으로 단열외벽에 비해 6~7배의 열관류율을 가지므로, 건물에너지 절약을 위해서는 창면적비를 줄이는 것이 효과적이다.

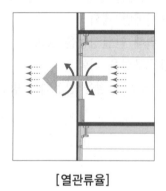 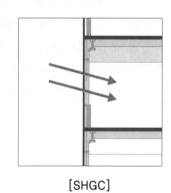

[열관류율]　　　　　　　　[SHGC]

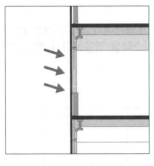
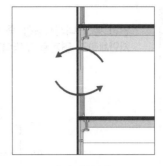

[가시광선 투과율]　　　　　[기밀성능]

(2) 일사획득계수(SHGC, Solar Heat Gain Coefficient)

창호의 일사획득계수는 창호를 통한 일사획득 정도를 나타내는 지표로 직접 투과된 일사량과 유리에서 흡수된 후 실내로 유입된 일사량의 합으로 계산된다. 유리창을 통한 일사량을 나타내는 데에는 일사획득계수와 차폐계수(SC, Shading Coefficient)의 두 가지 방법이 있다. 차폐계수는 일반적으로 3mm 투명 유리를 통한 일사획득에 대한 해당 창호의 일사획득 비율로 계산한다. 일사획득계수는 입사각의 영향을 반영하고 창호 시스템 전체에 관한 성능 표현이 가능하므로, 일사획득에 관한 정확한 지표라 할 수 있어 차폐계수를 대신하여 사용되고 있다. 일사획득계수는 0부터 1까지의 수치로 표현되며, 높은 일사획득계수 값은 창호를 통한 일사획득이 많음을, 낮은 일사획득계수 값은 일사획득이 적음을 의미한다.

(3) 가시광선투과율(VT, VLT, Visible Light Transmittance)

가시광선투과율(Visible Light Transmittance)은 태양으로부터의 복사에너지 중 파장 영역 380-760nm인 가시광선이 유리를 투과할 때 투과되는 비율을 표현한 값으로 0부터 1까지의 무차원 수치로 표현된다. 가시광선 투과율은 일사획득계수(SHGC)와도 관련이 있으며, 일반적으로 가시광선 투과율이 낮을수록 일사획득계수(SHGC)도 낮아져 좀 더 많은 일사량이 차단된다. 또한 가시광선 투과율이 낮아지면 눈부심 감소율이 높아져서 눈부심 감소에 보다 효과적이다.

(4) 기밀성능(Air Tightness)

실내외에 온도차 또는 풍압에 의해 일정한 압력차가 발생하게 되면, 창호의 틈새를 통해 공기가 빠져나가게 되므로 원하지 않는 열획득 또는 열손실을 유발할 수 있다. 창호의 기밀성능은 이와 같이 압력차가 발생하는 조건에서 공기의 흐름을 억제하는 성능을 말하며, 건축물 전체의 기밀성능을 결정하는 주요 인자로서 냉난방 에너지 소비에 직접적인 영향을 미치게 된다. 창호의 기밀성능은 창의 내외 압력차에 따른 통기량으로 나타내며, 단위는 $m^3/m^2 h$로 표시한다.

(5) LSG(Light to Solar Gain)

창호의 성능을 나타내는 것의 하나로 국내에서는 다소 생소하나 미국 등 선진국에서는 널리 활용되는 지표로 이 값이 높을수록 맑고 시원한 유리라 일컫는다.

$$LSG = \frac{VLT(가시광선투과율)}{SHGC(태양열취득율)}$$

예제 03

연간 총 에너지사용량 중 냉방 및 조명에너지소비가 가장 큰 비중을 차지하는 사무소 건물에서 자연채광과 연계된 조명디밍제어 시스템을 적용하고자 한다. 다음 물음에 답하시오.

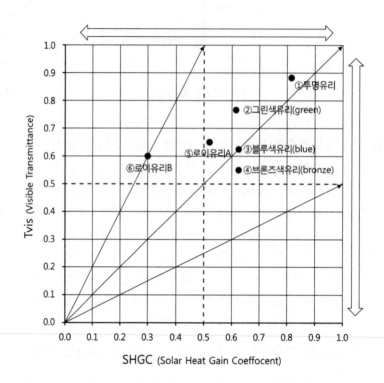

1) 자연채광 연계 조명(디밍)제어 시스템의 도입을 위해 검토하고자 하는 6개 유리의 SHGC와 Tvis의 관계를 도식한 것이다. 이중 색유리(열선흡수유리)에 해당하는 ② 그린색유리(green), ③ 블루색유리(blue), ④ 브론즈색유리(bronze)의 3개 중 가장 적합한 유리를 선택하고, 그 이유를 서술하시오.

2) SHGC와 Tvis의 관계를 설명하는 성능지표를 제시하고 그 의미를 서술하시오.

3) ⑥ 로이유리B는 동일 유리면에 3회에 걸쳐 3겹의 로이코팅을 적용한 트리플코팅(triple coating) 로이유리이며, ⑤ 로이유리 A는 1겹의 로이코팅만 적용된 싱글코팅 로이유리이다. 태양복사에 대한 유리의 파장대별(스펙트럼) 투과특성 측면에서 ⑥ 로이유리 B의 특징을 서술하시오.

정답

1)
- 자연채광 도입에 가장 적합한 유리는 가시광선투과율(Tvis)이 가장 높은 ②그린색유리 이다.
- 그 이유는 일사획득계수(SHGC)는 거의 동일한데, 가시광선 투과율(Tvis)이 가장 높아 자연채광 유입이 가장 많을 수 있기 때문이다.

2)
- SHGC와 Tvis의 관계를 설명하는 성능지표 : LSG(Light to Solar Gain)
- LSG의 의미 : 가시광선투과율(Tvis)을 일사획득계수(SHGC)로 나눈 값으로 일사획득에 대한 가시광선 투과율을 뜻하며, 이 값이 클수록 일사획득대비 가시광선유입이 많아 자연채광도입을 통한 조명에너지 절감효과가 클 수 있음

3)
- ⑥로이유리 B의 Tvis는 0.6, SHGC는 0.3이므로 파장대가 380~760nm인 가시광선 영역의 투과율이 0.6, 파장대가 760~3,000nm인 적외선 영역의 투과율이 0.3임을 의미한다.

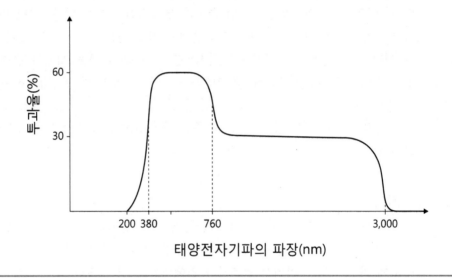

2. 건축/설비 계획 요소

(1) 향

향에 따라 건축물의 외피를 통해 유입되는 일사에너지의 양이 달라지므로, 냉난방 에너지 절약을 위해서는 향에 따라 창호의 면적을 줄이거나 차양을 별도로 계획하는 등 다각적인 접근이 필요하다. 남향은 겨울철에 태양고도가 낮을 때 다량의 일사획득을 유도할 수 있으므로 난방에너지 절감에 유리하다. 일반적으로 북향과 남향 창호는 차양에 의한 일사 차단이 쉬우며, 동향이나 서향 창호에 비해 여름철 일사획득이 적을 뿐만 아니라 눈부심도 적게 유발한다. 반면 동향과 서향은 여름철에 과도한 일사획득이 유발되며, 특히 서향의 경우 하루 중 가장 더운 오후 시간에 최대 일사량이 유입되므로 되도록 창면적을 제한하는 것이 바람직하다.

(2) 창면적비(WWR, Window-to-Wall Ratio)

창호는 재실자들에게 조망을 제공하며 자연채광과 자연환기 및 일사를 도입할 수 있는 유용한 수단이지만 이와 동시에 유리의 열악한 단열 성능으로 인하여 건물 열손실의 가장 큰 요인이 되고 있다. 이와 같이 창호의 긍정적인 측면과 부정적인 측면을 냉방, 난방 및 조명에너지 절약의 측면에서 종합적으로 고려하여 에너지 효율적인 창호 규모를 결정하는 일은 상당히 중요하다. 건축물의 에너지절약설계 기준에서는 창면적비를 '지붕과 바닥을 제외한 건축물 전체 외피면적에 대한 창면적비(창면적비 = [창면적/(외벽면적 + 창면적)] × 100)'로 정의하며, 창면적비 산정 시 창틀은 창면적에 포함하여 계산하고, 계단실 및 승강기의 공간 등은 계산에서 제외한다. 건축물의 에너지 절약에 있어서는 창호의 향 및 종류 등을 고려하여 적정 창면적비를 유지하는 것이 매우 중요하다.

(3) 차양

차양은 태양 일사의 실내 유입을 차단하기 위한 장치로서, 일반적으로 내부차양보다 외부차양이 더 효과적이라 할 수 있다. 특히 내부차양은 일사로 인한 열이 건물 내로 입사된 후에 차단되기 때문에 차양과 창 사이에서 열복사가 일어나므로 열 환경적 측면에서 일사가 창에 도달하기 전에 차단이 가능한 외부차양이 더 효과적이다.

(4) 조명제어

조명기기에 의한 발열은 냉방부하의 증가로 연결되어 냉방에너지에도 영향을 미치게 된다. 조명기기의 사용으로 인한 조명에너지 및 냉방에너지는 주광 감지 센서를 활용하여 자연채광으로 최대한 필요 조도를 확보하고 부족한 경우에만 인공조명을 사용하는 조명제어시스템을 적용함으로써 최소화할 수 있다.

20

다음의 4가지 지표들에 대해 정의, 단위, 지표값이 클 때 건물 에너지성능에 미치는 영향에 대해 3가지로 구분해서 간단히 서술하시오.

(1) 열관류율(U-factor)
　　① 정의 :　　　　　　　　　　　　　　② 단위 :
　　③ 영향 :

(2) 일사획득계수(Solar Heat Gain Coefficient)
　　① 정의 :　　　　　　　　　　　　　　② 단위 :
　　③ 영향 :

(3) 가시광선투과율(Visible Light Transmittance)
　　① 정의 :　　　　　　　　　　　　　　② 단위 :
　　③ 영향 :

(4) 풍기량(Air Leakage Rate)
　　① 정의 :　　　　　　　　　　　　　　② 단위 :
　　③ 영향 :

---

(1) 열관류율(U-factor)
　① 정의 : 공기층·벽체·공기층으로의 열전달을 나타내는 것으로 벽체를 사이에 두고 공기온도차가 $1℃$일 경우 $1m^2$의 벽면을 통해 1시간 동안 흘러가는 열량
　② 단위 : $kcal/m^2 \cdot h \cdot ℃$ 또는 $W/m^2 K$
　③ 값이 커지면 벽체를 통한 열손실과 열획득량 증가로 인해 건물의 냉난방부하가 증가

(2) 일사획득계수(Solar Heat Gain Coefficient)
　① 정의 : 창호의 일사획득계수는 창호를 통한 일사획득 정도를 나타내는 지표로 직접 투과된 일사량과 유리에서 흡수된 후 실내로 유입된 일사량의 합으로 계산
　② 단위 : 무차원
　③ 값이 크면 창을 통한 일사획득량 증가로 난방기간에는 난방부하 저감에 도움이 되며, 냉방기간에는 냉방부하를 증가시킴

(3) 가시광선투과율(Visible Transmittance)
① 정의 : 가시광선투과율(Visible Light Transmittance)은 태양으로부터의 복사에너지 중 파장 영역 380-760nm인 가시광선이 유리를 투과할 때 투과되는 비율을 표현한 값
② 단위 : 0부터 1까지의 무차원 수치로 표현
③ 값이 커질수록 자연채광 도입량 증가로 인해 조명부하를 줄일 수 있어 내부발생열 저감에 기여

(4) 풍기량(Air Leakage Rate) : 침기율(또는 누기율)
① 정의 : 의도되지 않은 경로를 통하여 실내공간에 유출입 되는 공기량
② 단위 : (m^3/m^2h)
③ 값이 커지면 틈새바람에 의한 열손실과 열획득량 증가로 인해 건물의 냉난방부하가 증가

핵심 23 창호 성능 개선 기술

창호의 단열성능을 개선시키기 위하여 이중/삼중창의 설치, 복층유리의 사용, 열전달을 억제하는 기체의 충진, 에너지의 전달을 조절하는 코팅이나 필름 처리 등 다양한 기술들이 개발되고 있다. 이와 같은 기술들에 의해 단열성능이 개선된 고성능 창호를 사용하면 창문을 통한 에너지 손실을 현저히 줄일 수 있다.

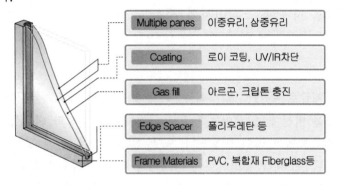

Multiple panes	이중유리, 삼중유리
Coating	로이 코팅, UV/IR차단
Gas fill	아르곤, 크립톤 충진
Edge Spacer	폴리우레탄 등
Frame Materials	PVC, 복합재 Fiberglass등

1. 복층유리

복층유리는 단판유리의 열적 취약점을 극복하기 위해 유리와 유리 사이에 건조 공기를 밀봉함으로써 열관류율을 낮춘 것이다. 24mm(6mm 유리 + 12mm 공기층 + 6mm 유리) 복층유리가 일반적으로 많이 사용되어 왔으나, 최근에는 보다 단열성능을 강화한 삼중유리의 사용도 늘어나고 있는 추세이다.

2. 비활성 가스 충진

단열 유리의 열적성능을 개선하려면 유리 사이 공기층의 열전도 특성을 줄여 주어야 한다. 따라서 유리 사이의 공간에는 열전도도가 낮으며, 점성은 더 크고, 움직임이 적은 비활성 기체를 채움으로써 공간 내에서의 대류 현상 및 가스를 통한 열전도를 최소화 시킬 수 있으며 창호의 열관류율을 줄일 수 있다. 아르곤과 크립톤 가스 등 비활성 가스를 주입하면 복층유리의 외부 유리와 내부 유리의 온도차로 인한 열교환 현상을 억제하여 단열성능을 더욱 높일 수 있다.

3. 로이(Low-E) 코팅

복층유리에서의 열전달은 온도가 높은 유리와 온도가 낮은 유리 사이의 복사열교환에 의해 이루어지는 것으로, 로이유리는 복층유리의 내측면에 은 등의 투명금속피막을 증착시켜, 그 피막으로 이러한 열복사를 감소시킴으로서 유리를 통한 열흐름을 억제하는 것이다. 즉, 코팅의 위치에 따라 여름철의 일사열이 실내로 입사되는 것을 차단하므로 냉방부하의 저감이 가능하고, 겨울철에는 실내의 열이 실외로 빠져나가지 않게 하므로 **난방에너지를 절감할 수 있다.**

4. 스페이서

복층·삼중유리와 같이 2개 이상의 유리층 사이에는 스페이서를 두어 적절한 거리를 유지한다. 스페이서는 이러한 구조적 지지 이외에도 유리 모서리 부분에서 발생하는 열 손실을 감소시켜 창호 전체의 열관류율을 개선시키는 역할을 한다. 스페이서는 일반적으로 구조적인 성능을 유지하기 위하여 스테인레스 스틸 등 금속재료가 널리 사용되어 왔으나, 금속 재료의 높은 열전도율로 인하여 창호 전체의 단열 성능을 떨어뜨리게 됨에 따라 최근에는 열전도율이 낮은 폴리우레탄 등의 소재를 사용한 스페이서의 생산도 늘어나고 있는 추세이다.

5. 창틀

창틀의 재료로는 PVC, 알루미늄, 목재 등 다양한 재료가 이용되며, 전체적인 창문의 단열 성능에 큰 영향을 미친다. 알루미늄과 같은 금속재료는 강성과 내구성이 높고 가공이 용이하여 특히 비주거용 건축물에서 많이 이용되나, 높은 열전도율로 인해 창문 전체의 열관류율을 높이게 되므로 내·외부의 소재를 분리하여 플라스틱과 같이 열전도율이 낮은 소재로 접합시키는 열교 차단 기능이 반드시 필요하다. PVC 소재는 열전도율이 낮아 창틀 재료로서 적합하며, 마모, 부식, 오염에 강한 저항성이 있어 활용도가 높은 소재이다.

핵심 24 **커튼월 시스템**

1. 커튼월 시스템 창호부의 열성능에 영향을 미치는 요소

(1) 유리(Glass)
① 유리의 layer 수 : 단층, 복층, 삼중창, 사중창
② 유리의 색 : 투명, 녹색, 황동색, 청색
③ 유리의 단열성능향상 : Low-E 코팅, 반사유리

(2) 프레임(Frame)
① 프레임의 재료 : 목재, 알루미늄, 비닐, 합성프레임
② 시공방식 : 유닛바, 스틱바

(3) 열교차단재(Thermal Breaker)의 재료

- 폴리아미드(Polyamid), 폴리써미드(Polythermid), 아존(Azon)

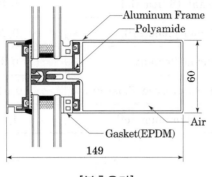

[복층유리]　　　　　[삼중유리]

(4) 스페이서(Spacer)의 재료

- 목재, 알루미늄, 스테인리스스틸, 복합 스페이서

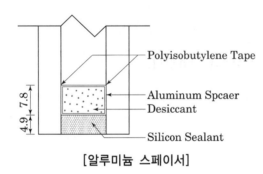

[알루미늄 스페이서]

[단열 스페이서]

(5) 충진가스의 종류

- 공기Air, 아르곤Ar, 크립톤Kr

[재료 물성치]

적용부위	재료명	열전도율(W/mK)	방사율
프레임	Aluminum	237.0	0.8
가스켓	EPDM	0.25	0.9
열교차단재(Thermal Breaker)	Polyamide(Polynylon)	0.30	0.9
실런트	Steel Sealant	0.35	0.9
보강철물	Steel (Oxidized)	50.0	0.8

적용부위	재료명	열전도율(W/mK)	방사율
스페이서	Aluminum	237.0	0.8
	Dessicant (Silica Gel)	0.13	0.9
	Polyisobutylene(PIB)	0.20	0.9
	Silicon Sealant	0.35	0.9
	FRP(Fiber Reinforced Plastic)	0.047	0.9
	FRP + Aluminum foil	4.86	0.9

*출처 : 송승영, "사무소 건물 커튼월 시스템의 표면결로방지"
대한건축학회논문집(2012)

2. 커튼월 시스템에서의 기밀성의 필요성

① 건물에너지 절약
② 연돌효과 감소
③ 실내 쾌적도 향상
④ 커튼월건물의 기밀성 표현은 EqLA@75Pa를 사용한다.

21 다음과 같은 커튼월 평면 상세도에서 구조적 성능을 유지하면서 열교현상을 감소시키기 위해 주로 활용할 수 있는 기술을 다음 2가지 부위를 대상으로 서술하시오.

1. 멀리언
2. 스페이서(간봉)

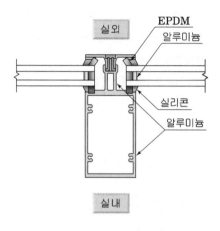

---

1. 멀리언
 ① 열교 방지를 위해서는 알루미늄 프레임의 연속성을 단절시켜야 함
 ② 프레임 설계시 Thermal Breaker(폴리 아미드 소재)를 이용해 프레임과 프레임을 연결시킴
 ③ Insulation Bar(단열바)를 적용해 단열성능을 향상시킴

2. 스페이서(간봉)
 ① 열전도율이 높은 알루미늄 간봉은 열교로 인한 단열성능에 취약하기 때문에 플라스틱, 우레탄 등의 열전도율이 낮은 재질을 이용하여 간봉을 만들고 있음
 ② 단열 스페이서를 사용해 선형 열관류율을 낮추고 전체적인 단열성능을 향상
 ③ 단열스페이서 : TPS, Swisspacer 등의 메이커가 있음

핵심 25 창호의 에너지소비 효율등급제도

1. 창 세트 : 효율관리기자재로 신규 지정

(1) 지정 사유

건물 벽체 면적의 1/2을 차지하면서 전체 건물 열손실의 20~45%를 차지하는 창 세트에 대하여 효율관리기자재로 지정하여 최저소비효율기준 및 에너지소비효율등급기준(1~5등급) 적용

- 제4차 에너지이용합리화계획(08.12.15) 반영사항, 국제에너지기구(IEA)도 창 세트의 최저소비효율기준 적용과 효율등급제 시행을 각 국 정부에 권고

(2) 주요내용

① 적용범위 : 건축물 외기와 접하는 곳에서 사용되고 창 면적 $1m^2$ 이상이고 프레임과 유리가 결합되어 판매되는 곳

- 프레임과 유리와 결합되어 건설업체에 납품되는 창 세트는 20~30%, 프레임과 유리가 별도로 건설업체에 납품되는 비중은 70~80%

② 측정방법 : KS F 2278(열관류율), KS F 2292(기밀성)

③ 에너지효율 지표 : 열관류율, 기밀성

④ 효율기준

- 최저소비효율기준(최대열관류율기준) : $3.4[W/m^2 \cdot K]$

※ 건축물 에너지절약 설계기준 단열기준의 최저요구수준(제주도, 공동주택 외)으로 최저소비효율기준 설정

- 에너지소비효율등급기준

K(열관류율)	기밀성	등급
$K \le 1.0$	1등급	1
$1.0 < K \le 1.4$	1등급	2
$1.4 < K \le 2.1$	2등급 이상(1등급 또는 2등급)	3
$2.1 < K \le 2.8$	묻지 않음	4
$2.8 < K \le 3.4$	묻지 않음	5

K = 열관류율$(W/m^2 \cdot K)$

(3) 시행

2011년 5월 6일 개정 고시된 효율관리기자재 운용규정에 따라 창 세트에 대한 에너지소비효율등급제도(1~5등급)가 2012년 7월1일부터 시행되었다.

- 효율관리기자재 운용규정 : 지식경제부 고시 제2011-81호

① 공단은 창 세트에 대한 에너지소비효율등급 의무표시를 통해 에너지절약 효과가 연간 169억원(제품수명 15년 감안 : 2,520억원)으로 건설시장과 유리 및 프레임 등 건축물 자재시장에 커다란 변화를 가져오고 건축물 에너지 효율화를 향한 큰 계기가 될 것으로 전망하고 있다.

② 특히, 에너지소비효율 1등급 기준은 열관류율 1.0W/(m²·K) 이하로 설정함으로써 유럽과 북미를 중심으로 전개되고 있는 패시브하우스, 제로에너지 건물에서 요구하는 수준 0.8W/(m²·K) 이하에 근접하게 설정하였다.

• 전체 창 세트 중 5%만이 1등급을 받을 것으로 예상

■ 창 세트 효율 등급라벨 표시 방안

• 창 세트 에너지소비효율등급 라벨에 장착 유리를 실명으로 표시토록 하고 사후관리 추진 예정

• 창 세트의 에너지효율은 어떠한 유리를 사용하느냐가 가장 결정적 요인

③ 창 세트에 대한 효율등급제 시행은 국제에너지기구(IEA)의 25개 에너지절약정책 권고사항 중의 하나지만, 아직까지 정부차원의 의무적 제도를 시행중인 국가는 없는 상황이며 우리나라의 제도시행은 세계 최초로서 더욱 그 의미가 크다.

• IEA는 25개 에너지절약 정책 권고사항을 통해 창 세트에 대해 의무적 효율등급제 시행을 각 국 정부에 권고(2008. 3. 21)

• 한국에 이어 유럽연합(EU)도 에코디자인(Ecodesign) 지침 제정을 통해 창 세트에 대한 에너지절약기준 준수를 2012년부터 의무화할 계획

■ 2021.10.1일자로 강화

등급	열관류율(W/m²·K)	기밀성능
1	0.9 이하	1등급
2	0.9 초과 ~ 1.2 이하	1등급
3	1.2 초과 ~ 1.8 이하	2등급 이상 (1등급 또는 2등급)
4	1.8 초과 ~ 2.3 이하	묻지 않음
5	2.3 초과 ~ 2.8 이하	묻지 않음

22 다음 그래프에서 •표시는 「창호기밀성능시험방법(KSF2292 2013)」에 따른 창호의 통기량 측정결과를 나타낸다. 이 창호의 열관류율이 2.0W/㎡·K인 경우, 이 창호의 (1) 기밀성능 등급과 효율관리기자재 운영 규정에 따른 (2) 에너지소비효율등급을 기재하시오.

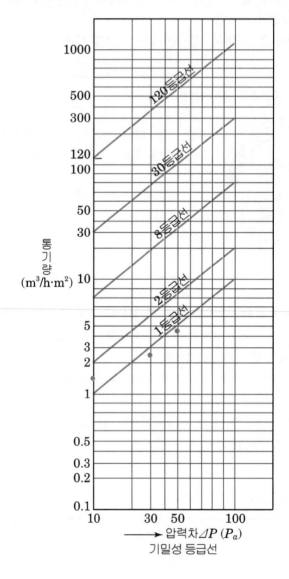

(1) 기밀성능 등급 :

(2) 에너지소비효율등급 :

(1) 기밀성능 등급

압력차 10Pa일 때 통기량이 1~2m³/hm² 사이 즉, 기밀성능이 1등급과 2등급 사이에 있으므로 2등급

(2) 에너지소비효율등급

등 급	열관류율($W/m^2 \cdot K$)	기밀성능
1	1.0 이하	1등급
2	1.0 초과 ~ 1.4 이하	1등급
3	1.4 초과 ~ 2.1 이하	2등급 이상(1등급 또는 2등급)
4	2.1 초과 ~ 2.8 이하	묻지 않음
5	2.8 초과 ~ 3.4 이하	묻지 않음

• 답 : ㉮ 2등급 ㉯ 3등급

핵심 26 유리의 종류 및 성능

유리의 종류는 특성에 따라 투명유리, 컬러유리(혹은 착색유리), 반사유리, 로이유리 등으로 구분되며, 유리의 층수에 따라 단층유리, 이중유리, 삼중유리, 사중유리 등으로 나누어진다. 설계자가 유리의 종류를 선택할 경우 다양한 유리의 성능지표와 건물의 배치, 향, 창의 크기 등을 에너지 및 채광, 환기 목표에 따라 검토해야 한다.

1. 투명유리

투명유리는 일반적으로 사용하는 창유리로서 공동주택, 일반건축물의 실내외에 광범위하게 적용된다. 투명유리는 가시성이 우수한 장점이 있지만 열적으로 매우 취약한 단점을 또한 가지고 있으며, 여름철에는 높은 차폐계수(SC) 혹은 태양열취득계수(SHGC)로 인해 외부차양이 설치되지 않을 경우 실내과열 및 현휘를 발생시킬 수 있다.

2. 컬러유리

컬러유리는 유리의 가시성을 유지하면서, 가시광선의 투과량을 줄여 여름철 일사획득량을 줄여주는 장점이 있으며, 착색된 색은 건물의 외관의 중요한 디자인요소가 될 수 있다.

3. 반사유리

반사유리는 표면에 반사코팅막을 입힌 유리다. 가시광선의 실내 유입을 감소시켜 여름철 냉방부하를 줄이는데 효과가 크지만 외부 보행자의 눈부심을 유발할 수 있다. 그래서 최근에는 저반사유리의 사용이 늘고 있는 추세다. 일사량 절감에는 비교적 우수하나 단열효과는 별로 개선되지 못하여 복층유리로 활용하게 되거나 로이유리와 결합된 저반사 로이유리로 활용되기도 한다.

4. 로이유리

로이유리는 저방사 유리로서 유리에 저방사금속코팅을 하여 표면이 복사열을 저방사함으로서 실내측의 열을 보존하거나 외부의 열유입을 줄여준다. 그런데 로이유리가 단열성능 개선효과가 우수하다는 사실만으로 저에너지 건축물을 디자인할 때 향에 상관없이 무분별하게 사용되기도 하는데, 필름의 위치에 따라 열손실이 증대될 수도 있으므로 구분하여 사용되어야 한다.

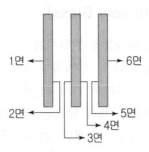

[3중 유리의 면]

(1) 복층 로이유리의 계획방법

① 2면 코팅 로이유리

: 복사열획득이 많은 방향의 창호(= 냉방부하가 많이 발생하는 향)

예 여름철, 서향 : 2면 로이유리

② 3면 코팅 로이유리

: 관류에 의한 열손실로 난방부하가 많이 발생하는 방향의 창호

예 겨울철, 북면 : 3면 로이유리

③ 양면 로이유리(2,3면 코팅)

: 양면 로이유리는 향에 상관없이 사용이 가능하지만 상대적으로 고가이므로, 부하가 상대적으로 높은 서향이나 북서향 등에 이용하는 것이 유리

[로이유리의 필름 위치에 따른 열흐름의 차이]

(2) 로이유리의 SHGC(태양열 획득 계수)

로이유리의 SHGC는 코팅 횟수에 따라 결정되며, 일반적으로 투명유리 기준으로

① single coating인 경우

SHGC = 0.5~0.6

② double coating인 경우

SHGC = 0.38

③ triple coating인 경우

SHGC = 0.27

5. 투과율 가변유리(Chromic Glass)

외광상태에 따라 빛의 투과율을 변화시켜 외광의 도입량을 조절하는 smart glass 로서 냉방효율이 향상된다. 30℃ 이하에서는 투명하나 60℃ 이상에서는 변색하는 열변색유리(Thermochromic Glass), 정전기전압을 이용하여 가시광선에서 투명도의 저하없이 적외선을 차단하는 전기변색유리(Electrochromic Glass), 빛에 닿으면 색이 변하는 포토크로믹 분자를 사용하는 포토크로믹유리(Photochromic Glass), 두 개의 판유리사이의 공간 속에 가스를 도입하는 가스변색유리(Gaschromic Glass) 등이 있다.

예제 04

차양을 설치하지 않고 태양의 일사유입을 조절할 수 있는 투과율 가변유리(photochromic glass)의 종류 3가지를 쓰시오

정답

1) 서모 크로믹 유리 : 온도에 따라 일사투과율이 달라짐
2) 일렉트로 크로믹 : 전압에 따라 일사투과율이 달라짐
3) 포토 크로믹 유리 : 광량에 따라 일사투과율이 달라짐

예제 05

다음 그림은 복층유리의 단면과 유리면 번호를 나타낸 것이다. 한 개 유리면에 로이코팅시 ㉮ 실내보온용(난방에너지절약)과 ㉯ 일사차단용도(냉방에너지 절약)에 적합한 로이코팅 번호를 건축공사표준시방서에 근거하여 기재하시오. (단, 로이코팅의 지속적 효과 유지를 고려할 것)

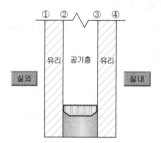

정답

㉮ 실내보온용(난방에너지절약)
  ③ 3면 코팅

㉯ 일사차단용도(냉방에너지 절약)
  ② 2면 코팅

핵심 27 방위별 창면적비

건물의 창호는 에너지 성능과 설계상의 필요를 고려하되 40% 이하 혹은 최소한으로 설계하고, 특히 겨울철 열손실이 많은 북측 창면적은 최소화함

남향의 창면적비는 겨울철 일사획득을 고려하여 60% 이상으로 함

(1) 동일면적의 창면적을 계획할 경우 공간의 프로그램에 따라 거실 창면적은 크게, 서재, 방 등 개인공간은 상대적으로 작게 계획

(2) 남향과 서향에 대해 디자인이나 열취득을 위해 창면적을 넓게 계획할 경우, SHGC 0.6 이하의 외부차양을 10% 이상 설치

(3) 창호는 단열성능이 떨어지므로 로이(Low-E) 이중유리나 삼중유리를 사용한다. 겨울철 단열을 위해서 3면 코팅 로이유리(복층유리 경우)를 사용

(4) 단열성과 기밀성을 갖는 창틀을 사용하고 창틀이 금속인 경우 열교차단재가 적용된 제품을 사용함

(5) 공동주택의 최소환기량인 0.5ACH 이상을 충족하도록 창호의 개구부를 계획하고 공간 프로그램에 따른 최소 환기면적을 검토함

(6) 채광(조도)를 확보하기 위해 시뮬레이션을 통한 실내조도를 계획하거나 공간의 용도별 최소 채광면적을 검토함

(7) 작업면의 경우 현휘가 발생하지 않도록 차양이나 광선반 등의 장치를 통해 산란광, 반사광 등의 간접광을 이용함

[방위별 창면적과 외피조합 구성]

방위	창면적	창호+차양조합
동	40% 이내	이중유리+수직/격자차양 or 활엽수 식재 로이유리+수직/격자차양 or 활엽수 식재
동남	60% 이내 (겨울철 일사열 획득)	이중유리+수평/격자차양 로이유리+수평/격자차양
남	60% 이내 (겨울철 일사열 획득)	로이유리, 2면 코팅+수평/격자차양
남서	40% 이내	로이유리, 2면 코팅+수직/격자차양
서	40% 이내	로이유리+수직/격자차양 or 활엽수 식재
북	40% 이내	이중로이, 3면 코팅+침엽수 군식 삼중로이, 5면 코팅+침엽수 군식

핵심 28 | 방위별 차양계획

건축물은 형태, 창호, 차양 디자인에 따라 과열이 될 수도 있고, 혹은 쾌적한 환경을 제공할 수도 있다. 기본적으로 수평차양은 태양고도가 높은 시점에 효과적이며, 수직차양은 태양고도가 낮은 시점에서 효과적으로 일사의 유입을 차단한다.

1. 남측면 차양

기본적으로 차양장치는 수평차양, 수직차양 혹은 이 두 가지의 혼합형으로 구성된다. 남측면에 설치하는 수평차양은 창너비 보다 크게 설치하거나 격자차양을 설치해야 직달일사를 차단할 수 있다. 이것은 태양이 오전에는 남동에서 오후에 남서로 이동하기 때문이다. 수평차양은 가늘고 긴 창에 사용하는 것이 상대적으로 효과적이다. 차양의 선택은 다음을 고려한다.
• 난방부하보다 냉방부하가 크고 차양이 주된 고려요소이면 고정 수평차양 선택함
• 패시브 난방과 차양이 모두 중요할 경우(여름, 겨울이 길 때) 조절 가능한 차양을 선택함

(1) 남측 고정 수평차양(냉방 중심)

건물의 지역을 선택하고 4절기(춘추분, 하지, 동지) 태양고도각을 확인한다.
춘추분~동지 사이의 기간을 난방기간으로 가정하고 춘추분과 하지 사이를 과열기간으로 설정하여 차양길이를 그려준다.
이때, 춘추분까지를 완전차양 구간으로 설정한다.

(2) 남측 가변차양(냉방+패시브 난방 중심)

건물의 지역을 선택하고 4절기(춘추분, 하지, 동지) 태양고도각을 확인한다.
여름철 차양길이는 고정 수평차양과 동일하며, 겨울철 차양길이는 동지시기를 완전차양 구간으로 설정한 차양길이 만큼만 계획하고 그 외의 길이는 줄인다.

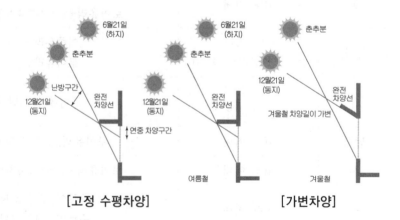

[고정 수평차양]　　　　　　[가변차양]

2. 동서측 차양

동서측은 남향과 달리 고정된 돌출로 충분한 차양을 하기 어렵다. 이것은 하루 중 동서측에 이르는 태양의 고도각이 작아 충분한 차양을 얻기 위해서는 돌출부가 길어지기 때문이다. 따라서 수평차양 외에 수직차양을 동시에 고려하여 여름철 하루 중 태양의 이동경로에 따른 노출각도를 최소화해야 한다.

• 동측, 특히 서측의 창은 최소한으로 계획
• 동서측에서 창문을 낼 경우 차양의 핀의 방향이 남측이나 북측을 향하도록 계획
• 기본적으로 수직차양을 계획하며, 조망이 강조될 경우 조절가능한 수평차양을 계획
• 가장 효과적인 조합은 수평차양과 경사진 핀의 조합이며, 차양의 개수를 분할할수록 차양효과가 커짐

(1) 서측면의 수평차양

① 수평차양은 동서측의 조망이 우수할 경우 사용을 고려할 수 있으며, 수직차양에 비해 나은 조망을 제공함
② 하지일을 기준으로 과열시간대인 오전 8시부터 오후 4시까지의 동서측 창을 차양할 수 있도록 계획

(2) 서측면의 수직차양

① 수직차양은 가급적 경사를 이용하여 계획하며, 조절 가능하도록 계획하여 조망성 저하를 예방함
② 하지일을 기준으로 노출각도를 최소화하여 계획함

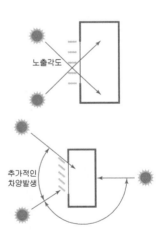

[차양설계에 따른 노출각도]

23 서울지방(37.5° N)에서 H=1.5m일 때 정남향 차양길이 P를 구하라.

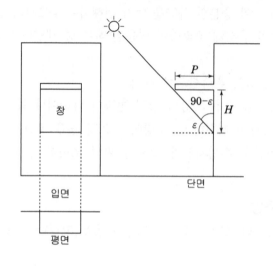

수직음영각은 $\epsilon = 90° -$ 위도 이므로

차양의 돌출길이는 P는 춘추분의 태양의 남중고도를 기준으로

$P = H\tan(90° - \epsilon)$

　$= H\tan(90° - 90° + 위도)$

　$= H\tan(위도)$이다.

$P = H\tan37.5°$

　$= 1.5 \times 0.767 = 1.15[m]$

$\therefore$ 약 $1.15[m]$

외부차양장치

1. 차양장치 중 외부차양의 중요성

창호의 차양시스템은 여름철에는 태양광의 차단을, 겨울철에는 충분한 햇빛의 유입을 유도해야 한다. 태양으로부터의 햇빛은 단파형식으로 대부분 창호를 통과하여 실내로 유입되지만 일단 실내로 유입된 에너지는 장파로 변하여 다시 창호를 빠져나가지 못하므로 차양시스템은 창의 외부에 설치될 때 최적의 효과가 나타낸다.

2. 수평고정형 외부차양의 형태(단면)

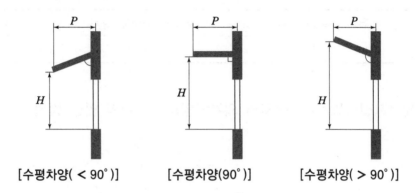

[수평차양(< 90°)]　　　[수평차양(90°)]　　　[수평차양(> 90°)]

3. 수직고정형 외부차양의 형태(평면)

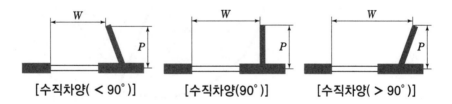

[수직차양(< 90°)]　　　[수직차양(90°)]　　　[수직차양(> 90°)]

4. 외부차양 종류에 따른 각 에너지절감효과 비교

	스크린재질	난방에너지	냉방에너지	조명에너지
외부베네시안 블라인드(EVB)	알미늄	●	● ● ●	● ● ●
윈도우셔터	알미늄	● ● ●	● ● ●	● ●
패브릭블라인드	패브릭		● ● ●	● ● ●
어닝(Awning)	패브릭		● ● ●	● ●

5. 블라인드 설치유무 및 설치위치에 따른 냉방에너지절감효과 비교

(1) 일반유리의 경우

① 외부블라인드 설치시 내부블라인드설치시보다 냉방에너지 약 1/4배정도까지 절감효과가 있다.

② 내부블라인드 설치시 블라인드 미설치시보다 냉방에너지 약 1/1.5배정도까지 절감효과가 있다.

(2) 열반사유리의 경우

① 외부블라인드 설치시 내부블라인드 설치시보다 냉방에너지 약 1/3배정도까지 절감효과가 있다.

② 내부블라인드 설치시 블라인드 미설치시보다 냉방에너지 약 1/2배정도까지 절감효과가 있다.

6. 에너지절약설계기준에서의 차양위치에 따른 가변형차양의 태양열획득률

유리 외측에 설치	유리간 사이에 설치	유리 내측에 설치
0.34	0.5	0.88

7. 에너지절약설계기준에서의 외부차양의 8방위의 인정 범위

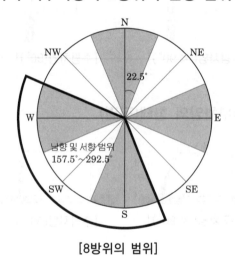

[8방위의 범위]

냉·난방부하의 의미

1. 난방부하(Heating Load)

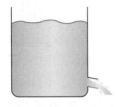

물이 담겨있는 용기에 구멍이 뚫려있다면 이 구멍을 통해 물이 새어 나올 것이다. 일정 수위를 유지하기 위해서는 구멍을 막든지 흘러나가는 양만큼을 보충해 주어야 한다.

건물에서 구멍을 막는 노력이 바로 단열과 기밀이다.

난방기간(Heating Season) 동안 건물로부터 흘러나가는 열량만큼을 난방을 통해 공급해주어야 하는데, 이 양이 난방 부하가 된다.

즉, 손실 열량 = 난방부하라 볼 수 있다.

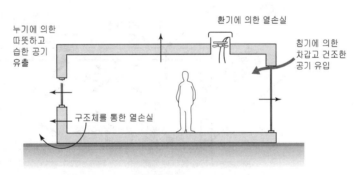

[건물에서의 열손실]

건물의 열손실(Heat Loss)은 벽체, 창, 지붕, 바닥 등의 건물외피(Building Envelopes) 구조체를 통한 관류열손실과 환기 및 침기에 의한 환기열손실의 합이다. 따라서 건물의 난방부하를 줄이기 위해서는 외피의 고단열, 고기밀 설계·시공이 요구된다.

2. 냉방부하(Cooling Load)

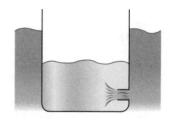

구멍 뚫린 용기가 높은 수위의 물 속에 잠겨있다면 이 구멍을 통해 용기 속으로 물이 흘러들어올 것이다.

일정 수위를 유지하기 위해서는 구멍을 막든지 흘러들어오는 양 만큼을 퍼내야 할 것이다.

냉방기간(Cooling Season) 동안 건물로 흘러들어오는 열량만큼을 제거해 주어야 하는데, 이 양이 냉방부하가 된다.

즉, 획득열량 = 냉방부하라 볼 수 있다.

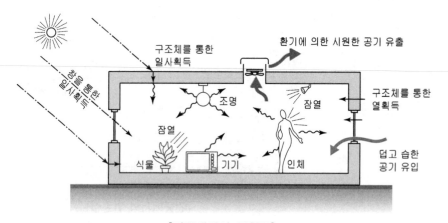

[건물에서의 열획득]

건물에서의 열획득(Heat Gain)은 건물외피를 통한 관류열획득과 환기에 의한 열획득, 그리고 난방부하에는 없었던 일사열획득, 내부발생열(인체, 조명, 기기장치)에 의해 이루어진다.

따라서 건물의 냉방부하를 줄이기 위해서는 외피의 고단열, 고기밀 설계와 함께 일사차단을 위한 식재 및 차양계획, 저발열 고효율 조명 및 기기장치 설치가 요구된다.

3. 건축물 에너지절약 설계기준상의 연간 1차 에너지 소요량 계산법

[별표10] 연간 1차 에너지 소요량 평가기준

단위면적당 에너지 요구량	$= \dfrac{\text{난방에너지 요구량}}{\text{난방에너지가 요구되는 공간의 바닥면적 또는 실내 연면적}}$ $+ \dfrac{\text{냉방에너지 요구량}}{\text{냉방에너지가 요구되는 공간의 바닥면적 또는 실내 연면적}}$ $+ \dfrac{\text{급탕에너지 요구량}}{\text{급탕에너지가 요구되는 공간의 바닥면적 또는 실내 연면적}}$ $+ \dfrac{\text{조명에너지 요구량}}{\text{조명에너지가 요구되는 공간의 바닥면적 또는 실내 연면적}}$
단위면적당 에너지 소요량	$= \dfrac{\text{난방에너지 소요량}}{\text{난방에너지가 요구되는 공간의 바닥면적 또는 실내 연면적}}$ $+ \dfrac{\text{냉방에너지 소요량}}{\text{냉방에너지가 요구되는 공간의 바닥면적 또는 실내 연면적}}$ $+ \dfrac{\text{급탕에너지 소요량}}{\text{급탕에너지가 요구되는 공간의 바닥면적 또는 실내 연면적}}$ $+ \dfrac{\text{조명에너지 소요량}}{\text{조명에너지가 요구되는 공간의 바닥면적 또는 실내 연면적}}$ $+ \dfrac{\text{환기에너지 소요량}}{\text{환기에너지가 요구되는 공간의 바닥면적 또는 실내 연면적}}$
단위면적당 1차 에너지 소요량	= 단위면적당 에너지 소요량 × 1차에너지 환산계수
※ 에너지 소요량	= 해당 건축물에 설치된 난방, 냉방, 급탕, 조명, 환기시스템에서 소요되는 에너지량
※ 실내 연면적	= 옥내 주차장시설 면적을 제외한 건축 연면적

(1) 에너지 요구량

특정조건(내/외부온도, 재실자, 조명기구)하에서 실내를 쾌적하게 유지하기 위해 건물이 요구하는 에너지량

① 건축조건만을 고려하며 설비 등의 기계 효율은 계산되지 않음

② 설비가 개입되기 전 건축 자체의 에너지 성능

③ 건축적 대안(Passive Design)을 통해 절감 가능

(2) 에너지 소요량

건물이 요구하는 에너지요구량을 공급하기 위해 설치된 시스템에서 소요되는 에너지량

① 시스템의 효율, 배관손실, 펌프 동력 계산(시스템에서의 손실)

② 설비적 대안(Active Design) 및 신재생에너지의 설치를 통해 절감 가능

(3) 1차 에너지 소요량

에너지 소요량에 연료를 채취, 가공, 운송, 변환 등 공급 과정 등의 손실을 포함한 에너지량으로 에너지 소요량에 사용연료별 환산계수를 곱하여 얻을 수 있음

① 1차 에너지 : 가공되지 않은 상태에서 공급되는 에너지, 화석연료의 양(석탄, 석유)

② 2차 에너지 : 1차 에너지를 변환 가공해서 얻은 전기, 가스 등(에너지 변환손실 + 이동손실)

에너지 소요량 × 사용 연료별 환산계수

■ 사용 연료별 환산계수

연료 1.1, 전력 2.75, 지역난방 0.728, 지역냉방 0.937

예제 01

다음 용어의 정의를 관련 규정에 근거하여 서술하시오.(3점)

㉠ 에너지요구량

㉡ 에너지소요량

㉢ 1차에너지소요량

정답

㉠ 에너지 요구량 : 건축물의 냉방, 난방, 급탕, 조명 부문에서 표준 설정조건을 유지하기 위하여 해당 공간에서 필요로 하는 에너지량

㉡ 에너지 소요량 : 에너지요구량을 만족시키기 위하여 건축물의 냉방, 난방, 급탕, 조명, 환기 부문의 설비기기에 사용되는 에너지량

㉢ 1차에너지소요량 : 단위면적당 에너지소요량에 [별표3]의 1차에너지 환산계수와 [별표2]의 용도별 보정계수, 제7조의2에 따른 신기술을 반영하여 산출한 값

24 다음 그림은 어느 사무소 건물의 연간 에너지 소비 특성을 일평균 외기온도와 에너지사용량의 관계로 나타낸 것이다. 다음 물음에 답하시오.

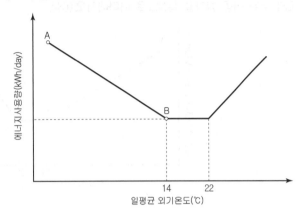

(1) 점 B의 에너지사용량이 의미하는 것을 서술하시오.

(2) 이 건물의 단열성능을 개선할 때, 점B와 선분AB의 변화 및 그 의미에 대하여 서술하시오.

---

(1) 난방이 중지되거나 개시되는 시점의 에너지 사용량으로 냉난방을 제외한 급탕, 조명, 환기 등에 의한 에너지 사용량

(2) • 점 B는 왼쪽으로 이동하며, 단열성능 개선에 따라 난방개시온도가 낮아진다.
   • AB선분의 기울기는 단열성능개선에 따라 실내의 온도차가 커질수록 난방부하 감소로 난방에너지 사용량이 더 줄어든다.

예제 02

다음 그림은 어느 사무소 건물의 연간 에너지소비 특성을 일평균 외기온도와 일별 에너지 사용량의 관계로 나타낸 것이다. ㉠ 점 B, 점 C, 점 D의 변화 없이 점 A를 아래 방향으로 이동시키고자 할 때 선택할 수 있는 설계기법을 서술하고, ㉡이 건물 창호의 단열성능을 강화 할 경우 점 B의 주된 이동 방향을 화살표로 나타내시오.(6점)

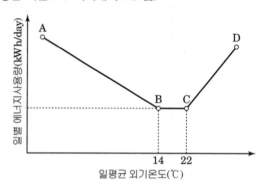

정답

㉠ 건물외피의 고단열, 고기밀, 창면적비 축소 등의 자연형 조절기법을 사용하면 난방개시온도인 점 B가 왼쪽으로 이동하게 된다.
점 B, 점 C, 점 D의 변화 없이 점A를 아래 방향으로 이동시키기 위해서는 자연형 조절이 아닌 설비형 조절이 요구된다.

따라서, 보일러의 효율향상, 난방순환용 펌프 동력저감 및 펌프·팬 등의 인버터 제어, 배관이나 덕트의 단열강화, 실내의 배관길이를 줄이는 조닝 등이 있다.

㉡

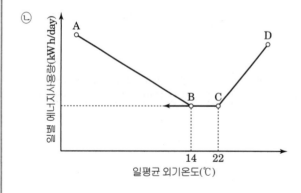

핵심 31 **공조부하의 종류**

실내의 온습도를 쾌적한 상태로 유지하기 위하여 공기조화기에서는 냉각, 가열, 감습, 가습을 하여야 하는데 이 때 필요한 열량을 공기조화부하라 한다.

공기조화부하에는 냉방부하와 난방부하가 모두 포함되며 1년 중 가장 큰 부하인 최대부하와 일정기간 또는 1년 동안의 부하를 누적한 기간부하(년간부하)로 구분된다. 흔히 부하라 하면 최대냉방부하, 최대난방부하 등의 최대부하를 말한다.

1. 최대부하

냉동기, 보일러, 공조기, FAN, PUMP 등 냉난방 장비용량 산정을 목적으로 하며 건물 설비설계 시 필수적으로 계산하여야 한다.

(1) 냉방부하

냉동기, 보일러, 공조기, FAN, PUMP 등 냉난방 장비용량 산정을 목적으로 하며 건물 설비설계 시 필수적으로 계산하여야 한다.

① 냉방부하

[냉방부하의 종류]

부하의 종류		내용	현열(S) 잠열(L)
실부하	외피 부하	• 전열부하(온도차에 의하여 외벽, 천장, 바닥, 유리 등을 통한 관류 열량)	S
		• 일사에 의한 부하	S
		• 틈새바람에 의한 부하	S, L
	내부 부하	• 실내 발생열 ┌ 조명기구 ├ 인체 └ 기타 열원기기	S S, L S, L
외기부하		• 환기부하(신선외기에 의한 부하)	S, L
장치부하		• 송풍기 부하	S
		• 덕트의 열획득	S
		• 재열부하	S
		• 혼합 손실(2중 덕트의 냉·온풍 혼합손실)	S
열원부하		• 배관 열획득	S
		• 펌프에서의 열획득	S

② 난방부하

난방부하도 냉방부하와 같이 계산을 하나 유리창을 통한 일사의 취득, 인체나 기기의 발열은 실온을 상승시키는 요인으로 작용하기 때문에 안전율로 생각하고 일반적으로는 고려하지 않는다. 따라서 구조체(벽, 바닥, 지붕, 창, 문)를 통한 열손실과 환기를 통한 열손실의 합이 난방부하가 된다.

(2) 기간부하(년간부하)

일정기간 또는 1년 동안의 에너지 소비량 산출을 목적으로 한다.

① 정적해석법

외기나 실내조건을 정상상태(steady state : 시간에 관계없이 온습도가 일정한 상태)로 보고 부하계산. 디그리데이법(난방, 수정, 가변, 확장 디그리데이법)과 BIN방식(BIN방식, 수정 BIN방식)이 있다.

② 동적해석법

외기나 실내조건을 비정상상태(unsteady state : 시간에 따라 온습도가 계속 변하는 상태)로 보고 부하계산(정밀시뮬레이션). 기상데이터 및 계산량이 방대하여 컴퓨터의 사용이 필수적이다.

핵심 32   냉난방 부하계산식

---

1. 냉방부하 계산식

(1) 유리창을 통한 일사 열부하 : q_G (kcal/h, W)

$$q_G = I \cdot K_s \cdot A$$

여기서, I : 일사량 (kcal/m^2·h, W/m^2)

K_s : 차폐계수(보통유리 – 1.0, 중간색 브라인드 설치 – 0.75

밝은 색 브라인드 설치 – 0.65, 반사유리(복층) – 0.5 정도)

A : 유리창 면적(m^2)

(2) 구조체(벽, 바닥, 지붕, 유리)를 통한 관류열부하 : q_c (kcal/h, W)

① 일사의 영향을 무시할 때(그늘부분)

$$q_c = K \cdot A \cdot (t_o - t_r)$$

② 일사의 영향을 고려할 때

$$q_c = K \cdot A \cdot \Delta t_e$$

여기서, K : 벽체의 열관류율(kcal/m²·h·℃, W/m²·K)

A : 벽체면적(m²)

Δt_e : 상당외기 온도차 $=(t_e - t_r)$

t_e : 상당외기온도(℃)

t_r : 실내온도(℃)

| 용어정리 | 상당외기온도(Sol-Air Temperature)

외벽에 일사를 받으면 복사열에 의해서 외표면온도가 상승한다. 이 상승되는 온도와 외기온도를 고려한 것이 상당외기온도이다. 상당외기온도는 t_{sol} 또는 t_e 로 나타낸다.

$$t_{sol} = \frac{\alpha}{\alpha_o}I + t_o$$

여기서

t_{sol} : 상당외기온도(℃)

α : 일사 흡수율

α_o : 표면열전달율(kcal/m²·h·℃)

I : 일사량(kcal/m²·h)

t_o : 외기온도(℃)

(3) 틈새바람에 의한 외기부하 : q_{IS}, q_{IL}(kcal/h, W)

q_{IS}(현열) = 0.29 $Q(t_o - t_r)$(kcal/h)

0.34 $Q(t_o - t_r)$(W)

q_{IL}(잠열) = 717 $Q(x_o - x_r)$(kcal/h)

834 $Q(x_o - x_r)$(W)

t_o : 외기 온도(℃)

t_r : 실내기온(℃)

x_o : 외기 절대습도(kg/kg′)

x_r : 실내 절대습도(kg/kg′)

Q : 틈새바람량(m³/h) - 환기회수법, 창문면적법, 틈새길이법 등으로 계산한다.

|참고| 틈새바람에 의한 환기량계산

• **환기회수법**

$$Q = n \cdot V$$

n : 환기회수(회/h)

V : 실의 체적(m³/회)

• **창문면적법**

$$Q = B \cdot A$$

B : 창문 1m² 당의 풍량(m³/m²·h)

A : 창의 면적(m²)

• **틈새길이법**

$$Q = C \cdot L$$

C : 틈새길이 1m당의 풍량(m³/m·h)

L : 틈새의 길이(m)

(4) 실내발생열 부하

① 인체에 의한 발생열 q_{HS}, q_{HL}(kcal/h, W)

$$q_{HS}(현열) = n \cdot h_S$$

$$q_{HL}(잠열) = n \cdot h_L$$

여기에서 n : 재실자수(인)

S : 인체발생현열량(kcal/인·h)

h_L : 인체발생잠열량(kcal/인·h)

	예) 사무소	식당	볼링장
S	49	56	121
h_L	53	69	244

② 조명에 의한 발생열 q_L, q_F(kcal/h)

$$q_L (백열전등) = 0.86 \times W(\text{kcal/h}) = W(\text{W})$$

$$q_F(형광등) = 0.86 \times 1.25 \times W(\text{kcal/h}) = 1.25 \times W(\text{W})$$

여기에서 W : 소비전력(W)

③ 기기로부터의 발생열 - 전동기, 가스스토브, 커피포트

2. 난방부하 계산식

실내의 온도를 일정하게 유지하기 위하여 손실되는 만큼의 열량을 계속 공급하여야 하는데 그 공급열량을 난방부하 (HL : Heating Load)라 한다.

(1) 벽, 바닥, 천정, 유리, 문 등 구조체를 통한 손실열량 H_c (kcal/h)

$$H_c = K \cdot A \cdot \Delta t (\mathrm{kcal/h,\ W})$$

K : 열관류율(kcal/m^2·h·℃, W/m^2·K)

A : 구조체 면적(m^2)

Δt : 실내외 온도차(℃)

이 때 외벽 및 유리에 대해서는 방위에 따른 안전율의 개념으로서 방위계수를 곱해 주기도 한다.
(남측 : 1.0, 동측, 서측 : 1.1, 북측 : 1.2)

(2) 환기(틈새바람)에 의한 손실열량 H_i (kcal/h, W)

$$H_i = 0.29 \cdot Q \cdot \Delta t = 0.29 \cdot n \cdot V \cdot \Delta t (\mathrm{kcal/h})$$
$$= 0.34 \cdot Q \cdot \Delta t = 0.34 \cdot n \cdot V \cdot \Delta t (\mathrm{W})$$

0.29 : 공기의 용적비열(0.29kcal/m^3·℃)

0.34 : 공기의 용적비열(0.34W·h/m^3·K)

Q : 환기량(m^3/h)

n : 환기회수(회/h)

V : 실의 체적(m^3)

Δt : 실내외 온도차(℃)

(3) 어떤 실의 총손실 열량(Heat loss)

$$① + ② = H_c + H_i (\mathrm{kcal/h,\ W})$$

유리를 통한 태양복사열, 인체나 조명기구, 기기 등으로부터 열획득이 있으나 이는 난방에 유리하게 작용하기 때문에 난방부하 계산시 일반적으로 고려하지 않는다. 그러므로 어떤 실의 난방부하는 결국 손실열량과 같게 된다.

핵심 33 건물에너지 해석의 단위와 해석 기법

1. 건물에너지 해석의 단위

(1) 부하(Loads)	① 건물 실내공간의 쾌적조건을 유지하기 위해 건물 내외부의 열적요인을 완화할 때 투입 또는 제거해야 할 순수한 열량
	② 냉난방에 필요한 에너지를 공급하는 설비의 규모선정에 이용될 수 있으며 설비 설계 이전에 건물의 에너지성능을 평가할 수 있음
	③ 대부분의 설계자 및 기술자들이 건물의 부위별 에너지성능 검토 및 평가를 할 때 부하계산 결과에 의존한다는 단점이 있다.
(2) 에너지사용량 (Energy Consumption)	① 부하에서 계산된 건물에 대한 성능분석과 냉난방을 위한 특정 설비의 성능에 대한 분석도 포함한 해석단위
	② 사용량에 대한 분석이 실내공간의 환경조절을 위하여 사용된 에너지량을 의미한다.
	③ 냉방, 난방, 조명에 사용된 에너지량이 모두 동등하게 취급 된다는 단점이 있다.
(3) 에너지비용 (Energy Cost)	① 에너지사용량에 지역의 연료비 단가를 곱하여 사용된 상대적인 에너지량을 표현할 수 있는 단위로 가장 널리 이용되고 있다.
	② 에너지수요는 에너지비용으로 환산되므로 비용의 절감을 통한 경제적 이익을 판별하는 것을 가능하게 해준다.
	③ 에너지 소요량 • 건물이 요구하는 에너지요구량을 공급하기 위해 설치된 시스템에서 소요되는 에너지량 • 시스템의 효율, 배관손실, 펌프 동력 계산(시스템에서의 손실) 포함 • 설비적 대안(Active Design) 및 신재생에너지의 설치를 통해 절감 가능

2. 건물에너지의 해석 기법

정적((靜的, Static)해석법	동적(動的, Dynamic)해석법
(냉난방·확장·가변) 도일법(Degree – Day Method) (표준·수정) 빈법(Bin Method)	응답계수법(Response Factor) 가중계수법(Weighting Factor)

3. 난방도일 및 건물의 연간난방부하 산정

■ 난방도일(Heating Degree Days)
난방기준온도(균형점온도)와 외기의 평균기온과의 차를 일(days)에 곱한 것. 어느 지방의 추위의 정도와 연료소비량을 추정 평가할 수 있다.

난방기준온도 t_i, 외기의 일평균기온을 t_o라고 하면, 다음과 같이 표시한다.

$$HD = \sum (t_i - t_o)\,℃$$
$$HDD = \sum (t_i - t_o)*\text{day}(℃ \cdot \text{day})$$

난방기준온도를 18℃라고 한다면,
HD=Σ(18℃−(일최고기온+일최저기온)/2)
HDD=Σ{(18℃−(일최고기온+일최저기온)/2)*day}

■ 건물의 연간난방부하(Wh) = 건물의 총 열손실계수(W/℃) * 연간난방도일(℃day) * 24h/day

■ 건물의 총 열손실계수(W/℃) = 구조체를 통한 열손실 + 환기에 의한 열손실
= ΣK · A + 0.34 · Q

BLC(Building Loss Coefficient): 건물로부터의 총열손실율을 의미하는 것으로 단위온도차에 따른 구조체를 통한 열손실과 환기에 의한 열손실을 합한 개념

계산방법: BLC=외피손실율+환기손실율 = ΣKA+0.34Q(W/℃)
여기서, K : 구조체의 열관류율(W/m²K)
A : 구조체의 면적(m²)
0.34 : 공기의 용적비열(Wh/m³K)
Q : 환기량(m³/h)

■ 균형점온도(Balance Point Temperature)

내부열 및 태양열 획득으로 인해 난방기간 동안 실외온도 보다 실내온도가 더 높게 된다. 따라서 건물외피나 환기를 통해 잃은 열량이 태양열이나 내부 발생열로 인해 얻은 열량과 같은 때에는 난방을 하지 않아도 된다. 건물에서의 열손실량과 열획득량이 균형을 이룰 때, 이 때의 실외 온도를 "균형점 온도"라 하며, 이 균형점 온도는 난방개시 시점을 말해준다.

계산방법 : $q_i = BLC(T_i - T_b)$로부터 $T_b = T_i - q_i/BLC$

여기서, T_b : 균형점 온도(℃)

T_i : 일평균 실내온도(℃)

q_i : 내부열 및 태양열 획득(W)

BLC : 건물 총열손실율(W/℃)

25 A사무소 건물의 2014년 에너지진단 결과 건물외피의 열손실계수가 1,200W/℃이고 보일러의 효율이 70%였다. 아래와 같이 리모델링을 수행할 경우 예상되는 2015년 난방에너지 사용량은? (단, 2015년 예상 난방도일은 3,700℃·day)

> • Case-1 : 건물외피 단열성능 20% 강화
> • Case-2 : 효율 90% 보일러로 교체

건물의 연간난방부하(Wh) = 건물의 총 열손실계수(W/℃) * 연간난방도일(℃day) * 24h/day

난방부하를 해소하기 위해 보일러를 사용하는 경우에는 보일러의 효율에 따른 에너지사용량이 계산될 수 있다. 만일 난방부하가 80MWh이고, 보일러효율이 80%일 경우라면 실제 에너지 사용량은 100MWh가 필요하다.

단열성능이 20% 향상되면 건물의 열손실은 20% 감소하는 것으로 볼 수 있다.
따라서 구해진 난방에너지 사용량에 0.8을 곱하면 된다.

보일러효율 70% 상태에서 100MWh를 공급해야 한다면 실제에너지 사용량은
$0.7:100=1:x$라는 비례식으로 x를 구하면 된다.

CASE-1
1) 단열 20% 향상시의 연간 난방부하 :
    1,200W/℃*0.8*3,700℃day*24h/day = 85,248,000Wh
2) 보일러 효율 70%로 난방부하 감당해야 함으로 실제에너지 사용량은 $0.7:85,248,000 = 1:x$
    x = 121,782,857Wh
      = 121.8MWh

CASE-2
1) 건물의 열손실계수와 난방도일에 따른 연간 난방부하 :
    1,200W/℃*3,700℃day*24h/day = 106,560,000Wh
2) 보일러 효율이 90%이므로 실제 에너지사용량은 $0.9:106,560,000 = 1:x$
    x = 118,400,000Wh
      = 118.4MWh

핵심 34 에너지 절약 설계 방안

난방부하(Heating Load)는 구조체를 통한 열손실량(H_c)과 환기에 의한 열손실량(H_i)의 합으로 구해진다.

1. 벽, 바닥, 지붕, 유리, 문 등 구조체를 통한 손실열량 H_c(kcal/h·W)

$$H_c = K \cdot A \cdot \Delta t (\text{kcal/h})$$
$$= K \cdot A \cdot \Delta T(W)$$

K : 열관류율(kcal/m²h℃, W/m²·K)
A : 구조체 면적(m²)
Δt : 실내외 온도차(℃)

2. 환기에 의한 손실열량 H_i(kcal/h)

$$H_i = 0.29 \cdot Q \cdot \Delta t (\text{kcal/h}) = 0.29 \cdot n \cdot V \cdot \Delta t (\text{kcal/h})$$
$$= 0.34 \cdot Q \cdot \Delta T(W)$$

0.29 : 공기의 용적비열(0.29kcal/m³·℃)
0.34 : 공기의 용적비열(0.34W·h/m³·K)
Q : 환기량(m³/h)
n : 환기회수(회/h)
V : 실의 체적(m³)
Δt : 실내외 온도차(℃)

먼저, 구조체를 통한 열손실 및 열획득을 줄이기 위해서는 $K \cdot A \cdot \Delta t$를 줄여야 한다.

따라서, $K = \dfrac{1}{\dfrac{1}{\alpha_i} + \sum \dfrac{d}{\lambda} + \dfrac{1}{\alpha_o}}$ 에서 d(벽체두께)는 크게, α_i, α_o는 작게(기류를 최소화), λ(열

전도율)이 낮은 재료를 쓴다. 즉, 단열을 강화한다.

A를 줄이기 위해서는 외피면적을 가급적 줄인다. 즉, S/V비(체적대 표면적비)를 낮춘다. Δt를 줄이기 위해서는 실내 설정온도를 외기온과 가깝게 한다. 즉, 난방시에는 실내온도를 낮게(20℃ → 18℃로), 냉방시에는 실내온도를 높게(26℃ → 28℃로) 설정한다. 환기에 의한 열손실을 줄이기 위해서는 외피를 고기밀 구조로 하여 환기량 Q를 줄인다.

※ 여름철 냉방부하를 줄이기 위해서는 고단열, 고기밀, 실내온도설정과 함께 일사차단을 할 수 있는 식재 및 차양계획, 저발열 조명 및 기기 장치 설치가 필요

03 공기환경에 대한 이해와 적용

핵심 1 | 건물의 기밀성능 표현방법 및 현장측정방법

1. 표현방법

(1) CMH50$[m^3/h]$	① 50[Pa]은 기후조건의 영향을 최소화하기 위한 압력차로 약 9[m/s]의 바람이 불어올 때 생기는 압력에 상응함
	② CMH50은 실내외 압력차를 50[Pa]로 유지하기 위해 실내에 불어 넣거나 빼주어야 할 공기량을 표현한 것
(2) ACH50[회/h]	① CMH50값을 실체적(측정되어지는 것으로 규정된 공간의 총 체적)로 나눈 값으로 서로 다른 크기의 건물에서 기밀성능을 비교할 때 유용한 척도
	② 건물에 50[Pa]의 압력차가 작용하고 있을 때, 침기량 또는 누기량이 한 시간 동안 몇 번 교환되었는가로 표현한 것
(3) Air Permeability $[m^3/h \cdot m^2]$	CMH50값을 외피면적으로 나눈 것으로 외피 단위면적당 누기량을 나타내는 척도
(4) ELA 또는 EqLA$[cm^2/m^2]$	① 설정된 압력차에서 발생하는 침기량 또는 누기량이 발생할 수 있는(이에 상응하는) 구멍의 크기를 나타낸 것
	② 일반적으로 ELA(Effective Leakage Area)는 4[Pa], EqLA(Eequivalent Leakage Area)는 10[Pa]의 압력차를 의미하지만 설정 압력차는 확인이 필요함

2. 측정방법

(1) 추적 가스법 (Tracer Gas Test)	① 일반적인 공기 중에 포함되어 있지 않거나 포함되어 있어도 그 농도가 낮은 가스를 실내에 대량으로 한 번에 또는 일정량을 정해진 시간 간격으로 분사시키고 해당 공간에서 추적가스 농도의 시간에 따라 감소량을 측정하여 건물 또는 외피 부위별 침기/누기량, 또는 실 전체의 환기량을 산정하는 방법	
	② 실내에 가스 발생원이 없는 경우(사람의 호흡 등에 의한 CO_2 의 증가 등) 환기량을 측정하는 식 $$Q = 2.303 \frac{V}{t} \log_{10} \frac{C_r - C_o}{C_t - C_o}$$ Q : 환기량$[\mathrm{m^3/h}]$ V : 실의 용적$[\mathrm{m^3}]$ t : 경과된 시간$[\mathrm{h}]$ C_r : 최초의 실내 가스량 또는 농도$[\%]$ C_t : t시간 경과후의 가스량 또는 농도$[\%]$ C_o : 외기 중의 가스량 또는 농도$[\%]$	
(2) Blower Door Test	외기와 접해있는 개구부에 팬을 설치하고 실내로 외기를 도입하여 가압(Pressurization)을 하거나, 반대로 실내 공기를 외부로 방출시켜 실내를 감압(Depressurization)시킨 후 실내외 압력차가 임의의 설정 값에 도달하였을 때 팬의 풍량을 측정하여 실측대상의 침기량 또는 누기량을 산정하는 방법	

■ 기밀성능 측정방법별 장·단점

구분		내용
(1) 추적 가스법	장점	·건물 전체의 기밀성능 평가에 이용가능 ·시간에 따른 침기량 변화 측정
	단점	·특정 침기 부위를 구분하기 어려움 ·외부 기상조건의 영향을 많이 받음 ·실측 비용이 상대적으로 높음
(2) Blower Door Test	장점	·건물 전체, 부위별 기밀성 평가가능 ·신속한 측정이 가능 ·실측 비용이 상대적으로 낮음 ·외부 기상조건의 영향을 적게 받음
	단점	·낮은 차압조건 하에서 침기량 측정 어려움

01 건물의 기밀성능 평가 방법 중 압력차 측정법에 대한 다음 사항을 쓰시오.

1. 측정 원리
2. 기밀성능 표시방법 중 CMH50, ACH50의 정의
3. 측정 전 대상 공간에 취해야 하는 조치

---

1. Blower Door를 이용한 가압법/감압법

외기와 접해있는 개구부에 팬을 설치하고 실내로 외기를 도입하여 가압(Pressurization)을 하거나, 반대로 실내 공기를 외부로 방출시켜 실내를 감압(Depressurization)시킨 후 실내외 압력차가 임의의 설정값에 도달하였을 때 팬의 풍량을 측정하여 실측대상의 침기량 또는 누기량을 산정하는 방법

2. 기밀성능 표시방법 중 CMH50, ACH50의 정의

① CMH50[m³/h] : CMH50은 실내외 압력차를 50[Pa]로 유지하기 위해 실내에 불어 넣거나 빼주어야 할 공기량을 표현한 것(50[Pa]은 기후조건의 영향을 최소화하기 위한 압력차로 약 9[m/s]의 바람이 불어올 때 생기는 압력에 상응함)

② ACH50(회/h) : CMH50값을 실체적(측정되어지는 것으로 규정된 공간의 총 체적)로 나눈 값. 즉, 건물에 50[Pa]의 압력차가 작용하고 있을 때, 침기량 또는 누기량이 한 시간 동안 몇 번 교환되었는가로 표현한 것. 서로 다른 크기의 건물에서 기밀성능을 비교할 때 유용한 척도

3. 측정 전 대상 공간에 취해야 하는 조치

■ Blower Door Test를 위한 사전조치 사항

① 검사대상이 되는 건물은 하나의 압력형성시 하나의 존이 되어야 한다.
② 설비
  · 실내공기를 사용하는 보일러는 꺼야 한다.
  · 기계적 공기 조화기 작동중지
  · 외기와 연결되는 배기 및 흡입구는 막아야 하며 혹은 중앙기계의 배관을 막는다.
  · 화장실의 배기구, 부엌의 후드는 작동을 멈추되 기밀하게 밀폐하지는 않는다.
  · 개폐조작이 불가능한 승강기의 환기구등은 기밀하게 합당한 테이프로 밀폐한다.
③ 벽난로가 있는 경우는 사용을 중지하고 재를 제거해야 함
④ 실내의 문은 활짝 열러 놓은 상태로 만일을 위해 물건으로 고정시킨다.
⑤ 검사대상이 되는 건물의 내부의 압력차는 형성되는 전체 압력의 10% 이상을 초과해서는 안된다. (소규모의 건물에서는 문제가 되지 않음)
⑥ 계획상 존재하는 창호나 기타 개구부는 닫는다.
⑦ 화장실의 배수구가 아직 물로 채워지지 않았을 경우는 해당되는 관을 막는다.
⑧ 건물의 상태를 꼼꼼히 기록을 해야 함(창호, 외피, 임시적으로 설치한 기밀층 그리고 그 외에 검사를 위해 취한 모든 사항을 가급적이면 자세하게 기록, 테스트기의 설치 위치도 이에 속함)

02 실의 크기가 15m×20m×3m인 강의실이 있다. 환기량을 측정하기 위해 CO_2 를 방출한 직후 그 농도를 측정하였더니 0.64%였고, 30분 후에 다시 측정하였더니 0.24%였다. 외기의 CO_2 농도가 0.04%일 때의 환기량과 이 실의 환기횟수를 구하라.

실의 용적 $15 \times 20 \times 3 = 900\text{m}^3$ 이므로 환기량 Q는 다음과 같다.

$$Q = 2.303 \times \frac{900}{0.5} \times \log \frac{0.64 - 0.04}{0.24 - 0.04}$$

$$= 2.308 \times 1,800 \times \log_{10}3$$

$$= 1,978 \text{m}^3/\text{h}$$

따라서, 시간당 환기량은 $1,978\text{m}^3/\text{h}$이다.

환기회수는 $\dfrac{Q}{V}$ 이므로, $\dfrac{1,978}{900} = 2.2[\text{회/h}]$

• 답 : 환기량 $1,978\text{m}^3/\text{h}$, 환기횟수 $2.2[\text{회/h}]$

핵심 2 **환기와 통풍 기초 용어 정리**

(1) 환기량, 환기횟수	① 환기량 : 시간당 교체되는 공기량[m³/h]
	② 환기횟수 : 그 실의 체적만큼의 공기가 1시간 동안 몇 회 교체되었는가를 의미[회/h], [ACH] : Air Changes per Hour(시간당 환기회수)
(2) 굴뚝효과, 연돌효과 (Stack Effect)	① 건물 내외의 온도차에 의한 부력의 차이가 발생하여 건물 내 계단실 등을 통해서 공기가 자연환기 되는 현상
	② 장점 : 자연환기, 환기동력부하 저감, 실내 공기질(IAQ, Indoor Air Quality) 개선
	③ 단점 : 코어(Core)부 에너지 손실, 엘리베이터 문 오작동, 코어 부근 문 개폐의 어려움, 침기 및 누기에 따른 소음
(3) 벤츄리 효과 (Venturi Effect)	유체가 넓은 공간에서 흐를 때 압력이 높고 속도가 감소하며, 좁은 곳을 통과할 때 압력이 낮고 속도가 증가하는 현상
(4) 중성대 (Neutral Zone)	① 건물에서 실내외의 압력이 같아져서 공기의 유출입이 없는 가상의 위치
	② 실의 하부에 개구부나 틈새가 많아지면 중성대는 아래로 이동한다.
(5) 맞통풍 (Cross Ventilation)	건물 내 개구부를 마주보는 형태로 설치하여 실내의 환기 효과를 극대화하는 방법으로 평면상에서 자연환기를 위해 계획하는 가장 보편적인 방법
(6) 나이트퍼지 (Night Purge) 나이트 플러싱 (Night Flushing)	
	낮 동안 데워진 구조체를 저녁에 환기구를 개방하여 실내의 더워진 공기를 배출하고 구조체의 열을 식히는 역할

03 최근 황사와 미세먼지 등으로 인한 실내공기 환경의 악화로 실내공기환경 및 환기효율에 대한 관심이 커지고 있다. 환기효율에 대한 평가에는 환기회수, 공기령 및 국소적 환기효율 등이 있다. 환기효율을 나타내는 다음 용어의 의미를 기술하시오.(6점)

(1) 환기회수(Air change rate)

(2) 명목환기시간(Nominal time constant)

(3) 공기령(Age of air)

(4) 공기교환효율(Air change effectiveness)

---

(1) 환기회수(Air change rate)
대상공간의 시간당 환기량(m^3/h)을 실의 용적($m^3/$회)으로 나눈 값으로, 그 실 체적만큼의 공기가 한 시간 동안 교환되는 회수(회/h)를 의미

(2) 명목환기시간(Nominal time constant)
실내 전체 체적만큼의 공기를 공급하는 데 걸리는 시간(h)

(3) 공기령(Age of air)
급기구를 통하여 실내로 유입된 공기가 실내 임의의 점에 도달할 때까지의 시간(h)을 의미하며, 공기령이 짧을수록 공기는 신선하며 환기효율은 높음

(4) 공기교환효율(Air change effectiveness)
대상공간의 명목환기시간을 대상공간내 호흡역에 대한 공기령으로 나눈 값을 의미

핵심 3 **환기의 역할, 실내공기오염원, 실내공기환경성능기준 및 환기의 종류**

1. 환기의 역할

(1) 신선한 공기 공급을 통한 실내공기질(IAQ)의 향상

(2) 공기 교체로 인한 열과 습기의 이동을 이용한 실내 온열환경의 조절

2. 실내공기 오염원

(1) 인체 및 사람의 활동에 의해 체취, CO_2, 암모니아, 수증기, 비듬, 먼지, 세균 등이 생성된다.

(2) 연소에 의해 CO_2, CO, NO, NO_2, SO_2, 탄화수소, 매연 등이 발생된다.

(3) 흡연에 의해 타르, 니코틴 등의 분진과 CO, CO_2, 암모니아, NO, NO_2 및 각종 발암물질이 방출된다.

(4) 건축재료로부터 석면, 라돈, 포름알데히드 및 벤젠, 톨루엔, 아세톤, 크실렌 등의 휘발성 유기용제가 발생된다.

(5) 사무기기 및 유지관리용 세제로부터 암모니아, 오존, 용제, 세제, 진균 등이 발생된다.

3. 건축법상의 실내공기 환경 성능 기준

(1) **부유분진(TSP)** : 0.15mg/m^3 이하

(2) **일산화탄소(CO)** : 10ppm 이하

(3) **이산화탄소(CO_2)** : 1,000ppm 이하

(4) **상대습도(RH)** : 40% 이상 70% 이하

(5) **기 류** : 0.5m/sec 이하

4. 환기의 종류

환기에는 환기팬이나 송풍기의 사용유무에 따라 자연환기와 기계환기로 나눌 수 있다.

자연환기에는 실내외의 온도차에 의한 공기의 밀도차가 원동력이 되는 중력환기와 건물의 외벽면에 가해지는 풍압이 원동력이 되는 풍력환기가 있으며, 기계환기에는 송풍기와 배풍기의 사용유무에 따라 제1종(병용식), 제2종(압입식), 제3종(흡출식) 환기방식이 있다.

한편 환기를 행하는 대상 영역에 따라 전반환기와 국소환기가 있다.

열, 수증기, 오염물질의 발생이 실내에 널리 분포하고 있는 경우에는 실 전체의 환기, 즉 전반환기를 계획하여야 하지만, 발생원이 집중되고 고정되어 있는 경우에는 오염물질이 발생한 후 오염이 실내 전체에 확산되기 전에 오염물질을 포착하여 실외로 배제하는 것이 유효한데, 이를 국소환기라 한다.

이상의 여러종류의 환기는 실의 종류, 오염물질의 종류 및 분포 등을 고려하여 적절히 선택되어야 할 것이며, 이러한 환기를 행하는 것은 다음과 같은 몇 가지 환기 기준에 따라 이루어진다. 환기에 대한 기준에는 크게 실내공기질(IAQ)을 규정하는 성능기준과 1인당 필요환기량을 규정하는 지시기준이 있다.

| 용어정리 | 환기횟수

> 환기회수란 한시간 동안의 환기량(m³/h)을 실의 용적으로 나눈 값으로 단위는 회(回)/h이다. 어떤 실의 환기회수가 1회/h란 말은 그 실의 체적만큼의 공기가 1시간에 1회 교체된다는 의미이다.
> 환기회수는 실의 종류, 재실자수, 실내에서 발생되는 유해물질, 외기 등의 여러 조건에 의해 결정되며, 환기란 어떤 오염물질의 실내농도를 허용치 이하로 유지하기 위해 필요하며, 이때의 최소풍량을 필요환기량 이라 한다.

핵심 4 필요 환기량 산정

1. 이산화탄소(CO_2) 농도에 의한 필요 환기량

일반 거실에 대한 필요 환기량 산정시 흔히 CO_2농도가 사용된다.

즉, CO_2의 농도를 1,000ppm 이하로 유지하기 위한 필요 환기량을 산정한다. 어떤 실의 시간당 CO_2 발생량을 $M\,\mathrm{m}^3/\mathrm{h}$, 실내 CO_2허용량을 P_i, 외기 CO_2농도 P_o를 0.04%(400ppm)라 했을 때의 CO_2농도에 의한 필요 환기량 Q는 다음 식에 의해 구해질 수 있다.

$$Q = \frac{M}{P_i(0.001) - P_o(0.0004)}(\mathrm{m}^3/\mathrm{h}) = \frac{M}{(1000-400)\times 10^{-6}}(\mathrm{m}^3/\mathrm{h})$$

2. 실온상승에 의한 필요 환기량

실내에서 매시 $H\,\mathrm{kcal}$의 발열이 있을 때, 실온을 $t_i\,℃$로 유지하기 위해 필요한 환기량 $Q\,\mathrm{m}^3/\mathrm{h}$는 외기온도를 $t_o\,℃$로 하면 다음과 같이 구할 수 있다.

$$Q = \frac{H}{0.29(t_i - t_o)}(\mathrm{m}^3/\mathrm{h}) = \frac{H}{0.29 \cdot \triangle T}(\mathrm{m}^3/\mathrm{h})$$

여기서, 0.29는 공기의 용적비열($\mathrm{kcal/m}^3 \cdot ℃$)

만약 발열량이 $H\,\mathrm{W}$라면, $Q = \dfrac{H}{0.34(t_i - t_o)}(\mathrm{W}) = \dfrac{H}{0.34 \cdot \triangle T}(\mathrm{W})$가 된다.

여기서, 0.34는 공기의 용적비열($\mathrm{W} \cdot \mathrm{h/m}^3 \cdot \mathrm{K}$)

3. 수증기 발생량에 따른 필요 환기량

인체나 연소기구 등으로부터 발생된 수증기를 제거하기 위한 필요 환기량 Q는 수증기 발생량을 W kg/h, 허용실내절대습도를 Gi kg/kg[DA], 신선외기의 절대습도를 G_o kg/kg[DA]라 한다면 다음과 같이 구할 수 있다.

$$Q = \frac{W}{1.2(G_i - G_o)}(\text{m}^3/\text{h})$$

이 때, 1.2는 공기의 밀도(kg/m^3)

4. 실내 오염물질의 농도계산

특정오염물질의 실내농도(P)는 그 물질의 외기농도(q)와 내부 발생량(K)과 환기량(Q)를 알면 다음 식으로 구할 수 있다.

$$P = q + \frac{K}{Q}$$

04 바닥면적 $100[m^2]$, 천장고 $3[m]$, 재실인원 36명인 회의실의 환기횟수를 구하시오. (단, 1인당 CO_2 발생량은 $0.02[m^3/h]$, 실내 CO_2 허용농도 $0.1[\%]$, 외기 CO_2 농도 $0.04[\%]$이다.)

필요 환기량 : $Q = \dfrac{0.02 \times 36}{(1000 - 400) \times 10^{-6}} = 1,200[m^3/h]$

환기횟수 : $n = \dfrac{\text{필요환기량}}{\text{실의 체적}} = \dfrac{1,200}{100 \times 3} = 4[\text{회}/h]$

05 외기온도 $15[℃]$, 1인의 매시간당 발열량이 $60[W]$인 어느 학급의 학생수가 40명일 때, 실내온도를 $20[℃]$로 유지하기 위하여 필요한 환기량을 구하시오.

$Q = \dfrac{60 \times 40}{0.34(20 - 15)} = 1,411.76[m^3/h]$

06 실의 형태가 $15 \times 20m$이고 천장 높이가 $3m$인 강의실이 있다. 환기량을 측정하기 위해 CO_2를 방출한 직후 그 농도를 측정하였더니 0.64%였고, 30분 후에 다시 측정하였더니 0.24%였다. 외기의 CO_2 농도가 0.04%일 때의 환기량과 이 실의 환기횟수를 구하라.

실의 용적 $15 \times 20 \times 3 = 900[m^3]$이므로 다음과 같다.

$Q = 2.303 \times \dfrac{900}{0.5} \times \log \dfrac{0.64 - 0.04}{0.24 - 0.04}$

$\quad = 2.308 \times 3,800 \times \log_{10}3 = 1,978[m^3/h]$

따라서 시간당 환기량은 $1,978[m^3]$이다.

환기회수는 $\dfrac{Q}{V}$이므로, $\dfrac{1,978}{900} = 2.2[\text{회}/h]$

07 도심에 위치한 틈을 막지 않은 철제창으로 된 사무소 건물의 실침기량을 계산하라. 단, 침기량 $Q=0.6\times10^{-3}$ $[m^3/s\cdot m]$(창문의 틈새길이 1m에 대해 1초당 발생하는 침기량 m^3), 창의 틈새 길이=20m, 실내수정계수 $f=0.8$이다.

기본 침기량 : $Q_b = Q \times f = 0.6 \times 10^{-3} \times 0.8 = 0.48 \times 10^{-3} [m^3/s \cdot m]$

실 침기량 : $Q_R = Q_b \times L_R = 0.48 \times 10^{-3} \times 20 = 9.61 \times 10^{-3} [m^3/s]$

이 값은 1인의 점유자에 의해 사용되는 체적 $5 \times 4 \times 3[m]$의 사무실에 적절한 침기량 값이다.

이때 창이나 문이 열려 있다면 더 많은 환기량이 발생된다.

08 사무소 건물의 크기가 길이 40m×너비 18m×높이 45m이고 창의 단위면적당 틈새길이가 1$[m/m^2]$이다. 기본 침기량이 $0.5\times10^{-3}[m^3/s\cdot m]$일 때 (a) 창이 건물의 4면에 있는 경우와 (b) 길이가 긴 두 벽면에만 있는 경우 전체 침기량을 계산하라

① $A_{rep} = \sqrt{a^2 + b^2} \times H = (\sqrt{40^2 + 18^2}) \times 45 = 1973.9[m^2]$

$Q = 0.5 \times 10^{-3} \times 1.0 \times 1973.9 = 9.87[m^3/s]$

② $A_{rep} = a \times H = 40 \times 45 = 1800[m^2]$

$Q = 0.5 \times 10^{-3} \times 1.0 \times 1800 = 9.00[m^3/s]$

■ A_{rep} : 상당면적(representative area), 건물의 한 쪽 면에서 다른 쪽 면으로 공기가 통과할 때의 면적

■ 전체환기량 Q = 기본 침기량 × 유리창의 단위면적당 틈새길이 × A_{rep}

예제 01

외기온도가 10℃이고 실내온도가 25℃로 유지되고 있는 실내에 현열발열량이 400 W인 가전기기를 가동하였다. 이 때, 외기도입만으로 실내온도를 25℃로 유지하기 위해 필요한 외기도입량(m³/h)을 구하시오. (단, 공기의 밀도와 비열은 각각 1.2 kg/m³, 1.0 kJ/kg·K로 일정하고, 잠열 등 제시한 조건 이외의 인자는 고려하지 않는다.) (4점)

정답

$$외기량 \ Q_o = \frac{400 \times 10^{-3} \times 3600}{1.0 \times 1.2 \times (25 - 10)} = 80 \, [\text{m}^3/\text{h}]$$

예제 02

아래 조건을 고려하여 다음 물음에 답하시오. (9점)

〈조 건〉

실내표면열전달율	9 W/m²·K
실내 온도	22 ℃
실내 수증기발생량	0.66 kg/h
외기 온도	-5 ℃
외기 절대습도	0.002 kg/kg'
환기량	50 m³/h
공기밀도	1.2 kg/m³

1) 창의 열관류율이 2 W/m²·K일 때 실내공기의 노점온도와 창의 실내표면온도를 계산하고, 결로발생 여부를 판정하시오. (단, 투습, 침기, 폐열회수환기 등 제시된 조건 외의 사항은 무시하고, 온도는 소수 둘째자리에서 반올림한다.) (5점)

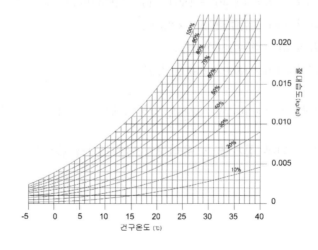

정답

① 실내공기의 노점온도
   실내공기의 절대습도(P)
   $P = p + K/Q$
   $= 0.002 \text{ kg/kg}' + (0.66\text{kg/h}) \div (1.2 \text{ kg/m}^3 \times 50 \text{ m}^3/\text{h})$
   $= 0.013 \text{ kg/kg}'$
   따라서 실내공기의 노점온도는 18℃

② 창의 표면온도
   $r/R = t/T$
   $0.11/0.5 = t/27$
   $t = 5.94$
   따라서, 창의 표면온도는 22-5.94 = 16.06 = 16.1℃

③ 결로발생여부
   창의 표면온도(16.1℃)가 실내공기의 노점온도(18℃)보다 낮으므로 결로발생

2) 바닥 표면온도가 15℃일 때 바닥 표면결로를 방지하기 위해 실내의 수증기 발생량(kg/h)은 얼마 이하로 유지해야 하는지 구하시오. (4점)

정답

① 바닥표면온도가 15℃이므로 노점온도가 15℃보다 낮아야 함
② 노점온도 15℃에서의 실내공기의 절대습도는 0.011 kg/kg'
③ 실내공기의 절대습도(P)
   $P = p + K/Q$
   $0.011 \text{ kg/kg}' = 0.002 \text{ kg/kg}' + (x \text{ kg/h}) \div (1.2 \text{ kg/m}^3 \times 50 \text{ m}^3/\text{h})$
   $x = 0.54 \text{ kg/h}$
④ 따라서 실내의 수증기 발생량은 0.54 kg/h 보다 작아야 한다.

예제 03

다음 설계 조건을 고려하여 600명을 수용하는 실에서 이산화탄소 허용농도를 1,000 ppm으로 유지하는데 필요한 환기횟수(회/h)를 구하시오.(4점)

〈설계 조건〉

- 실의 크기 : 16m×25m
- 천장고 : 5m
- 1인당 이산화탄소 발생량 : 17L/h
- 외기 이산화탄소 농도 : 0.04%

정답

$$\text{필요환기량 } Q = \frac{CO_2\text{발생량}(m^3/h)}{\text{허용농도}-\text{외기농도}} = \frac{600 \times 0.017}{(1000-400) \times 10^{-6}} = 17,000(m^3/h)$$

$$\text{필요환기횟수 } N = \frac{\text{필요환기량}(m^3/h)}{\text{실의 체적}(m^3/\text{회})} = \frac{17,000 m^3/h}{16 \times 25 \times 5 m^3/\text{회}} = 8.5 \text{회/h}$$

새집증후군의 원인과 대책

1. 빌딩증후군(Sick Building Syndrome, SBS)

몸이 불편함을 느낀다고 말하는 사람이 보통보다 많은 건물로 개개의 오염물질은 전부 허용농도 범위 내에 있으면서도 재실자가 두통, 피로, 눈의 아픔, 구토, 어지러움, 가려움증 등의 증상으로 불쾌감을 나타내며 반드시 그 원인이 명확하지 않은 경우를 말한다. 주로 새 건물에서 많이 발생하여 새집증후군이라고도 한다.

2. 새집증후군의 원인

새집증후군은 에너지 절약을 위하여 고단열, 고기밀을 위주로 건물을 지으면서 건축자재로부터 발생된 공기오염물질들이 환기 부족으로 충분히 제거되지 못해서 생긴다.

3. 건축자재 등으로부터 발생되는 새집증후군 원인 물질

(1) 합판이나 각종 목질보드류에서 방산되는 포름알데히드

(2) 접착제, 페인트, 수지 등에서 방산되는 각종 VOC

4. 새집증후군 방지 대책

(1) VOC's(휘발성 유기용제), HCHO(포름알데히드)등의 방출강도가 낮은 친환경 건축자재 사용

(2) 입주 전 bake-out(flush-out) 실시

(3) 입주 후 오염물질 배출을 위한 환기

실내 오염물질의 농도계산

특정오염물질의 실내농도(P)는 그 물질의 외기농도(q)와 내부 발생량(K)과 환기량(Q)를 알면 다음 식으로 구할 수 있다.

$$P = q + \frac{K}{Q}$$

개구부를 통한 자연환기량 영향인자

1. 바람에 의한 환기량

$$Q = \alpha A v \sqrt{(C_1 - C_2)}$$

- Q : 환기량(m³/s)
- α : 개구부에 따른 유량 계수
- A : 개구부 면적(m²)
- v : 기류속도(m/s)
- C_1 : 유입구의 풍압계수
- C_2 : 유출구의 풍압계수
- αA : 총 실효면적(유효개구부 면적)(m²)

2. 온도차에 의해 발생하는 환기량

건물에서 실외온도가 실내온도보다 낮을 경우, 밀도차에 의한 압력차로 인해 부력이 발생하여 공기의 상승 유동이 일어나게 된다. 이러한 효과를 이용하여 건물 형태 설계를 할 경우, 환기 효율을 향상시킬 수 있다. 실내·외 온도차에 따른 압력차(부력)에 의한 환기량 예측식은 다음과 같다.

$$Q = C_d A \sqrt{2g \triangle H_{NPL} \triangle t / T_i}$$

- Q : 부력에 의한 환기량(m³/s)
- C_d : 유량계수
- A : 개구부 면적(m²)
- g : 중력가속도(m/s², 9.8)
- $\triangle H_{NPL}$: 하부 개구부 중간부터 중성대까지 거리(m)
- $\triangle t$: 실내·외 온도차(℃)
- T_i : 실내절대온도(K)

예제
01

자연환기량 산출과 관련하여 다음 개구부 배치 조건에서의 총 실효면적(αA)을 구하시오.

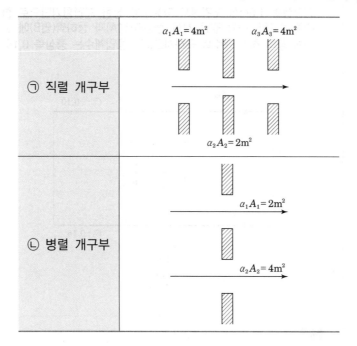

정답

1. 직렬 연결 시 총 실효면적

$$\alpha A = \cfrac{1}{\left(\cfrac{1}{\alpha_1 A_1}\right)^2 + \left(\cfrac{1}{\alpha_2 A_2}\right)^2 + \left(\cfrac{1}{\alpha_3 A_3}\right)^2}$$

$$= \cfrac{1}{\sqrt{\left(\cfrac{1}{4}\right)^2 + \left(\cfrac{1}{2}\right)^2 + \left(\cfrac{1}{4}\right)^2}}$$

$$= \cfrac{1}{0.612}$$

$$= 1.63 \, (\mathrm{m}^2)$$

2. 병렬 연결 시 총 실효면적

$$\alpha A = \alpha_1 A_1 + \alpha_2 A_2 = 2 + 4 = 6 \, (\mathrm{m}^2)$$

예제 02

다음 <그림 1>과 같이 자연환기성능 확보를 위해 사무실 공간을 주풍향에 면하게 배치하였다. 평균풍속 1.0m/s 조건에서 맞통풍을 통한 자연환기만으로 환기횟수 $5h^{-1}$ 이상을 만족시키기 위해 <그림 2>와 같은 창을 풍상측(면A)과 풍하측(면B)에 균일하게 배치하고자 할 때 필요한 전체 창의 최소 개수를 구하시오.(단, 풍압계수는 풍상측 0.15, 풍하측 −0.10으로 한다.)(6점)

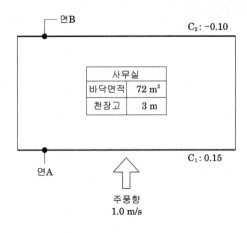

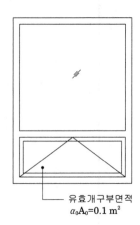

정답

① 필요환기량

$Q = n \cdot V (\text{m}^3/\text{h})$
$\quad = 5 \times (72 \times 3)$
$\quad = 1,080 (\text{m}^3/\text{h})$
$\quad = 0.3 (\text{m}^3/\text{s})$

② 풍압계수차에 따른 자연환기량

$Q = \alpha \cdot A \cdot v \cdot \sqrt{C_1 - C_2} \ (\text{m}^3/\text{s})$
$0.3 = \alpha \cdot A \times 1 \times \sqrt{0.15 - (-0.10)}$
$\alpha \cdot A = 0.6$

③ 유효개구부 크기

$\alpha \cdot A = \dfrac{1}{\sqrt{\left(\dfrac{1}{\alpha_1 A_1}\right)^2 + \left(\dfrac{1}{\alpha_2 A_2}\right)^2}} \ (\text{m}^2)$

㉠ 창이 면 A, 면 B에 1개씩 설치될 경우

$\alpha \cdot A = \dfrac{1}{\sqrt{\left(\dfrac{1}{0.1}\right)^2 + \left(\dfrac{1}{0.1}\right)^2}} = 0.07$

㉡ 창이 면 A, 면 B에 2개씩 설치될 경우

$\alpha \cdot A = \dfrac{1}{\sqrt{\left(\dfrac{1}{0.2}\right)^2 + \left(\dfrac{1}{0.2}\right)^2}} = 0.14$

ⓒ 창이 면 A, 면 B에 3개씩 설치될 경우

$$\alpha \cdot A = \frac{1}{\sqrt{\left(\dfrac{1}{0.3}\right)^2 + \left(\dfrac{1}{0.3}\right)^2}} = 0.21$$

ⓔ 창이 면 A, 면 B에 4개씩 설치될 경우

$$\alpha \cdot A = \frac{1}{\sqrt{\left(\dfrac{1}{0.4}\right)^2 + \left(\dfrac{1}{0.4}\right)^2}} = 0.28$$

ⓜ 창이 면 A, 면 B에 5개씩 설치될 경우

$$\alpha \cdot A = \frac{1}{\sqrt{\left(\dfrac{1}{0.5}\right)^2 + \left(\dfrac{1}{0.5}\right)^2}} = 0.35$$

ⓗ 창이 면 A, 면 B에 6개씩 설치될 경우

$$\alpha \cdot A = \frac{1}{\sqrt{\left(\dfrac{1}{0.6}\right)^2 + \left(\dfrac{1}{0.6}\right)^2}} = 0.42$$

ⓢ 창이 면 A, 면 B에 7개씩 설치될 경우

$$\alpha \cdot A = \frac{1}{\sqrt{\left(\dfrac{1}{0.7}\right)^2 + \left(\dfrac{1}{0.7}\right)^2}} = 0.50$$

ⓞ 창이 면 A, 면 B에 8개씩 설치될 경우

$$\alpha \cdot A = \frac{1}{\sqrt{\left(\dfrac{1}{0.8}\right)^2 + \left(\dfrac{1}{0.8}\right)^2}} = 0.57$$

ⓩ 창이 면 A, 면 B에 9개씩 설치될 경우

$$\alpha \cdot A = \frac{1}{\sqrt{\left(\dfrac{1}{0.9}\right)^2 + \left(\dfrac{1}{0.9}\right)^2}} = 0.64$$

따라서, 유효개구부 면적 $0.6m^2$를 만족하는 창의 최소 개수는 18개이다.

핵심 7 **냉방부하 저감을 위한 자연환기**

1. 굴뚝효과의 활용

(1) 아트리움, 계단실 등에서 더운 공기가 위쪽 개구부로 빠져나가면 실외공기가 아래쪽 개구부로 유입되는데, 이와 같은 수직통로를 통한 자연환기를 굴뚝효과(Chimney Effect)를 이용한 자연환기라 한다.

(2) 굴뚝효과에 의한 자연환기는 높이가 다른 개구부에서, 동일 높이의 두 지점간의 실내공기 온도차가 외부공기 온도차보다 클 때에만 발생된다.

(3) 개구부 사이의 거리가 멀수록, 개구부 크기가 클수록, 그리고 개구부 사이에 장애물이 없어야 굴뚝 효과에 의한 자연환기가 잘 이루어진다.

(4) 베르누이효과와 달리 바람에 의존하지 않는 장점이 있어 바람이 전혀 없는 경우에도 굴뚝효과에 따른 자연환기가 가능하다.

2. 벤츄리 효과

벤츄리 효과(Venturi Effect)는 유체의 속력이 증가하면 압력이 낮아지는 원리를 이용한 유도환기라 할 수 있다.

바람의 특성상 지표면으로부터 수직거리가 멀어질수록(높이가 높은 곳일수록) 풍속이 빨라지는 경향이 있음

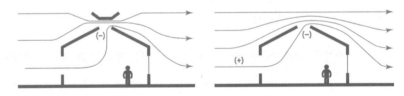

[건물에 venturi tube를 적용하여 베르누이효과 활용]

건축물의 벤츄리 효과를 기술적으로 활용하는 방법에는 다양한 방법이 있으며, 대표적인 기법은 다음과 같다.

(1) 환기용 돌출지붕(wind cowl)

① 바람의 방향에 따라(바람과 반대방향) 회전하면서 실내로 신선한 외부공기를 공급하는 환풍기

② 열교환기가 부착된 바깥의 찬 공기가 실내의 더운 공기와 섞이면서 따뜻해지도록 설계

(2) 돌출지붕(roof monitor)

실내공기를 외부로 환기시켜 실내의 공기질을 높이고 실내 적정온도유지에 기여

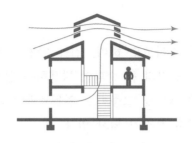

3. 맞통풍

통풍이란 하절기에 주로 시원한 느낌을 얻기 위해 외부에서 바람을 실내로 받아들이는 것으로 맞통풍(Cross Ventilation)은 건물 내 개구부를 마주보는 형태로 설치하여 실내의 환기 효과를 극대화하는 방법으로 평면상에서 자연 환기를 위해 계획하는 가장 보편적인 방법의 하나이다.

맞통풍은 과거 전통 건축에서 여름철을 위한 대표적인 냉각방식으로 사용되어 왔으며, 오늘날 공동주택의 자연환기를 위해 가장 많이 사용되고 있다. 맞통풍은 개구부 위치에 따른 환기 효율이 높으며, 신선한 외기를 실내에 유입하여 공기질(IAQ)를 개선하고, 여름철 실내 온도를 낮추는 효과가 있다.

맞통풍을 활용한 냉방 효과를 극대화하기 위해서는 실외 공기가 실내 공기보다 1.7℃ 이상 낮을 경우에만 현실성이 있다. 또한 공기 흐름이 많을수록 냉방성능은 개선된다. 그리고 풍속이 빠를수록 맞통풍냉방 잠재성이 배가 된다.

4. 나이트퍼지

나이트퍼지(Night Purge) 환기는 나이트 플러싱(Night Flushing, Night Flush Cooling)으로도 불리며 낮 동안 데워진 건물의 구조체를 저녁 시간에 환기구를 개방하여 실내의 더워진 공기를 배출하고 구조체의 열을 식히는 역할을 한다.

나이트퍼지는 풍력에 의한 개구부를 통한 환기(Wind Ventilation)와 온도차에 따른 부력에 의한 수직적인 대류를 유도하는 환기(Stack Ventilation)로 구분할 수 있으며, 대류에 의해 건물의 축열된 열량을 외부로 배출하므로 완충공간의 축열체 계획과 연계할 경우 더욱 큰 효과를 기대할 수 있다. 이것은 더운 낮 동안 축열체가 열용량만큼 열을 흡수하는 동안 재실자들의 열쾌적을 높이고 냉방부하를 낮추는 효과가 있으며, 저녁 시간에는 낮 동안 쌓인 열을 배출함으로서 하루 중 냉방부하를 효과적으로 제어할 수 있기 때문이다. 따라서 축열체 설치를 위한 충분한 공간과 면적을 검토하고 축열체 표면에는 어떠한 덮개나 패널, 타일, 카페트 등을 씌워 가려서는 안 된다.

핵심 8   굴뚝효과(Stack Effect, 연돌효과)

1. 개요

(1) 연돌효과(煙突效果)라고도 하며, 건물 안팎의 온도차에 의해 밀도차가 발생하고, 따라서 건물의 위·아래로 공기의 큰 순환이 발생하는 현상을 말한다.

(2) 최근 빌딩의 대형화 및 고층화로 연돌효과에 의한 작용압은 건물 압력 변화에 영향을 미치고, 열손실에 중요 요소가 되고 있다.

(3) 외부의 풍압과 공기부력도 연돌효과의 주요 인자이다.

(4) 이 작용압에 의해 틈새나 개구부로부터 외기의 도입을 일으키게 된다.

(5) 건물의 위 아래쪽의 압력이 서로 반대가 되므로 중간의 어떤 높이에서 이 작용압력이 0이 되는 지점이 있는데, 이곳을 중성대라 하며 건물의 구조 틈새, 개구부 등에 따라 다르지만 대개 건물 높이의 1/2 지점에 위치한다.

2. 공기의 밀도차(온도차)에 의한 영향(Stack Effect)

(1) 건물의 안팎의 공기의 온도가 다르면 공기의 밀도차에 의한 연돌효과가 생겨 틈새바람의 원인이 된다.

(2) 겨울철 난방시에는 실내공기가 외기보다 온도가 높고 밀도가 적기 때문에 부력이 생긴다.

(3) 건물의 위쪽에서는 밖으로 향하는 압력이 생기고 아래쪽에서는 안쪽으로 향하는 압력이 생긴다.

(4) 여름철 냉방시에는 이것과 정반대로 건물의 위쪽에서는 안쪽으로 향하는 압력이 생기고 아래쪽에서는 밖으로 향하는 압력이 생긴다.

(5) 건물의 위쪽과 아래쪽에서는 압력방향이 달라지기 때문에 건물의 중간지점에 작용압이 0이 되는 점이 있는데 이를 중성대라 한다.

연돌효과에 의한 작용압은 다음 식으로 계산한다.

$$\Delta P_s = h(r_i - r_o)$$

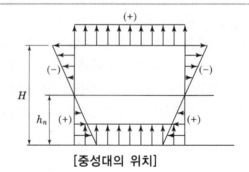

[중성대의 위치]

여기서, P_s : 연돌효과에 의한 작용압[kPa]

    (+) : 건물 안쪽으로 향하는 압력

    (−) : 건물 밖으로 향하는 압력

    h : 창문의 지상 높이에서 중성대의 지상높이를 뺀 거리[m]

    (+) : 창문의 위쪽

    (−) : 창문이 아래쪽

    $r_i \cdot r_o$: 실내 및 외기의 공기 비중량(kg/m³)

        난방시 $r_i < r_o$, 냉방시 $r_i > r_o$

3. 연돌효과

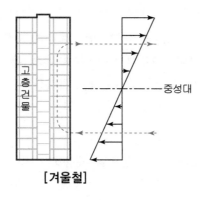
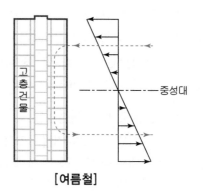

[겨울철]   [여름철]

(1) 겨울철

① 외부 지표에서 높은 압력 형성 : 침입공기 발생

② 건물 상부 압력 상승 : 공기 누출

(2) 여름철(역연돌효과 발생 가능)

① 건물 상부 : 침입공기 발생

② 건물 하부 : 누출공기 발생

4. 연돌효과의 문제점

(1) 극간풍(외기 및 틈새바람) 부하의 증가로 에너지 소비량의 증가

(2) 지하주차장, 하층부 식당 등에서의 오염공기의 실내 유입

(3) 창문개방 등 자연환기의 어려움

(4) 엘리베이터 운행시 불안정

(5) 휘파람소리 등 소음 발생

(6) 실내 설정압력 유지곤란(급배기량 밸런스의 어려움)

(7) 화재시 수직방향 연소확대 현상의 증대

핵심 9 초고층사무소 건물에서의 연돌효과 해결방안

(1) 연돌효과(Stack Effect)라는 용어는 초고층 건물에서 엘리베이터 샤프트, 계단실 등을 통한 강한 기류와 압력차로 인한 최상층과 지상층의 엘리베이터의 흔들림, 문의 오작동, 로비나 지하주차장, 세대현관문, 계단실 출입문 등의 개폐가 어려워지는 문제를 다룰 때 많이 사용된다.

(2) 초고층 건물에서의 연돌효과에 따른 부작용을 줄이기 위해서는 출입구에 방풍실을 설치하거나 엘리베이터 앞에는 전실을 계획한다.

(3) 베란다가 없는 경우 과도한 압력차가 현관문 및 외피에 작용할 수 있기 때문에 베란다 및 현관 앞 전실을 계획한다.

(4) 엘리베이터 샤프트 상부의 개구부는 연돌효과의 측면에서 불리하므로 피한다.

(5) 외피는 기밀하게 설계하고, 지하층 및 1층 출입구는 연돌효과의 주요 원인이 되는 공기 유입구이므로 방풍실 및 회전문을 설치하며, 고층부 엘리베이터홀의 문 설치 등을 현관출입문과 같은 구획의 건축적 기법을 통해 코어부로의 공기유입을 차단한다.

(6) 연돌효과의 개선방안

① 고기밀 구조의 건물구조로 함
② 실내외 온도차를 작게 함(대류난방보다는 복사난방을 채용하는 등)
③ 외부와 연결된 출입문(1층 현관문, 지하주차장 출입문 등)은 회전문, 이중문 및 방풍실, 에어커튼 등 설치, 방풍실 가압
④ 오염실은 별도 배기하여 상층부로의 오염확산을 방지
⑤ 적절한 기계 환기방식을 적용(환기유닛 등 개별 환기 장치도 검토)
⑥ 공기조화장치 등 급·배기 팬에 의한 건물 내 압력제어

핵심 10 자연통풍 극대화를 위한 개구부 계획

바람이 건물에 수직으로 부딪칠 때 풍압이 최대이지만, 건물에 45° 각도로 부딪치면 풍압이 50% 감소한다. 또한 인접 벽체 개구부들에 의한 실내환기효과는 건물 주위 압력분포 및 바람의 방향에 따라 달라진다.

따라서 한 벽체 내 개구부들에 의한 실내 환기효과는 개구부의 위치 및 크기, 방향 등에 따라 달라진다. 그러므로 해당 지역의 계절별 주풍향 및 풍속, 주변의 인공환경 및 자연환경 등을 고려한 계획이 필요하다.

※ 개구부와 배출구의 크기는 같게 계획하는 것이 일반적이나 크기를 달리하는 경우 개구부의 크기를 작게 하는 것이 벤츄리 효과에 의해 실내 기류속도를 증가시키는데 효과적임

1. comfort ventilation

(1) 개구부 수직 위치를 낮게 계획하여 재실자에게 직접 바람이 불어가도록 계획

(2) 인체 피부로부터 증발을 증가시켜 열쾌적을 높이는 주간의 통풍방식으로 온도가 가장 높은 낮에 외기를 실내로 도입하여 피부에서의 증발 냉각을 촉진함

(3) 주로 고온 다습한 기후에 사용 → 국내 기후 여름철 해당

2. convection cooling

(1) 개구부 수직 위치를 높게 하고 천장 환기구와 함께 설치하여 실내 더운 공기를 효과적으로 배출하고, 실 구조체와 바람이 많이 접하도록 계획

(2) 나이트퍼지와 같이 다음날 주간을 위해 건물 구조체를 야간에 예냉 시키는 방법으로 야간에 비교적 찬 외기를 실로 도입하여 건물을 냉각함

(3) 야간에 식혀진 건물 구조체는 주간에 축열하여 실내를 시원하게 하는 heat sink 역할을 수행 → 국내 기후 봄·가을에 해당

09 건축물 에너지절약을 위한 기밀계획에 대해 서술하시오.

(1) 기밀성능의 중요성
① 건물외피를 통한 열손실은 크게 구조체를 통한 관류열손실과 틈새바람에 의한 환기열손실이 있음
② 고단열과 고기밀을 통해 외피를 통한 열손실량을 줄일 수 있음
③ 환기에 의한 열손실량 = $0.34 \cdot Q \cdot \Delta t(W)$에서 기밀성능 확보를 통해 Q를 줄여야 함
④ 의도하지 않은 틈새를 통한 환기량을 줄이기 위해서는 건물외피의 기밀성능이 높아야 함
⑤ 기밀성능을 표시하는 방법에는 CMH50, ACH50, Air Permeability, ELA 등이 있음

(2) 기밀성능 측정방법
① 건물의 기밀성능 측정방법으로는 Tracer Gas Method(추적가스법)와 Blower Door를 이용한 가압법/감압법이 있음
② Tracer gas test : 추적가스법이라고 부르며, 일반적인 공기 중에 포함되어 있지 않거나 포함되어 있어도 그 농도가 낮은 CO_2, He(헬륨) 등의 가스를 실내에 대량으로 한 번에 또는 일정량을 정해진 시간 간격으로 분사시키고 해당 공간에서 추적가스 농도의 시간에 따라 감소량을 측정하여 건물 또는 외피 부위별 침기/누기량, 또는 실 전체의 환기량을 산정하는 방법
③ Blower door test : 외기와 접해있는 개구부에 팬을 설치하고 실내로 외기를 도입하여 가압(pressurization)을 하거나, 반대로 실내 공기를 외부로 방출시켜 실내를 감압(depressurization)시킨 후 실내외 압력차가 임의의 설정 값에 도달하였을 때 팬의 풍량을 측정하여 실측대상의 침기량 또는 누기량을 산정하는 방법

(3) 기밀성능 기준
① 일반건물 대비 난방에너지가 10%밖에 들어가지 않는 초에너지 절약형 건물인 독일 Passive House의 경우, 기밀성능을 0.6 ACH50 이하로 규정
② 한편, 한국건축친환경설비학회에서 2013년 제정한 '건축물 기밀성능 기준'에서는 모든 건물은 5.0 ACH50 이하의 기밀성능을 가져야 하며, 에너지절약건물은 3.0, 제로에너지건물은 1.5 ACH50 이하를 만족하도록 권장하고 있음

(4) 기밀성능 향상 방안
① 목조건물 : 기밀쉬트, 기밀테이프, 기밀전선관, 기밀콘센트 등을 활용하여 의도하지 않은 틈새를 통한 침기와 누기를 최소화
② 철근콘크리트 건물 : 구조체 자체가 고 기밀성능을 갖고 있으므로, 구조체와 창호접합부위, 전선관, 덕트 등이 구조체를 관통하는 부위를 기밀성능이 높은 테이프, 전선관 등으로 기밀시공

10 건축물 에너지절약을 위한 환기계획에 대해 서술하시오.

(1) 난방부하 저감을 위한 틈새바람 및 기계환기량 최소화
실내외 온도차(Δt)가 큰 겨울에는 실내공기질(IAQ) 유지에 필요한 최소풍량에 해당하는 환기만으로 환기량 최소화

(2) 전열교환기를 이용한 환기
① 동절기에는 고기밀성을 유지한 상태에서 전열교환기를 통한 최소환기량을 확보함으로써 배열회수
② 전열교환기는 전열효율 75% 이상의 고효율의 저소음, 저전력 제품을 채택

(3) 자연냉방을 위한 자연환기 계획
① 맞통풍 계획
- 맞통풍(Cross Ventilation)이란 건물 내 개구부를 마주보는 형태로 설치하여 실내의 환기 효과를 극대화하는 방법으로 평면상에서 자연 환기를 위해 계획하는 가장 보편적인 방법
- 맞통풍은 과거 전통 건축에서 여름철을 위한 대표적인 냉각방식으로 사용되어 왔으며, 오늘날 공동주택의 자연환기를 위해 가장 많이 사용되고 있음
- 맞통풍을 활용한 냉방 효과를 극대화하기 위해서는 실외 공기가 실내 공기보다 1.7℃ 이상 시원할 경우에만 현실성이 있다. 또한 공기 흐름이 많을수록 냉방성능은 개선된다. 그리고 풍속이 빠를수록 맞통풍냉방 잠재성이 배가
- 마주보는 개구부를 확보하여 바람길을 형성할 수 있도록 개구부 계획
- 개구부 위치는 실내공기 유입량과 통풍량, 실내풍속에 영향을 미치기 때문에 벽체의 중앙 근처의 풍압계수가 가장 높은 지점과 바람의 방향을 고려하여야 함
- 맞통풍에 의한 환기통풍량은 개구부 크기와 풍속에 비례하며, 풍상층과 풍하층의 풍압계수차의 제곱근에 비례
② 굴뚝효과를 이용한 환기유도
- 아트리움, 계단실 등에서 더운 공기가 위쪽 개구부로 빠져나가면 실외공기가 아래쪽 개구부로 유입되는데, 이와 같은 수직통로를 통한 자연환기를 굴뚝효과(Chimney Effect)를 이용한 자연환기라 함
- 굴뚝효과에 의한 자연환기는 높이가 다른 개구부에서, 동일 높이의 두 지점간의 실내공기 온도차가 외부공기 온도차보다 클 때에만 발생
- 개구부 사이의 거리가 멀수록, 개구부 크기가 클수록, 그리고 개구부 사이에 장애물이 없어야 굴뚝 효과에 의한 자연환기가 잘 이루어짐
- 베르누이효과와 달리 바람에 의존하지 않는 장점이 있어 바람이 전혀 없는 경우에도 굴뚝효과에 따른 자연환기가 가능

③ 나이트퍼지 활용
- 나이트퍼지(Night Purge) 환기는 나이트 플러싱(Night Flushing, Night Flush Cooling) 으로도 불리며 낮 동안 데워진 건물의 구조체를 저녁 시간에 환기구를 개방하여 실내의 더워진 공기를 배출하고 구조체의 열을 식히는 역할
- 나이트퍼지는 풍력에 의한 개구부를 통한 환기(Wind Ventilation)와 온도차에 따른 부력 에 의한 수직적인 대류를 유도하는 환기(Stack Ventilation)로 구분
- 대류에 의해 건물의 축열된 열량을 외부로 배출하므로 완충공간의 축열체 계획과 연계할 경우 더욱 큰 효과를 기대할 수 있음
- 더운 낮 동안 축열체가 열용량만큼 열을 흡수하는 동안 재실자들의 열쾌적과 냉방부하를 낮추는 효과가 있으며, 저녁 시간에는 낮 동안 쌓인 열을 배출함으로서 하루 중 냉방부 하를 효과적으로 제어할 수 있음
- 따라서 축열체 설치를 위한 충분한 공간과 면적을 검토하고 축열체 표면에는 어떠한 덮 개나 패널, 타일, 카페트 등을 씌워 가려서는 안 됨

제 2 편

건축기계설비시스템

01 공조설비

02 난방설비

03 열원설비 및 냉방설비

04 열역학, 유체역학, 연소공학

제 2 장 난방설비

contents

목차

제3장 열원설비 및 냉방설비

제 4 장 열역학, 유체역학, 연소공학

■ 열역학

contents

목 차

01 공조설비

핵심 1 **습공기**

1. 절대습도, 상대습도

① 절대습도(SH) : 공기 중에 포함된 수분의 량
→ 단위 : kg/kg' 또는 kg/kg(DA), 기상학 – g/m³, kg/m³
② 상대습도(RH) : 공기의 습한 정도의 상태
(습공기가 함유하고 있는 습도의 정도를 나타내는 지표)
어느 온도에서 공기 1m³에 포함할 수 있는 최대 수증기 양과 현재 온도에서 포함하고 있는 수증기 양과의 비(%) → 단위 : %

$$\text{상대습도} = \frac{\text{현재수증기압}}{\text{포화수증기압}} \times 100$$

2. 엔탈피

건조공기가 그 상태에서 가지고 있는 열량(현열)과 동일 온도에서 수증기가 갖고 있는 열량(잠열)과의 합

① 현열 : 온도의 변화에 따라 출입하는 열, 온도측정 가능
② 잠열 : 상태의 변화에 따라 출입하는 열, 온도는 일정
③ 엔탈피 : 0℃일 때 건공기의 엔탈피를 0으로 하여 습공기 1kg이 지니고 있는 열량으로 나타낸다.

$$i = C_{pa} \cdot t + (\gamma_0 + C_{pw} \cdot t) \cdot x = 1.01t + (2,501 + 1.85t)x$$

i : 엔탈피[kJ/kg(DA)]
t : 온도[K 또는 ℃]
x : 절대습도[kg/kg']
C_{pa} : 건공기의 정압비열(1.01kJ/kg·K)
C_{pw} : 수증기의 정압비열(1.85kJ/kg·K)
γ_0 : 0℃ 포화수의 증발잠열(2,501kJ/kg)

|참고| 비열

- 어떤 물질 1kg(g)을 1℃ 높이는데 필요한 열량
- 단위 : kJ/kg·K, J/g·K 또는 kcal/kg · ℃, cal/g · ℃
- 종류
  ㉠ 정압비열(Cp) : 공기의 경우 압력을 일정하게 하고 가열한 경우의 비열
  ㉡ 정적비열(Cv) : 공기의 경우 체적을 일정하게 하고 가열한 경우의 비열
  ※ 공기의 정압비열(Cp) = 0.24kcal/kg·K×4.2kJ/kcal
  　　　　　　　　　　　 = 1.008kJ/kg·K ≒ 1.01kJ/kg·K
  ※ 공기의 단위체적당 정압비열(Cp) = 공기의 정압비열(Cp)×공기의 비중(γ)
  　　= 1.01kJ/kg·K×1.2kg/m³ ≒ 1.21kJ/m³·K
  ※ 공기의 정적비열(Cv) = 0.71kJ/kg·K
  ☞ 액체나 고체에서는 정압비열(Cp)과 정적비열(Cv)의 차이가 거의 없으므로 보통 '비열' 이라 하고 쓰면 되고, 공기에서는 구분하여 공기의 정압비열(Cp)과 공기의 단위체적당 정압비열(Cp)로 구분한다.

예제 01

건구 온도 21℃, 상대 습도 50%의 공기를 건구 온도 30℃로 가열했을 때 상대습도는? (단, 21℃ 공기의 포화 수증기압은 18.7mmHg이고, 30℃ 공기의 포화 수증기압은 31.7mmHg이다.)

정답

$$상대습도 = \frac{현재수증기압}{포화수증기압} \times 100$$

현재(21℃)수증기압(x)⇒50%

$$= \frac{x}{18.7} \times 100$$

$$x = 9.35 \mathrm{mmHg}$$

$$30℃ \ 상대습도 = \frac{9.35}{31.7} \times 100 = 29.5\%$$

예제 02

건구온도 20℃, 절대습도 0.015kg/kg인 습공기 6kg의 엔탈피는?(단, 공기 정압비열 1.01kJ/kg · K, 수증기 정압비열 1.85kJ/kg · K, 0℃에서 포화수의 증발잠열 2501kJ/kg)

정답

습공기의 엔탈피(i)
엔탈피 : 0℃일 때 건공기의 엔탈피를 0으로 하여 습공기 1kg이 지니고 있는 열량으로 나타낸다.
$i = C_{pa} \cdot t + (\gamma_0 + C_{pw} \cdot t) \cdot x$
$= 1.01t + (2,501 + 1.85t)x$
$= 1.01 \times 20 + (2,501 + 1.85 \times 20) \times 0.015$
$= 58.27 \mathrm{kJ/kg}$
∴ 전체 엔탈피 = 6kg×58.27kJ/kg = 349.62kJ

핵심 2 습공기 선도

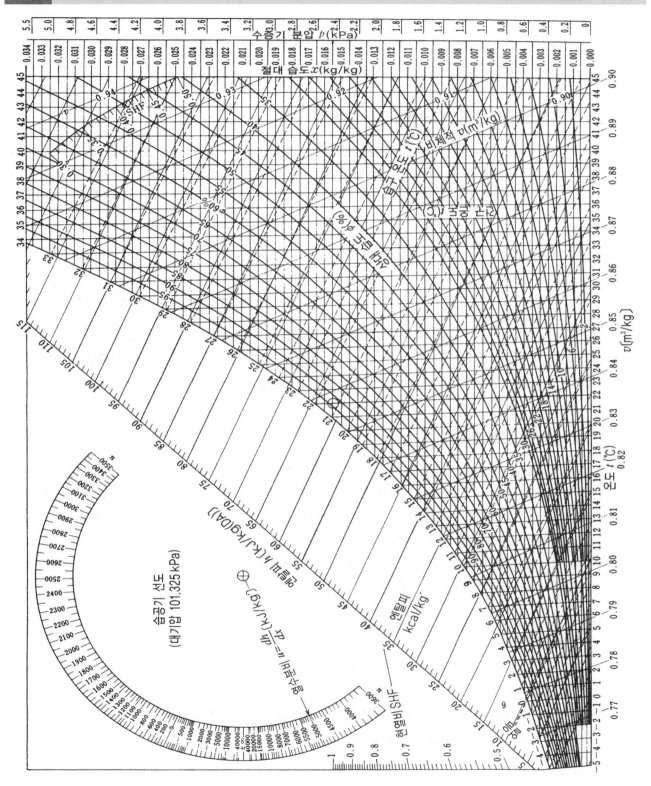

습공기 선도
(대기압 101.325 kPa)

핵심3 **습공기 선도($h-\chi$ 선도) 읽는 법**

습공기 선도($h-\chi$ 선도 : Mollier Chart)의 구성을 이해하기 위하여 건구온도 30℃, 습구온도 20℃인 상태점을 P점이라 하고 그 구성을 알아본다.

1. 온도선(건구온도, 습구온도, 노점온도)

그림 (a)는 습공기의 건구온도선으로서 P점의 건구온도는 하단에서 읽을 수 있고, 습구온도는 그림 (b)와 같이 좌측 상향점선으로 된 선과 포화공기선과의 교점에서 읽을 수 있으며, 노점온도는 그림 (c)와 같이 P점에서 좌측으로 그은 수평선과 포화공기선과의 교점에서 읽을 수 있다.

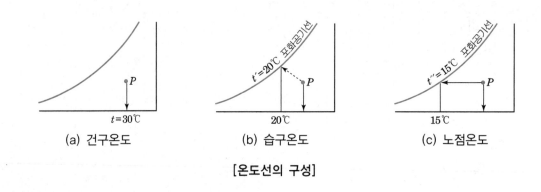

| (a) 건구온도 | (b) 습구온도 | (c) 노점온도 |

[온도선의 구성]

2. 절대습도와 포화도

절대습도선은 그림과 같이 구성되며 P점(건구온도 30℃, 습구온도 20℃)의 절대습도는 우측 수평선상에서 $\chi = 0.0105[\text{kg/kg}']$를 읽을 수 있다. 즉 P점의 습공기는 건공기 1[kg]당 수증기를 0.0105[kg] 포함하고 있는 습공기이다. 한편 이 공기는 포화상태까지 가습되면 절대습도 $\chi_s = 0.0270[\text{kg/kg}']$를 읽을 수 있다.

습공기선도에는 포화도에 관한 선은 없으나 P점의 포화도는 우측 상향곡선이며 계산에 의해 포화도 ϕ_s는 39%임을 알 수 있다.

3. 상대습도선

그림과 같이 P점에 관한 습공기의 상대습도는 우측 상향의 경사곡선상에서 $\phi=39\%$를 읽을 수 있다.

또한, 이 습공기의 수증기 분압은 우측에서 $P_v=1.65[\text{kPa}]$, 포화상태까지 가습되면 포화공기의 수증기압력은 $P_s=4.23[\text{kPa}]$임을 알 수 있다.

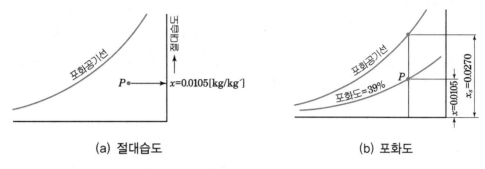

(a) 절대습도   (b) 포화도

[절대습도와 포화도]

따라서 식에 의해 계산하면 P점의 상대습도 ϕ는 39%임을 알 수 있다.

한편, 건조공기는 상대습도 ϕ=0%로서 가장 하단에 있는 수평선이고 상대습도가 점차 증가하여 포화상태가 되면 ϕ=100%로 되어 포화상태가 되므로 습공기의 포화곡선과 일치한다.

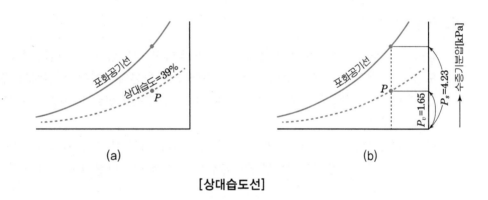

(a)   (b)

[상대습도선]

4. 비체적선

그림과 같이 우측 하향으로 기울기가 급한 선이 습공기의 비체적선이고, P점의 비체적 v=0.873[m³/kg']이다.

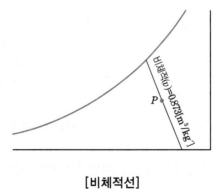

[비체적선]

5. 엔탈피선

그림과 같이 좌측 상단에 엔탈피기준선과 눈금이 있다. 따라서 P점에서 완만한 좌측상향 실선을 따라 읽으면 $h=57.1[\text{kJ/kg'}]$, 즉 P점의 습공기$(1+\chi)$ [kg]이 가지고 있는 현열량과 잠열량의 합인 전열량(enthalpy)을 나타내는 선이다.

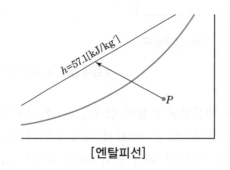

[엔탈피선]

6. 현열비(SHF)

습공기가 상태변화 된다는 것은 습공기선도상에서 상태점이 이동되는 것을 말하며, 그 방향은 온도성분인 현열량과 절대습도 성분인 잠열량에 따른다. 이때 현열량과 잠열량의 합인 전열량(enthalpy)에 대한 현열량의 비율을 현열비 SHF(Sensible Heat Factor)라 하고, 그림 (a)와 같이 나타낸다.

한 예로서 그림 (b)와 같이 P 상태의 습공기가 가열 및 가습되어 Q(건구온도 40℃, 상대습도 35%) 상태점으로 변화되었다면 $P-Q$선을 기준점으로 평행 이동시켜 연장하면 좌측 또는 우측에서 전열량에 대한 현열량의 비율인 현열비 $SHF=41\%(0.41)$를 읽을 수 있다.

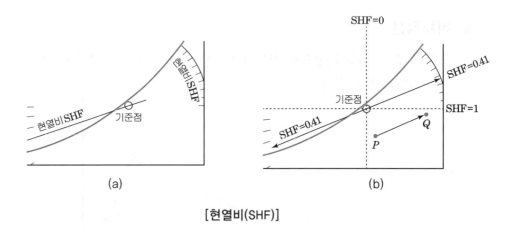

(a)　　　　　　　　　　　　　　　　(b)

[현열비(SHF)]

이와 같이 어느 방의 공조부하량에 의해 현열비를 알면 습공기선도에서 그 반대방향의 공기를 필요로 하다는 것을 알 수 있다.

7. 열수분비

습공기의 상태변화 성분을 절대습도 변화량에 대한 전열량의 변화량 비율로 나타낸다. 이를 열수분비 u(moisture ratio)라 하며, 그림과 같이 읽는다. 즉 앞에서와 같이 P 상태의 습공기가 가열 및 가습되어 Q 상태점으로 변화되었다면 $P-Q$선을 기준점으로 평행이동하여 열수분비 $u=$ 4,290[kJ/kg]을 읽을 수 있다.

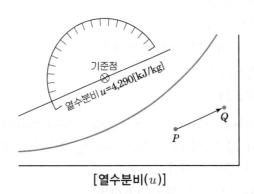

[열수분비(u)]

따라서 어떤 상태변화 과정에서 열수분비를 알면 습공기선도상에서 변화되는 방향을 알 수 있고, 열수분비 값으로 가습방향을 추적할 수 있다.

핵심 4 **송풍량과 송풍온도 결정**

1. 송풍량과 실의 현열부하(A)

$$q_s = GC(t_i - t_0)\,[\text{kJ/h}]$$

q_s : 실의 현열부하[kJ/h]

G : 송풍량[kg/h]

$C(C_p)$: 공기의 정압비열[1.01kJ/kg·K]

t_i : 실내 공기온도[℃]

t_o : 송풍 공기온도[℃]

2. 송풍량과 실의 현열부하(B)

$$q_s = \rho \, QC(t_i - t_o)\,[\text{kJ/h}] = 0.34\,Q(t_i - t_o)\,[\text{W}]$$

q_s : 실의 현열부하[W]

ρ : 공기의 밀도[1.2kg/m³]

Q : 송풍량[m³/h]

$C(C_p)$: 공기의 정압비열[1.01kJ/kg·K]

t_i : 실내 공기온도[℃]

t_o : 송풍 공기온도[℃]

　　　[주] ※ $G(\text{kg/h}) = \rho(1.2\text{kg/m}^3) \cdot Q(\text{m}^3/\text{h}) = 1.2\,Q(\text{kg/h})$

　　　☞ 풍량이 체적유량(m³/h)으로 주어진 경우에는 공기밀도값(kg/m³)

　　　　을 곱해 주어야 한다.

　　　※ 1W=1J/s=3,600J/h=3.6kJ/h

　　　※ 1W=0.86kcal/h　　　1kcal/h=1.163W

3. 실내 온도를 일정하게 유지하기 위한 필요 송풍량

단위환산계수 0.34W·h/m³·K를 이용하면

$$Q = \frac{q_s}{0.34\,(t_i - t_o)}\,[\text{m}^3/\text{h}]$$

[주] 실내외 온도차(Δt) = ㉠ 난방시 : $(t_i - t_o)$　　㉡ 냉방시 : $(t_o - t_i)$

|참고| 송풍량

$G\,(\text{kg/h}) = \gamma(1.2\text{kg/m}^3) \cdot Q(\text{m}^3/\text{h}) = 1.2\,Q(\text{kg/h})$

$G\,(\text{kg/h}) = \rho(1.2\text{kg/m}^3) \cdot Q(\text{m}^3/\text{h}) = 1.2\,Q(\text{kg/h})$

공기의 비중량은 γ로 표기하고, 공기의 밀도는 ρ로 표기한다. 그 값은 1.2로 동일하다.

▸ 단위

※ 0.34 = 공기의 비열×밀도×1,000(J/KJ)÷3,600(s/h)

　　　 = 1.01kJ/kg·K×1.2kg/m³×1,000(J/KJ)÷3,600(s/h)

　　　 = 0.336W·h/m³·K

　　　 = 0.336W·h/m³·K

　　　 ≒ 0.34W·h/m³·K※

|학습포인트| 송풍량 계산

① $q_s = G \cdot C \cdot \Delta t = \rho Q C \Delta t [\text{KJ/h}] \rightarrow 0.34 Q \Delta t [\text{W}]$

$$G = \frac{q_s}{C \Delta t} \rightarrow Q = \frac{q_s}{\rho C \Delta t}$$

② $q_L = 2,501 G \Delta x = 2,501 \rho Q \Delta x [\text{KJ/h}] \rightarrow 834 Q \Delta x [\text{W}]$

$$G = \frac{q_L}{2,501 \Delta x} \rightarrow Q = \frac{q_L}{2,501 \rho \Delta x}$$

③ $q_T = G \cdot \Delta h = \rho \cdot Q \cdot \Delta h [\text{KJ/h}]$

$$G = \frac{q_T}{\Delta h} \rightarrow Q = \frac{q_T}{\rho \Delta h}$$

예제 01

어느 건물에 대한 공조부하를 산정한 결과, 전체부하(T_h)는 210,000kJ/h, 잠열부하(L_h)는 42,000kJ/h로 나타났다. 이때, 공기밀도는 1.2kg/m³, 공기정압비열은 1.0kJ/kg·K, 취출구 온도차(Δtd)가 10K인 경우에 바람직한 공조 송풍량(Q)은 몇 m³/h인가?

정답

$q_s = \rho Q C(t_i - t_o) [\text{kJ/h}] = 0.34 Q(t_i - t_o) [\text{W}]$

   q_s : 실의 현열부하[W] ρ : 공기의 밀도[1.2kg/m³]

   Q : 송풍량[m³/h] C : 공기의 정압비열[1.01kJ/kg·K]

   t_i : 실내 공기온도[℃] t_o : 송풍 공기온도[℃]

① 먼저, 전열부하=현열부하+잠열부하이므로 현열부하=전열부하−잠열부하

   210,000−42,000=168,000[kJ/h]

② $q_s = \rho Q C(t_i - t_o) [\text{kJ/h}]$

$$Q = \frac{q_s}{\rho C(t_i - t_o)} = \frac{210,000 - 42,000}{1.2 \times 1.0 \times 10} = 14,000 \text{m}^3/\text{h}$$

예제 02

어떤 실의 난방부하를 계산한 결과 현열부하 q_s=15kW, 잠열부하 q_L=3kW였다. 실내송풍량을 10,000kg/h라 하면 이때 필요한 취출공기의 온도는? (단, 실내조건은 실내온도 20℃, 상대습도 50%이며, 공기의 정압비열은 1.01kJ/kg·K이다.)

정답

송풍량과 실의 현열부하

$q_s = GC(t_d - t_i)\,[\text{kJ/h}]$

q_s : 실의 현열부하[kJ/h] $\qquad$ G : 송풍량[kg/h]

C : 공기의 정압비열[1.01kJ/kg·K] $\qquad$ t_d : 취출공기온도[℃]

t_i : 실내공기온도[℃]

$$\therefore\ t_d = t_i + \frac{q_s}{GC} = 20 + \frac{15 \times 3{,}600}{10{,}000 \times 1.01} = 25.3\,℃$$

[주] ※ $G(\text{kg/h}) = \rho(1.2\text{kg/m}^3)\cdot Q(\text{m}^3/\text{h}) = 1.2\,Q(\text{kg/h})$

$\quad$ ※ 1W=1J/s=3,600J/h=3.6kJ/h

핵심 5 열량 및 수분의 양 계산

공조장치에서 출입된 열량 및 물질(수분)의 양에 관한 계산식은 공조계산에 기초가 된다.

1. 냉·난방장치에서 열평형식과 물질평형식

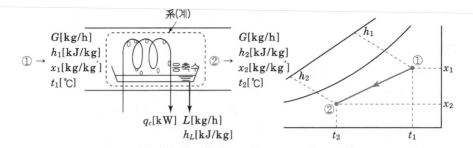

[냉방장치의 습공기선도상에서의 상태 변화 과정]

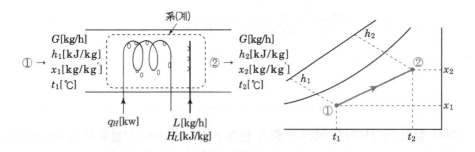

[난방장치의 습공기선도상에서의 상태 변화 과정]

G : 유체의 유량(공기량) $\qquad$ h : 엔탈피 $\qquad$ x : 절대습도 $\qquad$ t : 건구온도

q_H : 가열코일의 가열량 $\qquad$ L : 수분의 양 $\qquad$ h_L : 수분의 엔탈피

• 열 평형식과 물질 평형식

① 열 평형식

장치로 들어오는 총 열량 = 장치로부터 나가는 총 열량

즉, $Gh_1 + q_H + L\,h_L = Gh_2 \rightarrow G(h_2 - h_1) = q + L\,h_L$

② 물질 평형식

장치로 들어오는 총 물질(수분)의 양 = 장치로부터 나가는 총 물질(수분)의 양

즉, $G\,x_1 + L = G\,x_2 \rightarrow L = G(x_2 - x_1)$

2. 가열, 냉각

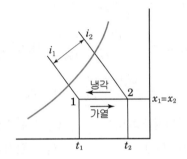

① 가열량(q_h) $= G \cdot C \cdot \Delta t$

$\qquad\qquad = \rho \cdot Q \cdot C \cdot \Delta t$

여기서, 가열량(q_h) : kJ/h

$\qquad G$: 공기량(kg/h)

$\qquad Q$: 체적량(m^3/h)

$\qquad \rho$: 공기의 밀도(1.2kg/m^3)

$\qquad C$: 공기의 정압비열(1.01kJ/kg·K)

$\qquad \Delta t$: 가열 전후온도차

※ $G(\text{kg/h}) = \rho(1.2\text{kg/m}^3) \cdot Q(\text{m}^3/\text{h}) = 1.2\,Q(\text{kg/h})$

② 냉각량(q_c) $= G \cdot C \cdot \Delta t$

$\qquad\qquad = \rho \cdot Q \cdot C \cdot \Delta t$

여기서, 냉각량(q_c) : kJ/h

$\qquad G$: 공기량(kg/h)

$\qquad Q$: 체적량(m^3/h)

$\qquad \rho$: 공기의 밀도(1.2kg/m^3)

$\qquad C$: 공기의 정압비열(1.01kJ/kg·K)

$\qquad \Delta t$: 냉각전후온도차

※ $G(\text{kg/h}) = \rho(1.2\text{kg/m}^3) \cdot Q(\text{m}^3/\text{h}) = 1.2\,Q(\text{kg/h})$

☞ 가열, 냉각은 절대습도의 변화가 없으므로 잠열이 없다.

3. 단열혼합(외기와 실내공기와의 혼합)

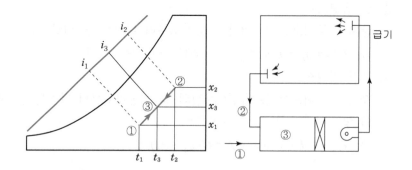

① 혼합공기 온도 $t_m = \dfrac{G_1 t_1 + G_2 t_2}{G_1 + G_2}$ [℃]

② 혼합공기 절대습도 $x_m = \dfrac{G_1 x_1 + G_2 x_2}{G_1 + G_2}$ [kg/kg′]

③ 혼합공기 엔탈피 $i_m = \dfrac{G_1 i_1 + G_2 i_2}{G_1 + G_2}$ [kJ/kg]

단, G_1 : 외기공기량(kg/h)　　　G_2 : 환기공기량(kg/h)

t_1 : 외기온도(℃)　　　　　t_2 : 환기온도(℃)

x_1 : 외기절대습도(kg/kg′)　x_2 : 환기절대습도(kg/kg′)

i_1 : 외기엔탈피(kJ/kg)　　　i_2 : 환기엔탈피(kJ/kg)

4. 가습, 감습

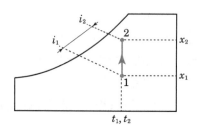

① 수분량 $L = G(x_2 - x_1)$ [kg/h]

$\qquad = G \cdot \Delta x = \rho \cdot Q \cdot \Delta x$ [kg/h]

② 잠열량 $q = G(i_2 - i_1) = \rho \times Q \times 2{,}501(x_2 - x_1)$ [kJ/h]

여기서, L : 가습량[kg/h]　　　G : 공기량[kg/h]

$\qquad Q$: 체적량[m³/h]　　　ρ : 공기의 밀도(1.2kg/m³)

$\qquad \gamma_0$: 0℃에서 포화수의 증발잠열(2,501[kJ/kg])

$\qquad x$: 절대습도[kg/kg′]

$\qquad \Delta x$: 절대습도차(x_1, x_2 : 절대습도[kg/kg′])

$\qquad$ ※ G(kg/h)=ρ(1.2kg/m³)·Q(m³/h)=1.2Q(kg/h)

5. 가열, 가습

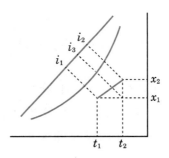

$$q_T = q_s + q_L = G(i_2 - i_1) = G(i_3 - i_1) + G(i_2 - i_3) \ [\text{kJ/h}]$$
$$= GC(t_2 - t_1) + G \cdot \gamma_0 (x_2 - x_1) = GC(t_2 - t_1) + G \cdot 2501 (x_2 - x_1) \ [\text{kJ/h}]$$
$$= GC\Delta t + 2,501 G \Delta x \ [\text{kJ/h}]$$
$$L = G(x_2 - x_1) \ [\text{kg/h}]$$

여기서, q_T : 전열량[kJ/h], q_s : 현열량[kJ/h], q_L : 잠열량[kJ/h]

    G : 공기량[kg/h], L : 가습량[kg/h],

    γ_0 : 0℃에서 포화수의 증발잠열(2,501[kJ/kg])

    x : 절대습도[kg/kg′]

    Δt : 온도차

    Δx : 절대습도차(x_1, x_2 : 절대습도[kg/kg′])

    ※ $G(\text{kg/h}) = \rho(1.2\text{kg/m}^3) \cdot Q(\text{m}^3/\text{h}) = 1.2 Q(\text{kg/h})$

6. 가습 방법

(1) 순환수에 의한 가습

물을 가열하거나 냉각을 하지 않고 펌프로 노즐을 통하여 공기 중에 분무하여 가습하는 방법이다. 이때 공기를 가습시키는 수분은 물이 노즐에 의해 분무된 수증기 상태이며, 수증기 상태로 되기 위해서는 주위의 공기로부터 증발잠열을 흡수해야 한다.

따라서 순환수의 분무로 인한 가습과정은 순환수는 공기로부터 증발잠열을 얻어서 다시 공기에 되돌려 주는(증기의 상태로 가습) 단열변화이다. 따라서 이 과정은 그림 (d)에서 ①→②와 같이 습공기선도상에서 $h_1 ≒ h_2$가 되어 엔탈피의 변화는 거의 없지만 건구온도는 감소한다.

순환수 분무과정에서 순환수의 온도는 입구공기와 동일하므로 $q_s = 0$이다.

만약 순환수의 온도가 $t[℃]$라면 열수분비 u는 다음과 같다.

$$u = h_L = C \cdot t$$

C : 순환수의 비열($\fallingdotseq 4.19[\text{kJ/kg} \cdot \text{K}]$)

이 과정은 그림 (d)에서 ①→②와 같다.

[예] 10℃인 순환수를 분무한다면 물의 비열은 $4.19[\text{kJ/kg} \cdot \text{K}]$이므로 $u = 4.19 \times 10 = 41.9$ $[\text{kJ/kg}]$의 열수분비 방향과 평행한 ①→② 과정으로 냉각·가습이 된다.

(2) 온수에 의한 가습

순환수를 가열하여 분무하는 방법이다.

[예] 80℃의 온수를 분무하여 가습한다면 습공기선도상에서 가습방향은 ①에서 열수분비 u에 평행한 ①→③ 방향으로 냉각·가습이 된다.

즉, 이때의 열수분비 $u[\text{kJ/kg}]$는 다음과 같다.

$u = 4.19 \times 80 = 335.2[\text{kJ/kg}]$

(3) 증기가습

증기를 분무하여 가습하는 방법으로 가습방향인 열수분비는 다음과 같이 포화증기의 엔탈피와 같다.

$$u = \frac{\Delta h}{\Delta x} = \frac{\Delta x(2{,}501 + 1.85\,t_s)}{\Delta x} = 2{,}501 + 1.85\,t_s$$

여기서, t_s : 포화증기의 온도[℃]

2,501 : 0℃에서 물의 증발잠열[kJ/kg]

1.85 : 수증기의 정압비열[kJ/kg · K]

[예] 100℃ 포화증기의 열수분비는

$u = 2{,}501 + 1.85 \times 100 = 2{,}686[\text{kJ/kg}]$

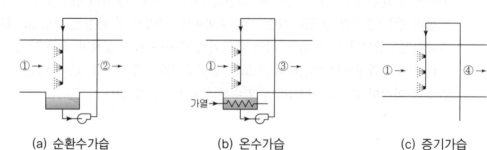

|(a) 순환수가습|(b) 온수가습|(c) 증기가습|

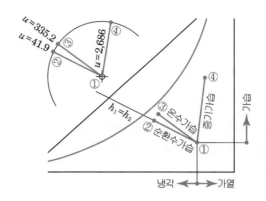

(d) 가습과정(순환수, 온수, 증기)

7. 현열비(SHF)

전열변화량($q_s + q_L$)에 대한 현열변화량(q_s)의 비율이다. 현열비는 실내에 송풍되는 공기의 상태를 정하는 지표로서 실내 현열부하를 실내 전열부하(현열부하+잠열부하)로 나눈 개념이다.

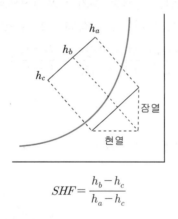

$$SHF = \frac{h_b - h_c}{h_a - h_c}$$

▸ 현열비(SHF) : 전열 변화량에 대한 현열 변화량의 비
공기에 주어진 전체열량 → 공조부하에 대한 SHF를 알면 공급공기의 성질을 판단
① 현열량이 없으면 : SHF=0 → (공기선도상) 수직선상의 변화
② 잠열량이 없으면 : SHF=1 → (공기선도상) 수평선상의 변화

8. 열수분비(U)

열 평형식과 물질 평형식에서 장치에 출입된 공기의 엔탈피 변화량($h_2 - h_1$)과 절대습도의 변화량($x_2 - x_1$)의 비율을 열수분비(U) 또는 수분비라고 한다.

$$U = \frac{h_2 - h_1}{x_2 - x_1} = \frac{q}{L} + h_L$$

열수분비$(U) = \gamma_0 + C_{pw} \cdot t$

$\quad \gamma_0$: 0℃ 포화수의 증발잠열(2,501kJ/kg)

$\quad C_{pw}$: 수증기의 비열(1.85kJ/kg·K)

$\quad t$: 온도[℃]

9. By-pass Factor(BF)

냉각 또는 가열 코일과 접촉하지 않고 그대로 통과하는 공기의 비율을 말하며, 완전히 접촉하는 공기의 비율을 Contact Factor라고 한다.

$BF = 1 - CF$

냉각 또는 가열 코일을 통과한 공기는 포화상태로는 되지 않는다.
이상적으로 포화되었을 경우 s의 상태로 되나 실제로는 2의 상태로 된다.

$$BF = \frac{2-s}{1-s} = \frac{by-pass한 공기량}{코일을 통과한 공기량} = \frac{t_2 - t_s}{t_1 - ts} = \frac{h_2 - h_s}{h_1 - hs} = \frac{x_2 - x_s}{x_1 - x_s}$$

$$CF = \frac{1-2}{1-s}$$

$$\therefore \ t_2 ≒ t_1 \times BF + t_s \times (1 - BF)$$

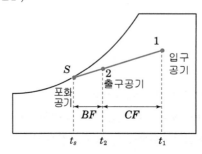

[냉각코일에서의 냉각코일에서의 By-Pass]

│참고│ 바이패스 팩터(BF)를 줄이는 방법(공조기의 성능을 좋게 하는 방법)

① 송풍량은 줄여 공기의 열교환기와의 접촉시간을 증대시킨다.
② 냉수량을 많이 한다.
③ 전열면적을 크게 한다.(코일의 간격은 좁게, 코일의 열수는 많이 한다.)
④ 실내의 장치노점온도를 높게 한다.
⑤ 콘택트 팩터(Contact Factor)를 크게 설정한다.

예제 01

절대습도 0.003kg/kg'인 공기 10,000kg/h를 가습기로 절대습도 0.00475kg/kg'인 공기로 만들고자 할 때 필요한 분무량(kg/h)은? (단, 가습효율은 30%이다.)

───

정답

물질 평형식

장치로 들어오는 총 물질(수분)의 양 = 장치로부터 나가는 총 물질(수분)의 양

즉, $G x_1 + L = G x_2 \rightarrow L = G(x_2 - x_1)$ 에서

수공기비 $\dfrac{L}{G} = x_2 - x_1$

$\therefore$ 가습수량 $L = \dfrac{G(x_2 - x_1)}{\eta} = \dfrac{10,000 \times (0.00475 - 0.003)}{0.3} = 58.3 \text{kg/h}$

예제 02

공조기가 다음 표와 같이 운전되고 있다. 풍량이 48,000m³/h, 공기의 평균밀도가 1.2kg/m³일 때 냉방부하(KJ/h)는?

구분	온도(℃)	상대습도(%)	엔탈피(kJ/kg)
재순환공기	26	50	52.88
외기	18	48	33.81
혼합공기	24	53	49.27
냉각코일출구	18	65	39.31

───

정답

냉방부하 = 혼합공기(냉각코일 입구)부하 - 냉각코일 출구부하

냉각량$(q_c) = G \cdot \Delta h = \rho \cdot Q \cdot \Delta h$

여기서, q_c : 냉각량(kJ/h)

   G : 공기량(kg/h)

   Q : 체적량(m³/h)

   ρ : 공기의 밀도(1.2kg/m³)

   C : 공기의 정압비열(1.01kJ/kg·K)

   Δt : 냉각전후온도차

   Δh : 냉각전후엔탈피차

※ $G(\text{kg/h}) = \rho(1.2\text{kg/m}^3) \cdot Q(\text{m}^3/\text{h}) = 1.2\,Q(\text{kg/h})$

$\therefore$ 냉방부하(냉각열량) $= \rho \cdot Q \cdot \Delta h = 1.2 \times 48,000 \times (49.27 - 39.31)$

$= 573,696 \text{kJ/h}$

예제 03

외기와 실내공기의 상태가 각각 다음 표와 같다.

	건구온도(℃)	절대습도(kg/kg′)
외기	32.0	0.0207
실내공기	26.0	0.0105

이 조건에서 어떤 실의 열부하 계산의 결과, 현열부하=14kW, 잠열부하=4.5kW, 외기량 =1,000 m³/h를 얻었다. 실내로의 취출온도를 15℃로 할 때, 송풍공기량(m³/h)은? (단, 건공기의 정압비열 1.005 kJ/kg′·K, 밀도 1.2kg/m³, 덕트에 의한 열취득은 무시한다.)

정답

$q_s = \rho Q C(t_i - t_d)\,[\text{kJ/h}]$

  q_s : 실의 현열부하[W] ρ : 공기의 밀도[1.2kg/m³]

  Q : 송풍량[m³/h] C : 공기의 정압비열[1.01kJ/kg·K]

  t_i : 실내 공기온도[℃] t_d : 송풍 취출 공기온도[℃]

$Q = \dfrac{q_s}{\rho C(t_i - t_d)} = \dfrac{14 \times 3,600}{1.2 \times 1.005 \times (26-15)} = 3,799.18\,\text{m}^3/\text{h}$

※ 1kW=3,600kJ/h

예제 04

건구온도 26℃, 상대습도 50%의 실내공기 700m³/h와 건구온도 32℃, 상대습도 70%의 외기 300m³/h를 혼합한 후 이를 다시 건구온도 20℃로 냉각하였다. 냉각 도중 절대습도의 변화가 없었다면 냉각과정에 소요된 열량(KJ/h)은?(단, 공기의 밀도는 1.2kg/m³, 정압비열은 1.01kJ/kg·K 이다.)

정답

단열혼합 및 냉각열량 계산

① 혼합온도 $t_m = \dfrac{G_1 t_1 + G_2 t_2}{G_1 + G_2} = \dfrac{700 \times 26 + 300 \times 32}{700 + 300} = 27.8℃$

② 냉각량(q_c) = $G \cdot C \cdot \Delta t = \rho \cdot Q \cdot C \cdot \Delta t$

  여기서, q_c : 냉각량(kJ/h)

      G : 공기량(kg/h) Q : 체적량(m³/h)

      ρ : 공기의 밀도(1.2kg/m³) C : 공기의 정압비열(1.01kJ/kg·K)

      Δt : 냉각 전후온도차

  ※ $G(\text{kg/h}) = \rho(1.2\text{kg/m}^3) \cdot Q(\text{m}^3/\text{h}) = 1.2\,Q(\text{kg/h})$

  ∴ 냉각량(q_c) = $\rho \cdot Q \cdot C \cdot \Delta t$

      = $1.2 \times 1,000 \times 1.01 \times (27.8-20) = 9,453.6\text{kJ/h}$

예제 05

32℃의 외기와 24℃의 환기를 1 : 3의 비율로 혼합하여 코일로 냉각제습하는 경우 냉각코일의 출구온도는? (단, 냉각코일 표면온도는 10℃, Bypass Factor는 0.3)

정답

① 혼합공기 온도 $t_m = \dfrac{G_1 t_1 + G_2 t_2}{G_1 + G_2} = \dfrac{1 \times 32 + 3 \times 24}{1 + 3} = 26℃$

② $BF = \dfrac{t_2 - t_s}{t_1 - t_s} = \dfrac{t_2 - 10}{26 - 10} = 0.3$

∴ 코일출구온도(t_2)=14.8℃

☞ 또는, 코일출구온도=코일온도+(입구온도−코일온도)×BF

∴ 코일출구온도=10+(26−10)×0.3=14.8℃

예제 06

건구온도 $t_1 = 30℃$, 상대습도 $\phi_1 = 50\%$, 엔탈피 $h_1 = 15.27[\text{kcal/kg}]$, 절대습도 $x_1 = 0.0132[\text{kg/kg}]$의 재순환공기 7[kg]에 건구온도 $t_2 = 20℃$, 상대습도 $\phi_2 = 70[\%]$, 엔탈피 $h_2 = 10.9[\text{kcal/kg}]$, 절대습도 $x_2 = 0.0105[\text{kg/kg}]$의 신선공기 3[kg]을 혼합할 때의 혼합공기의 다음 상태를 구하시오.

1. 건구온도(℃)
2. 상대습도(%)
3. 엔탈피(kcal/kg)
4. 절대습도(kg/kg)

정답

1. 건구온도 : $t_3 = \dfrac{G_1 t_1 + G_2 t_2}{G_1 + G_2} = \dfrac{7 \times 30 + 3 \times 20}{7 + 3} = 27℃$

2. 상대습도 : $\phi = \dfrac{G_1 \phi_1 + G_2 \phi_2}{G_1 + G_2} = \dfrac{7 \times 50 + 3 \times 70}{7 + 3} = 56\%$

3. 엔탈피 : $h_3 = \dfrac{G_1 h_1 + G_2 h_2}{G_1 + G_2} = \dfrac{7 \times 15.27 + 3 \times 10.9}{7 + 3} = 13.96[\text{kcal/kg}]$

4. 절대습도 : $x_3 = \dfrac{G_1 x_1 + G_2 x_2}{G_1 + G_2} = \dfrac{7 \times 0.0132 + 3 \times 0.0105}{7 + 3}$
$= 0.0124[\text{kg/kg'}]$

예제 07

그림과 같은 냉방과정에서 실내 설계조건 ①의 건구온도 $t_1 = 25℃$, 외기온도 ②의 건구온도 $t_2 = 32℃$이다. 외기량과 순환공기량을 $1 : 3$ 비율로 단열혼합한 후 장치노점온도 $t_5 = 12℃$인 냉각코일을 풍량 5,000m³/h가 통과한다. 이 때 코일의 바이패스 팩터가 0.1일 때 냉각과정 중의 감습량은 얼마인가? (단, 공기밀도는 1.2kg/m³이다.)

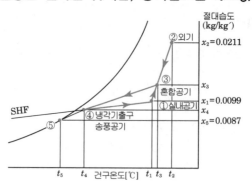

정답

냉각과정 중의 감습량을 구해야 하므로 먼저 절대습도 값을 구한다.

1. 혼합공기 절대습도(x_3)

$$x_3 = \frac{G_1 x_1 + G_2 x_2}{G_1 + G_2} = \frac{3 \times 0.0099 + 1 \times 0.0211}{3 + 1} = 0.0127$$

2. 코일출구 절대습도(x_4)

$$BF = \frac{x_4 - x_5}{x_3 - x_5}$$

$$x_4 = x_5 + BF(x_3 - x_5) = 0.0087 + 0.1(0.0127 - 0.0087) = 0.0091$$

$$\therefore 감습량(L) = G\Delta x = \rho Q \Delta x \cdots 적용(풍량 m³/h로 주어졌으므로)$$
$$= \rho Q(x_3 - x_4)$$
$$= 1.2 \times 5,000 \times (0.0127 - 0.0091) = 21.6kg/h$$

예제 08

건구온도 30℃, 절대습도 0.0134kg/kg'인 공기 5,000m³/h를 표면온도가 10℃인 냉각코일로 냉각감습할 경우 응축수분량은 얼마인가? (단, 습공기의 밀도 = 1.2kg/m³ 10℃ 포화습공기의 절대습도 = 0.0076kg/kg' 냉각코일의 바이패스 팩터 = 0.1)

정답

응축수량$(L) = G \cdot \Delta x = \rho \cdot Q \cdot \Delta x$

여기서, 응축수량(L) : kg/h

$\quad\quad\quad G$: 공기량(kg/h)　　　　　　Q : 체적량(m³/h)

$\quad\quad\quad \rho$: 공기의 밀도(1.2kg/m³)　　Δx : 냉각전후절대습도차

※ $G(kg/h) = \rho(1.2kg/m³) \cdot Q(m³/h) = 1.2 Q(kg/h)$

∴ 응축수량$(L) = \rho \cdot Q \cdot \Delta x = 1.2 \times 5,000 \times (0.0134 - 0.0076) \times 0.9 = 31.32kg/h$

　(단, BF가 0.1이므로 감습량 90%를 적용한다.)

핵심6 **습공기 선도상의 각종 프로세스**

1. 혼합·냉각

(1) 장치의 구성

공조장치는 ①의 상태(h_1, t_1, x_1)인 환기량 G_R[kg/s]과 ②의 상태(h_2, t_2, x_2)인 외기량 G_O [kg/s]가 혼합되어 ③의 상태(h_3, t_3, x_3)인 혼합공기로 된 후 혼합공기량 G[kg/s]는 냉각코일을 지나는 동안 상태변화를 하여 ④의 상태(h_4, t_4, x_4)로 되어 송풍기에 의해 실내로 취출된다.

(2) 작도 과정

실내의 설계조건 및 외기조건에 따라 ① 및 ②점을 잡고 직선으로 연결한 후 실내환기량 G_R과 외기량 G_O의 혼합공기의 상태점 ③을 잡는다. 냉각기 출구상태인 ④점은 점 ①을 통과하는 SHF선상에 있다.

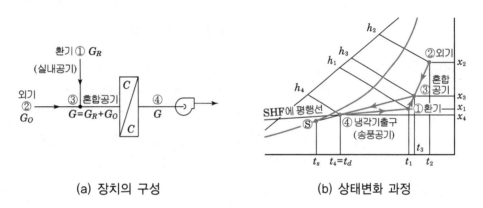

| (a) 장치의 구성 | (b) 상태변화 과정 |

[혼합·냉각]

(3) 계산식

냉각기에서의 냉각열량 q_C[kW]은

$$q_C = 외기부하 + 실내취득부하$$
$$= G(h_3 - h_1) + G(h_1 - h_4)$$
$$= G(h_3 - h_4) = 1.2Q(h_3 - h_4)$$

냉각과정 중 감습량 L[kg/s]은

$$L = G(x_3 - x_4) = 1.2Q(x_3 - x_4)$$

2. 혼합 · 냉각 · 재열

(1) 장치의 구성

실내의 잠열부하가 극히 클 때나 설계풍량보다 큰 풍량을 사용할 때는 냉각코일의 출구공기를 재열할 필요가 있다.

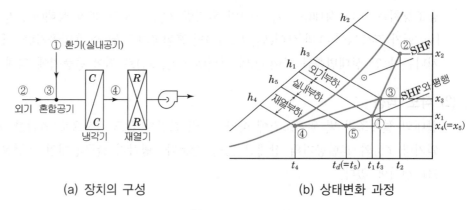

(a) 장치의 구성   (b) 상태변화 과정

[혼합 · 냉각 · 재열]

(2) 작도 과정

환기 ①과 외기 ②의 상태점을 결정하고, 혼합비율에 따라 혼합공기의 상태점 ③을 결정한다. 실내의 현열부하 q_S와 잠열부하 q_L에 의해 SHF를 계산하여 ①에서 SHF와 평행선을 긋고, 재열기 출구온도 $t_d(=t_5)$와 SHF 평행선과의 교점을 ⑤로 한다. 다음 ⑤로부터 수평선을 긋고, ③에서 혼합공기의 냉각선을 그어 그 교점을 ④로 한다.

(3) 계산식

냉각기에서의 냉각열량 q_C [kW]는

$$q_C = 외기부하+실내취득부하+재열부하$$
$$= G(h_3 - h_1) + G(h_1 - h_5) + G(h_5 - h_4) = G(h_3 - h_4)$$
$$= 1.2Q(h_3 - h_4)$$

냉각과정 중 감습량 L[kg/s]은

$$L = G(x_3 - x_4)$$
$$= 1.2Q(x_3 - x_4)$$

송풍량 G, Q[kg/s, m³/s]는

$$G = \frac{q_S + q_L}{h_1 - h_5} = \frac{q_S}{1.01(t_1 - t_5)} \qquad Q = \frac{q_S + q_L}{1.2(h_1 - h_5)} = \frac{q_T}{1.21(t_1 - t_5)}$$

공조기 출구온도 $t_d(=t_5)$℃ 는

$$t_d = t_1 - \frac{q_S}{1.01G} = t_1 - \frac{q_S}{1.21Q}$$

3. 혼합 · 가열 · 가습

(1) 장치의 구성

실내의 환기와 외기를 혼합한 후 가열 · 가습하여 송풍기에 의해 실내로 취출하는 난방장치이다.

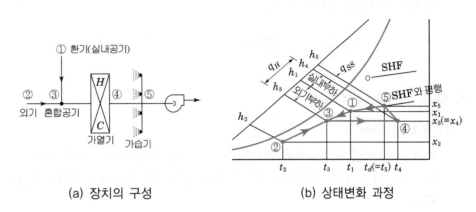

(a) 장치의 구성　　　　　　(b) 상태변화 과정

[혼합 · 가열 · 가습]

(2) 작도 과정

실내에서 오는 환기 ①과 외기 ②의 상태점을 잡고, 혼합비율에 따라 ③을 결정한다.

실내의 현열부하 q_S와 잠열부하 q_L에 의해 SHF를 계산하여 실내공기의 상태점 ①로부터 SHF 평행선을 긋고, 공조기 출구온도 $t_d(=t_5)$를 계산식으로 구하여 그 교점을 ⑤로 한다.(또는 취출 온도차에 의해 t_5를 구한다.)

다음에 열수분비 u를 구하여 ⑤로부터 가습선의 방향을 긋고, ③점에서 가열방향인 수평선을 그어 그 교점을 가열기 출구상태 ④점으로 한다.

(3) 계산식

가열기에서의 가열량 q_H[kW]는

$$q_H = G(h_4 - h_3) = G \times 1.01(t_4 - t_3)$$
$$= 1.2Q(h_4 - h_3) = 1.21Q(t_4 - t_3)$$

공조장치 전체의 가열량 q_T[kW]는

$$q_T = \text{실의 열손실+외기부하}$$
$$= G(h_4 - h_3) + G(h_5 - h_4)$$
$$= G(h_5 - h_3) = (q_S + q_L) + G_0(h_1 - h_2)$$

가습수량 L[kg/s] 또는 가습증기량 G_S[kg/s]는

(단, 가습증기의 엔탈피는 H_S[kJ/kg])

$$L = G(x_5 - x_4) = 1.2Q(x_5 - x_4)$$

$$G_S = \frac{G(h_5 - h_4)}{h_s}$$

송풍량 $G,\ Q[\mathrm{kg/s,\ m^3/s}]$는

$$G = \frac{q_S + q_L}{h_5 - h_1} = \frac{q_S}{1.01(t_5 - t_1)} \qquad Q = \frac{q_S + q_L}{1.2(h_5 - h_1)} = \frac{q_S}{1.21(t_5 - t_1)}$$

공조기 출구온도 $t_d(=t_5)\,℃$ 는

$$t_d = t_1 + \frac{q_S}{1.01\,G} = t_1 + \frac{q_S}{1.21\,Q}$$

4. 예냉 · 혼합 · 냉각감습

(1) 장치의 구성

외기 ②를 예냉기(냉수코일이나 지하수를 이용한 에어워셔 등)로 냉각 · 감습하여 ③의 상태로
만든 후, 환기 ①과 혼합되어 ④의 상태로 냉각기에 들어가서 냉각 · 감습되어 ⑤의 상태로 송풍
된다.

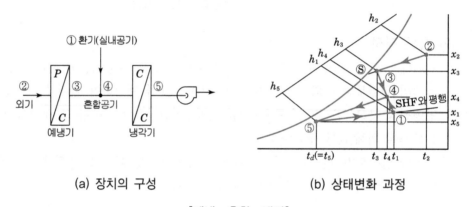

(a) 장치의 구성   (b) 상태변화 과정

[예냉 · 혼합 · 냉각]

(2) 작도 과정

외기 ②와 실내환기 ①의 상태점을 잡는다. 외기 ②의 상태점과 예냉코일의 장치노점온도 또는
에어와셔의 노점온도에 의해 ⑤점을 잡아 연결한 후 ②⑤ 선도상에 예냉기 출구상태 ③점을 예
냉기 또는 에어워셔의 효율에 따라 정한다.

①과 ③의 연결선상에 혼합비율에 따라 ④점을 정한 후, 실의 현열부하 및 잠열부하에 의해 계
산된 SHF 평행선을 ①에서 긋고, 혼합공기인 ④에서 냉각선을 따라 그은 선과의 교점을 공조기
출구온도 $t_d(=t_5)$로 한다.

(3) 계산식

냉각기에서의 냉각열량 q_C[kW]는

$$q_C = 외기부하 + 실내취득부하 - 예냉부하$$
$$= G_0(h_2 - h_1) + G(h_1 - h_5) - G_0(h_2 - h_3)$$
$$= G(h_4 - h_5)$$
$$= 1.2Q(h_4 - h_5)$$

공조장치의 총 냉각열량 q_{TC}[kW]는

$$q_{TC} = 냉각기의\ 냉각열량 + 예냉기의\ 냉각열량$$
$$= G(h_4 - h_5) + G_0(h_2 - h_3)$$

냉각기에서의 응축수량 L_C[kg/s]는

$$L_C = G(x_4 - x_5) = 1.2Q(x_4 - x_5)$$

예냉기에서의 응축수량 L_P[kg/s]는

$$L_P = G_0(x_2 - x_3) = 1.2Q_0(x_2 - x_3)$$

공조장치의 총 응축수량 L_T[kg/s]는

$$L_T = L_C + L_P$$
$$= G(x_4 - x_5) + G_0(x_2 - x_3) = 1.2Q(x_4 - x_5) + 1.2Q_0(x_2 - x_3)$$

송풍량 G, Q[kg/s, m³/s]는

$$G = \frac{q_S + q_L}{h_1 - h_5} = \frac{q_S}{1.01(t_1 - t_5)} \qquad Q = \frac{q_S + q_L}{1.2(h_1 - h_5)} = \frac{q_S}{1.21(t_1 - t_5)}$$

공조기 출구온도 $t_d(= t_5)$℃ 는

$$t_d = t_1 - \frac{q_S}{1.01G} = t_1 - \frac{q_S}{1.21Q}$$

핵심7 혼합, 가습, 가열

1. 혼합, 가습, 가열

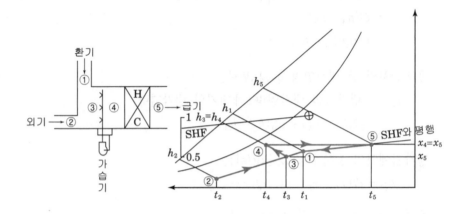

2. 혼합, 가열, 가습, 재열

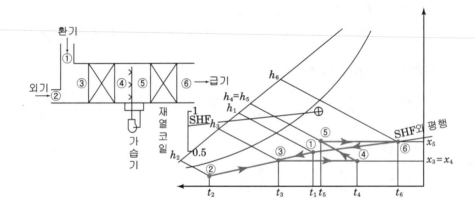

① 가열량 $q_H = G(h_4 - h_3)$

② 재열량 $q_R = G(h_6 - h_5)$

③ 전가열코일부하 $q_T = q_H + q_R = G(h_6 - h_3)$

$$G = (h_6 - h_1) + G(h_1 - h_3)$$

$$= 실내부하 + 외기부하$$

핵심8 **예열, 혼합, 가습, 가열**

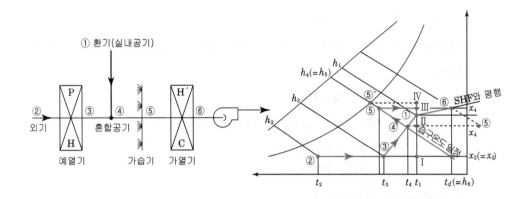

① 예열기의 예열량 q_{PH} [kJ/h]

$$q_{PH} = G_o(h_3 - h_2) \fallingdotseq C_p G_o(t_3 - t_2)$$

② 가열기의 가열량 q_H [kJ/h]

$$q_H = G(h_6 - h_5) \fallingdotseq C_p G(t_6 - t_5)$$

$$\therefore \text{총가열량} \ q_{TH} = q_{PH} + q_H$$

③ 공조기 출구온도 $t_d = (t_6)$

$$t_d = t_1 + \frac{q_s}{C_p G}$$

④ 가습기 가습수량 L [kg/h]

$$L = G(x_5 - x_4)$$

핵심9 **혼합, 냉각, by-pass 과정**

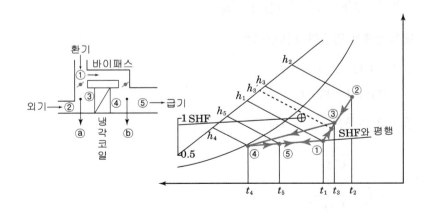

바이패스 풍량을 $k_B \cdot G[\text{kg/h}]$라 하면 냉각기를 통과하는 풍량은 $G(1-k_B)[\text{kg/h}]$가 되므로 냉각기에서의 냉각열량 $q_c[\text{kcal/h}]$는 다음과 같이 나타낼 수 있다.

$$q_c = G(1-k_B)(h_3 - h_4)$$

여기서 h_3는 그림 ⓐ위치에서 h_4는 ⓑ위치에서의 열평형식에 의해 각각 다음과 같이 나타낼 수 있다.

즉, ⓐ위치에서의 열평형식은

$$G \cdot k_o \cdot h_2 + G(1 - k_o - k_B)h_1 = G(1-k_B)h_3$$

$$\therefore h_3 = \frac{(1 - k_B - k_o)h_1 + k_o \cdot h_2}{(1 - k_B)}$$

또 ⓑ위치에서 열평형식은

$$k_B \cdot G \cdot h_1 + G(1-k_B)h_4 = G \cdot h_5$$

$$\therefore h_4 = \frac{h_5 - k_B \cdot h_1}{1 - k_B}$$

여기서 $k_B = \dfrac{G_B}{G}$, $k_o = \dfrac{G_o}{G}$ 이다.

따라서

$$q_c = G(h_1 - h_5) + k_o \cdot G(h_2 - h_1)$$

$$= (q_s + q_L) + G_o(h_2 - h_1)$$

한편, 작도에 의해 q_c를 구할 때는 그림 (b)에서 ① ③′ / ① ② $= k_o$가 되도록 ③′를 잡으면 냉각기 부하는

$$q_c = G(h'_3 - h_5)$$

송풍량 G, $Q[\text{kg/h, m}^3\text{/h}]$는

$$G = \frac{q_s + q_L}{h_1 - h_5} \div \frac{q_s}{C_p(t_1 - t_5)}$$

$$Q = \frac{q_s + q_L}{1.2(h_1 - h_5)} \div \frac{q_s}{C_p \rho(t_1 - t_5)}$$

냉각기에서 감습량 $L[\text{kg/h}]$은

$$L = G(1-k_B)(x_3 - x_4)$$

$$= \rho Q(1-k_B)(x_3 - _4)$$

공조기 출구온도 $t_d (= t_5)$

$$t_d = t_1 - \frac{q_s}{C_p G}$$

$$= t_1 - \frac{q_s}{C_P \rho Q}$$

핵심10 **이중덕트방식**

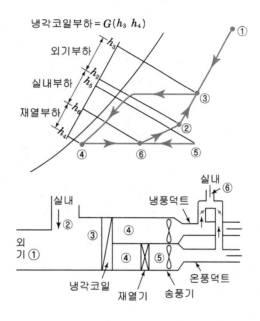

$$q_T = G(h_3 - h_4)$$
$$= G(h_3 - h_2) + G(h_2 - h_6) + G(h_6 - h_4)$$
$$= 외기부하 + 실내부하 + 재열부하$$

여름

겨울

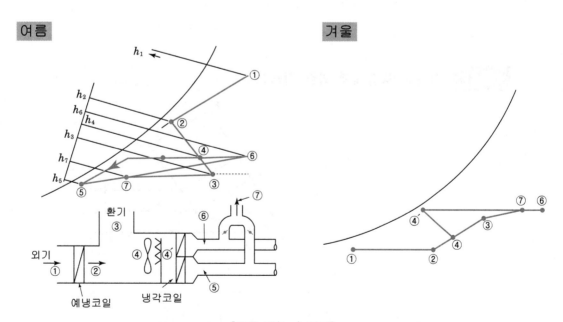

[공통 팬(fan) 방식]

핵심11 유인 유닛 방식

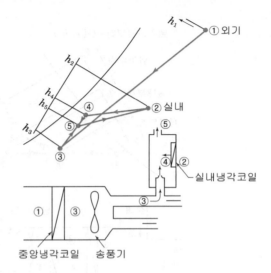

G : 취출공기량[kg/h]

G_o : 외기량[kg/h]

$k_o = G_o / G$ 라 하면

$h_5 = k_o \cdot h_3 + (1 - k_o)h_4$

$$q_s + q_L = G(h_2 - h_5)$$

$G_o = k_o \cdot G$

실내코일과 중앙냉각코일 냉각부하 합계는

$q_T = (1 - k_o)G(h_2 - h_4) + k_o G(h_1 - h_3)$

$q_T = G(h_2 - h_5) + k_o G(h_1 - h_2) = (실내부하) + (외기부하)$

핵심12 화학적 감습제에 의한 감습법

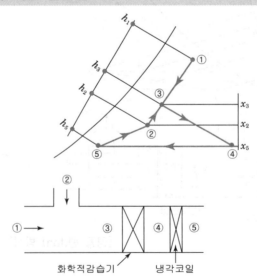

예제 01

건구온도 20℃, 상대습도 50%인 습공기 5,000[kg/h]를 가열가습하여 건구온도 35℃, 상대습도 50%인 상태로 만들려고 한다. 습공기선도를 이용하여 현열량, 잠열량, 전열량, 가습증기량, 현열비, 열수분비를 구하시오.

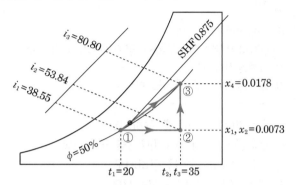

정답

1. 현열량(q_S)

$$q_S = G(i_2 - i_1) = 5,000(53.84 - 38.55) = 76,450[\text{kJ/h}]$$

2. 잠열량(q_L)

$$q_L = G(i_3 - i_2) = 5,000(80.80 - 53.84) = 134,800[\text{kJ/h}]$$

$$q_L = 2,501\,G(x_2 - x_1) = 2,501 \times 5,000 \times (0.0178 - 0.0073) = 131,303$$
$$\fallingdotseq 134,800[\text{kJ/h}]$$

3. 전열량(q_T)

$$q_T = 76,450 + 134,800 = 211,250[\text{kJ/h}]$$

$$q_T = 211,250\,\text{kJ/h} \times \frac{1,000\,\text{J}}{1\,\text{kJ}} \times \frac{1\,\text{h}}{3,600\,\text{s}} = 58,681[\text{J/s}] = 58,684[\text{W}]$$

또는 $q_T = G(i_3 - i_1) = 5,000(80.80 - 38.55) = 211,250[\text{kJ/h}]$

4. 가습증기량(L)

$$L = 5,000(0.0178 - 0.0073) = 52.5[\text{kg/h}]$$

5. 현열비(SHF)

$$\text{SHF} = \frac{76,450}{76,450 + 134,800} = 0.36$$

6. 열수분비(u)

$$u = \frac{\Delta i}{\Delta x} = \frac{80.80 - 38.55}{0.0178 - 0.0073} = 4,024[\text{kJ/kg}]$$

예제 02

다음과 같은 공기조화과정(혼합-냉각-재열-취출)에 대하여 조건을 참조하여 물음에 답하시오.

[조건]

1) q_s=33667[W]
   (공기의 비열 1.01[kJ/kgK], 공기의 밀도 1.2[kg/m³])
2) 취출공기 16℃
3) 실내공기와 외기공기는 4:1

1. 송풍량(Q[m³/h])를 구하시오.
2. 혼합공기(t_3)와 엔탈피(h_3)를 구하시오.
3. 냉각코일 q_c[kW]을 구하시오.
4. 재열코일 q_h[kW]을 구하시오.

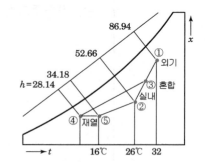

[공기조화 상태변화(혼합-냉각-재열-취출)]

정답

1. 송풍량(Q[m³/h])의 계산

$$q_s = GC\Delta t = \rho QC\Delta t$$

$$Q = \frac{q_s}{\rho C\Delta t}$$

$$Q = \frac{q_s}{1.2\,C\,\Delta t} = \frac{33,667 \times 3.6}{1.2 \times 1.01\,(26-16)}$$
$$= 10,000[\text{m}^3/\text{h}]$$

※ $G(\text{kg/h}) = \rho(1.2\text{kg/m}^3) \cdot Q(\text{m}^3/\text{h}) = 1.2\,Q(\text{kg/h})$
   1w=1J/s=3,600J/h=3.6kJ/h

2. 혼합공기(t_3)와 엔탈피(h_3)의 계산

① 혼합공기 온도 $t_m = \dfrac{G_1 t_1 + G_2 t_2}{G_1 + G_2}$ [℃]

$$t_3 = \frac{1 \times 32 + 4 \times 26}{1+4} = 27.2\,℃$$

② 혼합공기 엔탈피 $i_m = \dfrac{G_1 i_1 + G_2 i_2}{G_1 + G_2}$ [kJ/kg]

$$h_3 = \frac{1 \times 86.94 + 4 \times 52.66}{1+4} = 59.52[\text{kJ/kg}]$$

3. 냉각코일 q_c[kW]의 계산

$$q_c = G\Delta h = \rho Q\Delta h$$
$$q_c = G \times \Delta h = 1.2 \times 10,000 \times (59.52 - 28.14)$$
$$= 376,560[\text{kJ/h}] = 104.6[\text{kW}]$$

4. 재열코일 q_h[kW]의 계산

$$q_h = G\Delta h = \rho Q\Delta h$$
$$q_h = G \times \Delta h = 1.2 \times 10,000 \times (34.18 - 28.14)$$
$$= 72,480[\text{kJ/h}] = 20.13[\text{kW}]$$

예제 03

하계의 공기조화에서 다음과 같은 상태변화를 하는 공조장치에 있어서 물음에 답하시오.
(소수점 셋째자리에서 반올림, 단, 절대습도는 소수점 넷째자리까지 표기)

[조건]

1) 실내현열부하 $g_s = 35[kW]$
2) 실내잠열부하 $g_L = 12[kW]$
3) 외기 : 환기 = 2 : 8
4) 공기 평균 정압비열 1.01[kJ/kgK]
5) 취출온도차 : 10℃

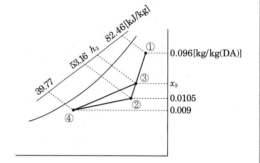

1. 현열비(SHF)를 구하시오.
2. 혼합공기의 엔탈피 h_3와 절대습도 x_3를 구하시오.
3. 송풍량 G[kg/h]를 구하시오.
4. 감습량 L[kg/h]를 구하시오.
5. 외기부하 q_o[kW]를 구하시오.
6. 냉각코일 부하 q_c[kW]를 구하시오.

정답

1. $SHF = \dfrac{q_s}{q_s + q_L} = \dfrac{35}{35+12} = 0.74$

2. $h_3 = \dfrac{G_1 h_1 + G_2 h_2}{G_1 + G_2} = \dfrac{2 \times 82.46 + 8 \times 53.16}{2+8} = 59.02[kJ/kg]$

   $x_3 = \dfrac{G_1 x_1 + G_2 x_2}{G_1 + G_2} = \dfrac{2 \times 0.096 + 8 \times 0.0105}{2+8} = 0.0276[kg/kg(DA)]$

3. $G = \dfrac{35 \times 3,600}{1.01 \times 10} = 12,475.25[kg/h]$

   $q_s = C_p \cdot G \cdot \triangle t / 3,600$에서 $G = \dfrac{q_s}{C_p \cdot \triangle t}$

4. $L = G \triangle x = G(x_3 - x_4) = 12,475.25 \times (0.0276 - 0.009) = 232.04[kg/h]$

5. $q_o = G(h_3 - h_2) = 12,475.25 \times (59.02 - 53.16)/3,600 = 20.31kW$

6. $q_c = G(h_3 - h_4) = 12,475.25 \times (59.02 - 39.77)/3,600 = 66.71kW$

예제 04

그림과 같은 조건을 가지는 공기조화과정을 보고 물음에 답하시오.
(단, 엔탈피는 소수점 둘째자리, 절대습도는 소수점 다섯째 자리까지 구하시오.)

[조건]

1) 실의 현열부하 q_s=67,000kJ/h, 실내온도 26℃
2) 잠열부하 q_L=17,000kJ/h
3) 예냉코일의 BF=0.2, 코일 표면온도 t_p=23℃
4) 냉각코일의 BF=0.18, 코일 표면온도 t_s=11℃
5) 외기량은 송풍공기량의 30%

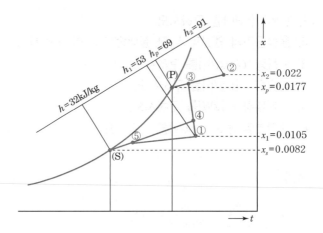

1. 예냉기 출구 공기의 엔탈피(h_3), 절대습도(x_3)를 구하시오.
2. 혼합공기의 엔탈피(h_4), 절대습도(x_4)를 구하시오.
3. 냉각기 출구 공기의 엔탈피(h_5), 절대습도(x_5)를 구하시오.
4. 송풍공기량 G(kg/h)을 구하시오.
5. 예냉부하 q_p(kW)를 구하시오.
6. 냉각코일부하 q_c(kJ/h)를 구하시오.

정답

1. 예냉기 출구공기의 엔탈피(h_3), 절대습도(x_3)의 계산

예냉과정(②-③)인 ③의 엔탈피는 BF를 이용한다.

먼저, 예냉코일의 $BF=0.2$이므로 냉코일 출구 ③의 엔탈피는

$h_3 = BF(h_2 - h_p) + h_p = 0.2(91-69)+69$

$\quad = 73.4\text{kJ/kg}$

또한, $x_3 = BF(x_2 - x_p) + x_p = 0.2(0.022-0.0177)+0.0177$

$\quad\quad = 0.01856\text{kg/kg}'$

2. 혼합공기의 엔탈피(h_4), 절대습도(x_4)의 계산

㉠ 혼합공기 엔탈피 $i_m = \dfrac{G_1 i_1 + G_2 i_2}{G_1 + G_2}$ [kJ/kg] 이므로

엔탈피(h_4)=$0.7\times53+0.3\times73.4=59.12\text{kJ/kg}$

㉡ 혼합공기 절대습도 $x_m = \dfrac{G_1 x_1 + G_2 x_2}{G_1 + G_2}$ [kg/kg'] 이므로

절대습도(x_4)=$0.7\times0.0105+0.3\times0.01856=0.01292\text{kg/kg}'$

3. 냉각기 출구 공기의 엔탈피(h_5), 절대습도(x_5)의 계산

냉각기 출구는 예냉기 출구와 동일한 방법으로 ④와 (s)를 구한다.

엔탈피(h_5) $= BF(h_4 - h_s) + h_s = 0.18(59.12-32)+32 = 36.88\text{kJ/kg}$

절대습도(x_5) $= BF(x_4 - x_s) + x_s = 0.18(0.01292-0.0082)+0.0082$

$\quad\quad = 0.00905\text{kg/kg}'$

4. 송풍공기량 G(kg/h)의 계산

$q_s + q_L = G \cdot \Delta h$이므로

$G = \dfrac{q_s + q_L}{\Delta h} = \dfrac{67,000+17,000}{53-36.88} = 5,210.9\text{kg/h}$

5. 예냉부하 q_p(kW)의 계산

외기량은 송풍공기량의 30%이므로

$q_p = G \cdot \Delta h$에서

$q_p = G\times(h_2 - h_3) = (5,210.9\times0.3)\times(91-73.4)$

$\quad = 27,514\text{kJ/h} = 7.643\text{kW}$

6. 냉각코일부하 q_c(kJ/h)의 계산

$q_c = G \cdot \Delta h$에서

$q_c = G\times(h_4 - h_5) = 5,210.9\times(59.12-36.88)$

$\quad = 115,890\text{kJ/h}$

예제 05

외기와 환기를 혼합-냉각-취출하는 냉방 공조설비에 대하여 다음 조건을 보고 물음에 답하시오.

[조건]
1) 실내 냉방부하는 현열량 8,000[W], 잠열량 800[W] 이다.
2) 외기량과 환기량(실내공기)의 혼합비는 1:4로 한다.
3) 실내 취출온도는 16℃ 이다.
4) 공기의 정압비열은 1.0[kJ/kg · K], 공기의 밀도는 1.2[kg/m³]
5) 각 공기 상태값은 다음과 같다.

	건구온도[℃]	상대습도[%]	절대습도[kg/kg']	엔탈피[kJ/kg]
외기	32	70	0.0210	86
실내공기	26	50	0.0105	52
취출공기	16	–	0.0100	40

1. 실내 현열비(RSHF)를 구하시오.
2. 실내에 공급하는 취출공기량 Q[m³/h]를 구하시오.
3. 혼합공기(외기와 실내공기)의 건구온도 t_m[℃]와 절대습도[kg/kg'], 엔탈피[kJ/kg]를 구하시오.
4. 냉각코일 감습량[kg/h]을 구하시오.
5. 냉각코일의 냉각열량 q_c[kW]을 구하시오.

정답

1. 실내 현열비(RSHF)

$$\text{RSHF} = \frac{\text{현열}}{\text{잠열}} = \frac{\text{현열}}{\text{현열} + \text{잠열}} = \frac{8,000}{8,000 + 800} = 0.91$$

2. 실내에 공급하는 취출공기량 Q[m³/h]

$$Q = \frac{q_s}{1.2 \times 1.0 \times \Delta t} = \frac{8,000 \times 3.6}{1.2 \times 1.0 \times (26 - 16)} = 2,400[\text{m}^3/\text{h}]$$

3. 혼합공기의 건구온도 t_m[℃]와 절대습도[kg/kg'], 엔탈피[kJ/kg] 혼합공기는 외기량과 실내공기를 1 : 4로 혼합

① 혼합 공기온도 : $t_m = \dfrac{G_1 t_1 + G_2 t_2}{G_1 + G_2} = \dfrac{1 \times 32 + 4 \times 26}{1 + 4} = 27.2[℃]$

② 혼합 절대습도 : $x_m = \dfrac{G_1 x_1 + G_2 x_2}{G_1 + G_2} = \dfrac{1 \times 0.021 + 4 \times 0.0105}{1 + 4} = 0.0126[\text{kg/kg}']$

③ 혼합 엔탈피 : $i_m = \dfrac{G_1 i_1 + G_2 i_2}{G_1 + G_2} = \dfrac{1 \times 86 + 4 \times 52}{1 + 4} = 58.8[\text{kJ/kg}]$

4. 냉각코일 감습량[kg/h]

$$L = G\Delta x = \rho Q \Delta x = \rho Q(x_3 - x_4)$$
$$L = 1.2 \times 2,400(0.0126 - 0.0100) = 7.49[\text{kg/h}]$$

5. 냉각코일의 냉각열량 q_c[kW]

$$q_c = G\Delta h = \rho Q \Delta h = \rho Q(h_3 - h_4)$$
$$q_c = 1.2 \times 2,400(58.8 - 40) = 54,144[\text{kJ/h}] = 15.04[\text{kW}]$$

예제 06

사무실의 공조용 풍량과 냉각부하를 공기선도를 이용하여 구하시오.

[조건]

1) 현열부하 q_S는 126000[kJ/h](기기내 취득열량 포함)
2) 잠열부하 q_L는 18000[kJ/h]
3) 도입 외기량은 송풍 공기량의 1/3
4) 실내공기는 27℃, 50%이고, 실외공기는 32℃, 68%이다.
5) 취출온도차는 11℃, 공기의 정압비열은 1.0kJ/kg이다.

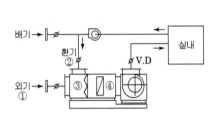

(a) 장치의 구성

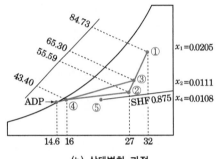

(b) 상태변화 과정

1. 현열비를 구하시오.
2. 송풍량을 구하시오.
3. 도입외기량을 구하시오.
4. 혼합공기의 절대습도와 엔탈피를 구하시오.
5. 공조기의 냉각부하를 구하시오.
6. 감습수량을 구하시오.

정답

먼저, 주어진 공기의 조건을 정리하면 다음과 같다.

	t[℃]	t'[℃]	x[kg/kg(DA)]	i[kJ/kg]	ϕ[%]
① 외기	32	27	0.0205	84.73	68
② 실내	27	19.5	0.0111	55.59	50

1. 현열비(SHF)

$$SHF = \frac{q_S}{q_S + q_L} = \frac{126,000}{126,000 + 18,000} = 0.875$$

그림과 같이 SHF선과 평행하게 27℃, 50%점을 지나는 직선을 그었을 때, 그 직선이 상대습도 100%와 만나는 점이 장치노점온도 ADP가 된다.

2. 송풍량(G와 Q)

ADP가 14.6℃이므로 취출구 조건을 고려하여 송풍공기의 온도(t_s>ADP)를 16℃로 한다.

Δt=27℃-16℃=11℃로 허용최대 Δt값 이내로 적당하다. 이때 송풍공기의 상대습도는 공기선도에서 95%임을 알 수 있다.

송풍량 G와 Q는

$$\therefore G = \frac{q_S}{C\Delta t} = \frac{126,000}{1.0 \times (27-16)} = 11,455 [\text{kg/h}]$$

$$\therefore Q = \frac{q_s}{\rho C \Delta t} = \frac{q_S}{1.2 \times 1.0 \Delta t} = \frac{126,000}{1.2 \times 1.0 (27-16)} = 9,545 [\text{m}^3/\text{h}]$$

3. 도입 외기량(Q_F)

도입 외기량을 송풍공기량의 1/3로 하면

$$Q_F = \frac{1}{3} Q = \frac{1}{3} \times 9,545 = 3,182 [\text{m}^3/\text{h}]$$

4. 혼합공기의 절대습도(x_3)과 엔탈피(i_3)

㉠ 혼합공기 절대습도 $x_m = \dfrac{G_1 t_1 + G_2 t_2}{G_1 + G_2}$ [kg/kg′]

$$x_3 = \frac{1 \times 0.0205 + 2 \times 0.0111}{1+2} = 0.0142 [\text{kg/kg}′]$$

㉡ 혼합공기 엔탈피 $i_m = \dfrac{G_1 i_1 + G_2 i_2}{G_1 + G_2}$ [kJ/kg]

$$i_3 = \frac{1 \times 84.73 + 2 \times 55.59}{1+2} = 65.30 [\text{kJ/kg}]$$

5. 공조기의 냉각부하(q_C)

$$q_C = G(i_3 - i_4) = 11,455(65.30 - 43.40) = 250,865 [\text{kJ/h}] = 69,685 [\text{W}]$$

6. 감습수량(L)

$$L = G(x_3 - x_4) = 11,455(0.0142 - 0.0108) = 38.95 [\text{kg/h}]$$

예제 07

다음은 공기조화기 내부에서 공기의 변화과정을 나타낸 것이다. 데이터 수집결과를 토대로 물음에 답하시오. (단, 공기의 정압비열은 1 kJ/kg · ℃ 이며 공기의 밀도는 1.2 kg/m³ 이다.)

기 호	측정항목	데이터	단위
H_1	실내공기 엔탈피	52	kJ/kg
H_2	외기 엔탈피	80	kJ/kg
H_3	냉각코일의 입구공기(즉, 혼합공기) 엔탈피	63	kJ/kg
H_4	냉각코일의 출구공기 엔탈피	36	kJ/kg
H_5	실내토출공기 엔탈피	38	kJ/kg
Q	송풍량	12,500	m³/h
P	냉동기 소요동력	35	kW

1. 계산과정에 필요한 사이클을 공기선도를 그려서 나타내시오.
2. 실내취득열량(kJ/h) 을 구하시오.
3. 송풍덕트에서의 침입열량(kJ/h) 을 구하시오.
4. 외기도입 열량(kJ/h)을 구하시오.
5. 송풍량 중 외기량(m³/h)을 구하시오.
6. 냉각코일의 냉각부하(kJ/h)를 구하시오.
7. 냉동기의 성적계수(COP)를 구하시오.

정답

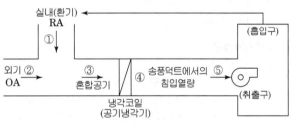

[공조 블록선도]

1. 공기선도

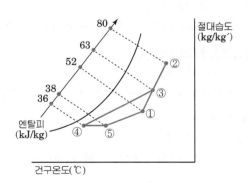

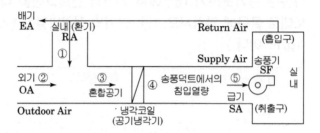

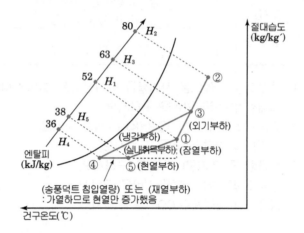

우선 먼저, 송풍량의 단위를 kg/h로 바꾸어야 엔탈피와 계산되므로
Q = 1.2 kg/m³ × 12,500m³/h
= 15,000kg/h

2. 실내취득열량

$q = G \cdot C \cdot \Delta t$

$= \rho Q \cdot C \cdot \Delta t$ (Q의 단위 : m³/h)

한편, $G = \rho \cdot Q = 1.2$ kg/m³ × m³/h = 1.2 kg/h

$= G \cdot C \cdot \Delta t$ (G : 풍량 또는 송풍량)

한편, $C \cdot \Delta t$의 단위는 kJ/kg · ℃ × ℃ = kJ/kg 로서 엔탈피 차에 해당한다.

∴ $q = G \cdot \Delta H$ 로 공식이 정리된다.

따라서, 실내취득부하

$q_T = G \times (H_1 - H_5)$

$= 15,000$ kg/h × (52 − 38)kJ/kg = 210,000kJ/h

3. 송풍덕트에서의 침입열량

$q_d = G \times (H_5 - H_4)$

$= 15,000$ kg/h × (38 − 36)kJ/kg = 30,000kJ/h

4. 외기부하

$q_0 = G \times (H_3 - H_1)$

$= 15,000 \times (63 − 52) = 165,000$kJ/h

5. 송풍량 중 외기량(m³/h)

$$Q_0 = Q \times \frac{(H_3 - H_1)}{(H_2 - H_1)}$$

$$= 12{,}500\text{m}^3/\text{h} \times \frac{63 - 52}{80 - 52} = 4{,}911\text{m}^3/\text{h}$$

6. 냉각코일의 냉각부하

$$q_c = G \times (H_3 - H_4)$$

$$= 15{,}000 \times (63 - 36) = 405{,}000\text{kJ/h}$$

7. 냉동기 성적계수

$$\text{COP} = \frac{q_c}{A_L}$$

$$= \frac{405{,}000\,\text{kJ/h}}{35\,\text{kW}} = \frac{405{,}000\,\text{kJ/h}}{35\,\text{kW} \times \dfrac{1\,\text{J}}{1\,\text{sec}}}$$

$$= \frac{405{,}000\,\text{kJ/h}}{35\,\text{kW} \times \dfrac{1\,\text{J}}{1\,\text{sec}} \times \dfrac{3600\,\text{sec}}{1\,\text{h}}}$$

$$= 3.2$$

예제 08

다음과 같은 공기조화 과정을 습공기선도상에 번호를 기입하여 그리시오.

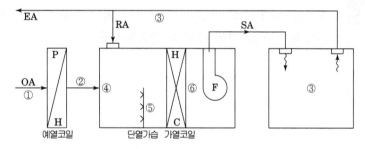

정답

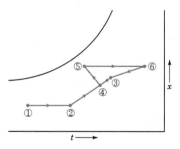

①~② : 예열코일에 의한 외기 예열
④ : 환기 ③과 예열된 외기 ②의 혼합
④~⑤ : 혼합공기 ④를 순환수 분무에 의한 단열가습
⑤~⑥ : 가열코일에 의한 가열
⑥~③ : 가열된 공기 실내 공급

예제 09

다음과 같은 공기조화 장치도를 보고 습공기선도상에 장치도에 따른 상태변화를 개략적으로 표시하시오.

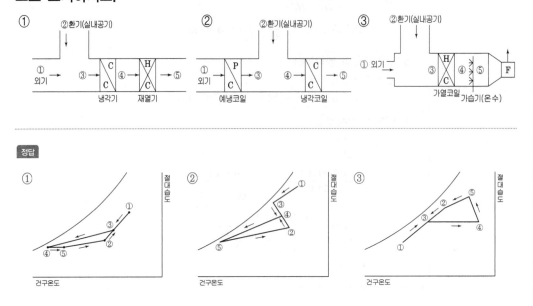

정답

예제 10

송풍량, 냉각코일 부하, 외기냉방시 외기도입량, 연간 절감효과, 전열교환기 통과 후 엔탈피, 절약효과에 대하여 설명하시오.

[14년 1급]

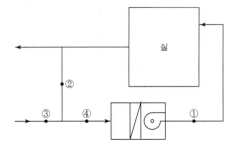

		온도(℃)	절대습도(kg/kg')	엔탈피
외기	중간기	13	0.006	28
	하절기	32	0.022	82.3
실내		26	0.011	54
냉각기 출구		16	0.012	43

1. 실내현열부하 : 126,000kJ/h
   외기도입비율 : 25%
   냉동기 cop : 3.5
   공기밀도 : 1.2kg/m³, 비열 : 1.005kJ/h

2. 중간기 이코노마이져 시스템을 도입할 때 혼합온도를 16℃로 한다면 이때 외기량(m^3/h)을 구하고 외기냉방에 의한 동력절감량(kwh)을 구하시오.(외기냉방시간은 720시간)

3. 하절기 전열효율 70% 전열교환기를 설치하여 열회수를 꾀할 때 전열교환기 출구(⑤) 엔탈피를 구하고 년간 동력절감량(kWh)을 구하시오.(전열교환기 운전시간 2,160시간)

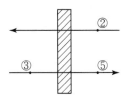

정답

1. 송풍량 $= \dfrac{q_s}{\rho \cdot c \cdot \Delta t} = \dfrac{126,000}{1.2 \times 1.005\,(26 - 16)} = 10,447.76\,\text{m}^3/\text{h}$

   냉각코일부하 $= G \cdot \Delta h = \dfrac{10,447.76 \times 1.2\,(61.08 - 43)}{3,600} = 62.97\,\text{kW}$

   $h_4 = 0.75 h_2 + 0.25\, h_3 = 0.75 \times 54 + 0.25 \times 82.3 = 61.08\,\text{kJ/kg}$

2. 급기량을 1로 보고 외기량을 x라 하면

   $16 = x \times 13 + (1 - x)26$

   $\therefore\ = \dfrac{10}{13}$

   $\therefore$ 외기량 $= 10,447.76 \times \dfrac{10}{13} = 8,036.74\,\text{m}^3/\text{h}$

   동력절감량 $= \dfrac{62.97\,\text{kW}}{3.5} \times 720 = 12,953.8\,\text{kwh}$

3. 전열교환기 출구 ⑤ 엔탈피

   $\% = \dfrac{h_3 - h_5}{h_3 - h_2} \qquad 0.7 = \dfrac{82.3 - h_5}{82.3 - 54}$

   $\therefore\ h_5 = 62.49\,\text{kJ/kg}$

   동력절감량(전열) $= G_o\,(h_3 - h_5)$
   $\qquad\qquad = 1.2 \times 10,447.76 \times 0.25\,(82.3 - 62.49)$
   $\qquad\qquad = 62,091.04\,\text{kJ/h} = 17.25\,\text{kW}$

   동력절감량 $= \dfrac{17.25}{3.5} \times 2160 = 10,645.71\,\text{kWh}$

예제 11

난방 시 공기조화기 운전과 관련하여 다음 물음에 답하시오.(6점) [18년 실기]

1. 〈그림1〉의 공기조화기가 〈그림2〉와 같이 혼합·가열·가습 프로세스로 운전 될 때 주어진 조건을 이용하여 다음 〈표〉의 항목에 대한 습공기선도에서의 상태변화를 〈보기〉와 같이 표기하시오.(2점)

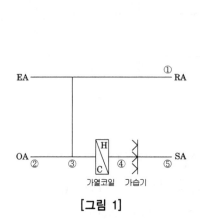

[그림 1]

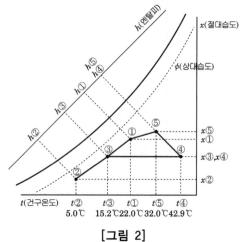

[그림 2]

〈보기〉

항목	상태변화
외기부하(Δh)	$h_③ - h_②$

〈표〉

No.	항목	상태변화
(1)	실내 난방열량(Δh)	
(2)	공기조화기 가열코일열량(Δh)	
(3)	실내 가습수증기량(Δx)	
(4)	실내 추출 온도차(Δt)	

2. 〈그림1〉의 공기조화기에 폐열회수장치(현열 열교환기)를 〈그림3〉과 같이 공기조화기 EA와 OA 사이에 설치하였을 경우, 설계조건과 〈그림4〉의 습공기 선도를 이용하여 혼합공기 ③의 건구온도(℃)를 계산하시오.(주어진 조건 외의 사항은 고려하지 않음)(4점)

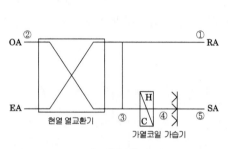

[그림 3]

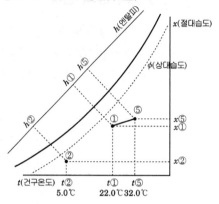

[그림 4]

〈설계조건〉
- 외기도입비율 40%
- 현열교환효율 난방시 60%
- 전체 도입 외기는 현열 열교환기를 통과함
- 외기풍량과 배기풍량은 동일함

정답

1. (1) $h_5 - h_1$ (2) $h_4 - h_3$
   (3) $x_5 - x_4$ (4) $t_5 - t_1$

2. 현열교환 · 효율 $\eta = \dfrac{t'_2 - t_2}{t_1 - t_2}$ 에서

   $t_2' = t_2 + (t_1 - t_2) \times 3 = 5 + (22-5) \times 0.6 = 15.2℃$

   ∴ $t_3 = 15.2 \times 0.4 + 22 \times 0.6 = 19.28℃$

핵심13 냉방부하

1. 냉방부하의 종류

여름에 실내의 온·습도를 설계치로 유지하려면 밖에서 침입해 들어오는 열량과 실내에서 발생하는 열량을 제거해야 하는데, 이 열량을 현열부하라 한다. 또 설계치 이상의 수분을 제거해야 하는데 이때 수분의 잠열부하를 합쳐 냉방부하로 한다. 냉방부하는 다음과 같이 분류한다.

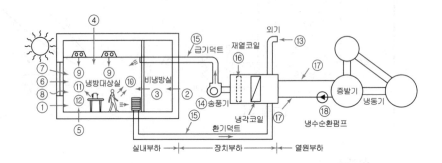

[냉방부하의 종류와 발생 요인]

구 분	부하의 발생 요인		현 열	잠 열
실내취득열량	벽체로부터의 취득열량		○	
	유리로부터의 취득열량	직달일사에 의한 것	○	
		전도대류에 의한 것	○	
	극간풍에 의한 취득열량		○	○
	인체의 발생열량		○	○
	기구로부터의 발생열량		○	○
장치로부터의 취 득 열 량	송풍기에 의한 취득열량		○	
	덕트로부터의 취득열량		○	
재 열 부 하	재열기의 가열량(취득열량)		○	
외 기 부 하	외기의 도입으로 인한 취득열량		○	○

▶ 냉방부하를 계산할 때 현열과 잠열을 동시에 계산해 주어야 할 부하 요소
  ① 극간풍에 의한 취득열량
  ② 인체의 발생열량
  ③ 기구로부터의 발생열량
  ④ 외기의 도입으로 인한 취득열량

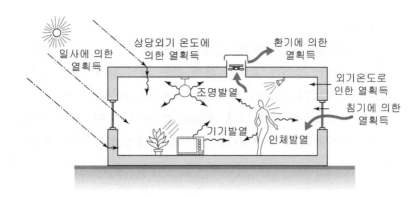

[건물의 열획득]

2. 냉방부하의 기기 용량

실내 취득열량은 송풍기의 용량 및 송풍량을 산출하는 요인이 된다. 여기서 장치부하와 재열부하 및 외기부하를 합하면 냉각코일의 용량을 결정할 수 있다.

또한 냉동기의 증발기와 공조기의 냉각코일에 접속되는 냉수 배관도 주위로부터 현열을 얻게 되는데 이 부하를 배관부하라고 하며, 냉각코일 용량에 배관까지 합하면 냉동기 용량이 된다.

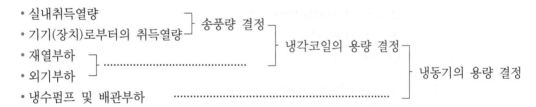

[냉방부하와 기기용량과의 관계]

3. 냉방부하 계산의 설계 조건

(1) 실내 조건

냉방부하 계산에 있어서 실내 온습도는 매우 중요한 설계 조건의 하나이다. 왜냐하면 실의 사용 목적에 따라 그 조건이 각기 다르며, 또한 사람의 경우에 있어서도 쾌적온도의 범위가 서로 다르기 때문이다.

[실내의 온습도 조건]

조 건 계 절	여 름	겨 울
온 도	25~27℃	20~22℃
습 도	50~55%	50~55%

(2) 외기 조건

최대 냉방부하는 가장 불리한 상태일 때의 조건으로 구한 부하로, 냉방장치 용량을 결정하는데 도움을 주지만, 부하가 최대일 때를 위한 장치 용량이므로 매우 비경제적이 되기 쉽다. 그래서 ASHRAE의 TAC(Technical Advisory Committee)에서는 위험률 2.5~10% 범위 내에서 설계 조건을 삼을 것을 추천하고 있다. 위험률 2.5%의 의미는 어느 지역의 냉방시간이 2,000시간이라면, 이 기간 중 2.5%에 해당하는 50시간은 냉방 설계 외기 조건을 초과할 수 있다는 것을 의미한다.

4. 냉방부하의 계산식

(1) 벽체로부터의 취득열량 q_w[W]

① 일사의 영향을 무시할 때

$$q_w = K A \Delta t$$

Δt : 외기와의 온도차[℃]

② 일사의 영향을 고려할 때

$$q_w = K A \, ETD$$

K : 구조체의 열관류율[W/m² · K]

A : 구조체의 면적[m²]

ETD : 상당 온도차[℃]

※ ETD : Equivalent Temperature Difference

: 상당 외기 온도차 $\Delta t_e = t_0 - t_r$

일사를 받는 외벽이나 지붕과 같이 열용량을 갖는 구조체를 통과하는 열량을 산출하기 위해 외기 온도나 일사량을 고려하여 정한 근사적인 외기 온도이다.

> **|참고|** CLTD에 의한 방법
>
> CLTD란 일사에 의해 구조체가 축열된 후 축열의 효과가 시간차를 두고 서서히 나타나는 현상을 고려한 방법이다.
> $q_w = K A \, ETD$에서 ETD(Equivalent Temperature Difference : 상당 외기 온도차)를 CLTD(Cooling Load Temperature Difference)로 대체하는 방법이다.

(2) 유리로부터의 일사에 의한 취득열량 q_G[W]

① 유리로부터의 관류에 의한 취득열량

$$q_{GT} = K A_g \Delta t$$

    A_g : 유리창의 면적(새시 포함)[m²]

    Δt : 실내외 온도차[℃]

② 유리로부터 일사취득열량

$$q_{GR} = I_{gr} A_g k_s$$

    I_{gr} : 유리를 통해 투과 및 흡수의 형식으로 취득되는 표준 일사취득열량[W/m²·K]

    A_g : 유리창의 면적[m²]

    k_s : 전차폐 계수

(3) 극간풍(틈새바람)에 의한 취득열량 q_I[W]

① 현열량

$$q_{IS} = GC(t_0 - t_i)[\text{kJ/h}] = \rho QC(t_0 - t_i)[\text{kJ/h}]$$
$$= 0.34 Q(t_o - t_i)[\text{W}]$$

② 잠열량

$$q_{IL} = GL(x_0 - x_i)[\text{kJ/h}] = \rho QL(x_0 - x_i)[\text{kJ/h}]$$
$$= 834 Q(x_o - x_i)[\text{W}]$$

    q_{IS} : 틈새바람에 의한 현열취득량[W]

    q_{IL} : 틈새바람에 의한 잠열취득량[W]

    C : 공기의 정압비열[1.01kJ/kg·K]

    ρ : 공기의 밀도[1.2kg/m³]

    G_I, Q_I : 틈새바람의 양[kg/h, m³/h]

    t_0, t_i : 외기 및 실내 온도[℃]

    x_0, x_i : 외기 및 실내의 절대습도[kg/kg']

    L : 0℃에서 물의 증발잠열(2,501kJ/kg)

[주] ※ $G(\text{kg/h}) = \rho(1.2\text{kg/m}^3) \cdot Q(\text{m}^3/\text{h}) = 1.2 Q(\text{kg/h})$

    ※ 1W=1J/s=3,600J/h=3.6kJ/h

|참고| 단위환산계수

※ 0.34 : 단위환산계수
= 공기의 비열×밀도×1,000(J/KJ)÷3,600(s/h)
= 1.01kJ/kg·K×1.2kg/m³×1,000(J/KJ)÷3,600(s/h)
= 0.336W·h/m³·K
≒ 0.34W·h/m³·K

※ 834 : 단위환산계수(0℃에서 물의 증발잠열 γ = 2,501kJ/kg 적용)
= 1.2kg/m³×2,501kJ/kg×1,000(J/KJ)÷3,600(s/h)
≒ 834W·h/m³

▸ 열량의 단위 환산
1kw=1,000w=860kcal/h
1w=0.86kcal/h
1w=1J/s=3,600J/h=3.6kJ/h
1kJ=0.24kcal=240cal

(4) 인체로부터의 취득열량 q_H[W]

$$q_H = q_{HS} + q_{HL}$$

① 현열량

$q_{HS} = n H_s$

② 잠열량

$q_{HL} = n H_L$

n : 재실 인원수[명]

H_s : 1인당 인체 발생현열량[W·인]

H_L : 1인당 인체 발생잠열량[W·인]

(5) 조명 및 기기로부터 취득열량 q_E[W]

① 조명기구의 발생열량

㉠ 백열등 : $q_E = W \cdot f$ [W]

㉡ 형광등 : $q_E = W \cdot f \times 1.2$ [W]

여기서, q_E : 조명기구로부터의 취득열량

W : 조명기구의 소비전력[W]

f : 조명기구의 사용률(점등률)

1.2 : 형광등인 경우 안정기 발열량 20% 할증

② 동력에 의한 부하(전동기는 실내에 있고, 기계는 실외에 있는 경우)

$$q_E = P \cdot f_e \cdot f_o \cdot f_k = P \cdot f_e \cdot f_o \cdot \frac{1-\eta}{\eta}$$

여기서, P : 전동기의 정격출력[kW]

f_e : 전동기에 대한 부하율(모터출력/정격출력)

f_o : 전동기 사용률

f_k : 전동기와 기계의 사용상태 $\left[f_k = \dfrac{1-\eta}{\eta} \right]$

(6) 재열부하 q_R

$$q_R = 0.34 Q(t_2 - t_1)$$

t_2, t_1 : 재열기 출구 및 입구 공기의 온도[℃]

(7) 외기 부하 q_F[W]

$$q_F = q_{FS} + q_{FL}[\text{W}] = G_F(h_0 - h_r)$$

$$q_{FS} = 0.34(t_0 - t_r)$$

$$q_{FL} = 834 Q_F(x_0 - x_r)$$

h_0, h_r : 실외, 실내의 엔탈피[kJ/kg]

t_0, t_r : 실외, 실내 온도[℃]

x_0, x_r : 실외, 실내의 절대습도[kg/kg']

G_F, Q_F : 외기량[kg/h, m³/h]

(8) 송풍기와 덕트로부터의 취득열량 q_B[W]

[기기 내 열취득]

송풍기에서의 열취득	실내 취득열량의 5~13%
덕트에서의 열량	실내 취득열량의 3~7%
합 계	8~20%

예제 01

공기조화시스템의 냉방부하와 관련하여 다음 물음에 답하시오. [15년 실기]

1. 열원설비 계통에서 냉동기의 용량을 결정하기 위하여 고려할 부하의 종류를 서술하시오.
2. 공조기 송풍량을 결정하는데 영향을 주는 부하의 종류를 서술하시오.

정답

1. 실내부하(실내취득열량), 장치(기기)부하, 재열부하, 외기부하, 냉수 펌프 및 배관부하
2. 실내부하(실내취득열량), 장치(기기)부하

예제 02

다음과 같은 조건에서 실체적 3,000m³인 어떤 실의 틈새바람에 의한 냉방부하는?

[조건]
1) 환기횟수 = 0.5회/h
2) 외기의 온도 t_0=32℃
3) 실내공기의 온도 t_i=26℃
4) 외기의 절대습도 x_0=0.018kg/kg
5) 실내공기의 절대습도 x_i=0.011kg/kg
6) 공기의 밀도 = 1.2kg/m³
7) 공기의 정압비열 = 1.01kJ/kg·K
8) 0℃에서 물의 증발잠열 = 2501kJ/kg

정답

① 먼저, 환기량을 구한다.
   Q = n V =0.5×3,000=1,500m³/h
   Q : 환기량(m³/h)   n : 환기회수(회/h)   V : 실용적(m³)

② 현열부하(q_s) = $GC\Delta t$[kJ/h] = $\rho QC\Delta t$[kJ/h]
   = 1.2×1,500×1.01×(32-26)=10,908[kJ/h]

③ 잠열부하(q_L) = $GL\Delta x$[kJ/h] = $\rho QL\Delta x$[kJ/h]
   = 1.2×1,500×2,501×(0.018-0.011)=31,512.6[kJ/h]

∴ 외기부하=현열부하+잠열부하=10,908+31,512.6=42,420.6kJ/h=11,783.5W

※ G(kg/h)=ρ(1.2kg/m³)·Q(m³/h)=1.2 Q(kg/h)

※ 1W=1J/s=3,600J/h=3.6kJ/h

예제 03

다음과 같은 건물에 대한 냉방부하 산출서의 답란을 채우시오.

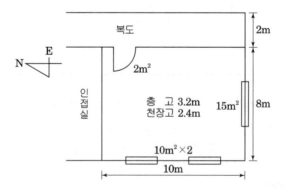

1. 설계외기온도 : 34℃, 절대습도 : 0.0310[kg/kg′]
   설계실내온도 : 26℃, 절대습도 : 0.0115[kg/kg′]
   공기밀도 : 1.2[kg/m³], 비열 : 1.01[kJ/kg·K]

2. 열관류율

외벽 : K=0.48[W/m² · K],　　　 내벽 : K=1.12,　　　　 유리창 : K=3.22,

문 : K=2.14,　　　　　　　　　 천장 : K=0.44,　　　　　 바닥 : K=0.44

3. 유리창 차폐계수 : 0.5
4. 일사량 : 서쪽 350[W/m²], 남쪽 153[W/m²]
5. 외벽 상당온도차 서쪽 : 6.8℃, 남쪽 : 13.2℃
6. 실내 거주인원 15명, 1인 필요환기량(극간풍 이외 도입외기량) 25[m³/h]

인체발열량 : 현열 49[W/인], 잠열 53[W/인]

7. 극간풍에 의한 환기횟수 : 0.6회
8. 조명부하(형광등) : 20[W]×8개(여유율 1.2)
9. 하부층은 창고이며, 복도와 창고는 실내외 평균온도로 공조, 상부층과 인접실은 실내와 같은 조건으로 공조를 한다.

정답

[냉방부하 산출서]

구분	방위	면적[m²]	열관류율	온도차	일사량	차폐계수	부하[W]
일사량	서창	20			350	0.5	3,500
	남창	15			153	0.5	1,147.5
관류량	서창	20	3.22	34−26=8			515.2
	서 외벽	12	0.48	6.8			39.17
	동 내벽	22	1.12	8/2=4			98.56
	동문	2	2.14	4			17.12
	남창	15	3.22	8			386.4
	남 외벽	10.6	0.48	13.2			67.16
	북 내벽	19.2	1.12	0			0
	천장	80	0.44	0			0
	바닥	80	0.44	4			140.8
침입 외기	현열	극간풍량 $Q=10\times8\times2.4\times0.6=115.2[\text{m}^3/\text{h}]$ $q_S=\rho QC\Delta t = 115.2\times1.2\times1.01(34-26)$ $=1,116.98[\text{kJ/h}]=310.27[\text{W}]$				310.27
	잠열	$q_L=2,501\,G\Delta x$ $=2,501\times1.2\times115.2(0.031-0.0115)$ $=6,741.90[\text{kJ/h}]=1,872.75[\text{W}]$				1,872.75
실내 발열	인체현열	15×49					735
	인체잠열	15×53					795
	기구발열	20×8×1.2					192
외기 부하	현열	필요외기량 $Q=15\times25=375[\text{m}^3/\text{h}]$ $q_S=1.2\times375\times1.01(34-26)=3,636[\text{kJ/h}]$ $=1,010[\text{W}]$				1,010
	잠열	$q_L=2,501\times1.2\times375(0.031-0.0115)$ $=21,946.28[\text{kJ/h}]=6,096.19[\text{W}]$				6,096.19
부하총계							16,923.12

예제 04

어느 건물의 실내에서 취득열량 및 외기부하를 산출하였더니 다음과 같을 때 각각의 물음에 답하시오. (단, 급기온도는 20 ℃, 실내온도는 31 ℃, 공기의 밀도는 1.2kg/m³, 공기의 정압비열은 1.0 kJ/kg℃, 실내취득열량의 안전율(여유율)은 고려하지 않는다.)

항 목	현열 (kJ/h)	잠열 (kJ/h)
벽체에서의 취득열	5,000	0
유리창에서의 취득열	7,000	0
조명 발열량	2,400	0
전기포트 발열량	140	600
인체 발열량	960	1,200
외기 부하	1,500	5,000

1. 실내취득 현열량(kJ/h)을 구하시오.
2. 실내취득 잠열량(kJ/h)을 구하시오.
3. 실내취득 부하(kJ/h)를 구하시오.
4. 실내 현열비를 구하시오.
5. 냉방에 소요되는 송풍량(CMM)을 구하시오.
6. 냉각코일 부하(kJ/h)를 구하시오.
7. 냉동기 용량(usRT)을 구하시오. (단, 1usRT = 12,700 kJ/h 이고 배관마찰압력에 의한 손실 열량은 냉각코일 부하의 10%로 한다.)

정답

1. 실내취득 현열량 q_s = $(5,000 + 7,000 + 2,400 + 140 + 960)$ = 15,500kJ/h
2. 실내취득 잠열량 q_L = $(600+1,200)$ = 1,800 kJ/h
3. 실내취득 부하 q_T = 15,500 + 1,800 = 17,300kJ/h
4. 현열비(SHF) = $\dfrac{현열}{전열}$ = $\dfrac{현열}{현열 + 잠열}$ = $\dfrac{15,500}{15,500 + 1,800}$ = 0.90
5. 송풍량은 실내취득부하 중 현열부하만을 고려해서 계산하므로,

q_s = $Q \cdot \Delta h$ (송풍량 Q : kg/h)

    = $\rho V \times C \cdot \Delta t$ 에서

V = $\dfrac{q_s}{\rho C \Delta t}$ = $\dfrac{15,500 \, kJ/h}{1.2 \, kg/m^3 \times 1kJ/kg℃ \times 11℃}$ = 1,174 CMH

    = $\dfrac{15,500 \, kJ/h \times 1h/60min}{1.2 \, kg/m^3 \times 1kJ/kg℃ \times 11℃}$ = 19.57 CMM

│참고│ 송풍량의 단위

CMH (시간당 입방미터) : cubin meter per hour

CMM (분당 입방미터) : cubin meter per minute

6. 냉각코일 부하 또는 냉방부하

q_c = q_T(실내취득부하) + q_0 (외기부하) + (재열부하)

    = 17,300 + (1,500+5,000) + 0 = 23,800kJ/h

7. 냉동기 용량

q_e = 23,800kJ/h × 1.1 × $\dfrac{1 \, us \, RT}{12,700 \, kJ/h}$ = 2.06usRT

예제 05

그림과 같은 건물의 오후 2시 외피를 통한 냉방부하(W) 계산서를 주어진 양식에 맞추어 작성하시오.

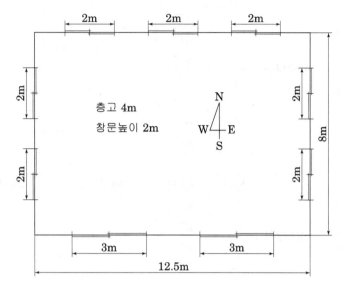

층고 4m
창문높이 2m

1. 설계외기조건

구분	건구온도(℃ DB)	상대습도(% RH)
외기	31.2	63.2
실내	26	50

2. 구조체 조건

조건 실용도	외벽 열관류율 (W/m²K)	유리 열관류율 (W/m²·K)	유리 상당교정온도차 CLTDcorr(℃)	유리 차폐계수(SC)
여 름	0.4	1.8	5.5	0.35

3. 오후 2시 외벽의 상당교정온도차(CLTDcorr) 및 유리의 일사부하(SCL)

구분 방위	외벽의 상당교정온도차 CLTDcorr(℃)	유리의 일사부하(W/m²)
동	13.5	180
서	7.5	265
남	6.5	164
북	4.5	101

	방위	구조체	면 적(m²)	열관류율	CLTD	부하(W)
관류부하	동	유리				
		외벽				
	서	유리				
		외벽				
	남	유리				
		외벽				
	북	유리				
		외벽				
		소 계				

	방위	구조체	면 적(m²)	차폐계수	SCL	부하(W)
일사부하	동	유리				
	서	유리				
	남	유리				
	북	유리				
		소 계				
계						

정답

	방위	구조체	면 적(m²)	열관류율	CLTD	부하(W)
관류부하	동	유리	2 × 2 × 2 = 8	1.8	5.5	79.2
		외벽	8 × 4 - 8 = 24	0.4	13.5	129.6
	서	유리	2 × 2 × 2 = 8	1.8	5.5	79.2
		외벽	8 × 4 - 8 = 24	0.4	7.5	72
	남	유리	3 × 2 × 2 = 12	1.8	5.5	118.8
		외벽	12.5 × 4 - 12 = 38	0.4	6.5	98.8
	북	유리	2 × 2 × 3 = 12	1.8	5.5	118.8
		외벽	12.5 × 4 - 12 = 38	0.4	4.5	68.4
		소 계				764.8

	방위	구조체	면 적(m²)	차폐계수	SCL	부하(W)
일사부하	동	유리	8	0.35	180	504
	서	유리	8	0.35	265	742
	남	유리	12	0.35	164	688.8
	북	유리	12	0.35	101	424.2
		소 계				2,359
계						3,123.8

예제 06 제시된 도면(A-001)상의 '제2사무실'에 대해 다음 조건에 따른 냉방부하(W)를 계산하시오. (10점)

[조건]

1) 남향의 수직면 전일사량 : 600W/m^2
2) 상당외기온도차 : 20K, 실내외 온도차 : 8K
3) 1인당현열부하 : 40W/인, 1인당 잠열부하 : 60W/인
4) 재실인원 : 0.2인/m^2
5) 외기절대습도 : 0.02kg/kg′
6) 실내절대습도 : 0.01kg/kg′
7) 0℃ 물의 증발잠열 : 2,501kJ/kg
8) 공기의 정압비열 : 1.005kJ/kg·K
9) 공기밀도 : 1.2kg/m^2
10) 침입외기량 : 24m^3/h
11) 열관류율 : ① 외벽 : 0.253W/m^2·K
               ② 유리 : 1.8W/m^2·K
12) 차폐계수 : 0.4

정답

냉방부하

1. 외벽 관류부하

$$q_w = K_w \cdot A \cdot \Delta t_e = 0.253 \times 14 \times 20 = 70.84W$$

2. 유리 관류부하

$$q_{GT} = K_g \cdot A_g \cdot \Delta t = 1.8 \times 4 \times 8 = 57.6W$$

3. 유리 일사부하

$$q_{GR} = I_{gr} \cdot A_g \cdot K_s = 600 \times 4 \times 0.4 = 960W$$

4. 틈새 침입외기

현열 $q_s = \rho \cdot Q \cdot C \cdot \Delta t = 1.2 \times 24 \times 1.005 \times 8$
$$= 231.55kJ/h = 64.32W$$

잠열 $q_L = \rho \cdot Q \cdot L \cdot \Delta x = 1.2 \times 24 \times 2501 \times 0.01$
$$= 720.288\,kJ/h = 200.08W$$

5. 인체

현열 $q_s = 0.2 \times 36 \times 40 = 288W$

잠열 $q_L = 0.2 \times 36 \times 60 = 432W$

$\therefore\ 1 + 2 + 3 + 4 + 5 = 2,072.84W$

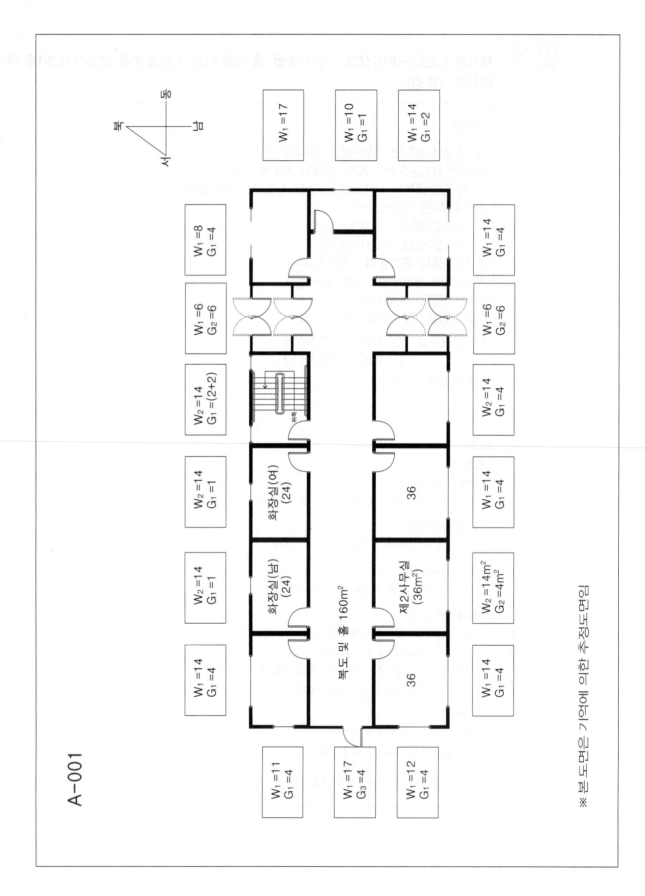

핵심14 **난방부하**

1. 난방부하의 종류

난방부하의 요소들은 표와 같으며, 냉방부하의 발생 요인보다는 아주 간단하게 취급된다. 그 원인은 냉방부하 때에 고려한 일사(日射)의 영향이나 조명기구를 포함한 실내 기구, 재실(在室) 인원 등으로부터의 발생열량은 난방부하를 경감시키는 요인들이며, 일반적인 경우에는 부하 계산에 포함시키지 않기 때문이다.

[난방부하의 종류와 발생 요인]

종　　　류	부하의 발생 요인	현　열	잠　열
실 내 손 실 열 량	외벽, 창유리, 지붕, 내벽, 바닥	○	
	극 　간 　풍	○	○
기 기 손 실 열 량	덕　　　　트	○	
외 　기 　부 　하	환 기 극 간 풍	○	○

[주] 현열 : 온도의 변화에 따라 발생하는 열. 온도 측정 가능 → 현열량 : 온도의 상승이나 강하의 요인이 되는 열량
　　잠열 : 상태의 변화에 따라 발생하는 열. 온도 일정 → 잠열량 : 습도의 변화를 주는 열량

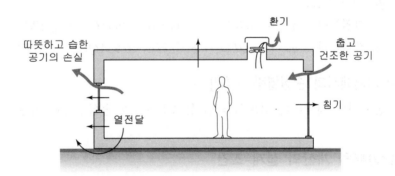

[건물의 열손실]

2. 난방부하의 계산식

(1) 벽체로부터의 손실열량 q_w[W]

$$q_w = K \cdot A(t_i - t_0)k$$

q_w : 구조체를 관류하는 열량[W]　　K : 구조체를 통한 열관류율[W/m²·K]

A : 구조체 면적[m²]　　　　　　　t_i : 실내 온도[℃]

t_0 : 실외 온도[℃]　　　　　　　k : 방위 계수

※ 방위계수(k : 보정계수)

① 일사와 바람의 영향을 고려 구조체의 방위와 위치에 따라 다르게 적용한다.

② 구조체를 통한 열손실 계산시 곱해 주는 값

	남	북	동·서	남동·남서	지붕	바람이 센곳
방위계수	1.0	1.2	1.1	1.05	1.2	1.2

(2) 틈새바람(극간풍)에 의한 손실열량 q_I[W]

$q_I = q_{IS} + q_{IL}$

① 현열부하 : $q_{IS} = GC(t_i - t_0)[\text{kJ/h}] = \rho QC(t_i - t_0)[\text{kJ/h}]$

$\qquad\qquad\qquad = 0.34Q(t_i - t_o)[\text{W}]$

② 잠열부하 : $q_{IL} = GL(x_i - x_0)[\text{kJ/h}] = \rho QL(x_i - x_0)[\text{kJ/h}]$

$\qquad\qquad\qquad = 834Q(x_i - x_o)[\text{W}]$

C : 공기의 정압비열[1.01kJ/kg·K], $\qquad\qquad \rho$: 공기의 밀도[1.2kg/m³]

G, Q : 극간풍량[kg/h, m³/h] $\qquad\qquad t_i, t_0$: 실내 및 실외 공기의 온도[℃]

x_i, x_o : 실내 및 실외 공기의 절대습도[kg/kg']

L : 0℃에서 물의 증발잠열(2,501kJ/kg)

(3) 외기부하에 의한 손실열량 q_F[W]

$q_F = q_{FS} + q_{FL}$

① 현열부하 : $q_{FS} = \rho QC(t_i - t_0)[\text{kJ/h}] = 0.34Q(t_i - t_o)[\text{W}]$

② 잠열부하 : $q_{FL} = \rho QL(x_i - x_0)[\text{kJ/h}] = 834Q(x_i - x_o)[\text{W}]$

(4) 기기에서의 손실열량 q_B[W]

공조기의 체임버나 덕트의 외면 등으로부터의 손실부하와 여유 등을 총괄해서 계산한다.

3. 난방부하 계산의 설계 조건

(1) 외기 온도 조건

난방부하 계산에서 가장 중요한 요소는 시시각각으로 변하는 외기 온도 기준을 어떻게 삼을 것이냐 하는 것이다. 물론 가장 불리한 조건을 설계 기준으로 삼는 것이 가장 안전하다고 할 수 있겠으나, 이것을 실제 설계용으로 취할 경우에는 필요 이상의 난방설비 용량의 증대를 가져오게 될 것이다.

난방장치 용량을 계산하기 위한 외기 설계 조건은 전 난방기간(12월~3월)에 위험률※ 2.5%(TAC※의 추천)을 기준으로 적용한다.

※ 위험률 : 실제 외기는 가장 추운 달의 외기 평균 온도보다 더 추워지는 정도가 2.5% 더 강하할 수 있다는 뜻이다.

※ TAC : ASHRAE(미국공기조화냉동공학회)의 기술지도위원회(Technical Advisory Committee)

[냉난방부하계산서]

| 실명 : 사 무 실 | | | | | | | 실크기( )L × ( )W = m² |
| | | | | | | | ( )m² × ( )H = m³ |

냉방부하 계산				난방부하 계산			
실외조건	℃	%	kg/kg'	℃	%	kg/kg'
실내조건	℃	%	kg/kg'	℃	%	kg/kg'

현열부하 계산 / 현열부하 계산

① 벽체 및 지붕을 통한 부하

항목	방위	열관류율	면적	상당온도차				취득열량(W)			
				10시	12시	2시	4시	10시	12시	2시	4시
소 계											

① 전열부하

항목	방위	열관류율	방위계수	면적	온도차	손실열량

② 유리창을 통한 부하

항목	방위	차폐개수 열관류율	면적	일사량, 온도차				취득열량(W)			
				10시	12시	2시	4시	10시	12시	2시	4시
소 계											

소 계	

③ 침입외기, 인체, 조명, 기타 부하 / ② 침입외기에 의한 부하

침입외기	$0.34\,Q\Delta t =$		침입외기	$0.34\,Q\Delta t =$	
인체	명 × W·인 =		실내 현열소계		
조명	$wfA =$		여유율 10%		
기타			실내 현열 계(q_s)		

소 계			잠열부하 계산		
실내 현열 소계			침입외기		
여유율 10%			$834\,Q\Delta x =$		
실내 현열 계(q_s)			여유율 10%		

잠열부하 계산			실내 잠열 계(q_L)		
침입외기	$834\,Q\Delta x =$		난방부하($q_s + q_L$)		
인체	명× W·인=				
기타					
실내 잠열 소개					
여유율 10%					
실내 잠열 계(q_L)					
냉방부하($q_s + q_L$)					

현열비$(SHF) = \dfrac{q_s}{q_s + q_L} =$

송풍량 $= \dfrac{q_s}{0.34(t_s - t_r)} =$ m³/h

환기회수 $= \dfrac{송풍량}{실용적} =$ 회/h

단위면적당 난방부하 ≒ W/m²

현열비$(SHF) = \dfrac{q_s}{q_s + q_L} =$ 　　 송풍량 $= \dfrac{q_s}{0.34(t_s - t_r)} =$ m³/h

환기회수 $= \dfrac{송풍량}{실용적} =$ 회/h

단위면적당 냉방부하 ≒ W/m²

예제 01

다음과 같은 조건에 있는 두께 25cm인 외벽(콘크리트 20cm + 석고 플라스터 5cm)을 통해 들어오는 열량은?

[조건]

1) 콘크리트의 열전도율 : 1.4W/m · K
2) 석고 플라스터의 열전도율 : 0.5W/m · K
3) 벽체의 실내측 표면 열전달률 : 20W/m² · K
4) 벽체의 실외측 표면 열전달률 : 7W/m² · K
5) 외벽의 면적 : 45m²
6) 외기온도 : 33℃
7) 실내공기의 온도 : 24℃

정답

1. 열관류율(K) $= \cfrac{1}{\cfrac{1}{\alpha_1} + \Sigma\cfrac{d}{\lambda} + \cfrac{1}{\alpha_2}}$ (W/m² · K)

   단, α : 열전달률(W/m² · K), λ : 열전도율(W/m·K), d : 두께(m)

   ∴ 열관류율(K) $= \cfrac{1}{\cfrac{1}{\alpha_1} + \Sigma\cfrac{d}{\lambda} + \cfrac{1}{\alpha_2}} = \cfrac{1}{\cfrac{1}{20} + \left(\cfrac{0.2}{1.4} + \cfrac{0.05}{0.5}\right) + \cfrac{1}{7}}$

   $= 2.295$(W/m² · K)

2. 관류에 의한 열손실 계산(Q)

   $Q = K \cdot A \cdot (t_i - t_o)$

   여기서 K : 열관류율(W/m² · ℃)

   A : 표면적(m²)

   $t_i - t_o$: 실내외 온도차(℃)

   ∴ $Q = K \cdot A \cdot (t_i - t_o) = 2.295 \times 45 \times (33-24) = 929$W

예제 02

다음 그림과 같은 구조체에 대하여 조건을 참조하여 물음에 답하시오.

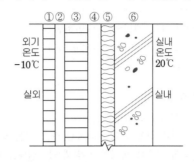

구분	재료	두께[mm]	열전도율[W/m · K]
①	타일	10	1.1
②	시멘트 모르타르	30	1.2
③	시멘트 벽돌	190	1.2
④	공기층	50	열전달 저항 : 0.2[m² · K/W]
⑤	단열재	50	0.03
⑥	콘크리트	100	1.4
내표면 열전달률(α_i)			8[W/m² · K]
외표면 열전달률(α_o)			20[W/m² · K]

1. 구조체의 열관류율[W/m²·K]을 구하시오.
2. 벽체면적이 20[m²]일 때 손실열량[kW]을 구하시오.
3. 벽체 실내측 표면온도는 얼마인가?
4. 실내 노점온도가 19℃라면 실내측 벽면의 결로 발생 여부와 그 이유를 설명하시오.
5. 4.에서 결로가 발생하지 않도록 하려면 위 단열재 두께를 얼마나 증가시켜야 하는가?

정답

1. 열관류율(K)

$$\frac{1}{K} = \frac{1}{\alpha_o} + \left(\frac{d_1}{\lambda_1} + \frac{d_2}{\lambda_2} + \frac{d_3}{\lambda_3} + \frac{d_4}{\lambda_4} + \frac{d_5}{\lambda_5} \right) + \frac{1}{\alpha_i}$$

$$= \frac{1}{20} + \left(\frac{0.01}{1.1} + \frac{0.03}{1.2} + \frac{0.19}{1.2} + 0.2 + \frac{0.05}{0.03} + \frac{0.1}{1.4} \right) + \frac{1}{8}$$

$$\therefore K = 0.434 [W/m^2 \cdot K]$$

☞ 공기층의 두께는 열전달저항값에 포함되어 있음에 주의한다.

2. 손실열량

$q = KA\Delta t = 0.434 \times 20 \times (20 - (-10)) = 260.4 [W] = 0.26 [kW]$

3. 실내표면온도(t_s)

벽체의 열관류열량과 실내측 표면 열전달량은 같다. 열통과량과 벽체 표면 열전달량은 같으므로 다음과 같은 평행식을 세울 수 있다.
① 구조체를 통한 열손실량 즉, 열관류량 $Q = K \cdot A \cdot (t_i - t_0)$

② 열전달량 $Q = \alpha \cdot A \cdot (t_i - t_s)$

$K \cdot A \cdot (t_i - t_0) = \alpha \cdot A \cdot (t_i - t_s)$

양변에서 A를 제외하고 대입하면

$0.434 \times 20 - (-10) = 8 \times (20 - t_s)$

$\therefore t_s = 18.4℃$

4. 결로발생여부와 이유

① 결로 발생여부 : 발생한다.

② 이유 : 실내표면온도(t_s=18.4℃)가 노점온도(19℃)보다 낮으므로 결로가 발생한다.

☞ 결로의 발생을 방지하기 위해서는 실내표면온도(t_s)가 노점온도 이상이 되도록 설계하여야 한다.

5. 결로의 발생 방지

결로의 발생을 방지하기 위해서는 실내표면온도(t_s)가 노점온도 이상이 되도록 하여야 한다.

$KA \Delta t = \alpha A \Delta t_s$ 에서

양변에서 A를 제외하고 대입하면

$K \times (20 - (-10)) = 8 \times (20 - 19)$

$K = 0.267$

조건의 벽체(K=0.434)에 단열재를 첨가하여 K를 0.267로 만들려면

$\dfrac{1}{K} = \dfrac{1}{K'} + \dfrac{d}{\lambda}$ 에서 $\dfrac{1}{0.267} = \dfrac{1}{0.434} + \dfrac{d}{0.03}$

$\therefore d = 0.043[\text{m}] = 43[\text{mm}]$

☞ 첨부된 단열재 두께는 43[mm] 이상이 되어야 결로가 발생하지 않는다.

예제 03

다음은 5층 건물의 2층에 대한 평면 단면도이다. 2층에 있는 사무실-A에 대하여 물음에 답하시오.

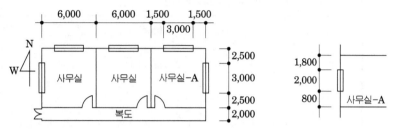

[조건]

1) 외기 온습도 조건 : -12℃, 70%RH, 0.00094[kg/kg]
2) 실내 온습도 조건 : 20℃, 40%RH, 0.00582[kg/kg]
3) 외벽의 열관류율 : 0.4[W/m² · K]
4) 내벽의 열관류율 : 1.5[W/m² · K]
5) 유리창 열관류율 : 2.9[W/m² · K]
6) 침입외기량(극간풍량) : 0.5회/h
7) 방위계수 : 북 1.2, 동 1.15, 서 1.15, 남 1.0
8) 재실인원 : 1.0인/m²(바닥면적)
9) 1인당 필요 외기량(침입외기 포함) : 25[m³/h · 인]
10) 사무실-A의 상하부 층의 사무실 및 복도는 20℃로 난방을 하고 있다.
11) 공기의 정압비열 : 1.01[kJ/kg · K], 밀도 : 1.2[kg/m³]

1. 사무실-A의 현열난방부하[W]

구분	방위	위치	면적[m²]	열관류율 [W/m² · K]	온도차	방위계수	난방부하 [W]
관류 열량	동	창					
		외벽					
	북	창					
		외벽					
침입외기부하			계산과정				
소계							
여유율(10%)							
난방부하계							

2. 공조기를 이용하여 난방을 할 경우 급기풍량[m³/h]을 구하시오.
   (단, 급기온도는 30℃로 한다.)
3. 실의 가습량[kg/h]을 구하시오. (단, 여유율 10%, 크랙 침입외기와 공조기 도입외기에 대한 가습을 고려한다.)

정답

1. 사무실-A의 현열난방부하[W] 계산

구분	방위	위치	면적[m²]	열관류율 [W/m²·K]	온도차	방위 계수	난방부하 [W]
관류 열량	동	창	3×2=6	2.9	32	1.15	640.32
		외벽	8×4.6-6=30.8	0.4	32	1.15	453.38
	북	창	3×2=6	2.9	32	1.2	668.16
		외벽	6×4.6-6=21.6	0.4	32	1.2	331.78
침입외기부하			침입외기량 $=0.5\times6\times8\times4.6=110.4[\text{m}^3/\text{h}]$ $q=\rho QC\varDelta t=1.2\times110.4\times1.01(20+12)$ $=4,281.75[\text{kJ/h}]=1,189.38[\text{W}]$				1,189.38
소계			3,283.02[W]				
여유율(10%)			328.30[W]				
난방부하계			3,611.32[W]				

2. 공조기를 이용하여 난방을 할 경우 급기풍량[m³/h] 계산

$$Q=\frac{q}{\rho\cdot C\cdot\varDelta t}=\frac{3,611.32\times3,600}{1.2\times1.01(30-20)\times1,000}=1,072.67[\text{m}^3/\text{h}]$$

※ 1w=1J/s=3,600J/h=3.6kJ/h

3. 실의 가습량[kg/h] 계산

도입외기량(Q)=외기도입+침입외기$=25\times48=1,200[\text{m}^3/\text{h}]$

가습량[kg/h]=외기량[kg/h]×외기와 실내공기의 절대습도차이므로

∴ 도입가습량 $L=G\varDelta xk=\rho Q\varDelta xk=1.2\times1,200\times(0.00582-0.00094)\times1.1=7.73[\text{kg/h}]$

예제 04

다음과 같이 최상층에 위치한 실에 대한 난방부하 산출서를 채우시오. (단, 손실열량은 소수 첫째 자리에서 반올림할 것, 주어진 조건만 고려할 것)

[조건]
1) 실내온도 : 20℃CDB, 40%RH
2) 외기온도 : -12℃CDB, 70%RH
3) 하부층 : 비난방(4℃)
4) 자연환기 횟수 : 1.0회/H
5) 열관류율 : K[W/m²·K] (외벽=0.5, 지붕=0.35, 내벽=1.7, 바닥=2.0, 창=3.0, 문=2.7)
6) 방위계수 : N=1.2, E.W=1.1, S=1.0, 지붕=1.2
7) 공기의 용적비열 : 1.21[kJ/m³·K]

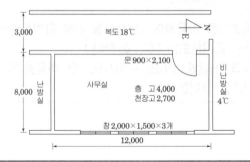

정답

난방부하 계산시 외벽부하는 층고를 기준으로 하고, 내벽부하와 환기량 계산은 천장고를 기준으로 한다.

방위	구조체 또는 항목	면적[m²] 또는 용적[m³]	열관류율 [W/m²·K] 또는 계수	온도차 ℃	방위계수	손실열량[W]
E	외벽	$(12 \times 4) - 9 = 39[\text{m}^2]$	0.5	32	1.1	686
W	내벽	$30.51[\text{m}^2]$	1.7	2	1.0	104
N	내벽	$21.6[\text{m}^2]$	1.7	16	1.0	588
	지붕	$96[\text{m}^2]$	0.35	32	1.2	1,290
	바닥	$96[\text{m}^2]$	2.0	16	1.0	3,072
W	문	$1.89[\text{m}^2]$	2.7	2	1.0	10
E	창	$9[\text{m}^2]$	3.0	32	1.1	950
	자연 환기	$259.2[\text{m}^2]$	1.21	32	(1 회)	2,788
	계					9,488

- W(서쪽) 내벽 면적 $= (12 \times 2.7) - (2.1 \times 0.9) = 30.51$
- 자연환기량 $Q = nV = 1 \times (12 \times 8 \times 2.7) = 259.2[\text{m}^3/\text{h}]$
  환기부하 $= QC\Delta t = 259.2 \times 1.21 \times 32 = 10,362.22[\text{kJ/h}] = 2,788[\text{W}]$
- 방위계수는 외벽을 방위별 조건을 적용하여 내벽(바닥 포함)은 1.0을 적용한다.

예제
05

도면(A-001) 상의 '제2사무실'에 대해 다음 조건을 참고하여 난방 부하(W)를 계산하시오. [14년 2급]

[조건]

1) 외벽면적, 창호면적, 재료물성치 : 도면번호 A-001, A-002 참조
   (단, 제2사무실의 남측외벽 및 창호를 제외한 나머지 부위의 전열은 없다고 가정한다.)
2) 실내외 온도차 : 30K
3) 방위계수 : 1.0
4) 침입외기량 : 24㎥/h
5) 공기의 정압비열 : 1.005kJ/kg·K
6) 공기밀도 : 1.2kg/㎥

정답

1. 관류열량
   $q_w = K \cdot A(t_i - t_0)k[\text{W}]$
   ① 외벽 : $q_1 = K \cdot A(t_i - t_0)k = 0.253 \times 14 \times 30 \times 1 = 106.26[\text{W}]$
   ② 창호 : $q_2 = K \cdot A(t_i - t_0)k = 0.181 \times 4 \times 30 \times 1 = 21.72[\text{W}]$

2. 침입외기부하
   $q_3 = GC(t_i - t_0)[\text{kJ/h}] = \rho QC(t_i - t_0)[\text{kJ/h}]$
   $= 1.2 \times 24 \times 1.005 \times 30 = 868.32[\text{kJ/h}] = 241.2[\text{W}]$
   ∴ 난방부하$(q_T) = q_1 + q_2 + q_3 = 106.26 + 21.72 + 241.2 = 369.18[\text{W}]$

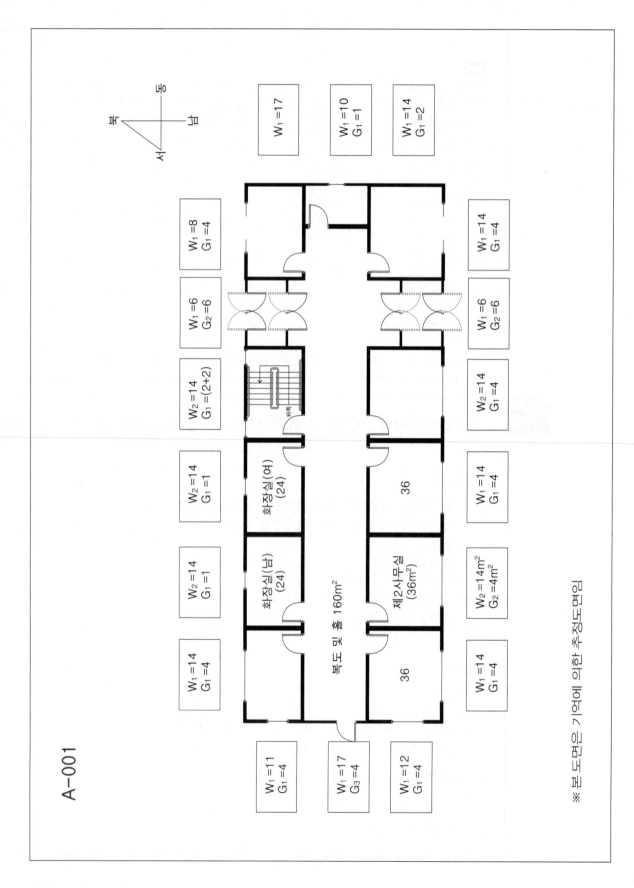

예제 06

다음 설계조건에 대한 난방부하(kW)를 구하시오.(6점)

〈설계조건〉
- 난방부하는 외피손실열량과 환기손실열량만 고려함.(주어진 조건 외에는 무시.)
- 천장고 2.5m
- 부위별 면적표

구분		면적(m^2)	열관류율(W/m^2K)
벽체		135	0.26
창호	외기직접	90	1.5
지붕		500	0.15
바닥		500	0.22

- 현열교환기 시간당 환기횟수 0.5회, 온도교환효율 70%
- 외기온도 : -14.7℃
- 실내온도 : 22.0℃
- 공기밀도 : 1.2kg/m^3
- 공기비열 : 1.005kJ/(kg · K)

정답

1. 외피 손실열량
   ① 벽체 : 0.26×135×{22.0-(-14.7)}/1000 = 1.288
   ② 창호 : 1.5×90×{22.0-(-14.7)}/1000 = 4.955
   ③ 지붕 : 0.15×500×{22.0-(-14.7)}/1000 = 2.753
   ④ 바닥 : 0.22×500×{22.0-(-14.7)}/1000 = 4.037
   ⑤ 외피 손실열량 합계 : 1.288+4.955+2.753+4.037 = 13.033

2. 1.005×0.5×1.2×(500×2.5)×{22.0-(14.7)}×(1-0.7)/3600 = 2.306≒2.31[kW]

답 : 1. 외피 손실열량 : 13.03[kW]
　　　2. 환기 손실 열량 : 2.31[kW]

예제 07

다음의 설계조건에 의해 1층 레스토랑을 단독계통의 단일덕트방식에 의한 난방을 하는 경우 물음에 답하시오.

[설계조건]
1) 공조대상의 바닥면적 및 재실인원 : 113m², 38인
2) 외　　기　　　　　　　　　　 : 공기선도상의 ①점
3) 실내공기　　　　　　　　　　 : 공기선도상의 ②점
4) 가열코일 출구공기　　　　　　 : 공기선도상의 ③점
5) 송 풍 량　　　　　　　　　　 : 2,800m³/h
6) 외기도입량　　　　　　　　　 : 30m³/(h·인)
7) 벽체 및 유리창부하　　　　　 : 60W/m²(바닥면적당)
8) 전열교환기 효율　　　　　　　 : 60%
9) 가습조건　　　　　　　　　　 : 수분무 방식
10) 수가습 열수분비　　　　　　 : 0kJ/kg
11) 공기의 밀도　　　　　　　　 : 1.2kg/m³
12) 공기의 정압비열　　　　　　 : 1.0kJ/(kg·k)
13) 벽체 및 유리창부하 이외의 실내열부하는 없는 것으로 한다.
14) 극간풍에 의한 열부하는 없는 것으로 한다.
15) 공기조화기의 송풍기, 전열교환기, 덕트 등에서의 열취득 및 열손실은 없는 것으로 한다.
16) 덕트계에서의 공기누설을 없는 것으로 한다.
17) 레스토랑의 배기는 모두 전열교환기를 경유하는 것으로 하고 배기량과 외기량은 같은 것으로 한다.
18) 공기조화기 및 전열교환기의 능력에는 여유율은 없는 것으로 한다.

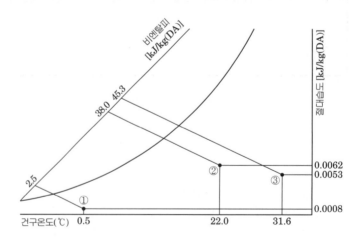

1. 가열코일 입구 공기 비엔탈피를 구하시오.
2. 실내 취출공기 온도를 구하시오.
3. 가열코일의 가열능력[kW]을 구하시오.
4. 유효가습량[kg/h]을 구하시오.
5. 전열교환기의 회수열량[kW]을 구하시오.

정답

1. **가열코일 입구 공기 비엔탈피**
   가열코일의 입구공기 상태점은 전열교환기 통과 후의 공기와 실내 환기와의 혼합공기로 외기와 환기와의 비율로부터 구한다. 또한 전열교환기 통과 후의 외기 상태점은 전열교환기 효율로부터 구한다.
   외기량 = $30m^3/(h\cdot 인)\times 38인 = 1,140m^3/h$ → 외기비율 $1,140/2,800 = 0.407$
   ∴ 가열코일 입구공기 비엔탈피 $= 38.0 - (38.0 - 2.5)\times 0.407\times(1 - 0.6) = 32.22kJ/kg$

2. **실내 취출공기 온도**
   실내손실열량은 벽체 및 유리창의 열부하 뿐이므로
   벽체 및 유리창의 열부하 $= 60W/m^2\times 113m^2 = 6,780W = 6.78kW$

   취출공기온도 $= t_r + \dfrac{q_s}{\rho Q C_p} = 22 + \dfrac{6.78\times 3,600}{1.2\times 2,800\times 1.0} = 29.26℃$

3. **가열코일의 가열능력**
   가열코일의 가열능력 $= 1.2\times 2,800\times(45.3 - 32.22)/3,600 = 12.21kW$

4. **유효가습량**
   유효가습량[kg/h] $= 1.2\times 2,800\times(0.0062 - 0.0053) = 3.0kg/h$

5. **전열교환기의 회수열량[kW]**
   전열교환기는 외기와 배기사이의 열교환이므로 외기량에 실내공기와 외기사이의 비엔탈피차 중에 60%의 열을 회수하므로 다음 식에 의해
   전열교환기의 회수열량 $= 1.2\times 1,140\times(38.0 - 2.5)\times 0.6/3,600 = 8.1kW$

핵심15 열운반 방식(열매)에 따른 분류와 특징

열운반방식	공기조화방식	장 점	단 점

전공기 방식
(all air
system)
	• 단일덕트방식
	• 이중덕트방식
	• 멀티존유닛방식
	• 각층유닛방식
		• 송풍량이 많아 실내공기오염이 적다.
		  (실내공기 청정도가 높다.)
		• 중간기의 외기냉방이 가능하다.
		• 실내유효면적 증가된다.
		• 실내에 배관으로 인한 누수의 염려가 없다.
		• 폐열회수장치를 사용하기 쉽다.
			• 큰 덕트 스페이스가 필요
			• 팬의 동력(반송동력)이 크다.
			• 공조실이 넓어야 한다.
			• 열운반능력이 작아 원거리 열수
			  송에 부적합하다.

공기-수 방식
(air-water
system)
	• 유인유닛방식
	• 팬코일유닛방식
	  (외기덕트병용)
	• 복사냉난방방식
	  (외기덕트병용)
		• 전공기식에 비해 덕트 스페이스가 작다.
		• 존의 구성이 용이하다.
		• 수동으로 각 실의 온도제어를 쉽게 할
		  수 있다.
		• 열운반 동력이 전공기 방식에 비해 작다.
			• 실내공기의 오염 우려
			  (전공기 방식에 비하여)
			• 실내배관의 누수 우려
			• 유닛의 방음, 방진에 유의
			• 유닛의 실내 설치로 인한 건축
			  계획상의 지장

전수방식
(all water
system)
	• FCU(Fan Coil Unit)
	  방식
	• 복사냉난방 방식
		• 개별제어, 개별운전이 가능하다.
		• 덕트 스페이스가 필요 없다.
		• 열운반 동력이 작다.
			• 습도, 청정도, 기류분포 제어가
			  곤란(실내 공기의 재순환)
			• 외기냉방을 할 수 없다.
			• 실내 배관에 의한 누수 우려
			• 유닛의 방음, 방진에 유의
			• 유닛의 실내설치로 인한 건축계
			  획상 지장

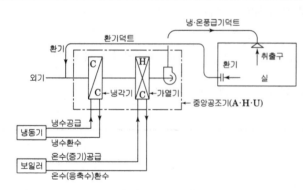

[전공기 방식]

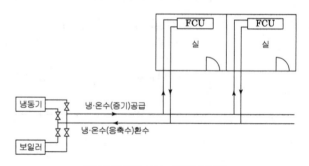

[전수방식(FCU : 코일유닛)]

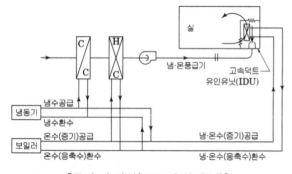

[공기 · 수방식(IDU : 유인 유닛)]

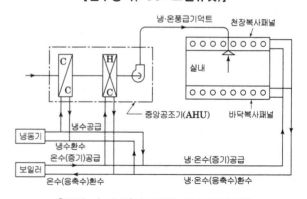

[공기 · 수방식(덕트병용 복사냉난방)]

예제 01

열운반 방식(열매)에 따른 전공기식의 종류와 장, 단점을 설명하시오.

정답

1. **종류** : 단일덕트방식(정풍량방식, 변풍량방식), 이중덕트방식, 멀티존유닛방식

2. **장점**
   ① 송풍량이 많아 실내공기오염이 적다.(청정도 유지가 용이)
   ② 중간기에 외기냉방이 가능하다.
   ③ 실내 유효면적이 증가된다.
   ④ 폐열회수장치를 사용하기 쉽다.
   ⑤ 실내에 배관으로 인한 누수의 염려가 없다.
   ⑥ 운전 및 보수관리의 집중화가 가능하다.

3. **단점**
   ① 큰 덕트 스페이스가 필요하다.
   ② 팬의 소요동력(반송동력)이 크다.
   ③ 열운반 능력이 작아 원거리 열수송에 부적합하다.
   ④ 공조실이 넓어야 한다.

핵심 16 단일덕트 변풍량 방식(VAV : Variable air volume system)

1. 구성

공조대상 실내의 부하변동에 따라서 송풍량을 변화 시키는 전공기식의 공조방식이다.

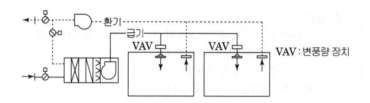

$$q_s = \rho Q C_p (t_r - t_d)/3.6 = 0.34 Q(t_r - t_d) [\text{W}]$$

여기서

q_s : 실현열부하[W]

ρ : 공기의 밀도 1.2[kg/m³]

Q : 송풍량[m³/h]

C_p : 공기의 평균 정압비열 1.01[kJ/kg·K]

t_r : 실내온도[℃]

t_d : 송풍온도[℃]

공조를 행하는 것은 실내의 현열부하 q_s의 변화에 따라 송풍공기온도 t_s를 변화시키거나 또는 풍량 Q을 증감시키는데 전자를 정풍량 가변온도제어라 하고 후자를 정온도 가변풍량방식이라 한다.

2. 특징

전공기 방식의 특징을 갖는다.

(1) 장점

① 동시사용률(동시 부하율)을 고려하여 장치용량 및 연간 송풍 동력을 줄일 수 있다.

② 각실 또는 존(zone) 마다 제어가 가능하다.

③ 부분 부하 시 송풍기 제어에 의해 송풍동력을 절감할 수 있다.

④ 전폐형 유닛을 사용함으로써 빈 방의 송풍을 정지할 수 있어 운전비를 줄일 수 있다.

⑤ 부하변동에 대하여 제어응답이 빠르기 때문에 거주성이 향상된다.

⑥ 시 운전시 토출구의 풍량조정이 간단하다.

(2) 단점

① 공기청정도는 실내의 부하 변동에 따라서 감소하므로 낮아진다.

② 설비비는 정풍량 방식에 비하여 약간 높다.

※ 설계상 유의점

① 토출구 선정시 실내 공기분포가 나빠지지 않도록 최대 풍량 및 최소 풍량에 있어서 일정 풍량 특성 및 소음 특성이 우수해야 한다.

② 최소 풍량시 도입 외기량을 확보할 수 있는 경우 최소 풍량에서도 안정된 운전을 할 수 있는 송풍기를 선정할 필요가 있다.

③ 최대, 최소 풍량시 송풍기의 운전특성을 검토하여 안전운전 및 동력절약의 측면에서 송풍기 제어의 필요성을 검토한다.

④ 송풍량의 변동에 따른 각 실의 실내압력 변화에 대한 검토를 한다.

⑤ VAV방식에는 실내부하의 감소에 따라서 송풍량이 감소함에 따라 감습능력도 떨어지게 된다. 특히 인원밀도가 높은 회의실 응접실 등과 같이 잠열부하가 큰실은 습도제어가 필요하다. (말단 재열기 설치여부를 고려한다.)

⑥ 동일한 공조구역내에서 난방 및 냉방을 동시에 행할 경우 불쾌한 드래프트(draft)가 발생하지 않도록 특히 온풍의 취출 방향에 주의할 것

예제 01

가변풍량방식(VAV)의 대하여 장점과 단점을 설명하시오.

정답

단일 덕트로 공조를 하는 경우에 덕트의 관말에 가깝게 터미널 유닛을 삽입하여 송입 공기온도를 일정하게 하고, 송풍량을 실내 부하의 변동에 따라서 변화시키는 방식으로, 에너지 절약형이다.

1. 장점
   ① 부하 변동을 정확히 파악하여 실온을 유지하기 때문에 에너지 손실이 적다.
   ② 저부하시 풍량이 감소되어 송풍기를 제어함으로써 동력을 절약할 수 있다.
   ③ 전폐형 유닛을 사용함으로써 사용하지 않는 실의 송풍을 정지할 수 있다.
   ④ 동시 사용률을 고려하여 기기용량을 결정할 수 있으므로 설비용량을 적게 할 수 있다.
   ⑤ 개별 제어가 가능하다.

2. 단점
   ① 환기량 확보 문제와 송풍량을 변화시키기 위한 기계적인 문제점이 있다.
   ② 가변 풍량 유닛의 단말장치, 덕트 압력 조정을 위한 설비비가 고가이다.
   ③ 실내부하가 극히 감소되면 실내공기의 오염이 심해진다.

예제 02

변풍량 단일덕트 방식에 있어 변풍량 유닛의 종류를 들고 특징을 비교 설명하시오.

정답

변풍량 유닛에는 교축형, 바이패스형, 유인형이 있다.

1. 교축형
   부하의 감소에 따라 급기량을 조절하는 방식으로 급기팬의 풍량 및 압력은 변화한다.
   (1) 장점
      ① 송풍기 동력의 저감을 도모한다. 풍량센서형은 가장 동력이 적다.
      ② 정풍량 기능을 가지므로 덕트계의 설계와 운전조절이 용이하다.
   (2) 단점
      ① 송풍기의 용량제어가 필요하다.
      ② 풍량센서형은 감지부의 막힘이 생길 수 있다.

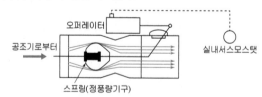

2. 바이패스형
   경부하시 잉여공기를 천장 속이나 환기덕트로 바이패스 시키는 방식으로 급기팬은 항상 정풍량 운전을 한다.
   (1) 장점
      ① 덕트 내 정압변동이 없다.
      ② 송풍기의 용량제어가 불필요하다.
      ③ 소규모 시스템·패키지 방식 등에 적용한다.

(2) 단점
① 송풍기 동력 절감이 불가능하다.

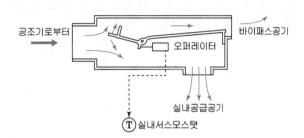

3. 유인형

저온의 고압 1차 공기 또는 팬으로 고온의 실내 또는 천장내 공기를 유인하여 부하에 따른 혼합비로 변화시켜 공급하는 방식이다.

(1) 장점
① 덕트 공사가 줄어든다.
② 고압 1차 공기방식의 경우 송풍온도를 높임으로서 최소 부하시에도 최적 환기량이 얻어진다.
③ 팬파워 유닛의 경우 빙축열과 조합시켜 1차 공기의 저온송풍이 가능하게 된다.

(2) 단점
① 고압 1차 공기방식의 경우 제진·제취능력이 떨어진다.
② 고압 1차 공기방식의 경우 유닛 토출측의 덕트저항은 크게 할 수 없다.
③ 고압 1차 공기방식은 반송동력이 크다.
④ 팬의 소음 발생을 고려하여야 한다.

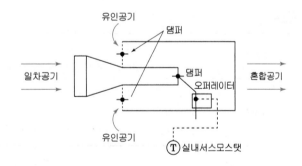

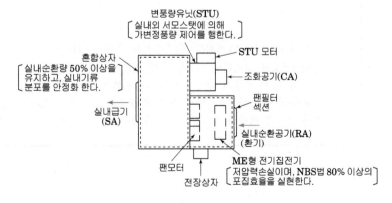

예제 03

다음 표는 사무실의 존별, 시간대별 냉방시 요구 풍량이다. 해당 층의 공조방식으로 정풍량(CAV) 또는 변풍량(VAV) 방식을 검토할 때, 각 방식별 공조기 급기풍량(m^3/h)을 구하고, 에너지 성능 측면에서 비교·서술하시오.(단, 공조기는 층별로 설치되어 있으며, 사무실의 내부 구획은 없음.)(6점)

[17년 실기]

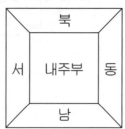

[단위 : m^3/h]

존 \ 시간	09:00	11:00	13:00	15:00	17:00
동	3,000	2,500	2,200	2,000	2,000
남	2,100	2,200	2,300	2,400	2,300
서	1,000	1,700	1,900	2,100	2,500
북	1,000	1,400	1,800	1,800	1,700
내주부	2,000	2,000	2,000	2,000	2,000

정답

CAV	방식(각 존별 최대부하의 합계) 3000+2400+2500+1800+2000 = 11700[m^3/h]
VAV	VAV 방식(각 시간별 최대부하) 17:00부하 2000+2300+2500+1700+2000 = 10500[m^3/h]

답 : CAV= 11700[m^3/h]   VAV= 10500[m^3/h]

참고

CAV방식과 비교한 VAV방식의 에너지 성능 측면의 비교
① 동시사용률을 고려하여 장치용량 및 연간 송풍동력 절감
② 부분 부하 시 송풍기 제어에 의해 송풍동력을 절감 할 수 있다.
③ 전폐형 유닛을 사용함으로써 빈 방에 송풍을 정지할 수 있어 운전비를 줄일 수 있다.
④ 부하 변동을 정확히 파악하여 실온을 유지하기 때문에 에너지 손실이 적다.

핵심 17 이중 덕트 방식(double duct system)

냉·온풍 2개의 덕트를 설비하여 말단에 혼합 유닛으로 실온을 조절하는 방식이다.

1. 장점

① 개별 조절이 가능하다.
② 냉·난방을 동시에 할 수 있으므로 계절마다 냉·난방의 전환이 불필요하다.
③ 전공기 방식이므로 냉·온수관이나 전기 배선을 실내에 설치하지 않아도 된다.
④ 공조기가 중앙에 설치되므로 운전 보수가 용이하다.
⑤ 칸막이나 공사 계획의 증감에 따라 환기 계획의 융통성이 있다.
⑥ 중간기나 겨울철에도 외기에 따라 조절이 가능하다.

2. 단점

① 설비비, 운전비가 많이 든다.
② 덕트가 이중이므로 덕트의 차지 면적이 넓다.
③ 습도의 완전한 조절이 어렵다.
④ 혼합 상자가 고가이다.

3. 용도

① 개별 제어가 필요한 건물
② 냉·난방 부하 분포가 복잡한 건물
③ 전풍량 환기가 필요한 곳
④ 장래 대폭적인 변경 가능성이 많은 건물

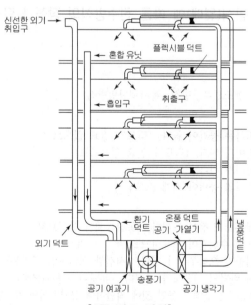

[2중 덕트 방식]

|참고|

- 에너지 절약형 공조방식 : 변풍량(VAV)방식, 외기냉방방식, 전열교환기 설치, 히트펌프 시스템
- 에너지 多소비형 공조방식 : 2중덕트방식, 멀티존유닛방식, 터미널 리히팅방식(관말제어방식, 1대의 공조기로 냉난방을 동시에 할 수 있는 공조방식)
- 개별제어가 가능한 공조방식 : 변풍량(VAV)방식, 이중덕트방식, 각층유닛방식, 유인유닛방식, 팬코일유닛방식

예제 01

공기조화 설비방식 중에서 2중덕트 방식의 장점과 단점을 각각 4 가지씩만 쓰시오.

정답

냉·온풍 2개의 덕트를 설비하여 말단에 혼합 유닛으로 실온을 조절하는 방식이다.

1. 장점
   ① 실내온도 조정이 빠르다. (동작유체가 공기이므로)
   ② 실내에 수배관이 필요 없다. (공기식이므로) 누수 염려가 없다.
   ③ 실내공기 오염우려가 적다. (신선한 외기도입 가능)
   ④ 실내 바닥의 이용도가 좋다. (유닛이 노출되지 않으므로)

2. 단점
   ① 차지하는 공간이 넓다. (덕트가 차지하는 공간 때문)
   ② 설비비가 비싸다. (냉풍과 온풍덕트의 별개가 필요하므로)
   ③ 운전비가 비싸다.
   ④ 송풍기의 동력이 많이 소요된다.
   ☞ 2중덕트방식은 열매가 전공기식이므로 공기방식에 착안하여 서술한다.

예제 02

열운반 방식(열매)에 따른 전수방식의 장점과 단점을 설명하시오

정답

1. 종류 : 팬코일유닛방식, 복사냉난방방식

2. 장점
   ① 차지하는 공간이 좁다. (덕트가 필요 없으므로)
   ② 설비비가 싸다. (덕트가 필요 없으므로)
   ③ 운전비가 싸다.
   ④ 송풍기의 동력이 적게 소요된다.

3. 단점
   ① 실내온도 조정이 느리다. (동작유체가 물이므로)
   ② 실내에 수배관이 필요하므로 누수 염려가 있다.
   ③ 실내공기 오염우려가 있다. (신선한 외기도입 불가능)
   ④ 실내 바닥의 이용도가 나쁘다. (유닛이 노출되므로)
   ☞ 전수방식은 열매가 물인 것에 착안하여 공기방식의 장·단점을 이용, 서로 바꿔서 간단히 서술한다.

핵심18 단일덕트 재열방식(Single Duct Reheater System)

단일덕트 재열방식은 단일덕트 정풍량방식의 단점을 보완한 것으로 단일덕트방식이 다실공조에 채용된 경우, 각 실의 부하변동에 대응하는 방법으로 고안된 것이다. 제어되는 각 실 또는 존마다 재열기(Reheater)를 설치, 실내의 서모스탯으로 실온을 제어한다. 재열코일의 열매로서는 증기 또는 온수가 일반적으로 사용되며, 실내부하보다 많은 여분의 공기를 냉각할 필요가 있으며 이를 재열손실이라고 한다.

재열 때문에 에너지 소비가 크므로 일반 건물에는 채용하지 않으나 병원의 수술실, 제약공장, 반도체공장, 연구소 등과 같은 청정공간에 있어서는 재열방식으로 각 실을 제어하는 것이 적당하다. 일반적으로 잠열부하가 크고, 현열비가 작은 식당, 외기에 면하지 않는 실에 사용한다.

1. 장점

① 부하 패턴이 다른 여러 개의 공간 또는 존(zone)의 공조에 적합하다.
② 보건용 또는 산업용 공조에 모두 적용할 수 있으며, 잠열부하가 많은 경우의 공조에 적합하다.
③ 각 실 또는 구역별로 개별온도제어가 가능하다.
④ 온도, 공기정화, 환기효과 등에 대하여 고도의 처리가 가능하다.
⑤ 일정량의 급기량이 확보되므로 실내의 기류분포가 양호하다.

2. 단점

① 재열기의 설치 공간이 필요하며, 설치비가 높다.
② 재열용 재열기가 있어야 하며, 단말 유닛에서 소음 발생의 우려가 있다.
③ 과냉각 후 재가열 되므로 에너지 손실이 크다.
④ 송풍동력 및 온수순환동력이 필요하므로 운전비가 크다.

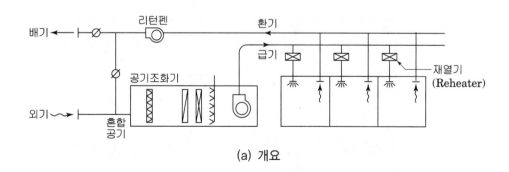

(a) 개요

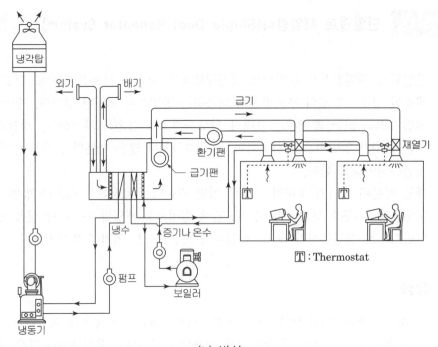

(b) 방식

[단일덕트 재열방식]

핵심 19 **바닥취출 공조방식(UFAC : Under Floor Air Conditioning)**

1. 구성

다운블로(down blow) 공조기, 바닥 급기 챔버(supply chamber), 바닥취출구, 천정환기 챔버 (return chamber)등으로 구성되어 있고 바닥 취출구는 팬이 부착되어 있는 것(가압이 불필요)과 부착하지 않은 것(가압이 필요)이 있다.

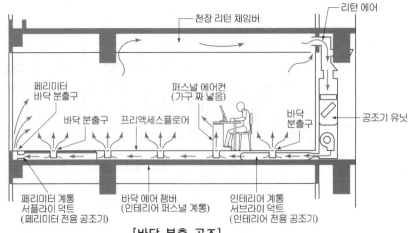

[바닥 분출 공조]

2. 특징

(1) 장점

① 거주역(바닥면에서 1.8m 정도)에 온도 성층을 형성하여 거주역만을 쾌적한 열환경을 유지 할 수 있어 공간 전체를 균일하게 공조하는 것보다 에너지 절감을 도모할 수 있다.

② 상승 기류에 의해 배열을 효율적으로 제거할 수 있어 적은 환기량으로 공기의 청정도를 유지 할 수 있으므로 에너지 절약을 할 수 있다.

③ 덕트를 이용하지 않기 때문(duct less system)에 정압을 낮게 할 수 있으므로 반송동력의 저감 을 도모할 수 있다.

④ 취출구의 제어에 의해서 부하나 거주자의 기호에 맞는 개별제어가 가능하다.

⑤ 장래의 부하 증대에 대하여 취출구의 추가나 위치변경으로 용이하게 대응할 수 있다.

⑥ 배열효율이 높고 취출온도를 높게 하는 것이 가능하여 에너지 절약운전이 될 수 있다.

(2) 단점

① 온도 성층이 심한 경우 다리와 머리 부분의 온도차가 크게 되어 불쾌감을 유발할 수 있다.

② 잘못된 설계는 불쾌한 기류(Draft)가 발생할 수 있다.

③ 급기온도 하한 제한(18~20℃정도)이 있기 때문에 여름철 제습에 주의하여야 한다.

3. 용도

인텔리전트빌딩의 공조방식 등

핵심20 Personal 공조 방식

1. 구성

일명 테스크 엠비언트(Tesk Ambient air conditioning system)라고도 하며 가구등에 fan, 혼합 unit 취출구 및 방사 panel로 구성되며 공간을 전체역 (Ambient)과 개인 영역(personal)으로 나 누어 외벽을 통한 열부하 일단의 조명부하를 엠비언트 영역의 공조에서 처리하고 어느정도 베 이스가 되는 균일한 공간을 만들어 개인 부스마다 퍼스널 유닛으로 인체발열이나 OA기구, 태스크 조명부하를 처리하는 개인 기호에 맞춘 공조시스템이다.

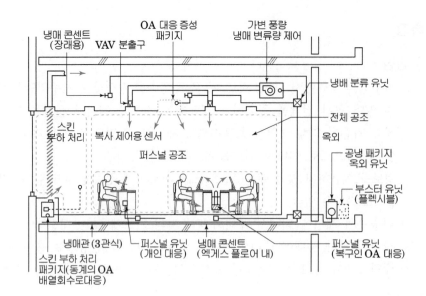

[퍼스널 공조방식의 예]

2. 특징

① 쾌적성이 우수하다.

② 퍼스널 유닛은 부재시에는 유닛마다 정지할 수 있으므로 송풍기의 동력소비가 적다.

③ 엠비언트의 공조조건을 완화하고 퍼스널 영역만을 적당한 온도로 제어하므로 전체 공간을 균일하게 공조하는 경우에 비해 에너지가 절감된다.

④ 건축과 공조와의 조합(Integration), 가구와 공조와의 조합에 용의 주도한 계획이 필요하다.

3. 용도

personal화된 인텔리전트 빌딩(intelligent building)

핵심 21 페어덕트(Pair Duct) 방식(변형2중덕트)

1. 구성

- 단일덕트 CAV + 단일덕트 VAV 방식으로 구성
- 단일덕트 CAV방식 : 인원, 조명부하 등 변동이 적은 열부하처리 + 외기량 및 최소한의 환기 횟수를 확보하여 공기질을 유지하는 단일덕트 VAV 방식 : 주로 OA기기 발열처리

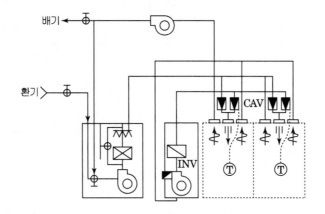

2. 특징

① 2중 덕트 방식에서와 같은 혼합손실이 없다.(연간을 냉방대응을 가상하여 강냉 및 약냉의 공기를 송풍)
② 단일 덕트 VAV 방식의 단점인 환기량 및 외기량의 부족을 해소할 수 있다.
③ 높은 제어성을 유지할 수 있는 방식이다.
④ 덕트 및 공조기의 2중화와 스페이스 및 코스트의 증대 등의 결점이 있다.

핵심 22 저온송풍 공조방식

1. 구성

기존 공조방식에서 급기 온도 하한(15~16℃)을 더욱 낮춰서 10~12℃ 정도의 저온 냉풍에 의해 공조하는 방식으로 저온 냉풍을 얻기 위해 빙축열 등의 극저온 냉수(4℃ 정도)를 제조하는 열원시스템과 조합시켜서 전체 시스템을 구축할 필요가 있다.

2. 특징

(1) 장점

① 저온송풍에 의해 공조기 및 덕트의 Down sizing이 가능하며 층고를 낮출 수 있다.(설비비 절감)

② 풍량 감소 및 변풍량 제어에 반송동력이 작아진다.

③ 제습량이 증가하여 실내 건구온도가 약간 상승하여도 쾌적성이 높다.

(2) 단점

① 취출공기의 유인작용이 불충분 할 경우에 거주역에서 Cold Draft가 발생할 우려가 크다.

② 취출구에서 결로가 발생할 우려가 있다.(보온 및 누기 방지)

③ 덕트에서 air leak 발생시 또는 저부하 최소 풍량시 환기량이 부족하다.

3. 용도

대용량화한 사무소의 OA부하대책이나 스페이스 제약이 큰 갱신공사에서 냉방능력을 증대시키는 경우 채용

핵심23 잠열, 현열 분리 공조방식

공조의 기능분담을 잠열처리와 현열처리로 나누어 공조하는 방식으로 잠열부하 및 외기처리를 전용으로 행하는 공조기로 처리한 외기를 공급하고, 현열부하는 공조기나 천정방사패널을 이용하여 공조를 행한다. 잠열처리 공조기로는 주로 흡습제를 사용한 데시칸트 공조기가 사용되고 여재의 재생에는 CGS나 히트펌프의 온배열을 이용할 수 있어 기존의 과냉각 제습+재열에 비하여 냉각열량을 삭감할 수 있어 에너지 절약성능이 큰 공조 방식이다.

또한 냉방시의 현열처리에는 천정방사공조방식과 동일하게 송수온도를 완화(냉수 : 7℃ → 천정방사패널 20℃, 현열공조기 15℃ 정도)의 효과가 있다.

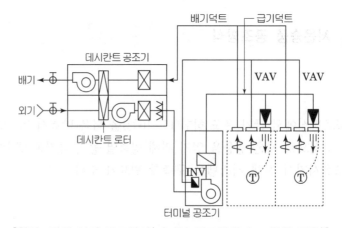

[현열, 잠열 분리 공조방식(터미널 공조방식과 조합한 경우)]

핵심24 **페리미터 공조**

페리미터 부분은 일사나 외기온도의 영향을 받고 방위, 시각, 계절 등에 의해 크게 열부하가 변동하는 특징이 있어서 쾌적성 확보의 관점에서 보다 높은 제어성이 필요하다. 또한 개구부의 일사차폐성능이나 단열성능 등 건축형태와 관련성이 강하여 지금까지 이용되는 설비적 수법과 건축적수법을 합하여 페리미터리스화를 도모하는 방향으로 추진되어야 한다.

1. 팬코일 방식

페리 카운터(peri counter)내부에 FCU을 설치하여 냉, 온수에 냉난방을 행하는 수방식이다.

2. 공조기 방식

(1) 구성

공조기 방식은 기계실에 페리미터 전용의 공조기를 설치하여 단일덕트 CAV 또는 VAV 방식으로 공조하는 방식이다. 중간기나 동계에 있어서는 방위에 따라 냉난방이 혼재하기 때문에 방위마다 공조계통을 분리할 필요가 있다.

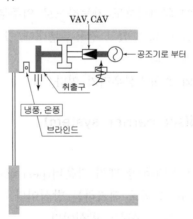

(2) 특징

① 전공기 방식의 특징을 갖는다.
② VAV 등의 증설이 가능하다.
③ 전용부분에 수배관이 필요 없다.
④ 취출구에서의 드래프트에 주의가 필요하다.
⑤ 공조덕트, 취출구의 소음대책에 필요하다.
⑥ 내주부의 공조와 혼합손실의 우려가 있다.

3. 분산 히트펌프 방식

(1) 구성

주로 월 스루형 (Wall through type)공기열원 히트펌프 팩케이지를 외주부내에 설치하고 운전하는 냉매방식이다. 또는 개별제어성에 중점을 두어 멀티 패키지(multi package) 공조기의 공기열원이나 수열원의 실내 유닛을 이용하여 냉매 배관만으로 하는 방식도 있다.

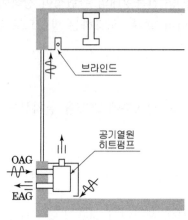

(2) 특징

전 냉매 방식의 특징을 갖는다.
① 냉난방과 동시에 외기확보도 가능하므로 외주부의 개실 대응 등이 효과가 크다.
② 외벽면에 설치할 필요가 있고 전용부분내에 필터의 유지관리 등 보수관리가 필요하다.
③ 소요동력이 적게 든다.
④ 내주부의 공조와 혼합손실우려가 있다.

4. 에어 베리어 방식(Air barrier system)

(1) 구성

외주부에서 발생한 열부하를 페리 카운터(peri counter)에서의 취출기류와 천정면에서의 흡입기류에 의해 barrier 효과로 제거하는 방식이다. 될 수 있는 한 perimeter less화를 추진하여 에너지 절약을 도모하는 목적의 방식이다.

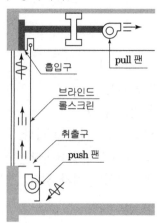

(2) 특징

① 창 주위의 방사환경의 개선이 가능하다.

② 공기계통의 반송동력이 적고 barrier로 에너지 절약효과가 크다.

③ 내주부 공조와 혼합손실 방지가 가능하다.

④ 전용부분에 수배관이 필요 없다.

⑤ 에어 베리어 팬의 소음대책이 필요하다.

⑥ 보조 열원이 필요하다.

⑦ 에어 베리어 팬의 설치 공간이 필요하다.

5. 페리미터 리스 방식(perimeter less system)

(1) 구성

에어플로 윈도(air flow window)나 더블 스킨(double skin)등의 개구부를 2중화하여 건축적으로 일사차폐성능이나 단열성능을 강화하여 페리미터리스화를 도모한 에너지 절약 시스템이다.

① Air flow window : 2중으로된 창개구부 내에 return air을 흐르게 하여 열부하를 제거하는 방식

② Double skin system : 2중으로 된 창 개구부내에 return air을 흐르게 하든가 또는 외기도입에 의해 자연 환기등의 기능을 부가한 방식이다.

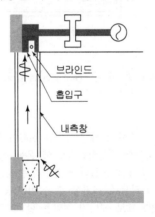

브라인드

흡입구

내측창

(2) 특징

① 외주부의 열원이 필요 없으므로 내주부 공조와의 혼합손실이 없다.

② 창 주위의 방사환경이 개선된다.

③ 보조열원 필요하다.

④ 전용부분 수배관이 필요 없다.

⑤ 반송동력이 적다.

⑥ 내주부 공조 와의 혼합손실이 없다.

⑦ 2중(복층)유리에 의한 에너지 절약 효과가 크다.

⑧ 외피의 2중화가 필요하므로 건축비가 증가한다.

⑨ 2중유리의 청소가 필요하다.

예제 01

다음은 에너지 절약을 도모하기 위하여 최근에 도입되고 있는 공조방식이다. 주어진 A그룹에서 1개방식, B그룹에서 1개 방식을 선택하여 공조개념도와 함께 특징을 기술하시오. (10점)

[14년 1급]

A 그룹	B 그룹
바닥급기 방식, 복사냉난방 방식	저온공조 방식, 저속치환 방식

정답

1. 바닥급기 방식(Under floor air distribution)
   (1) 개념도

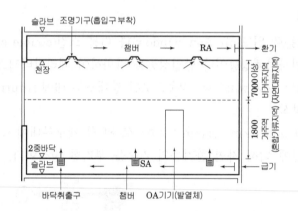

   (2) 개요

   건축물의 바닥(2중 바닥, free access floor)에 공조 공기를 보내서 바닥 패널에 설치된 취출구에서 공급하는 방식이다.

   (3) 특징
   ① 덕트 리스 시스템(duck less system)이다.
   ② 거주역(바닥면에서 1.8m 정도)에 온도 성층을 형성하여 거주역만을 쾌적한 열환경유지 할 수 있어 공간 전체를 균일하게 공조하는 것보다 에너지 절감을 도모할 수 있다.
   ③ 배열을 효율적으로 제거할 수 있어(상승 기류에 의해) 적은 환기량으로 공기의 청정도를 유지할 수 있으므로 에너지 절약을 할 수 있다.
   ④ 외기부하나 환기의 반송동력을 저감할 수 있다.
   ⑤ 분출구의 제어에 의해서 부하나 거주지의 기호에 맞춘 개별제어가 가능하다.
   ⑥ 장래 부하의 증대에 대하여 취출구의 추가나 위치변경으로 용이하게 대응할 수 있다.
   ⑦ 온도 성층이 현저한 경우 다리와 머리 부분의 온도차가 크게 되어 불쾌감을 유발할 수 있다.
   ⑧ 잘못된 설계는 불쾌한 기류를 다리 쪽에 느낄 수 있다.

2. 복사냉난방 방식
   (1) 개념도

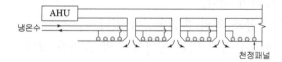

(2) 특징
  • 장점
    ① 복사열을 이용하므로 쾌감도가 높다.
    ② 냉난방부하를 복사열로 처리하므로 전공기식에 비하여 덕트 크기를 작게 할 수 있다.
    ③ 냉방시에 조명부하나 일사에 의한 부하를 쉽게 처리할 수 있어 실내온도의 제어성을 높일 수 있다.
    ④ 바닥에 기기를 배치하지 않아도 되므로 이용공간이 넓다.
    ⑤ 건물의 축열을 기대할 수 있다.

  • 단점
    ① 구조체의 예열시간이 길고 일시적 난방에는 부적당하다.
    ② 배관이 매설되므로 시설비가 많이 들고 보수 및 수리가 어렵다.
    ③ 냉방시 패널에 결로의 염려가 있으며 잠열부하가 많은 공간에는 부적당하다.

3. 저온공조시스템(cold air condition system)
 (1) 개요
    저온공조시스템은 AHU 급기온도를 4~10℃ 정도의 저온으로 급기하고 토출구에서 실내공기와 적절히 혼합하여 실에 공급하는 방식이다. 저온급기를 위하여 저온공조시스템은 일반적으로 빙축열시스템과 연계하여 사용하고 있다.

 (2) 시스템
    저온공조시스템 도입은 건물이 대형화, 고층화, 다양화되면서 건물 전체 소비의 약 20% 열반송 설비용 에너지이기 때문에 반송동력비를 줄이기 위해 채택하게 되었다. 열반송설비 및 운전동력비를 줄일 수 있다.

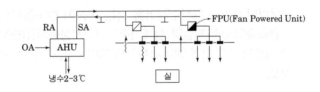

4. 저속치환 방식(displacement ventilation Systems)
 (1) 개요
    ① DV 시스템의 설계목적은 실내오염물질을 상부에서 배출시키고 재실자에게 항상 깨끗하고 신선한 외기를 공급하는 환기(Ventilation) 기능에 있다.
      외기를 연속적으로 공급하여 계속해서 실을 채우고 실내공기도 실 최상부에서 연속 배기됨으로써 거주구역에 신선공기의 Pool을 제공하는 것이다.
    ② 급기온도는 실내 설정온도보다 약간 낮게 하여 저속공기가 실의 낮은 부분으로 골고루 퍼져 인체 주변공기를 데우고 부력을 유발시켜 공기를 항상 호흡구역을 거쳐 상승시킨다.

 (2) 특징
    ① 100% 외기에 실내공기의 재순환 없이 환기기능을 한다.
    ② 실내 설정온도보다 1~2℃ 낮은 온도로, 0.2m/s 이하의 낮은 풍속으로 공급하여 거주역 내에서 공기혼합은 최소로 하며 열기둥에 의한 기류가 주가 되게 설계한다.
    ③ 공기는 뜬바닥을 통하여 UFAD보다 훨씬 적은 풍량을 공급하거나 측벽하부의 다른 급기구를 통해 공급한다.
    ④ 일반적으로 건물의 모든 존에 일정 풍량의 매우 낮은 압력의 공기를 공급한다.
    ⑤ 일반적으로 복사 냉난방시스템을 병용하여 온도조절에 이용한다.

예제 02

전공기 공조방식 중단일덕트 변풍량방식(VAV)과 관련하여 다음 물음에 답하시오.

[15년 실기]

1. 그림과 같은 변풍량시스템의 제어계통도에서 ①~④ 위치에 설치하여야 할 측정 또는 제어기기 명칭을 쓰고 기능을 서술하시오.

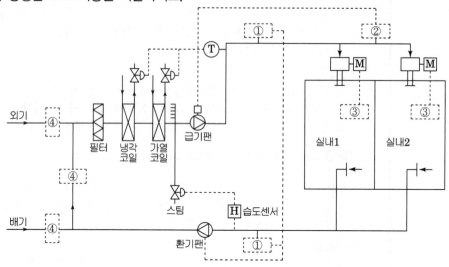

2. 변풍량방식에서 풍량제어를 할 경우 실내공기질(IAQ) 관점에서 고려할 사항을 서술하시오.

3. 변풍량방식에서 회전수제어를 하는 송풍기 반송동력의 에너지절감 효과에 대해 설명하고, "건축물의 에너지절약 설계기준"에너지성능지표(EPI)의 기계설비부문에서 비주거용 건물에 공조용 송풍기의 에너지절약적 제어방식을 채택하여 배점을 받을 수 있는 기준을 서술하시오.

정답

1. ① 풍속센서 : 급기덕트 및 환기덕트의 풍속검출에 의해 환기량 및 급기량 제어
   ② 정압검출기(정압센서) : 급기덕트내의 정압검출에 의한 송풍기 회전수 제어
   ③ 실내온도센서 : 실내온도 감지
   ④ 댐퍼 : 풍량제어

2. ① 토출구 선정시 실내공기분포가 나빠지지 않도록 최대풍량 및 최소풍량에 있어서 일정풍량 특성이 우수한 토출구 선정
   ② 최소풍량시 도입 외기량을 확보할 수 있는 최소풍량에서도 안정된 운전을 할 수 있는 송풍기 선정
   ③ 실내부하 감소에 따라서 송풍량이 감소함에 따라 감습능력도 떨어지므로 습도제어가 필요

3. ① 변풍량방식에서 회전수 제어를 하는 송풍기 반송동력의 에너지절감 효과
   답 : 정풍량 공조방식은 냉/난방을 요하는 방들 중 가장 취약한 온도의 방을 기준으로 냉/난방용 공기의 온도를 설정하여 동일한 풍량을 공급하는 방식임. 따라서 가장 온도가 취약한 방을 제외한 방들은 과냉/난방을 하여 에너지낭비를 초래할 수 있다.
   변풍량 공조방식은 설정된 온도의 공기를 각방의 온도에 부합하는 풍량으로 공급함에 따라 과냉/난방의 염려가 없어 냉/난방부하가 감소되며, 배기 및 급기팬에 인버터(VVVF 제어)를 부착하여 저부하시는 팬의 동력소비가 절감되는 효과가 있다.
   ② 기계설비부문에서 비주거용 건물에 공조용 송풍기의 에너지절약적 제어방식을 채택하여 배점을 받을 수 있는 기준
   답 : 공기조화용 전체 팬동력의 60% 이상 적용

예제 03

FPU(Fan Powered Unit)에 대하여 설명하시오.

정답

1. 개요
부하의 증감에 비례한 양의 조화공기를 제어하는 VAV Unit의 일종이다.
FPU(Fan Powered Unit)의 형식에는 실내 저부하시 주로 사용되는 병렬식과 빙축열의 저온급기를 위해 사용되는 직렬식의 두 가지가 있다.

2. 병렬식 팬파워 유닛(Parallel Fan Powered Unit)
① 최근 변풍량공조방식에 있어 외주부의 공조에 사용되고 있는 변풍량 터미널 유닛이다.
② 공조기로부터 1차 공기 또는 천장플레넘의 공기가 터미널 유닛에 유입되도록 되어 있다.
③ 터미널 송풍기의 흐름이 1차 공기의 흐름과 별개로 구성되어 송풍기는 1차 공기가 중단될 때 간헐적으로 운전된다.
④ 냉방시에는 터미널 송풍기는 정지된 상태에서 냉방부하에 따라 1차 공기량이 Damper에 의해 조절되므로 팬이 없는 일반 VAV 유닛과 같이 운전된다.
⑤ 냉방부하가 어느 정도 경감되면 1차 공기량의 조절만으로 실내온도가 조절되지만 더욱 냉방부하가 작아지면 터미널 송풍기가 작용하여 천장프레임의 공기를 인입하여 1차 공기와 혼합시킨다.
⑥ 실내온도가 더욱 낮아지면 전기 또는 온수코일에 열원이 공급되어 난방운전이 시작되며 이때 1차 공기는 보정된 최소외기가 공급되거나 완전히 닫힐 수도 있다.
⑦ 직렬식에 비해 팬동력이 작아진다.
⑧ 1차 공기가 팬에 의해 인입되지 않으므로 입구정압이 높아야 하므로 공조기송풍기 정압 및 동력이 커진다.
⑨ 냉방부하와 난방부하가 교차할 경우 팬의 단속운전에 따라 취출풍량이 변화하므로 취출구의 선정이 어렵고 실내기류 및 온도분포에 불균형이 생길 수 있다.

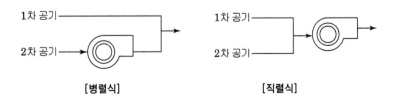

[병렬식]　　　　　　[직렬식]

3. 직렬식 팬파워 유닛(Series Fan Powered Unit)

① 저온급기방식에 있어 외주부와 내주부에 모두 사용되고 있는 가장 확실한 정풍량 터미널 유닛이다.

② 공조기로부터의 1차 공기와 천장플레넘을 통한 실내공기가 동시에 터미널 유닛에 유입되도록 되어 있다.

③ 터미널 송풍기의 흐름이 1차 공기의 흐름 안에 구성되어 1차 공기와 유인된 공기가 혼합되어 송풍기에 의해 가압 공급

④ 냉방시나 난방시에 터미널 송풍기는 항상 운전되어야 하며 냉방시에는 실내온도에 따라 1차 공기의 양이 냉방부하에 따라 변풍량으로 저절되고 부족한 공기는 천장플레넘을 통해 실내공기가 유입되어 터미널 출구측은 항상 정풍량으로 급기하게 된다.

⑤ 실내온도가 낮아지면 전기 또는 온수코일에 열원이 공급되어 난방운전이 시작되며 이때 1차 공기는 설정된 최소 외기가 공급되거나 완전히 닫힐 수도 있다.

⑥ 병렬식에 비해 팬용량이 커진다.

⑦ 유닛팬의 용량이 커서 초기투자비 다소 상승

⑧ 항상 일정풍량이 실내에 공급되므로 유닛 이후의 덕트시스템과 취출구는 정풍량이 되어 취출구의 선정이 용이하며 실내기류상태가 양호하고 환기성능 및 제어성도 가장 우수함

4. 응용

건물에서 전열 및 복사열 등 외부의 영향을 직접 받는 외주부에 많이 적용하여 냉·난방시 에어커튼 유사역할을 해준다. (외기침입방지, Cold Draft 방지, 열차단효과 등의 역할)

(1) VAV Unit(내주부)+Fan Powered VAV Unit(외주부)

① VAV Unit : 내주부의 냉방부하 담당 전용

② FPU VAV Unit : 하계 시 주로 냉방으로 운전하고 동계 시는 난방으로 운전

(2) Fan Powered VAV Unit(내주부)+Fan Powered VAV Unit(외주부)

① 저온급기된 공기를 실외의 순환공기와 혼합하여 실내로 공급한다.

② 급기풍량을 항상 일정하게 하여 실내기류를 안정시키고 Cold Draft를 방지시켜 준다.

예제 04

다음은 업무용 건축물의 공조방식에 대한 특징을 설명한 것이다. 1.~3. 각 항목별로 밑줄 친 부분 중 틀린 내용을 모두 고르고, 바르게 수정하시오.(6점)　[18년 실기]

1. 복사냉방과 공기조화기를 병용할 경우 ㉠평균복사온도가 낮아져 동일한 온열쾌적 조건에서 ㉡냉방 설정온도를 낮출 수 있고 복사냉방이 ㉢잠열부하를 담당하여, 공기조화기만을 적용하는 경우에 비해 ㉣공조풍량을 줄일 수 있어 ㉤팬동력 절감이 가능하다.(2점)

2. 프리 액세스 플로어(free access flor)가 적용된 건축물에 바닥취출공조(UFAC) 방식을 적용할 경우, 바닥급기유닛(FTU)의 ㉥개별제어가 가능하다. 그러나 천장취출 공보장식과 동일한 천장고를 유지하고자 할 때 ㉦프리 액세스 플로어의 높이가 증가하고 ㉧층고가 높아진다.(2점)

3. 이중덕트 방식은 ㉨전공기방식으로서 ㉩존별 부하변동에 대응이 가능하고 ㉪에너지 절약 측면에서 유리하다.(2점)

정답

1. ㉡ 냉방 설정온도를 높일 수
   ㉢ 현열부하

2. ㉧ 층고가 낮아진다.

3. ㉪ 에너지 절약 측면에서 불리

핵심 25 공기조화설비의 조닝(Zoning) 계획

1. 개요

대략 같은 조건의 구역(zone)마다 건물을 구획하고 공기조화를 하는 것으로 공기조화방식, 열원방식, 열원공급방식을 결정하는데 중요 요인이 된다.

2. 조닝(zoning)의 방법

(1) 실의 열부하 특성별

① 외주부 존(perimeter zone)와 내주부 존(interior zone)으로 분할하고 다시 외주부를 방위에 따라 2~4개의 존으로 분할한다.
② 공기-수식의 경우에는 다시 분할하지 않는다.

(2) 실의 용도 및 기능별

복합 건축물 경우

(3) 실의 사용 시간대별

① 사무실은 8시간, 전자제어실·경비실은 24시간, 식당 및 강당은 간헐적으로 사용한다.
② 8시간 사용은 일반 공조시스템을 사용하고, 24시간 사용은 개별제어 및 단독운전이 가능한 개별 유닛을 설치한다.

(4) 실의 방위별

동측은 오전 8시경 냉방부하 최대, 서측은 오후 4시경 냉방부하 최대, 남측은 정오경 냉방부하 최대가 된다.

(5) 실의 온습도 조건

항온항습실 등은 별도의 조닝을 한다.

(6) 환기조건별

회의실, 강당 등은 별도로 조닝을 한다.

(7) 덕트 스페이스 및 장치의 크기에 다른 조닝

3. 조닝(zoning)의 계획의 장점

(1) 에너지 절약에 유리
(2) 과열, 과냉 방지·과가습, 과제습 방지
(3) 효율적인 운전관리
(4) 부하변동에 쉽게 대응
(5) 실내 열환경조절에 유리

예제 01

공조 조닝은 효율적인 공조 운전제어 및 에너지절약을 용이하도록 계획하여야 한다. 공조 조닝을 계획 시 기준이 되는 요소 5가지를 쓰시오.

[14년 2급]

정답

공조 조닝(zoning) 계획시 기준 요소

1. 실의 열부하 특성별 조닝
   ① 외주부 존(perimeter zone)와 내주부 존(interior zone)으로 분할하고 다시 외주부를 방위에 따라 2~4개의 존으로 분할한다.
   ② 공기-수식의 경우에는 다시 분할하지 않는다.
2. 실의 용도 및 기능별 조닝 : 복합 건축물 경우
3. 실의 사용 시간대별 조닝
   ① 사무실은 8시간, 전자제어실·경비실은 24시간, 식당 및 강당은 간헐적으로 사용한다.
   ② 8시간 사용은 일반 공조시스템을 사용하고, 24시간 사용은 개별제어 및 단독운전이 가능한 개별 유닛을 설치한다.
4. 실의 방위별 조닝 : 동측은 오전 8시경 냉방부하 최대, 서측은 오후 4시경 냉방부하 최대, 남측은 정오경 냉방부하 최대가 된다.
5. 실의 온습도 조건별 조닝 : 항온항습실 등은 별도의 조닝을 한다.
6. 환기조건 : 회의실, 강당 등은 별도로 조닝을 한다.
7. 덕트 스페이스 및 장치의 크기에 다른 조닝

핵심 26 공기조화설비의 에너지 절약방안

① 건물의 zoning : 각 존별로 온도제어
② 공기조화방식 : VAV 방식
③ 열회수장치 : 전열교환기, Heat Pipe, Heat Pump System
④ 외기냉방(economizer cycle) : 중간기에 환기만으로 냉방
⑤ 외기부하 감소(극간풍 방지, 유리창을 통한 열손실 방지)
⑥ 실내온습도조건 완화 적용
⑦ 열원기기 등은 고효율 운전이 가능한 것으로 선정
⑧ 심야전력 활용

예제 01

공기조화설비의 에너지 절약방안에 대하여 설명하시오.

정답

① 건물의 zoning : 각 존별로 온도제어
② 공기조화방식 : VAV 방식 – 부분효율이 좋으며, 반송동력(송풍량) 절약
③ 열회수장치 : 전열교환기, Heat Pipe, Heat Pump System
④ 외기냉방(economizer cycle) : 중간기에 환기만으로 냉방
⑤ 외기부하 감소(극간풍 방지, 유리창을 통한 열손실 방지)
⑥ 외기도입 최적제어 – CO_2농도 관리(CO_2 실내허용농도 1,000ppm 이하)
⑦ 실내온습도조건 완화 적용
⑧ 열원기기 등은 고효율 운전이 가능한 것으로 선정 – 펌프와 팬(Fan)의 대수 제어 및 회전수 제어 (VVVF 채택)
⑨ 축열조 사용 – 심야전력 활용, 피크로드(Peak Load) 감소
⑩ 급탕탱크에 응축수 탱크의 재증발 증기 이용

☞ **초고층 건물의 공조계획 및 에너지 절약방안에 대해 설명하시오.**
초고층 건물은 연돌효과(굴뚝효과)에 의한 에너지 손실, 공기의 반송동력, 열원의 수송동력에 의한 에너지손실이 많은 에너지다소비형 건물이다. 고층에 따르는 과대한 수압에 의한 기기의 내압에 주의를 하며 계획한다.

1. 공조계획
① 공조기 및 기기장치를 허용수압 이내에 배치한다.
② 반송동력을 최소화한다.
③ 공조기는 실내 가압 성능을 유지하도록 한다.

2. 에너지 절약방안
상기 ①~⑩의 내용을 서술한다.

예제 02

건축이나 설비가 에너지 절감적으로 만들어지고 있는가를 판단하는 공적기준인 PAL, CEC를 설명하시오.

정답

1. PAL(연간 열부하계수 : Perimeter Annual load)

건축물의 외벽, 지붕, 창 등 건물의 외피(Perimeter)를 통하여 실내로 침입하거나 손실되는 열을 연간에 걸쳐서 적산한다. 외피를 통한 열손실 방지성능을 평가하는 기준으로 Perimeter부에 의한 연간의 열부하에 관한 지표를 나타낸 것이다.

$$PAL = \frac{페리미터존의\ 연간열부하(MJ/년)}{페리미터존의\ 바닥면적(m^2)}$$

여기서 Perimeter부 라는 것은 최상층의 전구역, 중간층의 외벽면으로부터 5m 부위에 속한 외주부, 필로티가 있는 경우의 직상층 부분이다.

2. CEC(설비 시스템의 에너지 소비 계수 : Coefficient of energy)

공조, 환기, 조명, 급탕, 엘리베이터로 나누어 각각의 연간 에너지 소비량을 계산한다. 이 값이 건물의 형상이나 사용시간 등에서 예측되는 에너지 소비량(연간 가상부하)에 대하여 어느 정도의 배율로 억제되고 있는가를 표시하는 지표이다.

즉 CEC는 건축물에 설치된 건축설비의 에너지의 효율적 이용성능을 평가하는 것이다.

$$CEC = \frac{연간\ 소비에너지량(MJ/년)}{연간\ 가상부하(MJ/년)}$$

(1) 공조 에너지 소비 계수

$$CEC/AC = \frac{연간공조\ 소비에너지량(MJ/년)}{연간\ 가상공조부하(MJ/년)}$$

여기서 연간 가상공조부하 = (난방부하 + 냉방부하 + 외기부하의 연간 합계치)

(2) 환기에너지 소비계수

$$CEC/V = \frac{연간\ 환기소비에너지량(MJ/년)}{연간\ 가상\ 환기소비에너지량(MJ/년)}$$

예제 03

최근 공조설비시스템에서 에너지를 절감할 수 있는 방안을 중요시된다. 공조설비시스템에서 반송 에너지의 절감 방법 4가지를 쓰시오. [14년 2급]

정답

1. 과잉 환기의 억제 : 외기 도입계통, 배기계통에 정풍량 장치나 댐퍼의 개도 조절 기능 장치를 채용한다.
2. 불필요시 환기 정지 : 기계실 등의 기기발열 제거가 목적인 환기설비는 항온기 등의 간단한 ON/OFF 장치의 이용으로 필요시만 환기 운전을 한다.
3. 저부하시 환기량 제어 : 주차장, 기계실 등에서 오염물이나 발생열량이 감소되면 환기량을 팬 대수제어, 변풍량제어 등으로 한다.(VAV방식, VVVF)
4. 국소배기법 채용 : 한정된 위치에 발생원이 있는 경우 배기후드 등을 이용한다.
5. 공기조화에 의한 다량 환기 대책 : 기계실의 열 제거가 목적인 경우에 풍량이 많고 운송경로가 긴 경우에 냉방장치를 이용해 냉각한다.
6. 자연환기의 이용 : 환기는 가능하면 자연환기에 의하도록 하고, 기계환기 경우라도 창을 개방하고 자연에 의해 환기한다.

핵심 27   송풍기의 법칙

1. 공기 비중이 일정하고 같은 덕트 장치에 사용할 때

(1) 회전 속도 $N_1 \rightarrow N_2$ (비중 = 일정)

$$Q_2 = \frac{N_2}{N_1} Q_1$$

$$P_2 = \left(\frac{N_2}{N_1}\right)^2 P_1$$

$$L_2 = \left(\frac{N_2}{N_1}\right)^3 L_1$$

(2) 송풍기의 크기 $D_1 \rightarrow D_2$ (N = 일정)

$$Q_2 = \left(\frac{D_2}{D_1}\right)^3 Q_1$$

$$P_2 = \left(\frac{D_2}{D_1}\right)^2 P_1$$

$$L_2 = \left(\frac{D_2}{D_1}\right)^5 L_1$$

Q : 송풍량[m³/min]

N : 임펠러의 회전수[rpm]

P : 송풍기에 의해 생긴 정압 또는 전압[mmAq, Pa]

L : 송풍기의 소요 동력[kW]

D : 송풍기 날개의 직경[mm]

※ 1mmAq = 9.8[Pa]

예제 01

회전수가 366rpm, 소요동력 2.0ps, 송풍기 전압 245Pa인 송풍기를 655rpm으로 운전했을 때 소요동력(L_2)과 송풍기 전압(P_2)는 얼마인가?

정답

① 소요동력(L_2) : 회전수비에 3제곱에 비례하여 변화한다.

$$L_2 = \left(\frac{N_2}{N_1}\right)^3 L_1 = \left(\frac{655}{366}\right)^3 \times 2 = 11.5\text{PS}$$

② 송풍기 전압(P_2) : 회전수비의 2제곱에 비례하여 변화한다.

$$P_2 = \left(\frac{N_2}{N_1}\right)^2 P_1 = \left(\frac{655}{366}\right)^2 \times 245 = 784.66[\text{Pa}]$$

※ 송풍기 회전수($N_1 \rightarrow N_2$) [송풍기의 법칙]

ⓐ 풍량 : 회전수비에 비례하여 변화한다. → $Q_2 = \dfrac{N_2}{N_1} Q_1$

ⓑ 압력 : 회전수비의 2제곱에 비례하여 변화한다. → $P_2 = \left(\dfrac{N_2}{N_1}\right)^2 P_1$

ⓒ 동력 : 회전수비에 3제곱에 비례하여 변화한다. → $L_2 = \left(\dfrac{N_2}{N_1}\right)^3 L_1$

예제 02

급기 덕트 계통에 설계값인 풍량 6,000m³/h, 정압 392Pa, 축동력이 2kW인 송풍기를 설치한 후 덕트말단에서 풍량을 측정한 결과 5,000m³/h이었다. 이 덕트계에 설계 풍량을 급기하기 위해 송풍기의 모터를 교체할 경우 요구되는 축동력은?(단, 덕트계에 공기 누설이 없고, 송풍기의 효율은 일정한 것으로 가정한다.)

정답

① 송풍기의 법칙에서 송풍량은 임펠러의 회전수에 비례하고, 압력은 회전수의 제곱에 비례하며, 축동력은 회전수의 세제곱에 비례한다.
② 풍량 측정 결과 5,000m³/h를 설계치 풍량 6,000m³/h로 20% 증가시켜야 하므로 송풍기의 법칙(상사의 법칙)의해 임펠러의 회전수를 20% 증가시켜야 하므로 축동력은 1.2^3배가 된다.

∴ 축동력 = 2kW × 1.2^3 = 3.456kW

예제 03

풍량 600[m³/min], 정압 588[Pa], 회전수 500[rpm]의 특성을 갖는 송풍기의 회전수를 600[rpm]으로 하면 동력은 몇 [kW]가 되는가? (단, 정압효율은 50[%]이다.)

정답

① 풍량(Q_2) : 회전수비에 비례하여 변화한다.

$$Q_2 = \frac{N_2}{N_1} Q_1 = \left(\frac{600}{500}\right) \times 600 = 720 \text{m}^3/\text{min}$$

② 압력(P_2) : 회전수비의 2제곱에 비례하여 변화한다.

$$P_2 = \left(\frac{N_2}{N_1}\right)^2 P_1 = \left(\frac{600}{500}\right)^2 \times 588 = 846.72[\text{Pa}]$$

∴ 축동력(kW) $L_1 = \dfrac{QP}{\eta}$

　　Q : 풍량(m³/min) → 720m³/min

　　P : 정압(mmAq) → 846.72[Pa]

　　η : 효율(%) → 50%

∴ 축동력$= \dfrac{720 \times 846.72}{0.5 \times 60} = 20,321.28[\text{W}] = 20.32[\text{kW}]$

※ 송풍기 회전수($N_1 \rightarrow N_2$) [송풍기의 법칙]

　㉠ 풍량 : 회전수비에 비례하여 변화한다. → $Q_2 = \dfrac{N_2}{N_1} Q_1$

　㉡ 압력 : 회전수비의 2제곱에 비례하여 변화한다. → $P_2 = \left(\dfrac{N_2}{N_1}\right)^2 P_1$

　㉢ 동력 : 회전수비에 3제곱에 비례하여 변화한다. → $L_2 = \left(\dfrac{N_2}{N_1}\right)^3 L_1$

핵심28 송풍기의 특성 곡선

송풍기의 특성 곡선은 풍량(Q)의 변동에 대하여 전압(P_t), 정압(P_s), 효율[%], 축동력(L)을 나타낸다.
① 서징(surging) 영역 : 정압 곡선에서 좌하향 곡선 부분의 송풍기 동작이 불안전한 현상
② 오버 로드 : 풍향이 어느 한계 이상이 되면 축동력은 급증하고, 압력과 효율은 낮아지는 현상

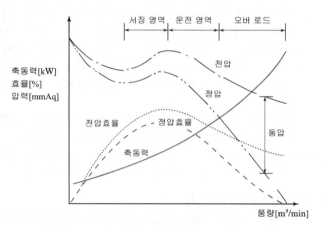

[송풍기의 특성 곡선(다익형의 경우)]

|참고|

• 송풍기의 법칙(상사의 법칙)
  ① 송풍기의 회전수($N_1 \rightarrow N_2$)
    ㉠ 풍량(Q) : 회전수비에 비례하여 변화한다.
    ㉡ 정압(P) : 회전수비의 2제곱에 비례하여 변화한다.
    ㉢ 동력(L) : 회전수비에 3제곱에 비례하여 변화한다.
  ② 송풍기의 크기($D_1 \rightarrow D_2$)
    ㉠ 풍량(Q) : 송풍기 크기비의 3제곱에 비례하여 변화한다.
    ㉡ 정압(P) : 송풍기 크기비의 2제곱에 비례하여 변화한다.
    ㉢ 동력(L) : 송풍기 크기비의 5제곱에 비례하여 변화한다.

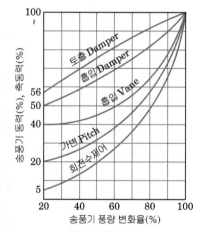

[송풍기 풍량변화율에 따른 송풍기 동력비율의 변화]

• 동력절감률(에너지절약)이 높은 것에서 낮은 순서 :
  회전수 제어(가변속제어) 〉 가변 Pitch 제어 〉 흡입베인제어 〉 흡입댐퍼제어 〉 토출댐퍼제어
  ※ 회전수 제어 : 송풍기 풍량제어의 대표적인 방법으로 에너지절감 비율이 가장 높다.
  ※ 제어방식의 결정은 풍량조정범위, 동력절감률, 설비비 등을 고려하여 정한다.

예제 01

송풍기 풍량제어 방법을 5가지 쓰고 에너지절약효과가 큰 순서대로 나열하시오.

[14년 1급]

정답

1. 송풍량제어 방법 5가지
   ① 회전수제어 : 전동기의 회전수를 바꾸는 방법으로 비용은 많이 들지만 효율이 좋다.
   ② 가변피치제어 : 가변피치(variable pitch)제어는 날개바퀴에 부착된 날개의 각도를 변화시키는 방법으로 원심송풍기의 경우에는 구조상 복잡하고 또한 가격도 비싸므로 실용화 되지 못하고, 축류형 송풍기에 적용되며 회전수 제어방식과 겸용하면 경제적이다.
   ③ 흡입베인제어 : 송풍기 흡입측에 설치된 안내깃(guide vane)의 각도를 조정하여 풍량을 제어하는 방식으로 풍량 조절효과는 풍량 70% 이상에서는 매우 좋으며, 리밋로드 송풍기나 터보송풍기 등에 사용된다.
   ④ 흡입댐퍼제어 : 송풍기 흡입측 댐퍼의 개도를 조정하여 풍량을 제어하는 방식으로 최소 부하시에도 송풍기는 일정한 운전을 하므로 동력절감이 어렵다.
   ⑤ 토출댐퍼제어 : 송풍기 토출측 댐퍼의 개도를 조정하여 풍량을 제어하는 방식으로 가장 일반적인 방법으로 주로 다익송풍기나 소형 송풍기에 적용된다.

2. 에너지절약효과가 큰 순서
   회전수제어 〉 가변피치제어 〉 흡입베인제어 〉 흡입댐퍼제어 〉 토출댐퍼제어

핵심29 덕트 설계 방법

방 법	특 징
등속법	·덕트 내의 공기 속도를 가정하고 공기량을 이용하여 마찰저항과 덕트 크기를 결정하는 방법(Q=AV를 이용) ·주로 분진이나 산업용 분말 등을 배출시키기 위한 배기 덕트의 설계법으로 적당
정압법 (등압법, 등마찰손실법)	·덕트의 단위길이당의 마찰저항의 값을 일정하게 하여 덕트의 단면을 결정하는 방법 ·가장 많이 사용되는 설계법 ·각 취출구의 압력이 달라 정확한 풍량 취득이 어렵다.
정압재취득법	·덕트 각 부의 국부저항은 전압 기준에 의해 손실계수를 이용하여 구하고, 각 취출구까지의 전압력 손실이 같아지도록 덕트 단면을 결정하는 방법 ·정압법보다 송풍기 동력절약이 가능하며, 풍량의 밸런싱(balancing)이 양호 ·저속덕트 경우 압력이 적으므로 덕트 치수가 커진다.
전압법(全壓法)	·각 취출구에서의 전압이 같아지도록 덕트를 설계하는 것 ·가장 합리적인 덕트설계법이지만, 정압법에 비해 복잡한 과정을 거치게 되므로 일반적으로 정압법으로 설계한 덕트계를 검토하는데 이용한다.

핵심 30 **덕트의 동압과 마찰손실·압력손실**

1. 동압

$$동압(P_v) = \frac{v^2}{2g}\gamma[\text{mmAq}] = \frac{v^2}{2}\rho[\text{Pa}]$$

여기서, v : 관내 유속[m/s]

γ : 공기의 비중량($1.2[\text{kgf/m}^3]$)

g : 중력가속도($9.8[\text{m/s}^2]$)

ρ : 공기의 밀도($1.2[\text{kg/m}^3]$)

■ 덕트의 전압

① 정압(P_s) : 공기의 흐름이 없고 덕트의 한 쪽 끝이 대기에 개방되어 있을 때의 압력

② 동압(P_v) : 공기의 흐름이 있을 때 흐름 방향의 속도에 의해 생기는 압력

③ 전압(P_t) : 정압(P_s)과 동압(P_v)의 합계

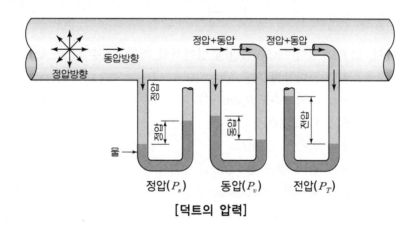

[덕트의 압력]

2. 덕트내 압력 변화

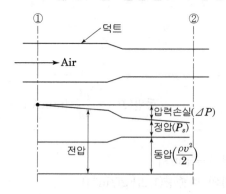

[덕트 내 압력변화 도시(압력손실을 고려할 경우)]

$$P_{s1} + \frac{1}{2}\rho v_1^2 = P_{s2} + \frac{1}{2}\rho v_2^2 + \Delta P$$

의 관계식이 성립된다.

3. 마찰손실(직관)

$$\Delta P = \lambda \cdot \frac{\ell}{d} \cdot \frac{\nu^2}{2g}\gamma[\text{mmAq}], \quad \Delta P = \lambda \cdot \frac{\ell}{d} \cdot \frac{v^2}{2}\rho[\text{Pa}]$$

여기서, ΔP : 길이 1m의 직관에 있어서의 마찰손실수두(mmAq)

λ : 관마찰계수

g : 중력가속도(9.8m/s²)

d : 덕트경(m)

ℓ : 직관의 길이(m)

ν : 관내 평균 풍속(m/s)

ρ : 공기의 밀도(1.2kg/m³)

4. 국부저항에 의한 압력손실(ΔPd)

$$\Delta Pd = \xi\frac{v^2}{2g}\gamma[\text{mmAq}], \quad \Delta Pd = \xi\frac{v^2}{2}\rho[\text{Pa}]$$

ξ : 국부저항계수 υ : 공기의 속도(m/s) ρ : 공기의 밀도(1.2kg/m³)

예제 01

어떤 수평덕트 내를 흐르는 공기의 전압 및 정압을 측정한 결과 각각 331Pa, 245Pa였다. 이 때 덕트내 공기의 유속은 얼마인가?(단, 공기의 밀도 1.2kg/㎥이다.)

정답

덕트의 전압(P_t) = 정압(P_s) + 동압(P_v)

동압(P_v) = $\dfrac{v^2}{2}\rho$(Pa)

여기서, v : 관내 유속(m/s)

　　　　g : 중력가속도(9.8m/s²)

　　　　ρ : 공기의 밀도(1.2kg/㎥)

먼저, 동압 = 전압 − 정압 = 331 − 245 = 86[Pa]

동압(P_v) = $\dfrac{v^2}{2}\rho$에서

∴ $v = \sqrt{\dfrac{2P_v}{\rho}} = \sqrt{\dfrac{2 \times 86}{1.2}} = 11.97[\text{m/s}]$

예제 02

배기덕트 계통에서 풍량 30,000 [m³/h]이고 각 점에서 송풍기 전압과 정압이 표와 같을 때 송풍기의 축동력을 구하시오.
(단, 송풍기 전압효율 70[%], 배관손실은 무시)

풍압 ＼ 위치	실내측 흡입	송풍기 전단	송풍기 후단	배 기
전압 [Pa]	−73.5	−157.8	103.9	46.06
정압 [Pa]	−159.7	−198.9	57.8	0

정답

$L = \dfrac{P_t \times Q}{\eta_t}$

여기서, P_t : 송풍기의 전압[Pa]　　Q : 풍량[m³/s]　　η_t : 전압효율

P_t = 송풍기 후단 전압 − 송풍기 전단 전압

　　= 103.9 − (−157.8) = 261.7[Pa]

$L = \dfrac{P_t \times Q}{\eta_t} = \dfrac{261.7 \times \left(\dfrac{30,000}{3,600}\right)}{0.7} = 3,115.48[\text{W}] \fallingdotseq 3.12\,[\text{kW}]$

예제
03

그림과 같은 덕트계의 조건을 참조하여 다음 물음에 답하시오.

[조건]
1) 덕트 마찰저항계수(f)=0.02
2) 덕트 국부저항은 직관길이의 50%로 한다.
3) 송풍기 정압효율은 60%
4) 공기의 밀도 : 1.2[kg/m³]

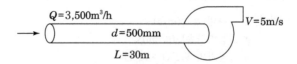

$Q=3,500\text{m}^3/\text{h}$
$d=500\text{mm}$
$V=5\text{m/s}$
$L=30\text{m}$

1. 송풍기 동압[Pa]은?
2. 송풍기 전압[Pa]은?
3. 송풍기 정압[Pa]은?
4. 송풍기 동력[kW]은?

정답

1. 동압$(P_v) = \dfrac{v^2}{2}\rho(\text{Pa})$

여기서, v : 관내 유속(m/s)

g : 중력가속도(9.8m/s^2)

ρ : 공기의 밀도(1.2kg/m^3)

∴ 송풍기동압 $p_v = \dfrac{v^2}{2}\rho = \dfrac{5^2}{2}\times 1.2 = 15[\text{Pa}]$

2. 송풍기 흡입측 전압 P_{T1}=흡입 덕트의 저항

$P_{T1} = \lambda \cdot \dfrac{\ell}{d} \cdot \dfrac{v^2}{2} \cdot \rho$에서

$= 0.02 \times \dfrac{30\times 1.5}{0.5} \times \dfrac{4.95^2}{2} \times 1.2 = 26.46[\text{Pa}]$

여기서, $v_1 = \dfrac{Q}{A} = \dfrac{3,500}{\dfrac{x\times 0.5^2}{4}\times 3,600} = 4.95[\text{m/s}]$

$P_T = P_{T2} - P_{T1} = 15 - (-26.46)$
$= 41.46[\text{Pa}]$

3. 송풍기의 정압(P_s)

$P_s = P_T - P_{v2} = 41.46 - 15$
$= 26.46[\text{Pa}]$

4. 송풍기 동력(L_s)

$L_s = \dfrac{QP_s}{\eta_s} = \dfrac{\dfrac{3,500}{3,600}\times 26.46}{0.6}$

$= 42.87[\text{W}] \fallingdotseq 0.043[\text{kW}]$

예제 04

아래 〈그림〉과 같이 등압법으로 설계된 정풍량 환기덕트 시스템과 관련하여 다음 물음에 답하시오.(단, 취출구 1개당 설계풍량은 1,500CMH이며, 단위길이당 마찰손실은 2 Pa/m, 국부저항은 직관부의 50%로 가정하며, 그 외 제시하지 않은 사항은 고려하지 않음)(4점)

[18년 실기]

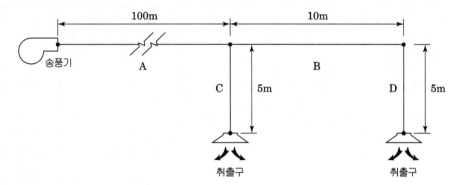

1. 송풍기의 효율이 70%일 때 축동력(kW)을 구하시오.(2점)

2. 1.과 같이 송풍기를 설계하면 덕트구간 A–C와 A–B–D의 마찰 저항 차이로 인해 두 개 취출구의 취출 풍량이 설계 풍량과 달라지게 된다. 이러한 현상을 방지하기 위한 덕트구간 C의 밸런싱 방법 2가지를 서술하시오.(2점)

정답

1. $L_s = \dfrac{Q \cdot P_T}{\eta} = \dfrac{2 \times 1,500 \times 345}{3,600 \times 10^3 \times 0.7} = 0.41\,[\mathrm{kW}]$

   $P_T = (100 + 10 + 5) \times 1.5 \times 2 = 345\,[\mathrm{P_a}]$

2. ① Damper 조절   ② 취출구 조정

핵심 31 환기설비

1. 환기량 산출

[환기량 계산법]

점검 사항	점검내용	산출방법 (Q_f : 필요 환기량 m^3/h)	비 고
발열량	① 인체로부터의 발열량 ② 실내 열원으로부터의 발열량	$Q_f = \dfrac{H_s}{C_p \cdot \rho(t_i - t_o)}$ $= \dfrac{H_s}{0.34(t_i - t_o)}$	H_s : 발열량(현열)[W] C_p : 건공기의 비열(1.01kJ/kg·K) ρ : 공기의 밀도(1.2kg/m^3) t_i : 허용 실내 온도[℃] t_0 : 신선공기온도[℃] 0.34 : 단위환산계수
CO_2 농도	① 인체의 호흡으로 배출되는 CO_2 발생량 ② 실내 연소물에 의한 CO_2 발생량	$Q_f = \dfrac{K}{P_i - P_o}$ (정상시)	K : 실내에서의 CO_2 발생량[m^3/h] P_i : CO_2 허용 농도[m^3/m^3]. 사람뿐일 때 0.0015m^3/m^3, 실내 연소 기구가 있을 때 0.005m^3/m^3 P_o : 외기 CO_2 농도. 0.0003m^3/m^3

예제
01

150인이 있는 사무실에서 실내 CO_2 농도를 1,000ppm이라고 할 때, 신선공기 도입량은?(단, 재실자 1인당의 CO_2 발생량을 0.02m^3/h, 외기중의 CO_2 농도를 0.03%로 한다.

정답

$Q = \dfrac{K}{P_i - P_o}$

Q : 필요환기량(m^3/h),　　　K : 실내에서의 CO_2 발생량(m^3/h)

P_i : CO_2 허용 농도(m^3/m^3),　　P_o : 신선공기 CO_2 농도(m^3/m^3)

$Q = \dfrac{k}{p_i - p_o} = \dfrac{0.02 \times 150}{(1,000 - 300) \times 10^{-6}} = \dfrac{0.02 \times 150 \times 10^6}{700} = 4,285 (m^3/h)$

예제 02

8[m]×5.5[m]×2[m] 크기의 방에 재실인원 15명이 있다. 실내 공기의 이산화탄소 농도를 0.0015[m³/m³]으로 유지하기 위한 환기횟수를 구하시오. (단, 외기 이산화탄소 농도 0.0004 [m³/m³], 재실자 1인당 이산화탄소 발생량 0.02[m³/h])

정답

필요 환기량

$Q = nV$

Q : 환기량(m³/h)　　n : 환기회수(회/h)　　V : 실용적(m³)

또한 $Q = \dfrac{K}{P_i - P_o}$

　Q : 필요환기량(m³/h),　　K : 실내에서의 CO_2 발생량(m³/h)

　P_i : CO_2 허용 농도(m³/m³),　　P_o : 신선공기 CO_2 농도(m³/m³)

환기량 $Q = \dfrac{K}{P_i - P_o} = \dfrac{0.02 \times 15}{0.0015 - 0.0004} = 272.7\,\text{m}^3/\text{h}$

실용적$(v) = 8 \times 5.5 \times 2 = 88\,\text{m}^3$

$\therefore$ 환기회수 $= \dfrac{Q}{V} = \dfrac{272.7}{88} = 3.09 \fallingdotseq 3$회

예제 03

사무실의 크기가 10m×10m×3m이고 재실자가 25명, 가스난로의 CO_2 발생량이 0.5m³/h일 때, 실내평균 CO_2 농도를 5000ppm으로 유지하기 위한 최소 환기회수는?(단, 재실자 1인당의 CO_2 발생량은 18L/h, 외기 CO_2 농도는 800ppm이다.)

정답

$Q = nV$

Q : 환기량(m³/h)　　n : 환기회수(회/h)　　V : 실용적(m³)

또한 $Q = \dfrac{K}{P_i - P_o}$

　Q : 필요환기량(m³/h),　　K : 실내에서의 CO_2 발생량(m³/h)

　P_i : CO_2 허용 농도(m³/m³),　　P_o : 신선공기 CO_2 농도(m³/m³)

먼저, 실내에서의 CO_2 발생량(m³/h)=(0.025×18)m³/h+0.5m³/h

$\qquad\qquad\qquad\qquad\qquad = 0.95\,\text{m}^3/\text{h}$

환기량 $Q = \dfrac{K}{P_i - P_o} = \dfrac{0.95}{0.005 - 0.0008} = 226.2\,\text{m}^3/\text{h}$

실용적$(v) = 10 \times 10 \times 3 = 300\,\text{m}^3$

$\therefore$ 환기회수 $= \dfrac{Q}{V} = \dfrac{226.2}{300} = 0.75$회

핵심 32 환기설비의 에너지 절감 대책

1. 환기에 수반되는 반송동력의 절감 대책
① 과잉 환기의 억제
② 불필요시 환기 정지
③ 저부하시 환기량 제어
④ 국소배기법 채용
⑤ 공기조화에 의한 다량 환기 대책
⑥ 자연환기의 이용

2. 환기에 기인하는 공기조화부하의 절감 대책
① 예냉, 예열시에 외기도입 차단
② 외기량 제어
③ 외기냉방 채용
④ 야간 외기냉방의 채용(야간 정화)
⑤ 전열교환기의 채용
⑥ 국소배기의 채용

3. 배기의 열회수 대책
① 배기의 이용
② 히트펌프를 열원으로 이용
③ 전열교환기의 이용

예제 01 에너지 절약적 자동제어의 방법에 대하여 설명하시오.

정답

최근 건축물은 보다 쾌적하고 편리한 환경에 대한 요구가 증대되고 있으므로 최적의 소비특성에 맞는 건물에너지관리시스템(BEMS)을 적용하여 에너지절약과 쾌적환경을 동시에 만족시켜야 한다.

1. 최적 기동·정지 제어
   쾌적범위대에 도달 소요시간을 미리 계산하여 계산된 시간에 기동/정지하게 하는 방법으로 불필요한 공조 예열, 예냉시간 축소, 공조기의 자동제어가 가능하다.

2. 전력 수요제어(Power Demand Control)
   현재의 전력량과 장래의 예측 전력량을 비교(사용전력의 변화추이를 15분 단위로 관찰) 후 계약 전력량 초과가 예상될 때, 운전 중인 장비 중 가장 중요성이 적은 장비부터 Off 한다.

3. 절전 Cycle 제어(Duty Cycle Control)
   설정된 실내온도를 유지하면서 공조기가 정지하여도 무방한 시간을 컴퓨터가 계산하여 자동으로 기동/정지시킨다.

4. Time Schedule 제어
   건물 사용 시간대 이외의 시간에는 미리 Time Scheduling 하여 제어하는 방식이다.

5. 분산전력 수요제어
   디지털 제어(DDC : Direct Digital Controal) 간의 자유로운 통신을 통한 제어로 상기 1, 2, 3, 6 등을 연동한 다소 복잡한 제어 방식이다.

7. 전열교환기

중간기 혹은 연간 폐열회수를 이용하여 에너지를 절약하는 방식

8. VAV(variable air volume system, 가변풍량방식)

토출공기 온도는 일정하게 하며 송풍량을 실내 부하의 변동에 따라 변화시키는 것으로 운전비는 감소하고 개별제어가 용이하다.

9. 대수 제어

보일러, 냉동기, 펌프, 송풍기 등 열원용 기기는 상용 최대 출력일 때 최대 효율을 발휘하므로 그 사용 대수를 조절하여 제어하는 방식

10. 냉각수 수질 제어

냉각수 증발에 의한 농축작용과 대기와의 접촉과정 중의 오염물질 흡수에 의한 냉각수 수질이 악화되며 이로 인한 냉동기 및 압축기 등의 운전효율 저하되므로 블로운 다운(Blow Down)을 설치한다.

핵심 33 공기조화설비의 계통도

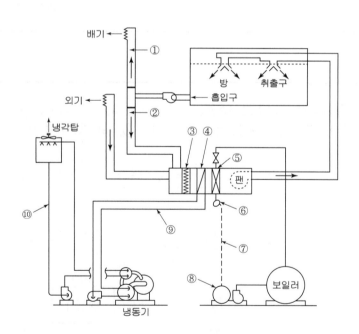

① 배출공기　　　② 재순환공기　　　③ 공기필터　　　④ 냉각코일
⑤ 가열코일　　　⑥ 트랩　　　　　　⑦ 응축수관　　　⑧ 응축수조
⑨ 냉각코일에 냉수 공급관　　　　　⑩ 응축수에 냉각수 공급관

예제 01

다음은 일반적인 공기조화설비 계통도이다. 해당되는 번호의 기기 명칭을 쓰시오.

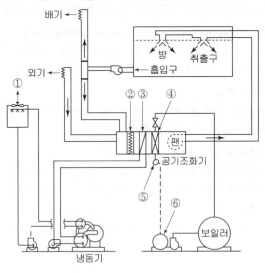

정답

① 냉각탑 ② 여과기(에어필터) ③ 냉각코일
④ 가열코일 ⑤ 트랩 ⑥ 응축수탱크

예제 02

일반적인 공기조화시스템(AHU) 설비는 아래 그림과 같은 기본적인 구성도이다. 공조기 (AHU)내부를 구성하는 요소인 ①, ②, ③, ④의 명칭을 각각 골라서 쓰시오.

냉각기, 여과기, 가습기, 가열기

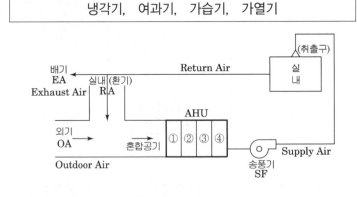

정답

① 여과기 ② 냉각기 ③ 가열기 ④ 가습기

예제 03

다음은 공기조화기의 내부를 나타낸 것이다. ①~⑤까지의 명칭을 쓰시오.

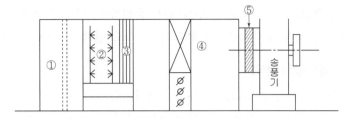

정답

① 공기여과기   ② 가습기   ③ 엘리미네이터   ④ 냉각코일 또는 가열코일   ⑤ 캔버스조인트

예제 04

공조기에서 가습난방을 하는 경우 절대습도 0.003kg/kg′ 인 공기를 가습기로 절대습도 0.00475kg/kg′ 인 공기로 만드는데 가습량 58kg/h, 현열가열량이 223.4MJ/h였다면 잠열가열량(MJ/h)을 계산하시오. (단, 가습기 입구에서 엔탈피 1,180kJ/kg 가습기 출구에서 엔탈피 1,390kJ/kg이며 가습기의 효율은 30%이다.)

정답

주어진 물리량을 간단히 정리하여 나타내면 다음과 같다.

절대습도　$x_1 = 0.003$,

　　　　　$x_2 = 0.00475$

가습(분무)량 $L = 58$kg/h

현열량　　　$q_s = 223.4$MJ/h

가습기 효율 $\eta = 0.3$

입·출구에서의 엔탈피 $H_1 = 1,180$kJ/kg,

　　　　　　　　　　$H_2 = 1,390$kJ/kg

잠열가열량　$q_L = ?$

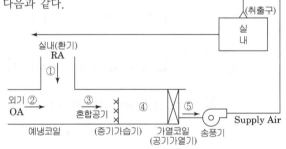

가습 난방 후에 공기의 취득열량(전열량)은 $q_T = q_s + q_L$에서

$$q_L = q_T - q_s$$

따라서, 공기의 전열량 q_T 을 먼저 구해야 한다.

　$q = G \cdot \Delta H (G : 송풍량)$

　$q_L = G \times (H_2 - H_1)$

한편, 가습량을 이용해서 송풍량을 구하는 공식

　$L \times \eta = G \cdot \Delta x = G \times (x_2 - x_1)$

　$58 \times 0.3 = G \times (0.00475 - 0.003)$에서

　$G = 9942.86$kg/h

　$q_T = 9,942.86$kg/h $\times (1,390 - 1,180)$kJ/kg

　　$= 2,088,000$kJ/h $= 2,088$MJ/h

$\therefore q_L = q_T - q_s$

　　$= 2,088$MJ/h $- 223.4$MJ/h $= 1,865$MJ/h

핵심 34 클린 룸(Clean room)

공기청정실(Clean room)은 부유먼지, 유해가스, 미생물 등과 같은 오염물질을 규제하여 기준이하로 제어하는 청정 공간으로, 실내의 기류, 속도 압력, 온습도를 어떤 범위 내로 제어하는 특수건축물

1. 종류 및 필요분야

① ICR(industrial clean room) : 먼지미립자가 규제 대상(부유분진을 제어 대상)
  • 정밀기기, 전자기기의 제작, 방적공업, 전기공업, 우주공학, 사진공업, 정밀공업
② BCR(bio clean room) : 세균, 곰팡이 등의 미생물 입자가 규제 대상
  • 무균수술실, 제약공장, 식품가공, 동물실험, 양조공업

2. 평가기준

① 입경 $0.5\mu m$이상의 부유미립자 농도가 기준
② super clean room에서는 $0.3\mu m$, $0.1\mu m$의 미립자를 기준

3. 고성능 필터의 종류

① HEPA 필터(high efficiency particle air filter) : $0.3\mu m$의 입자 포집률이 99.97% 이상
  → 클린룸, 병원의 수술실, 방사성물질 취급시설, 바이오 클린룸 등에 사용
② ULPA 필터(ultra low penetration air filter) : $0.1\mu m$의 부유 미립자를 99.99% 이상 제거할 수 있는 것
  → 최근 반도체 공장의 초청정 클린룸에서 사용

핵심 35 공기 세정기(air washer), 가습기, 감습기

1. 공기 세정기(air washer)

① 아주 작은 물방울과 공기를 직접 접촉시킴으로써 공기를 냉각하거나 또는 감습·가습을 하기 위해 사용된다.
② 구조는 스프레이 노즐(spray nozzle), 스프레이 헤더(spray header), 플러딩 노즐(flooding nozzie), 일리미네이터(eliminator) 등으로 구성되어 있다.
  ㉠ 분무 노즐(spray nozzle)
    • 분무수를 세립화하여 공기와의 접촉을 크게 하기 위한 것이다.
    • 청동제의 캡을 풀어 소재할 수 있도록 되어 있다.
  ㉡ 플러딩 노즐(flooding nozzle) : 일리미네이터에 부착된 먼지를 세정한다.
  ㉢ 일리미네이터(eliminator)
    • 통과 공기 중의 물방울이 공기 세정기에서 **빠져나가는** 것을 방지
      (분무수가 밖으로 나가는 것을 방지하기 위하여 설치)
    • 4～6번 접은 아연, 철판, 염화비닐 코팅판 등을 이용
③ 유속은 2.5~3.5m/s이다.

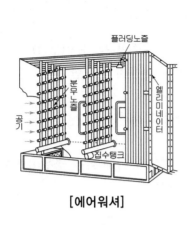

[에어워셔]

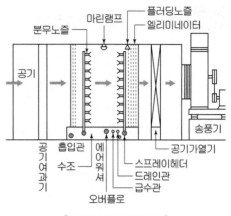

[에어워셔 공기조화]

2. 가습기, 감습기

(1) 가습기

겨울철 난방시 실내 공기의 절대습도를 높이기 위해 사용된다. 건조한 실내에 습도를 높이기 위한 방법으로 크게 증기식(증기취출식), 물분무식, 기화식으로 구분한다.

① 증기식
  ㉠ 기종 : 분무식, 전열식, 전극식, 적외선식
  ㉡ 특징 : 불순물을 방출하지 않으며 온도강하가 없다.

② 수분무식
  ㉠ 기종 : 분무식, 원심식, 초음파식, 2유체식
  ㉡ 특징 : 불순물이 방출되며 온도강하가 있다.

③ 기화식(증발식)
  ㉠ 기종 : 적하식, 회전식, 모세관식
  ㉡ 특징 : 불순물을 방출하지 않으며 포화온도 이하에서 방출한다.

(2) 감습기

여름철 냉방시에 잠열부하를 제거하는 감습장치로서 일반적으로 냉각분무의 공기세정기나 공기냉각 코일 등을 사용하여 냉각하며, 동시에 그 속에 포함되어 있는 수증기를 응축시켜서 소요의 절대습도까지 감습한다.

① **냉각감습법** : 습공기를 노점온도 이하까지 냉각해서 공기 중의 수증기량을 응축 제거하는 방법이다. 공조 등 대풍량을 취급하는 경우 사용되며, 감습만을 목적으로 하는 경우에는 재열이 필요해서 비경제적이다.

② **압축감습법** : 온도가 일정할 때 공기 중의 포화절대습도는 압력상승에 따라 저하하며 수분으로 응축액화한다. 감습만을 목적으로 할 경우에는 소요동력이 커서 비경제적이다.

③ **흡수식** : 액상 흡습제에 의해 감습하는 방법이다. 연속적으로 대용량에도 적용할 수 있다.

④ **흡착식** : 다공성 물질 표면에 흡착시키는 것으로 재생 사용이 가능하다. 주로 소용량에 사용된다.

핵심36 냉각코일, 가열코일

① 공기와 물의 흐름을 대향류로 하고, 가능한 한 대수평균온도차(MTD)는 크게 한다.
② 코일 입출구 물의 온도상승은 5℃ 전후로 한다.(온도차가 크면 수량, 펌프동력이 감소하나 열수가 증가한다.)
③ 코일을 통과하는 공기 풍속은 2~3m/s가 가장 경제적이다.
④ 코일내 물의 유속은 1m/s 전후로 한다.
⑤ 냉각용 코일 열수는 보통 4~8열이 사용되나 MTD가 아주 작은 경우 8열 이상이 될 수도 있다.
⑥ 효율이 가장 좋은 정방형으로 코일형태를 취한다.

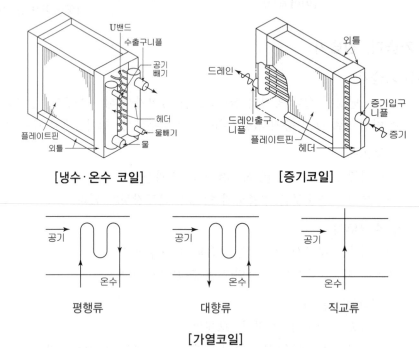

[냉수·온수 코일] [증기코일]

평행류 대향류 직교류

[가열코일]

<table>
<tr><td>예제
01</td><td>대향류 냉수코일에서 냉수 입구온도는 7℃이고 공기 입구온도는 28℃이다. 냉수의 출구 온도가 12℃이고 공기의 출구온도가 18℃라면 대수평균 온도차는 얼마인가?</td></tr>
</table>

정답

대수평균온도차(대향류일 때)

$$MTD = \frac{\Delta_1 - \Delta_2}{l_n \dfrac{\Delta_1}{\Delta_2}}$$

$$\therefore \ MTD = \frac{(28-12)-(18-7)}{l_n \dfrac{(28-12)}{(18-7)}} = 13.3℃$$

핵심 37 전열교환기

① 전열교환기는 배기되는 공기와 도입 외기 사이에 공기의 교환을 통하여 배기가 지닌 열량을 회수하거나 도입외기가 지닌 열량을 제거하여 도입외기를 실내 또는 공기조화기로 공급하는 전열교환장치이다.

② 공기 대 공기의 열교환기로서 현열은 물론 잠열까지도 교환되는 엔탈피 교환하는 장치로서 공조시스템에서 배기와 도입되는 외기와의 전열교환으로 공조기는 물론 보일러나 냉동기의 용량을 줄일 수 있다.

③ 연료비를 절약할 수 있는 에너지절약 기기로 공기방식의 중앙공조시스템이나 공장 등에서 환기에서의 에너지 회수방식으로 많이 사용된다.

④ 전열교환기를 사용한 공조시스템에서 중간기(봄, 가을)를 제외한 냉방기와 난방기의 열회수량은 실내·외의 온도차가 클수록 많다.

⑤ 전열교환기의 효율

㉮ 외기와 환기의 최대 엔탈피차($X_3 - X_1$)에 대한 실제 전열 엔탈피차($X_2 - X_1$)의 비

㉯ 전열교환기 효율 $\eta = \dfrac{X_2 - X_1}{X_3 - X_1} = \dfrac{h_1 - h_2}{h_1 - h_3}$

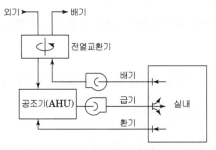

[전열교환기를 설치한 공조시스템]

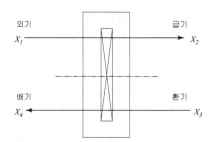

[전열교환기]

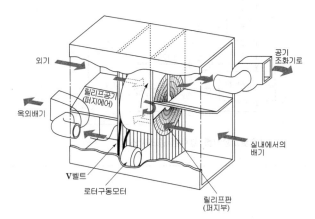

[전열교환기]

예제 01

전열교환기의 종류와 특징에 대해 기술하시오.

정답

1. 개요
① 공조부하 중 외기부하가 차지하는 비중은 약 30% 정도가 되는데, 전열교환기는 이러한 외기부하를 저감시키기 위해, 공조 배기(exhaust air)와 급기가 직접 공기-공기로 열교환하여, 70% 전후의 열량(현열+잠열)을 회수하는 전열교환장치이다.
② 현열은 물론 잠열까지도 교환되는 엔탈피 교환하는 장치로서 공조시스템에서 배기와 도입되는 외기와의 전열교환으로 공조기는 물론 보일러나 냉동기의 용량을 줄일 수 있다.
③ 연료비를 절약할 수 있는 에너지절약 기기로 공기방식의 중앙공조시스템이나 공장 등에서 환기에서의 에너지 회수방식으로 많이 사용된다.

2. 종류 및 특징
① 회전식
· 흡착제를 침착시킨 허니콤상의 로터를 저속 회전시켜 상부에 외기를, 하부에 실내배기를 통과시켜 현열 및 잠열 교환이 이루어진다.
· 흡습제(염화리튬 침투판)를 사용한다.
· 동계에는 배기의 온습도가 외기보다 높아 외기의 엔탈피가 상승하며, 하계에는 엔탈피 감소한다.
· 회전식의 경우 배기 중 오염물질이 외기에 이행되므로 하류 공조기 filter를 설치하여 제거한다.
· 회전형이 많이 사용된다.

② 고정식(직교류식)
· 펄프 재질 등의 특수가공지로 만들어진 필터에서 대향류 또는 직교류 형태로 현열교환 및 물질교환이 이루어진다.
· 잠열 효율이 떨어져 주로 소용량으로 사용한다.
· 칸막이판을 통한 전달이어서 배기 오염물질의 이행이 적다.
· 입출구 덕트 연결이 어렵고, 설치공간을 많이 차지한다.

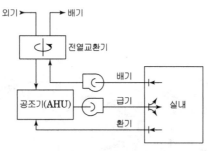

[전열교환기를 설치한 공조시스템]

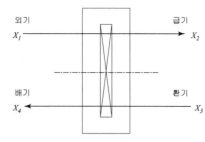

[전열교환기]

예제 02

그림과 같은 전열교환기에서 각 점의 상태(온도, 엔탈피)가 다음과 같을 때 엔탈피효율을 구하시오.

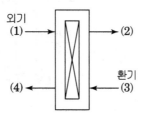

각 점 상태값
(1) 온도 30℃   엔탈피 68[kJ/kg]   (2) 온도 27℃   엔탈피 61[kJ/kg]
(3) 온도 26℃   엔탈피 55[kJ/kg]   (4) 온도 29℃   엔탈피 62[kJ/kg]

정답

① 전열교환기는 배기되는 공기와 도입 외기 사이에 공기의 교환을 통하여 배기가 지닌 열량을 회수하거나 도입외기가 지닌 열량을 제거하여 도입외기를 실내 또는 공기조화기로 공급하는 전열교환 장치이다.

② 전열교환기의 효율
외기와 환기의 최대 엔탈피차에 대한 실제 전열 엔탈피차의 비

$$\eta = \frac{외기입구 - 외기출구}{외기입구 - 환기입구} = \frac{h_1 - h_2}{h_1 - h_3} = \frac{68 - 61}{68 - 55} = 0.5385 = 53.85\%$$

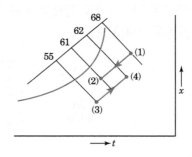

예제 03

그림과 같은 공조장치에서 냉방을 할 경우 공조기 입구 "A"의 온도는 얼마인가?

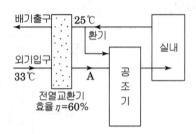

정답

전열교환기의 효율(η) = $\dfrac{외기입구온도 - 외기출구온도}{외기입구온도 - 환기입구온도}$

$0.6 = \dfrac{33 - A}{33 - 25}$

$\therefore \ A = 28.2℃$

예제 04

공조설비의 배기덕트에 전열교환기를 설치하여 25℃의 배기온도를 28℃로 높힘으로써 배기열 회수를 이용하여 하절기 냉방시에 공조기(AHU)에 유입되는 30℃의 급기(외기) 온도를 예냉하여 낮추어 공급함으로써 공조에너지를 절감하고자 한다. 다음 측정결과표에 의해 물음에 답하시오.

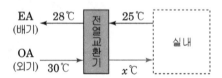

외기온도 : 30℃	배기온도 : 28℃
풍량(Q), 외기 : 18,000m³/h	공기의 밀도(ρ) : 1.2kg/m³
공기의 정압비열 : 1.0kJ/kg℃	전열교환기의 효율(η) : 90%
냉동기의 COP : 3	연간 가동시간 : 4,320hr/년
전력량 판매단가 : 90.5원/kWh	외기와 배기풍량은 같은 것으로 한다.

1. 배기열 회수에 의한 절감열량(kJ/h)을 구하시오.
2. 급기예냉온도 x (℃)를 구하시오.
3. 절감된 전력량(kWh/년)을 구하시오.
4. 연간 절감금액을 구하시오.

정답

1. 배기열 회수에 의한 절감열량 전열교환기의 효율을 고려하여

$q = \gamma \cdot Q \cdot C \cdot \Delta t \cdot \eta$ 에서

$= 1.2 \times 18,000 \times 1.0 \times (30-25) \times 0.9$

$= 97,200 [\text{KJ/h}]$

2. 급기 예열온도(t_x)

배기가 버린 열량 = 외기가 얻은 열량

$97,200 = 1.0 \times 1.2 \times 18,000 \times (30-t_x)$ 에서

$t_x = 30 - \dfrac{97,200}{1.0 \times 1.2 \times 1,800} = 25.5℃$

또는

열교환기효율 $\eta = 0.9$ 에서

$\eta = \dfrac{30-t_x}{30-25} = 0.9$

$t_x = 30 - 0.9 \times (30-25)$

$= 25.5[℃]$ 로 구해도 됩니다.

3. 연간절감량[kwh/년]

$\text{COP} = \dfrac{Q_2}{W}$ 에서

$\text{COP} \cdot w = Q_2$

$3 \times$ 연료절감량 $= 97,200 \times 4,320/3,600$

$\therefore$ 연료 절감량 $= \dfrac{97,200 \times 4,320/3,600}{3} = 38,880 \text{kwh/년}$

4. 연료절감금액 $= 38,880 \times 90.5 = 3,518,640$ 원/년

예제 05

송풍량, 냉각코일 부하, 외기냉방시 외기도입량, 연간 절감효과, 전열교환기 통과 후 엔탈피, 절약효과에 대하여 설명하시오.

[14년 1급]

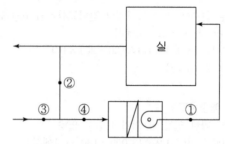

		온도(℃)	절대습도(kg/kg')	엔탈피
외기	중간기	13	0.006	28
	하절기	32	0.022	82.3
실내		26	0.011	54
냉각기 출구		16	0.012	43

1. 실내현열부하 : 126,000kJ/h
   외기도입비율 : 25%
   냉동기 cop : 3.5
   공기밀도 : 1.2kg/m³, 비열 : 1.005kJ/h

2. 중간기 이코노마이져 시스템을 도입할 때 혼합온도를 16℃로 한다면 이때 외기량(m³/h)을 구하고 외기냉방에 의한 동력절감량(kwh)을 구하시오.(외기냉방시간은 720시간)

3. 하절기 전열효율 70% 전열교환기를 설치하여 열회수를 꾀할 때 전열교환기 출구(⑤) 엔탈피를 구하고 년간 동력절감량(kWh)을 구하시오.(전열교환기 운전시간 2160시간)

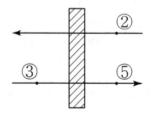

정답

1. 송풍량 $= \dfrac{q_s}{\rho \cdot c \cdot \sigma t} = \dfrac{126,000}{1.2 \times 1.005(26-16)} = 10,447.76\text{m}^3/\text{h}$

   냉각코일부하 $= G \cdot \Delta h = \dfrac{10,447.76 \times 1.2(61.08-43)}{3600} = 62.97\text{kW}$

   $h_4 = 0.75h_2 + 0.25h_3 = 0.75 \times 54 + 0.25 \times 82.3 = 61.08\text{kJ/kg}$

2. 급기량을 1로 보고 외기량을 x라 하면

$16 = x \times 13 + (1-x)26$

$\therefore = \dfrac{10}{13}$

$\therefore$ 외기량 $= 10447.76 \times \dfrac{10}{13} = 8,036.74 \mathrm{m^3/h}$

동력절감량 ① 냉각코일 부하를 이용한 동력절감량 $\dfrac{62.97\mathrm{kW}}{3.5} \times 720 = 12,953.8\mathrm{kwh}$

② 외기량을 이용한 동력절감량=외기량(실외−실내)

$1.2 \times 8036.74 \times (54-28)/3600 = 69.65\mathrm{kW}$

$\dfrac{69.65}{3.5} \times 720 = 14,328\mathrm{kwh}$

3. 전열교환기 출구 ⑤ 엔탈피

$\% = \dfrac{\mathrm{h_3 - h_5}}{\mathrm{h_3 - h_2}}$ $0.7 = \dfrac{82.3 - \mathrm{h_5}}{82.3 - 54}$

$\therefore \mathrm{h_5} = 62.49\mathrm{kJ/kg}$

동력절감량(전열) $= G_o(\mathrm{h_3 - h_5})$

$= 1.2 \times 10,447.76 \times 0.25(82.3 - 62.49)$

$= 62,091.04\mathrm{kJ/h} = 17.25\mathrm{kW}$

동력절감량 $= \dfrac{17.25}{3.5} \times 2160 = 10,645.71\mathrm{kWh}$

예제 06

"건축물의 에너지절약 설계기준"에서 공조기의 폐열회수를 위한 열회수 설비를 설치할 때에는 중간기에 대비한 바이패스(by-pass) 설비를 설치하도록 권장하고 있다. 다음 그림은 바이패스 모드가 포함된 전열교환기 장치 구성, 냉방 운전시 습공기 선도상의 상태변화 과정과 공조기 냉각코일 제거열량(Δh코일)을 표시한 예시이다. 이와 관련한 다음 물음에 답하시오.

[16년 실기]

바이패스 모드가 포함된 전열교환기 장치의 구성	외기조건	전열 교환 모드 시 상태변화과정(예시)

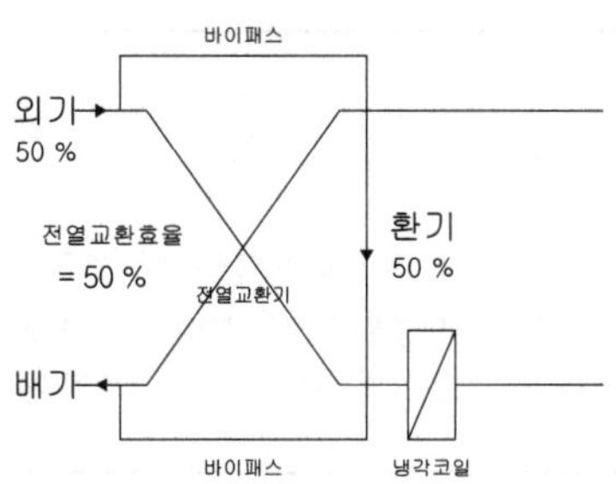

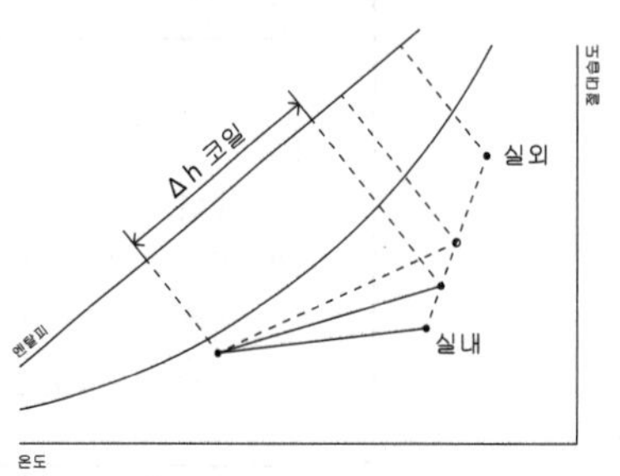

1. 중간기 냉방시 바이패스 모드와 전열교환기 모드로 운전하는 경우의 냉각코일 제거열량(Δh 코일)을 예시와 같이 습공기 선도상에 표시하시오.

외기조건	프로세스	장치의 구성	상태변화과정
실외온도< 실내온도	바이패스 모드 +냉방	바이패스 100 % / 배가 / 외가 / 100 % / 바이패스 / 냉각코일	
실외엔탈피< 실내엔탈피	전열 교환기 +냉방	외가 50 % / 전열교환효율 = 50 % / 전열교환기 / 환기 50 % / 배가 / 냉각코일	

2. 중간기 냉방시 바이패스 모드와 전열교환기 모드 중 에너지 효율적인 운전 모드를 선택하고 그 이유를 간단히 서술하시오.

정답

1.

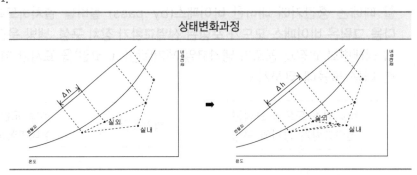

2.
① 에너지 효율적 운전모드 : 바이패스 모드
② 이유 : 1)에서 습공기 선도상에 표시한 것 같이 전열교환기+냉방 모드의 경우에는 전열교환기에 의해서 외기가 실내공기와의 열교환에 의해서 가열되어 냉각열량이 증대하기 때문에 중간기에 있어서는 전열교환기를 통과하지 않는 바이패스 모드가 에너지 효율적이다.

예제 07

다음 그림은 공조기 급배기 계통도의 일부이다. 댐퍼 개폐상태가 다음 〈표〉와 같을 때 각 운전조건(㉠, ㉡, ㉢)을 보기 중에서 선택하고, 각 운전조건의 상태를 실내외 온도, 에너지, 실내공기질(IAQ)과 관련하여 서술하시오.

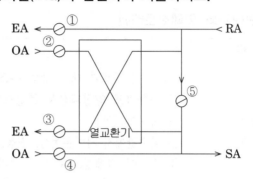

〈표〉 운전조건별 댐퍼의 개폐상태

운전조건＼댐퍼	①	②	③	④	⑤
㉠	폐쇄	개방	개방	폐쇄	개방
㉡	개방	폐쇄	폐쇄	개방	폐쇄
㉢	폐쇄	폐쇄	폐쇄	폐쇄	개방

〈보기〉
외기냉방운전, 난방운전, 난방예열운전

정답

운전조건	설 명
㉠ 난방운전	난방실내 온도 〉 외기온도의 상태(외기온도가 난방설정온도보다 낮은 상태)로 온열원 설비를 사용하여 난방운전을 행한다. 이때 외기부하를 감소 시키기 위해 전열 교환기를 설치하여 배기(EA)를 이용하여 외기(OA)를 가열 가습 함으로써 에너지 절약을 꾀한다. IAQ OA를 충분히 도입하여 IAQ의 하락을 발생하지 않는다.
㉡ 외기 냉방운전	외기 냉방 운전 냉방 실내 설정온도 〉 외기온도(외기온도가 냉방설정 온도보다 낮은 상태)로 이때에는 댐퍼 ②, ③, ⑤를 폐쇄한 상태에서 전열 교환기 가동을 중지하고 댐퍼 ①, ④가 개방된 상태막 외기를 이용하여 냉방 함으로써 냉동기 가동을 금지(또는 일부 가동)하여 냉방 함으로써 에너지 절약을 괴한다. IAQ 역시 외기 도입량이 증가하여 IAQ가 좋아진다.
㉢ 난방 예열운전	난방 예열 운전 난방 실내 온도 〉 외기온도 난방 예열 운전 시 ①, ②, ③, ④의 댐퍼를 폐쇄하고 ⑤의 환기댐퍼만 개방하여 외기도입을 정지하고 실내공기만을 순환시켜 난방함으로써 에너지 절약을 꾀한다. 외기도입을 정지 하였기 때문에 IAQ는 낮아지나 이 때에는 실내 재실밀도가 작기 때문에 큰 문제는 발생하지 않는다.

핵심 38 **공기조화 배관**

1. 수배관

(1) 개방회로배관와 밀폐회로배관

분 류	특 징
개방회로 배관	물의 순환경로가 대기 중의 수조에 개방되어 있는 회로 ① 순환펌프 양정계산시 물탱크에서 배관 최상단 부분까지 정수두를 계산하여야 한다. ② 환수관에서 사이폰현상, 진동, 소음 등이 발생할 우려가 있다. ③ 관경이 밀폐형보다 커서 설비비가 증가한다. ④ 밀폐형보다 배관부식의 우려가 크다.
밀폐회로 배관	물의 순환경로가 대기 중의 수조에 개방되어 있지 않는 회로 ① 팽창탱크(E.T)를 반드시 설치하여 이상압력을 흡수하여야 한다. ② 안정된 수류를 얻을 수 있다. ③ 관경이 작아져서 설비비가 감소한다. ④ 배관의 부식이 적다.

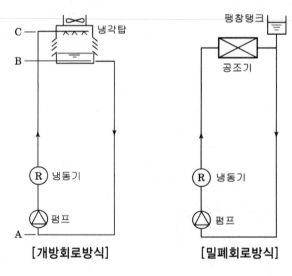

[개방회로방식]   [밀폐회로방식]

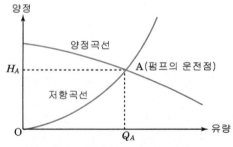

[밀폐회로방식에서의 펌프의 운전점]

(2) 직접환수방식과 역환수방식

① 직접환수방식

열원기기에서 가까운 위치에 있는 방열기, 팬코일유닛 등에는 냉온수의 순환이 원활하게 이루어지거나 열원기기로부터 멀리 떨어져 있을수록 순환길이가 길어지고 그에 따른 압력손실이 커지므로 냉온수의 순환이 어려워진다.

② 역환수방식

보일러에서 방열기까지(온수관)의 길이와 방열기에서 보일러까지(환수관)의 길이를 같게 한 방식으로 온수의 유량분배 균일화(온수의 순환을 평균화)하기 위해 사용한다. 배관 길이가 길어져 설비비가 높아지고 배관을 위한 공간도 더 필요하게 되는 단점이 있다.

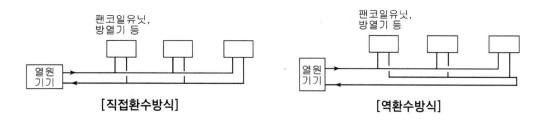

[직접환수방식]　　　　　　　　　　　　[역환수방식]

(3) 배관의 개수에 따른 분류

분 류	특 징
1관식	① 1개의 배관으로 공급관, 환수관을 겸용으로 사용하는 방식 ② 실온의 개별제어가 곤란하다. ③ 설비비가 적게 들고 공사가 간단하다. ④ 용도 : 급탕용, 소규모 온수난방용
2관식	① 각각의 공급관, 환수관을 갖는 방식 ② 가장 일반적으로 사용되는 방식이다.
3관식	① 공급관이 2개(온수관, 냉수관)이고 환수관이 1개로 구성된 방식 ② 개별제어가 가능하고, 부하변동에 대한 응답이 빠르다. ③ 환수관이 1개이므로 냉수와 온수의 혼합열손실이 발생한다. ④ 배관공사가 복잡하다.
4관식	① 공급관(냉수관, 온수관) 2개, 환수관(냉수관, 온수관) 2개로 구성된 방식 ② 혼합열손실이 발생하지 않아 확실한 개별제어가 가능하고 응답이 빠르다. ③ 배관공사가 가장 복잡하다.

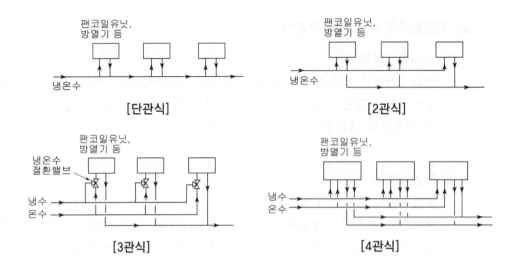

[단관식]

[2관식]

[3관식]

[4관식]

(4) 정유량 방식과 변유량 방식

① 정유량 방식

㉮ 배관계는 냉온수 등 열원을 제조하는 부분인 1차측과 공조기와 같이 열원을 소비하는 부분인 2차측으로 나누어지는데, 1차측에서 제조된 냉온수 전체가 펌프에 의해 2차측까지 순환되는 방식이다.

㉯ 3방 밸브(3-way 밸브)를 통해 냉온수가 공조기로 들어가지 않고 바이패스하므로 2차측에 들어가지 않아도 될 냉온수까지 펌프로 보내게 되므로 펌프동력을 낭비하게 된다.

② 변유량 방식

부하변동에 따라 필요한 만큼만 공조기 등 2차측에 보내고 나머지는 1차측에서만 순환시키는 방식으로 불필요한 펌프동력을 절감을 할 수 있어 에너지절약 수법 중의 하나로 채용되고 있다.

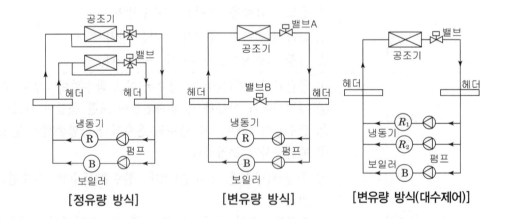

[정유량 방식]

[변유량 방식]

[변유량 방식(대수제어)]

2. 냉온수 배관

배관의 구배는 자유롭게 하되 공기가 정체하지 않도록 주의한다. 배관의 벽, 천정 등을 관통시에 슬리브(sleeve)를 사용한다.

3. 냉매 배관

(1) 토출관의 배관(압축기와 응축기 사이의 배관)

① 응축기는 압축기와 같은 높이이거나 낮은 위치에 설치하는 것이 좋다. 그러나 응축기가 압축기보다 높은 곳에 있을 때에는 그 높이가 2.5m 이하이면 그림 (b)와 같이 하고, 그보다 높으면 (c)와 같이 트랩 장치를 해준다.

② 수평관은 (b), (c) 모두 선하향구배로 배관한다.

③ 수직관이 너무 높으면 10m 마다 트랩을 1개씩 설치한다.

(2) 액관의 배관(응축기와 증발기 사이의 배관)

증발기가 응축기보다 아래에 있을 때에는 2m 이상의 역루프 배관으로 시공한다.

(3) 흡입관의 배관(증발기와 압축기 사이의 배관)

① 수평관의 구배는 선하향구배로 하며 오일트랩을 설치한다.

② 증발기가 압축기와 같을 경우에는 흡입관을 수직 입상시키고 1/200의 선하향구배로 하며, 증발기가 압축기보다 위에 있을 때에는 흡입관을 증발기 윗면까지 끌어올린다.

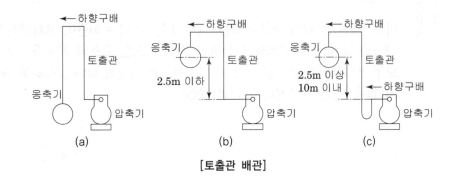

[토출관 배관]

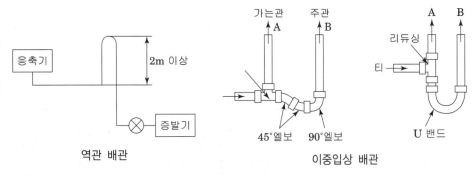

[냉매배관]

예제 01

수배관시스템의 개방회로배관과 밀폐회로배관의 특징을 설명하시오.

정답

1. 개방회로배관
   물의 순환경로가 대기 중의 수조에 개방되어 있는 회로
   ① 순환펌프 양정계산시 물탱크에서 배관 최상단 부분까지 정수두를 계산하여야 한다.
   ② 환수관에서 사이폰현상, 진동, 소음 등이 발생할 우려가 있다.
   ③ 관경이 밀폐형보다 커서 설비비가 증가한다.
   ④ 밀폐형보다 배관부식의 우려가 크다.

2. 밀폐회로배관
   물의 순환경로가 대기 중의 수조에 개방되어 있지 않는 회로
   ① 팽창탱크(E.T)를 반드시 설치하여 이상압력을 흡수하여야 한다.
   ② 안정된 수류를 얻을 수 있다.
   ③ 관경이 작아져서 설비비가 감소한다.
   ④ 배관의 부식이 적다.

예제 02

아래 〈그림〉과 같이 냉각수 배관, 냉수 배관 및 급수 배관이 설치되어 있는 건축물에서 〈표〉의 각 펌프의 양정을 계산하기 위해 필요한 요소의 기호를 〈보기〉 중에서 골라 모두 쓰시오.(단, 냉각탑과 각 수조의 수위는 그림과 같이 일정하며, 보기 외에 제시하지 않은 사항은 고려하지 않음)(6점)

[18년 실기]

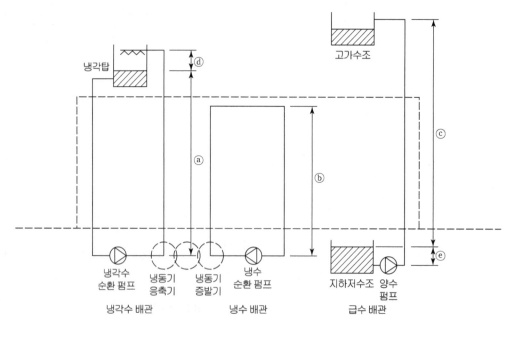

〈그림〉

ⓐ 냉각수 배관 건축물 실양정   ⓓ 냉각탑 실양정
ⓑ 냉수 배관 건축물 실양정   ⓔ 급수용 지하 저수조 실양정
ⓒ 급수 배관 건축물 실양정

〈보기〉

㉠ 냉각수 배관 건축물 실양정   ㉫ 냉각수 배관 직관 및 곡관 마찰손실
㉡ 냉수 배관 건축물 실양정   ㉪ 냉수 배관 직관 및 곡관 마찰손실
㉢ 급수 배관 건축물 실양정   ㉭ 급수 배관 직관 및 곡관 마찰손실
㉣ 냉각탑 실양정   ㉨ 냉동기 응축기 마찰손실
㉤ 급수용 지하 저수조 실양정   ㉩ 냉각탑 노즐 소요압력
    ㉠ 냉동기 증발기 마찰손실

〈표〉 펌프 양정

구분	필요요소
냉각수 순환펌프 양정	
냉수 순환펌프 양정	
급수 양수펌프 양정	

정답

냉각수 → ㉣ ㉫ ㉨ ㉩
냉수 → ㉪ ㉠
급수 → ㉢ ㉭

핵심39 공조제어

1. 시퀀스 제어(sequence control)

① 미리 정해진 순서에 따라 단계별로 제어를 진행하는 방식
② 신호는 한 방향으로만 전달되는 개방회로방식
③ 신호등, 자동판매기, 전기세탁기, 팬의 기동/정지, 엘리베이터의 기동/정지, 공기조화기의 경보시스템

[시퀀스 제어계의 기본 구성]

2. 피드백 제어(feedback control, 폐회로 제어)

① 일정한 압력을 유지하기 위해 출력과 입력을 항상 비교하는 방식
② 폐회로로 구성된 폐회로 방식
③ 전압, 보일러 내 압력, 실내온도 등과 같이 목표치를 일정하게 정해놓은 제어에 사용
④ 비행기 레이더 자동추적, 펌프의 압력제어

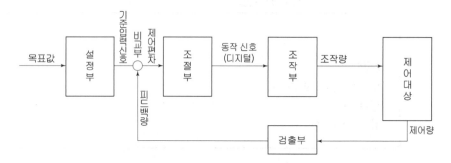

[피드백 제어계의 기본 구성]

■ 시퀀스 제어와 피드백 제어의 비교

자동 제어	제어량	제어 신호	회 로	특 성
시퀀스 제어	정성적 제어	디지털 신호	개루프 회로	순서 제어
피드백 제어	정량적 제어	아날로그 신호	폐루프 회로	비교 제어

※ 캐스케이드 제어(cascade control)
- 2개의 제어계를 조합하여 1차 제어장치의 제어량을 측정하여 제어명령을 발하고 2차 제어장 치의 목표치로 설정하는 제어이다.
- 외란의 영향을 최소화하고 시스템 전체의 지연을 적게 하여 제어효과를 개선하므로 출력측 낭비시간이나 시간지연이 큰 프로세서 제어에 적합하다.
- 결합제어로 최근 공조설비에서 널리 이용되고 있다.
  최근 VAV 방식에 이용되고 있는데 댐퍼와 풍속센서를 보유하고 실내온도값과 설정값의 편 차로부터 적절한 풍량 설정값을 도출하고, 풍량제어 기구측에 케스케이드 신호를 보내어 보 낸다. 즉, VAV 본체의 풍속센서와 댐퍼에 주어진 풍량을 유지하기 위한 제어를 한다.

(3) 제어동작에 의한 분류

분 류	특 징
2위치제어 (ON/OFF 동작)	• 제어량이 설정값에서 어긋나면 조작부를 개폐하여 운전을 정지하거나 기동하는 것 • 제어 결과가 사이클링(cycling)을 일으키며, 또한 잔류편차 (offset)를 일으키 는 결점이 있다. • 대부분의 프로세서 제어계에서 이용하나 응답속도가 요구되는 제어계에는 사 용할 수 없다.
비례제어 (P 동작)	• 조절부의 전달 특성이 비례적인 특성을 가진 제어시스템으로 목표치와 제어량 의 차이에 비례하여 조작량을 변화시키는 방식 • 조작량 0%에서 100%까지의 제어폭을 비례대라 한다. • 이 방식은 공조부하의 특성에 따라서는 목표치가 아닌 지점 에서 기기의 안정 상태가 유지되는 결점이 있는데, 이 안정상태의 값과 목표치와의 차이를 잔류 편차(offset)라 한다.

분 류	특 징
적분동작 (I 동작)	• 오차의 크기와 오차가 발생하고 있는 시간에 둘러싸인 면적, 즉 적분값의 크기 에 비례하여 조작부를 제어하는 것 잔류 오차가 없도록 제어할 수 있다.
미분동작 (D 동작)	• 제어오차가 검출될 때 오차가 변화하는 속도에 비례하여 조작량을 가감하도록 하는 동작 오차가 커지는 것을 미연에 방지한다.
비례적분제어 (PI 동작)	• 비례동작에 의해 발생되는 잔류 오차를 소멸시키기 위해 적분 동작을 부가시 킨 제어동작 • 제어 결과가 진동적으로 되기 쉬우나 잔류 오차가 적다.
비례미분동작 (PD 동작)	• 제어 결과에 빨리 도달하도록 미분동작을 부가한 동작 • 응답의 속응성의 개선에 사용된다.
비례적분미분 제어(PID 동작)	• 비례적분동작에 미분동작을 추가시킨 것 • 정상특성과 응답속도를 동시에 개선시키며 정정시간을 단축 시키는 기능이 있다.

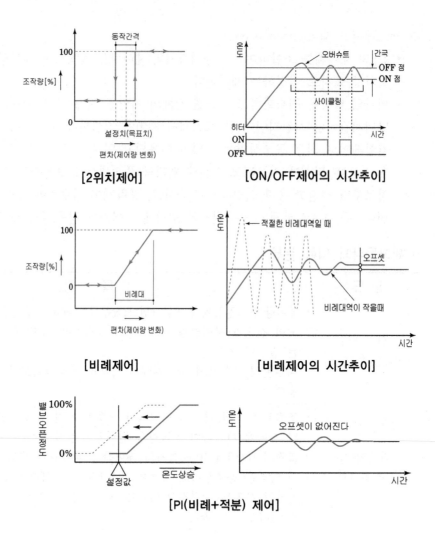

[2위치제어]

[ON/OFF제어의 시간추이]

[비례제어]

[비례제어의 시간추이]

[PI(비례+적분) 제어]

예제 01

다음 용어를 설명하시오.

1. Night Purge
2. 캐스케이드 제어(cascade control)
3. 비례적분제어(PI 동작)

정답

1. Night Purge(야간예냉)
   ① 냉방기에만 적용되는 제어 방식
   ② 여름철 실내보다 외기온도가 낮은 경우 야간에 실내공기를 외기와 환기하여 외기온도 만큼 실내온도를 낮추어주는 공기교환 작업이다.
   ③ 청정 또는 환기의 목적으로 이용되며 익일의 초기운전에 냉방부하를 줄이는 효과가 있다.

2. 캐스케이드 제어(cascade control)
   ① 결합제어로 최근 공조설비에서 널리 이용되고 있다.
   ② 최근 VAV 방식에 이용되고 있는데 댐퍼와 풍속센서를 보유하고 실내온도값과 설정값의 편차로부터 적절한 풍량 설정값을 도출하고, 풍량제어 기구측에 케스케이드 신호를 보내어 보낸다. 즉, VAV 본체의 풍속센서와 댐퍼에 주어진 풍량을 유지하기 위한 제어를 한다.

3. 비례적분제어(PI 동작)
   ① 비례제어(P 동작)의 결점인 잔류편차(offset)를 소멸시키기 위해 적분동작(I 동작)을 부가시킨 제어동작이다.
   ② 목표값을 도달할 때까지 리셋을 반복하는 동작이다.
   ③ 제어 결과가 진동적으로 되기 쉬우나 잔류오차가 적다.
   ④ PI 동작을 이용하면 잔류편차(offset)는 해소할 수 있지만 부하변동이 작고 신호전달에 시간이 걸리는 경우에는 안정성이 나빠지는 단점이 있다.

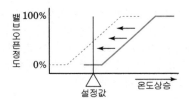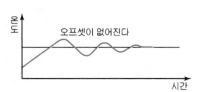

[PI(비례+적분) 제어]

예제
02

정치제어 및 추치제어의 정의를 쓰시오.

1. 정치제어
2. 추치제어

정답

1. **정치제어** : 목표값이 시간적으로 일정한 자동 제어를 말하며, 제어계는 주로 외란의 변화에 대한 정정작용을 한다. 보일러의 동내(胴內) 압력, 여과지의 정속 여과, 터빈의 회전 속도 등을 일정값으로 유지할 때 사용된다. 추치제어와 대조된다.

2. **추치제어** : 목표값이 시간에 따라 변화할 때, 그것에 제어량을 추종시키기 위한 제어
   ① 추종 제어 : 미지의 임의의 시간적 변화를 하는 목표값에 제어량을 추종시키는 것을 목적으로 한다. [예] 자동 아날로그 선반
   ② 프로그램 제어 : 미리 정해진 프로그램에 따라 제어량을 변화시키는 것을 목적으로 한다. [예] 열처리 노의 온도제어
   ③ 비율 제어 : 목표값이 다른 것과 일정한 비율관계를 가지고 변화하는 경우의 추치제어이다. [예] 보일러의 자동연소 장치

예제
03

빌딩 에너지관리 시스템(BEMS)에 대하여 설명하시오.

정답

1. 개념
   ① BEMS(Building Energy Management System)는 IB(Intelligent Building)의 4대 요소(OA, TC, BA, 쾌적성) 중 BA의 일환으로 일종의 빌딩의 에너지관리 및 운용의 최적화 개념이다.
   ② 건물 내의 에너지관리 설비의 다양한 정보를 실시간으로 수집, 분석하여 에너지를 효율적으로 관리할 수 있도록 돕는 시스템으로 전체 건물의 전기, 에너지, 공조설비 등의 운전 상황과 효과를 BEMS(Building Energy Management System)가 감시하고 제어를 최적화하며 피드백 한다.
   ③ 건물에너지관리시스템(BEMS)은 에너지 사용량과 탄소 배출량을 절감할 수 있도록 건물을 관리해주며, 건물의 실내환경과 설비운전 현황을 관리한다.

2. BEMS 구현 방법
   ① 빌딩자동화 시스템에 축적된 데이터를 활용
   BEMS 시스템은 빌딩자동화 시스템에 축적된 데이터를 활용해 전기, 가스, 수도, 냉방, 난방, 조명, 전열, 동력 등 분야로 나눠 시간대별, 날짜별, 장소별 사용내역을 면밀히 분석하고 기상청으로부터 약 3시간마다 날씨 자료를 실시간으로 제공받아 최적의 냉난방, 조명 여건 등을 예측한다.
   ② 사전 시뮬레이션을 통한 최소 에너지로 최대의 효과의 조건 설정
   사전 시뮬레이션을 통해 가장 적은 에너지로 최대의 효과를 볼 수 있는 조건을 정하면 관련 데이터가 자동으로 제어 시스템에 전달되어 시행됨으로써 에너지 비용을 크게 줄일 수 있는 시스템이다.
   ③ 세부 제어
   열원기의 용량 제어, 엔탈피 제어, CO_2 제어, 조명 제어, 부스터 펌프 토출압력 제어, 전동기 인버터 제어 등을 들 수 있다.
   ④ 제어 프로그램 적용기법 적용
   스케줄 제어, 목표 설정치 제어, 외기온도 보상제어, 절전 제어(Duty Control), 최적 기동/정지 제어 등이다.

예제 04

에너지절약적 자동제어에 대하여 설명하시오.

정답

최근 건축물은 보다 쾌적하고 편리한 환경에 대한 요구가 증대되고 있으므로 최적의 소비특성에 맞는 건물에너지관리시스템(BEMS)을 적용하여 에너지절약과 쾌적환경을 동시에 만족시켜야 한다.

1. 최적 기동·정지 제어
쾌적범위대에 도달 소요시간을 미리 계산하여 계산된 시간에 기동/정지하게 하는 방법으로 불필요한 공조 예열, 예냉시간 축소, 공조기의 자동제어가 가능하다.

2. 전력 수요제어(Power Demand Control)
현재의 전력량과 장래의 예측 전력량을 비교(사용전력의 변화추이를 15분 단위로 관찰) 후 계약 전력량 초과가 예상될 때, 운전 중인 장비 중 가장 중요성이 적은 장비부터 Off 한다.

3. 절전 Cycle 제어(Duty Cycle Control)
설정된 실내온도를 유지하면서 공조기가 정지하여도 무방한 시간을 컴퓨터가 계산하여 자동으로 기동/정지시킨다.

4. Time Schedule 제어
건물 사용 시간대 이외의 시간에는 미리 Time Scheduling 하여 제어하는 방식이다.

5. 분산전력 수요제어
디지털 제어(DDC : Direct Digital Controal) 간의 자유로운 통신을 통한 제어로 상기 (1), (2), (3), (4) 등을 연동한 다소 복잡한 제어 방식이다.

6. 전열교환기
중간기 혹은 연간 폐열회수를 이용하여 에너지를 절약하는 방식

7. VAV(variable air volume system, 가변풍량방식)
토출공기 온도는 일정하게 하며 송풍량을 실내 부하의 변동에 따라 변화시키는 것으로 운전비는 감소하고 개별제어가 용이하다.

8. 대수 제어
보일러, 냉동기, 펌프, 송풍기 등 열원용 기기는 상용 최대 출력일 때 최대 효율을 발휘하므로 그 사용 대수를 조절하여 제어하는 방식

9. 냉각수 수질 제어
냉각수 증발에 의한 농축작용과 대기와의 접촉과정 중의 오염물질 흡수에 의한 냉각수 수질이 악화되며 이로 인한 냉동기 및 압축기 등의 운전효율 저하되므로 블로우 다운(Blow Down)을 설치한다.

■ 종합예제문제

01 어떤 실의 냉방 현열부하 15,000[W], 잠열부하 5,000[W]이고 실내온도 26℃, 실내 엔탈피 55[kJ/kg], 외기 온도 32℃, 외기 엔탈피 75[kJ/kg], 취출공기 온도 15℃, 취출공기 엔탈피 37[kJ/kg], 공기 비열 1.21[kJ/m³·K](=1.01[kJ/kgK]일 때 다음을 구하시오. (외기도입량은 실내 송풍량이 20%로 한다.)

1. 실내 현열비를 구하시오.
2. 실내 송풍량 G[kg/h]를 구하시오.
3. 실내 송풍량 Q[m³/h]를 구하시오.
4. 혼합공기 온도를 구하시오.
5. 혼합공기 엔탈피를 구하시오.
6. 냉각코일부하[kW]를 구하시오.

---

1. 실내 현열비

$$SHF = \frac{q_s}{q_s + q_L}$$

$$현열비 = \frac{현열}{현열+잠열} = \frac{15000}{15000+5000} = 0.75$$

2. 실내 송풍량 G[kg/h]

현열부하 15,000[W]=54,000[kJ/h]이므로

$q_s = GC\Delta t$ 에서

$$G = \frac{q_s}{C\Delta t} = \frac{54,000}{1.01(26-15)} = 4,860[\text{kg/h}]$$

$$G = \frac{q_s}{C\Delta t} = \frac{15,000}{0.28(26-15)} = 4,870[\text{kg/h}]$$

3. 실내 송풍량 Q[m³/h]

$q_s = QC\Delta t$ 에서 $Q = \frac{q_s}{C\Delta t} = \frac{54,000}{1.21(26-15)} = 4,057.10[\text{m}^3/\text{h}]$

4. 혼합공기 온도

혼합공기 온도 $t_m = \frac{G_1 t_1 + G_2 t_2}{G_1 + G_2}$ [℃] 이므로 $t_m = \frac{0.2 \times 32 + 0.8 \times 26}{0.2 + 0.8} = 27.2$℃

5. 혼합공기 엔탈피

혼합공기 엔탈피 $i_m = \frac{G_1 i_1 + G_2 i_2}{G_1 + G_2}$ [kJ/kg] 이므로 $i_m = \frac{0.2 \times 75 + 0.8 \times 55}{0.2 + 0.8} = 59[\text{kJ/kg}]$

6. 냉각코일 부하[kW]

$q = G\Delta h$

$q = 4,860(59-37) = 106,920[\text{kJ/h}] = 29,700[\text{W}] = 29.7[\text{kW}]$

※ 1w=1J/s=3,600J/h=3.6kJ/h

02 다음 그림은 냉각과정을 습공기선도에 도시한 것이다. 외기 도입이 전체 급기의 70%일 경우 냉동기의 냉각열량은 얼마인가? (단, 건조공기의 풍량은 50,000m³/h, 공기밀도는 1.2kg/m³ 이며, ① 실내, ② 외기, ③ 혼합, ④ 급기를 의미한다.)

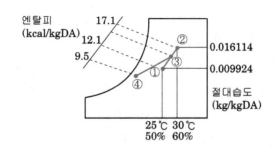

저온저습①과 고온고습②을 혼합(실내공기+외기)③하여 냉각·감습한 상태④의 변화과정이다.

① 혼합공기 엔탈피 $i_m = \dfrac{G_1 i_1 + G_2 i_2}{G_1 + G_2} = \dfrac{0.7 \times 17.1 + 0.3 \times 12.1}{0.7 + 0.3} = 15.6$kcal/h

② 냉동기 냉각열량 계산

   냉각열량$(q_c) = G \cdot \Delta h$

   $\qquad\qquad = \rho \cdot Q \cdot \Delta h$

   여기서, 냉각열량(q_c) : kJ/h 또는 kcal/h

   $\qquad\qquad G$: 공기량(kg/h)

   $\qquad\qquad Q$: 체적량(m³/h)

   $\qquad\qquad \rho$: 공기의 밀도(1.2kg/m³)

   $\qquad\qquad \Delta h$: 냉각전후엔탈피차

※ G(kg/h) $= \rho(1.2$kg/m³$) \cdot Q$(m³/h) $= 1.2 Q$(kg/h)

∴ 냉각열량 $= \rho \cdot Q \cdot \Delta h = 1.2 \times 50000 \times (15.6 - 9.5) = 366,000$kcal/h

03 다음 그림과 같은 공기조화 상태변화(혼합-냉각-재열-취출)와 조건을 참조하여 물음에 답하시오.

[조건]

1) 공기비열 : 1.01[kJ/kgK]

2) 공기밀도 : 1.2[kg/m³]

3) 실내송풍량 : 15,000[m³/h]

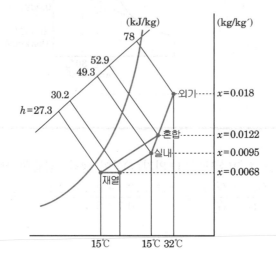

1. 냉각코일 감습량[kg/h]을 구하시오.
2. 재열코일 부하[kW]를 구하시오.
3. 냉각코일 부하[kW]를 구하시오.

---

1. 냉각코일 감습량[kg/h]의 계산

   $L = G\Delta x$

   $L = G \times (\Delta x) = 15,000 \times 1.2 \times (0.0122 - 0.0068) = 97.2[\text{kg/h}]$

2. 재열코일 부하[kW]의 계산

   $q_h = G\Delta h$

   $q_h = G \times \Delta h = 15,000 \times 1.2 \times (30.2 - 27.3) = 52,200[\text{kJ/h}] = 14.5[\text{kW}]$

3. 냉각코일 부하[kW]의 계산

   $q_c = G\Delta h$

   $q_c = G \times \Delta h = 15,000 \times 1.2 \times (52.9 - 27.3) = 460,800[\text{kJ/h}] = 128[\text{kW}]$

04 그림과 같은 공기조화과정을 보고 조건을 참조하여 물음에 답하시오.

[조건]

1) 실의 현열부하 $q_s = 67,000[kJ/h]$

2) 잠열부하 $q_L = 17,000[kJ/h]$

3) 예냉코일의 BF(바이패스 팩터)=0.2, 예냉코일 표면온도 $t_p = 23℃$

4) 냉각코일의 BF=0.18, 코일 표면온도 $t_s = 11℃$

5) 외기량은 송풍공기량의 30%

6) 재열코일 출구온도는 입구온도보다 2℃ 상승한다.

7) 공기밀도 1.2[kg/m³], 비열 1.01[kJ/kgK]

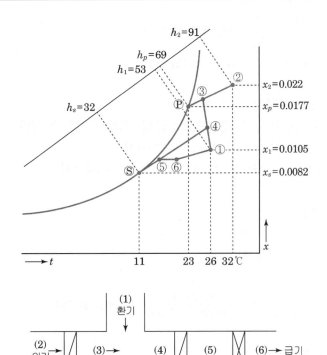

1. 예냉코일 출구공기의 온도(t_3)와 엔탈피(h_3)을 구하시오.
2. 혼합공기의 온도와 엔탈피(h_4)를 구하시오.
3. 냉각코일 출구공기의 온도와 엔탈피(h_5)를 구하시오.
4. 송풍공기량 G[kg/h]를 구하시오.(송풍량은 소수점 첫째 자리에서 반올림 하시오.)
5. 예냉코일 부하 q_p[kW]를 구하시오.
6. 냉각코일 부하 q_c[kJ/h]를 구하시오.
7. 재열코일 부하 q_{rh}[kW]를 구하시오.

1. 예냉코일 출구공기의 온도(t_3)와 엔탈피(h_3)의 계산

②-③ 과정과 BF(바이패스 팩터)를 이용하여 구할 수 있다.

외기 ②점 출구공기를 ⑫점 예냉코일 표면에 통과시키면 혼합상태의 출구온도 t_3가 되므로

$\therefore t_3 = \text{BF}(t_2 - t_p) + t_p = 0.2(32 - 23) + 23 = 24.8\,℃$

또한, 출구 엔탈피(h_3)는

$\therefore h_3 = \text{BF}(h_2 - h_p) + h_p = 0.2(91 - 69) + 69 = 73.4[\text{kJ/kg}]$

2. 혼합공기의 온도와 엔탈피(h_4)의 계산

㉠ 혼합공기 온도 $t_m = \dfrac{G_1 t_1 + G_2 t_2}{G_1 + G_2}$ [℃] 이므로

온도 $t_4 = 0.7 \times 26 + 0.3 \times 24.8 = 25.64\,℃$

㉡ 혼합공기 엔탈피 $i_m = \dfrac{G_1 i_1 + G_2 i_2}{G_1 + G_2}$ [kJ/kg] 이므로

엔탈피 $h_4 = 0.7 \times 53 + 0.3 \times 73.4 = 59.12[\text{kJ/kg}]$

3. 냉각코일 출구공기의 온도와 엔탈피(h_5)의 계산

냉각기 출구(⑤)는 예냉기 출구와 같은 방법으로 (④)와 (Ⓢ)로 구할 수 있다.

온도 $t_5 = \text{BF}(t_4 - t_s) + t_s = 0.18(25.64 - 11) + 11 = 13.64\,℃$

엔탈피 $h_5 = \text{BF}((h_4 - h_s) + h_s = 0.18(59.12 - 32) + 32 = 36.88[\text{kJ/kg}]$

4. 송풍공기량 G[kg/h]의 계산

송풍량은 실내 현열부하와 취출온도차($t_1 - t_6$)가 되고

⑥점의 온도는 ⑤점보다 2도 증가상태이므로

$t_6 = 13.64 + 2 = 15.64$

$\therefore q_s = G \cdot C \cdot \Delta t$에서 $G = \dfrac{q_s}{C \cdot \Delta t} = \dfrac{67,000}{1.01(26 - 15.64)} = 6,403[\text{kg/h}]$

5. 예냉코일 부하 q_p[kW]의 계산

$q_p = 외기량 \times (h_2 - h_3) = (6,403 \times 0.3) \times (91 - 73.4) = 33,807.84[\text{kJ/h}] = 9.39[\text{kW}]$

6. 냉각코일 부하 q_c[kJ/h]의 계산

$q_c = G\Delta h$

$\therefore q_c = G \times (h_4 - h_5) = 6,403 \times (59.12 - 36.88) = 142,402.72[\text{kJ/h}] = 39.56[\text{kW}]$

7. 재열코일 부하 q_{rh}[kW]의 계산

$q_{rh} = GC\Delta t$

$q_{rh} = G \times 1.01 \times 2 = 6,403 \times 1.01 \times 2 = 12,934.06[\text{kJ/h}] = 3.59[\text{kW}]$

05 상온에서 열전도율이 높은 순서대로 적으시오.
〈보기〉: 알루미늄, 물, 철, 구리, 공기

구리 〉 알루미늄 〉 철 〉 물 〉 공기

☞ 열전도율(λ)이란 두께 1m의 물체 두 표면에 단위 온도차가 1℃일 때 재료를 통한 열의 흐름을 와트(W)로 측정한 것으로 단위는 W/m·K이다.
※ 열전도율 크기 순서 : 구리(386) – 알루미늄(164) – 철(43) – 콘크리트(1.4) – 외부벽돌(0.84) – 내부벽돌(0.62) – 물(0.6) – 목재(0.14) – 공기(0.025)

---

06 냉방부하와 기기용량과의 관계에 대하여 설명하시오.

실내 취득열량은 송풍기의 용량 및 송풍량을 산출하는 요인이 된다. 여기서 장치부하와 재열부하 및 외기부하를 합하면 냉각코일의 용량을 결정할 수 있다.
또한 냉동기의 증발기와 공조기의 냉각코일에 접속되는 냉수 배관도 주위로부터 현열을 얻게 되는데 이 부하를 배관부하라고 하며, 냉각코일 용량에 배관까지 합하면 냉동기 용량이 된다.

• 실내취득열량
• 기기(장치)로부터의 취득열량 ─┐ 송풍량 결정
• 재열부하 ─┐
• 외기부하 ─┘ ············· ─┘ 냉각코일의 용량 결정 ─┐
• 냉수펌프 및 배관부하 ··················· ─┘ 냉동기의 용량 결정

[냉방부하와 기기용량과의 관계]

07 냉방부하 계산법에 대하여 설명하시오.

냉방부하계산법에는 CLTD법, CLF법, SCL법 등이 있으며, 이 3가지 요소를 종합적으로 이용하여 냉방부하계산을 하며 수계산으로도 가능하다.

1. CLTD(Cooling Load Temperature Differential) : 냉방부하 온도차
   ㉠ 벽체나 지붕 및 유리의 관류부하를 계산하는데 사용
   ㉡ 실내·외 온도차로서 외기온도, 일사의 영향, 건물구조체, 내장재 등에 따라 축열된 후 실내로 열발산을 하므로 시각에 따라 다르게 나타난다.
   ㉢ 실내·외 온도차에 비하여 구조체가 중후하면 축열되어 냉방부하 온도차는 낮아지고 시간이 지연된다.

2. CLF(Cooling Load Factor) : 냉방부하계수
   ㉠ 인체, 조명기구, 실내에 있는 각종 발열기기로부터 취득된 열량이 건물 구조체, 내장재 등에 축열된 후 시간의 경과에 따라 서서히 냉방부하로 나타나는 비율
   ㉡ 조명등을 켰을 때 발열량은 모두 냉방부하가 되지 않고 일부는 실내에 저장되며, 조명등을 끈 경우에도 저장되었던 열이 냉방부하로 출현되는 현상이다.

3. SCL(Solar Cooling Load) : 일사냉방부하
   ㉠ 유리를 통해 들어오는 일사열량이 시각, 방위별, 건물 구조체의 종류, 내부차폐, 벽체 수, 바닥마감 유형 등을 감안하여 냉방부하로 나타나는 양을 뜻한다.

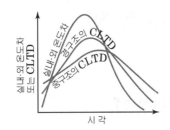

구조체에 따른 냉방부하 온도차($CLTD$)[℃]

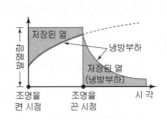

냉방부하계수(CLF)

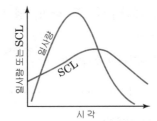

시각에 따른 일사량과 사냉방부하(SCL)[W/m²]

08 다음 평면도에 나타내는 사무실의 14시 기준 냉방부하를 주어진 양식에 따라 계산하시오.
(소수 둘째 자리까지 구하시오.)

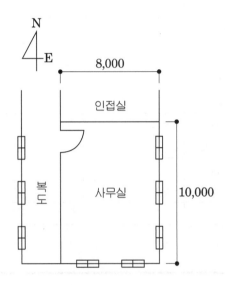

1. 실내설정온도 : 27℃ 50%(x=0.0112[kg/kg′])
2. 외기온도 : 32℃ 68%(x=0.0205[kg/kg′])
3. 창의 크기 : 2[m]×2[m](1개당)
4. 문의 크기 : 1[m]×2[m]
5. 층고 : 3.2[m], 천장고 : 2.7[m]
6. 구조체 열관류율[W/m² · K]

   a) 외벽 : 0.8   b) 내벽 : 2.0   c) 유리창 : 4.2

   d) 문 : 2.7   e) 천장 : 2.5   f) 바닥 : 2.2

7. 14시 상당 온도차(남 6.8℃, 서 7.3℃)
8. 공기 밀도 : 1.2[kg/m³], 정압비열 : 1.01[kJ/kgK]
9. 상층, 하층, 인접실, 복도는 사무실과 동일한 조건으로 공조되고 있다.
10. 틈새바람 환기횟수 : 0.5회
11. 조명기구 백열등 : 20[W/바닥면적m²]
12. 14시 유리창 일사부하 : 남 134[W/m²], 동 124[W/m²], 차폐계수 : 0.6
13. 재실인원 : 0.2인/바닥면적m², 현열부하 : 60[W/인], 잠열 : 50[W/인]

구분	위치		면적[m²]	열관류율 일사량	온도차	차폐계수	손실열량[W]
벽체	남						
	동						
틈새 부하	현열						
	잠열						
인체 부하	현열						
	잠열						
유리창	남	관류					
		일사					
	서	관류					
		일사					
조명부하							

구분	위치		면적[m²]	열관류율 일사량	온도차	차폐계수	손실열량 [W]
벽체	남		$(3.2 \times 8) - 8 = 17.6$	0.8	6.8	ETD	95.74
	동		$(3.2 \times 10) - 12 = 20$	0.8	7.3	ETD	116.8
틈새 부하	현열		$Q = nv = 0.5(8 \times 10 \times 2.7) = 108 [\mathrm{m^3/h}]$ $q_s = \rho Q C \Delta t = 108 \times 1.2 \times 1.01(32 - 27) = 654.48 [\mathrm{kJ/h}]$ $= 654.48 \times 1,000/3,600 = 181.8[\mathrm{W}]$				181.8
	잠열		$q_L = 2,501\, G \Delta x = 2,501 \times 1.2 \times 108(0.0205 - 0.0112)$ $= 3,014.41[\mathrm{kJ/h}] = 837.34[\mathrm{W}]$				837.34
인체 부하	현열		$8 \times 10 \times 0.2 \times 60 = 960$				960
	잠열		$8 \times 10 \times 0.2 \times 50 = 800$				800
유리창	남	관류	$2 \times 2 \times 2 = 8$	4.2	32−27=5		168
		일사	8	134		0.6	643.2
	동	관류	$2 \times 2 \times 2 = 12$	4.2	5		252
		일사	12	124		0.6	892.8
조명부하			$8 \times 10 \times 20 = 1,600$				1,600

09 다음과 같은 조건에서 실내측 벽면의 표면온도는?

[조건]

1) 벽체의 크기 : $1 \times 1[m^2]$
2) 벽체의 두께 : 100[mm]
3) 외기 온도 : 12℃
4) 실내공기온도(평균치) : 20℃
5) 벽체 열관류율 : 2.0W/m² · K
6) 실내 열전달률 : 8W/m² · K

벽체 구조체를 통과하는 열량은 벽체의 표면에 전달된다.
즉, 벽체의 열관류열량과 실내측 표면 열전달량은 같다.
열통과량과 벽체 표면 열전달량은 같으므로 다음과 같은 평행식을 세울 수 있다.

1. 구조체를 통한 열손실량 즉, 열관류량 $Q = K \cdot A \cdot (t_i - t_0)$

2. 열전달량 $Q = \alpha \cdot A \cdot (t_i - t_s)$

   여기서 Q : 열관류량(W)

   K : 열관류율(W/m²·K)

   α : 열전달율(W/m·K)

   A : 전열면적(m²)

   t_i : 실내 온도(℃)

   t_o : 외기 온도(℃)

   t_s : 벽체의 실내표면온도(℃)

   $K \cdot A \cdot (t_i - t_0) = \alpha \cdot A \cdot (t_i - t_s)$

   양변에서 A를 제외하고 대입하면

   $2 \times (20-12) = 8 \times (20 - t_s)$

   ∴ $t_s = 18$℃

   ☞ 실내표면온도(t_s)가 노점온도보다 낮으면 결로가 발생한다.

그러므로 결로의 발생을 방지하기 위해서는 실내표면온도(t_s)가 노점온도 이상이 되도록 설계하여야 한다.

10

그림과 같은 실내의 난방부하를 구하여 온수난방 설비를 하고자 한다. 아래 조건을 참조하여 다음 물음에 답하시오.

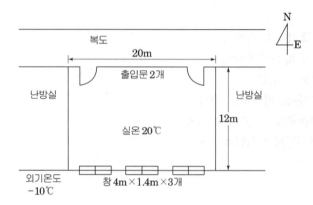

[조건]

1) 층고 : 3.3[m], 천정고 : 2.6[m], 창문높이 : 1.4[m]
2) 출입문 크기 : 1.0×2.1[m], 열관류율=1.9[W/m² · K]
3) 유리창의 열관류율 : K=3.5[W/m² · K]
   • 외벽 : 0.489[W/m² · K]   • 내벽 : 2.2[W/m² · K]   • 지붕 : 0.419[W/m² · K]
4) 틈새 바람량은 환기횟수 : 0.5회/h
5) 최상층이며 하부는 난방실이다.
6) 비난방실(복도)의 온도는 외기온도와 난방실의 중간온도로 한다.
7) 공기 밀도 : 1.2[kg/m³], 정압비열 : 1.01[kJ/kgK]
8) 손실열량은 소수 첫째자리에서 반올림한다.
9) 실내표면 열전달률 : 8W/m² · K

1. 난방부하를 계산하시오. (단, 난방부하는 안전율을 10% 가산한다.)

방위	부위	방위계수	열관류율 [W/m² · K]	면적 [m²]	온도차 [℃]	손실열량 [W]
수평	지붕	1.2				
남	외벽					
	창문					
북	내벽	1.0				
	출입문	1.0				
틈새바람						
난방부하 소계						
난방부하 합계(10% 할증)						

2. 유리창 내표면 온도를 계산하시오.
3. 5세주형 높이 650[mm](방열면적 0.26[m² /쪽]이 온수 방열기를 설치할 경우 필요한 방열기의 상당방열면적(EDR)과 총 섹션 수를 계산하시오. (단, 표준상태로 한다.)

1. 난방부하

방위	부위	방위계수	열관류율 [W/m²·K]	면적 [m²]	온도차 [℃]	손실열량 [W]
수평	지붕	1.2	0.419	240	30	3,620
남	외벽	1.0	0.489	49.2	30	722
	창문	1.0	3.5	16.8	30	1,764
북	내벽	1.0	2.2	47.8	15	1,577
	출입문	1.0	1.9	4.2	15	120
틈새바람	$1.2 \times 0.5 \times (20 \times 12 \times 2.6) \times 1.01 \times 30$ $= 11,344.32 [kJ/h] = 3,151 [W]$					3,151
난방부하 소계						10,954
난방부하 합계(10% 할증)						12,049

2. 유리창 내표면 온도 계산

유리창의 열관류열량과 실내측 표면 열전달량은 같다.

열통과량과 유리창 표면 열전달량은 같으므로 다음과 같은 평행식을 세울 수 있다.

㉠ 열관류량 $Q = K \cdot A \cdot (t_i - t_0)$

㉡ 열전달량 $Q = \alpha \cdot A \cdot (t_i - t_s)$

$K \cdot A \cdot (t_i - t_0) = \alpha \cdot A \cdot (t_i - t_s)$ 양변에서 A를 제외하고 대입하면

$3.5 \times (20 - (-10)) = 8(20 - t_s)$

$\therefore t_s = 6.875\,℃$

3. 방열기의 상당방열면적(EDR)과 총섹션수 계산

① 상당방열면적(EDR)

$$EDR = \frac{\text{손실부하}(\text{난방부하})}{\text{표준방열량}}$$

$$\therefore EDR = \frac{12.049[kW]}{0.523[kW/m^2]} = 23.04 m^2$$

② 방열기의 절수(section) 산정

$$N_W = \frac{\text{손실열량}(H_L)[kW]}{0.523[kW/m^2] \times \text{방열기의 방열면적}(a_0)}$$

$$\therefore N_W = \frac{12.049[kW]}{0.523[kW/m^2] \times 0.26} = 88.6 ≒ 89절$$

☞ 표준방열량

  증기 : 0.756kW/m², 온수 : 0.523kW/m²

☞ 열량의 단위 환산

  1kW = 1,000W = 860kcal/h = 1kJ/s = 3,600kJ/h

  1W = 0.86kcal/h

11 공기조화방식 중 변풍량방식의 특징 4가지를 기술하시오.

① 개별실 제어가 용이하다.
② 정풍량 방식에 비해 에너지가 절약된다.
③ 부하변동에 따른 유연성이 크다.
④ 최소 풍량 시 환기 부족의 우려가 있다.

☞ **변풍량 방식(VAV : Variable Air Volume)**
변풍량 방식은 부하변동에 따라 송풍량을 가변시켜 실내의 온습도를 제어한다. 풍량 가변은 각 부에 설치 된 가변 풍량 유닛에 의해 이루어지며 그 결과 덕트 내 풍압이 변화하고 이를 보정키 위해 송풍기 등에 인버터가 설치된다. 부하가 감소하면 송풍량이 감소되고 그 결과 송풍기의 동력이 감소되는 등 에너지 절감에 매우 효과적인 설비이나 저 부하시 풍량이 너무 감소하여 환기상의 문제가 발생할 수 있다.

12 변풍량 유닛(VAV unit)의 종류를 들고 특징을 설명하시오.

1. 교축형(슬롯형)

부하가 감소하면 내부의 콘(cone)이라 불리는 부분이 좌우로 이동하면서 기류가 통과하는 통로를 넓혔다 좁혔다 하는 작용으로 풍량을 조절하는 형식이다.

ⓐ 풍량이 감소하게 되면 그와 연동되어 송풍기의 풍량도 감소되어 송풍기 동력도 절감된다.

ⓑ 정풍량 기능을 가지므로 덕트계의 설계와 운전조절이 용이하다.

ⓒ 덕트의 정압변화에 대응할 수 있는 정압제어가 필요하다.

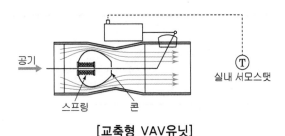

[교축형 VAV유닛]

2. 바이패스형

송풍공기 중 취출구를 통해 실내에 취출되고 남은 공기는 천장 속 또는 환기덕트로 바이패스 시키는 방식으로 급기팬은 항상 정풍량 운전을 한다.

ⓐ 유닛의 소음발생이 적다.

ⓑ 송풍덕트 내의 정압제어가 불필요하다.(송풍기 용량 제어를 위한 부속기기류의 설치가 불필요)

ⓒ 덕트 계통의 증설이나 개설에 대한 적응성이 적다.

ⓓ 천장 내의 조명으로 인한 발생열을 제거할 수 있다.

ⓔ 전체 풍량은 동일하므로 부하변동에 따른 동력용 에너지 절약을 별로 기대할 수 없다.

[바이패스형 VAV유닛]

3. 유인형

저온의 고압 1차 공기 또는 팬으로 고온의 실내 또는 천장내 공기를 유인하여 부하에 따른 혼합비로 변화시켜 공급하는 방식이다.

㉠ 다른 방식에 비하여 덕트 치수가 작아지고, 난방시에는 실내발생열을 열원으로 이용할 수 있다.

㉡ 고압의 송풍기가 필요하고, 적용범위가 제한되며, 실내의 오염물 제거 성능이 낮다.

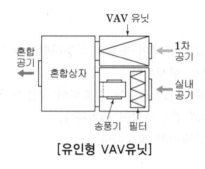

[유인형 VAV유닛]

13 유인 유닛방식과 팬코일 유닛방식의 차이점을 설명하시오.

1. 유인 유닛 방식(induction unit system, duct : IDU)

① 1차 공기는 중앙 유닛(1차 공기조화기)에서 냉각 감습되고, 고속 덕트에 의하여 각 실에 마련된 유인 유닛에 보내고, 여기서 유닛으로부터 분출되는 기류에 의하여 실내 공기를 유인하고 유닛의 코일을 통과시키는 방식이다.

② 실내의 유닛에는 송풍기가 없고 개별제어가 용이하여 사무실, 호텔, 병원 등의 고층 건물의 외주부에 적합하다.

2. 팬코일 유닛 방식(fan coil Unit System : FCU)

① 팬코일이라고 불리는 소형 공조기를 각 실내에 여러 개 설치하고, 냉각·가열코일, 송풍기, 공기 여과기가 내장된 유닛에 중앙 기계실에서 냉·온수를 코일에 공급하여 실내공기를 송풍기에 의해 유닛에 순환시켜 냉각 또는 가열하는 방식이다.

② 주로 외주부에 설치하여 콜드 드래프트를 방지한다.

14 공기조화방식에는 중앙집중식과 개별방식이 있다. 이 중 중앙집중식 방식 중 아래 그림과 같이 공기를 이용한 덕트와 수배관을 설치하고 냉온수를 이용하여 난방에 이용하는 공기조화방식은 무엇인지 쓰시오.

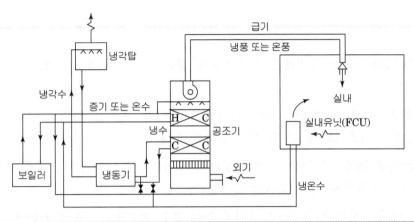

1. 공기-수방식 중 덕트병용 팬코일 유닛방식의 계통도이다.

2. 덕트병용 팬코일 유닛방식의 특징
   (1) 장점
   ① 실내유닛은 수동제어 할 수 있으므로 개별제어가 가능하다.
   ② 전공기에서 담당할 부하를 줄일 수 있으므로 덕트의 설치공간이 작아도 된다.
   ③ 부분사용이 많은 건물에 경제적인 운전이 가능하다.
   ④ 유닛을 창문 아래에 설치하여 콜드 드래프트(Cold Draft)를 방지할 수 있다.
   (2) 단점
   ① 수배관으로 인한 누수의 우려가 있다.
   ② 외기량 부족으로 실내공기의 오염 우려가 있다.
   ③ 유닛 내에 있는 팬으로부터 소음이 발생한다.

15 최근 공조설비시스템에서 에너지를 절감할 수 있는 방안을 중요시된다. 공조설비시스템에서 반송 에너지의 절감 방법 4가지를 쓰시오.　　　　　　　　　　　　　　　　　[14년 2급]

1. **과잉 환기의 억제** : 외기 도입계통, 배기계통에 정풍량 장치나 댐퍼의 개도 조절 기능 장치를 채용한다.

2. **불필요시 환기 정지** : 기계실 등의 기기발열 제거가 목적인 환기설비는 항온기 등의 간단한 ON/OFF 장치의 이용으로 필요시만 환기 운전을 한다.

3. **저부하시 환기량 제어** : 주차장, 기계실 등에서 오염물이나 발생열량이 감소되면 환기량을 팬 대수 제어, 변풍량제어 등으로 한다.(VAV방식, VVVF)

4. **국소배기법 채용** : 한정된 위치에 발생원이 있는 경우 배기후드 등을 이용한다.

5. **공기조화에 의한 다량 환기 대책** : 기계실의 열 제거가 목적인 경우에 풍량이 많고 운송경로가 긴 경우에 냉방장치를 이용해 냉각한다.

6. **자연환기의 이용** : 환기는 가능하면 자연환기에 의하도록 하고, 기계환기 경우라도 창을 개방하고 자연에 의해 환기한다.

16 인텔리전트 빌딩(IB) 공조에 대하여 설명하시오.

1. BA, OA, TC의 첨단기술이 건축환경이라는 매체 안에서 유기적으로 통합되어 쾌적화, 효율화, 환경을 창조하고, 생산성을 극대화시키며 향후 '정보화 사회'에 부응할 수 있는 완전한 형태의 건축을 의미한다.

2. IB 요소
   ① OA(Office Automation) : 사무자동화, 정보처리, 문서처리 등
   ② TC(Tele Communication) : 원격통신, 전자메일, 화상회의 등
   ③ BA(Building Automation)
      ㉠ 공조, 보안, 방재, 관리 등 빌딩의 자동화 시스템을 말한다.
      ㉡ 빌딩 관리 시스템(BMS : Building Management System), 에너지절약 시스템, 시큐리티 (Security) 시스템 등의 3요소로 대별한다.
   ④ 쾌적성(Amenity) : 쾌적함과 즐거움을 주는 곳으로서의 건물

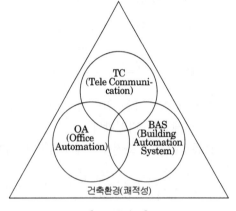

[IB 개념도]

3. IB 공조 설계상 특징
   ① IB 공조는 OA 기기 증가로 예측이 어렵고, 대부분 OA 기기 발열에 의한 냉방부하로 일반사무실 부하와 다르므로 유의해야 한다.
   ② 온열의 기류에 유의한다.
   ③ 기기용량 산정시 단계적 증설 가능성도 고려하여 계획한다.
   ④ 제어시스템 : 운전관리제어, 이산화탄소(CO_2) 농도제어, 대수제어, 냉각수 수질제어, 공기반송 시스템 제어 및 조명제어 등을 고려할 것
   ⑤ 절전 제어 : 최적 기동제어, 전력제어, 절전 운전제어, 역률제어 및 외기취입 제어(예열 예냉 제어, 외기 엔탈피 제어, 야간 외기취입 제어) 등을 고려할 것
   ⑥ 온·습도 사용범위 주의
      ㉠ 보통 5℃ 이하 경우 자기 디스크 해독 불가, 제본의 아교가 상하는 현상 등을 초래할 수 있다.
      ㉡ 저습의 경우 종이의 지질 약화 및 정전기현상 우려
      ㉢ 고습의 경우 곰팡이, 결로, 녹 발생 등 우려

17 송풍기 회전수가 350rpm일 때 풍량 400m³/min, 정압 294[Pa]이었다. 회전수를 450rpm으로 변화시킬 때 소요동력(kW)은? (단, 정압효율 50%, 중력가속도 9.8m/s²)

1. 축동력$(L_1) = \dfrac{QP_s}{\eta_s}$[kW]

$\quad Q$: 풍량(m³/s) $\rightarrow \dfrac{400}{60}$[m³/s]

$\quad P_s$: 정압(Pa) $\rightarrow 294$[Pa]

$\quad \eta_s$: 효율(%) $\rightarrow 50\%$

$\quad \therefore$ 축동력 $= \dfrac{QP_S}{\eta_s} = \dfrac{\dfrac{400}{60} \times 294}{0.5} = 3{,}920[\text{W}] = 3.92[\text{kW}]$

2. 송풍기의 송풍량은 임펠러의 회전수에 비례하고, 양정은 회전수의 제곱에 비례하며, 축동력은 회전수의 세제곱에 비례한다.

소요동력(L_2) : 회전수비에 3제곱에 비례하여 변화한다.

$\quad \therefore L_2 = \left(\dfrac{N_2}{N_1}\right)^3 L_1 = \left(\dfrac{450}{350}\right)^3 \times 3.92 = 8.33\text{kW}$

18 송풍기 특성곡선과 풍량제어방법에 대하여 기술하시오.

1. 개요
① 공조부하의 변동에 따라 송풍공기 온도를 변화시키고 송풍량을 일정하게 하는 정풍량방식과 송풍온도를 일정하게 하고 송풍량을 변화시키는 변풍량방식이 있다.
② 에너지절약이라는 측면에서 변풍량방식이 널리 채용된다.
③ 송풍량을 변화시키는 변풍량방식에는 토출댐퍼제어, 흡입댐퍼제어, 흡입베인제어, 가변피치제어, 회전수제어 등이 있다.

2. 송풍기 특성곡선

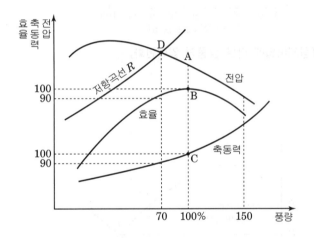

① 그림과 같은 특성곡선을 갖는 팬은 익형팬으로 효율이 최고인 B점이 이론적으로 운전점이 되어야 하고 이때 전압은 A, 축동력은 C가 된다.
② 팬은 언제나 A점에서 운전되는 것이 아니고 풍량 0~150[%] 사이의 어떤 점에서도 운전될 수 있다는 것을 의미한다.
③ 덕트계통이 저항곡선 R과 같은 조건이라면 이때 팬의 운전점은 D가 된다. 즉 팬의 풍량은 약 70[%], 효율은 90[%] 정도, 축동력은 90[%] 정도가 된다.

3. 송풍기 풍량제어방법에 따른 축동력 비교

축동력은 회전수 제어가 가장 적게 들며, 토출댐퍼제어가 가장 많이 소요된다.

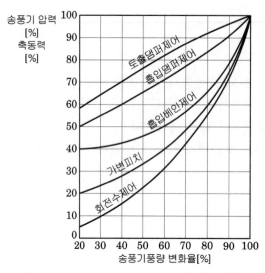

[풍량제어법에 따른 송풍기 압력변화]

4. 송풍기 풍량제어

(1) 토출댐퍼제어

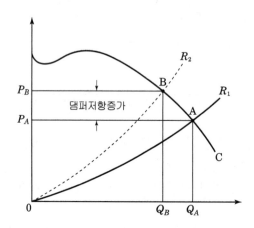

① 덕트의 토출측에 댐퍼를 설치하여 토출압력을 상승시킨다.
② 댐퍼를 닫으면 저항곡선은 $OR_1 \rightarrow OR_2$로 변화되어 송풍량이 감소된다.
③ 구조가 간단하여 공사와 설비비가 저렴하다.
④ 서징 가능성이 있으며 소음과 동력소비가 심하다.
⑤ 효율이 가장 낮다.

(2) 흡입댐퍼제어

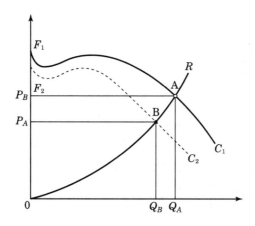

① 흡입댐퍼를 조절하여 성능곡선을 변화시켜 송풍량을 감소시킨다.
② 댐퍼를 닫으면 성능곡선은 $F_1 - C_1 \rightarrow F_2 - C_2$ 로 변화되어 송풍량이 감소된다.
③ 설치가 간단하여 공사비가 저렴하다.
④ 토출댐퍼제어보다는 효율이 좋다.

(3) 흡입베인제어

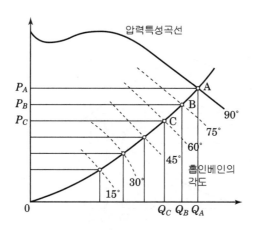

① 송풍기 흡입측에 방사형의 가동날개(안내날개)를 설치하여 각도를 변화시켜 풍량을 제어한다.
② 베인의 각도를 조절하면 성능곡선은 A → B → C로 변화한다.
③ 회전수제어방식에 비해 설비비가 저렴하다.
④ 제어성이 좋고 동력이 절감된다.
⑤ 저풍량의 경우에는 소음과 진동현상이 발생한다.

(4) 가변피치제어

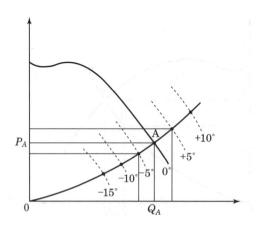

① 임펠러의 날개각도를 조절하여 성능곡선을 변화시켜 풍량을 조절한다.
② 효율이 높고 에너지절약효과가 크다.
③ 대용량으로 적용범위가 넓다.
④ 주로 축류팬에 적용하며 날개조절기(actuator)에 많은 동력이 필요하다.

(5) 회전수제어

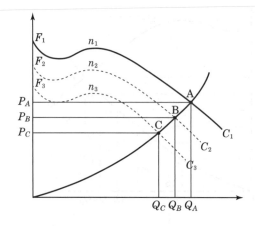

① 송풍기 상사법칙에서 나타나는 것처럼 회전수비의 세제곱에 비례하여 동력이 변화하므로 가장 에너지절약효과가 높은 풍량제어방식이다.
② 서징발생이 없어 소형에서 대형까지 적용이 가능하다.
③ 제어성이 좋아 송풍기 운전이 안정하다.
④ 구조가 복잡하고 설비비가 고가이며 전자노이즈 장애 발생이 일어난다.
⑤ 회전수제어에는 기계적인 무단변속기, 정류자 전동기, 전동기의 극수변환, 인버터 등을 이용하며 이중 인버터 방식이 널리 사용되고 있다.

19 다음의 덕트에서 (1)점의 풍속 V_1=14m/s, 정압 P_{s1}=50pa, (2)점의 풍속 V_2=6m/s, 정압 P_{s2} =100pa일 때 (1), (2)점 간의 전압손실(pa)은?(단, 공기의 밀도는 1.2kg/m³)

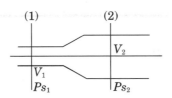

덕트의 전압(P_t) = 정압(P_s)+동압(P_v)

동압(P_v) = $\dfrac{v^2}{2}\rho$(Pa)

　여기서, v : 관내 유속(m/s)

　　　　　g : 중력가속도(9.8m/s²)

　　　　　ρ : 공기의 밀도(1.2kg/m³)

(1)점 전압(P_t) = 정압(P_s)+동압(P_v) = 정압(P_s)+$\dfrac{v^2}{2}\rho$(Pa)

　　　　　　 = 50+$\dfrac{14^2}{2}\times1.2$ = 167.6Pa

(2)점 전압(P_t) = 정압(P_s)+동압(P_v) = 정압(P_s)+$\dfrac{v^2}{2}\rho$(Pa)

　　　　　　 = 100+$\dfrac{6^2}{2}\times1.2$ = 121.6Pa

∴ 전압손실 = 167.6 - 121.6 = 46Pa

20 송풍기 토출측의 정압이 256[Pa]일 때 송풍기의 토출측 전압은 얼마인가?
(단, 송풍량 12,000[m³/h], 토출구 풍속 13[m/s], 공기 밀도는 1.2[kg/m³]임)

덕트의 전압(P_t) = 정압(P_s)+동압(P_v)

동압(P_v)= $\dfrac{v^2}{2}\rho$(Pa)

여기서, v : 관내 유속(m/s)

　　　　 g : 중력가속도(9.8m/s²)

　　　　 ρ : 공기의 밀도(1.2kg/m³)

∴ 전압 $= P_s + P_v = P_s + \dfrac{v^2}{2}\rho = 256 + \dfrac{13^2}{2} \times 1.2 = 357.4\,[\mathrm{Pa}]$

21 다음 그림에서 송풍기의 1. 정압, 2. 공기동력, 3. 전동기 출력을 구하라.
(소수점 셋째자리 반올림)

〈설계조건〉
 송풍량 : 12,000m³/hr
 토출구 풍속 : 13m/sec
 공기 밀도 : 1.2kg/m³
 전달 효율(=전동효율) : 95% = η_t
 송풍기 전압 효율(=η_{ft}) : 60%
 전동기 역율 : 20%(α : 여유율)

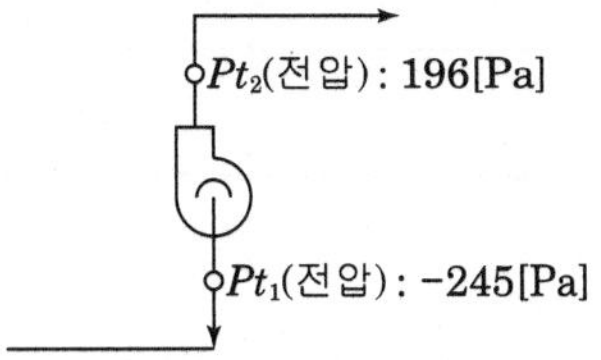

○Pt_2(전압) : 196[Pa]

○Pt_1(전압) : −245[Pa]

---

1. 전압 ∴ $P_T = P_S + P_V$ 에서(전압 = 정압 + 동압)

   전압 $P_T = P_{t2} - P_{t1} = 196 - (-245) = 441[\text{Pa}]$

   동압 $P_V = \dfrac{v^2}{2}\rho = \dfrac{13^2}{2} \times 1.2 = 101.4[\text{Pa}]$

   $P_T = P_S + P_V$ 에서

   ∴ 정압 $= P_T - P_V$

   $\qquad = 441 - 101.4 = 339.6[\text{Pa}]$

2. 공기 동력 : $L_a = Q \cdot P_t = \dfrac{12,000 \times 441}{3,600} = 1,470[\text{W}] = 1.47[\text{kW}]$

   (축동력) : $L_s = \dfrac{L_a}{\eta_{ft}} = \dfrac{1.47}{0.6} = 2.45[\text{kW}]$

3. 전동기 출력 : $L_d = \dfrac{L_s(1+\alpha)}{\eta_t} = \dfrac{2.45(1+0.2)}{0.95} = 3.09[\text{kW}]$

22 덕트 사이즈 250mm×250mm, 덕트 길이 25m, 엘보 2개, 레듀서 1개로 구성되어 있는 공조 덕트에서 풍량이 2,350m³/h일 때, 부속류에 해당되는 정압 손실(Pa)은 약 얼마인가? (단, 엘보의 국부손실계수는 0.12, 레듀서의 국부손실계수는 0.5, 중력 가속도는 9.8m/S², 공기밀도는 1.2kg/m³ 이다.)

㉠ 풍속 $= \dfrac{Q}{A} = \dfrac{2350}{0.25 \times 0.25 \times 3,600} = 10.44[\mathrm{m/s}]$

㉡ 국부저항 손실(정압손실)

$\triangle P_d = \xi \dfrac{v^2}{2}\rho[\mathrm{Pa}]$에서

엘보 $= (0.12 \times \dfrac{10.44^2}{2} \times 1.2) \times 2 = 15.67$

레듀서 $= (0.5 \times \dfrac{10.44^2}{2} \times 1.2) \times 1 = 32.69$

∴ 정압손실$(\triangle P_d) = 15.67 + 32.69 = 48.4[Pa]$

23 실용적 V=3,000m³, 재실자 350인의 집회실이 있다. 실내온도 t_r=19℃로 하기 위한 필요 환기량 은? (단, 외기온도는 t_0=15℃, 재실자 1인당의 발열량은 300kJ/h, 실의 손실열량 H_t =10,000kJ/h, 공기의 밀도 ρ=1.2kg/m³, 공기의 비열 C_p=1.01kJ/kg·K이다.)

발열량에 의한 환기량 계산

$Q = \dfrac{H_s}{Cp \times \rho \times (t_i - t_0)}$에서

먼저, 발열량$(H_s) = (350 \times 300) - 10,000 = 95,000\mathrm{kJ/h}$

※ 1W = 1J/s = 3,600J/h = 3.6kJ/h

∴ $Q = \dfrac{H_s}{Cp \times \rho \times (t_i - t_0)} = \dfrac{95,000\mathrm{kJ/h}}{1.01\mathrm{kJ/kg \cdot K} \times 1.2\mathrm{kg/m^3} \times (19-15)\mathrm{K}} = 19,596\mathrm{m^3/h}$

24 500명을 수용하는 극장에서 1인당 이산화탄소 배출량이 17ℓ/h일 때, 이산화탄소 농도가 0.05%인 외기를 도입하여 실내를 이산화탄소 농도 0.1%로 유지하는데 필요한 환기량은 얼마인가?

필요환기량

$$Q = \frac{K}{P_i - P_o}$$

Q : 필요환기량(m^3/h)

K : 실내에서의 CO_2 발생량(m^3/h)

P_i : CO_2 허용 농도(m^3/m^3)

P_o : 신선공기 CO_2 농도(m^3/m^3)

※ $K = 500명 \times 0.017 m^3/h = 8.5 m^3/h$

$P_i = 0.1\% \rightarrow 0.001(m^3/m^3)$

$P_o = 0.05\% \rightarrow 0.0005(m^3/m^3)$

∴ 환기량 $Q = \dfrac{K}{P_i - P_o} = \dfrac{500 \times 0.017}{0.001 - 0.0005} = 17,000 m^3/h$

---

25 재실자 40명, 바닥크기 8×10m, 높이 2.7m 강의실의 실내 CO_2 허용농도를 $0.001 m^3/m^3$로 유지하려 한다. 재실자 1인당 CO_2 배출량은 17ℓ/h이며 신선외기의 CO_2 농도는 $0.0003 m^3/m^3$이다. (소수점 둘째자리 반올림)

1. 강의실에 필요한 시간당 환기량은? 2. 시간당 환기회수는?

3. 1인당 환기량은 시간당 얼마인가? 4. 바닥면적(m^2)당 필요환기량은 얼마인가?

1. CO_2 농도에 의한 필요 환기량

$$Q = \frac{K}{(C - C_o)} (m^3/h) = \frac{40 \times 0.017}{(0.001 - 0.0003)} m^3/h = 971.4 m^3/h$$

2. $n = Q/V = 971.4/(8 \times 10 \times 2.7) = 4.5회/h$

3. 1인당 환기량 = Q/인원수 = 971.4/40 = $24.3 m^3/h \cdot 인$

4. 면적당 환기량 = Q/면적 = 971.4/(8×10) = $12.1 m^3/h \cdot m^2$

26 신축 공동주택의 실내공기질 권고 기준에 대하여 설명하시오.

실내공기질(IAQ : Indoor Air Quality)이란 실내의 부유분진 뿐만 아니라 실내온도, 습도, 냄새, 유해가스 및 기류 분포에 이르기까지 사람들이 실내의 공기에서 느끼는 모든 것을 말한다.

1. 신축 공동주택(100세대 이상인 경우)의 실내공기질 측정 주요 항목은 미세먼지, 이산화탄소, 포름알데히드, 총부유세균, 일산화탄소, 휘발성유기화합물(벤젠, 에틸벤젠, 톨루엔, 자일렌, 스틸렌, 라돈) 등이 있다.

2. 신축공동주택의 시공자가 실내공기질을 측정하는 경우에는 환경오염공정시험기준에 따라 100세대의 경우 3개의 측정 장소에서 실내공기질 측정을 실시하여야 하며, 100세대를 초과하는 경우 3개의 측정 장소에 초과하는 100세대마다 1개의 측정 장소를 추가하여 실내공기질 측정을 실시하여야 한다.

3. 신축 공동주택의 실내공기질 측정항목
    ① 포름알데히드   ② 벤젠   ③ 톨루엔
    ④ 에틸벤젠   ⑤ 자일렌   ⑥ 스틸렌   ⑦ 라돈

4. 공동주택의 실내공기질 권고기준(30분 이상 환기, 5시간 밀폐 후 측정)
    ① 포름알데히드 $210\mu g/m^3$ 이하
    ② 벤젠 $30\mu g/m^3$ 이하
    ③ 톨루엔 $1,000\mu g/m^3$ 이하
    ④ 에틸벤젠 $360\mu g/m^3$ 이하
    ⑤ 자일렌 $700\mu g/m^3$ 이하
    ⑥ 스틸렌 $300\mu g/m^3$ 이하
    ⑦ 라돈 $200\mu g/m^3$ 이하

27 환기설비의 에너지 절감 대책에 대하여 설명하시오.

1. 환기에 수반되는 반송동력의 절감 대책
   ① 과잉 환기의 억제
   ② 불필요시 환기 정지
   ③ 저부하시 환기량 제어
   ④ 국소배기법 채용
   ⑤ 공기조화에 의한 다량 환기 대책
   ⑥ 자연환기의 이용

2. 환기에 기인하는 공기조화부하의 절감 대책
   ① 예냉, 예열시에 외기도입 차단
   ② 외기량 제어
   ③ 외기냉방 채용
   ④ 야간 외기냉방의 채용(야간 정화)
   ⑤ 전열교환기의 채용
   ⑥ 국소배기의 채용

3. 배기의 열회수 대책
   ① 배기의 이용
   ② 히트펌프를 열원으로 이용
   ③ 전열교환기의 이용

28 클린 룸(Clean room)에 대하여 설명하시오.

공기청정실(Clean room)은 부유먼지, 유해가스, 미생물 등과 같은 오염물질을 규제하여 기준이하로 제어하는 청정 공간으로, 실내의 기류, 속도 압력, 온습도를 어떤 범위 내로 제어하는 특수건축물

1. 종류 및 필요분야
① ICR(industrial clean room) : 먼지미립자가 규제 대상(부유분진을 제어 대상)
  • 정밀기기, 전자기기의 제작, 방적공업, 전기공업, 우주공학, 사진공업, 정밀공업
② BCR(bio clean room) : 세균, 곰팡이 등의 미생물 입자가 규제 대상
  • 무균수술실, 제약공장, 식품가공, 동물실험, 양조공업

2. 평가기준
① 입경 0.5μm이상의 부유미립자 농도가 기준
② super clean room에서는 0.3μm, 0.1μm의 미립자를 기준

3. 고성능 필터의 종류
① HEPA 필터(high efficiency particle air filter) : 0.3μm의 입자 포집률이 99.97% 이상
  → 클린룸, 병원의 수술실, 방사성물질 취급시설, 바이오 클린룸 등에 사용
② ULPA 필터(ultra low penetration air filter) : 0.1μm의 부유 미립자를 99.99% 이상 제거할 수 있는 것
  → 최근 반도체 공장의 초청정 클린룸에서 사용

29 실내유지온도는 26℃로 내부의 생산용 기기의 발열에 의해 동절기에도 냉방부하가 발생하고 있다. 외기도입을 증가시켜 공조기(AHU)에 유입되는 혼합공기의 온도를 낮추어 공급함으로써 냉각코일에 부과되는 냉방부하를 절감하고자 한다.

위치	구분	건구온도 (℃)	상대습도 (%)	엔탈피 (kJ/kg)
①	환기(RA)	26	50	52.7
②	외기(OA)	18	48	33.7
③	기존의 혼합공기	24	53	49.1
③′	개선된 혼합공기	22	53	44.2
④	냉각코일 출구	18	65	38.2

다음 측정결과표에 의해 물음에 답하시오.

- 풍량(Q) : 51,000m³/h
- 공기의 평균밀도 : 1.2kg/m³
- 공기의 정압비열 : 1.0kJ/kg℃
- 냉동기의 COP : 3.5
- 연간 가동시간 : 4,320hr/년
- 전력량 판매단가 : 90.5원/kWh

1. 냉방부하 절감열량(kJ/h)을 구하시오.
2. 절감된 전력(kW)을 구하시오.
3. 연간 절감금액을 구하시오.

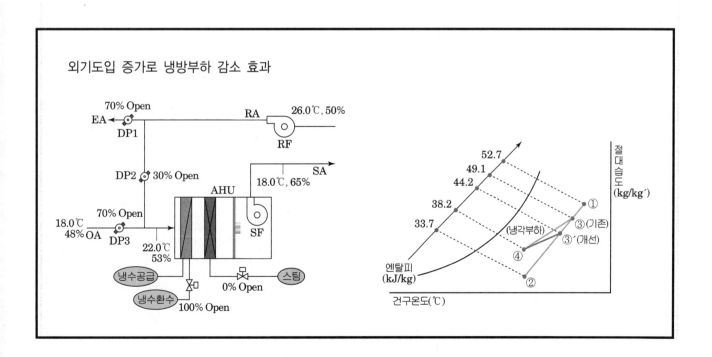

외기도입 증가로 냉방부하 감소 효과

1. 냉각코일의 냉방부하 공식 $q_c = G \cdot \Delta h$ 에서,

$$q_c = G \times (h_3 - h_4)$$
$$q_c{'} = G \times (h_3{'} - h_4)$$
$$\therefore \text{ 절감열량 } \Delta q_c = q_c - q_c{'}$$
$$= G \times (h_3 - h_3{'})$$
$$= (\rho \cdot Q) \times (h_3 - h_{3'})$$
$$= (1.2 \times 51,000) \times (49.1 - 44.2)$$
$$= 299,880 \text{kJ/h}$$

2. 절감된 전력 $= \dfrac{\text{부하 감소량}(\text{kJ/h})}{\text{열의 일당량}(\text{kJ/h})} \times \text{냉동기 } COP$

$$= 299,880 \text{kJ/h} \times \dfrac{1 \text{ kW}}{3,600 \text{ kJ/h} \times 3.5}$$
$$= 23.8 \text{kW}$$

   ※ 1kW = 860kcal/h = 3,600kJ/h

3. 연간절감금액 = 전력소비절감(kW) × 가동시간(h/년) × 판매단가(원/kWh)
$$= 23.8 \text{kW} \times 4,320 \text{h/년} \times 90.5\text{원/kWh}$$
$$= 9,304,848 \text{원/년}$$

☞ 외기도입 전동댐퍼의 개도를 30%에서 70%까지 Open 시켜서 외기도입량을 증가해주는 개선을 통해 냉각코일입구 혼합공기의 온도를 낮춤으로서 냉각코일에 부과되는 냉방부하를 절감시켰다.

30 공조설비의 배기덕트에 전열교환기를 설치하여 22 ℃의 배기 온도를 14 ℃로 낮춤으로써 배기열 회수를 이용하여 동절기 난방시에 공조기(AHU)에 유입되는 5 ℃의 급기(외기)온도를 예열하여 높여서 공급함으로써 공조에너지를 절감하고자 한다.
다음 측정결과표에 의해 물음에 답하시오.

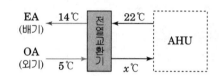

[조건]

급기온도 : 5℃	배기온도 : 22℃
풍량(Q) : 18,000m³ /h	공기의 비중량(γ) : 1.2kg/m³
공기의 정압비열 : 1.0 kJ/kg℃	전열교환기의 효율(η) : 90%
보일러 효율 : 85%	LNG 발열량 : 44,170kJ/Nm³
연간 가동시간 : 1,920hr/년	LNG 판매단가 : 600원/Nm³

1. 배기열 회수에 의한 절감열량(kJ/h)을 구하시오.
2. 급기 예열온도 x (℃)를 구하시오.
3. 연료의 연간절감량(Nm³/년)을 구하시오.
4. 연간 절감금액(천원)을 구하시오.

---

1. 배기열 회수에 의한 절감열량[kJ/h]

$q = cp \cdot r \cdot Q \cdot \Delta t \cdot \eta = 1.0 \times 1.2 \times 18,000 \times (22-5) \times 0.9$

$\quad = 330,480 [\mathrm{kJ/h}]$

2. 급기 예열온도 t_x(℃)를 구하시오.

배기의 방출열량＝외기가 얻은 열량

$330,480 = 1.0 \times 1.2 \times 1,800 \times (t_x - 5)$

$\therefore t_x = 20.3 [℃]$

또는

열교환기효율 $\eta = 0.9$에서

$\eta = \dfrac{t_x - 5}{22 - 5} = 0.9$

$\therefore t_x = 5 + 0.9 \times (22 - 5) = 20.3℃$

3. 연간 연료 절감량[Nm^3/년]

$G_f = \dfrac{q \times T}{H_f \times \eta} = \dfrac{330,480 \times 1920}{44,170 \times 0.85} = 16,900.52 [Nm^3/\text{년}]$

4. 연료절감금액 $= 16,900.52 \times 600 = 10,140,312$원

31 전열교환기에서 운전데이터 분석결과 아래 표와 같았다. 열교환 후 실내로 공급되는 공기 엔탈피를 계산하시오. (단, 배기와 실내공급 공기량의 비는 6 : 4이며, 손실은 없는 것으로 한다.)

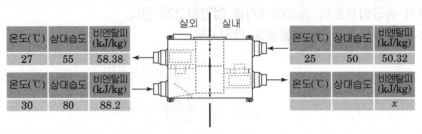

온도(℃)	상대습도	비엔탈피 (kJ/kg)
27	55	58.38

온도(℃)	상대습도	비엔탈피 (kJ/kg)
30	80	88.2

온도(℃)	상대습도	비엔탈피 (kJ/kg)
25	50	50.32

온도(℃)	상대습도	비엔탈피 (kJ/kg)
		x

전열교환기를 통과할 때 외기가 잃은 열량과 배기가 얻은 열량은 같다.

$$G_2(h_2 - h_1) = G_1(h_3 - h_4)$$

$$h_4 = h_3 - \frac{G_2(h_2 - h_1)}{G_1}$$

$$= 88.2 - \frac{0.6 \times (58.38 - 50.32)}{0.4} = 76.11\,[\text{kJ/kg}]$$

32 TAB(Testing Adjusting & Balancing)에 대하여 간단히 설명하시오.

1. Testing(시험), Adjusting(조정), Balancing(균형)의 약어로 건물 내의 모든 공기조화시스템이 설계 목적에 부합되도록 모든 빌딩의 환경시스템을 검토하고 점검, 조정하는 과정을 말한다.
2. 설계 부문, 시공 부문, 제어 부문, 업무상 부문 등 전부분에 걸쳐 적용되며 최종적으로 설비계통을 평가하는 분야로 설계가 약 80% 이상 정도 완료된 후 시작한다.
3. 준공 후 본 건물의 냉난방 공조설비의 운전 및 유지관리 하는데 있어 중요한 기초자료로 활용될 수 있다.
4. TAB 기술 적용 효과
   ① 초기 투자비 절감
   ② 쾌적한 실내환경 조성
   ③ 효율적인 운전관리(에너지 낭비 억제)
   ④ 운전비용 절감
   ⑤ 설비의 수명 연장
   ⑥ 시공 품질의 향상
   ⑦ 공조설비 TAB 연간 모니터링

33 보일러의 자동제어 3가지를 들고 간단히 설명하시오.

보일러는 기본적인 공정제어를 구성하고 있는 피드백 제어계의 전형적인 제어계이다.
① **연소제어** : 보일러로부터 발생되는 증기의 압력을 일정하게 유지하기 위하여 연료 유량, 공기 유량을 조정하여 증기의 압력을 제어한다.
② **급수제어** : 보일러의 안전운전을 위하여 보일러 드럼의 수위를 항상 일정하게 유지하여야 하며 물의 급수량을 제어하는 것
③ **증기온도제어** : 증기의 온도를 제어하는 방법에는 발생되는 증기의 온도를 감온기의 냉각수량에 따라 냉각하는 방법

34 건축물의 에너지절약 기준 중 기계설비부문의 설계기준 의무사항에 대하여 설명하시오.

1. 기계설비부문 용어의 정의

부 문	내 용
이코노마이저 시스템	중간기 또는 동계에 발생하는 냉방부하를 실내엔탈피 보다 낮은 도입 외기에 의하여 제거 또는 감소시키는 시스템
중앙집중식 냉방 또는 난방설비	건축물의 전부 또는 일부를 냉방 또는 난방함에 있어 해당 공간에 대한 열원 등을 공유하는 설비를 말하며, 건물(또는 해당 용도)의 냉방 또는 난방설비 용량의 60% 이상을 중앙집중식으로 설치하는 경우 그 건물(또는 해당 용도)을 중앙집중식 냉방 또는 난방 건물로 본다.

2. 기계부문의 의무사항

① 설계용 외기조건(난방 및 냉방설비 장치의 용량계산을 위한 외기조건)
　㉠ 냉방기 및 난방기를 분리한 온도출현분포를 사용할 경우 : 각 지역별로 위험율 2.5%
　㉡ 연간 총시간에 대한 온도출현 분포를 사용할 경우 : 각 지역별로 위험율 1%

② 열원 및 반송설비
　공동주택에 중앙집중식 난방설비(집단에너지사업법에 의한 지역난방공급방식을 포함)를 설치하는 경우에는 주택건설기준등에관한규정(제37조)에 적합한 조치를 하여야 한다.

③ 환기 및 제어설비
　㉠ 공동주택의 경우, 각 실별 또는 난방 존(Zone)마다 별도의 실내 자동온도조절장치를 설치하여야 한다.
　　[예외] 전용면적 60m² 이하인 경우
　㉡ 난방설비를 중앙집중난방방식으로 하는 공동주택의 각 세대에는 각 세대에는 난방(적산)열량계를 설치하여야 한다.

02 난방설비

핵심 1   전열이론

열은 고온측에서 저온측으로 이동하며 전도, 대류, 복사에 의해 전달되며, 건물 내에서의 전열 과정은 전달, 전도, 관류로 나타난다.

1. 열전달(heat transfer)

유체(공기)와 벽체와의 전열 상황(전도, 대류, 복사가 조합된 상태)이다.(고체와 유체사이의 열 교환)

$$Q = \alpha \cdot A(t_i - t_0) = \alpha \cdot A \cdot \Delta t \ [\text{W}]$$

여기서, A : 벽면적[m²]

t_i : 유체 온도[℃]

t_0 : 고체 표면온도[℃]

α : 열전달률[W/m²·K]

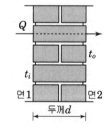

※ 열전달률 α[W/m²·K]

· 벽 표면과 유체 간의 열의 이동 정도를 표시

· 벽 표면적 1m², 벽과 공기의 온도차 1℃일 때 단위 시간 동안에 흐르는 열량

2. 열전도(heat conduction)

열전도에 있어서 온도차를 $\theta_1 > \theta_2$로 하면 정상 상태의 경우 평행한 등질의 평면벽에 직각으로 흐르는 경우의 열량이다.(고체 자체 내에서의 열이동)

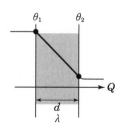

$$Q = \lambda \cdot \frac{t_i - t_0}{d} \cdot A = \frac{\lambda}{d} \cdot A \cdot \Delta t \ [\text{W}]$$

여기서, θ_1, θ_2 : 재료의 표면온도[℃]

λ : 열전도율[W/m·K]

d : 재료의 두께[m]

※ 열전도율 λ[W/m·K]

·물체의 고유 성질로서 전도에 의한 열의 이동 정도를 표시

·두께 1m의 재료 양쪽 온도차가 1℃일 때 단위 시간 동안에 흐르는 열량

| 참고 |

열전도율(λ)이란 두께 1m의 물체 두 표면에 단위 온도차가 1℃일 때 재료를 통한 열의 흐름을 와트(W)로 측정한 것으로 단위는 W/m·K이다.

※ 열전도율 크기 순서
구리(386) – 알루미늄(164) – 철(43) – 콘크리트(1.4) – 외부벽돌(0.84) – 내부벽돌(0.62) – 물(0.6) – 목재(0.14) – 공기(0.025)

3. 열관류(heat transmission)

전달+전도+전달이 동시에 복합적으로 일어나는 현상

$$Q = KA(t_i - t_0) = K \cdot A \cdot \Delta t \, [\text{W}]$$

여기서, K : 열관류율[W/m²·K]

열관류 저항 : $\dfrac{1}{K} = \dfrac{1}{\alpha_1} + \dfrac{d}{\lambda} + \dfrac{1}{\alpha_2}$

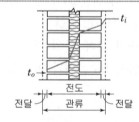

[벽체의 열관류]

※ 열관류율 K[W/m²·K]

·전달+전도+전달이 동시에 복합적으로 일어나는 열의 이동 정도를 표시

·벽 표면적 1m², 단위 시간당 1℃의 온도차가 있을 때 흐르는 열량

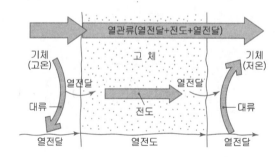

예제 01

열전도율이 0.5[W/m·K]인 벽의 안쪽과 바깥쪽의 온도가 각각 30℃, 10℃이다. 매시간 1[m²]당의 열손실량을 200[W] 이하로 하려 할 때 필요한 최소한의 벽두께는 몇 [cm]가 되겠는가?

정답

1. 전도열량

$$Q = \frac{\lambda}{d} \cdot A \cdot \Delta t$$

여기서, Q : 전열량[W]　　　　　　λ : 열전도율[W/m·K]
　　　　 d : 벽의 두께[m]　　　　 A : 벽의 단면적[m²]
　　　　 Δt : 두 지점간의 온도차[K]

2. 경계면 두께

$$d = \lambda \cdot A \cdot \frac{\Delta t}{Q} = 0.5 \times 1 \times \frac{(30-10)}{200} = 0.05 [\text{m}]$$

예제 02

다음과 같은 벽체의 열관류율은?

[조건]
1) 내표면 열전달률 : 8W/m²·K
2) 외표면 열전달률 : 20W/m²·K
3) 재료의 열전도율
   · 콘크리트 1.2W/m·K
   · 유리면 0.036W/m·K
   · 타일 1.1W/m·K

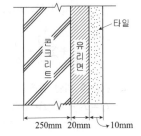

콘크리트　유리면　타일
250mm　20mm　10mm

정답

$$\text{열관류율}(K) = \frac{1}{\frac{1}{\alpha_i} + \sum \frac{d}{\lambda} + \frac{1}{\alpha_0}} \ (\text{W/m}^2 \cdot \text{K})$$

단, α : 열전달률(W/m²·K),　λ: 열전도율(W/m·K),　d : 두께(m)

$$\therefore \ \text{열관류율}(K) = \frac{1}{\frac{1}{\alpha_i} + \sum \frac{d}{\lambda} + \frac{1}{\alpha_0}}$$

$$= \frac{1}{\frac{1}{8} + \left(\frac{0.25}{1.2} + \frac{0.02}{0.036} + \frac{0.01}{1.1}\right) + \frac{1}{20}}$$

$$= \frac{1}{0.947} = 1.05 \, (\text{W/m}^2 \cdot \text{K})$$

예제 03

다음의 주어진 조건을 이용하여 손실열량을 계산하시오. (단, 답은 소수점 첫째자리에서 반올림한다.)

[조건]
1) 노내온도 : 1,200℃
2) 대기온도(노벽 밖) : 25℃
3) 노내와 노벽의 열전달계수 : 1,000[W/m² · K]
4) 노벽 열전도계수 : 0.2[W/m · K]
5) 노벽과 대기의 열전달계수 : 10[W/m² · K]
6) 노벽 두께 : 20[cm]
7) 노벽 면적 : 5[m²]

정답

1. 열관류율

$$K = \cfrac{1}{\cfrac{1}{\alpha_i} + \sum \cfrac{d}{\lambda} + \cfrac{1}{\alpha_o}} \, [\text{W/m}^2 \cdot \text{K}]$$

단, α: 열전달률[W/m² · K], λ: 열전도율[W/m · K], d : 두께[m]

$$K = \cfrac{1}{\cfrac{1}{\alpha_i} + \sum \cfrac{d}{\lambda} + \cfrac{1}{\alpha_o}} = \cfrac{1}{\cfrac{1}{1000} + \cfrac{0.2}{0.2} + \cfrac{1}{10}} = 0.9083 \, [\text{W/m}^2 \cdot \text{K}]$$

2. 관류에 의한 열손실

$Q = K \cdot A \cdot \Delta t$ [W]

K : 열관류율[W/m² · K], A : 구조체의 면적[m²], Δt : 두 지점간의 온도차[K]

∴ 손실열량 $Q = 0.9083 \times 5 \times (1200 - 25) = 5336$ [W]

예제 04

그림과 같은 구조체에 대하여 다음 내용을 구하시오.(단, 소숫점 다섯째자리에서 반올림 하시오.)

1. 빈 칸의 각 전열저항 R[m²℃/w]값과 합계를 구하시오.

①	②	③	④	⑤

2. 실내·외측표면의 열전달률을 포함한 전열저항 R[m²℃/w]값을 구하시오.
3. 열관류율 k[w/m²℃]를 구하시오.

NO	재료명칭	두께d[mm]	열전도율λ [w/m² ℃]	전열저항R[m² ℃/w]
①	모르타르	50	1.5119	
②	단열재	80	0.0349	
③	콘크리트	150	1.6282	
④	공기층	100	–	0.0860
⑤	집성보드	12	0.2210	
	합 계			

$1/\alpha_o = 0.0430[\text{m}^2℃/\text{w}]$, α_o = 실외공기와 구조체와의 열전달율
$1/\alpha_i = 0.0903[\text{m}^2℃/\text{w}]$, α_i = 실내공기와 구조체와의 열전달율

정답

1. ① $R_1 = \dfrac{d}{\lambda} = \dfrac{50 \times 10^{-3}\text{m}}{1.5119\,\text{W/m}^2℃} = 0.0331\text{m}^2\,℃/\text{W}$

   ② $R_2 = \dfrac{d}{\lambda} = \dfrac{80 \times 10^{-3}\text{m}}{0.0349\,\text{W/m}^2℃} = 2.2923\text{m}^2\,℃/\text{W}$

   ③ $R_3 = \dfrac{d}{\lambda} = \dfrac{150 \times 10^{-3}\text{m}}{1.6282\,\text{W/m}^2℃} = 0.09212\,\text{m}^2\,℃/\text{W} ≒ 0.0921[\text{m}^2\,℃/\text{W}]$

   ④ $R_4 = 0.0860\,[\text{m}^2\,℃/\text{W}]$

   ⑤ $R_5 = \dfrac{d}{\lambda} = \dfrac{12 \times 10^{-3}\text{m}}{0.2210\,\text{W/m}^2℃} = 0.05429\,\text{m}^2\,℃/\text{W} ≒ 0.0543[\text{m}^2\,℃/\text{W}]$

   따라서 합계 $\sum R = 0.0331+2.2923+0.0921+0.0860+0.0543=2.5578[\text{m}^2\,℃/\text{W}]$

2. $R = \dfrac{1}{\alpha_i} + \sum R + \dfrac{1}{\alpha_o}$ $=0.0903+2.5578+0.0430=2.6911[\text{m}^2\,℃/\text{W}]$

3. $K = \dfrac{1}{\dfrac{1}{\alpha_i} + \sum R + \dfrac{1}{\alpha_o}} = \dfrac{1}{2.6911} = 0.37159\text{W/m}^2\,℃ = 0.3716[\text{W/m}^2\,℃]$

[참고]

열전달률(α) : 고체 표면에 접한 유체의 이동에 의한 열전달

열저항(R) = $\dfrac{d}{\lambda}$ [단위 $\dfrac{m}{W/m℃} = \dfrac{m^2℃}{W}$]

열관류율 또는 열통과율(K) = $\dfrac{1}{\dfrac{1}{\alpha_i} + \Sigma \dfrac{d_n}{\lambda_n} + \dfrac{1}{\alpha_o}}$ [W/m² ℃]

총괄 열저항 $R = \dfrac{1}{K} = \dfrac{1}{\alpha_i} + \Sigma \dfrac{d_n}{\lambda_n} + \dfrac{1}{\alpha_o}$

[참고] 단열에서의 용어 및 공식

1. 열전도율(λ) 열전도계수 : W/m · K 또는 kcal/m · h · ℃
   두께가 1m인 재료의 열전달 특성을 말한다.(즉, 단위두께에 대한 열적특성)
   두께가 1m에서 늘거나 줄면 열관류율로 표현한다.

2. 열관류율(K) 또는 대류열전달계수 : W/m² · K 또는 kcal/m² · h · ℃
   특정 두께를 가진 재료의 열전달 특성을 말한다.

   K = $\dfrac{\lambda}{d}$ = $\dfrac{열전도율}{두께(m)}$

3. 열저항(R) : m² · K/W 또는 m² · h · ℃/ kcal
   복합재료의 열관류율은 각각 재료의 열관류율을 합산만 해주면 안되고
   열저항의 합계를 구한 후에 역수를 취해 주어야 한다.

   R = $\dfrac{1}{K}$ = $\dfrac{d}{\lambda}$ = $\dfrac{두께(m)}{열전도율}$

4. 표면열전달저항(α) : W/m² · K 또는 kcal/m² · h · ℃
   대류열전달율과 복사열전달율이 있으며, 그 단위는 열관류율의 단위와 같다.

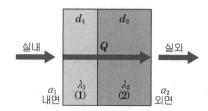

그림에서 열이 전달되는 순서를 보면, 실내의 열은 내면에서 (1)벽을 뚫고 들어가서 (2)벽을 다시
뚫고 외면으로 나가야 하는데 벽체 구의 처음과 끝의 표면에서는 열을 전달하려는 힘에 대한 저항
력이 있게 된다.
즉, 실내 · 외 표면 가까이 있는 유체가 열저항요소(대류열저항과 복사열저항의 합)로 작용하기 때
문이다. 그러므로 벽체의 전체 열관류율을 구할 때에는 실내 · 외 표면열전달저항을 넣어야 한다.

즉, $K = \dfrac{1}{R} = \dfrac{1}{\dfrac{1}{\alpha_1} + \dfrac{d_1}{\lambda_1} + \dfrac{d_2}{\lambda_2} + \dfrac{1}{\alpha_2}}$ 로 계산한다.

물의 팽창과 수축

물은 온도 변화에 따라 그 부피가 팽창 또는 수축한다. 순수한 물은 0℃에서 얼게 되며, 이때 약 9%의 체적팽창을 한다. 그리고 4℃의 물을 100℃까지 높였을 때 체적팽창의 비율이 약 4.3%에 이른다. 또한 100℃의 물이 증기로 변할 때 그 체적이 1,700배로 팽창한다. 이 팽창의 원리를 이용한 것이 중력 환수식 증기난방 또는 중력 순환식 온수난방 방식이다.

$$\Delta_v = \left(\frac{1}{\rho_2} - \frac{1}{\rho_1} \right) V[\ell]$$

Δ_v : 온수의 팽창량$[l]$

ρ_1 : 온도 변화 전의 물의 밀도$[\mathrm{kg}/l]$

ρ_2 : 온도 변화 후의 물의 밀도$[\mathrm{kg}/l]$

v : 장치 내의 전수량$[l]$

예제 01

개방형 팽창탱크가 설치된 급탕설비에서 급탕시스템 내의 전수량이 4100L 일 경우 팽창탱크 용량계산 시 사용되는 급탕시스템 내의 팽창량은?(단 공급되는 물의 밀도는 1000kg/m^3 탕의 밀도는 983kg/m^3이다)

정답 팽창수량(Δv)

$$\Delta_v = \left(\frac{1}{\rho_2} - \frac{1}{\rho_1} \right) \mathrm{V}$$

Δ_v : 온수의 팽창량$[\ell]$

ρ_1 : 온도 변화 전의 물의 밀도$[\mathrm{kg}/\ell]$

ρ_2 : 온도 변화 후의 물의 밀도$[\mathrm{kg}/\ell]$

v : 장치 내의 전수량$[\ell]$

$$\therefore \Delta_v = \left(\frac{1}{0.983} - \frac{1}{1} \right) \times 4100 = 71[\mathrm{L}]$$

|참고| **물의 상태변화**

물은 응고하면 얼음으로, 기화하면 수증기로 변화한다.
100℃의 물 1kg을 100℃의 수증기로 만들려면 2,257kJ의 증발열이 흡수되며 100℃의 수증기 1kg이 100℃의 물로 변하려면 2,257kJ의 응축열을 방출해야 한다. 그러므로 물 1kg의 보유열량은 419kJ이고, 100℃의 수증기 1kg의 보유열량은 2,676(419+2,257)kJ 이다.

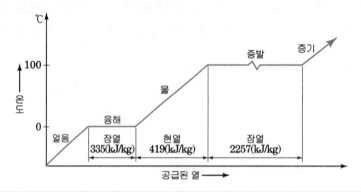

|참고| **현열과 잠열**

1. 현열

온도 변화에 따라 출입하는 열. 온도 측정가능, 온도의 상승이나 강하의 요인이 되는 열량(현열량), 온수난방에 이용

2. 잠열

상태 변화에 따라 출입하는 열. 습도의 변화를 주는 열량(잠열량), 온도는 일정, 증기난방에 이용

※ SI 단위계에서 열량의 단위는 J 또는 kJ이며 1kJ≒0.24kcal, 1kcal≒4.19kJ≒4.2kJ이다. 순수한 물의 비열은 약 4.2kJ/kg·K이다.

예제 02

80℃의 물 50kg을 100℃의 증기로 만들려면 필요한 열량은?(단, 표준기압)

정답

① 80℃의 물을 100℃의 물로 만드는 데 필요한 열량
   $Q = 50kg \times (100-80) \times 4.19kJ/kg = 4,190kJ$
② 100℃의 물을 100℃의 수증기로 만드는 데 필요한 열량
   $Q = 50kg \times 2257kJ/kg = 112,850kJ$
∴ ①+② = 4,190+112,850 = 117,040kJ

핵심 3 열용량과 열량

1. 열용량

열용량[C] ≥ 질량[kg] × 비열[kJ/kg℃] = m·c[kJ/℃]

2. 열량

열량[Q] = 열용량[kJ/℃] × 온도차[℃]
→ 열량[Q] = 질량[kg] × 비열[kcal/kg·℃] × 온도차[℃] = m·c·Δt [kcal]
        = 질량[kg] × 비열[kJ/kg·K] × 온도차[K] = m·c·Δt [kJ]
  Q : 열량(kJ), m : 질량(kg), c : 비열(kJ/kg℃), Δt : 온도차(℃ 또는 K)

|참고|

1. 열량과 열용량
열량 : 온수 〈 증기
          80℃   102℃
열용량 : 온수 〉 증기
          4.2   1.85
☞ 온수난방은 열용량이 크므로 난방이 오래 지속된다.

2. 비열
공기 : 0.24kcal/kg·℃ = 1kJ/kg·K
증기 : 0.44kcal/kg·℃ = 1.85kJ/kg·K
얼음 : 0.5kcal/kg·℃ = 2.1kJ/kg·K
물 : 1kcal/kg·℃ = 4.2kJ/kg·K

※ 열량에 대한 SI단위는 kJ로 나타내며, kcal와의 관계는 다음과 같다.
  1kJ = 0.24kcal = 240cal이므로
  1cal/h = 4.2Joule
  1kcal/h = 4.2kJ
  1kW = 1kJ/s ≒ 860kcal/h
  [주] 열량에 대한 SI기본단위는 K(켈빈온도, 절대온도)이며, ℃(섭씨온도)와 눈금크기는 동일하다.

예제
01

용량 1kW의 커피포트로 1L의 물을 10℃에서 100℃까지 가열하는데 걸리는 시간(분)은?
(단, 열손실은 없으며, 물의 비열은 4.19kJ/kg·K, 밀도는 1kg/L이다.)

정답

질량(m) = 밀도×부피 = 1kg/L×1L = 1kg
가열량[Q] = 질량[kg]×비열[kJ/kg·K]×온도차[K] = $m \cdot c \cdot \Delta t$ [kJ]
가열량[Q] = $m \cdot c \cdot \Delta t$ = 1kg/h × 4.19kJ/kg·K × (100−10) = 378[kJ]
 용량 1kW(1kJ/s)의 커피포트는 1초(s)에 1kJ의 열량을 생산하므로
∴ 가열하는데 걸리는 시간(분) = 378÷60 = 6.3[분]

예제
02

2kW의 전열기로 30℃의 물 10kg을 90℃까지 가열하는 데 소요되는 시간은 몇 분인가?
(단, 가열효율은 100%이다.)

정답

1. 물의 가열량 Q = $m \cdot c \cdot \Delta t$ = 10kg×4.2kJ/kg·K×(90−30) = 2,520kJ
2. 전열기의 열량[kJ] = 2×3600kJ/h = 7,200kJ/h
※ 1kW = 1kJ/s = 3600kJ/h

∴ 가열시간 = $\dfrac{\text{물 가열량}}{\text{전열기 열량}}$ = $\dfrac{2,520kJ}{7,200kJ/h}$ = 0.35h = 21min

핵심 4 급탕부하

급탕부하는 시간당 필요한 온수를 얻기 위해 소요되는 열량을 말한다. 급탕온도의 온도차(Δt)는 보통 60℃를 기준으로 하며, kJ/h 또는 kW(kJ/s)로 나타낸다.

$$급탕부하 = 급탕량\ m(kg/h) \times 비열\ c(kJ/kg \cdot K) \times 온도차\ \Delta t(K)[kJ/h]$$
$$= \frac{급탕량\ m(kg/h) \times 비열\ c(kJ/kg \cdot K) \times 온도차\ \Delta t(K)}{3,600[s/h]}[kW]$$

예제 01

1000ℓ/h의 급탕을 전기온수기를 사용하여 공급할 때 시간당 전력사용량(kW/h)은?
(단, 급탕온도 70℃, 급수온도는 10℃, 전기온수기의 전열효율은 95%로 한다.)

정답

급탕부하는 시간당 필요한 온수를 얻기 위해 소요되는 가열량을 말한다. 급탕온도의 온도차(Δt)는 보통 60℃를 기준으로 하며, kJ/h 또는 kW(kJ/s)로 나타낸다.

1. $Q = 급탕량\ m(kg/h) \times 비열\ c(kJ/kg \cdot K) \times 온도차\ \Delta t(K)[kJ/h]$

$$= \frac{급탕량\ m(kg/h) \times 비열\ c(kJ/kg \cdot K) \times 온도차\ \Delta t(K)}{3,600[s/h]}[kW]$$

$$= \frac{1,000(kg/h) \times 4.19(kJ/kg \cdot K) \times (70-10)(K)}{3,600[s/h]}$$

$$= 69.8[kW]$$

2. 온수기 용량 $= \dfrac{가열량}{효율} = \dfrac{69.8}{0.95} = 73.5[kW]$

예제 02 초고층건물의 급탕조닝방식에 대하여 설명하시오.

정답

1. 급탕 조닝

급탕의 필요압력 혹은 최고압력에 관해서는 급수압력과 동일하지만, 냉온수 혼합수전이나 샤워 등과 같이 물과 탕을 혼합하는 기구에 있어서는 급수압력과 급탕압력은 가능한 한 같게 하는 것이 좋다. 고층건물에서 수압을 일정하게 유지하기 위해 급수설비에서와 마찬가지로 과대한 급탕압력으로 인하여 수격현상(water hammer)과 같은 문제가 발생하기 쉬우므로 급탕 조닝(zoning)이 필요하다.

① 계통별로 조닝하는 방법

② 감압밸브를 설치하는 방법

2. 급탕방식

초고층 건물인 경우에는 가열장치의 설치위치에 따른 집중식과 분산식이 있다.

(1) 집중식

① 유지관리측면에서는 용이하지만 상층계통의 저탕조에 높은 압력이 걸리며, 배관길이도 길게 되기 때문에 설비비가 많이 든다.

② 순환펌프의 설치위치에 따라 압입 양정이 높아지게 되기 때문에, 기종 선정에 상당히 주의해야 한다.

(2) 분산식

각 계통의 상부측은 하부 부근에 기기를 설치하기 때문에 기기에 과대한 압력이 걸리지 않으며, 배관길이도 짧게 된다.

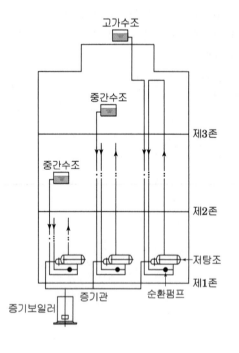

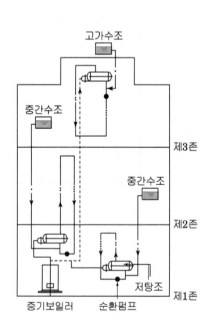

핵심 5 증기난방(steam heating)

- 잠열을 이용한 난방방식
- 사무소, 백화점, 학교, 극장, 일반공장

1. 장점

① 증발 잠열을 이용하므로 열의 운반능력이 크다.
② 예열시간이 짧고 증기의 순환이 빠르다.
③ 방열면적과 관경이 작아도 된다.
④ 설비비, 유지비가 싸다.

2. 단점

① 난방의 쾌감도가 나쁘다.
② 소음(steam hammering)이 많이 난다.
③ 방열량 조절이 어렵고 화상의 우려(102℃의 증기 사용)가 있다.
④ 보일러 취급에 기술을 요한다.

핵심 6 온수난방

- 현열을 이용한 난방방식
- 병원, 주택, 아파트

1. 장점

① 난방부하의 변동에 따라 온수온도와 온수의 순환량 조절이 쉽다.
② 현열을 이용한 난방이므로 증기난방에 비해 쾌감도가 높다.
③ 방열기 표면 온도가 낮으므로 표면에 붙은 먼지의 연소에 의한 불쾌감이 없다.
④ 난방을 정지하여도 난방효과가 지속된다.
⑤ 보일러 취급이 용이하고 안전하다.

2. 단점

① 예열시간이 길다.
② 증기난방에 비해 방열면적과 배관경이 커야 하므로 설비비가 많다.
③ 열용량이 크므로 온수 순환 시간이 길다.
④ 한랭시, 난방 정지시 동결이 우려된다.

┃학습 포인트┃

1. 증기난방과 온수난방의 비교

구분	증기	온수
표준방열량	$0.756kW/m^2$	$0.523kW/m^2$
방열기면적	작다	크다
이용열	잠열	현열
예열시간	짧다	길다
관경	작다	크다
설치유지비	싸다	비싸다
쾌감도	작다	크다
온도조절(방열량조절)	어렵다	쉽다
열매온도	102℃ 증기	65~85℃(보통온수) 100~150℃(고온수)
고유설비	증기 트랩 (방열기 트랩, 버킷 트랩, 플로트 트랩, 벨로우즈 트랩)	팽창탱크 보통온수식 : 주로 개방식 고온수식 : 밀폐식
공통설비	공기빼기 밸브, 방열기 밸브	

2. 난방 방식 비교

- 방열량조절 : 온풍(쉽다) 〉 온수 〉 증기 〉 복사(어렵다)
- 예열 시간 : 복사(길다) 〉 온수 〉 증기 〉 온풍(짧다)
- 쾌 감 도 : 복사(가장 우수) 〉 온수 〉 증기 〉 온풍
- 설 치 비 : 복사(많다) 〉 온수 〉 증기 〉 온풍(작다)

핵심 7   열병합발전설비(Cogeneration system)

일반 화력발전소에서 발전에 사용되고 버려지는 열을 회수하여 냉·난방, 급탕용으로 재이용하는 방식으로 지역난방의 일종이다. 국내산업용, 대규모 아파트 단지의 지역난방용으로 사용되고 있다.

1. 열병합발전 계통도

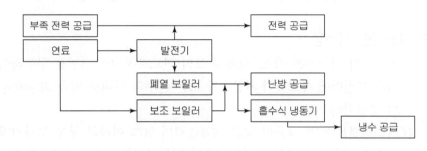

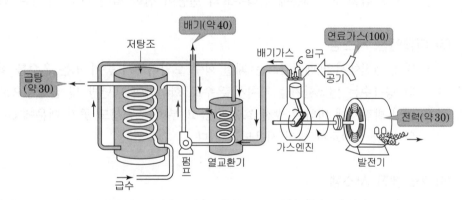

( ) 안의 숫자는 연료가스를 100%로 했을 경우에 얻어지는 비율[%]

[코제너레이션의 원리도]

2. 열병합발전방식 system의 종류

(1) Total Energy System(TES)

열 회수를 위주로 하고 부수적으로 발전을 해서 사용하는 방식

(2) Cogeneration System

열병합발전이라고도 하며 발전설비를 위주로 하고 부수적으로 열을 회수하여 이용하는 방식으로 국내산업용, 대규모 아파트 단지에 적용된다.

(3) On site energy system(OES)

매전을 하지 않고 건물 내 또는 지역 내 자가발전이나 난방 및 냉동기를 운전하는 방식

3. 열병합발전설비의 시스템 방식

(1) 증기터빈 시스템

① 증기터빈 시스템은 보일러에서 고압증기를 발생시키고, 배기를 냉난방 및 급탕용 열원으로 이용하거나 추기 복수 터빈의 추기(抽氣)를 이용한다.

② 우리나라에서도 목동 지역난방 열병합 발전 설비 및 공업 단지 열병합 발전 설비 또는 산업체 자가용 열병합 발전설비 등에서 많이 채용되고 있는 방식이다.

(2) 가스터빈 시스템

① 가스터빈 시스템은 가스, 석유류 등의 연료로써 가스터빈을 구동하여 발전하고 배기를 폐열 회수 보일러에 유도하여 저압증기 또는 온수의 형태로 열을 회수하여 냉난방 또는 급탕 수요에 충당한다.

② 가스터빈은 발전 효율이 낮고 정격출력의 90% 이하의 부분 부하시에는 회수되는 열이 극단적으로 감소하기 때문에 전력수요의 변동이 심한 일반 건축물용에는 적합하지 않다.

(3) 디젤엔진 시스템

① 디젤 엔진에서의 배기가스는 폐열 회수 보일러에서 증기 또는 온수를 회수하고 실린더 재킷의 냉각수는 열교환기를 거쳐서 온수로 회수하여 냉난방 및 급탕용으로 이용된다.

② 터빈 발전기에 비하여 발전 효율이 높고 부하 추종성도 좋기 때문에 co-generation system의 발전 설비로서 널리 사용되고 있다.

(4) 가스엔진 시스템

① 시스템 구성은 디젤 엔진 시스템과 거의 비슷하며 발전 효율은 30% 정도이지만 열수지는 디젤 엔진과 달라서 냉각수에서의 방열이 많다.

② 배기가스량은 디젤 엔진보다 적지만 온도 수준이 높아서 160℃ 정도까지 회수되므로 이용 가능 열량은 디젤 엔진과 거의 같다.

(5) 연료전지 시스템

① 수소를 연료로 사용하는 연료전지 시스템에서는 전기생산과 동시에 폐열이 발생하므로 열병합발전이 가능하다.

② 도시가스를 직접 전력으로 변환하며, 보조보일러를 이용하여 온수와 냉수를 생산하는 시스템으로 발전 종합효율(80% 이상)이 높고, 진동 및 소음이 없으며 현재 연구개발 단계에 있다.

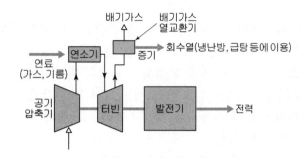

[가스터빈 cogeneration 시스템의 예]

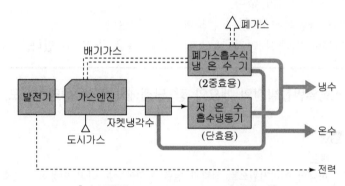

[가스엔진 co-generation 시스템 예]

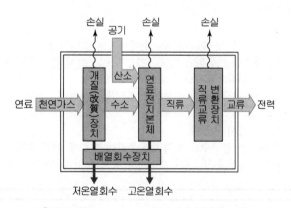

[연료전지 cogeneration 시스템의 예]

4. 종합 열효율의 비교

(1) 화력발전소의 경우

약 35%

(2) 열병합발전 system의 경우

배기가스와 냉각수에서 폐열을 회수하여 약 70~80%로 화력발전의 약 2배 정도

5. 특징

① 발전시의 폐열 이용에 따른 energy를 절감할 수 있다.(에너지 절약적인 방법)
② 사장되었던 설비의 활용으로 투자비를 절감할 수 있다.
③ 에너지 소비량 감소에 따른 환경오염 물질의 발생이 감소된다.(환경오염 방지)
④ 전력 수요의 peak 해소의 요인으로서는, 주사용 시간에 별도의 냉난방까지 겹쳐 전력의 수요의 peak를 이루는데 반해 동시 해결이 가능하므로 전력 수요의 절감으로 인한 화력발전 건설비의 절감을 가져오게 된다.
⑤ 연료의 다원화에 따른 에너지 수급 계획의 합리화와 에너지 가격의 절감 효과가 있다.
⑥ 화재 등의 위험이 없다.
⑦ 24시간 가동하므로 실내 온도에 변화가 없다.
⑧ 각 건물에 기계실 면적 감소 및 기기소음을 줄일 수 있다.

예제 01 소형열병합발전의 개요와 장·단점에 대하여 설명하시오.

정답

1. 개요
   하나의 에너지원으로 전력과 열을 동시에 생산하고 이용하는 종합에너지 시스템으로 주로 청정연료인 가스(LNG)를 이용하고 발전용량이 10MW 이하의 가스엔진이나 터빈을 이용한다.

2. 장·단점
   (1) 장점
   ① 종합효율이 75~90%인 고효율에너지 시스템이다.
   ② 천연가스를 이용하여 CO_2, NO_x, SO_x의 발생량이 적은 환경친화적 시스템이다.
   ③ 분산형 전원으로 송전손실을 감소시킨다.
   ④ 기존 대형발전소 및 송전망의 건설을 회피할 수 있다.
   (2) 단점
   ① 초기 투자비가 크다.
   ② 열전비 및 열전수요 부적절시 투자비 회수에 대한 위험이 크다.
   ③ 국내 기술부족 및 해외 생산자재 확보의 어려움으로 비용이 크고 장기간 소요된다.

예제 02 열병합 방식의 종류와 효과에 대해 설명하시오.

정답

1. 개요
   (1) 열병합 시스템(co-generation system)은 하나의 에너지원으로부터 전기와 열에너지를 동시에 생산하는 시스템이다. LNG, 석유 등을 연료로 하여, 증기터빈, 가스터빈 등의 원동기를 구동하여 전기를 생산하고, 이때 나오는 배열을 냉·난방, 급탕용으로 재이용하는 방식으로 지역난방의 일종이다.
   (2) 국내산업용, 대규모 아파트 단지의 지역난방용으로 사용되고 있다.
   (3) 종합열효율은 열병합발전 system의 경우 배기가스와 냉각수에서 폐열을 회수하여 약 70~80% 정도로 화력발전의 약 2배가 된다.

2. **열병합방식의 종류**
   (1) 증기터빈 시스템
   (2) 가스터빈 시스템
   (3) 디젤엔진 시스템
   (4) 가스엔진 시스템
   (5) 연료전지 시스템

3. **열병합방식의 효과**
   (1) 발전시의 폐열 이용에 따른 energy를 절감(20~30%)할 수 있다.(에너지 절약적인 방법)
   (2) 사장되었던 설비의 활용으로 투자비를 절감할 수 있다.
   (3) 에너지 소비량 감소에 따른 환경오염 물질의 발생이 감소된다.(환경오염 방지)
   (4) 하절기 전력 수요의 peak 해소의 요인이 되며, 송전손실 감소 및 화력발전 건설비의 절감을 가져오게 된다.
   (5) 연료의 다원화에 따른 석유 의존도 감소 및 폐자원 활용 증대되며 에너지 수급 계획의 합리화와 에너지 가격의 절감 효과가 있다.
   (6) 산업 및 주거시설에 편익이 제공된다.
      ① 산업시설 : 양질의 저렴한 에너지 공급, 기업경쟁력 강화
      ② 주거시설 : 24시간 연속난방, 쾌적한 주거환경조성
   (7) 화재 등의 위험이 없다.
   (8) 각 건물에 기계실 면적 감소 및 기기소음을 줄일 수 있다.

예제 03

열병합발전의 장·단점을 설명하시오.

정답

장점	단점
에너지 이용 효율의 향상을 통해 대기오염을 저감할 수 있다.	초기 투자비가 많이 든다.
발전설비가 수요지와 인접되어 있기 때문에 송전 손실이 감소된다.	지역난방용의 경우 지역의 오염도가 증가한다.
집단화에 따른 공해방지 설비 설치가 용이하며 설비비도 절감된다.	숙련된 인력이 필요하다.
화재 등 재해발생 확률이 감소한다.	에너지 이용효율은 좋으나 발전 효율이 떨어진다.
저질 연료 또는 쓰레기 등의 폐자재 이용이 가능하다.	
고효율 에너지 시스템 사용을 통한 에너지 절약 및 비용절감이 가능하다.	
여름·겨울철의 전기, 열수요 불균형에 대응할 수 있다.	
주어진 조건에 적합한 연료 선택이 가능하다.	

예제 04

다음은 연료전지 발전시스템의 구성도이다. 빈칸에 들어갈 장치에 용어와 역할에 대해 기술하시오.

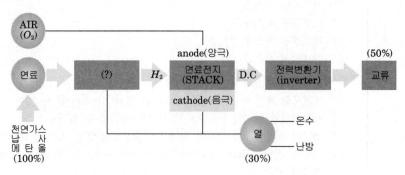

정답

개질기(Reformer) : 화석연료로부터 수소를 발생시키는 장치

※ 연료전지 시스템 구성요소
① 개질기(Reformer) : 화석연료로부터 수소를 발생시키는 장치
② 스택(Stack) : 전기분해 역반응을 통해 전기를 발생시키는 장치
③ 인버터(Inverter) : 직류 교류 변환장치

예제 05

연료전지 열병합발전시스템의 구성요소에 대한 설명이다. 해당하는 명칭을 쓰시오.

1. 연료인 천연가스, LPG, 석탄가스, 수소, 메탄올 등으로부터 일반전지가 요구하는 수소를 많이 포함하는 가스로 발생시키는 장치
2. 기본적으로 전해질이 함유된 전해질 판, 연료 극(anode), 공기극 (cathode)이들을 분리하는 분리판 등으로 구성되며 여기서 전류를 인출하는 경우 통상 0.6 ~ 0.8V 의 낮은 전압이 생성되는 장치
3. 원하는 전기 출력을 얻기 위해 단위 전지 수십 ~ 수백장을 직렬로 쌓아 올린 본체
4. 연료 전지에서 나오는 직류(DC)를 교류(AC)로 변환시키는 장치

정답 1. 연료 개질기 2. 연료 전지 본체 3. 스택 4. 전력변환기(Inverter, 인버터)

연료전지 발전시스템의 구성요소
① 연료 개질기(Reformer)
   수소를 함유한 일반 연료(LPG, LNG, 석탄가스, 수소, 메탄올 등)로부터 일반전지가 요구하는 수소를 많이 포함하는 가스로 발생시키는 장치
② 스택(Stack)
   원하는 전기 출력을 얻기 위해 단위전지 수십 ~ 수백장을 직렬로 쌓아올린 본체
③ 연료전지 본체
   연료 개질 장치에서 들어오는 수소와 공기 중의 산소로 직류 전기와 물 및 부산물인 열을 발생시키는 장치

④ 전력변환기(Inverter, 인버터)

　연료 전지에서 나오는 직류를 교류로 변환시키는 장치

⑤ 주변장치(BOP : Balance of plant)

　펌프, Air blower, 가습기, 수 처리 설비, 열 회수 장치 등

⑥ 폐열회수장치

　플랜트의 효율을 높이기 위하여 연료전지 반응에서 생기는 반응열과 연료 개질 과정에서 나오는 폐열 등을 열교환하여 이용하는 장치

예제 06

발전소의 증기보일러에서 터빈의 부식을 막기 위해 보일러에서 취출한 증기의 일부를 이용하여 용존산소를 제거하는 데 사용되는 기기는 무엇인지 쓰시오.

정답 탈기기(Deaerator)

탈기기(Deaerator)

공급되는 급수 중에 녹아 있는 공기(용존산소 및 이산화탄소)를 추출하여 배관 및 Plant 장치의 부식을 방지하여 보일러의 수명을 연장하고, 또한 보일러 급수를 예열하여 보일러 효율을 향상시킨다.

☞ 만약, 오랜 시간동안 물을 저장하고만 있는 탱크라면 물의 온도를 올릴 경우 충분한 체류시간이 있으므로 물속의 용존산소가 배출될 수 있으나 보일러 급수탱크내의 체류시간이 1시간이내인 상태에서는 물속의 용존산소가 쉽게 빠져나가지 못한다.

핵심 8　펌프의 설계

1. 펌프의 흡입높이

펌프의 흡입양정은 진공에 의한 것으로 표준기압하에서 이론적으로 10.33m이나 실제의 흡입양정은 흡입관의 마찰손실과 수온에 의한 포화증기압으로 인해 6~7m 정도에 불과하다. 즉, 흡입양정은 대기의 압력, 유체의 온도에 따라 달라진다.

[고도와 기압에 따른 이론상 흡입양정(단위 : m)]

고　　도(해발)	0	100	200	300	400	500	1,000	5,000
기　　압(Hg)	0.76	0.751	0.742	0.733	0.724	0.716	0.674	0.634
이론상 흡상높이(Hs)	10.33	10.20	10.08	9.97	9.83	9.70	9.00	8.66

[물의 온도에 따른 흡입양정 (단위 : m)]

수 온[℃]	0	10	20	30	40	50	60	70	80	90	100
이론상 흡상높이(H_s)	10.3	–	9.7	–	–	9.0	7.9	7.2	5.6	2.9	0
실제상 흡상높이(H_s^*)	7.5	7.0	6.3	5.0	3.8	2.5	1.4	0	–1.1	–2.3	–3.5

[주] *이 수치는 펌프의 수평관이 짧은 경우이며, 펌프의 NPSH(Net Positive Suction Head : 유효흡입양정)가 특히 큰 경우는 수치가 저하됨

2. 전양정

전양정(H) = 흡입실양정(H_S)+토출실양정(H_d)+관내마찰손실수두(H_f)

+기기 및 기타 손실수두(H_W) [m]

3. 실양정

실양정(H_a)=흡입실양정(H_S)+토출실양정(H_d) [m]

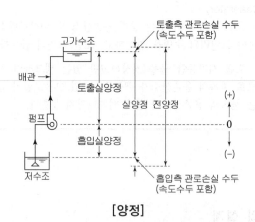

[양정]

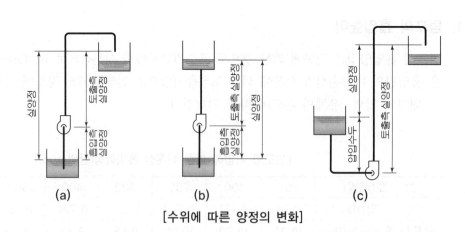

[수위에 따른 양정의 변화]

예제 01

다음과 같은 조건에 있는 양수펌프의 전양정은?

[조건]
1) 흡입 실양정 : 3m
2) 토출 실양정 : 5m
3) 배관의 마찰손실수두 : 1.6m
4) 토출구의 속도 : 1.0m/s

정답

전양정(H) = 흡입실양정(H_S)+토출실양정(H_d)+관내마찰손실수두(H_f) [m]
(속도수두를 무시할 때)
= 흡입실양정(H_S)+토출실양정(H_d)+관내마찰손실수두(H_f)+속도수두(H_w) [m]

∴ 전양정(H)=H_S+H_d+H_f+H_w

$$=H_S+H_d+H_f+\frac{\nu^2}{2g} \quad ※ \ g : 중력 가속도(9.8m/sec^2)$$

$$=3+5+1.6+\frac{1^2}{2\times9.8}=9.65m$$

예제 02

다음 그림과 같은 냉각수펌프의 전양정을 구하시오.

여기서, 응축기의 저항은 12mAq, 배관계통의 마찰손실은 35mAq이고, 냉각탑에서 노즐 분출압력은 5kPa이다.

정답

응축기 출구에서 냉각탑 수위면까지의 높이 15m는 압입측의 높이로 인하여 서로 상쇄되고, 냉각탑 수위면에서 분무노즐까지가 실양정이 되며, 압력 1kPa는 약 0.1mAq이다.

$$H = H_a + H_f + H_w$$
$$= 3 + (35 + 12) + (5 \times 0.1)$$
$$= 50.5 mAq$$

핵심 9 펌프의 구경, 축동력, 축마력

1. 펌프 구경

$$d = \sqrt{\frac{4Q}{v\pi}}$$

Q : 양수량(m^3/s), v : 유속(m/s)

2. 펌프축동력

$$\text{펌프 축동력}(L_S) = \frac{\rho g Q H}{\eta}[\text{W}]$$

$$= \frac{gQH}{\eta}[\text{kW}] = \frac{\rho QH}{102\eta}[\text{kW}]$$

ρ : 물의 밀도($1{,}000\text{kg}/m^3$) g : 중력가속도(9.8m/s^2) Q : 양수량(m^3/sec)

H : 양정(m) η : 펌프 효율(%)

|참고|

- 단위 환산
  $1\text{W} = 1\text{J/s} = 3{,}600\text{J/h} = 3.6\text{kJ/h} = 1\text{N} \cdot \text{m/s} = 1\text{kg} \cdot m^2/s^3$
      $[\text{J} = \text{N} \cdot \text{m}, \ \text{N} = \text{kg} \cdot \text{m/s}^2]$
  $1\text{kW} = 1\text{kJ/s} = 3{,}600\text{kJ/h} = 102\text{kgf} \cdot \text{m/s} = 6{,}120\text{kg} \cdot \text{m/min}$
  $1\text{HP} = 0.7457\text{kW} \fallingdotseq 0.75\text{kW} = 76.04\text{kgf} \cdot \text{m/s}$

예제 01

35m의 높이에 있는 고가수조에 유속 2m/sec으로 양수량 $10m^3$/h의 물을 양수하려고 할 때 펌프의 구경(mm)은?

정답

펌프의 양수량(Q)

$$Q = \frac{\pi}{4} v d^2$$

Q : 양수량[m^3/sec]

v : 펌프의 관 속을 흐르는 유체의 속도[m/sec]

d : 펌프의 구경 $\sqrt{\dfrac{4Q}{v\pi}}$

$$\therefore \ d = \sqrt{\frac{4Q}{v\pi}} = \sqrt{\frac{4 \times 10/3{,}600}{2 \times 3.14}} = 0.042\text{m} = 42\text{mm}$$

예제 02

전양정 20m, 송출유량 1.6m³/sec, 펌프효율 80%일 때의 펌프의 축동력은 몇 kW인가? (단, 물의 밀도=1,000kg/m³이다.)

정답

펌프 축동력$(L_S)=\dfrac{\rho g QH}{\eta}$[W]$=\dfrac{g QH}{\eta}$[kW]

ρ : 물의 밀도(kg/m³) → 물은 1,000kg/m³

g : 중력가속도(9.8m/s²)

Q : 양수량 → 1.6[m³/sec]

H : 전양정(m) → 20m

η : 효율(%) → 80%

$\therefore$ 펌프의 축동력$=\dfrac{9.8\times1.6\times20}{0.8}=392$[kW]

예제 03

양정 H = 20m, 양수량 Q = 3m³/min이고 축마력을 15kW를 필요로 하는 원심 펌프의 효율은 약 얼마인가?

정답

펌프 동력$(L_S)=\dfrac{g QH}{\eta}$[kW]에서

ρ : 액체 1m³의 밀도(kg/m³) → 물은 1,000kg/m³

g : 중력가속도(9.8m/s²)

Q : 양수량(m³/min) → 3m³/min ÷ 60 $=\dfrac{3}{60}$[m³/sec]

H : 전양정(m) → 20m

η : 효율(%)

$\therefore$ $\eta=\dfrac{g QH}{L_s}=\dfrac{9.8\times\dfrac{3}{60}\times20}{15}=0.65$

$\fallingdotseq 0.65$[%]

예제 04

펌프를 수직높이 50m의 고가수조와 5m 아래의 지하수까지 50mm 파이프로 접속하여 매초 2m의 속도로써 양수할 때 펌프의 축동력은? (단, 파이프의 총 연장길이는 100m, 파이프 1m당의 저항은 490Pa이고, 기타 저항은 무시하며, 펌프의 효율은 75%로 한다.)

정답

1. 먼저, 마찰손실수두(H_f) = 490Pa × 100m = 49,000Pa

$$P = \rho g H$$

$$H = \frac{P}{\rho g} = \frac{49,000}{9.8 \times 1,000} = 5\,\text{mAq}$$

펌프의 전양정 = 흡입실양정+토출실양정+마찰손실수두 = 5+50+5 = 60m

2. $Q = Av$

단면적 : $A[\text{m}^2]$, 유속 : $v\,[\text{m/s}]$, 유량 : $Q\,[\text{m}^3/\text{s}]$

$A = \dfrac{\pi d^2}{4}$ 이므로

$$\therefore\ Q = Av = \frac{\pi d^2}{4} \times v = \frac{3.14 \times 0.05^2}{4} \times 2 = 0.00393\,[\text{m}^3/\text{s}]$$

3. 펌프 축동력(L_S) $= \dfrac{gQH}{\eta}[\text{kW}]$ 에서

   ρ : 액체 1m³의 밀도(kg/m³) → 물은 1,000kg/m³

   g : 중력가속도(9.8m/s²)

   Q : 양수량(m³/sec) → 0.00393m³/s

   H : 전양정(m) → 60m

   η : 효율(%) → 75%

   $\therefore$ 펌프의 축동력 $= \dfrac{9.8 \times 0.00393 \times 60}{0.75} = 3.08\,[\text{kW}]$

   (단위환산과정에서 약간의 오차가 있을 수 있음)

핵심 10 · 펌프의 특성 곡선

1. 펌프가 어느 일정한 속도로 물을 양수할 때 토출량의 변화에 따라 양정[m], 축동력(PS, kW), 효율[%]의 변화를 선도로 표시한 것을 말한다. 이와 같은 특성 곡선의 보양은 펌프의 종류에 따라 다르게 나타나며, 이 곡선에 의해 운전 조건에 따른 성능을 예측할 수 있다.

2. 회전수의 변화에 따른 유량(Q), 양정(H), 축동력(L)의 변화

펌프의 특성 곡선은 회전수를 일정하게 한 상태에서 얻어진 것이다. 회전수를 변화시키면 양수량은 회전수에 비례하고, 양정은 회전수의 제곱에 비례하며, 축동력은 회전수의 3승에 비례한다.

토출량 [m³/min]	양정 [m]	축동력 [kW]
$Q_2 = Q_1 \dfrac{N_2}{N_1}$	$H_2 = H_1 \left(\dfrac{N_2}{N_1}\right)^2$	$L_2 = L_1 \left(\dfrac{N_2}{N_1}\right)^3$

Q_1, H_1, L_1 : 회전수 N_1[rpm]일 때의 토출량[m³/min], 양정[m], 축동력[kW]

Q_2, H_2, L_2 : 회전수 N_2[rpm]일 때의 토출량[m³/min], 양정[m], 축동력[kW]

※ 펌프의 양수량은 임펠러의 회전수에 비례하고, 양정은 회전수의 제곱에 비례하며, 축동력은 회전수의 세제곱에 비례한다.

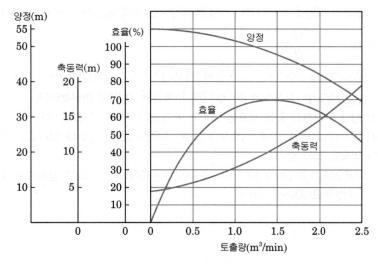

[펌프의 특성 곡선]

|학습 포인트|

1. 펌프의 법칙(상사의 법칙)

(1) 펌프의 회전수($N_1 \rightarrow N_2$)

① 유량(Q) : 회전수비에 비례하여 변화한다.

② 양정(H) : 회전수비의 2제곱에 비례하여 변화한다.

③ 동력(L) : 회전수비에 3제곱에 비례하여 변화한다.

(2) 임펠러의 직경($D_1 \rightarrow D_2$)

① 유량(Q) : 펌프 크기비의 3제곱에 비례하여 변화한다.

② 양정(H) : 펌프 크기비의 2제곱에 비례하여 변화한다.

③ 동력(L) : 펌프 크기비의 5제곱에 비례하여 변화한다.

☞ 펌프의 회전수($N_1 \rightarrow N_2$)로 변할 때 또는 임펠러의 직경($D_1 \rightarrow D_2$)로 변할 때

① 유량(Q) : $Q_2 = Q_1 \dfrac{N_2}{N_1} = Q_1 \left(\dfrac{D_2}{D_1}\right)^3$

② 양정(H) : $H_2 = H_1 \left(\dfrac{N_2}{N_1}\right)^2 = H_1 \left(\dfrac{D_2}{D_1}\right)^2$

③ 동력(L) : $L_2 = L_1 \left(\dfrac{N_2}{N_1}\right)^3 = L_1 \left(\dfrac{D_2}{D_1}\right)^5$

여기서, 회전수 : N(rpm), 임펠러 직경 : D

2. 펌프의 비속도

(1) 펌프의 형식을 결정하는 척도, 즉 회전차의 형상을 나타내는 척도로 사용된다. 펌프의 성능을 나타내거나 적합한 회전수를 결정하는 데 이용되는 값이다.

(2) $\eta_s = N \cdot \dfrac{Q^{1/2}}{H^{3/4}}$

여기서, η_s : 비속도 N : 회전수(rpm) Q : 토출량(㎥/min) H : 양정(m)

η_s(비속도)는 회전수(N)와 $Q^{1/2}$에 비례하고 $H^{3/4}$에 반비례한다.

(3) 형태가 완전히 같은 펌프는 크기와 관계없이 비속도가 일정하다.

(4) 대유량·저양정일수록 비속도가 크고, 소유량·고양정일수록 비속도는 작아진다.

(5) 비속도 크기 순서

축류펌프(1100rpm 이상) 〉 사류펌프(500~1200rpm) 〉 볼류트펌프(300~700rpm) 〉 터빈펌프(300rpm 이하)

예제 01

원심펌프의 회전수가 1,450[rpm]일 때, 양정 25[m], 유량 2[m³/min], 축동력 8.6[kW]이다. 회전수를 900[rpm]으로 바꿀 때 유량(m³/min), 양정(m), 축동력(kW)을 구하시오.

정답

회전수와 유량, 양정, 축동력과의 관계

1. 유량$[Q_2] = Q_1\left(\dfrac{N_2}{N_1}\right) = 2\left(\dfrac{900}{1,450}\right) = 1.24[\text{m}^3/\text{min}]$

2. 양정$[H_2] = H_1\left(\dfrac{N_2}{N_1}\right)^2 = 25\left(\dfrac{900}{1,450}\right)^2 = 9.63[\text{m}]$

3. 동력$[L_2] = L_1\left(\dfrac{N_2}{N_1}\right)^2 = 8.6\left(\dfrac{900}{1,450}\right)^3 = 2.06[\text{kW}]$

☞ 펌프의 법칙(상사의 법칙)

회전수가 $N_1 \to N_2$로 변할 때 또는 임펠러 직경이 $D_1 \to D_2$로 변할 때

① 유량(Q) : $Q_2 = Q_1\left(\dfrac{N_2}{N_1}\right) = Q_1\left(\dfrac{D_2}{D_1}\right)^3$

② 양정(H) : $H_2 = H_1\left(\dfrac{N_2}{N_1}\right)^2 = H_1\left(\dfrac{D_2}{D_1}\right)^2$

③ 동력(L) : $L_2 = H_1\left(\dfrac{N_2}{N_1}\right)^3 = L_1\left(\dfrac{D_2}{D_1}\right)^5$

여기서, 회전수 : $N[\text{rpm}]$, 임펠러 직경 : $D[\text{mm}]$

예제 02

원심펌프에서 유량이 2m³/min, 수두가 26m, 소요동력 10kW 일 때 회전수는 800rpm이다. 만약 펌프의 회전수를 1,500rpm으로 증가시킬 경우에 다음 물음에 답하시오.

1. 유량(m³/min)은 얼마인가?
2. 양정(m)은 얼마인가?
3. 동력(kW)은 얼마인가?

정답

동일한 펌프에서는 회전수에만 비례하므로,

1. 유량 $Q_2 = Q_1 \times \left(\dfrac{N_2}{N_1}\right) = 2 \times \left(\dfrac{1,500}{800}\right) = 3.75\,\text{m}^3/\text{min}$

2. 양정 $H_2 = H_1 \times \left(\dfrac{N_2}{N_1}\right)^2 = 26 \times \left(\dfrac{1,500}{800}\right) = 91.4\,\text{m}$

3. 축동력 $L_2 = L_1 \times \left(\dfrac{N_2}{N_1}\right)^3 = 10 \times \left(\dfrac{1,500}{800}\right) = 65.9\,\text{kW}$

여기서, Q : 유량(m³/min), H : 양정(m), L : 축동력(kW), N : 회전수(rpm)

예제 03 냉각수 펌프가 주어진 조건으로 작동할 때, 다음 값을 구하시오.

[조건]
· 펌프 실양정 : 8mAq
· 배관 계통 마찰 손실 수두 : 34mAq
· 응축기 저항 : 12mAq
· 펌프 유량 : 2.4m³/min
· 펌프 효율 : 0.65
· 전동기 효율 : 0.95
· 전동기 여유율 : 15%

1. 전양정 H [m]
2. 수동력 L_W [kW]
3. 축동력 L_S [kW]
4. 전동기 동력 L_d [kW]

정답

1. 전양정 H [m] = 펌프의 실양정+배관계통 마찰손실수두+응축기 저항
$$= 8\text{mAq} + 34\text{mAq} + 12\text{mAq}$$
$$= 54\text{mAq} = 54\text{m}$$

2. 수동력 $L_W = gQH = 9.8 \times \dfrac{2.4}{60} \times 54 = 21.17 [\text{kW}]$

여기서, ρ : 물의 밀도[1000kg/m³]
  g : 중력가속도(9.8m/s²)
  Q : 유량[m³/sec]
  H : 양정[m]
  η : 펌프 효율(%)

3. 축동력 $L_S = \dfrac{수동력}{펌프효율} = \dfrac{21.17}{0.65} = 32.57 [\text{kW}]$

4. 전동기 동력 $L_d = \dfrac{축동력}{전동기효율} \times 여유계수$
$$= \dfrac{32.57}{0.95} \times 1.15 = 39.43 [\text{kW}]$$

예제 04

유량 2m³/min, 양정 25m, 축동력 8.6kW인 원심펌프의 회전수를 25% 증가시킬 경우 유량(Q), 양정(H), 축동력(L)은?

정답

펌프의 상사법칙에서 펌프의 회전수($N_1 \rightarrow N_2$)로 변할 때

1. 유량(Q) : $Q_2 = Q_1 \dfrac{N_2}{N_1} = 2 \times \left(\dfrac{1.25}{1} \right) = 2.50 \, \text{m}^3/\text{min}$

2. 양정(H) : $H_2 = H_1 \left(\dfrac{N_2}{N_1} \right)^2 = 25 \times \left(\dfrac{1.25}{1} \right)^2 = 39.1 \, \text{m}$

3. 동력(L) : $L_2 = L_1 \left(\dfrac{N_2}{N_1} \right)^3 = 8.6 \times \left(\dfrac{1.25}{1} \right)^3 = 16.8 \, \text{kW}$

여기서, 회전수 : $N(\text{rpm})$

예제 05

펌프의 양정이 20mAq, 회전속도가 1,500rpm, 배출량이 1.5m³/min일 때, 이 펌프의 비교회전수(rpm·m³/min·m)는?

정답 비교회전수(비속도)

$\eta_s = N \cdot \dfrac{Q^{1/2}}{H^{3/4}}$

여기서, η_s : 비속도 N : 회전수(rpm) Q : 토출량(m³/min) H : 양정

η_s(비속도)는 회전수(N)와 $Q^{1/2}$에 비례하고 $H^{3/4}$에 반비례한다.

$\therefore \eta_s = N \cdot \dfrac{Q^{1/2}}{H^{3/4}} = 1,500 \times \dfrac{1.5^{1/2}}{20^{3/4}} = 194.25 = 194(\text{rpm} \cdot \text{m}^3/\text{min} \cdot \text{m})$

예제 06

아래 그림과 같은 성능을 가지는 펌프가 배관 시스템에 설치되어 있다. 유량이 14m³/h 이고 회전수가 3,450rpm인 초기 운전 점 ①에서 유량을 12m³/h로 줄이고자 한다. 이때, 펌프 모터 회전수 제어를 이용할 경우 운전 점을 ②, 배관 시스템 상의 밸브를 조절하여 유량을 제어할 때의 운전 점은 ③이라고 할 때, 다음 물음에 답하시오.

[16년 실기]

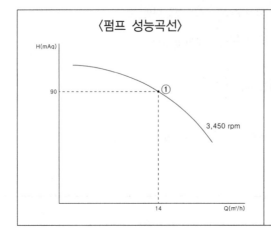

운전점	유량(Q) m³/h	수두(H) mAq	효율(η) %
①	14	90	64
②	12		
③	12	95	62

〈펌프 성능 데이터〉

1. 주어진 펌프 성능 데이터를 이용하여 각 운전 점 ①, ②, ③의 펌프 축동력(kW)을 구하시오.
2. 펌프 성능 곡선 상에 운전 점 ②, ③을 표시하시오.

정답

1. ① $L_{s1} = gHQ/\eta[\text{kW}] = \dfrac{9.8 \times 90 \times 14}{3,600 \times 0.64} = 5.36[\text{kW}]$

   ② $L_{s2} = L_{s1} \times \left(\dfrac{Q_2}{Q_1}\right)^3 = 5.36 \times \left(\dfrac{12}{14}\right)^3 = 3.38[\text{kW}]$

   ③ $L_{s3} = gHQ/\eta[\text{kW}] = \dfrac{9.8 \times 95 \times 12}{3,600 \times 0.62} = 5.01[\text{kW}]$

2.

< 펌프 성능곡선 >

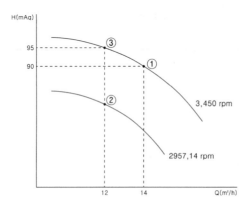

캐비테이션과 NPSH

1. 캐비테이션(cavitation)

① 펌프의 흡입구로 들어온 물 중에 함유되었던 증기의 기포는 임펠러(펌프의 날개)를 거쳐 토출구로 넘어가면 갑자기 압력이 상승되므로 기포는 물속으로 다시 소멸된다. 이때 소멸 순간에 격심한 소음과 진동을 수반하면서 일어나는 현상으로서, 흡입양정에서 발생한다.

② 소음, 진동, 관 부식, 심하면 흡상 불능(펌프의 공회전)의 원인이 된다.

③ 펌프 흡입구의 압력은 항상 흡입구에서의 포화 증기 압력 이상으로 유지되어야 캐비테이션이 일어나지 않는다.

2. NPSH(Net Positive Suction Head : 유효 흡입양정)

① 캐비테이션이 일어나지 않는 유효 흡입양정을 수주로 표시한 것이다.

② 펌프의 설치 상태 및 유체의 온도 등에 따라 다르다.

③ 설치에서 얻어지는 NPSH는 펌프 자체가 필요로 하는 NPSH보다 커야 캐비테이션이 일어나지 않는다. 따라서 캐비테이션이 발생하지 않을 경우는

$$H_{sv} \geq h_{sv}$$

여기에 여유율 a(일반적으로는 30%를 취함)를 고려하면, 펌프의 설치조건은

$$H_{sv} \geq (1+a) \cdot h_{sv} = 1.3 \cdot h_{sv}$$

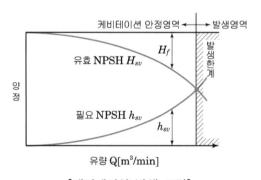

[캐비테이션 발생 조건]

그림에서 보면 유량증가와 함께 펌프의 필요 NPSH는 증가하지만, 시스템에 의하여 결정되는 유효 NPSH는 유량에 따라 감소하게 된다. 또 어느 유량에서 2개의 NPSH곡선이 교차하게 되고, 교점의 좌측이 사용가능한 범위, 우측이 캐비테이션 발생영역으로 사용이 불가능하게 되는 범위가 된다.

|학습 포인트|

공동현상(cavitation)을 방지하려면 펌프의 유효 흡입양정(NPSH)을 낮추어 흡입구의 압력이 항상 흡입구의 포화증기압력 이상으로 유지되도록 하는 것이 바람직하다.

1. 캐비테이션의 발생조건
① 흡입양정이 클 경우
② 유체의 온도가 높을 경우 또는 포화증기압 이하로 된 경우
③ 날개차의 원주속도가 클 경우(임펠러가 고속)
④ 날개차의 모양이 적당하지 않는 경우
⑤ 소용량 흡입펌프를 사용하는 경우
⑥ 대기압이 낮은 경우(해발이 높은 고지역)
⑦ 휘발성 유체인 경우

2. 캐비테이션 방지책
① 흡입양정을 줄이고 흡입관 손실을 줄인다.
② 필요 이상의 양정을 두지 않는다.
③ 규정회전수 내에서 운전한다.
④ 2대 이상의 펌프를 사용한다.
⑤ 스트레이너 통수면적을 여유있게 잡고 청소를 한다.

예제 01

캐비테이션의 발생조건과 방지책에 대하여 설명하시오.

정답

1. 개요
   ① 펌프의 흡입구로 들어온 물 중에 함유되었던 증기의 기포는 임펠러(펌프의 날개)를 거쳐 토출구로 넘어가면 갑자기 압력이 상승되므로 기포는 물속으로 다시 소멸된다. 이때 소멸 순간에 격심한 소음과 진동을 수반하면서 일어나는 현상으로서, 흡입양정에서 발생한다.
   ② 소음, 진동, 관 부식, 심하면 흡상 불능(펌프의 공회전)의 원인이 된다.
   ③ 펌프 흡입구의 압력은 항상 흡입구에서의 포화 증기 압력 이상으로 유지되어야 캐비테이션이 일어나지 않는다.

2. 캐비테이션의 발생조건
   ① 흡입양정이 클 경우
   ② 유체의 온도가 높을 경우 또는 포화증기압 이하로 된 경우
   ③ 날개차의 원주속도가 클 경우(임펠러가 고속)
   ④ 날개차의 모양이 적당하지 않는 경우
   ⑤ 소용량 흡입펌프를 사용하는 경우
   ⑥ 대기압이 낮은 경우(해발이 높은 고지역)
   ⑦ 휘발성 유체인 경우

3. 캐비테이션 방지책
   ① 흡입양정을 줄이고 흡입관 손실을 줄인다.
   ② 필요 이상의 양정을 두지 않는다.
   ③ 규정회전수 내에서 운전한다.
   ④ 2대 이상의 펌프를 사용한다.
   ⑤ 스트레이너 통수면적을 여유있게 잡고 청소를 한다.
   ☞ 공동현상(cavitation)을 방지하려면 펌프의 유효 흡입양정(NPSH)을 낮추어 흡입구의 압력이 항상 흡입구의 포화증기압력 이상으로 유지되도록 하는 것이 바람직하다.

예제 02

급수펌프에서 캐비테이션(Cavitation)이 발생하는데 급수압력을 포화증기압보다 높게 할 방법으로 펌프의 선정, 설치, 운전을 포함해서 3가지만 쓰시오.

정답

① 펌프의 선정 : 양흡입펌프나 2대 이상의 펌프를 사용한다.
② 펌프의 설치 : 펌프를 낮게 설치하여 흡입양정을 짧게 한다.
③ 펌프의 운전 : 흡입관경을 크게 하고 펌프의 회전수를 줄인다.

핵심 12　배관의 설계

1. 유량과 유속

단면적을 $A[\text{m}^2]$, 유속을 $v[\text{m/s}]$, 유량을 $Q[\text{m}^3/\text{s}]$라 하면

$$Q = Av$$

또 관경을 $d[\text{m}]$라 하면 단면적 $A = \dfrac{\pi d^2}{4}$ 이므로 $\dfrac{Q}{v} = \dfrac{\pi d^2}{4}$

$$\therefore\ d = \sqrt{\frac{4Q}{v\pi}}\ [\text{m}]$$

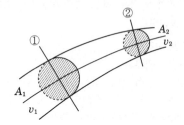

[유량과 유속]

2. 마찰손실수두(H_f)와 마찰손실압력(P_f)

$$H_f = \lambda \cdot \frac{l}{d} \cdot \frac{v^2}{2g}\ [\text{mAq}]$$

$$P_f = \lambda \cdot \frac{l}{d} \cdot \frac{v^2}{2} \cdot \rho\ [\text{Pa}]$$

여기서,　H_f : 길이 1m의 직관에 있어서의 마찰손실수두(mAq)

　　　　　P_f : 길이 1m의 직관에 있어서의 마찰손실압력(Pa)

　　　　　λ : 관마찰계수(강관 0.02)

　　　　　g : 중력가속도(9.8m/sec^2)

　　　　　d : 관의 내경(m)

　　　　　l : 직관의 길이(m)

　　　　　v : 관내 평균 유속(m/s)

　　　　　ρ : 물의 밀도($1{,}000\text{kg/m}^3$)

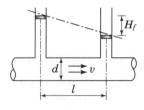

[마찰손실수두]

3. 전수두(全水頭)

$$전수두 = 위치압력수두 + 관내압력수두 + 속도수두\left(\frac{v^2}{2g}\right)$$

|참고|

- 단위 환산
  - 1m 수두(1mAq) = 0.01MPa = 10kPa
  - 1kgf/cm² = 0.1MPa = 10mAq
    10kgf/cm² = 1MPa = 100mAq

예제 01

밑면이 1.5m×2.5m인 사각형 탱크에 직경이 50mm인 파이프로 물을 공급하고 있다. 탱크의 물높이가 30초에 0.2m씩 올라간다면 파이프 속의 물의 평균속도(m/s)는?

정답

유량과 유속(연속방정식)

단면적을 $A[m^2]$, 유속을 $v[m/s]$, 유량을 $Q[m^3/s]$라면
$Q = A_1 v_1 = A_2 v_2$ ‥‥‥ 일정

또 관경을 $d[m]$라 하면 단면적 $A = \dfrac{\pi d^2}{4}$ 이다.

$Q = Av$ 에서 $v = \dfrac{Q}{A}$ 이므로

$$v = \frac{Q}{\dfrac{\pi d^2}{4}} = \frac{1.5 \times 2.5 \times 0.2}{\dfrac{3.14 \times 0.05^2 \times 30}{4}} = 12.7\,m/s$$

예제 02

내경 20cm, 길이 800m인 원관 속에 물이 0.15m³/s로 흐르고 있다. 관마찰계수가 0.03일 때 마찰손실수두는? (단, 중력가속도는 9.8m/s²이다. 소수점 둘째 자리에서 반올림)

정답

마찰손실수두(H_f) 계산

1. $Q = Av$ 에서 $v = \dfrac{Q}{A}$

   $A = \dfrac{\pi d^2}{4}$ 이므로

   $$v = \frac{Q}{\dfrac{\pi d^2}{4}} = \frac{0.15}{\dfrac{3.14 \times 0.2^2}{4}} = 4.77\,m/s$$

2. $H_f = \lambda \cdot \dfrac{l}{d} \cdot \dfrac{v^2}{2g} = 0.03 \times \dfrac{800}{0.2} \times \dfrac{4.77^2}{2 \times 9.8} = 139.3\,mAq = 139\,m$

예제 03

직경 50cm의 파이프 속을 어떤 유체가 2m/sec의 속도로 20km 떨어진 곳까지 이송한다고 할 때, 이 파이프에서 손실수두는? (단, 관과 유체와의 마찰계수는 0.03, 중력가속도(g)는 9.8m/s², 소수점 이하 반올림)

정답

$$H_f = \lambda \cdot \frac{l}{d} \cdot \frac{v^2}{2g} [mAq]$$

여기서, H_f : 길이 1m의 직관에 있어서의 마찰손실수두(mAq)

λ : 관마찰계수(강관 0.02) g : 중력가속도(9.8m/sec²)

d : 관의 내경(m) l : 직관의 길이(m)

v : 관내 평균 유속(m/s)

$$H_f = \lambda \cdot \frac{l}{d} \cdot \frac{v^2}{2g} [mAq] = 0.03 \times \frac{20 \times 10^3}{0.5} \times \frac{2^2}{2 \times 9.8} = 244.9 mAq \fallingdotseq 245 m$$

예제 04

위치수두 10mAq, 압력수두 30mAq, 속도 2m/s로 관 속을 흐르는 물의 전수두는?

정답

$$전수두 = 위치압력수두 + 관내압력수두 + 속도수두\left(\frac{v^2}{2g}\right) = 10 + 30 + \frac{2^2}{2 \times 9.8} = 40.2 m$$

※단위 환산

1m 수두(1mAq) = 0.01MPa = 10kPa

1kgf/cm² = 0.1MPa = 10mAq

10kgf/cm² = 1MPa = 100mAq

예제 05

1개의 실에 설치된 온수용 주철제 방열기의 상당방열면적(EDR)이 20m²일 때 5개실 전체에 동일한 방열기 용량을 설치한다면, 이 때에 필요한 전온수 순환량(ℓ/min)은?(단, 방열기의 표준방열량 0.523kW/m², 방열기 입구온도 80℃, 출구온도 70℃, 온수비열 4.19kJ/kg·K, 온수밀도 1kg/ℓ 이다.)

정답 순환수량(Q_w)[ℓ/min]

$$Q_w = \frac{H_{CT}}{60C\Delta t} [l/min]$$

여기서, H : 방열량[kJ/h] C : 비열(4.19kJ/kg·K) Δt : 방열기의 출입구 온도차(℃)

먼저, 1kW = 1kJ/s = 3600kJ/h이므로 0.523kW = 0.523 × 3600kJ/h = 1,882.8kJ/h

$$Q_w = \frac{1,882.8 \times 20 \times 5}{60 \times 4.18 \times (80 - 70)} = 75[l/min]$$

핵심 13 서징(Surging) 현상

1. 개요

① 서징은 터보형 송풍기 및 펌프에서 발생할 수 있으며, 송풍기에서의 서징은 기계를 최소 유량 이하의 저유량 영역에서 사용 시 운전상태가 불안정해져서 주로 발생(소음·진동 수반)하며, 펌프에서의 서징은 펌프의 1차 측에 공기가 침투하거나, 비등 발생 시 주로 나타난다. (Cavitation 동반 가능)

② Surging이란 자려운동(일정한 방향으로만 외력이 가해지고, 진동적인 여진력(勵振力)이 작용을 하지 않더라도 발생하는 진동, 대형사고 유발 가능)으로 인한 진동현상(외부의 가진이 전혀 없어도, 또는 가진 원인이 불분명한 상태에서 발생)을 말한다.

③ 큰 압력변동, 소음, 진동의 계속적 발생으로 장치나 배관이 파손되기 쉽다.

④ 배관의 저항특성과 유체의 압송 특성이 맞지 않을 때 주로 발생한다.

2. 발생원인

① 특성이 양정측 산고곡선의 상승부(왼쪽)에서 운전 시

② 한계치 이하의 유량으로 운전 시

③ 한계치 이상의 토출 측 댐퍼 교축 시

④ 펌프 1차 측의 배관 중 수조나 공기실이 있을 때(펌프)

⑤ 수조나 공기실의 1차 측 밸브가 있고 그것으로 유량 조절 시(펌프)

⑥ 임펠러를 가지는 펌프를 사용 시

⑦ 서징은 펌프에서는 잘 일어나지 않는다. (물이 비압축성 유체이기 때문)

3. 현상

① 유량이 짧은 주기로 변화하여 마치 밀려왔다 물러가는 파도소리와 같은 소리를 낸다.

② 심한 소음·진동, 베어링 마모, 불안정 운전

③ 블레이드의 파손 등

예제 01

서징(Surging) 현상에 대하여 설명하고 대책을 기술하시오.

정답

1. 개요
(1) 서징(Surging)은 송풍기 및 펌프에서 발생할 수 있다.
 ① 송풍기에서의 서징 : 기계를 최소 유량 이하의 저유량 영역에서 사용시 운전상태가 불안정해져서 주로 발생(소음·진동 수반)한다.
 ② 펌프에서의 서징 : 펌프의 1차 측에 공기가 침투하거나, 비등 발생시 주로 나타난다. (Cavitation 동반)
(2) 서징(Surging)이란 자려운동(일정한 방향으로만 외력이 가해지고, 진동적인 여진력(勵振力)이 작용을 하지 않더라도 발생하는 진동, 대형사고 유발 가능)으로 인한 진동현상(외부의 가진이 전혀 없어도, 또는 가진 원인이 불분명한 상태에서 발생)을 말한다.
(3) 큰 압력의 변동, 소음, 진동의 계속적 발생으로 장치나 배관이 파손되기 쉽다.
(4) 배관의 저항특성과 유체의 압송 특성이 맞지 않을 때 주로 발생한다.

2. 대책
(1) 송풍기의 경우
 ① 송풍기 특성곡선의 우측(우하향) 영역에서 운전되게 한다.
 ② 우하향 특성곡선의 팬(Limit Load Fan 등)을 채용한다.
 ③ 회전차나 안내깃의 형상치수 변경 등 팬의 운전특성을 변화시킨다.
 ④ 풍량 조절 필요시 가능하면 토출댐퍼 대신 흡입댐퍼를 채용
 ⑤ 조임댐퍼를 송풍기에 근접해서 설치한다.
 ⑥ 송풍기의 풍량 중 일부 풍량은 대기로 방출시킨다.(Bypass법)
 ⑦ 동익, 정익의 각도의 변화를 준다.

(2) 펌프의 경우
 ① 회전차, 안내깃의 각도를 가능한 적게 변경시킨다.
 ② 방출밸브와 무단변속기로 회전수(양수량)를 변경한다.
 ③ 관로의 단면적, 유속, 저항 변경(개선)
 ④ 관경을 바꾸어 유속을 변화시킨다.
 ⑤ 유량조절 밸브는 펌프 출구에 설치한다.
 ⑥ 필요 시 바이패스 밸브(Bypass valve)를 사용한다.
 ⑦ 관로나 공기탱크의 잔류공기를 제어한다.
 ⑧ 서징을 발생하지 않는 특성을 갖는 펌프를 사용한다.
 ⑨ 성능곡선이 우하향인 펌프를 사용한다.
 ⑩ 서징 존 범위 외에서 운전해야 한다.
 ⑪ 배수량을 늘리거나 임펠러 회전수를 바꾸는 방식 등을 선정해야 한다.(펌프의 운전 작동점을 변경)

핵심 14 난방방식 분류 및 기기 주변의 배관

1. 증기난방방식의 분류

(1) 응축수의 환수 방식에 따른 분류

① 중력 환수식 증기난방법

열을 방산한 후 증기는 응축수로 바뀌는데 이 응축수를 중력 작용에 의해 보일러로 유입시키는 난방 방식이다.

· 저압보일러에 사용한다.

· 방열기 설치 위치에 제한을 받는다.

· 단관식일 경우 방열기 밸브는 반드시 하부 태핑에 달아야 한다. 응축수와 증기가 역류하므로 관경을 크게 할 필요가 있다.

· 각 방열기마다 공기 빼기 밸브를 부착한다.(방열기 높이의 2/3 정도)

② 진공 환수식 증기난방법

환수 주관 말단의 보일러 바로 앞에 진공펌프를 접속시켜 환수관 중의 응축수와 공기를 흡인하는 방식이다.

· 증기의 순환이 가장 빠른 방식이다.

· 배관 도중의 공기 빼기 밸브는 필요없다.

· 방열기 설치 위치에 제한을 받지 않는다.

· 환수관 내가 진공이 되므로 증기압이 배관 저항보다 더 커서 순환이 빨라지고 균일한 난방을 행할 수 있다.

· 환수관의 관경이 작아도 된다.

③ 기계 환수식 증기난방법

환수관 말단의 수수탱크에 응축수를 모아 왕복펌프를 통하여 보일러에 환수시키는 방식이다.

· 보일러의 위치는 방열기와 동일한 바닥면 또는 높은 위치가 되어도 지장이 없다.

· 방열기의 설치를 보일러의 높이와 동일한 위치까지 설치할 수 있다.

· 방열기 개폐도를 조정하여 방열량을 조절할 수 있다.

· 각 방열기마다 공기 빼기 밸브를 부착할 필요가 없다.

(2) 증기압력에 의한 분류

① 저압 증기난방 : 0.1MPa 이하(0.015~0.035MPa)

② 고압 증기난방 : 0.1MPa 이상

(3) 증기 배관 방식에 의한 분류

① 상향식 : 단관식, 복관식

② 하향식 : 단관식, 복관식

③ 상하 혼용식 : 대규모 건물의 불합리한 온도차를 줄인다.

(4) 환수 배관 방식에 의한 분류

① 습식 : 보일러의 수면보다 환수 주관이 낮은 위치에 있을 때

② 건식 : 보일러의 수면보다 환수 주관이 높은 위치에 있을 때

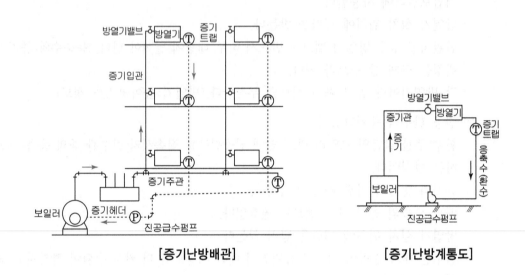

[증기난방배관]　　　　　　　　　[증기난방계통도]

2. 증기난방 배관·부속기기

(1) 감압밸브

고압배관과 저압배관 사이에 설치하여 증기를 감압 공급, 1.0MPa 이하에서 사용

(2) 증기 트랩(steam trap)

방열기의 환수부(하부 태핑) 또는 증기 배관의 최말단 등에 부착하여 증기관 내에 생긴 응축수만을 보일러 등에 환수시키기 위해 사용하는 장치이다.

① 방열기 트랩(radiator trap : 열동 트랩, 실로폰 트랩)

② 버킷 트랩(burcket trap) : 주로 고압증기의 관말 트랩이나 증기 사용 세탁기, 증기 탕비기 등에 많이 쓰인다.

③ 플로트 트랩(float trap) : 저압증기용 기기 부속 트랩으로 다량의 응축수를 처리하기 위해 사용하며 열교환기 등에 많이 쓰인다.

④ 벨로우즈 트랩(bellows trap) : 증기와 응축수 사이의 온도차를 이용하는 온도조절식 증기트랩의 일종으로 관내에 발생하는 응축수를 배출하기 위하여 사용한다.

|참고|

■ **플래시 탱크(Flash Tank, 증발탱크)**

증기난방에서 고압환수관과 저압환수관 사이에 설치하는 탱크이다. 고압 증기의 드레인을 모아 감압하여 저압의 증기(재증발 증기)를 발생시키는 탱크이다. (고압 응축수로 저압의 증기를 만드는 탱크)

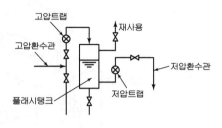

(3) 리프트 이음(lift fitting, lift joint)

진공 환수식 난방장치에서

① 방열기보다 높은 곳에 환수관을 배관하지 않으면 안될 때
② 환수주관보다 높은 위치에 진공펌프를 설치할 때 lift joint를 설치하여 환수관의 응축수를 끌어올릴 수 있다.

· 저압인 경우 : 1단에 1.5m 이내
· 고압인 경우 : 증기관과 환수관의 압력차 0.1MPa(1kg/cm²)에 대해 5m 정도 끌어올린다.

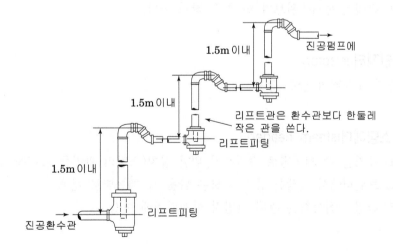

[리프트 이음 배관]

(4) 하트포드 접속법(hartford connection)

보일러 내의 안전수위를 유지하고, 빈불때기를 방지하기 위해, 밸런스관을 부착하여 응축수를 보일러의 안전수위면 이상에서 공급하는 접속법

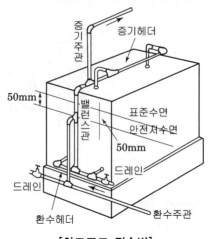

[하트포드 접속법]

(5) 냉각다리(cooling leg)

① 완전한 응축수를 트랩에 보내는 역할
② 보온 피복을 할 필요가 없다.
③ 길이는 1.5m 이상
④ 관경은 증기주관보다 한 치수 작게 한다.

(6) 인젝터(injector)

증기 보일러의 급수 장치

(7) 스팀헤더(steam header)

① 증기를 각 계통별로 송기하기 위한 장치(스팀의 관리를 합리적으로 하기 위한 장치)
② 보일러에서 발생한 증기를 모은 다음 각 계통별로 분배
③ 관경 : 접속하는 관내 단면적 합계의 2배 이상

3. 온수난방방식의 분류

분류	명칭	개요
공급방식	상향식	·보일러에서 나온 온수 주관을 최하층 천장에 배관하고, 여기에서 상층에 있는 방열기에 입관을 배관하는 방식
	하향식	·온수주관을 최상층까지 끌어올려 여기에서 하향으로 각 방열기에 배관하는 방식
순환방식	중력식	·온수의 밀도차를 이용해서 순환시키는 방식 ·방열기는 항상 보일러보다 높은 장소에 설치 ·주택 등 소규모 건물에 적합
	강제식	·순환펌프를 이용해서 온수를 순환시키는 것 ·최근에는 펌프의 가격이 싸져서 전체의 설비비는 중력식보다 싸게 되고, 난방 효과가 좋기 때문에 주로 이 방식이 널리 사용되고 있다. (대규모 건축)
배관방식	단관식	·온수 공급관과 환수관을 공용으로 배관
	복관식	·온수 공급관과 환수관을 각각 계통별로 배관
	역환수식	·보일러에서 방열기까지의 온수 공급관과 방열기에서 보일러까지의 환수관의 길이를 같게 하는 방법으로, 냉온수가 평균적으로 흐름
팽창수조형	개방식	·옥상에 둔다. ·최상층 방열기보다 순환압력 이상의 높은 곳에 위치.
	밀폐식	·보일러실 내에 둔다. ·개방식보다 용량이 2~3배 크다.
온수온도	저온수식 (보통온수식)	·온수온도 100℃ 미만(보통 80℃ 전후)의 온수를 사용하는 것 ·건축의 난방용으로 가장 널리 사용되고 있다.
	고온수식	·온수온도가 100℃ 이상(보통 100~150℃)을 쓰며 온도차를 20~60℃로 높여 온수유량을 크게 줄임으로써 관경을 작게 한다. ·지역난방에 적합하다.

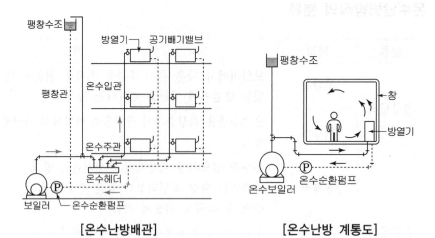

[온수난방배관]   [온수난방 계통도]

[강제순환식 온수난방 방식]

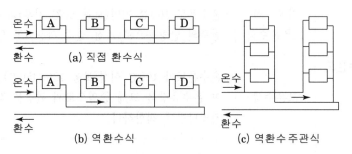

[직접환수식과 역환수식]

4. 온수난방 배관·부속기기

(1) Supply Header

(2) 팽창탱크

체적팽창에 대한 여유를 갖기 위해 설치

① 개방식(보통 온수난방)
- 온수 팽창량의 2~2.5배
- 방열기보다 높은 위치에 설치한다.
- 배관 최고부에서 팽창탱크까지의 높이는 1m 이상으로 한다.

② 밀폐식(고온수 난방) : 안전밸브를 달아 보일러 내부가 제한 압력 이상으로 상승하면 자동적으로 밸브를 열어서 과잉수를 배출한다.

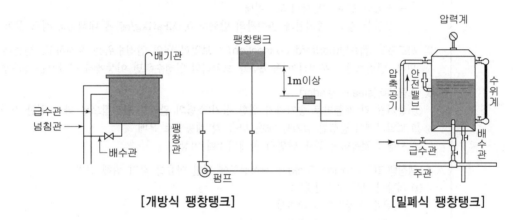

[개방식 팽창탱크]   [밀폐식 팽창탱크]

(3) 순환펌프

환수주관의 보일러측 말단에 부착

(4) 리턴콕(return cock)

온수의 유량을 조절하는 밸브로 주로 온수 방열기의 환수 밸브로 사용

(5) 리버스리턴(Reverse Return)배관(역환수방식)

① 설치 : 급탕설비 – 하향식, 난방설비 – 온수난방
② 방법 : 각 방열기마다의 배관회로 길이를 같게 한 배관방식
  보일러에서 방열기까지(온수관)의 길이= 방열기에서 보일러까지(환수관)의 길이
③ 목적 : 온수의 유량분배 균일화(온수의 순환을 평균화)하기 위해
④ 단점 : 배관수가 많아져서 설비비가 높다.

예제 01

증기 및 온수배관 계통의 다음 장치에 대하여 설명하시오.

1. 리프트 이음(lift joint)
2. 하트포드 접속법(hartford connection)
3. 스팀헤더(steam header)
4. 팽창탱크(Expansion Tank)
5. 리버스리턴(Reverse Return)배관

정답

1. 리프트 이음(lift fitting, lift joint) : 진공 환수식 난방장치에서
   ■ 방열기보다 높은 곳에 환수관을 배관하지 않으면 안될 때
   ■ 환수주관보다 높은 위치에 진공펌프를 설치할 때 lift joint를 설치하여 환수관의 응축수를 끌어올릴 수 있다.
     – 저압인 경우 : 1단에 1.5m 이내
     – 고압인 경우 : 증기관과 환수관의 압력차 0.1MPa(1kg/㎠)에 대해 5m 정도 끌어올린다.

2. 하트포드 접속법(hartford connection) : 보일러 내의 안전수위를 유지하고, 빈불때기를 방지하기 위해, 밸런스관을 부착하여 응축수를 보일러의 안전수위면 이상에서 공급하는 접속법

3. 스팀헤더(steam header)
   ① 증기를 각 계통별로 송기하기 위한 장치(스팀의 관리를 합리적으로 하기 위한 장치)
   ② 보일러에서 발생한 증기를 모은 다음 각 계통별로 분배
   ③ 관경 : 접속하는 관내 단면적 합계의 2배 이상

4. 팽창탱크(Expansion Tank) : 체적팽창에 대한 여유를 갖기 위해 설치
   ① 개방식(보통 온수난방) :
     ㉠ 온수 팽창량의 2~2.5배
     ㉡ 방열기보다 높은 위치에 설치한다.
     ㉢ 배관 최고부에서 팽창탱크까지의 높이는 1m 이상으로 한다.
   ② 밀폐식(고온수 난방) : 안전밸브를 달아 보일러 내부가 제한 압력 이상으로 상승하면 자동적으로 밸브를 열어서 과잉수를 배출한다.

5. 리버스리턴(Reverse Return)배관(역환수방식)
   ① 설치 : 급탕설비 – 하향식
              난방설비 – 온수난방
   ② 방법 : 각 방열기마다의 배관회로 길이를 같게 한 배관방식
              보일러에서 방열기까지(온수관)의 길이= 방열기에서 보일러까지(환수관)의 길이
   ③ 목적 : 온수의 유량분배 균일화(온수의 순환을 평균화)하기 위해
   ④ 단점 : 배관수가 많아져서 설비비가 높다.

예제 02

응축수 열회수 이용방법 및 회수효과에 대해 설명하시오.

정답

1. 응축수 열회수 이용방법
   ① 보일러 급수로 사용 : 증기 응축수는 양질의 고온수이므로 보일러 급수로 회수하여 보일러 보충수를 절약할 수 있으므로 응축수 회수율을 증대시키면 보일러 보충수가 감소되어 수처리 비용 및 용수비용의 절감이 가능하다.
   ② 공조기, 건조기, 난방 등 저온 가열설비의 열풍 예열에 사용 : 응축수 온도가 높거나 응축수 회수 장소가 보일러로부터 멀리 떨어져 보일러로 회수가 어려울 때 근처에 있는 열풍설비의 공기 예열에 사용 가능하다.
   ③ 온수 사용 설비에 사용

2. 회수효과
   ① 증기발생이 빠르다.
   ② 보일러 효율 증가 및 에너지 비용 절감
   ③ 부식발생이 적다.
   ④ 수처리 및 수비용 절감

예제 03

플래시 탱크(Flash Tank, 증발 탱크)에 대하여 기술하시오.

정답

증기난방에서 고압환수관과 저압환수관 사이에 설치하는 장치로 고압 증기의 드레인을 모아 감압하여 저압의 증기(재증발 증기)를 발생시키는 탱크이다. 즉, 고압 응축수로 저압의 증기를 만드는 탱크이다. 고압증기의 응축수가 충분히 응축되지 않고 저압환수관에 흘러들어 응축수가 재증발하여 환수능력을 크게 악화시킬 수 있다.

이를 방지하기 위해 플래시 탱크(증발 탱크)를 설치하고 재증발한 가스를 모아 저압증기관으로 보내어 재이용한다. 이때 응축수는 환수관으로 다시 보낸다.

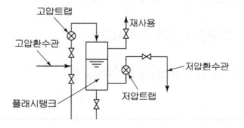

예제 04

다음 온수난방 계통도를 참조하여 다음 물음에 답하시오.

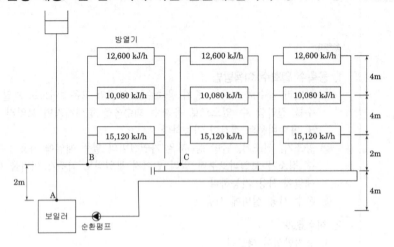

[조건]
1) 총배관 순환길이 : 96m
2) 국부저항 상당장은 직관길이 : 100%
3) 순환펌프 양정 : 6m
4) 방열기 입출구 온도차 : 10℃
5) 물의 비열 : 4.2kJ/kg·K
6) 보일러 배관손실+예열부하는 방열기용량의 50%

〈배관 압력강하 관경표〉

압력강하\관경	15A	20A	25A	32A	40A	50A
5mmAq/m	145	325	635	1290	1950	3750
10	213	476	940	1900	2870	5470
20	314	697	1375	2800	4200	7975
30	392	872	1725	3480	5250	9220
50	420	900	1920	3720	5980	10060

1. 전순환수량(L/min)을 구하시오.

2. B-C 구간 관경을 구하시오.

3. 보일러 정격출력(kW)을 구하시오.

정답

1. 전순환수량(L/min)

전체부하 $= (12,600+10,080+15,120) \times 3 = 113,400[kJ/h]$

$$W = \frac{Q}{60c\Delta t} = \frac{113,400}{60 \times 4.19 \times 5} = 45[L/min]$$

2. B-C 구간 관경

B-C 유량은 전수량의 2/3이며 2,700×2/3 = 1,800kg/h

배관 허용압력강하(R)는 펌프 순환양정과 배관 순환길이에서 구한다.

$$R = \frac{순환양정}{배관 전체길이} = \frac{H}{L+L'} = \frac{6,000mm}{96+96} = 31.25[mmAq/m]$$

유량 1,800kg/h과 압력강하 30mmAq/m 항에서 관경 32A로 선정한다.

3. 보일러 정격출력(kW)

보일러 정격출력 = 방열기용량 × 부하계수 = 113,400×1.5 = 170,100[kJ/h] = 47.25[kW]

예제
05

그림과 같은 온수난방 계통도와 조건을 참고하여 물음에 답하시오.

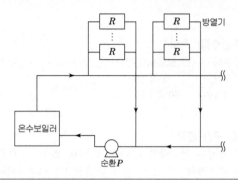

[조건]
1) 방열기 : 100조, 조당 방열량 : 3,000[W]
2) 방열기 조당 마찰손실 : 0.5[mAq]
3) 보일러 마찰손실 : 4[mAq]
4) 배관 순환길이 : 300[m]
5) 직관부 마찰저항 : R = 20[mmAq/m]
6) 배관 국부마찰손실은 직관의 50%로 본다. (물의 비열 4.19[kJ/kgK])

1. 보일러 용량[kW]을 구하시오. (방열기 부하 이외의 손실은 무시한다.)
2. 순환수량[L/min]을 구하시오. (단, 온수 방열기 입출구 온도차 10℃)
3. 순환펌프 양정[m]을 구하시오.
4. 순환펌프 축동력[kW]을 구하시오. (펌프 효율 60%)

정답

1. 보일러 용량[kW] H=100조×3,000[W]=300,000[W]=300[kW]

2. 순환수량[L/min] $Q_w = \dfrac{H}{60C\Delta t}$ [L/min]

H : 보일러 용량[kJ/h], C : 비열(4.19kJ/kg·K), Δt : 출입구 온도차(℃)

※ 1kW=1,000W=860kcal/h=1kJ/s=3,600kJ/h, 300kW=300×3,600kJ/h=1,080,000kJ/h

$Q_w = \dfrac{H}{60C\Delta t}[L/min] = \dfrac{1,080,000}{60 \times 4.19 \times 10} = 429.6[L/min]$

3. 순환펌프 양정[m]

순환펌프 전양정= 기기저항 + 직관저항 + 국부저항

= 보일러마찰손실 + 방열기 조당 마찰손실 + 배관 국부저항

$= 4 + 0.5 + \left(300 \times \dfrac{20}{100}\right) \times 1.5 = 13.5 \text{mAq} = 13.5\text{m}$

4. 순환펌프 축동력[kW]

펌프축동력$(L_S) = \dfrac{gQH}{\eta}$[kW]에서

g : 중력가속도(9.8m/s²)
Q : 양수량(m³/sec)　　　　　　　H : 전양정(m)
ρ : 물의 밀도(1,000kg/m³)　　　η : 효율(%)

∴ 순환펌프 축동력$= \dfrac{9.8 \times 7.16 \times 10^{-3} \times 13.5}{0.6} = 1.58[kW]$

핵심 15 수격현상(Water Hammering)

1. 개요

(1) 관내 유속 변화와 압력 변화의 급격현상을 워터 해머(Water Hammering)라고 한다. 밸브의 급폐쇄, 펌프의 급정지, 체크밸브를 급속하게 역류 차단하는 경우 유속의 14배 이상의 충격파가 발생되어 관의 파손, 주변에 소음 및 진동을 발생시킬 수 있다.

(2) 플래시 밸브(Flash valve)나 One touch 수전류 경우에는 기구 주위에 공기실(Air chamber)를 설치하여 수격현상을 방지하는 것이 좋다.

(3) 펌프의 경우에는 스모렌스키 체크밸브나 수격방지기를 설치하여 수격현상을 방지하는 것이 좋다.

2. 배관 내 워터 해머(Water Hammer) 현상이 일어나는 원인

(1) **유속의 급정지 시에 충격압에 의해 발생**
   ① 밸브의 급개폐 경우
   ② 펌프의 급정지 경우
   ③ 수전의 급개폐 경우
   ④ 체크밸브의 급속하게 역류 차단하는 경우

(2) 관경이 적을 때

(3) 수압이 과대하거나, 유속이 클 때

(4) 밸브의 급조작 시(급속한 유량제어 경우)

(5) 플러시 밸브나 콕을 사용하는 경우

(6) 감압밸브를 사용하지 않는 경우

(7) 20m 이상 고양정인 경우

예제 01

수격현상(Water Hammering) 방지책에 대하여 기술하시오.

정답

1. 개요

관내 유속 변화와 압력 변화의 급격현상을 워터 해머(Water Hammering)라고 한다. 밸브의 급폐쇄, 펌프의 급정지, 체크밸브를 급속하게 역류 차단하는 경우 유속의 14배 이상의 충격파가 발생되어 관의 파손, 주변에 소음 및 진동을 발생시킬 수 있다.

2. 방지책

① 밸브류의 급폐쇄, 급시동, 급정지 등을 방지한다.
② 관경을 크게 하여 유속을 저하시킨다.
③ 플라이 휠(Fly-wheel)을 부착하여 유속의 급변을 방지한다.
④ 기구류 가까이에 공기실(Air chamber)을 설치한다.
⑤ 수격방지기(벨로스형, 에어백형 등)를 설치한다.
⑥ 펌프 토출구에 바이패스 밸브(도피밸브)를 설치하여 적절히 조절한다.
⑦ 체크밸브를 사용하여 역류를 방지한다. : 역류시 수격작용을 완화하는 스모렌스키 체크밸브를 설치한다.(펌프의 경우에는 스모렌스키 체크밸브나 수격방지기를 설치한다.)
⑧ 전자밸브보다는 전동밸브를 설치한다.
⑨ 급수배관의 횡주관에 굴곡부가 생기지 않도록 직선배관으로 한다.
⑩ 상향공급방식 경우 펌프 송출측은 수평배관을 통해 입상한다.

핵심 16   배관의 부식

1. 배관 부식의 원인

① 물과 접촉에 의한 부식
관이 물과 접촉하고 있을 때 금속은 ⊕이온화되어 용해하려는 성질이 있다.

② 접촉된 다른 금속간에 일어나는 부식
두 금속이 이온화 경향의 차이가 크고 관이 접촉할 때 접촉점 부근에서 많이 일어난다.

③ 전식(電蝕)
지하 매설관 등에서 외부로부터의 전류가 관으로 유입되어 일어나는 현상을 전식이라 한다.

④ 수질에 의한 부식

⑤ 관내면의 전위차가 균일하지 않은 경우

⑥ 수온의 상승에 따른 부식 속도의 증가

2. 배관 부식 방지법

① 금속관에 물기가 없도록 하거나 난방 코일 등에는 물을 완전히 채워 공기의 접촉이 없게 한다.
② 이온화 경향의 차이가 적은 관끼리 연결한다.
③ 전식에 의한 방지는 관을 황마, 아스팔트 등으로 감아서 절연층을 만든다.

예제 01

배관 부식의 원인과 대책을 설명하시오.

정답

1. 배관 부식의 원인
 ① 물과 접촉에 의한 부식 : 관이 물과 접촉하고 있을 때 금속은 ⊕이온화되어 용해하려는 성질이 있다.
 ② 접촉된 다른 금속간에 일어나는 부식 : 두 금속이 이온화 경향의 차이가 크고 관이 접촉할 때 접촉점 부근에서 많이 일어난다.
 ③ 전식(電蝕) : 지하 매설관 등에서 외부로부터의 전류가 관으로 유입되어 일어나는 현상을 전식이라 한다.
 ④ 수질에 의한 부식
 ⑤ 관내면의 전위차가 균일하지 않은 경우
 ⑥ 수온의 상승에 따른 부식 속도의 증가

2. 배관 부식 방지법
 ① 재질의 선정 : 가능한 한 내식성 재질, 동일 배관재, 라이닝재로 선정한다.
 ② pH 조절 : 일반 수질 pH 5.8~8.6 범위로 사용하며, 산성 특히 강산성은 피한다.
 ③ 온수의 온도조절 : 50℃ 이상에서 부식이 촉진된다.
 ④ 유속의 제어 : 1.5m/s 이하로 제어한다.
 ⑤ 급수의 수처리 : 물리적 방법과 화학적 방법 등을 이용한 수처리를 한다.
 ⑥ 방식제 투입 : 규산인산제, 아질산염, 크롬산염 등의 방식제를 이용한다.
 ⑦ 용존산소 제어 : 약제 투입으로 용존산소를 제어하고 에어벤트를 설치한다.
 ⑧ 희생양극제 : 지하 매설의 경우 Mg 등 희생양극제 배관을 설치한다.
 ⑨ 설계 개선 사항 : 약품투입장치의 자동화, 탈기설비 개선 및 수질관리 개선, 급수본관 여과장치 설치, 저탕조·배관 등에 부식방지용 희생양극제 설치

■ 종합예제문제

01 열전도율이 0.5kcal/mh℃인 벽의 안쪽과 바깥쪽의 온도가 각각 30℃, 10℃이다. 매시간 1m² 당의 열손실량을 200kcal/h 이하로 하려 할 때 필요한 최소한의 벽 두께는 몇 cm가 되겠는가?

먼저, 열전도열량 $Q = \dfrac{\lambda}{d} \cdot A \cdot \Delta t$에서

  λ : 열전도율(W/m·K 또는 kcal/mh℃) d : 두께(m)

  A : 표면적(m²) Δt : 두 지점간의 온도차

경계면의 벽두께 $d = \lambda \cdot A \cdot \dfrac{t_i - t_0}{Q}$이다.

$\therefore d = \lambda A \dfrac{t_i - t_0}{Q} = 0.5 \times 1 \times \dfrac{30 - 10}{200} = 0.05\,\mathrm{m} = 5\,\mathrm{cm}$

02 두께 14cm, 열전도도 1.4W/m·K 인 철근콘크리트 벽체가 있다. 동일 온도조건에서 벽체의 두께를 2배(28cm)로 증가시킬 경우 열관류율은 어떻게 변하는가? (단, 실내·외측 표면 열전달 계수는 각각 10W/m²·K, 20W/m²·K이다)

열관류율$(K) = \dfrac{1}{\dfrac{1}{\alpha_1} + \sum \dfrac{d}{\lambda} + \dfrac{1}{\alpha_2}}$ (W/m²·K)

단, α : 열전달률(W/m²·K), λ : 열전도율(W/m·K), d : 두께(m)

1. 두께 14cm 벽체 경우

$\quad$ 열관류율$(K) = \dfrac{1}{\dfrac{1}{\alpha_1} + \sum \dfrac{d}{\lambda} + \dfrac{1}{\alpha_2}} = \dfrac{1}{\dfrac{1}{10} + \dfrac{0.14}{1.4} + \dfrac{1}{20}} = \dfrac{1}{0.25} = 4\,(\mathrm{W/m^2 \cdot K})$

2. 두께 28cm 벽체 경우

$\quad$ 열관류율$(K) = \dfrac{1}{\dfrac{1}{\alpha_1} + \sum \dfrac{d}{\lambda} + \dfrac{1}{\alpha_2}} = \dfrac{1}{\dfrac{1}{10} + \dfrac{0.28}{1.4} + \dfrac{1}{20}} = \dfrac{1}{0.35} = 2.857\,(\mathrm{W/m^2 \cdot K})$

$\therefore$ (1) 두께 14cm 벽체와 (2) 두께 28cm 벽체를 비교하면 약 28.5% 감소하였다.

03 면적 10[m²], 두께 2.5[cm]의 단열 벽을 통하여 3[kW]의 열량이 내부에서 외부로 전달된다. 만약 내부표면온도가 415[℃]이고, 재료의 열전도율이 0.2[W/m℃]라면 외부표면온도를 구하시오.

$$Q = \lambda \frac{A \, \Delta t}{d}$$

여기서, Q : 전열량[kW]

Δt : 내·외부 표면온도차[℃]

λ : 열전도율[W/m℃]

A : 벽의 면적[m²]

d : 벽의 두께[m]

$$3 = 0.2 \times 10^{-3} \times \frac{10 \times (415 - t)}{2.5 \times 10^{-2}}$$

$$\therefore \ t = 415 - \frac{2.5 \times 10^{-2} \times 3}{0.2 \times 10^{-3} \times 10} = 377.5[℃]$$

04

노내온도 1200℃, 실외온도 25℃, 두께 20 cm인 노벽의 면적 5m² 을 통해서 손실되는 열량은 몇 W 인가? (단, 노벽의 열전도율 $\lambda = 0.76\text{W/m} \cdot \text{℃}$ 이고 내면의 열전달계수는 $\alpha_1 = 10\text{W/m}^2 \cdot \text{℃}$ 이며 외면의 열전달계수는 $\alpha_2 = 50 \text{ W/m}^2 \cdot \text{℃}$ 이다.)

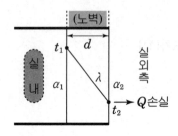

$Q = K \cdot A \cdot \Delta t$ 에서,

한편, 총괄 열전달계수 $K = \dfrac{1}{\dfrac{1}{\alpha_1} + \dfrac{d}{\lambda} + \dfrac{1}{\alpha_2}}$

여기서, α_1 : 실내측(내면) 열전달계수
α_2 : 실외측(외면) 열전달계수
λ : 열전도계수(열전도율)
d : 노벽의 두께(단위 : m)

$$= \dfrac{A \times \Delta t}{\dfrac{1}{\alpha_1} + \dfrac{d}{\lambda} + \dfrac{1}{\alpha_2}}$$

$$= \dfrac{5 \times (1{,}200 - 25)}{\dfrac{1}{10} + \dfrac{0.2}{0.76} + \dfrac{1}{50}}$$

$$= 15{,}333\text{W}$$

05 다음 그림과 같은 구조체에 대하여 조건을 참조하여 물음에 답하시오.

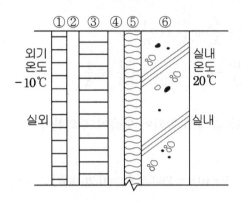

구분	재료	두께[mm]	열전도율[W/m · K]
①	타일	10	1.1
②	시멘트 모르타르	30	1.2
③	시멘트 벽돌	190	1.2
④	공기층	50	열전달 저항 : 0.2[m² · K/W]
⑤	단열재	50	0.03
⑥	콘크리트	100	1.4
내표면 열전달률(α_i)			8[W/m² · K]
외표면 열전달률(α_o)			20[W/m² · K]

1. 구조체의 열관류율[W/m² · K]을 구하시오.(소수점 넷째자리 반올림)
2. 벽체 면적이 20[m²]일 때 손실열량[kW]을 구하시오.(소수점 셋째자리 반올림)
3. 벽체 실내측 표면온도는 얼마인가?(소수점 둘째자리 반올림)
4. 실내 노점온도가 19℃라면 실내측 벽면의 결로 발생 여부와 그 이유를 설명하시오.
5. 4.에서 결로가 발생하지 않도록 하려면 위 단열재 두께를 얼마나 증가시켜야 하는가?

1. 열관류율(K)

$$\frac{1}{K} = \frac{1}{\alpha_o} + (\frac{d_1}{\lambda_1} + \frac{d_2}{\lambda_2} + \frac{d_3}{\lambda_3} + R + \frac{d_5}{\lambda_5} + \frac{d_6}{\lambda_6}) + \frac{1}{\alpha_i}$$

$$= \frac{1}{20} + (\frac{0.01}{1.1} + \frac{0.03}{1.2} + \frac{0.19}{1.2} + 0.2 + \frac{0.05}{0.03} + \frac{0.1}{1.4}) + \frac{1}{8}$$

$$\therefore K = 0.434[\text{W/m}^2 \cdot \text{K}]$$

☞ 공기층의 두께는 열전달저항 값에 포함되어 있음에 주의한다.

2. 손실열량

$$q = KA\Delta t = 0.434 \times 20 \times (20 - (-10)) = 260.4[\text{W}] = 0.26[\text{kW}]$$

3. 실내표면온도(t_s)

벽체의 열관류열량과 실내측 표면 열전달량은 같다.

열통과량과 벽체 표면 열전달량은 같으므로 다음과 같은 평행식을 세울 수 있다.

① 구조체를 통한 열손실량 즉, 열관류량 Q = K·A·($t_i - t_0$)

② 열전달량 Q = K·A·($t_i - t_s$)

　　K·A·($t_i - t_0$) = K·A·($t_i - t_s$)

　　양변에서 A를 제외하고 대입하면

　　　0.434 × {20 - (-10)} = 8 × (20 - t_s)

　　　$\therefore t_s = 18.4℃$

4. 결로발생여부와 이유

(1) 결로 발생여부 : 발생한다.

(2) 이유 : 실내표면온도(t_s=18.4℃)가 노점온도(19℃)보다 낮으므로 결로가 발생한다.

　　☞ 결로의 발생을 방지하기 위해서는 실내표면온도(t_s)가 노점온도 이상이 되도록 설계하여야 한다.

5. 결로의 발생 방지

결로의 발생을 방지하기 위해서는 실내표면온도(t_s)가 노점온도 이상이 되도록 하여야 한다.

　　$KA\Delta t = \alpha A \Delta t_s$ 에서

양변에서 A를 제외하고 대입하면

　　$K \times (20 - (-10)) = 8 \times (20 - 19)$

　　$K = 0.267$

조건의 벽체(K=0.434)에 단열재를 첨가하여 K를 0.267로 만들려면

　　$\frac{1}{K} = \frac{1}{K'} + \frac{d}{\lambda}$ 에서 $\frac{1}{0.267} = \frac{1}{0.434} + \frac{d}{0.03}$

　　$\therefore d = 0.043[\text{m}] = 43[\text{mm}]$

　　☞ 첨부된 단열재 두께는 43[mm] 이상이 추가 되어야 결로가 발생하지 않는다.

06 내경 5[cm], 외경 5.5[cm] 주철관(열전도도 k=80[W/m℃]) 속으로 온도 320℃ 증기가 흐른다. 이 관은 두께 3[cm]인 유리솜 단열재(열전도도 k=0.05[W/m℃])로 보온되어 있으며, 관 외부 주위온도 5℃로 방열될 때(대류열전달계수=18[W/m² ℃]) 증기로부터 관 외부 주위로 단위길이(1[m])당 열손실량은? (단, 관 내부 대류열전달계수는 60[W/m² ℃]이다.)

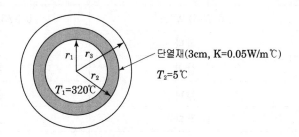

단열재(3cm, K=0.05W/m℃)
$T_2 = 5℃$
r_1 r_3
r_2
$T_1 = 320℃$

$r_1 = \dfrac{0.05}{2} = 0.025\,[\text{m}], \quad r_2 = \dfrac{0.055}{2} = 0.0275\,[\text{m}], \quad r_3 = 0.0275 + 0.03 = 0.0575\,[\text{m}]$

$$q_1 = \frac{(t_1 - t_2)}{\dfrac{1}{2\pi r_1 L h_1} + \dfrac{1}{2\pi L K}\ln\!\left(\dfrac{r_2}{r_1}\right) + \dfrac{1}{2\pi L K}\ln\!\left(\dfrac{r_3}{r_2}\right) + \dfrac{1}{2\pi r_3 L h_2}}$$

$$\frac{q_1}{L} = \frac{2\pi(t_1 - t_2)}{\dfrac{1}{r_1 h_1} + \dfrac{1}{k_1}\ln\!\left(\dfrac{r_2}{r_1}\right) + \dfrac{1}{k_2}\ln\!\left(\dfrac{r_3}{r_2}\right) + \dfrac{1}{r_3 h_2}}$$

$$= \frac{2\pi(320 - 5)}{\dfrac{1}{0.025 \times 60} + \dfrac{1}{80}\ln\!\left(\dfrac{0.0275}{0.025}\right) + \dfrac{1}{0.05}\ln\!\left(\dfrac{0.0575}{0.0275}\right) + \dfrac{1}{0.0575 \times 18}} = 120.79\,[\text{W/m}]$$

07 증기난방과 온수난방을 서로 비교하여 설명하시오.

구 분	증 기	온 수
표준방열량	0.756kW/m²	0.523kW/m²
방열기면적	작다	크다
이용열	잠열	현열
예열시간	짧다	길다
관경	작다	크다
설치유지비	싸다	비싸다
쾌감도	작다	크다
온도조절(방열량조절)	어렵다	쉽다
열매온도	102℃ 증기	65~85℃(보통온수) 100~150℃(고온수)
고유설비	증기 트랩 (방열기 트랩, 버킷 트랩, 플로트 트랩, 벨로우즈 트랩)	팽창탱크 보통온수식 : 주로 개방식 고온수식 : 밀폐식
공통설비	공기빼기 밸브, 방열기 밸브	

08 열병합 발전의 효과에 대하여 4가지를 쓰시오.

① 에너지 이용효율 향상에 의한 대규모 에너지 절감
② 연료사용량 감소 및 공해방지 시설의 집중관리에 의한 환경개선
③ 하절기 전력 첨두부하 완화에 기여
④ 연료 다원화에 의한 석유 의존도 감소 및 폐자원 활용 증대

|참고 |
① 에너지 이용효율 향상에 의한 대규모 에너지 절감
② 연료사용량 감소 및 공해방지 시설의 집중관리에 의한 환경개선 산업 및 주거부문에 편익 제공
　산업 : 양질의 저렴한 에너지 공급으로 기업 경쟁의 강화
　주거 : 24시간 연속 난방으로 쾌적한 주거 환경 조성
③ 하절기 전력 첨두부하 완화에 기여
　지역난방부문 : 지역 난방열을 하절기에 냉방열을 열원으로 활용
④ 연료 다원화에 의한 석유 의존도 감소 및 폐자원 활용 증대
⑤ 송전손실 감소 및 발전소 부지난 완화에 기여

09 고효율 · 저비용 측면에서의 열병합발전의 특징을 기술하시오.

① 발전 시스템의 효율이 높고 발전량과 폐에너지 회수비가 적절하면 경제성의 극대화가 가능하다.
② 부하 변동에 속응성이 있으며 수요형태에 따른 모델별 운전패턴을 결정해 놓으면 여러 상황 속에서도 효율적 운전이 가능하다.
③ 상용발전에 비해 공사기간이 짧고 설치면적이 적어 소형화가 가능하고 님비현상에 의한 건설제약이 적다.
④ 단위 출력당 건설비용이 낮고 출력변화가 용이하다.
⑤ TURN-DOWN비를 20~25%까지 낮출 수 있어 저부하에서 효율저하가 적다.
⑥ 공정의 이용증기, 냉방전력의 대체, 난방온수 공급 부하용 전력 직접 공급이 동시에 가능하므로 수요 관리는 물론 변동비용이 경감한다.
⑦ 효율을 75~85%까지 향상시킬 수 있어 에너지 절약에 특히 효과적이다.
⑧ 기후변화협약에 의한 CO_2 배출 가스저감 등에 효과적인 기능을 발휘할 수 있다.

10 열 펌프(Heat pump)는 냉난방의 에너지 절약의 관점에서 크게 부각되고 있는데 그 원리와 특징을 기술하시오.

1. 원리

Heat pump는 동일설비로 냉난방이 가능한 설비이다.

난방시에는 실내측 열교환기를 응축기로 실외측 열교환기를 증발기로 하여 실외저온의 채열원으로부터 열에너지를 흡수 한다. 냉방시는 사방변(4way-Valve)을 절환하고 냉매의 흐름을 역으로 하여 실내측 열교환기를 증발기로 실외측 열교환기를 응축기로 하여 실내의 열을 실외로 방출한다. 즉 압축기를 동력으로 냉매에 의해 열을 저온부로부터 고온부로 이동 시키는 것이다.

2. 특징

(1) 에너지 이용효율이 높아서 사용한 전기에너지의 수배의 열에너지를 얻을 수 있다.

(2) 저품질의 열원도 이용이 가능하다.

(3) 난방시에 연료를 사용하지 않기 때문에 대기오염방지 및 화재의 위험이 적다.

(4) 그러나 공기열원의 경우 단점으로 난방시 외기온도가 떨어지면 난방부하가 증대 되는데 그에 대한 대응이 어려워서 보조 열원이 필요하다.

11 35m 높이에 있는 옥상탱크에 매 시간마다 20,000L의 물을 양수하는 경우, 양수펌프의 전동기 필요 동력(kW)은? (단, 펌프의 흡입높이는 2[m], 관로의 전마찰손실수두는 13[m], 펌프의 효율은 60[%]이고 전동기 직결식(여유율 15%)으로 한다.)

펌프 축동력$(L_s) = \dfrac{gQH}{\eta}$[kW]에서

ρ : 액체 1m^3의 밀도(kg/m^3) → 물은 $1,000\text{kg/m}^3$

g : 중력가속도(9.8m/s^2)

Q : 양수량(m^3/sec)

H : 전양정(m) → 2+35+13=50m

η : 효율(%) → 60%

$\therefore$ 펌프의 축동력 $= \dfrac{9.8 \times 20,000 \times 10^{-3} \times 50}{3,600 \times 0.6} \times 1.15 = 5.22\,[\text{kW}]$

12 원심펌프의 회전수가 1450rpm일 때, 양정 25m, 유량 2m³/min이다. 회전수를 850rpm으로 할 때 양정(m)은 얼마인가?

펌프의 상사법칙에서 펌프의 회전수($N_1 \rightarrow N_2$)로 변할 때 또는 임펠러의 직경($D_1 \rightarrow D_2$)로 변할 때

① 유량(Q) : $Q_2 = Q_1 \dfrac{N_2}{N_1} = Q_1 \left(\dfrac{D_2}{D_1}\right)^3$

② 양정(H) : $H_2 = H_1 \left(\dfrac{N_2}{N_1}\right)^2 = H_1 \left(\dfrac{D_2}{D_1}\right)^2$

③ 동력(L) : $L_2 = L_1 \left(\dfrac{N_2}{N_1}\right)^3 = L_1 \left(\dfrac{D_2}{D_1}\right)^5$

여기서, 회전수 : N(rpm), 임펠러 직경 : D

$\therefore H_2 = H_1 \left(\dfrac{N_2}{N_1}\right)^2 = 25 \times \left(\dfrac{850}{1450}\right)^2 = 8.59\,\text{m}$

13 회전수가 1,200rpm일 때 토출량은 1.5m³/min, 양정은 48mAq, 소요동력은 12kW이었다. 그러나 토출량을 2m³/min으로 높이기 위해서는 ① 필요 회전수, ② 양정, ③ 축동력을 구하시오.

① 회전수 N_2

$$N_2 = N_1 \frac{Q_2}{Q_1} = 1,200 \times \frac{2}{1.5} = 1,600 \text{rpm}$$

② 양정 H_2

$$H_2 = H_1 \left(\frac{N_2}{N_1}\right)^2 = 48 \times \left(\frac{1,600}{1,200}\right)^2 = 85.3 \text{mAq}$$

③ 축동력 L_2

$$L_2 = L_1 \left(\frac{N_2}{N_1}\right)^3 = 12 \times \left(\frac{1,600}{1,200}\right)^3 = 28.4 \text{kW}$$

14 다음은 무엇에 대한 설명인가?

흡입양정이 높거나 임펠러입구의 원주속도가 고속인 경우 등에 임펠러입구에 국부적으로 고진공이 생겨 수중에 함유되고 있던 공기가 유리하거나 또는 물이 증발하여 작은 기포가 물의 흐름과 함께 이동하여 고압부에 나오게 되면 압력작용이 갑자기 없어진다. 이와 같이 기포의 발생과 소멸이 반복되면 펌프의 소음 진동이 생기고 임펠러 침식, 양수 불능이 된다.

캐비테이션(공동현상)

15 캐비테이션과 NPSH에 대하여 설명하시오.

1. 캐비테이션(cavitation)

① 펌프의 흡입구로 들어온 물 중에 함유되었던 증기의 기포는 임펠러(펌프의 날개)를 거쳐 토출구로 넘어가면 갑자기 압력이 상승되므로 기포는 물속으로 다시 소멸된다. 이때 소멸 순간에 격심한 소음과 진동을 수반하면서 일어나는 현상으로서, 흡입양정에서 발생한다.

② 소음, 진동, 관 부식, 심하면 흡상 불능(펌프의 공회전)의 원인이 된다.

③ 펌프 흡입구의 압력은 항상 흡입구에서의 포화 증기 압력 이상으로 유지되어야 캐비테이션이 일어나지 않는다.

2. NPSH(Net Positive Suction Head : 유효 흡입양정)

① 캐비테이션이 일어나지 않는 유효 흡입양정을 수주로 표시한 것이다.

② 펌프의 설치 상태 및 유체의 온도 등에 따라 다르다.

③ 설치에서 얻어지는 NPSH는 펌프 자체가 필요로 하는 NPSH보다 커야 캐비테이션이 일어나지 않는다. 따라서 캐비테이션이 발생하지 않을 경우는

$$H_{sv} \geq h_{sv}$$

여기에 여유율 a(일반적으로는 30%를 취함)를 고려하면, 펌프의 설치조건은

$$H_{sv} \geq (1+a) \cdot h_{sv} = 1.3 \cdot h_{sv}$$

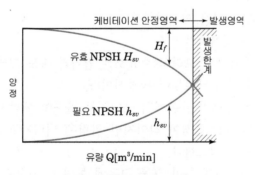

[캐비테이션 발생 조건]

그림에서 보면 유량증가와 함께 펌프의 필요 NPSH는 증가하지만, 시스템에 의하여 결정되는 유효 NPSH는 유량에 따라 감소하게 된다. 또 어느 유량에서 2개의 NPSH곡선이 교차하게 되고, 교점의 좌측이 사용가능한 범위, 우측이 캐비테이션 발생영역으로 사용이 불가능하게 되는 범위가 된다.

16 다음 그림과 같이 관경이 다른 관내에 물이 흐를 경우에 관한 내용이다. (   )를 완성하시오.

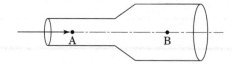

물의 속도는 (   )보다 (   )가 크며, 압력은 (   )보다 (   )가 크다.

물의 속도는 B보다 A가 크며, 압력은 A보다 B가 크다.

1. 유량과 유속(연속의 법칙)

단면적을 $A[\text{m}^2]$, 유속을 $v\,[\text{m/s}]$, 유량을 $Q\,[\text{m}^3/\text{s}]$라면

$Q = A_1 v_1 = A_2 v_2$ …… 일정

또 관경을 d[m]라 하면 단면적 $A = \dfrac{\pi d^2}{4}$이다.

① 연속방정식은 관의 단면적×유속 = 일정

　단면적이 2배가 되면 유속은 1/2로 줄어든다.

　지름이 2배가 되면 단면적은 4배가 된다.

② 예를 들어 A=100mm B=200mm라고 하면

　B관의 유속은 A관 유속의 1/4이 된다.

2. 베르누이 방정식(에너지 보존의 법칙)

압력수두, 속도수두, 위치수두의 합은 일정하다.

압력에너지 + 속도에너지 + 위치에너지 = 0

① 어떠한 관로를 통과하는 유체에서 고려되는 요소는 압력과 속도 그리고 수직높이이다.

　이 3가지를 식으로 표현한 것이 베르누이 방정식이다.

　즉, 관을 예로 들면 입구에 들어가는 유체의 에너지는 출구쪽 에너지와 같다.

② 유체가 파이프 안으로 흐를 때, 관경이 작아지면 압력은 내려가고 유속은 증가하며, 관경이 커지면 압력이 올라가고 유속은 감소한다.

∴ 그림과 같이 관경이 다른 관 내에 물이 흐를 경우에 물의 속도(유속)는 B보다 A가 크며, 압력은 A보다 B가 크다.

17 다음 물음에 답하시오.

1. 펌프의 흡입관 직경이 20cm, 토출관 직경이 25cm이다. 흡입관의 물의 평균속도가 3m/s라면 토출관의 물의 평균 속도(m/s)는?

2. 내경 25mm, 길이 150m인 수평관에 물이 2m/s로 흐르고 있을 때 관마찰 손실수두 h(m)를 구하시오. (단, 관마찰계수는 0.06이다.)

---

1. 유량과 유속(연속방정식)

단면적을 $A\,[\mathrm{m}^2]$, 유속을 $v\,[\mathrm{m/s}]$, 유량을 $Q\,[\mathrm{m}^3/\mathrm{s}]$라면

$Q = A_1 v_1 = A_2 v_2$ ...... 일정

또 관경을 d[m]라 하면 단면적 $A = \dfrac{\pi d^2}{4}$이다.

$Q = A v = \dfrac{\pi d^2}{4} \times v$에서 $d = \sqrt{\dfrac{4Q}{v\pi}}$

그러므로 $\dfrac{\pi d^2}{4} \times v$에서 $\dfrac{3.14 \times 0.2^2}{4} \times 3 = \dfrac{3.14 \times 0.25^2}{4} \times v_2$

$\therefore\ v_2 = 1.92\,\mathrm{m/s}$

2. 마찰손실수두(H_f)

$H_f = \lambda \cdot \dfrac{\ell}{d} \cdot \dfrac{v^2}{2g}\,[\mathrm{mAq}]$

여기서, H_f : 길이 1m의 직관에 있어서의 마찰손실수두(mAq)

$\quad\quad\quad \lambda$: 관마찰계수(강관 0.02)

$\quad\quad\quad g$: 중력가속도(9.8m/sec²)

$\quad\quad\quad d$: 관의 내경(m)

$\quad\quad\quad \ell$: 직관의 길이(m)

$\quad\quad\quad v$: 관내 평균 유속(m/s)

$H_f = \lambda \cdot \dfrac{\ell}{d} \cdot \dfrac{v^2}{2g} = 0.06 \times \dfrac{150}{0.025} \cdot \dfrac{2^2}{2 \times 9.8} \fallingdotseq 73.5\,[\mathrm{mAq}]$

18 다음 용어를 설명하시오.

1. 펌프의 비속도

2. 캐비테이션(cavitation)

---

1. 펌프의 비속도

① 펌프의 형식을 결정하는 척도, 즉 회전차의 형상을 나타내는 척도로 사용된다. 펌프의 성능을 나타내거나 적합한 회전수를 결정하는 데 이용되는 값이다.

② $\eta_s = N \cdot \dfrac{Q^{1/2}}{H^{3/4}}$

여기서, η_s : 비속도, N : 회전수(rpm), Q : 토출량(m³/min), H : 양정

η_s(비속도)는 회전수(N)와 $Q^{1/2}$에 비례하고 $H^{3/4}$에 반비례한다.

③ 형태가 완전히 같은 펌프는 크기와 관계없이 비속도가 일정하다.

④ 대유량·저양정일수록 비속도가 크고, 소유량·고양정일수록 비속도는 작아진다.

⑤ 비속도 크기 순서

축류펌프(1100rpm 이상) 〉 사류펌프(500~1200rpm) 〉 볼류트펌프(300~700rpm) 〉 터빈펌프(300rpm 이하)

2. 캐비테이션(cavitation)

① 펌프의 흡입구로 들어온 물 중에 함유되었던 증기의 기포는 임펠러(펌프의 날개)를 거쳐 토출구로 넘어가면 갑자기 압력이 상승되므로 기포는 물속으로 다시 소멸된다. 이때 소멸 순간에 격심한 소음과 진동을 수반하면서 일어나는 현상으로서, 흡입양정에서 발생한다.

② 소음, 진동, 관 부식, 심하면 흡상 불능(펌프의 공회전)의 원인이 된다.

③ 펌프 흡입구의 압력은 항상 흡입구에서의 포화 증기 압력 이상으로 유지되어야 캐비테이션이 일어나지 않는다.

19 다음 용어를 설명하시오.

1. 서징(Surging) 현상
2. 플래시 탱크

---

1. 서징(Surging) 현상
   ① 서징은 송풍기 및 펌프에서 발생할 수 있으며, 송풍기에서의 서징은 기계를 최소 유량 이하의 저유량 영역에서 사용 시 운전상태가 불안정해져서 주로 발생(소음·진동 수반)하며, 펌프에서의 서징은 펌프의 1차 측에 공기가 침투하거나, 비등 발생 시 주로 나타난다(Cavitation 동반 가능)
   ② Surging이란 자려운동(일정한 방향으로만 외력이 가해지고, 진동적인 여진력(勵振力)이 작용을 하지 않더라도 발생하는 진동, 대형사고 유발 가능)으로 인한 진동현상(외부의 가진이 전혀 없어도, 또는 가진 원인이 불분명한 상태에서 발생)을 말한다.
   ③ 큰 압력변동, 소음, 진동의 계속적 발생으로 장치나 배관이 파손되기 쉽다.
   ④ 배관의 저항특성과 유체의 압송 특성이 맞지 않을 때 주로 발생한다.

2. 플래시 탱크(Flash Tank, 증발탱크)
   증기난방에서 고압환수관과 저압환수관 사이에 설치하는 탱크이다. 고압 증기의 드레인을 모아 감압하여 저압의 증기(재증발 증기)를 발생시키는 탱크이다.(고압 응축수로 저압의 증기를 만드는 탱크)

03 열원설비 및 냉방설비

핵심 1 **보일러**

1. 보일러의 3대 구성요소

① 본체   ② 연소장치   ③ 부속장치(설비)

2. 보일러의 종류

구분			압력[MPa]	특징 및 적용
주철제 보일러			증기 : 0.1 이하 온수 : 0.5 이하	· 내식 및 내열성이 우수 · 섹션(section)의 증감으로 용량 조절 및 분할 반입이 용이 · 압력 및 충격에 약함(고압 대용량에 부적합) · 부동팽창에 의한 균열발생 우려 · 적용 : 중, 소규모 건물의 난방용 저압증기 보일러나 온수 보일로 사용
강판제 보일러	원통형	입형 보일러	0.5~0.7	· 구조가 간단 취급용이 · 설치 면적이 작아 좁은 장소에 설치가 용이 · 전열면적이 작아 효율이 낮음 · 적용 : 소규모 건물의 난방용
		노통 연관식	~2.45	· 보일러 동내부에 노통과 다수의 연관을 배치한 구조 · package구조로 되어 있어 설치, 시공이 용이 · 수관 보일러에 비하여 제작 및 취급이 용이 · 보유수량이 많아 부하변동에 대한 추종성(追從性)이 좋다. · 예열시간이 길다. · 적용 : 대규모 건물의 공조용, 지역 냉난방용
	수관식	자연 순환식 강제 순환식 관류식	1~15 15~20 ~1.6	· 전열면을 구성하는 다수의 수관과 보일러수의 순환과 증기 분리를 위해 직경이 작은 드럼으로 구성 · 수관과 동(drum)의 직경이 작아 고압에 적당 · 전열면적에 비해 보유수량이 적어 열효율이 우수 · 증기 발생이 빠르고 대용량에 적당 · 가스터빈의 배열 회수 및 열병합발전설비(Co-generation system)의 배열 회수용 보일러로 사용가능 · 부하변동에 따른 압력변화 발생 · 양질의 급수가 필요 · 적용 : 대규모 건물이나 지역 냉난방, 산업용 등

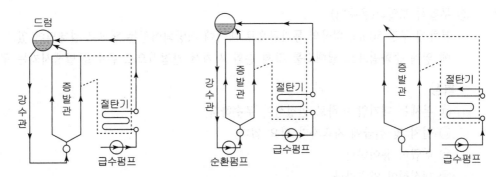

[자연 순환식 보일러(소용량)]　[강제 순환식 보일러(중, 대용량)]　[관류식 보일러(초임계 압력)]

■ 기타, 보일러

① 진공식 보일러(온수기)

진공식 보일러의 구조는 그림과 같이 하부는 연소실과 전열면으로 구성되고 전열면 내부에는 열매수가 들어있다. 상부의 용기 속에는 온수 및 급탕용의 열교환기가 설치되어 있고 이부분은 진공인 상태로 되어있다. 용기에서 발생한 증기로 내장된 열교환기를 통하여 난방용 또는 급탕용의 온수를 간접가열 하는 형식의 보일러이다.

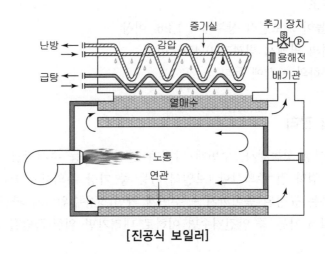

[진공식 보일러]

- 특징
　㉠ 용기 내의 압력이 대기압 이하로 안정성이 우수하다.
　㉡ 급수는 탈기된 연수를 사용하므로 부식 및 스케일(scale) 발생이 적다.
　㉢ 구조상 법적인 제약을 받지 않고 취급이 용이하다.
　㉣ 열효율이 높고 수명이 길다
　㉤ 코일을 2 뱅크(bank) 이상 설치하여 다른 온도의 온수를 취출할 수 있다.
　㉥ 열교환기 부분의 구조를 보강하면 수두압이 높은 건물에도 사용이 가능하다.
　㉦ 용도 : 중, 소규모 건물의 급탕 및 난방용

② 무압식 보일러(온수기)

본체에 구경 50mm 의상의 통기관으로 대기에 개방되어있는 탱크로 설계되어 있고 열교환기와의 사이에 열매 순환펌프로 열매수를 강제 순환 시켜서 간접적으로 온수를 발생시키는 구조이다.

- 특징
    ㉠ 본체는 대기압 이하로 안정성이 우수하다.
    ㉡ 설치 및 취급에 자격자가 필요 없다.
    ㉢ 취급이 용이하다.
    ㉣ 내식성이 양호하다.
    ㉤ 용도 : 중소규모 건물 등의 급탕 및 난방용

3. 보일러 급수용 펌프

워싱턴형 펌프 또는 터빈펌프 사용

4. 보일러실 조건

① 내화구조
② 천장 높이 : 보일러 상부에서 1.2m 이상
③ 보일러의 벽에서 벽까지 0.45m 이상
④ 난방부하의 중심에 둔다.

5. 보일러실 관리

매년 1회 이상 성능검사, 수면계·압력계·안전밸브 등 수시점검
※ 보일러 점화 전 주의사항 (보일러 가동 중 가장 주의할 부분)
    ① 급수는 규정된 높이까지 – 수면계 확인(상용수위인지 확인)
    ② 보일러 가동 중 안전저수면 이하로 내려가면 위험(폭발할 우려)

예제
01

노통연관식 보일러과 수관식 보일러의 특징을 설명하시오.

정답

1. 노통연관식 보일러

강판제 보일러의 일종으로 강판으로 된 원통 속에 연소실이 있고, 연소가스는 수중이 연관을 2~3회 흐름 방향을 바꾸어 통과하여 물에 열을 주고 연돌로 흐르는 구조이다.

- **특징**
  ① 대규모 건축(공조 및 급탕 겸용)
  ② 고압·고효율 보일러
  ③ 수처리가 비교적 간단하며, 공장 제품을 그대로 운반 설치(현장 조립 불가능)
  ④ 수명이 짧고, 고가이며, 예열시간이 길다.
  ⑤ 보유수량이 많으므로 부하의 변동에 대해 안정성이 있으며, 수면이 넓어 급수용량 조절이 쉽다.

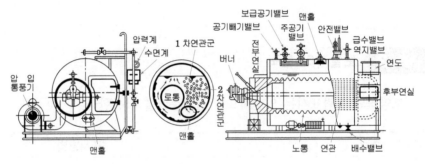

[노통연관식 보일러]

2. 수관식 보일러

드럼과 드럼간에 여러 개의 수관을 연결하고, 관내에 흐르는 물을 가열하므로 온수 및 증기를 방생시키는 보일러로서, 종류에는 자연 순환 보일러, 강제 순환 보일러, 관류 보일러 등이 있다.

- **특징**
  ① 대규모 건물의 공조용(대형건물 또는 병원이나 호텔 등, 지역난방용)
  ② 대용량
  ③ 예열시간이 짧고, 열효율이 좋으며 보유수량이 적다.
  ④ 증기발생이 빠르고 대용량이다.
  ⑤ 고가이며 수처리가 복잡하다.

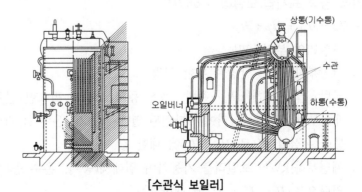

[수관식 보일러]

핵심2 보일러의 효율과 능력

■ 보일러마력

표준 대기압(0.1MPa)하에서 1시간에 100℃의 물 15.65kg을 전부 건조포화 증기로 증발시키는 증발 능력을 1보일러마력이라 한다.

(1) 상당 증발량[Ge](증기기관에서 1마력을 발생하기 위한 필요증발량) : 15.65kg/h
(2) 15.65[kg/h]×539[kcal/kg]≒8,434[kcal/h]
   15.65[kg/h]×2,257[kJ/kg]=35,322[kJ/h]=9.8kW
(3) 전열면적 : 0.929m²
(4) 방열면적 : 13m² (≒8,434kcal/h÷650kcal/m²h 또는 9.8kW÷0.756kW/m²)

핵심3 보일러의 출력

보일러의 능력표시는 일반적으로 정격출력을 사용한다.

출력	표시방법
과부하출력	운전 초기나 과부하가 발생했을 때는 정격출력의 10~20% 정도 증가하여 운전할 때의 출력으로 한다.
정격 출력	연속해서 운전할 수 있는 보일러의 능력으로서 난방부하, 급탕부하, 배관부하, 예열부하의 합이며, 보통 보일러 선정시에는 정격출력에 기준을 둔다.
상용 출력	정격출력에서 예열부하를 뺀 값으로 정미출력에 5~10%를 가산한다.
정미 출력	난방부하와 급탕부하를 합한 용량으로 표시한다.

※ 보일러 능력 표시법[보일러 부하(H)]

$H = H_R + H_W + H_P + H_E$

H : 보일러의 부하[kW]

H_R : 난방부하[kW] – 난방을 위한 열량

H_W : 급탕, 급기 부하[kW] – 주방, 욕실 등의 급탕에 필요한 열량($kJ/l \cdot h$)

H_P : 배관부하[kW] – 보일러에서 가열된 열매체(증기, 온수 등)가 배관을 통하여 이송될 때 배관을 통한 손실열량으로 H_R, H_W에 대한 값

H_E : 예열부하[kW] – 보일러를 가동하여 열매체(증기, 온수 등)가 운전온도가 될 때까지 공급된 열량으로 H_R, H_W, H_P에 대한 값

① 정격 출력 = 난방부하(H_R) + 급탕부하(H_W) + 배관손실(H_P) + 예열부하(H_E)

    = 상용출력×1.25 = 방열기용량×1.35

② 상용 출력 = 난방부하(H_R) + 급탕부하(H_W) + 배관손실(H_P)

    = 방열기용량×1.1

③ 방열기용량(정미출력)= 난방부하(H_R) + 급탕부하(H_W)

④ 난방부하

예제 01

온수난방에서 상당방열면적이 400m²이고, 한 시간의 최대급탕량이 700*l*/h일 때 보일러의 방열기용량(kW)은? (단, 급탕온도차는 60℃를 기준으로 함)

정답

방열기용량 = 난방부하(H_R) + 급탕부하(H_W)

① 난방부하 = 400m² × 0.523kW/m² ≒ 209kW

② 급탕부하 = $\dfrac{700kg/h × 4.2kJ/kg \cdot K × 60℃}{3,600s/h}$ = 49kW

∴ 방열기용량 = ①+②이므로 209+49 = 258kW

※ 1*l*=1kg, 물의 비열 = 4.2kJ/kg·K

※ 급탕부하 = $\dfrac{급탕량\ m(kg/h) × 비열\ c(kJ/kg \cdot K) × 온도차\ \Delta t(K)}{3,600s/h}$[kW]

예제 02

급탕부하 5kW, 난방부하는 급탕부하의 80%, 배관손실부하 15%, 예열부하는 상용출력의 20%, 보일러효율이 90%일 때 다음을 구하시오.

1) 상용출력(kW)은?
2) 정격출력(kW)은?
3) 보일러 버너용량(kW)은?

정답

1. 상용출력(kW) = 난방부하(H_R) + 급탕부하(H_W) + 배관손실(H_P)

    = (5×0.8) + 5 + {(5×0.8) + 5}×0.15 = 10.35kW

2. 정격출력(kW) = 난방부하(H_R) + 급탕부하(H_W) + 배관손실(H_P) + 예열부하(H_E)

    = 상용출력 + 예열부하(H_E) = 10.35 + (10.35×0.2) = 12.42kW

3. 보일러 버너용량(kW) = $\dfrac{정격출력}{보일러효율}$ = $\dfrac{12.42}{0.9}$ = 13.8kW

핵심 4 발생열량 Q[kJ/h, kW]

발생열량이란 보일러를 출입하는 물 또는 수증기가 받아들인 열량으로 보일러의 출력을 말한다.

1. 증기보일러

$$Q = G_s(h_2 - h_1)[\text{kJ/h}] = \frac{G_s(h_2 - h_1)}{3,600}[\text{kW}]$$

여기서, G_s : 발생 수증기량[kg/h]

   h_2 : 발생 증기의 엔탈피[kJ/kg]

   h_1 : 보일러 입구에서 물의 엔탈피[kJ/kg]

   3,600 : 환산계수(1kJ/h=$\dfrac{1}{3,600}$kW 이므로)

2. 온수보일러

$$Q = G_w(h_2 - h_1) = G_w \cdot C(t_2 - t_1)[\text{kJ/h}]$$
$$= \frac{G_w(h_2 - h_1)}{3,600} = \frac{G_w C(t_2 - t_1)}{3,600}[\text{kW}]$$

여기서, G_w : 순환수량[kg/h]

   h_1, h_2 : 보일러 출구·입구에서 물의 엔탈피[kJ/kg] (h=물의 비열×수온)

   t_1, t_2 : 보일러 출구·입구에서 물의 온도[℃]

   C : 물의 비열(4.19kJ/kg·K)

   3,600 : 환산계수(1kJ/h = $\dfrac{1}{3,600}$kW 이므로)

예제 01

온수보일러의 순환수량이 1,000kg/h이고 공급 수주관의 온수온도가 75℃, 환수 수주관의 온수온도가 50℃라고 할 때 보일러의 출력(MJ/h)은?

정답

온수보일러의 출력

$Q = G_w(h_2 - h_1) = G_w \cdot C(t_2 - t_1)[\text{kJ/h}]$

여기서, G_w : 순환수량[kg/h]

   h_1, h_2 : 보일러 출구·입구에서 물의 엔탈피[kJ/kg] (h=물의 비열×수온)

   t_1, t_2 : 보일러 출구·입구에서 물의 온도[℃]

   C : 물의 비열(4.19kJ/kg·K)

$\therefore Q = G_w \cdot C(t_2 - t_1) = 1,000 \times 4.19 \times (75 - 50) \ 104,750[\text{kJ/h}] ≒ 104.7\text{MJ/h}$

핵심 5 환산증발량(상당증발량) G_e[kg/h]

환산증발량이란 발생열량, 즉 보일러가 표준 대기압(0.1MPa)하에서 1시간당 받아들인 열량을 100℃의 수증기량 G_e[kg/h]로 환산한 것을 말한다.

$$G_e = \frac{Q}{\gamma} = \frac{G_s(h_2 - h_1)}{2,257} \text{[kg/h]}$$

여기서, Q : 발생열량[kJ/h]

G_s : 발생 수증기량[kg/h]

h_2 : 발생 증기의 엔탈피[kJ/kg]

h_1 : 보일러 입구에서 물의 엔탈피(급수의 엔탈피)[kJ/kg]

γ : 100℃에서 물의 증발잠열(2,257kJ/kg)

예제 01

어느 보일러의 증발량이 3시간 동안에 4,800kg이고, 그때의 증기압이 9기압(0.9MPa)이고 급수온도는 75℃이며, 발생 증기의 엔탈피는 2848kJ/kg이라면 상당증발량은 몇 kg/h인가? (단, 물의 비열은 4.19kJ/kg·k로 하며, 소수 1자리 반올림 한다.)

정답

환산증발량(상당증발량, equivalent evaporation) G_e [kg/h]

환산증발량이란 발생열량, 즉 보일러에서 1시간당 받아들인 열량을 100℃의 수증기량 G_e[kg/h]로 환산한 것을 말한다.

$G_e = \dfrac{G_s(h_2 - h_1)}{2,257}$ [kg/h]

여기서, G_s : 발생 수증기량[kg/h]

h_2 : 발생 증기의 엔탈피[kJ/kg]

h_1 : 보일러 입구에서 물의 엔탈피(급수의 엔탈피)[kJ/kg]

γ : 100℃에서 물의 증발잠열(2,257kJ/kg)

$\therefore\ G_e = \dfrac{G_s(h_2 - h_1)}{2,257} = \dfrac{\frac{4,800}{3}(2,848 - 75 \times 4.19)}{2,257} = 1,796 \text{[kg/h]}$

핵심 6 상당방열면적(표준방열면적, E.D.R)

보일러의 용량을 상당방열면적(E.D.R ; Equivalent Direct Radiation)으로 나타내는 것으로 방열기의 면적 1m²으로 시간당 방열하는 열량을 표준방열량[kW/m²]이라 하고, 보일러의 발생열량을 표준방열량으로 나누면 방열면적이 되며, 이를 상당방열면적 E.D.R[m²]이라 한다.

1. 증기난방

$$E.D.R = \frac{\text{방열기의 전 방열량}[kW]}{0.756[kW/m^2]}$$

2. 온수난방

$$E.D.R = \frac{\text{방열기의 전 방열량}[kW]}{0.523[kW/m^2]}$$

[표준 방열량]

열매의 종류	표준 방열량[kW/m²]	표준 상태에 있어서의 온도	
		열매의 온도	실온
증기	0.756[kW/m²]	102℃	18.5℃
온수	0.523[kW/m²]	80℃	18.5℃

3. 소요 방열기(section 수) 계산

① 증기난방

$$N_s = \frac{\text{손실열량}(H_L)[kW]}{0.756[kW/m^2] \times \text{방열기의 방열면적}(a_0)}$$

② 온수난방

$$N_W = \frac{\text{손실열량}(H_L)[kW]}{0.523[kW/m^2] \times \text{방열기의 방열면적}(a_0)}$$

핵심 7   보일러의 효율(η_B)과 연료소비량(G_f) [kg/h, Nm³/h]

보일러의 효율은 연료소비량에 대한 보일러 출력의 비율을 말한다.

$$\eta_B = \frac{G(h_2 - h_1)}{G_f \cdot H_f} \times 100\%$$

$$= \frac{증기량(발생증기의\ 엔탈피-급수\ 엔탈피)}{연료소비량 \times 연료의\ 저위발열량} \times 100\%$$

$$= \frac{환산\ 증발량 \times 2,257}{연료소비량 \times 연료의\ 저위발열량} \times 100\%$$

$$G_f = \frac{G(h_2 - h_1)}{\eta_B \cdot H_f} = \frac{증기량(발생증기의\ 엔탈피-급수\ 엔탈피)}{보일러\ 효율 \times 연료의\ 저위발열량}$$

여기서, η_B : 보일러의 효율[%]

$\quad\quad\quad G$: 증기량 또는 온수량[kg/h]

$\quad h_1,\ h_2$: 발생 증기 또는 온수의 엔탈피, 입구 물의 엔탈피(급수 엔탈피) [kJ/kg]

$\quad\quad\quad G_f$: 연료소비량[kg/h, Nm³/h]

$\quad\quad\quad H_f$: 연료의 저위발열량[액체연료 : kJ/kg, 가스연료 : kJ/Nm³]

예제 01

증기보일러에 30℃의 물을 공급하여 150℃의 포화증기를 220kg/h 비율로 생산한다. 연료는 저위발열량 5,000kJ/N·m³인 도시가스이며 연료소비율이 128N·m³라면, 이 보일러의 효율(%)은? (단, 물의 비열은 4.2kJ/kg·K, 150℃의 포화증기의 엔탈피는 2,750kJ/kg으로 가정한다.)

정답

보일러의 효율(η_B) [kg/h, Nm³/h]

보일러의 효율은 연료소비량에 대한 보일러 출력의 비율을 말한다.

$$G_f = \frac{G(h_2 - h_1)}{\eta_B \cdot H_f} \times 100\% = \frac{증기량(발생증기의\ 엔탈피-급수\ 엔탈피)}{보일러\ 효율 \times 연료의\ 저위발열량} \times 100\%$$

여기서, η_B : 보일러의 효율[%]

$\quad\quad\quad G$: 증기량 또는 온수량[kg/h]

$\quad h_1,\ h_2$: 발생 증기 또는 온수의 엔탈피, 입구 물의 엔탈피(급수 엔탈피)[kJ/kg]

$\quad\quad\quad G_f$: 연료소비량[kg/h, Nm³/h]

$\quad\quad\quad H_f$: 연료의 저위발열량[액체연료 : kJ/kg, 가스연료 : kJ/Nm³]

$$\therefore \eta_B = \frac{G(h_2 - h_1)}{G_f \cdot H_f} \times 100\% = \frac{220(2,750 - 30 \times 4.2)}{128 \times 5,000} \times 100\% = 90.2\%$$

예제 02

증기엔탈피가 750W/kg, 건도가 100%인 증기 1,000kg/h를 발생하는 증기보일러의 연료소비량(Nm³/d)은?

[조건]
· 응축수 엔탈피 : 50W/kg · 보일러 효율 : 80%
· 1일 가동시간 : 10시간 · 연료 저위발열량 : 10,000W/Nm³

정답

$$보일러의 효율 = \frac{환산 증발량 \times 2,257}{연료 소비량 \times 연료의 저발열량} \times 100\%$$

$$= \frac{실제 발열량(발생증기의 엔탈피 - 급수 엔탈피)}{연료 소비량 \times 연료의 저위발열량} \times 100\%$$

$$80 = \frac{1,000 \times (750 - 50)}{G_f \times 10,000} \times 100\%$$

$$\therefore G_f = 87.5 \text{Nm}^3/\text{h} = 87.5 \times 10시간 = 875 \text{Nm}^3/\text{d}$$

예제 03

매시간 1,000kg의 포화증기를 발생시키는 보일러가 있다. 보일러 내의 압력은 2기압이고, 매시간 75kg의 연료가 공급된다. 보일러의 효율(%)은 얼마인가? (단, 보일러에 공급되는 물의 온도는 20℃이고 포화증기의 엔탈피는 2,705kJ/kg이며, 연료의 발열량은 41,868kJ/kg이다.)

정답

보일러의 효율(η_B) [kg/h, Nm³/h]
보일러의 효율은 연료소비량에 대한 보일러 출력의 비율을 말한다.

$$\eta_B = \frac{G(h_2 - h_1)}{G_f \cdot H_f} \times 100\% = \frac{증기량(발생증기의 엔탈피 - 급수 엔탈피)}{연료 소비량 \times 연료의 저위발열량} \times 100\%$$

여기서,

η_B : 보일러의 효율[%]

G : 증기량 또는 온수량[kg/h]

h_2, h_1 : 발생 증기 또는 온수의 엔탈피, 입구 물의 엔탈피(급수 엔탈피)[kJ/kg]

G_f : 연료소비량[kg/h, Nm³/h]

H_f : 연료의 저위발열량[액체연료 : kJ/kg, 가스연료 : kJ/Nm³]

$$\therefore \eta_B = \frac{G(h_2 - h_1)}{G_f \cdot H_f} \times 100\% = \frac{1000(2705 - 20 \times 4.19)}{75 \times 41868} \times 100\% = 83.4$$

예제 04

다음 측정수치를 보고 기름보일러의 효율을 구하시오.
(단, 물의 비열은 4.19kJ/kg·K이고, 효율은 소수점 이하 셋째자리에서 반올림할 것)

[조건]
· 급수량 : 4,200ℓ/h
· 급수온도 : 90℃
· B-C유 사용량 : 269ℓ/h
· 오일용적보정계수(K) : 0.9754－0.00067(t－50)
· B-C유 저위발열량 : 40,850kJ/kg
· 급수의 비체적 : 0.001036m³/kg
· 포화증기엔탈피 : 2,745kJ/kg
· 급유온도 : 65℃
· 15℃의 오일의 비중(d) : 0.95

정답

급수사용량 $= \dfrac{4,200}{1.036} = 4,054.05 \text{kg/h}$

연료소비량 $= 269 \times 0.95 = 255.5 \text{kg/h}$

보정계수 적용한 연료소비량 $= 255.5 \times [0.9754 － 0.00067(65－50)] = 246.65 \text{kg/h}$

$\therefore$ 보일러 효율$(\eta_B) = \dfrac{4,054.05(2,745－4.19 \times 90)}{246.65 \times 40,850} \times 100 = 95.28\%$

예제 05

급수량 5,300ℓ/h, 가스소비량 353Nm³/h, 급수온도 75℃ 증기엔탈피 2,820kJ/kg, 가스연료의 발열량 41,355kJ/Nm³, 물의 비체적 0.001029m³/kg일 때 보일러의 열효율은?
(단, 물의 비열은 4.19kJ/kg·K이고, 효율은 소수점 이하 둘째자리에서 반올림할 것)

정답

증기발생량$(\text{kg/h}) = \dfrac{5,300}{1.029}$

※ 0.001029m³/kg = 1.029ℓ/kg

$\eta_B = \dfrac{\dfrac{5,300}{1.029} \times (2,820－4.19 \times 75)}{353 \times 41,355} \times 100 = 88.4\%$

예제
06

어느 건축물에 다음과 같은 조건에서 사용하는 노통연관식 보일러가 있다. 이 보일러의 상당증발량(kg/h)과 보일러의 열효율(%)을 구하시오.(단, 물의 비열은 4.19kJ/kg·K 이다.)

[조건]
· 시간당 급수사용량 : 3,500kg/h   · 연료소비량 : 250kg/h
· 급수의 온도 : 20℃   · 연료발열량 : 40,700kg/h
· 증기압력 : 0.5MPa   · 증기의 건도 : 0.95

절대압력(MPa)	포화수 엔탈피(kJ/kg)	증기 엔탈피(kJ/kg)	증발잠열(kJ/kg)
0.5	634	2,755	2,121
0.6	667	2,763	2,096
0.7	693	2,767	2,074

정답

1. 상당증발량(Ge)

$$G_e = \frac{Q}{\gamma} = \frac{G_s(h_2 - h_1)}{2,257} \ [\text{kg/h}]$$

먼저, 발생증기엔탈피(습증기엔탈피) = 포화수 엔탈피+(증발잠열×증기의 건도)
$$= 667 + (2,096 \times 0.95) = 2,658.2 [\text{kJ/kg}]$$

$$G_e = \frac{3,500 \times \{2,658.2 - (4.19 \times 20)\}}{2,257} = 3,992.2 [\text{kg/h}]$$

☞ 보일러에서 발생하는 습포화증기의 엔탈피를 구할 때 주어진 포화증기표는 절대압력을 기준으로 한다.
즉, 절대압력 = 게이지압력+대기압
$$= 0.5+0.1=0.6[\text{MPa}]$$

2. 보일러효율

$$\eta_B = \frac{G(h_2 - h_1)}{G_f \cdot H_f} \times 100\%$$

$$= \frac{3500 \times [2,658.2 - (4.19 \times 20)]}{250 \times 40,700} \times 100\%$$

$$= 88.55\%$$

예제 07

다음 조건과 같은 보일러 용량을 계산하시오.

[조건]
1) 급탕부하 : 2,500[L/h], 급탕온도 : 70℃, 급수온도 : 10℃
2) 난방부하 : 900,000[W], 가습부하 : 100,000[W]
3) 배관부하 : 15%, 예열부하 : 20%
4) 물 비열 : 4.2[kJ/kgK], 증기 응축잠열 : 2,257[kJ/kg]
5) 보일러 3대 운전 : 1대당 연료소비량 : 60[m³/h], 가스발열량 : 40,000[kJ/Nm³]

1. 급탕부하[kW]를 구하시오.
2. 상용출력[kW]을 구하시오.
3. 정격출력[kW]을 구하시오.
4. 상당증발량[kg/h]을 구하시오.
5. 보일러 1대당 상당증발량[kg/h]을 구하시오.
6. 보일러 효율(%)을 구하시오.

정답

1. 급탕부하[kW]

급탕부하$[W] = m\,C\,\Delta t = 2,500 \times 4.2(70-10) = 630,000[kJ/h] = 175,000[W] = 175[kW]$

2. 상용출력[kW]

상용출력[W] = 난방부하(H_R) + 급탕부하(H_W) + 배관손실(H_P)

= 난방부하 + (급탕부하 + 가습부하) + 배관부하

$= 900,000 + (100,000 + 175,000) + \{900,000 + (100,000 + 175,000)\} \times 0.15$

$= 1,351,250[W] = 1,351.25[kW]$

3. 정격출력[kW]

정격 출력 = 난방부하(H_R) + 급탕부하(H_W) + 배관손실(H_P) + 예열부하(H_E)

= 상용출력 + (상용출력 × 예열부하) $= 1,351.25 \times 1.2 = 1,621.5[kW]$

4. 상당증발량[kg/h]

상당증발량$[kg/h] = \dfrac{\text{정격출력}}{\text{응축잠열}} = \dfrac{5,837,400}{2,257} = 2,586.35[kg/h]$

※ 1kW=1kJ/s=3,600kJ/h

$1,621.5[kW] = 5,837,400[kJ/h]$

5. 보일러 1대당 상당증발량[kg/h]

상당증발량(환산증발량)$[kg/h] = \dfrac{2,586.35}{3} = 862.12[kg/h]$

6. 보일러 효율(%)

보일러 효율$(\%) = \dfrac{\text{환산 증발량} \times 2,257}{\text{연료소비량} \times \text{연료의 저위발열량}} \times 100 = \dfrac{862.12 \times 2,257}{40,000 \times 60} \times 100 = 81.07\%$

예제 08

난방부하 1,000[kW], 시간최대급탕량 2,500[L/h], 가습부하 100[kW], 급탕온도 70℃, 급수온도 10℃, 배관손실부하는 난방+급탕+가습부하의 15%, 예열부하는 상용출력의 20% 일 때, 다음을 구하시오. (단, 급탕, 급수의 평균비중량은 0.994[kg/L]로 한다.)

1. 급탕부하는 몇 [kW]인가?
2. 보일러의 상용출력은 몇 [kW]인가?
3. 보일러의 정격출력은 몇 [kW]인가?
4. 보일러의 정격출력을 상당증발량(100℃ 증기 엔탈피 2,257[kJ/kg]으로 나타내면 몇 [kg/h]가 되는가?
5. 위에서 계산된 용량을 3대의 보일러로 대수분할 한다면 한대의 상당증발량은 몇 [kg/h]가 되는가?
6. 위에서 선정된 1대의 보일러가 저위발열량이 40,000[kJ/Nm³]인 LNG를 시간당 60[Nm³]씩 사용한다면 이 보일러의 효율은?

정답

1. 급탕부하[kW]

급탕부하 = $mC\Delta t$ = 급탕가열량×비중량×비열×온도차

$\quad$ = 2,500×0.994×4.19×(70-10) = 624,729[kJ/h]=173.54[kW]

※ 일반적으로는 물의 비중은 1 즉, 1kg/l=1,000kg/m³로 보지만, 보기의 평균 비중량(0.994[kg/l])을 적용한다.

2. 보일러의 상용출력[kW]

상용 출력 = 난방부하(H_R)+급탕부하(H_W)+배관손실(H_P)

$\quad$ = 난방부하+(급탕부하+가습부하)+배관손실

$\quad$ = (1,000+173.54+100)×1.15 = 1,464.57[kW]

3. 보일러의 정격출력[kW]

정격 출력 = 난방부하(H_R)+급탕부하(H_W)+배관손실(H_P)+예열부하(H_E) = 1,464.57×1.2 = 1,757.49[kW]

4. 상당증발량[kg/h]

상당증발량(환산증발량)이란 발생열량, 즉 보일러에서 1시간당 받아들인 열량을 100℃의 수증기량으로 환산한 것을 말한다.

$$상당증발량 = \frac{1,757.48×3,600}{2,257} = 2,803[kg/h]$$

5. 1대의 상당 증발량[kg/h]

$$1대의 상당증발량 = \frac{2,803}{3} = 934.3[kg/h]$$

6. 보일러효율

$$보일러 효율(\%) = \frac{환산 증발량×2,257}{연료소비량×연료의 저위발열량}×100 = \frac{(2803÷3)×2,257}{40,000×60}×100 = 87.87\%$$

예제 09

어느 건물의 난방부하에 의한 방열기의 용량이 1,260,000kJ/h 일때 주철제 보일러 설비에서 아래와 같은 조건일 때 다음 물음에 답하시오.

[조건]
1) 배관손실 및 불때기 시작 때의 부하계수 1.2
2) 보일러 효율 0.7
3) 중유의 저위 발열량 41,000kJ/kg
4) 비중량 0.92kg/L
5) 연료의 이론공기량 12.0㎥/kg
6) 공기과잉률 1.3
7) 보일러실의 온도 13℃
8) 기압 760mmHg

1. 보일러의 정격출력(kW)
2. 오일 버너의 용량(L/h), 소수 셋째 자리에서 반올림할 것
3. 연소에 필요한 공기량(㎥/h), 소수 셋째 자리에서 반올림할 것

정답

1. 정격출력(kW)

$Q = 1,260,000 \times 1.2 = 1,512,000 \text{kJ/h} = 420,000 \text{W} = 420 \text{kW}$

2. 오일버너의 용량(L/h)

$G_f = \dfrac{Q}{H_f \times \eta} = \dfrac{1,512,000}{41,000 \times 0.92 \times 0.7} = 57.26 L/h$

3. 공기량(㎥/h)
   실제공기량을 구하는 것으로 온도변화에 따른 실제공기량은 샤를의 법칙을 적용한다.

$A = 57.26 \times 0.92 \times 12 \times 1.3 \times \dfrac{273 + 13}{273} = 860.93 \, \text{㎥/h}$

예제 10 다음 각 항목에 답하시오. (15점) [14년 2급]

1. 난방도일 DD가 3,250(℃·일/년)인 건물의 설계 난방부하가 200,000(kJ/h)이다. 도시가스 (LNG)를 사용한다. 난방도일법을 이용하여 연간 연료사용량 F_y(Nm²/년)을 구하시오. (단, 설계 실내온도는 22℃, 외기온도 −11.3℃, 도시가스(LNG)의 고위발열량은 43,600(kJ/Nm²) 이고 난방시스템의 효율은 80%이다.) (10점)

2. 위와 같은 건물이 노후 되어 난방시스템을 96%인 고효율 난방시스템으로 교체할 경우, 연간 절감되는 도시가스(LNG)사용량 ΔF_y(Nm²/년)을 구하시오. (5점)

정답

1. ① 난방부하 계산식에 의하여

$$q = K \cdot A(t_i - t_0)$$
$$200,000 = KA(22 - (-11.3))$$
$$KA = 6,006.01 \text{kJ/h}℃$$

② 난방도일법을 이용한 연간난방부하 계산

$$q = 24KA \cdot HDD = 24 \times 6,006.01 \times 3250 = 4.685 \times 10^8$$

③ 도시가스 연간연료사용량(Fy)

$$Fy = \frac{연간난방부하}{효율 \times 고위발열량} = \frac{4.685 \times 10^8}{0.8 \times 43,600} = 13,431.77[\text{Nm}^2/년]$$

2. 효율 80%에서 96%로 교체할 경우 연간 절감되는 도시가스량($\triangle F_y$)

$$Fy' = \frac{연간난방부하}{효율 \times 고위발열량} = \frac{4.685 \times 10^8}{0.96 \times 43,600} = 11193.14[\text{Nm}^2/년]$$
$$\therefore \ \Delta F_y = 13,431.77 - 11,193.14 = 2,238.63[\text{Nm}^2/년]$$

핵심 8 　열교환기(heat exchanger)

열교환기는 냉각코일과 가열코일 및 냉동기의 응축기와 증발기 등에도 사용된다.

1. 교환기의 구조에 따른 분류

교환기의 구조에 따라 원통다관형, 플레이트형, 스파이럴형 등이 있다.

(1) 원통다관형(Shell & Tube형)

① 동체 내에 여러 개의 관으로 조립한 교환기
② 동체에는 증기나 고온수를 통하게 하여 관내에 흐르는 물을 가열하게 되는데 관내의 유속은 대체로 1.2m/s 이하로 설정한다.

(2) 판형(플레이트형)

① 스테인레스 강판에 리브(rib)형의 골을 만든 여러 장을 나열하여 조합한 교환기
② 플레이트(plate)를 경계로 서로 다른 유체를 통과시켜 열교환하는 구조
③ 특징
 ・원통다관형(Shell & Tube형)에 비해 열관류율 K[W/m² · K]가 3~5배이므로 규모는 작아도 열교환 능력이 매우 좋다.
 ・고온, 고압, 유지 관리성이 뛰어나며 부식 및 오염도가 낮아 고효율운전이 가능하다.
 ・제조과정의 자동화가 가능하여 가격이 저렴하다.
 ・용이하게 제작이 가능하며 설치공간이 적게 소요된다.
 ・열교환기의 면적을 쉽게 변화시킬 수 있다.
 ・체류시간이 짧아 열에 민감한 물질에 적합하다.
 ・초고층 건물 등의 공조용 외에 다른 산업 분야에서도 널리 적용되고 있다.

(3) 스파이럴(spiral)형

① 2장의 금속판(스테인리스 강판)을 나선형으로 감고 양쪽 통로에 유체를 통과시켜 열교환하는 방식으로 가스켓을 사용하지 않고도 수밀이 되는 구조로 되어 있다.
② 열팽창에 대한 염려가 적으며, 내부 청소 및 수리가 편리하다.
③ 용도는 화학공업을 비롯하여 설치장소를 많이 차지하지 않으므로 고층건물의 공조용으로도 사용된다.

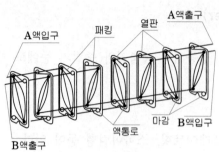
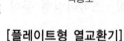

[플레이트형 열교환기]

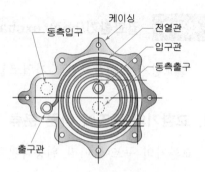

[스파이럴형 열교환기(수평단면도)]

| 학습 포인트 | 히트파이프 열교환기(Heat Pipe Type Heat Exchanger)

밀봉된 파이프 내에 작동유체를 넣고 진공으로 하여 고온폐열의 열을 주면 작동 유체가 증발하고 응축부로 이동하여 저온 유체에 열을 전달하는 원리를 이용한 열회수 기기이다.

■ 특징

① 열교환기에 비해 작동부분이 없으며, 소형 경량화가 가능하다.
② 낮은 온도차에도 회수효율이 높아 저온 열회수에 적당하다.
③ 경량이며, 구조가 간단하고 수평·수직·경사구조로 설치가 가능하다.
④ 전열면적 증대를 위해 핀튜브, 침상 튜브 등을 사용한다.
⑤ 유지관리 및 제작이 용이하다.
⑥ 간접 열교환 방식으로 직접 열교환 방식에 비해 오염의 우려가 적다.
⑦ 별도의 동력이 불필요하다.
⑧ 고성능화나 대량화는 곤란하다.
⑨ 길이가 길어지면 저항의 증가로 효율이 떨어진다.
⑩ 극저온이나 항공, 원자로 등, 공조용 폐열회수와 열원장치 폐열회수에 사용된다.

히트파이프
열교환기

예제 01

플레이트형 열교환기의 장점을 4가지만 쓰시오.

정답

① 열교환 능력이 매우 좋다.
② 부식 및 오염도가 낮아 고효율운전이 가능하다.
③ 가격이 저렴하며 설치공간이 적게 소요된다.
④ 열교환기의 면적을 쉽게 변화시킬 수 있다.
⑤ 체류시간이 짧아 열에 민감한 물질에 적합하다.

예제
02

히트파이프 열교환기(Heat Pipe Type heat Exchanger)에 대하여 설명하시오.

정답

밀봉된 파이프 내에 작동유체를 넣고 진공으로 하여 고온폐열의 열을 주면 작동 유체가 증발하고 응축부로 이동하여 저온 유체에 열을 전달하는 원리를 이용한 열회수 기기이다.
① 열교환기에 비해 작동부분이 없으며, 소형 경량화가 가능하다.
② 낮은 온도차에도 회수효율이 높아 저온 열회수에 적당하다.
③ 경량이며, 구조가 간단하고 수평·수직·경사구조로 설치가 가능하다.
④ 전열면적 증대를 위해 핀튜브, 침상 튜브 등을 사용한다.
⑤ 유지관리 및 제작이 용이하다.
⑥ 간접 열교환 방식으로 직접 열교환 방식에 비해 오염의 우려가 적다.
⑦ 별도의 동력이 불필요하다.
⑧ 고성능화나 대량화는 곤란하다.
⑨ 길이가 길어지면 저항의 증가로 효율이 떨어진다.
⑩ 극저온이나 항공, 원자로 등, 공조용 폐열회수와 열원장치 폐열회수에 사용된다.

핵심 9

열교환기의 대수평균온도차
(MTD : Mean Temperature Difference, Δt_m)와 전열량[W]

(1) 열교환기에서 고온의 유체와 저온의 유체가 이동하는 형식은 흐름 방향이 동일한 평행류형과 흐름 방향이 서로 반대인 대향류형(역류형)이 있다.

(2) 열교환량 Q[W]는 고온 유체와 저온 유체의 온도차가 비례하는데 각 위치마다 온도가 다르므로 이것을 평균치로 한 대수평균온도차(Δt)를 이용한다.

(3) 대수평균온도차를 서로 비교해보면 대향류형(역류형)인 경우가 평행류보다 더 크므로 전열량도 많다.

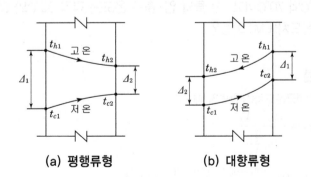

(a) 평행류형　　**(b) 대향류형**

[열교환기의 온도변화]

$$\cdot \ Q = K \cdot A \cdot \Delta t_m$$

여기서, K : 열관류율[W/m²·K]

A : 열교환기의 전열면적[m²]

Δt_m : 대수평균온도차[K]

· 상관관계식

$$\Delta t_m = \frac{\Delta_1 - \Delta_2}{\ln \dfrac{\Delta_1}{\Delta_2}}$$

평행류일 때 : $\Delta_1 = t_{h1} - t_{c1}$, $\Delta_2 = t_{h2} - t_{c2}$

대향류일 때 : $\Delta_1 = t_{h1} - t_{c2}$, $\Delta_2 = t_{h2} - t_{c1}$

☞ ln은 자연로그 e를 말한다. 즉, $\log_e = \ln$이다.

$\log_e$에서 e는 아래첨자 e로서 그 값은 2.718···이다.

실제 계산으로는 풀기가 곤란하므로 공학용 계산기를 활용한다.

|참고| **열교환기의 효율을 향상시키기 위한 방법**

① 열교환 면적을 가급적 크게 한다.
② 대수평균온도차를 크게 한다.(열교환기 입구와 출구의 온도차를 크게 한다.)
③ 열전도율이 높은 재료를 사용한다.
④ 열통과율을 증가시킨다.
⑤ 유체의 유속을 증가시킨다.(작동유체의 흐름을 빠르게 한다.)
⑥ 유체의 이동길이를 짧게 한다.
⑦ 열용량이 높은 유체를 사용한다.
⑧ 유체의 흐름 방향을 대향류로 한다.

예제 01

대향류 물 – 물 열교환기가 정상상태에서 작동 중이다. 이때 더운 물의 입·출구 온도는 90℃와 70℃이고, 찬 물의 입·출구 온도는 각각 30℃와 65℃이다. 이 열교환기의 대수평균온도차(LMTD)는?

정답

대수평균온도차(대향류일 때)

$$MTD = \frac{\Delta_1 - \Delta_2}{\ln \dfrac{\Delta_1}{\Delta_2}}$$

$$\therefore \ MTD = \frac{(90-65) - (70-30)}{\ln \dfrac{(90-65)}{(70-30)}} = 31.9 \,℃$$

예제 02

고온의 폐가스를 이용하여 급수를 예열하기 위한 대향류 열교환기를 설계하고자 한다. 설계조건이 다음 표와 같을 때 대수평균온도차는?

구분	폐가스온도(℃)	급수온도(℃)
열교환기 입구	300	100
열교환기 출구	200	150

정답

대수평균온도차(대향류일 때)

$$MTD = \frac{\Delta_1 - \Delta_2}{\ln\frac{\Delta_1}{\Delta_2}}$$

$$\therefore\ MTD = \frac{(300-150)-(200-100)}{\ln\frac{(300-150)}{(200-100)}} = 123.3\,℃$$

예제 03

이중 열교환기의 전열면에서 연소가스가 1,300℃로 유입하여 300℃로 나가고, 보일러 수의 온도는 210℃로 일정하게 평행류로 흐를 때 열관류율은 150[W/m²·K] 이다. 대수평균온도차를 이용한 열교환기의 단위면적당 전열량[W]은 얼마인지 계산하시오.

정답

$$Q = K \cdot A \cdot \Delta t_m$$

여기서, K : 열관류율[W/m²·K]

$\quad\quad\quad A$: 열교환기의 전열면적[m²]

$\quad\quad \Delta t_m$: 대수평균온도차[K]

한편, 대수평균온도차 (LMTD, Δt_m)

$$\Delta t_m = \frac{\Delta t_1 - \Delta t_2}{\ln\left(\frac{\Delta t_1}{\Delta t_2}\right)} = \frac{1090-90}{\ln\left(\frac{1090}{90}\right)} = 400.94\,℃$$

$$\therefore\ Q = 150 \times 1 \times 400.94 = 60141\,[W]$$

예제 04

이중관 열교환기를 사용하여 내관에 80℃의 제품원료인 기름을 넣고 35℃로 냉각 후에 출하하기 위해서 냉각수를 공급하고 있다. 냉각수 공급흐름이 평행류형 일 때와 대향류형일 때의 전열면적(m²)을 각각 구하시오. (단, 냉각수의 입·출구 온도는 10℃와 20℃이며 전열량은 3,000[W], 총괄전열계수는 200[W/m²·K] 이다.)

정답

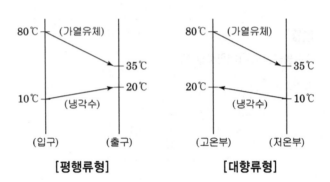

[평행류형]   [대향류형]

1. 평행류형일 때
   대수평균온도차(LMTD, Δt_m)

   $$\Delta t_m = \frac{\Delta t_1 - \Delta t_2}{\ln\left(\dfrac{\Delta t_1}{\Delta t_2}\right)} = \frac{70 - 15}{\ln\left(\dfrac{70}{15}\right)} = 35.7℃$$

   $$Q = K \cdot A \cdot \Delta t_m$$

   여기서, Q : 전열교환량[W]
   K : 총괄전열계수(열관류율)[W/m²·K]
   A : 전열면적[m²]
   Δt_m : 대수평균온도차

   $$3,000 = 200 \times A \times 35.7$$
   $$\therefore A = 0.42 \text{m}^2$$

2. 대향류형일 때

   $$\Delta t_m = \frac{\Delta t_1 - \Delta t_2}{\ln\left(\dfrac{\Delta t_1}{\Delta t_2}\right)} = \frac{60 - 25}{\ln\left(\dfrac{60}{25}\right)} = 40.0℃$$

   $$Q = K \cdot A \cdot \Delta t_m$$
   $$3,000 = 200 \times 40 \times A$$
   $$\therefore A = 0.38 \text{m}^2$$

예제 05

냉동장치 응축기의 총괄열전달계수가 200W/m²·K이고, 냉매와 공기의 온도차가 40℃일 때 10,000W의 열을 전달하기 위한 열교환 면적(m²)을 구하시오.

정답

$Q = U \cdot A \cdot \Delta t_m$

여기서, U : 열전달계수[W/m²·K]

A : 열교환기의 전열면적[m²]

Δt_m : 대수평균온도차[K]

$\therefore Q = U \cdot A \cdot \Delta t_m$

$10,000 = 200 \times A \times 40$

$A = 1.25 \, \text{m}^2$

예제 06

열교환기에서 가열유체가 600℃에서 430℃로 냉각되고 피가열유체인 외기는 20℃로 유입되어 200℃가 되었다고 할 때의 온도효율은 몇 %인지 구하시오.

정답

$t_1 = 600℃$ ─── (가열유체) ──→ $t_1' = 430℃$

$t_2' = 200℃$ ←── (피가열 유체) ─── $t_2 = 20℃$

(고온부)　　　　　　　　(저온부)

열교환기에서 온도효율 $= \dfrac{\text{실제 공기상승온도}}{\text{이상적인 상승온도}} \times 100 = \dfrac{\text{실제 공기상승온도}}{\text{온도 낙차}} \times 100$

$= \dfrac{t_2' - t_2}{t_1 - t_2}$

$= \left(\dfrac{200 - 20}{600 - 20} \right) \times 100$

$= 31\%$

예제
07

LMTD(Logarithmic Mean Temperature Difference)에 대해 설명하시오.

정답

1. 개요

① 냉매 – 물 혹은 냉매 – 공기의 열전달은 산술평균 온도차 이용
   증발온도가 일정하기 때문이다.
② 냉수 – 공기 혹은 브라인 – 공기의 열전달은 대수평균 온도차(LMTD) 이용
   증발온도가 일정하지 않기 때문(냉각되면서 냉수 혹은 브라인의 온도가 변함)
③ 코일이나 열교환기 등에서 공기와 냉온수가 열교환하는 형식은 평행류(병류)와 역류(대향류) 방식으로 대별된다.

2. 열교환기의 온도분포

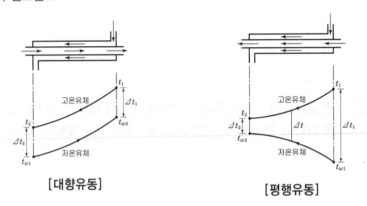

[대향유동]   [평행유동]

① 두 유체가 열교환하면서 고온유체는 온도가 내려가고 저온유체는 온도가 상승하게 된다.
② 따라서, 열교환기에서 두 유체의 온도차(Δt)는 위치에 따라서 달라지게 된다.
③ 동일한 입구조건에 대해서 평행유동보다 대향유동에서 LMTD가 크게 되므로, 전열면적 A가 작게 되어 열교환기 크기를 작게 할 수 있으므로 대향유동방식을 많이 사용한다.

3. LMTD의 특징

① 동일한 공기와 수온의 조건에서는 평행류 대비 대향류의 LMTD값이 크다.
② LMTD값이 큰 경우 코일의 전열면적 및 열수를 줄일 수 있어 경제적이다.
③ 실제 열교환기에서는 tube pass와 shell type에 의한 보정, baffle 유무 등을 고려하고 직교류 열교환 형태 등을 감안해야 한다.
④ 일반적으로 공조기 등의 코일에서는 대수평균 온도차(LMTD)를 크게 하여 열교환력을 증가시키기 위해 유속은 늦고, 풍속은 빠르게 해준다.(단, 한계풍속=약 2.5[m/s])

4. 대수평균 온도차

① 열교환기에 있어서 열관류열량 Q는 다음 식에 의하여 구해진다.

$$Q = KA\Delta t_m [\text{kcal/h}]$$

여기서, K : 열관류율(열통과율)[kcal/m²h℃]

A : 두 유체 상호간의 전열면적[m²]

Δt_m : 두 유체간의 평균온도차[℃]

② 대수평균 온도차

$$\Delta t_m = \frac{\Delta t_1 - \Delta t_2}{\ln \dfrac{\Delta t_1}{\Delta t_2}} = \frac{\Delta t_1 - \Delta t_2}{2.3 \log_{10} \dfrac{\Delta t_1}{\Delta t_2}}$$

③ 평균온도차 Δt_m을 구하는 방법에는 산술평균 온도차와 대수평균 온도차가 있다.

산술평균 온도차 $\Delta t_m = \dfrac{\Delta t_1 + \Delta t_2}{2}$

④ 열교환기(응축기와 증발기 등)의 온도차 산정은 대수평균 온도차가 실제온도에 근접하여 산술평균 온도차보다 많이 사용한다.

⑤ 열교환기 설계방법에는 LMTD방식과 NTU방식이 있는데, NTU(Number of heat Transfer Unit, 전달단위수)방식은 입구조건만을 알고 출구조건을 구하여 열교환기를 설계할 때 유용한 방법이다.

⑥ LMTD방식은 모든 입출구온도와 유량을 알고 열교환기의 크기를 결정할 때 사용한다.

예제 08

소각로 내화벽돌의 내측온도는 1,200℃(열전도율 0.8[W/m·K]), 외측온도는 350℃이다. 벽의 두께 100[mm]일 때 면적 100[m²]에 손실되는 열량의 30[%]를 회수 가능하다면 이 때 회수 가능한 열량[W]을 구하시오.

정답

회수 가능한 열량(Q)

$$Q = \frac{\lambda}{d} \cdot A \cdot \Delta t \cdot \eta$$

여기서, λ : 열전도율[W/m·K]

d : 두께[m]

A : 면적[m²]

Δt : 두 지점간의 온도차[K]

η : 열회수율

$$\therefore Q = \frac{0.8}{0.1} \times 100 \times (1,200 - 350) \times 0.3 = 204,000[\text{W}]$$

예제 09

두께 5[mm], 열전도율 5[W/m·K]인 탱크 벽면을 열전도율 0.5[W/m·K], 두께 20[mm]인 보온재를 사용하여 보온 시공하였다. 이때 보온시공 후 효과(방열량 감소율)를 계산하시오. (단, 탱크의 내부온도는 150℃이고, 외부 대기온도는 20℃이다.)

정답

1. 보온 전 단위면적당 방열량(Q_1)

$$Q_1 = \frac{\lambda}{d} \cdot A \cdot \Delta t$$

여기서, Q : 방열량[W],　　　　λ : 열전도율[W/m·K],　　　　d : 벽의 두께[m],
　　　　A : 벽의 단면적[m²],　　Δt : 내·외부 표면온도차[℃]

$$\frac{Q_1}{A} = \frac{\lambda}{d}\Delta t = \frac{5}{0.005} \times (150-20) = 130,000[\text{W/m}^2 \cdot \text{K}]$$

2. 보온 후 단위면적당 방열량(Q_2)

$$\frac{Q_2}{A} = \frac{\Delta t}{\dfrac{d_i}{\lambda_i} + \dfrac{d_o}{\lambda_o}} = \frac{150-20}{\dfrac{0.005}{5} + \dfrac{0.02}{0.5}} = 3170.7[\text{W/m}^2 \cdot \text{K}]$$

3. 보온효과(방열량 감소율)

$$\eta = \frac{Q_1 - Q_2}{Q_1} \times 100 = \frac{130,000 - 3170.7}{130,000} \times 100 = 97.5\%$$

예제 10

증기를 사용하는 판형 열교환기에 대하여 다음 물음에 답하시오.

[조건]
1) 110℃ 증기공급량 : 1,000[kg/h]
2) 온수 입구온도 : 50℃
3) 온수배관 전마찰손실수두 : 10[mAq]
4) 물의 비열 : 4.2[kJ/kgK]
5) 증기(110℃) 응축잠열 : 2,248[kJ/kg]
6) 온수출구 온도 : 60℃
7) 열교환기 저항(압력강하) : 1[mAq]
8) 기타 손실은 무시한다.

1. 열교환기 용량[kJ/h]을 구하시오.
2. 온수 유량[L/min]을 구하시오.
3. 온수 순환펌프의 축동력[kW]을 구하시오. (펌프효율은 50% 이다.)

정답

1. 열교환기 용량[kJ/h]

$Q = Gh = 1,000 \times 2,248 = 2,248,000[\text{kJ/h}]$

2. 온수 유량[L/min]

$W = \dfrac{Q}{60\,C\Delta t}[\text{L/min}]$

  Q : 열교환기 용량[kJ/h]

  C : 비열(4.2kJ/kg·K)

  Δt : 출입구 온도차(℃)

  $\therefore W = \dfrac{Q}{60\,C\Delta t} = \dfrac{2,248,000}{60 \times 4.2 \times (60-50)} = 892.06[\text{L/min}]$

3. 온수 순환펌프 축동력[kW]

  먼저, 순환펌프의 양정=배관저항+열교환기저항=10+1 = 11[mAq]

  펌프축동력 $= \dfrac{gQH}{\eta}$ [kW]

  ρ : 물의 단위중량(1,000kg/㎥)

  g : 중력가속도(9.8m/s²)

  Q : 양수량(㎥/min)

  H : 전양정(m)

  η : 효율(%)

  $\therefore$ 축동력[kW]$= \dfrac{9.8 \times \dfrac{892.06}{60} \times 11}{0.5} = 3.21[\text{kW}]$

핵심 10 보일러 이상 현상

1. 캐리오버(carry over) 현상

(1) 보일러 물 속의 용해 또는 부유한 고형물이나 물방울이 보일러에서 발생한 증기에 혼입되어 보일러 밖으로 튀어 나가는 현상이다.

(2) 프라이밍(priming)이나 포밍(foaming, 거품작용) 등의 이상 증발이 발생하면, 결과적으로 캐리오버가 일어난다. 이때 증기뿐만 아니라 보일러 관수 중에 용해 또는 현탁되어 있는 고형물까지 동반하여 같이 증기 사용처로 넘어갈 수 있다.

(3) 증기시스템에 고형물이 부착되면 전열효율이 떨어지며, 증기관에 물이 고여 과열기에서 증기 과열이 불충분하게 된다.

(4) 원인
  ① 증기의 부하가 클 때
  ② 보일러 피크부하 운전일 때
  ③ 주증기밸브를 갑자기 개방할 때
  ④ 보일러 고수위 운전일 때
  ⑤ 보일러 과부하 운전일 때
  ⑥ 보일러 관수가 과다하게 농축될 때
  ⑦ 전기 전도도가 상승될 때
  ⑧ 수질이 산성일 때(관수의 pH가 낮을 때)
  ⑨ 실리카 농도가 높을 때
  ⑩ 용존 기름류, 고형물 다량 함유시 운전일 때

2. 프라이밍(priming)

(1) 보일러수가 매우 심하게 비등하여 수면으로부터 증기가 수분을 동반하면서 끊임없이 비산하고 기실에 충만하여 수위가 불안정하게 되는 현상

(2) 원인
  보일러가 과부하로 사용될 때, 수위가 너무 높을 때, 압력이 저하되었을 때, 물에 불순물이 많이 포함되어 있을 때, 드럼 내부에 설치된 부품에 기계적인 결함이 있을 때

(3) 결과
  수처리제가 관벽에 고형물 형태로 부착되어 스케일(scale)을 형성하고 전열불량 등을 초래한다.

(4) 방지

　　기수분리기 등을 설치

3. 포밍(foaming, 거품작용)

(1) 보일러수에 불순물, 유지분 등이 많이 섞인 경우나 알칼리성이 과한 경우 비등과 더불어 수면 부근에 거품층이 형성되어 수위가 불안정하게 되는 현상

(2) 원인 물질은 주로 나트륨(Na), 칼륨(K), 마그네슘(Mg) 등이다.

예제 01

다음 용어를 설명하시오.

1) 캐리오버(carry over) 현상
2) 프라이밍(priming)
3) 포밍(foaming, 거품작용)

정답

1) 캐리오버(carry over) 현상
① 보일러 물 속의 용해 또는 부유한 고형물이나 물방울이 보일러에서 발생한 증기에 혼입되어 보일러 밖으로 튀어 나가는 현상이다.
② 프라이밍(priming)이나 포밍(foaming, 거품작용) 등의 이상 증발이 발생하면, 결과적으로 캐리오버가 일어난다. 이때 증기뿐만 아니라 보일러 관수 중에 용해 또는 현탁되어 있는 고형물까지 동반하여 같이 증기 사용처로 넘어갈 수 있다.
③ 증기시스템에 고형물이 부착되면 전열효율이 떨어지며, 증기관에 물이 고여 과열기에서 증기과열이 불충분하게 된다.

2) 프라이밍(priming)
① 보일러수가 매우 심하게 비등하여 수면으로부터 증기가 수분을 동반하면서 끊임없이 비산하고 기실에 충만하여 수위가 불안정하게 되는 현상
② 원인 : 보일러가 과부하로 사용될 때, 수위가 너무 높을 때, 압력이 저하되었을 때, 물에 불순물이 많이 포함되어 있을 때, 드럼 내부에 설치된 부품에 기계적인 결함이 있을 때
③ 결과 : 수처리제가 관벽에 고형물 형태로 부착되어 스케일(scale)을 형성하고 전열불량 등을 초래한다.
④ 방지 : 기수분리기 등을 설치

3) 포밍(foaming, 거품작용)
① 보일러수에 불순물, 유지분 등이 많이 섞인 경우나 알칼리성이 과한 경우 비등과 더불어 수면 부근에 거품층이 형성되어 수위가 불안정하게 되는 현상
② 원인 물질은 주로 나트륨(Na), 칼륨(K), 마그네슘(Mg) 등이다.

예제 02

다음 물음에 답하시오.

1) 보일러 부하의 급격한 변동으로 보일러 드럼 내의 수위가 급상승하면 급격한 증발로 생긴 기포나 수적(水滴)이 기수 분리가 되지 않고 드럼 밖으로 튀어나오는 현상을 무엇이라 하는가?

2) 보일러 수중에 용해 고형물, 유지 등에 의해서 안정되도록 다량의 기포가 수면에 생성하는 경우를 무엇이라 하는가?

3) 보일러 수중에 수산화나트륨의 농도가 높으면 강(鋼)은 어떤 물질로 용해되는가?

4) 보일러 수중의 불순물이 드럼이나 관 내벽의 전열면에 석출되어 강하게 부착된 것을 무엇이라고 하는가?

정답

1) 캐리오버(carry-over, 기수공발)
2) 포밍(foaming)
3) 가성 취하(알칼리 부식) 또는 수산화철
4) 스케일

예제 03

캐리 오버(기수공발)이 일어나는 원인을 4가지만 쓰시오.

정답

1. 프라이밍 또는 포밍의 발생
2. Boiler수의 과다 농축
3. 과부하 운전
4. 주증기밸브의 급개방

예제 04

증기보일러 운전 중 드럼 내 프라이밍(비수) 및 포밍(물거품) 발생시 조치사항을 4가지만 쓰시오.

정답

1. 기수분리기 및 비수방지관을 설치한다.
2. 주증기 밸브를 천천히 연다.
3. 수위를 고수위로 운전하지 않는다.
4. 관수 중 불순물이나 농축수를 제거한다.

핵심 11 보일러 에너지 절약방안

1. 고효율 기기 선정 : 고성능 버너 및 급수펌프 설치하고 부분부하 효율을 고려한다.
2. 대수 분할 운전(저부하시의 에너지 소모 절감) : 큰 보일러 한 대보다 여러 대의 보일러로 분할 운전한다.
3. 인버터 제어를 도입 : 부분부하 운전의 비율이 매우 많을 경우 인버터 제어를 도입하여 연간 에너지 효율을 향상한다.
4. 적정 공기비 관리 : 공기비가 높으면 배기가스 보유 열손실이 커지므로 적정 공기비를 유지한다.
5. 응축수 및 배열 회수 : 보일러에서 배출되는 배기의 열을 회수(절탄기 이용)하여 여러 용도로 재활용한다.
6. 급수 수질관리 및 보전관리
7. 증기트랩 관리 철저 : 불량한 증기트랩을 정비하여 증기배출을 방지한다.
8. 증기와 물 누설 방지
9. 드레인(drain)과 블로운 다운(blow down) 밸브를 불필요하게 열지 않는다. : 블로운 다운량을 적절히 유지하여 열손실을 줄인다.
10. 슈트 블로어를 채택

| 참고 |

① 인버터 제어
　전압과 주파수를 가변시켜 모터에 공급하므로 모터 속도를 고효율로 제어하는 시스템

② 블로우 다운 밸브(blow down valve)
　보일러, 화학설비 등의 기기에 이상사태가 되었을 때 수동 및 자동에 의해서 그 압력을 기기 밖으로 방출하여 안전장치로 사용되는 밸브이다. 형식에 따라 자압(自壓)형, 솔리노이드형, 다이아프램형이 있다.

③ 드레인(drain)
　증기를 사용하는 기계나 장치 내에서 증기가 응결해 생긴 물

④ 블로운 다운(blow down) 밸브
　보일러의 이상 압력을 기기 밖으로 방출하는 안전장치

⑤ 슈트 블로어(soot blower)
　불완전연소시 생기는 그을음을 불어내기 하는 장치

핵심 12 　폐열회수장치

폐열회수장치는 배기가스의 여열을 이용하여 열효율을 높이기 위한 장치이다.

- 열교환기(폐열회수장치)의 설치 순서[보일러 부속장치와 연소가스 접촉과정]
  과열기 → 재열기 → 절탄기 → 공기예열기

1. 과열기

보일러에서 발생한 포화증기의 수분을 제거하여 과열도가 높은 증기를 얻기 위한 장치이다.

2. 재열기

고압 증기터빈을 돌리고 난 증기를 다시 재가열하여 적당한 온도의 과열증기로 만든 후 저압 증기터빈을 돌리는 장치로 과열기의 중간 또는 뒤쪽에 위치하며 과열기와 동일 구조이다.

3. 절탄기

보일러 배기가스의 여열을 이용하여 급수를 가열하는 장치로 보일러 열교환 성능 향상과 연료의 절약 효과가 있다.(굴뚝으로 배출되는 열량의 20~30% 회수)

4. 공기예열기

보일러 배기가스의 여열을 이용하여 연소용 공기를 예열시키는 장치로 연료의 연소를 양호하게 하며 노내의 온도가 높아져 열전달이 좋아지며 보일러의 효율을 향상시킨다.

- 절탄기(economizer)
  ① 열 이용률의 증가로 인한 연료소비량의 감소
  ② 증발량의 증가
  ③ 보일러 몸체에 일어나는 열응력(熱應力)의 경감
  ④ 스케일의 감소

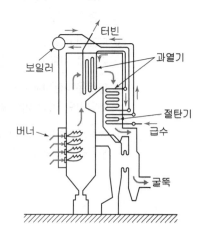

예제 01

보일러의 폐열회수장치(전열장치)의 부착 순서 과정을 [보기]에서 골라 순서대로 쓰시오.

[보기] 재열기, 공기예열기, 과열기, 절탄기

정답

과열기 → 재열기 → 절탄기 → 공기예열기

예제 02

배기가스의 현열을 이용하여 급수를 가열하는 (①)가 있고 연소용 공기를 예열하는 (②)가 있으며 포화증기를 가열하여 과열증기를 생산하는 (③)가 있다. ( ) 안에 들어갈 명칭이나 장치명을 써 넣으시오.

정답

① 절탄기 ② 공기예열기 ③ 과열기

예제 03

폐열회수장치(보일러 열효율장치)인 절탄기의 설치시 장점을 4가지만 쓰시오.

정답

1. 보일러 열효율 향상(열 이용률의 증가로 연료소비량 감소)
2. 증발량의 증가
3. 보일러판 열응력(熱應力) 발생 방지
4. 스케일 감소(급수 중 불순물 일부 제거)

해설

• 단점
① 통풍력 감소
② 저온 부식 발생
③ 배기가스의 온도 저하에 의한 통풍손실
④ 청소 및 점검수리가 곤란

예제
04

황분을 포함한 연료를 사용하는 경우 절탄기 및 공기예열기의 부식을 초래하게 되는데 이에 대한 방지대책을 설명하시오.

정답

황분이 많은 연료연소의 경우 폐열회수장치인 절탄기 및 공기예열기에서 배기가스의 온도가 하강(150℃ 이하)할 때 황산이 발생하여 전열면의 강재를 침식시키는 부식이 일어난다.

$S+O_2 \rightarrow SO_2$, $SO_2+\frac{1}{2}O_2 \rightarrow SO_3$, $SO_3+H_2O=SO_4H_2$(진한 황산에 의한 저온부식 발생)

• 방지대책
㉠ 연료 중 황분(S)을 제거한다.
㉡ 저온 전열면 표면에 내식재를 사용한다.
㉢ 저온 전열면에 보호피막을 씌운다.
㉣ 배기가스 온도를 노점온도 이상으로 유지시키고, 배기가스 중 CO_2 함유량을 높여 황산가스의 노점을 강하시킨다.
㉤ 과잉공기를 적게 하여 배기가스 중의 산소를 감소시켜 아황산가스(SO_2)의 산화를 방지한다.
㉥ 연료에 첨가제를 사용(돌로마이트, 암모니아, 아연 등)하여 노점온도를 낮춘다.

핵심 13 스케일(scale)

1. 물에는 광물질, 가스, 다양한 금속의 이온 등이 녹아 있는데 이 이온 등의 화학적 결합물($CaCO_3$, $MgCO_3$)이 온도의 상승 등으로 인한 용해도 감소로 침전하여 배관이나 장비의 벽에 부착하는 현상이다.

2. Ca 이온농도, CO_3 이온농도, 온도, pH, 유속 등 수용액의 상태에 따른 영향을 받는다.

3. 스케일(scale)의 대부분은 $CaCO_3$이며, scale 생성 방지를 위해 물속의 Ca 이온을 제거해야 하며 주로 사용하는 방법은 경수연화법, 물리적 방지법 등이 있다.

4. 스케일(scale)에 의한 피해

① 열전달률 감소 : 전열효율 감소, 에너지 소비 증가
② 보일러 노 내의 온도 상승 : 가열면 온도 상승으로 고온 부식 초래, 과열로 인한 사고
③ 냉각시스템의 냉각 효율 저하
④ 배관의 단면적 축소로 인한 마찰손실 증가
⑤ 각종 밸브류 및 자동제어기기 작동 불량 : 고장의 원인

예제 01

스케일(scale) 방지대책에 대하여 설명하시오.

정답

1. 개요
① 물에는 광물질, 가스, 다양한 금속의 이온 등이 녹아 있는데 이 이온 등의 화학적 결합물($CaCO_3$, $MgCO_3$)이 온도의 상승 등으로 인한 용해도 감소로 침전하여 배관이나 장비의 벽에 부착하는 현상이다.

② 스케일(scale)의 대부분은 $CaCO_3$이며, scale 생성 방지를 위해 물속의 Ca 이온을 제거해야 하며 주로 사용하는 방법은 경수연화법, 물리적 방지법 등이 있다.

2. 스케일(scale) 방지대책
(1) 화학적 Scale 방지책
　　① 인산염 이용법 : 인산염은 $CaCO_3$ 침전물 생성을 억제하며 원리는 Ca^{++} 이온을 중화시킨다.
　　② 경수 연화장치
　　　　㉠ 내처리법 : 일시경도(탄산경도) 제거, 영구경도(비탄산경도) 제거
　　　　㉡ 외처리법(이온(염기) 교환방법) : 제올라이트 내부로 물을 통과시킨다.
　　③ 순수장치 : 모든 전해질을 제거하는 장치, 부식도 감소

(2) 물리적 Scale 방지책
물리적인 에너지를 공급하여 Scale이 벽면에 부착하지 못하고 흘러나오게 하는 방법
① 전류 이용법 : 전기적 자용에 AC(교류) 응용
② 라디오파 이용법 : 배관 계통에 코일을 두고 라디오파 형성하여 이온결합에 영향을 준다.
③ 자장 이용법 : 영구자석을 관외벽에 부착하여 자장을 생성시킨다.
④ 전기장 이용법 : 전기장의 크기와 방향이 가지는 벡터량에 음이온과 양이온이 서로 반대방향으로 힘을 받게 되어 스케일 방지한다.
⑤ 초음파 이용법 : 초음파를 액체 중에 방사하면 액체의 수축과 팽창이 교대로 발생하며, 미세한 진동이 물속으로 전파되어 나간다. 액체 분자 간의 응집력이 약해서 일종의 공동현상이 발생하게 되는데 즉, 공동이 폭발하면서 충격에너지가 발생하여 관벽의 스케일이 분리되고, 분리된 입자는 더 작은 입자로 쪼개어진다.

핵심 14 몰리에르(Mollier) 선도에 나타나는 항목

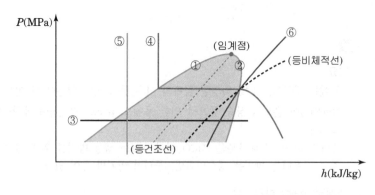

① 포화액선 　　② 포화증기선 　　③ 등압선 　　④ 등온선
⑤ 등엔탈피선 　　⑥ 등엔트로피선

P-h선도는 세로축에 압력을 가로축에 엔탈피로 하여 작성된 선도로 몰리에르 선도(Mollier 선도)라고 부른다. 냉동기를 효율적으로 사용하기 위해서는 이들 사이클의 열역학적 의미를 이해할 수 있다.

1. 포화액선

완전포화상태의 상태점들을 연결한 선이다. 이 상태에서 왼쪽 부분으로 가면 과포화상태가 되고 오른쪽 부분으로 가면 증기가 포함된 상태가 된다.

2. 포화증기선

포화증기선은 냉매액이 엔탈피를 얻어 충분히 활성화 되어 그 압력에서 액으로서의 냉매를 하나도 가지고 있지 않은 상태점들을 연결한 선이다. 포화증기선의 왼쪽 부분으로 가면 습증기 상태이고 오른쪽 부분으로 가면 과열증기가 된다. 포화증기선에 가까울수록 냉매의 건조도가 증가하게 되고 포화액선을 0, 포화증기선을 1로 잡아 사이에서의 건조한 정도를 그 냉매의 건도라고 한다.

3. 등압선

선도에서 횡으로 그어진 선위의 냉매 압력은 모두 같다. 등압선에 표시된 압력의 단위는 절대압력(절대압력 = 대기압력 + 게이지압력)을 사용하므로 냉동장치의 압력계(게이지압)과 비교할 때 주의하여야 한다.

4. 등온선

선도에서 종으로 그어진 선위의 엔탈피는 모두 같다.

5. 엔탈피

어느 압력하에서 1kg의 물체내에 들어있는 열량과 그 체적만큼 주위의 것을 밀어낸 일의 열당량을 합한 것을 말하는 데 어떤 상태에서 가지고 있는 그물질의 총열량이라고도 표현할 수 있다. 세로축의 등엔탈피선 위의 냉매는 모두 같은 엔탈피(kJ/kg)를 갖는다.

6. 등엔트로피선

엔트로피란 물체가 어느 열량을 잃어버리거나 얻을 때 그 열량을 물체의 절대온도로 나눈 값으로서 엔트로피의 감소 또는 증가로 나타난다. 바꾸어 말하면 물체에 열의 출입이 없으면 그 물체의 엔트로피는 변화하지 않게 된다. 냉동장치의 압축기에서 냉매 가스를 압축할 때 일어나는 과정을 단열압축이라 가정하고 이 때 엔트로피는 변화하지 않는다. 실제 압축기에서의 냉매 변화는 등엔트로피선을 따라 움직인다.

7. 등건조선

냉매가 어느 정도 습한 상태인가를 나타내는 것으로 포화액선을 건조도 0%, 포화증기선을 건조도 100%로 하여 그 사이를 10%마다 구분해서 같은 점을 연결해 선을 그은 것이다.

8. 등비체적선

냉매의 비체적 즉, 냉매 1kg 무게당 냉매의 체적이 같은 점을 연결한 곡선이다. $v = 0.1\text{m}^3/\text{kg}$이라고 표시된 등비체적선은 냉매 1kg당 체적이 0.1m^3인 냉매를 나타내고 있는 것이다.

예제 01 다음 p-h선도(몰리에르 선도)의 구성요소 명칭을 번호에 맞게 기입하시오.

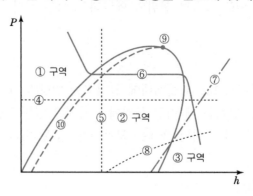

정답

① 과냉각구역(액체)　　　② 습포화증기구역(액체+기체)
③ 과열증기구역(기체)　　④ 등압선
⑤ 등엔탈피선　　　　　　⑥ 등온선
⑦ 등엔트로피선　　　　　⑧ 등비체적선
⑨ 임계점　　　　　　　　⑩ 등건조도선

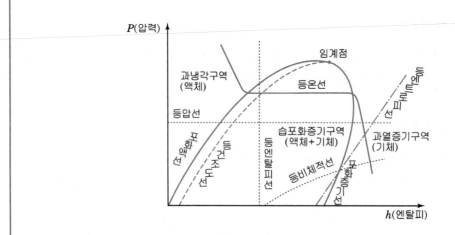

핵심 15 냉동원리

구 분	구 성 요 소
압축식 냉동기	압축기 – 응축기 – 팽창밸브 – 증발기
흡수식 냉동기	증발기 – 흡수기 – 발생기 – 응축기

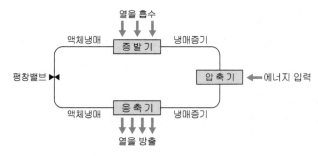

[압축식 냉동기와 히트펌프의 사이클]

1. 냉동 사이클(냉동기의 순환 원리)

- **압축식(왕복식, 회전식, 터보식) 냉동기 → p-i 선도(Mollier 선도)**

① 압축기(compressor) : 증발기에서 넘어온 저온·저압의 냉매 가스를 응축 액화하기 쉽도록 압축하여 응축기로 보낸다.

② 응축기(condenser) : 고온·고압의 냉매액을 공기나 물과 접촉시켜 응축 액화시키는 역할을 한다.

③ 팽창 밸브(expansion valve) : 고온·고압의 냉매액을 증발기에서 증발하기 쉽도록 하기 위해 저온·저압으로 팽창시키는 역할을 한다.

④ 증발기(evaporator) : 팽창 밸브를 지난 저온 저압의 냉매가 실내 공기로부터 열을 흡수하여 증발함으로 냉동이 이루어진다.

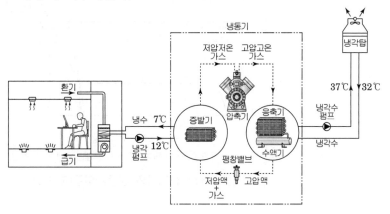

[냉동기의 구성]

2. Mollier 선도(P-i 선도)

(1) ㉮ 과정 ④ – ①

냉동 효과를 나타내는 과정. 주위의 냉각 물체에서 열량 q를 흡수하며, 저온체에서 흡수한 열량

$$q = i_1 - i_4 = i_1 - i_3$$

(2) ㉯ 과정 ① – ②

①의 증기를 압축기에서 압축하는 과정. 압축일, 즉 선도상의 AL에 해당

$$A_L = i_2 - i_1$$

(3) ⓒ 과정 ②－③

저온 열원에서 흡수한 열량과 외부로부터 받은 일을 방출하는 과정

$$q + A_L = i_2 - i_3$$

(4) ⓓ 과정 ③－④

③의 고압 액체가 팽창밸브를 통과하는 동안 단열팽창을 하여 ④의 낮은 온도 및 압력 상태로 변화하는 과정

$$Q = q + A_L$$

냉동의 성적을 표시하는 척도로 쓰이는 성적계수 또는 동작계수(COP : Coefficient of Performance)

① 냉동기의 성적 계수

$$\epsilon_r = \frac{\text{저온체로부터의 흡수열량(냉동효과)}}{\text{압축일}} = \frac{q}{A_L}$$

② 열 펌프의 성적 계수

$$\epsilon_h = \frac{\text{응축기의 방출열량}}{\text{압축일}} = \frac{q + A_L}{A_L} = \frac{q}{A_L} + 1$$

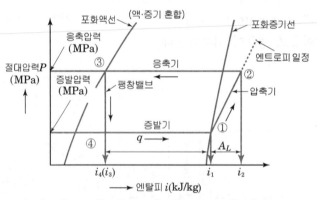

①→②:압축, ②→③:응축, ③→④:팽창밸브, ④→①:증발

[몰리에르 선도상의 냉동사이클(R-12)]

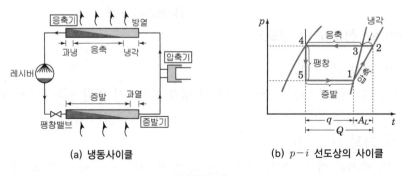

(a) 냉동사이클   (b) $p-i$ 선도상의 사이클

[냉동원리]

|학습 포인트| 성적계수(COP)

$Q = q + A_L$: 냉동기의 특징 → 저온 쪽에서 흡수되는 열량(q)보다 고온 쪽에서 방출하는 열량(Q)이 더 크다.

① 냉동기의 성적계수(COP) $= \dfrac{냉동효과(q)}{압축일(A_L)} = \dfrac{냉동능력}{소요마력}$

② 열펌프의 성적계수(COPₕ) $= \dfrac{응축기의 방출열량}{압축일} = \dfrac{q + A_L}{A_L} = \dfrac{q}{A_L} + 1$

∴ 열펌프를 이용한 성적계수(COPh)가 냉동기로 이용한 성적계수(COP)보다 1만큼 크다.

1. 이상적 성적계수

$$\text{COP} = \dfrac{T_L}{T_H - T_L} \qquad \text{COP}_h = \dfrac{T_H}{T_H - T_L}$$

T_H : 응축 절대온도, T_L : 증발 절대온도

2. 이론적 성적계수(COP)

$$\text{COP} = \dfrac{냉동효과(q)}{압축일(A_L)} \qquad \text{COP}_h = \dfrac{응축기의 방출열량(Q)}{압축일(A_L)}$$

※ **성적계수(COP)를 향상시키는 방안**
① 냉동효과(q)를 크게 한다.(증발기의 증발온도를 높게 한다. 증발기에서 피냉각 물질의 온도를 높게 한다.)
② 압축일(A_L)을 작게 한다.
③ 냉각수의 온도를 낮게 한다.
④ 냉매의 과냉각도를 크게 한다.(냉매액 – 가스 열교환기를 설치)
⑤ 배관에서의 플래시 가스 발생을 최소화한다.(냉매증기의 증발기 공급 방지)

증발온도(압력)가 높을 때와 낮을 때의 영향

	증발온도(압력)가 높을 때	증발온도(압력)가 낮을 때
압축비	감소	증대(실린더 과열)
토출가스 온도	강하	상승
냉동효과	증대	감소
성적계수(COP)	증가	감소
냉매순환량	증가(비체적 감소)	감소(비체적 증대)

예제 01

다음의 냉동 cycle에서 P-h 선도 및 성적계수(COP)에 대해 답하시오.

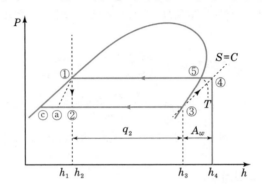

1. P-h 선도상에서 다음의 상태점 변화에 대해 변화 상태를 제시하고 설명하시오.
2. 제시된 각각의 측정조건을 기준으로 성적계수 COP 산출식을 구하시오.
   가) 냉동 cycle의 P-h 선도 그림에서 엔탈피($h_1 \sim h_4$)를 사용한 COP 산출식
   나) 냉수순환유량(m^3/h), 냉동기 냉수입 · 출구온도차($℃$), 냉동기의 압축기
      전력[kW] 측정 시 이를 기준으로 한 COP 산출식
   다) 냉각수 순환유량(m^3/h), 냉동기 냉각수입 · 출구온도차($℃$), 냉동기의 압축기
      전력[kW] 측정 시 이를 기준으로 한 COP 산출식

정답

1. 운전과정 중발기내 존재하는 기체-액체 혼합 상태의 냉매는 주위로 부터 열을 흡수하여 액체에서 기체 상태로 변화하고(기화) 이어 압력이 낮은 압축기의 흡입구로 유입되어 기계적 에너지에 의해 고온 고압의 기체 상태로 압축된다. 이 고온/고압의 냉매는 과열 증기 상태이며 응축기에서 주위로 열을 방출하면서 응축 과정을 겪으면서 액화되어 응축기를 나올 때는 액상의 상태로 변화된다. 이때 냉매의 상은 액상이나 압력은 여전히 고압의 상태를 유지하며 이어 팽창장치를 통과하면서 교축과정에 의한 감압과정을 겪게 되고 그 결과 저온/저압의 기체-액체 혼합 냉매가 되어 중발기 입구로 유입된다. 이렇게 유입된 저온/저압의 기액 혼합 냉매는 주위로부터 열을 흡수하는 반복된 사이클을 겪으면서 냉동의 기능을 수행하게 된다.

2. 가) $\dfrac{h_3 - h_2}{h_4 - h_3}$

   나) $\dfrac{\text{냉수순환유량} \times \text{물의 밀도} \times \text{물의 비열} \times \text{냉수입 · 출구온도차}}{\text{압축기 전력[kW]} \times \dfrac{3600\text{kJ/h}}{1\text{kW}}}$

   다) $\dfrac{\text{냉각수순환유량} \times \text{물의 밀도} \times \text{물의 비열} \times \text{냉각수입출구온도차} - \text{압축기 전력[kW]} \times \dfrac{3600\text{kJ/h}}{1\text{kW}}}{\text{압축기 전력[kW]} \times \dfrac{3600\text{kJ/h}}{1\text{kW}}}$

핵심 16 냉동장치의 계산식

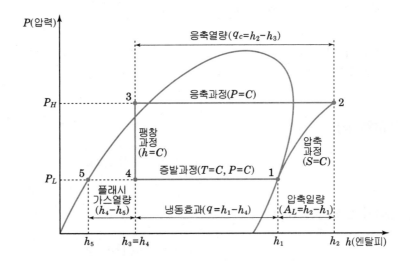

1. 압축일의 열당량(압축기 소요일량, A_L)

$$A_L = h_2 - h_1 \, [\text{kJ/kg}]$$

2. 압축기 소요동력(L)

$$L = G(h_2 - h_1)[\text{kJ/h}] = \frac{G \times A_L}{3,600 \times \eta_c \times \eta_m} \, [\text{kW}]$$

η_c : 압축효율, η_m : 기계효율

3. 응축기 방열량(q_c)

$$q_c = q + A_L = h_2 - h_3 \, [\text{kJ/kg}]$$

4. 냉동효과(q)

$$q = h_1 - h_4 \, [\text{kJ/kg}]$$

5. 성적계수(COP)

$$\text{COP} = \frac{q}{A_L} = \frac{h_1 - h_4}{h_2 - h_1}$$

$$\text{COP} = \frac{\text{저온체로부터의 흡수열량}}{\text{압축일}} = \frac{\text{냉동효과}(q)}{\text{압축일}(A_L)}$$

$$= \frac{\text{응축기 방출열} - \text{압축일}(A_L)}{\text{압축일}(A_L)}$$

$$= \frac{\text{응축기 방출열}}{\text{압축일}(A_L)} - 1$$

6. 증발잠열(q_L)

$$q_L = h_1 - h_5 \, [\text{kJ/kg}]$$

7. 플래시가스 발생량(q_f)

$$q_f = h_4 - h_5 \, [\text{kJ/kg}]$$

8. 건조도(x)

$$x = \frac{q_f}{q_L} = \frac{h_4 - h_5}{h_1 - h_5}$$

9. 압축비(k)

$$k = \frac{P_H}{P_L}$$

P_H : 응축압력의 절대압력(고압)
P_L : 증발압력의 절대압력(저압)

10. 냉매순환량

$$G = \frac{Q}{q} \, [\text{kg/h}] = \frac{V}{v_a} \times \eta_v \, [\text{kg/h}]$$

여기서, Q : 냉동능력[kJ/h]
　　　　q : 냉동효과[kJ/kg]
　　　　V : 피스톤 토출량[m³/h]
　　　　v_a : 흡입가스 비체적[m³/kg]
　　　　n_v : 체적효율[%]

$$V = \frac{G \cdot v_a}{n_v} = G \cdot v_a \, [\text{m}^3/\text{h}]$$

11. 냉동능력(Q)

$$Q = G(h_1 - h_4)\ [\text{kJ/h}] = \frac{G \times q}{3,516}\ [\text{W}]$$

G : 냉매순환량[kg/h]

q : 냉동효과[kJ/kg]

※ 1USRT = 3,516[W]

12. 냉각탑 용량(Q_e)

$$Q_e = Q + A_L = Q + \frac{Q}{COP}\ [\text{kJ/h}]$$

$$\left(COP = \frac{q}{A_L}\text{에서}\ A_L = \frac{q}{COP}\right)$$

예제 01

다음 그림과 같은 P-i 선도와 같은 냉동 사이클로 운전될 때 냉동 효과와 압축기 열당량은?

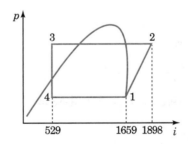

정답

냉동 효과(q) = $i_1 - i_4$ = = 1,659 - 529 = 1,130kJ/kg

압축기 열당량(A_L) = $i_2 - i_1$ = 1,898 - 1,659 = 239kJ/kg

예제 02

그림은 냉동 사이클의 각 위치에서의 엔탈피를 나타낸 것이다. 이 냉동 사이클의 성적계수(COP)는? (소수점 셋째 자리에서 반올림)

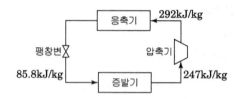

정답

$$COP = \frac{저온체로부터의\ 흡수열량(냉동효과)}{압축일} = \frac{냉동효과(q)}{압축일(A_L)}\ 이므로\ \frac{h_1 - h_4}{h_2 - h_1}\ 이다.$$

$$\therefore\ COP = \frac{h_1 - h_4}{h_2 - h_1} = \frac{247 - 85.8}{292 - 247} = 3.58$$

예제 03

냉동실로부터 300K의 대기로 열을 방출하는 가역 냉동기의 성능계수(COP)가 5이다. 냉동실 온도(K)는?

정답

이상적 성적계수

$$COP = \frac{T_L}{T_H - T_L}$$

T_H : 응축 절대온도, T_L : 증발 절대온도

$$5 = \frac{T_L}{300 - T_L}$$

$$\therefore\ T_L = 250K$$

예제 04

냉동장치의 냉동능력이 300USRT이고, 이때 압축기 소요동력이 370kW이었다면 응축기에서 제거하여야 할 열량(kJ/h)은?

정답

냉동기의 응축부하(Q)

$$Q = q + A_L = (300 \times 3.516) \times 3,600 + (370 \times 3,600) = 5,129,280kJ/h$$

※ $1kW = 1kJ/s = 3,600kJ/h$

예제 05

압축기에 의한 공기압축과정이다. 정상과정으로 공기는 110kPa, 27℃로부터 600kPa, 127℃까지 압축된다. 공기의 질량유량은 0.5kg/s이고, 이 과정 동안 열손실은 없고 운동에너지와 위치에너지 변화를 무시할 수 있다. 이때 압축구동에 필요한 동력은 몇 kW인가? (단, 압축 전 엔탈피는 300.19kJ/kg, 압축 후 엔탈피는 400.98kJ/kg이다.)

정답

$$A_W = G(h_2 - h_1) = 0.5 \times (400.98 - 300.19) = 50.4 \text{kJ/s} = 50.4 \text{kW}$$

예제 06

피스톤 토출량이 320㎥/h인 압축기가 다음과 같은 조건으로 단열압축 운전되고 있을 때 토출가스의 엔탈피는 1,875kJ/kg 이었다. 이 압축기의 소요동력[kW]은?

[조건]

흡입증기의 엔탈피	1,680kJ/kg
흡입증기의 비체적	0.38㎥/kg
체적 효율	0.72
기계 효율	0.90
압축 효율	0.80

정답

압축기 소요동력(L)

$$L = G(h_2 - h_1) = \frac{G \times A_L}{3,600 \times \eta_c \times \eta_m} [\text{kW}]$$

η_c: 압축효율 η_m: 기계효율

먼저, $G = \dfrac{Q}{q} [\text{kg/h}] = \dfrac{V}{v_a} \times \eta_v [\text{kg/h}]$

여기서, Q : 냉동능력[kJ/h]
q : 냉동효과[kJ/kg]
V : 피스톤 토출량[㎥/h]
v_a : 흡입가스 비체적[㎥/kg]
n_v : 체적효율[%]

$G = \dfrac{V}{v_a} \times \eta_v = \dfrac{320}{0.38} \times 0.72 = 606.32 [\text{kg/h}]$

$\therefore L = \dfrac{606.32 \times (1,875 - 1,680)}{3,600 \times 0.8 \times 0.9} = 45.61 [\text{kW}]$

예제 07

다음 그림의 흡수식 냉동기, 냉각탑 공조배관에서 물음에 답하시오.(답은 소수점 셋째자리에서 반올림해서 둘째자리까지 구할 것)

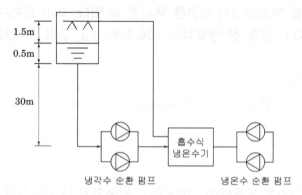

1.5m
0.5m
30m

냉각수 순환 펌프   흡수식 냉온수기   냉온수 순환 펌프

[조건]
  1) 증발기 냉수량 = 2,000LPM, 입출구수온 : 7℃, 12℃
  2) 응축기 냉각수량 = 3,300LPM, 입출구수온 : 32℃, 37.5℃
  3) 냉각탑 배관길이 = 80m, 마찰저항 R = 20mmAq/m
  4) 배관부속저항 = 50%   5) 냉동기저항 = 5mAq   6) 살수압력 = 20kPa

1. 냉각탑의 냉각용량(kW)을 구하시오.

2. 냉각수 순환펌프의 전양정(m)을 구하시오.

3. 냉각수 순환펌프의 소요동력(kW)을 구하시오.(펌프 효율 65%)

정답

1. 냉각탑의 냉각용량(kW)

$$Q_w = \frac{H_{CT}}{60C\varDelta t}[\ell/min]에서$$

$$H_{CT} = 60Q_wC\varDelta t[kJ/h]$$

　　　Q_w : 순환수량$[\ell/min]$　　　　　　HCT : 냉각탑용량(냉동기용량)$[kJ/h]$

　　　C : 비열$(4.19kJ/kg\cdot K)$　　　　　$\varDelta t$: 냉각수의 냉각탑의 출입구 온도차(℃)

∴ $H_{CT} = 60\times3,300\times4.19\times(37.5-32) = 4,562,910[kJ/h] = 1267.48[kW]$

※ 1kW = 1,000W = 860kcal/h = 1kJ/s = 3,600kJ/h

2. 냉각수 순환펌프의 전양정(m)

전양정 = 실양정+손실수두+살수압력+기기저항

　　　　= 1.5m+80m×20mmAq/m+80m×20mmAq/m×0.5+20kPa×0.102m/kPa+5mAq

　　　　= 1.5+80×0.02+80×0.02×0.5+20×0.102+50=10.94[m]

※ 1mAq = 9.8kPa이므로 1kPa = 0.102mAq

3. 냉각수 순환펌프의 소요동력(kW)

펌프 동력(Ls)$=\dfrac{1,000\times3.3\times10.94}{102\times60\times0.65}=9.08[kW]$

※ Q= L/min(LPM)

암모니아 냉매를 사용하는 냉동사이클에서 다음 조건으로 운전될 때 그 냉동능력은 14,000kJ/h 으로 산정한다. 다음 물음에 답하시오.(단, 소수점 둘째자리에서 반올림)

[조건]
압축기 흡입측 비체적(V_s) : 0.104m³/kg
증발기 입구측 엔탈피(H_4) : 448kJ/kg
압축기 흡입측 엔탈피(H_1) : 556kJ/kg
압축기 토출측 엔탈피(H_2) : 598kJ/kg

1. 냉동효과(kJ/kg)를 구하시오.
2. 냉매순환량(kg/h)를 구하시오.
3. 압축기흡입 냉매(가스)량(m³/h)을 구하시오.
4. 냉동기의 소요동력(kW)을 구하시오.
5. 냉동기의 성적계수를 구하시오.

정답

냉동기의 몰리에르 선도에서 계산

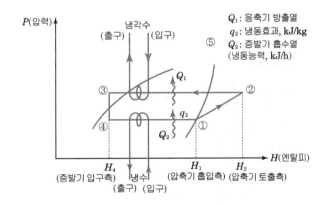

1. 냉동효과 $q_2 = H_1 - H_4 = 556 - 448 = 108 \text{kJ/kg}$

2. 냉매 순환량 계산은 $Q_2 = G \cdot q_2$에서, $G = \dfrac{Q_2}{q_2} = \dfrac{14,000 \text{kJ/h}}{108 \text{kJ/kg}} = 129.6 \text{kg/h}$

3. 압축기 흡입 냉매(가스)량

$G(\text{kg/h}) = V(\text{m}^3/\text{h}) \times \dfrac{1}{v_s(\text{m}^3/\text{kg})}$ 에서,

$\therefore V = m \times v_s = 129.6 \text{kg/h} \times 0.104 \text{m}^3/\text{kg} = 13.5 \text{m}^3/\text{h}$

4. 소요동력 $L(\text{kW}) = G \times \Delta H = G \times (H_1 - H_4) = 129.6 \text{kg/h} \times (598 - 556) \text{kJ/kg} = 5,443.2 \text{kJ/h}$

$\qquad = 5443.2 \text{kJ} / 3600 \text{sec} = 1.5 \text{kW}$

※ 1J/sec = 1W

5. 성능계수 $\text{COP} = \dfrac{q_2}{A_L} = \dfrac{H_1 - H_4}{H_2 - H_1} = \dfrac{556 - 448}{598 - 556} = 2.6$

예제 09

냉동능력 14,040[kJ/h]인 암모니아용 냉동장치에 대한 조건들이 아래와 같을 때 각 물음에 답하시오.

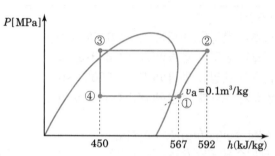

1. 냉동효과(kJ/kg)를 구하시오.
2. 냉매순환량(kg/h)을 구하시오.
3. 압축기 흡입 가스량(m³/h)을 구하시오.
4. 압축기 소요동력(kW)을 구하시오.
5. 성적계수를 구하시오.

정답

1. 냉동효과

$$q = h_1 - h_4 = 567 - 450 = 117[\text{kJ/kg}]$$

2. 냉매순환량

$$G = \frac{Q}{q} = \frac{14,040}{(567 - 450)} = 120[\text{kg/h}]$$

3. 압축기 흡입 가스량

냉매순환량 $G = \dfrac{Q}{q} = \dfrac{V}{v_a} \times \eta_v$

여기서, Q : 냉동능력[kJ/h]

q : 냉동효과[kJ/kg]

V : 피스톤 토출량[m³/h]

v_a : 흡입가스 비체적[m³/kg]

n_v : 체적효율[%]

$$V = \frac{G \cdot v_a}{n_v} = G \cdot v_a = 120 \times 0.1 = 12[\text{m}^3/\text{h}]$$

☞ η_v(체적효율)이 문제 조건에서 주어지지 않았으므로 1로 가정하고 계산한다.

4. 소요동력

$$L = G(h_2 - h_1) = \frac{120 \times (592 - 567)}{3,600} = 0.83[\text{kW}]$$

5. 성적계수

$$\text{COP} = \frac{h_1 - h_4}{h_2 - h_1} = \frac{(567 - 450)}{(592 - 567)} = 4.68$$

예제 10

냉방시스템이 다음 P-h(압력-엔탈피)선도와 같은 증기압축식냉동사이클로 운전 될 때 다음 물음에 답하시오.(6점)　　　　　　　　　　　　　　　[17년 실기]

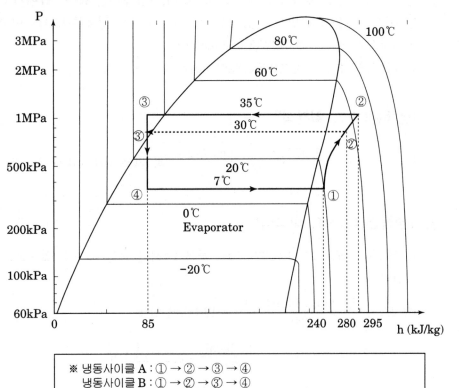

※ 냉동사이클 A : ① → ② → ③ → ④
　 냉동사이클 B : ① → ② → ③ → ④

1) 냉동사이클 A와 B의 성적계수(COP)를 각각 계산하시오.

2) 냉방부하가 일정한 경우, 냉동사이클이 A에서 B로 변경될 수 있는 응축기(실외기) 설치 조건을 2가지 서술하시오.

정답

1)

$$\text{COP}_A = \frac{h_1 - h_4}{h_2 - h_1} = \frac{240 - 85}{295 - 240} = 2.818 \fallingdotseq 2.82$$

$$\text{COP}_B = \frac{h_1 - h_4}{h_2{}' - h_1} = \frac{240 - 85}{280 - 240} = 3.875 \fallingdotseq 3.88$$

답 : $\text{COP}_A = 2.818 \fallingdotseq 2.82$　　　$\text{COP}_B = 3.875 \fallingdotseq 3.88$

2)
① 공랭식 응축기를 수냉식 응축기로 변경하였을 경우
② 지하수 개발

핵심 17 냉동능력

냉동기의 능력을 냉동톤(RT)으로 표시하며, 1냉동톤은 표준기압에서 0℃의 물 1톤을 24시간 동안 0℃의 얼음으로 만드는 능력을 말한다. 미터제 냉동톤(RT)과 미국냉동톤(USRT)이 있다.
- 미국식인 경우 : 3,516W(3,024kcal/h)
- 일본식인 경우 : 3,860W(3,320kcal/h)

1. 1냉동톤(1RT, 일본식)

$$1냉동톤(1RT) = \frac{1,000kg \times 79.7kcal/kg}{24h} = 3,320kcal/h = 3,860W = 3.86kW$$

2. 1냉동톤(1USRT, 미국식)

1USRT는 온도 32℉인 2,000 lb의 물을 24시간 동안 32℉의 얼음으로 만드는데 필요한 열량을 말한다.

$$1USRT = \frac{2,000lb \times 144BTU/lb}{24h} = 12,000BTU/h$$

$$= 12,000BTU/h \times \frac{0.252kcal}{1BTU} = 3,024kcal/h$$

$$1USRT = \frac{12,000BUT/h \times 1.055kJ/BTU}{3,600s/h} = 3,516W = 3.516kW$$

☞ 우리나라에서도 냉동능력의 단위로 보통 kW 또는 USRT를 사용한다.
　1USRT = 3,516W

| 참고 |

- 냉각톤 : 1냉동톤의 능력을 발휘하기 위해 대기 중으로 배출하여야 할 열량
　1 냉각톤 = 1냉동톤(3,024[kcal/h]) + 냉동톤당 전기입력의 열(1kW = 860kcal/h)
　　　　= 3,884 kcal/h ≒ 3,900 kcal/h
　　　　= 4,535W = 4.535kW
　　　　(※ 1kcal/h=1.163W)
　1 lb = 0.4535924kg

예제 01

냉동톤 RT의 정의를 설명하시오.

정답

냉동기의 능력을 냉동톤(RT)으로 표시하며, 1냉동톤은 표준기압에서 0℃의 물 1톤을 24시간 동안 0℃의 얼음으로 만드는 능력을 말한다. 산업현장에서는 일반적으로 USRT를 많이 이용하며 1USRT는 3,516W이다. 미터제 냉동톤(RT)과 미국냉동톤(USRT)이 있다.

① 미국식인 경우 : 3,516W(3,024kcal/h)

② 일본식인 경우 : 3,860W(3,320kcal/h)

1. 1냉동톤(1RT, 일본식)$=\dfrac{1,000\text{kg}\times79.7\text{kcal/kg}}{24\text{h}}=3,320\text{kcal/h}=3,860\text{W}=3.86\text{kW}$

2. 1USRT는 온도 32℉인 2,000 1b의 물을 24시간 동안 32℉의 얼음으로 만드는데 필요한 열량을 말한다. 얼음의 융해열은 144BTU/lb이다.

$$1\text{USRT}=\dfrac{2,000\text{lb}\times144\text{BTU/lb}}{24\text{h}}=12,000\text{BTU/h}$$

$$=12,000\text{BTU/h}\times\dfrac{0.252\text{kcal}}{1\text{BTU}}=3,024\text{kcal/h}$$

$$1\text{USRT}=\dfrac{12,000\text{BUT/h}\times1.055\text{kJ/BTU}}{3,600\text{s/h}}=3,516\text{W}=3.516\text{kW}$$

예제 02

냉각수 입구온도가 32℃, 출구온도가 37℃, 냉각수량 100ℓ/min인 수냉식 응축기가 있다. 압축기에 사용되는 동력이 8kW라면 이 냉동장치의 냉동능력은 약 몇 냉동톤(RT)인가?(단, 물의 비열은 4.19kJ/kg·K 이다.)

정답

$$\text{RT}=\dfrac{Q-A_L}{3,860}=\dfrac{100\times60\times4.19\times(37-32)-(8\times3,600)}{3,860\times3.6}=6.97\text{RT}$$

예제 03

급수량 산정에 있어 냉각수를 필요로 하는 냉방용 또는 주방용 압축식 냉동기의 냉각수 (l/min)는? (단, 물의 비열 4.19kJ/kg·K이며, USRT=미국냉동톤이다)

정답

미국 1냉동톤(1USRT) = 3,516W = 3.516kW = 3.516kJ/s = 12,657.6kJ/h
응축부하는 냉동부하의 1.3배 정도이므로 12657.6kJ/h×1.3 = 16455kJ/h이다.
냉각량(q_c) = $G \cdot C \cdot \Delta t$[kJ/h]
냉각량(q_c) : kJ/h
　　　　G : 공기량(kg/h)
　　　　Q : 체적량(m³/h)
　　　　C : 물의 비열(4.19kJ/kg·K)
　　　　Δt : 냉각전후온도차
$\therefore G = \dfrac{q_c}{60C\Delta t} = \dfrac{16,455}{60 \times 4.19 \times 5} = 13\,l/min$
　(냉각수 온도차를 5deg℃로 환산)

핵심 18　냉동기

[냉동기의 종류]

방식	종류		냉매	용량	용도
증기 압축식	왕복동식 냉동기 (reciprocating 냉동기)		R-12, R-22 R-500, R-502	1~400kW	룸 에어컨(소용량) 냉동용
	원심식 냉동기 (turbo 냉동기)		R-11, R-12 R-113	밀폐형 : 80~1,600USR₁	일반 공조용
				개방형 : 600~10,000USR₁	지역 냉방용
	회전식	로터리식 냉동기	R-12, R-22 R-21, R-114	0.4~150kW	룸 에어컨(소용량) 선박용
		스크류식 냉동기	R-12, R-22	5~1,500kW	냉동용, 히트 펌프용
	증기 분사식 냉동기		H₂O	25~100USR₁	냉수 제조용
흡수식	흡수식 냉동기		H₂O LiBr(흡수액)	50~2,000USR₁	일반 공조용 폐열, 태양열 이용

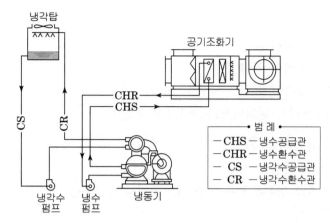

[냉동장치 계통도]

1. 압축식 냉동기

(1) 냉동사이클

압축기 → 응축기 → 팽창밸브 → 증발기

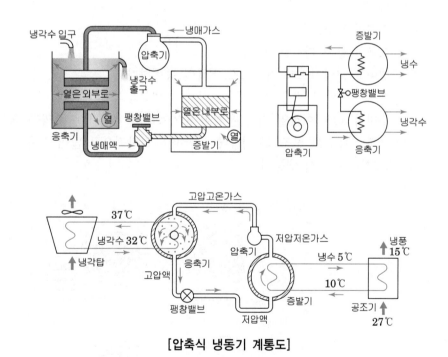

[압축식 냉동기 계통도]

(2) 특징

① 운전이 용이하다.

② 초기 설비비가 적게 든다.

③ 기계적 동작에 의하여 소음이 크다.

④ 구동에너지가 전기이므로 전력소비가 많다.

(3) 압축식 냉동기의 종류

① 왕복동식 냉동기

㉠ 피스톤의 왕복운동에 의해 냉매증기를 압축하는 형식

㉡ 특징

· 회전수가 크므로 냉동능력에 비해 기계가 적고 가격이 싸다.

· 높은 압축비를 필요로 하는 경우에 적합하다.

· 냉동용량을 조절할 수 있다.

· 피스톤의 왕복운동에 의한 진동 및 소음이 크다.

㉢ 용도 : 냉동 및 중소규모의 공조, 히트펌프

② 터보식 냉동기

㉠ 임펠러의 원심력에 의해 냉매가스를 압축하는 형식

㉡ 특징

· 수명이 길고, 유지 및 보수가 쉽다.

· 효율이 좋고 가격도 싸다.

· 냉매는 고압가스가 아니므로 취급이 용이하다.

· 흡수식에 비해 소음 및 진동이 심하다.(왕복동식에 비하면 진동이 적다.)

· 부하가 30% 이하일 때는 운전이 불가능하여 겨울에는 주의를 요한다.[서징(surging)현상]

㉢ 용도 : 대규모 공조 및 냉동에 적합하며 일반적으로 많이 사용

③ 스크롤(scroll)식 냉동기

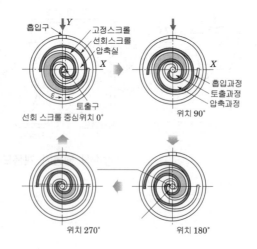

㉠ 작동원리

　　선회 스크롤과 고정 스크롤이 맞물려 돌면서 압축가스의 용적이 선회스크롤의 회전에 따라 감소되며 압력이 상승하여 중심부의 토출구로 토출하는 형식의 압축기

㉡ 특징

　• 진동 및 소음이 적다

　• 체적 효율이 높아 큰 압축비의 히트펌프에 적용할 수 있다.

　• 고속화가 가능하고 압축이 연속적이다.

　• 부품수가 적고 소형경량이다.

　• 흡입 및 토출밸브가 없다.

　• 높은 정도의 정밀기계 가공이 필요하다.

㉢ 제어방식

　　인버터에 의한 회전수 제어

㉣ 용도

　　package 공조기, 룸에어콘, 자동차 에어콘

㉤ 적용냉매

　　HFC계, 암모니아 등

④ 스크류(screw)식 냉동기

㉠ 작동원리

　　숫로터와 암로터의 회전운동에 따른 용적 감소를 이용하여 냉매가스를 압축

㉡ 특징

　• 원심냉동기와 왕복동 냉동기의 중간 용량범위에 적용

　• 높은 압축비에 적합하므로 히트펌프나 냉동설비에 적용

　• 진동이 적다.

　• 흡입 및 토출변이 없다

㉢ 제어방식

　• 슬라이드(Slide)밸브에 의한 무단계 연속용량제어 : 밸브를 축방향으로 이동시켜 흡입가스를 By-pass 시킨다.

　• 회전수제어

㉣ 용도

　　공조설비, 냉동설비(식품, 화학, 선박), 히트펌프 등

㉤ 적용냉매

　　HFC계, 암모니아 등

2. 흡수식 냉동기

(1) 단효용 흡수식 냉동기

흡수식 냉동기는 0.1MPa 정도의 저압증기 또는 80~90℃의 온수로 구동하는 단효용 흡수식 냉동기를 기본형으로 하며

증발기 → 흡수기 → 재생기(발생기) → 응축기로 구성되어 있다.
$$\uparrow$$
열교환기

① 증발기 내에서 냉수로부터 열을 흡수, 물은 증발하여 수증기가 되어 흡수기로 들어간다.
② 흡수기 내에서 수증기는 염수용액에 흡수되며, 희석용액(냉매+흡수제)은 발열 때문에 냉각수에 의해 냉각되어 발생기에 보내진다.
③ 재생기(발생기)내에서 고온수나 고압 증기에 의해 가열되어 희석용액 중 수증기는 응축기로 보내어지고 진한 용액은 흡수기로 되돌아간다.
④ 재생기(발생기)로부터 유입된 수증기는 저압의 응축기에서 응축되어 물이 되며 다시 증발기로 들어간다.

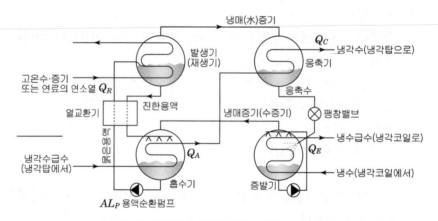

[흡수식 냉동기의 원리도(1중 효용 : 단효용)]

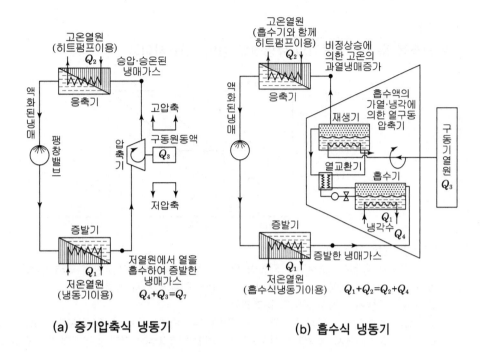

(a) 증기압축식 냉동기   (b) 흡수식 냉동기

[증기압축 냉동사이클과 흡수 냉동사이클]

① 작동원리

흡수제의 강한 흡수성을 이용하여 증발기 내의 냉매를 증발시켜 그 증발열로 전열관내의 물을 냉각시키는 방식

② 특징

· 운전시 진동 소음이 적다.

· 1대로 냉 · 온열원기를 겸할 수 있다.

· 건물의 수전용량을 줄일 수 있다.(여름철 전력수요 peak-cut)

· 냉각 수온이 너무 낮거나 급격한 변동시 결정사고가 날 수 있다.

· 설치 공간이 크다.

· 초기 투자비가 비싸다.

· 하계에도 보일러를 운전해야하고 보일러의 유량제어 및 압력 조절이 어려우므로 숙련된 기술자가 필요하다.

|참고|

■ 단효용 흡수식 냉동기의 듀링선도 상의 작동 사이클

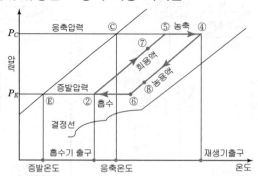

⑥∼② : 흡수기에서의 흡수작용
②∼⑦ : 재생기에서 흡수기로 되돌아 오는 고온 농용액과의 열교환에 의해 희용액의 온도상승
⑦∼⑤ : 재생기 내에서 비등점(boiling point)에 이르기 까지 가열과정
⑤∼④ : 재생기 내에서 용액의 농축과정
④∼⑧ : 흡수기에서 재생기로 가는 희용액과 열교환 하여 농용액의 온도강하 과정
⑧∼⑥ : 흡수기에서 농용액이 살포되면서 외부의 냉각수에 의해 농용액의 온도강하 과정
④∼ⓒ : 재생기에서 분리된 수증기가 응축기에서 냉각되어 응축되는 과정(응축압력 → P_C)
Ⓔ∼② : 증발기에서 냉매(물)가 증발하여 흡수기로 흡수되는 과정(증발압력 → P_E)

(2) 2중효용 흡수식 냉동기

① 흡수식 냉동기는 발생기의 형식에 따라 1종효용(단효용)식과 2중효용 흡수냉동사이클식이 있다. 2중효용식 흡수냉동사이클은 고온재생기와 저온재생기를 갖추고 있다.
② 저온재생기는 고온재생기보다 압력이 낮다. 따라서 고온재생기보다 낮은 온도에서 다시 한번 증기가 발생한다.
③ 고온재생기와 저온재생기가 있어 단효용 흡수식에 비해 효율이 높다.
④ 냉매증기는 수증기이고 증기보일러와 연동하여 구동한다.
⑤ 단효용 흡수식 냉동기보다 에너지 절약적이고 냉각탑 용량을 줄일 수 있다.

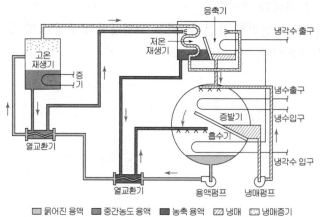

□ 묽어진 용액 ▨ 중간농도 용액 ■ 농축 용액 ▧ 냉매 ▤ 냉매증기

[2중 효용 흡수식 냉동기의 원리]

(3) 3중효용 흡수식 냉동기

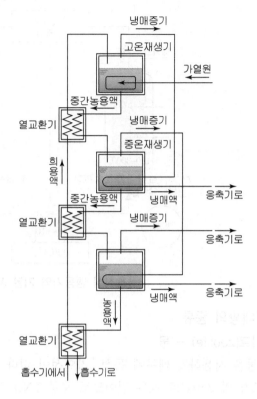

제 1단의 고온재생기의 가열에너지를 고온, 중온, 저온 3단의 재생기에서 효율적으로 이용하는 형식이다. 3중효용 흡수식 냉동기가 실용화되어 흡수식 냉동기의 성적계수 향상에 크게 기여하였다.

3. 흡착식 냉동기

흡착식 냉동기는 흡수식 냉동기와 더불어 비프레온화와 폐열 이용이라는 관점에서 주목을 받고 있는 냉동방식으로, 냉동원리는 흡수식과 비슷하나, 흡수기 대신 흡착기가 있으며 흡수식에는 흡수용액이 냉매와 같이 순환하지만 흡착식에서는 흡착제는 고정되어 있고 냉매만 순환한다는 점이 다르다.

(1) 작동원리

흡착식 냉동기는 흡착기(absorber), 응축기, 증발기, 흡착질(냉매) 용기로 구성되며, 기본 사이클은 흡착 사이클과 탈착 사이클로 나누어진다. 흡착식 냉동기의 기본 사이클은 그림과 같다.

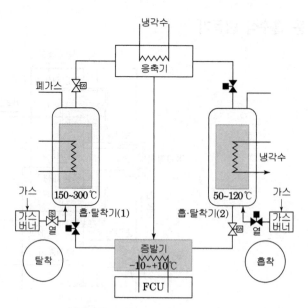

[흡착식 냉동기의 기본 사이클]

(2) 흡착제 냉매쌍의 종류

① 제올라이트(zeolite) – 물

- 냉매로 물을 사용하기 때문에 독성, 가연성이 없다.
- 탈착온도가 약 250℃로 높은 편이므로 보통 LNG 직화식으로 가열하여 탈착(재생)한다.
- 가정 및 건물 냉난방에 적합한 시스템이다.

② 활성탄–메탄올

- 독성 및 가연성인 메탄올을 냉매로 사용하므로 누설시 위험요소가 있으나, 증발온도를 낮게 할 수 있어 냉방뿐만 아니라 냉동시스템에도 활용이 가능하다.
- 탈착 온도는 120℃ 정도이다.

③ 실리카겔 – 물

- 이 쌍의 특징은 80℃ 정도의 열원만 있으면 탈착이 가능하므로 저온폐열을 회수하여 사용할 수 있어 운전경비가 절약된다.

(3) 흡착식 냉동기의 장단점

① 장점

- 구동부분이 없어 진동·소음이 적다.
- 물, 메탄올 등을 냉매로 사용하므로 CFC와 같은 오존층파괴 문제가 없다.
- 흡수식에서와 같은 용액 결정의 우려가 없다.
- 흡수식에 비해 불응축가스(수소 등)의 발생이 적기 때문에 진공유지를 위한 추기조작이 필요 없다.

② 단점

- 흡착기는 주기적으로 흡·탈착이 전환되므로 열의 팽창 수축에 의한 누설의 우려가 있다.
- 앞으로 고효율 흡착제의 개발 등으로 시스템을 콤팩트화할 필요가 있다.

핵심 19 용량제어

1. 목적

① 경제적인 운전을 할 수 있다.
② 일정한 온도를 유지 할 수 있다.
③ 부하 감소로 흡입압력이 낮아져 생기는 습압축 및 압축비 상승을 막아준다.
④ 기동시 무부하 기동을 할 수 있다.

2. 일반적(공통적)인 제어방식

① 발정제어   ② 운전대수 제어   ③ 흡입압력 제어
④ Hot gas By-pass 제어   ⑤ 회전수 제어

3. 고속 다기통 압축기 용량제어

un – load system(일부 흡입변을 개방)

4. 스크류압축기 용량제어

Slide valve에 의한 무단계 용량 제어

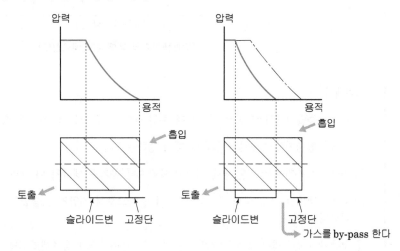

5. 원심식 압축기 용량제어

흡입 베인 제어

6. 흡수식 냉동기 용량제어

① 재생기에 공급하는 용액량을 조절하는 방법
② 재생기의 가열량을 조절하는 방법

예제 01

압축식 냉동기에서 쓰이는 냉매의 몰리에르선도를 그리고 간단히 설명하시오.

정답

횡축에 엔탈피(kJ/kg), 종축에 압력(MPa)을 표시하고 있으며, 포화액선보다 좌측 부분에서는 완전히 액체, 포화증기선의 우측 부분에서는 완전히 증기(기체), 양자의 중간에서는 액체와 증기가 서로 혼합된 습증기 상태로 등온선은 압력선과 평행하게 된다.

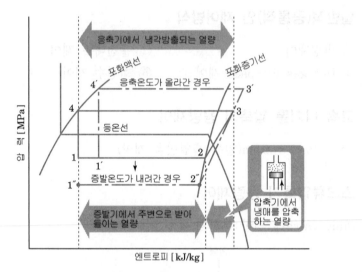

[압축냉동기의 냉매 몰리에르선도]

그림에서

① 1-2 : 증발기에서 냉매가 증발할 때 주위 물이나 공기로부터 빼앗은 열량

② 2-3 : 압축기에서 냉매를 압축할 때 발생하는 열량

③ 3-4 : 응축기에서 고온 냉매 가스가 냉각수나 공기로 냉각될 때 재방출되는 열량

④ 4-1 : 냉매를 작은 구멍 즉, 오리피스를 통하므로서 저압저온 습증기로 만드는 팽창밸브의 작용을 나타내고 있다.

⑤ 응축기에 공급되는 냉각수 온도가 올라가고, 냉매가스가 응축액화 하는 온도가 상승하여 그 사이클이 3′-4′처럼 되었다고 한다면, 압축기의 작용은 2-3′로 증대함에도 불구하고 이용할 수 있는 냉각능력 즉, 증발기에서 주위 물이나 공기로부터 빼앗을 수 있는 열량은 1′-2′로 되어 줄어버린다.

⑥ 또한 보다 낮은 온도의 냉수를 손에 넣기 위해서 증발기에서 냉매가 증발하는 온도를 내린 결과, 그 사이클이 1″-2″로 되었다고 한다면, 압축기의 작용은 2″-3″으로 되어 증대하지만 증발기에서 주위로부터 빼앗을 수 있는 열량은 1″-2로 감소된다.

이상에서 응축기에 공급되는 냉각수 온도를 내릴수록 그리고 증발기에서 냉매가 증발하는 온도를 올릴수록 냉동기의 냉각능력은 증대하게 된다.

예제 02

증기압축 냉동기에서 냉매가 순환하는 경로를 5단계 과정으로 쓰시오.

정답

압축기 → 응축기 → 수액기 → 팽창밸브 → 증발기

☞ 수액기 : 응축기와 팽창밸브 사이에 냉동작용을 위해서 응축된 냉매를 일시적으로 모아두는 저장 용기로서, 증발기에서 소비되는 냉매량이 변화하여도 냉동기의 운전을 원활하게 해준다.

예제 03

압축식 냉동기의 순환 원리에 대하여 설명하시오.

정답

냉동사이클 : 압축기 → 응축기 → 팽창밸브 → 증발기

1. 압축식(왕복식, 회전식, 터보식) 냉동기 → p-i 선도(Mollier 선도)
① 압축기(compressor) : 증발기에서 넘어온 저온 저압의 냉매 가스를 응축 액화하기 쉽도록 압축하여 응축기로 보낸다.
② 응축기(condenser) : 고온·고압의 냉매액을 공기나 물을 접촉시켜 응축 액화시키는 역할을 한다.
③ 팽창 밸브(expansion valve) : 고온 고압의 냉매액을 증발기에서 증발하기 쉽도록 하기 위해 저온·저압으로 팽창시키는 역할을 한다.
④ 증발기(evaporator) : 팽창 밸브를 지난 저온 저압의 냉매가 실내 공기로부터 열을 흡수하여 증발함으로 냉동이 이루어진다.

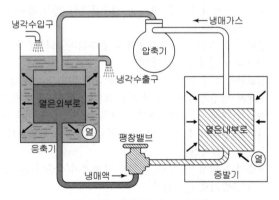

[압축기를 이용한 냉동사이클]

2. 특징
① 운전이 용이하다.
② 초기 설비비가 적게 든다.
③ 기계적 동작에 의하여 소음이 크다.
④ 구동에너지가 전기이므로 전력소비가 많다.

예제 04

흡수식 냉동기에 대하여 설명하시오.

정답

1. 원리
냉매를 흡수하는 형식으로 압축냉동기의 압축기가 하는 압축을 흡수제를 이용하여 화학적으로 치환해서 냉동사이클을 형성하는 냉동기이다.

2. 냉동 사이클
증발기 → 흡수기 → 발생기(재생기) → 응축기

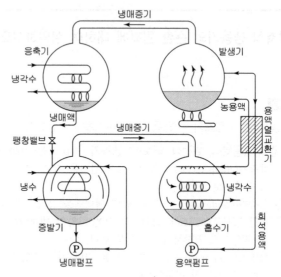

[흡수식 냉동기 작동원리]

① 증발기 : 냉각관 내를 흐르는 냉수로부터 열을 흡수하여 냉매(물)는 증발하여 수증기가 되어 흡수기로 들어간다.
② 흡수기 : 수증기는 염수용액에 흡수되며, 희석용액(냉매+흡수제)은 발열 때문에 냉각수에 의해 냉각되어 발생기에 보내진다.
③ 열교환기 : 흡수기에서 수증기를 흡수하여 희석된 용액은 재생기 용액펌프에 의해서 열교환기에 보내져 발생기에서 되돌아오는 고온의 진한용액과 열교환하여 가열된 다음 발생기로 보내진다.
④ 발생기(재생기) : 열교환기를 거쳐 발생기에 들어온 희석용액은 발생기 하부에 설치된 가열관에 의해 가열되어 용액 중의 냉매(물)의 일부를 증발시켜 응축기로 보내어지고 진한 용액은 다시 흡수기로 되돌아간다.
⑤ 응축기 : 발생기로부터 유입된 냉매증기(수증기)는 저압의 응축기에서 냉각 응축되어 물이 되며 다시 증발기로 들어간다.

3. 특징
① 증기나 고온수를 구동력으로 한다.
② 냉매는 물(H_2O), 흡수액은 브롬화리튬(LiBr) 사용한다.
③ 전력소비가 적다. (압축식의 1/3 정도)
④ 진동, 소음이 적다.
⑤ 증기 보일러가 필요하다.
⑥ 낮은 온도(6℃ 이하)의 냉수를 얻기가 곤란하다.

예제
05

2중 효용 흡수식 냉동기의 원리를 도시하고 각 부분의 작용을 설명하시오.

정답

1. 개요

① 2중 효용은 단효용에서 냉각수로 버려지던 냉매증기의 응축열을 다시 한번 이용함으로써 효율을 개선한 것으로, 고온/저온재생기와 고온/저온열교환기가 설치되어 있다.

② 2중 효용 흡수사이클에는 흡수기에서 유출하는 희용액의 일정량을 고온 및 저온재생기에 병렬로 흐르게 하는 병렬흐름과 전용액을 고온재생기로 보내는 직렬흐름이 있다.

③ 2중 효용 흡수식 냉동기의 구동열원으로는 압력 8[atg]의 고압증기나 180[℃] 이상의 고온수가 사용되며, 성적계수는 1.2~1.3 정도이다.

2. 2중 효용 흡수식 냉동사이클의 해석

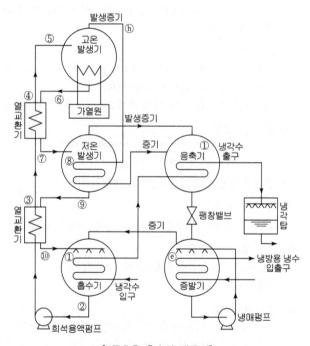

[2중효용 흡수식 냉동기]

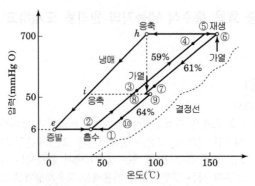

[2중효용 흡수식 냉동기 듀링선도(Duhring Chart)]

(1) ① → ② 과정
① 흡수기에서 LiBr용액(농용액)이 증발기에서 오는 수증기를 흡수하여 희용액이 된다.
② 이때 농용액(약 64[%])은 냉매를 흡수하여 희용액(약 59[%])으로 되며 발생된 흡수열은 냉각수에 의해 제거된다.

(2) ② → ③ → ④ 과정
① 흡수기에서 재생기로 가는 희용액을 재생기에서 흡수기로 내려오는 고온의 농용액과 차례로 열교환하여 희용액의 온도를 상승시킨다.
② 희용액을 열교환함으로써 고온재생기에서의 가열량을 줄일 수 있다.

(3) ⑤ → ⑥ 과정
① 고온재생기 내에서 희용액의 비점까지 가열하여 수증기(냉매증기)를 이탈시켜 LiBr 용액이 농축되어 중간용액으로 된다. (약 61%)
② 발생된 수증기는 저온재생기로 유입된다.

(4) ⑥ → ⑦ 과정
중간용액은 흡수기에서 재생기로 가는 희용액과 열교환하여 온도가 강하된다.

(5) ⑦ → ⑧ → ⑨ 과정
저온재생기에서 중간용액(61%)이 고온재생기에서 온·고온의 냉매증기와 열교환하여 재농축되면서 농용액(64%)이 된다.

(6) ⑨ → ⑩ 과정
① 저온재생기를 나온 농용액이 저온열교환기를 거치면서 냉각된다.
② 열교환하여 열을 방출함으로써 흡수기에서의 냉각수량을 감소시킬 수 있다.

(7) ⑩ → ① 과정
온도가 저하된 농용액은 흡수기 내에 살포되면서 냉각수에 의해 온도가 강하된다.

(8) ⓗ → ⓘ 과정
고온재생기에서 발생된 고온의 수증기가 저온재생기로 유입되어 중간농액을 재차 가열하여 농용액으로 만든 후 응축기로 유입된다.

(9) ⓔ → ② 과정
증발기에서 냉매(물)가 증발하여 흡수기로 흡수된다.

예제 06

3중 효용 흡수식 냉동기의 원리를 도시하고 각 부분의 작용을 설명하시오.

정답

1. 개요

① 최근 제안되고 있는 냉방사이클로 2중 효용에 재생기를 1개 더 설치하여 에너지절약을 도모하고 냉매증기를 다단계로 이용하여 냉각수량을 줄일 수 있다.

② 제1재생기(고온재생기)에서 발생된 냉매증기(수증기)는 제2재생기(중온재생기)에서 용액을 가열, 농축시키고, 제3재생기(저온재생기)로 유입되어 열원으로 사용된다.

③ 3중 효용의 성적계수는 1.4~1.6 정도로 단효용 0.65~0.7, 2중 효용 1.2~1.3에 비해 높다.

2. 3중효용 흡수식 냉동기의 사이클 해석

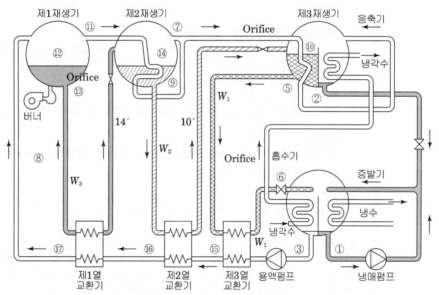

[3중효용 흡수식 냉동기 장치구성도]

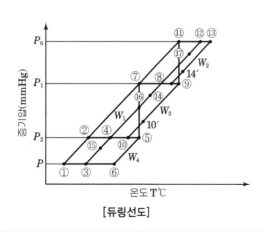

[듀링선도]

(1) 흡수기 ⑥ → ③ 과정
① 흡수기의 LiBr 농용액(64[%])이 증발기에서 유입되는 수증기를 흡수하여 희용액(58[%])이 된다.
② 이때 흡수열이 발생하는데 냉각수에 의해 제거된다.

(2) 열교환기(제1, 제2, 제3열교환기) ③ → ⑫ 과정
흡수기에서 재생기로 가는 희용액을 재생기에서 흡수기로 내려오는 고온의 농용액과 열교환하여 희용액의 온도를 상승시킨다.

(3) 고온재생기(제1재생기) ⑫ → ⑬ 과정
① 고온재생기 내에서 희용액의 비점까지 가열하여 수증기(냉매증기)를 이탈시켜 LiBr 용액이 농축(60[%])되어 제2재생기로 유입된다.
② 발생된 수증기는 중온재생기로 유입되어 용액을 재차 농축시킨다.

(4) 중온재생기(제2재생기) ⑭ → ⑩ 과정
고온재생기에서 농축유입된 용액과 수증기는 재차 농축(62[%])되어 용액과 수증기는 중온재생기로 유입된다.

(5) 저온재생기(제3재생기) ⑩ → ⑥ 과정
저온재생기에서 농축유입된 용액과 수증기는 최종 농축(64[%])되어 용액은 흡수기로, 수증기는 응축기로 유입되어 응축된다.

(6) 흡수기 ⑥ → ③ 과정
온도가 저하된 농용액은 흡수기 내에 살포되면서 냉각수에 의해 온도가 강하된다.

(7) 응축기
제3재생기에서 발생한 냉매증기와 제2재생기에서 발생하여 제3재생기의 열원으로 사용된 냉매액이 함께 유입되어 응축된다.

(8) 증발기
증발기에서 냉매(물)가 증발하여 흡수기로 흡수된다.

3. 기술적으로 예상되는 문제점
① 재생기 3개와 열교환기 3개 등 설계가 복잡하고 제작이 어려워 제조단가가 비싸다.
② 응축온도가 하락되어 저온열교환기에서 결정이 석출되어 배관이 막히기 쉽다.
③ 부품수가 많고 제어가 복잡하여 고장발생률이 증가할 수 있다.

예제
07

흡수식 Heat pump의 개념 및 원리를 설명하시오.

정답

1. 개요
① 흡수식 냉동기와 같은 사이클을 이용하여 증발기에 공급된 열을 승온하여 얻은 온수를 난방이나 급탕에 이용하며, 제1종과 제2종 흡수식 히트펌프가 있다.
② 제1종 흡수식 히트펌프는 흡수기와 응축기에서 승온된 물을 온수로 이용한다.
③ 제2종 흡수식 히트펌프는 흡수식 냉동기의 사이클을 역으로 운전하여 고온의 온수를 얻는다.

2. 제1종 흡수식 히트펌프

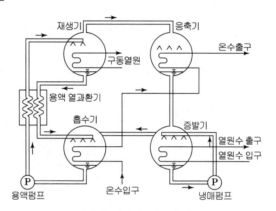

[제1종 흡수식 히트펌프]

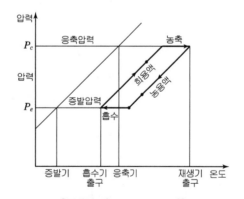

[듀링선도(Duhring Chart)]

(1) 개념 및 원리
① 증발기에 온도가 낮은 온배수가 공급되고, 재생기는 가스나 증기의 구동열원이 공급된다.
② 온수는 흡수식 냉동기의 냉각수라인을 활용하여 흡수기의 흡수열과 응축기의 응축열에 의해 얻어진 열량으로 온수를 취출한다.
③ 그러나 흡수기와 응축기의 배열을 온수가열에 이용하기 때문에 공급된 구동열원의 열량에 비하여 온수의 열량은 크지만 온수의 승온폭이 작아 온수의 온도가 낮다.
④ 건물이나 공장의 공정 중에 배출되는 냉수의 열을 회수하여, 난방이나 급탕 또는 공정 중의 온수를 공급하는 데 사용할 수 있다.

(2) 성적계수

① 보통 온수의 온도는 60[℃] 정도로, 재생기 가열원의 온도보다 낮으나 증발기 흡열량만큼 에너지를 추가로 이용하므로 성적계수는 항상 1보다 크게 된다.

② 증발기에서 회수하는 열량이 많을수록 재생기에서의 가열량을 줄일 수 있으므로 증발기의 열원수(배수)를 가급적 많이 회수하면 성적계수를 높일 수 있다.

③ 성적계수(COP$_H$)

흡수열 Q_A+응축열 Q_C=발생기 가열량 Q_G+증발기 취득열량 Q_E

$$COP_H = \frac{출력(이용열량)}{입력(공급열량)} = \frac{흡수열\ Q_A+응축열\ Q_C}{발생기\ 공급열\ Q_G} = \frac{Q_G+Q_E}{Q_G}$$

$$= 1 + \frac{Q_E}{Q_G} = 1 + COP_C$$

여기서, COP$_H$: 흡수식 히트펌프 성적계수, COP$_C$: 흡수식 냉동기 성적계수

④ 제1종의 성적계수는 $\dfrac{Q_E}{Q_G}$ 가 40~45[%]이므로 COP$_H$=1.4~1.45 정도이다.

3. 제2종 흡수식 히트펌프

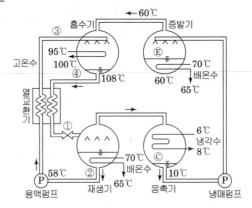

[제2종 흡수식 히트펌프]

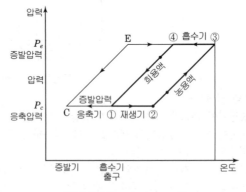

[듀링선도(Duhring Chart)]

(1) 개념

① 고온의 구동열원 없이 60[℃] 정도의 배수나 폐열원을 이용하여 고온의 온수를 얻는다.

② 열회수는 증발기와 재생기에서 하며, 100[℃] 정도의 온수는 흡수기로부터 취출한다.

③ 냉각수의 온도가 낮을수록 고온의 온수를 얻을 수 있다.

④ 구동열원이 온배수(폐수)보다 50[℃] 가량 높은 온수를 얻을 수 있으므로 공업용으로 또는 지역냉난방용으로의 사용이 기대된다.

(2) 원리

① 증발기에 공급된 폐열의 열을 냉매(물)에 주고, 이 열에 의해 증발한 냉매증기는 흡수기에서 흡수액(LiBr 수용액)에 흡수된다.

② 이때 발생한 흡수열이 흡수기를 통하는 물을 가열하여 온수를 만든다.

③ 온수의 온도는 흡수되는 냉매의 포화온도보다 용액의 비점상승분만큼 높아진다.

④ 흡수기의 희용액은 교축밸브를 통해 발생기로 들어오며, 발생기에는 배온수에 의해 가열되어 농축된다. 농용액은 펌프에 의해 흡수기로 공급된다.

⑤ 흡수식 냉동기나 제1종 흡수식 히트펌프와는 달리 증발기 및 흡수기의 압력이 재생기나 응축기보다 높은 압력에서 작동한다.

⑥ 또한 듀링선도로 나타낼 때 흡수 사이클의 흡수액의 순환방향이 제1종과 반대이다.

(3) 성적계수

흡수열 Q_A+응축열 Q_C=발생기 가열량 Q_G+증발기 취득열량 Q_E

$$COP_H = \frac{출력(이용열량)}{입력(공급열량)} = \frac{흡수열\ Q_A}{증발기\ Q_E+발생기\ Q_G} = \frac{Q_E+Q_G-Q_C}{Q_E+Q_G}$$

$$= 1 - \frac{Q_C}{Q_E+Q_G} \ \langle \ 1$$

성적계수는 보통 0.5 정도로 항상 1보다 작지만, 공급열량을 폐열로 이용하면 성적계수는 무한대가 된다.

예제 08

압축식 냉동기와 흡수식 냉동기를 비교 설명하시오.

정답

구 분	압축식 냉동기	흡수식 냉동기
주요기기	압축기	흡수용액(LiBr 수용액), 용액순환펌프, 흡수기, 발생기(재생기)
	응축기	응축기
	팽창밸브	U자 트랩 또는 오리피스
	증발기	증발기
	중간 냉각기	용액 열교환기
냉매	R_{11}, R_{22}, R_{123} 등 프레온계	증류수(H_2O)
동력원	전기(전력소비가 많다)	연료 및 증기, 온수, 폐가스와 소량전기(압축식의 1/3 정도)
운전 중 기내의 압력	증발기 : 진공 또는 대기압 이상 응축기 : 대기압 이상	진공(6~7[mmHg])
소음 및 진동	회전부분이 많아 소음 및 진동이 많다.	회전부분이 적어 소음 및 진동이 적다.
설비비	적게 든다	많이 든다
성적계수(COP)	3~5	단효용 : 0.7 2중효용 : 1~1.2

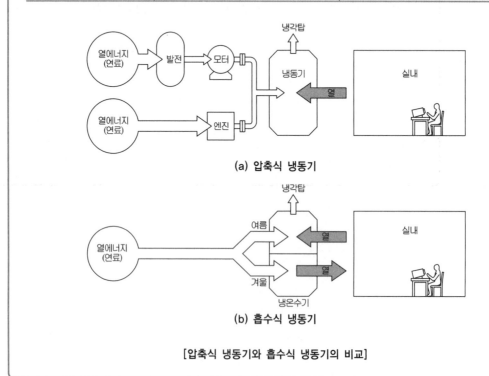

(a) 압축식 냉동기

(b) 흡수식 냉동기

[압축식 냉동기와 흡수식 냉동기의 비교]

예제 09

흡수식 냉동기의 장단점을 설명하시오.

정답

1. 원리
냉매를 흡수하는 형식으로 압축냉동기의 압축기가 하는 압축을 흡수제를 이용하여 화학적으로 치환해서 냉동사이클을 형성하는 냉동기이다.(열에너지에 의해 냉동효과를 얻는 냉동기)

2. 장점
① 진동, 소음이 적다.
② 냉동능력 감소가 적다
③ 증기를 열원으로 이용할 경우 전력소비가 적다. (압축식의 1/3 정도)
④ 자동제어가 용이하며, 연료비가 적게 들어서 운전비가 절감된다.
⑤ 과부하의 경우에도 사고 우려가 없다.

3. 단점
① 압축식에 비해 성적계수가 낮고, 설치면적이 크다
② 설비비가 많이 든다.(증기 보일러가 필요)
③ 예냉시간이 길다.
④ 낮은 온도(6℃ 이하)의 냉수를 얻기가 곤란하다.

예제 10

흡수식 냉동기의 열교환기에 대하여 설명하시오.

정답

1. 개요
고온의 진한 용액과 저온의 묽은 용액을 열교환하여 재생기로 가는 묽은 용액을 가열하여 재생기에서 용액의 가열에 필요한 가열량을 줄여주고, 흡수기로 들어가는 진한 용액의 온도를 낮게 하여 흡수기에서의 냉각열량을 줄여주어서 연료소비량을 절감하고, 열효율을 향상할 목적으로 사용되는 것이 용액 열교환기이다.

2. 구성
2중효용의 경우 재생기가 고온재생기와 저온재생기로 구분되어 있으므로 용액 열교환기도 두 개로 되어 있다.
① 고온재생기로 가는 묽은 용액과 고온재생기에서 나오는 중간 용액이 열교환되는 것을 고온 열교환기라 한다.
② 저온 재생기로 가는 중간 용액과 저온 재생기에서 나오는 진한 용액이 열교환되는 것을 저온 열교환기라 한다.
③ 이 두 개의 열교환기가 하나의 열교환기로 제작되어 있는 일체형의 것이 대부분이지만, 이 역시 내부에서는 고온 열교환기와 저온 열교환기로 완전히 구분되어 있다.

3. 용액 열교환기의 종류
셀-튜브 열교환기, 판형 열교환기 등이 사용된다.

4. 기타 열교환기
① 급탕용 온수 열교환기 : 급탕 제조용 별도 열교환기
② 냉매 드레인 열교환기 : (저온)재생기의 응축냉매와 용액과 열교환 하여 열효율을 높이기 위한 열교환기(흡수기로부터 재생기로 가는 묽은 용액이 흡수식 열교환기의 열전달을 받을 수 있는 기회를 한 번 더 늘림)
③ 배기가스 열교환기 : 배기가스와 재생기 유입 용액 혹은 버너공급 공기온도를 가열하는 열교환기
④ 예냉기 : 흡수기 입구로 들어가는 흡수용액의 온도를 낮추어 유입포화온도와 흡수기의 포화온도와의 차이를 줄여서 프레싱 현상을 줄이기 위한 열교환기 등이 있다.

예제 11

냉동기(왕복식, 흡수식, 터보식)의 용량 제어법을 들고 설명하시오.

정답

개요 : 부하변동에 대응하여 경제적인 운전을 하고 경부와 기동이 용이하고 고내의 온도를 일정하게 유지하며 압축기를 보호하여 수명을 연장하기 위하여 용량 제어를 향한다.

1. 왕복식 냉동기
(1) 회전수 제어(speed control) : 압축기의 회전수를 가감하는 방법은 원동기, 즉 모터의 회전수를 가감해서 흡입냉매량을 조절하는 것이다.
(2) 바이패스법(by-pass Method) : 압축기의 토출 측과 흡입 측을 연결하는 방법으로 압축된 가스가 다시 저압측으로 되돌리는 방식
(3) 클리어런스 포켓법(Clearance Pocket) : 실더 헤드에 클리어런스 포켓을 설치하여 압축능력을 제어하고자 할 때 클리어런스 포켓의 피스톤을 움직여서 간극비(Clearance Ratio)를 조절한다.
(4) 언로더에 의한 부하경감법(Un-Loader system) : 언로더 장치에 의하여 일부 실린더를 놀리는 방법으로 부하에 따라 용량을 제어하는 방식

2. 흡수식
(1) 재생기로 보내는 용액량 제어에 의한 방법 : 희석용액 Line과 농축용액 Line 사이에 바이패스(by-pass)를 설치하고, 희석용액 Line에 농축용액 Line으로의 바이패스 양을 조절함으로써, 발생기에 보내지는 용액량을 제어하여 용량을 제어한다.
(2) 발생기 가열량을 조절하는 방법 : 발생기의 가열량을 조절하면 냉매 발생량이 변하고 이에 따라 흡수용액 농도가 변하여 흡수기에서 냉매 증기 흡수량이 조절되어 냉동능력이 제어된다.
(3) 냉각수 제어 : 흡수기와 응축기에 공급되는 냉각수량을 제어하여 용량을 조절한다.
(4) 대수 제어 : 냉동기를 복수대로 설치하여 부하에 따라 대수를 제어한다.
(5) 위의 방법을 조합하여 제어하는 방식

3. 터보 냉동기 용량 제어
(1) 회전수 제어(speed control)
(2) 흡입 가이드 베인 제어(Suction Guide Vane Control)
(3) 바이패스법(by-pass Method)
(4) 흡입 댐퍼 조절(Suction Damper Control)

예제 12

냉동기에서 에너지절약 방안을 쓰시오.

정답

1. 냉방부하의 감소
① 하절기 극서시간대에 외기 취입량을 감소시킨다.
② 나이트 퍼지(Night Purge)를 실시한다.
③ 차폐시설을 한다.

2. 냉동기 대수제어에 의한 부하 추종운전
① 저부하 영역에서는 단속운전을 실시한다.
② 저부하 영역에서는 냉수 출구온도를 상향조정해 준다.

3. 고효율 운전
(1) 운전관리 합리화
    ① 정격부하 상태로 운전한다.
    ② 냉각수와 냉수의 수질관리 철저
    ③ 적정공기비로 버너연소 운전
    ④ 적정한 냉매량, 냉수량, 냉각수량 유지
(2) 운전성능 개선
    ① 냉매의 과냉각도 개선
    ② 냉매의 과열도 개선
    ③ 응축기 및 증발기에서의 전열효율 개선
    ④ 압축일량 감소에 의한 압축기 소비동력 감소
    ⑤ 저부하운전 기동시에는 냉각팬(Fan) 먼저 가동하고, 고부하운전 기동시에는 냉각팬과 냉각수펌프를 모두 가동하며 정지시에는 펌프먼저 정지된 후에 팬이 정지되도록 제어한다.

4. 고효율 냉동기 선정
① 부하특성에 알맞은 냉동기를 선정·설치한다.
② 저부하 운전시 성능감퇴가 적은 것으로 선정한다.

5. 폐열 회수
① 배기열을 회수하여 냉수 및 냉각수 입구에서 예냉을 한다.
② 공정수 및 타 설비에도 이용한다.

6. 냉매의 적정한 압력 유지
① 증발압력은 가능한 높게 하고,
② 응축압력은 가능한 낮게 운전하여 효율을 증가시킨다.

7. 순환펌프에 인버터 제어시스템을 도입한다.
냉각수펌프, 냉수펌프, 냉각탑, 압축기에 대하여 회전수 제어를 실시하여 전력소비를 감소시킨다.

핵심 20 대체냉매

오존층(O_3)층을 파괴하는 CFC계의 냉매를 대체하는 물질

1. 대체 프레온의 요건

① 오존파괴지수(ODP)가 낮을 것
② 지구온난화지수(GWP)가 낮을 것
③ 무미, 무취, 무독(저독성), 불연성일 것
④ 단열성, 전기절연성이 우수할 것
⑤ 수분을 함유하지 말 것
⑥ 기존 장치의 큰 변경없이 적용 가능할 것
⑦ 혼합 냉매의 경우 가능한 한 단일 냉매와 유사한 특성일 것

2. 각종 대체 프레온

(1) HCFC - 22

오존파괴능력이 CFC-11의 1/20로 무공해 프레온의 하나로 빌딩의 에어컨 등에 사용되고 있다.

(2) HCFC - 123

CFC-11의 대체품으로 개발된 대체냉매로 주용도는 경질 우레탄폼의 발포제이나 발포성 기계강도의 저하가 보이고 있기 때문에 HCFC-141b와 혼합 등을 포함해 개발이 기대되고 있다.

(3) HFC - 134a

현재 가장 최적의 대체 프레온으로 주목받고 있다. 오존파괴지수(ODP)는 0, 비점 -26℃이다

| 참고 |

■ **ODP(Ozone Depletion Potential)**
CFC-11을 1.0으로 한 오존층 파괴력의 질량당 추정치
GWP(Global Warming Potential) : CFC-11을 1.0으로 한 온실효과의 질량당 추정치

■ **교토의정서 6대 온실가스(기후변화협약에서 규정한 지구온난화를 일으키는 온실가스)**
이산화탄소(CO_2), 메탄(CH_4), 아산화질소(N_2O), 수소불화탄소(HFCS), 과불화탄소(PFCS), 육불화황(SF_6)

핵심 21　냉각탑(Cooling tower)

응축기에서 발생한 응축잠열은 냉각수에 흡수된다. 응축잠열로 고온이 된 냉각수는 대기 중에 버려야 하는 데 이때 냉각수에 공기를 직접 접촉시켜 방열하는 장치를 냉각탑이라 한다. 즉, 응축기에서 냉각수가 빼앗은 열량을 냉각시켜 주는 역할을 하는 장치이다.

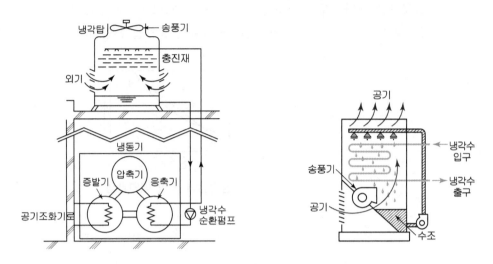

[냉동기와 냉각탑 연결도]

1. 종류

① 자연통풍형과 강제통풍형
② 직교류 냉각탑과 향류 냉각탑
③ 개방식 냉각탑과 밀폐식 냉각탑

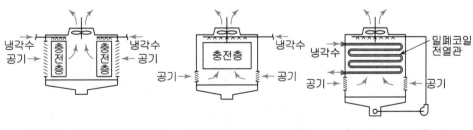

[개방식 직류교형 냉각탑]　　[개방식 향류형 냉각탑]　　[밀폐식 냉각탑]

2. 설계상 주의점

(1) 백연(白煙) 방지대책

외기온도가 낮은 겨울철이나 중간기에 냉각탑을 운전하는 경우에 고온에서는 거의 포화공기에 가까운 냉각탑의 출구 공기는 대기중으로 확산하는 과정에서 대기에 냉각되어 일시적으로 과포화의 안개가 섞인 공기로 되기 때문에 백연이 발생 한다.

① 열교환한 포화상태의 공기를 가열하여 상대습도를 내린 후 대기에 방출한다.

② 열교환한 포화상태의 공기와 대기를 가열한 공기를 혼합시켜 상대습도를 내린 후 토출한다.

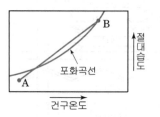

냉각탑에 의한 백연발생

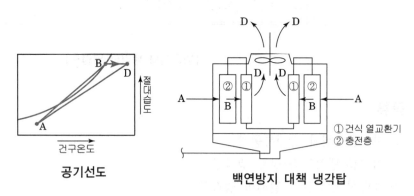

[냉각탑의 백연 방지대책(배기가열)]

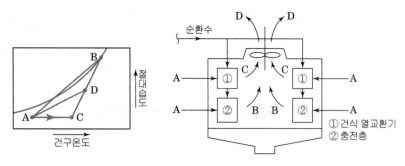

[냉각탑의 백연 방지대책(외기 가열 혼합)]

(2) 동결 방지대책

① 하부 수조내에 수중히터(heater)를 설치한다.

② 순환수에 부동액을 사용한다.

(3) 용량제어 시스템

① 회전수제어(인버터, 극수변화등)

② 송풍기 발정(發停) 제어 (on-off control)

③ 냉각수의 냉각탑 바이패스제어(2방변제어, 3방변제어)

④ 냉각탑 대수제어

(4) 프리쿨링(free cooling system)

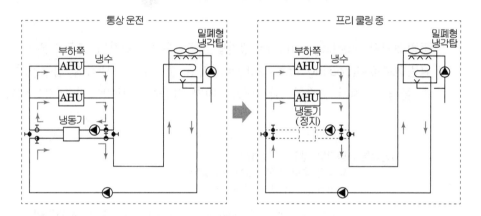

3. 냉각탑의 용량

일반적으로 증기 압축식 냉동기에 대한 냉각탑 용량은 냉동열량의 1.2~1.3배, 흡수식 냉동기에 대한 냉각탑 용량은 냉동열량의 2.5배이다.

※ 어프로치(approach) : 냉각탑에 의해 냉각되는 물의 출구 온도는 외기 입구의 습구(濕球) 온도에 따라 바뀌는데, 이때의 물 온도와 외기의 습구 온도차를 말하며, 냉각탑의 설계에 따라 크게 영향을 받는 값으로, 너무 작게 잡으면 냉각탑이 크게 되어 건설비, 운전비 등이 늘어나 비경제적이므로 보통 4~6℃(5℃) 부근으로 한다.

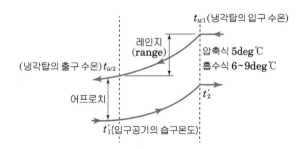

[냉각탑 내의 온도 변화(수온과 습공기온도의 변화)]

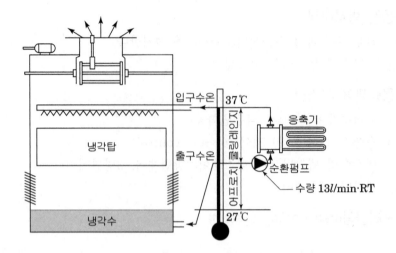

- **쿨링레인지 (cooling range)** = 냉각탑 입구 수온 - 냉각탑 출구수온
- **쿨링어프로치(cooling approach)** = 냉각탑 출구수온 - 냉각탑 입구공기 습구온도
  ※ 쿨링레인지가 클수록, 쿨링어프로치가 작을수록 냉각탑의 냉각능력이 우수하다.

1냉각톤 : 냉각탑 입구수온 : 37℃
　　　　　냉각탑 출구 수온 : 32℃ 일 경우
　　　　　냉각탑 순환수량 13L/minRT

냉각탑 냉각열량[kJ/s, kw] $= \dfrac{13}{60} \times 4.186 \times (37-32) = 4.53$[kw]

예제
01

냉각탑을 종류를 분류하고 설명하시오.

정답

냉동기의 응축기를 냉각시키기 위해 사용되는 물을 냉각수라 하고, 이 냉각수를 재활용하기 위한 장치를 냉각탑이라 한다.

1. 개방식
냉각수가 냉각탑 내에서 대기에 노출되는 개방회로 방식이다.

(1) 대향류형
냉각수는 상부에서 하부로 외부공기는 하부에서 상부로 서로 마주보는 형태로 접촉하게 된다.
① 장점 : 직교류형에 비해 설치면적이 적고, 기류 분포가 균등하여 냉각효율이 높으며, 동절기 결빙의 우려가 적다.
② 단점 : 냉각탑 높이가 높고, 많은 팬동력이 필요하며, 점검·보수가 불편하다.

(2) 직교류형
수평측에서 공기가 흡입되어 상방으로 공기를 불어내며 냉각수는 상부에서 하부로 살수하여 냉각수가 직각방향으로 접촉하여 열교환하면서 냉각수를 냉각시킨다.
① 장점 : 대향류형에 비해 팬 소요동력이 적고, 구조상 점검·보수가 쉬우며, 살수배관이 간단하다.
② 단점 : 설치면적이 넓고, 초기투자비가 많이 든다.

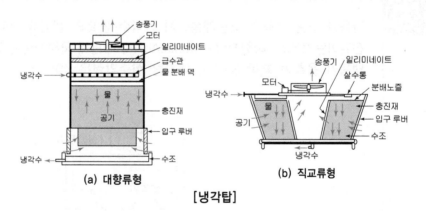

(a) 대향류형 (b) 직교류형

[냉각탑]

2. 밀폐식
① 냉각수는 배관 내를 통하게 하고 공기와 직접적으로 접촉하지 않는 상태에서 배관 외부에 물을 살수하며 살수된 물의 증발에 의해 배관내 냉각수를 냉각시키는 방식이다.
② 냉각수가 대기와 접촉하지 않아 수질오염이 방지되므로 대기오염이 심한 곳 등에서 적용된다.

예제 02

높이 30m에 설치된 냉각탑의 냉각수량은 3m³/min이다. 냉각수 이송펌프의 소요동력(kW)은? (단, 펌프효율 65%, 물의 밀도 1,000kg/m³)

정답

펌프 축동력$(Ls) = \dfrac{gQH}{\eta}$ [kW]

ρ : 액체 1m³ 밀도(kg/m³) → 물은 1,000kg/m³

g : 중력가속도(9.8m/s²)

Q : 냉각수량(m³/sec)

H : 전양정(m) → 30m

η : 효율(%) → 65%

∴ 펌프의 축동력 $= \dfrac{9.8 \times \dfrac{3}{60} \times 30}{0.65} = 22.62$ [kW]

예제 03

다음과 같은 냉각수 배관계통에서 냉각수 펌프의 전양정(mAq)은?(단, 냉각수 배관 전길이는 200m, 마찰저항은 40mmAq/m, 배관계 국부저항은 배관저항의 30%로 하고 냉동기 응축기 저항 8mAq, 냉각탑 살수압력은 40kPa, 1kPa은 0.1mAq로 한다.)

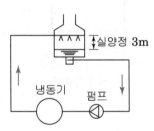

정답

펌프의 전양정(H)=실양정+배관마찰손실수두+기기저항수두+살수압력수두

= 3+(200×0.04×1.3)+8+(40×0.1)

= 25.4mAq

※ 40mmAq=0.04mAq

예제 04

터보냉동기의 정격 COP가 4.5이고 냉동능력은 300USRT 일 때 냉각탑의 적정용량 (MJ/h)을 계산하시오.

정답

냉각탑의 용량(능력)은 압축기의 소요동력과 증발기부하를 합친 열량을 냉각탑에서 대기 또는 물 등에 방열해야 한다.

공식 $Q_1 = Q_2 + W$

여기서, Q_1 : 냉각탑 용량, Q_2 : 냉동능력, W : 압축기의 소요동력

한편, $COP_R = \dfrac{Q_2}{W}$ 에서 $W = \dfrac{Q_2}{COP_R}$

$$= Q_2 + \frac{Q_2}{COP_R}$$

$$= Q_2\left(1 + \frac{1}{COP_R}\right) = 300\text{USRT} \times \left(1 + \frac{1}{4.5}\right)$$

$$= 300\text{USRT} \times \frac{3,024\,\text{kcal/h}}{1\,\text{USRT}} \times \frac{4.2\,\text{kJ}}{1\,\text{kcal}} \times \left(1 + \frac{1}{4.5}\right)$$

$$= 4,656,960\text{kJ/h} = 4,657\text{MJ/h}$$

예제 05

25RT인 냉동장치에서 응축온도 40℃, 증발온도 –15℃, 응축기 냉각수 입구온도 30℃, 출구온도 33.5℃, 외기 습구온도 24℃ 일 때 압축기 소요동력이 39kW라면 냉각탑에 필요한 냉각수량(l/min)은? (단, 물의 비열은 4.19kJ/kg·K 이다.)

정답

냉동기의 응축부하(Q)=냉동능력(q)+압축기소요동력(A_L)

순환수량(Q_w)[l/min]

$$Q_w = \frac{H_{CT}}{60\,C\varDelta t}\,[l/\text{min}]$$

　H_{CT} : 냉각탑용량(냉동기용량)[kJ/h]

　C : 비열(4.19kJ/kg·K)

　$\varDelta t$: 냉각수의 냉각탑의 출입구 온도차(℃)

$$\therefore\ Q_w = \frac{H_{CT}}{60\,C\varDelta t}\,[l/\text{min}]$$

$$= \frac{(25 \times 3,860 \times 3.6) + (39 \times 3,600)}{60 \times 4.19 \times (33.5 - 30)} = 554.38[l/\text{min}]$$

예제 06

전열면적 4.5㎡, 열통과율 930W/㎡K인 수냉식 응축기를 사용하는 냉각장치가 있다. 또한 응축기가 냉각수 입구온도 32℃로 운전하는 경우 응축온도가 40℃가 된다. 이 응축기의 냉각수량[ℓ/min]과 냉각수 출구온도는 몇 ℃인가? (단, 냉매와 냉각수간의 온도차는 산술평균 온도차 5℃를 사용한다.)

정답

응축기의 냉각수량

$$Q_w = \frac{KA\Delta t_m}{60C(t_{w1}-t_{w2})}[l/min]$$

먼저, 냉각수 출구온도 $\Delta t_m = t_c - \dfrac{t_{w1}+t_{w2}}{2}$

$$5 = 40 - \frac{32+t_{w2}}{2}$$

$$t_{w2} = 38℃$$

$$\therefore \quad Q_w = \frac{930\times3.6\times4.5\times5}{60\times4.19\times(38-32)} = 49.94[l/min]$$

예제 07

냉각탑의 냉각능력이 42kW이고 냉각수 입·출구 온도차이가 5℃일 때 냉각수 순환량(ℓ/min)은?(단, 물의 밀도는 1kg/ℓ, 비열은 4.2kJ/kg·K이다.)

정답

순환수량(Q_W)[l/min]

$$Q_W = \frac{H_{CT}}{60C\Delta t}[l/min]$$

H_{CT} : 냉각탑용량(냉동기용량)[kJ/h]

$\quad C$: 비열(4.19kJ/kg·K)

$\quad \Delta t$: 냉각수의 냉각탑의 출입구 온도차(℃)

※ 1kW=1,000W=860kcal/h=1kJ/s=3,600kJ/h

42kW=42×3,600kJ/h=151,200kJ/h

$$Q_W = \frac{H_{CT}}{60C\Delta t}[l/min] = \frac{151,200}{60\times4.2\times5} = 120[l/min]$$

예제 08

사무소건물 등의 1일 사용수량에 포함되는 냉각탑의 보급수량(m³/day)은? (단, 보급수량은 순환수량의 2(보급계수), 냉동용량은 300USRT, 냉각수 순환수량은 17.7L/min·USRT, 1일 사용시간은 10시간이다.)

정답

1. 순환수량 = 300×17.7×60 = 318,600L/h

2. 보급수량 : 순환수량의 2~3%
   보급수량 = 318,600×0.02 = 6,372L/h
∴ 냉각탑의 보급수량 = 6,372L/h×10 = 63,720L/h = 63.7m³/day ≒ 64m³/day

예제 09

100USRT 증기열원 흡수식 냉동기에서 증기소비량 80[kg/h], 부속모터 동력의 합계 2[kW]일 때 냉각탑 용량[kJ/h]은? (증기잠열 2,257[kJ/kg], 1USRT=3.52[kW])

정답

흡수식 냉동기의 냉각탑 용량은 흡수기와 응축기 부하로서 그 값은 증발기 부하와 발생기(재열기)의 가열량이 된다. 또한, 흡수식 냉동기에서 증기소비량은 발생기(재열기)에서 발생한다. 그러므로 냉각탑 냉각열량은 증발기 부하와 발생기의 가열량과 모터동력의 합이 된다.
냉각탑 냉각열량 = 증발기+발생기+모터동력
           = 100USRT+증기량 80[kg/h]+부속모터동력[kW]
           = (100×3.52×3,600)+(80×2,257)
           = 1,454,960[kJ/h]

☞ 흡수식 냉동기 냉동사이클 : 증발기 - 흡수기 - 발생기(재생기) - 응축기

예제 10

다음 그림과 같은 냉수 배관 계통도를 보고, 주어진 조건과 배관마찰 손실선도를 이용하여 다음 물음에 답하시오. (13점)

[15년 실기]

〈냉수배관 계통도〉

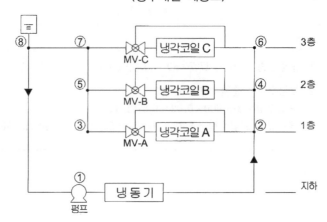

〈계산조건〉

1) 냉각코일부하 : A=55kW, B=100kW, C=80kW	4) 기기저항 : A=5mAq, B=4mAq, C=5mAq,
2) 냉각코일 입출구 수온	MV-A=5mAq, MV-B=7mAq
: 입구 7℃, 출구 12℃	MV-C=7mAq, 냉동기=13mAq
3) 직관길이	5) 물의 비열은 4.2kJ/kg·K이며,
①-② : 20m, ⑦-⑧ : 30m, ⑧-① : 40m	밀도는 1,000kg/m³로 한다.
②-④, ④-⑥, ③-⑤, ⑤-⑦ : 4m	6) 냉수펌프의 효율은 40%이다.
②-③, ④-⑤, ⑥-⑦ : 6m	7) 배관의 열손실은 무시한다.

1. 냉각코일 A, B, C의 순환수량 Q_A, Q_B, Q_c(L/min)을 구하시오. (3점)

2. 냉수배관 ①-②, ②-④, ③-⑤의 각 유량(L/min) 및 관경(A)을 선도로부터 선정하시오. (단, 유속은 2.5m/s 이하로 하고, 단위 길이당 마찰저항은 500Pa/m로 할 것) (3점)

구간	유량(L/min)	관경(A)
①-②		
②-④		
③-⑤		

3. 냉수펌프에 대한 전양정(m) 및 축동력(KW)을 구하시오. (단, 배관의 국부저항은 직관저항의 50%로 한다.) (4점)

4. 냉수펌프를 고효율펌프(효율 60%)로 교체할 때 절감되는 축동력(kW)을 구하시오. (3점)

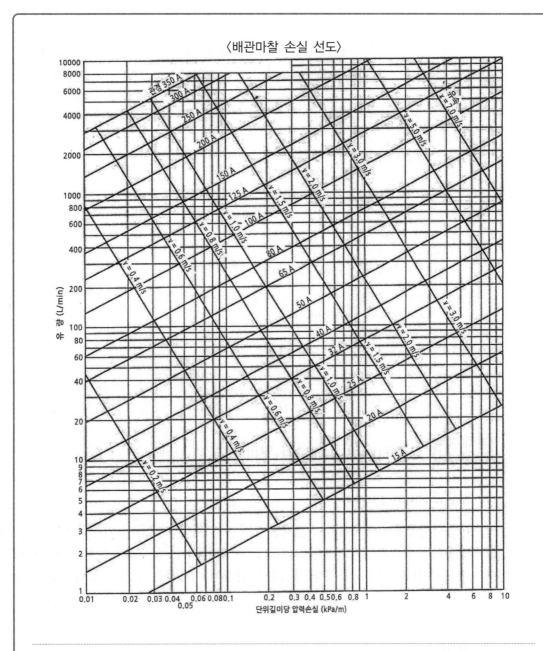

〈배관마찰 손실 선도〉

정답

1. 냉각코일 A, B, C의 순환수량 Q_A, Q_B, Q_C

$$Q_A = \frac{55 \times 3,600}{4.2 \times 60 \times (12-7) \times 1\,[\mathrm{kg}/\ell]} = 157.14$$

$$Q_B = \frac{100 \times 3,600}{4.2 \times 60 \times (12-7) \times 1\,[\mathrm{kg}/\ell]} = 285.71$$

$$Q_C = \frac{80 \times 3,600}{4.2 \times 60 \times (12-7) \times 1\,[\mathrm{kg}/\ell]} = 228.57$$

2.

구간	유량 L/min	관경
①-②	671.42	100
②-④	514.28	80
③-⑤	157.14	50

3. 직관길이 = 20+4+4+6+30+40 = 104m

$104 \times 1.5 \times 500[Pa/m] = 78,000[Pa]$

$P = \rho g H$

$H = \dfrac{P}{\rho g} = \dfrac{78,000}{1,000 \times 9.8} ≒ 7.96 mAq$

전양정 $H = 7.96+13+5+7 = 32.96 mAq$

소요동력 $= \dfrac{9.8 \times 32.96 \times 671.42}{1,000 \times 60 \times 0.4} = 9.04[kW]$

4. $9.04 \times \dfrac{60-40}{60} = 3.01[kW]$

핵심 22 열펌프(heat pump)의 원리

1. 열펌프(heat pump)

냉동사이클에서 응축기의 방열량을 이용하기 위한 것으로 공기조화에서는 난방용으로 응용된다. 냉동기의 압축기에서 토출된 고온고압의 냉매증기는 응축기에서 방열하고 액화된다. 이때 방열되는 응축열로 물이나 공기를 가열하여 난방에 이용하는 장치를 열펌프(heat pump)라 한다.

2. 원리

저온의 물질과 고온의 물질 사이에 열펌프가 있어서 냉동사이클에 의해 저온물질측에 증발기를, 고온물질측에 응축기가 위치되도록 하여 저온물질로부터 열을 얻어 공조용이나 공업용 및 급탕용으로 이용된다.

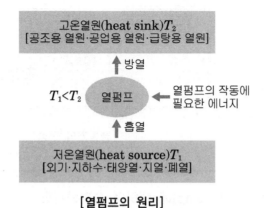

[열펌프의 원리]

3. 냉동기 구동형식에 따른 분류

(1) EHP(Electric Heat Pump)
전기로 냉동기의 압축기를 구동하여 냉·난방을 하는 방식

(2) GHP(Gas Heat Pump)
LNG나 LPG 등의 가스 연료로 엔진을 구동하여 냉동기의 압축기를 작동시켜 냉·난방을 하는 방식이다. 이때 연소가스와 엔진 냉각수의 열도 회수하여 난방용 열로 사용한다.

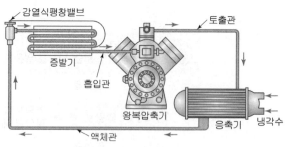

감열식팽창밸브　토출관
증발기
흡입관
왕복압축기　응축기　냉각수
액체관

[냉동기의 구성]

예제 01

히트펌프(heat pump)에 대하여 설명하시오.

정답

1. 개요
열펌프(heat pump)는 냉동사이클에서 응축기의 방열량을 이용하기 위한 것으로 공기조화에서는 난방용으로 응용된다. 냉동기의 압축기에서 토출된 고온고압의 냉매증기는 응축기에서 방열하고 액화된다. 이때 방열되는 응축열로 물이나 공기를 가열하여 난방에 이용하는 장치를 열펌프(heat pump)라 한다.

2. 원리
저온의 물질과 고온의 물질 사이에 열펌프가 있어서 냉동사이클에 의해 저온물질측에 증발기를, 고온물질측에 응축기가 위치되도록 하여 저온물질로부터 열을 얻어 공조용이나 공업용 및 급탕용으로 이용된다.

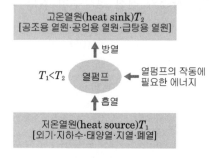

고온열원(heat sink)T_2
[공조용 열원·공업용 열원·급탕용 열원]
↑ 방열
$T_1 < T_2$　열펌프　← 열펌프의 작동에 필요한 에너지
↑ 흡열
저온열원(heat source)T_1
[외기·지하수·태양열·지열·폐열]

[열펌프의 원리]

3. 냉동기 구동형식에 따른 분류
① EHP(Electric Heat Pump) : 전기로 냉동기의 압축기를 구동하여 냉·난방을 하는 방식
② GHP(Gas Heat Pump) : LNG나 LPG 등의 가스 연료로 엔진을 구동하여 냉동기의 압축기를 작동시켜 냉·난방을 하는 방식이다. 이때 연소가스와 엔진 냉각수의 열도 회수하여 난방용 열로 사용한다.

4. 특징
① 각종 배열 등 미활용 에너지를 이용하므로 에너지 절약적이다.
② 연료의 연소가 수반되지 않으므로 깨끗하고 안전하며 무공해이다.
③ 히트펌프 한 대로 냉·난방을 겸용할 수 있으므로 보일러실 등 공간이 절약되고 설비의 이용효율이 높다.
④ 성적계수가 3 이상으로 에너지를 효율적으로 이용할 수 있다.

예제 02

전기 구동 열펌프방식(EHP)의 개념과 특징에 대하여 설명하시오.

정답

1. 개념

① 전기 구동 열펌프(EHP, Electric Heat Pump)는 증기압축 사이클로 구성되며 전기에너지를 동력원으로 압축기를 구동하여 냉·난방이 동시에 가능한 시스템이다.

② 최근에는 다수의 실외기와 실내기(증발기 또는 응축기)를 냉매 배관으로 연결하여 구성되는 멀티형 열펌프(VRF, Variable Refrigerant Flow) 시스템이 대표적이다.

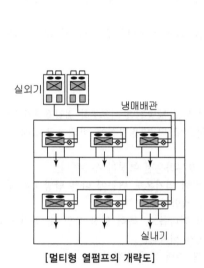

[멀티형 열펌프의 개략도]

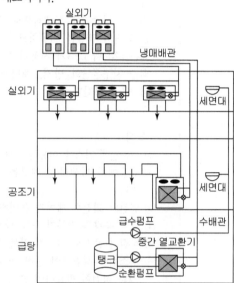

[멀티형 열펌프의 응용]

2. 특징(타 방식과 비교한 멀티형 열펌프 시스템)

(1) 설치의 편리성

VRF 열펌프 시스템은 모듈화가 되어 있어 크레인 필요 없이 설치가 가능하다. 실외기의 모듈화로 실외기를 연결하여 사용함으로써 다양한 용량으로 확장이 가능하다.

(2) 설계의 유연성

하나의 실외기에 다양한 용량과 형태의 다수 실내기가 연결된다. 또한 실외기가 모듈화 되어있고, 다양한 용량과 형태의 실내기를 조절할 수 있으므로 공간의 재구성 및 확장 등 공조시스템의 설계가 유연하다. 최근에는 냉난방 뿐만 아니라 온수 공급을 위한 급탕까지 응용되고 있다.

(3) 유지 보수

표준화된 형태와 정교한 전기적 제어를 가진 멀티형 열펌프시스템은 보다 편리한 유지관리가 가능하다. 실외기와 실내기를 냉매 배관으로만 연결하기 때문에 물을 이용하는 냉동기보다 유지보수 비용이 적게 든다.

(4) 개별제어 및 에너지 효율성

① 냉매배관으로 연결된 시스템으로 다양한 공간에서 개별적인 냉난방을 필요로 하는 학교 강의실, 사무실, 기숙사, 병원, 호텔과 같은 대부분의 건물에 적용 가능하다.

③ 일반적으로 냉난방 및 공조시스템은 최대 용량의 40~80% 범위에서 대부분의 운전시간을 사용한다. 또한 냉난방을 위한 덕트 설치가 불필요하기 때문에 중앙공조의 덕트시스템에서 발생하는 공기 유량의 10~20%의 덕트 배관 손실이 없다.

예제 03

가스엔진 열펌프방식(GHP)의 개념과 특징에 대하여 설명하시오.

정답

1. 개요

GHP(gas engine driven heat pump)는 가스엔진의 구동력에 의해 압축기를 운전하여 냉난방하는 방식으로 난방시 엔진 배열을 이용하는 것을 제외하면 일반 전기식히트펌프시스템(EHP과 유사하다.

GHP는 하절기에 상대적으로 수요가 적은 가스연료를 이용하여 전력 피크부하를 줄이고, 동절기에는 엔진의 배열을 이용하므로 저온에서도 일정 수준의 난방성능을 유지할 수 있다. 가스엔진의 연료는 LNG나 LPG가 사용된다.

최근 지구온난화 방지, 에너지절약을 위해 부하변동에 따라 가스소모량과 전기소모량이 조절되는 제품을 사용한다.

2. 특징

① 여름철에 가스를 이용하여 냉방을 하므로 냉방전력 피크부하 절감효과가 있다.
② 엔진에서 발생하는 폐열을 이용하므로 타 열원방식에 비해 1.3~2배의 에너지 이용 효율을 가진다.
③ 엔진의 회전수 제어가 용이하여 부분부하운전 특성이 우수하다.
④ 동일 용량의 전동기 구동 방식에 비해 외기온도 변동에 따른 난방효율 및 능력저하 현상이 작다.
⑤ 하절기 운전시간이 긴 건물 용도에 적합하다.
⑥ 시스템이 복잡하여 운전 및 운영이 까다롭고, 특히 엔진 오일 및 공기 필터, 점화플러그 등의 교체와 점검이 필요하며 초기 투자비가 비싸다.
⑦ 여름철 전기요금이 상대적으로 비싼 주택 등에 적합하다.

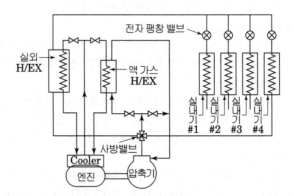

[실외기 1대에 실내기 4대를 연결한 멀티형 GHP의 예]

예제 04

GHP의 개념을 정리하고 EHP에 비해 GHP의 이점을 설명하시오.

정답

1. 개념

(1) 가스엔진 히트펌프(GHP, Gas Heat Pump)는 새로운 개념의 가스 냉·난방시스템으로 EHP (Electric Heat Pump)와 GHP(Gas Heat Pump)는 모두 냉매의 히트펌프 사이클 순환을 통해 냉난방을 하는 설비이다.

① EHP(Electric Heat Pump) : 전기로 냉동기의 압축기를 구동하여 냉·난방을 하는 방식

② GHP(Gas Heat Pump) : LNG나 LPG 등의 가스 연료로 엔진을 구동하여 냉동기의 압축기를 작동시켜 냉·난방을 하는 방식이다. 이때 연소가스와 엔진 냉각수의 열도 회수하여 난방용 열로 사용한다.

(2) GHP는 가스엔진을 사용하여 컴프레셔를 구동하므로 친환경적이다.

(3) GHP는 가스(LNG나 LPG)를 열원으로 가스엔진의 동력에 의해 구동되는 압축기에 의해 냉매 (R-407C)를 실내기와 실외기 사이의 냉매관으로 흐르게 하여 액화와 기화를 반복시켜 여름에는 냉방기로, 겨울에는 난방기로 이용하는 시스템이다.

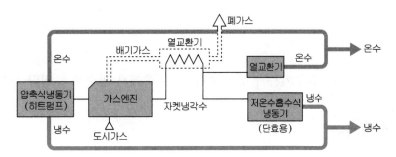

[가스엔진 히트펌프 시스템 예]

2. GHP의 이점

① 가스는 석유 등의 다른 화석에너지에 비해 CO_2 등의 발생이 적은 청정에너지(Clean Energy)이다.

② 냉방시 전기 대신 가스를 사용하므로 하절기 피크(Peak) 전원의 상당 부분을 상쇄시켜 전력수요의 평준화를 실현할 수 있다.

③ 가스엔진에서 발생되는 연소배열과 엔진냉각수의 열을 회수하여 열효율과 난방능력을 높일 수 있다. 즉, 가스연료에 의해 발생되는 에너지의 상당 부분(60~70%)이 배가스 및 엔진냉각수로 빠져나가므로 이를 이용하여 에너지의 이용효율을 증가할 수 있다.

핵심 23　열펌프(heat pump) 기본 사이클

열펌프의 기본적인 구성요소는 저온부의 열교환기인 증발기, 고온부의 열교환기인 응축기, 압축기, 팽창밸브 등이다. 작동매체인 냉매는 증발 → 압축 → 응축 → 팽창 → 증발의 변화를 반복하면서 장치 내를 순환하게 된다.

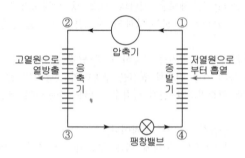

[압축식 열펌프의 기본 구성]

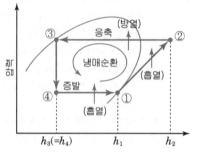

[압축식 열펌프의 기본 사이클]

1. $Q = q + A_L$

저온 쪽에서 흡수되는 열량(q)보다 고온 쪽에서 방출하는 열량(Q)이 더 크다.

2. 성적계수

냉동의 성적을 표시하는 척도로 쓰여지는 성적계수(COP : Coefficient of Performance)라고 하며 입력에 대한 출력의 비율은 다음과 같다.

① 냉동기를 냉각 목적으로 할 경우 냉동기의 성적계수(COP)

$$\epsilon_r = \frac{\text{저온체로부터의 흡수열량(냉동효과)}}{\text{압축일}} = \frac{q}{A_L}$$

② 열펌프(heat pump)로 사용될 경우의 성적계수(COP$_h$)

$$\epsilon_h = \frac{\text{응축기의 방출열량}}{\text{압축일}} = \frac{q + A_L}{A_L} = \frac{q}{A_L} + 1$$

∴ 열펌프를 이용한 성적계수(COP$_h$)가 냉동기로 이용한 성적계수(COP)보다 1만큼 크다.

예제 01

열효율이 30%인 열기관을 가역적으로 냉동기나 열펌프로 이용할 수 있다면 냉동기 성적계수 (ϵ_r)와 열펌프의 성적계수(ϵ_h)는 얼마가 되겠는가?

정답

성적계수(COP)

$Q = q + A_L$

냉동기의 특징 → 저온 쪽에서 흡수되는 열량(q)보다 고온 쪽에서 방출하는 열량(Q)이 더 크다.

① 냉동기의 성적계수(COP) $= \dfrac{냉동효과(q)}{압축일(A_L)} = \dfrac{냉동능력}{소요능력}$

② 열펌프의 성적계수(COPh) $= \dfrac{응축기의\ 방출열량}{압축일} = \dfrac{q + A_L}{A_L} = \dfrac{q}{A_L} + 1$

　열펌프를 이용한 성적계수(COPh)가 냉동기로 이용한 성적계수(COP)보다 1만큼 크다.

　$COP = \dfrac{100-30}{30} = 2.33$, $COPh = 2.33 + 1 = 3.33$

☞ 가역적(可逆的) : 물질의 상태가 한번 바뀐 다음에 다시 원래의 상태로 돌아갈 수 있는 것

예제 02

열펌프에서 압축기 이론 축동력이 3kW이고, 저온부에서 얻은 열량이 7kW일 때 이론 성적계수는?

정답

열펌프(heat pump)로 사용될 경우의 성적계수(COPh)

$COPh = \dfrac{응축기의\ 방출열량}{압축일}$

q : 냉동효과(kW)　　A_L : 압축일(kW)

$\therefore COPh = \dfrac{7+3}{3} = 3.33$

예제 03

저온부 261K와 고온부 313K에서 역카르노로 작동하는 열펌프가 있다. 다음의 물음에 답하시오.

1. 열펌프 COP를 구하시오.(소수점 둘째자리에서 반올림)
2. 저온부에서 15kWh의 열을 흡수한다면, 고온부에서 발열할 수 있는 열량은 몇 kWh인가?

정답

1. $\text{COP} = \dfrac{T_h}{T_h - T_c} = \dfrac{313}{313 - 261} = 6.0$

2. $\text{COP} = \dfrac{Q_h}{Q_h - Q_c}$

$\therefore \ Q_h = \dfrac{Q_c \times \text{COP}}{\text{COP} - 1} = \dfrac{15 \times 6.0}{6.0 - 1} = 18\text{kWh}$

예제 04

실내온도가 18℃인 사무실에 열펌프를 이용하여 난방을 하려 한다. 이때, 실외온도는 -15℃이고 벽 및 창호를 통한 열손실은 12kW이다. 열펌프를 구동하기 위해 필요한 최소 동력(kW)은?

정답

이상적 성적계수

$\text{COP} = \dfrac{T_H}{T_H - T_L}$

T_H : 응축 절대온도, T_L : 증발 절대온도

① $\text{COP}_h = \dfrac{T_H}{T_H - T_L} = \dfrac{273 + 18}{(273 + 18) - (273 - 15)} = 8.82$

② $\text{COP} = \dfrac{\text{냉동능력}(Q)}{\text{소요마력}(W)}$

$8.82 = \dfrac{12}{W}$

$\therefore \ W = 1.36\text{kW}$

핵심 24 열펌프(Heat Pump) 시스템

1. 열펌프의 특징

① 원래 높은 성적계수(COP)로 에너지를 효율적으로 이용하는 방법의 일환으로 연구되어 왔다.

② 열펌프(Heat Pump)는 하계 냉방시에는 보통의 냉동기와 같지만, 동계 난방시에는 냉동사이클을 이용하여 응축기에서 버리는 열을 난방용으로 사용하고 양열원을 겸하므로 보일러실이나 굴뚝 등 공간절약이 가능하다. → 4방 밸브를 이용하여 여름엔 냉방용으로 운전, 겨울철에는 냉매의 흐름 방향을 바꾸어 난방용으로 운전

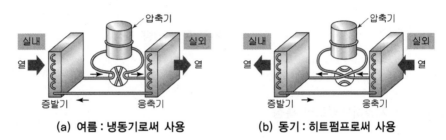

(a) 여름 : 냉동기로써 사용 **(b) 동기 : 히트펌프로써 사용**

[냉동기와 히트펌프]

③ 냉매의 흐름이 바뀌면, 증발기는 응축기로, 응축기는 증발기로 그 기능이 변환한다.

2. 열원의 종류

지하수, 하천수, 해수, 공기(대기), 태양열, 지열, 온배수, 건축의 폐열 등 온도가 적당히 높고 시간적 변화가 적은 열원일수록 좋다.

3. 시스템의 종류

① 공기 - 공기방식(냉매회로 변환방식)
② 공기 - 공기방식(공기회로 변환방식)
③ 공기 - 물방식(냉매회로 변환방식)
④ 공기 - 물방식(물회로 변환방식)
⑤ 물 - 공기방식(냉매회로 변환방식)
⑥ 물 - 물방식(물회로 변환방식)
⑦ 물 - 물방식(냉매회로 변환방식)
⑧ 흡수식 열펌프

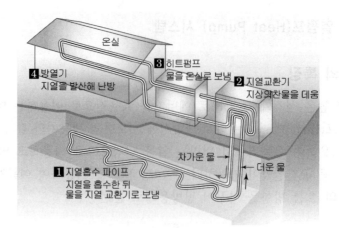

[지열 온실 난방 과정]

|용어정리| **지열히트펌프의 특징**

지중 열원을 사용함으로써 무한한 땅속의 에너지를 사용할 수 있다. 태양열에 비해 열원온도가 일정(연중 약 15℃±5℃)하여 기후의 영향을 적게 받으므로 보조 열원이 필요하지 않은 히트펌프의 일종이다.

① 열원은 냉난방 및 급탕에 이용할 수 있다.
② 공기에 비해 열원의 온도변화가 작다.
③ 열원의 온도는 기후, 토질 등에 의해 영향을 받는다.
④ 초기 설치의 까다로움으로 투자비가 증대된다.
⑤ 지중 열교환 파이프상의 압력손실 증가로 반송동력 증가 가능성이 있다.

예제 01

지중열 이용 히트펌프에 대하여 설명하시오.

정답

1. 개요
지중 열원을 사용함으로써 무한한 땅속의 에너지를 사용할 수 있다. 태양열에 비해 열원온도가 일정(연중 약 15℃±5℃)하여 기후의 영향을 적게 받으므로 보조 열원이 필요하지 않은 히트펌프의 일종이다.

2. 방식
지열을 이용하여 데워진 물과 냉매 사이에 열교환을 하는 간접적인 방식과 냉매를 직접 열교환시키는 방식으로 구분된다.
① 물과 냉매 사이에 열교환을 하는 간접적인 방식의 경우는 물과 부동액의 혼합물이 수평, 수직의 형태로 땅속에 묻혀있는 관을 통하여 열원으로부터 에너지를 획득하여 이를 냉매에 전달한다.
② 냉매를 직접 열교환시키는 방식의 경우는 땅과 냉매간에 직접 열교환을 한다.

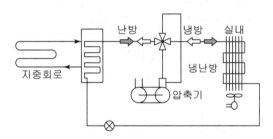

[지중열 이용 열펌프의 개략도]

3. 특징
① 열원은 냉난방 및 급탕에 이용할 수 있다.
② 공기에 비해 열원의 온도변화가 작다.
③ 열원의 온도는 기후, 토질 등에 의해 영향을 받는다.
④ 토양의 종류, 토양의 수분 함유량, 조성, 밀도, 균질도 등에 따라 효율과 내구성이 크게 달라진다.
⑤ 초기 설치의 까다로움으로 투자비가 증대된다.
⑥ 지중 열교환 파이프상의 압력손실 증가로 반송동력 증가 가능성이 있다.

예제 02

Heat Pump의 원리 및 계획시 고려사항을 기술하시오.

정답

1. 히트 펌프의 원리
① 히트 펌프는 냉동사이클의 응축기 방열량을 공기조화에서 난방용으로 이용한다.
② 압축기에서 토출된 고온·고압의 냉매증기는 응축기에서 방열하고 액화된다.
③ 방열되는 응축열로 물이나 공기를 가열하여 난방에 이용하는 장치를 히트 펌프라 한다.
④ 히트 펌프는 저온에서 흡열하여 고온측에 방열하면서 공조용이나 급탕에 이용한다.

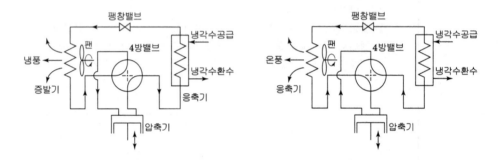

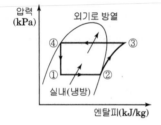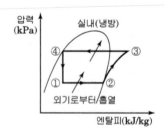

2. 계획할 때 고려사항
(1) 난방부하의 경감
① 히트 펌프 용량은 냉방부하로 결정되므로 난방부하 용량부족시 보조열원이나 축열조를 설치한다.
② 건물의 단열강화 및 외기부하를 경감한다.

(2) 성적계수의 향상
① 외기를 열원으로 하는 공기열원 히트 펌프의 증발온도는 외기온도에 의해 결정된다.
② 성적계수의 향상을 위해서 응축온도를 낮게 설계한다.
③ COP > 3.0 이상의 높은 성적계수를 유지하여야 한다.

(3) 값싼 전력 이용
① 심야전력 이용 등 값싼 전력요금으로 운전될 수 있는 시스템을 고려한다.
② 심야전력 온수기 등을 고려한다.

(4) 폐열 및 잉여열의 이용
 ① 건물 내의 폐열이나 잉여열을 이용한다.
 ② 폐열을 회수하여 예열기 등에 이용한다.

(5) 장치용량의 적정한 선택
 ① 난방부하는 아침 시동 시 가장 크게 된다.
 ② 아침 기동부하로 용량을 결정하게 되면 낮에는 부분부하로 되어 경제적이지 않다.
 ③ 아침업무 개시 전 난방운전을 하여 장치용량을 줄이는 예열을 한다.

(6) 히트 펌프 열원의 선택
 ① 히트 펌프의 열원은 활용할 수 있는 양이 늘 일정하고 풍부해야 한다.
 ② 부식성과 독성이 없어 열교환기 설계제작에 어려움이 없어야 한다.
 ③ 채열원으로는 보통 공기와 물, 그리고 응축열을 이용한다.

예제 03

지열히트펌프시스템의 종류 중 물 – 공기(Water to Air) 방식과 물 – 물(Water to Water) 방식에 대하여 설명하시오.

정답

1. 물 – 공기(Water to Air) 방식 히트펌프
 ① 물 – 공기방식의 히트펌프는 냉방시 증발기 난방시 응축기가 되는 열교환기에서 냉매와 실내의 공기와 직접 열교환을 하여 실내를 냉·난방하는 방식의 지열 펌프이다.
 ② 열교환기의 형상은 가는 튜브에 핀이 부착된 형태이며 설치 위치는 히트펌프로 인입되는 공기측의 히트펌프 내에 부착된다.
 ③ 실내에서 인입된 공기는 이 열교환기를 통과하며 냉·난방에 적합한 온도의 공기로 열교환되고 히트펌프 내에 설치된 팬을 실내로 공급된다.

2. 물 – 물(Water to Water) 방식 히트펌프
 ① 물 – 물 방식의 히트펌프는 냉방 시 증발기, 난방 시 응축기가 되는 열교환기에서 냉매와 부하측으로 순환되는 물이 열교환을 하는 방식의 지열펌프이다.
 ② 부하 측으로 이용되는 설비는 일반설비와 동일하게 팬 코일 유닛, 공조기, 바닥난방 등으로 활용할 수 있다.
 ③ 부하설비 설계 시 주의할 점은 지열 히트펌프의 냉수온도는 일반 냉동기, 냉온수기 등과 동일하게 설계할 수 있으나 온수의 온도는 50℃ 이상을 유지하기가 힘들다는 점이다. 그 이유는 히트펌프의 응축기에서 응축냉매와 열교환을 하여 온수를 얻으므로 화석연료나 전기저항체를 이용하여 고온수를 생산하는 설비보다 효율은 우수하나 고온을 얻는 데는 한계가 있다.

예제 04

업무시설 건축물의 기준층 평면도 및 주어진 조건을 반영하여 아래 문항에 답하시오. (32점)

[16년 실기]

〈평면도〉

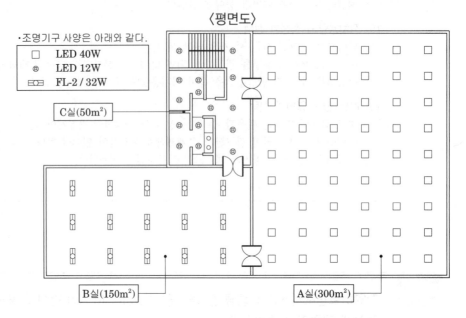

•조명기구 사양은 아래와 같다.
□   LED 40W
⊗   LED 12W
▭   FL-2 / 32W

C실(50m²)

B실(150m²)

A실(300m²)

〈표1. 계산조건〉

난방공간 설정온도 : 20℃	1월 설계 외기 온도 : 3℃(일정)	난방공간 : A, B, C 실
난방공간 평균재실밀도 : 0.1인/m²	일 사용시간 : 10시간	월간 사용일수 : 20일
공기밀도 : 1.2kg/m³	공기의 정압비열 : 1.005kJ/(kg·K)	환기장치(동일용량의 급기팬 1EA, 배기팬 1EA) 정압 : 10.2mmAq(=100.0Pa), 효율 : 70%
1월 평균 지열 히트펌프 성적계수(COP) : 4.0	태양광발전 종합설계지수* : 0.8	태양전지 모듈 변환효율 : 15%
태양전지 모듈 크기 : 1m×2m	1월 어레이면 적산일사량 : 105kWh/m²·월	표준상태 일사강도 : 1,000W/m²

*태양광발전 종합설계지수(태양전지 모듈 출력의 불균형 보정, 회로손실, 기기에 의한 손실 등을 포함)

1. 난방공간에 CO_2 농도에 의한 인버터 제어방식의 환기유닛을 적용할 경우 1월 한달간의 환기에 의한 열손실량(kWh/월)을 구하라. (6점)

〈설정조건〉	〈표2. 평균 재실률〉	
• 환기유닛은 실내의 CO_2 농도가 1,000ppm 이하가 되도록 자동으로 제어함 • 1인당 CO_2 발생량은 $30l$/인·h, 외기의 CO_2 농도는 ppm으로 일정함 • A, B, C실의 시간에 따른 평균 재실률은 [표2]와 같으며, 그 외의 조건은 [표1]을 따름	시간	재실률
	09:00~12:00	0.8
	12:00~19:00	0.4

2. 1.에서 산출된 환기량과 달리 환기량을 1,500CMH로 일정하다고 가정할 때, [표1]의 계산조건을 적용하여 1월 중 급기 및 배기 팬(Fan)의 전력 소요량 합 (㉠)(kWh/월)을 계산하시오. (4점)

3. 난방 공간의 1월 난방 에너지요구량이 $8kWh/m^2$ 이고, 지열 히트펌프 시스템(GCHP : Ground −Coupled Heat Pump)을 이용하여 난방할 때, 1월 중 난방에 소요되는 지열 히트펌프의 전력 소요량(㉡)(kWh/월)과 지중 채열량(kWh/월)을 계산하시오.
(단, 지열 히트펌프 이외 장치의 소비동력 및 기타 손실은 고려하지 않는다.) (6점)

4. 지열 히트펌프 시스템에서 수직 밀폐형 지중열교환기의 길이 산정에 영향을 미치는 요소를 2가지 쓰고, 각각에 대한 근거를 서술하시오. (6점)

5. 난방공간의 조명밀도(W/m^2)와 1월 중 조명의 전력 소요량(㉢)(kWh/월)을 구하시오. (5점)

6. 위에서 계산된 1월 중 전력 소요량(㉠+㉡+㉢의 합)을 1월 한달 간 태양광발전 시스템으로 생산하는데 필요한 최소 모듈 개수와 발전용량(kW)을 구하시오.
(단, 전기 수요와 공급의 부하 불균형(Load mismatching)은 무시한다.) (5점)

정답

1.

재실인원 $= (300 + 150 + 50) \times 0.1 = 50$人

1) 재실율 0.8일 경우의 환기량

$$Q = \frac{M}{p-q} = \frac{30 \times 10^{-3} \times 50 \times 0.8}{(1{,}000 - 400) \times 10^{-6}} = 2{,}000\,\text{m}^3/\text{h}$$

2) 재실율 0.4일 경우의 환기량

$$Q = \frac{30 \times 10^{-3} \times 50 \times 0.4}{(1{,}000 - 400) \times 10^{-6}} = 1{,}000\,\text{m}^3/\text{h}$$

∴ 열손실량 q

$$q = \frac{1.005 \times 1.2 \times 2{,}000 \times (20-3)}{3{,}600} \times 3 \times 20 + \frac{1.005 \times 1.2 \times 1{,}000 \times (20-3)}{3{,}600} \times 7 \times 20$$

$$= 1480.70\,\text{kWh/월}$$

2.

$$L_s = P_s \cdot Q/\eta_s = \frac{100 \times 1{,}500}{0.7 \times 3{,}600} \times 10 \times 20 \times 2 = 23{,}809.52\,[\text{Wh/월}] = 23.81\,[\text{kWh/월}]$$

3.

1월 중 난방에너지 요구량 $= 8 \times 500 = 4{,}000\,\text{kWh/월}$

$cop_H = \dfrac{Q_1}{W}$ 에서 $W = \dfrac{Q_1}{cop_H} = \dfrac{4{,}000}{4} = 1{,}000\,\text{kWh/월}$

지중 채열량 $Q_2 = Q_1 - W = 4{,}000 - 1{,}000 = 3{,}000\,\text{kWh/월}$

4.

① 펌프의 성적계수
② 파이프 열저항
③ 토양/암석의 열저항
④ 냉·난방부하의 용량
⑤ 지열펌프의 가동시간

해설

난방시 1RT당 필요한 열교환기 길이

$$L_H = \frac{3024[(COP_H - 1/COP_H)] \times (R_P \times R_S \times F_H)}{T_L - T_{\min}}[\text{m}]$$

$\quad T_{\min}$: 지열펌프로 유입되는 어느달의 평균 최저 입구온도
$\quad COP_H$: $T_{\min}$ 온도에서 지열펌프의 성적계수
$\quad F_H$: 지열펌프의 가동시간의 분율
$\quad R_P$: 루프 파이프의 열저항
$\quad R_S$: 토양/암석의 열저항

이 밖에도, 냉난방 부하의 용량과 펌프의 효율등이 종합적으로 지중열교환기의 길이산정에 영향을 미친다.

5.
① 난방공간의 조명밀도

$$D = \frac{40 \times 54 + 12 \times 15 + 64 \times 15}{500} = 6.6 [\text{W/m}^2]$$

② 1월 중 조명의 전력소요량

$$W = 3300[\text{W}] \times 20[\text{일/월}] \times 10[\text{h/일}] \times 10^{-3} = 660[\text{kWh/월}]$$

6.
① 모듈개수

$$㉠+㉡+㉢ = 23.81 + 1,000 + 660 = 1683.81[\text{kWh/월}]$$

$$P_{AS} = \frac{E_P \times D \times R}{\left(\dfrac{H}{G_S}\right) \times K} = \frac{1683.81}{\left(\dfrac{105[\text{kWh/m}^2\text{월}]}{1[\text{kW/m}^2]}\right) \times 0.8} = 20.05[\text{kW}]$$

모듈 1장의 크기 : $1 \times 2 = 2[\text{m}^2]$

모듈1장의 출력 : $2[\text{kW/m}^2] \times 0.15 = 0.3[\text{kW}]$

필요한 모듈의 개수 : $\dfrac{20.05}{0.3} ≒ 66.82 = 67$개

∴ 정답 : 67개

② 모듈의 발전용량 : 67개 $\times 0.3[\text{kW}] = 20.1[\text{kW}]$

예제 05

지열냉난방시스템의 용량을 하절기 부하에 따라 결정하는 경우, 우리나라 기후 특성상 동절기에 발생할 수 있는 문제점과 개선방안을 제시하시오.(6점) [17년 실기]

정답

1. 문제점
  1) 지열냉난방시스템의 용량을 하절기 부하에 따라 결정하는 경우 겨울철 난방기간 동안에 지중온도가 과도하게 내려가, 지열펌프로 유입되는 순환수의 입구부 온도와의 차이가 작아지므로, 지중으로부터 지열추출이 불가능해질 수 있다. 즉, 지열펌프는 가동되지 않는다.
  2) 냉방시 루프길이를 기준으로 설계를 하면 지열펌프의 COP가 다소 감소한다.

2. 개선방안
  1) 지중온도와 지열펌프로 유입되는 순환수의 입구온도의 차이를 크게 되도록 루프길이를 선정한다.
  2) 냉난방시 루프길이를 적절히 조절하여 냉난방전체 COP가 높아지도록 한다.

예제 06

난방부하를 24kW로 가정하고, 지열히트펌프시스템을 이용하여 난방할 때 다음 설계조건을 이용하여 지중열교환기 최소 천공수량과 지중열교환기 순환펌프 동력(kW)을 구하시오.(6점)

[17년 실기]

〈설계조건〉
- 난방 성적계수(COP_h) = 4
- 천공깊이 200m(PE파이프 길이는 400m로 한다.)
- PE파이프 단위길이당 평균열교환량 20W/m
- 지중열교환기 배관 직관 총마찰저항 100kPa
- 배관국부 저항은 직관저항의 50%
- 기기저항 50kPa
- 펌프 효율 60%
- 지중열교환기 입출구 온도차 3℃
- 지중순환수 : 밀도 $970 \mathrm{kg/m^3}$, 비열 $4.2 \mathrm{kJ/kg \cdot K}$
  ※ 순환펌프수량은 1대이며, 그 외 제시하지 않은 내용은 고려하지 않음.

정답

1. 지중열교환기 최소 천공수량
- $COP_H = \dfrac{Q_1}{W}, \ W = \dfrac{Q_1}{COP_H} = \dfrac{24}{4} = 6 \, [\mathrm{kW}]$
- $Q_2 (채열량) = Q_1 - W = 24 - 6 = 18 \, [\mathrm{kW}]$
- PE파이프 열교환량 : $400[m] \times 20[\mathrm{W/m}] = 8[\mathrm{kW}]$
- 최소 천공수량 $= \dfrac{18}{8} = 2.25 \Rightarrow \therefore 3개$

2. 지중열교환기 순환펌프 동력
- 펌프의 양정 $100 + 50 + 50 = 200[\mathrm{kPa}] \Rightarrow H = \dfrac{200 \times 10^3}{9.8 \times 970} = 21.04[\mathrm{m}]$
- 유량 $= \dfrac{Q_2 \times 3600}{C \cdot \rho \Delta t} = \dfrac{18 \times 3600}{4.2 \times 970 \times 3} = 53[\mathrm{m^3/h}]$
- 순환펌프 동력 $= \dfrac{970 \times 9.8 \times 21.04 \times 5.3}{0.6 \times 3600 \times 10^3} = 0.49[\mathrm{kW}]$

답 : 1. 천공수량 : 3개
2. 순환펌프 동력 : 0.49[kW]

축열시스템

1. 개요

대형 건축물의 건설로 인하여 냉방용 기기의 증가에 따른 전기사용량은 급격한 증가 추세에 있다. 또한 산업용 전기까지 감안한다면 낮 시간에는 최대부하가 걸리고 밤 시간에는 많은 양의 전기가 남게 된다.

야간의 값싼 심야전력(23시~9시)을 이용하여 냉동기를 가동하여 전기에너지를 얼음 형태의 열에너지로 축열조에 저장했다가 주간의 냉방용으로 사용하는 시스템으로, 주로 얼음의 융해열(335kJ/kg)을 이용한 것이다.

주야간의 전력 불균형을 해소하고 적은 비용으로 쾌적한 환경을 조성할 수 있다.

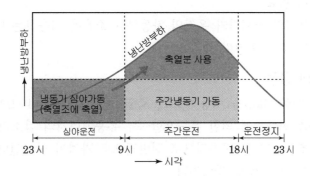

2. 축열시스템의 장단점

(1) 경제적 측면에서의 장점

① 공기조화 시간 외에도 열원기기를 연속운전하므로 냉동기 및 열원설비 용량의 대폭감소에 의한 초기 설비 투자비 감소

② 용량 감소등에 의한 부속설비의 축소

③ 설치면적 감소등에 의한 부속설비의 축소

④ 수전설비 축소 및 계약전력 감소로 인한 기본 전력비 감소

⑤ 심야전력 이용으로 전력운전비 절감 등을 들 수 있다.

(2) 기술적 측면에서의 장점

① 전부하 연속운전에 의한 고효율 정격 운전 가능

② 축열시스템의 완충제 역할에 의해 열공급의 신뢰성 향상 특히 공조계통이 많고, 부하변동이 크고, 운전시간대가 다른 경우에도 안정한 열공급 가능

③ 열회수 시스템 채용 가능

④ 타열원(태양열 및 폐열)이용 용이

⑤ 전력부하 균형에 기여

⑥ 열원기기의 고장대책으로서 적격

⑦ 부하 증가에 대응 가능 - 건물의 일부 증설 또는 건물내부의 용도 변경에 따른 공조부하 증가할 경우 대처가능

(3) 축열시스템을 사용함으로써 발생되는 단점

① 축열조 및 단열공사로 인한 추가비용 소요

② 축열조 열손실 - 축열조에 주위온도와 다른 매체를 저장하게 되므로 열손실 증가

③ 축열조의 매체를 냉각, 가열하기 위한 배관계통이 필요하므로, 이에 따른 배관 설비 및 반송 동력비 증가

④ 축열에 따른 혼합열손실에 의해 공조기의 coil수, pump용량 2차측의 배관계의 설비가 증가할 가능성 내재

⑤ 축열조의 효율적인 운전을 위하여 제어 및 감시장치 필요

⑥ 수처리 필요

⑦ 야간에서의 열원기기 운전의 자동화나 소음에 대응하는 배려 필요, 자동화 장치가 없을 경우에는 추가 인건비 증가

(4) 빙축열의 장점

① 잠열(335kJ/kg)을 이용하므로, 축열조의 크기를 1/4~1/10 정도로 축소할 수 있다.

② 부하측 귀환수에 의한 온도혼합 즉, 유용에너지의 감소가 거의 없다.

③ 축열조의 크기가 작아지므로 전반적으로 가격이 낮아진다.

④ 열손실도 1~3%로 작아진다.

⑤ 펌프, 팬 등의 동력비가 감소한다.

⑥ 부하측 순환회로가 폐회로가 되므로 배관 부식문제가 해결된다.

⑦ 건물지하에 2중 슬래브가 있는 경우에는 이를 이용할 수 있으며, 없는 경우에도 강판 FRP 등으로 별도로 만들 수 있다.

(5) 빙축열의 단점

① 열원 냉매계통이 Package화된 브라인 냉동기를 쓰는 것과, 빙축열조내에 직접팽창식 증발기를 제빙코일로 사용하는 두 방법이 있으나, 후자의 경우에는 현장에서 직접 이를 설치하므로 배관의 설계 시공이 복잡해진다.

② 증발기 온도가 저하하므로 냉동기 COP 감소는 피할 수 없다.

③ 온수축열을 병용하는 경우 큰 제약이 따른다. 즉 냉방용 저온 축열인 경우에는 잠열을 이용하여 축열공간을 줄일 수 있으나, 난방시에는 현열만으로 감당해야 하므로 균형을 맞출 수 없다. 이상과 같이 수축열과 빙축열 방식의 장단점을 비교해 본 결과 어느 것이 월등히 낫다고 판단하기는 대단히 곤란하며 결론적으로 대상건물에 따른 상황 즉 충분한 축열공간의 유무가 어떠한 방식을 채용할 것인지의 기준이 된다고 할 수 있다.

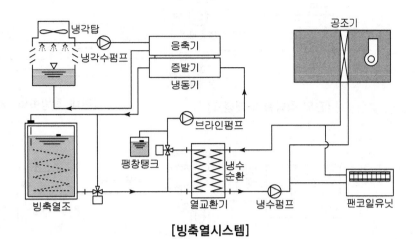

[빙축열시스템]

3. 제빙, 해빙방식에 따른 분류

	종류	특징
정적 제빙	관외착빙형 (ice on coil)	· 관 내부의 브라인으로 외부의 물을 제빙 및 해빙 · 관 외부의 물이 부하 측으로 개방회로
	관내착빙형 (ice in coil)	· 관 외부의 브라인으로 내부의 물을 제빙 및 해빙 · 관 내부의 물이 부하 측으로 밀폐회로 · 관외착빙형보다 전열저항이 커서 제빙효율이 낮음 · 관막힘의 위험이 있음
	캡슐형 (capsule)	· 브라인으로 캡슐 내의 물(또는 상변화물질)을 제빙 및 해빙 · 브라인이 부하 측으로 개방회로 · 전열성능이 좋고 얼음충전율이 높으며 브라인의 유동저항이 낮고 대형화가 용이
동적 제빙	빙박리형 (ice harvester)	· 간헐적인 분무수로관에 착빙된 두께 5mm 정도의 얼음 편을 냉매가스 역순환으로 분리시켜 축열조 하부에 저장 · 물로 해빙하며 부하 측으로 개방회로 · 정적 제빙방식에 비하여 열저항이 감소하므로 제빙 및 해빙효율이 향상됨 · 분무수를 위한 추가 동력 소요
	아이스슬러리형 (ice slurry)	· 물에 브라인(주로 에틸렌글리콜)을 혼합한 상태에서 물만 얼려 슬러리 형상의 얼음으로 축열 · 아시스슬러리가 부하 측으로 개방회로 · 열저항이 작아 제빙 및 해빙효율이 좋으나 빙점 저하로 COP 감소

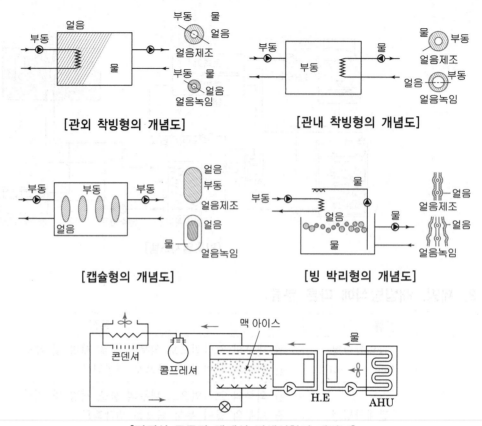

[관외 착빙형의 개념도] [관내 착빙형의 개념도]

[캡슐형의 개념도] [빙 박리형의 개념도]

[간접식 무동력 액체식 빙생성형의 개념도]

4. 축열율에 따른 분류

(1) 전부하축열 방식(FULL STORAGED STSTEM)

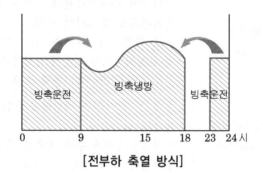

[전부하 축열 방식]

(2) 부분부하 축열 방식(PARTIAL STORAGED SYSTEM)

① 냉동기 우선방식(CHILLER PRIORITY)

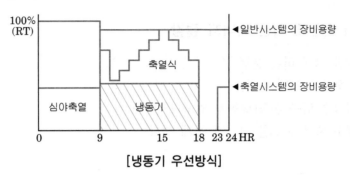

[냉동기 우선방식]

② 축열조 우선방식(STORAGED PRIORITY)

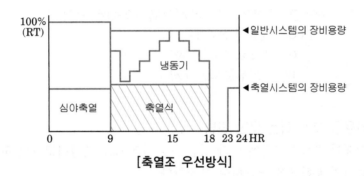

[축열조 우선방식]

(3) 수요제한 방식

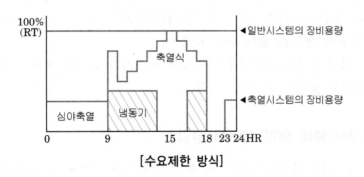

[수요제한 방식]

핵심 26 냉동기에서의 에너지 절감방법

1. 냉동기 운전에 의한 에너지 절감

※ COP를 크게 하는 운전 조건
- 부하율을 크게 한다.
- 냉각수 입구 온도(냉동기 입구)를 낮게 한다.
- 냉수 출구 온도를 가급적 높게 한다.

$$COP = \frac{Q_2}{W_l} \text{에서}$$

$$W_l = \frac{Q_2}{COP}$$

즉, COP가 클수록 냉동기의 소비에너지(압축일량)은 작아진다.

여기서 COP : 냉동기 성적계수

Q_2 : 냉동능력[kJ/h, kw]

W_l : 압축일량[kJ/h, kw]

① 부하율을 크게 하는 운전 방법

대수제어 방식 : 부하에 따라 냉동기를 여러 대로 분할하고 저부하시에 운전 대수를 감소시켜서 냉동기의 부하율을 크게하여 운전한다.

② 냉각수 입구온도를 낮게하여 운전하는 방법

냉각탑의 용량제어에 의해 냉방부하가 작은 경우에 냉각탑 송풍기 운전 대수를 줄이거나 냉각수의 일부를 바이패스시켜 냉각수 입구온도를 어느 온도로 유지한다.

③ 냉수 출구 온도를 높게 하는 방법

저부하시에 다소 냉수의 온도가 높아도 문제가 없으면 냉수 입구온도를 일정하게 유지하고 출구온도를 높여서 운전하는 방식

2. 축열 시스템에 의한 에너지 절감

축열 시스템을 체택함으로써 전부하 운전에 의한 고효율 정격운전이 가능하고 공조시간 이외에도 열원기기를 연속 운전하므로 냉동기 및 열원기기 용량의 대폭 감소에 의한 초기 설비 투자비(initial cost) 감소 및 수전설비 축소 와 계약전력 감소로 인한 기본 전력비 감소, 심야전력 이용으로 전력운전비 절감 등을 도모할 수 있다.

3. 열회수 시스템에 의한 에너지 절감

예제 01

냉방용으로 사용하는 건축물의 냉동기의 성능분석 데이터이다.

설계치			측정값			
냉동능력 (USRT)	정격전력 (kW)	COP	냉동능력 USRT	모터		COP
				전력(kW)	부하율	
410	325.1	4.44	172	265	81.5	2.28

성능분석 결과 COP가 저하되어 운전동력이 증가되고 있어 개선의 필요성이 제기되었다.
이에 따른 개선방법을 적용하였더니 COP가 4.0으로 개선되었다.
이때 다음 물음에 답하시오.(단, 연간가동시간은 8,000시간이며, 안전율은 0.9이다)

1. 개선 방법을 서술하시오.

2. 연간전력절감량(kWh/y)을 구하시오.

정답

1. 개선 방법
   적정 냉각수량을 공급하여 열전달률을 상승시키고 주기적으로 불응축가스 및 전열면 스케일을 제거한다.

2. 연간전력절감량(kWh/y) 계산
   ㉠ 절감률 = $\dfrac{\text{개선전 COP} - \text{개선후 COP}}{\text{개선후 COP}} = \dfrac{4.0 - 2.28}{4.0} = 0.43 = 43\%$
   ㉡ 전력절감량 = 소요동력 × 부하율 × 절감률) × 안전률
              = $(265 \times 0.815 \times 0.43) \times 0.9 = 83.58[\text{kW}]$
   ㉢ 연간전력절감량 = 전력절감량 × 연간가동시간 = $83.58 \times 8,000 = 668,640[\text{kWh/y}]$

예제 02

축열시스템의 개요와 특징을 설명하시오.

정답

1. 개요

대형 건축물의 건설로 인하여 냉방용 기기의 증가에 따른 전기사용량은 급격한 증가 추세에 있다. 또한 산업용 전기까지 감안한다면 낮 시간에는 최대부하가 걸리고 밤 시간에는 많은 양의 전기가 남게 된다.

야간의 값싼 심야전력(23시~9시)을 이용하여 냉동기를 가동하여 전기에너지를 얼음 형태의 열에너지로 축열조에 저장했다가 주간의 냉방용으로 사용하는 시스템으로, 주로 얼음의 융해열(335kJ/kg)을 이용한 것이다.

주야간의 전력 불균형을 해소하고 적은 비용으로 쾌적한 환경을 조성할 수 있다.

2. 특징

① 냉방설비의 용량감소, 고정비 절감

축열시스템을 사용할 경우 일단위의 시스템 용량은 한계까지 작게 할 수 있어서 기존 시스템에 비해 냉동기 등 장비의 용량이 작아지므로 이로 인한 전력소비량이 감소를 포함하여 시스템의 비용을 낮추는 요인이 된다.

② 운전비용의 절감

연간 냉동기 운전시간의 상당부분을 심야전력으로 사용할 수 있기 때문에 냉방운전비의 대폭 절감이 가능하다.

③ 고효율 정격운전

축열시스템의 냉동기는 전부하의 조건에서 운전되므로 운전효율이 증가하며 또한 설비의 가동율을 최대로 하여 설비비 및 설비동력을 줄이고 주간운전은 냉수모드로 하여 시스템의 COP 저하를 최소화 할 수 있다. 제빙운전시 대기온도가 낮은 밤에 운전되므로 응축기의 효율 및 냉동기 COP의 향상을 기대할 수 있다.

④ 쾌적한 냉방, 운전상의 적응성

운전 시작시나 극심한 부하변동시 대처하는 능력이 좋고 합리적 운전이 가능하며 특히 순간 극대부하의 처리 등 부하추종성을 향상시킬 수 있다.

⑤ 기존설비에 설치 가능

기존의 공조설비를 그대로 이용하여 빙축열냉방을 실현할 수 있다.

⑥ 단전시의 냉방 계속

주간에 운전시 팬이나 펌프만으로 작동이 가능하므로 단전시에도 예비전력원에 연결하여 냉방을 계속할 수 있다.

⑦ 저온급기 방식

빙축열조 해빙운전시 출구 수온은 보통 0~1.5℃의 저온이 되고 냉수온도차가 커서 저온 급기방식을 채택할 수 있다.

⑧ 성적계수 개선

축냉시스템에서의 단점인 제빙운전을 위한 냉동기 COP의 열화 등이 예상되나 응축온도의 저하 및 적절한 축냉매질의 도입으로 도리어 성적계수의 상승을 기대할 수 있다.

⑨ 발전 및 송배전 효율

피크절감 효과로 발전시설의 절감, 야간 송전으로 이전되는 부분의 송전 손실을 절감하는 등 현존의 송배전설비를 항상 높은 효율로 운전할 수 있다.

건축물의 냉방설비에 대한 용어의 정의

1. 축냉식 전기냉방설비

심야시간에 전기를 이용하여 축냉재(물, 얼음 또는 포접화합물과 공융염 등의 상변화물질)에 냉열을 저장하였다가 이를 심야시간 이외의 시간(기타시간)에 냉방에 이용하는 설비로서 이러한 냉열을 저장하는 설비(축열조)
냉동기·브라인펌프·냉각수펌프 또는 냉각탑 등의 부대설비(축열조 2차측 설비는 제외)를 포함하며, 다음과 같이 구분한다.

구분	내용
빙축열식 냉방설비	심야시간에 얼음을 제조하여 축열조에 저장하였다가 기타시간에 이를 녹여 냉방에 이용하는 냉방설비를 말한다.
수축열식 냉방설비	심야시간에 물을 냉각시켜 축열조에 저장하였다가 기타시간에 이를 냉방에 이용하는 냉방설비를 말한다.
잠열축열식 냉방설비	포접화합물(Clathrate)이나 공융염(Eutectic Salt) 등의 상변화물질을 심야시간에 냉각시켜 동결한 후 기타시간에 이를 녹여 냉방에 이용하는 냉방설비를 말한다.

[주] ① 심야시간 : 23:00부터 익일 09:00까지를 말한다. 단, 한국전력공사에서 규정하는 심야시간이 변경될 경우는 그에 따라 상기 시간이 변경된다.
　　② 2차측 설비 : 저장된 냉열을 냉방에 이용할 경우에만 가동되는 냉수순환펌프, 공조용 순환펌프 등의 설비를 말한다.

2. 축냉방식 등

구 분	내 용
전체축냉방식	기타시간에 필요한 냉방열량의 전부를 심야시간에 생산하여 축열조에 저장하였다가 이를 이용하는 냉방방식을 말한다.
부분축냉방식	기타시간에 필요한 냉방열량의 일부를 심야시간에 생산하여 축열조에 저장하였다가 이를 이용하는 냉방방식을 말한다.
축열률	통계적으로 연중 최대냉방부하를 갖는 날을 기준으로 기타시간에 필요한 냉방열량 중에서 이용이 가능한 냉열량이 차지하는 비율을 말하며 백분율(%)로 표시한다. $$축열률 = \frac{이용이\ 가능한\ 냉열량(kcal)}{기타\ 시간에\ 필요한\ 냉방열량(kcal)} \times 100$$

예제 01

다음의 냉방설비에 대하여 쓰시오.

1. 빙축열식 냉방설비
2. 수축열식 냉방설비
3. 잠열축열식 냉방설비
4. 전체축냉방식
5. 부분축냉방식
6. 축열률

정답

1. **빙축열식 냉방설비** : 심야시간에 얼음을 제조하여 축열조에 저장하였다가 그 밖의 시간에 이를 녹여 냉방에 이용하는 냉방설비를 말한다.

2. **수축열식 냉방설비** : 심야시간에 물을 냉각시켜 축열조에 저장하였다가 그 밖의 시간에 이를 냉방에 이용하는 냉방설비를 말한다.

3. **잠열축열식 냉방설비** : 포접화합물(Clathrate)이나 공융염(Eutectic Salt) 등의 상변화물질을 심야시간에 냉각시켜 동결한 후 그 밖의 시간에 이를 녹여 냉방에 이용하는 냉방설비를 말한다.

4. **전체축냉방식** : 기타 시간에 필요한 냉방열량의 전부를 심야시간에 생산하여 축열조에 저장하였다가 이를 이용하는 냉방방식을 말한다.

5. **부분축냉방식** : 기타 시간에 필요한 냉방열량의 일부를 심야시간에 생산하여 축열조에 저장하였다가 이를 이용하는 냉방방식을 말한다.

6. **축열률** : 통계적으로 연중 최대냉방부하를 갖는 날을 기준으로 기타 시간에 필요한 냉방열량 중에서 이용이 가능한 냉열량이 차지하는 비율을 말하며 백분율(%)로 표시한다.

$$축열률(\%) = \frac{이용이\ 가능한\ 냉열량(kcal)}{기타시간에\ 필요한\ 냉방열량(kcal)} \times 100$$

예제 02

"건축물의 에너지절약설계기준"에서 규정된 다음 내용과 관련하여 빈 칸에 들어갈 용어로 〈보기〉에서 가장 적합한 기호를 골라 쓰시오.(각 1점, 총 3점) [18년 실기]

〈보기〉

㉠ 열교환 장치　　　　　　　　　㉤ on-off제어
㉡ 가변속제어방식　　　　　　　　㉥ 바이패스(by-pass) 설비
㉢ 대수분할　　　　　　　　　　　㉦ 백업(back-up) 설비
㉣ 가변익제어　　　　　　　　　　㉧ 분산제어

1. (　)운전이라 함은 기기를 여러 대 설치하여 부하상태에 따라 최적 운전 상태를 유지할 수 있도록 기기를 조합하여 운전하는 방식을 말한다.

2. 급수용 펌프 또는 급수가압 펌프의 전동기에는 (　) 등 에너지 절약적 제어 방식을 채택한다.

3. 폐열회수를 위한 열회수설비를 설치할 때에는 중간기에 대비한 (　)를 설치한다.

정답

1. ㉢ : 대수분할운전

2. ㉡ : 가변속제어방식

3. ㉥ : 바이패스설비

■ 종합예제문제

01 보일러의 고위발열량과 저위발열량에 대하여 설명하시오.

---

1. 고위 발열량과 저위 발열량

   고위발열량은 수증기의 잠열을 포함한 것이고, 저위발열량은 수증기의 잠열을 포함하지 않는다. 이때 증발잠열의 포함 여부에 따라 고위발열량과 저위발열량으로 구분된다.

   천연가스의 열량은 통상 고위발열량으로 표시한다.

2. 연료의 저위 발열량과 고위 발열량의 차이가 생기는 이유는 수소 성분 때문이다.

   연료의 고위 발열량과 저위 발열량의 차이는 수증기의 증발잠열의 차이인데 대부분의 연료는 수소 성분으로 구성되어 있으므로 생성물 중에 존재하고 있다. 이 물의 상태에 따라 발열량의 값이 달라지게 되는 것이다.

---

02 증기보일러의 발생증기량 23,690kg/h, 급수엔탈피 218kJ/kg, 발생증기의 엔탈피 2,680 kJ/kg, 외기온도 20℃일 때 매시 환산증발량(kg/h)은?

환산증발량(상당증발량, equivalent evaporation) Ge[kg/h]

환산증발량이란 발생열량, 즉 보일러에서 1시간당 받아들인 열량을 100℃의 수증기량 Ge [kg/h]로 환산한 것을 말한다.

$$Ge = \frac{G_s(h_2 - h_1)}{2,257}\,[\text{kg/h}]$$

여기서,

  G_s : 발생 수증기량[kg/h]

  h_2 : 발생 증기의 엔탈피[kJ/kg]

  h_1 : 보일러 입구에서 물의 엔탈피(급수의 엔탈피)[kJ/kg]

  γ : 100℃에서 물의 증발잠열(2,257kJ/kg)

$$\therefore\ Ge = \frac{G_s(h_2 - h_1)}{2,257} = \frac{23,690(2,680 - 218)}{2,257} = 25,842[\text{kg/h}]$$

03 매시간 1,000kg의 포화증기를 발생시키는 보일러가 있다. 보일러 내의 압력은 2기압이고, 매시간 75kg의 연료가 공급된다. 보일러의 효율(%)은? (단, 보일러에 공급되는 물의 온도는 20℃이고 포화증기의 엔탈피는 2,705kJ/kg이며, 연료의 발열량은 41,868kJ/kg이다.)

보일러의 효율(η_B) [kg/h, Nm³/h]

보일러의 효율은 보일러 출력에 대한 연료소비량의 비율을 말한다.

$$\eta_B = \frac{G(h_2 - h_1)}{G_f \cdot H_f} \times 100\% = \frac{\text{증기량(발생증기의 엔탈피 - 급수 엔탈피)}}{\text{연료 소비량} \times \text{연료의 저위발열량}} \times 100\%$$

여기서, η_B : 보일러의 효율[%]

　　　　G : 증기량 또는 온수량[kg/h]

　　h_2, h_1 : 발생 증기 또는 온수의 엔탈피, 입구 물의 엔탈피(급수 엔탈피)[kJ/kg]

　　　　G_f : 연료소비량[kg/h, Nm³/h]

　　　　H_f : 연료의 저위발열량[액체연료 : kJ/kg, 가스연료 : kJ/Nm³]

$$\therefore \eta_B = \frac{G(h_2 - h_1)}{G_f \cdot H_f} \times 100\% = \frac{1,000(2,705 - 20 \times 4.19)}{75 \times 41,868} \times 100\% = 83.4\%$$

04 원통형 보일러의 효율이 85%에서 증기발생량이 3,200kg/h이고 증기압력 5기압(0.5MPa)에서 그 열량이 2,724kJ/kg일 때 이 보일러에서 사용하는 오일은 몇 kg/h인가?(단, 물의 비열은 4.19kJ/kg·K, 연료의 저위발열량은 40,853kJ/kg이고 보일러로 공급하는 급수의 온도는 20℃이다.)

$$G_f = \frac{G(h_2 - h_1)}{\eta_B \cdot H_f} = \frac{\text{증기량(발생 증기의 엔탈피 - 급수 엔탈피)}}{\text{보일러 효율} \times \text{연료의 저위발열량}}$$

여기서,

　　　　G : 증기량 또는 온수량[kg/h]

　　h_2, h_1 : 발생 증기 또는 온수의 엔탈피, 입구 물의 엔탈피(급수 엔탈피)[kJ/kg]

　　　　η_B : 보일러의 효율[%]　　　　G_f : 연료소비량[kg/h, Nm³/h]

　　　　H_f : 연료의 저위발열량[액체연료 : kJ/kg, 가스연료 : kJ/Nm³]

$$\therefore G_f = \frac{3,203(2,724 - 4.19 \times 20)}{0.85 \times 40,850} = 243.3\text{kg/h}$$

05 0.7MPa 압력을 가진 증기의 건도가 0.75이고 이 증기를 이용하여 급수 3ton/h을 30℃에서 80℃로 예열하고자 한다. 보기를 이용한 경우 응축수량은 몇 kgf/h이 발생되겠는가?(단, 물의 비열은 4.2kJ/kg·k이고, 증기의 현열은 예열에 사용되지 않고 잠열만 사용된다.)

> [보기]
> 0.7MPa 증기엔탈피 2,747kcal/kg
> 포화수 엔탈피 1,360kcal/kg

---

1. 습증기 엔탈피 $(h_2) = h_1 + \gamma x$
   $$= 1,360 + (2,747 - 1,360) \times 0.75 = 2,400.25 \text{kJ/kg}$$

2. 급수예열에 필요한 열량
   $$3,000 \times 4.2 \times (80 - 30) = 630,000 \text{kJ/h}$$
   $$\therefore \text{응축수량} = \frac{630,000}{2,400.25 - 1,360} = \frac{150,000}{247.5} = 605.62 \text{kgf/h}$$

---

06 보일러 전열면을 통과하는 연소가스의 온도가 입구에서 1,300℃, 출구에서 250℃이고 보일러 수의 온도는 120℃로 일정하다. 이때 전열량을 계산하기 위한 대수평균온도차는 몇 ℃인가?

대수평균온도차(대향류일 때)

$$\text{MTD} = \frac{\Delta_1 - \Delta_2}{\ln \dfrac{\Delta_1}{\Delta_2}}$$

$$\therefore \text{MTD} = \frac{(1,300 - 120) - (250 - 120)}{\ln \dfrac{(1,300 - 120)}{(250 - 120)}} ≒ 476 \text{℃}$$

07 보일러의 연속 분출수는 플래시탱크(Flash Tank)를 거쳐 125℃ 상태에서 폐기되고 있다. 열교환기를 설치하여 이 폐열을 이용하여 보충용수(20℃, 30m³/h)를 예열하는 방안을 검토하고자 한다. 열교환 방식을 대향류식으로 할 경우 열교환 후 분출수 온도를 40℃, 보충수 예열온도를 33℃라고 할 때 대수평균온도차(LMTD)를 구하시오.(단, 계산시 소수점 이하는 첫째자리에서 반올림할 것)

상관관계식 $\Delta t_m = \dfrac{\Delta_1 - \Delta_2}{l_n \dfrac{\Delta_1}{\Delta_2}}$

$\therefore \ \Delta t_m = \dfrac{\Delta_1 - \Delta_2}{l_n \dfrac{\Delta_1}{\Delta_2}} = \dfrac{(125-33)-(40-20)}{l_n \dfrac{(125-33)}{(40-20)}} = 47℃$

08 보일러 전열면에서 연소가스가 1,300℃로 유입되어 300℃로 나가고 보일러수의 온도는 210℃로 일정하며 열관류율은 150W/m²·K이다. 단위면적당 열교환량은?

열교환기의 대수평균온도차(MTD, Δt_m)와 전열량[W]

① $Q = K \cdot A \cdot \Delta t_m$

여기서, K : 열관류율[W/m²·K]

A : 열교환기의 전열면적[m²]

Δt_m : 대수평균온도차[K]

② 상관관계식

$\Delta t_m = \dfrac{\Delta_1 - \Delta_2}{\ln \dfrac{\Delta_1}{\Delta_2}}$

먼저, $\Delta t_m = \dfrac{\Delta_1 - \Delta_2}{\ln \dfrac{\Delta_1}{\Delta_2}} = \dfrac{(1,300-210)-(300-210)}{l_n \dfrac{(1,300-210)}{(300-210)}} = 400.94 \ ℃$

$\therefore \ Q = K \cdot A \cdot \Delta t_m = 150 \times 400.94 = 60,100W/m² \cdot K$

09 노내온도가 1,100℃이고 열전도율이 0.5W/m·K이다 두께가 200mm인 노벽에서 손실되는 열량(W)을 구하시오. (단, 노내측 열전달률 : 800W/m·K 노외측 열전달률 : 10W/m·K, 면적 : 20m², 노외측 외기온도 : 20℃)

① 열관류율$(K) = \dfrac{1}{\dfrac{1}{\alpha_o} + \Sigma \dfrac{d}{\lambda} + \dfrac{1}{\alpha_i}} = \dfrac{1}{\dfrac{1}{800} + \dfrac{0.2}{0.5} + \dfrac{1}{10}} = 1.995\text{W/m}^2 \cdot \text{K}$

② 손실열량$(Q) = K \cdot A \cdot \Delta t_m$

여기서, K : 열관류율$[\text{W/m}^2 \cdot \text{K}]$

$\quad\quad\quad A$: 열교환기의 전열면적$[\text{m}^2]$

$\quad\quad \Delta t_m$: 대수평균온도차$[\text{K}]$

∴ 노벽의 손실열량 : $Q = K \cdot A \cdot \Delta t_m = 1.995 \times 20 \times (1,100 - 20) = 43,092\text{W}$

10 열교환기의 능률을 향상시킬 수 있는 방법을 4가지 쓰시오.

① 열교환 면적을 가급적 크게 한다.
② 대수평균온도차를 크게 한다.(열교환기 입구와 출구의 온도차를 크게 한다.)
③ 열전도율이 높은 재료를 사용한다.
④ 열통과율을 증가시킨다.
⑤ 유체의 유속을 증가시킨다.(작동유체의 흐름을 빠르게 한다.)
⑥ 유체의 이동길이를 짧게 한다.
⑦ 열용량이 높은 유체를 사용한다.
⑧ 유체의 흐름 방향을 대향류로 한다.

11 증기 보일러 급수 중 물에 포함되는 불순물의 영향에 대해서 4가지만 쓰시오.

① 스케일(scale) 생성
② 캐리 오버(Carry Over, 기수공발)현상 발생
③ 수격작용 초래
④ 재료의 부식

12 보일러의 장해요인(포밍, 프라이밍, 캐리오버)에 대해 설명하시오.

1. 포밍(foaming, 거품작용)
　① 보일러수에 불순물, 유지분 등이 많이 섞인 경우나 알칼리성이 과한 경우 비등과 더불어 수면 부근에 거품층이 형성되어 수위가 불안정하게 되는 현상
　② 원인 물질은 주로 나트륨(Na), 칼륨(K), 마그네슘(Mg) 등이다.
2. 프라이밍(priming, 비산현상)
　① 보일러수가 매우 심하게 비등하여 수면으로부터 증기가 수분을 동반하면서 끊임없이 비산하고 기실에 충만하여 수위가 불안정하게 되는 현상
　② 원인 : 보일러가 과부하로 사용될 때, 수위가 너무 높을 때, 압력이 저하되었을 때, 물에 불순물이 많이 포함되어 있을 때, 드럼 내부에 설치된 부품에 기계적인 결함이 있을 때
　③ 결과 : 수처리제가 관벽에 고형물 형태로 부착되어 스케일(scale)을 형성하고 전열불량 등을 초래한다.
　④ 방지 : 기수분리기 등을 설치
3. 캐리오버(carry over, 기수공발) 현상
　① 보일러 물 속의 용해 또는 부유한 고형물이나 물방울이 보일러에서 발생한 증기에 혼입되어 보일러 밖으로 튀어 나가는 현상이다.
　② 프라이밍(priming)이나 포밍(foaming, 거품작용) 등의 이상 증발이 발생하면, 결과적으로 캐리오버가 일어난다. 이때 증기뿐만 아니라 보일러 관수 중에 용해 또는 현탁되어 있는 고형물까지 동반하여 같이 증기 사용처로 넘어갈 수 있다.
　③ 증기시스템에 고형물이 부착되면 전열효율이 떨어지며, 증기관에 물이 고여 과열기에서 증기과열이 불충분하게 된다.

13 Carry over의 원인을 4가지 쓰시오.

① 증기의 부하가 클 때
② 보일러 피크부하 운전일 때
③ 주증기밸브를 갑자기 개방할 때
④ 보일러 고수위 운전일 때
⑤ 보일러 과부하 운전일 때
⑥ 보일러 관수가 과다하게 농축될 때
⑦ 전기 전도도가 상승될 때
⑧ 수질이 산성일 때(관수의 pH가 낮을 때)
⑨ 실리카 농도가 높을 때
⑩ 용존 기름류, 고형물 다량 함유시 운전일 때

14 보일러의 에너지 절약방안을 설명하시오.

① 고효율 기기 선정 : 고성능 버너 및 급수펌프 설치하고 부분부하 효율을 고려한다.
② 대수 분할 운전(저부하시의 에너지 소모 절감) : 큰 보일러 한 대보다 여러 대의 보일러로 분할 운전한다.
③ 인버터 제어를 도입 : 부분부하 운전의 비율이 매우 많을 경우 인버터 제어를 도입하여 연간에너지 효율을 향상한다.
④ 적정 공기비 관리 : 공기비가 높으면 배기가스 보유 열손실이 커지므로 적정 공기비를 유지한다.
⑤ 응축수 및 배열 회수 : 보일러에서 배출되는 배기의 열을 회수(절탄기 이용)하여 여러 용도로 재활용한다.
⑥ 급수 수질관리 및 보전관리
⑦ 증기트랩 관리 철저 : 불량한 증기트랩을 정비하여 증기배출을 방지한다.
⑧ 증기와 물 누설 방지
⑨ 드레인(drain)과 블로운 다운(blow down) 밸브를 불필요하게 열지 않는다. : 블로운 다운량을 적절히 유지하여 열손실을 줄인다.
⑩ 슈트 블로어를 채택

[참고]
• 인버터(VVVF : Variable Voltage Variable Frequency) 제어 : 교류−직류 변환시 전압과 주파수를 가변시켜 전동기에 공급하므로 전동기의 운전속도를 고효율로 제어하는 시스템이다. 공조설비에서 VAV 방식의 공조기 풍량을 제어하거나 펌프계통의 압력을 제어할 때 인버터를 많이 사용한다.
• 드레인(drain) : 증기를 사용하는 기계나 장치 내에서 증기가 응결해 생긴 물
• 블로우 다운 밸브(blow down valve) : 보일러, 화학설비 등의 기기에 이상사태가 되었을 때 수동 및 자동에 의해서 그 압력을 기기 밖으로 방출하여 안전장치로 사용되는 밸브이다. 형식에 따라 자압(自壓)형, 솔리노이드형, 다이아프램형이 있다.
• 슈트 블로어(soot blower) : 불안전연소시 생기는 생기는 그을음을 불어내기 하는 장치

15 폐열회수장치의 설치 순서와 장치를 설명하시오.

1. 열교환기(폐열회수장치)의 설치 순서 [보일러 부속장치와 연소가스 접촉과정]

   배기가스의 여열을 이용하여 열효율을 높이기 위한 장치이다.

   과열기 → 재열기 → 절탄기 → 공기예열기

   ① 과열기 : 보일러에서 발생한 포화증기의 수분을 제거하여 과열도가 높은 증기를 얻기 위한 장치이다.
   ② 재열기 : 과열기의 중간 또는 뒤쪽에 위치하며 과열기와 동일 구조이다.
   ③ 절탄기 : 보일러 배기가스의 여열을 이용하여 급수를 가열하는 장치
              (굴뚝으로 배출되는 열량의 20~30% 회수)
   ④ 공기예열기 : 보일러 배기가스의 여열을 이용하여 연소용 공기를 예열시키는 장치

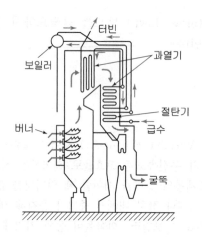

2. 절탄기(economizer)
   ① 열 이용률의 증가로 인한 연료소비량의 감소
   ② 증발량의 증가
   ③ 보일러 몸체에 일어나는 열응력(熱應力)의 경감
   ④ 스케일의 감소

16 보일러의 공기비(공기과잉률)에 대하여 설명하시오.

① 이론공기량에 대한 실제공기량의 비를 말한다.

$$공기비(m) = \frac{A}{A_0}$$ A : 실제공기량(=이론공기량+과잉공기량) A_0 : 이론공기량

※ 과잉공기량 : 완전연소를 위하여 추가로 필요한 공기량으로 연소과정에 참가하지 않고 Bypass되는 공기량이다. 이론적 공기량은 공기와 연료의 완전 접촉이 이루어지는 경우에 대한 것인데, 실제의 연소를 양호하게 행하기 위해서는 과잉공기가 필요하다.

② 실제 연소기에서 공기비는 항상 1.0보다 커야 한다. 공기비가 1.2란 과잉공기가 20%라는 의미로 굴뚝으로 빠져나가는 열량이 많아져서 효율이 떨어진다.

③ 공기비가 커지면 배기가스가 많아지고 손실열량이 커지므로 보일러 효율이 저하한다.

④ 보일러맨은 공기비가 항상 적정공기비를 유지하여 보일러의 연료비가 절감되도록 관리하여야 한다.

17 다음 물음에 답하시오.

1. 암모니아 냉동기의 응축기 입구 엔탈피가 1,890kJ/kg, 압축기 입구 엔탈피가 1,680kJ/kg, 증발기 입구 엔탈피가 400kJ/kg이다. 이 냉동기의 성적계수는?

2. 증기압축 냉동사이클에서 증발기 냉매의 입구엔탈피는 122.3kJ/kg, 출구엔탈피는 1,285.5kJ/kg이다. 1냉동톤당 냉매순환량(kg/h)은? (단, 1냉동톤은 3,320kcal/h, 1kcal는 4.19kJ)

1. $COP = \dfrac{저온체로부터의\ 흡수열량(냉동효과)}{압축일} = \dfrac{냉동효과(q)}{압축일(A_L)}$ 이므로 $\dfrac{h_1 - h_4}{h_2 - h_1}$ 이다.

∴ $COP = \dfrac{h_1 - h_4}{h_2 - h_1} = \dfrac{1,680 - 400}{1,890 - 1,680} = 3.58$

2. 냉매순환량 $= \dfrac{냉동능력}{냉동효과} = \dfrac{3,320 \times 4.19}{1,285.5 - 122.3} = 11.96\,kg/h$

18 0℃와 100℃ 사이에서 역카르노 사이클로 작동하는 냉동기의 냉동용량이 10USRT라면 이 냉동기가 작동하는 데 필요한 성적계수와 동력[kW]는?

1. 성적계수

$$T_1 = 100℃ = (100 + 273)[\text{K}] = 373[\text{K}]$$

$$T_2 = 0℃ = (0 + 273)[\text{K}] = 273[\text{K}]$$

$$COP = \frac{T_2}{T_1 - T_2} = \frac{273}{373 - 273} = 2.73$$

2. 소요동력[kW]

$$COP = \frac{q}{A_L}$$

$$\therefore \ AW = \frac{q}{COP} = \frac{10 \times 3,516}{2.73} = 14,139[\text{W}] = 14.14[\text{kW}] \ (1\text{USRT} = 3,516\text{W})$$

19 터보냉동기의 정격 COP가 4.0이고, 냉동능력은 500USRT일 때 적정한 냉각탑 용량[kJ/h]을 산정하시오.

1. 1USRT = 3,516[W] = 3.516[kW] 이므로

   냉동능력(Q_e) 500USRT = $500 \times 3.516 \times 3,600 = 6,328,800[\text{kJ/h}]$

   ※ 1kW = 1kJ/s = 3,600kJ/h

2. 냉각탑 용량(Q_e)

   $$Q_e = Q + A_L = Q + \frac{Q_e}{COP} = 6,328,800 + \frac{6,328,800}{4.0} = 7,911,000[\text{kJ/h}]$$

   $$\left(COP = \frac{Q}{A_L} \text{이므로} \ A_L = \frac{Q}{COP}\right)$$

20 흡수식 냉온수기 시스템에 대해 기술하시오.

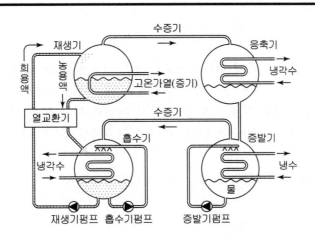

① **증발기** : 응축기에서 넘어온 냉매는 냉매 펌프에 의하여 냉수냉각관 상부에 살포되어 냉수로부터 열을 빼앗아 증발하여 흡수기의 흡수제에 흡수되며 냉각되어진 냉수는 냉동목적에 이용된다.

② **흡수기** : 증발기에서 연속적으로 열을 흡수할 수 있도록 증발한 기체 냉매를 흡수제에 흡수시켜 희용액(흡수제+냉매)으로 만들어 용액펌프로 발생기(재생기)에 보낸다.

③ **열교환기** : 흡수기에서 희석된 용액은 펌프에 의해 열교환기에 보내지고 여기서는 발생기에서 돌아오는 고온의 농흡수액을 열교환시켜 발생기로 보냄으로서 열효율을 향상시킨다.

④ **발생기** : 흡수기에서 보내진 희용액을 열원에 의하여 가열하여 냉매와 흡수제를 분리시켜 증발된 냉매는 응축기에 보내고 농흡수액은 동력과 압력차에 의해 열교환기를 거쳐 흡수기에 보내진다.

⑤ **응축기** : 발생기에서 흡수제액과 분리된 냉매증기는 응축기에서 냉각수와 열교환하여 응축 액화한다.

☞ 흡수식 냉동기의 구성과 원리로 서술한다.

21 2중효용 흡수식 냉동기에 대하여 설명하시오.

1. 개요

① 흡수식 냉동기는 발생기의 형식에 따라 1종효용(단효용)식과 2중효용 흡수냉동사이클식이 있다. 2중효용 흡수식 냉동기는 단효용 흡수식 냉동기에 비해 재생기가 1개 더 있어(고온발생기+저온발생기) 응축기에서 버려지는 열을 저온발생기에서 가열해 다시 한번 사용하여 재활용한다.

② 저온발생기는 고온발생기보다 압력이 낮다. 따라서 고온발생기보다 낮은 온도에서 다시 한번 증기가 발생한다.

③ 냉매증기는 수증기이고 증기보일러와 연동하여 구동한다.

2. 특징

① 폐열을 재활용하므로서 에너지 절약적이고 냉각탑 용량을 줄일 수 있다.

② 고온발생기와 저온발생기가 있어 단효용 흡수식에 비해 효율이 높다.

③ 성적계수는 약 1.1 정도로 단효용(0.6~0.7) 비해 많이 향상된다.

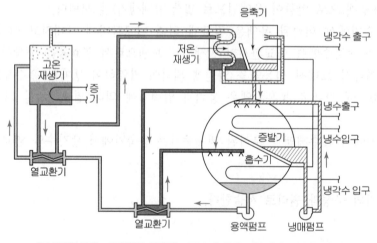

[2중 효용 흡수식냉동기 개념도]

22 용량이 386kW인 터보 냉동기에 순환되는 냉수량(m³/h)은? (단, 냉각기 입구의 냉수온도 12℃, 출구의 냉수온도 6℃, 물의 비열 4.19kJ/kg·K)

순환수량(Q_W)[l/min]

$$Q_W = \frac{H_{CT}}{60\,C\Delta t}[l/min]$$

H_{CT} : 냉동기용량[kJ/h]

C : 비열(4.19kJ/kg·K)

Δt : 냉각수의 냉각탑의 출입구 온도차(℃)

먼저, 1kW = 1,000W = 860kcal/h = 1kJ/s = 3,600kJ/h 이므로

386kW = 386 × 3,600kJ/h = 1,389,600kJ/h

$$Q_W = \frac{1,389,600}{60 \times 4.19 \times (12-6)} = 921\ l/min = 0.921m^3/min = 55.3m^3/h$$

23 열 펌프(Heat pump)는 냉난방의 에너지 절약의 관점에서 크게 부각되고 있는데 그 원리와 특징을 기술하시오.

1. 원리

Heat pump는 동일설비로 냉난방이 가능한 설비이다.

난방시에는 실내측 열교환기를 응축기로 실외측 열교환기를 증발기로 하여 실외저온의 채열원으로 부터 열에너지를 흡수한다. 냉방시는 사방변(4way-Valve)을 절환하고 냉매의 흐름을 역으로 하여 실내측 열교환기를 증발기로 실외측 열교환기를 응축기로 하여 실내의 열을 실외로 방출한다. 즉 압축기를 동력으로 냉매에 의해 열을 저온부로부터 고온부로 이동 시키는 것이다.

2. 특징

① 에너지 이용효율이 높아서 사용한 전기에너지의 수배의 열에너지를 얻을 수 있다.

② 저품질의 열원도 이용이 가능하다.

③ 난방시에 연료를 사용하지 않기 때문에 대기오염방지 및 화재의 위험이 적다.

④ 그러나 공기열원의 경우 단점으로 난방시 외기온도가 떨어지면 난방부하가 증대 되는데 그에 대한 대응이 어려워서 보조 열원이 필요하다.

24 대체냉매의 구비요건과 종류에 대하여 설명하시오.

오존층(O_3)층을 파괴하는 CFC계의 냉매를 대체하는 물질

1. 대체 프레온의 요건
    ① 오존파괴지수(ODP)가 낮을 것
    ② 지구온난화지수(GWP)가 낮을 것
    ③ 무미, 무취, 무독(저독성), 불연성일 것
    ④ 단열성, 전기절연성이 우수할 것
    ⑤ 수분을 함유하지 말 것
    ⑥ 기존 장치의 큰 변경없이 적용 가능할 것
    ⑦ 혼합 냉매의 경우 가능한 한 단일 냉매와 유사한 특성일 것

2. 각종 대체 프레온
    ① HCFC-22 : 오존파괴능력이 CFC-11의 1/20로 무공해 프레온의 하나로 빌딩의 에어콘 등에 사용되고 있다.
    ② HCFC-123 : CFC-11의 대체품으로 개발된 대체냉매로 주용도는 경질 우레탄폼의 발포제이나 발포성 기계강도의 저하가 보이고 있기 때문에 HCFC-141b와 혼합 등을 포함해 개발이 기대되고 있다.
    ③ HFC-134a : 현재 가장 최적의 대체 프레온으로 주목받고 있다. 오존파괴지수(ODP)는 0, 비점 $-26℃$이다.

| 참고 |
  • ODP(Ozone Depletion Potential) : CFC-11을 1.0으로 한 오존층 파괴력의 질량당 추정치
    GWP(Global Warming Potential) : CFC-11을 1.0으로 한 온실효과의 질량당 추정치
  • 교토의정서 6대 온실가스(기후변화협약에서 규정한 지구온난화를 일으키는 온실가스) 이산화탄소(CO_2), 메탄(CH_4), 아산화질소(N_2O), 수소불화탄소(HFC_S), 과불화탄소(PFC_S), 육불화황(SF_6)

25 **다음 용어에 대해 간단히 설명하시오.**

1. ODP
2. GWP
3. 교토의정서 6대 온실가스

---

1. ODP(Ozone Depletion Potential) : CFC-11을 1.0으로 한 오존층 파괴력의 질량당 추정치

2. GWP(Global Warming Potential) : CFC-11을 1.0으로 한 온실효과의 질량당 추정치

3. 교토의정서 6대 온실가스(기후변화협약에서 규정한 지구온난화를 일으키는 온실가스)
   이산화탄소(CO_2), 메탄(CH_4), 아산화질소(N_2O), 수소불화탄소(HFC_S), 과불화탄소(PFC_S), 육불화황(SF_6)

26 지역냉방의 종류, 도입효과, 지원제도에 대하여 기술하시오.

1. 개요

(1) 지구온난화 영향으로 한반도가 아열대기후로 변하고 있어 여름이 길어지고 무더워져 서민층은 더위를 피할 수 있는 최소한의 주거공간을, 생활수준이 향상된 중산층은 쾌적한 실내환경을 요구하여 하절기 냉방에 대한 수요는 증가하고 있다.

(2) 또한 난방수요는 지구온난화로 점점 줄어들어 여름철 지역난방 가동률이 10[%] 이하로 감소하고 있고 막대한 투자가 소요된 지역난방사업의 열공급설비는 충분히 활용되지 못하고 있어 하절기 냉방수요를 개발하여 지역난방설비 가동률을 높이고 하절기 전력피크부하를 줄일 수 있다.

(3) 업무용빌딩, 주상복합건물, 체육센터, 아파트 등 지역난방용 온수를 이용하여 흡수식 냉동기를 가동하는 새로운 냉방방식으로 실외기가 필요 없고 전기와 프레온 가스를 사용하지 않아 경제적이며 안전하고 쾌적한 친환경시스템이다.

2. 종류

(1) 온수 이용형(증기)

수송관을 통해 공급된 온수(증기)가 건물에 설치된 흡수식냉동기 또는 제습냉방기를 거치면서 냉수 또는 냉기를 만들고 이를 통해 냉방

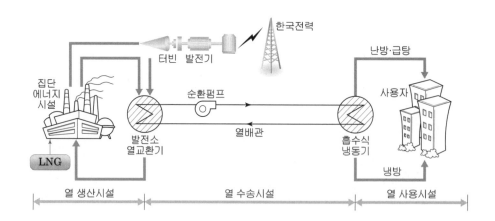

(2) 냉수 직공급형

집단에너지시설 자체에서 냉수를 만들어 각 건물에 공급

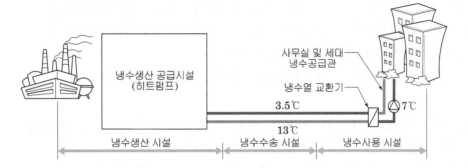

3. 도입효과

(1) 냉방비용이 저렴하고 생활이 쾌적함

① 요금이 저렴하고 편리

② 소음, 진동이 없고 24시간 쾌적한 실내환경 제공

③ 이사할 때 발생하는 철거 또는 재설치 비용(10~15만원) 없음

(2) 아파트 브랜드 가치 향상

① 천정 실내기만 설치, 개별에어컨이 필요 없어 넓은 공간 활용

② 실외기가 없어 조용하고 아파트 미관이 깨끗함

(3) 부대효과

① 전기방식의 에어컨 대신 중온수를 이용하므로 여름철 국가 전력수급 안정화에 기여

② 에너지절감을 통한 환경개선 및 사회적 비용 경감

③ 프레온가스 대신 물(이튬브로마이드 수용액)을 이용하므로 오존층 파괴 보호

④ 집단 에너지 시설 가동률 향상에 따른 여름철 발전량 증대효과

⑤ 굴뚝 및 환기설비 불필요

4. 지원제도

(1) 에너지관리공단(주관기관) 지역냉방 설비보조금 집행지침

① 문의 : 에너지관리공단

② 설치보조금 : 2012년 기준

구분	200usRT 이하	200usRT 초과~ 500usRT 이하	500usRT 초과
지원금액	7만원/usRT	5만원/usRT	3만원/usRT

③ 설계보조금 : 1만원/usRT

(2) 시설자금 융자 지원

① 지역냉방을 사용하기 위한 흡수식 냉동기를 이용한 냉방시설의 설치 자금을 에너지 이용 합리화 사업의 에너지 절약 시설 설치 사업으로 융자지원. 기관은 에너지관리공단

② 융자지원 자금신청금액은 최소 신청액을 2,000만원, 소요자금의 80% 이내

③ 융자금의 대출기간은 3년 거치 5년 분할상환

④ 융자금의 이자율은 에너지 및 지원사업 특별회계 운영요령에 따름

(3) 요금

지역냉방사용 열요금은 난방요금 단가를 기준으로 아래와 같이 할인하며 기본요금은 면제

① 공동주택냉방 : 주택용 난방 열사용 요금의 100분의 15

② 업무용, 공공용 건물냉방 : 업무용, 공공용 난방열사용요금의 100분의 40

(4) 지역난방을 사용하는 경우 지역냉방의 시설분담금 면제

5. 국내현황

① 2012년 말 기준, 22개 사업자가 총 697개 건물을 대상으로 지역냉방을 공급하고 있으며 보급된 냉동기 용량은 총 461,369usRT

② 한국지역난방공사는 고양, 분당, 판교 등 총 397개 건물의 지역냉방을 공급하여 총 257,513usRT 의 냉동기가 가동 중

③ SH공사, 부산광역시, 한국CES, GS파워, 안산도시개발공사 등 21개 사업자가 300개 건물에 지역 냉방을 공급하여 총 203,860usRT의 냉동기가 가동중에 있음

04 열역학, 유체역학, 연소공학

01 열역학

핵심1 현열, 잠열, 반응열

1. 현열(Sensible heat)

$$q_s = m \cdot c \cdot \Delta T \, [\text{kJ}] \qquad - \text{현열식}$$

2. 잠열(Latent heat)

$$q_L = m \cdot r \, [\text{kJ}] \qquad - \text{잠열식}$$

$$
\begin{array}{l}
r \\
(\text{잠열량})
\end{array}
\left[
\begin{array}{l}
① \ 0℃ \ 얼음의 \ 융해 \ 잠열 : 335[\text{kJ/kg}] \\
② \ 0℃ \ 물의 \ 증발 \ 잠열 : 2501[\text{kJ/kg}] \\
③ \ 100℃ \ 물의 \ 증발 \ 잠열 : 2256[\text{kJ/kg}]
\end{array}
\right.
$$

3. 물질의 3태

모든 물질은 3개의 상(고체, 액체, 기체)으로 존재한다.

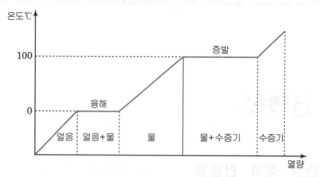

[물에 대한 열량과 온도의 변화]

예제 01

25℃ 물 200kg을 냉각하여 0℃의 물 150kg과 0℃의 얼음 50kg의 혼합물을 제조하려고 한다. 이 혼합물의 제조에 제거해야 할 열량은 몇 MJ인가?
(단, 물의 비열 4.2KJ/kg·K 얼음의 융해잠열은 335KJ/kg으로 한다.)

정답

① 25℃의 물 150kg을 0℃의 물로 만들 때 제거해야할 열량 Q_1

$Q_1 = m \cdot c \cdot \Delta t = 150 \times 4.2 \times (25-0) = 15,750[\text{kJ}]$

② 25℃물 50kg을 냉각하여 0℃의 얼음으로 만들 때 제거해야할 열량 Q_2

$Q_2 = m \cdot c \cdot \Delta t + m \cdot r$

$\quad = 50 \times 4.2 \times (25-0) + 50 \times 335 = 22,000[\text{kJ}]$

$\therefore Q_1 + Q_2 = 15,750 + 22,000 = 37,750[\text{kJ}] = 37.75[\text{MJ}]$

핵심2 온도

물체의 온, 냉의 정도를 표시한 것으로 물체의 분자 운동에 의한 것이다.

1. **섭씨온도(Celsius temperature)**

2. **화씨온도(Fahrenheit temperature)**

3. **절대온도(absolute temperature)**

$$T = t(℃) + 273.15[\text{K}]$$
$$T = t(°F) + 460[\text{R}]$$

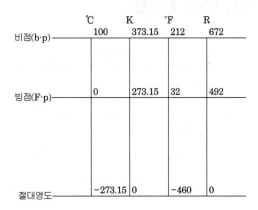

[각 온도와의 관계]

핵심 3 **압력(Pressure)**

$$P = \rho g H$$

P : 압력[Pa]

ρ : 밀도[kg/m^3]

H : 높이[m]

g : 중력 가속도[m/s^2]

1. 표준 대기압(atm)

$1[atm] = 760[mmHg] = 10.33[mAq]$

$\qquad = 1.0332[kgf/cm^2]$

$\qquad = 101325[Pa] = 101.325[kPa]$

$\qquad = 0.101325[MPa] \fallingdotseq 0.1[MPa]$

$\qquad = 1.01325[bar]$

$1[bar] = 10^5[Pa]$

2. 공압 기압(at)

$1[at] = 1[kgf/cm^2] = 98000[Pa] = 98[kPa]$

$\qquad = 10[mH_2O]$

3. 절대압력, 게이지 압력, 진공압

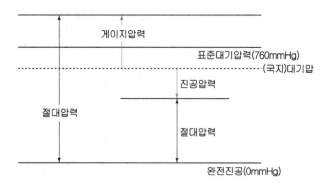

절대압력[MPa] = 게이지압력[MPa] + (국지)대기압[0.1MPa]

절대압력[MPa] = (국지)대기압[MPa] − 진공압[MPa]

게이지 압력[MPa] = 절대압력[MPa] − (국지)대기압[0.1MPa]

$$진공도 [\%] = \frac{진공압}{(국지)대기압} \times 100$$

핵심 **4** **열역학의 제법칙**

1. 열역학 제0의 법칙(자연의 법칙)

열은 온도가 높은 곳에서 낮은 곳으로 온도가 같아질 때까지 흐르고 열의 평형 상태에서는 더 이상 열의 이동은 없다.

2. 열역학 제1의 법칙(에너지 보존의 법칙, 제1종 영구기관 제작 불가능 법칙)

① 열은 본질적으로 일과 동일한 에너지의 한 형태로 열을 일로 변화시킬 수 있고 그 반대로도 가능하다. 그러나 그 비는 일정하다.

② 에너지는 결코 생성될 수 없고 그 존재가 완전히 없어질 수도 없으며, 다만 한 형태로부터 다른 형태로 바뀌어질 뿐이다.

　※ 제1종 영구기관 : 외부로부터 에너지를 공급하지 않고 영구히 운동을 계속하는 장치

3. 열역학 제2의 법칙(에너지의 방향성 법칙, 제2종 영구기관 제작 불가능 법칙)

① 자연계에 어떤 변화도 남기지 않고 어느 열원의 열을 계속하여 일로 변화시키는 것은 불가능하다. 열을 전부 일로 변화시킬 수는 없다. 즉, 열효율 100%의 열기관은 없다. (Kelvin Plank)

② 열은 고온 물체로 부터 저온 물체로 이동하는데 그 자체로 외부에서 어떤 일이나 열에너지를 가하지 않고 저온부에서 고온부로 열을 이동시킬 수 없다.(Clausius)

※ 제2종 영구기관 : 열효율 100%의 열기관(외부에 어떤 변화도 남기지 않고 열의 전부를 일로 변화시킬 수 있는 기관)

4. 열역학 제3의 법칙

한 계(系) 내에서 물체의 상태를 변화시키지 않고 절대온도, 즉, 0 [K]로 도달 할 수 없다. 절대온도 0 [K]에서는 모든 완전한 결정 물질의 절대 엔트로피는 0이다.

핵심 5   엔탈피(Enthalpy)

$U+PV$를 새로운 물리량 H라 정의하고 엔탈피라 한다. 즉,

$H = U + PV \,[\text{kJ}]$ $h = u + pv \,[\text{kJ/kg}]$

$dh = du + d(p \cdot v) = du + pdv + vdp = dq + vdp$

∴ $dq = dh - vdp \,[\text{kJ/kg}]$ → 열역학 기초 2식이 된다.

H : 엔탈피[kJ]

U : 내부에너지[kJ]

P : 압력[kPa]

V : 체적[m³]

h : 비엔탈피[kJ/kg]

u : 비내부에너지[kJ/kg]

v : 비체적[m³/kg]

예제
02

건구온도 20℃, 절대습도 0.015kg/kg인 습공기 6kg의 엔탈피는?(단, 공기 정압비열 1.01kJ/kg · K, 수증기 정압비열 1.85kJ/kg · K, 0℃에서 포화수의 증발잠열 2501kJ/kg)

정답

습공기의 엔탈피(i)
엔탈피 : 0℃일 때 건공기의 엔탈피를 0으로 하여 습공기 1kg이 지니고 있는 열량으로 나타낸다.

$i = C_{pa} \cdot t + (\gamma_0 + C_{pw} \cdot t) \cdot x$
$= 1.01t + (2,501 + 1.85t) \cdot x$
$= 1.01 \times 20 + (2,501 + 1.85 \times 20) \times 0.015$
$= 58.27 \text{kJ/kg}$
∴ 전체 엔탈피 $= 6\text{kg} \times 58.27\text{kJ/kg} = 349.62\text{kJ}$

핵심6 정상류의 에너지 방정식

정상유동(steady flow)이란 동작 유체의 출입이 있는 개방계에서 유체의 유출·입 등의 과정에서 시간에 따라 모든 성질들이 불변인 과정을 말한다.

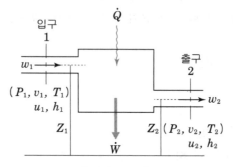

[정상유동계]

단면 1에서 유체의 에너지 : $u_1 + \dfrac{w_1^2}{2} [\text{kJ/kg}]$

단면 2에서 유체의 에너지 : $u_2 + \dfrac{w_2^2}{2} [\text{kJ/kg}]$

$$u_1 + p_1 v_1 + \frac{w_1^2}{2} + g z_1 + q$$

$$= u_2 + p_2 v_2 + \frac{w_2^2}{2} + g z_2 + w \,[\text{kJ/kg}]$$

$$h_1 + \frac{w_1^2}{2} + g z_1 + q = h_2 + \frac{w_2^2}{2} + g z_2 + w$$

위 식은 정상 유동계의 에너지 방정식으로 불린다. 위 식에서 내부에너지를 무시하면 베루누이 (Bernoulli) 방정식이 된다. 또한 위 식에서 역학적에너지를 무시하면 다음 식으로 된다.

$$q = (h_2 - h_1) + w$$

핵심 7 엔트로피(Entropy)

물체가 온도 $T\,[\text{K}]$ 하에서 얻은 열량을 $dq\,[\text{kJ}]$이라 하면 그 온도 T로 나눈 것을 엔트로피 증가라 말한다. 이것을 ds로 표시하면 엔트로피 $ds = dq/T\,[\text{kJ/K}]$라 한다.

그림과 같이 A에서 B로 열이 이동할 때 A가 잃은 엔트로피를 $\Delta q / T_1$, B가 얻은 엔트로피는 $\Delta q / T_2$로 하면 열역학 제 2법칙은 T_1(고온) $>$ T_2(저온)로 되어 $\dfrac{\Delta q}{T_2} - \dfrac{\Delta q}{T_1} > 0$,

$\therefore\ ds_2 > ds_1$로 된다.

이 때문에 「자연계에서 물질의 엔트로피는 증대하는 방향으로 변화가 진행된다.」고 말하는 것이다.

$$\text{엔트로피 변화 } S_2 - S_1 = \int_1^2 \frac{dq}{T} \,[\text{kJ/k}]$$

핵심 8 일, 동력(일률)

1. 일(Work) : [힘 × 거리]

$1[J]=1[N]\times1[m]=1[N \cdot m]$

2. 동력(Power)

$1[W]=1[J/s]=1[N \cdot m/s]$

한편 일은 동력 × 시간 이므로

$1[kWh]=3600[kW \cdot s]=3600[kJ]$

$1[kW]=102kgf \cdot m/s$
$\qquad = 860kcal/h$
$[PS]=75kgf \cdot m/s$
$\qquad = 632.3kcal/h$

핵심 9 이상기체(ideal gas)

■ 실제 기체를 이상기체로 간주할 수 있는 조건

① 분자량이 작을수록 ② 압력이 낮을수록
③ 온도가 높을수록 ④ 비체적이 클수록

1. 보일(Boyle)의 법칙

$$PV=k \text{ 또는 } P_1V_1=P_2V_2$$

2. 샬(Charles 또는 Gay lussac)의 법칙

$$V/T=\text{일정}=k \text{ 또는 } V_1/T_1=V_2/T_2$$

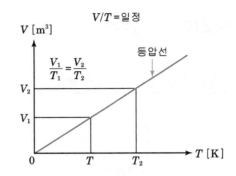

V/T = 일정

3. 보일-샬의 법칙

$$\frac{PV}{T} = \text{일정} \quad \text{또는} \quad \frac{P_1 V_1}{T_1} = \frac{P_2 V_2}{T_2}$$

핵심 10 **기체의 상태 방정식**

■ Avogadro의 법칙

표준상태(온도 0℃, 압력 760mmHg)의 기체 1[mol]이 갖는 체적은 22.4[L]로 그 속에 함유되어 있는 분자수 N_A를 아보가드로수라 말한다. 즉, Avogadro의 법칙은 「압력과 온도가 같을 때, 모든 기체는 같은 체적 속에 같은 수의 분자를 갖는다.」

$$\text{아보가드로수 } N_A = 6.023 \times 10^{23} \, \text{mol}^{-1}$$

핵심11 카르노 사이클(Carot Cycle)

| 단열압축 | → | 등온팽창 | → | 단열팽창 | → | 등온압축 |

(a) P-V 선도

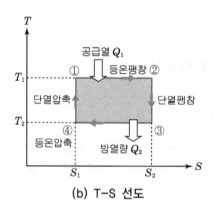

(b) T-S 선도

■ 열효율(η_c)

열효율

$$= \frac{공급열 - 손실열}{공급열} = \frac{Q_1 - Q_2}{Q_1} = 1 - \frac{Q_2}{Q_1} = 1 - \frac{T_2}{T_1}$$

$$= \frac{유효열}{공급열} = \frac{W}{Q_1}$$

가스 동력 사이클

1. 오토 사이클(Otto cycle)

가솔린 기관이나 가스기관과 같이 전기점화 기관의 이상 사이클로서
2개의 단열 변화 와 2개의 등적 변화 로 구성되어 있다.

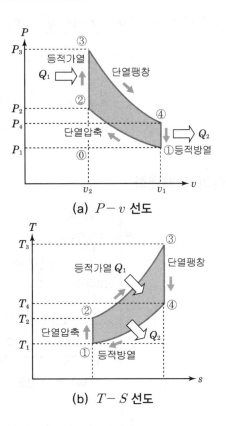

(a) $P-v$ 선도

(b) $T-S$ 선도

■ 오토 사이클의 열효율(η_o)

$$\eta_o = 1 - \frac{Q_2}{Q_1} = 1 - \frac{T_4 - T_1}{T_3 - T_2} = 1 - \left(\frac{1}{\varepsilon}\right)^{k-1}$$

여기서 ε : 압축비

$\quad Q_1 = C_v(T_3 - T_2)$

$\quad Q_2 = C_v(T_4 - T_1)$

핵심 13 가스 터빈 사이클

1. 브레이톤 사이클(Brayton cycle)

브레이톤 사이클은 그림과 같이 흡기한 외기를 압축기로 압축하여 연소기에서 이 압축공기 중에 연료를 분사하여 연소시켜 연소 가스를 만든다. 이 연소가스를 이용하여 가스터빈을 회전시킨 후 외부로 배기된다.

이 사이클은 2개의 단열 변화 와 2개의 등압 변화 로 구성된다.

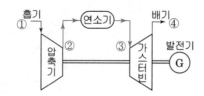

2. 브레이톤 사이클의 상태변화

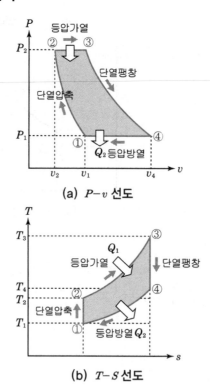

(a) $P-v$ 선도

(b) $T-S$ 선도

공급열 $Q_1 = C_p(T_3 - T_2)$

방열량 $Q_2 = C_p(T_4 - T_1)$

열효율

$$\eta_B = \frac{W}{Q_1} = \frac{Q_1 - Q_2}{Q_1} = 1 - \frac{Q_2}{Q_1} = 1 - \frac{T_4 - T_1}{T_3 - T_2}$$

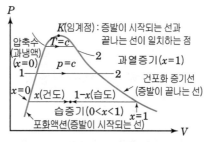

(a) $P-v$ 선도

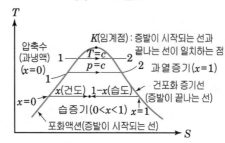

(b) $T-S$ 선도

■ 건도(건조도 : x)

습증기 1[kg]속에 x[kg]의 건증기가 포합되어 있고 나머지 $(1-x)$[kg]이 수분인 경우, x를 건도 ,
$(1-x)$를 습도 라 한다.

포화액의 건도 $x=0$, 건도포화 증기 건도 $x=1$
$$h_x = h' + (h'' - h')x = h' + rx$$
$$s_x = s' + (s'' - s')x$$
$$v_x = v' + (v'' - v')x$$

여기서
h_x, s_x, v_x : 건도 x일 때의 습증기 비엔탈피, 비엔트로피, 비체적
h', s', v' : 건도 x일 때의 포화수 비엔탈피, 비엔트로피, 비체적
h'', s'', v'' : 건도 x일 때의 건도포화증기 비엔탈피, 비엔트로피, 비체적

비엔탈피[kJ/kg], 비엔트로피[kJ/kgK], 비체적[m^3/kg]

<table>
<tr><td>예제
03</td><td>동일한 온도, 압력의 포화수 1[kg]과 포화증기 4[kg]을 혼합하였을 때, 증기의 건도는
얼마인가?</td></tr>
</table>

정답

물질이 포화상태에 있을 때, 전체질량에 대한 증기질량의 비

$$x = \frac{m_s}{m_s + m_w} = \frac{4}{4+1} = \frac{4}{5} = 0.8 = 80\%$$

핵심15 증기 동력 사이클

1. 랭킨 사이클(Rankine Cycle)

증기 동력 사이클의 기본 사이클로서 2개의 단열과정 과 2개의 정압과정 으로 이루어져 있다.

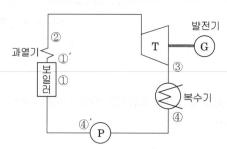

(a) 랭킨사이클의 장치도

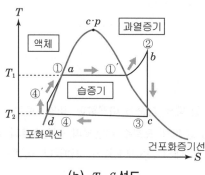

(b) $T-S$ 선도

■ 랭킨사이클의 열효율 η_R

$$\eta = \frac{W}{Q_1} = \frac{Q_1 - Q_2}{Q_1} = \frac{h_2 - h_3}{h_2 - h_4}$$

■ 종합예제문제

01 냉동기(히트펌프)의 원리를 설명한 열역학 법칙을 들고 간단히 기술하시오.

열역학 제2법칙에 의하면 열은 고온에서 저온으로 흐른다.

즉, 외부에서 어떤 열이나 일 에너지를 가하지 않으면 저온부에서 고온부로 열이 흐를 수 없다는 것인데 바꿔 말하면 외부에서 열이나 일 에너지를 가하면 저온에서 고온으로 열을 흐르게 할 수 있다는 것이다.

• 열 에너지를 가하는 것 : 흡수식 냉동기(히트펌프)
• 일 에너지를 가하는 것 : 압축식 냉동기(히트펌프)

02 역카르노 사이클(Reversed Carnot Cycle)에 대하여 기술하시오.

이상적 열기관 사이클인 카르노 사이클을 역작용 시킨 것으로 냉동기(heat pump)의 이상 사이클이다.

1. 구성

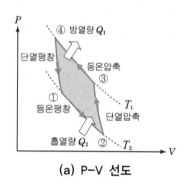

(a) P-V 선도

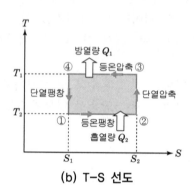

(b) T-S 선도

1-2과정(등온팽창) : 동작유체가 저온도 T_2에서 열량 Q_2을 흡수하여 등온팽창 하는 과정
2-3과정(단열압축) : 외부에서 계로 일을 하며 동작유체를 단열압축 하는 과정
3-4과정(등온압축) : 동작유체가 고온도 T_1에서 열량 Q_1을 방출하는 과정
4-1과정(단열팽창) : 동작유체가 가지고 있는 내부에너지를 이용하여 저온도 T_2까지 단열팽창하는 과정

2. 냉동기 성적계수(COP_r) 및 히트펌프 성적계수(COP_h)

$$\text{COP}_r = \frac{Q_2}{Q_1 - Q_2} = \frac{\dfrac{Q_2}{Q_1}}{1 - \dfrac{Q_2}{Q_1}} = \frac{\dfrac{T_2}{T_1}}{1 - \dfrac{T_2}{T_1}} = \frac{T_2}{T_1 - T_2}$$

$$\text{COP}_h = \frac{Q_1}{Q_1 - Q_2} = \frac{1}{1 - \dfrac{Q_2}{Q_1}} = \frac{1}{1 - \dfrac{T_2}{T_1}} = \frac{T_1}{T_1 - T_2}$$

03 출력 7.5[kW]의 전동기(motor)를 사용하여 온도 77[℃]의 고온열원에 1시간당 100[MJ]의 열량을 공급하고 있는 히트펌프가 있다. 이 히트펌프가 역 카르노사이클로 운전되고 있다면 다음 물음에 답하시오.

1. 히트펌프의 성적계수(COP_h)를 구하시오.
2. 저온열원의 온도[℃]를 구하시오.
3. 사이클에서 저온열원의 온도를 17[℃]로 할 경우 고온열원에 공급하는 열량을 구하시오. [MJ/h]

---

1. 히트펌프의 동작계수(COP_h)

$$COP_h = \frac{Q_1}{Q_1 - Q_2} = \frac{Q_1}{W} = \frac{100 \times 10^3 / 3,600}{7.5} = 3.70$$

2. 저온열원의 온도[℃]

역 카르노사이클에서의 히트펌프 성적계수는

$$COP_h = \frac{T_1}{T_1 - T_2} \text{에서}$$

$$T_2 = \frac{(COP_h - 1)T_1}{COP_h} = \frac{(3.70 - 1) \times (77 + 273)}{3.70} = 255[K] = -18℃$$

3. 저온열원의 온도를 17[℃]로 할 경우 히트펌프의 성적계수

$$COP_h = \frac{T_1}{T_1 - T_2} = \frac{77 + 273}{77 - 17} = 5.83 \text{ 이므로}$$

공급열량 $Q_1 = COP_h \cdot W = 5.83 \times 7.5 = 43.73[kW]$

1시간의 공급열량은 $43.73 \times 3,600 / 10^3 = 157.43[MJ/h]$

04 압력 0.5[MPa], 온도 20[℃]의 물에 건도 0.95의 습증기를 불어 넣어 충분히 혼합하여 온도 85[℃]의 온수를 5.0[kg/s]의 비율로 발생시키는 설비가 있다. 물음에 답하시오.

이 설비에 공급하는 습증기량[kg/min]을

1. 설비로 부터의 방열량을 무시했을 경우와
2. 설비에서 방열량이 300[kW]일 경우에 대하여 각각 구하시오.
   단, 온도 20[℃], 85[℃]의 물의 비엔탈피는 각각 83.9[kJ/kg], 355.9[kJ/kg]으로 하고, 0.5[MPa]에 있어서 포화수 및 포화증기의 비엔탈피는 각각 640.1[kJ/kg], 2747.5[kJ/kg]으로 한다.

1. 설비로 부터의 방열량을 무시했을 경우

① 우선 습증기의 비엔탈피를 구한다.

$$h_x = h' + (h'' - h')x = 640.1 + (2747.5 - 640.1) \times 0.95 = 2642.13[\text{kJ/kg}]$$

② 열평형식에 의해

습증기량을 G_w라 하면

$(5.0 - (5.0 - G_w) \times 83.9 + G_w \times 2642.13 = 5.0 \times 355.9$에서

$$G_w = \frac{5.0 \times (355.9 - 83.9)}{2642.13 - 83.9} = 0.5316[\text{kg/s}] \fallingdotseq 31.9[\text{kg/min}]$$

2. 설비에서 방열량이 300[kW]일 경우

1. 과 같이 열평형식에 의해

$(5.0 - (5.0 - G_w) \times 83.9 + G_w \times 2642.13 - 300 = 5.0 \times 355.9$에서

$$G_w = \frac{5.0 \times (355.9 - 83.9) + 300}{2642.13 - 83.9} = 0.649[\text{kg/s}] \fallingdotseq 38.94[\text{kg/min}]$$

05 물 2L를 1kW의 전열기로 20℃로부터 100℃까지 가열하는 데 소요되는 시간은? (단, 전열기 열량의 50%가 물을 가열하는데 유효하게 사용되고, 물은 증발하지 않는 것으로 가정한다. 물의 비열은 4.18kJ/kgK이다.)

전열기의 가열량=물이 흡수한 열량

$$P \cdot \eta \cdot t = m \cdot c \cdot \Delta t [\text{kJ}]$$

시간 $t = \dfrac{m \cdot c \cdot \Delta t}{P \cdot \eta} [\text{sec}]$에서

$$= \frac{2 \times 4.18 \times (100 - 20)}{1 \times 0.5} = 1337.6[\text{sec}] = 22.29[\text{min}]$$

06 어느 화력발전설비가 액체 연료를 열원으로 전기출력 150MW의 일정한 출력으로 운전되고 있다. 연료의 고위발열량을 40GJ/kL, 이 발전설비의 고위발열량 기준 발전효율을 36%로 하면 1시간당 의 연료소비량[kL/h]을 구하시오.

$$36[\%] = \frac{150[\text{MW}] \times 3{,}600[\text{S}]}{40 \times 10^3 [\text{MJ/kL}] \times G_f[\text{kL/h}]} \times 100 \text{에서}$$

$$G_f = \frac{150 \times 3{,}600}{40 \times 10^3 \times 36} \times 100 = 37.5$$

07 어느 보일러에 38[℃]의 급수를 송수하여 압력 2.0[MPa], 온도 300[℃]의 과열증기를 10.0[kg/s]의 비율로 발생하고 있다. 이 증기를 증기터빈에 공급한 후 복수기에서 액화시킨 결과 38[℃]의 포화수가 되었다. 이 사이클에 대해 다음 물음에 답하시오.
(단, 압력 2.0[MPa], 온도 300[℃]의 과열증기는 h = 3025.0[kJ/kg], s_1=6.7696[kJ/kg·K]이고, 38[℃]의 포화액은 h'=159.09[kJ/kg], s'=0.5454[kJ/kg·K], 포화증기는 h''=2570.8[kJ/kg], s''=8.2962[kJ/kg·K]이다.)

1. 터빈 출력을 구하시오. [MW]
2. 이론 열효율을 구하시오. [%]

---

1. 터빈 출력

터빈 출구의 건도

$$x = \frac{s_1 - s'}{s'' - s'} = \frac{6.7696 - 0.5454}{8.2962 - 0.5454} = 0.803 \text{이므로}$$

비엔탈피 $h_x = h' + (h'' - h')x = 159.09 + (2570.8 - 159.09) \times 0.803$
$$= 2095.7 [kJ/kg]$$

따라서, 터빈의 출력은

$$W = m(h_1 - h_x) = 10.0 \times (3025.0 - 2095.7) = 9293[kW] = 9.293[MW]$$

2. 이론 열효율 η

$$\eta = \frac{h_1 - h_2}{h_1 - h_3} = \frac{3025.0 - 2095.7}{3025.0 - 159.09} = 0.3243 = 32.43[\%]$$

---

08 풍량을 Q[㎥/min], 풍압(토출측과 흡입측의 전압차) H[pa], 송풍기효율을 η[%]로 할 경우 송풍기 소요동력 L_s[kW]을 식으로 나타내시오.

$$L_s = \frac{QH}{60} \cdot \frac{100}{\eta} \times 10^{-3}$$

09 어느 사무소 건물의 공조 설비의 난방시의 공기의 상태변화를 습공기선도상에 나타낸 것이다. 아래 조건을 참조하여 물음에 답하시오.

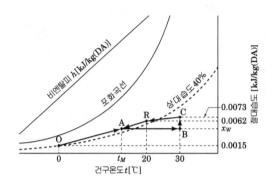

〈조건〉

- 실내 현열부하 : 8,000kJ/h
- 실내 잠열부하 : 2,000kJ/h
- 도입 외기량 : 전 송풍량의 25%
- 공기의 평균정압비열 : 1.006kJ/kg · K
- 덕트에서의 열손실이나 능력에 여유는 없는 것으로 한다.
- 증기 가습기 전후의 온도의 변화는 없는 것으로 한다.

1. 외기와 환기의 혼합공기의 온도를 구하시오.
2. 현열비를 구하고 습공기 선도에서 어느 선상으로 표시되는지 나타내시오.
3. 송풍량[kg/h]을 구하시오.
4. 가열기 필요 가열능력[kJ/h]을 구하시오
5. 증기 가습기의 필요능력[kg/h]을 구하시오.

---

1. 혼합공기온도

$0 \times 0.25 + 20 \times 0.75 = 15℃$

2. 현열비 SHF $= \dfrac{q_s}{q_s + q_L} = \dfrac{8,000}{8,000 + 2,000} = 0.8$

이현열비로 C R의 경사로 표시된다.

3. 송풍량 G[kg/h]

$G = \dfrac{q_s}{C_P \cdot \triangle t} = \dfrac{8,000}{1.006 \times (30 - 20)} = 795.23$

4. 가열기 가열능력[kJ/h]

$795.23 \times 1.006 \times (30 - 15) = 12000.02$

5. 증기 가습기의 필요능력[kg/h] L

$x_A = 0.0015 \times 0.25 + 0.0062 \times 0.75 = 0.005025$

$\therefore L = G \triangle x = 759.23 \times (0.0073 - 0.005025) ≒ 1.81$

10

다음과 같은 하수열을 이용 Heat Pump System을 이용하여 에너지 회수를 통한 난방을 하고자 한다. 다음 조건을 이용하여 물음에 답하시오.

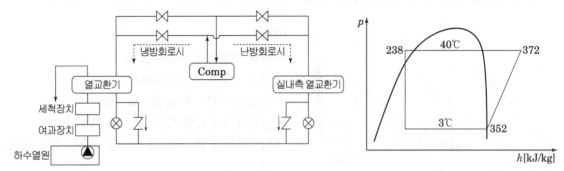

〈조건〉

① 히트펌프 입구수온(1차측 하수) : 15℃, 출구수온 : 5℃

② 히트펌프 입구수량 : 80L/min

③ 히트펌프 성적계수 : 3.5

④ 공기의 비열 : 1.0kJ/kg · K, 하천수 비열 : 4.2kJ/kg · K, 하천수 밀도1kg/L

⑤ 기타의 열손실 및 여유율은 없는 것으로 한다.

1. 채열량(採熱量)을 구하시오. [kW]

2. 히트펌프 냉매순환량[kg/m³]을 구하시오.

3. 히트펌프의 소요동력을 구하시오. [kW]

4. 방열량(난방부하)을 구하시오.

---

1. 채열량(採熱量)

하수 열교환기에서 채열량 $= 80 \times 1 \times 60 \times 4.2 \times (15-5)/3,600 = 56[\mathrm{kW}]$

2. 히트펌프 냉매순환량[kg/min]

냉매순환량 $= \dfrac{56 \times 3,600}{352-238} = 1768.421 \fallingdotseq 29.47[\mathrm{kg/min}]$

3. 히트펌프의 소요동력[kW]

냉매순환량×(압축기출구엔탈피−압축기입구엔탈피)/3,600에서

$29.47 \times 60 \times (372-352)/3,600 = 9.82[\mathrm{kW}]$

4. 방열량(난방부하)

채열량+소요동력 $= 56 + 9.82 = 65.82[\mathrm{kW}]$

또는 $29.27 \times 60 \times (372-238)/3,600 = 65.37[\mathrm{kW}]$

11 어느 LNG사용 열매체 가스보일러에서 배기가스 측정결과 374℃였다. 이에 공기예열기(Air Preheater)를 설치하여 배기가스 열을 회수하여 연료를 절감하고자 한다. 아래의 계산조건을 참조하여 물음에 답하시오.

〈계산기준〉

① 개선후 배기가스온도 : 150℃

② 열정산 결과 입열합계 : 800[kW]

③ 이론공기량 A_o : 10.2[Nm³/Nm³]

④ 이론 배기가스량 G_o : 11.8[Nm³/Nm³]

⑤ 공기비 m : 1.12

⑥ 연료 사용량 G_f : 520,000Nm³/년

⑦ 배기가스비열 : 1.38kJ/Nm³ · ℃

⑧ 열정산시 LNG사용량 f : 74.2[Nm³/h]

1. 절감열량 Q[kJ/h]을 구하시오.
2. 절감율 r[%]을 구하시오
3. 연간 연료절감량 S [Nm³/년]을 구하시오.

---

1. 절감열량 Q[kJ/h]

$$Q = \{G_o + (m-1)A_o\} \times C_{pg} \times (t_{g1} - t_{g2}) \times f$$
$$= \{11.8 + (1.12-1) \times 10.2\} \times 1.38 \times (374-150) \times 74.2 = 298,727.63$$

2. 절감율 r[%]

$$= \frac{298,727/3,600}{800} \times 100 = 10.37[\%]$$

3. 연간 연료절감량 S [Nm³/년]

$$S = G_f \times r = 520,000 \times 0.1037 = 53.924[\text{Nm}^3/\text{년}]$$

02 유체역학

핵심 1　사이펀(Siphon) 작용

대기압을 이용하여 굽은 관으로 높은 곳에 있는 액체를 낮은 곳으로 옮기는 장치를 사이펀 (Siphon)이라 하고 그 작용을 사이펀 작용이라 한다. 그림과 같이 두 용기에 사이펀관을 설치하여 한쪽으로 액체를 유출하는 원리는 다음과 같다.

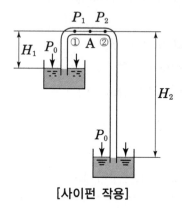

[사이펀 작용]

$$P_1 = P_o - \rho \cdot g \cdot H_1$$
$$P_2 = P_o - \rho \cdot g \cdot H_2$$

여기에서

P_1, P_2 = A점을 경계로 점①~②의 압력

P_o = 대기압

위의 식에서 $H_1 < H_2$ 이므로 $P_1 > P_2$ 이다.

따라서 압력이 큰 쪽(P_1)에서 압력이 작은 쪽(P_2)으로 물이 흐르게 된다.

건축설비에서 사이펀 작용은 오수가 역류하여 급수관을 오염시키는 크로스 커넥션(Cross Connection) 현상과 자기 사이펀 작용에 의한 S트랩 봉수 상실의 원인이 된다.

파스칼의 원리

밀봉된 용기 속에 정지하고 있는 액체의 일부에 가한 압력은 액체의 모든 부분에 그대로의 힘으로 전달된다.

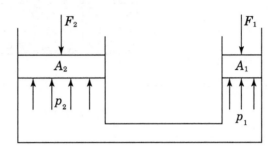

원리 $P_1 = P_2$에서, $\dfrac{F_1}{A_1} = \dfrac{F_2}{A_2}$

$\therefore F_2 = F_1 \cdot \dfrac{A_2}{A_1}$ [kN]

즉, 적은 힘 F_1으로 물체에 큰 힘인 F_2를 발생시킬 수 있다.

예 유압기, 수압기 등에 이용

핵심3 **유체의 정역학**

1. 압력

임의의 단면에 수직으로 작용하는 단위 면적당의 힘을 압력이라 한다.

$$P = \frac{F}{A}$$

P : 압력 [Pa]
F : 작용하는 힘 [N]
A : 면적 [m²]

2. 액주(Head)

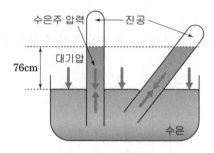

$$P = \rho \cdot g \cdot H \, [\text{Pa}]$$

ρ : 밀도

g : 중력 가속도 $9.81 \, [\text{m/sec}^2]$

H : 깊이 $[\text{m}]$

$$1[\text{mmAq}] = \rho \cdot g \cdot H = 1,000 \times 9.81 \times \frac{1}{1,000} = 9.81[\text{Pa}]$$

$$1[\text{mmHg}] = 13.6[\text{mmAq}] = 13.6 \times 9.81 = 133.3[\text{Pa}]$$

핵심 4 유체 동역학

■ 연속방정식(질량 보존의 법칙)

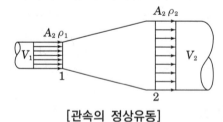

[관속의 정상유동]

$$\rho_1 v_1 A_1 = \rho_2 v_2 A_2 = m, \ r_1 v_1 A_1 = r_2 v_2 A_2 = G$$

$$A_1 v_1 = A_2 v_2 = Q$$

m : 질량유량[kg/sec]

G : 중량유량[N/sec]

Q : 체적유량[m³/sec]

핵심5 베르누이 방정식(Bernoulli equation)

전수두＝위치수두＋ 속도수두＋압력수두＝일정

전수두 $H = h + \dfrac{v^2}{2g} + \dfrac{p}{\rho \cdot g} = h + \dfrac{v^2}{2g} + \dfrac{P}{\gamma} = $ 일정

1. 유체에 점성이 없고 흐름이 정상류이면 $\boxed{전수두 \times \rho \cdot g}$ 로 전압으로 나타낼 수 있다.

전압＝위치압＋동압＋정압＝일정

전압 $P_T = \rho \cdot g \cdot h + \dfrac{\rho \cdot v^2}{2} + P = $ 일정

P_T : 전압[Pa]

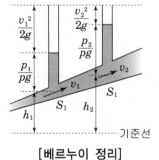

[베르누이 정리]

$$h_1 + \frac{v_1^2}{2g} + \frac{P_1}{\gamma} = h_2 + \frac{v_2^2}{2g} + \frac{P_2}{\gamma}$$

2. 베르누이 정리의 가정조건

① 일정한 유선관에 연하여 생각한다.
② 비압축성 유체이다.
③ 비점성 유체이다.
④ 외력으로는 중력만이 작용한다.
⑤ 정상 유동이다.

예제 01

그림과 같은 확대관에서 단면 ①의 정압 P_{s1} 200Pa, 풍속 $v_1 = 16$ m/s, ②점의 유속은 8m/s로 할 때 베르누이 정리에 의해 단면 ②에서의 정압 P_{s2} 및 정압 재취득량을 구하시오. (단, 단면 ①, ②의 고저차는 없고 또한 마찰손실은 고려하지 않는다.)

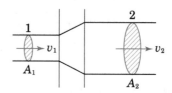

정답

관로의 확대에 의해 단면 ②의 속도가 감소하기 때문에 정압이 115.2 [Pa]만큼 증가한 것이 된다. 이와 같이 정압의 증가를 정압재취득이라 한다.
- 정압

$$P_{s2} = P_{s1} + \frac{1}{2}\rho(v_1^2 - v_2^2)$$
$$= 200 + \frac{1}{2} \times 1.2 \times (16^2 - 8^2) = 200 + 115.2$$
$$= 315.2[Pa]$$

정압재취득량
$$= Ps_2 - P_{s1} = 315.2 - 200 = 115.2[Pa]$$

핵심6 토리첼리 정리

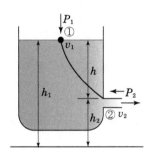

$h_1 + \dfrac{v_1^2}{2g} + \dfrac{P_1}{\gamma} = h_2 + \dfrac{v_2^2}{2g} + \dfrac{P_2}{\gamma}$ 에서

$\dfrac{v_2^2}{2g} = h_1 - h_2 = h$

$v_2^2 = 2gh$

$\therefore \ v_2 = \sqrt{2gh}$ 이다.

핵심7 벤츄리관(Venturi tube)

차압식 유량계로 관로의 도중에 조리개 기구(벤츄리관)를 설치하여 압력변화를 일으킴으로서 유량을 측정한다.

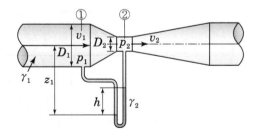

벤츄리관

$\dfrac{p_1}{\gamma} + \dfrac{v_1^2}{2g} = \dfrac{p_2}{\gamma} + \dfrac{v_2^2}{2g}$

단면적을 각각 A_1, A_2 라 하면 $A_1 v_1 = A_2 v_2$, 따라서 $v_1 = v_2 (A_2 / A_1)$이고,

이 식을 윗 식에 대입하여 정리하면

$\dfrac{p_1 - p_2}{\gamma} = \dfrac{v_2^2}{2g} \left\{ 1 - \left(\dfrac{A_2}{A_1} \right)^2 \right\}$

이것으로부터

$$v_2 = \cfrac{1}{\sqrt{1-\left(\cfrac{A_2}{A_1}\right)^2} \times \sqrt{\cfrac{2g}{\gamma}(p_1 - p_2)}}$$

$$Q = A_2 v_2 = \cfrac{C \cdot A_2}{\sqrt{1-\left(\cfrac{A_2}{A_1}\right)^2}} \times \sqrt{\cfrac{2g}{\gamma}(p_1 - p_2)}$$

그림에서와 같이 ①과 ② 사이의 압력차를 U자관 액주계로 측정할 경우

$$\frac{p_1}{\gamma} + z_1 = \frac{r_s h}{\gamma} + (z_1 - h) + \frac{p_2}{\gamma}$$

즉, $\dfrac{p_1 - p_2}{\gamma} = \dfrac{\gamma_s h}{\gamma} - h = \left(\dfrac{\gamma_s}{\gamma} - 1\right)h$

따라서,

$$Q = A_2 v_2 = \cfrac{A_2}{\sqrt{1-\left(\cfrac{D_2}{D_1}\right)^4}} \times \sqrt{2gh\left(\frac{\gamma_s}{\gamma} - 1\right)}$$

예제 02

내경 4cm의 오리피스(orifice)가 설치된 관내에 50℃의 온수가 흐르고 있다. 오리피스 전후의 차압이 3.05KPa일 경우 유량[m³/h]을 구하시오. (단 50℃ 물의 밀도는 987kg/m³, 유량계수 $a = 0.8$로 한다.)

정답

오피러스 내경

P_1 P_2

$\Delta P = P_1 - P_2$

$$Q = aA\sqrt{\frac{2\Delta P}{\rho}} \, [\text{m}^3/\text{sec}]$$
$$= 0.8 \times \frac{\pi \times 0.04^2}{4} \times \sqrt{\frac{2 \times 3.05 \times 10^3}{987}} \times 3{,}600$$
$$\fallingdotseq 9[\text{m}^3/\text{h}]$$

피토우관(Pitot tube)

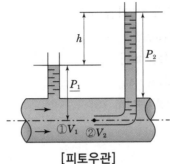

[피토우관]

$h_1 + \dfrac{P_1}{\gamma} + \dfrac{v_1^2}{2g} = h_2 + \dfrac{P_2}{\gamma} + \dfrac{v_2^2}{2g}$ 에서

피토우관 내에서의 유속은 0(즉 $v_2 = 0$)이고

$h_1 = h_2$ 이므로

$\dfrac{P_1}{\gamma} + \dfrac{v_1^2}{2g} = \dfrac{P_2}{\gamma}, \quad v_1^2 = 2g\left(\dfrac{P_2}{\gamma} - \dfrac{P_1}{\gamma}\right)$

$\therefore v_1 = \sqrt{2g\dfrac{P_2 - P_1}{\gamma}}$ 그리고 $\dfrac{P_2}{\gamma} - \dfrac{P_1}{\gamma} = h$ 이므로

$v_1 = C\sqrt{2gh}\,[\mathrm{m/sec}]$

마찰손실

1. 직관에서의 마찰손실(Δhr)

$$\Delta hr = \frac{\Delta P}{\rho} = f \cdot \frac{L}{D} \cdot \frac{v^2}{2}\,[\text{J/kg}]$$

$$\text{관마찰 계수 } f = \frac{64}{Re}\,(\text{층류})$$

※ 레이놀드 수(Re)

흐름이 층류인가 난류인가를 판단하는 지표이다.

$$Re = \frac{DV\rho}{\mu} = \frac{DV}{\nu}$$

여기서, Re : 레이놀드 수

        D : 내경(또는 지름)[m]

        V : 유속[m/s]

        ρ : 밀도[kg/m³]

        μ : 점도[Pa · s]

        ν : 동점성계수[m²/s]

> • 층류 : 유체가 규칙적으로 유선상을 운동하는 흐름(Re 〈 2100)
> • 천이구역 : 층류와 난류의 경계(2100 〈 Re 〈 4000)
> • 난류 : 와류가 발생하여 유체가 불규칙적으로 운동하는 흐름(Re 〉 4000)

① 상임계 레이놀즈 수 : 층류에서 난류로 변할 때의 레이놀즈 수(4000)
② 하임계 레이놀즈 수 : 난류에서 층류로 변할 때의 레이놀즈 수(2100)
③ 임계 유속 : Re 수가 2100일 때의 유속

핵심 **10** **펌프**

1. 펌프의 상사(相似) 법칙

① 유량(Q) : $Q_2 = Q_1 \times \left(\dfrac{N_2}{N_1}\right)$

② 양정(H) : $H_2 = H_1 \times \left(\dfrac{N_2}{N_1}\right)^2$

③ 축동력(L_S) : $L_{S2} = L_{S1} \times \left(\dfrac{N_2}{N_1}\right)^3$

예제 03

다음과 같은 조건으로 정상운전 되고 있는 급수 펌프에 있어서 인버터에 의한 회전수 제어에 의해 펌프의 회전수를 정격치의 60%로 변화시킬 경우 펌프의 [양정], [토출량], [축동력]을 구하시오.

[조건]

① 급수펌프의 토출량 : $0.8[\mathrm{m}^3/\mathrm{min}]$

② 급수펌프의 양정 : 50[m]

③ 급수펌프의 축동력 : 6.5[kW]

④ 급수펌프 및 모터의 효율은 일정하다.

- -

정답

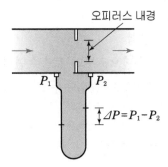

오피러스 내경

P_1　P_2

$\Delta P = P_1 - P_2$

•토출량

$$Q_2 = Q_1 \times \frac{N_2}{N_1} = 0.8 \times 0.6 = 0.48\mathrm{m}^3/\mathrm{min}$$

양정 $H_2 = H_1 \times \left(\dfrac{N_2}{N_1}\right)^2 = 50 \times (0.6)^2 = 18[\mathrm{m}]$

•축동력

$$Ls_2 = Ls_1 \times \left(\frac{N_2}{N_1}\right)^3 = 6.5 \times (0.6)^3 = 1.404[\mathrm{kW}]$$

예제 04

풍량450m³/min의 송풍기를 500m³/min을 필요로 할 때 회전수는 몇 배로 하면 되겠는가? 또한 그 결과 소요동력은 얼마나 증가하는가? 를 구하시오.

정답

$Q_2/Q_1 = N_2/N_1 = 500/450 ≒ 1.11$

$L_{s2}/L_{s1} = (N_2/N_1)^3 = (Q_2/Q_1)^3$

$\qquad = (500/450)^3 ≒ 1.37$

회전수는 11[%], 동력은 37[%] 증가한다.

2. 비속도(比速度, specific speed) : N_S

$$N_s = N \cdot \frac{Q^{1/2}}{H^{3/4}}$$

양흡입 펌프 : $Q/2$

다단 펌프 : $H/$단수

$\qquad N$: 회전수[rpm]

$\qquad Q$: 토출량[m³/min]

$\qquad H$: 전양정[m]

3. 펌프의 소요동력

(1) 전양정, 실양정, 압력

① 실양정(h_a) : 흡입수면으로부터 토출수면까지의 펌프의 흡상 높이차

② 전양정(H) : 실양정(h_a)＋손실수두(h_f)＋속도수두(h_v)

■ 수두(양정)과 압력과의 관계식

$$p = \rho g H/1000$$

p : 압력[kPa] $\qquad\qquad$ ρ : 밀도[kg/m³]

g : 중력 가속도 9.8[m/s²] $\qquad$ H : 전양정[m]

전양정(H)는 출구측 압력계(P_d)와 흡입측 연성계 또는 진공계의 지시값(P_s)의 차와 같다.

$$H = P_d - P_s$$

(2) 펌프의 소요동력

$$L_w = \rho g H Q / 1000$$

$$L_s = \frac{L_w}{\eta_p}$$

여기서 L_w : 수동력[kW] L_s : 축동력[kW]

  Q : 송수량[m³/s] η_p : 펌프 효율

예제 05

그림과 같은 고가수조방식의 급수설비에 있어서 아래의 조건에 의해 양수 펌프의 전양정[m] 및 양수량[m³/min], 소요동력[kW]을 구하시오.

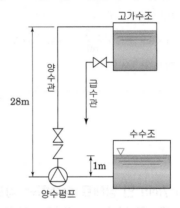

[조건]

① 고가수조의 전용량 50m³로 평균 급수량은 500 ℓ/min으로 한다.

② 급수펌프는 고가수조의 수위가 20%일 때 기동하고 80%일 때 정지하는 것으로 한다.

③ 양수펌프의 양수량은 ①의 평균 급수량 사용시에 있어서 10분 동안 고가수조를 만수시키는 것으로 한다.

④ 수수조의 수위는 양수펌프 중심으로부터 1m높이에 위치에서 일정한 것으로 한다.

⑤ 양수배관의 직관의 마찰손실수두는 4m로 한다.

⑥ 양수배관의 이음부, 변류 등의 마찰손실수두는 직관마찰손실 수두의 100%로 한다.

⑦ 양수펌프의 효율은 65%로 한다.

⑧ 양수배관의 토출구에 있어서 속도수두 및 양수펌프의 여유율은 고려하지 않는다.

정답

1) 전양정 H[m]

H＝실양정＋마찰손실수두＋기기 및 기타저항

실양정＝28m－1m＝27m

마찰손실수두＝4＋4＝8m

기기 및 기타저항＝0

양수펌프의 전양정 H＝27＋8＝35m

2) 급수펌프의 양수량[m³/min]

급수펌프 양수량＝고가수조의 저수량 + 고가수조의 평균 급수량

고가수조 저수량

$= \dfrac{50 \times (0.8-0.2)}{10} = 3\text{m}^3/\text{min}$

∴ 양수펌프 양수량＝3＋500/10³＝3.5m³/min

3) 소요동력[kW]

$L_s = \rho g H Q / (1000 \times \eta_p)$

$= 1000 \times 9.8 \times 35 \times \dfrac{3.5}{60} / (1000 \times 0.65)$

$= 30.78 ≒ 31 [\text{kW}]$

예제 06

유량 3.6m³/min 인 상태로 송수하는 펌프가 있다. 그 전양정[m] 축동력[kW]을 측정한 결과 각각 22m와 19.6kW 이었다. 이 펌프의 효율은 몇[%] 인가? (단, 중력 가속도는 9.8m/s로 한다.)

정답

축동력

$L_s = \dfrac{\rho g H Q}{\eta_P}$ 에서

$\eta_P = \dfrac{\rho g H Q}{L_s}$

$= \dfrac{1000 \times 9.8 \times 22 \times (3.6/60)}{19.6 \times 10^3} = 0.66 = 66\%$

예제 07

펌프의 성능시험결과, 펌프 입구와 출구의 압력차가 490Kpa, 유량이 $0.2m^3/s$, 축동력이 150kW이었다. (물이 보유한 운동 및 위치 에너지와 펌프의 입구와 출구의 차이는 무시하는 것으로 한다.) 이 펌프의 전양정[m] 및 펌프 효율[%]을 구하시오.

───────────────

정답

$P = \rho g H$에서
전양정
$H = P/\rho g = 490 \times 10^3/(1000 \times 9.8) = 50[m]$
펌프 효율
$\eta_P = \dfrac{\rho g H Q}{L_s} = \dfrac{1000 \times 9.8 \times 50 \times 0.2}{150 \times 10^3}$
　　$= 0.65 = 65\%$

(3) 펌프의 특성곡선

원심식 및 축류식 펌프의 운전특성을 나타낸 그림을 특성곡선이라 한다. 이것은 펌프의 회전수를 일정하게 하고, 유량[m^3/min]을 변화시키는 경우의 전양정 H[m] 펌프의 축동력 L[kW], 효율[%]의 변화를 나타낸 것이다.

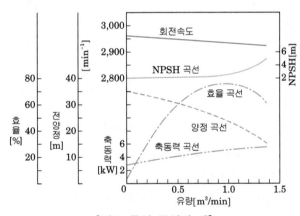

[펌프 특성 곡선의 예]

1) 펌프의 운전점

배관계에서는 손실수두는 유량의 2승에 비례하므로 관로의 저항곡선을 펌프의 특성 곡선상에 나타내면 그림과 같이 2차 곡선으로 표시된다. 그래서 양정곡선과 저항곡선의 교점이 펌프의 운전점이 된다.

2) 연합운전 특성

① 직렬운전

같은 용량의 펌프(송풍기)를 2대 직렬운전 한 경우 합성 특성곡선은 동일 유량에 대하여 대수배한 특성으로 된다.

② 병렬운전

같은 용량의 펌프(송풍기)를 2대 병렬 운전한 경우 합성 특성곡선은 동일 양정에 대하여 대수배한 특성곡선이 된다.

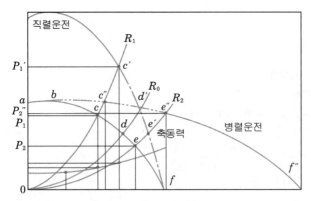

[동일성능의 펌프(송풍기)의 연합운전 합성특성 곡선]

(4) NPSH(유효 흡입양정)

1) $NPSH_a$ (Available Net Positive Suction Head : 이용할 수 있는 유효흡입 양정)

① 펌프에 관계없이 설치조건(흡입측배관 또는 계통)에 의하여 결정되는 값

② 펌프 흡입 중심까지 유입되는 액체에 주어지는 압력에서 해당 액체 온도에 상당하는 포화증기압을 뺀 값

$$NPSH_a = \frac{P_s}{\rho g} \pm h_s - f\frac{v_s^2}{2g} - \frac{p_v}{\rho g}$$

p_s : 흡입 수면에 작용하는 대기압[Pa]

ρ : 사용온도에서의 액체의 밀도[kg/m³]

g : 중력가속도[m/s²]

h_s : 흡입수면에서 펌프 중심까지의 높이차[m]

p_v : 사용온도에서의 액체의 증기압[Pa]

2) $NPSH_r$ (Required Net Positive Suction Head : 필요로 하는 유효흡입 양정)

① 펌프 자체의 고유성능으로 펌프가 케비테이션을 일으키지 않고 흡입을 위해 필요한 수두

② $NPSH_a$와 $NPSH_r$의 관계

$$NPSH_a \geq 1.3 \times NPSH_r$$

(5) 펌프의 여러 가지 현상

■ 공동현상(Cavitation)

1) 공동현상의 발생원인

① 펌프의 흡입수두가 클 때

② 펌프의 마찰 손실이 클 때

③ 펌프의 임펠러 속도가 클 때

④ 관내의 수온이 높을 때

⑤ 관내의 물의 정압이 그때의 증기압보다 낮을 때

⑥ 흡입관의 구경이 작을 때

⑦ 흡입 거리가 길 때

2) 공동현상 발생시 문제점

① 소음과 진동발생

② 관부식

③ 임펠러의 손상

④ 펌프의 성능저하

⑤ 살수밀도 저하

⑥ 양정곡선과 효율곡선의 저하

⑦ 깃에 대한 침식(erosion)

3) 공동현상의 방지 대책(NPSHav > NPSHre)

① NPSHa 높이는 방법(NPSHa = Ha−Hv ± Hs−HL)

㉠ 펌프의 설치 높이를 될 수 있는 대로 낮추어 흡입 양정을 짧게 한다.

㉡ 흡입관의 손실 수두를 작게 한다.

$$\left(\Delta H = f \cdot \frac{L}{D} \cdot \frac{V^2}{2g}\right)$$

• 배관 길이를 짧게 한다.

• 관경을 크게 한다.

• 속도를 낮춘다.

㉢ 수온을 낮춘다.

② NPSHr 낮추는 방법 $\left(NPSH_r = \left(\frac{N\sqrt{Q}}{N_s}\right)^{\frac{4}{3}}\right)$

㉠ 펌프의 회전수를 낮추어 흡입 비속도를 적게 한다.

㉡ 펌프의 유량을 줄이고 양흡입 펌프를 사용한다.

㉢ 펌프의 마찰 손실을 작게 한다.

㉣ 수직 회전축 펌프를 사용

㉤ 임펠러를 수중에 잠기게 한다.

㉥ 펌프를 2대 이상 병렬로 설치한다.

(6) 서징현상(=맥동현상, Surging)

1) 펌프의 서징 현상의 방지대책

① 펌프의 $H-Q$곡선이 우하향 구배를 갖는 펌프를 선정한다.

② By-pass 배관을 사용하여 운전점이 서징 범위를 벗어나도록 운전

③ 유량조절 밸브를 펌프 토출측 직후에 설치

④ 배관중에 수조 또는 기체 상태인 부분이 존재하지 않도록 배관

⑤ 회전차나 안내깃의 형상 치수를 바꾸어 그 특성을 변화시킨다.

2) 송풍기에서 서징 현상의 방지 대책

① 방풍 : 비경제적이나, 풍량을 줄이지 않고 토출측 밸브를 열어 대기에 방출

② By-pass : 방출 Valve를 열어 송풍기 흡입측으로 By-pass시킨다.

③ 흡입조임

　　㉠ 흡입 Damper를 조임

　　㉡ Vane을 조임

④ 동익, 정익을 조절하는 법(축류식)

예제 08

다음 용어를 설명하시오.(pump)

1) Cavitation 현상　　　　　　2) NPSH

3) Water hammer　　　　　　4) surging 현상

정답

1) Cavitation 현상

　배관계에 액체가 흐르고 있을 때 어떤 원인에 의하여 그 액체의 압력이 해당온도에 대응하는 포화 증기압 이하로 떨어지는 국부적인 비등 현상이 일어나고 액체 속에 용해되어 있는 기체가 분리되어 기포가 발생하는 현상

2) NPSH

　펌프의 흡입압력이 케비테이션에 대하여 안전한가를 판단하기 위하여 NPSH가 이용된다. NPSH에는 배관계에 의해 정해지는 유효 $NPSH_a$(Available NPSH)와 펌프에 의해 결정되는 필요 $NPSH_r$ (Required NPSH)가 있다.

3) Water hammer

　배관계 내의 유체속도가 급격히 변화함에 따라 유체압력이 상승 또는 강하하는 현상. 비교적 긴 송수관으로 액체를 수송하고 있을 때 정전등으로 펌프의 운전이 갑자기 멈춘 경우, 송수관 내의 액체는 관성력에 의하여 현 상태로 유동하려 하지만 펌프 송출구직후의 액체는 흐름이 약해져 멈추려고 한다. 이에 따라 펌프의 와류실에는 압력강하가 발생하고, 펌프 송출구로부터 와류실에는 역류가 발생하게 되며, 이는 무부하상태의 수차와 같다. 이와 같이 펌프 내 유체가 정상 유동에서 역류로 변환되면서 급격한 압력강하와 상승이 발생한다.

4) surging 현상

　펌프(or 송풍기)가 운전중에 일정주기로 송출압력과 유량이 변하는 현상으로 서징현상은 압력, 유량변동에 의해 진동, 소음 등이 발생할 경우 장시간 계속되면 유체관로를 연결하는 기계나 장치 등의 파손을 초래한다.

송풍기

1. 송풍기의 크기

(1) 원심식

$$송풍기 \ 번호 : N_o(\#) = \frac{회전차지름[mm]}{150}$$

(2) 축류식

$$송풍기 \ 번호 : N_o(\#) = \frac{회전차지름[mm]}{100}$$

2. 송풍기의 압력

(1) 송풍기 전압(P_T) = 공기 반송계의 전압손실

송풍기 토출구와 흡입구의 전압의 차, 즉 송풍기에 가해지는 전압의 증기량이다.

$$P_T = P_{T2} - P_{T1}$$

여기서 P_{T1} : 송풍기의 입구측 전압[Pa]

P_{T2} : 송풍기 출구측 전압[Pa]

(2) 송풍기 정압(P_S)

송풍기 정압(P_S)는 전압(P_T)로부터 송풍기 출구측 동압(P_{v2})을 제한 값이다.

$$P_S = P_T - P_{v2}$$

여기서 송풍기 토출측 동압

$$P_{v2} = \frac{\rho v_2^2}{2} \ [Pa]$$

ρ : 공기의 밀도 (표준 대기압에서는 $1.2[kg/m^3]$)

v_2 : 송풍기 출구 풍속[m/s]

(3) 송풍기 동력

1) 공기동력 L_a[kw]

$$L_a = Q \cdot P_T/1000 = Q(P_{T2} - P_{T1})/1000$$

2) 축동력 L_s[kW]

$$L_s = \frac{L_a}{\eta_T} = \frac{Q \cdot P_T/1000}{\eta_T}$$

3) 전동기 출력 L_M

$$L_M = \frac{L_s(1+\alpha)}{\eta_M}$$

여기서 Q : 풍량[$\mathrm{m^3/sec}$]

$\quad P_T$: 송풍기 전압[Pa]

$\quad P_S$: 송풍기 정압[Pa]

$\quad \eta_T$: 전압효율

$\quad \eta_M$: 전동효율

$\quad \alpha$: 여유율 0.1~0.2(다익형 이외)

$\qquad$: 0.05~0.1

(4) 송풍기 상사법칙

① 유량(Q) : $Q_2 = Q_1 \times \left(\dfrac{N_2}{N_1}\right)$

② 전압(P_{T1}) : $P_{T2} = P_{T1} \times \left(\dfrac{N_2}{N_1}\right)^2$

③ 축동력(L_S) : $L_{S2} = L_{S1} \times \left(\dfrac{N_2}{N_1}\right)^3$

여기서 아래 첨자1(N_1)은 처음 상태, 아래 첨자2(N_2)는 변경 후의 상태

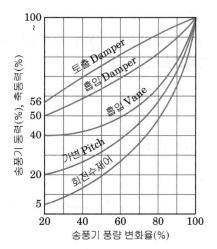

[송풍기 풍량변화율에 따른 송풍기 동력비율의 변화]

- 동력절감률(에너지 절약)이 높은 것에서 낮은 순서

  회전수제어(가변속제어) > 가변 pitch제어 > 흡입베인제어 > 흡입댐퍼제어 > 토출댐퍼제어

  ※ 회전수 제어 : 송풍기 풍량제어의 대표적인 방법으로 에너지 절감 비율이 가장 높다.

  ※ 제어방식의 결정은 풍량조정범위, 동력절감률, 설비비 등을 고려하여 정한다.

예제 09

송풍기 흡입구와 토출구에 덕트가 연결되어 있는 송풍관로에 있어서 풍량이 3,000m³/h, 송풍기 토출구 면적이 0.0625m², 송풍계통의 전압손실 406[Pa]일 경우 필요 송풍기 정압은 얼마인가? (단, 공기의 밀도는 1.2kg/mm³으로 한다.)

정답

먼저 송풍기 토출 풍속 $v = \dfrac{Q}{A}$ 에서

$v = \dfrac{3,000/3,600}{0.0625} = 13.3\,[\mathrm{m/s}]$

송풍기 토출 측 동압 P_{v2}

$P_{v2} = \dfrac{\rho v^2}{2} = 1.2 \times 13.3^2/2 = 106\,[\mathrm{Pa}]$

송풍기 정압(P_s) = 송풍기 전압(P_T) − 송풍기 토출측 동압(P_{v2})

$P_S = 406 - 106 = 300\,[\mathrm{Pa}]$

예제 10

송풍기 전압 P_T가 800[Pa]로 풍량 Q가 6,000[㎥/h]인 송풍기의 축동력[kW]을 구하시오. (단, 전압효율은 50%이다.)

정답

$$L_S = \frac{QP_T}{\eta_T} = \frac{(6,000/3,600) \times 800}{0.5}$$
$$= 2666.67[\text{W}] \fallingdotseq 2.67[\text{kW}]$$

예제 11

토출측 전압과 흡입측 전압의 차가 1,020Pa, 송풍량이 1,500[㎥/min] 송풍기 효율이 75%일 때, 송풍기의 축동력[kW]를 구하시오.

정답

$$L_S = \frac{Q(P_{T2} - P_{T1})}{\eta} = \frac{(1,500/60) \times 1,020}{0.75}$$
$$= 34,000\,W = 34kW$$

■ 종합예제문제

01 그림과 같이 수은이 들어 있는 U자관을 사용하여 압력차를 측정한다. p_1 및 p_2에는 수압이 걸리고 각각 0.25[MPa], 0.18[MPa]일 때 수은주의 높이 차는 얼마나 되는가? 단, 수은의 비중은 13.6 물의 밀도는 [1,000kg/m³]로 한다.

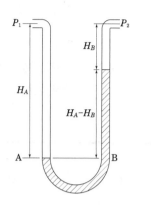

그림 중에 A점과 B점에 걸리는 압력 p_A, p_B는 물 및 수은의 밀도를 ρ_1, ρ_2라 하면 다음과 같다.

$P_A = P_1 + \rho_1 g H_A$

$P_B = P_2 + \rho_1 g\, H_B + \rho_2 g(H_A - H_B)$

$P_A = P_B$ 이므로

$$(H_A - H_B) = \frac{P_1 - P_2}{\rho_2 g - \rho_1 g} = \frac{P_1 - P_2}{g(\rho_2 - \rho_1)}$$

$$(H_A - H_B) = \frac{(0.25 - 0.18) \times 10^6}{9.8 \times (13.6 - 1) \times 10^3} = 0.567[\text{m}]$$

02

펌프의 입구 및 출구의 조건이 아래와 같고 펌프의 송출 유량이 $0.2\text{m}^3/\text{s}$ 이면 펌프의 축동력은 약 몇 kW인가? (단, 손실은 무시한다.)

-입구 : 계기압력 -3kpa, 직경 0.2m, 기준면으로부터 높이 2m
-출구 : 계기압력 250kpa, 직경 0.15m, 기준면으로부터 높이 5m
-펌프효율 : 60%

$$V_1 = \frac{4 \times 0.2}{\pi \times 0.2^2} = 6.37\text{m/s}$$

$$V_o = \frac{4 \times 0.2}{\pi \times 0.15^2} = 11.32\text{m/s}$$

$$\triangle P = (P_o - P_i) + g(H_o - H_i) + \frac{\rho(V_o^2 - V_i^2)}{2}$$

$$(250+3) + 9.8(5-2) + \frac{1}{2}(11.32^2 - 6.37^2) = 326\text{kpa}$$

$$L_S(\text{축동력}) = \triangle P \times Q/\eta = 326 \times 0.2/0.6 = 108.67\text{kW}$$

03

펌프의 성능시험을 실시한 결과 펌프의입구와 출구의 압력차가 490kpa, 유량이 $0.2\text{m}^3/\text{s}$, 구동 축동력이 150kW이다. 물이 보유한 운동 및 위치에너지의 입구와 출구의 차이는 모두 무시하는 것으로 한다. 다음을 구하시오.

1. 펌프의 전양정[m]을 구하시오.
2. 펌프의 효율[%]을 구하시오.

1. **전양정**

$$H = \frac{P}{\rho g} = \frac{490 \times 10^3}{1,000 \times 9.8} = 50[\text{m}]$$

2. **펌프효율[%]**

$$\eta_p = 9.8QH/P = 9.8 \times 0.2 \times 50/150 = 0.6533 ≒ 65.33[\%]$$

04 매분 12m³의 물을 송수하는 펌프가 회전수 1,200rpm, 전양정 9m, 축동력 25kW이었다. 물음에 답하시오.

1. 펌프효율[%]을 구하시오.
2. 펌프의 비속도는 (①)의 1승과 (②)의 1/2승과, (③)의 −3/4승과의 곱에 비례한다.
3. 비속도를 구하시오.
4. 정격운전 되고 있는 이 펌프의 비속도로부터 축류펌프, 사류펌프, 원심펌프 가운데 가장 적당한 펌프를 선정하시오.

---

1. 펌프효율[%]

펌프의 소요동력을 구하는 식으로부터

$L_s = \dfrac{\rho g H Q}{\eta_P}$ 에서

$\eta_P = \dfrac{1,000 \times 9.8 \times 9 \times 12/60}{25 \times 10^3} = 0.7056 = 70.56\%$

2. 펌프의 비속도는 다음 식으로부터

$N_s = N\dfrac{\sqrt{Q}}{H^{3/4}}$

여기서, N : 회전수[rpm]

H : 전양정[m]

Q : 토출량[m³/min]이므로

회전수의 1승, 유량의 1/2승, 전양정의 −3/4승의 곱에 비례한다.

3. 비속도

$N_s = N\dfrac{\sqrt{Q}}{H^{3/4}} = 1,200 \times \dfrac{\sqrt{12}}{9^{3/4}} = 800$

4. 펌프의 선정

N_S가 400까지 원심식펌프

800 ~ 1,000   사류펌프

1,200 이상   축류펌프

따라서, 이 경우는 사류펌프가 적당하다.

05 1기압에서 수은으로 토리첼리의 실험을 하면 관에서의 수은의 높이는 760mm이다. 그렇다면 중력 가속도가 2m/s²이고, 기압이 5kPa인 어떤 행성에서 비중이 10인 액체로 토리첼리의 실험을 한다면 관에서의 이 액체의 높이는 몇 m인가? (단, 증기압은 무시한다.)

$P = \rho g h$ 에서

$$h = \frac{P}{\rho g} = \frac{P}{(1,000s)g}$$

$$= \frac{5 \times 10^3}{1,000 \times 10 \times 2} = 0.25\text{m}$$

06 피토 정압관을 이용하여 흐르는 물의 속도를 측정하려고 한다. 액주계에는 비중 13.6인 수은이 들어있고 액주계에서 수은의 높이 차이가 28cm일 때 흐르는 물의 속도는 약 몇 m/s인가? (단, 피토 정압관의 보정 계수 $C = 0.96$이다.)

$$v = C\sqrt{2gh\left(\frac{S_o}{S} - 1\right)}$$

$$= 0.96 \times \sqrt{2 \times 9.8 \times 0.28\left(\frac{13.6}{1} - 1\right)}$$

$$= 7.98[\text{m/s}]$$

07 다음은 유체역학에서 다루는 중요한 정리들이다. 간단히 기술하시오.

1. 아르키메데스의 원리
2. 파스칼의 원리
3. 베르누이 정리

---

1. 아르키메데스의 원리

수중에 있는 물체는 그것과 같은 체적의 중량과 같은 부력을 받는다.

2. 파스칼의 원리

밀봉된 용기 중에 정지되어 있는 유체의 일부에 가한 압력은 액체의 모든 부분에 같은 강도로 전달된다.

3. 베르누이 정리

비압축성의 정상류 상태에서 위치에너지, 압력에너지, 운동에너지의 합은 변하지 않는다고 하는 에너지 보존의 법칙을 기초로 정리한 것으로 전수두는

$$\boxed{\text{전수두}=\text{위치수두}+\text{압력수두}+\text{속도수두}=\text{일정}}$$ 로 정의되어 다음과 같은 식으로 표현된다.

$$\boxed{\text{전수두 } H = h + \frac{p}{\rho g} + \frac{v^2}{2g} = \text{일정}}$$

여기서,
h : 위치수두[m]
$v^2/2g$: 속도수두[m](v : 유속[m/s], g : 중력가속도[m/s^2])
$p/\rho g$: 압력수두[m](p : 압력[Pa], ρ : 밀도[kg/m^3])

08 외측 반지름이 5cm, 내측 반지름이 3cm의 동심 2중 원통관의 등가직경을 구하시오.

등가직경 $D_E = \dfrac{4S}{L_P}[\text{m}]$

여기서,

S : 단면적$[\text{m}^2]$, L_P : 유체가 유로벽과 접하고 있는 주위 길이$[\text{m}]$

$S = \pi r_1^2 - \pi r_2^2 = \pi(r_1 + r_2)(r_1 - r_2)$

$D_E = 4S/L_P = 4\pi(r_1 + r_2)(r_1 - r_2)/[2\pi(r_1 + r_2)] = 2(r_1 - r_2)$
   $= 2(5-3) = 4.0\text{cm}$

09 냉동 공기조화설비의 장비일람표를 이용하여 다음 물음에 답하시오.

수량	용도	형식	용량	증기소비율	냉수 순환온도		냉각수 순환온도	
					입구	출구	입구	출구
1	냉방	2중효용 흡수식냉동기	4,920[kw]	1.22kg/(h·kW)	13℃	6℃	32℃	40℃

단, 증기입구압력 0.9MPa, 드레인 출구온도 80℃, 0.9MPa의 증기의 비엔탈피는 2,770kJ/kg, 80℃ 드레인 비엔탈피를 355kJ/kg, 물의 비열 4.2kJ/kg · K, 밀도를 1,000kg/m³으로 한다.

1. 냉동기 성적계수(COP)를 구하시오.
2. 냉동기 증기소비량[kg/h]을 구하시오.
3. 냉동기 냉수유량[m³/h]을 구하시오.
4. 냉동기 응축부하(배출열량)[kW]를 구하시오.(단 부속펌프 동력은 46kW이다)
5. 냉동기 냉각수유량[m³/h]을 구하시오.

1. 냉동기 성적계수(COP)

COP는 냉동능력/재생기 가열량에서

$$COP = \frac{4,920 \times 3,600}{1.22 \times 4,920 \times (2,770 - 335)} = 1.21$$

2. 냉동기 증기소비량[kg/h]

$1.22 \times 4,920 = 6002.4$

3. 냉동기 냉수유량[m³/h] W

$W \times 1,000 \times 4.2 \times (13 - 6) = 4,920 \times 3,600$

$W = 602.45$

4. 냉동기 응축부하(배출열량)[kW] Q_C

$Q_C = $ 재생기가열량 + 냉동능력 + 보조기 동력(펌프동력)

$= 6002.4 \times (2,770 - 335)/3,600 + 4,920 + 46 = 9025.96$

5. 냉동기 냉각수유량[m³/h] W_C

$W_C \times 1,000 \times 4.2 \times (40 - 32) = 9025.96 \times 3,600 = 967.07$

03 연소공학

핵심 1 **연료(fuel)**

1. 석탄

석탄의 분류기준 : 탄화도, 점결성, 입도, 연료비, 용도 및 산지별에 기준을 둔다.

① 탄화도 : 석탄의 성분이 변화되는 변성의 진행정도

  ※ 이탄 → 아탄 (갈탄) → 아역청탄 → 역청탄 → 무연탄

   작다 ← 탄화도 → 크다

② 점결성 : 석탄을 가열하면 350(℃) 부근에서 표면이 용융되었다가 450(℃) 정도에서 굳어지는 성질로써 석탄의 코우크스화의 정도를 나타낸다.

③ 연료비 : 고정탄소와 휘발분과의 비

   $$연료비 = \frac{고정탄소}{휘발분} \cdots 석탄화도의 지표$$

   석탄은 석탄화가 진행됨에 따라 고정탄소는 증가하고 휘발분은 감소한다.

④ 분쇄성 : 미연탄을 연소할 때의 연소성을 나타내는 것으로 하드그로브 지수(HGI : Hardgrove grindability index)에 의하여 분쇄성을 표시한다.

⑤ 비중 : 1.2~1.5

⑥ 발열량 : 20~30MJ/kg

2. 기체연료

① 천연가스(natural gas)

종류	조성	고발열량
습성가스	메탄, 에탄, 프로판, 부탄 등	50.2MJ/Nm³
건성가스	메탄 및 소량의 이산화탄소	37.7MJ/Nm³

② 액화천연가스(LNG : liquefied natural gas)

천연가스를 −162℃로 냉각, 액화시킨 것을 액화천연가스(LNG)라 한다. LNG의 주성분은 메탄(CH_4)으로 액화됨에 따라서 체적이 천연가스의 1/600로 되기 때문에 대량수송, 대량 저장이 가능하고 도시가스로 사용된다.

③ 액화석유가스(LPG : liquefied petroleum gas)

• 압축, 냉각(1.5MPa, −49℃)액화에 의해서 액화되는 석유계 탄화수소가스를 말하고 보통 LPG 또는 LP가스로 약칭하며 그냥 프로판가스라고도 호칭한다.

- 주성분은 C_3성분 $[C_3H_8 + C_3H_6]$와 C_4성분 $[C_4H_{10} + C_3H_8]$ 이다.
- 고발열량은 83.7~125.6MJ/Nm³ 이다.

④ 기타 가스
- 고로가스
- 석탄가스
- 수성가스
- 유분해가스(오일가스)

성분	분자식	비중(공기=)	고발열량(MJ/Nm³)
수소	H_2	0.0695	12.8
메탄	CH_4	0.554	39.7
에탄	C_2H_6	1.049	69.6
프로판	C_3H_8	1.550	101
부탄	C_4H_{10}	2.067	132

- 단위 체적당 발열량의 비교

  프로판 > 메탄 > 수소

- 단위 질량당 발열량의 비교

  수소 > 메탄 > 프로판

핵심 2 연소방법 및 연소장치

1. 연소

1) 연소의 3대조건
- 가연물
- 산소공급원(공기)
- 점화원

■ 가연물이 될 수 있는 조건
① 연소열이 클 것
② 산소와의 결합이 쉬울 것
③ 열전도율이 적을 것
④ 활성화 에너지가 적을 것

2) 완전연소의 3대조건
- 온도
- 공기(산소 공급원)
- 시간

2. 연소의 형태

1) 고체연료
① 표면연소　　② 분해연소　　③ 증발연소

2) 액체연료
① 증발연소　　② 분해연소　　③ 분무연소

3) 기체연료
① 확산연소　　② 혼합기연소

3. 연소의 물성

- 착화온도

① 가연물을 공기중에서 가열했을 경우 외부로부터 점화원 없이 발화하여 연소를 일으키는 최저의 온도, 즉 외부열 도움없이 스스로 연소할 수 있는 최저온도를 말하며 발화점이라고도 한다.

② 인화점

가연성 액체 또는 고체가 증기나 분해가스가 발생할 때 공기 중에 농도가 연소범위 하한에 달했을 때의 최저온도를 말한다.

③ 연소점

물체가 인화점에 달해도 연소는 계속되지 않는다. 그러나 이것보다 온도가 조금 오르면 연소가 계속된다. 이 연소를 계속시키기 위한 온도를 말한다.

④ 연소범위

가연성 물질이 공기중의 산소와 혼합하여 연소할 경우에 필요한 혼합가스의 농도범위를 연소범위라 한다. 이때 공기속의 가연성 가스의 최저 농도를 하한치라 하고 최고농도를 상한치라 한다.

- 연소실 내에서 완전연소의 구비조건
  ① 연소실내의 온도를 고온으로 유지한다.
  ② 연료와 연소용 공기와의 혼합이 잘 되게 한다.
  ③ 연료가 연소할 수 있는 충분한 시간을 부여한다.
  ④ 연소와 연소용 공기를 적당하게 예열한다.
  ⑤ 연료가 연소할 수 있는 충분한 연소실 용적을 확보한다.

---

4. 연소계산

1) 연료의 구성원소(고체 및 액체연료)

탄소(C), 수소(H) 유황(S) 산소(O) 질소(N) 회분(V) 및 부착수분(W) 등으로 분류하고 이중 가연원소는 C, H, S 3성분이다.

성분원소	C	H	S	O	N	W(H_2O)	CO_2	SO_2	공기
원자량	12	1	32	16	14				
분자량	12	2	32	32	28	18	44	64	28.8

2) 공기의 성상

건조 공기중의 O_2와 N_2의 비율

체적비 → O_2(21%) N_2(79%)

질량비 → O_2(23.2%) N_2(76.8%)

3) 이론 산소량(O_0)

① 고체 및 액체연료

어떤 연료를 이론적으로 완전 연소시키는데 필요한 산소량을 말하며 연료의 성분중 가연성분인 C. H. S에 대한 위의 산화반응식에 의해 필요로 하는 산소량 만의 합을 구하면 된다.

체적

$$O_0 = \frac{22.4}{12}C + \frac{11.2}{2}\left(H - \frac{O}{8}\right) + \frac{22.4}{32}S$$

$$= 1.87C + 5.6\left(H - \frac{O}{8}\right) + 0.7S[\text{Nm}^3/\text{kg}]$$

중량

$$O_0 = \frac{32}{12}C + \frac{16}{2}\left(H - \frac{O}{8}\right) + \frac{32}{32}S$$

$$= 2.67C + 8\left(H - \frac{O}{8}\right) + S[\text{kg/kg}]$$

이 식에서 $\left(H - \frac{O}{8}\right)$ 는 연료 중의 수소H[kg]으로부터 연료 중의 산소 O[kg] 와 이미 화합하고 있다고 생각되는 수소, 즉 연소할 때 유효하게 작용하지 않는 수소의 양 $\frac{O}{8}$ 을 뺀 것이다. 따라서 $\left(H - \frac{O}{8}\right)$ 를 유효 수소(available hydrogen)이라 한다.

예제 01

등유를 연료로 사용하는 가열로에 있어서 연료 1kg당 연소용 공기량을 14Nm^3 공급하여 완전연소 시키고 있다. 등유의 질량조성이 탄소 87%, 수소13%일 때 다음 물음에 답하시오.

1) 공기비를 구하시오.

2) 연소에 의해 발생하는 CO_2량[Nm^3/kg]을 구하시오.

3) 건연소가스 중의 O_2의 체적농도를 구하시오.

정답

1) 공기비 m

$m = \dfrac{A}{A_o}$ 에서

$A_o = \dfrac{O_o}{0.21} = \dfrac{1.87c + 5.6(H - \frac{O}{8}) + 0.7s}{0.21} = \dfrac{1.87 \times 0.87 + 5.6 \times 0.13}{0.21} = 11.2[\text{Nm}^3/\text{kg}]$

$\therefore \ m = \dfrac{A}{A_o} = \dfrac{14}{11.21} \fallingdotseq 1.25$

2) CO_2량[Nm³/kg]

$$C \;+\; O_2 \;\rightarrow\; CO_2$$

12kg　　　　　　22.4Nm³

1kg　　　　　　x

$$\therefore\; CO_2 = \frac{22.4}{12} = 1.87 \text{Nm}^3/\text{kg}$$

등유의 질량조성이 C 87% 이므로 $1.87 \times 0.87 = 1.63$Nm³/kg연료

3) 건연소 가스 중의 CO_2농도

$$O_2 = \frac{0.21(m-1)A_o}{G_d} \times 100 = \frac{0.21(1.25-1)\times11.21}{12.7248} \times 100 = 4.6[\%]$$

여기서

$$G_d = (m-0.21)A_o + 1.87c$$
$$= (1.2-0.21)11.21 + 1.87 \times 0.87 = 12.7248$$

② 기체연료

Step 1　화학반응식을 세운다.

기체연료의 경우에는 CO, H_2 를 제외하면 탄화수소($C_m H_n$)이므로 먼저 CO, H_2의 화학반응식을 세우면,

$$CO + \frac{1}{2}O_2 \rightarrow CO_2$$

$$H_2 + \frac{1}{2}O_2 \rightarrow H_2O$$

탄화수소인 경우에는

$$C_m H_n + \left(m + \frac{n}{4}\right)O_2 \rightarrow (m)CO_2 + \left(\frac{n}{2}\right)H_2O$$

위 식에 대입하여 계수를 맞추면 용이하게 반응식을 완성할 수 있다.

예　$C_3 H_8 + \left(3 + \frac{8}{4}\right)O_2 \rightarrow (3)CO_2 + \left(\frac{8}{2}\right)H_2O$

$\quad C_3 H_8 + 5O_2 \rightarrow 3CO_2 + 4H_2O$

Step 2　이론산소량(O_O)을 구한다.

$$O_O = 0.5(CO + H_2) \cdots + \left(m + \frac{n}{4}\right)C_m H_n - O_2$$

Step 3　이론공기량(A_O)을 구한다.

$$A_O = O_O / 0.21$$

Step 4 실재 공기량(A)을 구한다.

$A = m \cdot A_O$

Step 5 습연소 가스량(G_W)을 구한다.

$G_w = (m - 0.21)A_O + 생성\,CO_2량 + 생성\,H_2O\,량$

Step 6 건연소 가스량(G_d)을 구한다.

$G_d = G_w - 생성\,H_2O\,량$

③ 발열량

　　㉠ 고위발열량(Higher heating value : H_h) : 연료가 연소한 후에 연소가스를 최초의 온도까지 낮출 때 분리되는 열량으로 이때 연소가스 중의 수증기는 응축해서 액체인 물이 되며 응축할 때 방출하는 응축열도 발열량 중에 포함된다. 즉 열량계로 측정한 발열량이다.

　　㉡ 저위 발열량(Lower heating value : H_l) : 고위 발열량에서 연소가스 중에 함유된 수증기의 증발열을 뺀 것이다.

■ 고체 및 액체 연료의 발열량

연료의 원소분석에 의해 연료중의 C, H, S, O, N, a(회분), w(수분)의 질량비율을 알고 있으면 연료의 고위발열량 H_h와 저위발열량 H_l를 다음과 같이 구할 수 있다.

$$H_h = 33.9\,C + 142.3\left(H - \frac{O}{8}\right) + 10.46[\mathrm{MJ/kg}]$$

$$H_l = H_h - 2.5(9H + w)[\mathrm{MJ/kg}]$$

단, 연료 중에 N, a는 발열량과 관계없다.

■ 기체 연료의 발열량

$$H_h = 12.64\,CO + 12.78\,H_2 + 39.76\,CH_4 + 69.67\,C_2H_6$$
$$\qquad + 63.55\,C_2H_4 + 101\,C_3H_8 + 132\,C_4H_{10} \cdots [\mathrm{MJ/Nm^3}]$$

$$H_l = H_h - 2.02 \times 생성\,H_2O\,량[\mathrm{MJ/Nm^3}]$$

■ 종합예제문제

01 고위발열량과 저위발열량의 차이를 설명하시오.

① 고위발열량 : 연소가스중의 수증기가 응축할 때 얻어진 응축잠열을 포함한 발열량으로 열량계로 측정된 발열량
② 저위발열량 : 연소가스중의 수증기 그대로 응축잠열을 포함하지 않은 발열량
  두 발열량의 관계식은 다음과 같다.
  저위발열량=고위발열량−수증기의 응축잠열×수증기량

02 어느 석탄의 분석결과가 아래와 같을 경우 물음에 답하시오.

[분석결과]
  • 공업분석 : 수분 2.4%, 회분8.0%, 휘발분32%
  • 원소분석 : 수소4.3%
  • 고위발열량 : 32MJ/kg
    단, 물의 증발잠열(0℃) : 2.5MJ/kg로 한다.
  1. 저위발열량[MJ/kg]을 구하시오.
  2. 연료비를 구하시오.

1. 저위발열량=고위발열량−2.5(9h+w)에서

$$=32-2.5(9\times0.043+0.024)=30.97[\text{MJ/kg}]$$

2. 고정탄소[%]=100[%]−(수분+회분+휘발분)[%]에서

$$=100-(2.4+8.0+32)=57.6\%$$

따라서, 연료비$=\dfrac{\text{고정탄소}}{\text{휘발분}}=\dfrac{57.6}{32}=1.8$

03 어느 도시가스를 연료로 하는 보일러에서 건 배기가스중의 산소농도(체적비율)가 4%이었다. 이 보일러에서 연료가 완전 연소하였을 경우 개략적인 공기비를 구하시오.

공기비

$$m = \frac{21}{21 - O_2} = \frac{21}{21 - 4} = 1.235 ≒ 1.24$$

04 프로판가스(C_3H_8)를 공기 중에서 완전연소 하였을 경우 건 배기가스중의 산소농도(체적비율)가 3.5%이었다. 물음에 답하시오.

1. 프로판가스 $3Nm^3$을 완전연소시 필요한 이론공기량 $[Nm^3/Nm^3]$을 구하시오.
2. 프로판가스 $3Nm^3$을 완전연소시 실제 투입한 공기량 $[Nm^3/Nm^3]$을 구하시오.

1. $C_3H_8 + 5O_2 = 3CO_2 + 4H_2O$에서

   프로판 $1Nm^3$를 완전연소 시키는데 필요한 산소량 O_o은 $5Nm^3$ 이므로 $3×5=15Nm^3$

   따라서 이론공기량 $A_o = \dfrac{O_o}{0.21} = \dfrac{15}{0.21} ≒ 72.43Nm^3$

2. 실제공기량 $A = mA_o = 1.2×72.43 = 86.92Nm^3$

   여기서, 공기비 $m = \dfrac{21}{21 - O_2} = \dfrac{21}{21 - 3.5} = 1.2$

05 어느 2중 효용 흡수식 냉동기의 용량은 300usRT, 성능계수는 1.2이다. 연료인 LNG의 발열량은 45,600kJ/Nm³, 연소효율은 0.85라고 할 때 재생기에서 소비되는 가스량[Nm³/h]을 구하시오. (단 1USRT=3.52kW)

1. 냉동능력

$Q_E = 300 \times 3.52 = 1,056[\text{kW}]$

2. 재생기 가열량

$Q_G = \dfrac{Q_E}{COP} = \dfrac{1056}{1.2} = 880[\text{kW}]$

3. 가스소비량

$G_f = \dfrac{880 \times 3,600}{45,600 \times 0.85} = 81.73[\text{Nm}^3/\text{h}]$

memo

제 3 편

건축전기설비

제3편 건축전기설비

contents

01 전기의 기본개념

핵심 1 　단상 교류 전력 및 3상 교류 전력

1. 개요

전압과 전류가 직각인 $I\sin\theta$ 성분은 전력을 발생시킬 수 없는 성분 즉, 무효성분전류이고 전압, 전류가 동상인 $I\cos\theta$ 성분은 전력을 발생시킬 수 있는 성분 즉, 유효성분의 전류가 되어 이에 의해 만들어진 전력을 유효전력, 무효전력이라 한다.

$$전압\ v = V\angle 0°\,[\mathrm{V}],\ 전류\ i = I\angle\theta°\,[\mathrm{A}]$$

2. 유효전력(Active Power)

$$P = VI\cos\theta\,[\mathrm{W}]$$

3. 무효전력(Reactive Power)

$$P_r = VI\sin\theta\,[\mathrm{Var}]$$

4. 피상전력(Apparent Power)

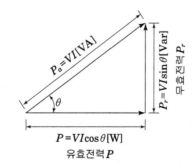

$$P_a = P \pm jP_r = \sqrt{P^2 + P_r^2} = VI\,[\text{VA}]$$

5. 역률 및 무효율

(1) 역률(Power Factor)

$$\cos\theta = \frac{\text{유효전력}}{\text{피상전력}} = \frac{P}{P_a} = \frac{P}{\sqrt{P^2 + P_r^2}} = \frac{R}{\sqrt{R^2 + X^2}}$$

(2) 무효율(Reactive Factor)

$$\sin\theta = \frac{\text{무효전력}}{\text{피상전력}} = \frac{P_r}{P_a} = \frac{P_r}{\sqrt{P^2 + P_r^2}} = \frac{X}{\sqrt{R^2 + X^2}}$$

6. 대칭 3상 교류 전력

(1) 유효전력

$$P = 3V_p I_p \cos\theta = \sqrt{3}\,V_l I_l \cos\theta = 3I_p^{\,2} R\,[\text{W}]$$

(2) 무효전력

$$P_r = 3V_p I_p \sin\theta = \sqrt{3}\,V_l I_l \sin\theta = 3I_p^{\,2} X\,[\text{Var}]$$

(3) 피상전력

$$P_a = \sqrt{P^2 + P_r^2} = 3V_p I_p = \sqrt{3}\,V_l I_l = 3I_p^{\,2} Z\,[\text{VA}]$$

핵심 2 에너지저장장치(Energy Storage System, ESS)

1. 에너지저장장치 정의

에너지저장장치는 생산된 전기를 배터리 등 저장장치에 저장했다가 필요할 때 공급이 가능한 장치이다. 리튬전지와 같은 기존의 중소형 2차전지를 대형화하거나 회전에너지, 압축공기 등 기타방식으로 대규모 전력을 저장하는 장치를 말한다. 즉 에너지저장장치는 생산된 전력을 전력계통(Grid)에 저장했다가 전력이 가장 필요한 시기에 공급하여 에너지 효율을 높이는 시스템으로, 에너지저장장치의 보급 확대는 전력 부하이동과 새로운 전력서비스 시장을 창출할 것으로 기대된다. 에너지저장원으로는 (LiB)리튬이온배터리, (납축전지)납과 황산을 이용한 이차전지, (RFB) 레독스 흐름전지, (NaS) 나트륨 황전지, (CAES)압축공기에너지저장, (플라이휠)회전에너지를 저장 등이 있다.

2. ESS의 필요성

전기공급 비용의 가파른 상승, 빠르게 늘어나고 있는 전력 수요, 신재생에너지 보급 확대 등에 따라 스마트그리드 등 전력시스템의 이용 효율화 및 고품질 전력 요구가 증가 등으로 ESS의 중요성이 부각되고 있으며, 간단히 요약하면 다음과 같다.

① 효율적인 전력 활용 : 전력공급 부족 사태 예방을 위한 국가 차원의 전력활용 방안 제고
② 단기 전력예비율 확보 : 정전 피해의 최소화를 위해 단기 정전 방지의 중요성 확대
③ 고품질의 전력 확보 : 신재생에너지 도입 확대에 따른 전력의 품질 안정화 대책 필요

3. 전기 저장장치의 구성

이차전지를 이용한 전기저장장치는 배터리, BMS(Battery Management System), EMS, PCS(Power Conditioning System)로 구성된다. 이 표준에 적용되는 전기저장장치는 분산형 전원 또는 상용전력을 저장하였다가 정전 시 또는 계통에서 피크부하가 발생할 때 수요관리용으로 사용하는 것으로 목적으로 하며, 중소 규모(10kW~150kW)의 전기저장장치에 적용한다.

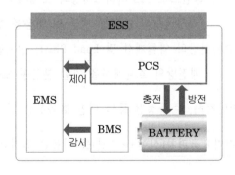

※ BMS(Battery Management System)
배터리 cell 용량, 보호, 수명예측, 충·방전 제어 등 배터리가 최대의 성능을 발휘할 수 있도록 제어함

※ PCS(Power Conversion System)
배터리 저장시 교류 → 직류로 변환하고, 방전시 직류 → 교류로 변환하면서 출력을 제어

4. 이차전지의 종류와 특징

이차전지를 이용한 전기저장장치에서 사용되는 이차전지에는 LiB, NaS, RFB, 연축전지 등이 있으며, 아래와 같이 장단점을 비교하였다. 리튬이차전지가 현재 상용화 단계에 있으며, 에너지밀도(300~400kWh/㎥)가 높고, 수명이 대략 10년 정도이며, 단주기 ESS(방전시간 : Minutes)에 적합한 반면에 비용이 고가이다.

[이차전지의 종류와 특징]

종류	동작원리	특징
LiB (Lithium-Ion Battery)	양극/음극 리튬이온 이동에 의한 저장	• 고에너지밀도(300~400kWh/㎥) • 수명 : 10년 • 고가 • 대용량 셀 곤란 • 국내 기술 상용화(제조 기술은 세계 최고 수준임) • 단주기 ESS(방전시간 : Minutes)에 적합 • 가정용, 산업용에 설치 운용 중

NaS
(Na-Sulfur전지)
	용융 상태의 Na과
	S 반응으로 저장
		• 에너지밀도(150~250 kWh/㎥) • 수명 : 15~20년
		• 비용 • 방전시간 : Hours
		• 대형셀 가능 • 고온 작동
		• 일본 NGK가 상용화에 성공했으며, 국내는 2018년 이후
		  상용화 예상
		• 고용량, 다양한 환경 적용이 가능하나 안정성, 신뢰성 확
		  보가 우선적으로 필요

RFB (레독스흐름전지)	전해질 내 중심금속 이온의 전자 수수반응으로 저장	• 에너지밀도(150~250kWh/㎥) • 수명 : 15~20년 • 저비용 • 방전시간 : Hours • 대용량화 용이 : 출력과 용량 독립적 설계 • ZnBr 위주로 개발 진행 중이며, 2016년 이후 상용화 예상 • 신재생에너지 통합용을 목적으로 많이 개발 중 100 +

5. ESS의 주요기능

위치	응용	효과
발전단계 ↓ 송·배전 단계 ↓ 소비자	에너지원	발전원으로 보조서비스시장과 도매시장 입찰
	신재생에너지 연계	신재생전원의 변동성 개선 및 이용률 향상
	송배전망용 ESS	송배전망의 역률개선 및 Load Shift, 전력품질개선
	분산형 ESS	배전망의 효율개선을 위한 분산형 ESS
	상업용/산업용전력 품질·에너지관리	전압강하, 순간정전 등의 대안 효율향상 및 비용절감
	가정용에너지관리	전기요금편차(심야 ↔ 주간)를 이용한 전기요금 절감

핵심 3 전압강하(정의 · 영향 · 계산 · 대책 · 의무사항 · EPI)

1. 개요

전압강하란 인입전압(또는 변압기 2차전압)과 부하측 전압과의 차를 말하며 저항이나 인덕턴스에
흐르는 전류에 의하여 강하하는 전압을 말한다. 일반적으로 수용가의 전력기기는 정격전압에서
사용할 경우에 가장 좋은 성능을 발휘하게 제작되므로 전압이 정격에서 벗어날 경우 전력기기의
효율, 수명, 손실 등에 영향을 미친다.

2. 전압강하 및 전압강하율

단상 2선식 등가 회로와 벡터도는 다음과 같다.

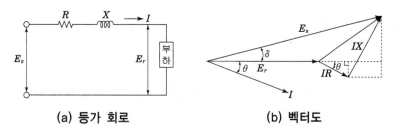

(a) 등가 회로　　　　　**(b) 벡터도**

※ E_s, E_r : 송·수전단 전압(상전압), δ : 상차각, θ : 역률각

위 그림 (b)에서의 벡터도를 통해 송전단 전압(E_s)는

$$\therefore\ E_s = \sqrt{(E_r + IR\cos\theta + IX\sin\theta)^2 + (IX\cos\theta - IR\sin\theta)^2}\ \text{임을 알 수 있다.}$$

위 식에서 $IX\cos\theta - IR\sin\theta$는 매우 작아 무시할 수 있다.

그러므로 송전단 전압(E_s)은 위 식에서 전압강하(e)는 다음과 같음을 알 수 있다.

$$\therefore\ E_s = E_r + IR\cos\theta + IX\sin\theta = E_r + I(R\cos\theta + X\sin\theta)[\text{V}]$$

유효전력 $P = E_r I\cos\theta$에서 $I\cos\theta = \dfrac{P}{E_r}$이고,

무효전력 $Q = E_r I\sin\theta$에서 $I\sin\theta = \dfrac{Q}{E_r}$이므로

전압강하 $e = \dfrac{PR + QX}{E_r}[\text{V}]$이다. 또한 $Q = P\tan\theta$이므로

$$\therefore\ e = \frac{PR + P\tan\theta \cdot X}{E_r} = \frac{P}{E_r}(R + X\tan\theta)[\text{V}]\ \text{이다.}$$

전압강하율(δ)는

$$\therefore\ \delta = \frac{e}{E_r} \times 100 = \frac{E_s - E_r}{E_r} \times 100 = \frac{P}{E_r^2}(R + X\tan\theta) \times 100\ \text{가 된다.}$$

3. 전압강하 판정기준

저압 배전선 중의 전압강하는 간선과 분기회로에서 각각 표준전압의 2[%] 이하로 하는 것을 원칙으로 한다. 그러나 전기 사용장소 내에 있는 변압기로부터 공급받는 간선의 전압강하는 3[%] 이하로 할 수도 있다.

[전압강하 판정기준(60m 초과하는 경우)]

전선 공급	한전 저압 공급	사용시설 내 변압기에서 공급
120m 이하	4% 이하	5% 이하
200m 이하	5% 이하	6% 이하
200m 초과	6% 이하	7% 이하

4. 전압강하 계산 약식

> **[조건]**
> 교류의 경우 역률=1, 각상 부하 평형, 전선의 도전율은 $C = 97[\%]$

$$e_1 = IR = I \times \rho \frac{L}{A} = I \times \frac{1}{58} \times \frac{100}{C} \times \frac{L}{A}$$

$$= I \times \frac{1}{58} \times \frac{100}{97} \times \frac{L}{A} = 0.0178 \times \frac{LI}{A} = \frac{17.8LI}{1,000A}$$

동일관내의 전선수		전압강하[e]	전선의 단면적[mm^2]
단상3선식, 3상4선식	$e_1 = IR$	$e = \dfrac{17.8 \times L \times I}{1,000 \times A}$	$A = \dfrac{17.8 \times L \times I}{1,000 \times e}$
단상2선식, 직류2선식	$e_2 = 2IR$	$e = \dfrac{35.6 \times L \times I}{1,000 \times A}$	$A = \dfrac{35.6 \times L \times I}{1,000 \times e}$
3상 3선식	$e_3 = \sqrt{3}\,IR$	$e = \dfrac{30.8 \times L \times I}{1,000 \times A}$	$A = \dfrac{30.8 \times L \times I}{1,000 \times e}$

| 참고 | 전선규격

단위[mm²]IEC, KSC			
1.5	16	95	300
2.5	25	120	400
4	35	150	500
6	50	185	
10	70	240	

5. 전압강하계산서

배전반에서 분전반까지 거리(m)	배전 방식	전압(V)	수용부하 (VA)	전류(A)	적용전선		허용전류 (A)	전압강하	
					종류	굵기mm²		[V]	[%]
195	3PH4W	380/220	105,000	159.5	FCV 1C×4	70	195	㉠	㉡

수변전 설비

1. 개요

전원설비는 전력회사로부터 전력을 수전하는 수전설비, 특고압 또는 고압을 부하의 사용전압으로 강압하는 변전설비, 정전시에 운전되는 비상용 발전기 설비인 예비전원설비, 비상용 조명 및 무정전 전원장치(UPS) 등의 특수 부하에 대한 전원인 특수전원설비 등으로 되어 있다.

2. 수변전설비 심벌의 종류

명 칭		약 호	심 벌
케이블 헤드		CH	
개폐기	단로기	DS	
	선로 개폐기	LS	
	(고압)부하개폐기	LBS	
계기용 변성기	전력수급용 계기용 변성기	MOF	MOF
	계기용 변압기	PT	
	변류기	CT	
	영상변류기	ZCT	
피뢰기		LA	
전압 시험 단자		PTT	
전류 시험 단자		CTT	
계측기	전압계	V	V
	전류계	A	A
	적산전력량계	WH	WH
	최대수요전력량계	DM	DM
	무효전력(량)계	VAR	VAR
차단기		CB	
컷아웃스위치		COS	
파워퓨즈		PF	
전력용 콘덴서		SC	
자동절체 개폐기		ATS	

핵심 5 Demand Control 방식의 구성과 적용(용어정의 · EPI)

1. 개요

Demand Control 방식이란 자가용 전기설비 수용가(용량 500kW 이상)에서 전력의 효율적인 이용을 목적으로 계약전력의 초과가 예측될 때에 자동적으로 부하를 제어할 수 있는 System을 말한다. 이 장치는 전력의 사용상태를 감시하고 경보·기록 및 부하제어 지령을 발하고 전력의 초과가 예측되는 정도에 대응하여 5~8단계까지 자동제어 되는 것으로 제어대상부하는 단시간 정지해도 장해가 적은 것을 선택하여야 한다. Demand Control 방식의 구성과 적용에 대하여 설명하면 다음과 같다.

2. 내용

(1) Demand Control 원리 및 기능

① 원리

현재의 전력과 그 증가량의 경향에 따라 디멘드값을 예측하여 예측값이 목표량을 초과하지 않는 범위까지 5~8회로까지 부하를 차단하여 목표전력 이하로 제어한다.

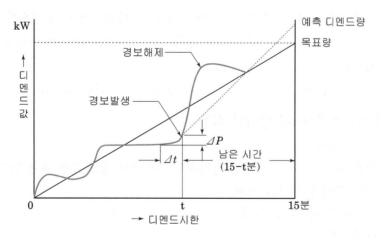

[디멘드값과 시한의 관계 동작도]

② 경보기능
- 디멘드 초과 예측 경보
  제1단계 경보(주의 촉구), 제2단계 경보(부하 차단)
- 고부하 경보
  임의의 5분간 평균 디멘드 값이 목표 디멘드 값의 110, 120, 130[%]를 초과하면 경보발생
- 한계경보
  돌발덕인 부하에 의해 한계 디멘트에 도달 시 경보하며 전부하 제어회로(5~8 회로) 전체 차단

③ 표시기능
현재전력, 예측전력, 조정전력, 나머지시간, 경보표시

④ 제어순위선택 방식
- 우선순위 방식
  차단부하의 중요도를 감안하여 미리 순위를 정하여 그 순서에 따라 차단하는 방식
- 사이클릭 방식
  차단부하의 순위를 윤번순으로 하여 균등하게 부하를 차단하는 방식

(2) Demand Control 방식의 구성

Demand Control 방식은 디멘드 감시부와 제어부로 구성되어 있다.

① 디멘드 감시부
전력량계로부터 보내지는 계량펄스를 받아 디멘드 관리에 필요한 연산·판정을 하는 이외에 현재 디멘드 값, 예측 디멘드 값 등의 표시, 경보, 제어지령, 기록 등의 기능을 가지고 있다.

② 제어부
디멘드 감시부로부터 지령을 받아 부하설비를 차단 복구하는 부하제어기능을 가지고 있다.

(3) Demand Control 방식의 적용

① 적용부하대상
적용부하의 선정은 단시간 정지해도 수용가의 생산 품질 또는 안전, 위생상의 지장을 초래하지 않는 부하를 대상을 적용
- 일반적인 제어대상 부하
- 냉방설비
- 전기로
- 공기 압축기 또는 펌프
- 간헐 가동설비
- 자가발전설비와 대체할 수 있는 설비
- 단시간 정지가 가능한 설비

② 적용 예
　식품업체의 공조설비의 기기를 대상으로 한 디멘드 제어방식 계통도는 다음 그림과 같다.

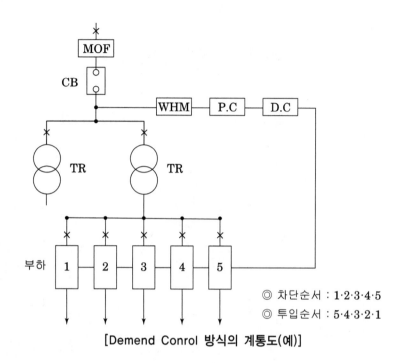

◎ 차단순서 : 1·2·3·4·5
◎ 투입순서 : 5·4·3·2·1

[Demend Conrol 방식의 계통도(예)]

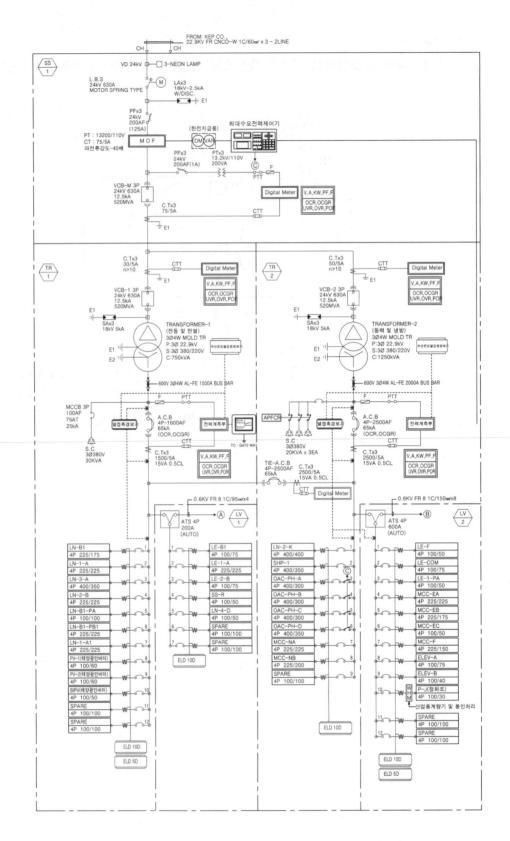

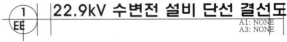

22.9kV 수변전 설비 단선 결선도

A1: NONE
A3: NONE

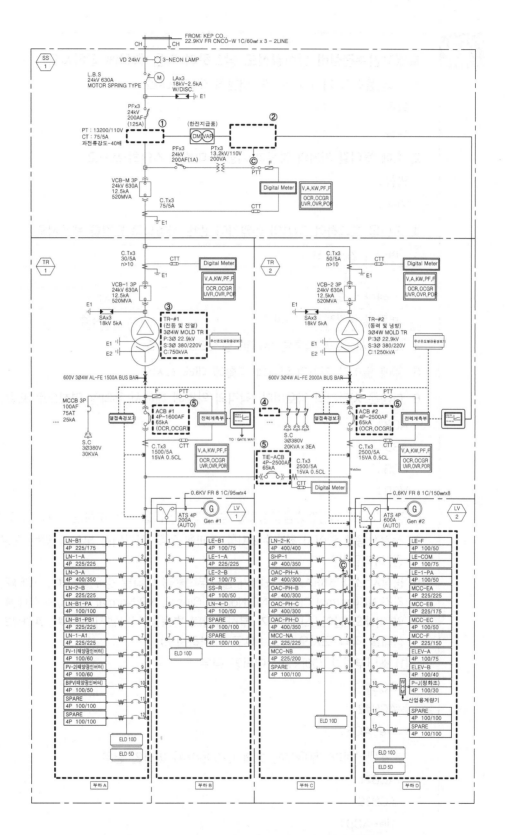

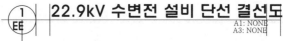

22.9kV 수변전 설비 단선 결선도

A1: NONE
A3: NONE

예제 01

특별고압수전설비 단선결선도 참조하여 다음 항목에 답하시오.

1. ①에 들어갈 기기의 약호와 역할에 대해 쓰시오

   약호 :

   역할 :

2. ②에 들어갈 기기의 명칭과 기능에 대해서 간단히 쓰시오.

   명칭 :

   기능 :

3. 도면을 참고하여 TR#1의 변압기에 관한 사항으로 빈칸을 채우시오.

변압기 결선방식	
용 도	
변압기 용량	[kVA]
변압기 정격전압	1차측 : 2차측 :

4. 도면에서 SC의 약호를 우리말 명칭으로 쓰시오.

5. ④에 들어갈 기기의 약호와 역할에 대해 쓰시오.

6. 다음은 차단기의 약호이다. 각각의 약호에 대해서 우리말 명칭으로 표현하시오.

   ACB :

   ABB :

   OCB :

   VCB :

7. 정전시에도 비상전원공급장치를 통해 전력공급을 받는 부하는 A, B, C, D 중 무엇인가?

8. 전력사용에 있어서 최대수요치를 초과할 경우 차단되는 부하가 있는 곳은 A, B, C, D 중 어디인가?

9. 평상시 소내부하(A+B+C+D)가 평균부하율을 나타낼 경우 ACB#1, ACB#2, Tie-ACB는 각각 NC(Normal Close), NC(Normal Close), NO(Normal Open)의 상태를 나타낸다. 만약 아래와 같이 소내부하가 부하용량의 변동을 나타낼시 ACB#1, ACB#2, Tie-ACB의 상태를 각각 쓰시오.(NC, NO 로 표시하시오)

   ① 소내부하가 750[kVA] 이하인 경우

   ACB#1 :

   ACB#2 :

   Tie-ACB :

   ② 소내부하가 750[kVA] 초과 1,250[kVA] 이하인 경우

   ACB#1 :

   ACB#2 :

   Tie-ACB :

정답

1. 약호 : MOF
   역할 : PT와 CT를 함께 내장한 함으로써 전력량계에 전원공급을 한다.
2. 명칭 : 최대수요전력제어기기
   기능 : 최대수요전력이 목표전력을 초과하지 않도록 사용전력량을 감시/제어 한다.
3.

변압기 결선방식	$\Delta - Y$	
용 도	전등 및 전열	
변압기 용량	750[kVA]	
변압기 정격전압	1차측 : 22900[V]	2차측 : 380/220[V]

4. 역률개선용 콘덴서
5. 약호 : APFR
   역할 : 진상 또는 지상 부하의 상황에 맞게 콘덴서를 투입 또는 차단시켜 역률을 제어
6. ACB : 기중차단기
   ABB : 공기차단기
   OCB : 유입차단기
   VCB : 진공차단기

│참고│ 소호 원리에 따른 차단기의 종류

종류		소호원리
명칭	약어	
유입 차단기	OCB	소호실에서 아크에 의한 절연유 분해가스의 열전도 및 압력에 의한 blast을 이용해서 차단
기중 차단기	ACB	대기 중에서 아크를 길게 해서 소호실에서 냉각 차단
자기 차단기	MBB	대기 중에서 전자력을 이용하여 아크를 소호실 내로 유도해서 냉각 차단
공기 차단기	ABB	압축된 공기를 아크에 불어 넣어서 차단
진공 차단기	VCB	고진공 중에서 전자의 고속도 확산에 의해 차단
가스 차단기	GCB	고성능 절연 특성을 가진 특수 가스(SF6)를 이용해서 차단

7. 부하 B, 부하 D
8. 부하 C
9. ① 소내부하가 750[kVA] 이하인 경우
   ACB#1 : NC
   ACB#2 : NO
   Tie-ACB : NC
   ② 소내부하가 750[kVA] 초과 1,250[kVA] 이하인 경우
   ACB#1 : NO
   ACB#2 : NC
   Tie-ACB : NC

핵심 6 IBS

1. 개요

(1) IBS빌딩의 구성요건
① TC(Tele Communication)

정보통신기반설비, 정보통신기본설비, 고도통신설비
② OA(Office Automation)

LAN, 업무지원설비
③ BAS(Building Automation System)

빌딩관리시스템, Security관리시스템, 에너지관리시스템, 중앙감시제어 System
(2) 빌딩감시제어 시스템은 BAS를 감시 제어하는 것으로써 ①쾌적한 오피스환경을 확보하고, ② 설비기기의 고효율화로 에너지절감을 도모하며, 방재방범기능의 강화로 ③거주자의 안전을 확보하여 전체적으로 ④빌딩의 경제성을 제고하는데 그 목적이 있다. 이러한 빌딩감시제어 시스템과 최근동향에 대하여 설명하면 다음과 같다.

2. 빌딩감시제어 시스템

(1) 감시제어 시스템의 기능
① 감시기능 : 기기의 운전/정지상태표시, 이상/고장상태표시, 계측(Measurement)
② 제어기능 : 기기의 운전/정지, 이상시 대응, 최적제어
③ 기록기능 : 정지 계측 시 기록, 이상고장기록, 에너지 사용량 기록(Data Logger, Printer, Recorder, 등)
④ 계측기능 : 전류, 전압, 온도, 습도, 열량, 유량, 수위 등의 계측
(2) 감시제어 시스템 구성

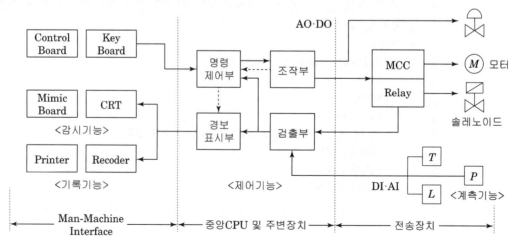

① 중앙 CPU 및 주변장치 : 전체를 총괄제어 System, CPU, HDD, FDD등으로 구성
② MMI(Man Machine Interface) : CPU와 운영자간의 연락장치, 지시, 표시, 경보, 기록을 시행
③ 전송장치 : 자료취득 및 신호전송, 트랜듀서, 모뎀, 변환기 등이 이에 속한다.

(3) 감시제어시스템의 종류

신호처리방식에 의해 아날로그신호(4~20mA, 1~5V등) 처리방식과 디지털신호 처리방식이 있으며, 제어형태에 의해 중앙감시제어시스템과 분산감시제어시스템으로 분류된다.

1) 중앙감시제어시스템
① System구성

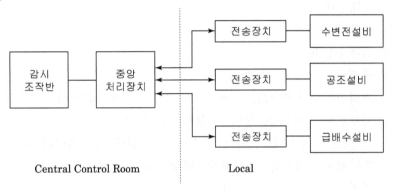

② System효과
 • Computer에 의한 정보처리로 많은 Data 이용
 • 사고발생의 조기감시 및 신속한 조치가능
 • 계통의 합리적 운용 및 신뢰도 향상
 • 주기적인 정확한 자동기록
 • 인력절감에 따른 운용비 절감
 • 에너지절약 목적달성

2) 분산감시제어시스템(Distributed Control System)
① System구성

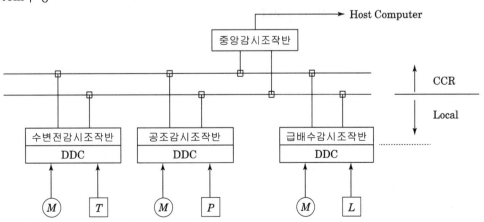

[DDC : Direct Digital Control Unit]

② System효과
- DDC Unit추가로 설비기능 추가 시 확장이 용이
- 공사기간이 짧고 시운전 조정도 간단
- 전체적으로 경제적이고 신뢰성 향상
- 유지보수 시 Local에서 처리하므로 System전체에 영향을 주지 않음
- 양질의 전송이 가능(상위 Computer 연결가능)

(4) 빌딩감시제어 설비의 종류
① 수변전설비, 예비전원설비
② 조명설비
③ 공조설비
④ 급배수설비
⑤ 방재설비
- 소화설비 : 옥내소화, 스프링클러, CO_2, 하론소화설비
- 경보설비 : 비상방송설비, 자동화재탐지설비
- 소방활동설비 : 배연, 배기, 급기팬, 방화댐퍼, 비상엘리베이터, 비상콘센트, 무선통신보조설비
- 피난설비 : 유도등, 유도표시, 비상조명
- 방범설비 : 무인경비, CCTV 등
⑥ 반송설비 : 엘리베이터, 에스컬레이터 등
⑦ 유지관리 정보시스템

3. 빌딩감시제어 시스템의 최근동향

(1) 신호제어방식은 디지탈신호처리 방식을 채택하여 고속, 대용량, 신호처리 방향으로 추진되고 있다.
(2) 중앙집중제어시스템보다는 보다 효율적인 분산감시제어시스템으로 추진되는 동향이다.
(3) 인텔리전트빌딩이 점차 확산되고 있어 TC, OA, BAS가 일체화 되는 추세이므로 DCS만이 TC, OA와 상호결합이 가능하다.

■ 종합예제문제

01 건물에너지관리시스템의 정의에 대해 서술하고, 기본적인 기능 5가지를 간단히 설명하시오.

1. 정의
건물에너지관리시스템이란 건물의 쾌적한 실내환경 유지 및 효율적인 에너지관리를 위하여 에너지 사용 내역을 실시간으로 모니터링하여 최적화된 건물에너지 관리방안을 제공하는 계측·제어·관리·운영 등이 통합된 시스템을 말한다.

2. 기능
① 데이터 표시 기능

건물에너지관리시스템은 획득·수집한 건물에너지 소비 및 관련 데이터를 알기 쉽게 컴퓨터 화면 등을 통해 표시하는 기능을 갖고 있으며, 단위는 국제표준단위계를 적용하고 있음

② 정보 감시 기능

건물에너지관리시스템은 운영자가 에너지 소비에 관한 기준값이나 에너지 사용설비의 운전범위 등을 입력할 수 있어야 하며, 입력값과 실제 운영결과를 비교하여 운전범위나 기준값을 벗어나는 경우 이를 운영자에게 기준값 및 운전범위 입력 기능, 입력값과 운영결과 비교 기능, 경보발령 기능 등을 제공

③ 데이터 및 정보 조회 기능

건물에너지관리시스템은 운영자가 원하는 기간 동안의 건물에너지 소비 및 관련 데이터와 정보를 표 또는 그래프로 제공하는데 여기에는 일정 기간의 정보 조회 기능, 기간별 정보 조회 기능, 2개 이상의 기간별 정보 동시 조회 기능이 포함됨

④ 건물에너지 소비 현황 분석 기능

건물에너지관리시스템은 운영자가 건물 에너지 소비현황을 쉽게 파악할 수 있도록 에너지원별 소비량, 석유환산톤으로 환산한 1차 에너지 소비량, 용도별 소비량, 수요처별 소비량, 이산화탄소 배출량, 에너지 소비 원단위, 최대전력수요, 건물에너지 효율 수준, 에너지 소비 절감량 및 절감률 등 분석 기능을 제공

⑤ 설비의 성능 및 효율 분석 기능

건물에너지관리시스템은 운영자가 건물에서 운용되는 각종 설비의 운전 상태와 성능을 쉽게 파악할 수 있도록 설비의 성능, 설비의 효율 등의 분석기능을 제공

⑥ 실내외 환경정보 제공 기능

　건물에너지관리시스템은 기후와 실내 환경 등 건물에너지소비와 밀접한 관련이 있는 외기의 온도와 습도, 실내 공기의 온도와 습도, 실내 공기 중 CO_2 농도, 실내 조도 등의 분석기능을 제공

⑦ 에너지 소비량 예측 기능

　건물에너지관리시스템은 에너지를 절약하고 건물과 설비의 계획적인 운영에 도움을 주기 위하여 건물의 에너지 소비량을 예측하는 기능을 제공함

02 다음 물음에 답하시오.

1. 다음 아래의 전압 강하 계산서에서 전압강하 및 전압강하율을 각 구간 별로 계산하여 완성하시오.
   (단, 소수점 3째 자리에서 반올림할 것)

간선 구분	구 간		거리 [m]	배전 방식	전압 [V]	POLE 부하 [VA]	수용 부하 [VA]	전류 [A]	전압 강하율 [%]	적용전선[mm²]				전압 강하 [V]	허용 전류 [A]
	-에서	-까지								종류	심선	굵기	수량		
조명탑	옥외 변전실-2	4 POLE	546	3PH3W	380	9,200	41,400	62.90		F-CV	1	150	3		533
조명탑	4 POLE	3 POLE	125	3PH3W	380	9,200	32,200	48.92		F-CV	1	70	3		464
조명탑	3 POLE	2 POLE	131	3PH3W	380	11,500	23,000	34.94		F-CV	3	35	1		342
조명탑	2 POLE	1 POLE	237	3PH3W	380	11,500	11,500	17.47		F-CV	3	25	1		279
조명탑	옥외 변전실-2	6 POLE	418	3PH3W	380	6,900	11,500	17.47		F-CV	3	25	1		216
조명탑	6 POLE	5 POLE	181	3PH3W	380	4,600	4,600	6.99		F-CV	3	16	1		127
조명탑	옥외 변전실-2	8 POLE	149	3PH3W	380	9,200	20,700	31.45		F-CV	3	25	1		216
조명탑	8 POLE	7 POLE	194	3PH3W	380	11,500	11,500	17.47		F-CV	3	16	1		127
조명탑	옥외 변전실-2	11 POLE	127	3PH3W	380	6,900	27,600	41.93		F-CV	3	35	1		342
조명탑	11 POLE	10 POLE	182	3PH3W	380	9,200	20,700	31.45		F-CV	3	25	1		216
조명탑	10 POLE	9 POLE	124	3PH3W	380	11,500	11,500	17.47		F-CV	3	16	1		158

2. 선로에서 전압강하 발생시 전력기기에 미치는 영향을 간단히 설명하고 전압강하에 대한 대책 4가지를
   쓰시오.

1.

간선 구분	구 간		거리 [M]	배전 방식	전압 [V]	POLE 부하 [VA]	수용 부하 [VA]	전류 [A]	전압 강하율 [%]	적용전선[mm²]				전압 강하 [V]	허용 전류 [A]
	-에서	-까지								종류	심선	굵기	수량		
조명탑	옥외변전실-2	4 POLE	546	3PH3W	380	9,200	41,400	62.90	1.86	F-CV	1	150	3	7.05	533
조명탑	4 POLE	3 POLE	125	3PH3W	380	9,200	32,200	48.92	0.71	F-CV	1	70	3	2.69	464
조명탑	3 POLE	2 POLE	131	3PH3W	380	11,500	23,000	34.94	1.06	F-CV	3	35	1	4.03	342
조명탑	2 POLE	1 POLE	237	3PH3W	380	11,500	11,500	17.47	1.34	F-CV	3	25	1	5.10	279
조명탑	옥외변전실-2	6 POLE	418	3PH3W	380	6,900	11,500	17.47	2.37	F-CV	3	25	1	9.00	216
조명탑	6 POLE	5 POLE	181	3PH3W	380	4,600	4,600	6.99	0.64	F-CV	3	16	1	2.44	127
조명탑	옥외변전실-2	8 POLE	149	3PH3W	380	9,200	20,700	31.45	1.52	F-CV	3	25	1	5.77	216
조명탑	8 POLE	7 POLE	194	3PH3W	380	11,500	11,500	17.47	1.72	F-CV	3	16	1	6.52	127
조명탑	옥외변전실-2	11 POLE	127	3PH3W	380	6,900	27,600	41.93	1.23	F-CV	3	35	1	4.69	342
조명탑	11 POLE	10 POLE	182	3PH3W	380	9,200	20,700	31.45	1.86	F-CV	3	25	1	7.05	216
조명탑	10 POLE	9 POLE	124	3PH3W	380	11,500	11,500	17.47	1.10	F-CV	3	16	1	4.17	158

2.

① 전압강하 영향

　일반적으로 수용가의 전력기기는 정격전압에서 사용할 경우에 가장 좋은 성능을 발휘하게 제작되므로 전압이 정격에서 벗어날 경우 전력기기의 효율, 수명, 손실 등에 영향을 미친다.

② 전압강하 방지대책

　㉠ 굵은 전선을 사용한다.

　㉡ 선로의 길이를 짧게 한다.

　㉢ 역률을 개선한다.

　㉣ 전압을 격상시킨다.

03 비주거 소형 건축물일 경우 아래 표를 참조하여 "건축물의 에너지절약 설계기준" 전기설비부문 에너지성능지표(EPI)에 대하여 다음 물음에 답하시오.

항 목	기본배점(a)			
	비주거		주거	
	대형	소형	주택1	주택2
2. 간선의 전압강하(%)	1	1	1	1

아래 주어진 표는 전압강하 계산서이다. 주어진 표에서 전압강하 (㉠)와 전압 강하율 (㉡)을 계산하고, 이 때 간선의 전압강하(%) 항목의 취득 평점(a×b)을 구하시오.

〈전압강하계산서〉

배전반에서 분전반까지 거리(m)	배전 방식	전압(V)	수용 부하 (VA)	전류 (A)	적용전선		허용 전류 (A)	전압강하	
					종류	굵기 [mm²]		[V]	[%]
195	3PH4W	380/220	105,000	159.5	FCV 1C×4	70	195	㉠	㉡

① 전압강하

$$e = \frac{17.8 \times L \times I}{1,000A} = \frac{17.8 \times 195 \times 159.5}{1,000 \times 70} ≒ 7.908[\text{V}]$$

∴ 7.91[V]

② 전압강하율

$$\delta = \frac{7.91}{220} \times 100 ≒ 3.595[\%]$$

∴ $\delta = 3.6[\%]$

③ 간선의 전압강하율의 배점(b)가 0.9일 때 3.5~4.0미만의 구간이므로 배점(b)=0.9점이고, 비주거 소형 기본배점(a)=1점

∴ 평점 = 0.9 × 1 = 0.9점

04

저항 4[Ω]과 정전용량 C[F]인 직렬 회로에 주파수 60[Hz]의 전압을 인가한 경우 역률이 0.8이 었다. 이 회로에 30[Hz], 220[V]의 교류 전압을 인가하면 소비전력은 몇 [W]가 되겠는가?

• **계산** : 주파수가 60[Hz]일 경우 용량성 리액턴스(X_C)를 구한다.

역률 $\cos\theta = \dfrac{R}{Z} = \dfrac{R}{\sqrt{R^2 + X_C^2}} = \dfrac{4}{\sqrt{4^2 + X_C^2}} = 0.8$ 이므로

$X_C = \sqrt{\left(\dfrac{4}{0.8}\right)^2 - 4^2} = 3[\Omega]$

용량성 리액턴스는 주파수에 반비례하므로 주파수가 60[Hz]에서 30[Hz]로 감소시 용량성 리액턴스는 2배 증가한다. 주파수가 30[Hz]일 경우의 용량성 리액턴스 $X_C' = 6[\Omega]$이다.

소비전력 $P = I^2 R = \left(\dfrac{V}{Z}\right)^2 \times R = \left(\dfrac{V}{\sqrt{R^2 + X_C'^2}}\right)^2 \times R = \dfrac{V^2}{R^2 + X_C'^2} \times R$

$= \dfrac{220^2}{4^2 + 6^2} \times 4 = 3723.076[\text{W}]$

• **답** : 3723.08[W]

05 공장 구내 사무실 건물에 110/220[V] 단상 3선식 채용하고, 공장 구내 변압기가 설치된 변전실에서 60[m]되는 곳의 부하를 아래표 "부하집계표"와 같이 배분하는 분전반을 시설하고자 한다. 이 건물의 전기 설비에 대하여 다음의 허용 전류표를 참고로 하여 다음 물음에 답하시오. 단, 전압 강하는 2[%] 이하로 하여야 한고 전선관에 전선 3본 이하를 수용하는 경우 내단면적의 60[%] 이내로 하며, 간선의 수용률은 100[%]로 한다.

1. 간선의 굵기를 산정하시오.

2. 간선 설비에 필요한 후강 전선관의 굵기를 산정하시오.

3. 부하 집계표에 의한 설비 불평형률을 계산하시오.

※ 전선 굵기 중 상과 중성선(N)의 굵기는 같게 한다.

[부하집계표]

회로 번호	부하 명칭	총부하 [VA]	부하분담		NFB 크기		
			A선	B선	극수	AF	AT
1	백열등	2,460	2,460		1	30	15
2	형광등	1,960		1,960	1	30	15
3	전열	2,000	2,000(AB간)		2	50	20
4	팬코일	1,000	1,000(AB간)		2	30	15
합계		7,420					

• 참고자료

[표1] 전압 강하 및 전선 단면적을 구하는 공식

전기 방식	전압 강하	전선 단면적
단상 2선식 및 직류 2선식	$e = \dfrac{35.6LI}{1,000A}$	$A = \dfrac{35.6LI}{1,000e}$
3상 3선식	$e = \dfrac{30.8LI}{1,000A}$	$A = \dfrac{30.8LI}{1,000e}$
단상 3선식 · 직류 3선식 · 3상 4선식	$e' = \dfrac{17.8LI}{1,000A}$	$A = \dfrac{17.8LI}{1,000e'}$

단, e : 각 선간의 전압 강하[V]

 e' : 외측선 또는 각 상의 1선과 중성선 사이의 전압 강하[V]

 A : 전선의 단면적[mm²], L : 전선 1본의 길이[m], I : 전류[A]

[표2] 후강 전선관 굵기의 선정

도체 단면적[mm²]	전선 본수									
	1	2	3	4	5	6	7	8	9	10
	전선관의 최소 굵기[호]									
2.5	16	16	16	16	22	22	22	28	28	28
4	16	16	16	22	22	22	28	28	28	28
6	16	16	22	22	22	28	28	28	36	36
10	16	22	22	28	28	36	36	36	36	36
16	16	22	28	28	36	36	36	42	42	42
25	22	28	28	36	36	42	54	54	54	54
35	22	28	36	42	54	54	54	70	70	70
50	22	36	54	54	70	70	70	82	82	82
70	28	42	54	54	70	70	70	82	82	82
95	28	54	54	70	70	82	82	92	92	104
120	36	54	54	70	70	82	82	92		
150	36	70	70	82	92	92	104	104		
185	36	70	70	82	92	104				
240	42	82	82	92	104					

1. 전선의 단면적 $A = \dfrac{17.8LI}{1,000e}$ [V]

① 선로의 길이는 $L = 60$[m]

② A선의 정격전류 $= I_A = \dfrac{P}{V} = \dfrac{부하부담}{사용전압} = \dfrac{2,460}{110} + \dfrac{2,000}{220} + \dfrac{1,000}{220} = 36$[A]

   B선의 정격전류 $= I_B = \dfrac{P}{V} = \dfrac{부하부담}{사용전압} = \dfrac{1,960}{110} + \dfrac{2,000}{220} + \dfrac{1,000}{220} = 31.45$[A]

   A선 정격전류가 높으므로 전류는 36[A]를 산정한다.

③ $e =$ 사용전압 $\times$ 전압강하율 $= 110 \times 0.02 = 2.2$[V]

   $\therefore$ 전선의 단면적 $A = \dfrac{17.8LI}{1,000e} = \dfrac{17.8 \times 60 \times 36}{1,000 \times 2.2} = 17.476$[mm²]

· 답 : 25[mm²]

2. 후강전선관 굵기 [표 3]에서 도체의 단면적과 전선 본수에 따른 조건을 선정한다.

   따라서 [표 3]에서 25[mm²] 전선과 3선을 만족하는 후강전선관의 굵기는 28[호]가 된다.

- 답 : 28[호]

3. 단상 3선식 설비불평형률

$$\frac{중성선과 \, 각 \, 전압측 \, 전선간에 \, 접속되는 \, 부하설비 \, 용량[kVA]의 \, 차}{총 \, 부하설비 \, 용량[kVA] \times \frac{1}{2}} \times 100[\%]$$

$$= \frac{2,460 - 1,960}{7,420 \times \frac{1}{2}} \times 100 = 13.477[\%]$$

- 답 : 13.48[%]

|참고|

공칭단면적은 간선에 최대부하 전류를 연속하여 흘릴 수 있는 전류이기 때문에 110[V]에 및 220[V]에 공급되는 전류는 항상 큰 값을 기준으로 산정하여야 한다. 단상 3선식 및 3상 4선식에서 전압강하는 각 상의 1선과 중성선사이의 전압강하[V]를 의미한다.

06 계통에서 송배전손실에 영향을 주는 요소와 배전손실의 경감대책에 대해 설명하시오.

1. 전력계통에서 송배전 손실에 영향을 주는 요소
(1) 선로길이와 송전용량
(2) 전압과 역률
(3) 배전방식

> **|참고|** 3상 3선식의 전력손실
>
> $$P_\ell = 3I^2R = 3 \times \left(\frac{P}{\sqrt{3} \times V \times \cos\theta}\right)^2 \times R = \frac{P^2R}{V^2\cos^2\theta} = \frac{P^2 \cdot \rho \cdot \ell}{V^2\cos^2\theta \cdot A}[\text{W}] \left(\text{단}, \ R = \rho \times \frac{\ell}{A}\right)$$

2. 배전선로의 손실경감 대책

(1) 적정 배전방식 채택
어떤 부하에 동일한 전력을 공급할 경우 선간전압, 배전거리, 전선의 총중량이 동일할 경우 전압강하, 배전손실이 가장 적은 것은 3상 4선식이다.

(2) 경제적인 전선의 굵기 선정
켈빈의 법칙에 따라 배전선로의 전류밀도를 최소화하여 전선의 굵기를 선정한다.
(켈빈의 법칙 : 가장 경제적인 전선의 굵기를 선정할 때 사용되는 법칙)

(3) 전력용 콘덴서의 설치
선로손실을 경감시키기 위해서 역률을 개선시킨다.

(4) 전압의 승압
전력손실은 전압의 제곱에 반비례하므로 배전전압을 승압한다.
(우리나라의 배전전압은 22.[kV-Y]로서 거의 승압이 완료된 상태)

(5) 저손실 배전압기 채용
기존의 규소강판을 사용한 변압기 보다 효율이 좋은 아몰퍼스변압기, 자구미세화강판변압기 등이 있다.

제1장 · 전기의 기본개념

07   다음 그림에서 V_{PQ} (P 지점의 전위에 대한 Q 지점의 전위)를 구하시오.

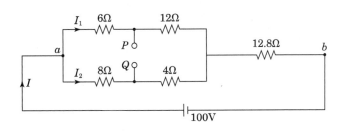

위의 그림에서 합성저항을 구한다.

$$R = \frac{12 \times 18}{12 + 18} + 12.8 = 20\,[\Omega]$$

따라서,

$$I = \frac{V}{R} = \frac{100}{20} = 5\,[A]$$

$$I_1 = 5 \times \frac{12}{(18 + 12)} = 2\,[A]$$

$$I_2 = 5 \times \frac{18}{(18 + 12)} = 3\,[A]$$

aP점의 단자전압은

$$I_1 \times 6 = 2 \times 6 = 12\,[V]$$

aQ점의 단자전압은

$$I_2 \times 8 = 3 \times 8 = 24\,[V]$$

따라서, PQ 점의 전위 V_{PQ} 는

$$V_{aQ} - V_{aP} = V_{PQ}$$
$$24 - 12 = 12\,[V]$$

가 된다.

memo

02 변압기

핵심 1 변압기의 정격

1. 권수비(a: 전압비 또는 변압비)

> - 변압기의 1차측 유기기전력 : $E_1 = 4.44fN_1\phi_m$
> - 변압기의 2차측 유기기전력 : $E_2 = 4.44fN_2\phi_m$

위 식에서 변압기 1차측과 2차측의 기전력과 권수는 서로 비례한다. 또한 손실을 무시하고 자기포화를 무시하는 변압기를 이상변압기라 한다.

따라서, $\dfrac{V_1}{V_2} = \dfrac{E_1}{E_2} = a$ (권수비)가 성립한다.

$$a = \frac{N_1}{N_2} = \frac{E_1}{E_2} = \frac{I_2}{I_1} = \sqrt{\frac{Z_1}{Z_2}} = \sqrt{\frac{R_1}{R_2}} = \sqrt{\frac{X_1}{X_2}}$$

2. 정격 주파수 및 정격 역률

변압기가 지정된 값으로 사용할 수 있도록 제작된 주파수 및 역률의 값을 말한다. 정격 역률을 특별히 지정하지 않은 경우는 100[%]로 본다.

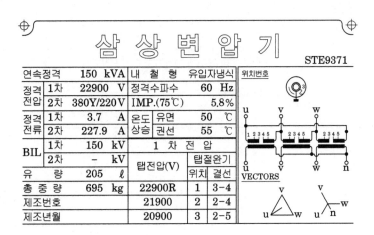

삼 상 변 압 기

STE9371

연속정격		150 kVA	내 철 형	유입자냉식
정격전압	1차	22900 V	정격주파수	60 Hz
	2차	380Y/220V	IMP.(75℃)	5.8%
정격전류	1차	3.7 A	온도상승	유면 50 ℃
	2차	227.9 A		권선 55 ℃
BIL	1차	150 kV	1 차 전 압	
	2차	- kV	탭전압(V)	탭절완기 위치 / 결선
유 량		205 ℓ		
총 중 량		695 kg	22900R	1 / 3-4
제조번호			21900	2 / 2-4
제조년월			20900	3 / 2-5

핵심 2 변압기의 %전압강하

1. 개요

변압기는 교류기 이며 R, L 부하에 의한 전압강하가 발생하게 된다. 이 때 인가하는 1차 정격전압에서 차지하는 전압강하의 비율을 백분율로 표시한 것을 백분율전압강하라 하며 다음과 같다.

2. 변압기의 백분율(%) 전압강하

(1) %R(퍼센트저항강하) $= \dfrac{정격전류 \times 저항}{정격전압(상전압)} \times 100 = \dfrac{I_n \times R}{V_n} \times 100 [\%]$

저항이 안주어진 경우 분모, 분자에 I_n을 곱하게 되면 $p = \dfrac{I_n^2 \times R}{V_n I_n} \times 100 [\%]$

$= \dfrac{전부하 동손(임피던스와트)}{변압기 용량[\mathrm{kVA}]} \times 100$

(2) %X(퍼센트리액턴스강하) $= \dfrac{정격전류 \times 리액턴스}{정격전압(상전압)} \times 100 = \dfrac{I_n \times X}{V_n} \times 100 [\%]$

(3) %Z(퍼센트임피던스강하) $= \dfrac{정격전류 \times 임피던스}{정격전압(상전압)} \times 100 = \dfrac{I_n \times Z}{V_n} \times 100 [\%]$

예제 01

5[kVA], 3,300/210[V], 단상변압기의 단락시험에서 임피던스와트가 150[W]라 하면 퍼센트저항 강하는 몇 [%]인가?

정답

%저항강하 :

$\%R = \dfrac{I_n^2 R}{V_n \times I_n} \times 100 = \dfrac{동손(임피던스와트)}{변압기용량[\mathrm{kVA}]} \times 100$

$= \dfrac{150}{5 \times 10^3} \times 100 = 3 [\%]$

변압기의 손실

1. 변압기 손실의 종류

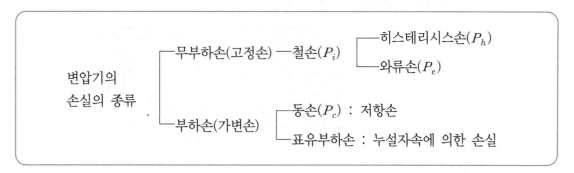

2. 변압기 손실

(1) 철손(무부하손)

철손은 변압기 철심에서의 교번자계에 의한 히스테리시스 손실과 와류 손실로 나누어지며 모두 열로 바뀐다.

1) 히스테리시스손(P_h)

① 자화되는 철심에서 에너지가 소비되는 현상

② $P_h = \sigma_h f B_m^{1.6 \sim 2}$[W]

　　B_m : 최대자속밀도, f : 주파수, σ_h : 히스테리시스상수

③ 대책

　• 보자력을 작게 하고 투자율을 높일 것

　• 철심의 잔류자기가 적은 소재를 사용한다.(예 : 규소강판, 아몰퍼스)

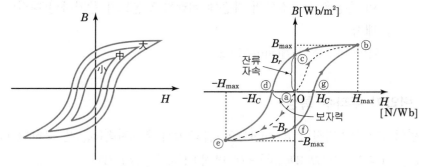

2) 와류손

① 와류손은 철심내의 교번자계에 의해서 철심에 기전력이 유기되고, 그 전압에 의해서 철심에는 동심원적으로 와전류가 흐른다. 이때 철심 자체의 저항에 의한 손실이 발생하는데 이를 와류손이라 한다.

② $P_e = \sigma_e \cdot (f \cdot t \cdot B_m)^2 \, [W]$

σ_e : 재료상수, t : 철판두께

③ 대책

얇은 판을 성층한 철심을 사용한다.

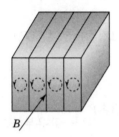 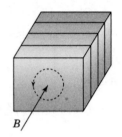

(2) 부하손(가변손)

코일에 전류가 흘러 생기는 손실로 부하전류에 따라 변화(대부분 동손)

1) 동손(Copper loss)

① 권선도체의 전기저항에 의해 발생하며 부하전류의 자승에 비례한다.

$P_c = I^2 R \, [W]$

② 온도증가에 따라 저항이 증대된다.

③ 대책

권회수를 줄여 도체량을 줄이거나, 자로를 짧게 하거나 철심량을 증가시켜 도체 단면적 증가 시켜 전기저항을 감소시킨다.

2) 표유 부하손

① 변압기 권선에서 발생한 자속 중 일부자속은 철심을 따라 흐르지 않고 누설되어 권선내부, 철심의 조임 볼트, 외함 등을 관통하는 곳에서 와전류가 흘러 손실 발생하는 것으로 동손에 비해 작다.

② 이 손실은 부하전류의 자승에 비례하고 온도가 증가하면(재질의 저항 증가로)감소된다.

③ 대책

외함 내부를 차폐(Shielding)

3. 변압기 주파수 특성

변압기의 유기기전력 $E = 4.44 f N \phi_m \, [V]$ 에서 최대자속(ϕ_m)을 구하면 다음과 같다.

$\phi_m = (자속밀도) B \, [Wb/m^2] \times (단면적) A \, [m^2] = BA \, [Wb]$

$$E = 4.44 f w \Phi_m \propto f \Phi_m \propto f B_m \rightarrow B_m \propto \frac{E}{f}$$

|참고|

> $E = 4.44fNBA\,[\mathrm{V}]$로 나타낼 수 있으며 $4.44NA$는 변압기 제작후 변하지 않는 인자이므로 $E \propto fB\,[\mathrm{V}]$이다. 이를 자속밀도에 대입하면 $B \propto \dfrac{E}{f}$에서 E는 일정하다고 할 때 $B \propto \dfrac{1}{f}$이다.
>
> 한편, 와류손은 주파수가 증가하는 만큼 자속밀도도 감소하기 때문에 주파수와는 무관하다.
> 그리고 와류손은 $E \propto fB$에서 $E^2 \propto f^2 B^2$ 이므로 전압의 제곱에 비례한다.

(1) 히스테리시스손

$$P_h \propto fB_m^2 \propto f\left(\frac{E}{f}\right)^2 = \frac{E^2}{f} \ \rightarrow \ P_h \propto \frac{1}{f}$$

(2) 와류손

$$P_e \propto f^2 B_m^2 \propto f^2\left(\frac{E}{f}\right)^2 \propto E^2 \ \rightarrow \ \text{와류손은 주파수에 무관}$$

철손은 히스테리시스손이 큰 비중을 차지하므로 대체로 주파수 반비례한다고 할 수 있다.

$$P_i = P_h + P_e \propto \frac{1}{f}$$

예제 01

60[Hz]의 변압기에 50[Hz]의 동일 전압을 가했을 때 자속밀도의 변화는?

정답

전압일정 $\Rightarrow B \propto \dfrac{1}{f}$ 에서 자속은 증가하므로 $\dfrac{6}{5}$ 만큼 증가한다.

핵심 4 변압기의 효율

1. 개요

변압기의 효율은 변압기의 특성을 나타내는 중요한 요소이다. 변압기의 효율에는 입력과 출력의 실측값으로부터 계산해서 구하는 실측효율과 일정한 규약값에 따라 결정한 손실값을 기준으로 해서 구하는 규약효율이 있다.

2. 규약효율

직접 측정이 곤란한 경우 입력을 출력과 손실의 합으로 나타내는 효율을 규약효율이라 한다.

$$\eta = \frac{출력}{출력 + 손실} \times 100 = \frac{출력}{출력 + 철손 + 동손} \times 100$$

3. 부하율이 m일 때의 효율

$$\eta_m = \frac{mP_a\cos\theta}{mP_a\cos\theta + P_i + m^2 P_c} \times 100$$

(1) 전(全)손실

$P_i + m^2 P_c$

(2) 부하율 m에서의 최대효율조건

$P_i = m^2 P_c$

(3) 최대효율시 부하율

$m = \sqrt{\dfrac{P_i}{P_c}} = \left(\dfrac{P_i}{P_c}\right)^{\frac{1}{2}}$

(4) 주상 변압기의 철손과 동손의 비 (1 : 2)

주상변압기는 수용가에 직접 전력을 공급하는 변압기로 수용가의 부하를 24시간 사용하는 일은 드물다. 즉, 시간에 따라 부하를 적게 사용하거나 무부하일 경우에는 동손은 작거나 없을 수도 있다. 그러므로 실제 변압기는 철손을 동손보다 작게 만든다. 일반적으로, 주상변압기는 철손과 동손의 비율을 1 : 2로 만들어 약 70[%]부하를 걸었을 때 최대 효율이 발생하도록 만들어진다.

4. 최대효율

$$\eta_{\max} = \frac{m P_a \cos\theta}{m P_a \cos\theta + 2P_i} \times 100 \quad (P_i = P_c \text{ 이므로 } P_i + P_c = 2P_i)$$

5. 전일 효율 (All Day Efficiency)

$$\eta = \frac{Tm P_a \cos\theta}{Tm P_a \cos\theta + 24P_i + Tm^2 P_c} \times 100 \quad (T : 시간[h])$$

※ 전부하 시간이 짧을수록 무부하손을 동손보다 작게 하여 전일효율을 높인다.

예제 01

건축물에서 운전되고 있는 단일 변압기 TR_a의 전부하 동손이 3,000W, 철손이 1,500W 이다. 기존 TR_a를 전부하 동손은 같고, 철손이 750W인 변압기 TR_b로 교체할 경우, 다음을 답하시오.(단, 교체 전·후의 기타 조건은 동일한 것으로 가정함.)

1) TR_a와 TR_b 중 에너지 절감효과가 큰 변압기를 쓰시오.

2) TR_a와 TR_b의 최고효율 운전시 부하율(%)을 각각 구하시오.

정답

1) TR_b가 에너지 절감효과 더 크다.

2) ① TR_a의 최고효율운전시 부하율 $= \sqrt{\dfrac{1.5}{3}} \times 100 = 70.71[\%]$

   ② TR_b의 최고효율운전시 부하율 $= \sqrt{\dfrac{0.75}{3}} \times 100 = 50[\%]$

전력특성항목

1. 개요

수용률, 부등률, 부하율은 배전설비 계획시 기초가 되는 요소로서 배전선로 건설, 변압기 용량 결정, 변전소의 Bank 증설 결정의 토대가 된다. 또한 이것은 전력을 경제적으로 합리적으로 사용하려는 전력사용 합리화로 발전부터 말단 부하에 이르기까지 전력의 효율적인 사용이나 낭비 및 손실을 적게 하려는데 있다.

2. 수용률(Demand Factor)

(1) 의미

전력소비 기기를 동시에 사용되는 정도

(2) 정의

수용률(Demand Factor)은 총 전기설비용량에 대한 최대 수용전력의 비를 말한다. 다음 식과 같이 나타낸다.

$$수용률 = \frac{최대수용전력[kW]}{총설비용량[kW]} \times 100[\%]$$

(3) 특징

① 전기설비를 설계할 때에 수변전설비의 용량이나 배전선의 굵기 등을 결정하는데 필요한 지표로 이용된다.
② 부하의 종류, 사용기간, 계절에 따라 다르게 나타난다.
③ 수용률은 일반적으로 1보다 작다.

3. 부등률(Diversity Factor)

(1) 의미

최대수요전력 발생 시각 또는 발생시기의 분산을 나타내는 지표

(2) 정의

부등률(Diversity Factor)이란 각 부하설비의 최대전력의 합계와 그 계통에서 발생한 합성최대전력의 비를 말한다.

(3) 특징

① 부등률은 일반적으로 1보다 크다.
② 배전계통 공급설비의 필요용량을 결정하는데 사용된다.
③ 클수록 변압기용량은 작아진다.

$$\cdot \ 부등률 = \frac{각설비의최대전력의합계}{합성최대전력} = \frac{설비용량 \times 수용률}{합성최대전력}$$

$$\cdot \ 합성최대전력 = \frac{각설비의최대전력의합계}{부등률} = \frac{설비용량 \times 수용률}{부등률}[kW]$$

$$\cdot \ 변압기 용량 = \frac{각설비의 최대전력의 합계}{부등률 \times 역률}[kVA]$$

4. 부하율(Load Factor)

(1) 의미

어느 일정기간 중의 부하변동의 정도를 나타내는 것

(2) 정의

부하율(Load Factor)은 일정 기간 중의 평균부하와 최대부하와의 비를 말하며, 다음 식과 같이 나타낸다.

$$부하율 = \frac{평균전력[kW]}{최대전력[kW]} \times 100[\%] = \frac{\dfrac{사용전력량[kWh]}{시간[h]}}{최대전력[kW]} \times 100[\%]$$

(日 부하율 : 24[h], 月 부하율 : 720[h]-30일 기준, 年 부하율 : 8760[h])

(3) 특징

① 부하율이 클수록 전기설비는 유효하게 사용된다는 뜻이다.

② 부하율이 좋다는 뜻은 어느 일정기간 동안 평활하게 전력을 사용하고 있는 것을 의미한다.

③ 부하율 개선방법 : 수요관리(DSM) 시행, Peak Cut용 자가용 발전기 사용 등

핵심 6 변압기 병렬운전 조건

1. 3상변압기의 병렬운전 조건

1) 1차, 2차의 정격전압 및 극성이 같을 것

극성이 반대가 되면 2차 권선의 순환 회로에 2차기전력의 합이 가해지고 권선의 임피던스가 작으므로 큰 순환 전류가 흘러 권선을 소손시킨다.

2) 각 변압기의 백분율 임피던스가 같을 것

%임피던스가 같지 않으면 부하 분담이 용량비로 되지 않아 부하분담이 균형을 이루지 못한다.

3) 백분율 저항(%IR)과 리액턴스(%IX)의 전압강하의 비가 같을 것

4) 3상의 경우 상회전 방향(각 변위) 및 상회전이 같을 것

5) 권선비(변압비)가 같을 것

변압비가 다르면 2차 기전력의 크기가 상호 다르므로 2차 권선에 순환전류가 흘러 권선을 과열한다.

핵심 7 변압기 설비의 합리적 방안

1. 개요

변압기의 손실은 부하손(동손)과 무부하손(철손)으로 구분할 수 있으며, 무부하손은 부하의 크기에 관계없이 전압의 인가만으로도 내부에서 상시 발생하는 손실이다. 그러므로 이러한 변압기에서의 손실을 줄이는 방안으로는 고효율 변압기를 선정하여 운전하는 것이 바람직하나, 기존의 변압기에 대해서는 운전관리 합리화를 도모함으로써 전력손실을 최소화할 수 있으며, 합리화 방안으로는 에너지절약형 변압기의 선정, 부하 사용특성을 고려한 변압기의 통폐합을 통한 고효율 운전, 변압기 용량의 적정화, 합리적인 뱅크의 재구성, 변압기 수용률의 적정 관리, 변압방식의 개선 등이 강구되고 있다.

2. 변압기의 합리적 뱅크 구성

일반적으로 변압기의 뱅크 구성은 부하 종류별(상용 및 비상용 부하, 전등, 동력, OA, 무정전부하 등), 계절 부하 종류별(냉방 부하 및 난방용 부하, 중간기 계절 부하 등), 전기 방식(사용전압 구분) 등에 따라서 변압기의 뱅크 수를 정하고 있으나, 건축물 및 산업시설의 부하 사용 특성과 전기방식 등을 고려한 종합적인 검토를 통하여 합리적인 뱅크의 재구성이 요구되며, 부하용도별로 분류되어 있는지 검토한다.

3. 변압기 용량의 적정화

변압기 용량의 결정은 경제성과 전력 절감 면에서 매우 중요하므로 변압기의 용량이 적정한지 검토하고, 부하 재구성을 적정화하도록 한다. 변압기의 용량결정은 경제성과 전력 절감 측면에서 볼 때 가장 중요한 위치를 차지하고 있다. 변압기 용량이 부하에 비하여 작은 경우에는 과부하 운전이 되어 전압강하가 크게 되며, 장기간 과부하 운전을 계속하면 권선의 온도가 상승하고 절연물이 열화되어 수명이 단축된다. 반면에 너무 클 경우에는 무부하손 및 부하손의 증대에 따른 전력손실이 많이 발생하게 된다. 따라서, 수용가 설비의 전력 수요 동향을 고려하여 변압기의 교체 및 변경시에는 적정한 용량을 계산하여야 한다.

4. 부하 사용특성을 고려한 변압기의 통폐합 운전

수전설비용량이 최대수요전력에 비하여 현저하게 크고, 부하율이 낮은 경우에는 부하 사용특성과 변압기 뱅크 구성형태를 면밀하게 검토하여 계절 간에 통폐합 운전할 수 있는 방안을 도출하여 변압기 손실을 최소화할 수 있다. 또한, 변압기 부하측간에 연락용 차단기(Tie Breaker)를 설치하여 계절별로 또는 요일별로 다른 변압기를 운휴함으로써 변압기 손실을 최소화할 수 있다.
① 정상시에는 각각의 변압기로 부하 공급
② 부하 사용이 경미한 시간대에는 예비용 변압기를 이용하여 통합 사용

③ 비상시에는 예비용 변압기를 이용하여 부하 공급

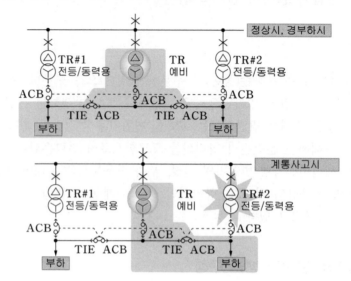

5. 저손실형 변압기의 채용

변압기는 전기기기 중에서 가장 효율이 높은 기기이면서 가장 손실이 큰 기기이기도 하다. 또한 전원기기로서 상시 운전되는 특징이 있으므로 적은 양의 손실 개선도 효율 향상에 크게 기여한다. 변압기 선정시 고효율 변압기 선정, 뱅크구성 및 운전방식의 개선을 통하여 큰 효과를 기대 할 수 있다.

변압기의 손실은 부하손(동손)과 무부하손(철손)으로 구분할 수 있으며, 무부하손은 부하의 크기에 관계없이 전압의 인가만으로도 내부에서 상시 발생하는 손실이다. 그러므로 이러한 변압기에서의 손실을 줄이는 방안으로는 고효율 변압기를 선정하여 운전하는 것이 바람직하다.

6. 변압 방식의 개선

변압 방식에는 직강압 방식과 2단 변압 방식이 있으며, 특고압 → 고압 → 저압(380/220[V])의 다단계 변압방식을 지양하고, 직강압 방식(특고압 → 저압)을 채택할 경우 변압 손실을 절감할 수 있다. 부하의 사용 특성과 구성 형태를 면밀히 검토하여 변압기의 변압방식을 직강압 방식으로 채택할 수 있는지 검토한다.

7. 적절한 변압기 냉각방식 채택

유입 풍냉식 변압기에는 외부 주위환경에서 가해지는 온도에 의한 열과 내부에서 발생하는 열이 가해지게 된다. 이 열이 높아지면 변압기 권선의 절연물질을 약화시킬 정도로 높아지게 되어 변압기 권선간 또는 권선과 철심 또는 외한 간의 절연이 파괴되어 고장이 발생하여 변압기의 성능을 상실하게 된다.

유입 풍냉식(ONAF)이란 유입 자냉식의 판넬형 방열기에 냉각펜을 취부하여 냉각효과를 증가시킨 냉각방식이다. 변압기를 주중 정격으로 해서 경부하시에는 자냉식, 중부하시에는 풍냉식으로 운전 가능하고 자냉식 변압기를 개조함으로써 20~30[%]정도 용량증대 효과를 얻을 수 있다.

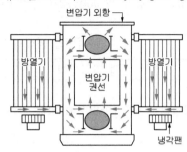

[변압기 냉각방식의 분류]

냉각방식	표시기호	권선철심의 냉각매체	
		종류	순환방식
건식자냉식	AN	공기	자연
건식풍냉식	AF	공기	강제
건식밀폐지냉식	ANAN	공기(가스)	자연
유입자냉식	ONAN	절연유	자연
유입풍냉식	ONAF	절연유	자연

핵심 8 **전원설비 에너지절약 방법**

1. 고효율 변압기 사용

변압기 설치시 손실이 적은 고효율 변압기를 설치하여 에너지절약을 유도

2. 변압기 대수제어 기능 구성

대용량 변압기 1대를 설치, 가동시키는 것보다 여러 대로 분할하여 부하에 따라 대수를 조절함으로써 전력손실을 줄일 수 있음. 따라서 변압기는 용도(냉방용, 동력용, 전등, 전열용 등)에 따라 구분 설치하는 것이 바람직함. 아울러 용도별, 전력사용량의 계량이 가능하도록 변압기별로 2차 측에 적산전력계를 설치하는 것이 바람직함

3. 직강압방식 변전시스템(One-step)

수전되는 특고압을 고압으로, 고압을 저압으로 강압하는 다단방식은 변압기 자체의 손실이 크므로 특고압을 바로 사용할 수 있는 직강압(22,900V/380V, 220V) 하는 방식을 채택함으로써 변압기 손실 감소

[변압 방식의 비교]

구 분	직접 강압방식	2단 강압방식
시설비	시설비가 2단강압방식에 비해 적다.	특고, 고압 변성변압기가 시설되어야 하고, 그에 따른 수변전설비가 시설되어야 하므로 시설비가 많이 든다.
시설면적	작다 (1.0)	크다 (1.3)
에너지 절약 효과	특고에서 곧바로 저압으로 강압되므로 변압기 손실면에서 유리하다.	특고에서 고압을 거쳐 저압으로 강압되므로 변압기 손실면에서 불리하다.
유지, 관리 보수성	전압이 단일 계통이어서 유지, 보수, 관리가 용이하다.	전압이 2중 계통이어서 유지, 관리, 보수가 불리하다.
역률개선 효과	특고측에서 역률 개선 설비가 필요하게 되어 비용이 증가된다.	고압측에서 변압기별 역률 개선 설비를 단계별로 조작하여 최적 역률 관리가 가능하다.
전력공급 신뢰도	변압기 1차가 곧바로 22.9[kV]이어서 특고측 전력 계통 사고시 전력공급에 지장을 초래할 수 있다.	전력 계통 사고시 고압 뱅크로 구분되어 있어 사고시 파급 효과가 크다.
안전성	배전선로 차단용량 증대로 안전성에서 불리하다.	배전선로 차단 용량 감소로 안전성, 경제성에 유리하다.

4. 최대수요전력제어(Demand Control)

전력 사용경향에 의한 최대수요치를 예측하여 그 예측된 최대수요치를 초과할 때 설정된 단계별로 업무에 지장이 없는 부하부터 차단함으로써 하절기 최대수요 전력상승을 효과적으로 관리함으로써 전력요금의 경감을 도모

5. 건물자동제어설비 구성

컴퓨터를 이용하여 빌당관리를 중앙제어하는 시스템으로 전력수요제어, 역률제어, 적정 냉·난방 부하제어, 동력설비 스케줄에 의한 제어 및 방범 방재 등으로 건물관리의 효율성 제고로 인한 인력 절감 및 에너지절감 효과가 큼

6. 역률개선용 진상콘덴서 설치

전동기 개별로 역률을 개선하기 위하여 수전단 2차측 및 전동기와 병렬로 시설하는 진상콘덴서를 설치하여 전원설비비의 에너지절약을 유도

7. 변전소의 부하중심점 위치 설치

건축물내의 변전소는 각 부하에 이르는 전압강하가 동일하게 되는 조건에서 소요 전선량의 합이 최소가 되는 위치인 부하중심점에 설치하여 선로손실을 줄여 에너지절약을 유도

┃참고┃

1. 변전실의 위치선정시 고려사항
 ① 부하 중심에 가까울 것(전압강하, 전력손실 등을 줄일 수 있다.)
 ② 외부로부터 송전선의 인입이 쉬울 것
 ③ 기기 반출입에 지장이 없을 것
 ④ 침수, 기타 재해가 일어날 염려가 적을 것
 ⑤ 화재, 폭발의 위험성이 적을 것
 ⑥ 염해, 유독가스의 발생이 적을 것
 ⑦ 종합적으로 경제적일 것

2. 변전실 배치
 (1) 빌딩 변전실(입체적 배치)

[집중식]   [중간식]   [분산식]

 ① 집중식 : 1개소 변전실 설치하여 전전력 부하에 공급
 ② 중간식 : 상, 하층, 중간층 정도 설치
 ③ 분산식 : 수개소에 설치하여 한정 범위에 공급

 (2) 공장 변전실(평면적 배치)

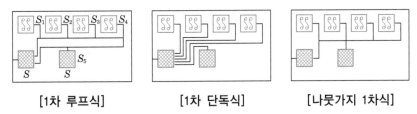

[1차 루프식]   [1차 단독식]   [나뭇가지 1차식]

 (3) 배치시 고려사항
 배전전압, 부하분포 밀도, 간선의 경제성

■ 종합예제문제

01 건축물의 전기에너지 손실 중에서 30% 이상이 변압기의 손실이므로 변압기의 손실은 중요한 요소이다. 변압기의 손실의 종류인 (1)철손과 동손의 정의 및 (2)철손의 종류 2가지를 쓰고, (3)철손과 동손을 저감시키는 대책을 간단히 서술하시오.

---

(1) 철손과 동손의 정의

철손 : 부하에 관계없이 발생하는 손실로 고정손에 속한다.

동손 : 변압기 권선에 전류가 흐를 때 발생하는 손실이며, 부하의 증감에 따라 가변하는 손실을 말한다.

(2) 철손의 종류 : 히스테리스손, 와류손

(3) 손실 저감대책

철손 저감대책 : 규소강판을 사용하고, 성층철심을 사용한다.

동손 저감대책 : 권회수를 줄여 도체량을 줄이거나, 자로를 짧게 하거나, 도체 단면적 증가 시켜 전기 저항을 감소시킨다.

---

02 변압기는 전력의 안정공급에 관련된 매우 중요한 설비이며, 사고를 예방하기 위한 보수 관리 및 열화진단이 필요하다. 열화 진단법 중 유중가스 분석법을 포함하여 3가지를 서술하시오.

1. 유중가스 분석법

변압기 내부에 이상이 발생하면 이상개소에 과열이 발생하고, 절연재나 절연유는 이 열에 의해서 가스를 발생시키며 이러한 변압기를 유중가스 분석을 시행하여 열화를 진단한다.

(1) 목적

내부이상 유무, 상태, 운전지속가능성 등을 판단한다.

(2) 가스분석 대상(9가지)

수소(H_2), 일산화탄소(CO), 이산화탄소(CO_2), 메탄(CH_4), 에탄(C_2H_6), 에틸렌(C_2H_4), 아세틸렌(C_2H_2), 산소(O_2), 질소(N_2)

2. $\tan \delta$ 법(유전정접법)

(1) 유전체손

유전체손은 절연물(유전체)을 전극간에 끼우고 교류전압을 인가하였을 때 발생하는 손실이다. 유전체의 정전용량에 의한 통상의 충전 전류 I_c와 누설저항에 의해서 극히 적지만 전압과 동상분의 손실 전류 I_R로 이루어진다.(이 때 EI_R가 유전체 손실로 되는 것이다.) 절연 부분은 등가적으로 정전용량 C와 누설 저항 R은 병렬 회로라고 생각할 수 있으며 손실 전류 I_R는 절연물의 절연성이 우수한 것일수록 그 값은 작아진다. 전류(I)는 충전전류(I_c)보다 위상이 약간 뒤진다. 이 뒤진 각 δ를 유전손실각이라고 하며, $\tan \delta$를 유전정접이라고 한다.

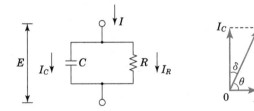

(2) $\tan \delta$에 의한 판정기준

$\tan \delta$ [%]	조치사항
0.2 이하	1년~3년에 1회 정도 측정
0.2~0.5 미만	수 개월~1년 후에 측정
0.5 이상	케이블 교환

3. 부분방전시험

부분방전 시험은 피측정물에 사용전압에 가까운 상용주파 교류전압을 인가시 절연물 중의 보이드(공극), 균열, 이물혼입 등의 국부적 결함의 원인으로 발생하는 부분방전을 정량적으로 측정하여 절연물의 열화상태를 측정하는 것이다.

4. 적외선 진단법

적외선 카메라로 열을 영상으로 변화하여 열화진단하며, 주로 배전용 TR, 애자, 애관, 피뢰기의 과부하 또는 열화정도 파악에 사용된다.

03 200[kVA] 단상 TR에서 철손 1.6[kW], 전부하 동손 4.8[kW]이면 역률 0.8에서의

　1. 전부하시 효율

　2. m 부하시 최고효율을 구하라.

---

(1) 전부하시 효율

$$\eta = \frac{P\cos\theta}{P\cos\theta + P_i + P_c} = \frac{200 \times 0.8}{200 \times 0.8 + 1.6 + 4.8} \times 100 = 96.15[\%]$$

(2) 최고효율시 부하율 $m = \sqrt{\frac{P_i}{P_c}} = \sqrt{\frac{1.6 \times 10^3}{4.8 \times 10^3}} = 0.577$

최고효율 $\eta_{\max} = \frac{mP\cos\theta}{mP\cos\theta + 2P_i}$

$$= \frac{0.577 \times 200 \times 0.8}{0.577 \times 200 \times 0.8 + 2 \times 1.6} \times 100 \fallingdotseq 96.65[\%]$$

04 전압 $3,300[\text{V}]$, 전류 $43.5[\text{A}]$, 저항 $0.66[\Omega]$, 무부하손 $1,000[\text{W}]$인 변압기에서 다음 조건일 때의 효율을 구하시오.

1) 전 부하 시 역률 $100[\%]$와 $80[\%]$ 인 경우

•계산 :   •답 :

2) 반 부하 시 역률 $100[\%]$와 $80[\%]$ 인 경우

•계산 :   •답 :

---

1) 계산

전 부하 시 $\eta = \dfrac{m V_{2n} I_{2n} \cos\theta}{m V_{2n} I_{2n} \cos\theta + P_i + m^2 I_{2n}^2 r_2} \times 100[\%], (m = 1)$

역률 $100[\%]$ 일 때

효율 $\eta = \dfrac{1 \times 3,300 \times 43.5 \times 1}{1 \times 3,300 \times 43.5 \times 1 + 1,000 + 1^2 \times 43.5^2 \times 0.66} \times 100 = 98.46[\%]$

•답 : $98.46[\%]$

역률 $80[\%]$ 일 때

효율 $\eta = \dfrac{1 \times 3,300 \times 43.5 \times 0.8}{1 \times 3,300 \times 43.5 \times 0.8 + 1,000 + 1^2 \times 43.5^2 \times 0.66} \times 100 = 98.08[\%]$

•답 : $98.08[\%]$

2) 계산

반 부하 시 $\eta_m = \dfrac{m V_{2n} I_{2n} \cos\theta}{m V_{2n} I_{2n} \cos\theta + P_i + m^2 I_{2n}^2 r_2} \times 100[\%]$ 이므로

역률 $100[\%]$ 일 때

효율 $\eta = \dfrac{0.5 \times 3,300 \times 43.5 \times 1}{0.5 \times 3,300 \times 43.5 \times 1 + 1,000 + 0.5^2 \times 43.5^2 \times 0.66} \times 100 = 98.2[\%]$

•답 : $98.2[\%]$

역률 $80[\%]$ 일 때

효율 $\eta = \dfrac{0.5 \times 3,300 \times 43.5 \times 0.8}{0.5 \times 3,300 \times 43.5 \times 0.8 + 1,000 + 0.5^2 \times 43.5^2 \times 0.66} \times 100 = 97.77[\%]$

•답 : $97.77[\%]$

05 변압기 효율은 철손과 동손이 같아지는 부하일 때가 최고효율임을 증명하시오.

변압기의 효율 $\eta = \dfrac{출력}{입력} = \dfrac{출력}{출력 + 손실} = \dfrac{V_2 I_2 \cos\theta}{V_2 I_2 \cos\theta + P_i + P_c}$

2차로 환산한 권선저항을 R, 부하전류를 I_2라고 하면 동손은 $P_c = I_2^2 R[\mathrm{W}]$라 하고 위의 효율식을 쓰면 다음과 같다.

(단, 철손일정 및 권선저항 일정하다고 가정한다.)

$$\eta = \dfrac{V_2 I_2 \cos\theta}{V_2 I_2 \cos\theta + P_i + I_2^2 R} = \dfrac{V_2 \cos\theta}{V_2 \cos\theta + \dfrac{P_i}{I_2} + I_2 R}$$

이 식에서 효율이 최대가 되기 위해서는 식의 분모가 최소가 되어야 하는데 $V_2 \cos\theta$ 는 일정하므로 $\left(\dfrac{P_i}{I_2} + I_2 R\right)$이 최소가 되어야만 효율이 최대가 된다.

즉, $y = \left(\dfrac{P_i}{I_2} + I_2 R\right)$ ·········· ㉠

윗 식의 미분값이 0이 될 때 최소가 된다.
왜냐하면 I_2 값의 변화에 따라
y의 값이 그림과 같이 변해갈 때
A-B구간에서 $dy/dI_2 \langle$ 0이고,
B-C구간에서 $dy/dI_2 \rangle$ 0가 되며
B점에서는 $dy/dI_2 = 0$이 되므로
이 때 최소값이 되기 때문이다.

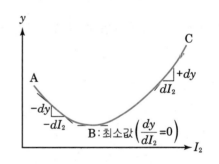

식 ㉠을 다시 쓰면 $y = (P_i I_2^{-1} + I_2 R)$이고,

이 식을 I_2에 관해서 미분하면 $\dfrac{dy}{dI_2} = -P_i I_2^{-2} + R = \dfrac{-P_i}{I_2^2} + R$ 이다.

이 미분값이 0이 되어야 하므로

$-\dfrac{P_i}{I_2^2} + R = 0 , \ \to R = \dfrac{P_i}{I_2^2} \to P_i = I_2^2 R = P_c$

이 되어 결국 철손과 동손이 같을 때 변압기 효율이 최대가 된다는 것을 알 수 있다.

06

50,000[kVA]의 변압기가 있다. 이 변압기의 손실은 80[%] 부하율일 때 53.4[kW]이고, 60[%] 부하율일 때 36.6[kW]이다.

1. 이 변압기의 40[%] 부하일 때의 손실[kW]을 구하시오.

2. 최고 효율은 몇 [%] 부하율일 때인가?

---

1. 변압기 손실 $P_\ell = P_i + m^2 P_c$이다.

여기서 m는 부하율이고 P_i는 철손, P_c는 동손이다.

80[%] 부하율일 때 전 손실이 53.4[kW]이므로 $53.4 = P_i + 0.8^2 P_c$ ·········· ①

60[%] 부하율일 때 전 손실이 36.6[kW]이므로 $36.6 = P_i + 0.6^2 P_c$ ·········· ②

①식에서 ②식을 빼면 $[53.4 = P_i + 0.8^2 P_c] - [36.6 = P_i + 0.6^2 P_c]$ 이다.

$16.8 = 0.28 P_c$ 그러므로 $P_c = 60[kW]$ ·········· ③

③을 ①에 대입하면 $53.4 = P_i + 0.8^2 \times 60$이 되어 $P_i = 15[kW]$이고, 40[%] 부하일 때

손실 $P_{40} = P_i + 0.4^2 \times P_c = 15 + 0.4^2 \times 60 = 24.6[kW]$이다.

2. 그러므로 최고효율 부하율 $m = \sqrt{\dfrac{P_i}{P_c}} = \sqrt{\dfrac{15}{60}} = 0.5$

그러므로 최고 효율일 때의 부하율은 50[%]이다.

07 그림은 A, B 공장에 대한 일부하의 분포도이다. 다음 각 물음에 답하시오.

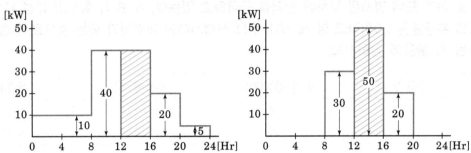

1. A공장의 일부하율은 얼마인가?

　• 계산 :　　　　　　　　　　　　　　• 답 :

2. 변압기 1대로 A, B 공장에 전력을 공급할 경우의 종합부하율과 합성최대전력을 구하시오.

　① 합성최대전력

　　• 계산 :　　　　　　　　　　　　• 답 :

　② 종합부하율

　　• 계산 :　　　　　　　　　　　　• 답 :

---

1. $(A\,공장)\,일부하율 = \dfrac{평균전력}{최대전력}$

$A\,공장의\,평균전력 = \dfrac{사용전력량}{시간} = \dfrac{10 \times 8 + 40 \times 8 + 20 \times 4 + 5 \times 4}{24} = 20.83[\mathrm{kW}]$

$일부하율 = \dfrac{평균\,전력}{최대\,전력} \times 100 = \dfrac{20.83}{40} \times 100 = 52.08[\%]$

2. ① 합성최대전력 $= 40 + 50 = 90[\mathrm{kW}]$

　② 종합부하율

$A\,공장의\,평균전력 = 20.83[\mathrm{kW}]$

$B\,공장의\,평균전력 = \dfrac{사용전력량}{시간} = \dfrac{30 \times 4 + 50 \times 4 + 20 \times 4}{24} = 16.67[\mathrm{kW}]$

$종합부하율 = \dfrac{종합평균전력}{합성최대전력} = \dfrac{20.83 + 16.67}{90} \times 100 = 41.67[\%]$

08

어느 수용가의 공장 배전용 변전실에 설치되어 있는 250 [kVA]의 3상 변압기에서 A, B 2회선으로 아래 표에 명시된 부하에 전력을 공급하고 있는데, A, B 각 회선의 합성 부등률은 1.2, 개별 부등률은 1.0이라고 할 때 최대 수요 전력시에는 과부하가 되는 것으로 추정되고 있다. 다음 각 물음에 답하시오.

수용가	설비 용량[kW]	수용률[%]	역률[%]
A	250	60	75
B	150	80	75

1. 합성 최대 수용 전력(최대 부하)은 몇 [kW]인가?

2. 전력용 콘덴서를 병렬로 설치하여 과부하가 되는 것을 방지하고자 한다. 단, 이론상 필요한 콘덴서 용량을 몇 [kVA]인가?

---

1. A 회선의 최대 부하 P_A 는

$$P_A = \frac{\text{설비 용량} \times \text{수용률}}{\text{부등률}} = \frac{250 \times 0.6}{1.0} = 150 \, [\text{kW}]$$

B 회선의 최대 부하는 P_B 는

$$P_B = \frac{150 \times 0.8}{1.0} = 120 \, [\text{kW}]$$

따라서, 합성 최대 수요 전력은 합성 부등률을 고려하여 계산한다.

$$\frac{(150 + 120)}{1.2} = 225 \, [\text{kW}]$$

2. 변압기 용량 250kVA에 역률 0.75의 부하가 걸릴 경우, 변압기의 최대 공급능력은
$250 \times 0.75 = 187.5 \, [\text{kW}]$ 이다. 부하의 합성최대전력이 225kW 이므로 역률이 개선되기 전 까지는 변압기에 과부하가 걸린다. 최소한 변압기의 공급능력이 225kW가 되어야 과부하가 되지않는다.
이를 역률의 개념으로 표현하면, 부하의 역률이 0.9이상이 되면 변압기의 공급능력이 225kW가 되므로, 역률개선용 콘덴서를 사용하여 부하의 역률을 최소 0.9까지 개선한다.

$$\text{콘덴서 용량 } Q = 225 \times \left(\frac{\sqrt{1 - 0.75^2}}{0.75} - \frac{\sqrt{1 - 0.9^2}}{0.9} \right) \fallingdotseq 89.46 \, [\text{kVA}]$$

09 평면도와 같은 건물에 대한 전기배선을 설계하기 위하여, 전등 및 소형 전기기계기구의 부하용량을 상정하여 분기회로수를 결정하고자 한다. 주어진 평면도와 표준부하를 이용하여 최대부하 용량을 상정하시오. 단, 적용 가능한 부하는 최댓값으로 상정할 것.

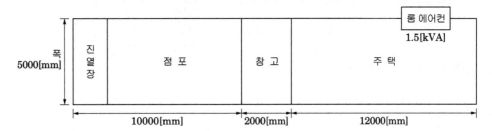

• 설비 부하 용량은 "①" 및 "②"에 표시하는 건물의 종류 및 그 부분에 해당하는 표준 부하에 바닥면적을 곱한 값과 "③"에 표시하는 건물 등에 대응하는 표준 부하[VA]를 합한 값으로 할 것.

① 건물의 종류에 대응한 표준부하

건축물의 종류	표준 부하 [VA/m^2]
공장, 공회당, 사원, 교회, 극장, 영화관, 연회장 등	10
기숙사, 여관, 호텔, 병원, 학교, 음식점, 다방, 대중목욕탕, 학교	20
주택, 아파트, 사무실, 은행, 상점, 이발소, 미장원	30

[비고] 건물이 음식점과 주택 부분의 2종류로 될 때에는 각각 그에 따른 표준 부하를 사용할 것
[비고] 학교와 같이 건물의 일부분이 사용되는 경우에는 그 부분만을 적용한다.

② 건물(주택, 아파트를 제외) 중 별도 계산할 부분의 부분적인 표준부하

건축물의 부분	표준부하 [VA/m^2]
복도, 계단, 세면장, 창고, 다락	5
강당, 관람석	10

③ 표준부하에 다라 산출한 수치에 가산하여야 할 [VA]수

• 주택, 아파트(1세대마다)에 대하여는 1000~500[VA]

• 상점의 진열장에 대하여는 진열장의 폭 1[m]에 대하여 300[VA]

• 옥외의 광고등, 전광사인, 네온사인 등의 [VA]수

• 극장, 댄스홀 등의 무대 조명, 영화관 등의 특수 전등부하의 [VA]수

④ 예상이 곤란한 콘센트, 틀어 끼우는 접속기, 소켓 등이 있을 경우에라도 이를 상정하지 않는다.

• 계산

설비부하용량 = 바닥면적 × 표준부하 + 가산부하 + RC

$$= 12 \times 5 \times 30 + 10 \times 5 \times 30 + 2 \times 5 \times 5 + 5 \times 300 + 1000 + 1500 = 7350[\text{VA}]$$

주택부분	점포	창고	진열장 가산 부하	주택 가산 부하 최대	RC

∴ 최대부하용량 : $7350[\text{VA}]$

03 전동기

핵심 1 **3상 유도전동기의 종류**

3상 유도전동기	농형 유도전동기
	권선형 유도전동기

농형 유도전동기	권선형 유도전동기
구조가 간단, 튼튼하며 소형에 적합하다. 회전자를 직접제어 할 수 없어 고정자의 동기속도로 제어해야 하므로 제어가 곤란하다.	구조가 복잡하고 중·대용량에 적합하다. 2차저항을 조절하여 토크나 속도 등을 쉽게 제어 할 수 있어 기동 및 속도제어에 탁월하다.

핵심 2 **3상 유도전동기의 특성**

1. 동기속도(회전자계의 속도)

$$n_s = \frac{2f}{P}[\text{rps}] \qquad N_s = \frac{120f}{P}[\text{rpm}]$$

N_s : 동기속도

f : 주파수

P : 극수

2. 슬립(slip)

3상유도 전동기는 항상 회전자기장의 동기속도 N_s[rpm]와 회전자의 속도 N[rpm] 사이에 차이가 생기게 된다. 이 때 속도의 차이(=상대속도 : $N_s - N$)와 동기속도 N_s[rpm]와의 비를 슬립(slip)s라 한다. 전부하시의 슬립은 소용량기의 경우 5~10[%] 정도이며 중·대용량기의 경우에는 2.5~5[%] 정도이다.

$$\text{슬립}\, s = \frac{N_s - N}{N_s} \times 100 [\%]$$

$$N = (1-s)N_s [\text{rpm}] \qquad N = \frac{120f}{P}(1-s)[\text{rpm}]$$

N_s : 회전자계의 속도(동기 속도)[rpm]

N : 회전자 속도(전동기의 실제 회전속도)[rpm]

|참고| 유도 전동기 특성

(1) 회전시 2차 주파수 : $f_2' = sf_1$[Hz]

(2) 회전시 2차 기전력 : $E_2' = sE_2$[V]

(3) 2차 동손 : $P_{c2} = sP_2$[W]

(4) 2차 출력 : $P_o = (1-s)P_2$[W]

(5) 2차 효율 : $\eta_2 = (1-s) = \dfrac{N}{N_s}$

3. 토크

전동기는 토크를 발생시키며 부하를 구동하여 일을 하는 전기기계이다. 토크의 단위는 [N·m] 또는 [kg·m]를 사용하고 이 경우의 kg은 질량 1kg의 물체에 작용하는 중력을 말하며 [kg중]으로 표현할 수 있다. 직선운동에 있어서의 힘에 해당하는 것이 회전운동에 있어서는 토크이다. 아래에는 토크의 특성에 대한 관계식을 나타낸 것이다.

① $T = 0.975 \dfrac{P_2}{N_s}$ [kg·m] , $T = 0.975 \dfrac{P_0}{N}$ [kg·m]

P_2 : 2차 입력 w : 회전자 각속도 N_s : 동기속도[rpm]

P_0 : 기계적 출력 w_s : 동기 각속도 N : 회전자 속도[rpm]

                                                 n_s : 동기속도[rps]

② $T \propto K\phi I$에서 $\phi \propto V$, $I \propto V$이므로 $T \propto V^2$, 혹은 $T \propto I^2$

핵심 3 **일반적인 전기사용 설비의 토크부하 특성**

구분 부하특성	내 용	부하의 종류	부하특성곡선
제곱저감 토크부하	회전수가 낮아지면 부하를 구동시키기 위한 토크도 작아지는 부하로서, 부하의 토크특성이 회전수의 제곱에 비례하고 동력은 회전수의 3승에 비례한다. 이런 부하에 인버터를 적용하면 에너지 절약효과가 큼	팬 블로어 펌프	
정토크부하	회전수가 달라져도 거의 일정한 토크를 요하는 부하로서, 부하를 구동시키는데 요하는 동력은 회전수에 비례한다.	켄베이어 각종공작 기계의 이송장치	
정출력부하	회전수가 달라져도 정출력을 요하는 부하로서 회전수를 높이면 필요한 토크는 저감된다.	목공기 권취기	

핵심 4 **유도 전동기의 기동법**

1. 농형 유도 전동기의 기동법

농형 유도 전동기의 기동 토크 T_s는 전압의 제곱에 비례한다. 따라서, 단자 전압을 감소시키면 전류는 감소하고 기동 토크도 감소하게 된다. 감전압 기동방식에는 $Y-\Delta$, 리액터, 콘도르퍼, 기동 보상기법이 있다.

분 류		특 징
전 전압 기동법		전동기에 별도의 기동창치를 사용하지 않고 직접 정격전압을 인가하여 기동 ① 5[kW] 이하의 소용량 농형 유도 전동기에 적용 ② 기동 전류가 정격 전류의 4~6배 정도이다.
감 전 압 기 동 법	$Y-\Delta$ 기동방법	기동시 고정자권선을 Y로 접속하여 기동함으로써 기동전류를 감소시키고 운전 속도에 가까워지면 권선을 Δ로 변경하여 운전 ① 5~15[kW] 정도의 농형 유도전동기 기동에 적용 ② Y로 기동시 전기자 권선에 가하여 지는 전압은 정격전압의 $\dfrac{1}{\sqrt{3}}$이므로 　Δ기동시에 비해 기동전류는 $\dfrac{1}{3}$, 기동토크도 $\dfrac{1}{3}$로 감소한다.

[기동방식별 기동전류와 기동토크 비교]

기동방식	기동전류	기동토크
전전압 기동(직입기동)	전부하 전류×5~7배	전부하전류 ×1~2배
Y-Δ기동	Δ운전의 $\dfrac{1}{3}$ 배	좌동
리액터 기동($\dfrac{1}{a}$배 감압시)	직입기동 × $\dfrac{1}{a}$ 배	직입기동 × $\dfrac{1}{a^2}$ 배

Y결선시	$\triangle$결선시

- $I_Y = $상전류 $= \dfrac{\left(\dfrac{V}{\sqrt{3}}\right)}{Z} = \dfrac{V}{\sqrt{3}\,Z}$

- $V_Y = \dfrac{V}{\sqrt{3}}$

- $I_\triangle = \sqrt{3} \times$ 상전류 $= \sqrt{3} \times \dfrac{V}{Z}$

$\therefore \dfrac{I_Y}{I_\triangle} = \dfrac{\left(\dfrac{1}{\sqrt{3}}\right)}{\sqrt{3}} = \dfrac{1}{3}$

$\therefore \dfrac{T_Y}{T_\triangle} = \left(\dfrac{1}{\sqrt{3}}\right)^2 = \dfrac{1}{3}\,(\because T \propto V^2)$

감 전 압 기 동 법	리액터 기동방법	전동기의 1차측에 직렬로 철심이 든 리액터를 설치하고 그 리액턴스의 값을 조 정하여 전동기에 인가되는 전압을 제어함으로써 기동전류 및 토크를 제어하는 방식
	콘도로 퍼법	기동보상기법과 리액터기동 방식을 혼합한 방식으로 기동시에는 단권변압기를 이용하여 기동한 후 단권 변압기의 감전압탭으로부터 전원으로 접속을 바꿀 때 큰 과도전류가 생기는 경우가 있는데 이 전류를 억제하기 위하여 기동된 후에 리액터를 통하여 운전한 후 일정한 시간 후 리액터를 단락하여 전원으로 접속을 바꾸는 기동방식으로 원활한 기동이 가능하지만 가격이 비싸다는 단점이 있다.

2. 권선형 유도 전동기의 기동법

분 류	특 징
2차 저항법	기동저항기법이라고도 하며 기동 시 2차 저항의 크기를 조절하여 기동전류는 제한하고 기동토크를 크게 하는 방법이다.
2차임피던스	2차 저항에 리액터를 추가로 설치하여 기동전류를 제한하는 기동방식이다.
게르게스법	3상유도전동기의 두 선이 단락 시 속도가 정상속도의 반으로 줄어드는 게르게스 현상을 이용한 방법으로 기동 시 두 선을 단락하고 전동기가 안정을 찾으면 단락을 풀어 정상속도까지 가속하는 방법이다.

핵심 5 VVVF (Variable Voltage Variable Frequency)

1. 인버터의 적용

인버터의 가장 대표적인 적용 예로서, 동력의 70%를 담당하는 펌프, 팬, 블로어 등의 송풍기 그리고 저감 토크부하의 회전속도 제어를 중심으로 적용되며, 인버터에 의한 각종 기계의 에너지절약을 목적으로 한 가변속 제어가 폭넓은 분야에서 적용되고 있다. 한편, 일반적으로 많이 사용되던 직류 구동방식의 승강기는 교류를 직류로 변환시키는 장치(M-Gset)로써 전력 소비가 많았으나 사이리스터를 이용하여 직접 변환시키도록 하여 소비전력을 약 25%절약시키는 인버터식 승강기의 채용이 요구된다.

2. 제어원리

인버터에서 주파수를 임의로 변화시킴으로써 모터 속도를 가변할 수 있으며, 실제로 충분히 모터 토크를 확보하기 위해서, 주파수를 가변할 때 전압도 동시에 변화시킨다.

3. 인버터 제어의 특징

① 최대토크, 자속, 거의 일정
② 부하변동에 대한 속도변동이 작고 연속제어 가능

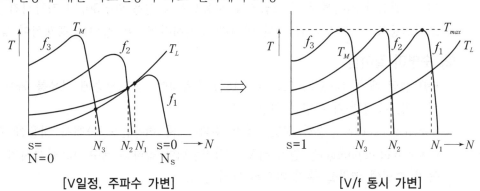

[V일정, 주파수 가변]　　　　[V/f 동시 가변]

4. VVVF 장점

① SOFT START 기동 : 정격전류의 100[%] 이내에서 기동한다.
② 정밀한 유량 제어가 가능하다.
③ PEAK 전력이 감소한다.
④ 에너지 절감 효과가 있다.
⑤ FAN, PUMP 운전소음이 감소한다.

┃참고┃ VVCF(Variable Voltage Constant Frequency)

> (1) 정의
> VVCF, 가변전압 일정주파수 제어는 경부하시 전압을 감소시켜 철손을 줄이고, 동손을 일치시킴으로써 효율을 극대화시키고 전압을 낮춤으로써 입력 전력도 감소하는 효과를 가진다.
> (2) VVCF의 적용
> ① 전체 평균 운전부하율이 50[%] 이하인 전동기
> ② 기동정지 횟수가 많은 전동기
> ③ 실제 부하에 비해 전동기 용량이 과설계 되어 부하율이 낮은 전동기
> ④ 운전중 속도제어가 불필요하지만, 기동시 유연기동(Soft-Start)이 필요 한 전동기

핵심 6 | 고효율 전동기

1. 개요

고효율 전동기란 일반 전동기보다 효율이 3~5[%] 높은 전동기이다. [KSC4202]전동기의 손실은 철손, 동손, 표류부하손, 기계손 등으로 구분되는데 저손실 철심을 이용하여 효율을 높인 전동기를 말한다.

2. 고효율 전동기의 특징

(1) 손실저감

철심, 권선의 최적설계 및 고급자재 사용으로 손실을 20~30[%] 저감시킨다. 운전비용이 낮아 초기비용을 회수 가능 할 뿐만 아니라 운전시간이 길어질수록 경제성이 높아진다.

(2) 수명이 길어짐

F종 절연 채택, Service Factor 1.15를 적용하여, 온도상승에 여유를 확보함으로써 권선의 절연수명, 즉 전동기 수명을 연장한다.

Service Factor : 정격 전압, 정격 주파수 및 허용온도 아래서 허용할 수 있는 과부하용량 (Overload capacity)을 얻기 위해서 정격출력에 곱하는 계수, 15[%]까지의 과부하에 대해서 전동기 수명에 영향을 주지 않도록 제작된 것

(3) 정숙운전

풍손저감을 위한 외부팬 형상 및 구조변경으로 통풍소음, 자기소음이 작아지기 때문에 일반 전동기 대비 3~8[dB]정도 소음이 작아진다.

(4) 유지 보수비용 감소

신뢰성이 높아 고장률이 낮으므로 비용이 감소한다.

(5) 높은 호환성

대부분의 용량이 표준전동기와 외형치수가 동일하여 기존 전동기와 호환성을 유지할 수 있다.

3. 고효율 전동기가 효과적인 장소

(1) 연(年)간 가동률이 높고 연속운전이 필요한 장소 또는 시설
   예) 펌프, 콤프레셔 등
(2) 전원용량/수전용량이 부족한 곳, 계절적인 Peak 부하 같은 전력 다소비로 증설이 제한되는 장소에 효과적이다.
(3) 주변 환경이 가혹하거나 장시간 가동되는 장소
   예) 화학, 펄프, 제지, 시멘트 등
(4) 주위 온도가 높은 장소
(5) 정숙 운전이 필요한 장소

4. 고효율 전동기 적용 시 유의사항

(1) 설비 점검 시 각 전동기의 입력, 부하, 전류 및 전압을 확인하여 고효율전동기 적용시 기초 자료로 활용할 필요가 있다.
(2) 투자효과 극대화를 위하여 도입초기에는 연간 가동시간이 5,000시간 이상 되는 설비에 대해 검토하는 것이 바람직하다.
(3) 유체기계의 밸브 또는 댐퍼를 사용하여 유량을 제어하고 있는 경우에는 고효율 전동기에 앞서 가변속 제어의 검토가 필요하다.

(4) 고효율 전동기의 경제성 분석

고효율 전동기는 초기 투자비용이 일반 전동기에 비하여 약 30~50[%]정도 상승되나 대폭적인 효율상승에 따라 전력비용이 저감되어 초기 투자증가분을 단기간 내에 회수 가능할 뿐만 아니라, 운전시간이 길어질수록 더 많은 투자효과를 거둘 수 있다.

펌프의 특성

1. 소요동력

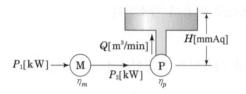

$Q\,[\mathrm{m^3/s}]$: 유량
$H\,[\mathrm{m}]$: 양정
$\eta_m\,[\%]$: 전동기 효율
$\eta_p\,[\%]$: 펌프효율

① 양수 동력 $P_1 = \dfrac{9.8\,Q[\mathrm{m^3/s}] \times H[\mathrm{m}]}{\eta_p \times \eta_m}\,[\mathrm{kW}]$

② 축동력 $P_2 = \dfrac{9.8\,Q[\mathrm{m^3/s}] \times H[\mathrm{m}]}{\eta_p}\,[\mathrm{kW}]$

2. 펌프의 상사(相似)법칙

상사법칙 : 서로 기하학적으로 상사인 펌프라면 회전차 부근의 유선방향 즉, 속도삼각형도 상사가
되어 2대의 펌프의 성능과 회전수, 회전차직경과의 사이에 다음의 법칙이 성립한다.

(1) 토출량비

$$\frac{Q_2}{Q_1} = \frac{N_2}{N_1} \times \left(\frac{D_2}{D_1}\right)^3$$

- 풍량은 속도에 비례한다. $Q \propto N$

(2) 전양정비

$$\frac{H_2}{H_1} = \left(\frac{N_2}{N_1}\right)^2 = \left(\frac{D_2}{D_1}\right)^2$$

- 정압(유압)은 속도의 2승에 비례한다. $H \propto N^2$

(3) 동력비

$$\frac{P_2}{P_1} = \left(\frac{N_2}{N_1}\right)^3 \times \left(\frac{D_2}{D_1}\right)^5 \times \left(\frac{\eta_{p1}}{\eta_{p2}}\right)$$

- 소요동력은 속도의 3승에 비례한다. $P \propto N^3$

즉, 토출량(Q_1), 전양정(H_1), 동력(P_1)의 대응점 Q_2, H_2, P_2는 속도비의 1승, 2승, 3승에 정비례의 관계에 있다.

3. 펌프의 전력사용 합리화

(1) 적정양정운전

(2) 부스터(Booster) 이용

(3) 주밸브에 의한 교축손실 방지

(4) 위치수두 이용

(5) 적당한 펌프 단수조정

예제 01

어떤 펌프가 양정 40[m], 수량 800[m³/h]로 양수하고 있다. 현재의 소비전력은 150[kW]로 측정되었으며, 전동기의 효율은 93[%]로 가정하면 현재의 펌프 운전효율은 얼마인가? 또 이를 동일 양정, 동일 유량, 효율 75[%]의 펌프로 교체한다면 연간 전력 절감량은? (단, 전동기는 그대로 사용, 연간 가동시간은 7,200시간임)

정답

양정 $H = 40,000[\text{mmAq}]$

수량 $Q = \dfrac{800}{60} = 13.33[\text{m}^3/\text{min}]$

1) $P = \dfrac{QHK}{6,120\eta_p\eta_m}$ 에서

$\therefore \eta_p = \dfrac{QHK}{6,120\eta_m \times P} = \dfrac{13.33 \times 40,000 \times 1}{6,120 \times 0.93 \times 150} = 0.62\,(62[\%])$

2) $P' = \dfrac{13.33 \times 40,000 \times 1}{6,120 \times 0.75 \times 0.93} \fallingdotseq 125[\text{kW}]$

$\therefore \triangle W = (150 - 125) \times 7,200 \fallingdotseq 180,000[\text{kWh}] = 180[\text{MWh}]$

핵심 8 | 송풍설비

1. 송풍설비의 이용합리화

산업체에 설치되어 있는 보일러는 연료를 연소시키기 위해 급기송풍기를 갖추고 있다. 일반적으로 송풍량은 연료에 비례하여 댐퍼의 개도를 자동 제어하므로 여기서의 댐퍼손실은 불가피하게 발생되고 급기장치 계통의 관로손실은 고정손실이 거의 없는 저항곡선이며, 대부분이 열교환기, 집진설비 등의 유량의 제곱에 비례하는 압력손실을 갖는다.

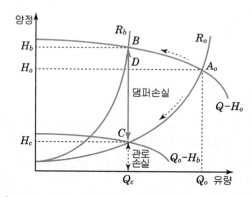

[보일러 급기 송풍기에서의 댐퍼손실 저감분석]

이러한 경우는 그림에서와 같이 보일러 100[%] 부하에서는 A_0점에서 운전하다가 보일러 부하가 감소하면 급기량이 적어지므로 운전점은 B로 이동하게 되어 댐퍼 교축손실이 선 BC처럼 크게 된다. 이러한 댐퍼손실을 감소하기 위해서는 급기 자동제어시, 댐퍼의 개도를 100[%] 열고 급기송풍기의 회전수를 제어하는 방법(인버터, 유체커플링 등)를 채택할 수 있다. 즉, 성능곡선에서 A_0점에서 2차 곡선 R_0를 따라 C점으로 이동 운전하게 된다. 이때의 절감전력은 그림에서 면적 CBH_bH_c에 해당된다.

핵심 9 | 부하의 역률

부하의 역률은 일반적으로 전등, 전열기 등에서는 거의 100[%]이지만, 유도 전동기, 용접기 등에서는 상당히 역률이 나쁘며, 부하 상태에 따라서도 그 값이 일정하지 않다. 역률을 저하시키는 주요 원인으로 유도 전동기 부하의 영향을 꼽고 있다. 유도 전동기의 경우 경부하일 때 특히 역률이 낮고 경부하 상태로 운전하는 시간이 긴 것이 보통이다. 또한, 소형 전동기를 사용하는 가정용 전기기기와 방전등류의 보급도 역률을 저하시키는 원인이다.

역률 저하시 전압강하, 전력손실 등이 발생하고 발전기라든지 변압기 등의 용량은 [kVA]로 주어지므로 역률이 저하될 경우 그만큼 출력[kW]도 감소된다.

핵심 10 전력용 콘덴서의 설치

구 분	설치방법
공급자	고압 콘덴서를 변전소에 집중 설치하거나 고압 배전 선로의 주상에 설치한다.
수용가	고압 콘덴서를 고압 자가용 수용가의 수전실에 설치한다.
	저압 콘덴서를 부하에 직접 설치한다.

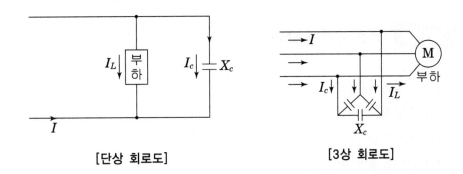

[단상 회로도]   [3상 회로도]

핵심 11 콘덴서 용량

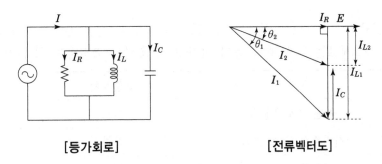

[등가회로]   [전류벡터도]

부하와 병렬로 콘덴서를 접속하면 콘덴서에 흐르는 전류(I_c)는 전압(E)보다 90° 앞선 위상이 공급된다. 따라서 부하전류(I_L)는 진상전류(I_c) 만큼 상쇄되어 피상전류가 I_1에서 I_2으로 감소하고 역률 $\cos\theta_1$이 $\cos\theta_2$로 개선된다. 역률 $\cos\theta_1$을 $\cos\theta_2$로 개선시 콘덴서 용량은 다음과 같다.

$$Q = Q_1 - Q_2 = P(\tan\theta_1 - \tan\theta_2)$$
$$= P\left(\frac{\sin\theta_1}{\cos\theta_1} - \frac{\sin\theta_2}{\cos\theta_2}\right) = P\left(\frac{\sqrt{1-\cos^2\theta_1}}{\cos\theta_1} - \frac{\sqrt{1-\cos^2\theta_2}}{\cos\theta_2}\right)[\text{kVA}]$$

핵심 12 콘덴서 용량의 표시

콘덴서의 용량은 저압용은 $[\mu F]$이고, 고압용은 $[kVA]$로 표시하는 것이 일반적이다. 콘덴서 용량 Q를 정전 용량 C로 표시할 경우 다음과 같이 구한다.

$$C = \frac{Q}{2\pi f V^2} \times 10^6 [\mu F] \quad (단, \ Q[VA], \ f[Hz], \ V[V])$$

핵심 13 역률 개선시 효과

(1) 전력손실감소

(2) 전압경하 경감

(3) 전기요금 절감

(4) 설비용량의 여유 증가

핵심 14 콘덴서 설치장소에 따른 효과

역률개선과 에너지 절감이라는 관점에서 볼 때 진상 콘덴서를 모두 말단에 설치하는 것이 좋겠지만 실제로는 투자 효율 등의 여러 가지 조건을 고려하여 설계한다.

구 분	집중설치	개별설치
콘덴서 소요용량	최소	최대
전력손실 감소 효과	작다	크다
전압강하 감소 효과	작다	크다
보수 점검	용이	복잡
초기투자 금액	적다	크다(특히 저압)

예제 01

역률 80[%], 500[kVA]의 부하를 가지는 변압설비에 150[kVA]의 콘덴서를 설치해서 역률을 개선하는 경우 변압기에 걸리는 부하는 몇 [kVA]인지 계산하시오.

정답

① 부하의 지상무효전력

$$P_r = P_a \times \sin\theta = 500 \times 0.6 = 300[kVar]$$

② 콘덴서 설치시 무효전력(Q = 콘덴서 용량)

$$P_{r2} = P_{r1} - Q = 300 - 150 = 150[kVar]$$

③ 유효전력

$$P = P_a \times \cos\theta = 500 \times 0.8 = 400[kW]$$

④ 변압기에 걸리는 부하

$$= \sqrt{P^2 + P_{r2}^2} = \sqrt{400^2 + 150^2} = 427.20[kVA]$$

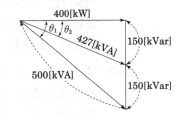

• 답 : 427.2[kVA]

예제 02

전용 배전선에서 800[kW] 역률 0.8의 한 부하에 공급할 경우 배전선 전력 손실은 90[kW]이다. 지금 이 부하와 병렬로 300[kVA]의 콘덴서를 시설할 때 배전선의 전력손실은 몇 [kW]인가?

정답

① 부하의 지상무효전력(P_{r1})

$$P_{r1} = P \cdot \tan\theta = 800 \times \frac{0.6}{0.8} = 600[kVar]$$

② 콘덴서 설치시 무효전력(P_{r2})

$$P_{r2} = P_{r1} - 콘덴서용량(Q)$$
$$= 600 - 300 = 300[kVar]$$

③ 개선 후 역률

$$\cos\theta_2 = \frac{P}{\sqrt{P^2 + P_{r2}^2}} = \frac{800}{\sqrt{800^2 + 300^2}} = 0.94$$

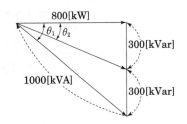

④ 전력손실 : $P_\ell \propto \dfrac{1}{\cos^2\theta}$

$$\frac{P_{\ell 2}}{P_{\ell 1}} = \frac{\dfrac{1}{\cos^2\theta_2}}{\dfrac{1}{\cos^2\theta_1}}$$

$$\therefore \ P_{\ell 2} = P_{\ell 1} \times \left(\frac{\cos\theta_1}{\cos\theta_2}\right)^2 = 90 \times \left(\frac{0.8}{0.94}\right)^2 = 65.187[kW]$$

• 답 : 65.19[kW]

■ 종합예제문제

01

1-1) 어떤 상가건물에서 22.9[kV]의 고압을 수전하여 220[V]의 저압으로 감압하여 옥내 배전을 하고 있다. 설비부하는 역률 0.8인 동력부하가 160[kW], 역률 1인 전등부하 40[kW], 역률 1인 전열부하가 60[kW]이다. 모든 부하의 수용률을 80[%]로 계산한다면, 변압기 용량은 최소 몇 [kVA] 이상이어야 하는지 계산하시오. (단, 부하간의 부등률은 고려하지 않으며, 소수점 셋째자리에서 반올림 할 것)

1-2) 부하에 전력용 콘덴서를 설치하였을 경우 역률이 개선된다. 그러나 콘덴서용량을 과대하게 삽입하였을 경우 문제가 발생한다. 역률 개선용 콘덴서를 과보상 했을 경우의 문제점 2가지를 쓰고, 역률개선의 원리를 간단히 설명하시오.

① 콘덴서 과보상시 문제점

·

·

② 역률 개선의 원리

·

1-3) 역률 개선용 콘덴서를 집합 설치할 경우와 개별 설치할 경우 각각의 특징에 대해 빈칸을 채우시오. (단, 최소, 최대, 작다, 크다, 용이, 복잡으로 기재할 것)

구 분	집중설치	개별설치
콘덴서 소요용량	( )	( )
전력손실 감소 효과	( )	( )
전압강하 감소 효과	( )	( )
보수 점검	( )	( )
초기투자 금액	( )	( )

1-1)

계산 :

변압기 용량$[kVA]$ = 부하설비용량$[kVA]$ × 수용률

부하설비용량 = $\sqrt{유효전력^2 + 무효전력^2}\ [kVA]$

동력부하 유효전력	160[kW]	동력부하 무효전력	$P_r = 160 \times \dfrac{0.6}{0.8} = 120[kVar]$
전등부하 유효전력	40[kW]	전등부하 무효전력	0[kVar]
전열부하 유효전력	60[kW]	전열부하 무효전력	0[kVar]
유효전력 합계	260[kW]	무효전력 합계	120[kVar]

$\therefore$ 변압기용량 = $\sqrt{260^2 + 120^2} \times 0.8 = 229.085$

• 답 : 229.09[kVA]

1-2)

① 콘덴서 과보상시 문제점

역률 과보상시 문제점	역률 개선시 효과
역률저하 모선전압의 상승 고조파 왜곡 증대	전력손실 감소 전압강하 감소 설비용량 여유증가 전기요금 절감

② 역률 개선의 원리

진상무효전력을 공급하여 부하의 지상무효분을 감소시킨다.

1-3)

역률 개선용 콘덴서 설치방법

구 분	집중설치	말단 분산설치
콘덴서 소요용량	(최소)	(최대)
전력손실 감소 효과	(작다)	(크다)
전압강하 감소 효과	(작다)	(크다)
보수 점검	(용이)	(복잡)
초기투자 금액	(작다)	(크다)

02 사무실로 사용하는 건물에 단상 3선식 110/220[V]를 채용하고 변압기가 설치된 수전실에서 60[m]되는 곳의 부하를 "부하 집계표"와 같이 배분하는 분전반을 시설하고자 한다. 주어진 조건과 참고자료를 이용하여 다음 각 물음에 답하시오.

- 공사방법은 A1으로 PVC 절연전선을 사용한다.
- 전압 강하는 3[%] 이하로 되어야 한다.
- 부하집계표는 다음과 같다.

회로 번호	부하 명칭	총 부하 [VA]	부하 분담[VA]		비고
			A선	B선	
1	전등	2920	1460	1460	
2	"	2680	1340	1340	
3	콘센트	1100	1100		
4	"	1400	1400		
5	"	800		800	
6	"	1000		1000	
7	팬코일	750	750		
8	"	700		700	
합계		11350	6050	5300	

[참고자료]

[표 1] 간선의 굵기, 개폐기 및 과전류 차단기의 용량

최대 상정 부하 전류 [A]	배선 종류에 의한 간선의 동 전선 최소 굵기 [mm²]												개폐기의 정격 [A]	과전류 차단기의 정격[A]	
	공사방법 A1				공사방법 B1				공사방법 C					B종 퓨즈	A종 퓨즈 또는 배선용 차단기
	2개선		3개선		2개선		3개선		2개선		3개선				
	PVC	XLPE, EPR	PVC	XLPE, EPR	PVC	XLPE, EPR	PVC	XLPE, EPR	PVC	XLPE, EPR	PVC	XLPE, EPR			
20	4	2.5	4	2.5	2.5	2.5	2.5	2.5	2.5	2.5	2.5	2.5	30	20	20
30	6	4	6	4	4	2.5	6	4	4	2.5	4	2.5	30	30	30
40	10	6	10	6	6	4	10	6	6	4	6	4	60	40	40
50	16	10	16	10	10	6	10	10	10	6	10	6	60	50	50
60	16	10	25	16	16	10	16	10	10	10	16	10	60	60	60
75	25	16	35	25	16	10	25	16	16	10	16	16	100	75	75
100	50	25	50	35	25	16	35	25	25	16	35	25	100	100	100
125	70	35	70	50	35	25	50	35	35	25	50	35	200	125	125
150	70	50	95	70	50	35	70	50	50	35	70	50	200	150	150
175	95	70	120	70	70	50	95	50	70	50	70	50	200	200	175
200	120	70	150	70	95	70	95	70	70	50	95	70	200	200	200
250	185	120	240	150	120	70	-	95	95	70	120	95	300	250	250
300	240	150	300	185	-	95	-	120	150	95	185	120	300	300	300
350	300	185	-	240	-	120	-	-	185	120	240	150	400	400	350
400	-	240	-	300	-	-	-	-	240	120	240	185	400	400	400

[비고 1] 단상 3선식 또는 3상 4선식 간선에서 전압강하를 감소하기 위하여 전선을 굵게 할 경우라도 중성선은 표의 값보다 굵은 것으로 할 필요는 없다.

[비고 2] 최소 전선 굵기는 1회선에 대한 것이며, 2회선 이상일 경우는 복수회로 보정계수를 적용하여야 한다.

[비고 3] 공사방법 A1은 벽 내의 전선관에 공사한 절연전선 또는 단심케이블, B1은 벽면의 전선관에 공사한 절연전선 또는 단심케이블, 공사방법 C는 벽면에 공사한 단심 또는 다심케이블을 시설하는 경우의 전선 굵기를 표시하였다.

[비고 4] B종 퓨즈의 정격전류는 전선의 허용전류의 0.96배를 초과하지 않는 것으로 한다.

[표 2] 간선의 수용률

건축물의 종류	수용률[%]
주택, 기숙사, 여관, 호텔, 병원, 창고	50
학교, 사무실, 은행	70

[주] 전등 및 소형 전기기계 기구의 용량 합계가 10[kVA]를 초과하는 것은 그 초과 용량에 대해서는 표의 수용률을 적용할 수 있다.

[표 3] 후강 전선관 굵기의 선정

도체단면적 [mm²]	전선 본수									
	1	2	3	4	5	6	7	8	9	10
	전선관의 최소 굵기[호]									
2.5	16	16	16	16	22	22	22	28	28	28
4	16	16	16	22	22	22	28	28	28	28
6	16	16	22	22	22	28	28	28	36	36
10	16	22	22	28	28	36	36	36	36	36
16	16	22	28	28	36	36	36	42	42	42
25	22	28	28	36	36	42	54	54	54	54
35	22	28	36	42	54	54	54	70	70	70
50	22	36	54	54	70	70	70	82	82	82
70	28	42	54	54	70	70	70	82	82	82
95	28	54	54	70	70	82	82	92	92	104
120	36	54	54	70	70	82	82	92		
150	36	70	70	82	92	92	104	104		
185	36	70	70	82	92	104				
240	42	82	82	92	104					

[표 4] 제 3종 또는 특별 제 3종 접지공사의 접지선의 굵기

접지하는 전기기기 및 전선관 전단에 설치된 자동 과전류차단장치의 정격 전류 또는 다음의 설정 값을 초과하지 않는 경우[A]	접지선의 최소 굵기[mm²]			
	동선	알루미늄선	이동하면서 사용하는 기계기구에 접지를 하여야 할 경우로서 가요성을 필요로 하는 부분에 코드 또는 캡타이어케이블을 사용하는 경우	
			단심 굵기	병렬 2심인 경우 1심 굵기
15	2.5	4	1.5	0.75
20	2.5	4	1.5	0.75
30	2.5	4	2.5	1.5
40	2.5	4	2.5	1.5
50	4	6	4	1.5
100	6	16	6	4
200	16	16	16	6
300	16	25	16	6
400	25	35	25	16

1. 간선으로 사용하는 전선(동도체)의 단면적은 몇 [mm²]인가?

2. 간선보호용 퓨즈(A종)의 정격전류는 몇 [A]인가?

3. 이 곳에 사용되는 후강 전선관은 몇 호인가?

4. 후강전선관을 제 3종 접지 공사로 설계할 때 접지선의 굵기는 얼마로 하여야 하는가?

5. 설비 불평형률은 몇 [%]가 되겠는가?

---

1. 계산과정

   A선 전류 $I_A = \dfrac{6,050}{110} = 55[A]$, B선 전류 $I_B = \dfrac{5,300}{110} = 48.181[A]$

   I_A, I_B중 큰 값인 55[A]를 기준으로 함

   전선길이 $L = 60[m]$, 선 전류 $I = 55[A]$

   전압강하 $e = 110 \times 0.03 = 3.3[V]$이므로

   전선단면적 $A = \dfrac{17.8LI}{1,000e} = \dfrac{17.8 \times 60 \times 55}{1,000 \times 3.3} = 17.8[mm^2]$

   [표 3]에서 초과하는 공칭단면적을 산정 : 25[mm²]

   • 답 : 25[mm³] 선정

2. [표 1]에서 공사방법 A1, PVC 절연전선 3개선을 사용하고 전선의 굵기가 25[mm²]일 때 이므로 과전류 차단기의 정격 전류는 60[A] 선정

   • 답 : 60[A]

3. [표 3]에서 25[mm²] 전선 3본이 들어갈 수 있는 전선관 28[호] 선정

   • 답 : 28[호]

4. 간선 보호용 차단기가 60[A]이므로

   [표 4]에서 100[A] 이하에 해당되므로 6[mm²] 접지선 선정

   • 답 : 6[mm²]

5. 계산 : 설비불평형률 $= \dfrac{3,250 - 2,500}{11,350 \times \dfrac{1}{2}} \times 100 = 13.22[\%]$

   • 답 : 13.22[%]

   해설 1. 공칭단면적은 간선에 최대부하 전류를 연속하여 흘릴 수 있는 전류이기 때문에 110[V]에 공급되는 전류는 항상 큰 값을 기준으로 하여 값을 산정한다. 단상 3선식 및 3상 4선식에서 전압강하는 각상의 1선과 중성선사이의 전압강하[V]를 의미한다.

   2. 간선보호용 퓨즈(A종)의 정격전류는 주어진 [표 1] 간선의 굵기, 개폐기 및 과전류 차단기의 용량에서 구할 수 있다. 주어진 조건에서 공사방법은 A1, PVC 절연전선을 사용, 간선의 전선 굵기는 (1) 사항에서 25[mm²] 이므로 주어진 사항을 표기하면 다음과 같이 60[A]를 선정한다.

최대상정부하전류 [A]	배선 종류에 의한 간선의 동 전선 최소 굵기 [mm²]												개폐기의 정격 [A]	과전류 차단기의 정격[A]	
	공사방법 A1				공사방법 B1				공사방법 C					B종 퓨즈	A종 퓨즈 또는 배선용 차단기
	2개선		3개선		2개선		3개선		2개선		3개선				
	PVC	XLPE, EPR	PVC	XLPE, EPR	PVC	XLPE, EPR	PVC	XLPE, EPR	PVC	XLPE, EPR	PVC	XLPE, EPR			
20	4	2.5	4	2.5	2.5	2.5	2.5	2.5	2.5	2.5	2.5	2.5	30	20	20
30	6	4	6	4	4	2.5	6	4	4	2.5	4	2.5	30	30	30
40	10	6	10	6	6	4	10	6	6	4	6	4	60	40	40
50	16	10	16	10	10	6	10	10	10	6	10	6	60	50	50
60	16	10	(1)25	16	16	10	16	10	10	10	16	10	60	60	(2)60
75	25	16	35	25	16	10	25	16	16	10	16	16	100	75	75
100	50	25	50	35	25	16	35	25	25	16	35	25	100	100	100
125	70	35	70	50	35	25	50	35	35	25	50	35	200	125	125
150	70	50	95	70	50	35	70	50	50	35	70	50	200	150	150
175	95	70	120	70	70	50	95	50	70	50	70	50	200	200	175
200	120	70	150	95	95	70	95	70	70	50	95	70	200	200	200
250	185	120	240	150	120	70	–	95	95	70	120	95	250	250	250
300	240	150	300	185	–	95	–	120	150	95	185	120	300	300	300
350	300	185	–	240	–	120	–	–	185	120	240	150	400	400	350
400	–	240	–	300	–	–	–	–	240	120	240	185	400	400	400

3. 후강 전선관의 호수는 [표 3] 후강 전선관 굵기 에서 구할 수 있다. 단상 3선식 110/220[V]를 채용하므로 전선 본수는 3가닥이며 간선전선의 굵기는 (1) 사항에서 25[mm2]이므로 주어진 사항을 표기하면 다음과 같이 28[호]를 선정한다.

[표 3] 후강 전선관 굵기

도체 단면적 [mm²]	전선 본수									
	1	2	3	4	5	6	7	8	9	10
	전선관의 최소 굵기[호]									
2.5	16	16	16	16	22	22	22	28	28	28
4	16	16	16	22	22	22	28	28	28	28
6	16	16	22	22	22	28	28	28	36	36
10	16	22	22	28	28	36	36	36	36	36
16	16	22	28	28	36	36	36	42	42	42
25	22	28	(3)28	36	36	42	54	54	54	54
35	22	28	36	42	54	54	54	70	70	70
50	22	36	54	54	70	70	70	82	82	82
70	28	42	54	54	70	70	70	82	82	82
95	28	54	54	70	70	82	82	92	92	104
120	36	54	54	70	70	82	82	92		
150	36	70	70	82	92	92	104	104		
185	36	70	70	82	92	104				
240	42	82	82	92	104					

4. 접지선의 굵기는 [표 4] 제 3종 또는 특별 제3종 접지공사의 접지선의 굵기에서 구할 수 있다. 간선보호용 퓨즈(A종)의 정격전류는 (2)에서 60[A] 이므로 설정값을 초과하지 않는 경우이므로 100[A]를 선정하고 접지선의 굵기 산정시 주어진 조건과 참고자료를 이용하여야 하나 조건이 없기 때문에 일반적인 경우이므로 동선에 해당하여 주어진 사항을 표기하면 다음과 같이 6[mm2]을 선정한다.

[표 4] 제 3종 또는 특별 제 3종 접지공사의 접지선의 굵기

접지하는 전기기기 및 전선관 전단에 설치된 자동 과전류 차단장치의 정격전류 또는 다음의 설정값을 초과하지 않는 경우 [A]	접지선의 최소 굵기[mm^2]			
	동선	알루미늄선	이동하면서 사용하는 기계기구에 접지를 하여야 할 경우로서 가요성을 필요로 하는 부분에 코드 또는 캡타이어 케이블을 사용하는 경우	
			단심 굵기	병렬 2심인 경우 1심 굵기
15	2.5	4	1.5	0.75
20	2.5	4	1.5	0.75
30	2.5	4	2.5	1.5
40	2.5	4	2.5	1.5
50	4	6	4	1.5
100	6	16	6	4
200	16	16	16	6
300	16	25	16	6
400	25	35	25	16

5. 단상 3선식에서 설비불평형률

• 설비불평형률 $= \dfrac{\text{중성선과 각 전압측 전선간에 접속되는 부하설비용량[kVA]의 차}}{\text{총 부하설비용량[kVA]의 } 1/2} \times 100[\%]$

여기서, 불평형률은 40[%] 이하이어야 한다.

• 전등부하는 양쪽 전압선에 접속되어 있으므로 제외시킨다.

따라서, A-N 부하=1,100+ 1,400+ 750=3,250[VA]

B-N 부하=800+ 1,000+ 700=2,500[VA] 이다.

∴ 설비불평형률$= \dfrac{3,250 - 2,500}{(6,050 + 5,300) \times \dfrac{1}{2}} \times 100 = 13.22[\%]$ 이다.

03 그림과 같은 100/200[V] 단상 3선식 회로를 보고 다음 각 물음에 답하시오.

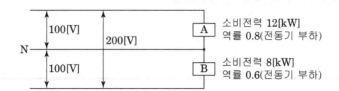

소비전력 12[kW]
역률 0.8(전동기 부하)

소비전력 8[kW]
역률 0.6(전동기 부하)

1. 중성선 N에 흐르는 전류는 몇 [A]인가?

2. A전동기의 용량으로 양수를 한다면 양정 10[m], 펌프 효율 80[%] 정도에서 매분당 양수량은 몇 [m³]이 되겠는가? (단, 여유계수는 1.1로 한다.)

---

1. A상의 전류 : $I_A = \dfrac{12 \times 10^3}{100 \times 0.8} = 150[\text{A}]$

   B상의 전류 : $I_B = \dfrac{8 \times 10^3}{100 \times 0.6} = 133.33[\text{A}]$

   $I_N = 150(0.8 - j0.6) - 133.33(0.6 - j0.8)$

   $\quad = 120 - j90 - 80 + j106.66 = 40 + j16.66$

   $\quad = \sqrt{40^2 + 16.66^2} = 43.33[\text{A}]$

   • 답 : 43.33[A]

2. 양수 펌프용 전동기의 용량 : $P = \dfrac{KQH}{6.12\eta}[\text{kW}]$

   여기서, $12[\text{kW}] = \dfrac{1.1 \times Q \times 10}{6.12 \times 0.8}$

   $\therefore\ Q = 5.34[\text{m}^3/\text{min}]$

04 VVVF 속도제어 방식을 설명하시오.

1. 개요

종전의 전동기 속도제어 장식은 Valve 제어 방식이나 Damper 제어 방식이 많았으나 최근에는 부하 용량의 시간적 변화에 대하여 회전속도를 가변제어 하는 방법인 회전수 제어방법의 적용으로 손실경감과 에너지절약을 도모할 수 있게 되었다.

2. VVVF 속도제어 방식

(1) 속도제어 방식의 원리

VVVF(Variable Voltage Variable Frequency)란 가변전압 가변주파수 장치로 상용전원으로부터 공급된 전압과 주파수를 변환시켜 모터에 급전함으로써 모터의 속도를 제어할 수 있는 정지형 모터 속도제어 장치이다.

(2) 변환원리

$$N = \frac{120f}{P}(1-S)$$

위 식에서 극수와 Slip을 일정하게 하면 주파수의 변화에 따라 속도가 변한다.

(3) VVVF 속도제어 방식 적용의 필요성

① 범용모터를 그대로 사용할 수 있다.
② 자동제어가 용이하다.
③ 효율이 높다.
④ 고속운전이 용이하다.

(4) VVVF 속도제어 방식 적용시 고려사항

① 원심응력의 반복에 따른 피로 증가 문제
　　회전속도 변화에 따른 Shaft의 기계적응력 검토
② 온도상승문제
　　저속도에서는 냉각효과가 저하되므로 별도의 냉각장치 고려
③ Thyristor를 전원장치에 사용할 때 맥동 영향
④ 전원에 대한 고조파 영향

(5) 일반 속도제어 장치와의 비교

구 분	직류레오너드 방식	VS Motor	VVVF방식
성 능	• 가장 우수하고 고급 • 높은 정밀도용으로 사용	• 효율이 낮음 • 소용량에만 사용	• 가장 효율성이 높음 • 제어성이 뛰어나 직류 모터의 영역까지 향후 확대 가능
에너지절약	• 절약효과가 높으나 가격이 고가로 투자 시 종학적인 검토 필요	• 극히 불리	• 절약효과가 놓고 특히 제곱저감 Torpue 부하에 적용하면 효과적
유지보수	• Brush 등의 보수가 어렵다.	• 용이	• 가장 용이
경제성	• 고가	• 저렴	• 고가(점차 차별화)
기 타	• 소형화, 고급화에 주력하는 제품	• 소용량에만 한정하여 사용	• 높은 제어성과 에너지절약 측면에서 가장 기대되는 방식

(6) VVVF 속도제어 방식 적용에 의한 에너지 절약

부하의 특성이 유량의 변화에 따라 제곱저감 Torque의 특성을 갖는 부하(Fan, Blower, Pump 등)에 특히 에너지 절약 효과 있음.

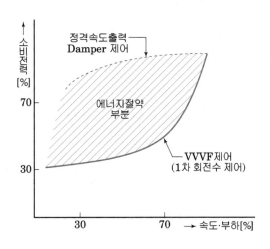

05 진상용 콘덴서에 대하여 다음 사항을 설명하시오.

1. 역률 개선의 원리   2. 설치효과   3. 제어방식

1. 역률 개선의 원리

전력부하는 일반적으로 저항과 유도성 리액턴스로 이루어져 있으며 전압과 전류는 저항과 리액턴스의 임피던스에 의하여 $\cos\theta$ 만큼의 위상차가 발생한다.

이 위상차를 역률이라 부르며, 이 역률을 보상하기 위하여 부하와 병렬로 진상용 콘덴서를 설치하면 콘덴서에 흐르는 전류는 회로에 흐르는 전류보다 앞서기 때문에 유도성 리액턴스에 흐르는 전류와 상쇄되어 역률이 개선된다.

이때 콘덴서의 용량은 역률 개선 벡터도에 의하여

$$Q_c = P(\tan\theta_1 - \tan\theta_2)$$
$$= P \times \left(\frac{\sqrt{1-\cos^2\theta_1}}{\cos\theta_1} - \frac{\sqrt{1-\cos^2\theta_2}}{\cos\theta_2} \right)$$

P : 부하용량, $\cos\theta_1$: 개선전 역률, $\cos\theta_2$: 개선후 역률

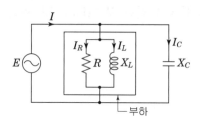

a) 회로도   b) 전류 Vector도

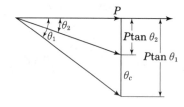

c) 용량 Vector도

[역률 개선 Vector도]

2. 설치효과

(1) 변압기 · 배전선의 손실감소

① 변압기의 손실감소

변압기에 전류가 흐르면 I^2r의 손실이 발생하는데 진상용 콘덴서를 설치하면
무효전류가 감소되므로 변압기 손실이 감소된다.
변압기 손실 중에서 동손이 차지하는 비율을 75[%]라고 하면

손실감소량 W_{t1}은 $W_{t1} = \left(\dfrac{100}{\eta} - 1\right) \times \dfrac{3}{4} \times \left(\dfrac{P}{P_t}\right)^2 \times \left(1 - \dfrac{\cos^2\theta_1}{\cos^2\theta_2}\right) \times P_t$ [kW]가 된다.

여기서, η : 변압기 효율
P_t : 변압기 용량
P : 부하용량
$\cos\theta_1$: 개선전 역률
$\cos\theta_2$: 개선후 역률

② 배전선의 손실감소

배전선에 흐르는 무효전류가 감소되므로 배전선 손실이 감소됨

손실감소량은 W_{t2}라 하면 $W_{t2} = \dfrac{P_r^2}{E^2} \times R \times \left(\dfrac{1}{\cos^2\theta_1} - \dfrac{1}{\cos^2\theta_2}\right) \times 10^{-3}$ [kW]가 된다.

여기서, E : 회로전압
P_r : 부하의 유효전력
R : 선로 1상분의 저항

(2) 설비용량의 여유도 증가

진상용 콘덴서를 설치하면 무효전력이 감소되어 Vector도에 의해 설비용량의 여유도가 증가한다.

① 콘덴서 설치 전

부하역률 $\cos\theta_1$, 설비용량 T[kVA]라 하면
유효전력 P_1, 무효전력 Q_1은 각각 $P_1 = T\cos\theta_1$, $Q_1 = T\sin\theta_1$으로 표시되며

② 콘덴서 설치 후

Q_c[kVar]의 콘덴서를 설치하여 역률을 개선하였을 때 개선된 역률을 $\cos\theta_2$,
유효전력 P_2, 무효전력 Q_2라 하면

$P_2 = T\cos\theta_2$, $Q_2 = T\sin\theta_2$라 하면 $\dfrac{P_2}{P_1} = \dfrac{T\cos\theta_2}{T\cos\theta_1} = \dfrac{\cos\theta_2}{\cos\theta1}$로 표시되며

이 때 증가된 용량 $\triangle P = P_2 - P_1$ 이 되며 이를 Vector도로 나타내면 아래 그림과 같다.

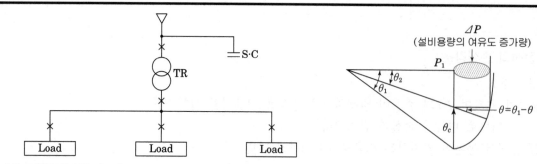

(3) 전압강하율의 감소

콘덴서를 설치하면 보상전류에 의해 삽입모선의 전압을 상승시키는 효과가 있어 그 상승값($\triangle V$) 만큼 전압강하를 막을 수 있다.

$$\triangle V = \frac{Q_c}{Q_{Rc}} \times 100 [\%]$$

여기서, Q_c : 삽입하는 콘덴서 용량[kVar]

$\quad\quad\quad Q_{Rc}$: 콘덴서가 삽입된 모선의 단락용량[kVar]

(4) 전력요금의 경감

한전의 전기공급규정에 의하여 역률 90[%] 이하가 되면 매 1[%]가 떨어질 때 마다 추가 전기요금을 납부하여야 하므로 콘덴서 설치에 따라 추가 전력요금을 경감할 수 있다.

전력요금=기본요금+전력량요금

- 기본요금=계약전력$\times \left(1 + \dfrac{90 - 역률}{100}\right) \times$전력단가
- 전력량 요금=전력사용량$\times$전력단가

3. 역률 자동제어 방식

진상용 콘덴서를 설치하여 부하의 이용도에 따라 100[%] 조정하는 것은 불가능하므로 설치효과를 높이고 전원의 과보상으로 인한 손실증대를 방지하기 위하여 역률자동 제어 방식을 채택하고 있다.

(1) 회로도

일반적인 역률자동제어 회로도는 아래 그림과 같다.

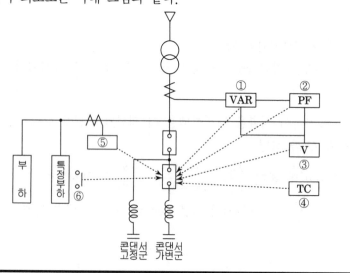

(2) 자동제어방식

자동제어	적 용	특 징
① 수전점 무효전력에 의한 제어	모든 변동부하	부하변동의 종류에 관계없이 적용가능하며 순간적인 부하변동에만 주의
② 수전점 역률에 의한 제어	모든 변동부하	같은 역률이라도 부하의 크기에 따라 무효전력이 다르므로 일반적인 수용가에서는 적용 안함.
③ 모선전압에 의한 제어	전원임피던스가 크고 전압변동이 큰 계통	역률 개선의 목적보다도 전압강하를 억제할 목적으로 적용하는 것이며 전력회사에서 많이 채용
④ 프로그램에 의한 제어	하루의 부하변동이 거의 일정한 곳	Timer의 조정과 조합으로 기능변동이 가능하며 경제적인 제어방식임.
⑤ 부하전류에 의한 제어	전류의 크기와 무효 전력의 관계가 일정한 곳	CT의 2차측 전류만으로 적용이 가능하며 경제적인 제어 방식임.
⑥ 특정부하 개폐에 의한 제어	변동하는 특정부하 이외에 무효전력이 거의 일정한 곳	개폐기의 접점만으로 간단히 제어할 수 있어 가장 경제적인 제어방식임.

06 전동기 설비의 에너지 절약 방안에 대하여 쓰시오.

(1) 부하특성, 용도에 알맞은 적정한 용량의 것을 선정

(2) 3.7[kW] 이상의 전동기에는 기동장치 설치

(3) 효율이 좋은 전동기 채택

(4) 유도전동기 속도제어 방식은 VVVF 방식 채택

(5) 경부하 운전, 공회전 방지를 위한 S/W와 검출계, 전류계 설치

(6) 무부하 운전시간이 많은 경우 전력의 위상제어 설비를 갖출 것

(7) 전동기에는 절전장치 설치

(8) 전동기 가동 시에만 Condenser 연결되도록 회로구성 or APFR 설치

(9) 부하의 크기에 따라 대수제어 운전

07 고효율 유도전동기에 대해서 설명하시오.

1. 고효율 유도전동기의 정의
일반 전동기보다 손실을 20~30% 정도 감소시켜 효율이 4~10% 정도 상승되는 전동기를 말하며, 한국산업규격에 일반용 저압 3상 유도전동기의 250HP 이하에 대하여 고효율 기준이 신설됨에 따라 표준형과 고효율형으로 이원화하여 운영하고 있다.

2. 전동기를 고효율로 사용하는 방법
(1) 고효율전동기 즉, 정격효율 자체가 종래 전동기보다 높게 설계 제작된 전동기를 채택하는 방법
(2) 기존 전동기로 부하상태에 적합하게 가변속 운전을 행하여 운전하는 방법의 2가지로 구분할 수 있다. 후자인 전동기의 가변속운전은 입력전원의 전압, 주파수를 변화시켜서 운전 중 부하변동이 크게 변할 수 있는 Pump, Blower, Fan 등의 부하를 종래의 Damper Control 또는 Valve Control 방식에서 부하의 변동에 따른 가변속 운전을 하여 전동기가 최대의 효율을 낼 수 있도록 하는 전압제어(VV) 또는 인버터제어(VVVF)방식을 채용하게 된다.

3. 고효율 전동기의 특징
(1) 효율의 극대화로 우수한 절전 효과
고품질 및 최소두께의 철심 사용, 철심길이의 증대 및 Fill Factor의 증대로 손실을 최소화하여 표준 전동기 대비 약 20~30%의 손실 감소로 수전설비 및 전력소비량을 절약할 수 있다.

(2) 낮은 온도상승 및 고절연 재료 사용으로 권선 수명 연장
H종 절연코일 및 바니쉬 사용, Service Factor (과부하 운전인자)1.15 채택으로 전동기 온도상승이 낮게 되어 권선의 절연 수명이 연장된다.

(3) 높은 경제성
손실이 적은 절전형으로 표준 전동기보다 제품 비용은 높으나 운전비용이 낮기 때문에 초기 추가 비용 증가분은 단기간에 회수가능하며, 그 후 운전시간이 길수록 경제성이 뛰어나다.

(4) 저소음화
최적 팬(내열성 및 내식성에 우수한 재료 사용) 및 팬카바 설계로 냉각 공기의 흐름을 최적화하여 공명음의 최소화가 가능하다. 슬롯고조파 및 포화고조파를 최소화하여 전자소음을 감소시켜 표준전동기 대비 약 3~8dB 정도 낮다.

(5) 적용 시 효과가 높은 사용 장소
 ① 기동율이 높고 연속 운전이 되는 곳
 ② 정숙 운전이 필요한 곳(저진동, 저소음)
 ③ 고부하 시 및 공조용 등 전력소모가 Peak로 사용되는 곳
 ④ 전원 용량의 여유가 적어 설비 증설이 제한되는 곳
 ⑤ 전체 소비전력 대비 전동기의 소비전력이 큰 비중을 차지하는 곳
 ⑥ Pump, Blower, Fan, Conveyor, Compressor, 방직기, 사출기 등

4. 고효율 이유

(1) 전동기 효율을 향상시키는 유일한 방법은 전동기 손실을 감소시키는 것이다.
(2) 전동기 손실은 주위로 방출되지 못하고 전동기 내부를 가열하기 때문에 손실 감소는 직접적인 에너지절감 뿐 아니라 공조시스템의 냉각부하를 감소시킬 수 있다.
(3) 전동기의 손실에는 크게 철손, 풍손 및 마찰손, 고정자 손실, 회전자 손실, 표류부하손의 5개 주요 요인이 있으며, 각 요인은 전동기 제작자의 설계와 제조과정에 의해서 영향을 받는다. 가령 설계 시의 고려사항으로 회전자와 고정자 사이의 공극 간격이 있는데, 큰 공극은 역률을 상당히 향상시키지만 효율을 약간 떨어뜨린다.
(4) 전동기손실은 고정손실과 가변손실로 분류될 수 있으며 고정손실은 전동기에 전원이 공급되기만 하면 발생하며 주어진 전압과 속도에 대해 일정하다. 가변손실은 보통 전동기부하에 따라 증가한다. 철손, 풍손 및 마찰손은 고정손실이고 나머지는 가변손실로 분류할 수 있다.
 ① 철손(Core Loss)은 코어재료를 자화하기 위해 요구되는 에너지에 기인하고, 코어에서 흐르는 와전류(Eddy Current)에 의한 손실도 포함된다. 철손은 고 투자율의 전기강판(Silicon) 사용과 자속밀도 저감을 위해 코어의 적층길이를 증가함으로써 감소시킬 수 있다. 와전류손실은 더 얇은 강판을 사용함으로써 감소된다. 철손은 고정손실이며, 전체 손실의 15~20[%] 정도이다.
 ② 풍손(Windage Loss)과 마찰손(Friction Loss)은 공기저항과 베어링의 마찰에 기인하다. 공조기기의 설계 시 공기흐름, 팬 설계와 베어링 선택에 대한 개선으로서 이런 손실을 감소시킬 수 있다. 고효율 전동기의 손실감소는 냉각 필요량을 감소시켜 전동기 제조자는 감소된 크기의 팬을 사용할 수 있는 이점이 있다. 풍손과 마찰손은 고정손실이며, 전체 손실의 5~10[%] 정도이다.
 ③ 고정자 손실(Stator Loss)은 고정자 권선을 통해 흐르는 전류에 의한 가열로 나타난다. 이 손실은 도체에 흐르는 전류(I)와 저항(R)에 의한 손실로 불린다. 손실은 고정자 슬롯을 수정하거나, 고정자의 권선체적을 감소시킴으로써 줄일 수 있다. 고정자 손실은 가변손실이며 전체 손실의 40~50[%] 정도이다.
 ④ 회전자 손실(Rotor Loss)은 회전자 권선에서의 가열로 나타난다. 회전자 손실은 저항을 감소하기 위해 도체(Conduction Bar)나 앤드링 크기를 증가시키거나 전류를 감소시킴으로써 줄일 수 있다. 회전자 손실은 가변손실이며 전체 손실의 20~25[%] 정도이다.
 ⑤ 표류부하손(Stray Load Loss)은 부하전류에 의해 유기되는 누설 자속에 의한 결과이다. 표류부하손은 가변 손실이며 전체 손실의 10~15[%] 정도이다.

08 전동기 부하를 사용하는 곳의 역률개선을 위하여 제시된 각 전동기 회로에 병렬로 역률 개선용 저압 콘덴서를 설치하여 각 전동기의 역률을 90[%] 이상으로 유지하려고 한다. 필요한 3상 콘덴서의 [kVA]용량을 구하고, 이를 다시 $[\mu F]$로 환산한 용량으로 구한 다음 적합한 표준 규격의 콘덴서를 선정하시오. (단, 정격 주파수는 $60[Hz]$로 계산하며, 용량은 최소치로 구한다.) (소수점 셋째자리 반올림)

전동기	번호	정격전압[V]	정격출력[kW]	역률[%]	기동 방법
3상 농형 유도 전동기	(1)	200	7.5	80	직입기동
	(2)	200	15	85	기동기 사용
	(3)	200	3.7	75	직입 기동

[표 1] 콘덴서 용량 계산표

		개선 후의 역률														
		1.0	0.99	0.98	0.97	0.96	0.95	0.94	0.93	0.92	0.91	0.9	0.875	0.85	0.825	0.8
개선 전 의 역 률	0.4	203	216	210	205	201	197	194	190	187	184	182	175	168	161	155
	0.425	213	198	192	188	184	180	176	173	170	167	164	157	151	144	138
	0.45	198	183	177	173	168	165	161	158	155	152	149	142	136	129	123
	0.475	185	171	165	161	156	153	149	146	143	140	137	130	123	116	110
	0.5	173	159	153	148	144	140	137	134	130	128	125	118	111	104	93
	0.525	162	148	142	137	133	129	126	122	119	117	114	107	100	93	87
	0.55	152	138	132	127	123	119	116	112	109	106	104	97	90	87	77
	0.575	142	128	122	117	114	110	106	103	99	96	94	87	80	74	67
	0.6	133	119	113	108	104	101	97	94	91	88	85	78	71	65	58
	0.625	125	111	105	100	96	92	89	85	82	79	77	70	63	56	50
	0.65	117	103	97	92	88	84	81	77	74	71	69	62	55	48	42
	0.675	109	95	89	84	80	76	73	70	66	64	61	54	47	40	34
	0.7	102	88	81	77	73	69	66	62	59	56	54	46	40	33	27
	0.725	95	81	75	70	66	62	59	55	52	49	46	39	33	26	20
	0.75	88	74	67	63	58	55	52	40	45	43	40	33	26	29	13
	0.775	81	67	61	57	52	49	45	42	39	36	33	26	19	12	6.5
	0.8	75	61	54	50	46	42	39	35	32	29	27	19	13	6	
	0.825	69	54	48	44	40	36	33	29	26	23	21	14	7		
	0.85	62	48	42	37	33	29	26	22	19	16	14	7			
	0.875	55	41	36	30	26	23	19	16	13	10	7				
	0.9	48	34	28	23	19	16	12	9	6	2.3					

[표2] 저압 200[V]용 콘덴서 규격표〈정격 주파수 : 60[Hz]〉

상 수	단상 및 3상								
정격 용량[μF]	10	15	20	30	40	50	75	100	150

전동기 번호 (1) ①   [kVA], ②   [μF]

전동기 번호 (2) ①   [kVA], ②   [μF]

전동기 번호 (3) ①   [kVA], ②   [μF]

(1) 표 1에서 계수 K=27[%]이므로

   콘덴서 용량 $Q = 7.5 \times 0.27 = 2.03[\text{kVA}]$

$$C = \frac{Q}{2\pi f V^2} = \frac{2030}{2\pi \times 60 \times 200^2} \times 10^6 = 134.62[\mu F]$$

   ∴ 표2에서 150[μF]을 선정

(2) 표 1에서 계수 K=14[%]이므로

   콘덴서 용량 $Q = 15 \times 0.14 = 2.1[\text{kVA}]$

$$C = \frac{Q}{2\pi f V^2} = \frac{2100}{2\pi \times 60 \times 200^2} \times 10^6 = 139.26[\mu F]$$

   ∴ 표2에서 150[μF]을 선정

(3) 표 1에서 계수 K=40[%]이므로

   콘덴서 용량 $Q = 3.7 \times 0.4 = 1.48[\text{kVA}]$

$$C = \frac{Q}{2\pi f V^2} = \frac{1480}{2\pi \times 60 \times 200^2} \times 10^6 = 98.15[\mu F]$$

   ∴ 표2에서 100[μF]을 선정

〈상세해설〉

(1)번 전동기의 콘덴서 용량을 구하려면 표에서 개선 전 역률을 확인해야 한다.

전동기	번호	정격전압[V]	정격출력[kW]	역률[%]	기동 방법
3상 농형 유도 전동기	(1)	200	7.5	80	직입기동
	(2)	200	15	85	기동기 사용
	(3)	200	3.7	75	직입 기동

개선전 역률 0.8에서 개선후 역률 0.9(문제에 주어진 값)로 개선할 경우 계수는 0.27이 된다.

		개선 후의 역률																	
		1.0	0.99	0.98	0.97	0.96	0.95	0.94	0.93	0.92	0.91	0.9	0.875	0.85	0.825	0.8	0.775	0.75	0.725
개선 전의 역률	0.7	102	88	81	77	73	69	66	62	59	56	54	46	40	33	27	20	14	7
	0.725	95	81	75	70	66	62	59	55	52	49	46	39	33	26	20	13	7	
	0.75	88	74	67	63	58	55	52	40	45	43	40	33	26	29	13	6.5		
	0.775	81	67	61	57	52	49	45	42	39	36	33	26	19	12	6.5			
	0.8	75	61	54	50	46	42	39	35	32	29	27	19	13	6				
	0.825	69	54	48	44	40	36	33	29	26	23	21	14	7					
	0.85	62	48	42	37	33	29	26	22	19	16	14	7						
	0.875	55	41	36	30	26	23	19	16	13	10	7							
	0.9	48	34	28	23	19	16	12	9	6	2.3								

콘덴서 용량 $Q=[\text{kW}]\times$ 계수 이므로 $Q=7.5\times0.27=2.03[\text{kVA}]$가 된다.

이것을 $[\mu\text{F}]$로 환산하면 $Q=2\pi f C V^2[\text{kVA}]$에서

$$C=\frac{Q}{2\pi f V^2}=\frac{2030}{2\pi\times60\times200^2}=134.62[\mu\text{F}]$$가 된다.

따라서, 표에서 $150[\mu\text{F}]$를 선정한다.

상 수	단상 및 3상								
정격 용량[μF]	10	15	20	30	40	50	75	100	150

(2), (3) 전동기도 동일한 방법으로 구한다.

09 출력 15[kW], 역률 85[%]인 3상 380[V]용 유도 전동기가 연결된 회로를 역률 95[%]로 개선시키기 위해 소요되는 콘덴서의 용량 [μF]를 구하여라.

콘덴서 용량

$$Q = P(\tan\theta_1 - \tan\theta_2)$$

여기서, P : 유효전력[kW]

      $\cos\theta_1$: 개선 전의 역률

      $\cos\theta_2$: 개선 후의 역률

$$Q = P\left(\frac{\sin\theta_1}{\cos\theta_1} - \frac{\sin\theta}{\cos\theta_2}\right) = P\left(\frac{\sqrt{1-\cos^{2\theta_1}}}{\cos\theta_1} - \frac{\sqrt{1-\cos^{2\theta_2}}}{\cos\theta_2}\right)$$

$$= 15 \times \left(\frac{\sqrt{1-0.85^2}}{0.85} - \frac{\sqrt{1-0.95^2}}{0.95}\right)$$

$$= 15(0.620 - 0.329) = 4.365\,[\text{kVA}]$$

그러므로 소요되는 콘덴서 용량 $C = \dfrac{Q}{\omega V^2} = \dfrac{4365}{2 \times 3.14 \times 60 \times 380^2} \times 10^6 = 80.22\,[\mu\text{F}]$

10 어느 수용가가 역률 80[%]로 75[kW]의 부하를 사용하고 있는데, 새로 역률 60[%]로 55[kW]의 부하를 증가하여 사용하게 되었다. 이것을 전력용 콘덴서를 이용하여 합성 역률을 95[%]로 개선하려고 한다면 필요한 전력용 콘덴서 용량은 몇 [kVA]가 되겠는가?

$75[\mathrm{kW}]$ 부하의 무효 전력 $= \dfrac{75}{0.8} \times 0.6 = 56.25[\mathrm{kVar}]$

$55[\mathrm{kW}]$ 부하의 무효 전력 $= \dfrac{55}{0.6} \times 0.8 = 73.33[\mathrm{kVar}]$

합성 부하 $(P_0 + jQ_0)$ 는

$\qquad P_0 = 75 + 55 = 130[\mathrm{kW}]$

$\qquad Q_0 = 56.25 + 73.33 = 129.58[\mathrm{kVar}]$

합성 역률은 95 [%]로 개선하였을 경우에는

$$\text{무효 전력} = 130 \times \frac{\sqrt{1 - 0.95^2}}{0.95} = 42.69[\mathrm{kVar}]$$

따라서, 구하고자 하는 콘덴서 용량 Q_c는

$$Q_c = 129.58 - 42.69 = 86.89[\mathrm{kVA}]$$

|참고|

- $\mathrm{P_{r1}} = \mathrm{P_1} \cdot \tan\theta_1 = 75 \times \dfrac{0.6}{0.8} = 56.25$

- $\mathrm{P_{r2}} = \mathrm{P_2} \cdot \tan\theta_2 = 55 \times \dfrac{0.8}{0.6} = 73.33$

- 종합역률 $\cos\theta = \dfrac{\mathrm{P_1 + P_2}}{\sqrt{(\mathrm{P_1 + P_2})^2 + (\mathrm{P_{r1} + P_{r2}})^2}} = \dfrac{75 + 55}{\sqrt{(75 + 55)^2 + (56.25 + 73.33)^2}} \fallingdotseq 0.71$

- $\therefore$ 콘덴서 용량 $Q = 130 \times \left(\dfrac{\sqrt{1 - 0.71^2}}{0.71} - \dfrac{\sqrt{1 - 0.95^2}}{0.95} \right) \fallingdotseq 86.2[\mathrm{kVA}]$

memo

04 조명설비

핵심 1 조명설비 기초

1. 조도(Illumination) : E [lx]

단위면적당의 입사광속의 밀도를 말하며 피조면의 밝기 또는 단위면적당 빛의 양을 나타낸다.
입사한 광속 F[lm]를 그 피조면의 면적 S[m²]으로 나눈 것이다.

$$E = \frac{F}{S} \,[\text{lm/m}^2] = [\text{lx}]$$

여기서, S : 피조면의 면적, F : 피조면의 입사광속

※ 참고 $[\text{lm/cm}^2] = [\text{ph}] = 10^4 [\text{lx}]$

(1) 거리의 역제곱 법칙 : $E = \dfrac{I}{\ell^2}[\text{lx}]$

(2) 입사각의 코사인 법칙 : $E' = \dfrac{I}{\ell^2}\cos\theta\,[\text{lx}]$

(3) 조도의 분류

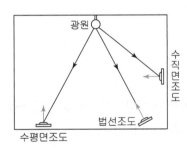
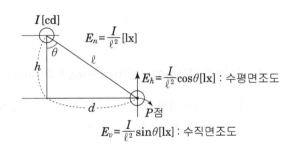

① P점의 조도

② 법선조도 : $E_n = \dfrac{I}{\ell^2}[\text{lx}]$

③ 수평면조도 : $E_h = \dfrac{I}{\ell^2}\cos\theta = \dfrac{I}{h^2}\cos^3\theta = \dfrac{I}{d^2}\sin^2\theta\cos\theta\,[\text{lx}]$

④ 수직면조도 : $E_v = \dfrac{I}{\ell^2}\sin\theta = \dfrac{I}{h^2}\cos^2\theta\sin\theta = \dfrac{I}{d^2}\sin^3\theta\,[\text{lx}]$

예제 01

각 방향에 900[cd]의 광도를 갖는 광원을 높이 3[m]에 취부 했을 경우 직하 30° 방향의 수평면 조도[lx]를 구하시오.

정답

수평면 조도 $E_h = \dfrac{I}{\ell^2} \cos\theta$ [lx] $\cos 30° = \dfrac{3}{\ell}$ 이 식에서 빗변 ℓ을 구하면

$\ell = \dfrac{3}{\cos 30°} = \dfrac{3}{\dfrac{\sqrt{3}}{2}} = 2\sqrt{3}$ [m]이다. ∴ $E_h = \dfrac{900}{(2\sqrt{3})^2} \times \cos 30° = 64.95$ [lx]

2. 조명률

(1) 광원의 전광속이 피조면에 도달되는 유효 광속의 비율을 조명률이라 한다.

$$\text{조명률(이용률)} \quad U = \frac{\text{피조면(작업면)에 도달하는 광속[lm]}}{\text{램프의 전광속[lm]}}$$

(2) 조명률에 영향을 주는 요소

① 조명기구의 배광
② 실내 반사율
③ 조명기구의 간격
④ 방지수(실지수)
⑤ 조명기구의 효율

3. 전등효율(Lamp Efficiency) : [lm/W]

광원에서는 발산광속 외에 대류, 전도 등에 의한 손실을 포함한 소비전력을 생각하여야 한다. 소비전력 P에 대한 발산광속 F의 비율을 전등효율이라 한다.

$$\text{전등효율} : \eta = \frac{F}{P} [\text{lm/W}]$$

4. 조명밀도 : $[\text{W/m}^2]$

에너지 절약 측면에서 볼 때에 기구의 효율만을 중요시 할 것이 아니라, 빛을 받아야 하는 장소를 중심으로 한 효율 개념도 중요하다. 단위면적당 필요한 빛을 제공하기위해 필요한 전력은 몇 W인가 라는 것이 조명전력밀도(LPD: Light Power Density) 혹은 조명밀도라 한다.

$$\text{조명 밀도} : D = \frac{W}{S}[\text{W/m}^2]$$

예제 02

조명에서의 에너지 절약은 여러 가지의 형태로 할 수 있다. 실내의 채광, 천장 및 벽면의 색채나 밝은 기구의 효과적 배치 등과 같은 실내 구조면에서의 접근이나, 관리하고 보수하는 방법과 같은 조명제어 시스템으로서의 접근이나, 기기 자체의 고 효율화 등 같은 장치 측면에서의 접근 같은 것이다. 여기서, 조명기기의 고효율인가 아닌가는 (   )이/가 높은가 아닌가로 평가한다. 여기에서 (   )안에 들어갈 단어는? 이 단어는 전반 조명 설계할 때 사용된다.

정답

조명률

|참고|

광속 발산도
어느 면의 단위 면적으로부터 발산하는 광속을 광속 발산도(luminous radiance)라고 한다. 어떤 면에서 광속을 F, 면적을 S라 하면 광속 발산도($R = F/S$ [rlx])는 반사뿐만 아니라 투과인 경우에도 적용된다. 이와 같이 조도와 광속 발산도는 다같이 광속의 밀도로서 단위는 같지만, 조도는 어떤 면이 받는 광속을 말하며, 광속 발산도는 면에서 발산하는 광속을 의미한다.

광속 · 광도 · 조도 · 휘도와의 관계
광원으로부터 발산된 빛은 우리들이 보고자 하는 물체에 빛이 투영되어 그 물체로부터 반사된 빛이 우리 눈에 들어옴으로서 물체를 인식하게 되는 것이다. 우리들이 물체를 눈으로 보는 것은 대상물에서 반사되어 눈으로 들어오는 빛뿐이며 조도는 눈에 보이지 않는다. 조도가 일정해도 쉽게 반사되는 것은 밝게 보이고 반사되지 않는 것은 어둡게 보인다.

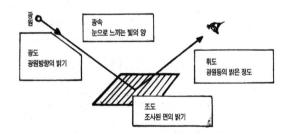

[광속 · 광도 · 조도 · 휘도의 관계]

핵심2 광원의 특징

1. 개요

발광의 원리(온도, 방전, 전계)에 따라 일반적인 조명용 광원을 다음 표와 같이 나타낼 수 있다.
또한 각 광원의 특성들을 파악하여 적절하게 적용한다.

[발광원리에 따른 조명용 광원의 분류]

발광원리	광 원	램프의 종류
온도 방사	텅스텐 필라멘트전구	백열전구 할로겐램프
방전 발광	저압 방전램프	형광램프, 네온사인 저압 나트륨램프 무전극 방전램프
	고압 방전램프	고압 수은램프 메탈헬라이드램프 고압 나트륨램프

2. 램프의 특성비교

램프의 종류	효율 (lm/W)	색온도 (K)	자외선방사 에너지(%)	시동 시간	재시동 시간	휘도 (cd/cm²)
할로겐전구	20-22	3,000	0.2(500w)	0.1초	0.1초	1,500
형광색램프(주광색) 형광램프(주백색) 형광램플(삼파장)	73 81 90	6,500 4,200 5,000	0.5(40W)	0.5-5초	0.5-5초	0.35
고압수은램프	53	5,600	3.8(400W)	8분 이하	10분 이하	50
메탈헬라이드램프	75-85	3,800 -6,000	2.3(400W)	8분 이하	10분 이하	20
고압 나트륨램프	85-110	2,000 -2,500	0.3(400W)	8분 이하	5분 이하	20
무전극 형광램프 (전구형)	50-60-73	2,700 -4,000	3.5	0.001초	0.001초	6.5-6.5-22
무전극 형광램프 (둥근형)	≥ 75	2,700 -6,500	3.5	0.001초	0.001초	1.7-1.4
LED램프	40-50	2,700 -6,500	-	-	-	-

3. 할로겐 재생사이클

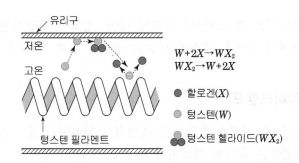

할로겐전구는 할로겐은 낮은 온도에서 텅스텐과 결합하고 높은 온도에서는 분해하는 성질이 있다. 전구 내에 소량의 할로겐을 넣으면 이것이 증발하여 확산하며 250[℃] 이상에서는 증기상태로 관벽에 부착하지 않고 유리구 내를 떠다니다가 필라멘트로부터 증발된 텅스텐이 온도가 낮은 유리구 관벽에 가까이 간 것과 결합하여 할로겐화 텅스텐으로 된다. 이것은 대류에 의하여 2,000[℃] 이상의 고온의 필라멘트 가까이 가면 고온으로 인해 분해되고 텅스텐은 필라멘트로 되돌아가고 할로겐은 확산된다. 이 할로겐이 관벽에 가면, 또다시 텅스텐을 잡아서 필라멘트로 되돌려 주는 할로겐 재생 사이클을 이루게 된다.

4. 고압 수은램프

수은등은 수은 증기중 방전을 이용한 것으로 기동시 고전압이 필요하다. 그러므로 아르곤을 혼합 페닝효과를 이용하여 기동을 용이하게 한다.

(1) 점등원리
① 램프의 점등은 주전극과 보조극 사이에서 글로우 방전에 의해 이루어진다.
② 이후 주전극간의 아크방전으로 이동하며 아크열에 의하여 발광관의 온도가 상승한다.
③ 내부수은이 증발하여 램프전압이 상승하고 안정시간 이후에는 안정된 방전을 지속한다.

(2) 특성
① 전체 입력에너지에서 방사에너지가 차지하는 비율은 50%이다.
② 시동 및 재시동 : 시동 5분, 재시동 10분 이내

5. 고압 나트륨램프

나트륨 증기중 발광을 이용한 것으로 수은램프와 비슷하다.

(1) 점등원리
① 시동시 크세논가스가 방전(백색광)하여 발광관 온도가 상승하면서 수은방전에서 나트륨방전으로 이행하며 D선(589nm & 589.6nm)을 중심으로 특유한 황백색광의 발광을 일으킴.
② 시동가스(크세논가스)는 발광효율과 수명개선을 위한 완충가스 역할을 한다.
③ 시동기를 안정기에 내장하거나 별도로 구비한다.

(2) 특성

① 수명특성은 램프전압이 정격의 150% 정도에 도달하면 램프수명은 거의 끝난 상태이다.

② 황백색의 광색은 따스한 느낌을 주므로 도로, 광장조명에 사용된다.

6. 메탈헬라이드램프

고압 수은램프의 연색성과 효율을 개선하기 위하여 고압 수은램프에 금속(Ti, Na, In, Th)과 금속 할로겐 화합물을 첨가한 램프이다.

(1) 점등원리

① 일반 수은램프 시동전압 200V보다 높은 300V의 시동전압이 필요하다. (금속할로겐 화합물에 내장된 불순가스 및 전극표면에 부착된 할로겐 화합물로 인한 전극의 전자 방출저하 때문이다.)

② 발광관내 아크중심부의 고온부는 금속할로겐 화합물이 열해리되어 금속특유의 스펙트럼을 발생하며 발광관내의 저온부는 관벽부근에서 재결합하여 금속할로겐 화합물로 결합하여 "해리-여기-발광-재결합"의 할로겐 사이클로 발광한다.

(2) 특성

① 발광관 형상이 램프점등방향에 제약을 준다. 즉, 수직점등시 가장 좋은 성능을 발휘하며 수평점등시 효율이 감소된다.

② 방전에 의한 방사는 주로 첨가금속의 스펙트럼으로 이루어지며 수은은 주로 방전전압을 결정하기 위한 완충기제 역할을 한다.

③ 시동은 안정기내 이그나이터 고전압펄스 발생장치인 시동기를 내장한 전용안정기를 사용한다.

핵심 3 조명설계

1. 실지수(Room Index)

방의 크기와 형태는 빛의 이용에 많은 영향을 미치고 있다. 넓고 천장이 낮은 방은 좁고 천장이 높은 방에 비하여 빛의 이용률이 좋은 이유는 방바닥 면적에 비례하여 빛을 흡수하는 벽의 면적이 작아지기 때문이다. 실지수(K)는 방의 크기와 모양에 대한 빛의 이용 척도이다.

$$K = \frac{X \cdot Y}{H(X+Y)}$$

여기서, X : 방의 폭

Y : 방의 길이

H : 광원의 작업면상의 높이

예제 01

조명 시설을 하기 위한 공간의 폭이 12[m], 길이가 18[m], 천장 높이가 3.85[m]인 사무실에 책상 면 위에 평균 조도를 200[lx]로 하려고 한다. 바닥에서 책상면까지의 높이는 0.85[m]이다. 이 때 다음 각 물음에 답하시오. 이 조명 시설 공간의 실지수는 얼마인가?

___

정답

실지수 $K = \dfrac{X \cdot Y}{H(X+Y)}$

$H(\text{등고}) = 3.85 - 0.85 = 3$

$\therefore \ K = \dfrac{X \cdot Y}{H(X+Y)} = \dfrac{12 \times 18}{3 \times (12+18)} = 2.4$

예제 02

다음 그림 A, B 중 실지수가 큰 것은?

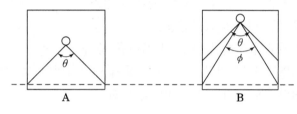

A   B

___

정답

실지수 $= \dfrac{X \cdot Y}{H(X+Y)}$ 에서 실지수는 H(등기구로부터 피조면까지의 거리)에 반비례 한다.

그러므로 실지수가 큰 것은 A이다.

2. 조명설계 계산식

$$F \cdot U \cdot N = D \cdot E \cdot S$$

- F : 한 등의 광속[lm]
- U : 조명률$\left(= \dfrac{\text{피조면 광속}}{\text{전 광속}}\right)$
- N : 등수(소수 첫째 자리에서 절상한다.)
- $D = \dfrac{1}{M}$: 감광 보상율(D)은 유지율(M)과 역수관계이다. (M : 유지율, 보수율)
- E : 평균조도[lx]
- S : 조명면적[m²]
- 조명률, 등수, 감광 보상율, 보수율이 없을 때는 1로 간주하고 계산한다.

(1) 보수율

조도감소를 예상하여 소요 전광속에 여유를 주는 것으로 설계조도 결정을 위한 계수

• **보수율(Maintenance factor)과 감광보상률(Depreciation factor) 관계**

$$M = \frac{1}{D}$$

• **적용**

① 기구의 구조, 재질, 실내먼지 상태에 따라 결정

② 실내상태, 작업내용, 청소기간, 광원의 사용기간 고려

(2) 감광보상률

조도의 감소를 예상하여 소요 전광속에 여유를 주는 것을 말한다.

• **광속감소의 주요원인**

① 필라멘트의 증발로 인한 광속의 감소

② 유리구 내면의 흑화현상

③ 등기구의 노화 등에 의한 흡수율 증가

④ 조명기구 및 천장, 벽, 바닥 등 실내반사면의 오손에 의한 반사율 감소

⑤ 전압변동에 따른 필라멘트의 열화

|참고| **거실의 조명밀도**

조 도 계 산 서

구분	실 명	실 면 적				실지수		반사율(%)		조명율 [U]	보수율 [M]	사 용 광 원			총광속	계산조도 [lx]	조명밀도	조명기구형태
		가로[X]	세로[Y]	면적	설치고[H]	수치	기호	천정	벽			LAMP TYPE	전광속[F]	수량[N]				
1층	전처리실	6.9	10.5	72.5	1.9	2.19	D	70	50	0.57	0.66	FL 2/32W	6,200	14	86,800	451	12	매입방습등
	조리실	7.54	11.8	89.0	1.9	2.42	D	70	50	0.57	0.66	FL 2/32W	6,200	19	117,800	498	14	매입방습등
	식기세척실	3.7	9.7	35.89	1.9	1.41	F	70	50	0.50	0.66	FL 2/32W	6,200	9	55,800	513	16	매입방습등
	휴게실	4.8	3.7	17.8	1.75	1.19	G	70	50	0.56	0.70	LED 40W	3,400	4	13,600	300	9	하면개방2
	급식관리실	4.7	3.2	15.0	1.75	1.09	G	70	50	0.56	0.78	LED 40W	3,400	3	10,200	296	8	하면개방2
	식당	23.5	20	470.0	1.9	5.69	B	70	50	0.77	0.70	FL 2/32W	6,200	66	409,200	469	9	하면개방2

핵심 4 ┃ 조명설비 에너지 절약방법

1. 개요

우리나라의 전력 중 조명에너지가 차지하는 비율은 전력에너지의 약 18[%]에 해당하여 조명분야가 에너지 절약에 커다란 비중을 차지하고 있다.

- **조명설비의 에너지 절약 설계 방법**
  - (1) 적정조도 기준의 선정
  - (2) 고효율 광원의 선정
  - (3) 고효율 조명기구의 선정
  - (4) 에너지 절감 조명설계
  - (5) 적절한 조명제어 System의 채택

2. 본론

(1) 적정조도 기준의 선정

적정조도 기준의 선정은 조명설계의 가장 기본적인 요소로서 KS 조도기준이 있으며 이 조도기준은 한국조명·전기설비학회에서 연구발표한 조도기준을 근거로 하여 1993년 12월 개정(KS A-3011) 되었다.

[조도기준]

작업단계 \ 조도	최저기준조도[lx]	표준기준조도	최고기준조도[lx]
초 정 밀	1,500	2,000	3,000
정 밀	600	1,000	1,500
보 통	300	450	600
단 순	150	200	300
거 친	100	125	150

(2) 고효율 광원의 선정

① 전자식 안정기 채택
② 연색성을 고려하지 않는 경우 백열전구 대신 형광램프 사용
③ Down Light 조명시 전구식 형광등, 소형 메탈핼라이드 램프, 할로겐 램프 적용
④ 형광램프의 Silm화
⑤ 삼파장 형광램프 사용

(3) 고효율 조명기구의 선정

에너지 절약 측면에서의 조명기구 선정

① 기구효율이 좋은 조명기구 채택

$$기구효율 = \frac{조명기구로부터 나오는 광속}{램프의 전광속} \times 100[\%]$$

② 간접, 반간접, 전반확산 조명기구보다는 직접조명 기구 채택

③ 투과율이 좋고 반사율이 좋은 커버를 사용한 등기구 선정

(4) 에너지 절감을 위한 적절한 조명설계

① 조명에너지 절약요소

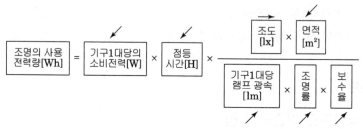

[조명에너지 절감 7대 Point]

〈그림〉에서 화살표 방향은 조명에너지를 절감하기 위한 대책으로 높여야 하는 요소(↗), 낮추어야 하는 요소(↙)를 나타낸 것임

② 조명과 공조부하

공조용 조명기구를 설치하여 조명기구에서 발생하는 열이 실내에 적게 들어가게 함으로서 실내 냉방부하를 경감시킨다.

③ 공조용 조명기구 종류

* 형광램프용 공조 조명기구
* HID 램프용 공조 조명기구
* 전구용 램프용 공조 조명기구

(5) 적절한 조명제어 System의 채택

① 조명제어의 종류

* 주광 Sensor에 의한 창가조명제어
* Time 스케줄에 의한 조명제어
* 수동조작에 의한 조명제어

② 조명제어 System의 종류와 용도

* 주광 Sensor, Mechanical Timer 및 수동조작이 있는 System
* 주광 Sensor, Program Timer 및 수동조작이 있는 System
* 주광 Sensor, Programmable Timer, 감광기능, 수동조작이 있는 System
* 주광 Sensor, Program Timer, 감광기능, 수동조작이 있는 System

③ 감광제어 System
- 3선 연결에 의한 형광등 조광
  Thyristor 위상 제어를 하는 것으로 감광기능을 0~100[%]까지 연속제어
- Impedance 변환방식 : 단계적 조광
- 전원 2선식 : 감광기능 20~100[%] 연속 제어

④ 조광장치의 적용
- 전압조정 방식
- 전류제한 방식
- 자기증폭기에 의한 조광방식
- Thyristor에 의한 위상제어 조광방식(가장 경제적)

(6) 채광설치

채광이 유효한 창문을 가급적 많이 설치하여 주광 이용

(7) 실무에 적용할 수 있는 조명에너지 절약 기술

① 밝음이 필요한 곳
- 전반조명+국부조명 방식 채택

② 전반조명 사용 광원
- 천정이 낮은 곳 : 형광등
- 천정이 높은 곳 : 메탈헬라이드 램프, 고압나트륨 램프

③ 천정높이에 따른 조명기구 선택
- 낮고 넓은 곳 : 광조형 기구
- 높고 넓은 곳 : 팬단트형 기구, 협조형 기구

④ 천정, 바닥 면의 마감재 : 밝은 색으로 하여 조명률 향상

⑤ 창가지역에는 주광 Sensor에 의한 점·소등 방식 채택

⑥ 호텔·빌딩·사무실의 대회의실, 대 연회장 등 넓은 장소에는 조명제어 System 채택

⑦ 자연채광을 최대한 고려

⑧ 전자식 안정기 사용(20~30% 절전 효과)

⑨ 연색성을 고려하지 않아도 되는 곳에는 효율이 높은 형광램프 사용

⑩ 백열전구 사용 장소에는 전구식 형광등 사용

⑪ Down Light 조명의 경우 연색성을 고려하지 않아도 되는 장소에는 전구식 형광등, 소형 메탈헬라이드 램프, 할로겐 램프 사용

⑫ 형광램프용 조명기구
- 고조도, 저휘도 반사갓 사용
- 개방형기구 사용

⑬ 옥외등은 Timer 또는 주광 Sensor에 의한 자동점멸

⑭ 연색성이 불필요한 외등은 효율이 좋은 나트륨 램프 사용

⑮ 전등 점멸 S/W 세분화(2~4등 이하)

⑯ 실내에 불필요한 점등 방치에 대한 방지
- 사무실의 복도쪽에 점멸 S/W 설치
- 점멸 S/W는 Pilot Lamp 내장형을 사용

⑰ 화장실 전등은 Sensor를 부착하여 사용시만 점등(사용빈도가 높은 곳은 불합리)

⑱ 아파트 현관에는 Time S/W에 의한 점멸 또는 원적외선에 의하여 현관에 사람이 있을 때만 점등

⑲ 호텔의 경우 냉장고를 제외한 전원에 Key Tag 사용

■ 종합예제문제

01　　**일반용 조명에 관한 다음 각 물음에 답하시오.**

1. 백열등의 그림 기호는 ○이다. 벽붙이의 그림 기호를 그리시오.

2. HID 등의 종류를 표시하는 경우는 용량 앞에 문자기호를 붙이도록 되어 있다. 수은등, 메탈헬라이드등, 나트륨등은 어떤 기호를 붙이는가?

　　• 수은등 :　　　　　• 메탈헬라이드등 :　　　　　• 나트륨등 :

3. 그림 기호가 ⊗로 표시되어 있다. 어떤 용도의 조명등인가?

---

1. ◖

2. • 수은등 : H　　　　　• 메탈헬라이드등 : M　　　　　• 나트륨등 : N

3. 옥외등

명　칭	그림 기호	적　용
백열등 HID등	○	① 벽붙이는 벽 옆을 칠한다. ◖ ② 옥외등은 ⊗로 하여도 좋다. ③ HID등의 종류를 표시하는 경우는 용량 앞에 다음 기호를 붙인다. 　수은등　　　　　　　　H 　메탈 헬라이드 등　　 M 　나트륨등　　　　　　 N [보기] H400
형광등	⊏○⊐	① 용량을 표시하는 경우는 램프의 크기(형)×램프 수로 표시한다. 또, 용량 앞에 F를 붙인다. [보기] F 40　　F40×2 ② 용량 외에 기구수를 표시하는 경우는 램프의 크기(형)×램프 수-기구 수로 표시한다. [보기] F40-2　　F40×2-3

02 도면을 참고하여 다음 물음에 답하시오.

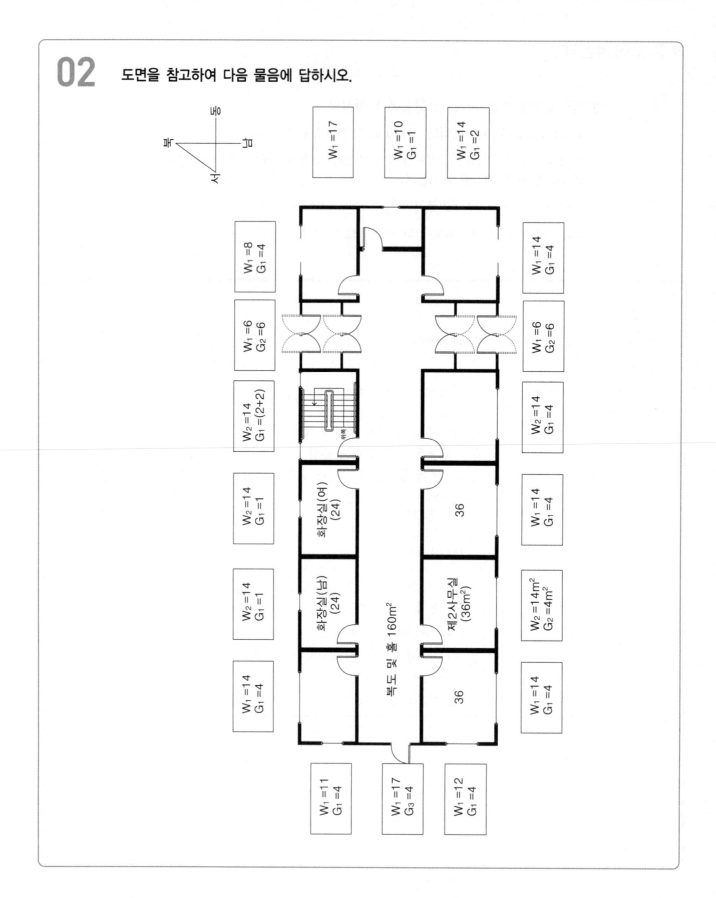

복도 및 홀의 필요한 조명전력을 구하고 해당구역에 30W 조명기구를 설치할 때 필요한 수량을 구하시오.

	복도 및홀	제1 사무실	제2 사무실	민원실	상황실	고객 지원실	문서고	숙직실	계단실	화장실 (여)	화장실 (남)	휴게실
조명 밀도 [W/m²]	12	11.5	10	14	8.7	15	6.2	6.2	5.1	5.1	5.1	10

- 복도 및 홀 의 조명전력 : $12 \times 160 = 1,920[\text{W}]$
- 필요한 조명기구의 수 : $\dfrac{1,920}{30} = 64$ 개

03 현재 많은 광원이 실용화되고 있으므로, 이를 사용하는 경우에는 그 광원의 특징을 알고, 빛의 질적 특성, 경제적 특성, 취급성 등 종합적인 검토를 하여 용도에 적합한 것을 선정할 필요가 있다. 광원의 평가 선정에서 고려할 중요한 항목에 대해서 서술하시오.

1. 효율

광원의 양적, 경제적인 특성을 판단하는 가치로서 중요한 항목이다. 점등장치(안정기)를 필요로 하는 방전램프는 램프의 효율만이 아니고 점등장치를 포함한 종합효율을 고려한다.

2. 광색 / 색온도

보통 광색을 나타내는 데는 색온도를 사용한다. 할로겐전구(1kW)의 색온도는 약 3,000K로 낮고, 주광색 형광램프는 6,500K로 높다. 색온도가 낮은 광색은 따뜻하게 느껴지고, 높은 광색은 서늘한 느낌이 있다. 광색은 개인의 차이나 사용조도에 따라 취향이 다르지만 일반적으로 조도가 낮은 곳에서는 색온도가 낮은 광색이 좋고, 조도가 높은 곳에서는 색온도가 높은 광색이 좋다.

3. 연색성

연색성이란 물체가 광원에 의하여 조명될 때, 그 물체의 색의 보임을 정하는 광원의 성질을 말한다. 연색성은 기준광원(5,000K 이하에서는 흑체, 5,000K 이상에서는 기준 주광) 밑에서 본 것보다 색의 보임이 나빠질수록 떨어진다. 연색성이 나쁜 광원으로 조명하면, 물체의 색이 다르게 보인다.
이 연색성을 수치로 나타낸 것을 연색평가지수라고 한다.

4. 동정특성

광원은 점등시간이 진행함에 따라서 특성이 약간 변화한다. 특히, 광속은 관벽의 오염, 형광체의 열화, 전극의 소모 등에 의하여 광량이 줄어든다. 방전 램프의 경우는 초기의 100시간까지 광량의 줄어듬이 특히 심하다.

5. 수명

점등 불능 또는 광속유지율이 규정값 이하로 떨어질 때까지의 시간 중 짧은 쪽의 시간을 수명이라 한다. 정격수명은 다수의 램프를 표준조건하에서 점등하였을 경우의 평균수명을 나타낸다.
다만, 실제 수명은 점등조건에 따라 다르며, 특히 방전램프는 점멸회수가 많을수록 수명이 짧다.

6. 휘도

휘도가 높으면 눈부심을 일으키므로, 일반적인 조명에서는 낮은 편이 좋다.

7. 플리커

보통 상용전원으로 점등하면 교류이므로 약간의 플리커(깜빡거림)이 있다. 정밀작업의 조명등에 플리커가 적은 조명을 요구하는 곳에는 플리커가 적은 광원을 선정할 필요가 있다. 다만, 점등장치를 직류나 고주파로 점등하여 해결이 가능하다.

8. 시동 및 재시동 시간

금속이나 금속화합물의 증기방전을 이용하고 있는 고압 방전등은 시동 및 재시동하여 안정된 점등이 될 때까지 수분에서 수 십분 정도의 시간을 필요로 한다.

04

다음과 같은 사무실에 조명시설을 하려고 한다. 주어진 조건을 참고하시오.
조도를 500[lx]로 기준할 때 설치해야 할 기구수는? (배치를 고려하여 선정할 것)

[조건]

1) 천정고 : 3[m]
2) 조명율 : 0.45
3) 보수율 : 0.75
4) 조명기구 : F40×2등용
   (이것을 1기구로 하고 광속은 5,000[lm])

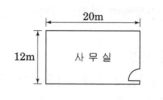

• 계산 :   • 답 :

• 계산 : $N = \dfrac{DES}{FU} = \dfrac{ES}{FUM} = \dfrac{500 \times (20 \times 12)}{5,000 \times 0.45 \times 0.75} = 71.11\,[등]$

• 답 : 72[등]

05 면적 204[m²]인 방에 평균 조도 200[lx]를 얻기 위해 300[W] 백열전등(전광속 5,500[lm], 램프 전류 1.5[A]) 또는 40[W] 형광등(전광속 2,300[lm], 램프 전류 0.435[A])을 사용할 경우, 각각의 소요 전력은 몇 [VA]인가?
(조명률 55[%], 감광보상률 1.3, 공급전압은 200[V], 단상 2선식)

1. 백열전등
 • 계산 :　　　　　　　　　　　　• 답 :

2. 형광등
 • 계산 :　　　　　　　　　　　　• 답 :

---

1. 백열전등

 • 계산

$$N = \frac{DES}{FU} = \frac{1.3 \times 200 \times 204}{5,500 \times 0.55} = 17.53$$

 전등 수 : 18[등]

 소요전력 $P = V \cdot I = 200 \times 1.5 \times 18 = 5,400[VA]$

 • 답 : 5,400[VA]

2. 형광등

 • 계산

$$N = \frac{DES}{FU} = \frac{1.3 \times 200 \times 204}{2,300 \times 0.55} = 41.93$$

 전등 수 : 42[등]

 소요전력 $P = V \cdot I = 200 \times 0.435 \times 42 = 3,654[VA]$

 • 답 : 3,654[VA]

06 그림과 같은 철골공장에 백열등의 전반 조명을 할 때 평균조도로 200[lx]를 얻기 위한 광원의 소비전력을 구하려고 한다. 주어진 조건과 참고자료를 이용하여 다음 각 물음에 답하면서 순차적으로 구하도록 하시오.

[조건]

1) 천정, 벽면의 반사율은 30[%]이다.
2) 광원은 천장면하 1[m]에 부착한다.
3) 천장의 높이는 9[m] 이다.
4) 감광보상률은 보수 상태를 "양" 으로 하며 적용한다.
5) 배광은 직접 조명으로 한다.
6) 조명 기구는 금속 반사갓 직부형이다.

[도면]

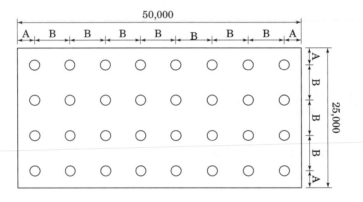

[참고자료]

[표 1] 각종 전등의 특성

(A) 백열등

형 식	종 별	유리구의 지름 (표준치) (mm)	길이 (mm)	베이스	초기 특성			50(%) 수명에서의 효율 [lm/W]	수명 [h]
					소비전력 [W]	광속 [lm]	효율 [lm/W]		
L100V 10W	진공 단코일	55	101 이하	E26/25	10±0.5	76±8	7.6±0.6	6.5 이상	1500
L100V 20W	진공 단코일	55	101 〃	E26/25	20±1.0	175±20	8.7±0.7	7.3 〃	1500
L100V 30W	가스입단코일	5	108 〃	E26/25	30±1.5	290±30	9.7±0.8	8.8 〃	1000
L100V 40W	가스입단코일	55	108 〃	E26/25	40±2.0	440±45	11.0±0.9	10.0 〃	1000
L100V 60W	가스입단코일	50	114 〃	E26/25	60±3.0	760±75	12.6±1.0	11.5 〃	1000
L100V100W	가스입단코일	70	140 〃	E26/25	100±5.0	1500±150	15.0±1.2	13.5 〃	1000
L100V 150W	가스입단코일	80	170 〃	E26/25	150±7.5	2450±250	16.4±1.3	14.8 〃	1000
L100V 200W	가스입단코일	80	180 〃	E26/25	200±10	3450±350	17.3±1.4	15.3 〃	1000
L100V 300W	가스입단코일	95	220 〃	E39/41	300±15	555±550	18.3±1.5	15.8 〃	1000
L100V 500W	가스입단코일	110	240 〃	E39/41	500±25	9900±990	19.7±1.6	16.9 〃	1000
L100V1000W	가스입단코일	165	332 〃	E26/25	1000±50	21000±2100	21.0±1.7	17.4 〃	1000
L100V 30W	가스입이중코일	55	108 〃	E26/25	30±1.5	330±35	11.1±0.9	10.1 〃	1000
L100V 40W	가스입이중코일	55	108 〃	E26/25	40±2.0	500±50	12.4±1.0	11.3 〃	1000
L100V 50W	가스입이중코일	60	114 〃	E26/25	50±2.5	660±65	13.2±1.1	12.0 〃	1000
L100V 60W	가스입이중코일	60	114 〃	E26/25	60±3.0	830±85	13.0±1.1	12.7 〃	1000
L100V 75W	가스입이중코일	60	117 〃	E26/25	75±4.0	1100±110	14.7±1.2	13.2 〃	1000
L100V 100W	가스입이중코일	65 또는 67	128 〃	E26/25	100±5.0	1570±160	15.7±160	14.1 〃	1000

[표 2] 조명률, 감광보상률 및 설치 간격

번호	배광 / 설치간격	조명 기구	감광보상률(D) 보수상태 양	중	부	반사율 ρ 천장→ 벽→ 실지수	0.75 / 0.5	0.3	0.1	0.50 / 0.5	0.3	0.1	0.30 / 0.3	0.1
							조명률 U (%)							
(1)	간접 0.80 ↕ 0 S ≤ 1.2H	전구 / 형광등 (전구 1.5 1.7 2.0) (형광등 1.7 2.0 2.5)				J0.6	16	13	11	12	10	08	06	05
						I0.8	20	16	15	15	13	11	08	17
						H1.0	23	20	17	17	14	13	10	08
						G1.25	26	23	20	20	17	15	11	10
						F1.5	29	26	22	22	19	17	12	11
						E2.0	32	29	26	24	21	19	13	12
						D2.5	36	32	30	26	24	22	15	14
						C3.0	38	35	32	28	25	24	16	15
						B4.0	42	39	36	30	29	27	18	17
						A5.0	44	41	39	33	30	29	19	18
(2)	반간접 0.70 0.10 S ≤ 1.2H	전구 / 형광등 (전구 1.4 1.5 1.7) (형광등 1.7 2.0 2.5)				J0.6	18	14	12	14	11	09	08	07
						I0.8	22	19	17	17	15	13	10	09
						H1.0	26	22	19	20	17	15	12	10
						G1.25	29	25	22	22	19	17	14	12
						F1.5	32	28	25	24	21	19	15	14
						E2.0	35	32	29	27	24	21	17	15
						D2.5	39	35	32	29	26	24	19	18
						C3.0	42	38	35	31	28	27	20	19
						B4.0	46	42	39	34	31	29	22	21
						A5.0	48	44	42	36	33	31	23	22
(3)	전반확산 0.40 0.40 S ≤ 1.2H	전구 / 형광등 (전구 1.3 1.4 1.5) (형광등 1.4 1.7 2.0)				J0.6	24	19	16	22	18	15	16	14
						I0.8	29	25	22	27	23	20	21	19
						H1.0	33	28	26	30	26	24	24	21
						G1.25	37	32	29	33	29	26	26	21
						F1.5	40	36	31	36	32	29	29	26
						E2.0	45	40	36	40	36	33	32	29
						D2.5	48	43	39	43	39	36	34	33
						C3.0	51	46	42	45	41	38	37	34
						B4.0	55	50	47	49	45	42	40	38
						A5.0	57	53	49	51	47	44	41	40
(4)	반직접 0.25 0.55 S ≤ H	전구 / 형광등 (전구 1.3 1.4 1.5) (형광등 1.6 1.7 1.8)				J0.6	26	22	19	24	21	18	19	17
						I0.8	33	28	26	30	26	24	25	23
						H1.0	36	32	30	33	30	28	28	26
						G1.25	40	36	33	36	33	30	30	29
						F1.5	43	39	35	39	35	33	33	31
						E2.0	47	44	40	43	39	36	36	34
						D2.5	51	47	43	46	42	40	39	37
						C3.0	54	49	45	48	44	42	42	38
						B4.0	57	53	50	51	47	45	43	41
						A5.0	59	55	52	53	49	47	47	43
(5)	직접 0 0.75 S ≤ H	전구 / 형광등 (전구 1.3 1.4 1.5) (형광등 1.4 1.7 2.0)				J0.6	34	29	26	32	29	27	29	27
						I0.8	43	38	35	39	36	35	36	34
						H1.0	47	43	40	41	40	38	40	38
						G1.25	50	47	44	44	43	41	42	41
						F1.5	52	50	47	46	44	43	44	43
						E2.0	58	55	52	49	48	46	47	46
						D2.5	62	58	56	52	51	49	50	49
						C3.0	64	61	58	54	52	51	51	50
						B4.0	67	64	62	55	53	52	52	52
						A5.0	68	66	64	56	54	53	54	52

[표 3]

기 호	A	B	C	D	E	F	G	H	I	J
실지수	5.0	4.0	3.0	2.5	2.0	1.5	1.25	1.0	0.8	0.6
범 위	4.5 이상	4.5 ∫ 3.5	3.5 ∫ 2.75	2.75 ∫ 2.25	2.25 ∫ 1.75	1.75 ∫ 1.38	1.38 ∫ 1.12	1.12 ∫ 0.9	0.9 ∫ 0.7	0.7 이하

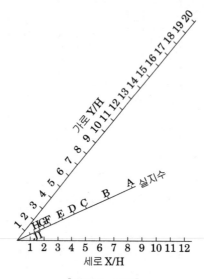

[실지수 그림]

1. 광원의 높이는 몇 [m]인가?

2. 실지수의 기호와 실지수를 구하시오.

3. 조명률은 얼마인가?

4. 감광보상률은 얼마인가?

5. 전 광속을 계산하시오.

6. 전등 한 등의 광속은 몇 [lm]인가?

7. 전등의 Watt 수는 몇 [W]를 선정하면 되는가?

•답 :

8. 철골공장의 조명밀도[W/m²]를 계산하시오.

•계산 :   •답 :

1. 계산

   $H(등고) : 9 - 1 = 8[\text{m}]$
   - 답 : 8 [m]

2. 계산

   실지수 $K = \dfrac{X \cdot Y}{H(X+Y)}$

   $K = \dfrac{X \cdot Y}{H(X+Y)} = \dfrac{50 \times 25}{8 \times (50+25)} = 2.08$

   [표3]에서 실지수의 기호를 찾는다.
   - 답 : 실지수의 기호 : E, 실지수 : 2.0이다. ∴ E2.0

3. 위 문제에서 구한 실지수(E2.0)와 주어진 조건(직접조명, 천정/벽면의 반사율:30%)을 이용하여 [표2]에서 알맞은 조명률을 찾는다.
   - 답 : 47 [%]

4. 주어진 조건(직접조명, 보수상태: 양호, 전구)을 이용하여 [표2]에서 알맞은 감광보상률을 찾는다.
   - 답 : 1.3

5. 계산

   $NF = \dfrac{DES}{U} = \dfrac{1.3 \times 200 \times (50 \times 25)}{0.47} = 691489.36[\text{lm}]$
   - 답 : 691489.36 [lm]

6. 계산

   도면을 보고 등수를 구할 수 있다. 등수 $= 4 \times 8$

   전등 한 등의 광속 $= \dfrac{전광속}{등수} = \dfrac{691489.36}{(4 \times 8)} = 21609.04[\text{lm}]$
   - 답 : 21609.04 [lm]

7. 백열전구의 Watt 수 : [표1]의 전등 특성 표에서 위에서 구한 광속(21609.04[lm])을 이용하여 21,000±2,100[lm]인 1,000[W]을 선정한다.
   - 답 : 1,000 [W]

8. 조명밀도 $= \dfrac{32 \times 1,000}{50 \times 25} = 25.6[\text{W/m}^2]$

|참고|
- 이 문제에서 실지수 공식을 이용하여 얻은 값을 [표3]에서 찾을 수도 있고, 공식을 사용하지 않고 실지수 그림만을 이용하여 실지수 값을 구할 수 있다.
- 문제(5)은 전(全)소요광속을 구하는 것이므로 광속(F)에 등 개수(N)를 곱해야 한다.
- 일반적으로 철골공장/엘리베이터의 피조면의 높이는 0[m]이며, 사무실/학교의 피조면의 높이는 0.85[m]이다.

07 가로 10[m], 세로 16[m], 천장 높이 3.85[m], 작업면 높이 0.85[m]인 사무실에 천장 직부형 형광등 40W×2를 설치하려고 한다.

1. F40×2의 심벌을 그리시오.

2. 이 사무실에 실지수는 얼마인가?

3. 이 사무실의 작업면 조도를 300[lx], 천장반사율 70[%], 벽 반사율 50[%], 바닥반사율 10[%], 40[W] 형광등 1등의 광속 3,150[lm], 보수율 70[%], 조명률 61[%]로 한다면 이 사무실에 필요한 소요 등수는 몇 조인가? (단, 2개의 등을 1조로 본다.)

1.

F40×2

2. 실지수 $K = \dfrac{X \cdot Y}{H(X+Y)}$

$H(\text{등고}) : 3.85 - 0.85 = 3$

$K = \dfrac{10 \times 16}{3 \times (10+16)} = 2.05$

• 답 : 2.05

3. 등수 $N = \dfrac{DES}{FU} = \dfrac{ES}{FUM} = \dfrac{300 \times (10 \times 16)}{3,150 \times 0.61 \times 0.7} = 35.64[\text{등}]$ ∴ 36[등]

감광보상률 $= \dfrac{1}{\text{보수율}}$

F40×2등용이므로 2로 나눈다 : $\dfrac{36}{2} = 18[\text{조}]$이다.

• 답 : 18[조]

08 면적이 $200\mathrm{m}^2$인 사무실에 소비전력 40W, 전광속 2,500lm의 형광램프를 설치하여 평균 조도 500lx를 만족하고 있다. 이 사무실을 동일한 조도로 유지하면서 소비전력 20W, 발광효율 150lm/W LED램프로 교체할 경우, 절감되는 총 소비전력(W)은?(단, 형광램프와 LED램프의 조명률 = 0.5, 감광보상률 = 1.2로 동일하게 가정한다.)

형광등의 필요개수

$$N=\frac{DES}{FU}=\frac{1.2\times500\times200}{2500\times0.5}=96개$$

형광등의 소비전력 $=96개\times40[\mathrm{W}]=3840[\mathrm{W}]$

LED 램프의 광속 $F=20[\mathrm{W}]\times150[\mathrm{lm/W}]=3000[\mathrm{lm}]$ LED의 개수 $N=\frac{1.2\times500\times200}{3000\times0.5}=80개$

LED의 소비전력 $=80개\times20[\mathrm{W}]=1600[\mathrm{W}]$

절감되는 총 소비전력 $=3840-1600=2240[\mathrm{W}]$

09 LED 광원에 대하여 기술하시오.

1. 개념

P형과 N형이 접합된 반도체 양 단자에 전계를 가하면 전류가 흘러 P-N 접합 부근 또는 활성층에서 빛을 방출하는 소자 (전계에 의해서 고체가 발광하는 전계 루미네센스의 일종)

2. LED 램프의 발광원리

(1) P형과 N형 반도체를 접합시킨 LED 칩에 순방향 전압(P층 : +, N층 : −)을 인가

(2) 전도대의 전자가 가전자대의 정공과 재결합을 위하여 활성층으로 이동

(3) 재결합 시의 에너지는 전자와 정공이 각각 가지고 있던 에너지보다 작아지므로 이 에너지 갭에 해당하는 에너지가 광에너지로 변환되어 발광

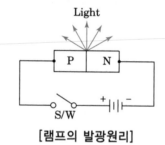

[램프의 발광원리]

3. LED 광원의 특징

구 분	기존 조명	LED 조명	비 고
1) 제어방법	On/OFF	다색 및 다단계 밝기	신속한 점 · 소등제어 가능
2) 응답속도	1~3초(형광등)	10나노초	펄스폭 변조방식
4) 수은	사용(기체광원)	무(고체광원)	친환경
6) 수명	3,000~7,000[h]	50,000~100,000[h]	유지·관리 용이 작고 견고한 구조
7) 내열성	우수	접합부위가 열에 취약	별도 방열 설계
8) 경제성	저렴(형광등 약 3천원)	고가(3만~30만원)	보급 애로

10 전구를 수요자가 부담하는 종량 수용가에서 A, B 어느 전구를 사용하는 편이 유리한가를 다음 표를 이용하여 산정하시오.

전구의 종류	전구의 수명	1[cd]당 소비전력[W] (수명 중의 평균)	평균 구면광도 (cd)	1[kWh]당 전력요금[원]	전구의 값 [원]
A	1500시간	1.0	38	20	90
B	1800시간	1.1	40	20	100

• 계산 :   • 답 :

• 계산

전구	전력비[원/시간]	전구비[원/시간]	계[원/시간]
A	$1 \times 38 \times 10^{-3} \times 20 = 0.76$	$\dfrac{90}{1,500} = 0.06$	0.82
B	$1.1 \times 40 \times 10^{-3} \times 20 = 0.88$	$\dfrac{100}{1,800} = 0.06$	0.94

• 답 : A전구가 유리하다.
경제적인 전구의 선정은 전구의 구입비용 및 점등시 필요한 전력비등을 고려하여 선정한다.

• A전구의 경우 조건에서

전구의 종류	전구의 수명	1[cd]당 소비전력[W] (수명 중의 평균)	평균 구면광도 (cd)	1[kWh]당 전력요금[원]	전구의 값 [원]
A	1,500시간	1.0	38	20	90

이므로 광도가 38[cd]이며, 소비전력이 1.0[W/cd]이므로 소비전력은 $1 \times 38 \times 10^{-3}$[kW]가 된다.
따라서 1[kWh]당 전력요금이 20[원]이므로 $1 \times 38 \times 10^{-3} \times 20 = 0.76$[원]이 된다.

전구의 구입비용은 90[원], 전구의 수명은 1,500시간 이므로 시간당 비용은 $\dfrac{90}{1,500} = 0.06$[원]이 된다.
따라서 전구의 비용은 $0.76 + 0.06 = 0.82$[원]이 된다.

• B전구의 경우 조건에서

전구의 종류	전구의 수명	1[cd]당 소비전력[W] (수명 중의 평균)	평균 구면광도 (cd)	1[kWh]당 전력요금[원]	전구의 값 [원]
B	1,800시간	1.1	40	20	100

이므로 광도가 40[cd]이며, 소비전력이 1.1[W/cd]이므로 소비전력은 $1.1 \times 40 \times 10^{-3}$[kW]가 된다.

따라서 1[kWh]당 전력요금이 20[원]이므로 $1.1 \times 40 \times 10^{-3} \times 20 = 0.88$[원]이 된다.

전구의 구입비용은 100[원], 전구의 수명은 1,800시간 이므로 시간당 비용은 $\dfrac{100}{1,800} = 0.06$[원]이 된다.

따라서 전구의 비용은 0.88+0.06=0.94[원]이 된다.

그러므로 두 전구를 비교하면 A전구의 비용이 저렴하므로 A전구가 경제적이 된다.

11 지름 30[cm]인 완전 확산성 반구형 전구를 사용하여 평균 휘도가 0.3[cd/cm²]인 천장등을 가설하려고 한다. 기구효율을 0.75라 하면, 이 전구의 광속은 몇 [lm] 정도이어야 하는지 계산하시오. (단, 광속발산도는 0.95[lm/cm²]라 한다.)

• 계산 :   • 답 :

광속 발산도 $R = \dfrac{F}{S}$ 이고 여기서 반구의 표면적 $S = \dfrac{4\pi r^2}{2} = \dfrac{D^2 \pi}{2}$ 이므로

광속 $F = R \cdot S = R \times \dfrac{\pi D^2}{2} = 0.95 \times \dfrac{\pi \times 30^2}{2} = 1343.03\,[\mathrm{lm}]$

기구효율이 0.75이므로

$\dfrac{F}{\eta} = \dfrac{1343.03}{0.75} = 1790.71\,[\mathrm{lm}]$

• 답 : 1790.71[lm]

|참고|

광속 발산도

어느 면의 단위 면적으로부터 발산하는 광속을 광속 발산도(luminous radiance)라고 한다. 어떤 면에서 광속을 F, 면적을 S라 하면 광속 발산도($R = F/S$[rlx])는 반사뿐만 아니라 투과인 경우에도 적용된다.

이와 같이 조도와 광속 발산도는 다같이 광속의 밀도로서 단위는 같지만, 조도는 어떤 면이 받는 광속을 말하며, 광속 발산도는 면에서 발산하는 광속을 의미한다.

광속·광도·조도·휘도와의 관계

광원으로부터 발산된 빛은 우리들이 보고자 하는 물체에 빛이 투영되어 그 물체로부터 반사된 빛이 우리 눈에 들어옴으로서 물체를 인식하게 되는 것이다. 우리들이 물체를 눈으로 보는 것은 대상물에서 반사되어 눈으로 들어오는 빛뿐이며 조도는 눈에 보이지 않는다. 조도가 일정해도 쉽게 반사되는 것은 밝게 보이고 반사되지 않는 것은 어둡게 보인다.

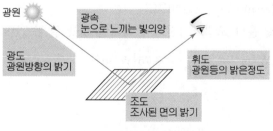

[광속·광도·조도·휘도의 관계]

12 다음 아래의 표를 참고하여 물음에 답하시오.

1) 각 실에 설치된 조명기구들에 의해 발생하는 전광속 중 최대광속이 발생하는 장소와 최소인 장소를 선정하시오.

2) 각 실에서 소비하는 조명소비전력이 최대인 장소를 선정하고, 조명소비전력이 최대인 장소의 조명밀도를 계산하시오.

구분	복도 및 홀	제1사무실	제2사무실	계단실
등 기구 1개 용량	40W 형광등	25W LED	40W 형광등	40W 형광등
발광 효율[lm/W]	70	100	70	50
각 실의 등 개수	35	30	30	20
각 실의 면적[m²]	160	36	36	24

3) 조명률이란 조명설비에서 발생하는 전체광속에 대한 피조면에 도달하는 광속의 비율을 말한다. 조명률에 영향을 주는 요소 4가지를 간단히 설명하시오.

1)

$$발광효율 = \frac{발생광속}{등기구 용량}[lm/W], \quad 발생광속 = 발광효율 \times 등기구 용량$$

전광속 = 등기구 1개 용량 × 발광효율 × 등 개수

복도 및 홀의 전체 광속 = $40 \times 70 \times 35 = 98,000[lm]$

제1 사무실의 전체광속 = $25 \times 100 \times 30 = 75,000[lm]$

제2 사무실의 전체광속 = $40 \times 70 \times 30 = 84,000[lm]$

계단실의 전체광속 = $40 \times 50 \times 20 = 40,000[lm]$

2)

각 실의 조명소비전력 = 등기구 용량 × 등 개수

복도 및 홀의 조명소비전력 = $40 \times 35 = 1,400[W]$

제2 사무실의 조명소비전력 = $40 \times 30 = 1,200[W]$

이와 같이 계산하면 복도 및 홀의 조명소비전력이 최대인 것을 알 수 있다.

$$조명밀도 = \frac{조명소비전력}{실의 면적}[W/m^2] = \frac{1,400}{160} = 8.75[W/m^2]$$

3)

조명률에 영향을 주는 요소

① 조명기구의 배광 : 협조형 기구가 광조형 기구에 비하여 조명률이 높다.

② 반사율

실내표면의 반사율이 높을수록 조명률이 높아진다. 반사율은 조명률에 영향을 주며 천장과 벽 등이 특히 영향이 크다. 천장에 있어서 반사율은 높은 부분일수록 영향이 크다.

③ 방지수 (K) : $K = \dfrac{X \times Y}{H(X+Y)}$ 방지수가 높을수록 조명률이 높아진다.

④ 조명기구의 효율

조명기구이 효율이 높을수록 조명률이 높아진다.

13

그림과 같은 배광 곡선을 갖는 반사갓형 수은등 400[W] 22,000[lm])을 사용할 경우 기구 직하 7[m]점으로부터 수평 5[m] 떨어진 점의 수평면 조도를 구하시오.

(단, $\cos^{-1}0.814 = 35.5°$, $\cos^{-1}0.707 = 45°$, $\cos^{-1}0.583 = 54.3°$)

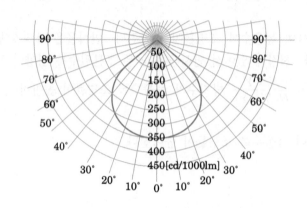

① 수평면 조도 $E_h = \dfrac{I}{\ell^2}\cos\theta$ 이다. 여기서 ℓ을 먼저 구한다.

$$\ell = \sqrt{h^2 + W^2} = \sqrt{7^2 + 5^2}$$

② $\cos\theta$를 구한다.

$$\cos\theta = \frac{h}{\sqrt{h^2 + W^2}} = \frac{7}{\sqrt{7^2 + 5^2}} = 0.814$$

③ 위에서 구한 $\cos\theta$값을 이용하여 각도(θ)를 구한다.

$$\theta = \cos^{-1}0.814 = 35.5°$$

④ 표에서 각도 35.5°에서의 광도(I)를 찾는다.

35.5°에 해당하는 광도는 약 280[cd/1,000lm]이다. 이 수치를 이용하여 수은등의 광도(I)를 구한다.

$$I = \frac{280}{1,000} \times 22,000 = 6,160[\mathrm{cd}]$$ 이다.

⑤ 수평면 조도 $E_h = \dfrac{I}{\ell^2}\cos\theta = \dfrac{6,160}{\left(\sqrt{7^2 + 5^2}\right)^2} \times 0.814 = 67.76[\mathrm{lx}]$

|POINT|

이 배광곡선에서 주어진 광도는 280[cd/1,000lm]이며, 이것은 1,000[lm]당 280[cd]의 광도를 의미

신·재생 에너지설비

01 신·재생 에너지

제4편 신·재생 에너지설비

01 신·재생 에너지

핵심1 신·재생 에너지 개요

우리나라는 "신에너지 및 재생에너지 개발·이용·보급촉진법" 제2조의 규정에 의거 "기존의 화석연료를 변환시켜 이용하거나 햇빛·물·지열·강수·생물유기체 등을 포함하여 재생 가능한 에너지를 변환시켜 이용하는 에너지"로 정의하고 11개 분야로 구분하고 있다.

[신재생 에너지원의 종류]

분 류	종 류
신에너지	연료전지, 수소에너지, 석탄액화가스화 및 중질잔사유(重質殘渣油)를 가스화한 에너지
재생에너지	태양광, 태양열, 풍력, 지열, 소수력, 해양에너지, 바이오에너지, 폐기물에너지

1. 신에너지

① 연료전지 : 수소와 산소를 반응시켜 전기를 얻는 장치
② 수소 에너지 : 수소를 기체 상태에서 연소시켜 발생하는 폭발력을 이용하여 기계적 운동에너지로 변환하여 활용하거나 수소를 다시 분해하여 에너지원으로 활용하는 기술
③ 석탄 액화 가스화 및 중질잔 사유 가스화 : 고체 연료인 석탄을 기체 상태나 액체 상태로 변환하는 방식

2. 재생 에너지

① 태양광 : 태양 전지를 중심으로 개발되고 있다.
② 태양열 : 열을 얻어 난방에 사용하거나, 집광 및 집열하여 높은 온도로 물을 끓여 발전하는데 사용한다.
③ 풍력 에너지 : 바람을 이용하여 에너지, 특히 전기 에너지를 얻는다.
④ 지열 에너지 : 지구 내부의 열을 이용하는 것으로 우리나라에서는 대규모 발전이 어렵다. 우리나라에서는 주로 건물이나 가정, 농업에서 지열 히트 펌프(Heat Pump)를 이용하여 냉난방에 사용하는 것을 말한다.
⑤ (소)수력 에너지 : 일반적인 수력발전(예 : 댐)은 재생 가능한 에너지이나 환경 훼손이 크기 때문에 신재생에너지에서는 주로 소수력 발전만을 뜻한다.

⑥ 해양에너지 : 조수 간만의 차이를 이용한 조력 발전, 파도의 진동을 이용한 파력발전, 바닷물의 흐름을 이용한 조류발전이 포함된다.

⑦ 바이오 에너지 : 식물, 축산 분료, 쓰레기 매립지, 음식물 쓰레기 등으로부터 얻어낸 바이오 알코올, 바이오 디젤, 바이오 가스 등을 말한다.

⑧ 폐기물 에너지 : 가연성 폐기물을 가용하여 고체, 액체, 기체 형태의 연료를 만들거나 이를 연소시켜 얻는 열에너지를 말한다. 주로 많이 활용되는 것이 쓰레기 소각 열을 이용하여 난방이나 발전에 사용하는 방식이다. 또한 폐기물을 분해할 때 발생되는 가스도 활발하게 이용되고 있다.

핵심2 태양광 발전 시스템

1. 개요

태양광 발전시스템의 정의는 태양전지를 이용하여 전력을 생산, 이용, 계측, 감시, 보호, 유지관리 등을 수행하기 위해 구성된 시스템이라고 한다.

2. 구성

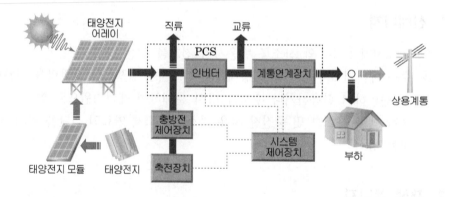

① 태양전지 어레이(PV array) : 태양광발전시스템은 입사된 태양 빛을 직접 전기에너지로 변환하는 부분인 태양전지나 배선, 그리고 이것들을 지지하는 구조물을 총칭이며, 태양전지 어레이와 접속함의 전기적 회로 구성은 스트링, 역류방지 다이오드, 바이패스 다이오드, 서지보호장치(SPD), 차단기, 접속함 등으로 구성된다.

※ 바이패스 다이오드

모듈의 셀 일부분에 음영이 발생한 경우 출력 저하, 열점(Hot Spot)으로 인한 셀의 소손을 방지하기 위해 바이패스 다이오드를 설치한다.

※ 역류방지 다이오드(Blocking Diode)

모듈 직렬군이 병렬로 결선되었을 때, 그 모듈 중 하나가 제대로 동작하지 않을 때에도 비슷한 문제가 일어난다. 배열된 모듈에 전류를 공급하는 대신에 오작동 하거나 음영이 진 열은 나머지 배열로부터 전류가 유입될 수 있어 각 직렬군 상부에 역전류 방지 다이오드를 사용한다.

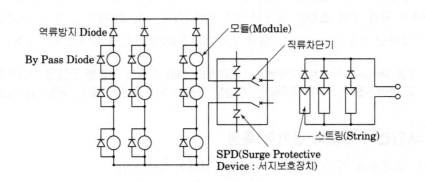

② 축전지(battery storage) : 발전한 전기를 저장하는 전력저장 축전기능

■ 축전지가 갖추어야 할 요구조건
- 경제성
- 방전 전압, 전류가 안정적일 것
- 중량 대비 효율이 높을 것
- 에너지 저장 밀도가 높을 것
- 자기방전율이 낮을 것
- 과충전, 과방전에 강할 것
- 환경변화에 안정적일 것
- 유지보수가 용이할 것
- 수명이 길 것

---

③ 인버터(inverter) : 발전한 직류를 교류로 변환

구 분	회 로 도	개 요
상용주파 절연방식	DC→AC / 인버터 / 상용주파변압기 / PV	태양전지의 직류출력을 상용 주파의 교류로 변환한 후 상용주파 변압기로 절연한다.
고주파 절연방식	DC→AC / 고주파 인버터 / 고주파 변압기 / AC→DC DC→AC / 인버터 / PV	태양전지의 직류출력을 고주파교류로 변환한 후 소형의 고주파 변압기로 절연을 하고, 그 후 직류로 변환하고 다시 상용주파의 교류로 변환한다.
무변압기 방식	컨버터 / 인버터 / PV	태양전지의 직류를 DC/DC 컨버터로 승압 후, DC/AC 인버터로 상용주파수의 교류로 변환한다.

④ 제어장치

핵심 3 태양전지의 특성

1. 태양전지 모듈

태양전지의 정격전압을 보통 0.5V이므로 이것을 여러 개 직렬로 연결해야 필요전압이 발생한다. 여러 직렬 셀의 조합한 세트를 모듈이라 한다. 즉, 36개의 셀을 4×9=36개의 셀로 1개의 모듈을 구성하면 0.5×36=18(V), 셀당 2.8A의 전류가 흐르면 18×2.8≒50(Wp)의 모듈이 만들어진다.

> 모듈(Module)과 스트링(String) : 여러개의 셀을 직렬로 조합한 판넬을 모듈이라 하며 모듈을 또 직렬로 여러개를 연결시켜 요구하는 전압을 만들기 위해 만든 모듈의 직렬수를 스트링이라 한다.

2. 태양전지 모듈의 전기적 특성

① 최대출력 전압(V_{mpp}) : 최대출력에서의 동작전압
② 최대출력 전류(I_{mpp}) : 최대출력에서의 동작전류
③ 최대출력(P_{mpp}) : 최대출력 동작전압(V_{mpp})×최대출력 동작전류(I_{mpp})
④ 개방전압(V_{oc}) : (+), (−) 단자를 개방한 상태의 전압
⑤ 단락전류(I_{sc}) : (+), (−) 단자를 단락한 상태의 전류

3. 태양전지 모듈 제품 규격 예시

PV 모듈 제품						
모델 명	PVMS180	PVMS188	PVMS215	PVMS220	PVMS235	PVMS240
직렬 셀의 수	72	72	54	60	60	60
전기적 특성 정격 최대출력[Wp]	180W	188W	215W	220W	235W	240W
최대 동작 전압[V_{mpp}]	36.0V	35.9V	27.2V	29.9V	30.1V	29.8V
최대 동작 전류[I_{mpp}]	5.0A	5.2A	7.9A	7.4A	7.8A	8.1A
개방 단자 전압[V_{oc}]	44.8V	45.3V	33.2V	36.2V	36.3V	37.6V
단락 전류[I_s]	5.3A	5.5A	8.6A	8.1A	8.4A	8.5A
모듈 효율[%]	14.6%	15.2%	14.7%	13.7%	14.6%	14.8%
외형 치수 모듈 길이[mm]	1,574	1,574	1,478	1,643	1,643	1,643
모듈 폭[mm]	782	782	981	981	981	981
모듈 두께[mm]	40	40	40	40	40	40
모듈 중량[kg]	15.5	15.5	17.5	22.5	22.5	22.5

4. 태양전지 모듈 표준 시험조건 (Standard Test Condition)

① 모듈 표면온도 : 25[℃]

② 대기질량(AM(Air Mass)) : 1.5

③ 방사조도 : 1,000[W/m²]

핵심 4   태양광 성능분석

$$P_{AS} = \frac{E_L \times D \times R}{\left(\dfrac{H_A}{G_S}\right) \times K}$$

여기서 P_{AS} : 표준상태에서 태양전지 어레이 출력 [kW]

（표준상태 : AM 1.5, 일사강도 1[kW/m²], 태양전지 셀 온도 25℃）

H_A : 어느 기간에 얻을 수 있는 어레이 표면 일사량 [kWh/m²기간]

G_S : 표준상태에서의 일사량 [kW/m²]

E_L : 수요전력량 [kWh/기간]

D : 부하의 태양광발전시스템에 대한 의존률

R : 설계여유계수(추정한 일사량의 정확성 등의 설치환경에 따른 보정)

K : 종합설계계수(태양전지 모듈 출력의 불균일의 보정, 회로손실,

기기에 의한 손실 등을 포함)

윗 식에서 소비전력량 E_L을 1일당 예상되는 발전전력량 E_P[kWh/일]로 바꾸고, 표준상태에서 일사강도 G_S를 1[kW/m²]로, 의존율(D)와 설계여유계수(R)을 각각 1로 하면 다음과 같이 표현할 수 있다.

$$E_P = P_{AS} \times \frac{H_A}{G_S} \times K \,[\text{kWh/일}]$$

즉, 위와 같이 설치장소에서의 일사량(H_A), 표준태양전지 어레이 출력(P_{AS}) 및 종합설계계수 K를 알 수 있으면 예상되는 발전전력량을 산출할 수 있다. 다음은 태양전지 어레이의 변환효율을 나타내는 식이다. 표준 상태에서 태양전지 어레이의 변환효율 η는 다음 식으로 나타낸다. 여기에서 A는 태양전지 어레이의 면적이다.

$$\eta = \frac{P_{AS}}{G_S \times A} \times 100 \, [\%]$$

예제 01

지붕 면적 100m²인 주택에서 80%에 해당하는 지붕 면적에 연간 발전능력 1,250kWh/kWp.year의 태양광 시스템을 설치할 계획이다. 기대할 수 있는 연간 전력 생산량으로 가장 적합한 것은? (단, 1kWp PV시스템 설치면적은 10m²이다.)

정답

태양광 발전 연간 전력 생산량
= 면적(m²)×연간발전능력(kWh/kWp.year)×단위면적당 발생전력(kWp/m²)
= 80(m²)×1,250(kWh/kWp.year)×(1kWp÷10m²) = 10 MWh/year

핵심 5 │ 태양광 발전시스템 장점 및 단점

1. 태양에너지의 장점

① 태양에너지는 무한양이다.
부존자원과는 달리 계속 사용하더라도 고갈되지 않는 영구적인 에너지이다.
② 태양에너지는 무공해자원이다.
태양에너지는 청결하며 안전하다.
③ 지역적인 편재성이 없다.
다소 차이는 있으나 어떠한 지역에서도 이용 가능한 에너지이다.
④ 유지보수가 용이, 무인화가 가능하다.
⑤ 수명이 길다.(약 20년 이상)

2. 태양에너지의 단점

① 에너지의 밀도가 낮다.
태양에너지는 지구 전체에 넓고 얇게 퍼져 있어 한 장소에 비춰주는 에너지양이 매우 작다.
② 태양에너지는 간헐적이다.
야간이나 흐린 날에는 이용할 수 없으며 경제적이고 신뢰성이 높은 저장 시스템을 개발해야 한다.
③ 전력생산량이 지역별 일사량에 의존한다.

④ 설치장소가 한정적이고, 시스템 비용이 고가이다.

⑤ 초기 투자비와 발전단가가 높다.

3. 에너지 변환효율을 높이기 위한 방법

① 가급적 많은 태양빛이 반도체 내부에 흡수되도록 한다.

② 태양빛에 의해 생성된 전자가 쉽게 소멸되지 않고 외부 회로까지 전달되도록 한다.

③ p-n 접합부에 큰 전기장이 생기도록 소재 및 공정을 디자인 한다.

④ 태양전지는 온도가 상승할수록 효율은 떨어지나, 염료감응형 태양전지는 높아진다.

핵심 6 건물일체형 태양광 발전시스템

1. BIPV 건물일체형 태양광발전시스템(BIPV : Building Integrated Photovoltaics)

① 태양광 발전을 건축자재(창호, 외벽, 지붕재 등)로 사용하면서 태양광 발전이 가능하도록 한 것을 BIPV시스템이라 한다.

② BIPV 태양전지 모듈이 전기생산과 건축자재 역할 및 기능을 겸한다.

③ 범위 : 창호, 스팬드럴, 커튼월, 파사드, 차양시설, 아트리움, 슁글, 지붕재, 캐노피, 단열시스템

2. BIPV(Bilding Integrated Photovoltaics) 특징

① 건물외장재로 사용되어 건축자재 비용절감

② 건물과 조화로 건물의 부가가치 향상

③ 조망 확보에 따른 건축적 응용 측면에서 잠재성 우수

④ 실내 온도상승으로 별도 건물설계방안 필요

⑤ 수직으로 설치되어 발전량 일부 감소

3. BIPV 설치기준

① 건축물의 에너지절약 설계기준 제10조(국토부 고시)

② 신재생에너지 설비의 지원 등에 관한 기준 [별표 1] (지식경제부 고시)

  - 태양광설비 시공기준

4. 설계 및 시공 시 고려사항

① BIPV 설치부위 열손실 방지대책 설계 반영
② 태양전지 모듈은 센터에서 인증한 제품 사용
③ 방위각은 그림자 영향을 받지 않는 정남향 설치 원칙
④ 경사각은 현장 여건에 따라 조정
⑤ 지지대는 바람, 적설하중 및 구조하중에 견딜 수 있도록 설치
⑥ 지지대, 연결부, 기초(용접부위 등)는 녹방지 처리
⑦ 전기설비기술기준에 따라 접지공사를 한다.

핵심 7 신재생에너지 KS 인증대상 품목

1. 소형 태양광 발전용 인버터

① 정격출력 10 kW 이하–계통연계형
② 정격출력 10 kW 이하–독립형

2. 중대형 태양광 발전용 인버터

① 정격출력 10 kW 초과 250 kW 이하–계통연계형
② 정격출력 10 kW 초과 250 kW 이하–독립형

3. 결정질 실리콘 태양광발전 모듈(성능)

4. 박막 태양광발전 모듈(성능)

핵심 **8** **태양열 시스템의 구성**

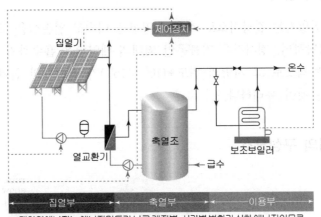

※태양열에너지는 에너지밀도가 낮고 계절별, 시간별 변화가 심한 에너지이므로
집열과 축열기술이 가장 기본이 되는 기술임

1. 집열부

태양열 집열이 이루어지는 부분으로 집열 온도는 집열기의 열손실율과 집광장치의 유무에 따라 결정되며, 집광비가 큰 것일수록 집열온도가 높은 집열기이다.

2. 축열부

태양열 축열기술은 태양열이 집열되는 시점과 사용시점이 일치하지 않기 때문에 이를 효과적으로 사용할 수 있도록 집열기에서 집열된 태양열을 필요한 시간에 필요한 양만큼 수요측에 공급하지 위한 것으로, 열에너지를 효율적으로 저장하였다가 공급하는 부분이다.

3. 이용부

태양열 축열조에 저장된 태양열을 효과적으로 공급하고 부족할 경우 보조열원을 이용해 공급하는 부분이다.

4. 제어장치

태양열을 효과적으로 집열 및 축열하여 공급한다. 태양열 시스템의 성능 및 신뢰성 등에 중요한 역할을 해주는 장치이다.

핵심 9 집열기

1. 집열기의 설치

평판형 집열기는 결정적으로 효율에 영향을 미치고 열손실을 고려한 열판의 길이와 폭의 비는 1.5 : 1이 적당하며, 경사각은 겨울동안 최대의 태양열을 흡수하기 위해서 10° ~ 15° 가 최적 경사도이지만 일반적으로 그 지방의 위도+(10° ~ 15°)가 집열판의 설치 경사각이 된다. 또한 정남형으로 설치하는 것이 유리하다.

2. 집열기의 구성요소

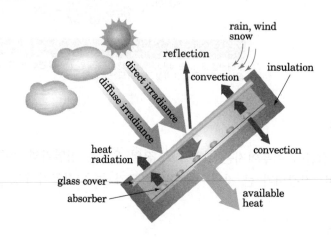

(1) 투과체(glass cover)

투과체의 기능은 태양열을 투과시키고 대류복사에 의한 태양열의 손실을 방지하는 역할을 한다. 투과체의 유리표면에 반사방지용 코팅을 하면 92~94[%]의 투과율을 얻을 수 있다.

(2) 흡수체(absober)

집열판이라고 하는 흡수체는 태양광선을 열에너지로 변환시켜 열매체(물, 공기 등)에 전달하는 역할을 한다. 이것의 재료는 열전도율이 커야하며 부식에 견디는 내식성이 요구된다. 집열판의 태양열 흡수성능을 높이기 위하여 집열판위에 전기도금을 하여 흑색 피막을 입힌 선택흡수막(Selective Coating)을 코팅하면 적외선을 선택적으로 흡수할 수 있다.

(3) 케이싱(Casing)

집열기의 형상을 구성하는 틀로서 재료는 동, 알루미늄, 스텐리스 등이 사용된다.

(4) 단열재(Insulation)

집열판이 흡수한 태양열의 에너지가 집열기 뒤쪽으로 손실되는 것을 방지하기 위하여 단열재를 설치한다.

3. 집열기의 종류

(1) 평판형 집열기

가장 많이 사용되고 있는 집열기로서, 평판 형태로 태양에너지 흡수면적이 태양에너지의 입사면적과 동일한 집열기이며, 투과체, 흡수체, 단열재 등으로 구성되어 있다.
- 투과체는 투과율이 높고, 흡수율이 작으며, 열전도율이 낮은 것을 사용해야 한다.
- 흡수판은 흡수율이 높고, 방사율이 낮아야 한다.
- 전면으로의 열손실(전도 및 대류)을 줄일 수 있도록 설계되어야 한다.
- 단열이 잘 되어야 한다.

(2) 진공관형 집열기

투과체 내부를 진공으로 만들어 그 내부에 흡수판을 위치시킨 집열기로서, 진공을 사용함으로 집열면에서의 대류 열손실을 줄일 수 있으며, 설치면적을 줄일 수 있다. 진공관의 형태에 따라 단일진공 유리관과 이중진공 유리관이 있다.

(3) PTC(Parabolic Trough Solar Collector)

태양의 고도에 따라서 태양을 추적할 수 있는 포물선 형상의 반사판이 있고, 그 가운데 흡수판의 열할을 하는 집열관(리시버)이 있다. 반사판에 의해서 집광된 일사광선은 집열관에 집광되어 집열판 내부의 열매체를 가열시켜 200~250[℃]정도의 고온의 온도를 얻을 수 있다.

(4) CPC(Compound Parabolic Collector)

반사판이 있어서 일사광선을 집광해서 집열하는 집열기로 반사판이 태양 추적 없이 직달 및 산란일사 모두를 집광할 수 있는 집열기이다.

(5) 접시형(Dish) 집열기

일사광선이 한 점에 집광이 될 수 있는 접시모양의 반사판이 있는 집광형 집열기로서 태양을 추적하는 추적장치가 있다. 주로 수백[℃]의 온도를 집열하는데 사용이 가능하여 태양열 발전용으로도 사용된다.

핵심 10 축열조

1. 축열방법

태양열 축열은 현열축열과 잠열축열에 의한 방법이 있으며, 주로 물을 축열매체로 하는 현열축열 방법이 사용된다. 현열축열방법은 축열재가 갖고 있는 열용량을 이용하여 열을 저장하는 방식으로 물, 자갈, 벽돌 등과 같은 것을 이용하며 태양열뿐만 아니라 폐열 또는 심야전력 이용 축열시스템에서도 많이 사용되고 있다.

2. 축열조에서의 온도계층화

축열조내 온도계층화는 물의 온도변화에 따른 밀도차이로 인하여 윗부분에는 온도가 높은물, 아랫부분에는 온도가 낮은 물이 위치함으로써, 축열조내의 유체가 안정된 상태를 유지함을 의미한다. 온도계층화 상태에서는 가벼운 유체가 위에 무거운 유체가 밑에 있기 때문에 열의 대류는 일어나지 않으며, 단지 수직방향으로 온도변화가 있는 층인 온도경계층(thermal boundary layer)에서 열전도만이 일어난다. 축열조 내의 온도분포는 최대한 축열매체의 상하부 대류를 억제시켜 성층화를 파괴하지 않는 것이 시스템 효율향상에 유리하다. 이러한 온도계층화에 영향을 미치는 요소로는 축열 및 방열과정에서 발생하는 난류, 부력, 축열조 벽면의 열용량, 축열조내 열원 등이 있다.

3. 축열시스템의 조건

① 단위 용적당 축열용량이 클 것
② 열확산계수가 커서 열저장 속도가 클 것
③ 집열, 방열 시스템과의 연계조합이 쉬울 것
④ 값이 저렴하며, 수명이 길 것

핵심 11 태양열 시스템 설계시 고려사항 및 특징

1. 태양열 시스템 설계시 고려사항

① 태양열 적용 타당성 검토
② 집열기 선정 : 집열온도 및 외기온도, 일사량
③ 시스템 구성 및 보조 열원과의 연계
④ 집열면적 : 태양열 의존율
⑤ 시스템 제어
⑥ 각종 구성부품의 용량 및 성능
  • 열교환기
  • 펌프 : 유량
  • 보조열원과의 연계방법
  • 축열조 및 온도 성층화
  • 배관
⑦ 열성능 향상 및 안전성

2. 태양열 시스템의 특징

(1) 장점

- 무공해, 무재해 청정에너지이다.
- 기존의 화석에너지에 비해 지역적 편중이 적다.
- 다양한 적용과 이용성이 높다.
- 유지보수비가 저렴하다.

(2) 단점

- 에너지 밀도가 낮고 간헐적이다.
- 유가의 변동에 따른 영향이 크다.
- 초기 설치비용이 많다.
- 일사량 변동(계절, 주야)에 영향을 받는다.

핵심 12 신재생에너지 설비 KS 인증대상 품목

1. 태양열 집열기

평판형, 진공관형, 고정집광형

2. 태양열 온수기

자연순환식, 강제순환식, 진공관일체형

| 핵심 13 | HEAT PUMP 시스템 |

1. 개요

냉매의 발열 또는 응축열을 이용해 저온의 열원을 고온으로, 고온의 열원을 저온으로 전달하는 냉·난방 장치

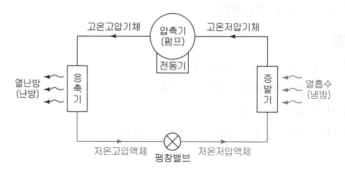

[Heat Pump의 냉·난방 사이클]

2. 분류

① 구동방식 : 전기식, 엔진식
② 열원 : 공기 열원식, 수열원식(폐열원식), 지열원식
③ 열 공급 방식 : 온풍식, 냉풍식, 온수식, 냉수식
④ 펌프 이용 범위 : 냉방, 난방, 제습, 냉·난방 겸용

3. 지열 히트펌프 냉방 사이클

압축기 → 응축기 → 팽창밸브 → 증발기

4. 지열 시스템 평가 시 주요확인사항

① 지열 시스템의 종류
② 냉난방 COP
③ 순환펌프 동력합계
④ 지열 천공수, 깊이
⑤ 열 교환기 파이프 지름
⑥ 히트펌프 설계유량 및 용량

5. 신·재생에너지 KS 인증품목 대상

① 물-물 지열 열펌프 유니트(530kW 이하)
② 물-공기 지열 열펌프 유니트(175kW 이하)
③ 물-공기 지열 멀티형 열펌프 유니트(175kW 이하)

핵심 14 풍력발전시스템의 분류

구조상 분류 (회전축 방향)	수평축 풍력시스템(HAWT) : 프로펠러형 등
	수직축 풍력시스템(VAWT) : 다리우스형, 사보니우스형 등
운전방식	정속운전(fixed roter speed type) : 통상 Geared형
	가변속운전(variable roter speed type) : 통상 Gearless형
출력제어방식	Pitch(날개각) Control
	Stall(실속) Control
전력사용방식	계통연계(유도발전기, 동기발전기)
	독립전원(동기발전기, 직류발전기)

1. 풍차구조(회전축 방향)에 따른 구별

(1) 수직축 형(VAWT)

회전자가 타워 정상부와 대지 사이에 위치하여 회전축이 대지에 대하여 수직이며 풍향에 관계없이 회전이 가능하지만 소재가 비싸고, 효율이 낮으며, 대량화가 어렵고 내강도가 약해서 상용화에 실패한 모델이다.

그 종류로는 사보니우스형, 다리우스형, 크로스 플로형, 패들형 등이 있다.

(2) 수평축 형(HAWT)

회전축과 회전자가 타워 상부에 있는 나셀에 설치되어 있어 회전축이 대지에 대하여 수평이며, 풍향에 따라서 상부 나셀과 회전체가 방향을 바꾼다. 현재 대부분의 풍력발전기가 이 형식을 채택하고 있다.

그 종류로는 블레이드형, 더치형, 세일윙형, 프로펠러형 등이 있다.

2. 운전방식에 따른 구별

(1) 정속도 회전 시스템

통상 기어타입을 사용하며 증속 기어와 정속도 유도발전기를 사용하여 풍속에 관계없이 일정속도로 회전시켜서 정주파수로 발전할 수 있으므로 인버터설비가 필요 없다.

회전자 → 증속기어 → 유도발전기(정전압/정주파수) → 변압기 → 전력계통

(2) 가변속도 회전 시스템

통상 기어리스타입을 사용하며 회전자와 가변속 동기발전기가 직결되는 Direct – drive형이고, 풍속에 따라 주파수가 달라지므로 인버터가 필요하다.

> 회전자 → 동기발전기(가변전압/가변주파수) → 인버터 → 변압기 → 전력계통

핵심 15 풍력 에너지

1. 속도의 힘

속도 "V"로 움직이는 질량 "m"의 공기 중에서의 운동에너지는 SI단위계에서 다음과 같이 주어진다.

$$E = \frac{1}{2}mV^2\,[\text{J}]$$

한편, 유동 공기 중의 힘은 다음과 같이 표현될 수 있다. (이때 공기는 시간당 질량이다.)

$$P = \frac{1}{2}(mass\ flow/second)\,V^2$$

여기서, P = 유동공기중의 기계적 힘
ρ = 공기밀도(kg/m^3)
A = 회전날개의 궤적면적(m^2)
V = 공기속도(m/s)

또한, 체적 유량은 AV이며, 공기의 유량(kg/m^2)은 ρAV이다. 힘은 다음과 같이 표현될 수 있다.

$$P = \frac{1}{2}(\rho A V) \times V^2 = \frac{1}{2}\rho A V^3\,[\text{W}]$$

두 위치적 바람현상은 회전날개(Rotating Blades) 궤적 m^2당 watts를 전력비 또는 전력 밀도(Power density)라 하며, 다음과 같이 나타낸다.

$$D = \frac{1}{2}\rho V^3 [\text{W/m}^2]$$

2. 높이의 효과(Effect of Height)

지표상에서 바람의 변형은 다음의 표현과 일치하여 높이와 함께 풍속의 변화를 초래한다.

$$V_2 = V_1 \left\{ \frac{h_2}{h_1} \right\}^{\alpha}$$

여기서, $V_1 =$ 높이 h_1에서 측정된 풍속, $V_2 =$ 높이 h_2에서 예상된 풍속,
$\alpha =$ 지표면 마찰계수

마찰계수는 평탄 지역에서는 낮고, 거친 지역에서는 높다. 한편, 풍속은 높이에 따라 무한정 증가하지 않는다.

[여러 지형의 마찰 계수]

Terrain Type	Friction Coefficient α
Lake, ocean and smooth hard ground	0.1
Foot high grass on level ground	0.15
Tall crops, hedges, and shrubs	0.20
Wooded country with many trees	0.25
Small town with some trees and shrubs	0.30
City area with tall buildings	0.40

3. 풍력발전의 장/단점

(1) 장점

① 신재생에너지 중 발전단가가 가장 낮다.

② 배출가스로 인한 환경오염이 없다.

③ 풍력발전건설기간이 비교적 짧고, 비용이 적게 든다.

④ 에너지 구입비용이 들지 않으며 무한정의 자연에너지 원을 활용한다.

(2) 단점

① 풍속이 7~8[m/s] 정도의 경우 소음이 특히 문제가 된다.

② 전파장애(TV전파장해, 고스트) 등이 발생할 수 있다.

③ 입지조건에 따라 풍속과 풍향의 변동이 크기 때문에 발전소 부지 선정시 제약이 있다.

핵심 16　BIWP(Building Integrated Wind Power)

1. 건물일체형 풍력발전의 정의

풍력터빈을 모듈화, 소형화 하고 건축물의 일부로서 외피에 일체화시킴으로서 의장적 요소와 기능적 요소를 동시에 부여하기 위한 발전기술이다.

2. 대형 풍력발전방식의 문제점

중대형 시스템을 중심으로 국내외 풍력발전 기술이 새로운 신재생에너지원으로 급속히 성장하고 있는 반면, 지난 수십년간의 기술개발 및 보급을 통해 대두된 현안 문제점도 적지 않은 상황이다.

* 교외 지역에 적합하며, 도심환경에는 적용이 곤란하다.
* 작동을 위해서는 최소 4.5m/s 이상의 풍속이 요구된다.
* 풍속 최적화를 위해 일정높이 이상의 타워가 필요하다.
* 소음문제 및 경관 훼손 문제가 발생한다.
* 특별한 조닝과 허가절차가 요구되며, 고수준의 유지 보수 및 검사가 필요하다.

3. 소형 건물일체형 풍력발전의 특징

* 소형 모듈형식으로 필요에 따라 용량을 자유롭게 조합할 수 있다.
* 50dB수준의 저소음을 구현함으로서 중대형 시스템의 소음문제를 최소화할 수 있다.
* 디자인적 우수성을 강조하여 건물 외관상 의장성을 향상시키는데 기여할 수 있다.
* 저속(2.3m/s)에서 운영가능 하도록 설계하여 최소풍속이 낮아도 된다.
* 설치가 용이하며, 파라펫에 설치함으로 지붕구조의 관통이 불필요하다.
* 45m/s의 순간 최대풍속에도 견딜 수 있어 내구성이 뛰어나다.

핵심 17 연료전지의 공급 물질 및 생성물질

1. 연료전지의 원리

전해질(인산 수용액)을 사이에 끼고 다공질의 연료극과 산소극을 둔다. 연료극 측에는 연료를, 산소극 측에서는 산소 또는 공기 등의 산화제를 넣어 둔다. (이 때문에 이 극을 공기극이라고도 함) 전해질인 인산액 중에서는 수소이온 H^+가 움직일 수 있으므로 연료극 측의 수소는 수소가 없는 산소극 측으로 이동하려 한다. 이때 수소는 전해질 내의 이온으로 되려고 연료극 부근에서 전자를 한 개 방출한다. 이온으로 된 수소는 산소극으로 이동해서 산소극 부근에서 전자를 받아서 수소로 돌아가고 이것이 산소와 반응해서 수증기로 된다.

2. 공급물질 : 수소, 산소

(1) 수소극(연료극)

$$H_2 \rightarrow 2H^+ + 2e^- \ : \ 수소의 \ 산화반응$$

(2) 산소극(공기극)

$$\frac{1}{2}O_2 + 2H^+ + 2e^- \rightarrow H_2O \ : \ 산소의 \ 환원반응$$

3. 생성물질 : 물, 열, 전기에너지

핵심 18 연료전지의 구성 및 특징

1. 구성

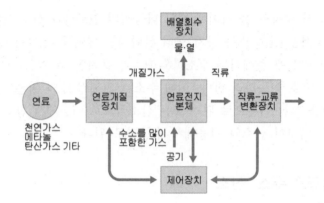

(1) 연료 개질 장치(Reformer)

천연가스(화석연료 : 메탄, 메틸알코올)등의 연료에서 수소를 만들어 내는 장치

(2) 연료 전지 본체(Stack)

수소와 공기 중의 산소를 투입 또는 반응시켜 직접 직류 전력을 생산

(3) 인버터(Inverter)

생산된 직류 전력을 교류전력으로 변환시키는 부분

(4) 제어장치

연료 전지 발전소 전체를 자동 제어하는 장치부

2. 연료전지의 특징

① 에너지 변환효율이 높다.

② 부하 추종성이 양호하다.

③ 모듈 형태의 구성이므로 Plant 구성 및 고장시 수리가 용이하다.

④ CO_2, NO_X 등 유해가스 배출량이 적고, 소음이 적다.

⑤ 배열의 이용이 가능하여 연료전지 복합 발전을 구성할 수 있다.

  (종합효율은 80[%]에 달한다.)

⑥ 연료로는 천연가스, 메탄올부터 석탄가스까지 사용가능 하므로 석유 대체 효과가 기대된다.

핵심 19 **연료전지의 종류별 특징**

구 분	알카리 (AFC)	인산형 (PAFC)	용융탄산염 (MCFC)	고체산화물 (SOFC)	고분자 전해질 (PEMFC)	직접매탄올 (DMFC)
전해질	알카리	인산염	탄산염	세라믹	이온교환막	이온교환막
동작 온도(℃)	100 이하	220 이하	650 이하	1000 이하	100 이하	90 이하
효율(%)	85	70	80	85	75	40
용도	우주 발사체	중형건물 (200kW)	중·대형건, 발전시스템 (100kW)	소·중·대용량 발전전시스템 (1kW~MW)	가정용,자동차 (1~10kW)	소형이동 핸드폰, 노트북 (1kW 이하)

■ 종합예제문제

01 도면을 참고하여 다음 물음에 답하시오.

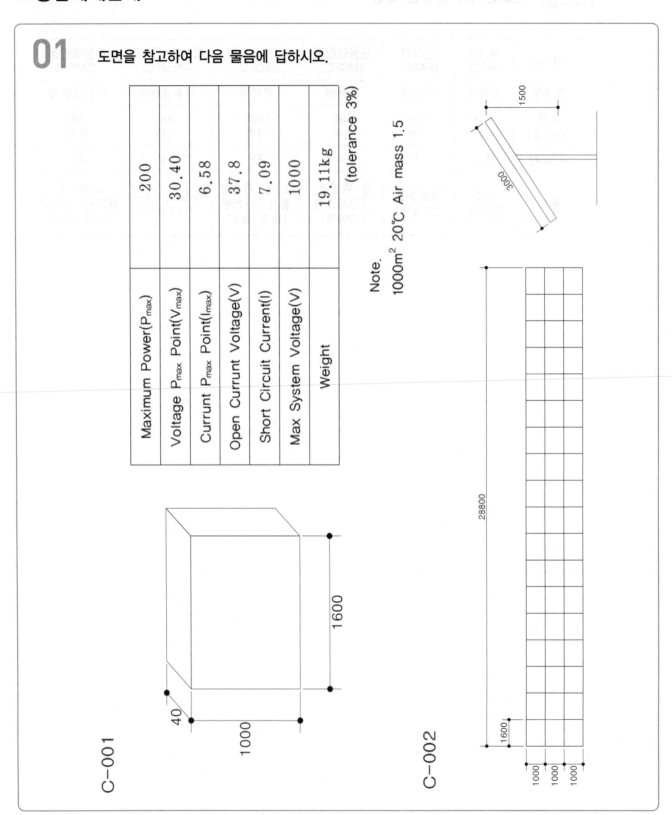

Maximum Power(P_{max})	200
Voltage P_{max} Point(V_{max})	30.40
Currunt P_{max} Point(I_{max})	6.58
Open Currunt Voltage(V)	37.8
Short Circuit Current(I)	7.09
Max System Voltage(V)	1000
Weight	19.11kg

(tolerance 3%)

Note.
1000m² 20℃ Air mass 1.5

C-001

C-002

1. 태양광 설치도면(C-001, C-002)에서 설치되는 태양광 발전의 최대출력을 구하고, 해당 월(①~③)의 발전량을 구하시오. (표준상태에서의 일사강도 : 1kW/m²)

〈해당 지역의 월 적산 일사량 및 종합설계계수〉

구 분	1	2	3	4	5	6	7	8	9	10	11	12
월 적산 경사면(30°) 일사량 [kWh/m²월]	113.77	104.44	126.34	121.6	136.09	111.1	115.94	130.42	101.7	102.92	93	101.99
종합설계 계수	0.81	0.81	0.81	0.81	0.76	0.76	0.66	0.76	0.76	0.81	0.81	0.81
월간 발전량 [kWh/m²]	①						②		③			

※ 종합설계계수 : 태양전지 모듈 출력의 불균형 보정, 회로 손실, 기기에 의한 손실 등을 포함.

2. 최대 및 최소 발전량에 해당하는 월의 발전량을 구하시오.

---

1. 최대출력 = 모듈수 × 1개당 최대전력 = $3 \times 18 \times 200 = 10,800[W] = 10.8[kW]$

   월간발전량 = 어느 기간별 일사량 × 설계계수 × 모듈설치용량(최대출력)

   - m²당 월간 발전량 = $\dfrac{월간발전량}{설치면적}$

   - 설치 면적(m²) = 가로 × 세로 = $28.8 \times 3 = 86.4 m^2$

구 분	1	7	9
월적산경사면(30°) 일사량[kWh/m²월]	113.77	115.94	101.7
종합설계 계수	0.81	0.66	0.76
월간 발전량[kWh]	$113.77 \times 0.81 \times 10.8kW$ $= 995.26$	$115.94 \times 0.66 \times 10.8kW$ $= 826.42$	$101.7 \times 0.76 \times 10.8kW$ $= 834.75$
설치면적	$86.4 m^2$	$86.4 m^2$	$86.4 m^2$
월간 발전량 [kWh/m²]	$\dfrac{995.26}{86.4} = 11.52$	$\dfrac{826.42}{86.4} = 9.57$	$\dfrac{834.75}{86.4} = 9.66$

2.

■ **최대 발전량(5월)**

$$\frac{136.09 \times 0.76 \times 10.8}{86.4} = 12.93 [\mathrm{kWh/m^2}]$$

■ **최소 발전량(11월)**

$$\frac{93 \times 0.81 \times 10.8}{86.4} = 9.42 [\mathrm{kWh/m^2}]$$

■ **월 발전량**

1	2	3	4	5	6	7	8	9	10	11	12
11.52	10.57	12.79	12.31	12.93	10.55	9.57	12.39	9.66	10.42	9.42	10.33

02 다음 조건의 PVG Array 필요 용량(kW)을 산출하시오. (단, STC조건(국제표준시험조건))

월 전력 수요량 600kWH/월	
월 평균 경사면 일사량 110(kWH/m²·월)	
태양광 발전 시스템의존율 0.6	
설계여유계수 1.1	종합설계계수 0.8

$$P_{AD} = \frac{E_L \cdot D \cdot R}{\left(\dfrac{H_A}{G_S}\right) \times K}$$

E_L : 전력수요량(kWh)

D : 의존율

R : 설계여유계수

H_A : 경사면 일사량(kWh/m²)

G_S : STC 일사강도(1kW/m²)

K : 종합설계계수

K : $K_d \times K_t \times$ 인버터 효율

K_d : 직류보정계수

　　(태양전지표면오염, 일사강도변화, 태양전지, 특성오차보정, 축전지 손실률 등) : 0.9 정도)

K_t : 태양전지온도상승 보정계수(계절별로 상이) : 0.85 정도

인버터 효율 : 변환효율로 약 0.9~0.92

$$\therefore \ P_{AD} = \frac{600 \times 0.6 \times 1.1}{\left(\dfrac{110}{1}\right) \times 0.8} = 4.5(\text{kW})$$

03 다음은 태양광발전소를 건설하기 위해 주어지는 조건이다. 각 물음에 대하여 계산과정과 답을 쓰시오.

> [조건]
> • 태양광발전소 부지는 70m(가로)×150m(세로)이다. 경계선으로부터 상하좌우 3m씩 빈 공간을 두고, 태양광모듈을 설치한다. 경계선에는 울타리와 같은 경계시설이 없는 일반 평지이다. 또한, 모듈 사이의 간격은 없는 것으로 한다.
> • 구조물에 설치될 태양광모듈은 그림3과 같이 세로로 길게 설치한다.
> • 계산된 결과는 소수점 둘째자리까지 표시하고, 그 이하는 절사한다.

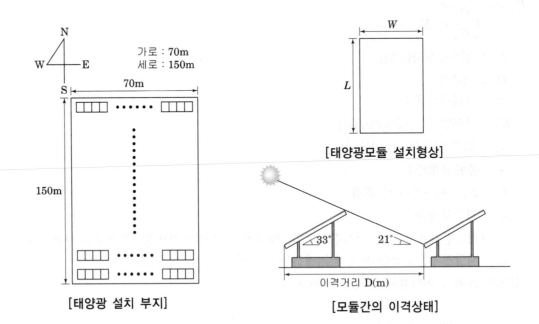

[태양광 설치 부지]

[태양광모듈 설치형상]

[모듈간의 이격상태]

[태양광모듈 사양]

구 분	태양전지 모듈 사양
최대전력 $P_{max}(W)$	250 W
개방전압 $V_{oc}(V)$	37.50 V
단락전류 $I_{SC}(A)$	8.70 A
최대전압 $V_{mpp}(V)$	30.50 V
최대전류 $I_{mpp}(A)$	8.20 A
모듈 치수	1,800(L)×950(W)×35.5(D)mm

※ 다음 물음에 대한 계산과정과 답을 정확히 기록하시오.

■ 발전예정지에 최대 발전가능 전력량을 구하시오.

1. 이격거리(D) =

2. 가로 모듈 수 =

3. 세로 모듈 수 =

4. 총 모듈 수 =

5. 총 예상발전량 =

■ 발전예정지 최대 발전가능 전력량

1. 이격거리(d)

$$d = L\frac{\sin(\alpha+\beta)}{\sin\beta} = 1.8 \times \frac{\sin(33+21)}{\sin 21°} = 4.06\text{m}$$

2. 가로모듈수

$(70 - 3\times 2)/0.95 = 67.36 \quad \therefore 67EA$

3. 세로모듈수

$(150 - 6)/4.06 = 35.46$

$35EA$ 일 때 $4.06\times 35 = 142.1$로

$144 - 142.1 = 1.9(\text{m})$ 여유

$1.8\times \cos 33° = 1.51 < 1.9$ 이므로

$\therefore 36EA$ 설치

4. 총 모듈 수

$67\times 36 = 2,412[EA]$

5. 총 예상 발전량

$0.25\times 2,412 = 603[\text{kW}]$

04 건물일체형 태양광발전(BIPV : Building-Integrated Photovoltaic) 시스템을 정의하고, 다른 PV시스템과 비교하여 BIPV시스템이 갖는 장점 4가지를 서술하시오

1. 건물일체형 태양광 발전시스템(BIPV) 정의

태양광 발전을 건축자재(창호, 외벽, 지붕재 등)로 사용하면서 태양광발전이 가능하도록 한 것을 건물일체형 태양광 발전시스템이라 한다.

2. 기존의 PV시스템과 비교시 BIPV의 장점 4가지

① 건물외장재로 사용되어 건축자재 비용절감
② 건물과 조화로 건물의 부가가치 향상
③ 조망 확보에 따른 건축적 응용측면에서 잠재성 우수
④ 별도의 설치 공간이 불필요(기존의 PV는 모듈설치를 위한 넓은 평지, 옥상 등이 필요)
⑤ 주문 제작된 모듈로 다양한 입면 연출 가능
⑥ BIPV가 차양장치나 일사여과장치로 사용되는 경우 건물의 냉난방 부하 절감
⑦ 생산자와 소비자가 동일하여 송전 등으로 인한 전력손실 최소화
⑧ 염료감응형 태양전지를 사용하였을 경우 색상의 다양성 가능

05 태양열 시스템의 설계에서 다음사항을 서술하시오.

1) 설계 시 고려사항

2) 대전지역 35° 정남형의 태양열 설계가 아래와 같을 때 다음 물음에 답하시오.
   (단, 소수점 3째 자리에서 반올림 할 것)

   ① 연간 태양열 의존율[%]을 계산하시오.(단, 월별 집열 열량 모두 해당 월에 이용한다.)

   ② 연간 경유 절감량[ℓ]을 계산하시오. (단, 경유 보일러의 효율을 고려할 것)

   ③ 연간 탄소배출 저감량[Ton_C]을 계산하시오.

   ④ 이산화탄소 배출 저감량[Ton_CO₂]을 계산하시오.(단, 탄소의 분자량은 12, 이산화탄소의 분자량
   은 44임)

〈설계조건〉

- 면적 : 2m²/매 평판형 태양열 집열기 150매
- 방향 및 경사각 : 정남향 35° 경사각
- 연평균 집열율 : 40%
- 월별 일평균 일사량과 집열면적 : 300m²
- 경유 Boiler 효율 : 85[%]

〈연료의 발열량〉

종 류	총 발열량	순 발열량	탄소배출 계수
등 유	8,950 [kcal/ℓ]	8,350 [kcal/ℓ]	0.812 Ton_C/TOE
경 유	9,050 [kcal/ℓ]	8,450 [kcal/ℓ]	0.837 Ton_C/TOE
도시가스	10,550 kcal/Nm³	9,550 kcal/Nm³	0.637 Ton_C/TOE

〈월별 부하열량〉

월	일수	월별 급탕부하 [Mcal]	월별 일평균 일사량 [kcal/m²day]	월별 집열열량 [Mcal]
1월	31	22,943	2,915	10,844
2월	28	22,943	3,392	11,397
3월	31	22,943	3,424	12,737
4월	30	21,735	3,879	13,964
5월	31	16,905	3,780	14,062
6월	30	14,490	3,557	12,805
7월	31	12,075	2,974	11,063
8월	31	12,075	3,400	12,075
9월	30	18,112	3,485	12,546
10월	31	18,112	3,525	13,113
11월	30	21,735	2,795	10,062
12월	31	21,735	2,430	9,040

1. 설계 시 고려사항

(1) 적용 타탕성 검토

태양열 설비를 설치하기 위해 소비자 또는 공급자가 가장 먼저 확인할 사항은 태양열 설비의 적용 타당성 검토이다. 태양열 설비는 연중 온수급탕이나 난방부하가 많고 고르게 분포하는 곳이 적합하다.

(2) 온수급탕 및 난방부하 산정

정확한 열부하를 산정하기 위해서는 각 건물의 용도별 온수급탕 및 난방 부하 산정방법을 이용하는 것이 바람직한데, 여의치 않은 경우 주택 등에 대해서 급탕 표준온도를 0~60℃로 1인 50~75[ℓ/day]를 공급한다고 가장하여 산정하는 것이 일반적이다.

(3) 집열기 및 매수 선정

태양열 설비 중 가장 중요한 구성 요소인 태양열 집열기 중에서 온수급탕 및 난방용으로 주로 이용되는 것은 평판형과 진공관형 태양열 집열기이다. 집열기의 매수는 경제성, 공간활용 가능성, 태양열 의존율 등을 고려하여 결정한다.

(4) 시스템 구성방안 선택

태양열 설비는 각 구성요소들을 어떻게 설치하여 이용하는가에 따라 여러 가지로 분류될 수 있다. 집열기 부분에서는 부동액 이용 방식과 자연배수 방식이 있을 수 있다.

(5) 집열열량 산정

태양열 설비를 통해서 얻을 수 있을 것으로 예측되는 집열열량은 소비자에게 있어서 매우 중요한 값이다. 단위면적 당 일일 평균 일사량은 전국적으로 분포되어 있는 측정기기를 통해 20여년 이상 측정하여 평균한 월평균 일사량 값이 알려져 있다.

2.

(1) 연간 태양열 의존율

$$연간\ 태양열\ 의존율 = \frac{연간\ 이용열량}{연간\ 급탕부하} \times 100 = \frac{143,708}{225,803} \times 100 = 63.64[\%]$$

(2) 연간 경유 절감량

$$x[\ell] \times 8450[\text{kcal}/\ell] \times 85[\%] = 143,708[\text{Mcal}]$$

$$\therefore x = \frac{143,708 \times 10^3}{8,450 \times 0.85} = 20,008.08[\ell]$$

(3) 연간 탄소배출 저감량

$$\begin{aligned}
탄소\ 배출\ 저감량 &= 0.837[\text{Ton\_C/TOE}] \times 20,008.08[\ell] \times 8,450[\text{kcal}/\ell] \times 10^{-7}[\text{TOE/kcal}] \\
&= 14.15[\text{Ton\_C}]
\end{aligned}$$

(4) 연간 이산화탄소 배출 저감량

$$\begin{aligned}
이산화탄소\ 배출\ 저감량 &= 14.15[\text{Ton\_C}] \times \frac{44}{12} \frac{Ton\text{-}CO_2}{Ton\text{-}C} \\
&= 51.83[\text{Ton\_CO}_2]
\end{aligned}$$

06 태양열 집열기의 종류 3가지를 들고 각각에 대하여 설명하시오.

1. 개요

① 태양열 집열기는 태양에너지를 집열하는 장치로 시스템의 중요한 요소이다.

② 종류에는 평판형 집열기, 진공관형 집열기, 집광형 집열기 등이 있다.

③ 일반적으로 93[℃] 이하의 온도가 필요한 난방 또는 냉방에는 평판형과 진공관식 집열기가 사용되며 그 이상의 온도에는 진공관식 또는 집중형 집열기가 사용된다.

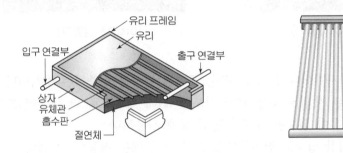

[평판형 집열기]　　　　　**[진공관 집열기]**

(1) 평판형 집열기

① 주거용 온수와 난방용으로 설치되는 가장 일반적인 집열기이다.

② 비용이 저렴하고 건물형태와 잘 조화할 수 있는 구조로 되어 있다.

③ 투명 덮개, 흡열판, 집열매체 도관, 단열재 및 집열기 외장박스로 구성된다.

④ 82[℃] 이하 액체(물 또는 기름)나 공기를 가열한다.

⑤ 집열기 표면 햇빛의 직달 일사만 유효하게 집열한다.

(2) 진공관 집열기

① 집열체가 내부를 진공으로 한 유리관 내에 있는 집열기로 정의된다.

② 진공을 사용하여 대류열손실을 획기적으로 줄임으로써 높은 집열효율을 유지한다.

③ 경량이고 설치가 용이하며 효율이 높아 설치면적을 줄일 수 있다.

④ 진공관 유리관이 파손되더라도 파손된 유리관만을 교체해 사용할 수 있다.

⑤ 태양빛의 입사각에 상관없이 모든 방향에서 빛을 흡수할 수 있는 구조이다.

⑥ 진공관 집열기로는 단일진공관과 이중진공관이 있다.

⑦ 단일진공관은 히트파이프가 유리관 내에 삽입 밀봉되어 취득된 열을 튜브 상단 끝의 열 교환기(매니폴드)를 통해 열매체에 전달한다.

⑧ 이중진공관은 내부와 외부 유리관 사이가 진공으로 U자형의 순환 튜브가 있고, 선택 흡수막은 내부유리관 외벽에 코팅되어 있다.

(3) 집광형 집열기

[PTC 집열기]

[Dish형 집열기]

① 집광형 집열기는 곡면의 반사판이나 한 점의 작은 표면에 일사를 집중하는 방식이다.

② 리시버라는 흡수기에 집중된 햇빛은 보통 태양 강도의 60배 이상으로 관 내부에 흐르는 유체를 약 400℃ 정도로 가열하여 고온이 필요한 태양열 발전 등에 사용된다.

③ 집광형 집열기는 대부분 직접 일사로 집열하므로 흐린 날 등에는 작동할 수 없다.

④ 비교적 맑은 날이 많은 지역에 유리하다.

⑤ 집광형에는 홈통형(PTC), 타워형(Tower), 파라볼라 접시형(Dish) 및 복합형이 있다.

- 홈통형(PTC : Parabolic Trough) : 태양추적이 가능한 반사경으로 300[℃] 정도의 열원을 얻어 스팀생산을 통한 태양열 발전설비에 사용된다.
- 중앙타워형(Central Tower) : 수백 개의 반사경을 이용 중앙 타워에 집광한다.
- 파라볼라 접시형(Dish) : 작은 집열면적으로 스터링 엔진 등을 구동하여 발전한다.
- 복합형 : 중앙타워형을 통해 반사된 빛을 CPC 같은 2차 집광으로 초고온을 얻는다.

07 지열 히트펌프 시스템에서 수직 밀폐형 지중열교환기의 길이 산정에 영향을 미치는 요소를 2가지 쓰고, 각각에 대한 근거를 서술하시오.

① 펌프의 성적계수
② 파이프 열저항
③ 토양/암석의 열저항
④ 냉·난방부하의 용량
⑤ 지열펌프의 가동시간

해설

난방시 1RT당 필요한 열교환기 길이

$$L_H = \frac{3024[(COP_H - 1/COP_H)] \times (R_P + R_S \times F_H)}{T_L - T_{\min}}[\text{m}]$$

$T_{\min}$: 지열펌프로 유입되는 어느달의 평균 최저 입구온도
COP_H : $T_{\min}$온도에서 지열펌프의 성적계수
F_H : 지열펌프의 가동시간의 분율
R_P : 루프 파이프의 열저항
R_S : 토양/암석의 열저항

이 밖에도, 냉난방 부하의 용량과 펌프의 효율등이 종합적으로 지중열교환기의 길이산정에 영향을 미친다.

08 농작물, 나물, 울타리에서 10m 높이에 있는 풍속계의 측정 풍속은 5m/s였다. 15℃ 1atm으로 가정하고, 50m의 높이에서 (1) 풍속과 바람에 의한 (2) 전력밀도(Power density)을 구하시오.

[여러 지형의 마찰 계수]

Terrain Type	Friction Coefficient α
Lake, ocean and smooth hard ground	0.1
Foot high grass on level ground	0.15
Tall crops, hedges, and shrubs	0.20
Wooded country with many trees	0.25
Small town with some trees and shrubs	0.30
City area with tall buildings	0.40

1. 풍속(m/s)(소수점 둘째자리 반올림) :

2. 전력밀도(Power density)(W/㎡)(소수점 첫째자리 반올림) :

---

1. 표에서 마찰 계수 α 는 0.2이다.

$$v_{50} = 5 \times \left(\frac{50}{10}\right)^{0.2} = 6.9[\mathrm{m/s}]$$

2. 전력밀도 (Power density)는

$$P_{50} = \frac{1}{2}\rho v^3 = 0.5 \times 1.225 \times 6.9^3 = 201[\mathrm{W/m^2}]$$

09 독립형 태양광 발전 시스템의 설계에서 제1단계는 1일 전력 수요량 결정이다. 전력 소비량을 바탕으로 독립형 태양광 발전시스템이 부담해야 할 부하량을 먼저 계산하기 위해 1일 소비전력량을 계산해야 한다. 물음에 답하시오.

1. 표에서 (A), (B)은 각각 얼마인가?
2. 표에서 계산한 1일 전력소비량일 때 전력공급 시스템에서 실제적으로 감당해야 할 1일 부하량은 얼마인가? 단 손실 보정율을 1.2로 한다.

구분	전기 기기명	수량	소비전력[W]	사용시간[h]	1일 소비전력량[Wh]
1	고효율 LED등	3	7.1	5	107
2	급수 펌프	2	150	1	300
3	냉장고	1	주1)		(A)
4	LED TV	1	60	5	300
5	오디오	1	15	8	120
6	컴퓨터	1	70	3	210
7	팬	3	15	6	270
				합계	(B)

비고	주1) 월간 소비전력량 18kWh임 주2) 1월은 30일로 한다.

---

1. (A) 냉장고 월간 소비전력량이 18[kWh]이므로 1일 소비전력량은

$$18 \times \frac{1}{30} = 0.6[kWh] = 600[Wh]$$

(B) 합계 = 1,907[Wh]

2. 1일 부하량 = (1일 전력소비량) × 1.2 = 1,907 × 1.2 = 2,288.4[Wh]

• **답** : 1) (A) : 600[Wh], (B) : 1907 [Wh]
   2) 1일 부하량 : 2,288.4 [Wh]

memo

부 록

과년도 기출문제

목 차

부록 과년도 기출문제

2015년 제1회 실기시험 기출문제

건축물에너지평가사

〈2차실기 기출문제 내용〉

구분	문항수	시간(분)
기출문제	11	150

한솔아카데미

문제1. 사무소 건물의 도서(그림1, 표1, 표2)를 활용하여 "건축물 에너지효율등급 인증기준" [별표1]에서 제시하고 있는 건축물 에너지효율등급 인증기준에 따라 다음 물음에 답하시오. (단, 답안은 소수 둘째자리에서 반올림함) (18점)

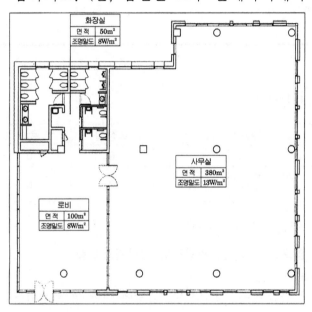

〈그림1. 평면도〉

〈표1. 설비목록〉

냉난방	급탕	환기
EHP	전기식 순간온수기	환기유닛

〈표2. 용도프로필〉

구분	단위	용도별 적용 값		
		대규모 사무실	화장실	부속공간
사용시간과 운전시간				
사용 시작시간	–	09:00	07:00	07:00
사용 종료시간	–	18:00	18:00	18:00
운전 시작시간	–	07:00	07:00	07:00
운전 종료시간	–	18:00	18:00	18:00
설정 요구량				
최소 도입외기량	$[m^3/hm^2]$	6	15	0.15
급탕요구량	$[Wh/(m^2d)]$	30	0	0
조명시간	[h]	9	11	11
열 발열원				
사람	$[Wh/(m^2d)]$	55.8	0	0
작업 보조기기	$[Wh/(m^2d)]$	126	0	0
실내 공기온도				
난방 설정온도	[℃]	20	20	20
냉방 설정온도	[℃]	26	26	26

1-1) 이 건물의 급탕 및 조명에 대한 연간 단위면적당 1차 에너지소요량($kWh /m^2 \cdot$ 년)을 각각 구하시오. (12점)

> ※ 전기식 순간온수기의 손실은 고려하지 않음
>
> ※ 모든 실의 연간 사용일수는 250일로 함
>
> ※ 용도별 보정계수는 고려하지 않음

1-1)

■ **급탕에 대한 연간 단위면적당 1차 에너지소요량**

구분	사무실	화장실	로비
급탕요구량($Wh/m^2 \cdot d$)	30	0	0
급탕 연간 에너지요구량(kWh)	$\dfrac{30 \times 250 \times 380}{1,000} = 2,850$	0	0

- 급탕에 대한 단위 면적당 에너지요구량 $= \dfrac{2,850}{380} = 7.5 kWh/m^2 \cdot$ 년

- 전기식 순간온수기의 손실은 고려하지 않으므로 연간단위면적당 에너지소요량

  =연간단위면적당 에너지요구량 $= 7.5 kWh/m^2 \cdot$ 년

- 급탕의 에너지원은 전력으로 1차 에너지 환산계수는 2.75이다. 급탕에 대한 연간 단위면적당

  1차 에너지소요량 $= 7.5 \times 2.75 = 20.6 kWh/m^2 \cdot$ 년

■ **조명에 대한 연간 단위면적당 1차 에너지 소요량**

구분	사무실	화장실	로비	계
조명밀도(W/m^2)	13	8	8	
면적(m^2)	380	50	100	530
조명시간(h)	9	11	11	
조명전력량(kWh)	$4,940 \times 250 \times 9 \div$ $1,000 = 11,115$	$400 \times 250 \times 11 \div$ $1,000 = 1,100$	$800 \times 250 \times 11 \div$ $1,000 = 2,200$	$14,415kWh$

- 조명에 대한 연간 단위면적당 에너지요구량 $= \dfrac{14,415kWh}{530m^2} = 27.2 kWh/m^2 \cdot$ 년

- 조명에 대한 연간 단위면적당 에너지소요량=연간 조명단위면적당 에너지요구량

  $= 27.2 kWh/m^2 \cdot$ 년

- 조명에 대한 에너지원은 전력으로 1차 에너지 환산계수는 2.75이다. 조명에 대한 연간 조명

  단위면적당 1차 에너지소요량 $= 27.2 \times 2.75 = 74.8 kWh/m^2 \cdot$ 년

1-1)

① 급탕에 대한 연간 단위면적당 1차 에너지소요량 $= 20.6 kWh/m^2 \cdot$ 년

② 조명에 대한 연간 단위면적당 1차 에너지소요량 $= 74.8 kWh/m^2 \cdot$ 년

1-2) 이 건물의 연간 단위면적당 1차 에너지소요량 합계(ⓒ)를 0 kWh/m²·년으로 만들기 위해 태양광발전 시스템을 적용할 경우, 연간 생산 전력량은 최소한 몇 kWh 이상이 되어야 하는가? (단, 난방, 냉방 및 환기의 1차 에너지소요량은 다음 표와 같으며, 용도별 보정계수는 고려하지 않음) (6점)

[단위 : kWh/m²·년]

구분	난방	냉방	급탕	조명	환기	합계
단위면적당 1차 에너지소요량	53.7	38.2	(㉠)	(㉡)	20.1	(㉢)

※ ㉠, ㉡은 문제 1-1)에서 산출한 값을 반영함

1-2)

㉠ = 20.6

㉡ = 74.8

㉢ = 53.7+38.2+20.6+74.8+20.1 = 207.4

구분	난방	냉방	급탕	조명	환기
적용면적(m²)	530	530	380	530	530
연간 단위면적당 1차에너지소요량 (kWh/m²·년)	53.7	38.2	20.6	74.8	20.1
1차 에너지 환산계수	2.75				
연간 단위면적당 에너지소요량 (kWh/m²·년)	53.7÷2.75 =19.5	38.2÷2.75 =13.9	20.6÷2.75 =7.5	74.8÷2.75 =27.2	20.1÷2.75 =7.3

연간 에너지소요량 = (19.5+13.9+27.2+7.3)×530+7.5×380

= 35,987+2,850 = 38,837kWh

연간 단위면적당 1차 에너지소요량을 0 kWh/m²·년으로 만들기 위해서는 연간 생산 전력량이 연간 에너지소요량 이상 이어야 하므로 최소한 38,837kWh 이상 이어야함

1-2)

38,837kWh

문제2. "공동주택 결로 방지를 위한 설계기준"과 관련하여 다음 물음에 답하시오. (6점)

2-1) 공동주택의 결로 방지 성능평가를 위해 온도차이비율(TDR)을 산정해야 하는 부위는
( ), ( ), ( ) 이다. (3점)

2-1)

출입문, 벽체 접합부, 외기에 직접 면하는 창

2-2) 지역 Ⅰ(외기온도 : -20℃)에 위치한 공동주택 단위세대에서 TDR 산출부위의 실내표면온도
가 16℃일 때 TDR 값을 산출하시오. (3점)

2-2)

$$TDR = \frac{실내\,온도 - 대상부위의\,실내표면온도}{실내온도 - 외기온도}$$

$$= \frac{25 - 16}{25 - (-20)}$$

$$= 0.2$$

2-2)

0.2

문제3. 다음 그림은 어느 사무소 건물의 연간 에너지 소비 특성을 일평균 외기온도와 에너지사용량의 관계로 나타낸 것이다. 다음 물음에 답하시오. (6점)

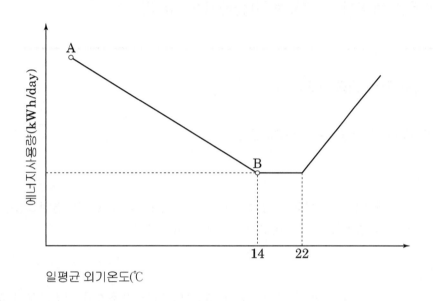

3-1) 점 B의 에너지사용량이 의미하는 것을 서술하시오. (2점)

3-1)

난방이 중지되거나 개시되는 시점의 에너지 사용량으로 냉난방을 제외한 급탕, 조명, 환기 등에 의한 에너지 사용량

3-2) 이 건물의 단열성능을 개선할 때, 점B와 선분AB의 변화 및 그 의미에 대하여 서술하시오. (4점)

3-2)

• 점B는 변함이 없으며, 점B의 급탕, 조명, 환기 등에 의한 에너지 사용량은 단열성능에 영향을 받지 않는다.
• AB선분의 기울기는 감소하며, 단열성능개선에 따라 난방부하 감소로 난방에너지 사용량이 줄어든다.

문제4. "건축물의 에너지절약 설계기준" [별표 4] 창 및 문의 단열성능에서 창의 단열성
능에 영향을 주는 6가지 요소를 제시하고, 각 요소별로 단열성능이 달라지는 원
리를 열전달 방식과 연계하여 서술하시오. (8점)

[2018년 시험 기준 전체 정답 수정]

■ 창의 단열성능에 영향을 주는 6가지 요소

1. 창틀의 종류

   금속재 창틀의 재료인 알루미늄의 열전도율은 230W/m·K, Steel의 열전도율은 60W/m·K
   로, 목재와 PVC의 열전도율 0.1~0.2W/m·K보다 매우 높음

2. 열교차단재

   열전도율이 0.25W/m·K인 폴리아미드 등의 열교차단재를 사용하여 열전도율이 230W/m·K
   인 알루미늄 창틀의 열교를 차단

3. 유리 공기층 두께

   공기층의 두께가 클수록 공기층의 전도저항 증가

4. 유리간 공기층의 개수

   유리의 열전도율은 1.0W/m·K로 열전도율이 0.023W/m·K인 공기층을 많이 가질수록 창의
   열관류율이 낮아짐

5. 로이 코팅

   유리표면에 저방사 코팅을 하여 공기층을 통한 복사열 전달량을 감소

6. 비활성가스(아르곤) 충진

   공기보다 열전도율이 낮은 아르곤(0.018W/m·K) 또는 크립톤(0.009W/m·K)등을 충진하면
   전도에 의한 열전달 감소

문제5. 에너지절약계획서 제출 대상이며, 연면적의 합계 1,100m²인 소규모 사무소의 창 및 문과 관련한 아래 표의 정보를 참고하여, 다음 물음에 답하시오.
(단, B, C가 면한 비난방공간의 외피는 단열 조치되어 있지 않음) (12점)

구분	종류	면적(m²)	KS F 2292에 따른 통기량(m3/hm2)	열관류율(W/m²K)
A	외기에 직접 면한 창	1,180	0.9	1.9
B	외기에 간접 면한 문	10	2.5	2.5
C	외기에 간접 면한 창	135	5.0	2.6
D	외기에 직접 면한 문	20	4.0	2.0
E	출입구 회전문	10	자료 미제출	1.9

5-1) "건축물의 에너지절약 설계기준" [별지 제1호 서식] 에너지절약계획 설계 검토서 1. 에너지 절약설계기준 의무사항 가. 건축부문 ⑥에서 거실의 외기에 면하는 부위의 기밀성능 관련 규정된 내용을 서술하고, A~E 중 해당 내용을 만족하는 것을 모두 골라 기입하시오. (5점)

5-1)

거실의 외기에 직접 면하는 창은 기밀성능 1~5등급(통기량 5m³/hm² 미만)의 창을 적용하였다.
∴ A

5-2) 이 건물에서 에너지성능지표(EPI) 건축부문 5. 기밀성 항목의 취득 배점(b)과 취득 평점(a×b)을 구하시오. (7점)

※ 취득 평점(a×b)=기본배점(a)×취득 배점(b)
※ 취득 배점(b)은 소수 넷째자리에서 반올림, 취득 평점(a×b)은 소수 셋째자리에서 반올림

항목	기본배점(a)			
	비주거		주거	
	대형	소형	주택1	주택2
5. 기밀성 창 및 문의 설치	5	6	6	6

5-2)

구분	종류	면적(m^2)	통기량	등급	배점	배점×면적
A	외기에 직접면한 창	1,180	0.9	1등급	1점	1180m^2
B	외기에 간접면한 문	10	2.5	3등급	0.8점	8m^2
C	외기에 간접면한 문	135	5.0	6등급	0점	0
D	외기에 직접면한 문	20	4.0	5등급	0.6점	12m^2
합계		1345				1200

－취득배점 = 1200÷1345 = 0.892점
－취득평점 = (a)×(b) = 6점×0.892점 = 5.35점

5-2)

취득배점 : 0.892점
취득평점 : 5.35점

문제6. 공기조화시스템의 냉방부하와 관련하여 다음 물음에 답하시오. (5점)

6-1) 열원설비 계통에서 냉동기의 용량을 결정하기 위하여 고려할 부하의 종류를 서술하시오. (3점)

6-1)

실내부하(실내취득열량), 장치(기기)부하, 재열부하, 외기부하, 냉수펌프 및 배관부하

6-2) 공조기 송풍량을 결정하는데 영향을 주는 부하의 종류를 서술하시오. (2점)

6-2)

실내부하(실내취득열량), 장치(기기)부하

문제7. 전공기 공조방식 중단일덕트 변풍량방식(VAV)과 관련하여 다음 물음에 답하시오. (12점)

7-1) 그림과 같은 변풍량시스템의 제어계통도에서 ①~④ 위치에 설치하여야 할 측정 또는 제어 기기 명칭을 쓰고 기능을 서술하시오. (4점)

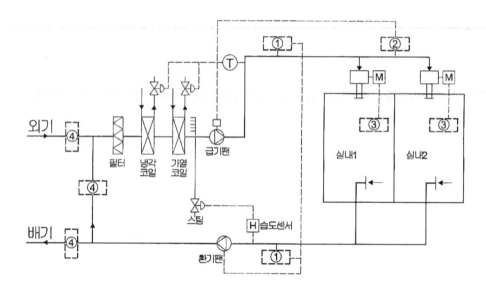

7-1)

① 풍속센서 : 급기덕트 및 환기덕트의 풍속검출에 의해 환기량 및 급기량 제어

② 정압검출기(정압센서) : 급기덕트내의 정압검출에 의한 송풍기 회전수 제어

③ 실내온도센서 : 실내온도 감지

④ 댐퍼 : 풍량제어

7-2) 변풍량방식에서 풍량제어를 할 경우 실내공기질(IAQ) 관점에서 고려할 사항을 서술하시오. (2점)

7-2)

① 토출구 선정시 실내공기분포가 나빠지지 않도록 최대풍량 및 최소풍량에 있어서 일정풍량 특성이 우수한 토출구 선정

② 최소풍량시 도입 외기량을 확보할 수 있는 최소풍량에서도 안정된 운전을 할 수 있는 송풍 기 선정

③ 실내부하 감소에 따라서 송풍량이 감소함에 따라 감습능력도 떨어지므로 습도제어가 필요

7-3) 변풍량방식에서 회전수제어를 하는 송풍기 반송동력의 에너지절감 효과에 대해 설명하고, "건축물의 에너지절약 설계기준" 에너지성능지표(EPI)의 기계설비부문에서 비주거용 건물에 공조용 송풍기의 에너지절약적 제어방식을 채택하여 배점을 받을 수 있는 기준을 서술하시오. (6점)

7-3)

① 변풍량방식에서 회전수 제어를 하는 송풍기 반송동력의 에너지절감 효과

답 : 정풍량 공조방식은 냉/난방을 요하는 방들 중 가장 취약한 온도의 방을 기준으로 냉/난방용 공기의 온도를 설정하여 동일한 풍량을 공급하는 방식임. 따라서 가장 온도가 취약한 방을 제외한 방들은 과냉/난방을 하여 에너지낭비를 초래할 수 있다.

변풍량 공조방식은 설정된 온도의 공기를 각방의 온도에 부합하는 풍량으로 공급함에 따라 과냉/난방의 염려가 없어 냉/난방부하가 감소되며, 배기 및 급기팬에 인버터(VVVF 제어)를 부착하여 저부하시는 팬의 동력소비가 절감되는 효과가 있다.

② 기계설비부문에서 비주거용 건물에 공조용 송풍기의 에너지절약적 제어방식을 채택하여 배점을 받을 수 있는 기준

답 : 공기조화용 전체 팬동력의 60% 이상 적용

문제8. 다음 그림과 같은 냉수 배관 계통도를 보고, 주어진 조건과 배관마찰 손실선도 (16쪽 참조)를 이용하여 다음 물음에 답하시오. (13점)

〈냉수배관 계통도〉

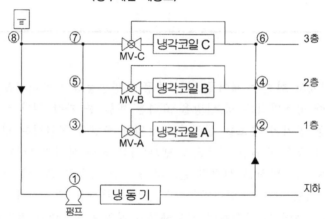

〈계산조건〉

(1) 냉각코일부하
  A=55kW, B=100kW, C=80kW
(2) 냉각코일 입출구 수온 입구 7℃, 출구 12℃
(3) 직관길이
  ①-② : 20m, ⑦-⑧ : 30m, ⑧-① : 40m
  ②-④, ④-⑥, ③-⑤, ⑤-⑦ : 4m
  ②-③, ④-⑤, ⑥-⑦ : 6m

(4) 기기저항
  A=5mAq, B=4mAq, C=5mAq,
  MV-A=5mAq, MV-B=7mAq
  MV-C=7mAq, 냉동기=13mAq
(5) 물의 비열은 4.2kJ/kg·K이며,
  밀도는 1,000kg/m³로 한다.
(6) 냉수펌프의 효율은 40%이다.
(7) 배관의 열손실은 무시한다.

8-1) 냉각코일 A, B, C의 순환수량 Q_A, Q_B, Q_c(L/min)을 구하시오. (3점)

8-1)

냉각코일 A, B, C의 순환수량 Q_A, Q_B, Q_C

$$Q_A = \frac{55 \times 3,600}{4.2 \times 60 \times (12-7) \times 1\,[\text{kg}/\ell]} = 157.14$$

$$Q_B = \frac{100 \times 3,600}{4.2 \times 60 \times (12-7) \times 1\,[\text{kg}/\ell]} = 285.71$$

$$Q_C = \frac{80 \times 3,600}{4.2 \times 60 \times (12-7) \times 1\,[\text{kg}/\ell]} = 228.57$$

8-1)

$Q_A = 157.14$ $Q_B = 285.71$ $Q_C = 228.57$

8-2) 냉수배관 ①-②, ②-④, ③-⑤의 각 유량(L/min) 및 관경(A)을 선도로부터 선정하시오.
　　(단, 유속은 2.5m/s 이하로 하고, 단위 길이당 마찰저항은 500Pa/m로 할 것) (3점)

구간	유량(L/min)	관경(A)
①-②		
②-④		
③-⑤		

8-2)

구간	유량 L/min	관경
①-②	671.42	100
②-④	514.28	80
③-⑤	157.14	50

8-3) 냉수펌프에 대한 전양정(m) 및 축동력(KW)을 구하시오.
　　(단, 배관의 국부저항은 직관저항의 50%로 한다.) (4점)

8-3)

직관길이 = 20+4+4+6+30+40 = 104mm

$104 \times 1.5 \times 500[Pa/m] = 78,000[Pa]$

$P = \rho g H$

$H = \dfrac{P}{\rho g} = \dfrac{78,000}{1,000 \times 9.8} \fallingdotseq 7.96 mAq$

전양정 H = 7.96+13+5+7 = 32.96mAq

소요동력 = $\dfrac{9.8 \times 32.96 \times 671.42}{1,000 \times 60 \times 0.4} = 9.04[kW]$

8-3)

전양정 = 32.96mAq

소요동력 = 9.04[kW]

8-4) 냉수펌프를 고효율펌프(효율 60%)로 교체할 때 절감되는 축동력(kW)을 구하시오. (3점)

〈배관마찰 손실 선도〉

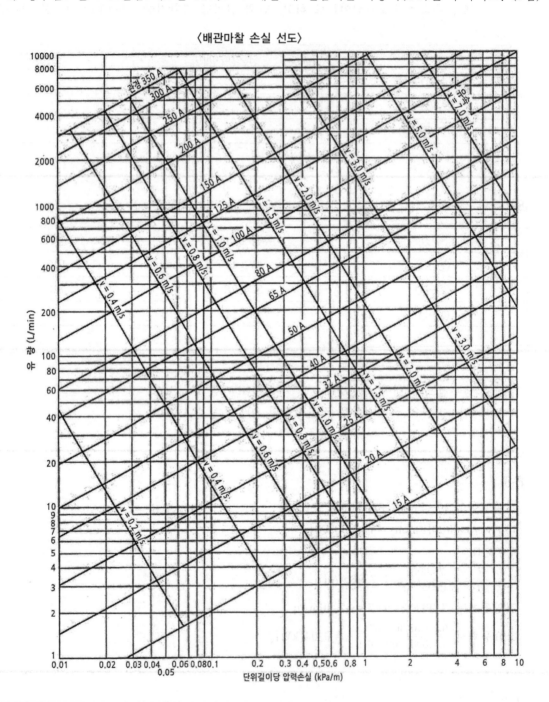

단위길이당 압력손실 (kPa/m)

8-4)

$$9.04 \times \frac{60-40}{60} = 3.01[kW]$$

문제9. 공동주택(주택1, 주택2) 설계 시 "건축물의 에너지절약 설계기준"의 전기설비 부문 에너지성능지표(EPI) 중 적용 여부만으로 점수를 획득할 수 있는 항목 5가지를 제시하고, 근거서류(도면, 계산서 등)를 쓰시오. (5점)

[2018년 시험 기준 정답 일부 수정]

항목	근거서류(도면, 계산서)
EPI 4. 최대수요전력 관리를 위한 제5조제12호사목에 따른 최대수요전력 제어설비	• 수변전 설비 단선결선도 또는 전력 자동 제어 설비 계통도
EPI 6. 옥외등은 고휘도방전램프(HID램프) 또는 LED램프를 사용하고 격등조명과 자동 점멸기에 의한 점소등이 가능하도록 구성	• 옥외 외등 설비 평면도
EPI 9. 역률개선용콘덴서를 집합 설치할 경우 역률 자동조절장치를 채택	• 수변전설비 단선결선도
EPI 10. 분산제어시스템으로서 각 설비별 에너지 제어 시스템에 개방형 통신기술을 채택 하여 설비별 제어시스템간 에너지관리 데이터의 호환과 집중제어가 가능한 시스템	• 자동제어 시스템 구성도
EPI 14. 전력기술관리법에 따라 전력 신기술로 지정받은 후 최근 5년 내 최종 에너지 사용계획서에 반영된 제품	• 장비일람표, 설비평면도 등 • 전력기술인증서 • 5년내 산업통상자원부장관의 에너지 사용계획 협의완료 공문 및 최종에너지 사용계획서
EPI 15. 무정전 전원장치 또는 난방용 자동온도 조절기 설치(단, 모든 제품은 고효율에너지 기자재 인증제품인 경우에만 배점)	• 장비일람표
EPI 16. 도어폰을 대기전력저감 우수제품으로 채택	• (단위세대) 홈네트워크 평면도
EPI 17. 홈게이트웨이를 대기전력저감 우수제품 으로 채책	• (단위세대) 홈네트워크 평면도

문제10. 건물일체형 태양광발전(BIPV : Building-Integrated Photovoltaic) 시스템을
정의하고, 다른 PV시스템과 비교하여 BIPV시스템이 갖는 장점 4가지를 서술하
시오. (5점)

10-1)

1. 건물일체형 태양광 발전시스템(BIPV) 정의

태양광 발전을 건축자재(창호, 외벽, 지붕재 등)로 사용하면서 태양광발전이 가능하도록 한
것을 건물일체형 태양광 발전시스템이라 한다.

2. 기존의 PV시스템과 비교시 BIPV의 장점 4가지

① 건물외자재로 사용되어 건축자재 비용절감
② 건물과 조화로 건물의 부가가치 향상
③ 조망 확보에 따른 건축적 응용측면에서 잠재성 우수
④ 별도의 설치 공간이 불필요(기존의 PV는 모듈설치를 위한 넓은 평지, 옥상 등이 필요)
⑤ 주문 제작된 모듈로 다양한 입면 연출 가능
⑥ BIPV가 차양장치나 일사여과장치로 사용되는 경우 건물의 냉난방 부하 절감
⑦ 생산자와 소비자가 동일하여 송전 등으로 인한 전력손실 최소화
⑧ 염료감응형 태양전지를 사용하였을 경우 색상의 다양성 가능

문제11. 비주거 소형 건축물일 경우 아래 표를 참조하여 "건축물의 에너지절약 설계기준" 전기설비부문 에너지성능지표(EPI)에 대하여 다음 물음에 답하시오. (10점)

[2018년 시험 기준 문제 일부 수정]

항목	기본배점(a)			
	비주거		주거	
	대형	소형	주택1	주택2
1. 제5조제10호가목에 따른 거실의 조명밀도(W/m²)	3	2	2	2
2. 간선의 전압강하(%)	1	1	1	1

11-1) 아래 주어진 표는 〈조명부하현황〉이다. 거실의 조명밀도(W/m²)를 계산하고, 해당 항목의 취득 평점(a×b)을 구하시오. (5점)

〈조명부하현황〉

구분	바닥면적(m²)	조명전력(W)		냉방 또는 난방 유, 무
		고효율조명기기	고효율인증 LED조명기기	
휴게실	300	3,200	1,000	유
복도 및 홀	400	4,720	480	유
업무공간	1,000	11,000	4,000	유
지하주차장	300		3,000	무

11-1)

구분	바닥면적(m²)	고효율 조명기기 조명전력(W)	고효율 인증LED 조명기기 조명전력(W)	조명전력합(W)
휴게실	300	3200	1000	4200
복도 및 홀	400	4720	480	5200
업무공간	1000	11000	4000	15000
계	1700			24400

- 거실의 조명밀도 $= \dfrac{24400}{1700} ≒ 14.35[\text{W/m}^2]$

- 거실의 조명밀도 14.35W/m²에 해당하는 조명밀도 구간 : 14~17W/m² 미만,
  배점(b)=0.7점

- 비주거 소형 기본배점(a)=2점   ∴ 평점=2×0.7 = 1.4점

11-1) 평점 1.4점

11-2) 아래 주어진 표는 전압강하 계산서이다. 주어진 표에서 전압강하 (㉠)와 전압 강하율
(㉡)을 계산하고, 이 때 간선의 전압강하(%) 항목의 취득 평점(a×b)을 구하시오. (5점)

〈전압강하계산서〉

배전반에서 분전반까지 거리(m)	배전 방식	전압(V)	수용부하 (VA)	전류 (A)	적용전선		허용 전류 (A)	전압강하	
					종류	굵기 (mm²)		[V]	[%]
195	3PH4W	380/220	105,000	159.5	FCV 1C×4	70	195	㉠	㉡

11-2)

① 전압강하

$$e = \frac{17.8 \times L \times I}{1000A} = \frac{17.8 \times 195 \times 159.5}{1000 \times 70} ≒ 7.908[\text{V}]$$

$$\therefore 7.91[\text{V}]$$

② 전압강하율

$$\delta = \frac{7.91}{220} \times 100 ≒ 3.595[\%]$$

$$\therefore \delta = 3.6[\%]$$

③ 간선의 전압강하율의 배점(b)가 0.9일 때 3.5~4.0 미만, 1일 때 3.5 미만의 구간이므로
배점(b)=0.9점, 비주거 소형 기본배점(a)=1점

$$\therefore 평점 = 0.9 \times 1 = 0.9점$$

11-2)

평점 0.9점

2016년 제2회 실기시험 기출문제

건축물에너지평가사

〈2차실기 기출문제 내용〉

구분	문항수	시간(분)
기출문제	12	150

한솔아카데미

문제1. "건축물의 에너지절약 설계기준" [별지 제1호 서식] 에너지절약계획 설계 검토서에서 건축물 에너지효율등급 예비인증서로 대체할 수 있는 내용을 3가지 서술하시오.(5점)

[2018년 시험 기준 정답 일부 수정]

  1) 제15조 에너지성능지표의 판정
  2) 별지 제1호 서식에 따른 건축물 에너지 소요량 평가서
  3) 법 제14조의2의 용도에 해당하는 공공건축물로서 에너지성능지표의 건축부문 8번 항목을 0.6점 이상 획득

■ **해설**

1) **제15조(관련 설계기준)**

제4조 【적용예외】

2. 건축물 에너지 효율등급 1등급 이상 또는 제로에너지건축물 인증을 취득한 경우에는 제15조 및 제21조를 적용하지 아니할 수 있다. 다만, 공공기관이 신축하는 건축물(별동으로 증축하는 건축물을 포함한다)은 그러하지 아니한다.

제15조 【에너지성능지표의 판정】 ① 에너지성능지표는 평점합계가 65점 이상일 경우 적합한 것으로 본다. 다만, 공공기관이 신축하는 건축물(별동으로 증축하는 건축물을 포함한다)은 74점 이상일 경우 적합한 것으로 본다.

② 에너지성능지표의 각 항목에 대한 배점의 판단은 에너지절약계획서 제출자가 제시한 설계도면 및 자료에 의하여 판정하며, 판정 자료가 제시되지 않을 경우에는 적용되지 않은 것으로 간주한다.

2) **별지 제1호 서식에 따른 건축물 에너지 소요량 평가서(관련 설계기준)**

제4조 【적용예외】

2. 건축물 에너지 효율등급 1등급 이상 또는 제로에너지건축물 인증을 취득한 경우에는 제15조 및 제21조를 적용하지 아니할 수 있다. 다만, 공공기관이 신축하는 건축물(별동으로 증축하는 건축물을 포함한다)은 그러하지 아니한다.

3) **법 제14조의2의 용도에 해당하는 공공건축물로서 에너지성능지표의 건축부문 8번 항목을 0.6점 이상 획득(관련 설계기준)**

에너지절약계획 설계 검토서

1. 에너지절약설계기준 의무 사항

 가. 건축부문

  ⑦ 법 제14조의2의 용도에 해당하는 공공건축물로서 에너지성능지표의 건축부문 8번 항목 배점을 0.6점 이상 획득하였다. 다만, 건축물 에너지효율 1+등급 이상을 취득한 경우 또는 제21조에 따른 에너지소요량평가서의 단위면적당 1차 에너지소요량의 합계가 260kWh/m²년 미만인 경우에는 예외로 한다.

문제2. 다음 그림은 온열환경의 쾌적상태를 표현하는 쾌적지표인 PMV(Predicted Mean Vote) 및 PPD(Predicted Percentage of Dissatisfied)의 상관관계를 나타낸 것이다. 다음 질문에 답하시오. (10점)

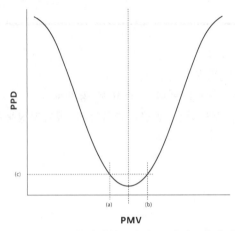

2-1) PMV 산출에 요구되는 물리적 온열환경 인자 4개와 개인적 인자 2개를 제시하고, PMV 척도의 최대, 최소값 및 그 크기에 따른 온열 쾌적상태에 대해 서술하시오. (5점)

2-2) 위 그림에서 곡선의 최소값은 PMV=0의 상태를 의미한다. 이때의 PPD 값을 단위와 함께 제시하고, PPD에 대한 정의 및 이 값이 0이 아닌 이유에 대해 서술하시오. 또한 위 그림에서 열적 쾌적범위를 나타내는 PMV값 (a), (b) 및 PPD 값(c)를 쓰시오. (5점)

2-1)
- PMV 산출에 요구되는 6가지 열환경요소 : 기온, 습도, 기류, 평균복사온도, 대사량, 착의량
- PMV 척도의 최대, 최소값 : -3, +3
- PMV 척도 크기에 따른 온열쾌적상태

-3	-2	-1	0	+1	+2	+3
매우춥다	춥다	약간춥다	적당하다	약간덥다	덥다	매우덥다

2-2)
- PMV=0 상태의 PPD값 : 5%
- PPD의 정의 : PPD란 예상온열량(PMV) 값에 대해 사람들이 느끼는 불만족정도를 %로 나타낸 것
- PMV = 0 에서도 PPD가 0이 아닌 이유 : PMV=0 에서도 5%의 사람들은 불만족 할 수 있으므로
- PMV 값 (a), (b) : (a)=-0.5, (b)=+0.5
- PPD 값 (c) : 10%

문제3. 외기에 직접 면하는 창에서 유리 중앙부의 열관류율 $2.6W/m^2 \cdot K$, 실내 공기온도 $20.0℃$, 노점온도 $12.0℃$로 일정할 때, 이 부위의 실내 측 표면에서 결로가 발생하기 시작하는 외기온도를 구하시오. (단, 실내 측 표면의 열전달 저항은 $0.11W/m^2 \cdot KW$로 고려함) (5점)

$$\frac{r}{R} = \frac{t}{T} = \frac{t_i - t_{si}}{t_i - t_0} \text{ 에서}$$

$$\frac{0.11}{\frac{1}{2.6}} = \frac{20 - 12}{20 - t_0}$$

$$t_0 = -7.97(℃)$$

따라서, 유리 중앙부 실내측 표면에서 결로가 발생하기 시작하는 외기온도는 $-7.97℃$

문제4. "건축물의 에너지절약 설계기준"에서 규정된 사항에 대해 다음의 (   )에 들어 갈 내용을 작성하시오. (6점)

[2018년 시험 기준 문제 일부 삭제]

4-1) "거실"이라 함은 건축물 안에서 거주(단위 세대 내 욕실·화장실·(㉠)을 포함한다.)·집무·작업·집회·오락 기타 이와 유사한 목적을 위하여 사용되는 방을 말하나, 특별히 이 기준에서는 거실이 아닌 (㉡) 또한 거실에 포함한다. (2점)

4-2) ~~"건물에너지관리시스템(BEMS : Building Energy Management System)"이란 건물의 쾌적한 실내환경 유지 및 효율적인 에너지관리를 위하여 에너지 사용 내역을 실시간으로 모니터링하여 최적화된 건물에너지 관리방안을 제공하는 계측·(㉢)·관리·운영 등이 통합된 시스템을 말한다. (1점)(해당 용어의 정의 삭제)~~

4-3) 평균 열관류율 계산에 있어서 복합용도의 건축물 등이 수직 또는 수평적으로 용도가 분리되어 당해 용도 건축물의 최상층 거실 상부 또는 최하층 거실 바닥부위 및 다른 용도의 공간과 면한 벽체 부위가 (㉣)부위일 경우의 열관류율은 0으로 적용한다. (1점)

4-4) "외주부"라 함은 외기에 (㉤) 면한 벽체의 실내측 표면 하단으로부터 (㉥)이내의 실내측 바닥부위를 말한다. (2점)

(㉠ 현관), (㉡ 냉·난방공간), ~~(㉢ 제어),~~ (㉣ 외기에 직접 또는 간접으로 면하지 않는)
(㉤ 직접), (㉥ 5미터)

문제5. 연간 총 에너지사용량 중 냉방 및 조명에너지소비가 가장 큰 비중을 차지하는 사무소 건물에서 자연채광과 연계된 조명디밍제어 시스템을 적용하고자 한다. 다음 물음에 답하시오. (12점)

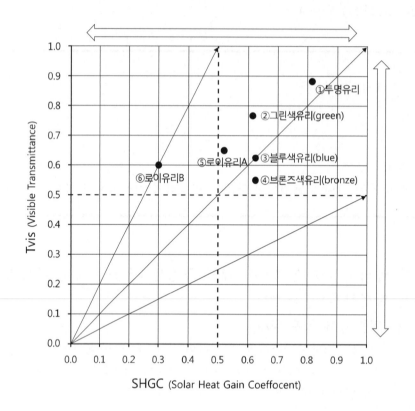

5-1) 자연채광 연계 조명(디밍)제어 시스템의 도입을 위해 검토하고자 하는 6개 유리의 SHGC와 Tvis의 관계를 도식한 것이다. 이중 색유리(열선흡수유리)에 해당하는 ② 그린색유리(green), ③ 블루색유리(blue), ④ 브론즈색유리(bronze)의 3개 중 가장 적합한 유리를 선택하고, 그 이유를 서술하시오. (4점)

5-2) SHGC와 Tvis의 관계를 설명하는 성능지표를 제시하고 그 의미를 서술하시오. (4점)

5-3) ⑥ 로이유리B는 동일 유리면에 3회에 걸쳐 3겹의 로이코팅을 적용한 트리플코팅(triple coating) 로이유리이며, ⑤ 로이유리 A는 1겹의 로이코팅만 적용된 싱글코팅 로이유리이다. 태양복사에 대한 유리의 파장대별(스펙트럼) 투과특성 측면에서 ⑥ 로이유리 B의 특징을 서술하시오. (4점)

5-1)

- 자연채광 도입에 가장 적합한 유리는 가시광선투과율(Tvis)이 가장 높은 ②그린색유리 이다.
- 그 이유는 일사획득계수(SHGC)는 거의 동일한데, 가시광선 투과율(Tvis)이 가장 높아 자연
  채광유입이 가장 많을 수 있기 때문이다.

5-2)

- SHGC와 Tvis의 관계를 설명하는 성능지표 : LSG(Light to Solar Gain)
- LSG의 의미 : 가시광선투과율(Tvis)을 일사획득계수(SHGC)로 나눈 값으로 일사획득에 대
  한 가시광선 투과율을 뜻하며, 이 값이 클수록 일사획득대비 가시광선유입이 많아 자연채광
  도입을 통한 조명에너지 절감효과가 클 수 있음

5-3)

⑥ 로이유리 B의 Tvis는 0.6, SHGC는 0.3이므로 파장대가 380~760nm인 가시광선 영역의
  투과율이 0.6, 파장대가 760~3,000nm인 적외선 영역의 투과율이 0.3임을 의미한다.

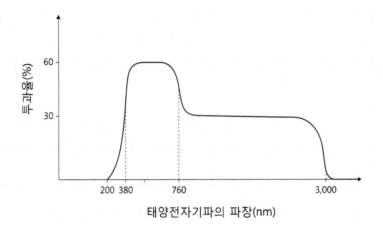

문제6. "건축물의 에너지절약 설계기준"에 규정된 다음 내용에 대해 보기 중 가장 적절한 용어를 찾아 (   )안에 쓰시오. (3점)

〈보기〉
- 안전율
- 바이패스(By-pass) 설비
- 이산화탄소(CO_2)의 농도
- 일산화탄소(CO)의 농도
- 이코노마이저시스템
- 위험률

6-1) 난방 및 냉방설비의 용량계산을 위한 외기조건은 각 지열별로 (㉠) 2.5% 또는 1%로 하거나 별도로 정한 외기온·습도를 사용한다.(1점)

6-2) 중간기 등에 외기도입에 의하여 냉방부하를 감소시키는 경우에는 실내 공기질을 저하시키지 않는 범위 내에서 (㉡) 등 외기냉방시스템을 적용한다. 다만, 외기냉방시스템의 적용이 건축물의 총 에너지비용을 감소시킬 수 없는 경우에는 그러하지 아니한다.(1점)

6-3) 기계환기설비를 사용하여야 하는 지하주차장의 환기용 팬은 대수제어 또는 풍량 조절(가변익, 가변속도), (㉢)에 의한 자동(on-off)제어 등의 에너지절약적 제어방식을 도입한다. (1점)

(㉠ 위험률),　(㉡ 이코노마이저시스템),　(㉢ 일산화탄소(CO)의 농도)

문제7. 다음과 같이 제시된 장비일람표를 보고 "건축물의 에너지절약 설계기준" [별지 제 1호 서식] 에너지절약계획 설계 검토서의 내용에 따라 다음 물음에 답하시오. (단, 해당건축물은 공공업무시설로서 연면적의 합계는 4,000m²이다.)(5점)

[2018년 시험 기준 문제 일부 수정]

장비번호	형식	냉방용량(kW)	수량(EA)	효율
R-1	터보 냉동기	984.76	1	COP : 5.99
R-2	이중효용 흡수식 냉동기	1,864.01	1	COP : 1.35
OAC-02	EHP 실외기	69.6	1	-
OAC-03	EHP 실외기	23.0	2	에너지소비효율 1등급
OAC-04	EHP 실외기	103.6	1	-

7-1) 에너지성능지표 기계설비부문 2. 냉방설비의 평점(a*b)을 구하시오.
   (단, 소수점 넷째자리 반올림)(3점)

항목			기본배점(a)				배점(b)					평점 (a*b)
			비주거		주거							
			대형	소형	주택1	주택2	1점	0.9점	0.8점	0.7점	0.6점	
2.냉방 설비	원심식 (성적계수, COP)		6	2	-	2	5.18 이상	4.51~5.18 미만	3.96~4.51 미만	3.52~3.96 미만	3.52 미만	
	흡수식 (성적계수, COP)	①1중효용					0.75 이상	0.73~0.75 미만	0.7~0.73 미만	0.65~0.7 미만	0.65 미만	
		②2중효용 ③3중효용 ④냉온수기					1.2 이상	1.1~1.2 미만	1.0~1.1 미만	0.9~1.0 미만	0.9 미만	
	기타 냉방설비						고효율 인증제품 (신재생 인증제품)	에너지소비효율 1등급제품	-	-	그 외 또는 미설치	

7-2) 에너지절약설계기준 의무 사항 나. 기계설비부문 ④번 항목(공공기관은 에너지 성능지표의 기계부문 10번 항목을 0.6점 이상 획득하였다.)의 적합여부를 판단 근거와 함께 쓰시오. (2점)

7-1)

- 난방설비 용량가중 평균 배점 계산서

장비번호	냉방용량(kW)	수량	냉방용량(kW)x수량	효율	배점(b)	용량x수량x배점(b)
R-1	984.76	1	984.76	COP:5.99	1	984.76
R-2	1,864.01	1	1,864.01	COP:1.35	1	1,864.01
OAC-02	69.6	1	69.6	-	0.6	41.76
OAC-03	23.0	2	46.0	에너지소비효율1등급	0.9	41.4
OAC-04	103.6	1	103.6	-	0.6	62.16
계			3,067.97			2,994.09

- 난방설비 용량가중 평균 배점 = 2,994.09 ÷ 3,067.97 = 0.976점
- 공공업무시설, 연면적합계 = 4,000㎡이므로 비주거 대형,
  평점 = 6 × 0.98 = 5.856점

7-2)

- 기계부문 10번항목 기준

항 목	기본배점(a)				배점(b)					평점(a*b)
	비주거		주거		1점	0.9점	0.8점	0.7점	0.6점	
	대형(3,000㎡이상)	소형(500~3,000㎡미만)	주택1	주택2						
10. 축냉식 전기냉방, 가스 및 유류이용 냉방, 지역냉방, 소형열병합 냉방 적용, 신재생에너지 이용 냉방 적용(냉방용량 담당 비율, %)	2	1	-	1	100	90~100미만	80~90미만	70~80미만	60~70미만	

- 전기대체 냉방설비 적용비율계산서

장비번호	형식	냉방용량(kW)	수량	냉방용량(kW)x수량	전기대체 냉방설비용량(kW)
R-1	터보냉동기	984.76	1	984.76	
R-2	이중효용 흡수식냉동기	1,864.01	1	1,864.01	1,864.01
OAC-02	EHP 실외기	69.6	1	69.6	
OAC-03	EHP 실외기	23.0	2	46.0	
OAC-04	EHP 실외기	103.6	1	103.6	
계				3,067.97	1,864.01

- 적합여부 판단근거 : 축냉식 전기냉방, 가스 및 유류이용 냉방, 지역냉방, 소형열병합 냉방 적용, 신재생에너지 이용 냉방 적용(냉방용량 담당 비율, %) 비율 60% 이상일 경우 적합
- 기계10 전기대체 냉방용량담당비율
  = (1,864.01 ÷ 3,067.97) × 100% = 60.76% > 60% 이므로 적합

문제8. 아래 그림과 같은 성능을 가지는 펌프가 배관 시스템에 설치되어 있다. 유량이 14m³/h 이고 회전수가 3,450rpm인 초기 운전 점 ①에서 유량을 12m³/h로 줄이고자 한다. 이때, 펌프 모터 회전수 제어를 이용할 경우 운전 점을 ②, 배관 시스템 상의 밸브를 조절하여 유량을 제어할 때의 운전 점은 ③이라고 할 때, 다음 물음에 답하시오. (6점)

〈펌프 성능 곡선〉

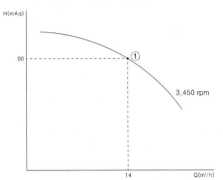

〈펌프 성능 데이터〉

운전점	유량(Q)m³/h	수두(H) mAq	효율(η)%
①	14	90	64
②	12		
③	12	95	62

8-1) 주어진 펌프 성능 데이터를 이용하여 각 운전 점 ①, ②, ③의 펌프 축동력(kW)을 구하시오.(3점)

8-2) 펌프 성능 곡선 상에 운전 점 ②, ③을 표시하시오. (3점)

8-1)

① $L_{s1} = gHQ/\eta\,[\text{kW}] = \dfrac{9.8 \times 90 \times 14}{3,600 \times 0.64} = 5.36\,[\text{kW}]$

② $L_{s2} = L_{s1} \times \left(\dfrac{Q_2}{Q_1}\right)^3 = 5.36 \times \left(\dfrac{12}{14}\right)^3 = 3.38\,[\text{kW}]$

③ $L_{s3} = gHQ/\eta\,[\text{kW}] = \dfrac{9.8 \times 95 \times 12}{3,600 \times 0.62} = 5.01\,[\text{kW}]$

8-2) 〈펌프 성능 곡선〉

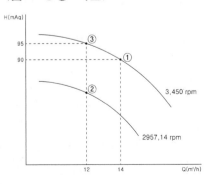

문제9. "건축물의 에너지절약 설계기준"에서 공조기의 폐열회수를 위한 열회수 설비를 설치할 때에는 중간기에 대비한 바이패스(by-pass) 설비를 설치하도록 권장하고 있다. 다음 그림은 바이패스 모드가 포함된 전열교환기 장치 구성, 냉방 운전시 습공기 선도상의 상태변화 과정과 공조기 냉각코일 제거열량(Δh코일)을 표시한 예시이다. 이와 관련한 다음 물음에 답하시오. (6점)

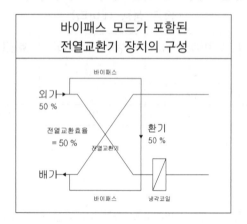
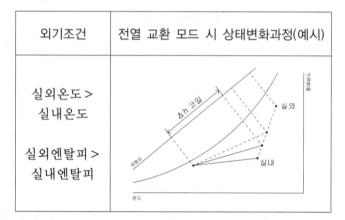

9-1) 중간기 냉방시 바이패스 모드와 전열교환기 모드로 운전하는 경우의 냉각코일 제거열량(Δh 코일)을 예시와 같이 습공기 선도상에 표시하시오. (4점)

외기조건	프로세스	장치의 구성	상태변화과정
실외온도 < 실내온도 실외엔탈피 < 실내엔탈피	바이패스 모드+냉방		
	전열교환기 +냉방		

9-2) 중간기 냉방시 바이패스 모드와 전열교환기 모드 중 에너지 효율적인 운전 모드를 선택하고 그 이유를 간단히 서술하시오. (2점)

9-1)

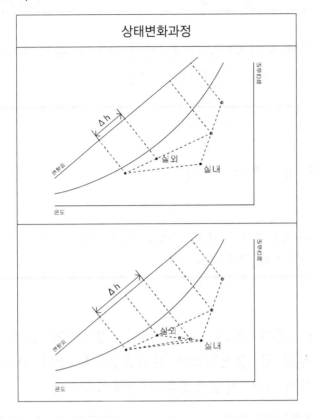

9-2)

① 에너지 효율적 운전모드 : 바이패스 모드

② 이유 : 9-1)에서 습공기 선도상에 표시한 것 같이 전열교환기+냉방 모드의 경우에는 전열교환기에 의해서 외기가 실내공기와의 열교환에 의해서 가열되어 냉각열량이 증대하기 때문에 중간기에 있어서는 전열교환기를 통과하지 않는 바이패스 모드가 에너지 효율적이다.

문제10. "건축물의 에너지절약 설계기준"의 전기설비부문 중 동력설비 및 동력제어 설비
와 관련된 에너지절약 설계기준 5가지를 서술하시오. (5점)

[2018년 시험 기준 정답 수정]

- 역률개선용 콘덴서를 설치(의무사항)
- 승강기 구동용전동기 에너지절약적 제어방식 채택(권장사항)
- 고효율 유도전동기를 채택(권장사항)
- BEMS 설치(EPI)
- 제5조제12호거목에 따른 창문 연계 냉난방설비 자동 제어시스템을 채택(EPI)
- 에너지 성능지표에서 인정하는 분산제어시스템 채택(EPI)

문제11. "건축물의 에너지절약 설계기준" [별지 제1호 서식] 에너지절약계획 설계 검토
서 2. 에너지성능지표 전기설비부문 중 수변전설비 단선결선도를 판단 근거서류
(도면)로 하는 항목 3가지와 각각의 도면 작성방법을 서술하시오.(5점)

[2018년 시험 기준 정답 수정]

1. 항목3가지

- 3. 변압기를 대수제어가 가능하도록 뱅크 구성
- 4. 최대수요전력 관리를 위한 제5조제12호사목에 따른 최대수요전력 제어설비
- 9. 역률자동 콘덴서를 집합 설치할 경우 역률자동조절 장치를 채택

2. 도면 작성방법

항목3가지	도면 작성방법
3. 변압기를 대수제어가 가능하도록 뱅크 구성	전력사용 용도별로 변압기를 구분하고, 대수제어 가능하도록 뱅크 구성 - 전등/전열, 냉방 동력 등으로 용도를 구분하고 같은 용도 내에서 2개 이상 설치된 변압기 간 연계제어를 적용할 때
4. 최대수요전력 관리를 위한 제5조제11호사목에 따른 최대수요전력 제어설비	도면에 최대수요전력 제어설비 계통표기 - 단순 Peak경보 기능은 인정불가 - 최대 수요전력의 감시뿐만 아니라, peak cut 등 제어프로그램이 가능해야 인정
9. 역률자동 콘덴서를 집합 설치할 경우 역률자동조절 장치를 채택	도면에 역률 자동조절장치(APFR) 설치여부 표기

문제12. 업무시설 건축물의 기준층 평면도 및 주어진 조건을 반영하여 아래 문항에 답하시오. (32점)

〈평면도〉

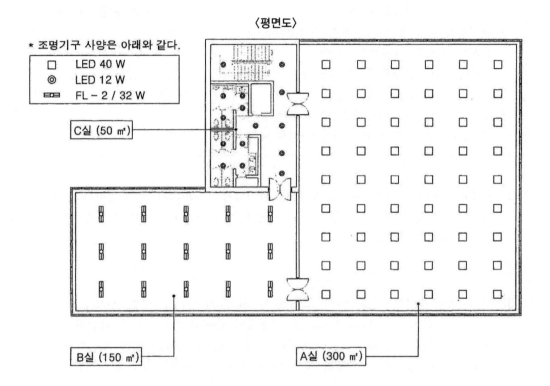

〈표1. 계산조건〉

난방공간 설정온도 : 20℃	1월 설계 외기 온도 : 3℃(일정)	난방공간 : A, B, C 실
난방공간 평균재실밀도 : 0.1인/m²	일 사용시간 : 10시간	월간 사용일수 : 20일
공기밀도 : 1.2kg/m³	공기의 정압비열 : 1.005kJ/(kg·K)	환기장치(동일용량의 급기팬 1EA, 배기팬 1EA) 정압 : 10.2mmAq(=100.0Pa), 효율 : 70%
1월 평균 지열 히트펌프 성적계수(COP) : 4.0	태양광발전 종합설계지수* : 0.8	태양전지 모듈 변환효율 : 15%
태양전지 모듈 크기 : 1m×2m	1월 어레이면 적산일사량 : 105kWh/m²·월	표준상태 일사강도 : 1,000W/m²

* 태양광발전 종합설계지수(태양전지 모듈 출력의 불균형 보정, 회로손실, 기기에 의한 손실 등을 포함)

12-1) 난방공간에 CO_2 농도에 의한 인버터 제어방식의 환기유닛을 적용할 경우 1월 한달간의 환기에 의한 열손실량(kWh/월)을 구하라. (6점)

〈설정조건〉	〈표2. 평균 재실률〉	
· 환기유닛은 실내의 CO_2 농도가 1,000ppm 이하가 되도록 자동으로 제어함 · 1인당 CO_2 발생량은 $30l/$인·h, 외기의 CO_2 농도는 ppm으로 일정함 · A, B, C실의 시간에 따른 평균 재실률은 [표2]와 같으며, 그 외의 조건은 [표1]을 따름	시간	재실률
	09:00 ~ 12:00	0.8
	12:00 ~ 19:00	0.4

12-2) 문제12-1)에서 산출된 환기량과 달리 환기량을 1,500CMH로 일정하다고 가정할 때, [표1]의 계산조건을 적용하여 1월 중 급기 및 배기 팬(Fan)의 전력 소요량 합 (㉠)(kWh/월)을 계산하시오. (4점)

12-3) 난방 공간의 1월 난방 에너지요구량이 8kWh/m²이고, 지열 히트펌프 시스템(GCHP : Ground –Coupled Heat Pump)을 이용하여 난방할 때, 1월 중 난방에 소요되는 지열 히트펌프의 전력 소요량(㉡)(kWh/월)과 지중 채열량(kWh/월)을 계산하시오. (단, 지열 히트펌프 이외 장치의 소비동력 및 기타 손실은 고려하지 않는다.) (6점)

12-4) 지열 히트펌프 시스템에서 수직 밀폐형 지중열교환기의 길이 산정에 영향을 미치는 요소를 2가지 쓰고, 각각에 대한 근거를 서술하시오. (6점)

12-5) 난방공간의 조명밀도(W/m²)와 1월 중 조명의 전력 소요량(㉢)(kWh/월)을 구하시오.(5점)

12-6) 위에서 계산된 1월 중 전력 소요량(㉠ + ㉡ + ㉢의 합)을 1월 한달 간 태양광발전 시스템으로 생산하는데 필요한 최소 모듈 개수와 발전용량(kW)을 구하시오. (단, 전기 수요와 공급의 부하 불균형(Load mismatching)은 무시한다.) (5점)

12-1)

재실인원 $= (300 + 150 + 50) \times 0.1 = 50$人

1) 재실율 0.8일 경우의 환기량

$$Q = \frac{M}{p-q} = \frac{30 \times 10^{-3} \times 50 \times 0.8}{(1,000 - 400) \times 10^{-6}} = 2,000\text{m}^3/\text{h}$$

2) 재실율 0.4일 경우의 환기량

$$Q = \frac{30 \times 10^{-3} \times 50 \times 0.4}{(1,000 - 400) \times 10^{-6}} = 1,000\text{m}^3/\text{h}$$

∴ 열손실량 q

$$q = \frac{1.005 \times 1.2 \times 2,000 \times (20 - 3)}{3,600} \times 3 \times 20 + \frac{1.005 \times 1.2 \times 1,000 \times (20 - 3)}{3,600} \times 7 \times 20 = 1480.70\text{kWh/월}$$

12-2)

$$L_s = P_s \cdot Q/\eta_s = \frac{100 \times 1,500}{0.7 \times 3,600} \times 10 \times 20 \times 2 = 23,809.52[\text{Wh/월}] = 23.81[\text{kWh/월}]$$

12-3)

1월 중 난방에너지 요구량 $= 8 \times 500 = 4,000\text{kWh/월}$

$cop_H = \dfrac{Q_1}{W}$ 에서 $\qquad\qquad\qquad W = \dfrac{Q_1}{cop_H} = \dfrac{4,000}{4} = 1,000\text{kWh/월}$

지중 채열량 $Q_2 = Q_1 - W = 4,000 - 1,000 = 3,000\text{kWh/월}$

12-4)

① 펌프의 성적계수 　　② 파이프 열저항
③ 토양/암석의 열저항 ④ 냉·난방부하의 용량
⑤ 지열펌프의 가동시간

■ 해설

난방시 1RT당 필요한 열교환기 길이

$$L_H = \frac{3024[(COP_H - 1/COP_H)] \times (R_P + R_S \times F_H)}{T_L - T_{\min}}[\text{m}]$$

$T_{\min}$: 지열펌프로 유입되는 어느달의 평균 최저 입구온도
COP_H : $T_{\min}$온도에서 지열펌프의 성적계수
F_H : 지열펌프의 가동시간의 분율
R_P : 루프 파이프의 열저항
R_S : 토양/암석의 열저항

이 밖에도, 냉난방 부하의 용량과 펌프의 효율등이 종합적으로 지중열교환기의 길이산정에 영향을 미친다.

12-5)

① 난방공간의 조명밀도

$$D = \frac{40 \times 54 + 12 \times 15 + 64 \times 15}{500} = 6.6[\text{W/m}^2]$$

② 1월 중 조명의 전력소요량

$$W = 3300[\text{W}] \times 20[\text{일/월}] \times 10[\text{h/일}] \times 10^{-3} = 660[\text{kWh/월}]$$

12-6)

① 모듈개수

ⓐ+ⓑ+ⓒ = 23.81+1,000+660 = 1683.81[kWh/월]

$$P_{AS} = \frac{E_P \times D \times R}{\left(\dfrac{H}{G_S}\right) \times K} = \frac{1683.81}{\left(\dfrac{105[\text{kWh/m}^2\text{월}]}{1[\text{kW/m}^2]}\right) \times 0.8} = 20.05[\text{kW}]$$

모듈 1장의 크기 : $1 \times 2 = 2[\text{m}^2]$

모듈1장의 출력 : $2[\text{kW/m}^2] \times 0.15 = 0.3[\text{kW}]$

필요한 모듈의 개수 : $\dfrac{20.05}{0.3} ≒ 66.82 = 67$개

∴ 정답 : 67개

② 모듈의 발전용량 : 67개 $\times 0.3[\text{kW}] = 20.1[\text{kW}]$

2017년 제3회 실기시험 기출문제

건축물에너지평가사

〈2차실기 기출문제 내용〉

구분	문항수	시간(분)
기출문제	11	150

한솔아카데미

문제1. 진공단열재(Vacuum Insulation Panel, VIP)에 대한 아래 설명의 빈 칸에 가장 적합한 것을〈보기〉에서 골라 기재하시오.(6점)

〈보기〉
- 폴리스티렌 폼
- 흄드 실리카
- 폴리우레탄 폼
- 대류
- 전도
- 복사
- 한 겹으로 나란하게
- 여러 겹으로 엇갈리게

1-1) VIP의 심재(Core)로는 심재 내부 압력이 대기압 수준으로 높아져도 열전도율이 상대적으로 낮은(   )이(가) 주로 사용된다.(2점)

1-2) VIP의 피복재(Envelope)로 사용되는 금속필름은 VIP의 심재를 보호하고,
(   )열전달을 줄이는 역할을 한다.(2점)

1-3) 열전도율이 높은 피복재로 인해 VIP 설치 시, VIP간 조인트에 선형 열교가 발생할 수 있다. 이러한 열교 현상을 줄이기 위해서는 VIP를(   ) 설치하는 것이 효과적이다.(2점)

1-1) VIP의 심재(Core)로는 심재 내부 압력이 대기압 수준으로 높아져도 열전도율이 상대적으로 낮은(흄드 실리카)이(가) 주로 사용된다.

1-2) VIP의 피복재(Envelope)로 사용되는 금속필름은 VIP의 심재를 보호하고, (복사)열전달을 줄이는 역할을 한다.

1-3) 열전도율이 높은 피복재로 인해 VIP 설치 시, VIP간 조인트에 선형 열교가 발생할 수 있다. 이러한 열교 현상을 줄이기 위해서는 VIP를(여러겹으로 엇갈리게) 설치하는 것이 효과적이다.

문제2. 에너지성능지표(EPI) 건축부문과 관련하여 다음 문항에 답하시오. (11점)

2-1) 다음은 소규모 공동주택 단지의 인동간격을 나타내는 그림이다. 에너지성능지표(EPI) 건축부문 12번 항목에서 배점 1점을 획득하고자 할 경우의 최소 인동간격 L(m)을 구하시오. (2점)

항목	기본배점				배점				
	비주거		주거		1.0	0.9	0.8	0.7	0.6
	대형	소형	주택1	주택2					
12. 대향동의 높이에 대한 인동간격비	–	–	1	1	1.20 이상	1.15이상 ~ 1.20미만	1.10이상 ~ 1.15미만	1.05이상 ~ 1.10미만	1.00이상 ~ 1.05미만

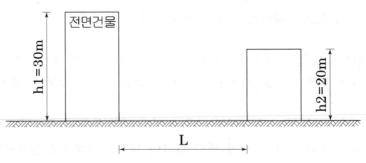

※ h1, h2 : 건축물의 높이, L : 인동간격

2-2) 에너지성능지표(EPI) 건축부문 8번 항목에서 다음 빈칸(㉠, ㉡)에 들어갈 내용을 쓰시오. (3점)

항목	기본배점				배점				
	비주거		주거		1.0	0.9	0.8	0.7	0.6
	대형	소형	주택1	주택2					
8. 냉방부하저감을 위한 제5조제10호더목에 따른 차양장치 설치 ((㉠)거실의 (㉡)면적에 대한 차양장치설치 비율)	4	2	2	2	80% 이상	60%~ 80%미만	40%~ 60%미만	20%~ 40%미만	10%~ 20%미만
					〈표2〉〈표3〉〈표4〉에 따라 태양열취득률이 0.6 이하의 차양장치 설치비율				

2-3) 다음은 남부지역에 위치한 업무시설의 평균 열관류율 계산서 작성을 위한 자료이다. 외기에 직접 면하는 창(GI)의 열관류율을 개선하여 에너지성능지표(EPI) 건축부문 1. 외벽의 평균 열관류율 항목에서 배점 0.7점을 확보하고자 할 때, 창(G1)의 최대 허용 열관류율(W/m^2K)을 산출하시오.(단, 소수 셋째자리까지 기입함.)(6점)

부호	부위	구분	면적(m^2)	열관류율(W/m^2K)
W1	외벽	외기직접	400	0.320
W2	외벽	외기간접	30	0.450
R1	최상층 지붕	외기직접	530	0.180
R2	최상층 지붕	외기간접	40	0.260
F1	최하층 바닥	외기직접	580	0.250
G1	창	외기직접	900	1.800
G2	창	외기간접	10	2.100
G3	천창(수평 투광부)	외기직접	50	1.600
D1	문	외기직접	8	1.800

항목	기본배점				배점					
	비주거		주거			1.0	0.9	0.8	0.7	0.6
	대형	소형	주택1	주택2						
1. 외벽의 평균 열관류율 (W/m^2K)	21	34			중부	0.470 미만	0.470~ 0.640미만	0.640~ 0.820미만	0.820~ 1.000미만	1.000~ 1.180미만
					남부	0.580 미만	0.580~ 0.770미만	0.770~ 0.970미만	0.970~ 1.170미만	1.170~ 1.370미만
					제주	0.700 미만	0.700~ 0.940미만	0.940~1.200미만	1.200~ 1.460미만	1.460~ 1.720미만
			31	28	중부	0.350 미만	0.350~ 0.420미만	0.420~ 0.500미만	0.500~ 0.580미만	0.580~ 0.660미만
					남부	0.440 미만	0.440~ 0.520미만	0.520~ 0.600미만	0.600~ 0.680미만	0.680~0.770미만
					제주	0.550 미만	0.550~ 0.680미만	0.680~ 0.810미만	0.810~ 0.940미만	0.940~ 1.070미만

2-1)

$$\text{인동간격비} = \frac{\text{동간거리} \ L}{\text{대향동 높이}(h_1)} \quad \therefore \quad L = \text{인동간격비} \times \text{대향동 높이} \ = 1.2 \times 30 = 36[\text{m}]$$

2-2)

ㄱ. 남향 및 서향   ㄴ. 투광부

2-3)

$$1.170 \ \rangle \ \frac{(400 \times 0.320) + (30 \times 0.450 \times 0.7) + (900 \times x) + (10 \times 2.1 \times 0.8) + (50 \times 1.6) + (8 \times 1.8)}{400 + 30 + 900 + 10 + 50 + 8}$$

$$1.170 \ \rangle \ \frac{128 + 9.45 + 900x + 16.8 + 80 + 14.4}{1{,}398}$$

$$1.170 \ \rangle \ \frac{248.65 + 900x}{1{,}398}$$

$$248.65 + 900x \ \langle \ 1{,}398 \times 1.170 \quad \therefore \quad x \ \langle \ \frac{1{,}398 \times 1.17 - 248.65}{900} = 1.54112$$

- 답 : $1.541[\text{W/m}^2\text{K}]$

문제3. "건축물의 에너지절약 설계기준" [별표4] 창 및 문의 단열성능에 따라 아래 G1, G2의 열관류율 값을 각각 구하시오.(5점)

구분	구성	창틀 종류
G1	외창 CL 5mm + 아르곤 12mm + LE 5mm(소프트코팅)	플라스틱
	내창 CL 5mm + 공기층 16 mm + CL 5mm	
G2	외창 CL 5mm + 공기층 16 mm + CL 5mm	알루미늄
	내창 CL 12mm	(열교차단재 미적용)

※ CL : 일반유리, LE : 로이유리

[별표4] 창 및 문의 단열성능   [단위:W/m²K]

창 및 문의 종류			창틀 및 문틀의 종류별 열관류율								
			금속재						플라스틱 또는 목재		
			열교차단재 미적용			열교차단재 적용					
유리의 공기층 두께[mm]			6	12	16 이상	6	12	16 이상	6	12	16 이상
창	복층창	일반복층창	4.0	3.7	3.6	3.7	3.4	3.3	3.1	2.8	2.7
		로이유리(하드코팅)	3.6	3.1	2.9	3.3	2.8	2.6	2.7	2.3	2.1
		로이유리 (소프트코팅)	3.5	2.9	2.7	3.2	2.6	2.4	2.6	2.1	1.9
		아르곤 주입	3.8	3.6	3.5	3.5	3.3	3.2	2.9	2.7	2.6
		아르곤 주입+ 로이유리(하드코팅)	3.3	2.9	2.8	3.0	2.6	2.5	2.5	2.1	2.0
		아르곤 주입+ 로이유리 (소프트코팅)	3.2	2.7	2.6	2.9	2.4	2.3	2.3	1.9	1.8
	삼중창	일반삼중창	3.2	2.9	2.8	2.9	2.6	2.5	2.4	2.1	2.0
		로이유리(하드코팅)	2.9	2.4	2.3	2.6	2.1	2.0	2.1	1.7	1.6
		로이유리 (소프트코팅)	2.8	2.3	2.2	2.5	2.0	1.9	2.0	1.6	1.5
		아르곤 주입	3.1	2.8	2.7	2.8	2.5	2.4	2.2	2.0	1.9
		아르곤 주입+ 로이유리(하드코팅)	2.6	2.3	2.2	2.3	2.0	1.9	1.9	1.6	1.5
		아르곤 주입+ 로이유리 (소프트코팅)	2.5	2.2	2.1	2.2	1.9	1.8	1.8	1.5	1.4
	사중창	일반사중창	2.8	2.5	2.4	2.5	2.2	2.1	2.1	1.8	1.7
		로이유리(하드코팅)	2.5	2.1	2.0	2.2	1.8	1.7	1.8	1.5	1.4
		로이유리 (소프트코팅)	2.4	2.0	1.9	2.1	1.7	1.6	1.7	1.4	1.3
		아르곤 주입	2.7	2.5	2.4	2.4	2.2	2.1	1.9	1.7	1.6
		아르곤 주입+ 로이유리(하드코팅)	2.3	2.0	1.9	2.0	1.7	1.6	1.6	1.4	1.3
		아르곤 주입+ 로이유리 (소프트코팅)	2.2	1.9	1.8	1.9	1.6	1.5	1.5	1.3	1.2

3-1)

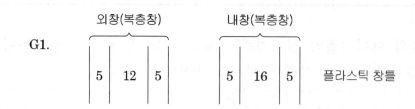

외창(복층창)   내창(복층창)

G1.

| 5 | 12 | 5 | | 5 | 16 | 5 | 플라스틱 창틀 |

(1) 외창(복층창)+내창(복층창)이므로 4중창(소프트코팅)
(2) 한 면만 로이유리 사용한 경우이므로 로이유리를 적용한 것으로 인정
(3) 하나의 창에 아르곤을 주입한 경우이므로 아르곤을 적용한 것으로 인정
(4) 공기층 두께는 복층창+복층창이므로 최소공기층 두께 12mm, G1의 열관류율은 1.3

3-2)

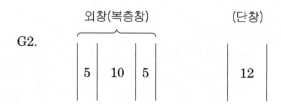

외창(복층창)   (단창)

G2.

| 5 | 10 | 5 | | 12 |

(1) 외창(복층창)+내창(단창)이므로 3중창
(2) 일반유리
(3) 단창+복층창의 공기층 두께는 6mm
(4) 창틀은 알루미늄(열교차단재 미적용), G2의 열관류율은 3.2

문제4. 에너지 절약계획서를 [① "녹색건축물 조성 지원법 시행규칙" [별지 제1호 서식] 에너지 절약계획서(일반사항) ②에너지절약설계기준 의무사항 ③에너지성능지표 (EPI) ④건축물 에너지 소요량 평가서]로 세분화 할 때, 아래〈예시〉를 참고하여 다음 각 조건에서 반드시 제출하여야 하는 서류를 번호로 기입하시오. (단, 표기 된 면적은 "건축물의 에너지절약 설계기준" 제5조제9호가목에 따른 '거실'의 면적을 의미하며, 주어진 조건 외 기타 적용예외 규정은 고려하지 않음.)(6점)

〈예시〉

신축 부위에 대한 제출서류
(①, ②, ③, ④)

4-1) 기존 판매시설(3,000m²)이 있는 대지에 신규 판매시설(1,500m²)을 별동으로 증축하는 경우.(단, 건축허가 단계에서 별동으로 증축되는 건축물에는 냉·난방 설비의 설치 계획이 없는 상태임.)(3점)

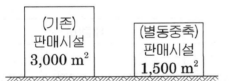

별동증축 부위에 대한 제출서류
(   )

4-2) 기존 업무시설(5,000m²)을 판매시설로 용도변경 하는 경우.(단, 열손실의 변동이 없는 용도변경에 해당함.)(3점)

용도변경 부위에 대한 제출서류
(   )

4-1)

① 에너지절약계획서(일반사항)

② 에너지절약설계기준 의무사항

③ 에너지성능지표

4-2)

① 에너지절약계획서(일반사항)

문제5. "건축물의 에너지절약 설계기준" 기계·전기부문과 관련하여 다음 문항에 답하시오.(10점)

[2018년 시험 기준 문제 일부 수정]

5-1) 다음은 연면적의 합계가 4,000㎡인 교육연구시설의 장비일람표이다. 해당 건축물의 에너지성능지표(EPI) 기계설비부문 1. 난방설비의 평점(a*b)을 구하시오. (단, 소수 넷째자리에서 반올림 함.)(6점)

장비번호	형식	용량(kW)	수량	효율
B-1	가스진공온수보일러(중앙난방)	93	1	91%
B-2	가스보일러(개별난방)	23	3	에너지소비효율 1등급
GHP-1	지열히트펌프(물-물)	107	1	신재생인증제품
OAC-1	EHP 실외기	59	3	에너지소비효율 2등급

항목		기본배점(a)				배점(b)				
		비주거		주거		1점	0.9점	0.8점	0.7점	0.6점
		대형	소형	주택1	주택2					
1. 난방설비	기름보일러	7	6	9	6	93 이상	90~93 미만	87~90 미만	84~87 미만	84 미만
	가스보일러 중앙난방방식					90 이상	86~90 미만	84~86 미만	82~84 미만	82 미만
	가스보일러 개별난방방식					1등급 제품				그 외 또는 미설치
	기타 난방설비					고효율 인증제품 (신재생 인증제품)	에너지 소비효율 1등급제품			그 외 또는 미설치

5-2) "건축물의 에너지절약 설계기준" [별지 제1호 서식] 에너지절약계획 설계 검토서 전기설비 부문 중 전등설비평면도를 통해 파악할 수 있는 조명 관련 항목 4가지를 서술하시오.(4점)

5-1)

1) 비주거 대형이므로 기본배점(a) = 7점

2) 배점(b)

장비번호	용량	수량	전체용량	배점
B-1	93kW	1	93kW	1점
B-2	23kW	3	69kW	1점
GHP-1	107kW	1	107kW	1점
OAC-1	59	3	177kW	0.6점

$$b = \frac{(93 \times 1) + (69 \times 1) + (107 \times 1) + (177 \times 0.6)}{93 + 69 + 107 + 177} = 0.841$$

평점$(a \times b) = 8 \times 0.841 = 5.887$점

5-2)

1. 거실의 조명기구는 부분조명이 가능하도록 점멸회로를 구성하였다.
2. 층별, 구역별 또는 세대별로 일괄소등스위치를 설치하였다.
3. 공동주택의 각 세대내의 현관, 숙박시설의 객실 내부입구 및 계단실을 조도 자동조절 조명기구를 채택하였다.
4. 전체 조명설비 전력에 대한 LED 조명기기 전력비율(%)
   (단, LED 제품은 고효율에너지 기자재인증 제품인 경우에만 배점)
5. 거실의 조명밀도
6. 실내 조명설비에 대해 군별 또는 회로별 자동제어 설비를 채택

문제6. 다음 그림은 공조기 급배기 계통도의 일부이다. 댐퍼 개폐상태가 다음 〈표〉와 같을 때 각 운전조건(㉠, ㉡, ㉢)을 보기 중에서 선택하고, 각 운전조건의 상태를 실내외 온도, 에너지, 실내공기질(IAQ)과 관련하여 서술하시오.(6점)

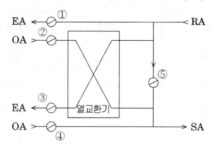

〈표〉 운전조건별 댐퍼의 개폐상태

운전조건 \ 댐퍼	①	②	③	④	⑤
㉠	폐쇄	개방	개방	폐쇄	개방
㉡	개방	폐쇄	폐쇄	개방	폐쇄
㉢	폐쇄	폐쇄	폐쇄	폐쇄	개방

〈보기〉
외기냉방운전, 난방운전, 난방예열운전

운전조건	설 명
㉠ 난방운전	난방실내온도 〉 외기온도의 상태(외기온도가 난방설정온도보다 낮은 상태)로 온열원 설비를 사용하여 난방운전을 행한다. 이때 외기부하를 감소시키기 위해 전열교환기를 설치하여 배기(EA)를 이용하여 외기(OA)를 가열 가습 함으로써 에너지 절약을 꾀한다. IAQ OA를 충분히 도입할여 IAQ의 하락을 발생하지 않는다.
㉡ 외기 냉방운전	외기 냉방 운전 냉방 실내 설정온도 〉 외기온도(외기온도가 냉방 설정온도보다 낮은 상태)로 이때에는 댐퍼 ②, ③, ⑤를 폐쇄한 상태에서 전열교환기 가동을 중지하고 댐퍼 ①, ④가 개방된 상태막 외기를 이용하여 냉방 함으로써 냉동기 가동을 금지(또는 일부가동)하여 냉방 함으로써 에너지 절약을 꾀한다. IAQ 역시 외기 도입량이 증가하여 IAQ가 좋아진다.
㉢ 난방 예열운전	난방 예열 운전 난방 실내온도 〉 외기온도 난방 예열 운전 시 ①, ②, ③, ④의 댐퍼를 폐쇄하고 ⑤의 환기댐퍼만 개방하여 외기도입을 정지하고 실내공기만을 순환시켜 난방함으로써 에너지 절약을 꾀한다. 외기도입을 정지 하였기 때문에 IAQ는 낮아지나 이 때에는 실내 재실밀도가 작기 때문에 큰 문제는 발생하지 않는다.

문제7. 다음 표는 사무실의 존별, 시간대별 냉방시 요구 풍량이다. 해당 층의 공조방식
으로 정풍량(CAV) 또는 변풍량(VAV) 방식을 검토할 때, 각 방식별 공조기 급기
풍량(㎥/h)을 구하고, 에너지 성능 측면에서 비교·서술하시오.(단, 공조기는 층별
로 설치되어 있으며, 사무실의 내부 구획은 없음.)(6점)

[단위:㎥/h]

존 \ 시간	09:00	11:00	13:00	15:00	17:00
동	3,000	2,500	2,200	2,000	2,000
남	2,100	2,200	2,300	2,400	2,300
서	1,000	1,700	1,900	2,100	2,500
북	1,000	1,400	1,800	1,800	1,700
내주부	2,000	2,000	2,000	2,000	2,000

CAV	방식(각 존별 최대부하의 합계) 3000+2400+2500+1800+2000 = 11700[㎥/h]
VAV	VAV 방식(각 시간별 최대부하) 17:00부하 2000+2300+2500+1700+2000 = 10500[㎥/h]

• 답 : CAV= 11700[㎥/h]   VAV= 10500[㎥/h]

CAV방식과 비교한 VAV방식의 에너지 성능 측면의 비교

① 동시사용률을 고려하여 장치용량 및 연간 송풍동력 절감
② 부분 부하 시 송풍기 제어에 의해 송풍동력을 절감 할 수 있다.
③ 전폐형 유닛을 사용함으로써 빈 방에 송풍을 정지할 수 있어 운전비를 줄일 수 있다.
④ 부하 변동을 정확히 파악하여 실온을 유지하기 때문에 에너지 손실이 적다.

문제8. 냉방시스템이 다음 P-h(압력-엔탈피)선도와 같은 증기압축식냉동사이클로 운전될 때 다음 물음에 답하시오.(6점)

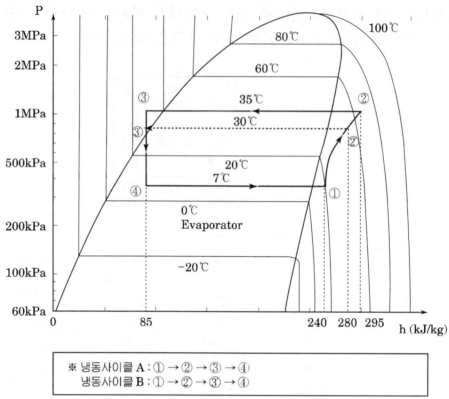

> ※ 냉동사이클 A : ① → ② → ③ → ④
> 냉동사이클 B : ① → ② → ③ → ④

8-1) 냉동사이클 A와 B의 성적계수(COP)를 각각 계산하시오.(4점)

8-2) 냉방부하가 일정한 경우, 냉동사이클이 A에서 B로 변경될 수 있는 응축기(실외기) 설치 조건을 2가지 서술하시오.(2점)

8-1)

$$COP_A = \frac{h_1 - h_4}{h_2 - h_1} = \frac{240 - 85}{295 - 240} = 2.818 \fallingdotseq 2.82$$

$$COP_B = \frac{h_1 - h_4}{h_2{}' - h_1} = \frac{240 - 85}{280 - 240} = 3.875 \fallingdotseq 3.88$$

• 답 : $COP_A = 2.818 \fallingdotseq 2.82$ $COP_B = 3.875 \fallingdotseq 3.88$

8-2)

① 공랭식 응축기를 수냉식 응축기로 변경하였을 경우
② 지하수 개발

문제9. 건축물에서 운전되고 있는 단일 변압기 TR_a의 전부하 동손이 3,000W, 철손이 1,500W이다. 기존 TR_a를 전부하 동손은 같고, 철손이 750W인 변압기 TR_b로 교체할 경우, 다음을 답하시오.(단, 교체 전·후의 기타 조건은 동일한 것으로 가정함.)(6점)

9-1) TR_a와 TR_b 중 에너지 절감효과가 큰 변압기를 쓰시오.(2점)

9-2) TR_a와 TR_b의 최고효율 운전시 부하율(%)을 각각 구하시오.(4점)

9-1)

TR_b 가 에너지 절감효과 더 크다.

9-2)

① TR_a의 최고효율운전시 부하율 $= \sqrt{\dfrac{1.5}{3}} \times 100 = 70.71[\%]$

② TR_b의 최고효율운전시 부하율 $= \sqrt{\dfrac{0.75}{3}} \times 100 = 50[\%]$

• 답 : ① 70.71[%]   ② 50[%]

문제10. 〈표1〉은 서울시에 위치한 노후 업무용 건축물의 에너지효율등급 평가결과이며,
       〈표2〉는 해당 건축물에 성능개선 방안을 단계적으로 적용한 평가결과이다.
       다음 물음에 답하시오.(12점)

〈표1〉 성능개선 전 에너지성능 평가결과

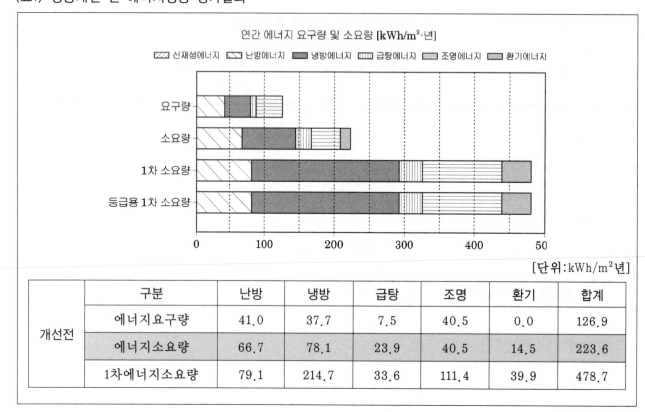

[단위:kWh/m²년]

	구분	난방	냉방	급탕	조명	환기	합계
개선전	에너지요구량	41.0	37.7	7.5	40.5	0.0	126.9
	에너지소요량	66.7	78.1	23.9	40.5	14.5	223.6
	1차에너지소요량	79.1	214.7	33.6	111.4	39.9	478.7

〈표2〉 개선 단계별 에너지성능 평가결과   [단위:kWh/m²년]

개선단계	구분	난방	냉방	급탕	조명	환기	합계
1단계	에너지요구량	45.1	32.5	7.5	40.5	0.0	125.6
	에너지소요량	72.9	74.5	23.9	40.5	14.5	226.3
	1차에너지소요량	86.0	204.9	33.6	111.4	39.9	475.8

↓

2단계	에너지요구량	37.9	33.9	7.5	40.5	0.0	119.8
	에너지소요량	62.2	75.8	23.9	40.5	14.5	216.9
	1차에너지소요량	74.1	208.5	33.6	111.4	39.9	467.5

↓

3단계	에너지요구량	37.9	33.9	7.5	40.5	0.0	119.8
	에너지소요량	60.5	75.8	23.9	40.5	14.5	215.2
	1차에너지소요량	72.3	208.5	33.6	111.4	39.9	465.7

↓

4단계	에너지요구량	37.9	33.9	7.5	40.5	0.0	119.8
	에너지소요량	60.5	75.8	23.9	40.5	4.2	204.9
	1차에너지소요량	72.3	208.5	33.6	111.4	11.3	437.1

↓

5단계	에너지요구량	37.9	33.9	7.5	40.5	0.0	119.8
	에너지소요량	60.5	49.1	23.9	40.5	4.2	178.2
	1차에너지소요량	72.3	135.0	33.6	111.4	11.3	363.6

↓

6단계	에너지요구량	45.3	25.3	7.5	18.0	0.0	96.1
	에너지소요량	71.3	42.3	23.9	18.0	4.2	159.8
	1차에너지소요량	84.4	116.2	33.6	49.5	11.3	295

10-1) 〈표2〉에서 적용된 성능개선 방안으로 가장 적합한 것을 보기에서 각 단계별로 1개씩 찾아
쓰시오.(6점)

〈보기〉
가. 고효율 조명기기로 교체(조명밀도 감소)
나. 외피 단열 및 기밀성 강화
다. 냉수·냉각수순환펌프 제어방식 개선
라. 창호의 일사에너지투과율(SHGC) 감소
마. 난방배관 단열강화
바. 환기팬 효율개선

10-2) 성능개선 방안을 적용한 결과, 냉방부문의 1차에너지소요량이 가장 큰 비중을 차지하는 것
으로 나타났다. 냉방부문의 1차에너지소요량을 추가적으로 줄일 수 있는 방안을 건축적
(Passive), 설비적(Active) 관점에서 각각 2가지씩 서술하시오.
(단, 10-1) 보기에서 제시된 성능개선 방안은 제외함.)(4점)

10-3) 난방에너지 요구량을 증가시키지 않으면서 냉방에너지 요구량을 줄일 수 있는 요소기술 1
가지를 서술하시오.(2점)

10-1)

1단계	라	4단계	바
2단계	나	5단계	다
3단계	마	6단계	가

10-2)

1) 건축적(Passive) 관점

    ① 창호의 일사차폐(수직, 수평 차양 및 블라인드 설치)

    ② 창면적비 축소

2) 설비적(Active) 관점

    ① 냉방기기 열성능비(COP) 향상

    ② 냉수, 냉각수 펌프 고효율 설비 채택으로 모터 동력 저감

    ③ 냉동기 제어방식 개선(적절한 냉동기별 용량제어)

    ④ 외기 냉방 제어 채택

10-3)

    ① 향별 창면적비 조정(동서향 창면적 축소하고 남향 창면적 확대)

문제11. 다음은 건축물의 건축, 기계, 전기, 신재생 등 설계 과정에 요구되는 계산과 관련된 사항이다. 각 문항에 답하시오.(26점)

11-1) 다음 건축물의 전기부하 설계조건을 참조하여 간선의 전압강하율(%)을 구하시오.(4점)

〈설계조건〉
- 전기부하 : 10KVA
- 간선 1본의 길이 : 50m
- 배전방식 : 단상 2선식
- 정격전압 : 220V
- 적용전선 : F-CV 16mm² 2/C, E-16mm²

11-2) 다음 설계조건을 참조하여 결로방지를 위한 창 열관류율의 최대 허용값을 구하시오.
(단, 창의 부위별로 열저항 차이는 없는 것으로 가정함.)(4점)

〈설계조건〉
- 실내표면열전달저항 : 0.11m²K/W
- 실외표면열전달저항 : 0.043m²K/W
- 설계외기온도 : -14.7℃
- 실내설정온도 : 22℃
- 실내상대습도 : 60%
※ 노점온도는 습공기선도로 구하고, 소수 첫째자리에서 반올림함.
(예 : 18.9℃인 경우 19℃로 함)

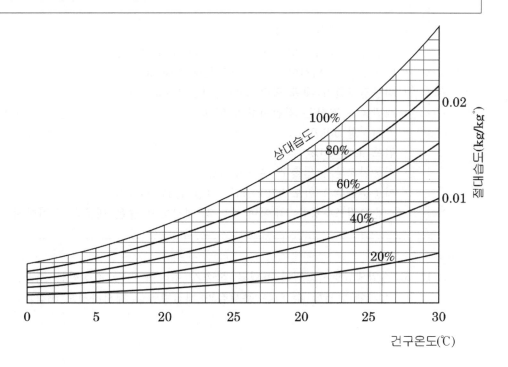

11-3) 다음 설계조건에 대한 난방부하(kW)를 구하시오.(6점)

〈설계조건〉
- 난방부하는 외피손실열량과 환기손실열량만 고려함.(주어진 조건 외에는 무시.)
- 천장고 2.5m
- 부위별 면적표

구분		면적(m^2)	열관류율(W/m^2K)
벽체	외기직접	135	0.26
창호		90	1.5
지붕		500	0.15
바닥		500	0.22

- 혈연교환기 시간당 환기횟수 0.5회, 온도교환효율 70%
- 외기온도 : -14.7℃
- 실내온도 : 22.0℃
- 공기밀도 : 1.2kg/m^3
- 공기비열 : 1.005kJ/(kg·K)

11-4) 난방부하를 24kW로 가정하고, 지열히트펌프시스템을 이용하여 난방할 때 다음 설계조건을 이용하여 지중열교환기 최소 천공수량과 지중열교환기 순환펌프 동력(kW)을 구하시오.(6점)

〈설계조건〉
- 난방 성적계수(COP_h) = 4
- 천공깊이 200m(PE파이프 길이는 400m로 한다.)
- PE파이프 단위길이당 평균열교환량 20W/m
- 지중열교환기 배관 직관 총마찰저항 100kPa
- 배관국부 저항은 직관저항의 50%
- 기기저항 50kPa
- 펌프 효율 60%
- 지중열교환기 입출구 온도차 3℃
- 지중순환수 : 밀도 970kg/m^3, 비열 4.2kJ/kg·K
- ※ 순환펌프수량은 1대이며, 그 외 제시하지 않은 내용은 고려하지 않음.

11-5) 지열냉난방시스템의 용량을 하절기 부하에 따라 결정하는 경우, 우리나라 기후 특성상 동절기에 발생할 수 있는 문제점과 개선방안을 제시하시오.(6점)

11-1)

단상 2선식 간선의 전압강하 : $e = \dfrac{35.6LI}{1000A} = \dfrac{35.6 \times 50 \times \dfrac{10000}{220}}{1000 \times 16} = 5.056[\text{V}]$

단상 2선식 간선의 전압강하율 : $\delta = \dfrac{5.056}{220} \times 100 = 2.3[\%]$

11-2)

$\dfrac{r}{R} = \dfrac{t}{T} = \dfrac{t_i - t_{si}}{t_i - t_o} = \dfrac{22 - 14}{22 - (-14.7)}$

$\dfrac{0.11}{R} = \dfrac{8}{36.7}$

$R = 0.504625$ $\qquad\qquad$ $K = \dfrac{1}{0.504625}$ $\qquad\qquad$ $K = 1.98[\text{W/m}^2\text{K}]$

• 답 : $K = 1.98[\text{W/m}^2\text{K}]$

11-3)

1) 외피 손실열량

① 벽체 : $0.26 \times 135 \times \{22.0 - (-14.7)\}/1000 = 1.288$

② 창로 : $1.5 \times 90 \times \{22.0 - (-14.7)\}/1000 = 4.955$

③ 지붕 : $0.15 \times 500 \times \{22.0 - (-14.7)\}/1000 = 2.753$

④ 바닥 : $0.22 \times 500 \times \{22.0 - (-14.7)\}/1000 = 4.037$

⑤ 외피 손실열량 합계 : $1.288 + 4.955 + 2.753 + 4.037 = 13.033$

2) $1.005 \times 0.5 \times 1.2 \times (500 \times 2.5) \times \{22.0 - (14.7)\} \times (1 - 0.7)/3600 = 2.306 \fallingdotseq 2.31[\text{kW}]$

• 답 : 1) 외피 손실열량 : 13.03[kW]

2) 환기 손실 열량 : 2.31[kW]

11-4)

가. 지중열교환기 최소 천공수량

- $COP_H = \dfrac{Q_1}{W}$, $W = \dfrac{Q_1}{COP_H} = \dfrac{24}{4} = 6\,[\text{kW}]$

- Q_2(채열량) $= Q_1 - W = 24 - 6 = 18\,[\text{kW}]$

- PE파이프 열교환량 : $400\,[\text{m}] \times 20\,[\text{W/m}] = 8\,[\text{kW}]$

- 최소 천공수량 $= \dfrac{18}{8} = 2.25 \Rightarrow \therefore 3$개

나. 지중열교환기 순환펌프 동력

- 펌프의 양정 $100 + 50 + 50 = 200\,[\text{kPa}] \Rightarrow H = \dfrac{200 \times 10^3}{9.8 \times 970} = 21.04\,[\text{m}]$

- 유량 $= \dfrac{Q_2 \times 3600}{C \cdot \rho \Delta t} = \dfrac{18 \times 3600}{4.2 \times 970 \times 3} = 53\,[\text{m}^3/\text{h}]$

- 순환펌프 동력 $= \dfrac{970 \times 9.8 \times 21.04 \times 5.3}{0.6 \times 3600 \times 10^3} = 0.49\,[\text{kW}]$

- 답 : 가. 천공수량 : 3개

　　　 나. 순환펌프 동력 : 0.49[kW]

11-5)

가. 문제점

1) 지열냉난방시스템의 용량을 하절기 부하에 따라 결정하는 경우 겨울철 난방기간 동안에 지중온도가 과도하게 내려가, 지열펌프로 유입되는 순환수의 입구부 온도와의 차이가 작아지므로, 지중으로부터 지열추출이 불가능해질 수 있다. 즉, 지열펌프는 가동되지 않는다.
2) 냉방시 루프길이를 기준으로 설계를 하면 지열펌프의 COP가 다소 감소한다.

나. 개선방안

1) 지중온도와 지열펌프로 유입되는 순환수의 입구온도의 차이를 크게 되도록 루프길이를 선정한다.
2) 냉난방시 루프길이를 적절히 조절하여 냉난방전체 COP가 높아지도록 한다.

2018년 제4회 실기시험 기출문제

건축물에너지평가사

〈2차실기 기출문제 내용〉

구분	문항수	시간(분)
기출문제	11	150

한솔아카데미

문제1. 총 300세대인 공동주택의 리모델링을 통한 성능 개선과 관련하여 다음 물음에
답하시오. (15점)

1-1) 다음 〈그림〉은 실내 체적이 200m³인 어느 세대에 대하여 리모델링 전·후 기밀성능을 압
력차법에 의해서 측정한 결과이다. 추세식을 이용하여 리모델링 전·후의 기밀성능지표인
ACH50[회/h]을 산출하고, 그 의미를 간단히 서술하시오.(4점)

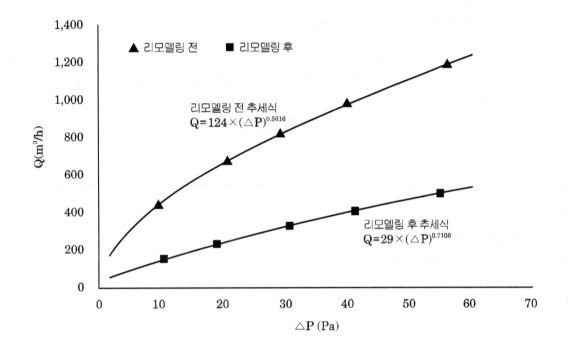

1-2) 난방부하 계산 시, 1-1)에서 구한 기밀성능지표 ACH50에 환산계수 0.07을 곱하여 침기량
으로 산정하고자 한다. 실내·외 온도가 각각 22℃와 -11.3℃일 때 기밀성능 개선을 통한
난방부하(현열)의 차이[kW]를 구하시오.
(단, 침기의 정압비열과 밀도는 각각 1.01kJ/kg·K, 1.3kg/m³이다)(4점)

2-3) 건축물의 기밀성능을 측정하는 방법에는 1-1)의 압력차법 이외에 추적가스법이 있다. 추적
가스법의 특징을 압력차법과 비교하여 서술하시오.(3점)

1-4) 리모델링을 통해 각 세대에 환기설비가 설치되었으며, 환기설비에는 도입외기 중 미세먼지를 80% 제거할 수 있는 필터가 장착되어 있다. 다음과 같은 조건에서 예상되는 실내 미세먼지의 평균농도[$\mu g/m^3$]를 구하시오.(4점)

〈조건〉
- 실내 체적 : 200m^3
- 대기 중 미세먼지 농도 : 150$\mu g/m^3$
- 실내 미세먼지 발생량 : 2,000$\mu g/h$
- 모든 미세먼지는 입경분포가 동일한 PM10으로 가정
- 환기설비는 전외기 방식의 기계환기설비로 "건축물의 설비기준 등에 관한 규칙"에 따른 최소 환기량으로 환기되고 있음
- 침기를 포함한 다른 영향은 무시함

1-1)

① 리모델링 전 ACH50[회/h]

①-1 환기량(Q) 산정

$Q = 124 \times Q = 124 \times (\Delta p)^{0.5616} = 124 \times 50^{0.5616} = 1,115.74 m^3/h$

①-2

$ACH50 = \dfrac{Q}{200 m^3/회} = \dfrac{1,115.74}{200} = 5.58(회/h)$

② 리모델링 후 ACH50[회/h]

②-1

환기량(Q) 산정

$Q = 29 \times (\Delta p)^{0.7106} = 29 \times 50^{0.7106} = 467.40 m^3/h$

②-2

$ACH50 = \dfrac{467.40}{200} = 2.34[회/h]$

③ 의미

리모델링 전의 ACH50은 5.58[회/h], 리모델링 후의 ACH50은 2.34[회/h]로 리모델링을 통해 기밀성능이 두배 이상 증가되었음을 알 수 있다.

1-2)

① 리모델링 전의 침기량

Q = 5.58[회/h]×0.07×200[m³/회] = 78.12[m³/h]

② 리모델링 후의 침기량

Q = 2.34[회/h]×0.07×200[m³/회] = 32.76[m³/h]

③ 리모델링 전후의 침기량 감소에 따른 난방부하차

H = 1.01KJ/kg·K×1.3kg/m³×침기 변화량×△P

H = 1.01KJ/kg·K×1.3kg/m³×45.36[m³/h]×(22−(−11.3))K

　　= 1,983.27KJ/h = 0.55KW(∴1KW = 3,600KJ/h)

1-3)

추적가스법은 압력차법에 비해 다음과 같은 특징을 가지고 있다.
- 건물 부위별 기밀성 평가가 어려움
- 시간에 따른 침기량 변화측정이 가능
- 특정 침기 부위를 구분하기 어려움
- 외부 기상조건의 영향을 많이 받음
- 실측 비용이 상대적으로 높음

1-4)

실내오염물질의 농도(P)는 외부 공기 중의 오염물질의 농도를 g, 실내의 오염물질 발생량 K, 실내 환기량을 Q라 하면,

$$P = q + \frac{K}{Q} = 150\mu g/m^3 \times 0.2 + \frac{2000\mu g/h}{100m^3/h} = 30\mu g/m^3 + 20\mu g/m^3 = 50\mu g/m^3$$

여기서, Q = 200m³/회 × 0.5회/h(100세대 이상 공동주택의 최소 환기량) = 100m³/h

문제2. "건축물의 에너지절약설계기준"에서 정하는 단열조치를 하여야 하는 '외벽'과 '창 및 문' 부위의 단열기준 적합여부 판단방법 3가지를 각각 서술하시오.(7점)

  2-1) '외벽' 부위가 단열기준에 적합한 것으로 판단하는 경우(4점)

  2-2) '창 및 문' 부위가 단열기준에 적합한 것으로 판단하는 경우(3점)

2-1)

1) 별표3의 지역별·부위별·단열재 등급별 허용 두께 이상으로 설치하는 경우(단열재의 등급 분류는 별표2에 따름)

2) 해당 벽·바닥·지붕 등의 부위별 전체 구성재료와 동일한 시료에 대하여 KS F2277(건축용 구성재의 단열성 측정방법)에 의한 열저항 또는 열관류율 측정값(국가공인시험기관의 KOLAS 인정마크가 표시된 시험성적서의 값)이 별표1의 부위별 열관류율에 만족하는 경우

3) 구성재료의 열전도율 값으로 열관류율을 계산한 결과가 별표1의 부위별 열관류율 기준을 만족하는 경우

2-2)

1) KS F2278(창호의 단열성 시험방법)에 의한 국가공인 시험기관의 KOLAS 인정마크가 표시된 시험성적서가 별표1의 열관류율 기준을 만족하는 경우

2) 별표4에 의한 열관류율값이 별표1의 열관류율 기준을 만족하는 경우

3) 산업통상자원부고시「효율관리기자재」운용규정에 따른 창 세트의 열관류율 표시값이 별표1의 열관류율 기준을 만족하는 경우

문제3. 다음의 〈표1〉은 "건축물의 에너지절약설계기준" 중 냉·난방설비의 용량계산을 위한 실내 온·습도 기준 관련 내용이며, 〈표2〉는 건축물 에너지효율등급 인증 평가시 적용하는 건축물 용도프로필 중 일부이다. 〈표1〉과 〈표2〉의 내용 특성을 고려하여, 서로 유사한 용도인 A-a, B-b, C-c로 가장 적합한 것을 〈보기〉 중에서 골라 기호를 쓰시오.(6점)

〈표1〉 냉·난방설비의 용량계산을 위한 온·습도 기준

구분\\용도	난방	냉방	
	건구온도(℃)	건구온도(℃)	상대습도(%)
A	21~23	26~28	50~60
관람집회시설(객석)	20~22	26~28	50~60
B	20~24	26~28	50~60
C	18~21	26~28	50~60
사무소	20~23	26~28	50~60
목욕장	26~29	26~29	50~75
수영장	27~30	27~30	50~70

〈표2〉 건축물 용도프로필

구분\\용도	a	b	c	대규모사무실
운전시간				
운전시작시간[hh:mm]	00:00	21:00	08:00	07:00
운전종료시간[hh:mm]	24:00	08:00	20:00	18:00
설정 요구량				
최소도입외기량[$m^3/(m^2 \cdot h)$]	4	3	4	6
급탕요구량[$Wh/(m^2 \cdot d)$]	82	82	30	30
조명시간[h]	12	4	12	9
열발열원				
사람[$Wh/(m^2 \cdot d)$]	108	70	84	55.8
작업보조기기[$Wh/(m^2 \cdot d)$]	24	44	24	126

〈보기〉
㉠ 공동주택-주거공간　　㉢ 판매시설-매장
㉡ 학교-교실　　㉣ 전산센터-전산실
㉢ 병원-병실　　㉤ 도서관-열람실
㉣ 숙박시설-객실

---

a = ㉢ : 병원-병실,　　b = ㉣ : 숙박시설-객실,　　c = ㉥ : 판매시설 - 매장

문제4. 〈표1〉은 "건축물의 에너지절약설계기준"에 따른 연면적의 합계가 3,500㎡인 철골철근콘크리트 구조의 업무용 건축물에 대한 공조설비 장비일람표이다. 〈표2〉를 참고하여 이 건축물의 에너지성능지표 기계설비부분 5번과 6번 항목의 평점 (a×b) 합계를 구하시오.(5점)

〈표1〉 공조설비 장비일람표

장비번호	장비명	외기도입풍량 (CMH)	대수	외기도입 제어방식	폐열회수설비
AH-01	공기조화기	12,000	2	엔탈피제어	적용
AH-02	공기조화기	13,000	1	엔탈피제어	-
AH-03	공기조화기	12,500	1	CO_2기반 외기도입제어	-
AH-04	공기조화기	9,500	1	-	적용

〈표2〉 에너지성능지표 기계설비부문

항목	기본배점(a)				배점(b)				
	비주거		주거		1점	0.9점	0.8점	0.7점	0.6점
	대형	소형	주택1	주택2					
5.이코노마이저시스템 등 외기냉방 시스템의 도입	3	1	-	1	전체외기도입 풍량합이 60% 이상 적용 여부				
6.폐열회수 환기장치 또는 바닥열을 이용한 환기장치, 공조기의 폐열 회수 설비	2	2	2	2	전체외기도입 풍량합의 60% 이상 적용 여부				

1) 5번 항목

① 전체 CMM : $(12,000 \times 2) + 13,000 + 12,500 + 9,500 = 59,000$CMH

② 외기냉방 : $(12,000 \times 2) + 13,000 = 37,000$CMH

③ 전체외기도입 풍량비율 $= \dfrac{37,000}{59,000} \times 100 = 62.71[\%]$: 조건만족

④ 비주거대형의 기본배점(a) : 3점

　　　　　　　　　　배점(b) : 1점

⑤ 평점 : a×b=3×1=3점

2) 6번 항목

① 전체 CMH : 59,000CMH

② 폐열회수설비 : $(12,000 \times 2) + 9,500 = 33,500$

③ 전체 외기도입 풍량비율 $= \dfrac{33,500}{59,000} \times 100 = 56.78[\%]$: 조건 미충족

④ 기본배점(a) : 2점

　　　배점(b) : 0점

⑤ 평점 : a×b=2×0=0점

3) 합계

3+0=3점

문제5. 난방 시 공기조화기 운전과 관련하여 다음 물음에 답하시오.(6점)

    5-1) 〈그림1〉의 공기조화기가 〈그림2〉와 같이 혼합·가열·가습 프로세스로 운전 될 때 주어진 조건을 이용하여 다음 〈표〉의 항목에 대한 습공기선도에서의 상태변화를 〈보기〉와 같이 표기하시오.(2점)

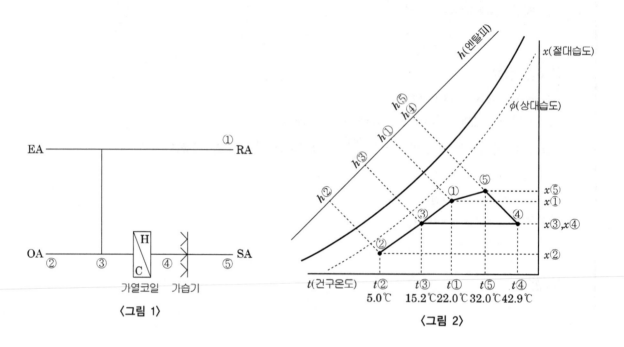

〈그림 1〉

〈그림 2〉

〈보기〉

항목	상태변화
외기부하(Δh)	$h_③ - h_②$

〈표〉

No.	항목	상태변화
(1)	실내 난방열량(Δh)	
(2)	공기조화기 가열코일열량(Δh)	
(3)	실내 가습수증기량(Δx)	
(4)	실내 추출 온도차(Δt)	

5-2) 〈그림1〉의 공기조화기에 폐열회수장치(현열 열교환기)를 〈그림3〉과 같이 공기조화기 EA와 OA 사이에 설치하였을 경우, 설계조건과 〈그림4〉의 습공기 선도를 이용하여 혼합공기 ③ 의 건구온도(℃)를 계산하시오.(주어진 조건 외의 사항은 고려하지 않음)(4점)

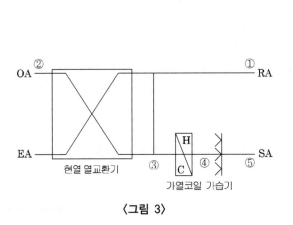

〈그림 3〉

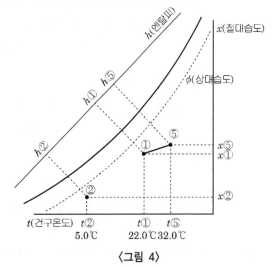

〈그림 4〉

〈설계조건〉

- 외기도입비율 40%
- 현열교환효율 난방시 60%
- 전체 도입 외기는 현열 열교환기를 통과함
- 외기풍량과 배기풍량은 동일함

5-1)

(1) $h_5 - h_1$ (2) $h_4 - h_3$

(3) $x_5 - x_4$ (4) $t_5 - t_1$

5-2)

현열교환 · 효율 $\eta = \dfrac{t'_2 - t_2}{t_1 - t_2}$ 에서

$t'_2 = t_2 + (t_1 - t_2) \times 3 = 5 + (22 - 5) \times 0.6 = 15.2℃$

$\therefore t_3 = 15.2 \times 0.4 + 22 \times 0.6 = 19.28℃$

문제6. 다음은 업무용 건축물의 공조방식에 대한 특징을 설명한 것이다. 6-1)~3) 각 항목별로 밑줄 친 부분 중 틀린 내용을 모두 고르고, 바르게 수정하시오.(6점)

6-1) 복사냉방과 공기조화기를 병용할 경우 ㉠평균복사온도가 낮아져 동일한 온열쾌적 조건에서 ㉡냉방 설정온도를 낮출 수 있고 복사냉방이 ㉢잠열부하를 담당하여, 공기조화기만을 적용하는 경우에 비해 ㉣공조풍량을 줄일 수 있어 ㉤팬동력 절감이 가능하다.(2점)

6-2) 프리 액세스 플로어(free access flor)가 적용된 건축물에 바닥취출공조(UFAC) 방식을 적용할 경우, 바닥급기유닛(FTU)의 ㉥개별제어가 가능하다. 그러나 천장취출 공보장식과 동일한 천장고를 유지하고자 할 때 ㉦프리 액세스 플로어의 높이가 증가하고 ㉧층고가 높아진다.(2점)

6-3) 이중덕트 방식은 ㉨전공기방식으로서 ㉩존별 부하변동에 대응이 가능하고 ㉪에너지 절약 측면에서 유리하다.(2점)

6-1)
ㄴ 냉방 설정온도를 높일 수
ㄷ 현열부하

6-2)
◎ 층고가 낮아진다.

6-3)
㉪ 에너지 절약 측면에서 불리

문제7. "건축물의 에너지절약설계기준"에서 규정된 다음 내용과 관련하여 빈 칸에 들어갈 용어로 〈보기〉에서 가장 적합한 기호를 골라 쓰시오.(각 1점, 총 3점)

〈보기〉

ㄱ 열교환 장치   ㅁ on-off제어
ㄴ 가변속제어방식   ㅂ 바이패스(by-pass) 설비
ㄷ 대수분할   ㅅ 백업(back-up) 설비
ㄹ 가변익제어   ㅇ 분산제어

7-1) (   )운전이라 함은 기기를 여러 대 설치하여 부하상태에 따라 최적 운전 상태를 유지할 수 있도록 기기를 조합하여 운전하는 방식을 말한다.

7-2) 급수용 펌프 또는 급수가압 펌프의 전동기에는 (   ) 등 에너지 절약적 제어 방식을 채택한다.

7-3) 폐열회수를 위한 열회수설비를 설치할 때에는 중간기에 대비한 (   )를 설치한다.

7-1)

ㄷ : 대수분할운전

7-2)

ㄴ : 가변속제어방식

7-3)

ㅂ : 바이패스설비

문제8. 아래 〈그림〉과 같이 등압법으로 설계된 정풍량 환기덕트 시스템과 관련하여 다음 물음에 답하시오.(단, 취출구 1개당 설계풍량은 1,500CMH이며, 단위길이당 마찰손실은 2[Pa/], 국부저항은 직관부의 50[%]로 가정하며, 그 외 제시하지 않은 사항은 고려하지 않음) (4점)

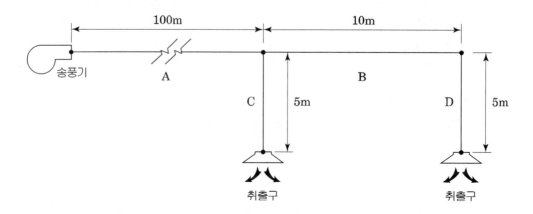

8-1) 송풍기의 효율이 70%일 때 축동력[kW]을 구하시오.(2점)

8-2) 8-1)과 같이 송풍기를 설계하면 덕트구간 A-C와 A-B-D의 마찰 저항 차이로 인해 두 개 취출구의 취출 풍량이 설계 풍량과 달라지게 된다. 이러한 현상을 방지하기 위한 덕트구간 C의 밸런싱 방법 2가지를 서술하시오.(2점)

8-1)

$$L_s = \frac{Q \cdot P_T}{\eta} = \frac{2 \times 1,500 \times 345}{3,600 \times 10^3 \times 0.7} = 0.41\,[\text{kW}]$$
$$P_T = (100 + 10 + 5) \times 1.5 \times 2 = 345\,[\text{P}_a]$$

8-2)

① Damper 조절
② 취출구 조정

문제9. 아래 〈그림〉과 같이 냉각수 배관, 냉수 배관 및 급수 배관이 설치되어 있는 건축물에서 〈표〉의 각 펌프의 양정을 계산하기 위해 필요한 요소의 기호를 〈보기〉 중에서 골라 모두 쓰시오.(단, 냉각탑과 각 수조의 수위는 그림과 같이 일정하며, 보기 외에 제시하지 않은 사항은 고려하지 않음)(6점)

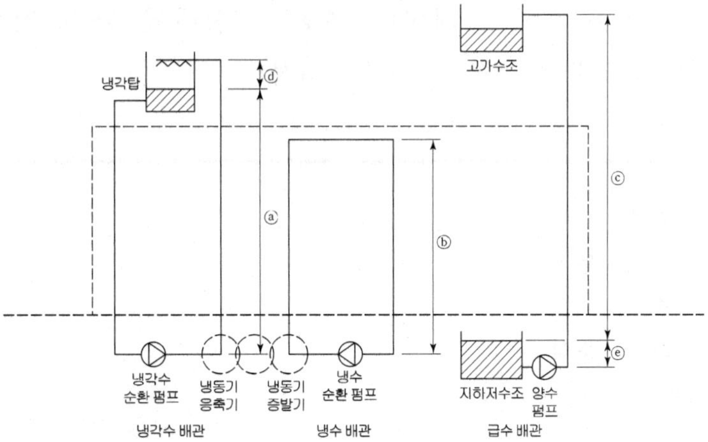

ⓐ 냉각수 배관 건축물 실양정
ⓑ 냉수 배관 건축물 실양정
ⓒ 급수 배관 건축물 실양정
ⓓ 냉각탑 실양정
ⓔ 급수용 지하 저수조 실양정

〈보기〉

㉠ 냉각수 배관 건축물 실양정
㉡ 냉수 배관 건축물 실양정
㉢ 급수 배관 건축물 실양정
㉣ 냉각탑 실양정
㉤ 급수용 지하 저수조 실양정
㉥ 냉각수 배관 직관 및 곡관 마찰손실
㉦ 냉수 배관 직관 및 곡관 마찰손실
㉧ 급수 배관 직관 및 곡관 마찰손실
㉨ 냉동기 응축기 마찰손실
㉩ 냉각탑 노즐 소요압력
㉪ 냉동기 증발기 마찰손실

〈표〉 펌프 양정

구분	필요요소
냉각수 순환펌프 양정	
냉수 순환펌프 양정	
급수 양수펌프 양정	

냉각수 → ㉣ ㉥ ㉨ ㉩,　냉수 → ㉦ ㉪,　급수 → ㉢ ㉧

문제10. 제로에너지건축물 인증을 받기 위해서는 건축물 에너지효율등급 성능수준, 신에
너지 및 재생에너지를 활용한 에너지자립도 외에 건축물에너지관리시스템 또는
전자식 원격검침계량기 설치 여부 확인이 필요하다. "건축물의 에너지절약 설계
기준"에서 정하는 건물에너지관리시스템(BEMS) 설치 기준 항목 중 '데이터 수
집 및 표지', '정보감시', '데이터 조회', '실내외 환경 정보 제공' 외에 에너
지 및 설비 관련 5개 항목을 쓰시오. (5점)

1) 에너지소비현황분석
2) 설비의 성능 및 효율 분석
3) 에너지 소비 예측
4) 에너지 비용 조회 및 분석
5) 제어시스템 연동

문제11. 건축물을 리모델링하여 에너지 성능을 개선하고자 한다. 주어진 도면 및 계산
　　　조건을 고려하여 다음 물음에 답하시오. (37점)

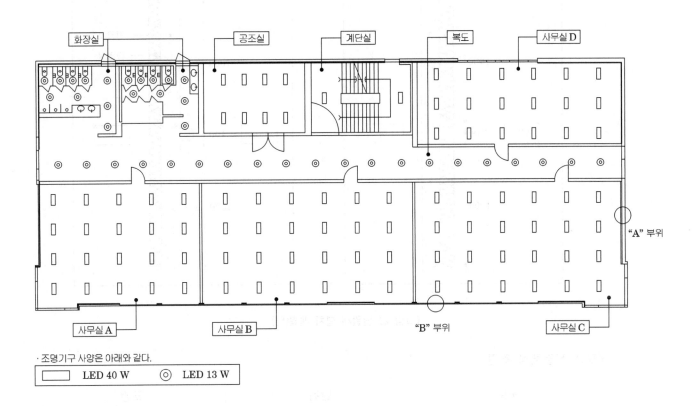

〈그림 1〉 기준층 평면도

11-2) "A" 부위 벽체의 단열계획 과정에서 아래 〈그림 2〉와 같이 두 가지 단열재 설치 계획안이
　　　검토되었다. 〈표 1〉의 조건에서 [1안]의 벽체부위에 대해 2차원 전열해석을 실시한 결과
　　　총 열류량이 33[W/]로 나타났을 때, 열교 부위의 선형 열관류율[W/m·K]을 구하시오.
　　　(단, 중간 치수 체계(중심선) 기준을 따르며, 주어진 범위와 조건 외에는 고려하지 않는다)
　　　　　　　　　　　　　　　　　　　　　　　　　　　　　　　　　　　　　　　(5점)

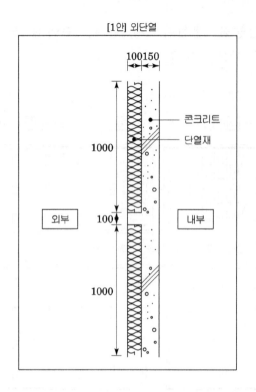
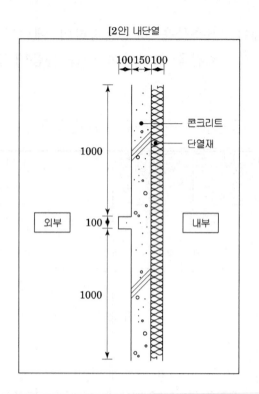

〈그림 2〉 단열재 설치 계획(안)

〈표1〉 전열해석 조건

구분	단위	조건
실내외 온도차 (Ti-To)	K	30
콘크리트의 열전도율	W/m·K	1.500
단열재의 열전도율	W/m·K	0.020
외표면열전달저항	m²·K/W	0.050
내표면열전달저항	m²·K/W	0.100

11-2) 11-1)에서 제시된 단열재 설치계획과 관련하여 ① [1안]을 [2안]으로 변경하였을 때 예상되는 벽체 총 열류량 변화(증가 또는 감소)를 설명하고, ② 각 설치 대안별로 고려해야 할 동절기 결로발생 유형과 해소방안을 비교하여 서술하시오. (3점)

11-3) 〈그림 3〉 및 〈표 2〉는 리모델링 전 "B" 부위에 설치되어 있던 창의 정보를 나타낸다. 기존 창을 단열성능이 크게 향상된 로이복층창으로 교체하고자 할 때 ① 로이유리의 방사율, ② 중공층 기체의 밀도 및 ③ 간봉의 사양을 어떻게 선정하는 것이 창의 단열성능 향상에 유리한지에 대해 열전달 유형(전도, 대류, 복사)과 연계하여 설명하시오. (6점)

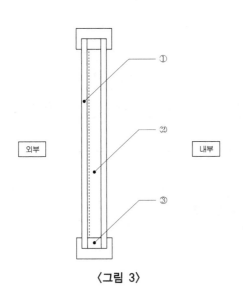

〈그림 3〉

〈표 2〉

구분	사양
① 로이유리	방사율 0.12
② 기체(중공층)	밀도 1.23 kg/m³
③ 간봉	알루미늄 간봉

11-4) 〈표 3〉의 장비일람표 내용을 바탕으로 건축물 에너지효율등급 평가프로그램의 냉방기기 입력항목인 〈그림 4〉의 ㉠, ㉡에 들어갈 내용을 쓰시오. (3점)

〈표 3〉 장비일람표

흡수식 냉온수기							
장비 번호	수 량	용도	냉방용량	난방용량	냉방 시 가스 소비량		비 고
			kW	kW	연료	소비량[Nm³/h]	
CH-01	1	냉난 방용	176	155	LNG	12	LNG 고위발열량 : 43.1[MJ/Nm³]

〈그림 4〉

11-5) "건축물 에너지효율등급 인증 및 제로에너지건축물 인증 기준" [별표1]에서 제시하고 있는 건축물 에너지효율등급 인증기준에 따라 이 건축물의 ① 연간 단위면적당 급탕 에너지요구량을 산출하고, 계산 조건에 주어진 급탕기기 종류별로 예상되는 ② 연간 단위면적당 급탕 에너지소요량과 ③ 연간 단위면적당 급탕 1차에너지소요량 크기를 비교하여 부등호(〈, 〉)로 표시하시오. (4점)

〈표 4〉 용도프로필

구분	단위	용도별 적용 값			
		대규모 사무실	화장실	부속공간	설비실
급탕 요구량	[Wh/(m² · d)]	30	0	0	0

〈계산조건〉
- 모든 실의 연간 사용일수는 250일로 함
- 용도별 가중치는 고려하지 않음
- 기타 손실은 고려하지 않음
- 급탕 관련 펌프는 고려하지 않음

급탕기기	전기온수기	가스온수보일러
효율	95%	87%

① 연간 단위면적당 급탕 에너지요구량 : ( ) [kWh/m² · 년]
② 급탕기기 종류별 연간 단위면적당 급탕 에너지소요량 크기 비교
   : 전기온수기 ( ) 가스온수보일러
③ 급탕기기 종류별 연간 단위면적당 급탕 1차에너지소요량 크기 비교
   : 전기온수기 ( ) 가스온수보일러

11-6) 〈그림 1〉과 〈표 5〉를 참고하여 건축물 조명기기 리모델링 후 기준층의 연간 조명전력 절감량[kWh/년]을 구하시오. (5점)

〈표5〉 리모델링 전·후 기준층 조명부하 현황

실구분	조명기기		연간사용시간[h/년]
	리모델링 전	리모델링 후	
사무실A	FL28W×2	평판형 LED 40W	3,000
사무실B			
사무실C			
사무실D			
공조실			
계단			
화장실	전구식형광등 20W	LED 다운라이트 13W	
복도			

11-7) 건축물 리모델링 전 냉온수 순환펌프 전동기의 용량이 11[kW], 3상 380[V], 역률 80[%] 이다. 이 전동기의 역률을 95[%]로 개선시키기 위해 필요한 콘덴서 용량[kVA]을 구하고, 역률개선에 따른 기대효과 2가지를 서술하시오. (5점)

11-8) 태양전지모듈을 설치하여 조명에 소요되는 전력량의 100[%]를 공급하고자 한다. 다음 계산 조건과 〈표 6〉에 따라 ① 일일 조명에 사용된 전력량[kWh/일], ② 태양전지모듈의 개수 [개] 및 ③ 설치면적[m²]을 구하시오. (각 2점, 총 6점)

〈계산조건〉

• 조명 면적 : 2,000m²
• 조명 밀도 : 10 W/m²
• 조명 시간 : 12 h/일
• 태양전지모듈 정격최대출력 : 300 Wp/개
• 정격최대출력 시간 : 4 h/일
• 태양전지모듈 면적 : 2m²/개

〈표 6〉 시간별 조명전력 및 태양전지모듈의 정격최대출력

시간	08~09	09~10	10~11	11~12	12~13	13~14	14~15	15~16	16~17	17~18	18~19	19~20
조명 [kW]	20	20	20	20	20	20	20	20	20	20	20	20
PV [kW]	0	0	60	60	60	60	0	0	0	0	0	0

11-1)

① 일반부위의 열관류율(U)

$$U = \frac{1}{0.100 + \frac{0.1}{0.020} + \frac{0.15}{1.5} + 0.05} = 0.19 W/m^2 \cdot K$$

② 선형열관류율(ϕ)

$$\phi = \frac{33W/m}{30K} - (0.19W/m^2 \cdot K) \times 2m = 0.72W/m \cdot K$$

11-2)

① 총열류량은 열교부위가 없어져 감소
② [1]안의 경우, 열교부위를 통한 열손실로 인해 내부 벽체표면에 표면결로가 예상됨
  해소방안은 내부표면온도를 실내공기의 노점온도 이상으로 만들 수 있는 결로방지용 단열재 설치가 요구됨
  [2]안의 경우, 단열재와 콘크리트 구조체에 내부결로가 발생할 수 있음
  해소방안은 단열재의 고온측에 방습층을 설치함으로써 구조체의 온도구배가 노점온도구배보다 높아지도록 함

11-3)

① 로이유리의 방사율이 낮을수록 공기층을 통한 복사열 전달을 줄일 수 있음
② 중공층 기체의 밀도는 공기보다 높은 아르곤 또는 크립톤을 사용하여 대류 열전달을 줄일 수 있음
③ 간봉은 열전도율이 낮은 단열감봉을 사용하여 전도에 의한 열전달을 줄일 수 있음

11-4)

㉠ 냉동기 총 용량[kW] : 176
㉡ 정격냉열성능지수 : 열성능비(COP) :
  $(176kW \times 3600 \div 1000) \div (12Nm^3/h \times 43.1MJ/Nm^3) = 633.6 \div 517.2 = 1.23$

[답] ㉠ : 176, ㉡ : 1.23

11-5)

① 연간 단위면적당 급탕 에너지요구량 : $30Wh/m^2d \times 250d/yr \div 1000 = 7.5kWh/m^2yr$
② 전기온수기 급탕 에너지 소요량 : $7.5 \div 0.95 = 7.89kWh/m^2yr$
  가스온수보일러 급탕 에너지 소요량 : $7.5 \div 0.87 = 8.62kWh/m^2yr$
  ∴ 전기온수기 (<) 가스온수보일러
③ 전기온수기 급탕 1차에너지 소요량 : $7.89 \times 2.75 = 21.70kWh/m^2yr$
  가스온수보일러 급탕 에너지 소요량 : $8.62 \times 1.1 = 9.48kWh/m^2yr$
  ∴ 전기온수기 (>) 가스온수보일러

[답] ① : 7.5, ② : < , ③ : >

11-6)

* $(56[W] \times 96[개] + 20[W] \times 41[개]) \times 3000[h/년] \times 10^{-3} = 18588[kWh/년]$

* $(40[W] \times 96[개] + 13[W] \times 41[개]) \times 3000[h/년] \times 10^{-3} = 13119[kWh/년]$

$\therefore \triangle W = 18588 - 13119 = 5469[kWh/년]$

11-7)

① 콘덴서 용량

$$Q = P(\tan\theta_1 - \tan\theta_2) = 11 \times \left(\frac{0.6}{0.8} - \frac{\sqrt{1-0.95^2}}{0.95} \right) = 4.63[kVA]$$

② 역률개선시 효과
- 전력손실 감소
- 전압강하 경감
- 설비용량 여유 증가
- 전기요금 절감

11-8)

① 일일 조명에 사용된 전력량[kWh/일]

$$W_{day} = 2000[m^2] \times 10[W/m^2] \times 12[h/일] \times 10^{-3} = 240[kWh/일]$$

① 태양전지 모듈의 개수

$$개수 = \frac{240000[Wh/일]}{300 \times 4[Wh/개]} = 200[개]$$

③ 설치면적

$200개 \times 2[m^2] = 400[m^2]$

2019년 제5회 실기시험 기출문제

건축물에너지평가사

〈2차실기 기출문제 내용〉

구분	문항수	시간(분)
기출문제	13	150

한솔아카데미

문제1. "건축물의 에너지절약설계기준" 제6조(건축부문의 의무사항)에서는 외기에 직접 또는 간접 면하는 거실의 각 부위에 건축물의 열손실방지 조치를 하도록 규정하고 있으며, 열손실방지 조치를 하지 않을 수 있는 예외사항을 제시하고 있다 이 중 예외사항에 해당하는 부위 및 조건을 3가지 서술하시오. (3점)

외기에 직접 또는 간접 면하는 거실의 각 부위에는 제2조에 따라 건축물의 열손실방지 조치를 하여야 한다. 다만, 다음 부위에 대해서는 그러하지 아니할 수 있다.

① 지표면 아래 2미터를 초과하여 위치한 지하 부위(공동주택의 거실 부위는 제외)로서 이중벽의 설치 등 하계 표면결로 방지 조치를 한 경우
② 지면 및 토양에 접한 바닥 부위로서 난방공간의 주변 외벽 내표면까지의 모든 수평거리가 10미터를 초과하는 바닥부위
③ 외기에 간접 면하는 부위로서 당해 부위가 면한 비난방공간의 외피를 별표1에 준하여 단열 조치하는 경우
④ 공동주택의 층간바닥(최하층 제외) 중 바닥 난방을 하지 않는 현관 및 욕실의 바닥부위
⑤ 제5조제10호아목에 따른 방풍구조(외벽제외) 또는 바닥면적 150제곱미터 이하의 개별 점포의 출입문

문제2. 온열쾌적감을 나타내는 지표인 PMV를 결정하는 6가지 요소를 〈표〉에 기입하고, 각 요소별로 PMV를 낮추는 조절방법에 "○"를 표시하시오. (4점)

요소	조절방법	
	높인다	낮춘다
①		
②		
③		
④		
⑤		
⑥		

요소	조절방법	
	높인다	낮춘다
① 기온		○
② 습도		○
③ 기류	○	
④ 평균복사온도		○
⑤ 대사량		○
⑥ 착의량		○

문제3. 외기온도가 10℃이고 실내온도가 25℃로 유지되고 있는 실내에 현열발열량이 400 W인 가전기기를 가동하였다. 이 때, 외기도입만으로 실내온도를 25℃로 유지하기 위해 필요한 외기도입량(m³/h)을 구하시오. (단, 공기의 밀도와 비열은 각각 1.2 kg/m³, 1.0 kJ/kg·K로 일정하고, 잠열 등 제시한 조건 이외의 인자는 고려하지 않는다.) (4점)

외기량 $Q_o = \dfrac{400 \times 10^{-3} \times 3600}{1.0 \times 1.2 \times (25-10)} = 80[\text{m}^3/\text{h}]$

문제4. 아래 조건을 고려하여 다음 물음에 답하시오. (9점)

〈조 건〉

실내표면열전달율	9 W/m²·K
실내 온도	22 ℃
실내 수증기발생량	0.66 kg/h
외기 온도	-5 ℃
외기 절대습도	0.002 kg/kg'
환기량	50 m³/h
공기밀도	1.2 kg/m³

4-1) 창의 열관류율이 2 W/m²·K일 때 실내공기의 노점온도와 창의 실내표면온도를 계산하고, 결로발생 여부를 판정하시오. (단, 투습, 침기, 폐열회수환기 등 제시된 조건 외의 사항은 무시하고, 온도는 소수 둘째자리에서 반올림한다.) (5점)

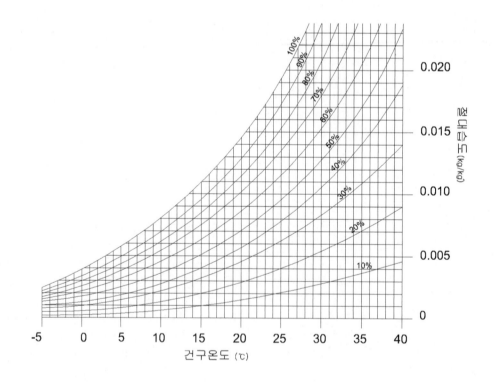

4-2) 바닥 표면온도가 15℃일 때 바닥 표면결로를 방지하기 위해 실내의 수증기 발생량(kg/h)은 얼마 이하로 유지해야 하는지 구하시오. (4점)

4-1)

① 실내공기의 노점온도
   실내공기의 절대습도(P)
   $P = p + K/Q$
   $= 0.002 \text{ kg/kg'} + (0.66\text{kg/h}) \div (1.2 \text{ kg/m}^3 \times 50 \text{ m}^3/\text{h})$
   $= 0.013 \text{ kg/kg'}$
   따라서 실내공기의 노점온도는 18℃

② 창의 표면온도
   $r/R = t/T$
   $0.11/0.5 = t/27$
   $t = 5.94$
   따라서, 창의 표면온도는 22-5.94 = 16.06 = 16.1℃

③ 결로발생여부
   창의 표면온도(16.1℃)가 실내공기의 노점온도(18℃)보다 낮으므로 결로발생

4-2)

① 바닥표면온도가 15℃이므로 노점온도가 15℃보다 낮아야 함

② 노점온도 15℃에서의 실내공기의 절대습도는 0.011 kg/kg'

③ 실내공기의 절대습도(P)
   $P = p + K/Q$
   $0.011 \text{ kg/kg'} = 0.002 \text{ kg/kg'} + (x \text{ kg/h}) \div (1.2 \text{ kg/m}^3 \times 50 \text{ m}^3/\text{h})$
   $x = 0.54 \text{ kg/h}$

④ 따라서 실내의 수증기 발생량은 0.54 kg/h 보다 작아야 한다.

문제5. 건축물에서 주로 발생할 수 있는 열교부위 2가지를 〈예 시〉와 같이 그림으로 제시하고, 각각의 열교현상을 개선하기 위한 방안을 간단히 서술하시오. (5점)

〈예 시〉

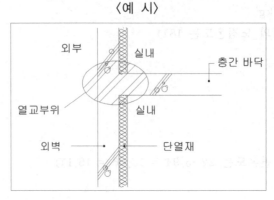

* 예시와 동일한 부위의 그림은 정답으로 인정 불가

1. 최상층 지붕보

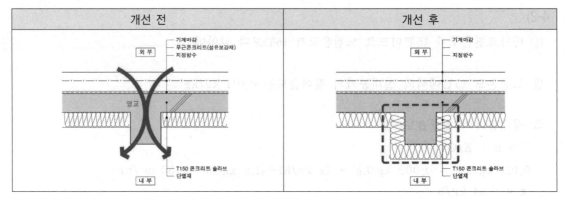

- 단열이 연속될 수 있도록 보 아래에 단열을 추가한다.

2. 필로티 상부 바닥보

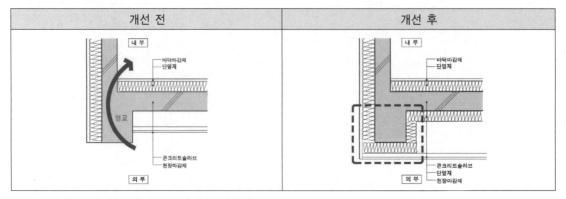

- 필로티 상부 바닥보 전체를 단열재로 감싼다.

3. 외단열 파라펫

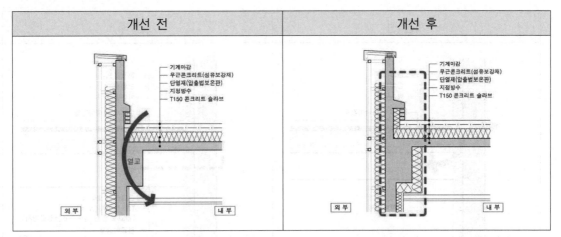

- 파라펫 돌출부위를 단열재로 완전히 감싸거나, 열교부위에 외단열 및 내단열을 추가하여 열전달 경로를 길게 한다.

4. 내단열 파라펫

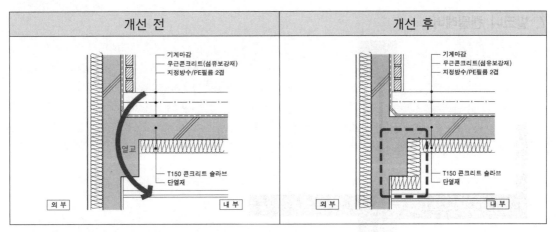

- 내단열을 연장하여 열전달경로를 길게 한다.

5. 창호주위 열교

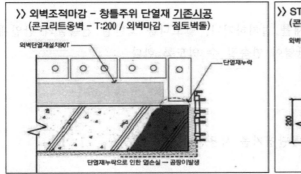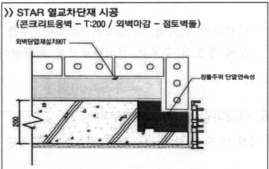

- 창호주위의 열교를 차단하기 위해 열교차단재를 설계시공한다.

6. 측벽과 층간 슬래브 접합부

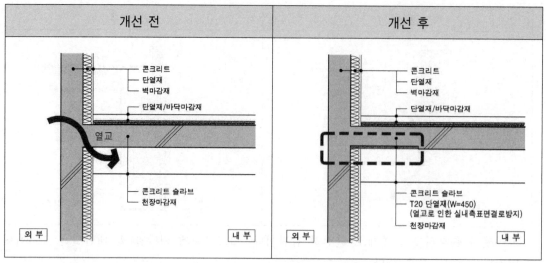

- 외단열로 하거나, 슬래브 하부에 결로방지용 단열재를 추가한다.

7. 발코니 캔틸레버

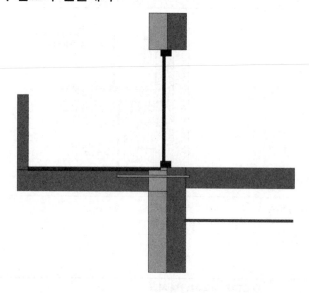

단열재가 연속될 수 있도록 열교차단재를 설치하거나, 발코니를 외단열 건축물의 단열재 외부에 별도의 구조로 설치함으로써 외단열이 연속될 수 있도록 한다.

8. 석재마감의 철제 앵커부위

철제 앵커 대신 플라스틱이 결합된 열교차단앵커를 사용한다.

문제6. "건축물의 에너지절약설계기준"에서 규정된 다음 내용과 관련하여 빈 칸에 들어갈 내용으로 가장 적합한 것을 〈보 기〉에서 골라 쓰시오.(3점)

〈보 기〉

① 0.5%	⑥ 5%	⑪ 75%	⑯ 현열비
② 1%	⑦ 10%	⑫ 85%	⑰ 열수분비
③ 1.5%	⑧ 45%	⑬ 온도	⑱ 엔탈피
④ 2%	⑨ 55%	⑭ 습도	⑲ 엔트로피
⑤ 2.5%	⑩ 65%	⑮ 내부에너지	

6-1) 난방 및 냉방설비의 용량계산을 위한 외기조건은 각 지역별로 위험률 (㉠)(냉방기 및 난방기를 분리한 온도출현분포를 사용할 경우) 또는 1%(연간 총 시간에 대한 온도출현분포를 사용할 경우)로 하거나 별표7에서 정한 외기온·습도를 사용한다. (1점)

6-2) "폐열회수형환기장치"라 함은 난방 또는 냉방을 하는 장소의 환기장치로 실내의 공기를 배출할 때 급기되는 공기와 열교환하는 구조를 가진 것으로서 고효율 인증제품 또는 KS B 6879(열회수형 환기 장치) 부속서 B에서 정하는 시험방법에 따른 에너지계수 값이 냉방시 8 이상, 난방시 15 이상, 유효전열교환효율이 냉방시 (㉡) 이상, 난방시 70% 이상의 성능을 가진 것을 말한다. (1점)

6-3) "이코노마이저시스템"이라 함은 중간기 또는 동계에 발생하는 냉방부하를 실내 (㉢) 보다 낮은 도입 외기에 의하여 제거 또는 감소시키는 시스템을 말한다. (1점)

6-1)

㉠ ⑤ 2.5[%]

6-2)

㉡ ⑧ 45[%]

6-3)

㉢ ⑱ 엔탈피

문제7. 아래 〈그 림〉은 업무용 건축물에 설치된 냉·난방설비 계통도이다. "건축물의 에너지절약설계기준" [별지 제1호 서식] 에너지절약계획 설계 검토서 작성을 위해 각 열원설비의 용량 및 운전효율을 〈표 1〉, 〈표 2〉와 같이 구하고자 한다. A~F 에 들어갈 값을 계산하여 〈보기〉에서 가장 근접한 값을 고르시오. (10점)

〈그 림〉

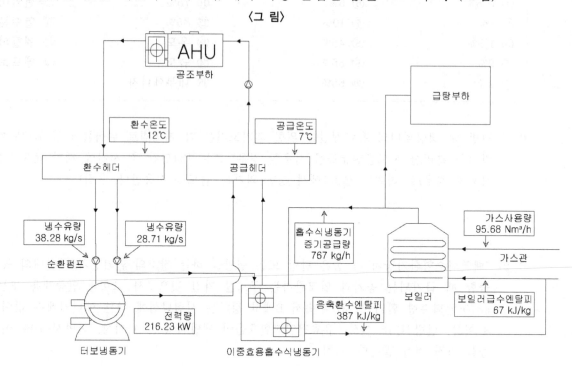

〈조 건〉

- 보일러 연료의 고위발열량 : 43,750 kJ/Nm³
- 보일러 증기발생량 : 1,469.4 kg/h
- 보일러 발생 증기엔탈피 : 2,517 kJ/kg
- 물의 비열 : 4.18 kJ/kg·K
- 열손실 및 부차손실 등 문제에 제시되지 않은 사항은 고려하지 않는다.

〈보 기〉

㉠ 500	㉡ 1,000	㉾ 3.7
㉢ 600	㉾ 1.2	㉿ 86
㉣ 700	㉾ 1.32	㉾ 87
㉤ 800	㉾ 2.8	㉾ 88
㉥ 900	㉾ 3.4	

〈표 1〉

냉방설비	냉방용량	단위	성적계수(COP)
2중효용 흡수식냉동기	A(2점)	kW	B(2점)
터보냉동기	C(1점)	kW	D(1점)

〈표 2〉

난방설비	난방용량	단위	효율(%)
중앙난방식 가스보일러	E (2점)	kW	F (2점)

A : 2중 효용 흡수식냉동기의 냉방용량

$28.71 \times 4.18 \times (12-7) = 600.039[\text{kW}]$

B : 2중 효용 흡수식냉동기의 성적계수

• 공급열량 : $767 \times (2517-387)/3600 = 453.808$

$\therefore \text{COP} = \dfrac{600.039}{453.808} = 1.322$

C : 터보 냉동기의 냉방용량

$38.28 \times 4.18 \times (12-7) = 800.052[\text{kW}]$

D : 터보 냉동기의 성적계수

$\therefore \text{COP} = \dfrac{800.052}{216.23} = 3.700$

E : $1469.4 \times (2517-67)/3600 = 1000[\text{kW}]$

F : $\eta = \dfrac{1469.4 \times (2517-67)}{95.68 \times 43750} \times 100 = 86[\%]$

정답)

A : ㉡   B : ◎   C : ㉣   D : ㉠   E : ㉺   F : ㉢

문제8. 다음은 냉·난방면적 3,500m²인 업무용 건축물의 장비일람표 중 일부이다.
주어진 〈보기〉를 고려하여 "건축물의 에너지절약설계기준"[별지 제1호 서식] 에너지
절약계획 설계 검토서 작성과 관련한 다음 질문에 답하시오. (6점)

〈보기 1〉 냉방설비 적용표

냉방설비	냉방용량(kW)	수량(EA)	합계(kW)	성적계수(COP)	에너지원
2중효율 흡수식냉동기	400	2	800	1.15	보일러증기
터보냉동기	300	1	300	4.4	전기

〈보기 2〉 난방설비 적용표

냉방설비	난방용량(kW)	수량(EA)	합계(kW)	효율
중앙난방방식 가스보일러	1,200	1	1,200	88%

〈보기 3〉 에너지성능지표 기계설비부문

항목			기본배점 (a)				배점 (b)				
			비주거		주거		1점	0.9점	0.8점	0.7점	0.6점
			대형 (3,000m² 이상)	소형 (500~ 3,000m² 미만)	주택 1	주택 2					
1.난방 설비 (효율%)	기름 보일러		7	6	9	6	93 이상	90~93 미만	87~90 미만	84~87 미만	84미만
	가스 보일러	중앙난방방식					90 이상	86~90 미만	84~86 미만	82~84 미만	82미만
		개별난방방식					1등급 제품	-	-	-	그 외 또는 미설치
	기타 난방설비						고효율 인증제품, (신재생 인증제품)	에너지 소비효율 1등급 제품	-	-	그 외 또는 미설치
2.냉방 설비	원심식(성적계수, COP)		6	2	-	2	5.18이상	4.51~ 5.18 미만	3.96~ 4.51 미만	3.52~ 3.96 미만	3.52 미만
	흡수식 (성적계수, COP)	① 1중효용					0.75이상	0.73~ 0.75 미만	0.7~ 0.73 미만	0.65~ 0.7 미만	0.65 미만
		② 2중효용 ③ 3중효용 ④ 냉온수기					1.2 이상	1.1~1.2 미만	1.0~1.1 미만	0.9~ 1.0 미만	0.9 미만
10.축냉식 전기냉방, 가스 및 유류이용 냉방, 지역냉방, 소형열병합 냉방 적용, 신재생에너지 이용 냉방 적용(냉방용량 담당 비율, %)			2	1	-	1	100	90~100 미만	80~90 미만	70~80 미만	60~70 미만

8-1) 건축물의 에너지성능지표 기계설비부문 1번 항목과 관련하여 〈표 1〉을 작성하고, 평점(a*b)을 구하시오. (2점)

〈표 1〉

기기종류	효율(%)	배점(b)	용량(kW)	대수	용량×대수	용량×대수×배점
중앙난방식 가스보일러						
합계						

8-2) 건축물의 에너지성능지표 기계설비부문 2번 항목과 관련하여 〈표 2〉를 작성하고, 평점(a*b)을 구하시오.

〈표 2〉

기기종류	성적계수 (COP)	배점(b)	용량(kW)	대수	용량×대수	용량×대수×배점
2중효용 흡수식냉동기						
터보냉동기						
합계						

8-3) 건축물의 에너지성능지표 기계설비부문 10번 항목과 관련하여 〈표 3〉을 작성하고, 평점(a*b)을 구하시오. (2점)

〈표 3〉

기기종류	용량(kW)	대수	용량×대수	전력대체기기 용량
2중효용 흡수식냉동기				
터보냉동기				
합계				

8-1)

〈표 1〉

기기종류	효율(%)	배점(b)	용량(kw)	대수	용량 ×대수	용량 ×대수×배점
중앙난방식 보일러	88	0.9	1,200	1	1200×1=1,200	1200×1×0.9=1,080
합계					1,200	1,080

1. 배점 = (1,080÷1200) = 0.9점
2. 평점 : 7×0.9 = 6.3점

8-2)

〈표 2〉

기기종류	성적계수 (COP)	배점(b)	용량 (kw)	대수	용량 ×대수	용량 ×대수×배점
2중효용흡수식 냉동기	1.15	0.9	400	2	400×2=800	400×2×0.9=720
터보냉동기	4.4	0.8	300	1	300×1=300	300×1×0.8=240
합계					1,100	960

1. 배점 = (960÷1100) = 0.87점
2. 평점 : 6×0.87 = 5.22점

8-3)

〈표 3〉

기기종류	용량(kw)	대수	용량 ×대수	전력대체기기 용량
2중효용흡수식냉동기	400	2	400×2=800	800
터보냉동기	300	1	300×1=300	0
합계			1,100	800

1. 배점 = (800÷1100)×100 = 72.73% − 0.7점
2. 평점 : 2×0.7 = 1.4점

문제9. 다음 〈그림 1〉과 같은 열회수형 환기장치 성능시험(KS B 6879)에 대하여 다음 물음에 답하시오. (각 상태는 EA(배기, exhaust air), OA(외기, outdoor air), RA(환기, return air), SA(급기, supply air)로 표시하며 급기량은 Q_s(m³/s)이다.) (5점)

〈그림 1〉

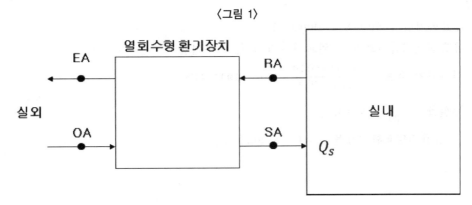

9-1) 전열교환효율 η_h(%)을 구하는 식을 엔탈피 h(kJ/kg)의 함수로 제시하시오. (각 상태의 엔탈피는 h_{EA}, h_{OA}, h_{RA}, h_{SA}로 표시하고, 전열교환효율의 단위는 %가 되도록 한다.) (1점)

9-2) 〈그림 2〉와 같은 열회수형 환기장치에서 급기량 Q_s = 200 m³/h, 환기측에서 급기측으로 누설량 q = 8 m³/h이고 각 상태의 온도, 절대습도, 엔탈피는 〈표〉와 같을 때, 해당 장치의 유효환기량(급기량과 누설량과의 차이) Q_E(m³/h)과 유효전열교환효율(누설율을 고려한 전열교환효율) η_{he}(%)을 구하시오. (4점)

〈그림 2〉

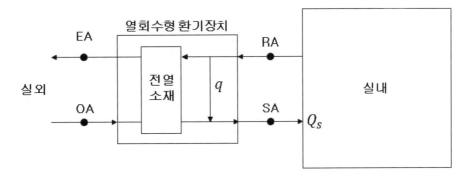

〈표〉

구분	EA	RA	SA	OA
온도 t (℃)	29.5	26.0	30.5	34.0
절대습도 x (kg/kg′)	0.0112	0.0090	0.0118	0.0140
엔탈피 h (kJ/kg)	58.23	49.04	60.79	70.02

9-1)

여름 : $\eta = \dfrac{h_{OA} - h_{SA}}{h_{OA} - h_{RA}} \times 100\,[\%]$

겨울 : $\eta = \dfrac{h_{SA} - h_{OA}}{h_{RA} - h_{OA}} \times 100\,[\%]$

9-2)

1) 유효환기량 = 200−8 = 192[m³/h]

2) 유효전열교환기효율 = 열교환기의 효율 − 누설율

   열교환기 효율 $= \dfrac{70.02 - 60.79}{70.02 - 49.04} \times 100 = 43.99 ≒ 44\,[\%]$

   누설율 $= \dfrac{8}{200} \times 100 = 4\,[\%]$

   ∴ 유효전열교환기효율 = 44 − 4 = 40[%]

문제10. 이상적인 증기압축식 냉동 사이클(역 Rankine)에 대하여 다음 물음에 답하시오.
(단, 압축은 비가역 단열 과정을 가정하고, 냉매는 R134a, 증발압력 P_{evap} = 200 kPa,
응축합력 P_{cond} = 900 kPa, 압축기 단열효율 η_s = 65 %이며, 표에 없는 값은 선형보
간법을 사용한다.) (9점)

〈상태점〉

- 1 : 증발기 출구 또는 압축기 입구
- 2s : 등엔트로피 압축 과정의 압축기 출구
- 2 : 압축기 출구 또는 응축기 입구
- 3 : 응축기 출구 또는 압력강하장치(팽창밸브) 입구
- 4 : 압력강하장치 출구 또는 증발기 입구

〈하첨자〉

- f : 포화액체
- g : 포화증기
- evap : 증발
- cond : 응축

〈표 1〉 R134a 포화상태량표

P (kPa)	t (℃)	Enthalpy (kJ/kg)		Entropy (kJ/kg·K)	
		h_f	h_g	s_f	s_g
200	−10.09	38.41	244.50	0.15449	0.93788
900	35.51	101.62	269.31	0.37383	0.91709

〈표 2〉 과열증기표(압력 = 200 kPa)

t (℃)	h (kJ/kg)	s (kJ/kg·K)
−10	244.56	0.9381
0	253.07	0.9699
10	261.60	1.0005
20	270.20	1.0304

〈표 3〉 과열증기표(압력 = 900 kPa)

t (℃)	h (kJ/kg)	s (kJ/kg·K)
40	274.19	0.9328
50	284.79	0.9661
60	295.15	0.9977
70	305.41	1.0280

10-1) 본 냉동 사이클을 해석하기 위하여 필요한 가정과 관련하여 빈 칸에 들어갈 내용으로 〈보 기〉
에서 가장 적합한 것을 골라 쓰시오. (중복 선택 가능) (2점)

〈보 기〉

① 등온(온도 일정)	⑥ 등엔트로피(엔트로피 일정)
② 등적(체적 일정)	⑦ 압축액체
③ 등압(압력 일정)	⑧ 포화액체
④ 단열(열전달 없음)	⑨ 포화증기
⑤ 등엔탈피(엔탈피 일정)	⑩ 과열증기

- 증발은 (㉠) 과정
- 응축은 (㉡) 과정
- 압축은 (㉢) 과정
- 팽창(압력강하)은 (㉣) 과정
- 증발기 출구는 (㉤) 상태
- 응축기 출구는 (㉥) 상태
- 열교환기(증발기, 응축기) 외에는 (㉦) 과정

10-2) 본 냉동 사이클을 Mollier (x축 엔탈피, y축 압력) 선도 상에 나타내시오. 포화액체선과 포화증기선을 그리고, 각 상태점을 1, 2s, 2, 3, 4로 표시한 후 각 상태점 간의 과정을 선으로 연결하시오. (2점)

10-3) 압축기 출구온도 t_2(℃)와 냉방 COP(성적계수)를 구하시오. (5점)

10-1)

ㄱ : ①   ㄴ : ③   ㄷ : ④

ㄹ : ⑤   ㅁ : ⑨   ㅂ : ⑧

ㅅ : ④

10-2)

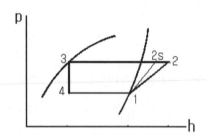

10-3)

1) 압축기 출구온도 t_2

먼저 1점은 증발압력 200kPa에서의 포화증기 이므로 $h_1 = 224.50 \text{kJ/kg}$, $s_1 = 0.93788 \text{kJ/kgK}$이다.
1-2과정을 가역단열과정으로 보면 $s_1 = 2s$ 이므로 $2s = 0.93788 \text{kJ/kgK}$ 따라서 과열증기표에 의해

$2s = 0.93788 \text{kJ/kgK}$로 되는 온도를 보간(비례배분)하여 구한다.

$$2st = 50 - (50 - 40) \times \frac{0.93788 - 0.9328}{0.9661 - 0.9328} = 48.47 [℃]$$

2) 냉동기 성적계수

① 압축기 출구 비엔탈피

먼저 2s의 비엔탈피 $h_{2s} = 244.50 + (284.79 - 244.50) \times \frac{8.47}{10} = 278.625 \fallingdotseq 278.63 [\text{kJ/kg}]$

그리고 압축효율 $\eta_c = \frac{h_{2s} - h_1}{h_2 - h_1}$ 에서 $h_2 = h_1 + \frac{h_{2s} - h_1}{\eta} = 224.50 + \frac{278.63 - 224.50}{0.65} = 307.7769$

따라서 냉방 시 성적계수 $COP = \frac{224.50 - 101.62}{307.78 - 224.50} = 1.48$

문제11. 다음은 에너지절약계획서 제출을 위해 작성된 '수변전설비 단선 결선도'이다. 설계
도서에 표시된 ㉠~㉢의 명칭과 기능을 서술하고, 〈표 1〉과 〈표 2〉의 조건을 참고
하여 동력용 변압기(TR#2)의 최소 표준용량(kVA)을 구하시오. (5점)

〈그 림〉

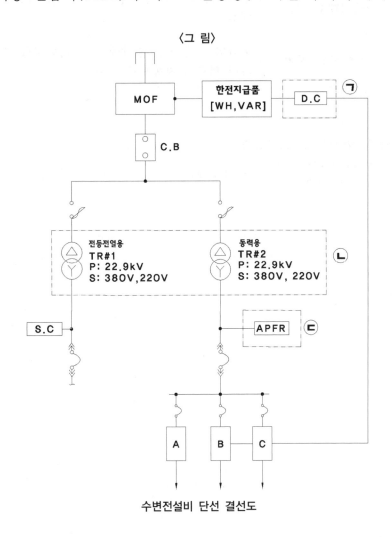

수변전설비 단선 결선도

〈표 1〉 도면조건

구분	A	B	C
설비용량(kW)	200	185	170
수용률(%)	80	75	85
부등률 : 1.15, 부하역률 : 80%			

〈표 2〉 변압기 표준용량(kVA)

300
350
400
450
500
550
600

①

	명칭	기능
ㄱ.	최대수요전력제어설비	수용가에서 피크전력의 억제, 전력부하의 평준화 등을 위하여 최대수요전력을 자동제어 할 수 있음
ㄴ.	변압기대수제어	부하상태에 따라 필요한 운전대수를 자동 또는 수동으로 제어
ㄷ.	자동역률조정장치	부하의 상태 또는 증감에 따라 콘덴서를 투입 또는 개방하여 역률을 자동으로 제어

② 동력용 변압기(TR_2)의 최소표준용량

$$TR = \frac{200 \times 0.8 + 185 \times 0.75 + 170 \times 0.85}{1.15 \times 0.8} = 481.79[\text{kVA}]$$

정답)

500[kVA] 선정

문제12. 냉수 순환펌프용 유도전동기의 용량이 30 kW, 3상 380 V, 역률 85%이다.
동일 전동기 회로에 용량 10 kVA의 역률개선용 저압콘덴서를 병렬로 설치할 경우,
㉠개선 후 역률(%)과 ㉡감소된 피상전력(kVA)을 계산하고, ㉢고효율 유도전동기
적용 시 기대효과 2가지를 서술하시오. (7점)

$\cos\theta = 0.85$

$\text{Pr}_1 = P \times \tan\theta = 30 \times \dfrac{\sqrt{1-0.85^2}}{0.85} = 18.59 [\text{kVar}]$

$\text{Pr}_2 = 18.59 - 10 = 8.59 [\text{kVar}]$

① 개선후 역률

$\therefore \cos\theta_2 = \dfrac{30}{\sqrt{30^2 + 8.59^2}} \times 100 = 96.14 [\%]$

② 감소된 피상전력

$P_a' = P_{a1} - P_{a2} = \dfrac{30}{0.85} - \sqrt{30^2 + 8.59^2} = 4.09 [\text{kVA}]$

③ ・ 수명이 늘어난다.
　・ 소음이 감소한다.
　・ 전기요금이 절감된다.

문제13. 다음 〈그 림〉은 남부지역에 계획하고 있는 민간 업무용 건축물의 설계도서이다. 건축물의 설계조건이 〈표 1〉, 〈표 2〉, 〈표 3〉과 같을 때, 주어진 도면과 정보를 고려하여 다음 물음에 답하시오. (30점)

〈그 림〉

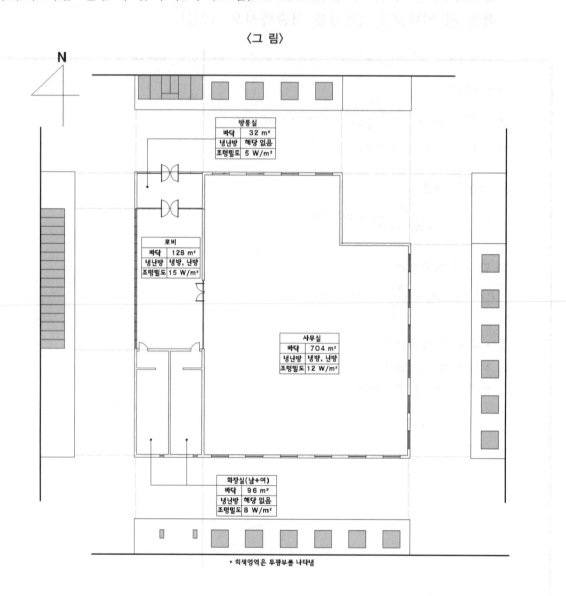

* 회색영역은 투광부를 나타냄

〈표 1〉 향별 입면면적 (단위: m²)

구분	남	서	북	동	합계
① 벽체면적	103.00	83.20	90.80	104.00	381.00
② 전체투광부면적	25.00	44.80	37.20	24.00	131.00
면적합계(①+②)	128.00	128.00	128.00	128.00	512.00

〈표 2〉 주요 설계정보

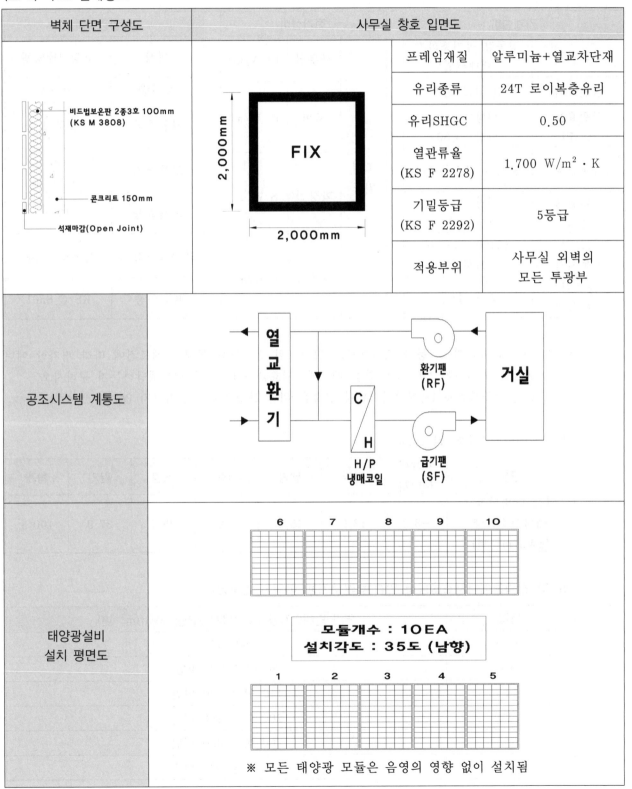

벽체 단면 구성도	사무실 창호 입면도	
비드법보온판 2종3호 100mm (KS M 3808) / 콘크리트 150mm / 석재마감(Open Joint)	프레임재질	알루미늄+열교차단재
	유리종류	24T 로이복층유리
	유리SHGC	0.50
	열관류율 (KS F 2278)	1.700 W/m² · K
	기밀등급 (KS F 2292)	5등급
	적용부위	사무실 외벽의 모든 투광부
공조시스템 계통도	열교환기 / H/P 냉매코일 / 환기팬(RF) / 급기팬(SF) / 거실	
태양광설비 설치 평면도	모듈개수 : 10EA / 설치각도 : 35도 (남향) / ※ 모든 태양광 모듈은 음영의 영향 없이 설치됨	

〈표 3〉 설비설계조건

기계설비		전기설비			태양광설비	
공조기기	정풍량 공기조화기 (냉매코일)		사무실	12 W/m²	형식	고정식태양광
열원방식	전기히트펌프				설치량	10 EA
열원효율 (COP)	냉방: 3.20 난방: 3.60		로비	15 W/m²	모듈종류	단결정 모듈
급탕방식	순간식 전기온수기	조명 밀도			모듈크기	1,000 mm × 2,000 mm
실내설정 온도	냉방: 26℃ 난방: 20℃		화장실	8 W/m²	모듈효율	18 %
공조기 가동시간	07:00 ~ 18:00 (11시간)				표준일사강도	1,000 W/m²
공조기 가동일수	250 일/년		방풍실	5 W/m²	KS 인증	KS C 8561

13-1) 건축물 에너지효율등급 평가프로그램으로 위 건축물을 현재 설계조건에 따라 평가한 에너
지소요량 결과가 〈표 4〉와 같을 때, 에너지효율등급 몇 등급에 해당하는지 구하시오.
(단, 등급산출용 1차에너지소요량 산출을 위한 보정계수는 고려하지 않는다.) (4점)

〈표 4〉 에너지소요량 평가결과

구분	신재생 에너지	난방	냉방	급탕	조명	환기	합계
연간 단위면적당 에너지소요량 (kWh/m²·년)	-3.2	13.6	15.4	7.9	25.7	37.9	100.5

〈표 5〉 건축물에너지효율등급 인증등급(주거용 이외의 건축물)

등급	연간 단위면적당 1차에너지소요량 (kWh/m²·년)
1+++	80 미만
1++	80 이상 140 미만
1+	140 이상 200 미만
1	200 이상 260 미만
2	260 이상 320 미만
3	320 이상 380 미만

13-2) 에너지성능지표 건축부문 8번 항목에서 배점(b) 0.7점을 획득하기 위해 아래 〈그 림〉과 같은 차양을 사무실의 남측 투광부에 적용하려고 한다. 이 때 요구되는 차양의 최소 내민길이(P)와 차양을 적용하여야 하는 투광부의 최소 개수를 구하시오. (단, 차양의 내민길이는 10 mm 단위로만 설치할 수 있으며, 기타 다른 차양은 설치되지 않은 상태이다.) (6점)

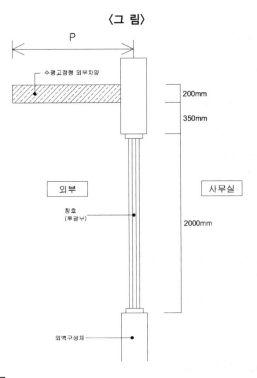

〈그 림〉

〈표 6〉 에너지성능지표 건축부문

구분	배점(b)				
	1.0	0.9	0.8	0.7	0.6
8. 냉방부하저감을 위한 차양장치 설치	80 % 이상	60 % ~ 80 % 미만	40 % ~ 60 % 미만	20 % ~ 40 % 미만	10 % ~ 20 % 미만

〈표 7〉 수평 고정형 외부차양의 태양열취득률

P/H	남	서	북	동
0.0	1.00	1.00	1.00	1.00
0.2	0.57	0.79	0.89	0.79
0.4	0.48	0.63	0.83	0.63
0.6	0.45	0.51	0.79	0.50
0.8	0.43	0.42	0.76	0.42
1.0	0.41	0.36	0.73	0.37

13-3) 기존 설계조건에서 건축물 외벽 단열재와 사무실 창호의 사양을 〈표 8〉과 같이 변경한 후 건축물의 에너지소요량을 평가한 결과 기존보다 냉방에너지 소요량이 증가하였다. 여기에서 예상되는 냉방에너지소요량 증가 원인을 서술하고 연간 총 냉방에너지소요량을 감소시키기 위해 고려할 수 있는 공기조화설비제어 방안과 조명설비제어 방안을 각각 하나씩 쓰시오. (단, 제시된 조건 이외 모든 사항은 기존과 동일하다.) (6점)

〈표 8〉 외벽사양변경 내용

부위		사양
벽체	단열재종류	경질우레탄폼단열판 2종1호 (KS M 3809)
창호	유리종류	28T 로이복층유리 (6lowE - 16Ar - 6CL)
	열관류율 (KS F 2278)	1,400 W/m² · K
	기밀등급 (KS F 2292)	1등급

13-4) 위 건축물에 대해 〈표 9〉의 하절기 냉방부하 조건으로 급기풍량과 환기풍량을 결정하고 공조기 팬 선정을 완료하였다. 에너지절감을 위해 풍량은 유지한 상태에서 급기팬(SF)과 환기팬(RF)의 사양을 〈표 10〉과 같이 변경하는 경우 공기조화기 팬에서의 연간 에너지절감량(kWh)을 구하시오. (2점)

〈표 9〉 공기조화기 풍량 결정 조건

- 전열부하 : 53,000 W
- 공기밀도 : 1.20 kg/m³
- 취출온도 : 16℃
- 잠열부하 : 8,000 W
- 공기의 정압비열 : 1.0 kJ/kg · K
- 환기팬 풍량 : 급기팬 풍량의 90%

〈표 10〉 공기조화기 팬의 사양 변경

구분		공기조화기 팬의 사양	
		기존	변경
급기팬	종합효율	50 %	60 %
	정압	600 Pa	600 Pa
환기팬	종합효율	40 %	50 %
	정압	400 Pa	400 Pa

13-5) 사무실의 조명을 〈표 11〉의 조건에서 〈표 12〉의 사양으로 변경하였다. 조명 변경 후 에너지성능지표 전기설비부문 1번 항목 배점(b)과 신재생설비부문 4번 항목 배점(b)을 구하시오. (6점)

〈표 11〉 조명 설계조건

설계조도	500 lx
조명률	0.67
보수율	0.70

〈표 12〉 조명 사양

램프종류	LED 33 W
효율	130 lm/W

〈표 13〉 에너지성능지표

항목		배점(b)				
		1.0	0.9	0.8	0.7	0.6
전기설비부문	거실의 조명밀도 (W/m²)	8 미만	8 ~ 11 미만	11 ~ 14 미만	14 ~ 17 미만	17 ~ 20 미만
신재생설비부문	4. 전체조명설비전력에 대한 신재생에너지 용량 비율	60% 이상	50% 이상	40% 이상	30% 이상	20% 이상

13-6) 건축물의 에너지절감을 위한 다양한 설계 개선사항을 모두 반영한 에너지소요량 평가 결과가 〈표 14〉와 같이 산출되었다. 여기에 태양광 발전시스템을 건물 옥상에 추가로 설치하여 제로에너지건축물 인증 5등급을 받기로 결정하였다. 이 때 추가로 설치해야 하는 태양광 모듈의 최소 개수를 구하시오. (6점)

〈표 14〉 에너지소요량 평가 결과

구분	신재생에너지	난방	냉방	급탕	조명	환기	합계
연간 단위면적당 1차에너지소요량 (kWh/m²·년)	-8.8	30.8	38.0	21.7	53.9	84.4	228.8

- 에너지자립률: 3.70 %
- 단위면적당 1차에너지생산량: 8.8 kWh/m²·년
- 단위면적당 1차에너지소비량: 237.6 kWh/m²·년

〈조 건〉

- 에너지소요량 평가시 반영된 태양광 모듈의 설치량은 기존과 동일하게 10매이다.
- 추가로 설치하는 태양광 모듈의 사양과 설치 조건은 기존과 모두 동일한 것으로 한다.
- 〈표 14〉에 제시된 1차에너지소요량은 등급산출용 1차에너지소요량과 동일한 것으로 가정한다.

13-1)

1) 등급 산출용 연간 단위면적당 1차에너시 소요량(kWh/m^2년)

= $100.5 \times 2.75 = 276.4(kWh/m^2$년)

∴ 에너지효율등급 : 2등급

13-2)

1) 에너지성능지표 건축부문 8번 항목 기준

항 목	기본배점 (a)				배점 (b)				
	비주거		주거		1점	0.9점	0.8점	0.7점	0.6점
	대형 (3,000m^2 이상)	소형 (500~ 3,000m^2 미만)	주택 1	주택 2					
8.냉방부하저감을 위한 제5조제10호더목에 따른 차양장치 설치(남향 및 서향 거실의 투광부 면적에 대한 차양장치 설치 비율)	5	3	3	3	80% 이상	60%~ 80% 미만	40%~ 60% 미만	20%~ 40% 미만	10%~ 20% 미만
					〈표2〉〈표3〉〈표4〉에 따라 태양열취득률이 0.6 이하의 차양장치 설치비율				

2) 태양열 취득률 기준 : 0.6 이하를 만족하는 최소내민길이(P) 계산(내민길이 10mm단위)

P	P/H	태양열취득률
X	X÷2350	$1.0-\{(1.0-0.57)/0.2\times(X÷2350-0.0)\}=0.6$ ∴ X=440mm
440	440÷2350=0.187	$1.0-\{(1.0-0.57)/0.2\times(0.187-0.0)\}=0.598 \langle 0.6$
430	430÷2350=0.183	$1.0-\{(1.0-0.57)/0.2\times(0.183-0.0)\}=0.607 \rangle 0.6$

- 즉 태양열 취득률 기준 : 0.6 이하를 만족하는 최소내민길이(P) = 440mm

3) 남향 및 서향 거실의 투광부 면적 = $4\times6 +44.8 = 68.8m^2$

4) 건축부문 8번 항목에서 배점(b) 0.7점을 획득하기 위한 차양 설치 비율 = 20% 이상

즉 $68.8m^2 \times 0.2 = 13.76m^2$ 이상의 투광부에 기준이상 차양 적용 필요

사무실 개별 창호면적 $4m^2$, 총 투광부 면적 = $16m^2$

∴ 최소 투광부 개수 = 4개소

정답)

투광부 최소개수 : 4개

13-2)

■ 수평 고정형 외부차양의 인정 형태(해설서)

• 수평 고정형 외부차양의 인정 형태(단면)

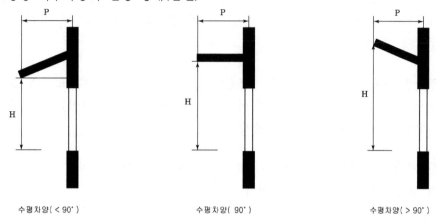

수평차양(< 90°)   수평차양(90°)   수평차양(> 90°)

〈표2〉에 따른 태양열취득률 선택 방법 : 산출된 P/H 값이 〈표2〉에 따른 구간의 사이에 위치한 경우 보간법을 사용하여 태양열취득률을 계산한다.(P/H 값은 소수점 넷째자리에서 반올림)

  ex) 동향 투광부에 설치된 수평차양에 대한 P/H 값이 0.715인 경우에서의 태양열취득률
     = 0.05-{(0.50-0.42)/0.2*(0.715-0.6)} = 0.454
  ※ 산출된 태양열취득률은 소수점 넷째자리에서 반올림

■ 거실 투광부 기준(해설서)

▶ 거실 투광부 부위 및 거실 외피 부위 판정 예시도

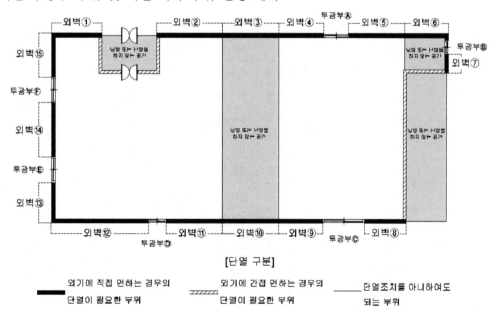

[단열 구분]

━━━ 외기에 직접 면하는 경우의   ▨▨▨ 외기에 간접 면하는 경우의   ──── 단열조치를 아니하여도
    단열이 필요한 부위   단열이 필요한 부위   되는 부위

• 투광부 면적의 합계 = 투광부 Ⓐ + Ⓒ + Ⓓ + Ⓔ + Ⓕ
• 거실 외피 면적의 합계 = 외벽 ① + ② + ④ + ⑤ + ⑧ + ⑨ + ⑪ + ⑫ + ⑬ + ⑭ + ⑮

13-3)

1) 예상되는 냉방에너지소요량 증가 원인

: 외벽 사양 변경에 의한 냉방에너지 소요량 증가는 냉방에너지 요구량 증가로 인한 결과이다. 냉방에너지 요구량 증가는 월별 열손실(-)과 열 획득(+) 계산 시 열손실이 감소할 경우 요구량이 증가한다.

운영규정 별표1 기상데이터에서 여름철의 경우라도 (외기-설정온도 26도)로 산정 시 대체로 8월을 제외하고 열손실(-)이 일어난다. 즉 열관류율이 감소(성능향상) 할 경우 관류 열손실량(-)이 감소하여 요구량이 증대된다.

또한 기밀성능 향상은 침기량 감소를 의미하며 이는 외기에 의한 열손실량(-) 감소로 이어져 냉방에너지 요구량이 증대된다.

2) 공기조화 설비제어 방안과 조명설비제어 방안

- 공기조화 설비제어 방안 : 외기냉방제어로 중간기 냉방열원가동 감소
- 조명설비제어 방안 : 조명 스케줄제어에 의한 조명시간 감소로 조명발열 감소

[참조] 부산

월	월별평균 외기온도 [℃]	수평면/수직면 월평균 전일사량 [W/m²]								
		수평면	남	남동	남서	동	서	북동	북서	북
1월	3.0	101.2	154.3	155.4	86.4	94.8	40.6	34.9	27.3	27.3
2월	4.4	123.9	150.6	170.7	86.1	125.9	50.5	57.8	35.7	35.1
3월	9.1	151.1	124.7	114.9	110.1	90.4	85.9	61.3	59.7	51.2
4월	13.9	186.4	108.1	110.2	113.7	101.8	105.4	79.3	80.8	63.0
5월	17.0	196.6	86.7	102.9	102.1	106.6	106.4	88.1	88.6	66.7
6월	20.4	188.6	80.2	104.1	89.3	117.5	91.9	102.6	81.2	73.4
7월	23.8	156.6	74.8	94.3	75.8	102.6	74.6	89.0	67.8	65.5
8월	26.2	180.5	95.4	102.5	102.7	99.0	100.7	81.5	83.7	67.1
9월	22.5	150.0	109.7	110.3	97.8	93.7	82.8	65.4	62.5	53.0
10월	17.6	141.0	145.8	141.0	103.6	100.2	67.6	52.9	44.1	41.4
11월	11.7	109.3	146.1	115.2	117.7	69.0	71.1	37.2	37.7	34.4
12월	5.5	93.4	150.9	140.8	91.8	79.6	42.5	30.0	26.5	26.4

13-4) 연간 에너지절감량

1) 팬 풍량

- 급기 팬 풍량 $Q = \dfrac{(53000 - 8000) \times 10^{-3}}{1.2 \times 1.0 \times (26 - 16)} = 3.75 [\mathrm{m^3/s}]$

- 환기 팬 풍량 $= 0.9 \times Q = 0.9 \times 3.75 = 3.38 [\mathrm{m^3/s}]$

2) 팬 소요동력

- 급기 팬 소요동력 $= \dfrac{3.75 \times 600 \times 10^{-3}}{0.5} = 4.5 [\mathrm{kW}]$

- 환기 팬 소요동력 $= \dfrac{3.375 \times 400 \times 10^{-3}}{0.4} = 3.38 [\mathrm{kW}]$

3) 에너지 절감율

- 급기 팬 $= \dfrac{0.6 - 0.5}{0.6}$

- 환기 팬 $= \dfrac{0.5 - 0.4}{0.5}$

4) 연간에너지 절감량

- 급기 팬 $= 4.5 \times \dfrac{0.6 - 0.5}{0.6} \times 11 \times 250 = 2062.5 [\mathrm{kWh}]$

- 환기 팬 $= 3.38 \times \dfrac{0.5 - 0.4}{0.5} \times 11 \times 250 = 1859 [\mathrm{kWh}]$

∴ 2062.5 + 1859 = 3921.5[kWh]

13-5)

1) 전기설비부문 1번 항목 배점(b)

- 변경된 사무실의 조명등 개수 산정

  FUN=DES, F=광속[lm], U=조명률, E=조도[lx], S=면적[$\mathrm{m^2}$], D=감광보상율(보수율 역수)

  N=DES/FU={(1/0.7) × 500 × 704$\mathrm{m^2}$} ÷ {(130lm/W × 33W) × 0.67} = 174.9,

  ∴ 조명등개수 = 175개

- 변경된 사무실의 조명 전력(W) = 33W × 175개 = 5,775W

- 거실의 조명밀도(W/$\mathrm{m^2}$)

  = (로비조명전력 + 사무실 조명전력) ÷ (로비바닥면적 + 사무실 바닥면적)

  = (128 × 15 + 5,775) ÷ (128+704) = 7,695 ÷ 832 = 9.25W/$\mathrm{m^2}$

  ∴ 전기설비부문 1번 항목 배점(b) = 0.9점

2) 신재생설비부문4번 항목 배점(b)

- 전체조명 설비전력

    = (방풍실조명전력 + 로비조명전력 + 사무실 조명전력 + 화장실(남+여)조명전력)

    = 32 × 5 + 128 × 15 + 5,775 + 96 × 8 = 8,623W

- 태양광 모듈용량(W)

    - 모듈용량 = $1000W/m^2$ × 0.18 × $2m^2$ = 360W = 0.36kW

    - 모듈총 용량 = 0.36 × 10 = 3.6kW

- 전체조명설비전력에 대한 신재생에너지 용량 비율(%)

    = 3,600W ÷ 8,623W × 100% = 41.7%

    ∴ 신재생설비부문4번 항목 배점(b) = 0.8점

정답)

전기설비부문 1번 항목 배점(b) = 0.9점, 신재생설비부문4번 항목 배점(b) = 0.8점

13-6)

- 제로에너지건축물 인증 5등급 요구조건 :

  1++등급(연간 단위면적당 1차에너지소요량 $(kWh/m^2 \cdot 년)$ 140 미만 및 에너지 자립률 20% 이상 40% 미만

- 연간 단위면적당 1차에너지소요량 $(kWh/m^2 \cdot 년)$ = 228.8일 경우

  연간 단위면적당 에너지소요량 $(kWh/m^2 \cdot 년)$ = 228.8 ÷ 2.75 = 83.2

- 228.8 : 83.2 = 140 : X 에서 X = 50.91 $(kWh/m^2 \cdot 년)$

- 즉 (83.2 − 50.91) = 32.29 $(kWh/m^2 \cdot 년)$ 초과 태양광 신재생에너지 생산 필요

- 모듈용량 = $1000W/m^2$ × 0.18 × $2m^2$ = 360W = 0.36kW

- 기존 모듈총 용량 = 0.36 × 10 = 3.6kW

- 3.6 : 3.2 = 0.36 × Y(추가태양광모듈개수) : 32.29에서 Y = 100.9개

  ∴ 101개 추가 필요

- 총 111개 모듈용량 = 39.96kW

- 총 신재생에너지 생산량

  3.6 : 3.2 = 39.96 : Z, Z=35.52 $(kWh/m^2 \cdot 년)$,

  즉, 추가 생산량 = 35.52−3.2 = 32.32 $(kWh/m^2 \cdot 년)$

- 태양광모듈 101개 추가 시 연간 단위면적당 에너지소요량 $(kWh/m^2 \cdot 년)$

  = 83.2 − 32.32 = 50.88

- 태양광모듈 101개 추가 시 연간 단위면적당 1차에너지소요량 $(kWh/m^2 \cdot 년)$

  = 50.88 × 2.75 = 139.92 〈 140 $(kWh/m^2 \cdot 년)$

  ∴ 1++등급

- 단위면적당 1차에너지생산량 = 35.52 × 2.75 = 97.68

- 단위면적당 1차에너지소비량 = 139.92 + 97.68 = 237.6

- 에너지자립률(%) = $\dfrac{단위면적당\ 1차에너지생산량}{단위면적당\ 1차에너지소비량}$ ×100 = 97.68÷237.6 = 41.11%

  ∴ 추가로 설치해야하는 태양광 모듈의 최소개수 : 101개

  (정답 없음 : 1++등급 및 자립율 20%이상 40% 미만을 만족하는 모듈개수 산정불가)

- 태양광모듈 102개 추가 시 연간 단위면적당 1차에너지소요량 $(kWh/m^2 \cdot 년)$

  = 139.04, 에너지 자립률 = 41.48%

- 태양광모듈 100개 추가 시 연간 단위면적당 1차에너지소요량 $(kWh/m^2 \cdot 년)$

  = 140.8, 에너지 자립률 = 40.74%

2020년 제6회 실기시험 기출문제

건축물에너지평가사

〈2차실기 기출문제 내용〉

구분	문항수	시간(분)
기출문제	10	150

한솔아카데미

※ 본 시험지에서 "건축물의 에너지절약설계기준" [별지 제1호 서식] 에너지절약계획 설계 검토서의 2. 에너지성능지표는 각
"에너지성능지표"로 표기한다.

문제1. 건축물에너지 절약을 위한 건축환경조절 기법과 건축환경성능에 대한 다음 물음에 답하시오.(8점)

1-1) 다음은 습공기선도에 특정지역의 쾌적범위와 환경조절기법을 통해 쾌적성을 달성할 수 있는
영역을 구분하여 표시한 건물 생체기후도(bioclimatic chart)이다. A~E 영역에서 쾌적성을
달성하는데 가장 적절한 건축 환경조절기법을 보기 중에 하나씩 골라 쓰시오.(3점)

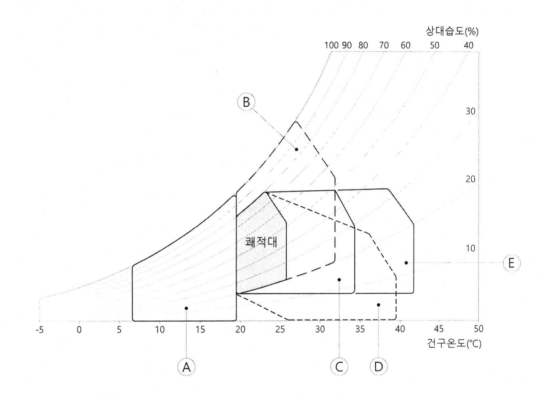

〈보기〉
① 축열체를 이용한 자연냉각　　　② 축열체를 이용한 자연냉각 + 야간통풍
③ 증발냉각　　　　　　　　　　　④ 태양열 난방
⑤ 자연통풍

1-2) 우리나라 중부지역에 소재한 건축물의 평지붕에 적용할 수 있는 냉방에너지 절약을 위한 자연형 조절(passive control) 기법 중 단열을 제외한 3가지 기법을 나열하시오.(2점)

1-3) 다음은 중부지역에서 계획 중인 건축물의 벽체 단면에 온도와 노점온도를 나타낸 그림이다. A, B, C, D 영역 중 결로발생이 예상되는 부위를 모두 쓰고, 이 구조에서 결로를 방지하기 위한 방습층의 설치 위치와 방습층 설치 후 변화된 온도구배를 표시하고 그 원리를 설명하시오.(3점)

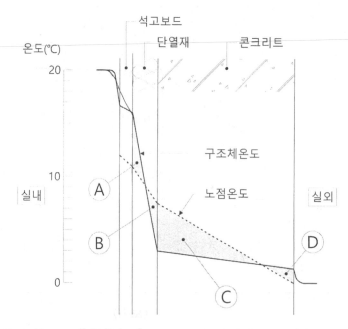

구조체의 온도와 노점온도

1-1)

  A-④, B-⑤, C-①, D-③, E-②

1-2)

- 옥상조경 : 조경으로 인한 일사차단 및 용량형 단열효과
- 쿨루프 : 지붕의 일사흡수율을 낮춰 일사흡수 저감
- 파라솔 루프 : 추가 지붕을 통한 일사차폐

1-3)

결로발생 예상부위 : B, C
결로방지를 위한 방습층 설치위치 : 단열재보다 고온측인 석고보드와 단열재 사이

3. 변화된 온도구배

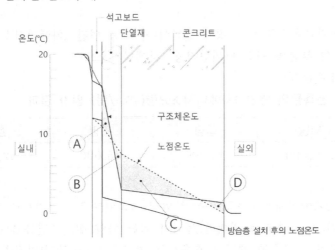

4. 원리

투습저항이 높은 방습층을 단열재 보다 고온측에 설치함으로써 수증기 분압이 높은 실내측
에서 벽체내로의 습기이동을 차단하여 방습층 이후에 있는 단열재와 콘크리트 부분의 노점
온도구배를 온도구배보다 낮게 함으로써 단열재와 콘크리트에 발생했던 내부결로를 방지할
수 있음

문제2. 〈표1〉은 연면적 3,000m²인 A 건축물의 실별 현황이다. 주어진 내용을 고려하여 건축물에너지효율등급 및 건축물에너지소비총량 평가와 관련한 다음 물음에 답하시오.(11점)

〈표1〉 A 건축물의 실별 현황

실명	사무실	복도	회의실	화장실
실면적	2,000m²	400m²	400m²	200m²
냉난방설비 설치 유무	유	유	유	유
환기설비 설치 유무	유	무	유	유
조명밀도	10W/m²	2W/m²	10W/m²	5W/m²

2-1) 〈표2〉는 A 건축물의 에너지효율등급 세부 평가 결과이다. 다음 연간 1차에너지소요량(kWh/년)을 활용하여 A 건축물의 부문별 연간 단위면적당 1차에너지소요량(kWh/m²·년)을 계산하시오.(4점)

〈표2〉 A 건축물의 연간 1차에너지소요량(kWh/년) 평가 결과

난방	냉방	급탕	조명	환기
90,000	270,000	43,200	45,000	52,000

2-2) A 건축물의 과도한 냉방 1차에너지소요량을 줄이기 위해 블라인드를 추가적으로 설치하고자 한다. 여름철 냉방 에너지 저감 효과를 최대한 높이기 위한 차양 설치조건을 다음 보기 중에서 골라 쓰시오.(단, 보기는 건축물 에너지 효율등급 평가프로그램의 차양장치(블라인드)에 대한 입력항목이다.)(2점)

〈보기〉

㉠ 블라인드 위치	내부 / 중간 / 외부
㉡ 빛투과 종류	불투과(τ=0.0) / 약투과(τ=0.2) / 반투과(τ=0.4)
㉢ 블라인드 색상	흰색 / 밝은색 / 어두운색 / 검은색
㉣ 블라인드 설치각도	90도(예 : 롤 블라인드) / 45도(예 : 베네치안 블라인드)

2-3) A 건축물의 에너지절약계획서 작성 시 에너지성능지표를 대체하여 에너지소비총량제를 적용하고자 한다. 에너지성능지표와 에너지소비총량제의 평가방식을 상호 비교의 관점에서 간략히 서술하고, 에너지성능지표를 에너지소비총량제로 대체할 경우의 기대효과를 예시를 들어 서술하시오.(5점)

2-1)

구분	난방	냉방	급탕	조명	환기
연간1차에너지소요량 (kWh/년)	90,000	270,000	43,200	45,000	52,000
단위면적당 연간1차에너지소요량 (kWh/m²년)	90,000 ÷ 3,000=30	270,000 ÷ 3,000=90	43,200 ÷ 2,400=18	45,000 ÷ 3,000=15	52,000 ÷ 2,600=20

2-2)

ⓐ : 외부,   ⓑ : 불투과,   ⓒ : 흰색,   ⓓ : 90도

2-3)

[평가방식 상호 비교 관점]

1) 에너지 성능지표 : 건축, 기계, 신재생 부문의 각 항목의배점 기준에 따라 평점을 합산하여 점수가 높을 수록 에너지 성능이 높은 것으로 판단하는 기준
2) 에너지소비총량제 : 건축,기계, 신재생 부문의 적용 기술에 따른 항목별 배점기준이 아니라 전체 적용기술 수치를 입력하여 총량에너지를 산출하는 방식이며 총량에너지 수치가 낮을 수록 에너지성능이 높은 것으로 판단한다.

[기대효과]

에너지 소비총량제로 대체할 경우 항목별 점수기준이 아니므로 에너지 절감에 유리한 요소를 많이 투입할수록 에너지 성능이 높아지며 실제 건물의 에너지 절감 효과를 크게 기대할 수 있다.

문제3. 다음 중 "녹색건축물 조성 지원법"에 따른 제로에너지건축물 인증 표시 의무 대상에 해당하는 건축물(ⓐ~ⓕ)을 모두 골라 쓰시오.(단, 모든 건축물은 정부 또는 지방자치단체의 장이 소유 및 관리한다.)(4점)

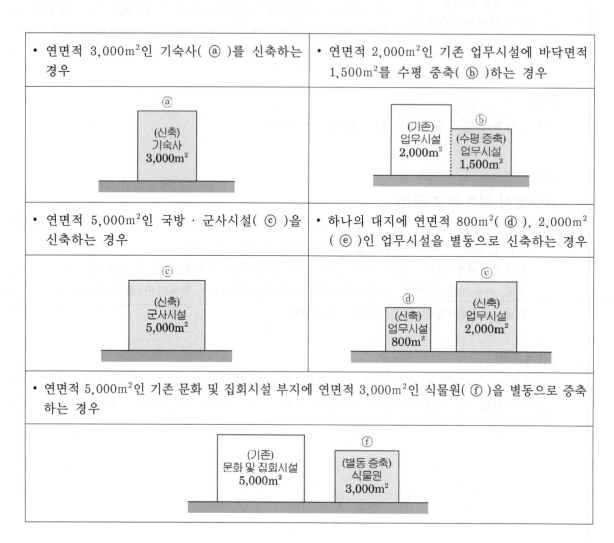

- 연면적 3,000m²인 기숙사(ⓐ)를 신축하는 경우

ⓐ
(신축)
기숙사
3,000m²

- 연면적 2,000m²인 기존 업무시설에 바닥면적 1,500m²를 수평 증축(ⓑ)하는 경우

(기존)
업무시설
2,000m² ⓑ
(수평 증축)
업무시설
1,500m²

- 연면적 5,000m²인 국방·군사시설(ⓒ)을 신축하는 경우

ⓒ
(신축)
군사시설
5,000m²

- 하나의 대지에 연면적 800m²(ⓓ), 2,000m²(ⓔ)인 업무시설을 별동으로 신축하는 경우

ⓓ
(신축)
업무시설
800m² ⓔ
(신축)
업무시설
2,000m²

- 연면적 5,000m²인 기존 문화 및 집회시설 부지에 연면적 3,000m²인 식물원(ⓕ)을 별동으로 증축하는 경우

(기존)
문화 및 집회시설
5,000m² ⓕ
(별동 증축)
식물원
3,000m²

[풀이]

ⓐ : 기숙사는 의무대상아님, ⓑ : 수평증축의 경우 의무대상아님,

ⓓ : 연면적 1천제곱미터 미만으로 의무대상아님,

ⓕ : 문화 및 집회시설 식물원의 경우 에너지 절약계획서 제출대상이 아니므로 의무대상아님

(판단근거) - 제로에너지건축물 표시 의무대상

■ 녹색건축물 조성 지원법 시행령 [별표 1] 〈신설 2019. 12. 31.〉

에너지효율등급 인증 또는 제로에너지건축물 인증 표시 의무 대상 건축물(제12조제2항 관련)

요건	제로에너지건축물 인증 및 에너지효율등급 인증 표시 의무 대상
1. 소유 또는 관리 주체	가. 제9조제2항 각 호의 기관 나. 시·도의 교육청
2. 건축 및 리모델링의 범위	신축·재축 또는 증축하는 경우일 것. 다만, 증축의 경우에는 기존 건축물의 대지에 별개의 건축물로 증축하는 경우로 한정한다.
3. 건축물의 범위	법 제17조제5항제1호에 따라 국토교통부와 산업통상자원부의 공동부령으로 정하는 건축물. 다만, 공동주택 및 「건축법 시행령」 별표 1 제2호라목에 따른 기숙사는 제외한다.
4. 건축물의 연면적	1천제곱미터 이상
5. 법 제14조제1항에 따른 에너지 절약계획서 제출 대상 여부	제출 대상일 것

[에너지 절약계획서 제출예외대상]

① 단독주택

② 문화 및 집회시설의 동·식물원

③ 냉·난방 설비의 설치 및 냉·난방 공간의 연면적 합계에 따른 제출예외대상

　a.「건축법 시행령」 별표1 제17호부터 제26호 건축물 중 냉방 및 난방 설비를 모두 설치하지 아니하는 건축물

　　: 공장, 창고시설, 위험물 저장 및 처리 시설, 자동차 관련 시설, 동물 및 식물 관련 시 자원순환 관련 시설, 교정 및 군사 시설, 방송통신시설, 발전시설, 묘지 관련 시설

　b.「건축법 시행령」 별표1 제3호 아목, 제13호, 16호, 27호(건축물이 에너지절약설계기준 제3조) 중 냉·난방 설비를 설치하지 아니하는 건축물

　　: 변전소, 도시가스배관시설, 정수장, 양수장, 운동시설, 위락시설, 관광 휴게시설

　c.「건축법 시행령」 별표1 제3호 아목, 제13호, 제16호부터 제27호는 냉·난방 설비 모두를 설치하지 않을 경우 에너지절약계획서를 제출하지 아니한다. 다만, 냉·난방 설비를 설치할 경우 에너지절약계획서를 제출해야 하나 냉·난방 열원을 공급하는 대상의 연면적 합계가 500m² 미만일 경우 에너지절약계획서를 제출하지 아니 할 수 있다.

정답

ⓒ, ⓔ

문제4. 변풍량 공조방식에서 송풍기 회전수를 10% 줄였을 때, 시스템과 송풍기 특성곡선(정압-풍량)을 도식화하고, 관계식을 이용하여 송풍기의 정압, 풍량 및 동력의 이론적 변화(%)를 계산하고 설명하시오.(5점)

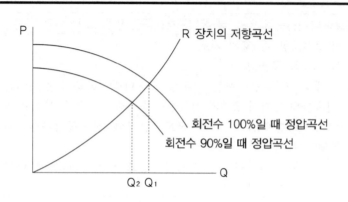

4-1)

풍량 : $Q_2 = Q_1 \times \left(\dfrac{N_2}{N_1}\right)$ 에서 $= Q_1 \times \left(\dfrac{90}{100}\right) = 0.9Q_1$

송풍기 회전수를 10% 줄였을때의 풍량(Q_2)은 처음 풍량(Q_1)의 0.9

즉, 90%로 감소했다.

4-2) 정압

$P_{s2} = P_{s1} \times \left(\dfrac{N_2}{N_1}\right)^2 = P_{s1} \times \left(\dfrac{90}{100}\right)^2 = 0.81 P_{s1}$

정압(P_{s2})은 처음 정압(P_{s1})의 0.91, 즉 91%로 감소했다.

4-3) 동력

$L_{s2} = L_{s1} \times \left(\dfrac{90}{100}\right)^3 = 0.729 L_{s1}$

동력(L_{s2})은 처음 동력(L_{s1})의 0.729, 즉 72.9% 감소했다.

문제5. 다음 〈그림〉과 같은 재열 공기조화시스템에 대하여, 주어진 조건과 습공기선도를 이용하여 다음 물음에 답하시오. (13점)

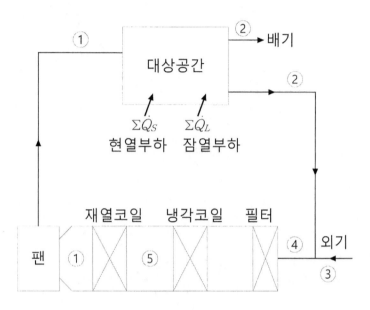

〈그림〉 재열 공기조화시스템 개략도

〈조건〉

- 대상공간의 건구온도 25℃, 절대습도가 0.0085kg_w/kg_a, 현열부하 410kW, 잠열부하 172kW
- 외기 건구온도 35℃, 절대습도가 0.0145kg_w/kg_a
- 공급풍량은 60kg_a/S이고, 배기풍량은 9kg_a/S
- 냉각코일의 출구조건은 건구온도 10℃, 절대습도가 0.0073kg_w/kg_a
- 공기의 비열은 1.02kJ/kg_a·K
- 팬과 덕트의 열획득 및 냉각코일의 응축열량은 무시함

5-1) 아래 습공기선도의 괄호 안에 재열 공기조화시스템의 각 상태점(①~⑤)을 표기하고, 상태변화 과정을 실선으로 도식화하시오.(3점)

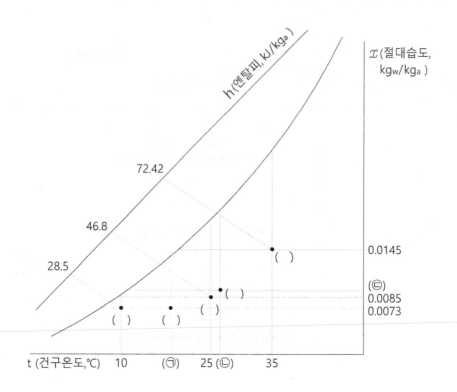

5-2) 현열비(SHR)를 구하고, 습공기선도 상에서 현열비를 나타내는 상태점 2개를 표시하시오.(3점)
  • 현열비(SHR) : (   )
  • 상태점 (   ), 상태점 (   )

5-3) 습공기선도의 상태값(㉠~㉢)을 구하시오.(3점)

건구온도(℃)	절대습도(kg_w/kg_a)
㉠	0.0073
㉡	㉢

  • ㉠ : (   )℃
  • ㉡ : (   )℃
  • ㉢ : (   )kg_w/kg_a

5-4) 냉각코일 및 재열코일의 능력(kW)을 구하시오.(4점)
  • 냉각코일의 능력 : (   )kW
  • 재열코일의 능력 : (   )kW

5-1)

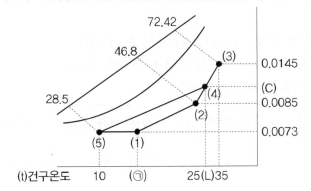

5-2)

- SHF(현열비) : $\dfrac{410}{410+172}=0.704\fallingdotseq0.7$

- 상태점(2), 상태점(1) ← 상태점 2, 1은 바뀌어도 됨.

5-3)

건구온도(℃)	절대습도(kg_w/kg_a)
㉠	0.0073
㉡	㉢

- ㉠ : (18.30)℃   • ㉡ : (26.5)℃   • ㉢ : (0.0094)kg_w/kg_a

[해설]

㉠ $q_s = c_p \cdot m(t_2 + t_1)$ 에서

$$t_1 = t_2 - \frac{q_s}{c_p \cdot m} = 25 - \frac{410}{1.02 \times 60} = 18.30℃$$

㉡ $t_4 = \dfrac{35 \times 9 + 25 \times (60-9)}{60} = 26.5℃$

㉢ $z_4 = \dfrac{0.0145 \times 9 + 0.0085 \times (60-9)}{60} = 9.4 \times 10^{-3} = 0.0094$

5-4)

- 냉각코일의 능력 q_c

$$q_c = m \cdot (h_4 - h_5) = 60 \times (50.643 - 28.5) = 1238.58[kW]$$

$$h_4 = \frac{72.42 \times p + 46.8 \times (60-9)}{60} = 50.643$$

- 재열코일의 능력 q_H

$$q_H = m \cdot c_p \cdot (t_1 - t_5) = 60 \times 1.02 \times (18.30 - 10) = 507.96[kW]$$

문제6. 히트펌프 이용 냉난방 적용에 관하여 다음 물음에 답하시오.(14점)

6-1) 다음은 공기열원 대비 지열이나 수열 이용 히트펌프의 장점을 설명한 것이다.
괄호 안에 들어갈 내용으로 적절한 것을 골라 쓰시오.(1점)

> • 지열이나 수열 이용 기술은 여름철 냉방 시, 공기열원 이용 기술에 비해 (㉠높은 / ㉡낮은)
> (㉢증발 / ㉣응축) 온도에서 구동된다.

6-2) 여름철 냉방을 위해 지열이나 수열 이용 히트펌프를 적용하고자 할 때 냉동사이클 선도를 공기
열원 이용 히트펌프의 냉동사이클 선도와 비교하여 개략적으로 도식화하고, 개략도에 표시
된 엘탈피량을 근거로 공기열원 사이클에 대비한 압축일, 냉방열, 그리고 성능계수(COP :
Coefficient of Performance)의 증가 또는 감소하는 변화거동을 설명하시오.(단, 개략도는
냉동사이클 각 요소(증발기, 응축기, 압축기, 팽창밸브)의 입·출구 상태가 명확해야 하며,
각 과정의 의미에 부합하여야 한다)(5점)

6-3) 겨울철 난방을 위해 히트펌프를 적용할 경우 주어진 조건을 고려하여 공기열원 이용 히트
펌프와 지열 이용 히트펌프의 소비전력(kW) 및 공기 또는 지중으로부터 얻는 열량(kW)을
각각 구하시오.(4점)

> 〈조건〉
> • 대상공간의 열손실은 600,000kJ/h이고, 실내온도는 21℃로 유지
> • 공기열원 이용 히트펌프 COP : 2.5
> • 지열 이용 히트펌프 COP : 4.0

구분	소비전력(kW)	공기 또는 지중으로부터 얻는 열량(kW)
공기열원 이용 히트펌프		
지열 이용 히트펌프		

6-4) 건축물의 온수 공급 배관 노후화로 2m³/day의 누수가 발생하고 있다. 열공급 온도는 65℃,
누수에 의한 보충수 온도는 20℃이고, COP가 4인 히트펌프를 이용하여 보충수를 가열할 때,
누수로 인한 1년(365일) 동안의 손실비용(보충수, 전기요금)을 구하시오.(단, 보충수 가격은
200원/m³, 전기요금 100원/kWh으로 가정하고, 보충수의 비열과 밀도는 각각 4.2kJ/kg·K와
1,000kg/m³로 계산한다)(4점)

6-1)

  ⓛ 낮은   ⓒ 응축

6-2)

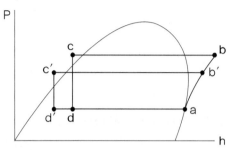

지열 및 수열 이용 히트펌프 사이클 : ab′c′d′a

공기열원 히트펌프 사이클 : abcda

- 압축일 : 지열 및 수열 이용 히트펌프 사이클 : hb′−ha

              공기열원 히트펌프 : $h_b - h_a$

∴ 지열 및 수열 이용 히트 펌프 사이클의 경우가 공기열원 히트펌프 사이클의 경우보다 hb−hb′ 만큼 적다.

- 냉방열 : 냉방열의 경우는 지열 및 수열 이용 히트펌프보다 응축압력이 감소함에 따라 팽창 열 입구의 냉매의 엔탈피가 h_c에서 h_c'으로 감소함에 따라 flash gas량의 감소로 냉동효과(냉방열)가 $(h_a - h_d)$에서 $(h_a - h_d')$으로 증가된다.

- 성능계수 : $\dfrac{냉방열}{소요동력}$로 지열 및 수열 이용 히트펌프의 경우 공기열원 히트펌프에 비해 압축 일은 감소하고 냉방열은 증가하였으므로 지열 및 수열 이용 히트펌프의 경우가 성능계수가 크다.

[지열 및 수열 이용 히트펌프 성능계수]

$$COP_1 = \frac{h_a - h_d{}'}{h_d{}' - h_a}$$

[공기 열원 히트펌프의 성능계수]

$$COP_2 = \frac{h_a - h_d}{h_b - h_a} \qquad\qquad \therefore \ \ COP_1 > COP_2$$

6-3)

	소비전력(kW)	공기 또는 지중으로부터 얻는 열량(kW)
공기열원 이용 히트펌프	66.67	100
지열 이용 히트펌프	41.67	125

[해설]

히트펌프의 성능계수 $COP_H = \dfrac{Q_1}{W}$ 에서

- 공기열원 히트펌프의 소비전력 $W = \dfrac{Q_1}{COP_H} = \dfrac{600,000}{2.5} = 240,000\,kJ/h = 66.67\,[kW]$

- 지열이용 히트펌프의 소비전력 $W = \dfrac{Q_1}{COP_H} = \dfrac{600,000}{4.0} = 150,000\,kJ/h = 41.67\,[kW]$

공기로부터 얻은 열량 = 대상공간의 열손실9난방부하)−소요동력에서

- 공기열원히트펌프의 흡수열 : $\dfrac{600,000}{3,600} - 66.67 ≒ 100\,[kW]$

- 지열이용히트펌프의 흡수열 : $\dfrac{600,000}{3,600} - 41.67 ≒ 125\,[kW]$

6-4) 손실비용

보충수 = 누수량 × 보충수 가격 = $2 \times 365 \times 200 = 146,000$원

전기요금 : 소요동력 = $\dfrac{보충수\ 가열량}{COP} = \dfrac{4.2 \times 1,000 \times (2 \times 365) \times (65-20)}{4.0 \times 3,600} = 9581.25\,[kWh/년]$

∴ $9581.25 \times 100 = 958.125$원

문제7. 다음 〈그림〉과 같은 단층 건축물의 도면과 설계조건을 고려하여 조명용 전력 합계 (W)와 거실의 조명밀도(W/m^2)를 계산하고, 에너지성능지표 전기설비부문 1번 항목의 평점(a*b)을 구하시오.(5점)

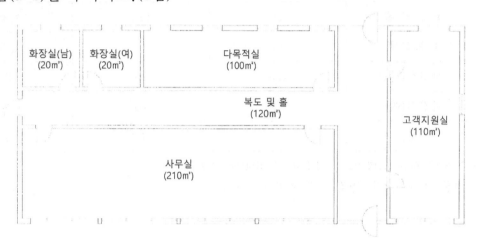

〈그림〉 건축물 평면도

〈표1〉 실별 조명밀도 및 냉·난방 유,무 현황

실명	조명밀도(W/m^2)	냉방 또는 난방 유,무
사무실	13	유
고객지원실	13	유
복도 및 홀	11	유
다목적실	13	유
화장실(남)	4.5	유
화장실(여)	4.5	유

〈표2〉 에너지성능지표 전기설비부문

항목	기본배점(a)				배점(b)					평점 (a*b)
	비주거		주거							
	대형 (3,000m^2 이상)	소형 (500~ 3,000m^2 미만)	주택 1	주택 2	1점	0.9점	0.8점	0.7점	0.6점	
1.제5조제10호 가목에 따른 거실의 조명밀도 (W/m^2)	3	2	2	2	8 미만	8~11 미만	11~14 미만	14~17 미만	17~20 미만	

[거실의 조명밀도 계산]

실명	조명밀도(W/m^2)	면적(m^2)	조명용 전력(W)
사무실	13	210	2,730
고객지원실	13	110	1,430
복도 및 홀	11	120	1,320
다목적실	13	100	1,300
화장실(남)	4.5	20	90
화장실(여)	4.5	20	90
계		580	6,960

- 거실의 평균 조명밀도 : 6,960 ÷ 580 = 12W/m^2
- 배점(b) = 0.8점, 평점 = 2 × 0.8 = 1.6점

문제8. 건축물에 설치된 역률 80%(지상), 용량 50kW의 3상유도전동기 부하에 역률 개선용 콘덴서를 병렬로 연결하여 역률을 90%로 개선하고자 한다. 이와 관련한 다음 물음에 답하시오.(6점)

　8-1) 역률 개선을 위해 설치해야 하는 콘덴서의 용량(kVA)과 역률 개선으로 인하여 감소된 무효전력(kVar)을 구하시오.(4점)

　8-2) 역률 개선 시 기대효과 3가지를 서술하시오.(2점)

8-1)

　① 콘덴서 용량

$$Q = 50 \times \left(\frac{0.6}{0.8} - \frac{\sqrt{1-0.9^2}}{0.9} \right) = 13.28 [kVA]$$

　∴ 답 : 13.28 [kVA]

　② 감소된 무효전력

　개선전 무효전력 : $P_{r1} = 50 \times \frac{0.6}{0.8} = 37.5 [kVar]$

　감소된 개선 후 무효전력 : $P_{r2} = P_{r1} - Q = 37.5 - 13.28 = 24.22 [kVar]$

　∴ 답 : 24.22 [kVar]

8-2) 역률개선시 기대효과 3가지

　① 전력손실 감소

　② 전압강하 감소

　③ 전기요금 절감

문제9. 다음의 신·재생에너지 이용 기술에 관한 물음에 답하시오.(9점)

9-1) 지열에너지 설비(지열히트펌프 시스템)의 성능에 영향을 주는 인자를 ①지중부분과 ②시스템 부분으로 구분하여 각각 3가지씩 나열하고, 각 인자별로 어떠한 조건에서 지열에너지 설비의 성능이 개선되는지 아래 〈예시〉를 참고하여 서술하시오.(6점)

〈예시〉

• ○○○ : ○○○가 높을수록 지열에너지 설비의 성능이 좋아짐

9-2) 태양광 설비의 성능에 영향을 주는 인자를 시스템 측면(설치조건, 모듈 등)에서 3가지 나열하고, 어떠한 조건에서 발전효율이 개선되는지 설명하시오.(3점)

9-1)

[지중 부분]

① 지중열전도도 : 지중열전도도가 높을 수록 설비의 성능 개선
② 열확산도 : 열확산도가 높을수록 설비의 성능 개선
③ 지중 열파이프의 간격 : 지열 파이프의 간격이 넓을수록 설비의 성능 개선

[시스템 부분]

① 지열펌프의 성적계수 : 지열펌프의 성적계수가 높을수록 설비의 성능이 개선된다.
② 순환펌프의 효율 : 순환펌프의 효율이 높을수록 설비의 성능이 개선된다.
③ 그라우팅 재료의 열전도도 : 그라우팅 재료의 열전도도가 높을수록 설비의 성능이 개선된다.

9-2)

① 모듈의 설치 상태 : 정남향으로 설치하고 음영이지지 않도록 설치시 발전효율 개선
② 인버터의 효율 : 인버터의 효율이 높을수록 발전효율 개선
③ 모듈의 변환효율 : 모듈의 변환효율이 높을수록 발전효율 개선

문제10. 다음 〈그림1〉과 〈표1〉은 중부지역에 위치한 노후건축물의 현황도면과 현장조사 결과이다. 이 건축물의 에너지 성능 개선을 위해 〈표2〉의 범위로 그린리모델링을 진행하고자 할 때, 주어진 도면과 정보를 고려하여 다음 물음에 답하시오.(25점)

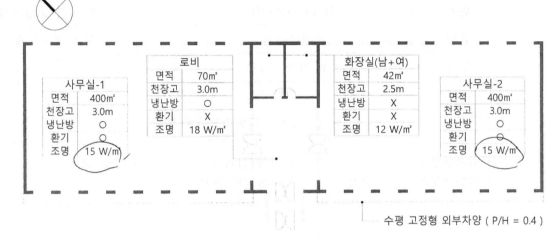

사무실-1

면적	400m²
천장고	3.0m
냉난방	○
환기	○
조명	15 W/m²

로비

면적	70m²
천장고	3.0m
냉난방	○
환기	X
조명	18 W/m²

화장실(남+여)

면적	42m²
천장고	2.5m
냉난방	X
환기	X
조명	12 W/m²

사무실-2

면적	400m²
천장고	3.0m
냉난방	○
환기	○
조명	15 W/m²

수평 고정형 외부차양 (P/H = 0.4)

〈그림1〉 노후건축물 현황 도면

〈표1〉 노후건축물 현장조사 결과

외벽의 구성		사무실 창호의 사양	
230mm 90mm 시멘트벽돌 50mm 단열재 90mm 시멘트벽돌		수평 고정형 차양 (P/H = 0.4) 2,500mm 2,000mm	
구성	열전도저항(m²·K/W)	구분	사양
시멘트벽돌	0.150	크기	2,000mm×2,500mm
단열재*	1.000	프레임 재질	금속제
시멘트벽돌	0.150	유리종류	18T 투명복층유리
합계	1.300	유리구성	6T투명−6T공기−6T투명
※ 위의 재료별 열전도저항 값은 도면 정보에 다른 설계 값이며, 경과년수에 따라 현재 <u>단열재 층의 실제 열전도저항 값은 위 수치의 50%수준</u>일 것으로 예상됨		창호 열관류율	4.0W/m²·K
		특이사항	침기 과다 발생
		※ 창호 열관류율 정확한 정보가 없어 "건축물의 에너지 절약설계기준" [별표4]의 기준값을 적용함	

건축설비시스템		
구분	종류·방식	특이사항
냉·난방	멀티전기히트펌프	최근 장비교체
환기	급기유니트(팬)	외기 직접 도입방식
급탕	전기온수기	최근 장비교체
조명	32W 형광등기구	–

〈표2〉 그린리모델링 범위

• 외피단열 보강	• 차양 설치 • 창호 교체
• 열회수형환기장치 설치	• 조명설비 교체

10-1) [외피단열 보강] 기존 벽체의 열관류율은 0.24W/m²·K 이하로 개선하기 위해 다음 〈그림2〉와 같이 내단열 구조를 추가하고자 한다. 이 때 추가 부분(Ⓐ)의 두께를 100mm로 계획할 수 있는 단열재(㉠)의 최대 열전도율(W/m·K)을 구하시오.(단, 경과년수에 따라 기존 벽체 단열재의 열전도저항 값이 50% 감소된 상태로 계산하며, 최대 열전도율은 소수 세 자리로 제시한다)(5점)

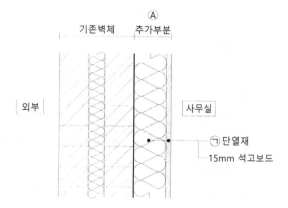

〈그림2〉 외피단열 보강 계획

구분	열저항(m²·K/W)
외표면열전달저항	0.043
내표면열전달저항	0.110
15mm 석고보드	0.083

10-2) [창호 교체] 기존 사무실 영역의 창호를 에너지소비효율 2 등급 창호로 교체한 결과 기존 대비 단열 및 일사차폐 성능이 크게 향상된 반면 자연채광 유입량은 다소 줄어든 것으로 검토되었다. 여기서 단열, 일사차폐 및 자연채광과 관련된 유리의 성능에 대한 아래 설명에서 괄호 안에 들어갈 내용으로 가장 적절한 것을 〈보기〉에서 골라 쓰시오.(4점)

〈보기〉					
• 수직	• 휘도	• 열류속	• 수평	• 광속	• 3mm 투명유리
• 45도	• 온도	• 회색체	• 광도	• 방사속	• 흑체

a) 가시광선투광율 : 유리면에 (㉠)(으)로 입사되는 일광의 (㉡)에 대하여 투과 (㉢)의 입사 (㉣)에 대한 비율

b) 태양열취득률 : 창유리면에 (㉤)(으)로 입하하는 태양방사에 대하여 유리 부분을 투과하는 태양방사의 (㉥)와(과) 유리에 흡수되어 실내 쪽으로 전달되는 (㉦)을(를) 합한 것의, 입사하는 태양방사의 (㉧)에 대한 비

c) 방사율 : 유리판이 공간에 방사하는 열방사 방사력의 같은 온도의 (㉨)(이)가 방사하는 열방사 방사력에 대한 비율

10-3) [차양 설치] 냉방부하 저감을 위해 아래 그림과 같이 수평차양이 설치된 사무실 창호 부위에 수직 고정형 외부차양을 추가로 설치하고자 한다. 외부차양장치의 총 태양열취득률을 0.4 이하로 계획하고자 할 때, 조건에 맞는 수직차양 설치계획을 답안의 평면도에 그려 표현하시오.(단, 수직차양은 투광부의 좌측 부위에 1개만 설치한다)(5점)

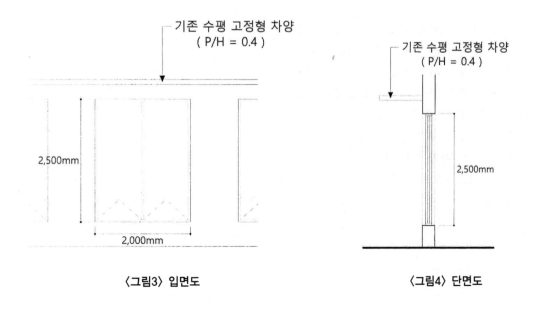

〈그림3〉 입면도   〈그림4〉 단면도

〈조건〉

- 차양장치의 태양열취득률 산출방법은 에너지성능지표 건축 8번 항목에 따른다.
- 수직차양의 P/W 값은 최대 0.4 이하로 한다.
- 차양장치의 태양열취득률 계산을 위한 위치, 형상, 치수를 표현해야 한다.

〈표4〉 고정형 외부차양의 태양열취득률

P/H(W)	수평차양					수직차양				
	남	남서	서	동	남동	남	남서	서	동	남동
0.0	1.00	1.00	1.00	1.00	1.00	1.00	1.00	1.00	1.00	1.00
0.2	0.57	0.74	0.79	0.79	0.73	0.73	0.84	0.88	0.89	0.82
0.4	0.48	0.55	0.63	0.63	0.54	0.61	0.72	0.79	0.80	0.67

10-4) [열회수형환기장치 설치] 기존 환기장치를 열회수형환기장치로 교체하였다. 아래 조건을 고려하여 동절기 환기부하 처리를 위한 난방에너지 감소량(kWh)을 구하시오.(단, 기존 환기장치와 열회수형환기장치의 가동조건은 동일하다)(2점)

〈조건〉

- 사무실 공간의 환기횟수 : 2회/h
- 동절기 환기장치 가동시간 : 800시간
- 동절기 환기장치 가동시간 중 평균 실·내외 온도차 : 20K
- 동절기 환기장치 열교환효율 : 80%
- 난방시스템 COP : 4.0
- 공기 밀도 : 1.20kg/m³
- 공기 비열 : 1.02kJ/kg·K
※ 잠열의 영향은 무시한다.

10-5) [조명설비 교체] 사무실의 기존 조명설비를 LED 조명으로 교체하기 위해 〈표5〉의 조건에서 조명계산을 실시하였다. 사무실-1의 조명 계산 결과가 〈표6〉와 같은 경우, 사무실-1과 사무실-2의 조명밀도(W/m²)를 각각 구하시오.(단, 사무실-1과 사무실-2의 조명기구 종류 및 형식을 동일하다)(4점)

〈표5〉 조명계산 조건

구분	설계조도	보수율	조명률	비고
사무실-1	400lx	0.8	0.6	기존 실내 조건
사무실-2			0.8	인테리어 공사 실시

〈표6〉 조명계산 결과

조명종류	조명효율	조명개수(N)
LED 36 W	120 lm/W	77.16 개 ≒ 78 개

10-6) [개선결과 분석] 다음은 기존 노후건축물의 그린리모델링 전·후 에너지요구량 평가 결과이다. 노후건축물에 적용된 〈표2〉의 그린리모델링 요소 중 창호의 성능요소(열관류율, 태양열취득률, 가시광선투과율, 기밀성)가 부문별 에너지요구량에 미친 영향을 서술하고, 추가적으로 에너지요구량을 저감할 수 있는 그린리모델링 요소를 2가지 제시하고 그에 따른 효과를 서술하시오.(5점)

연간 단위면적당 에너지 요구량 [kWh/㎡·년]

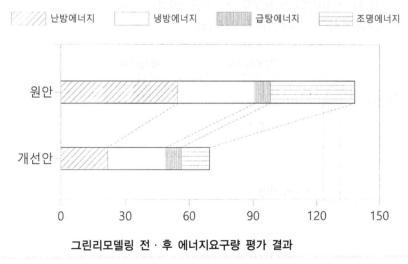

그린리모델링 전 · 후 에너지요구량 평가 결과

10-1)

벽체의 K=0.24[W/m² · K] 이하
벽체의 R=4.167[m² · K/W] 이상

벽체의 열저항 계산

$$0.043+0.150+1,000\times0.5+0.150+\frac{0.085}{x}+0.083+0.110=4.167$$

$$1.036+\frac{0.085}{x}=4.167$$

$$x=\frac{0.085}{3.131}=0.027[\text{W/m}\cdot\text{K}]$$

10-2) KS L2514 (판유리 가시광선 투과율, 반사율, 방사율, 태양열 취득률의 시험방법) 관련문제

a) ㄱ : 수직　　ㄴ, ㄷ, ㄹ : 광속
b) ㅁ : 수직　　ㅂ : 방사속
　ㅅ : 열류속　ㅇ : 방사속
c) ㅈ : 흑체

10-3)

－ 수평 고정형 차양 설치 향 : 남서향, P/H = 0.4
－ 수평 고정형 차양의 태양열 취득률 = 0.55
－ 외부차양장치의 총 태양열 취득률
　＝ 수평 고정형 외부차양의 태양열취득률 × 수직 고정형 외부차양의 태양열취득률(A) ＝ 0.4
－ 0.55 × A ＝ 0.4, A ＝ 0.727 이하이어야 한다.
－ A=0.727일 때 P/W를 구하면
－ 0.727 ＝ 0.84 － {(0.84 － 0.72) × (P/W－0.2)÷0.2}
－ P/W ＝ 0.388에서 W＝ 2m, P ＝ 776mm

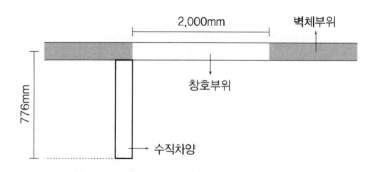

10-4)

$$Q = nv = 2[회/h] \times (400[m^2] + 400[m^2]) \times 3.0[h] = 4,800[m^3/h]$$

$$Q_L = \frac{c_p \rho \, Q \Delta t = 1.02 \times 1.2 \times 4,800 \times 20 \times 0.8}{4 \times 3,600} \times 800 = 5,222.4[kWh]$$

10-5)

[사무실-1의 조명밀도]

$$D_1 = \frac{36 \times 78}{400} = 7.02[W/m^2]$$

[사무실-2의 조명밀도]

LED 램프의 광속 $F = 120 \times 36 = 4320[lm]$

사무실-2 의 조명개수 : $N = \frac{400 \times 400}{4320 \times 0.8 \times 0.8} = 57.87$개 $\Rightarrow$ 58개

사무실-2 의 조명밀도 : $D_2 = \frac{36 \times 59}{400} = 5.31[W/m^2]$

10-6)

[부문별 에너지 요구량에 미친 영향 서술]

1) 난방에너지 요구량 절감 : 열관류율을 낮추고 기밀성능을 높혀서 요구량을 절감
2) 냉방에너지 요구량 절감 : 태양열취득률을 낮춰서 요구량을 절감
3) 조명에너지 요구량 절감 : 가시광선 투과율을 높임으로 조명시간을 낮춰서 요구량을 절감

[에너지요구량을 저감할 수 있는 그린리모델링 요소]

1) 조명밀도 : 조명밀도를 저감할 경우 냉방에너지 요구량 및 조명에너지 요구량을 낮출 수 있다.
2) 차양 및 블라인드 : 차양 및 블라인드 적용할 경우 냉방에너지 요구량을 낮출 수 있다.

2021년 제7회 실기시험 기출문제

건축물에너지평가사

〈2차실기 기출문제 내용〉

구분	문항수	시간(분)
기출문제	11	150

한솔아카데미

※ 본 시험지에서 "건축물의 에너지절약설계기준" [별지 제1호 서식] 에너지절약계획 설계 검토서의 2. 에너지성능지표는 각 "에너지성능지표"로 표기한다.

문제1. 반지름이 1.5m인 원탁 중심에서 수직방향으로 2m 높이에 점광원이 설치되어 있고 원탁 중심 A의 조도가 300lx일 때, ㉠점광원의 광도(cd)와 ㉡원탁 끝 부분 B의 조도 (lx)를 구하시오.(5점)

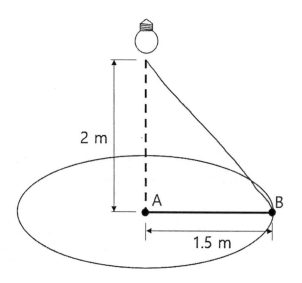

㉠ 점광원의 광도 I [cd]

$$E = \frac{I}{d^2} \Rightarrow I = E \times d^2 = 300 \times 2^2 = 1200[cd]$$

㉡ 원탁 끝부분의 조도[lx](수평면 조도)

$$E = \frac{I}{d^2} \times \cos\theta = \frac{1200}{\left(\sqrt{1.5^2 + 2^2}\right)^2} \times \frac{2}{2.5} = 153.6[lx]$$

문제2. 건축물 에너지 효율등급 및 제로에너지건축물 예비인증을 받고자 하는 신축 건축물이 있다. 다음 물음에 답하시오.(17점)

2-1) 다음 용어의 정의를 관련 규정에 근거하여 서술하시오.(3점)

ㄱ 에너지요구량

ㄴ 에너지소요량

ㄷ 1차에너지소요량

2-2) 인증등급 향상을 위한 성능개선 방안을 제안하였다. 각 성능개선 방안(ㄱ~ㅅ)이 영향을 미치는 부분을 〈보기〉에서 모두 고르시오.(4점)

〈보기〉
a. 난방 에너지요구량 b. 냉방 에너지요구량 c. 급탕 에너지요구량 d. 조명 에너지요구량 e. 환기 에너지요구량 f. 난방 에너지소요량 g. 냉방 에너지소요량 h. 급탕 에너지소요량 i. 조명 에너지소요량 j. 환기 에너지소요량

성능개선 방안		〈보기〉 기호 기입
예시	벽체 단열 강화	a, b, f, g
ㄱ	태양열취득률(SHGC)이 낮은 창 적용	
ㄴ	난방배관 단열 강화	
ㄷ	냉수순환펌프 제어방식 개선 (대수제어 → 인버터제어)	
ㄹ	사무실 환기용 팬의 효율 개선	
ㅁ	외피의 기밀성 강화	
ㅂ	고효율 조명기기 적용 (조명밀도 감소)	
ㅅ	급탕 열원기기 설치위치 최적화로 급탕 배관길이 최소화	

2-3) 다음은 지열 및 태양광 시스템을 반영한 경우의 개념도이다. 해당 내용을 기준으로 건물의 에너지자립률을 계산하시오.(6점)

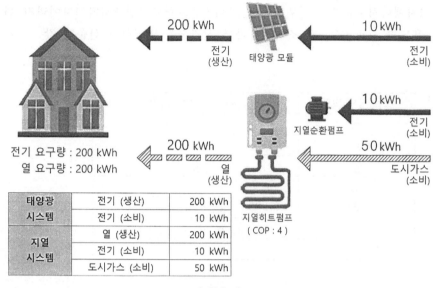

〈개념도〉

2-4) 다음은 BEMS 또는 원격검침전자식계량기 설치 평가항목의 일부이다. ㉠, ㉡에 해당하는 가장 적절한 것을 〈보기〉에서 고르시오.(4점)

〈BEMS 또는 원격검침전자식계량기 설치 평가항목〉

평가항목	평가방법
정보감시	에너지손실, 비용상승, 쾌적성저하, 설비고장 등 에너지관리에 영향을 미치는 관련 ㉠ 관제값 5종 이상에 대한 기준값 입력 및 가시화
에너지소비 현황분석	㉡ 2종 이상의 에너지원단위와 3종 이상의 에너지용도에 대한 에너지소비현황 및 증감 분석

〈보기〉

a. 전력 Peak 상한값 　g. 조명 에너지요구량

b. 전력 Peak 하한값 　h. 에너지자립률

c. CO_2 농도 상한값 　I. 냉동기 COP 상한값

d. CO_2 농도 하한값 　j. 냉동기 COP 하한값

e. 1인당 에너지소비량 　k. 온수 공급온도 하한값

f. 난방 에너지요구량 　l. 실내 습도 하한값

2-1)

㉠ 에너지 요구량 : 건축물의 냉방, 난방, 급탕, 조명 부문에서 표준 설정조건을 유지하기 위하여 해당 공간에서 필요로 하는 에너지량

㉡ 에너지 소요량 : 에너지요구량을 만족시키기 위하여 건축물의 냉방, 난방, 급탕, 조명, 환기 부문의 설비기기에 사용되는 에너지량

㉢ 1차에너지소요량 : 단위면적당 에너지소요량에 [별표3]의 1차에너지 환산계수와 [별표2]의 용도별 보정계수, 제7조의2에 따른 신기술을 반영하여 산출한 값

2-2)

성능개선 방안	〈보기〉 기호 기입
㉠	a, b, f, g
㉡	f
㉢	g
㉣	j
㉤	a, b, f, g
㉥	a, b, d, f, g, i
㉦	h

2-3) 제로에너지건축물 인증 기준

(풀이)

$$2. \ 에너지자립률(\%) = \frac{단위면적당 \ 1차에너지생산량}{단위면적당 \ 1차에너지소비량} \times 100$$

* 단위면적당 1차에너지 순 생산량 = Σ[(신재생에너지 생산량 − 신·재생에너지 생산에 필요한 에너지소비량) × 해당 1차에너지 환산계수] / 평가면적

1차에너지 생산량	태양광	$(200-10) \times 2.75 = 522.5$kWh	640kWh
	지열	$(200 \times 1) - 50 \times 1.1 - 10 \times 2.75 = 117.5$kWh	
1차에너지 소비량	연료	$50 \times 1.1 = 55$kWh	750kWh
	전력	$(10+10) \times 2.75 = 55$kWh	
	태양광	$(200-10) \times 2.75 = 522.5$kWh	
	지열	$117.5 \times 1 = 117.5$kWh	

* 에너지생산량 ÷ 에너지소비량 × 100 = 에너지자립률
　640kWh 　　 750kWh 　　　　　　 85.33%

(정답) 85.33%

2-4)

㉠ a, c, j, k, l

주요기능	세부설명(예시)

정보감시 기준값 입력	① 정보감시 관제값 종류
	  전력 Peak 관리(상한), CO_2 농도 관리(상한), 실내 습도 관리(상한),
	  냉동 설비 COP 효율 관리(하한), 온수 공급 온도 관리(상한/하한)
	② 관제 방법
	  기준 값 설정 기준 : 월별(일/시간 등) 관리 방법(기타 통계적(평균, 표준
	  편차) 방법 기술 가능)

㉡ e, h

2종 이상의 에너지원단위 종류 :
① 에너지자립률(필수)　　② 1인당 에너지소비량 ③ 단위면적당 에너지소비량　④ 매출액당 에너지소비량

[참조]

〈 표 1 〉 에너지원단위 및 에너지용도 우선 고려 순위

구분		에너지원단위 고려 순위	에너지용도 고려 순위
주거용	주거 시설	에너지자립률(필수) 단위면적당 에너지소비량 1인당 에너지소비량 * 공동주택 단지 전체, 단독주택 동별	①난방, ②냉방, ③급탕, ④조명, ⑤환기 * 공용부 없을 경우 제외
주거용 이외	숙박형 서비스 시설	에너지자립률(필수) 단위면적당 에너지소비량 1인당 에너지소비량	①난방, ②냉방, ③조명, ④급탕, ⑤환기
	사무/교육/ 서비스 시설	에너지자립률(필수) 1인당 에너지소비량 단위면적당 에너지소비량 매출액당 에너지소비량	①난방, ②냉방, ③조명, ④급탕, ⑤환기
	개방/모임 시설	에너지자립률(필수) 1인당 에너지소비량 단위면적당 에너지소비량	①난방, ②냉방, ③환기, ④조명, ⑤급탕

문제3. "건축물의 에너지절약설계기준"과 관련하여 다음 물음에 답하시오.(10점)

3-1) 건축물의 외벽, 지붕, 최하층 바닥 부위의 재료 구성이 동일하고, 모두 외기에 간접 면하는 경우에 열관류율이 가장 높은 부위를 답하시오.(2점)

3-2) 다음 표는 같은 대지 내 여러 동의 건축물을 신축하는 경우의 동별 개요이다.

"건축물의 에너지절약설계기준" 적용 여부 판단을 위해 ⊙ 각 동별로 연면적의 합계를 계산하고, ⓒ 에너지절약설계기준 의무사항 제출 대상이 되는 동과 ⓒ 에너지성능지표를 반드시 제출해야 하는 동을 답하시오.(단, 에너지절약 계획서는 동별로 제출함)(4점)

〈동별 개요〉

동 구분	층 구분	용 도	면 적(m²)
A동	지하 1층	기계실	300
	지상 1층	주차장	300
	지상 2층	업무시설	300
	지상 3층	업무시설	300
B동	지하 1층	기계실	250
	지상 1층	기숙사	200
	지상 2층	기숙사	150
	지상 3층	기숙사	150
C동	지상 1층	근린생활시설	150
D동	지상 1층	업무시설	200
	지상 2층	업무시설	200

3-3) 그림과 같은 난방 공간의 온수배관 하부와 슬래브 사이에 설치되는 바닥 단열재와 관련하여, "건축물의 에너지절약설계기준"을 만족하는 열관류저항($m^2 \cdot K/W$) 최솟값을 중부2지역에 대해 구하시오.(단, 소수 넷째자리에서 반올림)(4점)

〈지역별 건축물 부위의 열관류율〉

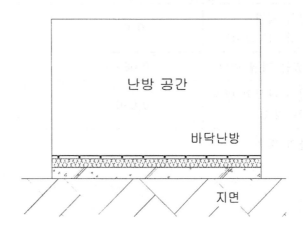

(단위 : $W/m^2 \cdot K$)

건축물의 부위		지역	중부1 지역	중부2 지역	남부 지역	제주도
최하층에 있는 거실의 바닥	외기에 직접 면하는 경우	바닥난방인 경우	1.150 이하	0.170 이하	0.220 이하	0.290 이하
		바닥난방이 아닌 경우	0.170 이하	0.200 이하	0.250 이하	0.330 이하
	외기에 간접 면하는 경우	바닥난방인 경우	0.210 이하	0.240 이하	0.310 이하	0.410 이하
		바닥난방이 아닌 경우	0.240 이하	0.290 이하	0.350 이하	0.470 이하
바닥난방인 층간바닥			0.810 이하			

3-1)

(풀이)

열관류율이 가장 높은 부위는 표면 열전달저항합이 가장 작은 부위이다.

[별표5] 열관류율 계산 시 적용되는 실내 및 실외측 표면 열전달저항

열전달저항 건물 부위	실내표면열전달저항 R_i [단위:$m^2 \cdot K/W$]	실외표면열전달저항 R_o [단위:$m^2 \cdot K/W$] 외기에 간접 면하는 경우	합 계
거실의 외벽 (측벽 및 창, 문 포함)	0.11	0.11	0.22
최하층에 있는 거실 바닥	0.086	0.15	0.236
최상층에 있는 거실의 반자 또는 지붕	0.086	0.086	0.172

(정답) 건축물의 지붕

3-2)

(풀이)

㉠ 각 동별 연면적의 합

동구분	층구분	용도	면적(m^2)		연면적(m^2)
A동	지하1층	기계실	300	×	600m^2
	지상1층	주차장	300	×	
	지상2층	업무시설	300	○	
	지상3층	업무시설	300	○	
B동	지하1층	기계실	250	×	500m^2
	지상1층	기숙사	200	○	
	지상2층	기숙사	150	○	
	지상3층	기숙사	150	○	
C동	지상1층	근린생활시설	150	○	150m^2
D동	지상1층	업무시설	200	○	400m^2
	지상2층	업무시설	200	○	
계					1,650m^2

(정답) A동 : 600m^2, B동 : 500m^2, C동 : 150m^2, D동 : 400m^2

ⓛ 의무사항 제출 대상이 되는 동 : A, B, C, D 동

ⓒ 에너지 성능지표 제출해야하는 동 : A, B 동

(참고)

▶ 에너지절약계획서는 다음과 같이 4개 부문으로 구분되며, 적용 예외 조건에 따른 에너지절약계획서 제출범위는 아래 표와 같음

① 일반사항 :「녹색건축물 조성 지원법 시행규칙」별지 제 1호 서식 에너지절약계획서

② 의무사항 :「건축물의 에너지절약설계기준」별지 제 1호 서식 에너지절약계획 설계 검토서
   (1. 에너지절약설계기준 의무사항)

③ 권장사항 :「건축물의 에너지절약설계기준」별지 제 1호 서식 에너지절약계획 설계 검토서
   (2. 에너지성능지표)

④ 소요량 평가서 :「건축물의 에너지절약설계기준」별지 제 1호 서식 에너지절약계획 설계
   검토서(3. 에너지소요량 평가서)

구분	내용		에너지절약계획서			
			①	②	③	④^{주1)}
제 5호	주거 및 비주거 용도별 연면적의 합계가 500m² 이상 2000m² 미만인 경우	연면적의 합계 500m² 미만 개별동	○	○	−	−
		연면적의 합계 500m² 이상 개별동	○	○	○	○

3-3)

(풀이)(2023년 기준 법규에 따른 풀이)

3. 바닥난방에서 단열재의 설치

   가. 바닥난방 부위에 설치되는 단열재는 바닥난방의 열이 슬래브 하부로 손실되는 것을 막을 수 있도록 온수배관(전기난방인 경우는 발열선) 하부와 슬래브 사이에 설치하고, 온수배관(전기난방인 경우는 발열선) 하부와 슬래브 사이에 설치되는 구성 재료의 열저항의 합계는 해당 바닥에 요구되는 총열관류저항(별표1에서 제시되는 열관류율의 역수)의 60% 이상이 되어야 한다. 다만, 바닥난방을 하는 욕실 및 현관부위와 슬래브의 축열을 직접 이용하는 심야전기이용 온돌 등(한국전력의 심야전력이용기기 승인을 받은 것에 한한다)의 경우에는 단열재의 위치가 그러하지 않을 수 있다.

   → 중부지역2 외기 간접면하는 바닥난방 열관류율 기준값 : 0.240W/m²k

   → 온수배관(전기난방인 경우는 발열선) 하부와 슬래브 사이에 설치되는 구성 재료의 열저항의 합계는 최하층 바닥인 경우에는 중부2지역은 60% 이상이어야 함.

   → 풀이 : (1 ÷ 0.240) × 0.60 = 2.500m²k/W

(정답) 2.500m²k/W

문제4. 건축환경조절 기법에 대한 다음 물음에 답하시오.(14점)

4-1) 다음 설계 조건을 고려하여 600명을 수용하는 실에서 이산화탄소 허용농도를 1,000 ppm 으로 유지하는데 필요한 환기횟수(회/h)를 구하시오.(4점)

〈설계 조건〉

- 실의 크기 : 16m×25m
- 천장고 : 5m
- 1인당 이산화탄소 발생량 : 17L/h
- 외기 이산화탄소 농도 : 0.04%

4-2) 다음 설계 조건에서 실내측 결로가 생기지 않도록 하는 창의 열관류율 최댓값을 구하시오. (단, 창의 부위별 열저항 차이는 없는 것으로 가정함. 열관류율은 소수 넷째자리에서 반올림) (4점)

〈설계 조건〉

- 설계외기온도 : −11.3℃
- 실내설정온도 : 22℃
- 실내노점온도 : 19℃
- 실내표면열전달저항 : 0.11m² · K/W
- 실외표면열전달저항 : 0.043m² · K/W

4-3) 다음 그림은 어느 사무소 건물의 연간 에너지소비 특성을 일평균 외기온도와 일별 에너지 사용량의 관계로 나타낸 것이다. ㉠점B, 점C, 점D의 변화 없이 점A를 아래 방향으로 이동 시키고자 할 때 선택할 수 있는 설계기법을 서술하고, ㉡이 건물 창호의 단열성능을 강화 할 경우 점B의 주된 이동 방향을 화살표로 나타내시오.(6점)

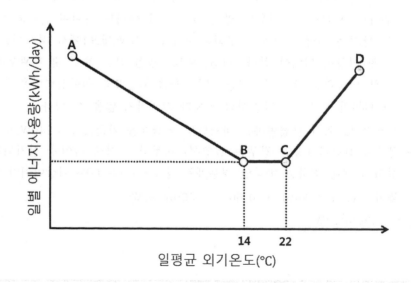

4-1)

필요환기량 $Q = \dfrac{CO_2발생량(m^3/h)}{허용농도-외기농도} = \dfrac{600 \times 0.017}{(1000-400) \times 10^{-6}} = 17,000(m^3/h)$

필요환기횟수 $N = \dfrac{필요환기량(m^3/h)}{실의\ 체적(m^3/회)} = \dfrac{17,000m^3/h}{16 \times 25 \times 5m^3/회} = 8.5회/h$

4-2)

① 노점온도를 기준으로 창표면에 결로가 발생할 수 있는 열저항과 열관류율값

$\dfrac{r}{R} = \dfrac{t}{T}$

$\dfrac{0.11}{R} = \dfrac{22-19}{22-(-11.3)}$

$R = 1.221(m^2 \cdot K/W)$

$K = \dfrac{1}{R} = \dfrac{1}{1.221}$

$K = 0.819(W/m^2 \cdot K)$

② 실내측 표면에 결로가 생기지 않도록 하는 창의 열관류율 최대값은 $0.819W/m^2 \cdot K$ 보다 작아야 함.

4-3)

㉠ 건물외피의 고단열, 고기밀, 창면적비 축소 등의 자연형 조절기법을 사용하면 난방개시 온도인 점B가 왼쪽으로 이동하게 된다. 점B, 점C, 점D의 변화 없이 점A를 아래 방향으로 이동시키기 위해서는 자연형 조절이 아닌 설비형 조절이 요구된다.

따라서, 보일러의 효율향상, 난방순환용 펌프 동력저감 및 펌프·팬 등의 인버터 제어, 배관 이나 덕트의 단열강화, 실내의 배관길이를 줄이는 조닝 등이 있다.

㉡

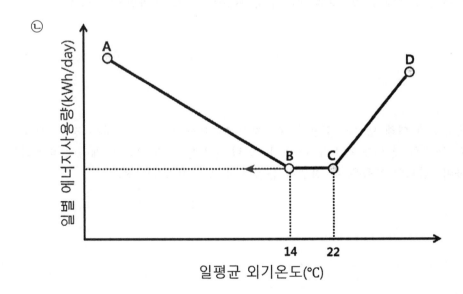

문제5. 도시가스를 연료로 사용하는 이중효용 가스직화식 흡수식 냉온수기가 다음의 조건으로 운전되는 경우 다음 물음에 답하시오.(단, 소수 둘째자리에서 반올림)(14점)

〈조건〉

- 냉방용량 : 350 kW
- 냉방성능계수(COP) : 1.3
- 도시가스의 총발열량 : 43.1MJ/N·m³
- 물의 정압비율 : 4.187 kJ/kg·℃

5-1) 흡수식 냉온수기에서 저온재생기의 재생 열원은 무엇인가? (3점)

5-2) 흡수식 냉온수기에서 1시간 동안 공급해야 하는 도시가스의 양(N·m³)은 약 얼마인가? (4점)

5-3) 냉수의 입출구 온도차가 5℃인 경우 냉수의 유량(kg/s)은 약 얼마인가? (3점)

5-4) 동일한 냉방용량에 대해 냉수의 입출구 온도차가 5℃에서 6℃로 증가하는 경우, 냉수 순환 펌프의 소요 동력은 몇 %가 감소하는가?(단, 압력 손실은 관내 유속의 제곱에 비례하는 것으로 가정하며, 펌프의 효율은 두 경우에 동일한 것으로 가정함)(4점)

5-1)

고온재생기에서 증발된 고온의 증기(냉매)

5-2)

$$성적계수(COP) = \frac{냉동능력}{가열량}$$

$$가열량 = \frac{350kW}{1.3} = 269.23kW$$

$$도시가스(m^3/h) = \frac{269.23 \times 10^3 \times 3600}{43.1 \times 10^6} = 22.49m^3/h = 22.5m^3/h$$

5-3)

냉수유량은 냉동능력과 냉수온도차로 구한다.

$$q_r = m \cdot C \cdot \Delta t$$

$$m = \frac{q}{C \cdot \Delta t} = \frac{350\,kW}{4.187(5)} = 16.71kg/s = 16.7kg/s$$

5-4)

6℃일 때 순환유량

$$m' = \frac{350}{4,187 \times 6} = 13.9\,kg/s$$

$$kW = \frac{Q \times H}{102} 에서 \quad Q : 16.7 \rightarrow 13.9$$

$$H : \left(\frac{13.9}{16.7}\right)^2$$

$$= \frac{13.9 \times \left(\frac{13.9}{16.7}\right)^2}{16.7} = 0.5766 = 57.7\%$$

동력감소 = 100-57.7 = 42.3%가 감소

별해)

Δt 5 → 6 증가시 유량은 5/6가 되므로 동력은 유량의 3제곱에 비례 $\left(\frac{5}{6}\right)^3 = 0.5787$

처음 동력의 57.9%가 되므로 42.1% 감소함.

문제6. 겨울철 어느 실의 난방을 위해 다음의 조건으로 운전되는 전기구동 히트펌프에 대하여 다음 물음에 답하시오.(단, 소수 둘째자리에서 반올림)(5점)

〈조건〉

- 압축기 소요동력 : 2 kW
  ※ 압축기 이외의 소요동력은 무시함
- 난방성능계수(COP) : 2.5
- 실내 공기 온도 : 22℃
- 히트펌프 응축기를 통과하는 공기량 : 0.8m³/s
- 공기밀도 : 1.2 kg/m³
- 공기의 정압비율 : 1.02 kJ/kg·℃

6-1) 실내 공기가 응축기를 통과하여 토출되는 온도(℃)는 약 얼마인가? (3점)

6-2) 위와 같은 조건으로 난방하던 대상 공간을 전기히터를 사용하여 난방하면 소요전력(kW)은 얼마나 증가하는가?(단, 전기히터는 전력을 100% 열로 변환함)(2점)

6-1)

응축기 방열량 $q = 2 \times 2.5 = 5kW$

응축기 가열 평형식 $5kW = m \cdot C \cdot \Delta t$

$\Delta t = \dfrac{5kW}{1.02 \times 0.8 \times 1.2} = 5.1℃$

토출온도 $= 22+5.1 = 27.1℃$

6-2)

전기히터 용량 $= 2 \times 2.5 = 5kW$

증가전력 $= 5-2 = 3kW$

문제7. 다음 보기 중 냉각탑에 관한 설명으로 옳은 것 6개를 고르시오.(3점)

〈조건〉

㉠ 냉각탑의 송풍기는 냉동기 냉수온도에 따라 가변제어 된다.	㉫ 냉각수는 외기 습구온도보다 낮게 냉각시킬 수 없다.
㉡ 냉각탑부하는 응축기부하, 펌프부하, 배관부하를 합한 것이다.	㉦ 쿨링레인지는 냉각수의 입출구 온도차이다.
㉢ 냉각탑 용량과 증발기 냉동능력은 같다.	◎ 냉각탑은 응축기에서 회수한 열량을 대기중으로 방열하는 장치이다.
㉣ 쿨링어프로치란 냉각탑 출구수온과 냉각탑 유입공기 습구온도와의 차이다.	㉧ 보충수량은 증발수분량과 비산수량, 블로우다운량을 합산한 것이다.
㉤ 동일 냉동 용량의 경우 흡수식 냉동기 냉각수량이 터보 냉동기 냉각수량보다 적다.	㉨ 냉각탑은 유입공기를 필터링하는 역할을 겸한다.

㉠ 냉각탑 송풍기는 냉가수 온도에 따라 가변제어

㉢ 냉각탑 용량은 응축기 부하와 비례한다.

㉤ 냉각수량은 흡수식이 더 많다.

㉨ 냉각탑과 유입공기는 관계가 없다.

문제8. 공조 공간의 겨울철 공조설비 운전현황과 관련하여 다음 물음에 답하시오.(16점)

〈겨울철 운전현황〉

- 외기조건 : 건구온도 2℃, 절대습도 0.002 kgw/kga
- 실내조건 : 건구온도 22℃, 절대습도 0.01 kgw/kga
- 공급풍량 : 4 kga/s, 외기도입량 : 1 kga/s
- 가열코일 출구 공기온도 : 35℃
- 가열코일 온수 입출구 온도차 : 5℃
- 순환수 가습기 출구 공기온도 : 27℃, 절대습도 0.001 kgw/kga
- 재열코일 출구 공기온도 : 35℃
- 물의 비열 : 4.19 kJ/kg·K
- 공기정압비열 : 1.01 kJ/kg·K

  ※ 송풍기, 덕트 등을 통한 기타 열손실 및 열취득은 무시함

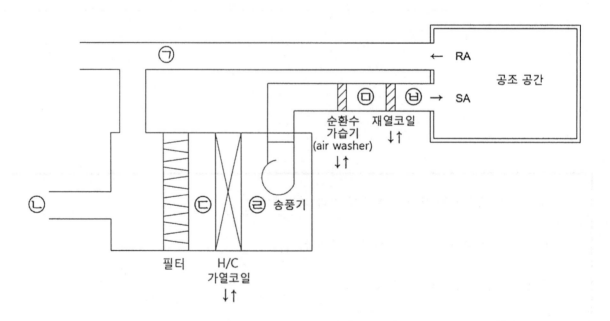

〈공조 설비 흐름도〉

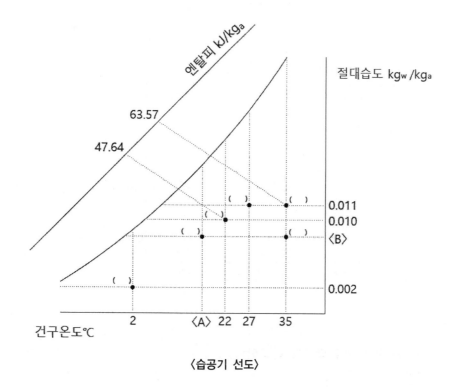

〈습공기 선도〉

8-1) 공기조화시스템의 각 상태점(㉠~㉦)을 습공기선도 내의 ( )에 표시하고 상태변화 과정을 실선으로 도식화하시오.(5점)

8-2) 습공기선도 상의 〈A〉, 〈B〉 값을 구하시오.(단, A는 소수 둘째자리에서, B는 소수 다섯째자리에서 반올림) (2점)

8-3) 공조 공간의 난방부하(kW)를 구하시오.(3점)

8-4) 가열코일의 온수유량(kg/s)을 구하시오.(3점)

8-5) 순환수 가습기의 공급수 유량(kg/h)을 하시오. (3점)

8-1)

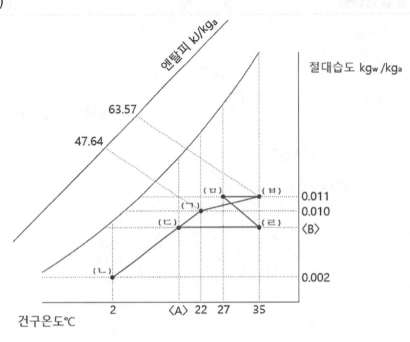

8-2)

A는 외기와 환기의 혼합공기 온도이다.

$$t_A = \frac{1 \times 2 + 3 \times 22}{4} = 17℃$$

$$x_B = \frac{1 \times 0.002 + 3 \times 0.01}{4} = 0.008$$

8-3)

난방부하는 실내공급풍량(4kg/s)과 엔탈피차(63.57-47.64)℃에서 구한다.

$$g = m \cdot \Delta h = 4(63.57 - 47.64) = 63.72 \mathrm{KJ/s} = 63.72 \mathrm{kW}$$

8-4)

가열코일에서 공기와 온수의 열평형식을 세우면

$$m \cdot c \cdot \Delta t_a = w \cdot c \cdot \Delta t_w$$
$$4 \times 1.01(35 - 17) = w \times 4.19 \times 5$$
$$w = 3.47 \mathrm{kg/s}$$

8-5)

가습기 공급수량은 가습기 전후 절대습도차로 구한다.

$$L = m \cdot \Delta x = 4(0.011 - 0.008) = 0.012 \mathrm{kg/s} = 43.2 \mathrm{kg/h}$$

문제9. 용량 300kVA 수전용 변압기가 있다. 이 변압기의 손실의 부하율 90%에서 6.54kW, 부하율 60%에서 3.56kW일 때 다음 물음에 답하시오.(6점)

    9-1) 부하율 50%일 때 변압기의 손실(kW)을 구하시오.(4점)

    9-2) 변압기의 최고 효율이 발생되는 부하율(%)을 구하시오.(2점)

9-1)

변압기 손실 $P_\ell = P_i + m^2 P_c$이다.

여기서 m는 부하율이고 P_i는 철손, P_c는 동손이다.

    90[%] 부하율일 때 전 손실이 6.54[kW]이므로 $6.54 = P_i + 0.9^2 P_c$ ·········· ①

    60[%] 부하율일 때 전 손실이 3.56[kW]이므로 $3.56 = P_i + 0.6^2 P_c$ ·········· ②

    ①식에서 ②식을 빼면 $[6.54 = P_i + 0.9^2 P_c] - [3.56 = P_i + 0.6^2 P_c]$ 이다.

    $2.98 = 0.45 P_c$ 그러므로 $P_c = 6.62$[kW] ·········· ③

    ③을 ①에 대입하면 $6.54 = P_i + 0.9^2 \times 6.62$이 되어 $P_i = 1.18$[kW]이다.

그러므로, 부하율 50[%]일 때 변압기 손실은 아래와 같다.

$P_\ell = P_i + 0.5^2 \times P_c = 1.18 + 0.5^2 \times 6.62 = 2.84$[kW]

9-2)

최고효율 부하율 $m = \sqrt{\dfrac{P_i}{P_c}} \times 100 = \sqrt{\dfrac{1.18}{6.62}} \times 100 = 41.13$[%]

문제10. 50kW, 3상 380V, 역률 80% 조건으로 운전되는 유도전동기 회로에 용량 10kVar 인 역률개선용 저압커패시터(콘덴서)를 병렬 설치한 후의 역률(%)을 구하시오. (5점)

부하의 유효전력 : 50[kW]

부하의 지상무효전력 $P_{r1} = P \times \tan\theta = 50 \times \dfrac{0.6}{0.8} = 37.5[\mathrm{kVar}]$

콘덴서 설치 후 무효전력 $P_{r2} = P_{r1} - 콘덴서용량 = 37.5 - 10 = 27.5[\mathrm{kVar}]$

콘덴서 설치 후 역률 $\cos\theta = \dfrac{50}{\sqrt{50^2 + 27.5^2}} \times 100 = 87.62[\%]$

문제11. 해당 월 총 전기 에너지소요량이 2,300kWh이고 조건이 다음과 같을 때, 이 전력 소요량을 태양광발전시스템으로 생산하는 데 필요한 ㉠ 최소 모듈 개수와 ㉡ 발전 용량(kW)을 구하시오.(5점)

〈조건〉

• 태양광발전 종합설계지수* : 0.8	• 태양전지 모듈 변환효율 : 15%
• 태양전지 모듈 크기 : 1m × 2m • 당월 어레이면 적산일사량 : 120kWh/m² · 월	• 표준 일사량 : 1,000 W/m²

* 태양광발전 종합설계지수 : 태양전지 모듈 출력의 불균형 보정, 회로손실, 기기에 의한 손실 등을 포함

㉠ 최소 모듈 개수
- 월간전력소요량 : 2300[kWh/월]
- 필요한 어레이 용량

$$P = \frac{E}{\left(\dfrac{H}{G_S}\right) \times K} = \frac{2300}{\left(\dfrac{120[\text{kWh/m}^2 \cdot \text{월}]}{1[\text{kW/m}^2]}\right) \times 0.8} = 23.96[\text{kW}]$$

- 모듈 1장의 크기 : $1 \times 2 = 2[\text{m}^2]$ → 모듈 1장의 출력 : $2[\text{kW/m}^2] \times 0.15 = 0.3[\text{kW}]$
- 필요한 모듈의 개수 : $\dfrac{23.96}{0.3} ≒ 79.87 = 80$개

㉡ 모듈의 발전용량 : 80개 $\times 0.3[\text{kW}] = 24[\text{kW}]$

2022년 제8회 실기시험 기출문제

건축물에너지평가사

〈2차실기 기출문제 내용〉

구분	문항수	시간(분)
기출문제	11	150

한솔아카데미

※ 본 시험지에서 "건축물의 에너지절약설계기준"[별지 제1호 서식] 에너지절약계획 설계 검토서의 2. 에너지성능지표는 각 "에너지성능지표"로 표기한다.

문제1. "녹색건축물 조성 지원법" 제2조(정의)에 규정된 사항이다. 다음의 (   )에 들어갈 내용을 작성하시오.(3점)

"제로에너지건축물"이란 건축물에 필요한 (㉠)를 최소화하고 (㉡)를 활용하여 (㉢)을 최소화하는 (㉣)을 말한다.

㉠ : 에너지부하
㉡ : 신에너지 및 재생에너지
㉢ : 에너지 소요량
㉣ : 녹색건축물

[참고]

녹색건축물 조성 지원법 제2조(정의) 4."제로에너지건축물"이란 건축물에 필요한 에너지 부하를 최소화하고 신에너지 및 재생에너지를 활용하여 에너지 소요량을 최소화하는 녹색건축 물을 말한다.

문제2. 건축물의 에너지성능은 사양기준*과 성능기준**으로 평가되고 있으며, 상호보완을 통해 실제 에너지사용량 감소를 유도하고 있다. 각 기준의 특징과 관련하여 다음 물음에 답하시오.(8점)

*에너지성능지표
**제로에너지건축물 인증, 건축물 에너지효율등급 인증, 건축물 에너지소비총량제

2-1) 다음은 에너지성능지표 및 건축물 에너지효율등급 인증의 평가항목이다. 다음 물음에 가장 적절한 항목을 보기에서 모두 고르시오.(4점)

<보기>

㉠ 지붕의 (평균) 열관류율   ㉡ 인동간격비
㉢ 폐열회수형 환기장치   ㉣ 열원설비 제어방식
㉤ 급수펌프 제어방식   ㉥ 지하주차장 환기용 팬의 제어방식
㉦ 구조체의 열저장능력   ㉧ 대기전력자동차단장치
㉨ 태양광 모듈 종류   ㉩ 냉각탑 유형
㉪ 구조체(벽체)의 방위   ㉫ 조명 밀도

• 에너지성능지표에서만 평가되는 항목 : (   )
• 건축물 에너지효율등급 인증에서만 평가되는 항목 : (   )

2-2) 건축물 에너지효율등급 인증 시 산출된 에너지소요량과 실제 건물 에너지사용량 간의 차이가 발생하는 원인 세 가지를 서술하시오.(4점)

2-1)
- 에너지성능지표에서만 평가되는 항목 : (ⓒ, ⓜ, ⓗ, ⓞ)
- 건축물에너지효율등급 인증에서만 평가되는 항목 : (ⓢ, ⓩ, ⓒ, ⓚ)

2-2)
원인 세 가지 : (아래 중 3가지 기술)
① : 실제 하루중 건축물 사용 및 운전시간의 차이
② : 실제 조명시간의 차이
③ : 실제 사람 및 작업보조기기 발열량의 차이
④ : 실제 도입외기량의 차이
⑤ : 실제 급탕 사용량의 차이
⑥ : 실제 월간 사용일수의 차이

문제3. 건축물의 환경 및 에너지효율화 계획에 대한 다음 물음에 답하시오.(18점)

3-1) 다음 벽체 부위의 ㉠실내표면온도(℃), ㉡열관류율(W/m²·K), ㉢실외표면온도(℃)를 구하시오.(4점)

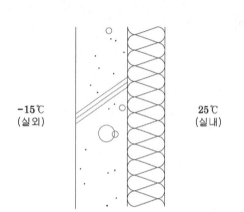

-15℃
(실외)

25℃
(실내)

〈보기〉
- 벽체 부위의 TDR : 0.02
- 실내표면열전달저항 : 0.110 m²·K/W
- 실외표면열전달저항 : 0.043 m²·K/W

3-2) 어느 사무실의 PMV가 +1.5로 평가되었다. PMV를 결정하는 여섯 가지 요소를 기입하고, 이 사무실의 온열쾌적감을 향상시키기 위한 각 요소별 조절방법을 선택("✔"표시)하시오.(4점)

요 소	조절방법	
	높인다	낮춘다
①	□	□
②	□	□
③	□	□
④	□	□
⑤	□	□
⑥	□	□

3-3) 다음은 설계중인 어느 판매시설 아트리움 부위의 하절기 냉방 가동 조건에서의 단면 온도 분포를 시뮬레이션 한 결과이다. 3층 복도 거주역의 온열환경을 개선하기 위한 건축 계획적 보완 방안 두 가지를 쓰고, 각 방안 적용 시 예상되는 개선 효과(원리)를 온도분포 변화를 중심으로 서술하시오.(단, 차양설치 또는 유리사양 변경 등 유입일사 저감 방안은 제외하며, 각종 법령 등 건축 계획적 제한은 없는 것으로 가정한다.)(4점)

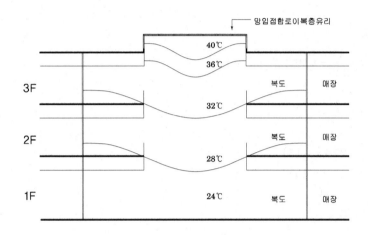

3-4) 다음 〈그림 1〉과 같이 자연환기성능 확보를 위해 사무실 공간을 주풍향에 면하게 배치하였다. 평균풍속 1.0 m/s 조건에서 맞통풍을 통한 자연환기만으로 환기횟수 $5h^{-1}$ 이상을 만족시키기 위해 〈그림 2〉와 같은 창을 풍상측(면A)과 풍하측(면B)에 균일하게 배치하고자 할 때 필요한 전체 창의 최소 개수를 구하시오.(단, 풍압계수는 풍상측 0.15, 풍하측 -0.10 으로 한다.)(6점)

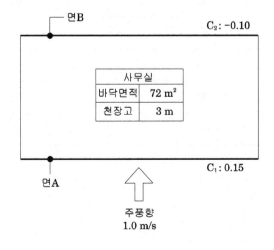

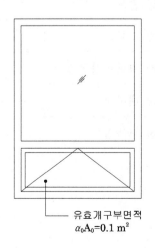

3-1)

㉠ 실내표면온도

$$\frac{r}{R} = \frac{t}{T} = \frac{t_i - t_{si}}{t_i - t_o} = TDR$$

$$\frac{0.110}{R} = \frac{25 - t_{si}}{25 - (-15)} = 0.05$$

$$\therefore R = 2.2 \, (\mathrm{m^2 \cdot K/W})$$

$$t_{si} = 23\,℃$$

㉡ 열관류율

$$K = \frac{1}{R} = \frac{1}{2.2} = 0.455 \, \mathrm{W/m^2 \cdot K}$$

㉢ 실외표면온도

$$\frac{r}{R} = \frac{t}{T} = \frac{t_{so} - t_o}{25 - (-15)}$$

$$\frac{0.043}{2.2} = \frac{t_{so} - (-15)}{40}$$

$$t_{so} = -14.22\,℃$$

3-2)

요 소	조절방법	
	높인다	낮춘다
① 기온	☐	☑
② 습도	☐	☑
③ 기류	☑	☐
④ 평균복사온도	☐	☑
⑤ 대사량	☐	☑
⑥ 착의량	☐	☑

3-3)

① 아트리움 상부 개구

아트리움 상부개구를 통해 굴뚝효과를 이용한 아트리움 상부에 정체되어 있는 고온의 공기를 배출함으로써 아트리움 3층과 1층 부위 공기온도 편차를 줄일 수 있음.

② 아트리움 상부 높이 상향

아트리움 상부를 높게 함으로써 공기성층화에 따라 고온의 상부공기를 상부공간으로 모이게 하여 거주영역의 온도분포가 기존보다 낮아질 수 있음

③ 매장과 복도사이 벽체개방

매장과 복도사이 벽체 개방을 통해 아트리움 공간의 고온공기가 매장 쪽 공간으로 분산되게 함으로써 3층 복도 거주역의 온도를 낮출 수 있음

④ 복도와 매장 상부 지붕의 단열강화

지붕의 단열강화를 통해 일사열 획득과 관류열 획득량을 줄임으로써 3층 복도 거주역의 온도를 낮출 수 있음

⑤ Cool Roof System도입

지붕에 일사 흡수율이 낮은 흰색 페인트를 칠함으로써 지붕을 통한 일사열획득을 줄여 3층 복도 거주역의 온도를 낮출 수 있음

3-4)

① 필요환기량

$$Q = n \cdot V (\text{m}^3/\text{h})$$
$$= 5 \times (72 \times 3)$$
$$= 1,080 (\text{m}^3/\text{h})$$
$$= 0.3 (\text{m}^3/\text{s})$$

② 풍압계수차에 따른 자연환기량

$$Q = \alpha \cdot A \cdot v \cdot \sqrt{C_1 - C_2} \, (\text{m}^3/\text{s})$$
$$0.3 = \alpha \cdot A \times 1 \times \sqrt{0.15 - (-0.10)}$$
$$\alpha \cdot A = 0.6$$

③ 유효개구부 크기

$$\alpha \cdot A = \frac{1}{\sqrt{\left(\dfrac{1}{\alpha_1 A_1}\right)^2 + \left(\dfrac{1}{\alpha_2 A_2}\right)^2}} \, (\text{m}^2)$$

㉠ 창이 면 A, 면 B에 1개씩 설치될 경우

$$\alpha \cdot A = \frac{1}{\sqrt{\left(\dfrac{1}{0.1}\right)^2 + \left(\dfrac{1}{0.1}\right)^2}} = 0.07$$

ⓛ 창이 면 A, 면 B에 2개씩 설치될 경우

$$\alpha \cdot A = \cfrac{1}{\sqrt{\left(\cfrac{1}{0.2}\right)^2 + \left(\cfrac{1}{0.2}\right)^2}} = 0.14$$

ⓒ 창이 면 A, 면 B에 3개씩 설치될 경우

$$\alpha \cdot A = \cfrac{1}{\sqrt{\left(\cfrac{1}{0.3}\right)^2 + \left(\cfrac{1}{0.3}\right)^2}} = 0.21$$

ⓔ 창이 면 A, 면 B에 4개씩 설치될 경우

$$\alpha \cdot A = \cfrac{1}{\sqrt{\left(\cfrac{1}{0.4}\right)^2 + \left(\cfrac{1}{0.4}\right)^2}} = 0.28$$

ⓜ 창이 면 A, 면 B에 5개씩 설치될 경우

$$\alpha \cdot A = \cfrac{1}{\sqrt{\left(\cfrac{1}{0.5}\right)^2 + \left(\cfrac{1}{0.5}\right)^2}} = 0.35$$

ⓗ 창이 면 A, 면 B에 6개씩 설치될 경우

$$\alpha \cdot A = \cfrac{1}{\sqrt{\left(\cfrac{1}{0.6}\right)^2 + \left(\cfrac{1}{0.6}\right)^2}} = 0.42$$

ⓢ 창이 면 A, 면 B에 7개씩 설치될 경우

$$\alpha \cdot A = \cfrac{1}{\sqrt{\left(\cfrac{1}{0.7}\right)^2 + \left(\cfrac{1}{0.7}\right)^2}} = 0.50$$

ⓞ 창이 면 A, 면 B에 8개씩 설치될 경우

$$\alpha \cdot A = \cfrac{1}{\sqrt{\left(\cfrac{1}{0.8}\right)^2 + \left(\cfrac{1}{0.8}\right)^2}} = 0.57$$

ⓩ 창이 면 A, 면 B에 9개씩 설치될 경우

$$\alpha \cdot A = \cfrac{1}{\sqrt{\left(\cfrac{1}{0.9}\right)^2 + \left(\cfrac{1}{0.9}\right)^2}} = 0.64$$

따라서, 유효개구부 면적 $0.6m^2$를 만족하는 창의 최소 개수는 18개이다.

문제4. 건축물 전과정평가(Building Life Cycle Assessment)에 대한 다음 물음에 답하시오.(9점)

4-1) 건축물 전과정평가의 개념을 평가범위, 내용, 목적을 포함하여 서술하고, 전과정 평가에서 고려하는 환경영향범주 중 세 가지를 쓰시오.(4점)

4-2) 아래 그림과 같은 노후 건축물의 사용에 대한 세 가지 의사결정 시나리오에서 그린리모델링 (시나리오C)을 선택하는 경우 ㉠다른 시나리오 대비 기대할 수 있는 전과정평가 관점에서 의 장점과 ㉡그 효과를 극대화하기 위한 그린리모델링의 계획적 고려사항을 서술하시오.(5점)

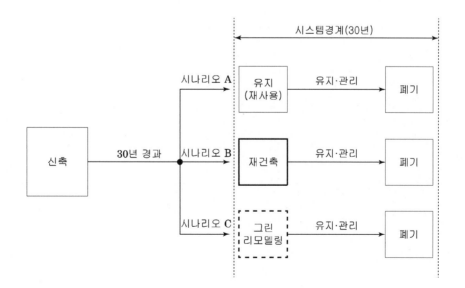

4-1)

- 개념 : 전과정평가 즉, 환경영향평가(Life Cycle Assessment)는 제품의 전과정인 원료 획득 및 가공, 제조, 수송 유통, 사용, 재활용, 폐기물 관리 과정 즉 생산단계, 시공단계, 운영단계, 폐기단계의 평가범위 동안 소모되고 배출되는 에너지 및 물질의 양을 정량화하여, 이들이 환경에 미치는 영향을 총체적으로 평가하고, 이를 토대로 환경개선의 방안을 모색하고자 하는 목적의 객관적이며 적극적인 환경영향 평가방법을 말함
- 환경영향범주 : 지구온난화지수, 오존층영향, 산성화, 부영양화, 광화학적 산화물 생성, 자원소모

4-2)

ㄱ : 1) 시나리오A(유지) 대비 기대사항 : 그린 리모델링을 선택할 경우 에너지 절약적 건축을 통해 건축물의 운영단계에서 에너지 사용을 최소화하여 환경에 미치는 영향을 개선할 수 있음.

2) 시나리오B(재건축) 대비 기대사항 : 그린 리모델링을 선택할 경우 기존 골조 등을 재활용하여 재건축 대비 골조 등의 생산, 운송, 시공 단계에서의 소모되는 내재에너지 양을 최소화할 수 있음.

ㄴ : 그린 리모델링을 통해 기존 건축물의 골조 외 추가로 유지 이용할 수 있는 부재를 최대화함으로써 기존 건축물에 투입된 내재에너지를 활용하며, 창호, 설비 등을 교체 할 경우 운영단계에서의 에너지 사용을 최소화 할 수 있는 고효율 기기를 사용한다. 또한 자재나 장비의 내재에너지 대비 에너지 저감효과가 큰 기술을 적용.

문제5. "건축물의 에너지절약설계기준"에 따른 건축부문 에너지성능지표(EPI) 평가와 관련하여 다음 물음에 답하시오.(7점)

5-1) 다음 그림은 춘천지역에서 위치한 주택 단면의 일부이다. 아래 열관류율 기준을 참조하여 ⓐ~ⓒ 구간의 ㉠열관류율 기준과 ㉡온수배관 하부와 슬래브 사이에 설치되는 구성 재료의 열저항 합계의 최소치를 구하시오.(단, 별도 표기가 없는 공간은 바닥난방을 하는 거실로 한다.)(4점)

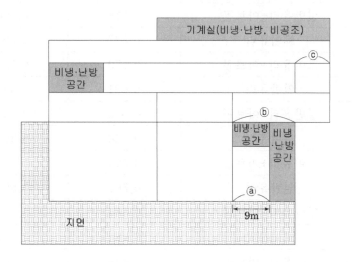

〈지역별 건축물 부위의 열관류율〉
- 최하층에 있는 거실의 바닥 -

(단위 : W/m² · K)

건축물의 부위	지역	중부1 지역	중부2 지역	남부 지역
외기에 직접 면하는 경우	바닥난방인 경우	0.150 이하	0.170 이하	0.220 이하
	바닥난방이 아닌 경우	0.170 이하	0.200 이하	0.250 이하
외기에 간접 면하는 경우	바닥난방인 경우	0.210 이하	0.240 이하	0.310 이하
	바닥난방이 아닌 경우	0.240 이하	0.290 이하	0.350 이하

5-2) 다음 〈표 1〉을 보고 〈표 2〉 평가대상 창호 유리의 태양열취득률을 구하시오.(3점)

〈표 1〉 유리의 종류별 태양열취득률

유리종류		유리의 태양열취득률		
공기층		6mm	12mm	16mm
복층	일반유리	0.717	0.719	0.719
	일반유리+아르곤	0.718	0.720	0.720
	로이유리	0.577	0.581	0.583
	로이유리+아르곤	0.579	0.583	0.584
삼중	일반유리	0.631	0.633	0.634
	일반유리+아르곤	0.633	0.634	0.635
	로이유리	0.526	0.520	0.518
	로이유리+아르곤	0.523	0.517	0.515
사중	일반유리	0.563	0.565	0.565
	일반유리+아르곤	0.564	0.565	0.566
	로이유리	0.484	0.474	0.471
	로이유리+아르곤	0.479	0.468	0.466

〈표 2〉 평가대상 창호

항 목	내 용
창틀	알루미늄(열교차단재 적용)
유리구성	5mm일반유리+8mm아르곤+5mm일반유리+8mm아르곤+5mm로이유리
기밀성	$1.000 m^3/h \cdot m^2$ 미만
기 타	시험성적서 첨부
단면구조	외 부 내 부
적용열관류율	$1.12 \ W/m^2 \cdot K$

5-1)

   ⊙ 열관류율 기준

     ⓐ : 0.210W/m²K 이하

     ⓑ : 0.210W/m²K 이하

     ⓒ : 0.150W/m²K 이하

    (춘천은 중부1지역이며 ⓐ, ⓑ 는 외기에 간접면하는 부위, ⓒ는 외기에 직접면하는 부위이다.)

   ⊙ 온수배관 하부와 슬래브 사이에 설치되는 구성 재료의 열저항 합계의 최소치

     ⓐ : $(1 \div 0.210) \times 0.6 = 2.857\text{m}^2\text{K/W}$

     ⓑ : $(1 \div 0.210) \times 0.6 = 2.857\text{m}^2\text{K/W}$

     ⓒ : $(1 \div 0.150) \times 0.6 = 4.000\text{m}^2\text{K/W}$

5-2)

   평가대상 창호 유리의 태양열취득률 : 0.523

문제6. 어느 건축물의 설계 조건이 다음과 같을 때 물음에 답하시오. (단, 최종 결과값은 소수 첫째자리까지 구하시오.) (12점)

〈설계 조건〉

- 냉방 부하

구분	내주부	외주부	합계
실내 냉방부하(전열)	24,000W	36,000W	60,000W

※ 내주부는 전공기식 단열 덕트방식이고 외주부는 전수식 FCU를 적용한다.

- 흡수식 냉온수기 및 냉각탑 입출구 온도

구분	입구	출구
흡수식 냉온수기 냉수 온도	12℃	7℃
냉각탑 냉각수 온도	37℃	32℃

- 냉방 시 온습도조건

구분	온도	상대습도	엔탈피
실내조건	26℃	50%	57kJ/kg
외기조건	32℃	70%	86kJ/kg
급기조건	16℃	90%	41kJ/kg

- 공기 및 물의 밀도, 정압비열

구분	밀도	정압비열
공기	1.2kg/m^3	1.01 kJ/kg·K
물	1,000kg/m^3	4.19kJ/kg·K

6-1) 냉방 시 내주부 실내 송풍량(m^3/h)을 구하시오. (2점)

6-2) 냉방 시 외주부 FCU 냉수 순환량(L/min)을 구하시오. (2점)

6-3) 냉방 시 냉각탑 냉각수 순환량(L/min)을 구하시오. (단, 냉각탑부하는 냉방부하의 130%로 본다.) (2점)

6-4) 공조기 냉각코일 용량(kW)을 구하시오. (단, 혼합비(환기:외기)는 8:2이다.) (3점)

6-5) 냉동기 용량(kW)을 구하시오. (단, 배관 손실부하는 코일부하의 10%이다.) (3점)

6-1)

$q_T = m \cdot \Delta h$ 에서

$$m = \frac{q_T}{\Delta h} = \frac{24000\,W}{57-41} = \frac{24kW \times 3600}{16} = 5400\text{kg/h} = 4500\text{m}^3/\text{h}$$

6-2)

$q = W \cdot C \cdot \Delta t$ 에서

$$W = \frac{q}{C \cdot \Delta t} = \frac{36kW}{4.19(12-7)} = 1.7184 L/s = 103.1 L/\text{min}$$

6-3)

냉방부하 = q = 내주부 + 외주부 = 60000W = 60kW

냉각탑 부하 = 60×1.3=78kW

$$W = \frac{q}{C \cdot \Delta t} = \frac{78}{4.19(37-32)} = 3.723 L/s = 223.4 L/\text{min}$$

6-4)

공조기 혼합 $h = 57 \times 0.8 + 86 \times 0.2 = 62.8\,\text{kJ/kg}$

$q = m \cdot \Delta h = 5400(62.8-41) = 117.720\,\text{kJ/h} = 32.7\text{kW}$

6-5)

냉동기 용량 = 냉각코일 + FCU = (32.7+36)1.1 = 75.6kW

문제7. 다음 그림과 같은 환기시스템에서 최소 도입외기량(m³/h)을 소수 첫째자리까지 구하시오. (8점)

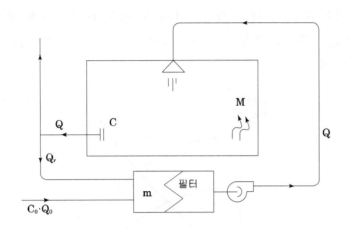

<조 건>

• 실내의 허용 분진농도(C) : 0.15mg/m³
• 외기분진농도(C_o) : 0.05 mg/m³
• 재실인원 : 300명
• 1인당 분진발생(M) : 10mg/h
※ 환기의 재순환율은 50%이고, 버려지는 배기량과 도입외기량(Q_o)은 같다.
※ 도입외기(Q_o)와 재순환 공기(Q_r)의 혼합 공기(m)에 대한 필터효율은 90% 이다.

실내 송풍량(Q)을 구하려면 우선 필터 출구(취출공기)농도 C_d

$$C_d = \left(\frac{0.15 + 0.05}{2} \right) \times 0.1 = 0.01 \text{mg/m}^3$$

$$M = Q(C_i - C_d)$$

$$Q = \frac{M}{C_i - C_d} = \frac{300 \times 10}{0.15 - 0.01} = 21,428.57 \text{m}^3/\text{h}$$

외기량 $Q_o = \frac{Q}{2} = \frac{21,428.57}{2} = 10,714.3 \text{m}^3/\text{h}$

문제8. 다음 그림과 같은 유량특성곡선을 가지는 펌프가 급탕시스템에 설치되어 운전되고 있다. 운전점 ①에서 가동중인 펌프의 토출측 밸브를 조절하여 운전점 ②로 변경하였을 경우와 펌프의 회전속도를 변경하여 운전점 ③으로 변경하였을 경우에 대하여 답하시오. (단, 계산 과정은 KS B 6301에 따르며, 물의 밀도는 1,000kg/m³이고 중력가속도는 9.8m/s²이다. 최종 결과 값은 소수 첫째자리까지 구하시오.) (10점)

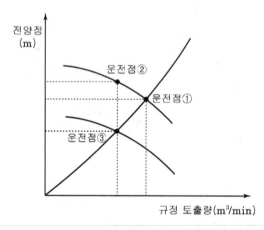

<조건>

운전점	규정 토출량(m³/min)	전양정(m)	축동력(kW)	펌프효율(%)	회전속도(r/min)
①	8.0	15.0	25.0	–	1,800
②	6.0	–	22.0	75.7	1,800
③	6.0	–	–	–	1,350

8-1) 운전점 ①에서 펌프 효율의 수식을 설명하고, 펌프 효율(%)을 구하시오. (2점)

8-2) 운전점 ②에서 전양정(m)을 구하시오. (2점)

8-3) 운전점 ③에서의 전양정(m) 및 축동력(kW)을 구하시오. (2점)

8-4) 각 운전점에서의 소비전력(kW)을 구하고, 현장에서 필요로 하는 규정 토출량이 $6.0m^3/min$ 이고, 전양정이 10.0m 이상일 경우, 가장 경제적으로 운전하는 운전점을 선택하고 이유를 설명하시오, (단, 모든 운전점에서 모터 효율[인버터 포함]은 80%로 가정한다.) (4점)

8-1)

$$\text{펌프효율} = \frac{\text{수동력}}{\text{축동력}} = \frac{\dfrac{Q \times \rho \times g \times H}{1000}}{\text{축동력}} = \frac{\dfrac{8 \times 1000 \times 9.8 \times 15}{60 \times 1000}}{25} = 0.784 = 78.4\%$$

설명 : 펌프효율은 축동력에 대한 수동력의 비율로 구하라.

8-2)

$$E = \frac{\text{수동력}}{\text{축동력}} \text{에서}$$

$$\text{수동력} = \frac{Q \times \rho \times g \times H}{1000} = \text{축동력} \times E$$

$$H = \frac{\text{축동력} \times E \times 1000}{Q \times \rho \times g} = \frac{2.2 \times 0.757 \times 1000}{\left(\dfrac{6}{60}\right) \times 1000 \times 9.8} = 17.0\text{m}$$

8-3)

①점에서 회전수 제어 하여 ③으로 회전수 하므로

$$\frac{H_2}{H_1} = \left(\frac{N_2}{N_1}\right)^2 \text{에서 } H_2 = H_1\left(\frac{N_2}{N_1}\right)^2 = 15\left(\frac{1350}{1800}\right)^2 = 8.4\text{m}$$

$$L_2 = L_1 = \left(\frac{N_2}{N_1}\right)^3 = 25\left(\frac{1350}{1800}\right)^3 = 10.5\text{kW}$$

전양정 8.4 m, 축동력 10.5 kW

8-4)

소비전력

① $kW = 25 \times \dfrac{1}{0.8} = 31.3\text{kW}$

② $kW = 22 \times \dfrac{1}{0.8} = 27.5\text{kW}$

③ 소비전력 $= \dfrac{10.5}{0.8} = 13.1\text{kW}$

경제적 운전점 : ②

이유 : 전양정 조건이 없으면 ③에서 가장 경제적이나 ③에서 필요양정 10m를 만족하지 못하므로 전양정 10m를 만족하는 ②점이 가장 경제적이다.

문제9. 다음 조건과 같은 열회수형 환기 장치(KS B 6879:2020)의 전열 교환 효율(%)을 소수 첫째자리까지 구하고 순급기 풍량(m³/h)을 정수로 구하시오. (6점)

〈조건〉

구분	EA	RA	SA	OA
풍량(m³/h)	–	–	150	–
공기 엔탈피(kJ/kg)	58.23	49.04	60.79	70.02
순급기 풍량 비율[NSAR] (%)	92			

- EA(Exhaust Air flow rate) : 배기 풍량
- OA(Outdoor Air flow rate) : 외기 풍량
- RA(Return Air flow rate) : 환기 풍량
- SA(Supply Air flow rate) : 급기 풍량

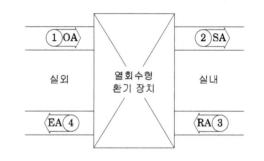

① 전열 교환 효율 $= \dfrac{h_{OA} - h_{SA}}{h_{OA} - h_{RA}} = \dfrac{70.02 - 60.79}{70.02 - 49.04} = 0.4399 = 44.0\%$

② 순급기 풍량 $Q = Q_{SA} \times NSAR = 150 \times 0.92 = 138 \text{m}^3/\text{h}$

문제10. 건축물에 설치된 3상 4선식 수전변압기의 출력특성이 전압 21kV, 전류 60A, 소비전력이 1,855kW이었다. 이와 관련한 다음 물음에 답하시오. (9점)

10-1) 수전변압기 소비전력이 동일한 조건에서 역률을 95%로 개선할 시, 개선전과 개선후의 무효전력 차이(kVar)을 구하시오. (4점)

10-2) 수전용변압기의 역률개선 시 기대효과 세 가지를 서술하시오. (3점)

10-3) "건축물의 에너지절약설계기준"에서 제시하고 있는 전기설비 용어 정의에 따라 해당 변압기에 설치하는 역률개선용 콘덴서의 접속 방법과 집합설치 시 수변전설비 단선결선도에 표기해야 할 명칭 또는 기호를 쓰시오. (2점)

10-1)

$P = 1855 [\text{kW}]$

$\cos\theta_1 = \dfrac{\text{유효전력}}{\text{피상전력}} = \dfrac{1855}{\sqrt{3} \times 21 \times 60} \fallingdotseq 0.85$

$\cos\theta_2 = 0.95$

역률 개선 전 무효전력 $P_{r1} = P \cdot \tan\theta_1 = 1855 \times \dfrac{\sqrt{1-0.85^2}}{0.85} \fallingdotseq 1149.63 [\text{kVar}]$

역률 개선 후 무효전력 $P_{r2} = P \cdot \tan\theta_2 = 1855 \times \dfrac{\sqrt{1-0.95^2}}{0.95} \fallingdotseq 609.71 [\text{kVar}]$

$\therefore$ 무효전력의 차이 $\Delta P_r = P_{r1} - P_{r2} = 1149.63 - 609.71 = 539.92 [\text{kVar}]$

• 답 : $539.92 [\text{kVar}]$

10-2)

① 전력손실 감소
② 설비용량의 여유 증가
③ 전압강하 감소(전압변동 감소)
④ 전기요금 저감

10-3)

① 역률개선용 콘덴서의 접속 방법 : 변압기에 병렬로 설치
② 집합설치시 수변전 단선결선도에 표기해야 할 명칭 또는 기호 : 역률자동조절장치[APFR]

문제11. 다음 그림은 태양광발전시스템 설치 전과 후, 건물의 일부하 곡선이다. 다음 물음에 답하시오. (10점)

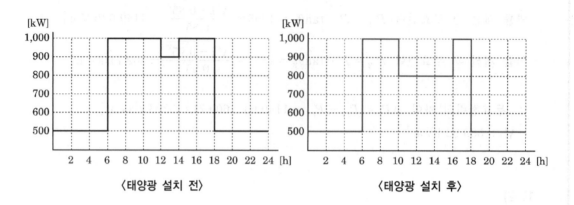

〈태양광 설치 전〉   〈태양광 설치 후〉

11-1) 태양광발전시스템 설치 전과 설치 후 부하율(%)을 계산하고, 설치 전과 비교하여 설치 후 부하율이 몇 % 감소했는지를 구하시오. (4점)

11-2) 태양광발전시스템을 설치하기 위한 조건이 다음과 같을 때, 각 사의 제품별로 설치 가능한 태양광 모듈의 최대 수량(EA) 및 연간 최대 발전량(kWh/year)을 구하고, 발전량이 최대가 되는 제품을 선택("✔" 표시) 하시오. (6점)

〈조건〉

• 태양광 모듈 정보

구분		A사 태양광 모듈	B사 태양광 모듈
모듈 정격 용량(Wp)		400	350
모듈크기	가로(m)	1.8	1.5
	세로(m)	1.2	1.0

• 태양광발전시스템을 설치할 지붕면적 : 40m×30m
  ※ 지붕영역 내 수평설치(경사각 : 0°)을 전제로 한다.
• 일발전시간 : 4.0h/day
• 인버터 효율 : 95% (단, 기타 손실은 없는 것으로 한다.)

11-1)

① 태양광 발전 시스템 설치 전 부하율

$$부하율 = \frac{평균전력}{최대전력} \times 100 = \frac{\dfrac{500 \times 6 + 1000 \times 6 + 900 \times 2 + 1000 \times 4 + 500 \times 6}{24}}{1000} \times 100$$

$$= 74.17[\%]$$

② 태양광 발전 시스템 설치 후 부하율

$$부하율 = \frac{평균전력}{최대전력} \times 100 = \frac{\dfrac{500 \times 6 + 1000 \times 4 + 800 \times 6 + 1000 \times 2 + 500 \times 6}{24}}{1000} \times 100$$

$$= 70[\%]$$

$$\therefore \Delta 부하율 = 74.17 - 70 = 4.17[\%]$$

• 답 : 4.17[%]

11-2)

▶ A 사 모듈

지붕면적 $40 \times 30 = 1200[\mathrm{m}^2]$

모듈면적 $1.8 \times 1.2 = 2.16[\mathrm{m}^2]$

① 설치 가능한 모듈 수량 $= \dfrac{1200}{2.16} = 555.56$

• 답 : 555[EA]

② 연간 최대 발전량

$$W = 0.4[\mathrm{kW/EA}] \times 555[\mathrm{EA}] \times 365[\mathrm{day/year}] \times 4[\mathrm{h/day}] \times 0.95$$

$$= 307914[\mathrm{kWh/year}]$$

• 답 : 307914[kWh/year]

▶ B 사 모듈

지붕면적 $40 \times 30 = 1200[\mathrm{m}^2]$

모듈면적 $1.5 \times = 1.5[\mathrm{m}^2]$

① 설치 가능한 모듈 수량 $= \dfrac{1200}{1.5} = 800$

• 답 : 800[EA]

② 연간 최대 발전량

$$W = 0.35[\mathrm{kW/EA}] \times 800[\mathrm{EA}] \times 365[\mathrm{day/year}] \times 4[\mathrm{h/day}] \times 0.95$$

$$= 388360[\mathrm{kWh/year}]$$

• 답 : 388360[kWh/year]

※ 발전량이 최대가 되는 제품은 B사 이므로, B사 제품을 선택한다.

건축물에너지평가사 2차 실기
건물에너지효율 설계 · 평가 (上)

定價 45,000원

저 자 건축물에너지평가사
　　　 수험연구회

발행인 이　종　권

2015年 8月 27日 초 판 발 행
2016年 7月 15日 2차개정판발행
2017年 6月 27日 3차개정판발행
2018年 6月 29日 4차개정판발행
2019年 6月 25日 5차개정판발행
2020年 7月 27日 6차개정판발행
2021年 7月 6日 7차개정판발행
2023年 7月 12日 8차개정판발행

發行處　(주)한솔아카데미

(우)06775 서울시 서초구 마방로10길 25 트윈타워 A동 2002호
TEL : (02)575-6144/5　　FAX : (02)529-1130
〈1998. 2. 19 登錄 第16-1608號〉

ISBN 979-11-6654-355-5 14540
ISBN 979-11-6654-354-8 (세트)